U0392890

中国氯碱工业协会　组织编写

现代氯碱技术手册

Modern Chlor-alkali Technical Manual

刘国桢　主编

化学工业出版社
·北京·

本书在概述食盐电解制烧碱、氯气和氢气的基本电化学理论、工艺和方法的基础上，重点介绍了当前离子膜电解工艺的相关技术和装置操作，涉及工艺过程中的盐水制备、电解、蒸发和固碱，氯氢处理，盐酸合成，纯水制备，整流变电，自控仪表和分析方法等内容，并对总图规划、环境保护和材料防腐做了有针对性的介绍。本书基本覆盖了离子膜电解制烧碱工艺设计生产的相关内容，反映了当代氯碱工业的基本情况和最新进展。

本书可供化工行业特别是氯碱领域的科技人员，以及相关院校化工类专业师生阅读参考。

图书在版编目（CIP）数据

现代氯碱技术手册/刘国桢主编；中国氯碱工业协会组织编写. —北京：化学工业出版社，2018.8（2025.4重印）
ISBN 978-7-122-32232-6

Ⅰ.①现… Ⅱ.①刘… ②中… Ⅲ.①氯碱生产-生产工艺-技术手册 Ⅳ.①TQ114-62

中国版本图书馆 CIP 数据核字（2018）第 112982 号

责任编辑：刘　军　张　艳　　文字编辑：孙凤英
责任校对：宋　夏　　装帧设计：王晓宇

出版发行：化学工业出版社（北京市东城区青年湖南街 13 号　邮政编码 100011）
印　　装：北京捷迅佳彩印刷有限公司
787mm×1092mm　1/16　印张 38¼　字数 994 千字　　2025 年 4 月北京第 1 版第 6 次印刷

购书咨询：010-64518888　　售后服务：010-64518899
网　　址：http://www.cip.com.cn
凡购买本书，如有缺损质量问题，本社销售中心负责调换。

定　　价：198.00 元

版权所有　违者必究

本书编辑委员会

主　任：罗　云

副主任：孙绍刚　徐荣一　张文雷

编　委：罗　云　孙绍刚　徐荣一　张文雷　张　鑫
李素改　刘国桢　孟祥龙　邢　军　刘东升
邵　华　范红波　王　雪

本书编写人员名单

主　编：刘国桢

副主编：李素改　薛卫东　张英民　张佳兴

编写人员（按姓名汉语拼音排序）：

曹宝刚　陈沛云　程　鹏　丁晓玲　董文虎　高自宏
高自建　顾金中　郭成军　郭海军　郭建岭　郝祥忠
黄海涛　黄华军　康建忠　郎需霞　李淑华　李素改
廖秀华　林　琳　刘国桢　刘立初　刘秀明　罗圣君
马进平　孟祥龙　倪留生　秦圣祥　任运奎　苏克勤
苏晓妹　孙广军　孙玉堂　唐必勇　王　平　王　强
王丹灏　王鸿东　王伟红　王学军　王永升　王战峰
王志明　魏国强　吴　彬　吴恒喜　吴政高　席引尚
夏碧波　肖祥远　徐华安　薛卫东　阎锁岐　杨振伟
叶乃义　于　军　于现军　袁建华　岳　群　曾宇峰
詹建锋　张　鑫　张定明　张佳兴　张良虎　张英民
张永明　章斯琪　赵兵兵　赵永禄　郑平友　钟汨江
周延红　周勇安

前言

本书是由中国氯碱工业协会组织、行业内多位知名专家编写、汇集的氯碱行业新技术、新工艺、新装备的专业技术书籍，体现了当代氯碱工业技术的发展现状和发展历史。

本书根据行业多年的实践经验和理论研究成果，涵盖了国内外氯碱技术及与之相关的、较为全面的生产工艺技术及装备，为更加全面掌握现代氯碱生产技术提供了翔实的基础资料。全书包括氯碱工业综述、盐水系统、隔膜法电解及烧碱蒸发系统、离子膜、离子膜电解原理、离子膜电解槽、淡盐水脱氯系统、盐水硫酸根脱除系统、离子膜法碱蒸发和固碱、氯氢处理系统、氯化氢合成和纯酸系统、液氯和三氯化氮处理、纯水制备、整流变电系统、仪表控制和信息化系统、环保安全节能和总图、设备腐蚀与防护、氯碱分析共十八章。为体现氯碱工业的全面状况和为高含盐废水环保装置提供指导，本书保留了隔膜法电解和蒸发的章节。

由于行业技术发展迅速，本书编写时间跨度大，许多内容经由多名专家编写并经过多次补充修改完善，最终成稿。

书稿全部编写完成后，由刘国桢收集整理，由刘国桢、李素改、郎需霞、唐必勇完成第一次校核，由张鑫、李素改、杨振伟、王学军、刘秀明、袁建华、刘国桢、薛卫东、张佳兴、郎需霞、王永升、程鹏、郭海军共同完成第二次校核，最后根据定稿会意见，再次修改补充后定稿。

编校人员分工情况：第 1 章由张鑫编写；第 2 章由刘立初组织编写，杨振伟修改补充；第3 章由夏碧波组织编写，李素改修改完善；第 4 章由张永明、高自宏组织编写，王学军修改补充；第 5 章由吴彬组织编写，袁建华补充修改；第 6 章由康建忠组织编写，刘秀明补充修改；第 7 章由张英民、郎需霞编写，刘国桢修改完善；第 8 章由唐必勇编写，袁建华补充修改；第 9 章由薛卫东编写；第 10 章由王鸿东组织编写，张佳兴补充修改；第 11 章由郎需霞编写，张佳兴补充修改；第 12 章由王平组织编写，孙广军修改，郎需霞补充修改 ；第 13 章由王强组织编写，郎需霞补充修改；第 14 章由廖秀华组织编写，王永升修改完善；第 15 章由于现军组织编写；第 16 章由曾宇峰组织编写；第 17 章由程鹏组织编写；第 15 章、第 16 章、第 17 章由程鹏、李淑华等补充修改并完善；第 18 章由任运奎组织编写，倪留生修改。全书图例由郎需霞组织、青岛海湾集团有限公司工程设计院绘制。全书策划、统校及修改由刘国桢、李素改完成，孟祥龙整理。

本书虽经编写、审校多次讨论、修改，力求在内容上更加严谨准确，更加符合现代氯碱发展的需要，随着技术的发展进步，仍然会存在不足，希望给读者提供有益的帮助和参考。

编者

2018 年 5 月 30 日

目录

5 离子膜电解原理 148

6 离子膜电解槽 176

1 氯碱工业综述

1.1 氯碱工业基本情况

氯碱工业是以盐为原料生产烧碱、氯气、氢气的基础原材料工业。氯碱产品种类多，关联度大，其下游产品达到上千个品种，具有较高的经济延伸价值，产品广泛应用于农业、石油化工、轻工、纺织、化学建材、电力、冶金、国防军工、建材、食品加工等国民经济各个领域，在我国经济发展中具有举足轻重的地位。据不完全统计，世界上约60%的化学品生产与氯相关。另外，氯产品也是我们生活饮用水处理、日用化学品的主要原料，与人民生活息息相关。由于氯碱工业所具有的特殊地位，自新中国成立以来，我国一直将主要氯碱产品产量作为我国国民经济统计的重要指标。

中国氯碱工业起步于1930年的上海天原电化厂，日产烧碱2t。到1949年新中国成立时，全国只有少数几家氯碱厂，烧碱年产量仅1.5万吨，氯产品只有盐酸、液氯、漂白粉等几种。通过“五年计划”的不断实施与国民经济的发展，中国氯碱工业不断发展壮大。“十二五”末，主要产品烧碱和聚氯乙烯产能分别位居世界首位，氯碱企业主要生产200余种氯产品，形成漂白消毒剂系列、环氧化合物、甲烷氯化物、氯化聚合物、光气系列、氯代芳烃系列以及精细化学品等十余个大系列，其中聚氯乙烯、环氧氯丙烷、甲烷氯化物、环氧丙烷、MDI/TDI等产能规模位居世界前列。

截至2016年底，全球共有超过500家以上的氯碱生产商，世界烧碱总产能已经超过9000万吨，产量接近7000万吨。亚洲地区仍是全球烧碱产能最集中的地区，产能接近全球的60%，中国是世界上烧碱产能最大的国家，产能占全球总产能的43%。世界烧碱产能分布情况见表1-1。

表1-1 世界烧碱产能表

国家和地区	产能/万吨
中国	3945
日本	493
东北亚(不包括中国和日本)	384
东南亚	256
南亚次大陆	336
北美	1661
南美	257
西欧	1090
中欧	150
原独联体	181

续表

国家和地区	产能/万吨
非洲	113
中东	305
合计	9171

1.2 基本氯碱产品及性质

1.2.1 烧碱的性质与应用

烧碱，化学名称氢氧化钠，又称火碱、片碱、苛性钠，为无色透明结晶体，有块状，片状或粒状，熔点 318.4℃，沸点 1390℃，密度 2.13g/cm^3。烧碱具有如下性质：具有很强的吸湿性，可用作干燥剂，但是不能干燥二氧化硫、二氧化碳和氯化氢气体。易溶于水，溶解时放出大量的热，水溶液滑腻、呈强碱性。暴露空气中易吸潮，最后全部溶成黏稠状液体。也溶于乙醇、甘油，不溶于丙酮、液氨和乙醚。腐蚀性极强，能破坏纤维、有机组织，高温下能腐蚀碳钢。氢氧化钠能吸收空气中二氧化碳生成碳酸氢钠和碳酸钠。氢与酸接触能发生剧烈中和反应，放出大量的热，生成盐类。有强烈刺性，其粉尘或烟雾刺激眼和呼吸道，腐蚀鼻中隔；皮肤和眼直接接触可引起灼伤；误服可造成消化道灼伤，黏膜糜烂、出血和休克。

烧碱是重要的基础化工原料，最初用于肥皂的制造，后逐渐用于日用、轻工、纺织、化工、医药等领域。使用烧碱最多的行业是化学品制造，其次是造纸、炼铝、炼钨、人造丝、人造棉和肥皂制造业。另外，在生产染料、塑料、药剂及有机中间体，旧橡胶的再生，制取金属钠、硼砂、铬盐、锰酸盐、磷酸盐等，也要使用大量的烧碱。

1.2.2 氯的性质与应用

氯元素符号 Cl，原子序数 17，原子量 35.453，外围电子排布 $3s^2 3p^5$，位于第三周期第ⅦA 族。氯原子半径 99pm，Cl^- 半径 181pm，第一电离能 1251kJ/mol，电负性为 3.0，主要化合价－1、0、＋1、＋3、＋5、＋7。1774 年瑞典人舍勒用盐酸与二氧化锰反应制得氯气，但不知道它是什么。1808 年英国人戴维确定氯气是一种单质，确定了氯元素的存在。氯主要以氯化钠的形式存在于海水、盐湖和岩盐矿中，由 ^{35}Cl 和 ^{37}Cl 两种稳定同位素组成，在地壳中的丰度为 0.14%。氯气在工业上用电解饱和食盐水制得，实验室常用浓盐酸与二氧化锰共热制备。

单质氯以双原子分子 Cl_2 组成，为黄绿色气体，有毒，有剧烈窒息性、刺激性臭味，密度 3.214g/L，熔点－100.98℃，沸点－34.6℃，离解能 246.7kJ/mol。液态氯为金黄色液体，固态氯为四方晶体。20℃时在水中的溶解度为 7.29g/L，氯的水溶液呈黄绿色，部分水解成盐酸、次氯酸（HClO），后者有强氧化性、杀菌性、漂白性。氯气易溶于二硫化碳、四氯化碳等有机溶剂。在低温下，干燥的氯气化学性质不十分活泼，有痕量水存在时，活泼性急剧增加，能与所有金属化合，能与氧、氮、碳以外的非金属单质直接化合，生成氯化物。氯气具有强的氧化能力，能与有机物和无机物进行取代和加成反应，同许多金属和非金属能直接反应，与碱反应生成盐酸盐和次氯酸盐，如：

$$Cl_2 + 2NaOH \longrightarrow NaCl + NaClO + H_2O$$

加热时氯气与碱反应生成盐酸盐和氯酸盐，与饱和烃发生取代反应，与不饱和烃发生加成反应。

危险性：不燃，但遇可燃物会燃烧、爆炸。

侵入途径：吸入、眼睛及皮肤接触。

健康危害：严重刺激皮肤、眼睛、黏膜；高浓度时有窒息作用，引起喉肌痉挛、黏膜肿胀、恶心、呕吐、焦虑和急性呼吸道疾病、咳嗽、胸痛、呼吸困难、支气管炎、肺水肿、肺炎，甚至因喉肌痉挛而死亡。

氯气用途非常广泛，用于饮用水消毒及制漂白粉、盐酸、盐酸盐、农药、塑料、有机溶剂、染料、化学试剂，还用于漂白纸浆和布匹、稀有金属和纯硅的提炼。

1.2.3 氢的性质与应用

氢的元素符号为 H，原子序数为 1，原子量 1.0079，核外电子排布为 $1s^1$，电离能为 1306.47kJ/mol，电负性为 2.1。氢在元素周期表中位于第一周期第ⅠA族。氢在自然界中有三种同位素（氕、氘、氚），其中^{1}H（氕）相对丰度为 99.985%，^{2}H（氘，也叫重氢）相对丰度为 0.016%，这两种氢是在自然界中稳定的同位素。从核反应中还能找到质量数为 3 的同位素^{3}H（氚，也叫超重氢），它在自然界中含量极微。氢在自然界中主要以化合物形式存在，其中以水和糖类为主，在大气中含量极微［体积分数为 (5×10^{-5})%］，在地壳里的丰度为 0.76%。根据光谱分析，在太阳和某些星球的大气中含有大量氢气。1776 年，英国化学家卡文迪许用金属与酸作用时发现了氢。氢原子是结构最简单的原子。氢是元素中最轻的元素。氢气的分子式为 H_2，氢气在通常状况下为无色、无味的气体，氢气的密度为 0.0899g/L，液氢的密度为 0.070g/cm^3，熔点 −259.14℃，沸点 −252.4℃，氢气是最轻的气体（密度最小），微溶于水（0℃时，每体积水溶解 0.0214 体积氢气）。氢气在低温下较不活泼，除非有合适的催化剂；在高温下则变得高度活泼，能燃烧，并能与许多金属和非金属直接化合。氢气有很大的扩散速度，容易通过各种细小的空隙，如钢板。高扩散速度使氢气有高导热性，用氢气冷却物体比用空气冷却约快 6 倍。氢分子通过电弧或高温，都能离解成氢原子，氢原子在金属表面很快又结合成氢分子，同时放出大量的热，形成氢原子火焰，温度可高达 3500℃。

氢气有可燃性，它在空气中燃烧生成水并放出大量的热，当空气中含 4.1%～75%（体积分数）氢气时，点火则发生爆炸。氢气与氧气按一定比例混合时即得爆鸣气，因此，点燃氢气前必须检验氢气的纯度，保证安全。氢气可以与氟、氯、溴、碘、硫、氮等很多非金属化合生成气态氢化物，其中氢为 +1 价。氢气还能与一些碱金属、碱土金属化合生成固态金属氢化物，如 LiH、NaH、KH、CaH_2、BaH_2 等，在这些化合物中氢为 −1 价，这些氢化物属于离子型化合物。氢气有还原性，在一定温度下，氢气可以从某些金属氧化物或非金属氧化物中夺取氧，用氢气可使氧化钨还原为金属钨。在一定温度下，也可从某些金属氯化物或非金属氯化物中夺取氯，使金属或非金属还原出来。氢气还可与不饱和烃及其衍生物发生加成反应。钯和某些合金（如 $LaNi_5$ 等）能大量“吸收”氢气，在一定条件下氢气又可以被释放出来，因此钯和这些合金可用作氢气的储运材料。

氢气是重要的化工原料，可用于合成氨、合成盐酸以及有机合成等。在高温下用氢将金属氧化物还原以制取金属，与其他方法相比，产品的性质更易控制，同时金属的纯度也高，故氢气广泛用于钨、钼、钴、铁等金属粉末和锗、硅的生产。氢气或氢氦混合气体可用来充填气球，氢气可用来制燃料电池，液氢和液氧可用作火箭的高能燃料，氢原子火焰可用来焊接金属。

1.3 中国氯碱工业发展现状

1.3.1 烧碱产能和产量概况

截至 2016 年底，我国有氯碱企业 158 家，烧碱总产能 3945 万吨，产量年均出口约 200 万吨。“十二五”以来，我国氯碱工业经历了以碱产品生产导向向以氯产品生产导向的转变，产能进一步增长，但是增速进一步放缓，供需矛盾逐步得以缓解。

经过近几年的快速发展，国内氯碱消费格局也逐渐由进口型转变为出口型，近年来我国烧碱的供需情况见表 1-2。

表 1-2 我国烧碱的供需情况 单位：万吨

年份	产能	产量	进口量	出口量	表观消费量
2011 年	3412	2466	2	216	2252
2012 年	3736	2699	1	208	2492
2013 年	3850	2854	1	207	2648
2014 年	3910	3180	1	201	2980
2015 年	3873	3028	1	177	2852
2016 年	3945	3284	1	191	3094

2007～2016 年，我国烧碱产能呈现三种不同发展趋势：

(1) 快速增长阶段：2007 年之前为烧碱产能增长的高峰期，随着我国经济持续增长，带动烧碱行业规模不断提升，烧碱产能年均增长率达到 20%以上。

(2) 随着经济危机的到来，严重影响了世界经济与我国经济的发展，与国民经济息息相关的烧碱行业的增长速度也由迅猛逐渐过渡到放缓的趋势。2008～2013 年，增长率相对稳定，在 10%左右。

(3) 失去了高额利润的吸引，新改扩建烧碱更加理性，通过充分市场竞争实现企业优胜劣汰和落后产能的加速退出，我国烧碱产能净增长呈现快速下降的态势，2015 年烧碱产能首次出现负增长。2016 年，由于烧碱市场价格持续上涨，企业盈利状况好转，前期滞留的产能加速投产，尽管当年有部分烧碱产能退出，但整体仍出现正增长。

1.3.2 行业布局概况

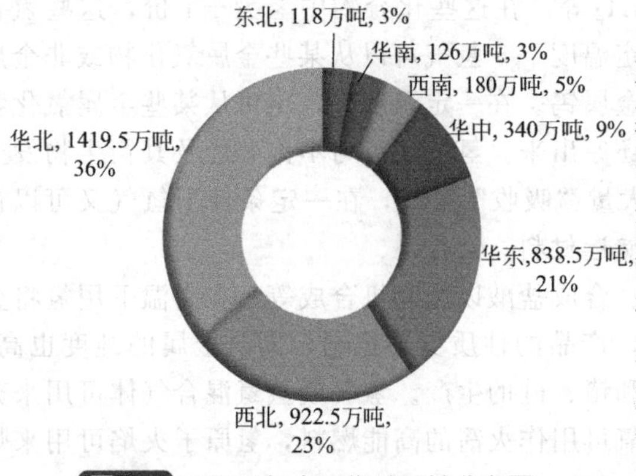

图 1-1 2016 年中国烧碱区域分布图

中国烧碱产能分布较为广泛，华北、华东和西北地区是烧碱产能相对集中的区域。其中，华北的山东地区是中国烧碱产能最大的地区，山东地区烧碱产能为 1048.5 万吨，占全国产能比例的 26.6%。从七大区域的分布情况来看，华北地区是烧碱产能最为集中的区域，其 1419.5 万吨的产能占全国比例的 36%。东部省份氯碱产业有着悠久的发展历史，同时东南部沿海地区也是我国氯碱产品的主要消费市场，依托下游产业的需求支撑和相对便利的对外贸易条件，有利于产品的消化（见图 1-1）。

此外，东部地区氯碱产业也探索出与化工新材料、氟化工、精细化工和农药等行业结合的跨界发展新模式；西部地区氯碱产业发展迅速，在我国氯碱行业整体布局中的重要地位日益突出，依托资源优势建设大型化、一体化“煤电盐化”项目已成为西部地区氯碱产业发展的重要特点；以河南为代表的中部地区，在烧碱下游氧化铝行业发展的带动下，烧碱装置能力增长较为明显。东部、西部和中部地区不同成长路径和发展特点的氯碱产业带已逐渐形成。

1.3.3 行业集中度概况

氯碱工业是具有明显规模经济特征的基础产业，相对较高的产业集中度有助于促进产业技术进步与产业升级，保障产业规模与社会经济发展相适应，与其他相关行业协调统一地健康发展。由于中国历史形成的条块分割原因，使得中国中小氯碱企业偏多，地区分布不均。长期以来，单个企业规模偏小、产业集中度不高、产业布局相对分散等问题制约着中国氯碱产业的发展壮大。近年来，通过产业结构调整和市场充分竞争，企业数量有所减少，平均企业规模进一步提升，但相比欧美等发达国家或地区，还有一定差距。参照贝恩分类法（CR_4 ＜35％，CR_8＜40％），烧碱行业前 4 家和前 8 家产能分别占总产能的 11％和 19％，属于分散竞争型。氯碱企业布点呈现高度分散状态，市场呈现完全竞争的特征。中国烧碱企业产能规模统计表见表 1-3。

表 1-3 2016 年中国烧碱企业产能规模的统计

项目	企业数量	累计产能/万吨	产能占比	平均产能/万吨
100 万吨以上	4	444	11％	111
50 万～100 万吨	11	735	19％	67
30 万～50 万吨	32	1133.5	29％	35
10 万～30 万吨	86	1498	38％	17
10 万吨以下	25	134	3％	5

1.3.4 中国氯碱工业发展特点

（1）氯与碱的平衡。电解盐水溶液时，按固定质量比例（1∶0.85）同时产出烧碱和氯气两种产品。在一个国家和地区，对烧碱和氯气的需求量不一定符合这一比例。因此，出现了烧碱和氯气的供需平衡问题。“十二五”末，由于以氧化铝为代表的下游行业快速增长，我国烧碱消费增长较快，市场需求旺盛，但是以聚氯乙烯为代表的耗氯产品增长则相对平缓，市场供应相对饱和，这就造成了“碱短氯长”“以碱补氯”的碱氯失衡现象，而且这种失衡愈加严重和明显。

（2）用电特点。电是氯碱生产的重要原料，占成本 60％以上。因此电价在一定程度上影响着氯碱企业正常生产和盈利空间，甚至是决定企业生存发展的关键因素。氯碱企业生产用电具有两大特点：首先是负荷率高，特别是均衡用电，对电网“移峰填谷”长期稳定运行起到了关键作用；其次是电压等级高，国内大部分氯碱厂生产运行电压等级均在 35～110kV。氯碱行业能够最大限度利用发、输电设备，且输送电损失小，大量节省发、输、配电投资，能大幅度降低发电成本。结合当前国家电力供给侧改革工作，加快推进氯碱行业直购电工作及实施合理用电价格，对于促进氯碱行业由大做强具有非常重要的意义。

（3）循环经济发展模式。我国自“十一五”明确提出了在结构调整的过程中把资源节约作为基本国策后，循环经济试点工作开始逐步应用于企业和产业园区。氯碱工业作为我国国民经济当中重要的基础原材料产业，也是能源、水资源、矿产资源、再生资源消耗量较大的资源密集型产业，决定了氯碱行业是一个有条件、有潜力发展循环经济的产业。

按照“减量化、再利用、资源化”的原则，重点突出在产业循环式组合、资源循环式利用和清洁生产三个方面，通过不断探索，氯碱工业形成以下主要两种循环经济模式。一是以电石法聚氯乙烯工艺为核心，探索发展出“煤炭—电力—电石—氯碱—聚氯乙烯—水泥建材”的循环经济发展模式。钙资源在电石渣制水泥的生产中得到二次利用，相比传统工艺，还可以减排二氧化碳。二是实现氯资源和钠资源多次利用循环经济发展模式。通过产业链设计和技术工艺的创新，实现氯、钙和钠资源的多次利用，使得氯化氢和含盐废水得到综合处置，以及实施资源、能源闭路循环，使得资源整合利用更优化，产品结构更合理，环境更友好，效益更明显。

(4) 市场格局不断变化，交易方式多样化。不断开拓海外市场、利用海外资源已经成为我国氯碱行业发展的趋势。“十二五”期间，烧碱每年出口稳定在200万吨以上，出口遍及澳大利亚、美国、东南亚及非洲等国家和地区。聚氯乙烯出口到印度、俄罗斯、东南亚和中亚等几十个国家和地区。“十二五”期间PVC出口量同比“十一五”增长约40%，进口量减少约30%，同时工业盐、乙烯基原料等资源进口已成为我国氯碱行业发展的有益补充。

期货和现货电子交易对行业传统营销模式的创新起到了重要影响和促进作用。“十二五”期间，聚氯乙烯期货和现货电子交易处于不断探索和发展之中，电子交易与现货贸易的结合，不仅提高了市场资源配置效率，而且可以更好满足企业在贸易、融资、物流和风险控制等方面的多元化需求，为企业营销方式的转变打开新的通道，为行业营销模式的创新提供新的选择。

1.4 氯碱工业的生产技术

1.4.1 氯碱早期生产方法

氯早在13世纪以前就为人们所知。最早在实验室成功制备氯的是舍勒，他在1774年用盐酸和二氧化锰来制备氯，反应式如下：

$$4HCl + MnO_2 \longequal MnCl_2 + Cl_2 + 2H_2O$$

氯的工业化生产首先于1799年由Weldon实现，亦即舍勒法的工业化。

烧碱的发现始于天然碱（纯碱）的发现，早在中世纪就发现纯碱存在于盐湖中，主要组分为Na_2CO_3。后来，发明了以石灰和纯碱制取NaOH的方法，这一方法称为苛化法：

$$Na_2CO_3 + Ca(OH)_2 \longequal 2NaOH + CaCO_3$$

因为苛化过程是加热的，故将NaOH称为烧碱，又称苛化钠，以别于天然碱。

1807年英国人戴维最早开始了食盐熔融法电解的研究；他在1808年正式提出氯为一种元素；1810年，他在研究熔融盐的电解时发现金属钠与汞能生成汞齐，为后来的水银法（汞法）电解制氯奠定了基础。

1.4.2 氯碱电解方法发展简述

1851年瓦特第一个取得了电解食盐水制备氯的专利。但由于种种原因，1867年德国人Siemens的直流发电机发明后，于1890年电解法才得以工业化。隔膜法与水银法电解发明时间相差不远，Griesheim隔膜法于1890年在德国出现，第一台水银法电解槽（Castner电解槽）于1892年取得专利。

(1) 水银法。水银法是在1807年英国人戴维发现钠汞齐后，1882年有人发现食盐水溶液电解产物可用它来分开，钠在汞阴极流体中形成钠汞齐而使其与阳极液分离，然后到另一解汞室加水分解成 NaOH 和 H_2。

我国第一家水银法电解厂是锦西化工厂，于 1952 年投产。2000 年左右，我国已完全淘汰水银法生产工艺。

（2）隔膜法。隔膜法工业化的困难首先是阳极材料，要求其既能导电又要耐氯和氯化钠溶液的腐蚀。最早应用的阳极材料是烧结炭，电阻大，槽电压高达 5～8V，且在氯中混有较多的 CO_2。直到 1892 年，Acheson 和 Castner 各自独立发明了人造石墨，才提供了价廉而适用的石墨阳极，使氯碱工业得以迅速发展。到 1970 年左右，石墨阳极才开始被新发明的含贵金属氧化物涂层的金属阳极逐步取代。隔膜材料也经历由多孔水泥、石棉水泥多孔膜、石棉纤维到改性隔膜的发展过程。

我国第一家隔膜电解工厂是上海氯碱化工股份有限公司的前身——天原电化厂，于 1929 年投产。目前，我国隔膜法烧碱装置仅有 22 万吨产能，作为处理高含盐废水生产装置，其他隔膜法产能都已陆续淘汰。

（3）离子膜法。1952 年，Bergsma 提出采用具有离子选择透过性膜的离子膜法来生产氯和烧碱。1966 年，美国 Du Pont 公司开发出宇航技术燃料电池用的全氟磺酸阳离子交换膜“Nafion”，并于 1972 年以后大量生产转为民用。它能耐食盐水溶液电解时的苛刻条件，为离子膜法制氯碱奠定了基础。由于离子膜法工艺更加清洁、节能、产品质量好，得到了迅速发展。

我国第一家离子膜法电解工厂盐锅峡化工厂，于 1986 年投产。目前，国内主要以离子膜法生产烧碱为主，占烧碱总产能的 99.4%。

1.4.3 中国氯碱生产方法和技术

近几年氯碱行业的迅猛发展，同时也带动了氯碱工业的技术革新，一批清洁生产技术相继研发成功，离子膜烧碱生产技术水平逐步达到甚至引领世界水平。主要体现在盐水精制技术方面，先后创新推出了有机膜法精制和陶瓷膜法精制技术，并推出去除预处理器的 HW 一次过滤精制技术，引领世界水平；在国产离子膜和节能型高电流密度化电解槽方面，也正寻求突破；国产烧碱氧阴极技术和氧化制氯技术也在不断研究开发之中。

盐水精制方面，采用膜法脱出硫酸根，利用过滤膜将硫酸根阻止在浓缩液中，再通过冷冻技术使浓缩液中的硫酸根以硫酸钠的形式结晶分离出来，达到脱除硫酸根的目的并得到副产物芒硝。使用膜法脱硝可以避免使用 $BaCl_2$ 等有毒物质，减少盐泥排放，制取每吨烧碱可以减少 40kg 盐泥排放，在行业内已普遍采用。

电解槽方面，电解槽的阴阳极间距（极距）是一项非常重要的技术指标，其极距越小，单元槽电解电压越低，相应的生产电耗也越低，当极距达到最小值时，即为“膜极距”，亦称为“零间隙”。用该技术制造或改造的离子膜电解槽与普通极距电解槽相比，制取每吨烧碱可节电 70～100kW·h，使离子膜法制碱技术更加节能。该技术已普遍用于新改扩建项目和现有电解槽的大规模改装升级，节能效果良好。

国产烧碱氧阴极技术开发方面，蓝星（北京）化工机械有限公司开发的国产化氧阴极技术也是一项离子膜法生产烧碱的节能新技术，通过降低离子膜电解槽的阴极分解电压达到节能的目的。2012 年，该技术已经在江西蓝星星火有机硅有限公司投入工业化试运行，氧阴极烧碱电解槽理论分解电压能降低 1.2V 左右，电解电耗可以降低 850～900kW·h/t 烧碱，比目前传统离子膜法工艺节能约 30%以上。2015 年国内引进的首套 4 万吨/年烧碱氧阴极电解装置采用了蒂森克虏伯伍迪工艺技术，已在山东滨化开车运行，节能效果显著。

国产离子膜研发方面，2009年山东东岳集团与上海交通大学历经8年的联合攻关，成功突破了从原料、单体、聚合到膜成品的一系列关键技术问题，解决了相关理论、技术、装备和工程难题，形成了拥有自主知识产权的技术体系，建成了1.35m幅宽的全氟磺酸/全氟羧酸/增强复合离子膜连续化生产线。国产化离子膜各项技术指标均达到国际同类产品技术指标，并在万吨级氯碱生产装置上成功应用。2014年通过树脂、网布、膜结构和制造设备等的改进创新，研制出具有更加优异性能的DF2806离子膜产品。通过对离子膜制膜机械装备的升级换代，目前已实现国产化离子膜对所有离子膜电解槽槽型的全覆盖。

蒸发方面，离子膜法烧碱三效逆流膜式蒸发技术已实现国产化，离子膜法烧碱由于没有盐结晶问题的困扰，因此可以最大限度地利用有效温差，三效逆流膜式蒸发技术已在我国多个烧碱项目上运行。

参考文献

[1] 杨宁．中国氯元素工业代谢分析．过程工程学报，2009（1）：69-73.
[2] 刘自珍．中国烧碱行业发展趋势与对策建议．中国氯碱，2009（8）：1-4.
[3] 程殿彬主编．离子膜法制碱生产技术．北京：化学工业出版社，1998.
[4] 叶由忠．国内外烧碱市场展望．氯碱工业，2009（11）：1-7.
[5] 方度，蒋兰荪，吴正德主编．氯碱工艺学．北京：化学工业出版社，1990.

2 盐水系统

盐是电解法生产氯碱的主要原料之一，盐制成饱和水溶液用于电解，通过物理和化学的方法将盐水中的有害杂质去除，使之达到规定的电解适用标准，电解产生的淡盐水重新饱和精制处理，这一盐水精制和返回淡盐水再利用系统称为盐水系统，盐水系统的设计和运行，对电解影响巨大，因此需要得到广泛研究和不断创新。

2.1 氯化钠及氯化钠水溶液

2.1.1 固体氯化钠的性质

氯化钠（sodium chloride），分子式为 NaCl，分子量为 58.443。

物理性质：纯净的氯化钠晶体是无色透明的立方晶体，由于杂质的存在，使一般情况下的氯化钠为白色立方晶体或细小的晶体粉末，密度 2.165g/cm^3（20℃），熔点 801.0℃，沸点 1465℃，pH 呈中性。氯化钠溶于水、甘油，微溶于乙醇、液氨。纯的氯化钠很少潮解，普通工业原盐含有氯化钙、氯化镁、硫酸钠等杂质，这些杂质吸收空气中的水分而使原盐潮解结块，结块的原盐给运输及使用带来一定的困难。

2.1.2 氯化钠水溶液的性质

温度对氯化钠在水中的溶解度影响并不太大，但温度对氯化钠的溶解速度有较大影响，提高温度可加快氯化钠的溶解速度。饱和的氯化钠水溶液在温度明显下降时，氯化钠将从溶液中析出。因此，饱和的氯化钠水溶液在温度较低的环境下输送时要注意保温，以防止氯化钠的析出而堵塞输送管道，对生产造成影响。

不同温度下氯化钠在水中的溶解度见表 2-1。

表 2-1　氯化钠在水中的溶解度

温度/℃	质量分数/%	溶解度/(g/L)	温度/℃	质量分数/%	溶解度/(g/L)
10	26.35	316.7	60	27.09	320.5
20	26.43	317.2	70	27.30	321.8
30	26.56	317.6	80	27.53	323.3
40	26.71	318.1	90	27.80	325.3
50	26.89	319.2	100	28.12	328

氯化钠水溶液的密度随浓度而变化，在 20℃时，氯化钠水溶液浓度与密度的关系见表 2-2，不同温度时 26%的氯化钠的浓度见表 2-3。

表 2-2　20℃时 NaCl 水溶液的密度

质量分数/%	溶解度/(g/L)	密度/(g/cm^3)	质量分数/%	溶解度/(g/L)	密度/(g/cm^3)
22	256	1.1639	23	270	1.1722

续表

质量分数/%	溶解度/(g/L)	密度/(g/cm³)	质量分数/%	溶解度/(g/L)	密度/(g/cm³)
24	282	1.1804	26	311	1.1972
25	297	1.1888	26.4	318	1.2003

表 2-3 不同温度时 26%的氯化钠水溶液的密度

温度/℃	密度/(g/cm³)	温度/℃	密度/(g/cm³)
0	1.20709	40	1.18614
10	1.20254	50	1.18045
20	1.19717	60	1.1747
25	1.19443	80	1.1626
30	1.19170	100	1.1492

2.1.3 盐的种类和生产

(1) 盐的种类。我国工业用盐根据加工方法和纯度的不同分为原盐和精制盐。通常将海盐、湖盐、井矿盐等富含杂质的盐统称为原盐。将以原盐或盐水为原料，除去其中的杂质，再经蒸发、结晶、脱水、干燥、筛分而成的高强度盐称为精制盐。原盐按用途可分为工业盐、食用盐、农牧盐和渔盐等。其中重要用途工业盐分为纯碱、烧碱工业用盐，俗称“两碱工业盐”；漂染、制革、冶金、制冰冷藏、陶瓷玻璃、医药等行业用盐，俗称“小工业盐”。

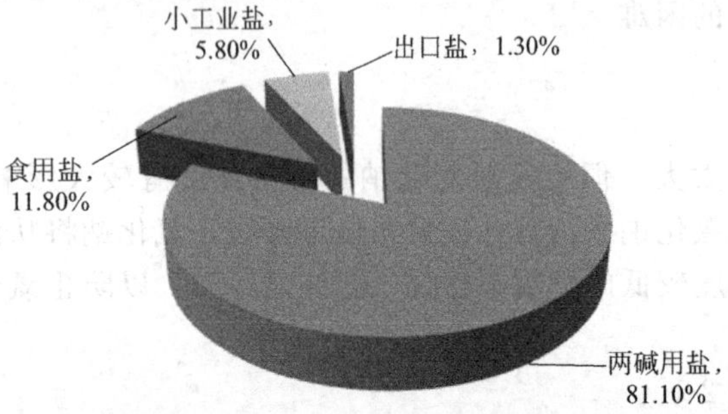

图 2-1 2013 年中国原盐下游消费比例

据统计数据显示，中国原盐主要用于两碱产业，份额约 80%以上，其他工业行业用盐及食用盐等下游整体用盐量占总量的 20%左右。两碱产业的整体运行走势对原盐行业的发展起到关键性作用。食用盐每年的需求量保持相对稳定。2013 年中国原盐下游消费比例见图 2-1。

各种盐的指标如表 2-4、表 2-5 所示，中国各盐种产量比例见表 2-6。

表 2-4 国内盐的指标 单位：质量分数/%

品种	等级	NaCl	SO_4^{2-}	Ca^{2+}	Mg^{2+}	水不溶物
海盐	一级	≥94.0	≤0.7	≤0.20	≤0.20	≤1.50
	二级	≥92.0	≤0.8	≤0.20	≤0.30	≤1.70
	三级	≥89.5	≤1.0	≤0.30	≤0.30	≤2.60
井矿盐	优级	≥95.5	≤0.7	≤0.25	≤0.20	≤2.60
	一级	≥94.0	—	—	—	≤0.40
	合格	≥92.0	—	—	—	≤0.40

续表

品种	等级	NaCl	SO_4^{2-}	Ca^{2+}	Mg^{2+}	水不溶物
湖盐	一级	≥93.0	≤0.8	≤0.30	≤0.20	≤1.00
	二级	≥85.0	—	—	—	—
	三级	≥70.0	—	—	—	—
精制盐	一级	≥99.0	≤0.2	≤0.02	≤0.002	无

表 2-5 我国主要原盐质量 单位：质量分数/%

品种	NaCl	Ca^{2+}	Mg^{2+}	SO_4^{2-}	H_2O	水不溶物
北方海盐	94.4	0.23	0.17	0.54	3.37	0.03
山东海盐	96.0	0.15	0.08	0.30	2.60	0.02
青海湖盐	95.77	0.06	0.02	0.16	2.09	0.02
中原井盐	98.65	0.10	0.10	0.28	0.01	0.00
内蒙古岩盐	95.77	0.17	0.13	0.63	2.68	0.05

表 2-6 中国各盐种产量比例 单位 %

品种	2009 年	2010 年	2011 年	2012 年	2013 年
海盐	48.84	44.9	42.17	39.91	33.08
井矿盐	40.33	41.5	44.83	46.40	53.69
湖盐	10.83	13.6	13.00	13.69	13.23

(2) 国外的原盐生产概况。海盐产区主要分布于亚洲、大洋洲、非洲、拉丁美洲等地，美国矿盐储量最大，约占世界总资源量的 30%。目前有 100 多个国家和地区生产盐，主要产盐国家有美国、中国、俄罗斯、澳大利亚、墨西哥、德国、加拿大、印度、法国、英国等。目前年总产量约 2.4 亿吨，美国和中国是世界上两个最大的产盐国，占全球总产量的 36%，世界盐的消耗主要有北美洲、欧洲和亚洲三大市场。世界盐的总贸易量不到产量的 20%，主要集中在泛太平洋地区（占全球贸易量的 40%）。澳大利亚和墨西哥盐出口量每年约为 1700 万吨，占总出口量的 40%，其中 1600 万吨出口亚洲，亚洲主要进口国是：日本、中国、韩国、印度尼西亚、菲律宾、越南等。美国和日本是世界上最大的两个盐进口国，达到 2000 多万吨，约占全球总进口量的 46%。

国外很多氯碱企业采用洗涤盐，就是原盐生产企业将富含各种杂质的普通工业盐用水对其进行洗涤，存在于原盐中的氯化钙、氯化镁、硫酸钠等杂质大约可洗去 50%，氯化钠含量可达 97%～98%，为氯碱企业清洁生产创造条件。不同国家原盐质量见表 2-7。

表 2-7 不同国家原盐质量 单位：质量分数/%

国家	NaCl	Ca^{2+}	Mg^{2+}	SO_4^{2-}	H_2O	水不溶物
中国	94.4	0.17	0.14	0.54	3.37	0.03
澳大利亚	96.46	0.05	0.01	0.15	0.60	0.02
墨西哥	95.77	0.06	0.02	0.16	2.09	0.02

续表

国家	NaCl	Ca^{2+}	Mg^{2+}	SO_4^{2-}	H_2O	水不溶物
也门	98.65	0.10	0.10	0.28	2.01	0.06
埃塞俄比亚	95.77	0.17	0.13	0.63	2.68	0.05
印度	94.08	0.23	0.13	0.49	2.52	0.29

2013 年中国进口的原盐主要来自澳大利亚、印度、墨西哥和智利，其中澳大利亚盐和墨西哥盐进口量呈现比较稳定的增长，而印度盐进口量呈现波动变化，2013 年创下近年来最高值，近年来中国原盐进口情况见表 2-8。智利盐自 2012 年异军突起，进口量激增，2013 年继续保持较高的进口量水平。

表 2-8 中国原盐主要进口国家数量统计 单位：万吨

国家	2009 年	2010 年	2011 年	2012 年	2013 年
澳大利亚	92.6	158.5	227.2	289.3	368.4
墨西哥	48.7	64.7	87.9	96.1	84.4
印度	3.6	52	90.2	76.1	250.4
智利	0.06	0.02	0.1	60	42.4

虽然澳大利亚盐和墨西哥盐进口量稳步增长，但其占总进口量的比例却呈现为逐步下降的趋势。反观印度盐进口的情况，虽然进口量出现波动，但占总进口量的比例呈现为总体上升的趋势，尤其在 2013 年更是高达 32%左右，远超墨西哥盐。智利盐虽然近两年才逐渐在进口盐市场显现，但是占比增速也不容忽视。2013 年中国原盐主要进口国家所占比例见图 2-2。

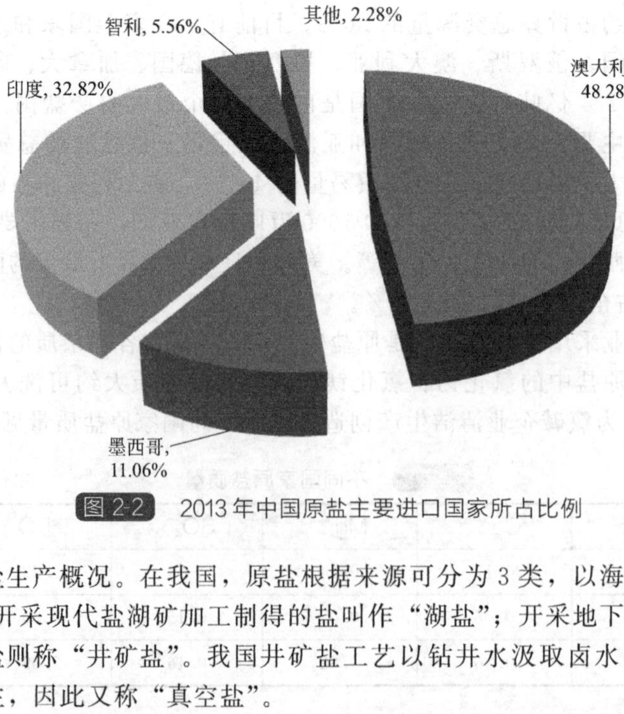

图 2-2 2013 年中国原盐主要进口国家所占比例

（3）中国原盐生产概况。在我国，原盐根据来源可分为 3 类，以海水为原料晒制而得的盐叫作“海盐”；开采现代盐湖矿加工制得的盐叫作“湖盐”；开采地下天然卤水或古代岩盐矿床加工制得的盐则称“井矿盐”。我国井矿盐工艺以钻井水汲取卤水，进而真空蒸发结晶生产高品质盐为主，因此又称“真空盐”。

中国的制盐工业不断发展，已经形成生产区域差异化布局的三大制盐产业带。其中北方沿海地区为大型海盐生产基地，中、东及南部地区为井矿盐产业带，西部地区为湖盐生产基地，其他则为盐资源较少地区。

2013 年我国海盐产量为 2845.13 万吨，占原盐产量总比例的 33.08%；井矿盐产量为 4617.3 万吨，占总比例的 53.69%；湖盐产量为 1137.81 万吨，占总比例的 13.23%。中国各盐种产量比例见表 2-9。

表 2-9 中国各盐种产量比例 单位：%

品种	2009 年	2010 年	2011 年	2012 年	2013 年
海盐	48.84	44.9	42.17	39.91	33.08
井矿盐	40.33	41.5	44.83	46.40	53.69
湖盐	10.83	13.7	13.00	13.69	13.23

从表 2-9 可以看出，我国海盐产量所占比例呈缩小的趋势，而井矿盐产量占比则保持扩大趋势，湖盐相对稳定。海盐主要受到春盐、秋盐欠产和滩涂盐田面积缩小的影响，产量占比持续下降。井矿盐主要受近年来盐化工项目的快速发展的影响，大量新建真空制盐项目投产，产量也随之逐渐增加。西北地区的湖盐采取以销定产，需求和产量基本保持稳定。

（4）原盐的生产工艺。原盐的生产工艺方法大致可以分为 3 种：①用露天开采法或地下溶浸法开采岩盐；②海水和盐湖水经盐田日晒制海盐和湖盐；③人工熬煮或真空蒸发，卤水中制取盐。

经盐田日晒制海盐和湖盐利用了我国海盐区气温高、降水频率低的特点，采用新卤、薄晒、短期结晶、定期活动卤水与盐碴的工艺，晒出普通盐。

人工熬煮或真空蒸发卤水中制取的精制盐，是以地下天然卤水、岩矿盐水溶开采得到的卤水为原料，用化学方法除去其中的可溶性杂质，澄清后再经多效真空蒸发、结晶、脱水、干燥、筛分而成。该盐理化指标要求高，一般含 NaCl 99%，白度 80～86，颗粒通过 20～60 目筛的占 60%以上。但为了防止结块，需在精制盐中添加适量的抗结剂（亚铁氰化钾、碱式碳酸镁或钠、铝的硅酸盐等）以利于运输和储存。但应该注意的是，亚铁氰化钾在盐水精制过程中极不易除去，会对电解槽的正常运行产生影响，应避免添加。英国使用钠、铝硅酸盐作抗结剂，还添加 0.0374%右旋糖和 0.0062%碳酸钠作稳定剂。目前人们正在积极开发新型抗结剂（铁-酒石酸络合物）实际应用于企业生产的精制盐中，可有效消除原先使用的亚铁氰化钾抗结剂对氯碱电解生产带来的影响。

2.1.4 原盐的运输和储存

2.1.4.1 原盐的储存

原盐储存的方式有干法和湿法两种。干法储存地方有露天盐场、室内、罩棚盐库或盐仓，湿法有地下池式盐库。

（1）露天盐场主要是在雨量较少的地区，供万吨以上的大量原盐储存之用。四周有大约 2m 左右高的围墙，并配有废盐水回收池和回收盐水泵回收溶化的盐水。一般采用装载机（铲车）上盐的方式。

（2）室内盐库或罩棚一般雨量较多的地方采用。通常是装载机或桥式抓斗吊车配合皮带输送原盐。盐库的大小根据每日用盐量和原盐运输周期确定。

（3）地下池式盐库一般修建在有铁路便于火车运输的场所。原盐可以直接倾倒，减少二次搬运，具有兼供储存和溶化原盐的混凝土地下池设施。地下混凝土建筑物必须有良好的防水层，避免盐水外漏或地下水渗入，并有盖板防止落入杂物。但一般粗盐水浓度不好控制且清污比较困难，使用较少。

（4）相关计算

① 盐库面积的计算

$$F=\frac{V}{H}\eta$$

式中 F——盐库面积，m^2；

V——原盐总体积，m^3；

H——原盐平均堆积高度（原盐散装堆放时，H 与挡盐墙高度有关，一般取值为 2.5～3.0m），m；

η——盐库内面积利用系数，原盐散装堆放时，一般取值为 60%～65%。

② 盐仓容积的计算

$$V=\frac{TG}{R}$$

式中 V——盐仓容积，m^3；

T——盐的运输周期（一般取 30d），d；

G——每天用盐量，t/d；

R——原盐的堆积密度，R 与盐的颗粒直径有关，一般取值为 0.7～1.2t/m^3，t/m^3。

2.1.4.2 原盐的输送

原盐的输送一般通过火车、汽车或船将盐运入盐库，然后通过装载机、桥式抓斗吊车和皮带机进行输送。皮带机输送是比较普遍使用的原盐输送工艺，特别适用化盐桶比较高的时候，但是如果盐比较湿的时候不容易上盐，皮带机也比较容易出现故障。装载机输送上盐相对比较简单，但对于高度有局限性，适合半地上和地下上盐。

离盐场距离较近的企业，也可采用卤水管道输送和船运，有利于降低成本。

2.1.4.3 精制盐中添加抗结剂的影响

精制盐因易结块而不易长时间储存，为了防止结块，需在精制盐中添加适量的抗结剂（亚铁氰化钾、碱式碳酸镁或钠、铝的硅酸盐等）以利于运输和储存，在我国一般采用亚铁氰化钾作为精制盐的抗结剂。我国在精制盐的国家标准里规定：亚铁氰化钾为精制盐防结块剂，其加入量规定以 $[Fe(CN)_6]^{4-}$ 计，要求≤5mg/kg。

亚铁氰化钾，俗名黄血盐，分子式 $K_4[Fe(CN)_6]\cdot 3H_2O$，柠檬黄色单斜晶体，相对密度 1.85，在 60～70℃时失去结晶水，生成 $K_4[Fe(CN)_6]$，在酸性溶液中及与氯气反应能氧化成铁氰化钾和氯化钾，隔绝空气加热分解为 KCN、N_2、H_2、Fe（海绵体）等。

精制盐水中的亚铁氰化钾带来 Fe^{2+} 量的计算：如果精制盐中亚铁氰化钾的量以 $[Fe(CN)_6]^{4-}$ 计为 5mg/kg，则每吨精制盐中加入的亚铁氰化钾量是 $1\times5\times10^{-6}$t=5g，每吨精制盐含 Fe^{2+} 量为 $5\times56\div212=1.32$(g)。假设每吨离子膜烧碱消耗 100% NaCl 量为 1.5t，盐水密度为 1.2g/cm^3。不同用盐比例的情况下，每吨精制盐水中因亚铁氰化钾带来的亚铁离子量见表 2-10。

表 2-10 不同用盐比例下每吨精制盐水中因亚铁氰化钾带来的亚铁离子量

精制盐比例/%	Fe^{2+} 在盐水中量/(μg/L)
100	165

续表

精制盐比例/%	Fe^{2+} 在盐水中量/(μg/L)
80	132
50	82.5
30	49.5
15	24.76

精制盐水中亚铁氰化钾带来的 Fe^{2+} 对离子膜电解槽的影响：

(1) 离子膜电解槽对盐水中铁离子的要求：进槽二次盐水的亚铁离子（Fe^{2+}）含量≤40～50μg/L。

(2) 在盐水精制过程中，通常情况盐水呈碱性，亚铁氰化钾是稳定的，它是以 $[Fe(CN)_6]^{4-}$ 阴离子状态存在，同此在精制过滤器、树脂塔都能顺利通过而进入电解槽，过程中无法与螯合树脂螯合，Fe^{2+} 量在树脂塔里不会降低。但在电解槽中，由于阳极室有 Cl_2 生成，pH 值为 2～4，在阳极液中的存在的游离氯、次氯酸等强氧化剂，可使亚铁氰化钾氧化成铁氰化钾，直致氯化钾、铁、氢、氮等，由于铁氰化钾及 Fe^{3+} 均能使阳极液排出口发红，以致使阳极液的流动状况都较难观察，同时 Fe^{3+} 在离子膜上或阳极表面沉积成 $Fe(OH)_3$，对电解槽产生严重影响，造成槽电压升高和膜寿命下降，同时还会额外生成 NCl_3，影响液氯生产安全。

正是认识到亚铁氰化钾对离子膜电解过程产生的影响，阿克苏诺贝尔公司开发了 mTA (铁-酒石酸配合物) 替代亚铁氰化钾，作为精制盐抗结剂，其在盐水精制过程中分解生成氢氧化铁和酒石酸钠，在电解槽中，酒石酸钠分解为二氧化碳：

$$FeC_4H_4O_6 + 3NaOH = Fe(OH)_3 + Na_3C_4H_4O_6$$

$$Na_3C_4H_4O_6 + 5ClO^- + 2H^+ = 4CO_2 + 3Na^+ + 5Cl^- + 3H_2O$$

使用 mTA 抗结剂，可以基本避免抗结剂给离子膜电解带来的危害。

2.2 饱和盐水的制备

2.2.1 盐水的制备过程

进入氯碱电解工序的盐水必须是符合质量指标的合格饱和盐水，将固体氯化钠用不饱和淡盐水和工艺添加水进行溶解成饱和盐水，这一过程称为盐水制备。其主要工艺过程是氯化钠的固定床固液传质过程，即固体氯化钠溶解过程，同时伴随氯化钠的杂质也溶解到盐水中并同溶液中的化学物质发生化学反应，因此也伴随化学反应过程。在盐溶解的同时，为保持恒定的工艺条件，要不断补加溶解掉的固体盐，同时要尽可能保持化盐水条件与溶解盐相匹配。因此要控制化盐时间、盐水流速、盐层高度、化盐温度和淡盐水有害阴离子浓度等指标。

2.2.2 化盐工艺

(1) 地上桶式化盐工艺。化盐桶全部位于地上，盐水自底部进入，顶部流出，盐由皮带机自动加入到化盐桶上部中间位置。地上桶式溶盐方式适合于各盐种使用，特别适合于自流精制工艺，即精制、沉淀、过滤全部靠位差自流完成。该方法有如下优点：盐水自流过程中不会破坏杂质颗粒，有利于杂质颗粒的沉降，盐水输送设备较少，动力消耗低，泄漏点少，清理桶中的淤泥比较方便，可以定期从底部直接排出。

（2）地下桶式化盐工艺。化盐桶全部或部分位于地下，盐水自底部进入，顶部流出，流入缓冲罐然后由泵送出。化盐桶一般为混凝土结构，使用寿命较长。适合使用铲车直接上盐，减少了皮带机建设和维护成本。现新建设企业大部分采用此种方式，但该结构检修、清污不方便。

2.2.3 化盐的工艺控制

化盐的工艺控制点主要有：化盐盐层的高度控制、化盐的温度控制以及化盐水的控制三点。

2.2.3.1 化盐盐层的高度控制

为了保证盐水的饱和度，化盐桶的盐层高度必须保证。一般控制高度为 2.5～3.0m。为化盐桶上盐，应在化盐桶上部设计一个中心储盐桶，它可以对盐层进行恒定给料，相对准确地控制盐层高度，有利于避免使用精制盐时细盐粒夹带溢出、堵塞管路，保证盐水质量（图 2-3）。

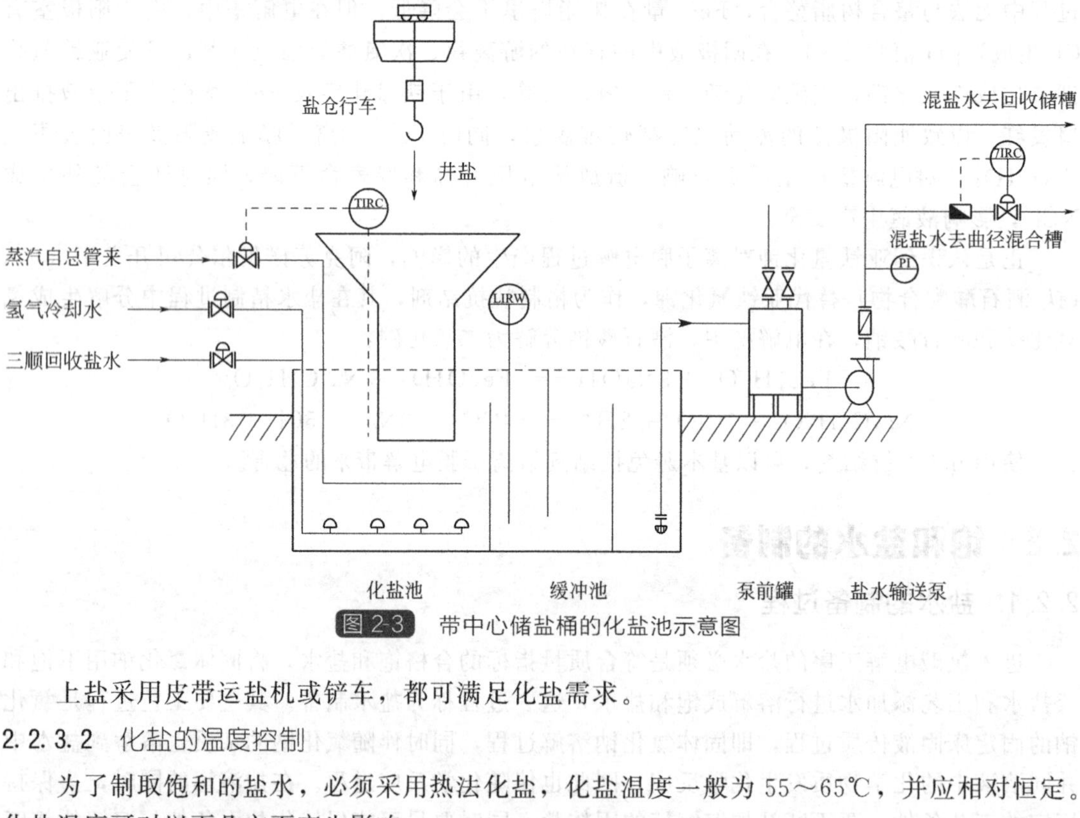

图 2-3 带中心储盐桶的化盐池示意图

上盐采用皮带运盐机或铲车，都可满足化盐需求。

2.2.3.2 化盐的温度控制

为了制取饱和的盐水，必须采用热法化盐，化盐温度一般为 55～65℃，并应相对恒定。化盐温度可对以下几方面产生影响。

（1）影响盐的溶解度。如图 2-4 所示，盐的溶解度随温度的上升而增大。其溶解度还会受其他阴离子的影响，硫酸根和氯酸根可直接影响盐的溶解度，所以当系统中的氯酸根和硫酸根浓度大时，氯化钠的饱和浓度将相应下降。

（2）影响盐溶解速度。氯化钠的溶解速度主要受控于氯化钠结晶体向溶液的传质速度，它依赖于固液相对速度和液体的黏度。一般认为在较高温度下，由于黏度降低，溶解度随之加大。

图 2-5 所示为饱和氯化钠溶液的黏度与温度的关系。由于溶盐温度高，溶盐黏度低，溶解速度快，达到饱和的时间可缩短，提高了化盐设备的生产能力。

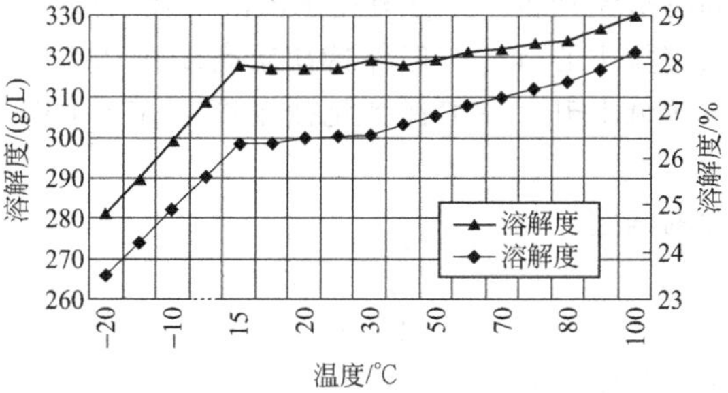

图 2-4 氯化钠在水中的溶解度和温度曲线

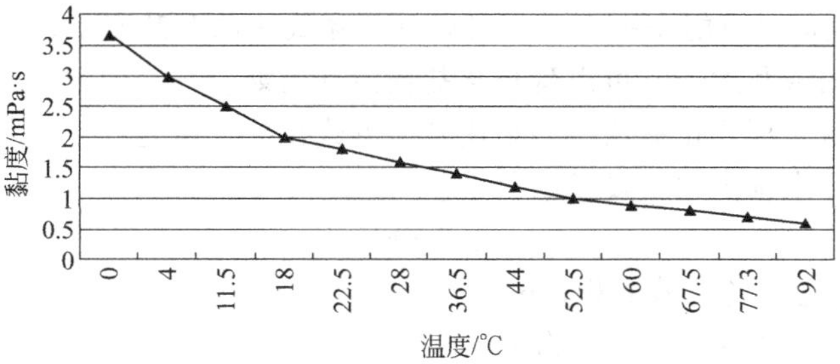

图 2-5 饱和氯化钠溶液的黏度与温度的关系

（3）促进沉淀物反应的完全及加快沉淀物沉降速度，温度越高，沉降越快，但溶解度较高。

（4）对除 Ca^{2+} 有利。在相同条件下，$CaCO_3$ 在低温时生成沉淀需要一定的时间，所以在沉淀曲线上也产生时间的偏移。60℃以上时，$CaCO_3$ 的实际生成反应时间将大大缩短。

（5）提高过滤速度。盐水的过滤速度是由液体的黏性、泥浆的物理化学特性、压差等决定的，所以温度对它的影响较大。沉淀物的过滤阻力随温度的上升而减小，因此升高温度能提高过滤速度。

综上所述，热法化盐对盐水精制的各个工序都有好处，化盐的温度一般控制在 55～65℃之间。低于该范围，对上述五项均有影响；高于该范围，能源消耗太大，经济性不佳。

2.2.3.3 化盐水的控制

为使化盐过程可控进行，需要对化盐水特殊控制，主要控制内容为碱含量、游离氯含量等。配水的主要目的是对化盐水中的碱含量进行稳定控制，使化盐水中的碱含量能尽可能地与当时使用的原盐质量相匹配，防止化盐过程中碱性出现大的波动，对精制反应及盐水质量造成影响；游离氯的控制日益引起关注，主要是化盐系统如果没有防腐，就要严格防止化盐水中的游离氯对设备管路的腐蚀，并造成盐水中铁离子浓度的升高。

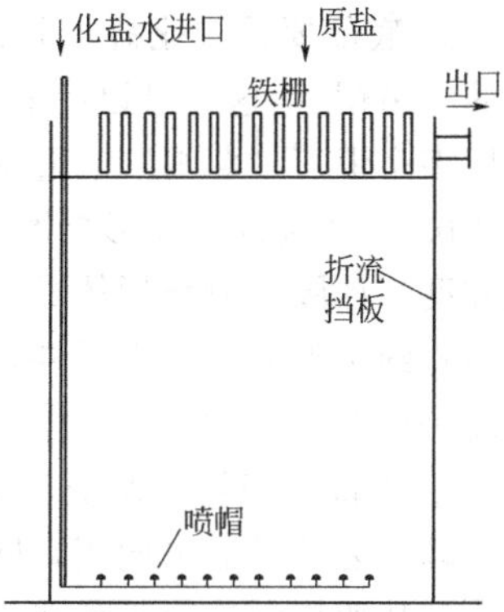

图 2-6 化盐桶结构图

2.2.4 化盐设备

（1）化盐设备。化盐的主要设备为化盐桶（见图 2-6）。

化盐桶一般为钢制，采用钢制防腐、混凝土防腐，其结构见图 2-6。化盐水通过底部进入，通过喷帽分布器均匀分布溶盐水，防止偏流。中间有折流挡板，上部有盐水溢流槽及铁栅。

原盐由上部持续加入储盐中心桶，一般保持盐层高度在2.5～3m以上。化盐水从化盐桶底部进入，与盐层逆流接触上升，一般保持化盐温度在55～65℃，化盐水停留时间不少于30min。

（2）化盐桶主要尺寸的确定

① 直径

$$D=[4Q/(\pi q)]^{-2}$$

式中 D——化盐桶的直径，m；

Q——化盐水的流量，m^3/h；

q——生产强度，一般取8～12$m^3/(m^2 \cdot h)$。

设计时，q 的取值尽可能小一点。它可以有效降低盐水上升速率，防止细小颗粒的盐带出桶外，保证盐水的饱和度，并可以延长化盐桶清理周期。

上述介绍的为地上桶式化盐法，如采用其他方式化盐，可先计算化盐设备的截面积，再根据总体平面布局要求确定化盐设备的尺寸。

$$S=Q/q$$

式中 S——化盐设备的截面积，m^2；

Q——化盐水的流量，m^3/h；

q——生产强度，一般取8～12$m^3/(m^2 \cdot h)$。

② 化盐桶的高度。原则上化盐桶高度取决于盐水达到饱和所需的盐层高度（当然与化盐桶直径相关），并必须考虑其清理周期内底部积存的盐泥高度，这需根据所用工业盐的品种来确定，一般取5m左右。

若采用地下化盐设备，可加大化盐设备的截面积，降低其高度，但取值原则上也不能低于3m。但化盐设备的截面积取值也不能太大，否则将影响化盐水及固体盐堆积的均匀性。采用低位化盐方法，从化盐设备出来的粗饱和盐水要进入后道工序时必须用泵来输送，而输送泵叶轮的高速旋转将会打碎盐水中已形成的杂质颗粒，从而影响后道工序盐水的澄清。当前氯碱工业技术进步较快，上述现象对后道工序的影响已不大。

若盐水处理采用自流工艺，宜采用地上化盐设备。为了考虑化盐设备溢流出来的盐水能自流进入澄清系统，可将化盐桶的基础高度适当提高。化盐桶的实际高度原则上取决于后水澄清设备的高度。一般化盐桶的出口高度比澄清设备的盐水进口高0.5～1.0m。

③ 化盐桶的设计。与生产能力及使用工业盐的品种等都有关联，还需注意以下几个方面。

a. 底部要设置化盐水分布器。其结构形式多种多样，但最好在化盐水出口上方设置尖顶的“菌帽”，这样可以有效防止盐或杂质堵塞化盐水出口，又可防止盐层形成搭桥。一般采用多个带有“菌帽”装置的化盐水出口，沿化盐桶截面均匀分布。

b. 中部应设置环形挡圈。它可以改变化盐水流体方向，防止化盐水走短路，影响盐水饱和度。挡圈一般与桶体成45°夹角，挡圈内径不宜过小，以免造成局部截面化盐水流速过大而将细小颗粒盐带出桶外，同时可防止盐层搭桥形成假盐层假象，影响盐水质量。挡圈的宽度一般取150～250mm。

c. 上部要设置盐水溢流槽及杂质拦截网。有些厂家使用一定直径的圆钢制成铁栅，这不合理，易造成盐水偏流，同时造成杂质清理困难。最好利用钢板上开孔，这样既能保证盐水均匀从四周溢流，不易造成盐水走短路现象，也便于清理化盐桶中的杂质。但要注意开孔率及均匀性，孔径一般在ϕ10mm左右。

d. 设置中心桶。“精制盐”逐步为氯碱行业所接受，但因精制盐的颗粒极小，极易造成浮盐夹带到后道工序，一方面易造成盐水输送管道的堵塞，另一方面使未溶解的盐在澄清过程中随盐泥排出系统，造成盐消耗上升。因此，在化盐桶中上部应设置中心桶，这样就可有效解决浮盐夹带问题。中心桶的上部可设置扩口，以防止上盐时部分盐直接撒落在化盐桶的水面上。设置中心桶的原理是使干燥的“精制盐”先要经过一定距离的水层才能进入化盐水上升区，而此时细小颗粒的盐已充分浸湿，增加了盐的重度，从而不易形成浮盐，此种设计可适用于各盐种。

2.3 盐水精制的原理

2.3.1 盐水精制的目的

氯碱工业电解装置对进入电槽的饱和盐水的质量要求比较高，需要对不符合质量要求的粗饱和盐水进行各类杂质的去除，这一过程称为盐水精制。通常采用化学和物理的方法，去除盐水中的固体和离子杂质。

2.3.2 盐水精制分类

盐水精制的基本办法是先采用化学法使主要离子杂质形成固体，然后通过物理方法（漂浮、沉淀、过滤）与其他机械杂质一同分离；进一步采用离子交换的方法除去阴离子杂质；对于阴离子杂质硫酸根，除采用化学沉淀法外，也可采用膜分离和相分离技术单独除去阴离子杂质；而对于 I^-、ClO_3^-、AlO_3^{3-} 等杂质，也需要特殊技术除去。

为便于描述，在盐水精制过程中，对杂质用化学法形成固体然后用物理方法去除的过程称为固液分离精制，即通俗意义上的一次盐水精制，其产品为一次盐水，根据精度不同可以包括精密过滤工艺；对采用离子交换方法除去杂质的过程称为离子交换精制，即通俗意义上的二次盐水精制，其产品为二次盐水。

2.3.3 盐水中的杂质对电解生产的影响

2.3.3.1 盐水中的杂质和分类

盐水中的杂质主要有 Ca^{2+}、Mg^{2+}、SO_4^{2-}、Ni^{2+}、Ba^{2+}、有机胺等金属杂质离子和非金属杂质离子及其他一些不溶性固体等杂质。可以将其分为化学杂质和机械杂质两大类，去除工艺相应分为固液分离和离子分离两类。

2.3.3.2 盐水中各杂质对氯碱生产的影响

（1）Ca^{2+}、Mg^{2+} 的影响。如果盐水中 Ca^{2+}、Mg^{2+} 大量存在，在电解过程中它们将随电解液从阳极室向阴极室的流动而进入膜中，并随着其在膜中的迁移，将与氢氧根离子发生化学反应生成氢氧化钙、氢氧化镁而在膜中沉积，从而形成对膜的污染。污染机理如下方程式：

$$Ca^{2+} + 2NaOH \xlongequal{} Ca(OH)_2 \downarrow + 2Na^+$$

$$Mg^{2+} + 2NaOH \xlongequal{} Mg(OH)_2 \downarrow + 2Na^+$$

这样，不仅消耗电解的产物碱，而且这些沉淀物会堵塞电解槽内的膜，降低膜的渗透性。对隔膜法制烧碱来说，OH^- 反渗到阳极室加剧，副反应增加，电流效率下降，槽电压升高，使电耗增加。对离子膜法制烧碱来说，两者对膜的影响不一样，钙离子的沉淀物会在靠近阴极侧表面膜的羧基聚合物层中沉积，造成电流效率的下降并会造成槽电压轻微上升；

镁离子的沉淀物对电流效率影响较小，但会引起槽电压的上升，离子膜盐水中 5mg/L 的镁离子会使电压在 2 天内上升 10mV、4 天内上升 200mV，缩短了电解膜的使用寿命，增加了生产成本，这对离子膜的性能影响是不可逆的。图 2-7 显示了不同质量盐水在不同电流密度下，每平方米离子膜累积 10g 钙、镁时的运行时间。可以看出，要想提高离子膜的寿命，最有效的方法是提高盐水质量；另外，在盐水质量出现波动时，应降低电流密度，避免有害杂质在膜中的过度累计，以延长离子膜寿命。

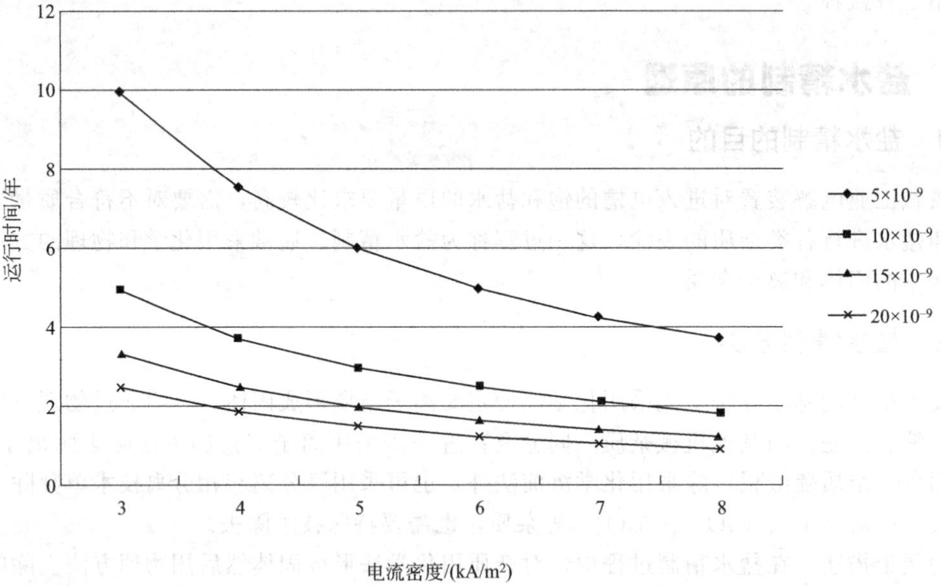

图 2-7 盐水中 Ca^{2+} + Mg^{2+} 浓度与电流密度和单位膜内沉积 Ca^{2+} + Mg^{2+} 时间的关系

(2) SO_4^{2-} 离子的影响。盐水中 SO_4^{2-} 含量较高时，会阻碍氯离子放电并自身在阳极上放电，产生游离态氧及氧气，游离态氧会对阳极产生严重的化学腐蚀。对离子膜法制烧碱来说，因为离子膜具有抵抗 SO_4^{2-} 的能力，所以允许有一定浓度的 SO_4^{2-} 存在，但其含量较高时会在阴极表面附近形成 Na_2SO_4 沉积物或与 NaOH 及 NaCl 形成三聚物，危害与 $Ca(OH)_2$ 相似，降低电流效率。这样既浪费电能，又降低了氯气的纯度。

(3) NH_4^+ 的影响。NH_4^+ 在电解槽内阳极液 pH 2～4 的条件下，将与氯反应生成 NCl_3，并随着氯气移动，NCl_3 在液氯储槽等设备中富集。由于 NCl_3 是爆炸性很强的化合物，对系统的安全生产造成很大影响。

(4) 锶离子的影响。对离子膜法制烧碱来说（以下杂质对石棉隔膜的影响相对较小），锶离子将在阴极侧以 $Sr(OH)_2$ 沉积物形式存在（图 2-8），氢氧化锶的溶解性大于氢氧化镁和氢氧化钙（碱土氢氧化物溶解性的次序依次为 Mg＜Ca＜Sr＜Ba）。锶也会和其他阴离子结合（如硅酸盐、高碘酸盐），形成沉淀，使电流效率降低，其对电流效率的影响比 $Ca(OH)_2$ 小。在锶的浓度为 5mg/L 时，每月的电流效率将会降低 3%。在进槽盐水中锶的浓度为 5mg/L 时，每月电压将会上升 50mV（图 2-9、图 2-10）。

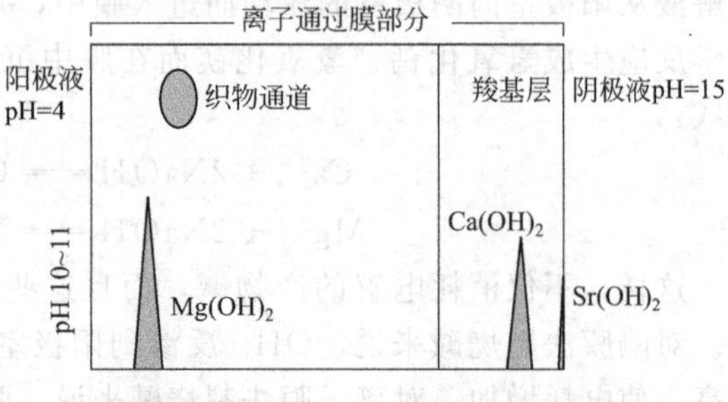

图 2-8 杂质在离子膜中的沉积位置

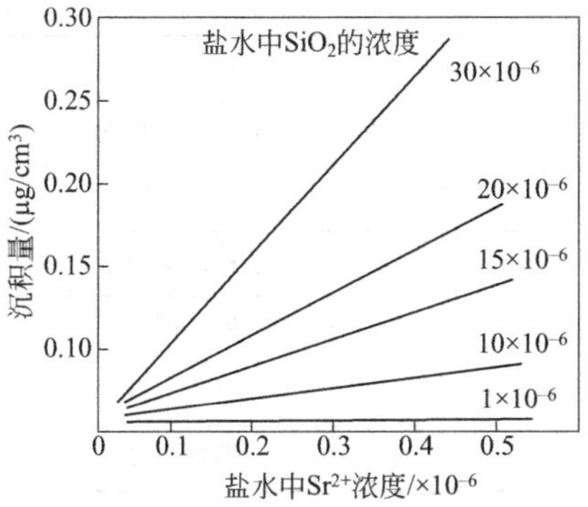

图 2-9 盐水中 Sr^{2+} 浓度与 Sr^{2+} 在膜内沉积量之间的关系

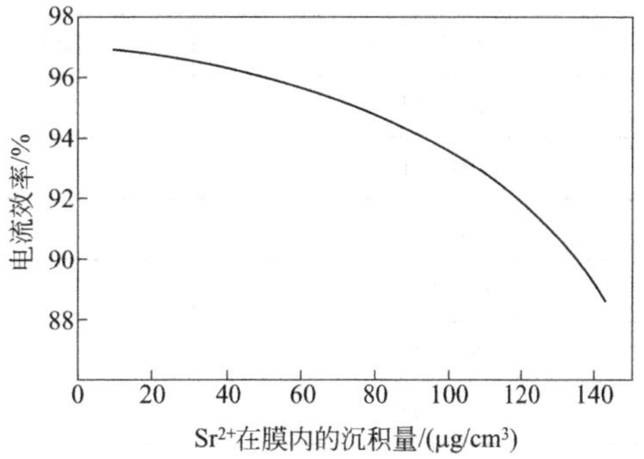

图 2-10 Sr^{2+} 在膜内的沉积量对电流效率的影响

(5) 钡离子的影响。钡离子与氢氧根离子形成 $Ba(OH)_2$ 或与碘化物形成高碘氢酸钡沉积物在离子膜中沉积，对槽电压、电流效率均有影响。

(6) 镍离子的影响。镍离子的沉积物在膜的阴极侧可以看见。来源：在膜安装或停车时与阴极接触，停车时阴极液或在盐水处理过程中使用了含镍离子的隔膜厂或蒸发的烧碱。盐水含镍会影响电压，对电流效率无影响，见表 2-11。

表 2-11 盐水中镍离子的浓度对槽电压的影响

盐水中镍离子的浓度/(μg/L)	槽电压的上升值/mV
0	0
10	54
25	85
100	158

(7) 铁的影响。在 $pH<2$ 时，铁能进入离子膜并沉积下来，同时也会使电压升高。铁以 $Fe(OH)_3$ 的形式沉淀在靠近阳极表面的膜上，在阳极表面则以 Fe_2O_3 形式存在，使槽电压升高。

(8) Al^{3+} 的影响。铝离子在膜的阴极表面形成铝酸钠沉淀，造成对聚合物的物理损坏，降低了电流效率。在盐中铝离子会以泥土组分的形态存在。如果过滤不成功，这些泥土会随盐水进入阳极室，由于阳极室中是酸性状态，此时泥土会溶解，释放铝离子。对于其他离子(比如硅酸盐)，它就像个捕捉器，和它们形成复合物沉淀，破坏离子膜的物理结构，造成电流效率下降。

(9) 硅的影响。能降低离子膜电流效率。硅本身无影响，能与 Ca、Al、Na 等的阳离子结合并在阴极表面形成沉淀，对电压无影响。硅在膜中的积累：①以中性物质（无水硅酸）或可溶性的阳离子由水带进膜中；②当 pH 值升高时就以阴离子（硅酸盐）的形式存在；③由于电场的作用以阴离子的形式存在于膜中，膜中硅的浓度比阳极液和阴极液中都要高，当达到平衡时，硅向阴极液扩散比向阳极液扩散多。硅能使膜敏化，见表 2-12。

表 2-12 各类金属离子对离子膜电压的相对影响

盐水中的杂质	电压相对升高值/mV	沉淀位置
$Fe(OH)_3$	0	阳极表面
Hg	0	在膜中不沉淀

续表

盐水中的杂质	电压相对升高值/mV	沉淀位置
$Ba(OH)_2$	0	阴极表面外部
$Sr(OH)_2$	0	阴极表面
$Ca(OH)_2$	1	阴极表面附近
$Mg(OH)_2$	3.5	紧靠阳极
$Ni(OH)_2$	35	紧靠阳极
$Co(OH)_2$	700	贴近阳极

（10）碘离子的影响。碘离子以 I^- 形式存在于盐水中，在阳极液中以 IO_3^- 形式存在，在膜中以 IO_4^- 形式存在，以阴离子形式累积。浓度在 1mg/L 以上时会与 Na^+ 形成沉淀，浓度在 1mg/L 以下时会与 Ba^{2+}、Ca^{2+} 形成沉淀，随着时间的推移可能会使电压升高。有时会与 Ba^{2+} 在膜中形成沉淀，不过对膜的损害较小。碘对膜的影响取决于阳离子。

（11）有机物的影响。有机物在阳极液中发生氧化反应，使阳极液起泡，增加了阳极室中气体的体积分数，增加阻抗/电压。同时，能破坏电流分布，干扰阳极室中阳极顶部流量，影响电解液分布，影响电解液的浓度，造成局部压力的波动。有机物会影响电流效率，它的存在能造成膜膨胀，使膜的抗阴离子性能变差，使电流效率下降。如果受有机物影响时间短暂，去除有机物后，这种膨胀就可以自动消除。有机物能直接影响阳极，随着时间的推移，将会造成永久性的损坏（见表 2-13）。

表 2-13 杂质对离子膜电解性能的影响

杂质	对膜的影响		对电极的影响		盐水指标	溶度积	备注
	η	V	阳极	阴极			
Ca	O				≤20μg/L	1×10^{-5}	$Ca(OH)_2$沉积在膜中
Mg	Δ	O			Ca+Mg	1×10^{-11}	$Mg(OH)_2$沉积在膜中
Sr	O				≤0.1mg/L		$Sr(OH)_2$、$SrSiO_3$ 沉积在膜中
Ba			O		≤1.0mg/L		$BaIO_3$沉积在膜中
Ni		O			≤0.01mg/L	1×10^{-16}	沉积在膜中
Fe			O	O	≤1.0mg/L	1×10^{-38}	在阴极还原后包裹阴极
SiO_2		O			≤10mg/L		复杂化合物沉积在膜中
F			O				对阳极影响
I	O				≤0.5mg/L		$BaIO_3$沉积在膜中
SO_4^{2-}	O		O		5～7g/L		Na_2SO_4 沉积在膜中，阳极放氧
ClO_3^-					≤10g/L		NaCl 溶解度降低
$Ca+SiO_2$	O						沉积在膜中
$Al+SiO_2$	O	O	O		≤0.1mg/L		沉积在膜中，黏附于阳极
$Ca+Mg+SiO_2$	O						沉积在膜中
Ba+I	O				≤0.5mg/L		沉积在膜中
有机化合物			O		≤0.5mg/L		黏附于阳极

注：η 为电流效率；V 为电压；O 表示有影响；Δ 表示稍有影响。

2.3.4 盐水中各杂质去除原理

2.3.4.1 双碱法精制

双碱法精制，即采用烧碱和纯碱作精制剂，使盐水中的有害阳离子（钙、镁、镍、锶等的离子）杂质生成固体，再通过固液分离去除。这一方法具有原料易得、成本较低和易于操作等特点，广泛应用于工业盐水精制工艺中，主要精制反应是钙和镁的精制反应，同时也可去除其他金属离子。

氢氧化钠（烧碱），分子式 NaOH ，分子量 39.997，凝固点 318℃，其水溶液相图见图 2-11。碳酸钠（纯碱），分子式 Na_2CO_3，分子量 106.008，熔点 851℃，其水溶液相图见图 2-12。

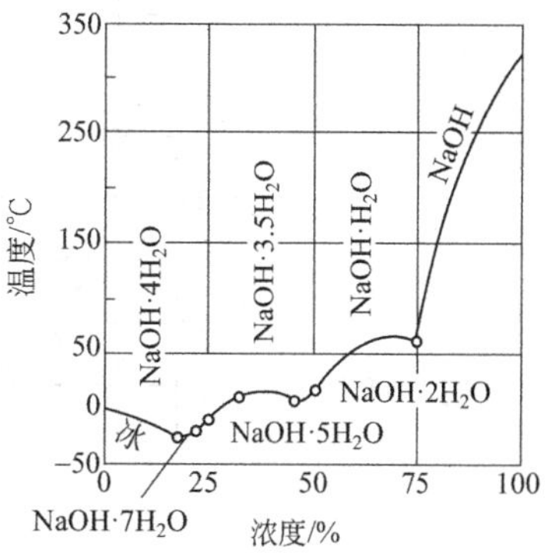

图 2-11 NaOH-H_2O 相图

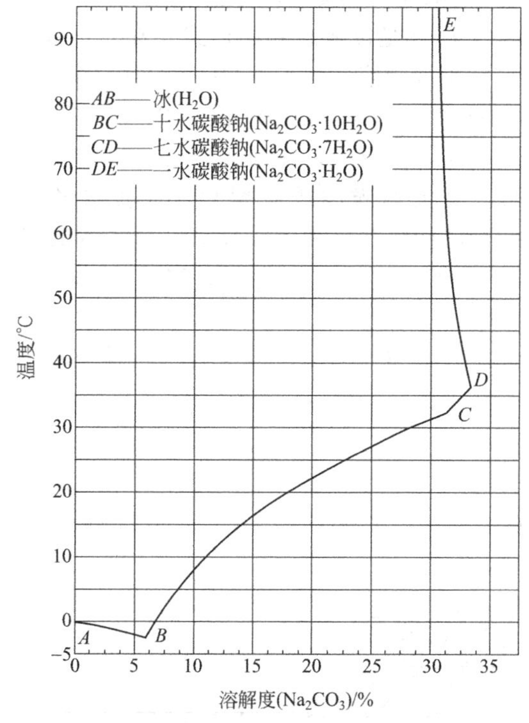

图 2-12 Na_2CO_3-H_2O 相图

（1）Ca^{2+} 的去除。Ca^{2+} 在原盐中一般以 $CaSO_4$ 或 $CaCl_2$ 的形式存在。精制时，向粗盐水中加入 Na_2CO_3 溶液，使盐水中的 Ca^{2+} 生成不溶性的 $CaCO_3$ 沉淀，其化学反应为：

$$Na_2CO_3 + CaCl_2 \longrightarrow CaCO_3 \downarrow + 2NaCl \quad K_{sp} = 5 \times 10^{-9}$$

在一定温度下，Ca^{2+} 的去除情况如何，取决于两个方面的因素，即反应时间的长短和 Na_2CO_3 的过量程度。若 Na_2CO_3 按与 Ca^{2+} 反应的理论量加入，则需要搅拌数小时才能反应完全。但在温度高于 50℃时，若加入超过理论用量的 0.3～0.5g/L 时，反应在 15min 内完成 90%，在 0.5h 的时间内就能与 Ca^{2+} 完全反应，并使溶解的 Ca^{2+} 浓度降低到 5mg/L 以下。不同温度下，浓度为 310g/L NaCl 的盐水中，$CaCO_3$ 的溶解度与过量的 Na_2CO_3 的关系见图 2-13。

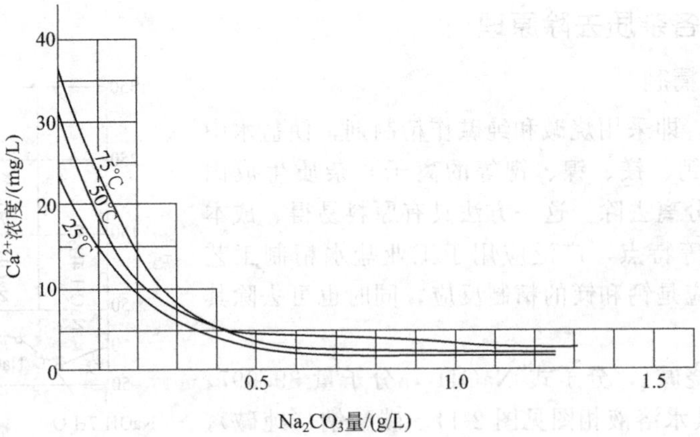

图 2-13 在 310g/L 盐水中，不同温度下 Ca^{2+} 浓度与过量 Na_2CO_3 的关系

设计要求 $Ca^{2+}+Mg^{2+}$ 的浓度≤5mg/L，一般 Na_2CO_3 的过量控制在 0.3～0.5g/L。

(2) Mg^{2+} 的去除。Mg^{2+} 通常是以氯化物的形式存在于原盐中，向盐水中加入 NaOH 溶液，与盐水中 Mg^{2+} 反应，生成难溶性的 $Mg(OH)_2$，其化学反应为：

$$2NaOH + MgCl_2 \xlongequal{} Mg(OH)_2 \downarrow + 2NaCl \quad K_{sp} = 6 \times 10^{-10}$$

Mg^{2+} 与 NaOH 在 pH 8 时开始反应，pH 10.5～11.5 时反应迅速完成，并形成胶状絮凝物。刚生成的 $Mg(OH)_2$ 是大而脆的胶状絮片，粗盐水经 Na_2CO_3 处理后，再加入 NaOH，则生成的 $Mg(OH)_2$ 就能包住沉降缓慢而又细微分散的 $CaCO_3$ 晶状沉淀，两者以较快的速度沉降。25℃时，NaOH 过量 100mg/L，Mg^{2+} 在盐水中的溶解度为 1.2mg/L，相当于 1.0mg/kg。

常温下，浓度为 310g/L NaCl 的盐水中，氢氧化镁的溶解度与过量的 NaOH 的关系如图 2-14 所示。

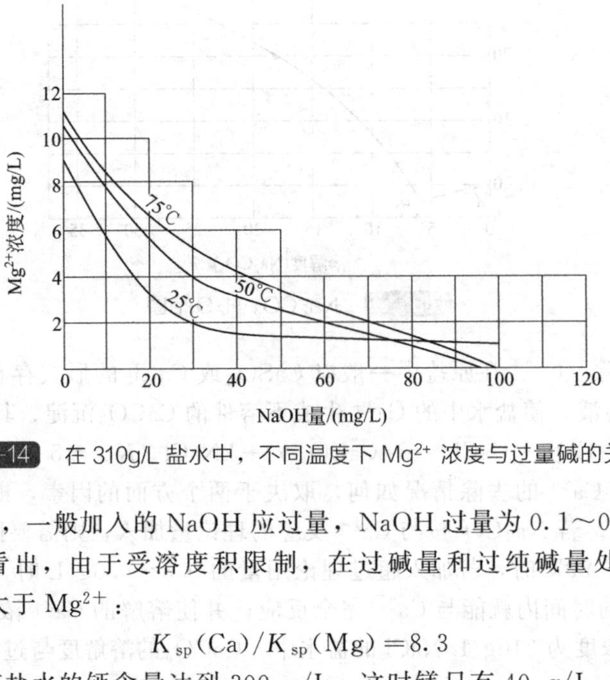

图 2-14 在 310g/L 盐水中，不同温度下 Mg^{2+} 浓度与过量碱的关系

为了除净 Mg^{2+}，一般加入的 NaOH 应过量，NaOH 过量为 0.1～0.3g/L。

可以很容易地看出，由于受溶度积限制，在过碱量和过纯碱量处于同一数量级时，Ca^{2+} 的溶解量要远大于 Mg^{2+}：

$$K_{sp}(Ca)/K_{sp}(Mg) = 8.3$$

如果进入树脂塔盐水的钙含量达到 300μg/L，这时镁只有 40μg/L，因此钙就成了螯合树脂盐水精制的主要负载。如何降低 Ca^{2+} 溶解度，是技术进步的空间。

2.3.4.2 磷酸碱法精制

人们注意到磷酸盐的溶解度很低，适合水及盐水精制，磷酸盐普遍应用于电厂和锅炉水的精制过程，我国也在 20 世纪 60 年代研究过磷酸精制用于食盐水制备，其原理如下：

$$3Ca^{2+} + 2PO_4^{3-} \xlongequal{} Ca_3(PO_4)_2 \quad K_{sp} = 6 \times 10^{-31}$$

磷酸盐使 Ca^{2+} 的溶解度大幅度下降，可以大幅度降低进入螯合树脂塔的溶解离子负荷，有利于提高螯合树脂使用周期，降低再生费用。

同时，磷酸盐的金属化合物大都是溶度积很低的难溶化合物，这也有利于在盐水中去除其他微量金属杂质（图 2-15）。

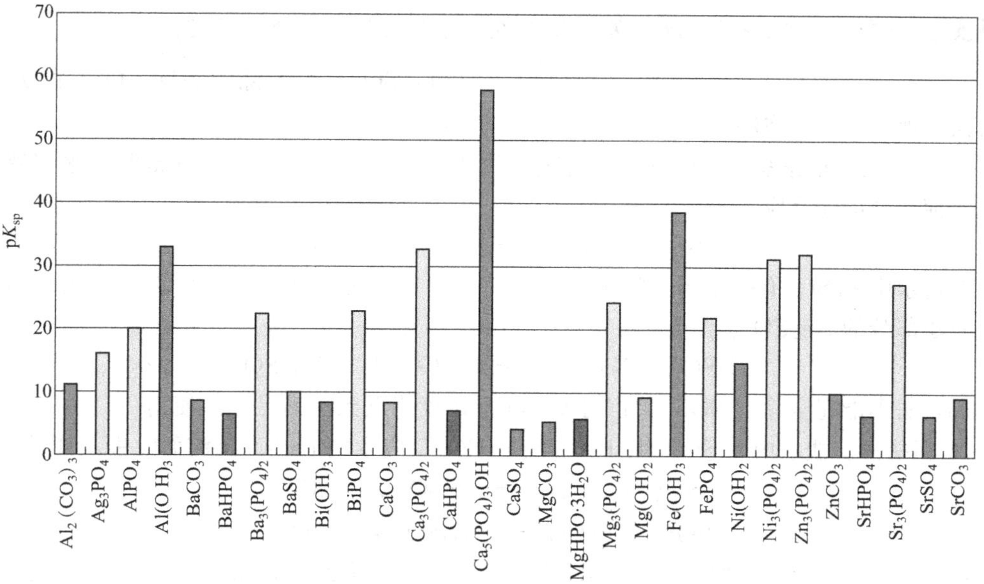

图 2-15 盐水中相关难溶化合物溶度积对比图

磷酸精制最好使用磷酸钠为精制剂。但为了节约精制剂成本，也可以使用磷酸作为精制剂，这时需要严格控制磷酸质量，特别是杂质含量或除去各种金属离子；另外磷酸为多元酸，分解为磷酸根有三阶段过程，而难溶磷酸盐都为全磷酸盐，偏磷酸盐溶度积都较高（图 2-16）。

$$H_3PO_4 \xlongequal{} H^+ + H_2PO_4^- \quad [1]$$

$$H_2PO_4^- \xlongequal{} H^+ + HPO_4^{2-} \quad [2]$$

$$HPO_4^{2-} \xlongequal{} H^+ + PO_4^{3-} \quad [3]$$

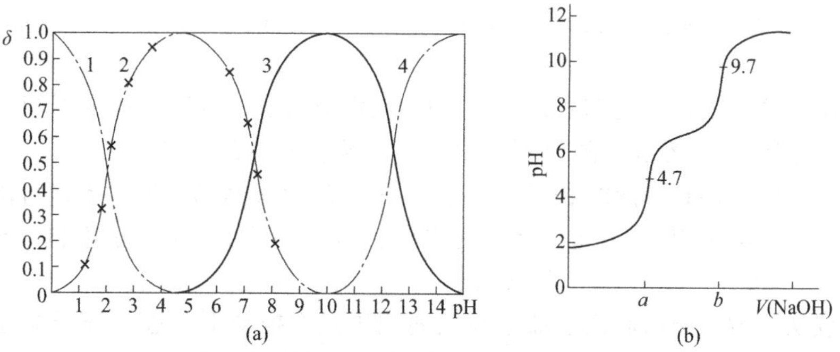

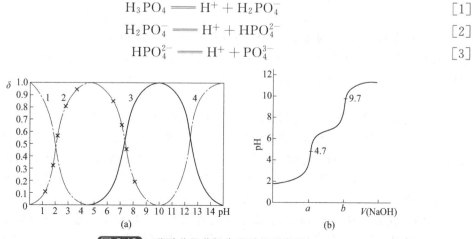

图 2-16 磷酸分级分解为磷酸根平衡图

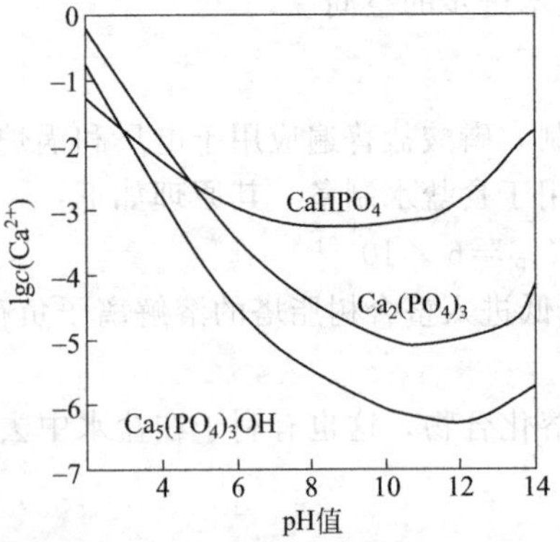

图 2-17 不同磷酸钙离子浓度与 pH 值关系对比图

用磷酸盐作精制剂，可以完全代替碳酸盐，特别是在原盐钙含量很低的情况下的适用性更强，在原盐钙含量较高的情况下，也可以作为补加精制剂在精密过滤器前加入，必须注意加入时盐水的 pH 值应大于 11（图 2-17）。

过量磷酸根会在离子膜表面形成难溶沉淀物，特别是在磺酸与羧酸复合层膜中，易在羧酸层沉淀引起槽电压上升，同时磷酸根还可以进入产品碱中对下游用户造成潜在影响，因此要严格控制磷酸根的过量值，以不超过 50mg/L 为宜。

2.3.4.3 其他杂质精制原理

（1）SO_4^{2-} 的去除。去除 SO_4^{2-} 的方法有钙盐法、钡盐法、冷冻法和纳滤膜法。

① 钙盐法。根据盐水中的 SO_4^{2-} 含量，往盐水中加入 30%～35% $CaCl_2$ 的水溶液，而生成沉淀，其沉淀反应为：

$$SO_4^{2-} + CaCl_2 \longrightarrow CaSO_4 \downarrow + 2Cl^-$$

在盐水中 $CaSO_4$ 有一小部分溶解，需用 Na_2CO_3 处理生成 $CaCO_3$ 沉淀而除去，同时又生成一小部分的 Na_2SO_4。

$$CaSO_4 + Na_2CO_3 \longrightarrow CaCO_3 \downarrow + Na_2SO_4$$

钙盐法不能完全除去 SO_4^{2-}，但可使 SO_4^{2-} 浓度降低到能满足生产使用。

② 钡盐法。盐水中的 SO_4^{2-} 与 $BaCl_2$ 或 $BaCO_3$ 反应生成 $BaSO_4$ 沉淀而除去，其反应为：

$$SO_4^{2-} + BaCl_2 \longrightarrow BaSO_4 \downarrow + 2Cl^-$$

$$SO_4^{2-} + BaCO_3 \longrightarrow BaSO_4 \downarrow + CO_3^{2-}$$

$BaSO_4$ 沉淀在盐水中的沉淀速度比 $CaCO_3$ 还慢，若是使用略微过量的 NaOH 与 Mg^{2+} 反应时，生成的 $Mg(OH)_2$ 会包围细微的 $BaSO_4$ 晶粒，成为较大的粒团，其沉降速度约比单独沉降 $BaSO_4$ 时快 10 倍。

$BaCl_2$ 通常以 $BaCl_2 \cdot 2H_2O$ 的形式存在，计算用量时需要考虑。另外使用 $BaCO_3$ 处理盐水中的 SO_4^{2-} 时，可以同时加入 Na_2CO_3；若是使用 $BaCl_2$ 时，最好先加入 $BaCl_2$，再加入 Na_2CO_3，以免发生下列反应，而浪费 $BaCl_2$：

$$BaCl_2 + Na_2CO_3 \longrightarrow BaCO_3 \downarrow + 2NaCl$$

但过量的 $BaCl_2$，其钡离子在电解槽内与电解产物 NaOH 反应，生成 $Ba(OH)_2$ 沉淀而堵塞隔膜或离子膜。因钡离子对离子膜的危害程度比硫酸根离子的危害更大，根据同离子效应的原理，一般使用钡盐法除 SO_4^{2-} 时，精制盐水中的 SO_4^{2-} 的含量可控制在 8g/L 以下，而不必太低。

③ 冷冻法。冷冻法是利用 NaCl 和 Na_2SO_4 在水中的溶解度随温度的不同而不同的原理进行分离的。由于 NaCl 溶解度随温度变化不大，Na_2SO_4 溶解度随温度变化较大，把盐水温度由 50℃冷却到−10℃，此时 SO_4^{2-} 会以 Na_2SO_4 的水合结晶物形式大量析出。析出的结晶浆料，经过进一步的沉降、离心分离、再溶解、蒸发、干燥等多道工序制得元明粉。冷冻法适用于 SO_4^{2-} 含量为 20g/L 以上的盐水。

④ 纳滤膜法。纳滤膜法利用了盐水在膜两侧压差的推动下，进行分子级选择透过的特性。通常纳滤膜在一定的条件下对 2 价及高价离子具有较高的截留率，但 1 价离子可以全部

通过，因此对粗盐水中的 Na_2SO_4 截留率可以达到99%，形成浓硝盐水，然后对浓硝盐水进行进一步的处理，从而达到去除 SO_4^{2-} 的目的。

纳滤膜的孔径一般为0.5～1.0nm。从孔径上看，纳滤是介于反渗透及超滤之间的一种孔径。应用于脱硝的纳滤膜孔径是在反渗透边缘上的一种膜，经过特殊处理后对硫酸钠等2价化合物有较高的截留率。

纳滤膜根据膜的材质分为有机膜和陶瓷膜两种：无机纳滤膜主要是陶瓷膜（陶瓷膜不能用于脱硝）；有机纳滤膜，国内仅有少量生产，工业化生产的纳滤膜主要依靠进口。

纳滤膜法脱硝工艺主要分为3个步骤：①预处理；②膜处理；③后处理。预处理是对电解槽经脱氯塔来的淡盐水进膜前的微调，其作用是保护后面的膜，延长膜的寿命；膜装置对淡盐水的脱硝处理是脱硝后的含硫酸根较少的淡盐水返回化盐设备，浓硝盐水进入后处理系统后采用冷冻法将其中的 Na_2SO_4 结晶再分离出系统或排出系统。该法的优点是运行费用低、环保、无污染、无废渣、操作简单，缺点是一次性投资高。

(2) NH_4^+ 的去除。在盐水中（pH>9）加入次氯酸钠水溶液，使盐水中的铵盐（或胺类）物质转变为易挥发的单氯胺 NH_2Cl，再用压缩空气吹除。控制精盐水中含有5～10mg/L的有效氯，就能使盐水中的总铵浓度小于1mg/L。

$$NH_3 + Cl_2 = NH_2Cl + HCl$$

$$NH_3 + 2Cl_2 = NHCl_2 + 2HCl$$

用这种方法，一般无机铵脱除率约80%～90%，总铵脱除率60%～70%。

(3) 盐水中的其他杂质离子采用双碱法，还可以同时除去以下杂质：

$$Ni^{2+} + 2OH^- = Ni(OH)_2 \quad K_{sp} = 2.0 \times 10^{-15}$$

$$Fe^{3+} + 3OH^- = Fe(OH)_3 \quad K_{sp} = 2.6 \times 10^{-39}$$

$$Pb^{2+} + 2OH^- = Pb(OH)_2 \quad K_{sp} = 1.4 \times 10^{-20}$$

$$Sn^{4+} + 4OH^- = Sn(OH)_4 \quad K_{sp} = 1.0 \times 10^{-56}$$

$$Al^{3+} + 3OH^- = Al(OH)_3 \quad K_{sp} = 1.3 \times 10^{-33}$$

$$Be^{2+} + 2OH^- = Be(OH)_2 \quad K_{sp} = 1.6 \times 10^{-22}$$

$$Bi^{3+} + 3OH^- = Bi(OH)_3 \quad K_{sp} = 4.0 \times 10^{-31}$$

$$Co^{3+} + 3OH^- = Co(OH)_3 \quad K_{sp} = 1.6 \times 10^{-44}$$

$$Cr^{3+} + 3OH^- = Cr(OH)_3 \quad K_{sp} = 6.3 \times 10^{-31}$$

$$Cu^{2+} + 2OH^- = Cu(OH)_2 \quad K_{sp} = 2.2 \times 10^{-20}$$

$$Hg^{2+} + 2OH^- = Hg(OH)_2 \quad K_{sp} = 3.1 \times 10^{-26}$$

$$2Ag^+ + CO_3^{2-} = Ag_2CO_3 \quad K_{sp} = 8.4 \times 10^{-12}$$

$$Sr^{2+} + CO_3^{2-} = SrCO_3 \quad K_{sp} = 5.6 \times 10^{-10}$$

$$Zn^{2+} + CO_3^{2-} = ZnCO_3 \quad K_{sp} = 1.2 \times 10^{-10}$$

$$Ba^{2+} + CO_3^{2-} = BaCO_3 \quad K_{sp} = 2.6 \times 10^{-9}$$

$$Cd^{2+} + CO_3^{2-} = CdCO_3 \quad K_{sp} = 6.2 \times 10^{-12}$$

2.3.5 固液分离精制分类

工业上如何实现固液分离盐水精制，有很长的历史和经验积累，随着新技术的不断开发和完善，新的固液分离盐水精制工艺日臻成熟。固液分离大致可分为密度差分离及过滤分离两大类。

盐水的杂质可以归类为不溶固体杂质、可溶离子杂质、有机杂质；而经过精制反应后，又会形成易沉降杂质和易漂浮杂质两类固体杂质；生成的杂质对于过滤单元来说又可分为易过滤杂质和易堵塞过滤单元杂质，具体情况见表 2-14。

表 2-14 盐水杂质分类表

盐水分类	工艺单元	杂质类型	杂质种类	分离办法
未精制反应粗盐水	化盐	不溶物	砂石、不溶物	沉淀分离
		可溶离子	Mg^{2+}、Ca^{2+}、SO_4^{2-}、Fe^{3+}等	精制反应后固态化分离
		有机物	单分子有机物、有机聚合物	共沉淀、过滤、氧化
精制后粗盐水	密度差分离	易沉淀	砂石等不溶物、$CaCO_3$	沉淀、过滤
		易漂浮	$Mg(OH)_2$	浮上分离共沉淀、共过滤
精制后粗盐水	过滤分离	易过滤	$CaCO_3$	过滤
			砂石、不溶物	过滤
		易堵塞	$Mg(OH)_2$	共过滤提前分离
			单分子有机物、有机聚合物	提前氧化分解

2.3.6 固液分离精制的工艺方法

固液分离精制有密度差法和过滤法两种方法。工业上普遍采用两种方法组合工艺，即先用密度差法去除大部分杂质，然后用过滤法或组合过滤法进一步精制。现在也开发出了一步精密过滤法精制工艺（表 2-15）。

表 2-15 盐水分离精制方法一览表

分离原理	分离方法	分离设备	分离物质	产物
固液分离精制	密度差分离	浮上桶(溶气浮上法)	$Mg(OH)_2$、$CaCO_3$、SS、$BaSO_4$	清盐水
		澄清桶(连续沉淀法)	$CaCO_3$、$Mg(OH)_2$、SS、$BaSO_4$	清盐水
	过滤分离	砂滤器	SS	一次盐水
		白煤过滤器	SS	一次盐水
		碳素管过滤器	SS	一次盐水
		陶瓷膜过滤器	$CaCO_3$、$Mg(OH)_2$、SS	一次盐水
		四氟膜过滤器	$CaCO_3$、$Mg(OH)_2$、SS	一次盐水
		其他有机膜过滤	$CaCO_3$、$Mg(OH)_2$、SS	一次盐水
离子交换	树脂交换	螯合树脂塔	Mg^{2+}、Ca^{2+}等	二次盐水
膜分离	纳滤膜法	纳滤膜组	SO_4^{2-}	化盐水
相分离	冷冻结晶	换热器、离心机	$Na_2SO_4 \cdot 10H_2O$	化盐水

盐水工序在氯碱近十年生产中受到了普遍的重视，经过近十年的快速发展，目前已基本形成了几种典型的盐水精制工艺路线，代表着盐水精制的技术状况，且每种工艺各有特点。主要可以分为两类：以密度差分离为主结合两步过滤的传统工艺，是先在高分子助剂参与下进行絮凝共沉降，然后进行粗细双级过滤。新式工艺又分为两种：镁钙分开分步去除，该工艺因为过滤器特殊，对易堵塞物敏感，必须先去除有机物和镁不溶物后，再精密过滤钙不溶

物；另一类新工艺是一步精密过滤所有不溶物。不同工艺情况见表 2-16。

表 2-16 盐水精制典型工艺

工艺类型	工艺种类	工艺单元	主要设备	去除杂质	主要特点	技术商
传统工艺	碳素管工艺	密度差分离	反应澄清桶	SS、$CaCO_3$、$Mg(OH)_2$	操作简单、自流工艺、有絮凝剂残留	北化机
		粗过滤分离	无阀砂滤器	SS	操作简单	
		精过滤分离	碳素管过滤器	SS	操作复杂	
	白煤过滤工艺	密度差分离	反应澄清桶	SS、$CaCO_3$、$Mg(OH)_2$	操作简单、自流工艺、有絮凝剂残留	迪诺拉
		粗过滤分离	无阀砂滤器	$Mg(OH)_2$	操作简单	
		精过滤分离	白煤过滤器	SS	可除游离氯	
新式精制工艺	聚合物膜工艺	密度差分离	浮上桶	$Mg(OH)_2$、SS	先除有机物、无机絮凝剂，流程长	凯膜、戈尔、御隆
		精过滤分离	四氟膜过滤器	$CaCO_3$、SS	过滤精度高、性能好	
	陶瓷膜工艺	精过滤分离	陶瓷膜过滤器	SS、$CaCO_3$、$Mg(OH)_2$	先去除有机物、工艺设备简单	久吾
	SST 膜工艺	精过滤分离	四氟膜过滤器	SS、$CaCO_3$、$Mg(OH)_2$	工艺简单	戈尔

2.4 传统固液分离精制

2.4.1 传统固液分离精制工艺流程简述

从化盐桶顶部溢流出的达到饱和状态的盐水，经折流槽进入盐水反应器。在折流槽的一定位置相继加入氢氧化钠、纯碱、氯化钡（或不加），进入盐水反应桶，经充分反应后的盐水再经折流槽进入澄清设备，在盐水进入澄清设备前加入助沉剂（通常使用聚丙烯酸钠高分子聚凝剂）。澄清后的盐水进入砂滤器，再经过碳素烧结管过滤器或白煤过滤器（隔膜法制碱工艺不需要）以进一步除去盐水中的悬浮物，使盐水中的悬浮物含量达到 1mg/L 以下，该盐水称为离子膜一次精制盐水。澄清和过滤产生的泥浆经板框压滤后作废渣处理（图 2-18）。

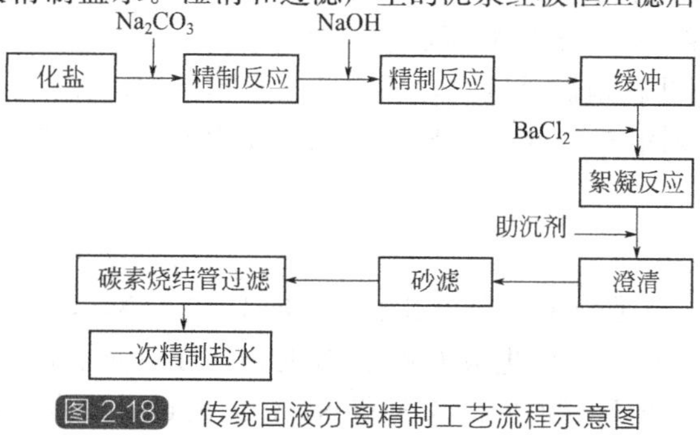

图 2-18 传统固液分离精制工艺流程示意图

2.4.2 一次盐水控制指标

经精制后，不同工艺对一次盐水的要求可见表2-17，一次盐水的控制指标如下。

$NaCl$：	≥315g/L
$NaOH$：	0.4～0.6g/L
Na_2CO_3：	0.4～0.6g/L
$Ca^{2+}+Mg^{2+}$：	≤5mg/L
SO_4^{2-}：	≤5g/L
Sr^{2+}：	≤2.5g/L
Fe^{3+}：	≤1mg/L
ClO_3^-：	≤10g/L
SiO_2：	≤7.5g/L
Ba^{2+}：	≤0.5mg/L
Hg：	≤10mg/L
Mn^{2+}：	≤1mg/L
Al：	≤0.1mg/L
Ni：	≤10mg/L
I_2	≤0.2mg/L
NH_3	≤0.1mg/L
pH：	8.5～9.5
SS：	≤1.0mg/L

表2-17 不同电解装置一次盐水主要质量指标

电解装置	盐水等级	$Ca^{2+}+Mg^{2+}$/(mg/L)	SS/(mg/L)	SO_4^{2-}/(g/L)
隔膜	一次盐水	≤6	≤10	5～7
离子膜	一次盐水	≤6	≤1	5～7

2.4.3 一次盐水精制的工艺控制

2.4.3.1 氢氧化钠的添加

(1) 添加氢氧化钠是为了除去盐水中存在的Mg^{2+}。

(2) NaOH添加量的控制。100℃以下，$Mg(OH)_2$的溶解度很小，一般在2×10^{-4}～7×10^{-4}mol/L的范围内波动，Mg^{2+}和OH^-在pH 8时开始反应，pH 10.5～11.5时，反应迅速完成，并形成胶状絮状物。在NaOH过量0.05～0.1g/L时，盐水中含Mg^{2+}在1～2mg/L，因此在精制反应时，NaOH过量指标控制在0.1～0.3g/L为宜：过低，反应不完全，过高，一则浪费NaOH，使生产成本上升；二则碱性太高会影响后续盐水的澄清操作。

2.4.3.2 纯碱的添加

添加纯碱（Na_2CO_3）是为了除去盐水中存在的Ca^{2+}。Na_2CO_3添加量的控制要求，当pH 10.5～11.5时，与CO_3^{2-}反应生成$CaCO_3$沉淀物。在一定温度条件下，Ca^{2+}是否除得彻底，决定于两个因素，即反应时间的长短和Na_2CO_3的过量程度。若Na_2CO_3按理论用量加入，要搅拌数小时才能反应完全，但当 Na_2CO_3 过量 0.3～0.5 g/L、温度大于 50℃时，其反应可以在约 30min 内完成，盐水中的 Ca^{2+} 含量可在 5mg/L 以下。

2.4.3.3 氯化钡的添加

添加氯化钡是为了除去盐水中的 SO_4^{2-} 离子（现在大部分企业均不采用此法，而采用膜法，后有专项介绍）。Ba^{2+} 与 SO_4^{2-} 的反应是瞬间完成的，而 Ba^{2+} 剩余量将对离子膜产生很大的影响，所以 $BaCl_2$ 的加入量应严格控制。其沉淀反应过程是一个可逆过程，当 Ba^{2+} 或 SO_4^{2-} 在溶液中的含量相对较高时，根据同离子效应，反应向右进行。因 Ba^{2+} 会对离子膜产生影响，应适当增加 SO_4^{2-} 的含量，而 $BaCl_2$ 的加入量主要根据澄清盐水中 SO_4^{2-} 的含量来决定。氯碱生产行业历来控制标准为小于 5g/L，但在离子膜制碱工艺中为了防止 Ba^{2+} 对离子膜产生二次污染，可将 SO_4^{2-} 含量的控制指标调整为 6～8g/L。SO_4^{2-} 的含量控制太低，将会使 Ba^{2+} 在盐水中的含量相对增加，而控制太高，它会阻碍氯离子的放电，并且 SO_4^{2-} 在阳极放电的可能性增加：一方面，它的放电会产生游离氧［O］，游离氧的存在对阳极的腐蚀是严重的；另一方面，它的放电会产生氧气，使氯气的含氧量上升，并且也消耗电能。根据离子膜使用的经验，Ba^{2+} 的存在对离子膜的危害程度比 SO_4^{2-} 6～8g/L 含量下对电极的危害程度更大些。

$BaCl_2$ 的添加处应与 Na_2CO_3 添加处相隔一定距离，必须先加 Na_2CO_3 后加 $BaCl_2$，否则过高的 Ba^{2+} 会与 CO_3^{2-} 反应生成 $BaCO_3$，从而白白消耗了两种辅助原料，同时使指标的控制更难以掌握。有条件的最好在 Na_2CO_3 添加 0.5h 后再添加 $BaCl_2$，或者在化盐前的化盐水中先添加 $BaCl_2$ 除 SO_4^{2-}，去除 $BaSO_4$ 沉淀后，再在化盐桶出口添加 Na_2CO_3 除去 Ca^{2+}，这样可以使 $BaCl_2$、Na_2CO_3 的消耗降低。

2.4.3.4 聚丙烯酸钠（TXY）助沉剂的添加

助沉剂有许多品种，但事实证明高分子聚丙烯酸钠作助沉剂是一个较好的选择，只要不过量添加，它不会对后道工序形成影响。

(1) 聚丙烯酸钠助沉原理。高分子聚丙烯酸钠的分子量在 150 万以上，有的达到 1000 万以上，其分子链有亲水基团和吸附基团且足够长，具有良好的水溶性和吸附性。由于其分子链上的负电荷基团的相互排斥，使得整个分子链呈伸展状并表现出可绕性，这造成其分子链上吸附基团充分暴露，而有利于与悬浮粒子的接触，它的负电荷基团正好可以抵消不溶性钙、镁盐粒团上的正电性，促使其脱析沉降。这个过程是当盐水中投入聚丙烯酸钠时，聚丙烯酸钠分子迅速被吸附在悬浮粒子的表面上，首先是一个分子占据微表面上的一个或数个吸附位，而分子的其余部分伸展到溶液中去，这些伸展的分子链节再结合到另一个悬浮粒子的吸附位上，如此继续下去，结果就形成悬浮粒子间的吸附桥架，其总体质量不断上升，产生助沉作用。

(2) 聚丙烯酸钠的选择。聚丙烯酸钠是一种高分子聚合物，它的分子量的大小对助沉的凝聚效果影响较大，经验数据显示，其分子量最好控制在 500 万以上，低于此值，絮凝效果不佳。聚丙烯酸钠有 8%、10%或其他含量的液态物，也有 98%以上含量的固态物，两者在作为凝聚物的特征上没有根本区别。但液态物运输相对困难，包装成本高，但它配制成低浓度的稀溶液相对容易些。固态物包装成本低，运输、储存较易，但它在配制时相对困难些，配制不当易形成团状物，易堵塞输送管道和计量仪表。

(3) 聚丙烯酸钠的配制。不管是将液态还是固态聚丙烯酸钠配制成 0.01%～0.05%浓度的稀溶液，均不宜进行剧烈搅拌，因为这样会破坏它的分子链，使分子链断裂，从而影响其凝聚效果，可采用低压压缩空气多点小量或低转速机械搅拌（一般选择 10～20r/min）来进行溶液混合。配制水质最好使用有一定温度的纯水，采用不锈钢设备作容器，配制过程不宜带入其他杂质，否则会形成絮凝团状物堵塞输送管道或计量仪表，或对盐水造成二次污染。其稀溶液应现配现用，存放时间不要超过 2 天。

(4) 聚丙烯酸钠稀溶液输送。配制好的聚丙烯酸钠稀溶液最好能自流进入盐水中，若要采用远距离输送形式，不宜采用高转速离心泵。因为它同样会产生上述 (2) 项所述的不良后果，甚至其破坏性更强，可选择往复式压缩输送设备，且流速不宜过快。

(5) 聚丙烯酸钠溶液添加量。其添加量必须严格控制在标准范围内，一般控制为 $5\times10^{-5}\sim10\times10^{-5}$（聚丙烯酸钠与盐水的质量比）为佳，但在实际操作中，取上限或稍高于上限为好：太少了，凝聚效果差；太多了，它所起的作用恰恰相反，起到了分散剂的作用，使盐水中杂质离子无法有效沉淀，也就是所谓的盐水“不分层”，并且过量的聚丙烯酸钠会在离子膜或隔膜表面沉积，从而影响膜的性能。

(6) 聚丙烯酸钠添加位置。聚丙烯酸钠在工艺中的投放位置要认真选择，既要为它与粗盐水的混合均匀创造凝聚条件，又要避免激烈搅拌，以免凝聚团被打碎而影响沉降。它最好添加在粗盐水进入澄清设备前端，当它与粗盐水充分混合后正好进入澄清桶内，过早或过迟添加都会影响其絮凝效果。

2.4.4 传统的盐水固液分离

2.4.4.1 密度差法固液分离

(1) 密度差法固液分离的原理。密度法固液分离一般是根据重力作用的原理，即悬浮于盐水中的固体粒子与盐水的密度差别，比盐水密度大的固体粒子在重力的作用下而自由沉降，使杂质粒子与清液分离。其典型的设备类型有：道尔型澄清桶、斜板式（蜂窝）澄清桶、反应式澄清桶。依照斯托克斯定律，固体粒子在重力作用下的沉降速度可用公式表示为：

$$W=\frac{d^2(r_1-r_2)}{18\mu}$$

式中 d——固体粒子直径；

r_1——固体粒子密度；

r_2——清液密度；

μ——悬浮液黏度。

从公式中可以看出，固体悬浮粒子的沉降速度与悬浮粒子直径的平方、固体悬浮粒子的密度与清液密度之差成正比，与悬浮液黏度成反比。因此，在实际生产中，我们以向悬浮液中添加凝聚剂的方法来增加悬浮粒子的直径和密度；用提高悬浮液温度的方法来降低悬浮液的黏度，就是为了加速悬浮粒子的沉降速度并促使沉淀颗粒长大，提高澄清设备的生产能力。

比盐水密度小的固体粒子在气浮的作用下而自由上升，使杂质粒子与清液分离，其典型的设备是浮上澄清桶。

(2) 密度差法固液分离的典型装置

① 道尔型澄清桶

a. 结构及原理。道尔澄清桶结构见图 2-19，桶的底部为圆锥形，倾角为 8°～9°，桶的中央有一个中心筒，筒中有一根长轴，轴的下端连接有泥耙。筒中长轴的上端与传动装置相连，带动泥耙转动，转速为 $\frac{1}{8}\sim\frac{1}{6}$r/min（控制泥耙的尖端线速度不超过 0.6m/s)。桶的上部有一个环形溢流槽。粗盐水由中心筒的上部进入，入口管呈S形，位置处在液面以下0.5～0.7m处，使粗盐水在中心筒中做旋转运动，中心筒好似旋流式反应室（容积一般保持进料盐水有10～15min的凝聚反应时间）。但在中心筒的下部必须装井字形整流方格，一般高0.8m，每格大小约为0.5m×0.5m，以消除液体的旋流，防止影响盐水中杂质的沉淀。中心筒的下部出口处设置为扩口，以减慢盐水流速，防止破坏泥封层。粗盐水挟带絮凝的沉淀离开中心桶扩口后，速度减慢，又经底部泥浆沉淀层的阻留，继续向下沉降，部分沉淀物下沉到桶底，经缓缓转动的泥耙集中，定时从排泥口排放到泥浆槽。澄清的盐水则不断上升，连续从澄清桶上部边缘的溢流堰流出。澄清在上部的澄清的盐水，在底部生成增浓的泥浆。清盐水上升的速度应小于固体颗粒沉降的速度。清液区应有足够的深度，防止细微的颗粒随着溢流的清盐水流出。

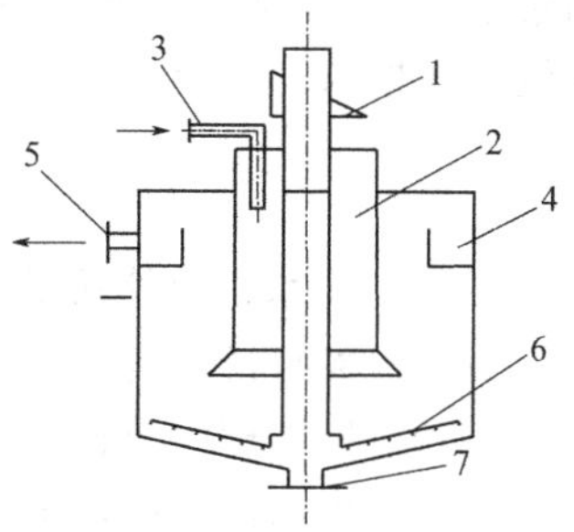

图2-19 道尔型澄清桶结构图
1—传动装置；2—中心筒；3—粗盐水入口；4—溢流槽；5—澄清盐水出口；6—泥耙；7—排泥口

澄清桶的生产能力取决于盐水在澄清桶中的上升速度、澄清桶的截面积及悬浮的固体颗粒的沉降速度。澄清桶的高度对其生产能力也有一定的影响。道尔型澄清桶的优点是桶身容积大，稳定性能好，对盐质变化、过碱量变化的适应性强，生产的弹性比较大，不易受各种因素变化的影响；缺点是体积庞大，投资费用较多。

b. 道尔型澄清桶主要尺寸的确定

ⅰ. 直径

$$D^2=4Q/(\pi V)$$

式中 D——道尔型澄清桶直径，m；

Q——盐水的流量，m^3/h；

V——澄清的盐水上升的速度一般取0.4～0.6m/h，优质盐取上限，劣质盐取下限，m/h。

ⅱ. 高度按照澄清原理，澄清桶能力主要与澄清面积有关，而与高度关系不大。生产实践表明，为了稳定澄清操作，保持适当的泥封层，澄清桶应有一定的高度，国内一般采用5～7m。

ⅲ. 中心筒直径及高度应根据盐水在其中进行的凝聚反应时间计算。凝聚反应时间一般为10～15min。

$$T=\frac{fH_0}{Q}$$

式中 T——凝聚反应时间，min；

f——中心筒截面积，m^2；

H_0——中心筒高度，m；

Q——盐水流量，m^3/min。

中心筒直径：$d^2=4f/\pi$，单位为米（m）。

中心筒的高度一般取：

$$H_0=(0.8-0.9)H$$

式中 H——道尔型澄清桶直桶部分高度，m。

ⅳ. 集水装置。当澄清桶直径小于4m时，采用环形集水槽；当直径大于4m时，应另加辐射向集水槽 4～8 条，以保证集水均匀。

假设流体在槽内均匀流动：

$$h_1=\frac{q}{bv}$$

式中 h_1——集水槽流体所需的断面高，m；

q——集水槽的流量，m^3/s；

v——集水槽内流速，一般取 0.6～0.7m/s，m/s；

b——集水槽宽度，m。

$$h_2=\frac{\lambda LV^2}{8Rg}$$

式中 h_2——速度压头损失高度，m；

λ——摩擦系数，0.024；

L——槽长，以环形槽为例，L 最大为$\frac{\pi D}{2}$/ m；

R——水力半径，$R=F/\Pi$，m；

F——浸液的截面积，m^2；

Π——浸渍周边，m。

$$H_3\geqslant H_1+H_2+d_0/2$$

式中 H_3——孔眼离槽底高度，m；

d_0——孔眼直径，一般取 10mm，m。

$$H_4=\frac{V_1^2}{\mu^2\times 2g}$$

式中 H_4——孔上水深，一般取 0.02～0.03m，m；

V_1——孔眼流速，一般取 0.4～0.5m/s，m/s；

μ——流量系数，一般取 0.62。

集水槽高度还应加上为发挥设备潜力和调整安装水平留有的保护高度 H_5，所以，槽总高$=H_3+H_4+H_5$。

淹没式孔眼的数量：

小孔总截面积（m^2）：$\sum f=Q/V_1$

孔数：$M=4\sum f/(\pi d_0^2)$

小孔的分布应使各区域的流量均匀为原则。

② 斜板式澄清桶

a. 斜板式澄清桶的工作原理及结构对于液相非均匀分离的设备必须具备在单位容积设备内，其有效澄清面积尽可能大，沉降距离小，液流呈稳定的层流，分离出的固相能易于连续排除等条件。

澄清桶在一定的流量和固体颗粒沉降的速度下，其沉降效率 η 与澄清桶的截面积成正比。

$$\eta=\frac{VA}{Q}$$

式中 η——沉降效率；

V——固体颗粒沉降的速度，m/s；

A——澄清桶的截面积，m^2；

Q——盐水的流量，m^3/s。

而在直立的澄清桶内加设一定的斜板后，在理论上可以数倍地提高其澄清效率，斜板式澄清桶就具备了上述条件，其结构如图2-20所示。反应后的浑浊盐水经S形进料管和中间筒的扩大口折返向上，沿着斜板缓缓上升，在每个水平截面上各点的上升速度都是相同的。当盐水中大的悬浮颗粒下沉速度大于盐水上升速度时，就沉向底部；颗粒较小的悬浮物随着盐水通过斜板间隙继续上升，并逐渐沉降在斜板上，当斜板倾角大于盐泥摩擦角，盐泥沿斜板滑落，聚积在澄清桶底，定期从排泥口排出。清盐水继续上升至溢流堰，经清盐水出口流出，斜板的倾角一般为60°。斜板式澄清桶的主要优点是设备体积小，占地面积少，沉降效率高；缺点是设备制造、检修比较麻烦，而且受盐的质量、Mg^{2+}与Ca^{2+}比值、盐水温度等影响，敏感性强，稳定性比道尔型澄清桶差。

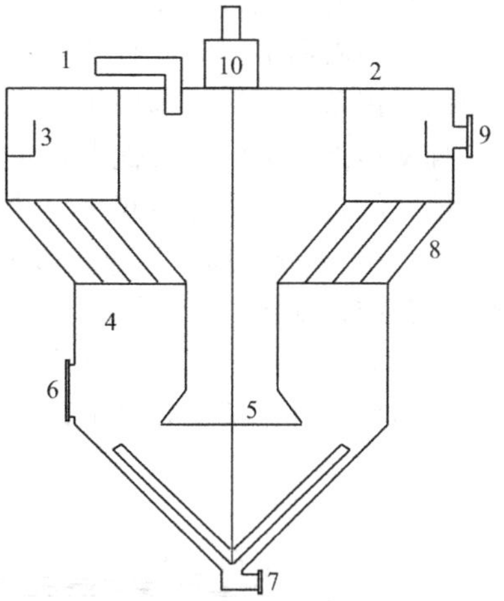

图2-20 斜板式澄清桶结构图

1—盐水进口；2—桶盖；3—溢流堰；4—桶体；5—喇叭口；6—人孔；7—排泥口；8—斜板；9—清盐水出口；10—传动装置

b. 斜板式澄清桶的尺寸的确定

ⅰ. 所需斜板面积

$$F_1=Q/V_1$$

式中 F_1——道尔型澄清桶所需面积，m^2；

V_1——道尔型澄清桶的盐水上升速度，m/h；

Q——流量，m^3/h。

则斜板的实际面积：$F=F_1/(\cos60°\times0.6)$

式中，0.6为系数，斜板效率。

ⅱ. 斜板式澄清桶的直桶部分高度（h_1）一般不小于3m。

ⅲ. 斜板的垂直高度：$h_2=1\sim1.5m$。

ⅳ. 凝聚反应室容积按下式计算：

$$V=TQ$$

式中 T——凝聚反应停留时间，取10～15min；

Q——盐水流量，m^3/min；

V——凝聚反应室容积，m^3。

ⅴ. 从凝聚反应室向外按间距计算斜板面积，待满足要求，再按几何图形算出斜板式澄清桶上部的直桶部分直径D_1和斜板式澄清桶下部的直桶部分直径D及中心桶上部直径D_2。

ⅵ. 校核最小界面的雷诺数，使$Re<2100$。

ⅶ. 溢流槽尺寸计算

$$F=\frac{Q}{3600V}$$

式中 F——溢流堰内液体流过截面，m^2；

V——溢流堰内盐水流速，取0.6～0.7m/s。

③ 蜂窝形澄清桶。蜂窝形澄清桶外形与斜板式澄清桶类似，主要由蜂窝、筒体、整流栅等构成。粗盐水从底部进入凝聚区，较大的絮状粒子被悬浮层截留。通过悬浮层的粗盐水

上升经整流栅稳流继续流入扩大部分，在此减缓流速后，进入蜂窝澄清区。固体悬浮杂质沉降在蜂窝的斜面上，清液继续上升，经集水管溢流槽而流出桶外。盐泥由于蜂窝的倾角大于盐泥的摩擦角而下滑至桶底排出。

蜂窝形澄清桶的主要优点是生产能力大，盐水质量稳定，操作简单平稳，对温度变化不太敏感；缺点是澄清桶容积小，盐水在其中停留时间短，对过碱量和凝聚剂比较敏感。

④ 反应式澄清桶。反应式澄清桶是结合了几种重力沉降分离技术优点开发的反应澄清设备，其结构如图 2-21 所示。反应式澄清桶由中心锥形带六层搅拌的反应区和外锥形主体组成，粗盐水先从上部进入反应区，经充分反应并有足够的停留时间，然后自下而上通过倒锥形变速率上升澄清区，经上部溢流管的侧孔汇集到中心溢流堰后经排出管排出。

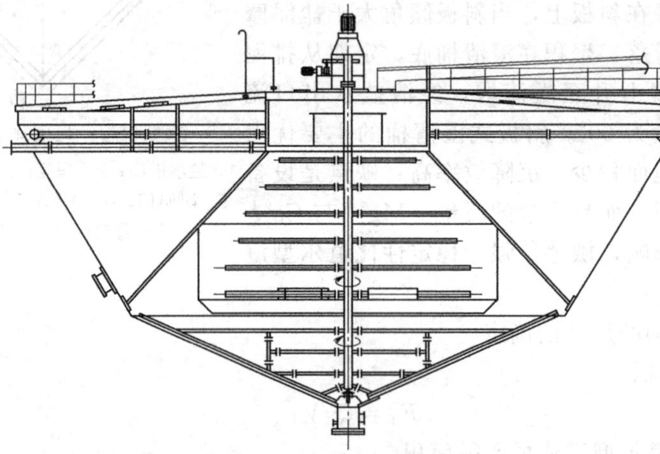

图 2-21 反应式澄清桶结构图

其特点是：中心反应体积大；盐水上升分布均匀；澄清变速率流动，对温度差、浓度差等密度差变化敏感度低。反应式澄清桶澄清区内壁和外壁有斜板效应，盐水上升速率较高，变速澄清使小颗粒在下部相互碰撞结合成大颗粒沉降。

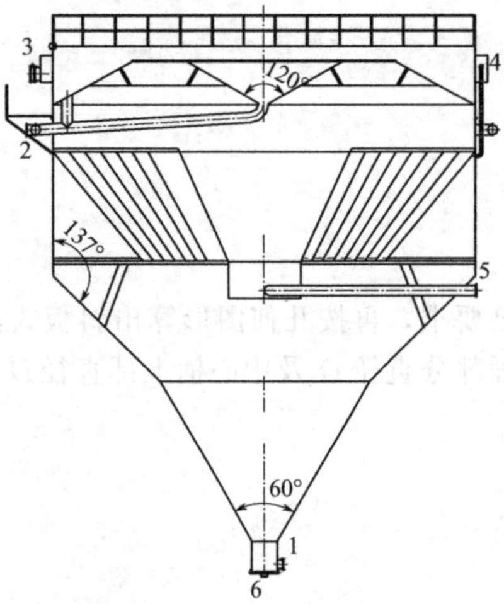

图 2-22 浮上澄清桶结构图

1—下排泥口；2—上排泥口；3—清水出口；4—溢流口；5—进粗盐水口；6—人孔

⑤ 浮上澄清桶。浮上澄清桶对于含镁高的原盐具有较好的适应性，一些盐水精制技术中，有对粗盐水进行先除镁再除钙的要求，而要单独除镁就必须采用浮上澄清桶。

a. 浮上澄清桶的结构和工作原理。浮上澄清桶的工作原理是使空气溶解在粗盐水中，然后将加压的粗盐水突然减压，溶解在盐水中的空气就形成微小的气泡释放出来，并在凝聚剂的作用下与盐水中的杂质颗粒附着在一起。附着了气泡的杂质颗粒的假密度大大降低，在盐水中所受的浮力使其克服本身重力和液体摩擦阻力，以一定的速度向上浮起从上面排出，剩余的盐泥则随盐水通过斜板下降分离沉积于桶底，从底部排出，清净盐水通过上升管由桶外侧导回桶内，从桶上部引出。所以现代的浮上澄清桶结合了浮上桶和斜板式澄清桶的原理，是综合功能澄清桶，被广泛采用，其结构见图 2-22。

浮上澄清法的一种流程是通过循环少量的清盐水，将浮上澄清法所需要的空气引入系统。带有饱和空气的少量循环盐水经释放装置在凝聚反应室内释放出大量的细微气泡，与进入室内的粗盐水中的悬浮物充分接触而附聚在沉淀颗粒上，并上浮到液面，由顶部刮板将浮泥集中在上部的泥槽，从排泥口排出。清盐水从凝聚反应室出来，折流向下，通过折流圈经澄清盐水出口流出，较少一部分清盐水由循环泵打到立式填充吸收塔的顶部，落下时与进入塔内的压缩空气接触而形成饱和空气的盐水。

浮上澄清法的最佳效果取决于：精制反应充分完成；空气与清盐水有足够的接触机会，并保持一定的压力；溶于盐水中的空气在凝聚反应室内完全释放成为细微的气泡；粗盐水中加入适量的凝聚剂；及时排除浮泥和沉泥。

浮上澄清法的优点是适合于含镁量较高的原盐，受温度变化的影响较小，清液分离速度快，生产能力大；缺点是辅助设备多，动力消耗大，操作比较麻烦。

b. 浮上澄清桶的主要尺寸的确定

浮上桶直径：

$$D^2 = 4F/\pi$$

$$F = Q/V$$

式中 D——浮上桶直径，m；

V——浮上速度，一般采用1.0～2.0m/h，m/h；

Q——盐水流量，m^3/h；

F——浮上桶横截面积，m^2。

ⅰ. 凝聚室容积。凝聚反应室由搅拌区及反应区组成，在搅拌区入口流速约0.8～1m/s时，停留时间约1min，反应区停留时间约5.5～8min，出口端流速约6～10m/h。

$$V = V_1 + V_2$$

$$V_1 = \frac{\pi d^2}{4h}$$

$$V_2 = \pi h(r_2 + r_1^2 + rr_1)/3$$

$$QT = V \times 60$$

式中 Q——盐水流量，m^3/h；

T——凝聚反应时间，min。

ⅱ. 凝聚室出口端速度（m/h）：

$$W_1 = Q/(\pi r_1^2) \quad （一般取 6 \sim 10m/h）$$

ⅲ. 向下折流速度（m/h）：

$$W_2 = Q/[\pi(R^2 - r_1^2)]$$

取 $W_1/W_2 = 3.3 \sim 4.5$。

ⅳ. 出中心斜板处速度：

$$W_3 = Q/[\pi\ (r'_2 - r_2)]$$

取 $W_3 = 11.5 \sim 18m/h$。

ⅴ. 出中心斜板处后的上升速度：

$$W_4 = Q/[\pi(\ R^2 - r'^2)]$$

取 $W_3/W_4 = 2.3 \sim 3.3$。

ⅵ. 清水通道速度：

$$W_5 = Q/(\pi r_5^2 n)$$

式中 n——清盐水通道管管子根数，一般取12～16；

r_5——清盐水通道管管子半径，m；

W_5——一般按自然流速取 0.5m/s。

清水通道出口端应有液面调节装置。

ⅶ. 沉泥斗容积：沉泥斗应有 8h 的储泥量，使沉泥在其中得到浓缩。

ⅷ. 浮泥槽也有 8h 的储量。

ⅰ. 浮上槽的高度根据经验选取。

c. 浮上加压槽的计算

ⅰ. 容积确定

$$V=\frac{G}{60n}$$

$$G=(G_1+G_2)/(1000t)$$

式中 V——浮上加压槽容积，m^3；

G_1——盐水质量流量，kg/h；

G_2——空气质量流量，kg/h；

G——盐水与空气混合后的体积流量，m^3/h；

r——盐水密度，一般 $r=1.16\sim1.18$；

t——盐水在加压槽内的停留时间，一般取 $t=3$min；

n——填充系数，取 0.75。

ⅱ. 直径的确定

$$D^2=G/(0.785W\times3600)$$

式中 D——浮上加压槽直径，m。

根据生产经验，加压槽内盐水流速 W 取 0.025～0.031m/s。

ⅲ. 高度的确定

$$H=V/(0.785D^2)$$

式中 D——加压槽直径，一般取 $H/D=3\sim4$，m；

V——加压槽体积，m^3；

H——加压槽高，不包括封头，m。

ⅳ. 盐水进出管管径计算

$$D^2=\frac{G}{0.785W}$$

式中 D——盐水进出管管径，m；

G——盐水体积流量，m^3/s；

W——盐水流速，一般取 1～2m/s。

ⅴ. 平衡管管径的确定。平衡管管径一般可取 0.05m。

ⅵ. 加压盐水泵的选择。泵流量 Q 根据设备生产负荷确定，其泵扬程 H 计算如下：

$$H=P_1+\Delta P+H_1+H_2+2\sim5$$

式中 H——泵扬程，m 液柱；

P_1——加压槽内压力，m 液柱；

ΔP——盐水管阻力降，m 液柱；

H_1——泵入口处的压力，m 液柱（入泵盐水液面在泵吸入口之下，H_1 为正值；入泵盐水液面高于泵吸入口时，H_1 为负值）；

H_2——盐水升扬高度，裕量系数取 2～5m 液柱，m 液柱。

2.4.4.2 传统过滤法固液分离

过滤法固液分离原理是利用某种过滤介质，当含有少量悬浮固体颗粒的清盐水通过该过滤介质时，因通道的原因，使大于过滤介质通道的悬浮固体颗粒被过滤介质截留，清盐水及小于过滤介质通道的悬浮固体颗粒则能通过，以此达到固液再分离的目的，使一次盐水中悬浮固体颗粒的含量达到控制的要求。

2.4.4.3 传统过滤法固液分离的典型设备

（1）虹吸式过滤器

① 虹吸式过滤器的结构及工作原理。虹吸式过滤器主要是由过滤器本体、进水分配箱、水封槽、虹吸系统、过滤层等构成，结构见图 2-23。过滤器被中间隔板分为滤料层及洗水储槽两部分。过滤层底部设有百叶式滤阀作为盐水透过通道，其上铺有各种直径的石英砂或其他材质滤料，顶部和下部的人孔用来装卸滤料和检修。

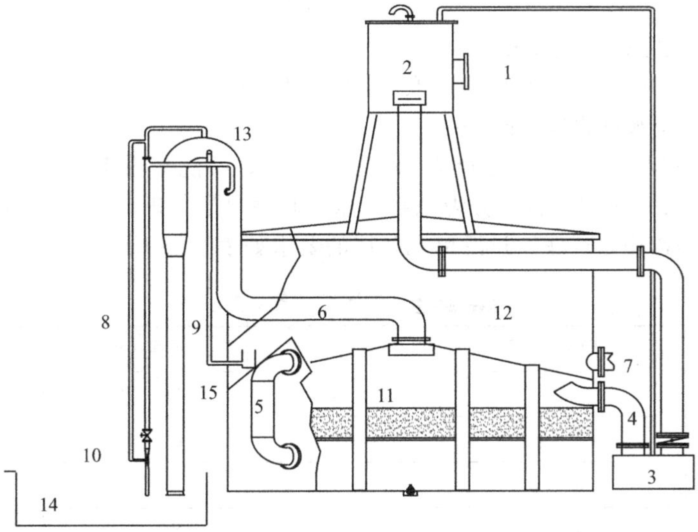

图 2-23 虹吸式自动反洗过滤器原理图

1—进水总管；2—水分配高位槽；3—排气箱；4—进水口；5—联通管；6—虹吸反洗管；7—清盐水出水管；8—虹吸辅助管；9—虹吸破坏管；10—水喷射真空泵；11—过滤器本体；12—洗水储槽；13—虹吸反洗管最高点；14—水封槽；15—虹吸反洗液最低点

澄清后的清盐水从澄清桶上部溢出进入分水箱，分别平均流入各过滤器，然后经排气槽进入滤料过滤层，盐水自上而下经过滤层后，所夹带的悬浮物颗粒绝大部分被截留下来，清水通过联通管进入上部洗水储槽，再由出口管溢流出。随着过滤时间的延长，滤料截污越来越多，其阻力越来越大，虹吸管液位不断上升，当达到虹吸辅助管高度后，通过虹吸辅助管和水喷射真空泵形成虹吸作用，用储水箱中的过滤后盐水对滤料进行反洗。当反洗水储槽液面下降到虹吸破坏管低位后，空气从虹吸破坏管中进入虹吸管，虹吸中断，反洗停止，过滤自动进入下一过滤周期。出过滤器后的清盐水作为过滤盐水，过滤盐水可以满足隔膜电解需要。但是离子膜精盐水使用此过滤器存在硅与铝离子的影响，应使用高纯石英砂或其他材质滤料。

图 2-23 中水分配高位槽 2 与虹吸反洗管最高点 13 的位差为进水推动力，用以克服进水管道阻力，一般在 300～500mm；洗水储槽 12 的溢流水面与虹吸反洗管最高点 13 之间的位差为过滤最大阻力，一般控制在 1500～1800mm，过滤料层高度根据计算确定。

② 虹吸式过滤器的主要尺寸的确定

a. 反冲水储槽容积的计算

过滤器反冲水量：

$$Q=\frac{PTF}{1000}$$

式中 Q——反冲洗水量，m^2；

P——冲洗强度，一般取 15L/（s·m^2），L/(s·m^2)；

T——冲洗时间，一般取 240s，s；

F——过滤器横截面积，m^2。

当两个过滤器共用一个反冲水储槽时，中间应用隔板隔开，一个反冲洗，另一个仍进行过滤，清盐水只供一个冲洗用。

b. 过滤器直径计算

$$D^2=\frac{G}{0.785V}$$

式中 D——过滤器直径，m；

V——滤速，石英砂滤料 V 取 7～10m/h，m/h；

G——盐水过滤量，m^3/h。

c. 滤料最上一层即过滤层，粒径为 0.5～1.0mm，冲洗膨胀率为 40%～50%，滤料层高 700mm 左右。整个过滤滤料可分为砾石支撑层和滤料层，砾石支撑层的作用是支撑石英砂滤料，滤料层的作用是过滤。过滤单元各层的要求如表 2-18 所示。

表 2-18 过滤单元各层要求

内容	层次(自上而下)	粒径/mm	高度/mm	备注
滤料层	1	0.5～1.0	600～700	石英砂
	2	1.0～2.0	400～700	石英砂
支撑层	3	2.0～4.0	50～80	石英砂
	4	4.0～8.0	80～100	砾石
	5	8.0～16.0	80～100	砾石
	6	16.0～32.0	100～150	砾石
	7	大于 32.0	200～250	砾石

d. 过滤器的起始水头损失 ΔH

(a) 卵石支撑层阻力 h_1

$$h_1=0.022HQ$$

式中 H——支撑层厚度，m；

Q——冲洗强度，L/（m^2·s）。

(b) 石英砂滤料阻力 h_2

$$h_2=(\rho_2/\rho_1)(1-m_0)L_0$$

式中 ρ_2——石英砂密度；

ρ_1——盐水密度；

m_0——石英砂膨胀前的孔隙率；

L_0——石英砂膨胀前的厚度，m。

(c) 沿程阻力 h_3

$$h_3=\lambda \frac{L}{D} \times \frac{W^2}{2g}$$

式中 λ——摩擦系数，0.024；

L——管长，m；

D——管内直径，m；

W——盐水在管内的流速，m/s；

g——重力加速度，m/s^2。

过滤器的起始水头损失：

$$H_1=h_1+h_2+h_3$$

最终水头损失一般为 1.3～1.7mH_2O（1mmH_2O = 9.80665Pa，下同），一般取 1.4mH_2O。

e. 虹吸系统管径的选择

(a) 虹吸上升管与虹吸下降管 D_1（m）

$$D_1^2=\frac{2G}{0.785W}$$

式中 W——管内流速，一般为 2～3m/s，m/s；

G——盐水流量，m^3/s。

(b) 盐水进口管 D_2

$$D_2^2=\frac{2G}{0.785W}$$

式中 W——管内流速，一般为 1～2m/s，m/s；

G——盐水流量，m^3/s。

（2）白煤过滤技术　白煤过滤器是我国于 1994 年引进迪诺拉离子膜电解槽时的配套工程装置，该装置采用马来西亚椰壳生产的白煤（活性炭）作为过滤介质应用于盐水的过滤，具有长周期高效率的运转性能和良好的耐腐蚀特点，也可除去盐水中游离氯且运行成本很低。

① 白煤过滤器的工作原理。白煤过滤器也是重力式过滤器，过滤原理除与砂滤器基本相同外，还有吸附悬浮物和去除游离氯的作用，同时不增加盐水中硅的含量，它主要是由过滤器本体、挡圈、白煤层等构成。过滤器内上部有溢流堰用来分配进料盐水以及收集洗水，挡圈防止滤液短路。过滤器底层铺有直径为 5～20mm 的白煤，厚度约为 700～900mm；其上部有直径 2～3mm 的白煤，厚度约为 2500mm；顶部和下部的人孔用来装卸填料和检修，上部人孔盖上有平衡管便于排除空气（图 2-24）。

盐水中的固体颗粒堵塞填料床，造成过滤器液压升高，液位也因此上升，当液位上升至允许最高限时，过滤器就要清洗。采用空气反吹将堵塞和吸附在活性炭填料床的固体颗粒和悬浮物吹出，然后用过滤后盐水通过反洗泵在相当强度条件下，反洗悬浮物并带走，达到反洗再生目的。

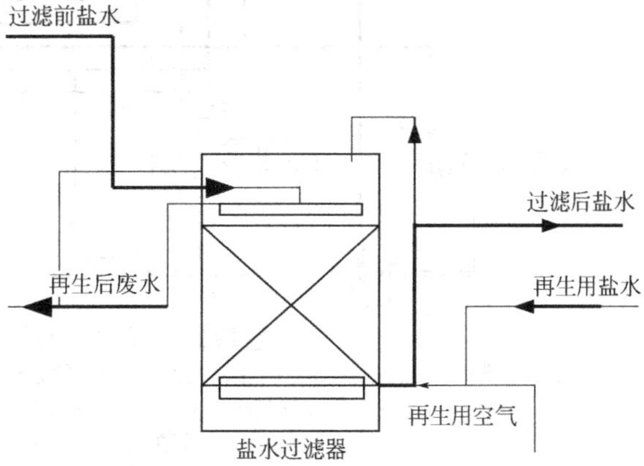

图 2-24　白煤盐水过滤器原理图

② 白煤过滤器的主要尺寸。生产5万吨烧碱所需设备具体规格是：ϕ3000mm×6200mm共三台，过滤速度为6m^3/(h·m^2)，通常情况下设备采用的是钢衬低钙镁橡胶，三台设备同时运行，再生时一台反洗，其他正常生产运行。

③ 白煤过滤器的操作

a. 正常生产界区外的盐水经泵入白煤过滤器，盐水经过滤层后，所夹带的悬浮物颗粒绝大部分被截留下来，出过滤器后的清盐水作为二次过滤盐水经泵直接进入螯合树脂塔进行精制。

b. 反洗过程白煤过滤器反洗操作步骤：

(a) 过滤器停车。将选择开关置于"清洗"位置，关闭盐水入口管线上的手动阀，过滤器排空至出口虹吸液位部分。

(b) 空气吹洗开始。逐渐增加空气量，大约2min内达到65m^3/h，空气压力为0.5kgf/cm^2 (1kgf/cm^2=98.0665kPa，余同)，5min后结束空气吹洗。

(c) 开始盐水反洗。逐渐增加盐水流量，1min内流量升至200m^3/h反洗10～15min结束。

(d) 过滤器排空静止。盐水排空至填料顶部液位，时间为10min。

(e) 恢复过滤器运行。缓慢开阀，打开盐水入口管线的手动阀，使盐水流量达到要求值(2min内达到设定流量)，检查过滤器压力，正常则投入运行。

(3) 碳素管过滤　1961年德国Schleicher & Schnell公司最早开发了碳素管过滤器(tubular module)，其卓越的效果使其可以应用于一切液体物料的过滤，并具有长周期高效率的运转性能和良好的耐腐蚀特点。过滤元件为碳素烧结管，碳素烧结管是由纯碳加石油焦(主要成分为碳)成型后的多孔碳素材料经烧结而成，具有较好的耐腐蚀化学性能，除不可用于强氧化剂外，在温度≤200℃的酸性、碱性溶液中均可使用。通常情况下，碳素管过滤器的容器以及部件采用的是钢衬低钙镁橡胶。

① 碳素管过滤器的工艺流程图见图2-25。

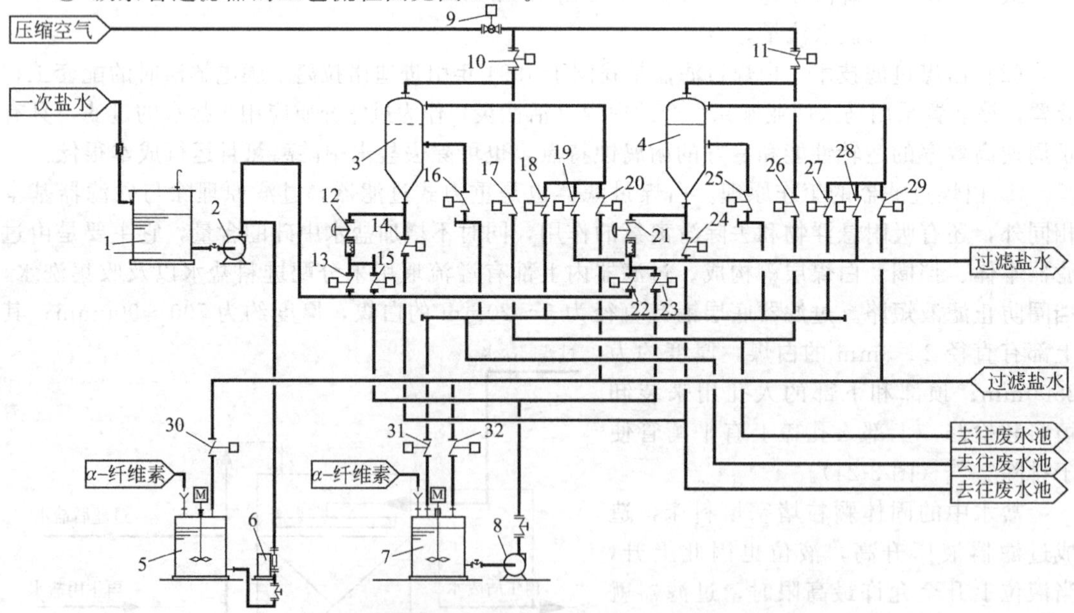

图2-25　碳素管过滤器工艺流程图

1—盐水储槽；2—盐水泵；3，4—盐水过滤器；5—预涂槽；6—预涂泵；7—本体给料槽；8—本体给料泵；9—压缩空气管线开关阀；10，11—清洗加压时开关阀；12，21—盐水流量调节阀；13，22—进入过滤器盐水管线开关阀；14，24—清洗排液阀；15，23—预涂液开关阀；16，25—预涂液混合开关阀；17，26—冲液排气阀；18，27—预涂液混合开关阀；19，28—过滤盐水开关；20，29—反洗盐水开关阀；30—过滤盐水进入预涂槽开关阀；31，32—预涂液循环开关阀

② 碳素管过滤器的结构及工作原理

a. 碳素管过滤器的结构如图 2-26 所示。

碳素管过滤器的主体设备材质为钢衬低钙镁橡胶或衬 PO，中间设置有钢衬低钙镁橡胶或衬 PO 的花板，在花板上固定碳素管过滤元件。碳素管元件外形及组装件如图 2-27 和图 2-28所示。

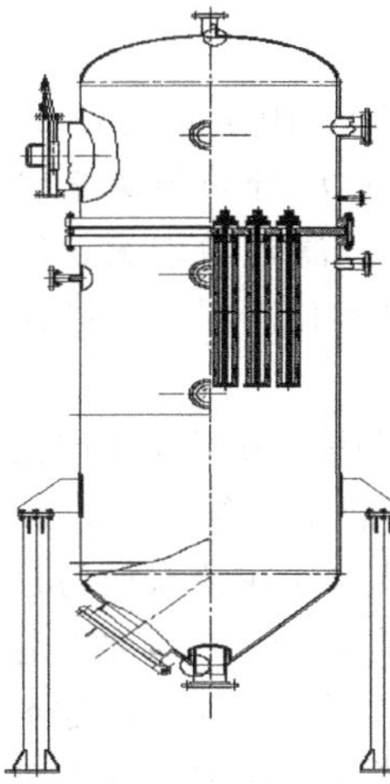

图 2-26 碳素管过滤器结构示意图

图 2-27 碳素管元件外形图

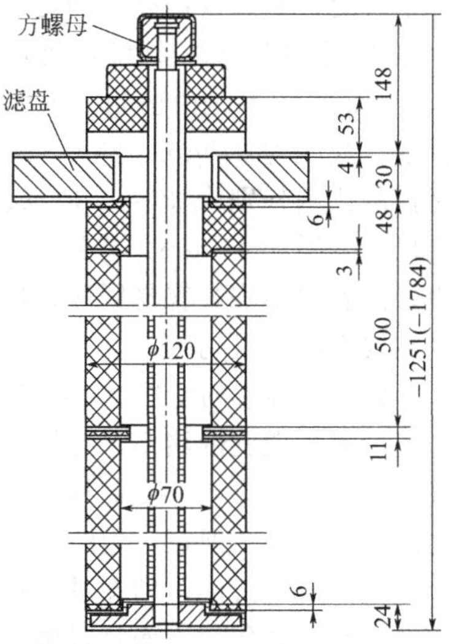

图 2-28 碳素管组装件示意图

b. 碳素管过滤器的工作原理。先用泵将盐水和 α- 纤维素配制成的悬浮液送入过滤器中，并且不断循环，使碳素烧结管表面涂上一层厚度均匀的 α- 纤维素（助滤剂），叫作预涂过程，目的是形成初始滤层，提高过滤质量、避免碳素管被镁钙堵塞；然后把澄清盐水送入过滤器，同时用定量泵把与盐水中 SS 质量成比例的 α- 纤维素与澄清盐水一起送入过滤器，这样做的目的是过滤过程中生成的泥饼有一个适当的骨架，增大过滤流量，在返洗时易碎成小块剥落；此时加入的 α- 纤维素称为本体给料，加入量太少会导致过滤器压差上升很快，加入太多会占用不必要的过滤空间而缩短过滤周期，由于 α- 纤维素的骨架作用，α- 纤维素和截留在预涂层表面的 SS 混合，形成新的过滤层，此新的过滤层也能通过滤液，使过滤器能在 SS 含量为 10mg/L 时，通过添加等量的 α- 纤维素，保证在设计流量下，48h 内过滤器的压差不超过 0.2MPa 的状况下安全运转。

③ 碳素管过滤器的主要尺寸的确定。一般碳素管的盐水通率为 $2m^3/(h \cdot m^2)$，因此年生产 1 万吨烧碱需要的碳素管数量计算如下。

a. 过滤面积的计算。年生产 1 万吨烧碱，以年运行时间 8000h 计，每小时需产碱量为：$10000 \div 8000 = 1.25$ (t/h)

每生产一吨烧碱需要盐水量为：$9.5\ m^3/h$

每小时需要通过过滤器的盐水总量为：

$$1.25 \times 9.5 = 11.875(m^3/h)$$

需要碳素管的总过滤面积为：

$$11.875m^3/h \div 2m^3/(h \cdot m^2) = 5.9375m^2$$

b. 碳素管数量的计算。假设选取内径 70mm、外径 120mm、长度 500mm 的碳素管，每根碳素管的过滤面积为：

$$S=\pi D_{外} L=3.14\times 120\times 500\times 10^{-6}=0.1884(m^2)$$

年生产1万吨烧碱需要的碳素管数量为：

$$5.9375m^2 \div 0.1884m^2=31.5(取数为32根)$$

c. 外形尺寸的确定。一般碳素管组件如图2-28所示，可两根碳素管为一组，然后根据组数来确定花板的开孔数。花板上的开孔以正三角形布置，孔间距以碳素管的外径1.5倍左右来确定，然后根据此来确定设备的外形尺寸。

④ 过滤助剂α-纤维素及其使用

a. α-纤维素是由精制棉水解制得，其分子式为（$C_6H_{10}O_5$）$_n$，其中n=170～200，α-纤维素：粒度为250μm、200～250μm、150～200μm、100～150μm、50～100μm的α-纤维素所占的比例分别为30%、17%、26%、26%和1.0%。α-纤维素的粒度分布与碳素管的滤孔尺寸（平均110μm）有关。若纤维过细，容易堵塞毛细管，造成过滤阻力增大；纤维过粗，附着力不强，容易脱落，造成α-纤维素用量增大，过滤效果也不佳。因此，纤维素的颗粒要求较粗且均匀。

b. α-纤维素的使用。α-纤维素的使用是采取预涂层法及掺浆加料法。采用预涂层法是为防止碳素管微孔的堵塞，并提高过滤精度。过滤之前，先将过滤助剂α-纤维素（以碳素管过滤面积每平方米1kg α-纤维素计算）分散于盐水中，配制成预涂液，并在预涂槽与过滤器之间进行循环。通过一定时间的循环，即可在碳素管表面形成厚度约为2～3mm的预涂层。

主体给料过滤，即在进入过滤器的一次精制盐水中连续加入助滤剂。所加的助滤剂在盐水中起晶核的作用，而且对微小的SS起助凝作用，从而提高过滤精度。这种过滤方法可以迟缓过滤阻力，延长过滤周期，减少单位盐水所耗用的助滤剂量，主体给料助剂浓度为10.4g/L，流量控制为10L/(万吨·h)。

⑤ 碳素管过滤器的操作及注意事项。碳素管过滤器的操作步骤如下：

a. 碳素管预涂在预涂罐内，添加适量的α-纤维素，一般是碳素管过滤面积每平方米1kg，然后加入过滤后盐水配成2.7g/L预涂液，充分搅拌10min，用已经过过滤的精盐水向过滤器充液，直到盐水溢流入废液池为止；然后开动预涂泵，向过滤器内输送预涂液，通过过滤器前出口回到预涂罐，使α-纤维素和盐水充分混合，混合时的流量为设计流量的1.3～1.4倍左右，混合时间10min，预涂流量为$2.5m^3/(m^2\cdot h)$。

切换阀门，使预涂液出口由过滤前改为过滤后出口就开始预涂。在这种状态下，预涂液由碳素管外侧流向内侧，这时α-纤维素在元件表面形成均匀的预涂层，预涂进行30min，此时预涂罐内的液体应异常澄清透明。

切换阀门，用一次盐水代替预涂液，一次盐水流量为设计流量，并让过滤后盐水返回一次盐水罐，目的是把质量可能不好的过滤盐水返回一次盐水罐，此时需要10min，这个过程一般称为原液循环。

预涂步骤为：

(a) 充液。过滤器首先进行充液，进液至高位。充液时用液面计监测液面，由于充液时过滤器压力的变化往往会对液面计显示的准确性产生不利影响，所以要对过滤器充液做认真监视。

(b) 混合。液体在过滤器与预涂槽之间循环，目的是使预涂液浓度均匀，混合时间为10min。

(c) 预涂。混合10min后，过滤器开始预涂，预涂时间为35min。

(d) 通液。预涂35min以后，如果另外一台过滤器处于通液状态，预涂过滤器便进入预涂，保持状态直到切换为止。预涂时间达到以后，如果另外一台过滤器处于停止状态，则预涂过滤器在完成预涂以后，该过滤器即由预涂状态进入原液循环状态。

运行中的过滤器当压差达 0.2MPa 或过滤时间达 48h 将自动停止通液，所以在运行过滤器的压差达 0.2MPa 或过滤时间达 48h 以前必须完成待机过滤器的预涂，以便及时自动切换，保证连续通液，一般规定在运行过滤器的压差达 0.15MPa 或过滤时间达 46h 待机过滤器做预涂准备，提前完成预涂。

运行中的过滤器在压差或过滤时间达到规定时，如果待机过滤器不能及时投入运行，DCS 可保持运行过滤器的继续通液，然而在运行的过滤器压差达 0.25MPa 时，则必须停止过滤。

b. 正常运行原液循环结束，则切换阀门，使过滤后盐水进入过滤盐水罐，过滤后 10min 后，启动主体给料泵，定量地向粗盐水泵加入 α- 纤维素悬浮液，直到运转时间达到 48h，或者过滤器的差压达到 0.2MPa 时停止运转，进入返洗。

c. 返洗过滤器运转 48h 之后，或者差压达到 0.2MPa 之后，这台过滤器就应退出运转，把这台过滤器内碳素管上的过滤层全部洗清，以便再经过预涂之后，重新工作，这个过程叫作返洗。返洗总共进行 4 次，操作程序如下：

一次返洗：排液，待液排完后，关闭排液阀门，打开空气阀门，待过滤器内压力达到设定点跳开（约 0.4～0.5MPa），快速打开污水排放蝶阀，过滤器内侧液体通过碳素烧结管，使过滤层脱落，过程约 20s，然后继续通入空气，排净过滤器内液体，过程约 60s。

二次返洗：向过滤器内加过滤后盐水，待有液体外溢，溢流 15s 后，打开排空阀门，待过滤器内液位达到一定高度并有液体溢出后停止加液；向过滤器内注入压缩空气，待压力达到 0.4～0.5MPa 后，快速打开污水排放蝶阀，使过滤器内侧液体通过碳素烧结管，使残余过滤层脱落，程序一次返洗。

三次返洗：过程与二次返洗相同，把方向阀进行切换。

四次返洗：过程与二次返洗相同，把方向阀进行切换。

返洗操作到此结束，采用三个方向操作，目的是冲洗过滤器上部及孔板下面附着的滤饼。这样的操作方法比单一操作更干净。一般均用过滤后盐水来返洗，也有把二次、三次、四次返洗过程用纯水替代过滤后盐水，对于稳定生产、降低生产成本有利。

操作过程中的注意事项：

(a) 一次精盐水中游离氯（主要以 ClO^- 的形式存在）的含量偏高，游离氯会与碳素管的碳发生化学反应，同时也与起黏结作用的石油焦发生化学反应，使碳素管的滤孔阻力增大，严重时会造成碳素管破裂。因此，在进入过滤器的一次精盐水中必须加入亚硫酸钠溶液，以去除一次精盐水中的游离氯。

(b) 在进入过滤器的一次精盐水中必须连续稳定地加入 α- 纤维素悬浮溶液，否则会影响过滤器的过滤周期及效果。

(c) 进入过滤器的一次精盐水必须有稳定的流量，且过滤流量波动不能低于额定流量的 60%，否则会影响过滤器的预涂层及过滤效果。

进入过滤器的一次精盐水中不能夹带空气，否则会影响过滤器的过滤效果。

注意相对稳定，每小时的流量变化不得超过设计流量的 40%，流量的急剧变化会导致过滤器内返浑，影响过滤效果。

注意进料盐水是否夹带气泡，气泡进入过滤器会吸附到预涂层上或冲刷预涂表面，导致过滤层穿孔和破坏预涂层，影响过滤效果。通液流量最小不得低于 30%。

典型的由澄清桶、砂滤器和白煤过滤器组成的传统盐水精制流程见图 2-29。

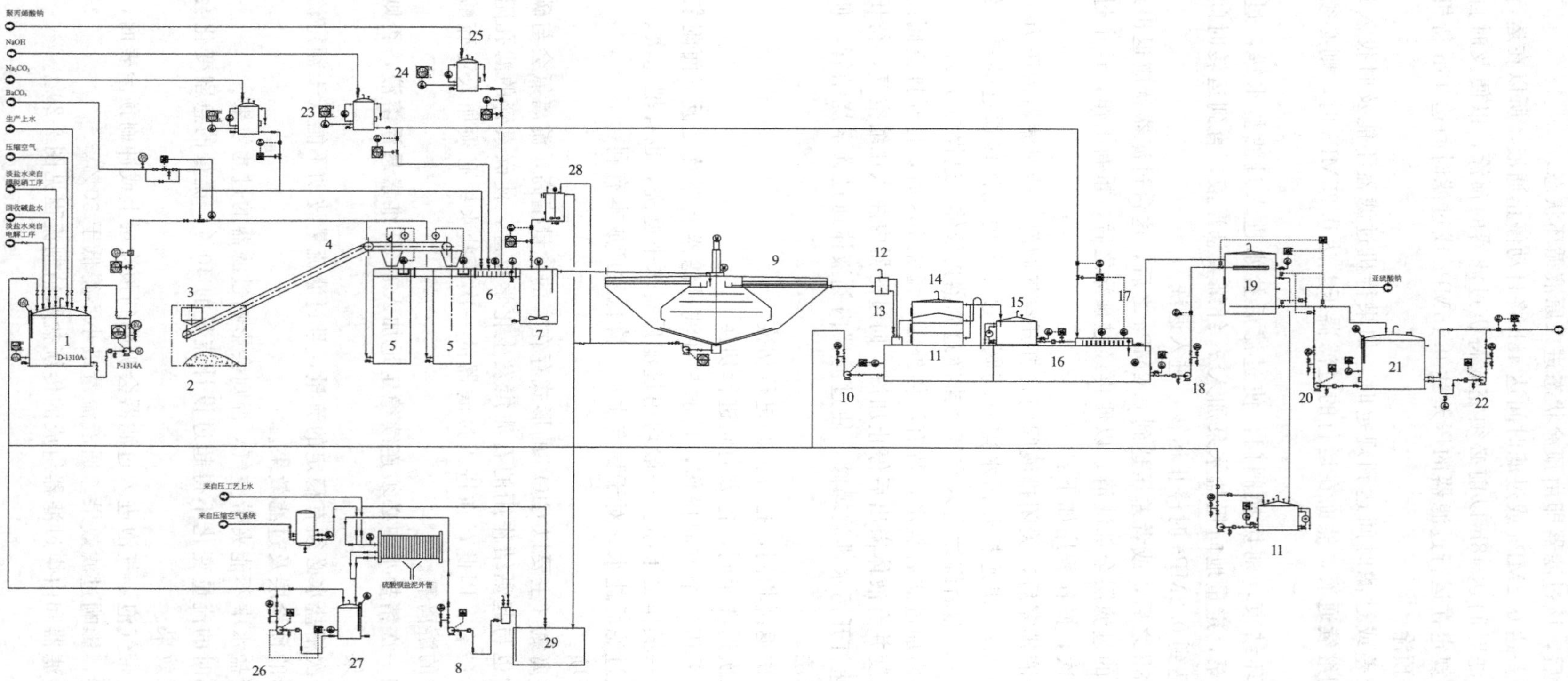

图 2-29 传统盐水精制流程图

1—配水桶；2—配水泵；3—上料斗；4—皮带；5—化盐桶；6—粗盐水折流槽；7—反应槽；8—盐泥泵；9—反应澄清桶；10—反洗盐水泵；11—反洗盐水储槽；12—盐水分配高位槽；13—盐水排气管；14—自动反洗砂滤器；15—过滤盐水储槽；16—中和盐水储槽；17—精盐水折流槽；18—盐水过滤泵；19—白煤过滤器；20—盐水反洗泵；21—精盐水储槽；22—精盐水泵；23—碳酸钠高位槽；24—氢氧化钠高位槽；25—聚丙烯酸钠高位槽；26—滤液泵；27—滤液槽；28—盐泥高位槽；29—盐泥槽

2.5 高分子膜盐水精制工艺

2.5.1 高分子膜盐水精制工艺概述

(1) 高分子膜精制原理。高分子膜精制工艺核心是膜法精密过滤，是根据膜的性质和盐水特点，经过不断探索形成的工艺方法。由于镁的沉淀物和有机物易堵塞高分子膜，所以流程特点是先用氧化的方法除去有机物，利用氢氧化钠与镁离子反应产生氢氧化镁沉淀，采用浮上澄清方法先除去氢氧化镁沉淀物，浮上澄清出来的澄清盐水中加入纯碱，使钙离子与其反应生成碳酸钙沉淀，该碳酸钙沉淀物再用有机膜精密过滤。典型流程是镁沉淀反应—氧化反应—重力澄清（浮上澄清）—钙沉淀反应—精密（膜）过滤—还原反应，即三个反应单元、一个重力分离单元、一个过滤分离单元。高分子膜盐水精制工艺可将盐水中的悬浮物的含量直接达到小于 1mg/L 的要求。

(2) 高分子膜的性质及原理。膜分离过程以压力渗透膜为分离介质。当膜两侧存在压力推动力时，原料侧组分透过膜，以达到分离、提纯的目的。通常膜原料侧称膜上游，透过侧称膜下游。不同的膜过程使用的膜不同，推动力也不同。表 2-19 列出了 8 种已工业应用膜过程的基本特征。

表 2-19 8 种已工业应用膜过程的基本特征

过程	透过组分	截留组分	推动力	传递机理	膜类型
微滤(MF)	溶液，气体	0.02～10μm 粒子	压力差(0～100kPa)	筛分	多孔膜
超滤(UF)	小分子溶液	1～20nm 大分子	压力差(100～1000kPa)	筛分	非对称膜
反渗透(RO)	溶剂，可被电渗析截留组分	0.1～1nm 小分子溶质	压力差(1000～10000kPa)	优先吸附毛细管流动，溶解-扩散	非对称膜或复合膜
渗析(D)	小分子溶质或较小的溶质	>0.02μm 血渗析中>0.005μm 截留	浓度差	筛分微孔膜内的受阻扩散	非对称膜或离子交换膜
电渗析(ED)	小离子组分	同名离子、大离子和水	电化学势电渗析	反离子经过离子交换膜的迁移	离子交换膜
气体分离(GS)	气体较小组分或膜中易溶解组分	较大组分(除非膜中溶解度较高)	压力差(100～10000kPa)，浓度差(分压差)	溶解-扩散	均质膜，复合膜，非对称膜
渗透蒸发(PVAP)	膜内易溶解组分或易挥发组分	不易溶解组分或较大、较难挥发物	分压差，浓度差	溶解-扩散	均质膜，复合膜，非对称膜
乳化液膜(ELM)	在液膜相中有高溶解度的组分或能反应组分	在液膜中难溶解组分	浓度差，pH 差	促进传递和溶解扩散	液膜

膜分离技术目前已普遍用于化工、电子、轻工、纺织、冶金、食品、石油化工等领域。

膜是膜技术的核心，膜材料的化学性质和膜的结构对膜分离性能起着决定性影响。对高分子膜材料的要求是：具有良好的成膜性、热稳定性、化学稳定性，耐酸、碱、微生物侵蚀和耐氧化性能（表 2-20）。膜的制备方法见表 2-21。

表2-20 已用作膜材料的主要聚合物

材料类别	主要聚合物
纤维素类	二乙酸纤维素(CA),三乙酸纤维素(CTA),乙酸丙酸纤维素(CAP),再生纤维素(RCE),硝酸纤维素(CN)
聚酰胺类	芳香聚酰胺(PI),尼龙-66(NY-66),芳香聚酰胺酰肼(PPP),聚苯砜对苯二甲酰(PSA)
芳香杂环类	聚苯并咪唑(PBI),聚苯并咪唑酮(PBIP),聚哌嗪酰胺(PIP),聚酰亚胺(PMDA)
含氟高分子类	聚全氟磺酸,聚偏氟乙烯(PVDF),聚四氟乙烯(PTFE)
聚砜类	聚砜(PS),聚醚砜(PES),磺化聚砜(PSF),聚砜酰胺(PSA)
聚烯烃类	聚乙烯醇(PVA),聚乙烯(PE),聚丙烯(PP),聚丙烯腈(PAN),聚丙烯酸(PAA),聚四甲基戊烯[P(4MP)]
硅橡胶类	聚二甲基硅氧烷(PDMS),聚三甲基硅丙炔(PTMSP),聚乙烯基三甲基硅烷(PVTMS)
其他	聚碳酸酯,聚电解质配合物

表2-21 膜的制备方法

膜种类		制备方法
对称膜	致密对称膜	溶剂浇注法、溶压法
	微孔对称膜	光辐照法(核刻蚀法)、延伸法
非对称膜	相转化膜	聚合物沉淀法
	复合膜	界面聚合法、就地聚合法、溶液浇注复合法、等离子聚合法
荷电膜	硬膜	热压成型,从荷电材料直接制备,含浸界面或就地聚合
	软膜	表面化学改性、浸涂、离子交联
陶瓷膜		化学提取法、溶胶-凝胶法、高温分解法、固态粒子烧结法

微滤膜的分离过程主要是根据膜过程和分离体系的特征，选择合适形式的膜组件，然后根据膜内、膜表面的传质及浓度、流速、压力沿膜面分布，对运行过程进行优化。

膜分离中的传递过程包括膜内传递过程和膜外传递过程两种。膜内的传递过程要考虑两个问题，其一是分离物质在主流体和膜中不同的分配系数，其二是物质从膜表面进入膜内的传递动力学过程。总之，膜与各种分离物质的传递速率不同而形成各组分的分离。膜外传递过程指物质从膜表面进入膜内以前，因流动状况不同，受膜表面边界层传递阻力或传递扩散的影响，包括由浓度极化以及实际操作条件下形成的传递过程。膜分离过程的效果不仅取决于膜材料及其膜后的特性，且取决于过程中的操作条件，如压力、流动状况、温度等。因此，膜内、膜外传递过程的综合结果才能得到实际的分离效果。

膜表面传质过程中，膜表面传递阻力的形成有两种情况，一种是膜本身具有高传递阻力、低渗透通量，其结果造成低浓度的浓度极化，这种浓度极化情况下的传质过程为膜控制的传质过程；另一种是在高渗透通量情况下，溶液中的溶质在膜表面形成一层凝胶层，这时传质过程由凝胶层控制。

浓度极化由于膜的选择通过性，溶质大部分被膜截留，积累在膜高压侧面，造成膜表面与主体溶液间的浓度梯度，靠近膜表面边界层中溶质浓度增加，而溶剂浓度降低，从而降低了优先渗透组分的推动力，增加了难渗透组分的浓度，使总的分离效果下降。

凝胶层控制传质中，对于高渗透通量的膜，即使膜两侧有不同的压差，其渗透流速只达到一定值。这种情况就是料液中溶质在膜表面上形成一层凝胶层，随着时间延长，这凝胶层的厚度增加到使膜的渗透通量降低到一个平衡值，若增加膜两侧压差，在一个时间区间，渗透通量可以增加，但新的凝胶层又沉积而形成，于是又达到一个新的平衡，到稳定状态时，增加推动力已不可能使渗透通量增加，这时传质过程已由凝胶层控制。

膜污染是指由于被过滤料液中的微粒、胶体粒子或溶质分子与膜发生物理化学作用或因浓差极化使某些溶质在膜表面或膜孔内吸附或沉积，造成膜孔堵塞或变小，并使膜的透过流量与分离特性产生不可逆变化的现象。它与浓差极化有内在的联系，尽管很难区分，但是概念上截然不同。对于膜污染，应当说一旦料液与膜接触，膜污染就开始了，也就是说，由于溶质与膜相互作用产生吸附，开始改变膜特性。膜污染的影响相当大，它可使膜的过滤能力下降20%～40%，污染严重时能使膜通量下降80%以上。如不能有效地控制膜的污染并及时进行清洗再生，要将膜应用于盐水精制的大生产是比较困难的。

膜污染的过程可分为两个阶段：第一阶段是溶质，有机物等被吸附在膜上，这个过程在溶质、有机物分子同膜接触10min之内便完成，它可使膜通量下降30%；第二阶段是膜表面缓慢形成凝胶层，膜孔道堵塞，从而使膜通量相对缓慢地进一步连续下降。

膜污染的情况分为两种：一种是附着，由溶解性有机物浓缩后黏附于膜面（凝胶层）以及由胶体物质或微生物等吸附于膜面（吸附层）所构成的；另一种是淤塞，小颗粒的悬浮物使膜孔产生不同程度的堵塞。污染物种类包括：$Mg(OH)_2$、$CaCO_3$、铁盐或凝胶、磷酸钙复合物、无机胶体等无机物；微生物、蛋白质、脂肪、糖类、有机胶体及凝胶、腐植酸等有机物。

影响膜污染的因素：①粒子或溶质尺寸及形态；②粒子或溶质与膜的相互作用；③膜结构与性质（对称与不对称）；④溶液的性质（浓度、温度、黏度、pH值等）；⑤膜的物理特性（表面粗糙度，孔径分布及孔隙率）；⑥操作参数（料液流速、压力、温度等）。

2.5.2 几种典型的膜法盐水精制工艺

2.5.2.1 戈尔膜盐水精制工艺

美国戈尔公司是一家专门生产高科技产品的跨国公司，于1958年由W. L. Gore创办，目前在世界上50多个国家和地区拥有60多家工厂。该公司以膨体四氟乙烯专利技术为母体开发生产了多种产品，涉及电子、医疗、工业、军事、民用等多种领域。

Gore公司用延伸法制造了聚四氟乙烯延伸膜：首先制取高度定向的结晶态聚合物，在接近聚合物熔点温度下，挤压聚合物膜，并配合以很快的拉出速度，冷却后对膜进行第二次延伸，使膜的结晶构造受损，产生裂缝。由于聚四氟乙烯的化学稳定性好，又为疏水性材料，用延伸法所制膜的孔隙率很高（可达90%）。

(1) 戈尔膜液体过滤器的工作原理。戈尔膜液体过滤器将膨体聚四氟乙烯专利技术、全自动控制系统及各种附属设备完美地结合在一起。它的过滤方法与众不同，它是用薄膜来进行表面过滤。这种独特的过滤方法，使液体中的悬浮物被全部收集在薄膜的表面，是目前有效的液固分离方法之一。过滤时，浊液经过Gore-TEX薄膜滤芯，清液透过膨体聚四氟乙烯薄膜滤芯进入上腔，液体中的固体物被全部截留在薄膜滤芯表面，形成滤饼。以秒计的瞬时反流形成反清洗，将滤饼从滤芯表面去除，脱离滤芯表面的滤饼沉积在过滤器底部，当达到一定量时，被迅速从底部排出。

过滤与反清洗交替进行，循环往复，实现戈尔薄膜液体过滤器的连续运行。

(2) 戈尔膜液体过滤器的特点

① 低压过滤。戈尔膜液体过滤器的过滤压力，仅需0.03～0.1MPa。

② 高流通量，一次净化。戈尔膜液体过滤器的过滤能力是一般其他膜过滤能力的5～10

倍，不需要借助其他的固液分离设备，一次过滤完成固液分离。

③ 广阔的过滤范围。被过滤液体中的固体含量从 20mg/L(0.002%) 到 100000mg/L (10%) 均可被有效去除且滤液清澈。

④ 自动反清洗，连续过滤，操作简单。过滤器可在数秒之内自动反清洗过滤膜，反清洗压力低，反清洗时不需要排空过滤器，反清洗一结束，又进入过滤状态，整个过程自动控制，不需人工操作。

⑤ 体积小，占地省。戈尔膜液体过滤器仅需其他相同处理量的传统过滤装置 1/10 的占地面积。过滤器的体积也大大小于其他过滤装置。

(3) 戈尔膜盐水工艺流程。根据戈尔膜的一些特性和实际运行的情况，在中国形成了一套较为合理的工艺方案，其流程为沉淀精制＋氧化反应—浮上分离—沉淀精制—精密过滤—还原中和反应，即 3 个反应单元、1 个重力分离单元、1 个过滤分离单元。

向化盐桶来的粗盐水中加入 10%的 NaClO，用以破坏天然有机物，控制粗盐水中游离氯含量为 1～3mg/L（进树脂塔前需要加 Na_2SO_3 处理），同时加入 NaOH，过碱量为 200mg/L，镁杂质形成絮状固体 $Mg(OH)_2$，加入 $FeCl_3$ 作絮凝剂原料，并发生如下反应：

$$FeCl_3 + 3NaOH \longrightarrow Fe(OH)_3\downarrow + 3NaCl, K_{sp} = 1\times10^{-38}$$

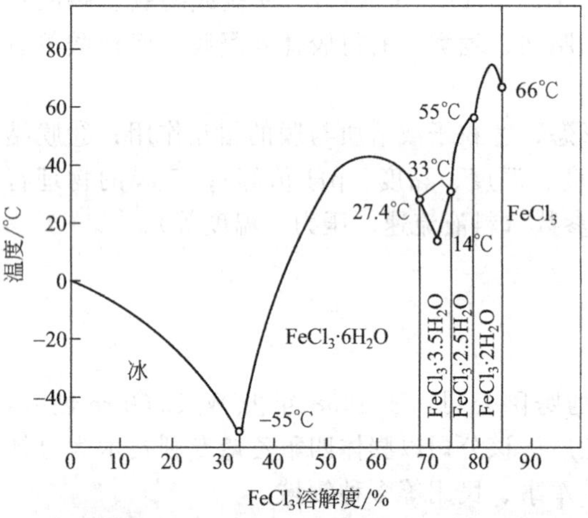

图 2-30 三氯化铁在水中的溶解度曲线

$Fe(OH)_3$（絮状物）作为絮凝剂，溶度积很小（溶解曲线见图 2-30），反应快速彻底，并很快与 $Mg(OH)_2$ 结合成大颗粒，在浮上式澄清桶预处理器中通过气浮作用从桶上排出，加气压力 0.2～0.3MPa，加气量与盐水的比例为每立方米盐水加 5L 压缩空气，气包的释放在浮上桶下部，其中有一部分气体会形成大气包损失掉，$FeCl_3$ 的加入量一般与盐水比例为 3/10000～5/10000，但实际加入量根据上浮盐泥颜色调整，控制在浅肉红色。

预处理器出来的粗盐水在反应塔中加入 Na_2CO_3，此时的盐水基本上是 Ca^{2+} 含量多、Mg^{2+} 含量少，通过自然位差或泵提升经过戈尔过滤后则可得到不溶物的质量分数小于 1×10^{-6} 的精盐水。

戈尔过滤器盐泥再返回预处理器入口，即富钙盐泥循环，特别适合于高镁盐的处理，预处理器泥浆送至板框压滤机。

如果是真空盐，其中的 Ca^{2+} 含量很低，不足以在高分子膜上形成助滤层，这时要把戈尔膜过滤器的盐泥自身循环，即返回第二反应桶，增加进入过滤器的钙量，以稳定操作。

(4) 戈尔膜工艺设备主要参数的选择

① 戈尔膜过滤流量的选择。过滤过程开始运行时，膜的渗透流量影响主体液中的粒子向膜面运动的速度，流量越大，粒子在膜面沉积得越快，也越致密，在膜表面沉积形成的污染层将产生额外的阻力，该阻力可能远大于膜本身的阻力。与膜孔径相近的粒子易嵌入膜孔通道中，在膜孔中沉积，将造成膜孔减小甚至堵塞，实际上减小了膜的有效面积。液体透过膜的阻力增加幅度越大，流量的衰减就越严重。对于长期运行的膜过程，膜的初始流量应有所控制，以限制膜污染的产生，从而使通量在尽可能长的时间内稳定在较高水平，对于盐水精制过程，戈尔膜的过滤流量选择为 $0.5m^3/(m^2\cdot h)$ 较好。

② 戈尔膜过滤压力的选择。在生产中，过滤压力在 0.015～0.06MPa 时，流量随压力的增大而增加，随运行时间的延长而基本保持不变，这时过滤过程在压力控制区；当压力增加到 0.06MPa 以上时，流量随运行时间的延长而衰减，压力越高，衰减越快。膜两侧压差变化对膜渗透速率不起作用，即为传质控制区。当料液中被截留组分在膜面上沉积形成凝胶时，随着过程的进行，凝胶层加厚，直至膜通量达到某一平衡值。当增加膜二侧压差时，短时间内可能使膜面凝胶层的形成加快，膜的污染加重，甚至使膜被压实，从而使总体过滤阻力大大增加，流量的衰减加快，达到平衡时的流量越小。因此膜过滤初期应采用较低压力，然后慢慢升压，可在较少的时间内获得稳定的通量，当过滤压力达到 0.1MPa 时，应进行化学清洗。在正常生产中，过滤压力最好控制在 0.03～0.055MPa。

③ 过滤过程中的选择

a. 过滤时间。因为戈尔过滤器属终端过滤操作，随着运行时间的加长，滤饼不断增厚，为获得较大的处理能力，同时保证戈尔膜在较低的压力下工作，盐水精制过滤时间应在 1200～1600s 之间。当然，含固量、种类和大小以及流量变化时，应调整过滤时间。一般含固量升高时，过滤时间缩短；含有机物、$Mg(OH)_2$时，过滤时间缩短；小粒子比例高时，过滤时间缩短；流量增大时，过滤时间缩短；反之则相反。

b. 反冲时间。由于 EPTFE（改性聚四氟乙烯）的低摩擦系数及滤袋具有的柔性，反冲时只要有 30～40cm 液柱的清液，因此反冲时间只要稍大于清液下降所需时间即可，根据运行情况，选择 30s。

c. 沉降时间。反冲下来的滤饼从滤袋上脱落，只要沉降到设备的锥形底部，才能进行下一次过滤，否则滤饼将随新鲜的粗盐水又附着在膜上，过滤压力上升。沉降时间根据运行情况，一般取 40s。

d. 过滤循环次数。主要取决于每次反冲、沉降下来的杂质体积，选择次数太少，影响装置能力太多，影响戈尔膜的有效过滤面积与反冲效果。最佳循环次数的判断基准是过滤器锥底固相的最高液面不能超过戈尔膜的最下端，盐水精制一般选 6 次。

e. 排渣时间。经过几次循环后，沉降在过滤器锥底的固相必须及时排出，排渣时间只要稍大于将渣排净所需时间即可，一般取 30s。

f. 清洗方式的选择。物理清洗主要有低压高流速法，反压清洗法和负压清洗法三种。低压高流速法是使清洗介质在低压推动下，高流速流过膜功能面，以冲掉膜面的污染物；反压清洗法是在透过液侧用清洗介质或用透过液加压使其从膜的反面透过膜，使膜性能得到恢复；负压清洗法是采用抽吸作用，在膜的功能面侧形成负压，以去除膜表面和膜内部的污染物的方法。

经过试验对比，三种方法的优劣顺序为：负压清洗＞反压清洗＞低压高流速清洗。

低压高流速清洗只靠剪切力去除污染物，它对膜表面的污染物质起作用，但对膜孔内的物质去除无能为力；反压清洗对堵孔物质的去除效果好，但对膜表面液体流速低，故对膜表面的污染物去除效果不好；而负压清洗既有膜表面较高的液体流速，透过液也有抽吸作用，故膜表面和堵孔的污染物都能较好去除。因此，应根据实际需要化盐盐水的量，根据相关经验参数选择合适的戈尔过滤器（图 2-31）。戈尔膜过滤盐水精制流程见图 2-32。

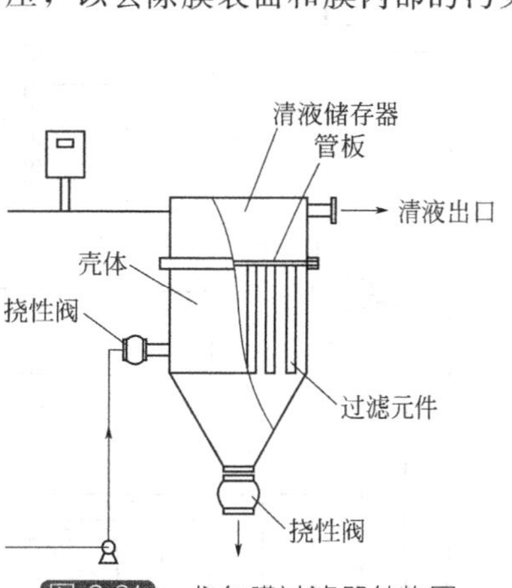

图 2-31 戈尔膜过滤器结构图

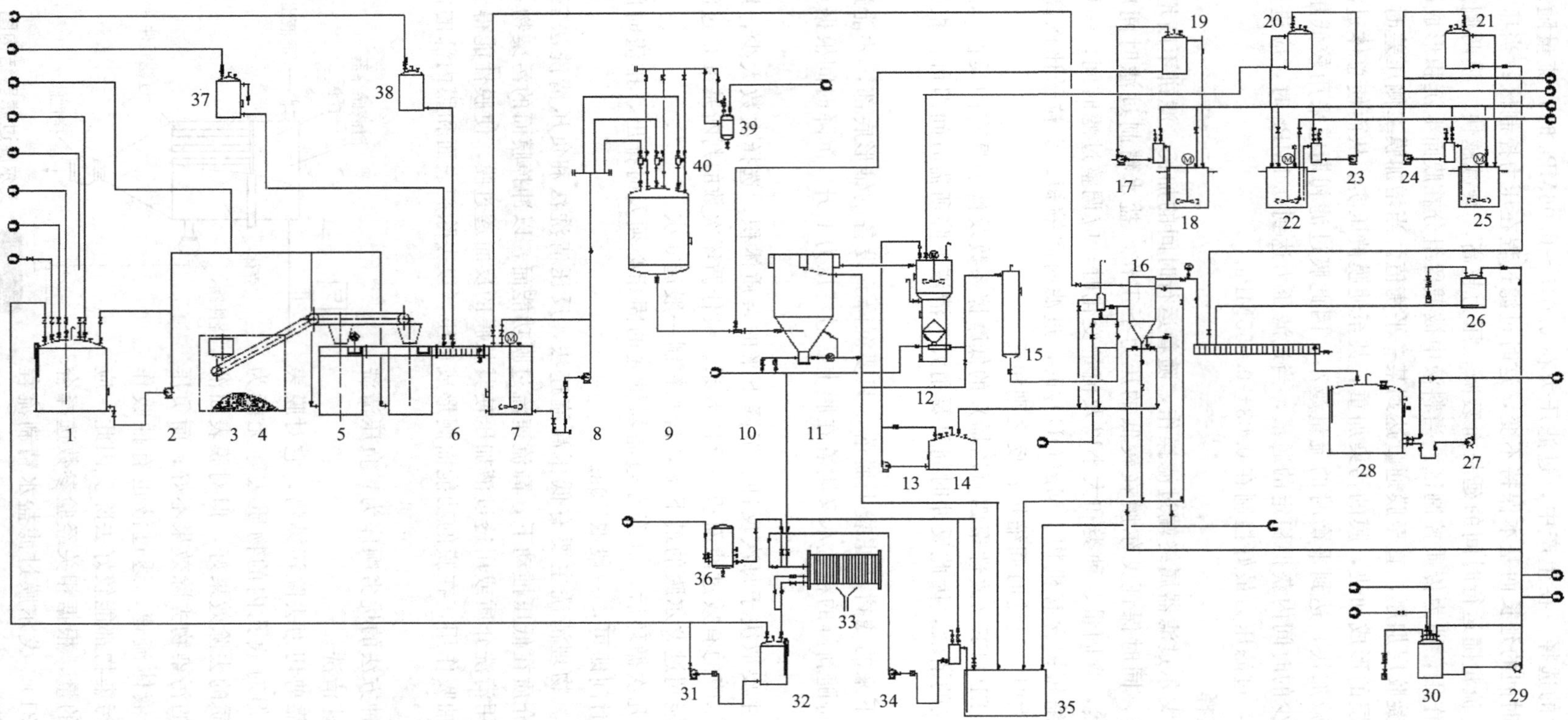

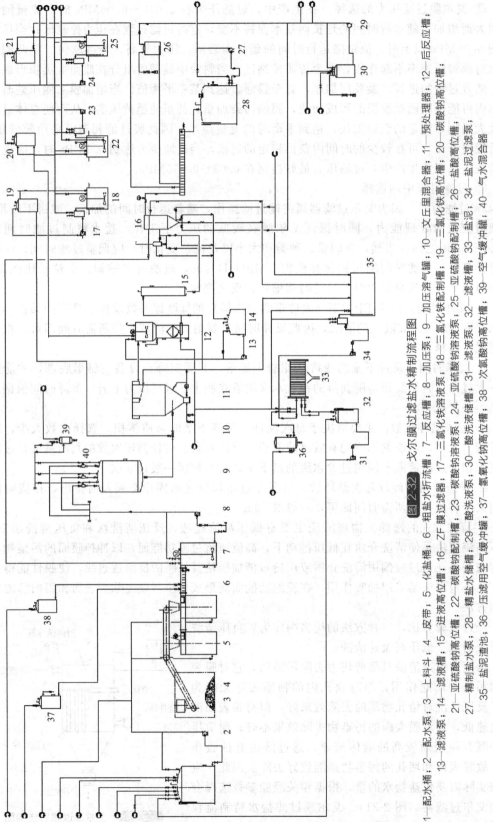

图 2-32 戈尔膜过滤盐水精制流程图

1—配水桶；2—配水泵；3—上料斗；4—皮带；5—化盐桶；6—粗盐水折流槽；7—反应槽；8—加压泵；9—加压溶气罐；10—文丘里混合器；11—预处理器；12—后反应槽；13—滤液泵；14—滤液槽；15—进液高位槽；16—ZF 膜过滤器；17—三氯化铁溶液泵；18—三氯化铁配制槽；19—三氯化铁高位槽；20—碳酸钠高位槽；21—亚硫酸钠高位槽；22—碳酸钠配制槽；23—碳酸钠溶液泵；24—亚硫酸钠溶液泵；25—亚硫酸钠配制槽；26—盐酸高位槽；27—精制盐水泵；28—精盐水储槽；29—酸洗液泵；30—酸洗液储槽；31—滤液泵；32—滤液槽；33—盐泥；34—盐泥过滤泵；35—盐泥渣池；36—压滤用空气缓冲罐；37—氢氧化钠高位槽；38—次氯酸钠高位槽；39—空气缓冲罐；40—气水混合器

2.5.2.2 凯膜盐水精制工艺

（1）凯膜简介。凯膜过滤器是新加坡凯发集团根据多年的水处理实践研制而成的用于盐水精制的过滤器，凯膜技术源自人造血管技术。该过滤器是聚四氟乙烯管式多孔膜，过滤膜开孔率高、孔径小，液体中的悬浮物全部被截留在薄膜的表面，由于薄膜具有极佳的不黏性和非常小的摩擦系数，滤料不易堵塞。这样，在不增加运行负荷的情况下，既保证了液体的最大通量，又有效收集了液体中的固体颗粒（图 2-33）。

图 2-33 凯膜过滤管

凯膜具有以下特点：①凯膜的孔径为 0.22～0.5μm，并且具有高的孔隙率，因此具有较高的过滤精度和渗通量；②滤膜材质为膨体聚四氟乙烯，具有较好的耐腐蚀性，特别是能够长期经受盐水中的游离氯和氯酸盐的腐蚀；③凯膜的厚度大，为一次成型结构，无复合及搭接缝，能够避免搭接处的破裂，具有较高的机械强度；④凯膜的滤管直径较小，使得滤膜比表面积较大，相同体积的过滤器可装入更多的滤膜来增大过滤面积。

（2）凯膜过滤原理。凯膜过滤器采用的是膜过滤技术，其核心部分是凯膜，此过滤膜为膨体聚四氟乙烯与三元乙丙胶材料复合制成的一种多孔的，化学性质稳定，摩擦系数极低，耐热、耐老化而强度又高的复合物，该过滤膜开孔率高。凯膜过滤技术就是靠这种微孔使液体通过，而把固态物及悬浮物等杂质截留下来，并通过过滤器排除，从而保证溶液中的悬浮物质量分数 $w<1\times10^{-6}$。

（3）凯膜盐水精制工艺的特点

① 工艺简单，流程短。盐水中的悬浮物从 1000～10000mg/L 降至 1mg/L 以下，完全适合隔膜电解槽使用，也可直接进入离子交换树脂塔进行二次盐水精制。

② 过滤材质可靠性好。

③ 过滤精度稳定，盐水质量稳定。

④ 处理能力大，节约了技术改造资金。

⑤ 操作简单，全自动控制。与传统工艺比较，省去了清理澄清桶、砂滤器的工作量，大大降低劳动强度。

⑥ 占地面积小。每小时处理 $50m^3$ 盐水的过滤器直径不超过 2m，对于老厂改造和扩建项目实施比较方便。

⑦ 降低了对原盐质量的要求，拓宽了选项盐的范围，为原料采购提供了方便。

⑧ 精盐水质量高且稳定，延长了隔膜的使用寿命，降低了电耗。

⑨ 运行费用低。

⑩ 整个设备的特殊防腐处理，可适合宽广的酸碱度液体要求。

（4）凯膜过滤器的工艺流程。与戈尔过滤精制工艺一样，饱和盐水中加入 NaOH、NaClO 经前反应桶反应后，用加压泵送加压溶气罐，再进入预处理器，并在预处理器前的文丘里混合器中加入助沉剂原料 $FeCl_3$，用空气浮上法除去 Mg^{2+}、菌藻类等杂质。盐水从预处理器溢流入折流槽，在此加 Na_2CO_3、Na_2SO_3，进入后反应桶、中间桶，然后靠位差进入凯膜过滤器。

盐水进入过滤器时，经过纯聚四氟乙烯管式滤管进行过滤，清液经过滤管进入上腔（清液腔）通过溢流管排出，滤液中的固体物质被滤管截留在过滤管表面。过滤一段时间后，滤管上的滤渣达到一定的厚度，过滤器自动进入反冲清膜状态，使滤渣脱离滤管表面沉降到过

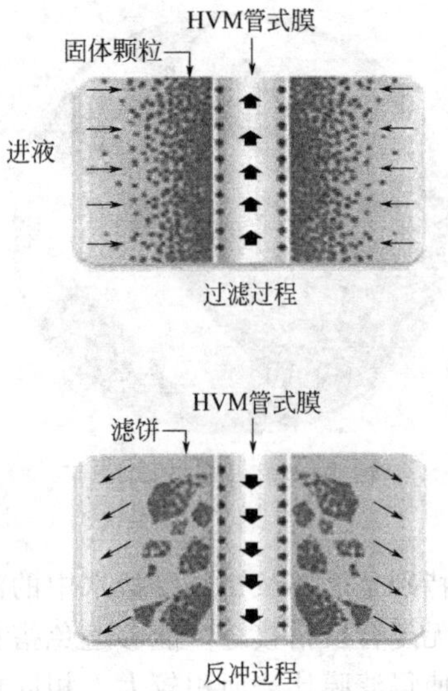

图 2-34 凯膜过滤原理示意图

滤器的锥形底部，过滤器自动进入下一个过滤、反冲、沉降周期。当过滤器锥形底部的滤渣达到一定量时，过滤器自动打开排阀排除泥渣，然后进入下一个运行周期。当过滤器运行一段时间后，用15%的盐酸洗膜。

凯膜过滤工艺流程见图 2-34。

(5) 凯膜过滤工艺主要设备的选型。凯膜过滤器选取时可根据盐水流量选取过滤面积，一般过滤能力按 $0.4m^3/(m^2 \cdot h)$计算。

2.5.2.3 其他膜法过滤工艺

在国内普遍采用的膜法工艺中，还有御隆膜和麦驼膜工艺。在工艺流程上，膜法工艺都是在戈尔工艺基础上沿袭和改进而来，只是在具体膜结构、设备选材结构和流程控制等细节方面有细微差异，并随使用经验加以改进。比如麦驼膜工艺过滤器采用钛花板和自控蝶阀代替原钢衬塑花板和胶挠性阀，提高了设备寿命；御隆膜工艺过滤器采用细管过滤单元以增大过滤面积，操作和工艺控制方面与戈尔膜工艺类似。

膜法过滤工艺生产过程中的主要工艺控制点及相关控制指标见表 2-22。

表 2-22 膜法过滤工艺控制点及相关控制指标

序号	名称	质量指标	控制指标	控制点-次数
1	原盐	NaCl/% Ca^{2+}/% Mg^{2+}/% SO_4^{2-}/%	93～95 ≤0.35 ≤0.20 <0.5	进厂
2	前反应槽 粗盐水	NaCl/(g/L) NaOH/(g/L) 温度/℃	305±5 0.1～0.3 55±5	前反应槽出口
3	预处理器 出口粗盐水	NaCl/(g/L) 含固量/(mg/L) Ca^{2+}/(mg/L) 总 Mg/(mg/L) 温度/℃	305±5 约 80 <600 <20 55±5	预处理器出口
4	预处理器 上排泥 下排泥			每班 2～3 次 每班 3～4 次
5	后反应槽 粗盐水	NaCl/(g/L) Na_2CO_3/(g/L) NaOH/(g/L) 温度/℃	305±5 0.3～0.5 0.1～0.3 55±5	后反应槽出口

续表

序号	名称	质量指标	控制指标	控制点-次数
6	加压溶气罐	溶气压力/MPa 液面	0.2～0.3 视镜范围	加压溶气罐
7	空气缓冲罐	空气压力/MPa	0.2～0.3	
8	仪表空压	空气压力/MPa	≥0.5	
9	膜过滤器	过滤压力/MPa 过滤时间/s 过滤流量/[m^3/(h·m^2)] 排渣间隔/(次/2～4 次反冲) 反冲时间/s 游离氯/(mg/L)	0.01～0.10 1200～3600 0.4 1 <30 1～3	运行过程中,严格控制过滤压差在指标范围内
10	NaClO 配制与加入量	配制后 NaClO/% 与粗盐水量比/(mg/L)	1 10～20	
11	$FeCl_3$配制与加入量	配制后 $FeCl_3$/% 与粗盐水量比/(mg/L)	1 5～15	
12	酸洗液	HCl 浓度/%	15	1 次/2 周 1h/次

2.5.3 膜法过滤工艺异常情况

2.5.3.1 膜法过滤盐水中钙离子浓度超标

(1) 碳酸钠投加量未达到工艺指标。碳酸钠投加量直接影响盐水中钙离子的去除，若发现精制盐水中钙离子浓度偏高，应同时分析碳酸钠的过碱量，如碳酸钠过碱量低于 0.3g/L，则有可能是精制盐水中钙离子浓度偏高的主要原因，此时应相应提高碳酸钠的投加量，并加大取样分析的频率，确保反应后的碳酸钠在 0.3g/L 以上。

(2) 膜破损。粗盐水泄漏膜一旦破损，粗盐水直接进入后道工序，是造成精制盐水中钙离子浓度偏高的原因之一，应加强巡检，目测观察过滤器每个膜组件出口是否有浑浊现象，同时比对镁离子或 SS 的分析结果，若膜破损，则相应的镁离子或 SS 的分析结果也比较高，此时应更换膜组件。

(3) 分析不准确。由于精制盐水中钙离子浓度比较低，采用常规的 EDTA 滴定分析，有可能测定值低于方法的检测下限，应采用 ICP 进行分析。另外，从 EDTA 滴定法本身来看，如过早加入钙羧酸指示剂或滴定时间过长，都有可能使分析结果偏高。

2.5.3.2 膜法过滤盐水中镁离子浓度超标

(1) 氢氧化钠投加量未达到工艺指标。氢氧化钠投加量直接影响盐水中镁离子的去除，若发现精制盐水中镁离子浓度偏高，应同时测定盐水的 pH 值或分析氢氧化钠的过碱量，如 pH 值低于 11 或氢氧化钠过碱量低于 0.1g/L，则有可能是精制盐水中镁离子浓度偏高的主要原因。此时应相应提高氢氧化钠的投加量，并加大取样分析的频率，确保反应后的氢氧化钠过碱量在 0.1g/L 以上。

(2) 膜破损。粗盐水泄漏（如膜破损）而直接进入后道工序，是精制盐水中钙离子浓度偏高的原因之一，应加强巡检，目测观察过滤器每个膜组件出口是否有浑浊现象，同时比对镁离子或SS的分析结果，若膜破损，则相应的镁离子或SS的分析结果也比较高，此时应更换膜组件。

(3) 分析不准确。由于精制盐水中镁离子浓度比较低，采用常规的EDTA滴定分析，有可能测定值低于方法的检测下限，应采用ICP进行分析。另外，从EDTA滴定法本身来看，如过早加入铬黑T指示剂、滴定时间过长或钙离子分析结果偏低等因素都有可能使分析结果偏高。

2.5.3.3 膜法过滤盐水中铁离子浓度超标

(1) 膜破损。膜一旦破损，含有氢氧化铁的粗盐水直接进入后道工序，是精制盐水中铁离子浓度偏高的原因之一，应加强巡检，目测观察过滤器每个膜组件出口是否有浑浊现象，同时比对钙离子的分析结果，若膜破损，则相应的钙离子的分析结果也会成比例增加。

(2) 精盐水罐或管道防腐出现破损。如精盐水罐或管道防腐出现破损，造成设备腐蚀，亦可以使精制盐水中的铁离子浓度大幅度增加，此时应分段取样分析，确定出现防腐破损的位置，及时检修。

2.5.3.4 膜法过滤盐水中SS超标

(1) 膜破损。膜一旦破损，粗盐水直接进入后道工序是精制盐水中SS浓度偏高的原因之一，应加强巡检，目测观察过滤器每个膜组件出口是否有浑浊现象，若膜破损，应及时更换膜组件。

(2) 分析不准确。SS的分析是比较难以做好的，由于精制盐水中的SS浓度很低，取样、称量的准确与否直接影响分析的结果。

2.5.3.5 膜法过滤盐水中游离氯超标

(1) 次氯酸钠或未脱氯淡盐水加入量过高。次氯酸钠或未脱氯淡盐水加入量应随着原料盐种的变化而做相应调整，如游离氯低于1mg/L或未检出，说明次氯酸钠或未脱氯淡盐水加入量偏低，或原料中所含菌藻类、腐植酸等天然有机物较高，应加大次氯酸钠或未脱氯淡盐水的加入量。如游离氯高于3mg/L，说明次氯酸钠或未脱氯淡盐水加入量偏高，或原料中所含菌藻类、腐植酸等天然有机物较低，应减少次氯酸钠或未脱氯淡盐水的加入量。

(2) 亚硫酸钠加入量偏低。如在精盐水罐中所测游离氯偏高，表明亚硫酸钠加入量偏低，应加大亚硫酸钠的投加量，以保证精制盐水中的游离氯为未检出。

2.5.3.6 膜预处理器出水浑浊

预处理器作为新工艺的关键设备之一，其运行是否正常直接影响整个系统的运行。若发现预处理器出水浑浊，可从以下几个方面判断。

(1) 溶气压力是否正常。正常情况下溶气压力应保持在0.25MPa左右，若压力过低将无法正常溶气，压力过高将会降低泵的输送能力。

(2) 原料盐中镁离子含量是否超过设计范围。由于每立方米盐水仅能溶解5L空气，因此它所能浮上的氢氧化镁量也是一定的，超过设计范围将会直接影响预处理器的运行效果，使预处理器出水浑浊。

(3) 三氯化铁加入量是否在设计范围。三氯化铁进入粗盐水后即快速水解形成氢氧化铁，由于氢氧化铁有非常大的比表面积，它可以中和颗粒的电性，吸附有机物，同时作为无机絮凝剂，包裹氢氧化镁胶体和其他较难沉降的盐泥，被释放的微小空气泡托浮至预处理器液面。操作时应分析三氯化铁溶液的浓度，调节三氯化铁投加量。

(4) 工艺控制是否符合要求。如温度控制、盐水流量、盐水浓度、过碱量是否稳定或在正常控制范围内，每一项出现较大的波动均会造成系统运行不正常。

2.6 陶瓷膜过滤精制

2.6.1 陶瓷膜精制工艺原理

陶瓷膜精制采用一步精密过滤精制，即盐水经一步精密错流过滤后成为产品。陶瓷膜是由无机材料加工而成，是一种固态膜。陶瓷膜具有自然多孔的陶瓷外层，此层作为附着在膜管内壁的膜层的支撑体。一般构成膜层的材料有 Al_2O_3、TiO_2、ZrO_2 或 SiC 等几种。膜孔通过高技术的加工工艺高温烧结而成。根据用途的要求，陶瓷膜的膜孔径一般为 0.05～1.2μm。为了使每根膜管得到最大的膜通量，将膜管制造成一个或多个通道。处理液的成分与过滤工艺的实际情况决定合适膜孔径的选择，而液体的黏性是选择膜通道孔径及膜管类型的决定因素。

陶瓷膜过滤器每台由多个组件组成，多采用三级过滤形式，三级连续过滤是指粗盐水用泵打入第一级陶瓷膜组件后，产出部分精盐水，被浓缩的粗盐水继续进入第二级陶瓷膜组件，产水浓缩后再进入第三级陶瓷膜组件，再次产水浓缩，盐泥与粗盐水从第三级出口排出。三级产水的总和即为设备总产水量，一、二、三级组件的膜面积依次减少，以保证粗盐水在陶瓷膜表面有基本相同的流速（即膜面流速）。

陶瓷膜过滤方式与传统碳素管过滤工艺和聚合物膜过滤工艺的外压管式过滤器终端过滤方式不同，陶瓷膜盐水精制过滤技术采用的是高效的“错流”过滤方式。陶瓷膜法过滤处理流体的操作有两种方式，如图 2-35 所示。

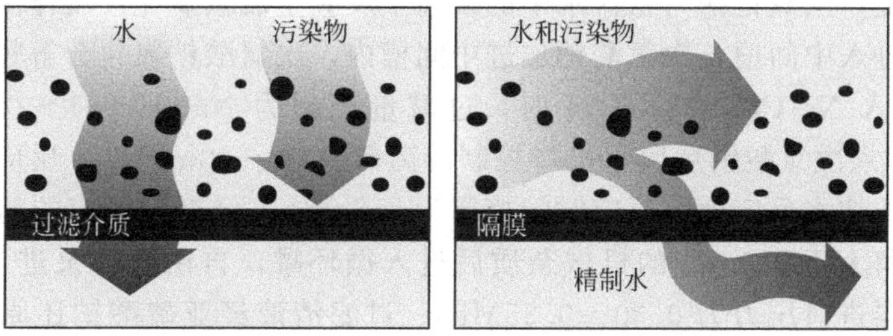

(a) 并流操作　(b) 错流操作

图 2-35 陶瓷膜过滤常见操作方式示意图

过滤的操作方式分为并流操作和错流操作两种方式：

并流操作又称为终端过滤，其过滤器属外压式过滤器，为静态过滤，死端式操作，其特点为：原料液从管外压入，被过滤的原料液在过滤过程中不产生膜面流动，原料液在过滤时不离开过滤器；在过滤周期内膜面上的滤饼层逐渐增厚，料液的含固量逐渐增高，过滤压力不断升高，通量下降；为保持低的过滤压力和高的通量，必须采用频繁的脉冲反冲（数十分钟一次）的方式用渗透液冲除膜表面的滤饼，因此，这种过滤方式多应用于固体含量低的料液体系和小规模生产应用中。

错流操作又称切线流操作，对悬浮粒子的大小、密度、浓度的变化不敏感，其过滤器属内压式过滤器，为动态过滤，其特点为：原料液从管内压入，为减少膜的污染，料液在膜表面以一定的速度流动经过膜面，并离开过滤器，渗透液依靠膜面的压差渗透，在过滤周期内膜表面不会形成滤饼，但原料中的含固量会增加，操作时采用连续或间断的方法将固体物排出，使含固量控制在一定的浓度范围之内，并无须频繁地脉冲反冲；由于膜表面不形成滤饼层，因此过滤过程中可以长时间保持低的过滤压力和高的过滤通量。

2.6.2 陶瓷膜工艺流程概述

陶瓷膜盐水精制工艺，是通过对化学反应完全的粗盐水采用高效率的“错流”过滤方式进行膜分离过滤，得到满足离子膜电解装置树脂交换塔进料要求的一次精制盐水。与用于离子膜烧碱的传统一次盐水工艺相比，该工艺不需砂滤器、精滤器，省去了高分子絮凝剂和纤维素预涂的工作量，也避免了硅的二次污染；与应用普通有机物聚合物膜终端过滤分离工艺相比，也省去了前反应、预处理器、加压溶气系统和 $FeCl_3$ 的添加；过滤精度高、盐水质量稳定、处理能力大。陶瓷膜盐水过滤工艺流程如图 2-36 所示。

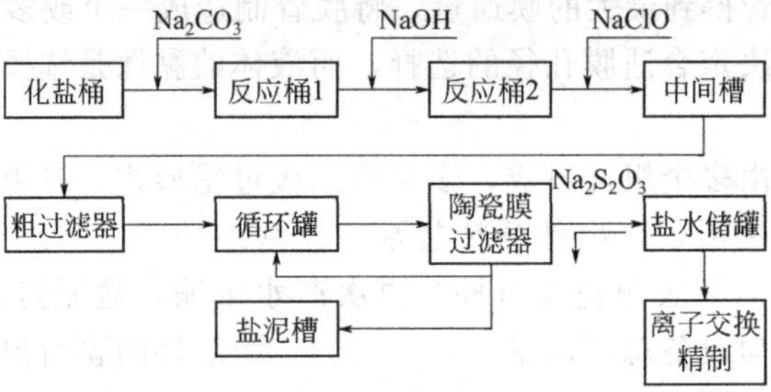

图 2-36 陶瓷膜盐水精制过滤工艺流程图

如图 2-36 所示，温度为 50～65℃的粗盐水从化盐筒进入反应桶 1，在折流槽内加入精制剂碳酸钠进入反应筒中，在反应桶 2 中加入氢氧化钠，碳酸钠与粗盐水中的钙离子反应生成碳酸钙结晶沉淀，氢氧化钠与粗盐水中的镁离子反应生成氢氧化镁胶体沉淀。完成精制反应的粗盐水自流进入中间槽，次氯酸钠加进中间槽内，次氯酸钠氧化分解粗盐水中的有机物及腐植酸类。加入 Na_2CO_3 和 NaOH 时，过碱量控制为 NaOH 0.1～0.3g/L、Na_2CO_3 0.2～0.5g/L；加入次氯酸钠后膜组出口控制游离氯为 20～40mg/L 。反应桶 1、反应桶 2、中间槽是带搅拌的盐水反应桶，反应时间控制为 0.8～1h。经充分反应的粗盐水后由膜进料泵经粗过滤器截留大于 1.0mm 的机械杂质后进入循环罐，再由循环泵进入陶瓷膜过滤器。控制陶瓷膜过滤器进口压力为 0.30～0.35MPa。过滤清液经亚硫酸钠还原后即为合格的一次盐水并流至一次盐水缓冲槽（盐水储罐）。浓缩液固液比控制在 30%～40%以下，过滤器浓缩液一部分进入循环泵进口继续循环过滤，一部分流至盐泥槽，经初步沉淀分离后用泵送入压滤机进行压滤。压滤机滤液自流回中间槽，滤饼送出界区。

在过滤过程中，随着时间的延长，粗盐水中杂质悬浮物、胶体粒子或溶质大分子等在膜表面及膜孔内吸附、沉积，从而造成膜孔径变小或堵塞，使膜通量不断下降，需要进行反冲再生。反冲过程是指在过滤的过程中，在膜的渗透侧加一瞬间高压，冲击膜孔及膜表面，使膜孔及膜表面上的沉积物被冲入粗盐水浓缩液中，从而使膜的通量得以提高。

陶瓷膜过滤器在工作一定时间后，由于碳酸钙的结晶和有机物的污染，导致通量变化、过滤能力下降，需对膜表面进行化学清洗使其再生，使膜通量得到恢复、过滤能力达到起始状态。清洗时停止过滤供料泵，过滤器排空，用工业水漂洗后再用小流量的清洗泵向过滤器注入盐酸进行清洗。

2.6.3 陶瓷膜盐水精制工艺的特点

（1）盐水质量稳定。离子膜生产过程中，常采用重量法对一次过滤精盐水进行 SS 检测，用的检测滤膜一般采用孔径为500nm的PTFE滤膜（也有采用200nm的滤膜），而陶瓷膜过滤采用的是50nm的陶瓷膜元件，其平均过滤孔径为40nm，且孔径分布窄（30～50nm），通过采用马尔文粒径分布仪对盐水中碳酸钙结晶分布检测的结果表明，其结晶粒径主要分布在100～200nm范围，因此采用孔径为50nm的陶瓷膜元件过滤应可将盐水中的悬浮粒子全部截留，而采用孔径为500nm的PTFE滤膜检测孔径为50nm的陶瓷膜元件过滤后的盐水中的SS理论值应为0，但由于检测等方面的各种原因，实际上SS不可能为0。进行工业化实验及目前已运行半年的工业装置盐水分析检测结果表明，SS可达到0.5mg/L以下，Ca^{2+}、Mg^{2+}指标在0.2mg/L以下，相对于过滤孔径200～500nm的有机聚合物膜，过滤盐水的质量更高、更可靠。取代传统的澄清、过滤设备及其他膜过滤需要的预处理器，避免了其他盐水处理工艺对盐水浓度、流量等因素变化适应能力差等对盐水质量的影响，只要满足沉淀生成的温度和时间条件，该工艺就能生产高质量的一次盐水。

（2）工艺流程短、自动化程度高、操作简单。该过滤系统采用PLC控制器或DCS控制系统进行控制，自动化程度高、减轻了工人的劳动强度，只要控制好化盐温度和过碱量就能保证一次盐水质量。

（3）占地面积少、投资节省。该盐水过滤工艺结构紧凑、设备小、流程短、占地面积少、投资节省，可使一次盐水装置总投资节省1/3左右。

（4）适用于钙镁比倒挂的原盐。因为该工艺采用的是错流过滤方式，絮状沉淀物氢氧化镁不会污染膜，所以当原盐的钙镁比倒挂时，不会出现压力升高、出水量大幅度下降的情况，照样能连续稳定运行。该工艺在处理国产钾盐（钙镁比1∶5）和海盐（钙镁比1∶1.5）的项目上已经得到很好的应用。

2.6.4 陶瓷膜盐水精制工艺的注意事项

在一定的膜面流速下，影响膜过滤器精盐水通量的主要因素有固液比、精盐水温度、过滤压力和有机物。

（1）固液比指标控制。陶瓷膜过滤器浓缩液固液比（质量比）控制指标为30%～40%，固液比过低时，需要后处理，板框压滤机的面积增加；过高时影响过滤精盐水流量。在粗盐水温度为65℃、过滤压力为0.36MPa、固液比控制在30%～40%区间时，过滤器平均精盐水流量为750～800L/（m^2·h）。

（2）粗盐水温度对过滤通量的影响。固液比、过滤压力等其他运行条件一定时，陶瓷膜过滤精盐水通量随着粗盐水的温度升高而增加，粗盐水温度由60℃提高到70℃，单台过滤器精盐水流量相应增加6%～8%。

（3）过滤压力对通量的影响。随着陶瓷膜运行时间的延长，碳酸钙、氢氧化镁胶体等杂质吸附或沉积在膜孔内，精盐水通量减少，过滤压力逐步上升。为了保证膜过滤通量，需要调整浓缩液回流量（即调整过滤压力）。陶瓷膜酸洗后，过滤压力约为0.30MPa，精盐水流量就可以达到设计指标，到下一次酸洗前过滤压力需要提高到0.35MPa左右才能保持精盐水的设计流量。

（4）反冲周期。根据固液比、膜过滤器精盐水流量衰减速度、粗盐水有机物含量综合确定，一般情况反冲时间为5～10s，反冲周期为10～60min，正常控制在20～30min。

（5）开车时避免气锤的产生。开车时，如果过滤器中有气体未排出，膜管瞬间进入大流量液体，容易产生气锤破坏膜管。在第三代工艺中，排气阀设置为自动阀，有效避免了气锤的产生。但开车操作依然要严格按操作规程进行，开车前过滤器进口阀门必须关闭，先开启供料泵，再缓慢开启进口阀门，待过滤器中充满盐水后，再打开循环泵。

2.6.5 工艺及操作控制指标

陶瓷膜盐水精制工艺及操作控制指标见表2-23。

表2-23 陶瓷膜盐水精制工艺及操作控制指标

序号	控制名称及控制点	控制指标	控制方法	控制次数
1	进废水储槽的温度	55～65℃	温度计	1次/2h
2	膜过滤器进料液温度	50～60℃	温度计	1次/2h
3	膜过滤进料泵出口压力	0.20MPa(G)	压力表	1次/h
4	膜过滤循环泵出口压力	0.35MPa(G)	压力表	1次/h
5	膜过滤器一级进口压力	0.30MPa(G)	压力表	1次/h
6	膜过滤器二级出口压力	0.20MPa(G)	压力表	1次/h
7	循环过滤盐水固液比	30%～40%	分析	1次/h
8	循环过滤盐水游离氯含量	10～30mg/L	分析	1次/h
9	SS含量	<1mg/L	重量法	1次/d

2.6.6 陶瓷膜的结构

2.6.6.1 陶瓷膜元件

陶瓷膜具有自然多孔的α-Al_2O_3外层，此层作为附着在膜管内壁的膜层的支撑体。膜层材料为纳米ZrO_2，通过高技术的加工工艺高温烧结而成，膜孔径为0.05μm。为了使每根膜管得到最大的膜通量，将膜管制造成多个通道，如图2-37所示。

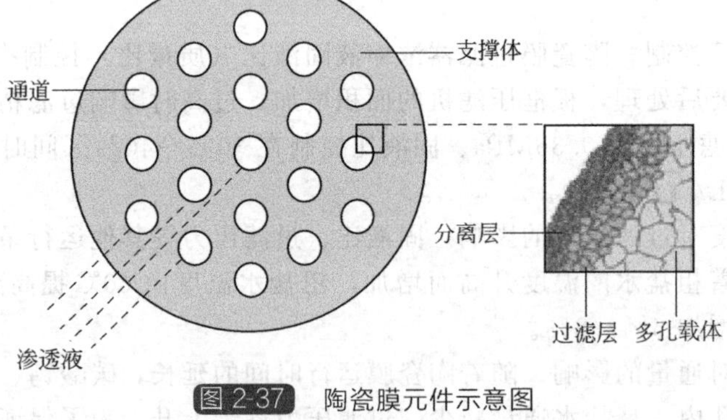

图2-37 陶瓷膜元件示意图

陶瓷膜具有如下特点：

(1) 孔径分布窄，分离效率高，过滤效果稳定；

(2) 化学稳定性好，耐酸、碱、强氧化剂、有机溶剂；

(3) 耐高温，可用蒸气反冲再生和高温消毒灭菌；

(4) 抗有机物及微生物污染能力强；

(5) 机械强度大，可高压反冲洗，再生能力强；

(6) 无溶出物产生，不会产生二次污染，不会对分离物料产生负面影响；

(7) 分离过程简单，能耗低，操作运转简便；

（8）膜使用寿命长。

2.6.6.2 陶瓷膜组件

为了保证陶瓷膜元件的正常使用，需要将膜元件和膜外壳配套使用，膜组件应运而生。通常膜组件的形式按照装填膜元件的支数命名，非常简单明了。陶瓷膜组件是由 19 根、37 根、61 根或者是更多根数的膜元件组成，具体根据实际生产情况而定。

在第三代工艺中，组件材质由钢衬 PO 改为钛材，避免了衬层起鼓导致膜管断裂的情况。陶瓷膜组件示意见图 2-38。

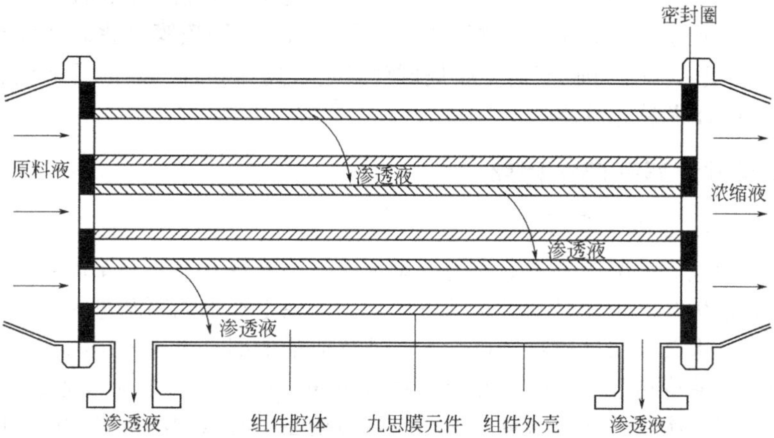

图 2-38 陶瓷膜组件示意图

2.6.6.3 三级连续过滤

陶瓷膜过滤器由多个组件组成，一般采用三级过滤形式，每级的组件数量不同。过滤器设计了反冲和清洗程序，根据压力变化自动进行在线反冲。三级连续过滤是指粗盐水用泵打入第一级陶瓷膜组件后，产出部分精盐水，被浓缩的粗盐水继续进入第二级陶瓷膜组件，产水浓缩后再进入第三级陶瓷膜组件，再次产水浓缩，盐泥从第三级出口排出。三级产水的总和即为设备总产水量，一、二、三级组件的膜面积依次减少，以保证粗盐水在陶瓷膜表面有基本相同的流速（即膜面流速）。三级连续过滤如图 2-39 所示。

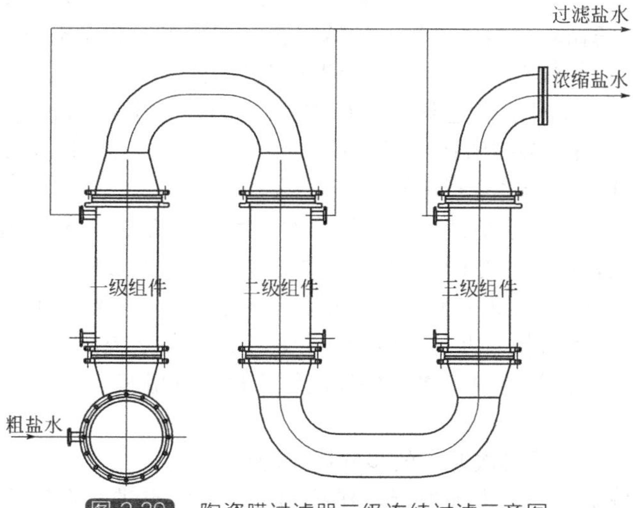

图 2-39 陶瓷膜过滤器三级连续过滤示意图

2.6.7 陶瓷膜过滤器选型原则

陶瓷膜过滤器由3～12个组件串联和并联而成，每个组件内的膜管数量也可以分别为19支、37支、61支，所以陶瓷膜过滤器可以很灵活地适应不同水量的盐水精制需求，具体选型原则如下。

(1) 每个项目选择两台或两台以上的陶瓷膜过滤器，以便单台设备酸洗或检修时保证离子膜连续生产。但对于小于3万吨的项目，建议选择一台过滤器，增大配水桶和精盐水储槽的容积。

(2) 盐水量按离子膜正常盐水需求的120%设计，配水桶和精盐水储槽按4h盐水量设计。

(3) 10万吨/年离子膜烧碱项目建议选择2台$100m^2$的陶瓷膜过滤器（每台过滤器由12个37芯钛组件组成），30万吨/年离子膜烧碱项目建议选择3台$165m^2$的陶瓷膜过滤器（每台过滤器由12个61芯钛组件组成）。

2.6.8 陶瓷膜过滤器开停车程序

2.6.8.1 开车前的准备及初次开车

(1) 检查联动试车情况与工艺要求完全符合时方可准备开车。开车前对各机泵进行手动盘车、点动，确定机泵能正常启动且转动方向正确，确定盐水能顺利进入系统。

(2) 开启化盐水泵，向反应桶进粗盐水，从反应桶上部自流进入中间槽。

(3) 待中间槽液位达到1/3时，开启次氯酸钠阀门向粗盐水中加入适量次氯酸钠溶液，并根据反应情况调整次氯酸钠加入量，控制次氯酸钠在中间槽的浓度在20～40mg/L之间。

(4) 观察中间槽液位情况，当液位>2/3时，可开启膜过滤进料泵，向膜过滤单元输送粗盐水。

(5) 当粗盐水进入粗过滤器，应经常排放粗过滤器滤网内部的机械杂质和盐泥，并观察排放液中杂质含量，保持滤网内部干净、通道畅通。

(6) 当中间槽液位达1/2时，须分析粗盐水中碳酸钠及氢氧化钠的过碱量、游离氯含量，控制各项指标达到工艺要求，开启膜过滤进料泵前，须手动打开循环罐（V0118）上排空阀、点击DCS上KV0107阀门（陶瓷膜过滤器上排空阀），打开陶瓷膜过滤器浓缩液出口阀（GV102），使其处于开启的状态，开启膜过滤进料泵向循环罐送粗盐水，待循环罐充满料液后，缓慢开启陶瓷膜盐水过滤器进口阀门（GV101），当陶瓷膜过滤器充满料液、气体排空后，关闭循环罐排气阀和KV0107阀门，关闭陶瓷膜一次盐水精制设备进口阀门（GV101），启动膜过滤循环泵后，缓慢开启陶瓷膜一次盐水精制设备进口阀门（GV101）。

(7) 检查过滤器运行状态，按工艺要求调整好过滤器进、出口压力和温度，设定好各级组件出口流量值，逐一打开下渗透侧阀（GV110a～i），逐个检测各组件过滤盐水悬浮物（SS），过滤盐水SS合格，关闭渗透液排放阀（GV110a～i），开启上渗透侧阀（GV109a～i）后点击DCS上自动运行，微调各运行参数。

(8) 控制好陶瓷膜过滤器浓缩液出口固体物的浓度（固液比），要求固体物含量在30%～40%（体积分数）之间，控制方式采用调节过滤器出口到盐泥槽浓缩盐水流量的手段，含固量高时可加大浓缩液流量，含固量低时可减少浓缩液流量（具体做法为调节FIC-0103阀门开度）。

(9) 调节精制剂的加入量，并每小时取样分析1次，使之控制在规定指标内。

(10) 每天对膜组积液管排放一次，保证此管路盐泥不堵塞。

注意：

① 停车后开车。停车后再次开车的步骤同(3)～(11)。

② 正常操作。按工艺操作指标进行操作控制，定时定点进行巡回检查，及时发现和处理各种异常情况和问题。

③ 停车。正常停车按以下步骤进行：调整往中间槽输送粗盐水的流量，点击 DCS 上该台陶瓷膜过滤器停止运行按钮，将排泥阀（FIC-0103）全开 5min 后，停止该台陶瓷膜过滤器的膜过滤循环泵的运行（设备全部停车时，停止往中间槽输送粗盐水、停陶瓷膜过滤进料泵）。

关闭该台陶瓷膜过滤器的盐水进、出口阀（GV101、GV102），打开陶瓷膜过滤器的排液阀（GV105、GV106、GV107、GV108、GV110a～i）、陶瓷膜过滤器放空阀（KV0107）及后续排至盐泥池阀门，将陶瓷膜过滤器内的盐水全部排到盐泥池。

关闭 GV105、GV107、GV108、GV109a～i、GV110a～i，确认 KV0107 处在开启状态，再少许打开 GV106、打开 GV104（缓慢开启）将工业水送入陶瓷膜过滤器进行水洗，待设备内充满料液后关闭 KV0107，从 GV106 排至盐泥池，将设备中的盐水洗尽后（测 pH 值为工业水 pH 值），关闭（GV104），打开 KV0107、GV106、GV107 阀，将清洗水排出系统，将管道、粗过滤器中的盐水放尽。紧急停车如发生突然停电，应立即关闭各泵进出阀门，其他按正常停车步骤中的（2）、（3）、（4）进行。

2.6.8.2 陶瓷膜过滤器反冲洗

在过滤过程中，随着时间的延长，粗盐水中的钙镁悬浮物、胶体粒子或溶质大分子等与膜存在物理化学相互作用或机械作用而引起膜表面及膜孔内的吸附、沉积，从而造成膜孔径变小或堵塞，使膜通量不断下降，降低了膜的处理量。由于陶瓷膜的高机械强度，使得高压反冲技术成为控制膜污染、提高膜通量的最为常用的方法。反冲过程是指在过滤的过程中，在膜的渗透侧加一瞬间高压，冲击膜孔及膜表面，使膜孔及膜表面上的一些引起污染的物质被冲入粗盐水浓缩液中，破坏了膜面的凝胶层及浓差极化层，消除污染物质在膜表面的吸附，从而使膜的通量得以提高。

2.6.8.3 陶瓷膜过滤器膜清洗

陶瓷膜过滤器在工作一定时间后，由于碳酸钙的结晶和有机物的污染，导致通量变化、过滤能力下降，需对膜表面进行化学清洗使其再生，使膜通量得到恢复、过滤能力达到起始状态。在过滤厂房一层平面设置酸洗罐，清洗时停止过滤供料泵，过滤器排空，用工业水漂洗后再用小流量的清洗泵向过滤器注入盐酸进行清洗。

（1）清洗操作步骤。清洗过程分为一次水洗、酸洗、二次水洗三步进行，是因为陶瓷膜过滤器运行一段时间后由于膜污染会导致膜元件过滤压力升高、过滤通量下降，此时通过清洗可使膜元件的过滤能力迅速恢复。清洗周期间隔时间约为 14～15 天。

① 一次水洗时停止所清洗陶瓷膜过滤器对应的循环泵，将其对应的管道、粗过滤器的盐水放尽，具体水洗步骤及方法见正常停车中的相关步骤。

② 酸洗。

③ 检测清洗液浓度，控制在 10%～15%之间。

④ 关闭 GV101、GV102、GV104、GV105、GV107、GV108，少许开启 GV106，启动酸洗液泵将清洗液送入陶瓷膜过滤器进行酸洗［缓慢开启清洗液进口阀（GV103）］，从 GV106 回至酸洗罐，待设备充满清洗液后，关闭陶瓷膜过滤器排空阀（KV0107）。

⑤ 循环酸洗时出口压力控制在 0.2MPa 左右，酸洗时间不少于 1h，在此过程中对 GV110a～i 逐一开关一次（开启时间控制在 5min 左右，即逐一打开 GV110a～i，5min 后全部关闭），10min 进行一次，酸洗完成后，停清洗液泵，打开 KV0107、GV105、GV106、GV107、GV108、GV110a～i 将酸清洗液排至酸清洗液槽，排放完成后打开 GV109a～i，打开压缩空气进口阀对组件进行吹扫，酸洗完成。

（2）二次水洗。二次水洗操作步骤与一次水洗时一样，但需注意一定要在水洗时监测水洗出水的 pH 值至中性才能停止水洗。

根据实际情况采用不同的介质（工业水或淡盐水）充满过滤器，防止出现结冰现象。

开车前将过滤器内充满的介质排尽，关闭其他阀门，使陶瓷膜过滤器处于开车备用状态。

2.6.9 陶瓷膜操作要点

2.6.9.1 过滤器出口盐水中SS、Ca^{2+}、Mg^{2+}的控制

过滤器按规定运行后，调节好工艺控制参数并经常检查，使之在最佳状态下工作，如发现SS、Ca^{2+}、Mg^{2+}超标现象，则目测盐水是否浑浊：

① 浑浊。立即点击DCS设备停止运行，分别开启GV110a～i阀门和取样阀门取样检测，检测出不合格组件后按相关步骤进行停车，拆除不合格精盐水组件。

② 盐水不浑浊。立即检看精制剂加入量和中间槽的过碱量、温度等工艺参数是否满足工艺要求：(a) 满足工艺要求。点击DCS上设备停止运行，过滤器循环20min，分别开启GV110a～i再次对各组件中的精盐水取样检测分析，分析合格后关闭GV110阀门，点击DCS上设备运行，设备正常运行；如果盐水检测仍然不合格可再过20min取样，精盐水如果一直不合格按①操作。(b) 不满足工艺要求。点击DCS上设备停止运行，开启GV106、GV107阀门，将不合格的粗盐水排至盐泥池，改变精制剂量，满足工艺要求，待过碱量等工艺参数满足后，放空原组件中的精盐水后再取样检测分析，分析合格后点击DCS上设备运行，设备正常运行。

2.6.9.2 过滤器出口浓缩液含固量的控制

过滤器运行过程中，必须定期或不定期地检查测定过滤器出口浓缩液的含固量变化情况，严格控制含固量在30%～40%（体积分数）之间，注意防止因密度增大导致流动性差，造成过滤通道堵塞，若发现含固量高时可适当加大浓缩液的排放量，缩短反冲间隔时间；反之可适当减少浓缩液的排放量。

2.6.9.3 过滤器进出口压力、阀门开度、流量的控制

过滤器运行过程中，一级进口压力控制在0.35MPa左右，通过调节陶瓷膜过滤进料泵变频控制来实现，同时，注意观察反冲前后阀门开度的变化、相同条件不同时间的阀门开度变化、流量变化曲线。

当系统运行正常以后，观察一级进口压力，观察压力变化是不是正常稳定在0.3～0.35MPa的范围内，如果压力出现持续上升，分析原因：①检测浓缩液的含固量是否>40%，如果>40%，加大浓缩液的排放量，至浓缩液含固量在30%左右；②观察反冲前后的压力变化，如果反冲前后压力没有变化，可适当将反冲时间间隔缩短；③观察运行过程中相同反冲周期内阀门开度的变化，是不是基本保持稳定，如果阀门开度持续增加，缩短反冲时间间隔。

如果上述方法仍然不能够降低一级进口压力（不允许持续>0.4MPa运行）。则进行停车。

2.6.9.4 清洗操作

当系统运行正常以后，观察一级和二、三级阀门开度的周期变化趋势，反冲前阀门开度随着时间的延长，在不同周期相同时间段的阀门开度持续迅速增长，缩短反冲时间间隔至在不同周期相同时间段的阀门开度基本一致。

2.6.9.5 反冲时间间隔的设定

保证过滤器进出口压力、调节阀开度和已设定好的各级组件出口流量变化呈现周期性稳定，尽量控制调节阀（FIC0101、FIC0102）在反冲前开度为70%～80%，反冲后开度为30%～40%。

2.6.9.6 停车程序

停车后打开设备放空阀及排液阀，将陶瓷膜过滤器设备内的料液全部排净，再进行一次

水洗、酸洗、二次水洗，长时间不开车要用清水或淡盐水浸泡陶瓷膜，再将管道、循环罐、粗过滤器内的料液放空。

2.6.10 主要故障处理

陶瓷膜过滤器主要故障处理详见表 2-24。陶瓷膜盐水过滤器阀门组位置示意，陶瓷膜盐水精制流程图分别如图 2-40、图 2-41 所示。

表 2-24 陶瓷膜过滤器主要故障处理

序号	故障	原因	处理
1	陶瓷膜过滤器一级进口压力过高	陶瓷膜通道可能堵塞，排泥量不足，导致料液含固量过高，流动性变差	检查陶瓷膜过滤器一级进口通道，加大浓缩液排放流量
2	出水浊度或 SS 超标	膜管密封圈失效	停车查漏，更换密封圈
3	过滤器出液流量小	1. 膜面污染； 2. 阀门开度小； 3. 供料泵供液量小，过滤器进口压力低； 4. 循环泵磨损，循环料液量不够造成膜面流速下降，污染加快	1. 调节 GV103ab 的开度合适； 2. 进行碱洗； 3. 调整供料泵出口阀门，增加供料量； 4. 更换循环泵

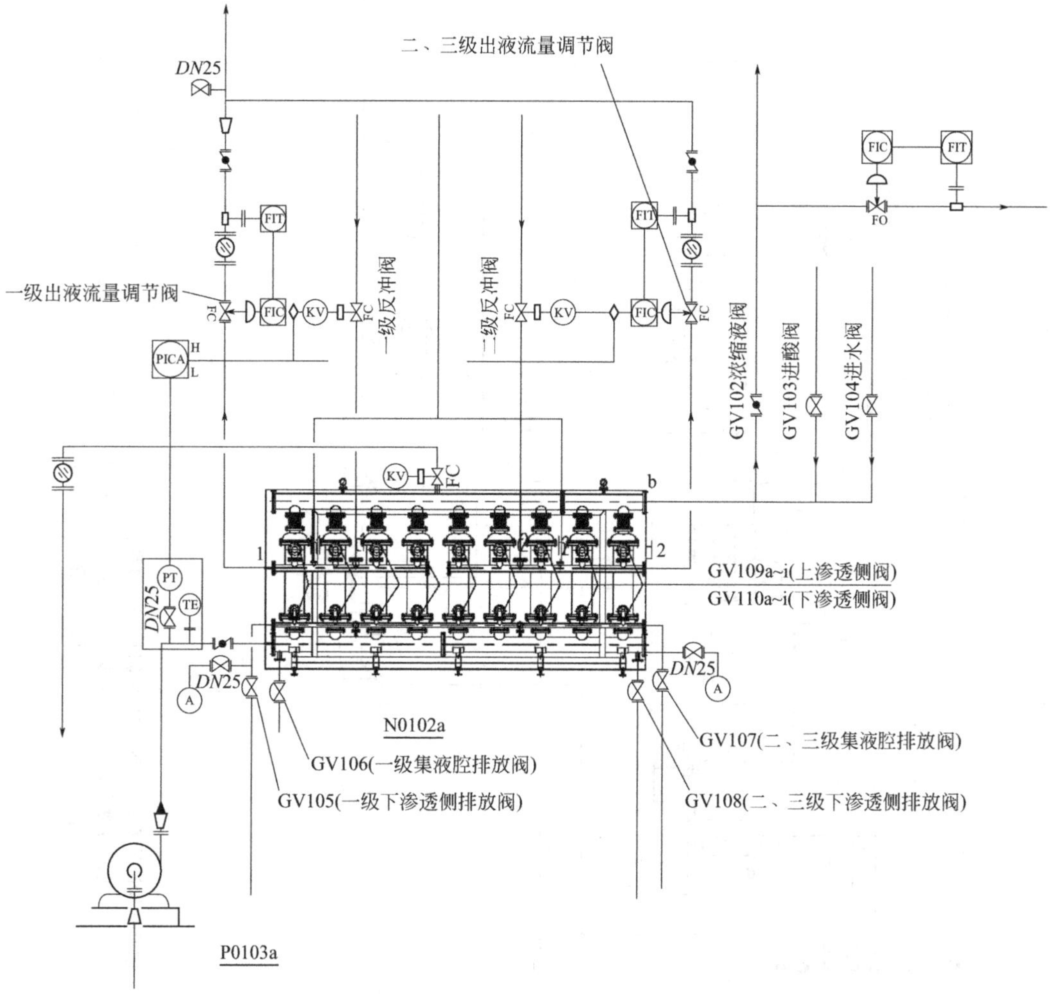

图 2-40 陶瓷膜盐水过滤器阀门组位

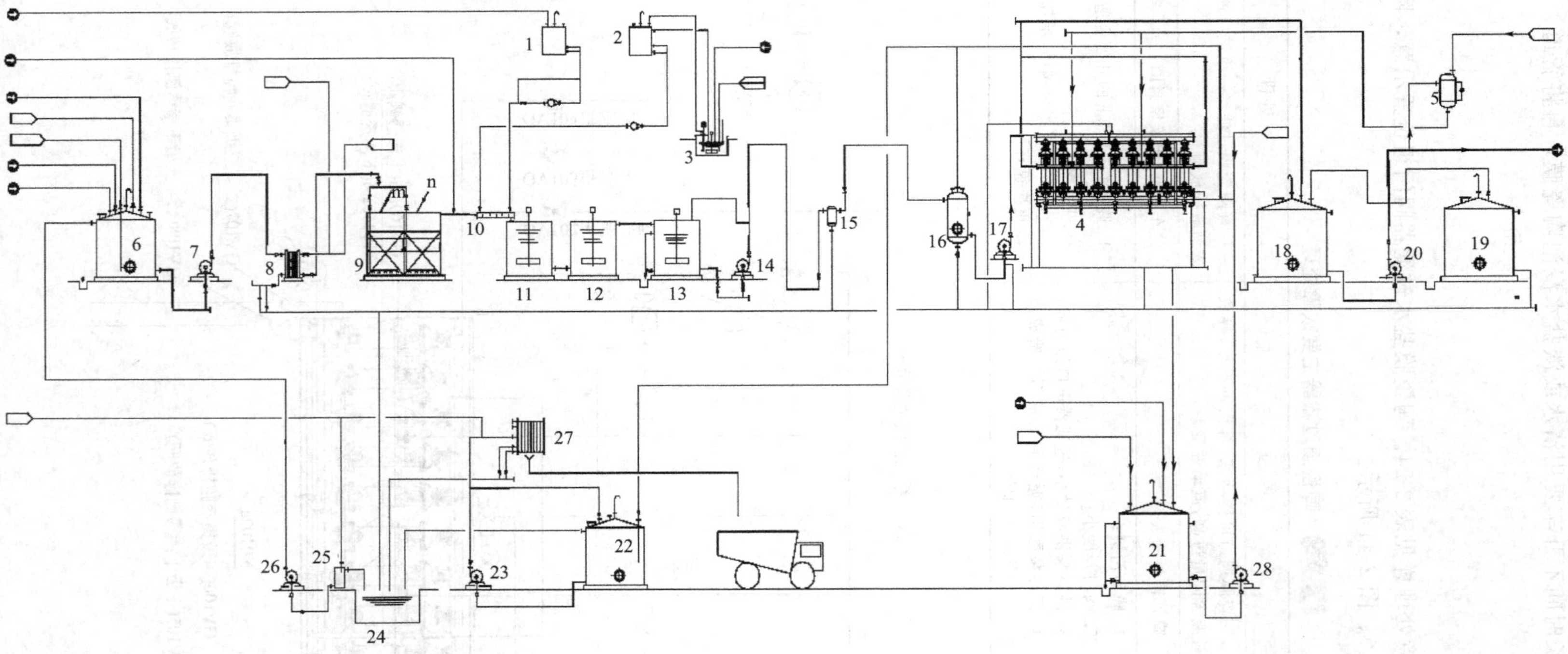

图 2-41 陶瓷膜盐水精制流程图

1—氢氧化钠高位槽；2—碳酸钠高位槽；3—碳酸钠配制槽；4—九思膜过滤器；5—亚硫酸钠高位槽；6—配水罐；7—配水送泵；8—化盐水换热器；9—化盐桶；10—折流槽；11—前反应槽；12—后反应槽；13—盐水中间槽；14—九思膜过滤器进料泵；15—盐水粗过滤器；16—循环罐；17—九思膜过滤器循环泵；18—精制盐水缓冲罐；19—精制盐水罐；20—精盐水泵；21—酸洗液槽；22—泥浆罐；23—泥浆过滤泵；24—滤液池；25—引水罐；26—回收盐水泵；27—板框压滤机；28—清洗液泵

2.7 HW盐水精制工艺

2.7.1 HW盐水精制工艺简介

HW（hygien wash）一次盐水精制工艺是布莱恩公司和美国戈尔公司联合推出的新一代无预处理器一次盐水精制工艺，该工艺戈尔公司正式在美国申请了专利（该专利适用于中国），专利号为US2009/0026084A1。其优点是取消了重力分离精制过程，实现了有机膜一次精密过滤精制的夙愿，形成了全新的工艺方法。

该工艺的特点是两步分别加入纯碱和烧碱精制反应，采用全四氟中空过滤膜过滤盐水，使用淡盐水再生过滤膜。为适应工艺要求，过滤器使用钛花板和衬四氟球阀，特点是过滤压差小、盐泥浓缩倍率高、精制工艺简单、设备和投资少。

2.7.2 HW盐水精制的流程原理

HW工艺采用了戈尔公司最先进的SST系列抗污染膜产品，99.99%的膜孔径达到0.2μm，具有非常高的过滤精度，实测精盐水SS能够稳定运行在0.1～0.2mg/L。同时该工艺采用了微压过滤，过滤压力最高不超过0.45bar（1bar=10^5Pa，下同），对于任何因素引起的泄漏会形成滤饼自修复，不会引起盐水的极度瞬间恶化现象。该工艺流程为经盐后的粗盐水首先进入Na_2CO_3反应器，与纯碱反应1h，形成较大的$CaCO_3$固体中心，然后流入NaOH反应器，与烧碱反应1h，形成以$CaCO_3$为中心包围$Mg(OH)_2$的混合不溶物，经流程泵控制压力下泵入SST膜过滤器，过滤后盐水加入Na_2SO_3消除游离氯，进入一次盐水储罐。SST膜过滤器每过滤1000s反冲洗一次，每8次过滤周期排泥一次，每24h使用高游离氯的淡盐水清洗一次（图2-42）。

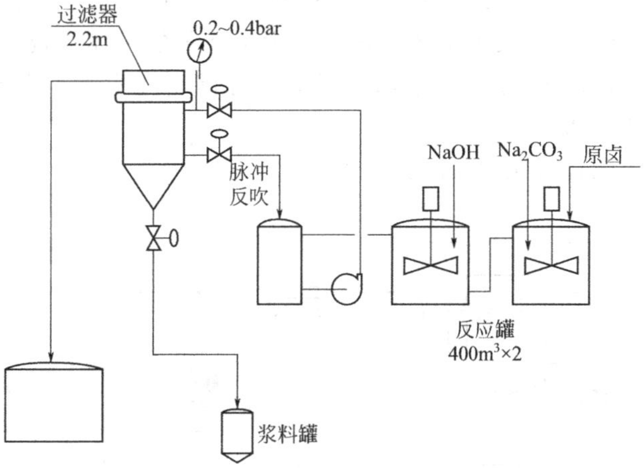

图2-42 HW盐水精制工艺流程图

2.7.3 HW工艺特点

（1）工艺简单，流程短，无预处理、加助沉剂、加气、粗过滤等辅助工艺，精制反应之后进一步过滤，大大减小了操作难度，同时该工艺过滤过程属于终端过滤，过滤排渣中固含量高，浓缩倍数可以达到100倍以上，盐泥不需要二次浓缩增稠，过滤器排出的盐泥固含量直接达到8%以上，可以直接进行盐泥压滤，大大提高了盐泥压滤机的效率，和有预处理器的工艺对比，彻底解决预处理器上排泥泥水比较低的弊端（表2-25）。

表2-25 HW工艺和几种典型工艺对比

项目	HW新工艺	有预处理工艺	陶瓷膜工艺
化盐	等同	等同	等同
是否需要加入次氯酸钠	是	是	是
精制反应	等同	等同	等同
絮凝剂	无	有	无
预处理	无	有	有(粗过滤)
过滤压力	≤0.45bar	≤0.8bar	3.5bar
过滤循环量	无	无	3.5倍
系统排泥浓度	高	中	低
系统排泥浓缩倍数	100倍以上	20倍	小于10倍
是否需要浓缩再增稠	否	否	是
板框压力配备情况	数量小	数量中	在不增稠的情况下数量大

（2）运行费用低。HW工艺从化盐和反应后只需要一级动力，并且无循环流程，同时采用低压过滤，只需要给过滤器提供0.45bar的过滤压力，因此动力消耗非常低，根据现场位差情况只需要配置15～20m扬程的泵即可，采用变频控制。

HW工艺的运行无须投加三氯化铁絮凝剂，也不需要用盐酸进行清洗和加压空气浮上操作，减少了动力和物料消耗。

（3）装置投资少，占地省。该工艺无浮上精制、不需粗过滤、不需过滤循环系统、不需过滤器浓缩水的增稠装置。和其他工艺相比，减少了装置的整体投资，即使考虑到HW工艺过滤器部分使用了戈尔SST膜、钛管板以及自控球阀，过滤器部分投资较有预处理工艺投资多，但投资总费用较低。

图2-43为HW工艺过滤流程简图。

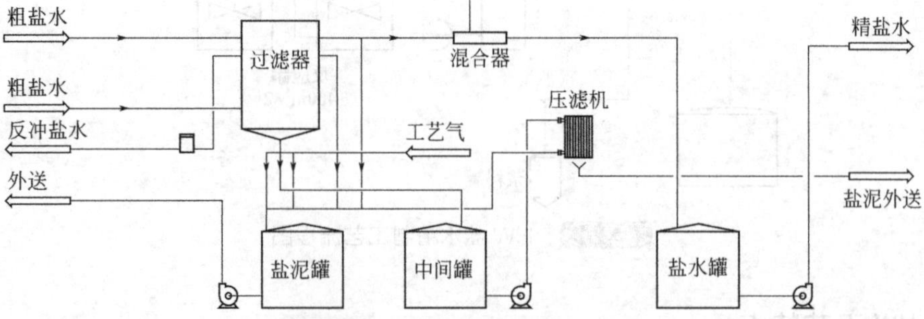

图2-43 HW工艺过滤流程简图

2.7.4 HW工艺操作注意事项

该工艺由于没有澄清桶和浮上桶，反应后盐水直接进入过滤器，没有盐水进一步反应和缓冲反混空间和时间，因此对精制剂加入提出更高要求，必须足量并及时，以防止反应不完全造成盐水质量波动。

2.8 盐泥的洗涤、过滤和利用

盐泥是氯碱行业原盐精制过程中产生的废弃物。我国烧碱企业所用的原盐质量较差，产生的盐泥量也相对较多。大量的盐泥废渣直接排入地沟，不仅造成资源的浪费，而且流入河流等，造成了严重的环境污染。因此，把盐泥回收、盐水回用，既能降低烧碱生产的盐耗，又能降低盐泥排放造成的污染。

盐泥为灰白色的悬浮液，所含固体物的质量分数为10%～15%。从盐泥的化学组成来看，它是一种Ca^{2+}、Mg^{2+}含量较高的物质，不同种类原盐的盐泥组成略有不同。盐泥的产生量与原盐杂质含量、卤水用量以及生产工艺有很大关系。一般生产1t 100%的NaOH会产生40～60kg（干基）的盐泥，相当于含水40%（压榨脱水后）的盐泥67～100kg。盐泥主要成分见表2-26。

表2-26 盐泥的主要成分

组分	质量分数/%	组分	质量分数/%
NaCl	18.92	NaOH	0.01
Na_2SO_4	0.41	Na_2CO_3	0.03
H_2O	70.81	$NaClO_3$	0.46
$FeCl_3$	0.1	$Mg(OH)_2$	0.44
$BaSO_4$	6.33	$CaCO_3$	3.06
SS	0.07		

2.8.1 盐泥的洗涤

一般多用三层洗泥桶使盐泥与清水逆流接触多次，回收盐泥中的NaCl，降低盐泥中的NaCl含量。三层洗泥桶为立式钢板焊制的圆桶，内有两个水平隔板将桶分隔为上、中、下3层。从上到下每层有缓慢转动的泥耙，由桶盖上部的传动装置带动。桶外上方装有3个洗水小槽。操作时，清水从洗水槽进入，利用位差流入洗泥桶的下层，与中层耙下的泥浆接触。洗水因中层和下层之间中央套管泥封的阻拦，不能进入中层，而从中层上部不边缘的导管流入一次清水小槽。一次洗水小槽的洗水进入洗泥桶的中层，与上层耙下来的泥浆相接触；同样，由于泥封阻拦，二次洗水小槽的洗水进入洗泥桶的上层，与上部加入的盐泥浆相接触；三次洗水由上部边缘的集水槽溢流出来，再回收利用。盐泥浆经过3次逆流洗涤后，从下层底部定时排除。洗泥时，保持盐泥泥浆与洗水的比例是1∶(3～5)，并适当调整底层的废泥排出量，保持各层间的泥封，以控制废泥的含盐量在10g/L以下。

2.8.2 盐泥的过滤

现在一般均采用板框压滤式盐泥过滤处理，压滤机由滤板、压缩板、滤布组成，滤板两端面覆盖着滤布，压缩板两端覆盖着压榨滤膜，压榨滤膜外面覆盖滤布，两滤布中间有通道。当滤板压紧后，过滤物进入过滤机构、滤板、压缩板密闭所形成的滤室，固体颗粒被滤布截留在滤室内，液体则穿过滤布顺着滤板和压榨隔膜的沟槽进入出液通道，排出机外。该压滤机可进行滤饼洗涤，可进一步地回收滤饼中的盐水，通常可以从洗涤口或进料口通入压缩空气（即吹气），压缩空气渗过滤饼层，带走滤饼中的一部分水分，从而降低滤饼中的含水率，料浆在机内经过过滤、滤饼洗涤、压榨、吹气后可得到含水率为45%左右的泥浆。其过滤、洗涤、压榨后的有效成分送盐水工段回收利用。泥浆储槽内的盐泥通过盐泥泵打入板框压滤机，中心位置的大口径泥浆进料口使盐泥均匀分布在滤布腔内，进料过程中滤水流到预水库供化水岗位使用。进料完毕，打开压缩空气，在压缩空气作用下，滤水排出，经5～15min的压滤，盐泥水分基本压干，关空压开动电机，拉开板框，借滤饼自重辅以人工下料，落料到料仓。

2.8.3 盐泥的回收利用

结合实际情况，氯碱企业对盐泥可进行压榨脱水，干渣可用作填坑的铺路材料，也可经过进一步的分离制成氧化镁，供造纸或橡胶工业使用。为了更好地利用盐泥中的钙、镁离子，可通过配浆、酸解、沉淀分离来获得中间产物，用来制备 α-$CaSO_4$晶须和碱式硫酸镁晶须。

盐泥回收利用基本原理和制造产品的作用：针对盐泥中物质的酸溶性和酸不溶性，可用工业盐酸将其中的酸溶性物质提出，得到$CaCl_2$、$MgCl_2$、钠盐的清液，加入硫酸使Ca^{2+}形成$CaSO_4$沉淀，分离沉淀得到的清液加石灰乳得到$Mg(OH)_2$沉淀。得到的$CaSO_4$沉淀加媒晶剂，维持温度100℃，蒸汽压力0.1MPa、1h，然后将蒸汽压力提高到0.4MPa、温度提高到139℃后，反应4～5h得到硫酸钙晶须。得到的硫酸钙晶须可用作中等强度的填充剂，细径纤维的补强效果与其他高性能纤维增强材料的补强效果接近。用它增强的塑料制品，抗拉强度、抗弯曲强度、弯曲弹性率和热变形温度均有提高，可替代石棉作摩擦材料、建筑材料、保温材料、保冷材料。无水晶须的使用温度高达1000℃。碱式硫酸镁晶须的制备是以硫酸镁和氢氧化镁为原料，在高压釜内反应，控制温度130～170℃，压力300～720kPa，搅拌强度中等，反应时间2～6h可得到产品。碱式硫酸镁晶须具有高强度、低密度和高弹性模量的特点，可以作为塑料、橡胶和树脂等复合材料的补强增韧剂，提高基底材料的抗弯曲强度和抗冲击力，并具有良好的电绝缘性能。

2.9 盐水的二次精制

2.9.1 盐水的二次精制的目的

在离子膜制碱工艺生产过程中，盐水中钙、镁离子和其他金属离子对离子膜的破坏性很大。通常在一次盐水精制中，这些金属通过化学处理和沉淀能除到一定程度。为了保证离子膜的优良性能，必须使进槽盐水中的诸如Ca^{2+}、Mg^{2+}之类的杂质离子的含量控制得很低，使其达到离子膜制碱工艺对盐水质量的要求（表2-27）。

表2-27 盐水一次精制与二次精制指标对比

物料名称	一次盐水规格	二次盐水规格
NaCl	(305±5)g/L	(305±5)g/L
$Ca^{2+}+Mg^{2+}$	≤3mg/L	≤0.02 mg/L
$Fe^{2+}+Fe^{3+}$	≤0.1mg/L	≤0.05mg/L
SO_4^{2-}	4～7g/L	4～7g/L

续表

物料名称	一次盐水规格	二次盐水规格
SS	$\leqslant 1.0\text{mg/L}$	$\leqslant 1.0\text{mg/L}$
Si	$\leqslant 2.3\text{mg/L}$	$\leqslant 2.3\text{mg/L}$
Al^{3+}	$\leqslant 0.1\text{mg/L}$	$\leqslant 0.1\text{mg/L}$
I	$\leqslant 0.1\text{mg/L}$	$\leqslant 0.1\text{mg/L}$
Ba^{2+}	$\leqslant 0.1\text{mg/L}$	$\leqslant 0.1\text{mg/L}$
Sr^{2+}	$\leqslant 2.3\text{mg/L}$	$\leqslant 0.3\text{mg/L}$
Ni^{2+}	$\leqslant 0.01\text{mg/L}$	$\leqslant 0.01\text{mg/L}$
游离氯	未检出	未检出

2.9.2　二次精制原理

盐水二次精制是利用一种带有苯乙烯共聚体的螯合树脂，由于亚胺二乙酸钠功能基团的化学特性类似于 EDTA，对二价金属离子具有高选择性，当溶液中共存一价和二价金属离子时，它只与二价金属离子通过配位作用形成络合物，从而将溶液中的二价金属离子吸附脱除，其选择性顺序如下：

$$Hg > Cu > Pb > Ni > Cd > Zn > Co > Mn > Ca > Mg > Ba > Sr > Na$$

盐水流经螯合树脂塔时，发生下列反应：

$$R-CH_2-N\begin{matrix}CH_2-C\overset{O}{\underset{ONa}{}}\\CH_2-C\overset{O}{\underset{ONa}{}}\end{matrix} + M^{2+} \longrightarrow R-CH_2-N\begin{matrix}CH_2-C\overset{O}{}\\ \quad\quad M \\ CH_2-C\overset{O}{}\end{matrix} + 2Na^+$$

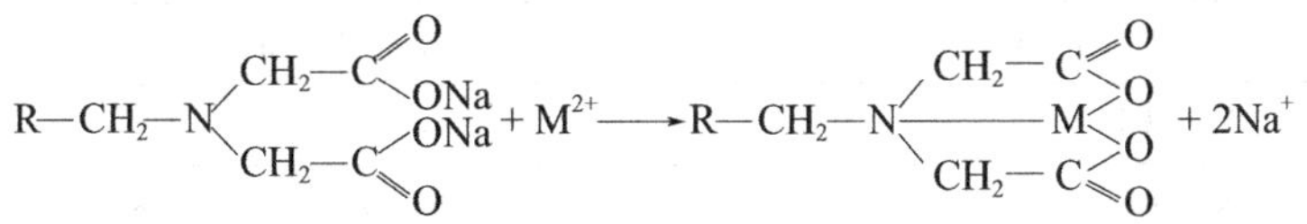

经上述反应，盐水中的二价金属离子被螯合树脂吸附。从上面的结构式中可以看出，树脂的两个乙酸钠功能基团好似螃蟹前面的两个大脚（螯），当碰到二价金属离子时，就如上式将其"紧紧抱住"，而将原来两个乙酸钠功能基团上的一价钠离子释放，从而将溶液中的二价金属离子吸附脱除。

树脂是螯合结构，能够用盐酸进行解吸，下面是方程式：

$$R-CH_2-N\begin{matrix}CH_2-C\overset{O}{}\\ \quad\quad M \\ CH_2-C\overset{O}{}\end{matrix} + 2HCl \longrightarrow R-CH_2-N\begin{matrix}CH_2-C\overset{O}{\underset{OH}{}}\\CH_2-C\overset{O}{\underset{OH}{}}\end{matrix} + MCl_2$$

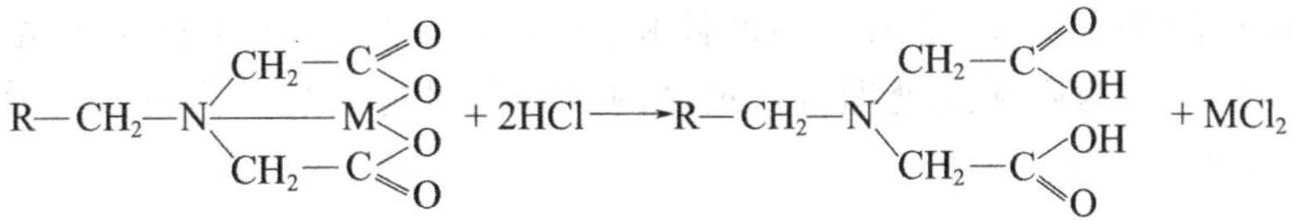

然后再用氢氧化钠将其转换成钠型后重复使用，下面是方程式：

$$R-CH_2-N\begin{matrix}CH_2-C\overset{O}{\underset{OH}{}}\\CH_2-C\overset{O}{\underset{OH}{}}\end{matrix} + 2NaOH \longrightarrow R-CH_2-N\begin{matrix}CH_2-C\overset{O}{\underset{ONa}{}}\\CH_2-C\overset{O}{\underset{ONa}{}}\end{matrix} + 2H_2O$$

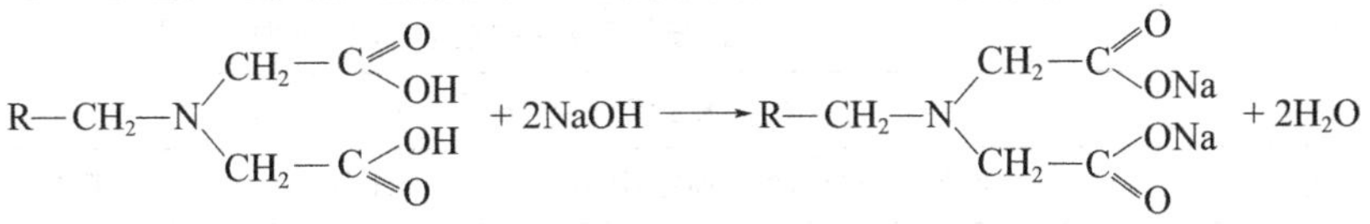

2.9.3　螯合树脂

2.9.3.1　螯合树脂的种类

螯合树脂的种类有很多，各国自成系列且有各种商品牌号，如日本 CR-10、CR-11、ES-466，德国 Lewotit TP208，法国 ES-467，中国上海 D403、D751、天津 D-412，但就化学组成来看，螯合树脂由母体和螯合基团两部分组成，其母体有酚式、苯乙烯式等，螯合基团有亚胺基二乙酸型、胺基磷酸型等。

螯合树脂也是一种离子交换树脂，与普通的交换树脂不同的是，它吸附金属离子形成环状结构，如螯钳物，故称螯合树脂。接下来的内容以上海华申树脂有限公司生产的 D403 为例介绍其特性。

2.9.3.2 螯合树脂的特性

螯合树脂的物理特性见表 2-28。

表 2-28 D403 螯合树脂与日产 CR-11 型螯合树脂主要物化性能对照

项目	D403 螯合树脂	CR-11 型螯合树脂
母体	苯乙烯-二乙烯苯	苯乙烯-二乙烯苯
官能团	亚胺二乙酸基	亚胺二乙酸基
交换容量	螯合 Cu^{2+}≥0.6mmol/mL R—Na	螯合 Cu^{2+}≥0.6mmol/mL R—Na
稳定性	对酸碱有机溶剂稳定，要求一次盐水中无游离氯	对酸碱有机溶剂稳定，要求一次盐水中无游离氯
外观	浅黄色至米灰色不透明球状颗粒	白色球状颗粒
表观密度	0.7～0.8g/mL	0.73g/mL
水分	50%～60%	55%～65%
粒径	0.3～1.2mm	0.355～1.18mm
有效径	0.35～0.55mm	0.4～0.6mm
均一系数	1.7 以下	1.6 以下
耐用温度	Na 型 120℃，H 型 80℃	Na 型 120℃，H 型 80℃
有效 pH 值	9.0±0.5(随金属离子不同而异)	9.0±0.5(随金属离子不同而异)
体积变化	在水中 R—H/R—Na=0.75	R—H/R—Na=0.77

正常树脂体积是在纯水反洗状态下测量的。实际操作时，树脂的体积和正常体积相比要缩小 10%～20%，这是由盐水（从上向下流）和吸附多价阳离子引起的。

其他有关体积的特点：Na 型的树脂的体积是 H 型的 1.2～1.4 倍，也就是说树脂在碱再生时体积就会膨胀。树脂在酸处理时，过量的盐酸会对再生起反作用，实际使用的是化学计量的 2～3 倍（表 2-29）。

表 2-29 螯合树脂性能

离子基团	亚胺基二乙酸根基团，商品为 Na 型
交换能力	大于 Cu^{2+} 0.6mol/L R—Na (pH 4.5)
pH 的有效范围	根据所吸附的金属离子而定，原则上在所有 pH 范围内均可用，实际控制为 8.5～9.5
化学稳定性	几乎对所有有机溶剂、强酸和强碱都稳定，Na 型比 H 型更稳定

2.9.3.3 D403 螯合树脂的生产工艺

D403 螯合树脂是在苯乙烯-二乙烯苯的共聚球体上导入亚胺二乙酸基作为官能基团，其结构式为：

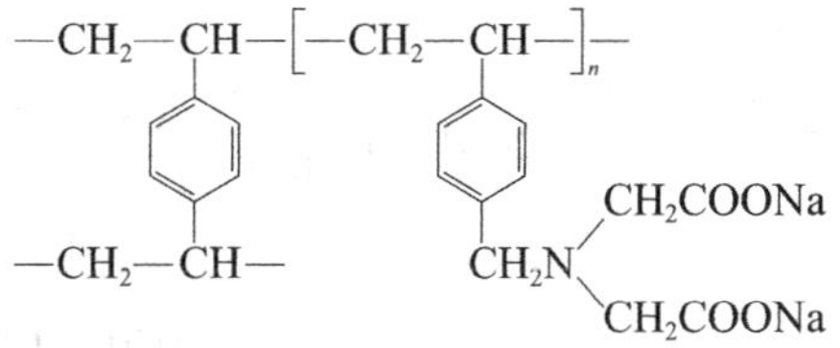

目前，生产这种类型的螯合树脂产品，国内外大多采用经典的氯甲基化-胺化法工艺路线，其工艺过程示意如下：

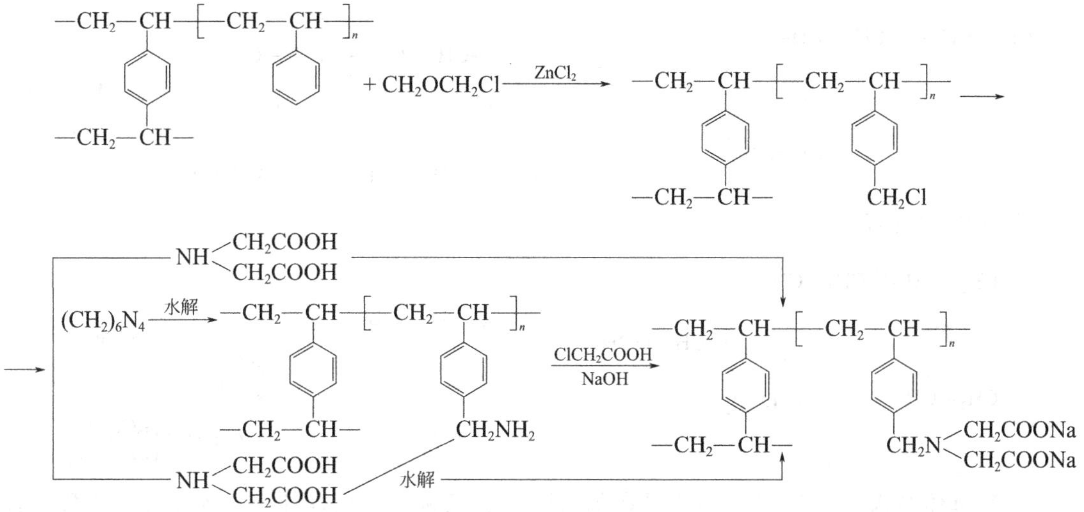

从上述工艺示意可知：以含有氯甲基基团［$—CH_2Cl$］的苯乙烯-二乙烯苯共聚球体（俗称氯球）出发生产亚胺二乙酸基的螯合树脂，不论采用哪种方式与氯球反应导入亚胺二乙酸基团，都必须首先使用氯甲基甲醚作为氯甲基化试剂，经氯甲基化反应制备氯球。尽管该工艺路线具有技术成熟、产品系列化、成本低等优点，但是，由于使用了大量的、国际公认的强致癌物质氯甲基甲醚，环境污染严重，而且易产生亚甲基架桥副反应，影响产品性能，这是该工艺路线难以克服的缺点。

上海华申树脂有限公司将加勃利耳反应成功地用于生产离子交换树脂产品，采用了与氯甲基化-胺化法截然不同的新工艺路线。目前，利用这条新工艺路线生产的D303大孔苯乙烯系弱碱性阴离子交换树脂，已用于链霉素的精制。众所周知，加勃利耳反应是制备不含仲胺和叔胺杂质的各种纯粹伯胺及其衍生物的有效反应，利用该反应原理合成离子交换树脂，国内外均有文献资料报道，其工艺过程就是利用羟甲基酞酰亚胺等酰胺甲基化反应试剂，在有机溶剂和催化剂的存在下，与苯乙烯-二乙烯苯球体进行酰胺甲基化反应，然后水解，制得球体的苯环上带有伯胺基团的中间产品，利用伯胺基团上二个氢原子的化学活泼性，与氯乙酸在碱性介质中进行羧甲基化反应，制得带有亚胺二乙酸基团的D403螯合树脂产品。

（1）反应原理

①苯乙烯-二乙烯苯共聚球体的制备

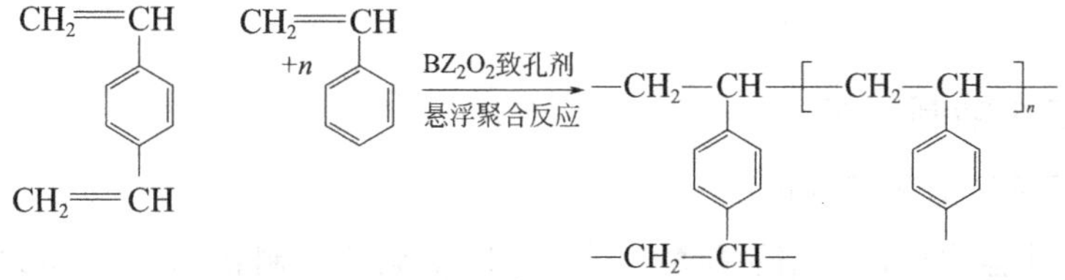

② 酰胺甲基化反应

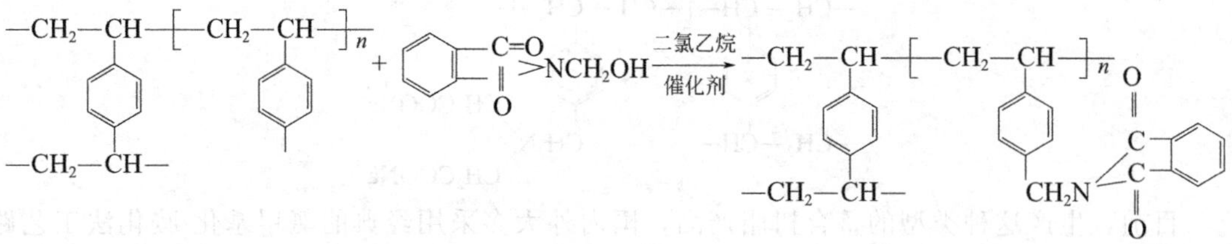

③ 水解反应

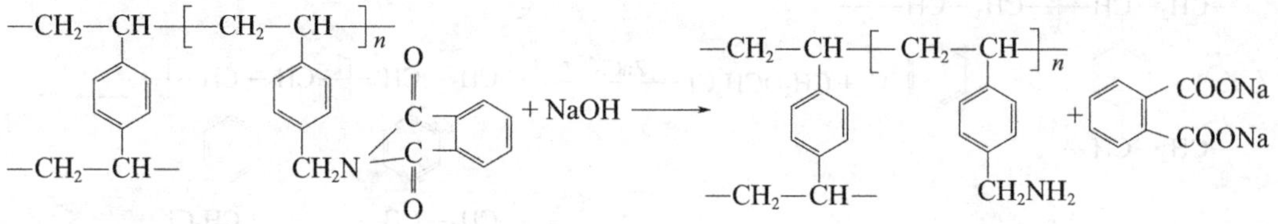

④ 羧甲基化反应

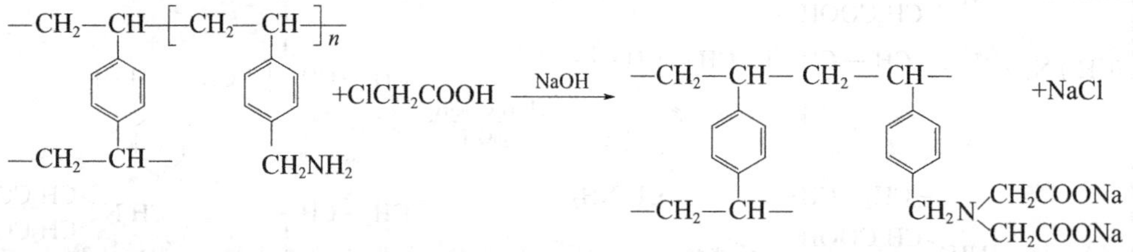

(2) 母体结构。D403 螯合树脂是在苯乙烯-二乙烯苯的共聚球体上导入亚胺二乙酸螯合基团的高分子有机化合物。树脂母体骨架的立体结构形式，必然会对金属离子的选择吸附性产生影响，为了使亚胺二乙酸官能基团能有效快速地捕获、吸附二价金属离子，开发出大孔结构的树脂母体骨架是必要的；同时结合注入膨胀度、使用寿命、再生等各项应用性能，根据国内外同类型产品的结构形式，选择大孔结构的苯乙烯-二乙烯苯共聚球体作为 D403 螯合树脂的母体骨架；为取得较好的致孔效果，使用 200# 溶剂汽油和聚苯乙烯双组分致孔，选取了适当的交联度和一定配比的双组分致孔剂，经进一步实验证明，用这种母体骨架合成的 D403 螯合树脂的各项性能指标达到或超过日本的 CR-11 产品。

(3) 团的导入应用。加勃利耳反应法生产的 D403 螯合树脂产品，其工艺过程可以分为酰胺甲基化反应、水解反应和羧甲基化反应三个阶段，从前面的反应原理可知，在确定了树脂的母体骨架后，酰胺甲基化反应是第一步也是关键的反应阶段，而且影响反应的因素较多，为此，选择了羟甲基酞酰亚胺、有机溶剂二氯乙烷、催化剂、反应温度及时间等影响因素，每一个因素选取四个水平数，应用正交试验法进行酰胺甲基化反应试验。试验指标选择水解反应后的伯胺球的弱碱性交换容量、含水量。根据正交试验法对试验结果进行了数据处理，确定了各因素的较好的水平数，按较好水平数的组合条件，进一步验证、调整，最后确定了较好的酰胺甲基化反应阶段的工艺条件。

水解反应和羧甲基化反应的影响因素较少，通过一般的实验方法可以较快地确定工艺条件。

2.9.4 盐水二次精制工艺

2.9.4.1 盐水二次精制工艺简述

在合格的一次盐水中加入精制盐酸，将其 pH 值调节控制在 8.5～9.5 之间，目的是将盐水中固体悬浮物得以溶解，然后将该盐水进行预热至 55～65℃后送入螯合树脂塔中，该盐水在树脂塔中自上而下与螯合树脂接触，进行离子交换，使从树脂塔出来的盐水中含 Ca^{2+}、Mg^{2+} 总量不超过 20μg/L。精制工艺一般有三塔流程和两塔流程两种形式。

① 三塔流程为 T-A/B/C。在正常情况下，树脂塔是两台串联在线运行，一台离线再生或等待，操作模式重复如下三个步骤（表 2 30）。

表 2-30 三塔流程工作步骤表

第一步(24h)	一次盐水至 T-A，再至 T-B，从 T-B 出来后的盐水中含 Ca^{2+}、Mg^{2+} 总量不超过 20μg/L；T-C 再生/等待
第二步(24h)	一次盐水至 T-B，再至 T-C，从 T-C 出来后的盐水中含 Ca^{2+}、Mg^{2+} 总量不超过 20μg/L；T-A 再生/等待
第三步(24h)	一次盐水至 T-C，再至 T-A，从 T-A 出来后的盐水中含 Ca^{2+}、Mg^{2+} 总量不超过 20μg/L；T-B 再生/等待

② 二塔流程为 T-A/B。正常情况下，树脂塔是两台串联在线运行，然后一台在线运行另一台离线再生。操作模式重复如下三个步骤（表 2-31）。

表 2-31 二塔流程工作步骤表

第一步(18h)	一次盐水至 T-A，再至 T-B，从 T-B 出来后的盐水中含 Ca^{2+}、Mg^{2+} 总量不超过 20μg/L
第二步(6h)	一次盐水至 T-B，从 T-B 出来后的盐水中含 Ca^{2+}、Mg^{2+} 总量不超过 20μg/L；T-A 再生
第三步(6h)	一次盐水至 T-A，从 T-A 出来后的盐水中含 Ca^{2+}、Mg^{2+} 总量不超过 20μg/L；T-B 再生

从表 2-30 可以看出，三塔流程仅一次投资稍大，但对盐水质量的控制较二塔流程有保障得多。

2.9.4.2 盐水二次精制三塔工艺

盐水二次精制三塔工艺流程见图 2-44。

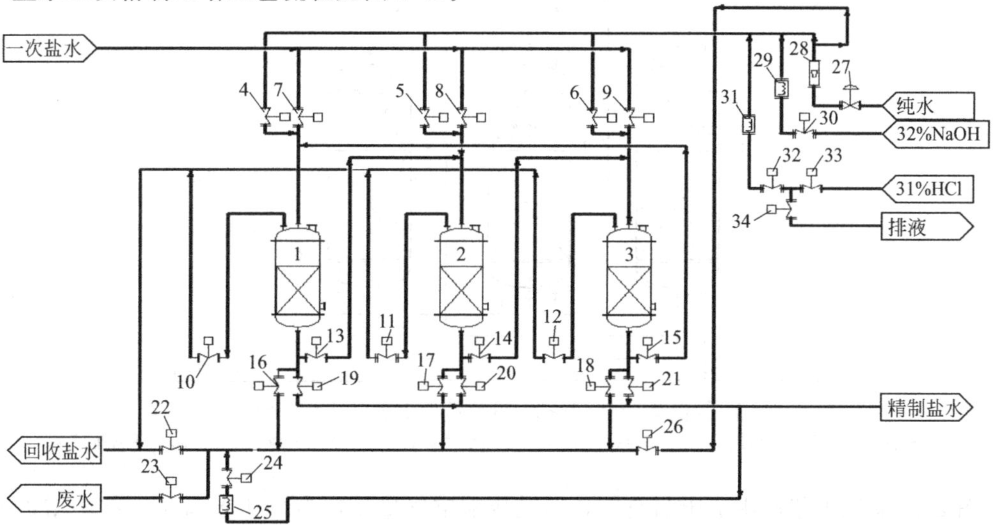

图 2-44 盐水二次精制三塔流程简图

1~3—离子交换树脂塔；4~6—再生液入塔前开关阀；7~9—一次盐水入塔前开关阀；10~12—反洗开关阀；13~15—盐水开关阀；16~18—排液开关阀；19~21—精盐水开关阀；22，23—回收盐水及废水开关阀；24—盐水置换开关阀；25—置换盐水流量计；26—反洗开关阀；27—纯水调节阀；28—纯水流量计；29—再生碱液流量计；30—再生碱液开关阀；31—再生盐酸流量计；32~34—再生盐酸开关阀在典型流程中，存在纯水置换工艺、空气吹扫分散工艺两种工艺。图 2-45 是纯水置换工艺流程，图 2-46 是空气吹扫分散工艺流程。

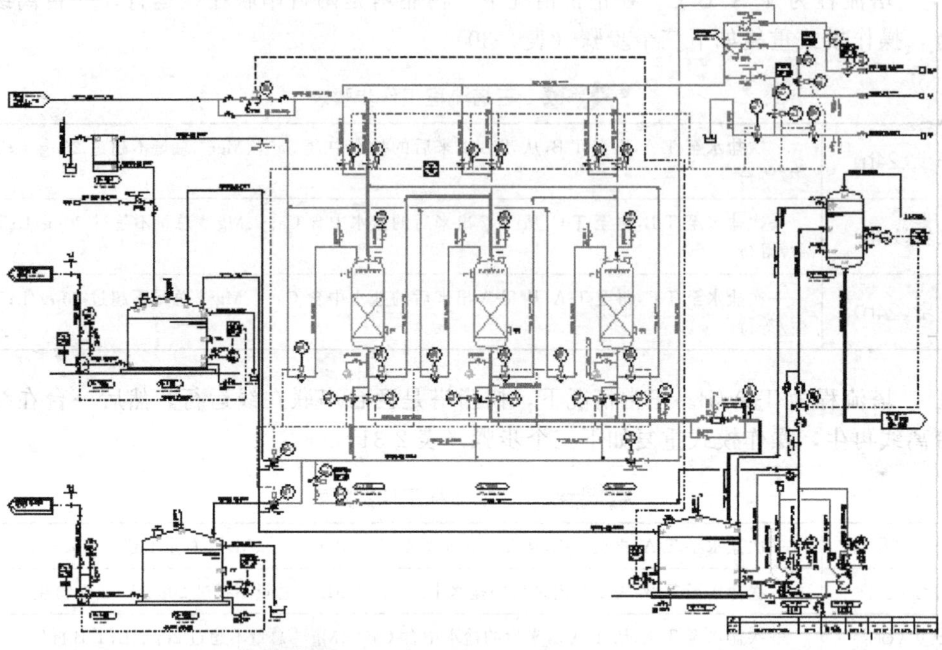

图 2-45　纯水置换螯合树脂塔工艺流程图

空气置换工艺改进流程，具有操作稳定、设备简单、节约纯水和盐水的特点。

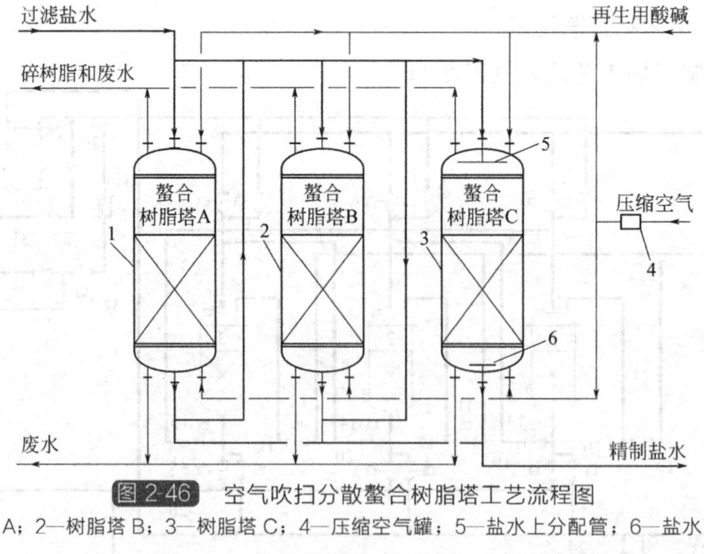

图 2-46　空气吹扫分散螯合树脂塔工艺流程图

1—树脂塔 A；2—树脂塔 B；3—树脂塔 C；4—压缩空气罐；5—盐水上分配管；6—盐水下分配滤帽

图 2-46 流程工艺使用了压缩空气，但是压缩空气借用原有的工艺管道，在不增加原有管道上自控阀门的情况下可以由原工艺设备螯合树脂塔的上下管口进入螯合树脂塔。由树脂塔上管口气体分布器进入螯合树脂塔的压缩空气可以排除树脂塔中的精盐水和再生用酸碱，替换了以前使用的纯水，大大减少了纯水的消耗。而且，由压缩空气彻底替换大流量纯水反洗松动树脂的步骤，不仅可以极大降低纯水的使用，也使疏松树脂的效果更加完美，极大提高了树脂再生效果。在酸再生和碱再生过程中，由树脂塔的下部管口气体鼓泡器通入压缩空

气起到扰动混合作用，使树脂再生更充分，解决了树脂再生不完全的问题。使用压缩空气替代纯水排液，使再生周期内的精盐水直接进入精盐水罐，不再产生回收淡盐水，降低了能耗，同理也减少了螯合树脂再生用酸碱废水的排放。纯水的节约、废水量的减少大大降低了工艺的成木。

2.9.5 盐水二次精制的正常操作

2.9.5.1 正常操作的条件

在正常操作的情况下，盐水二次精制的操作条件如表 2-32 所示。

表 2-32 二次精制的正常操作条件

项目	操作条件
进料盐水的流量	在设计范围
进料盐水的温度	55～65℃
进料盐水的 pH 值	8.5～9.5
进料盐水的 NaCl 浓度	310～315g/L
进料盐水的 $Ca^{2+}+Mg^{2+}$ 的浓度	≤3.0mg/L(以 Ca 计)
进料盐水的 Sr^{2+} 的浓度	≤2.5mg/L(以 Sr 计)
进料盐水的大于 0.3μm 的 SS 浓度	≤1.0mg/L,不含有胶状金属
进料盐水的重金属离子的浓度	≤0.2mg/L(以 $CaCO_3$ 计)
进料盐水的游离氯的含量	未检出,<0.1mg/L 以(Cl^- 计)
第一塔出口处盐水中 $Ca^{2+}+Mg^{2+}$ 的浓度	≤0.2mg/L(以 Ca 计)
第二塔出口处盐水中 $Ca^{2+}+Mg^{2+}$ 的浓度	≤0.02mg/L(以 Ca 计)
第二塔出口处盐水中 Sr^{2+} 的浓度	<0.1mg/L(SiO_2<1.0mg/L 时) <0.06mg/L(SiO_2<5.0mg/L 时) <0.02mg/L(SiO_2<15.0mg/L 时)
第二塔出口处盐水中碘的浓度	<0.1mg/L(Ba^{2+}<1.0mg/L 时) <0.2mg/L(Ba^{2+}<0.5mg/L 时) <0.5mg/L(Ba^{2+}<0.05mg/L 时)
第二塔出口处盐水的 pH 值	≥8.5
树脂塔间的压差	<100kPa/塔
反冲洗时树脂层的膨胀高度	至塔上部视镜的中部

不管是三塔流程还是二塔流程，二次精制盐水质量控制指标均必须达到如下要求（表 2-33）。

表 2-33 二次精制盐水质量控制指标

序号	内容	控制指标
1	$Ca^{2+}+Mg^{2+}$ 的浓度	≤20μg/L(以钙计)
2	Sr^{2+} 的浓度	≤0.1mg/L(在 SiO_2<1.0mg/L 时) <0.06mg/L(在 SiO_2<5.0mg/L 时) <0.02mg/L(在 SiO_2<15.0×10^{-6}时)
3	Ba^{2+} 的浓度	≤1.0mg/L(在 I_2<0.1mg/L 时) ≤0.5mg/L(在 I_2<0.2mg/L 时)

续表

序号	内容	控制指标
4	Fe^{2+}的浓度	≤1.0mg/L
5	SiO_2的浓度	≤15.0mg/L(在 Sr 为 0.02mg/L 时) ≤5.0mg/L(在 Sr 为 0.06mg/L 时) ≤1.0mg/L(在 Sr 为 0.10mg/L 时)
6	ClO_3^- 的浓度	≤16.0g/L
7	SO_4^{2-} 的浓度	≤5.0g/L
8	I_2的浓度	≤0.2mg/L
9	Al 的浓度	≤0.1mg/L
10	Ni 的浓度	≤0.01mg/L
11	Hg 的浓度	≤10.0mg/L
12	其他重金属	≤0.2mg/L(以 Pb 计)
13		有机物
	C_4	未检出
	C_1～C_3 沸点≤80℃	≤20mg/L
	沸点＞80℃	≤10mg/L

2.9.5.2 正常操作条件的调节及控制原因

为了建立上述操作条件，应进行下列调节（以三塔流程为例）。

(1) 进塔盐水流量。进塔盐水流量超出设计流量时将使盐水质量失去控制。

(2) 进料盐水的温度。温度过低会降低螯合树脂的吸附容量，相反，温度过高会加速螯合树脂的变质。

(3) 进料盐水的 pH 值。进料盐水的 pH 值是通过加入精盐酸的量来调节，进料盐水的 pH 值低于 8.5 时，会降低螯合树脂的吸附能力；pH 值高于 10.5 时，Mg^{2+}变成 $Mg(OH)_2$ 晶体析出，而不能被螯合树脂吸附。

(4) 进料盐水的 $Ca^{2+}+Mg^{2+}$ 的浓度。一旦进料盐水的 $Ca^{2+}+Mg^{2+}$ 的浓度大于 3.0mg/L，二次盐水中的 $Ca^{2+}+Mg^{2+}$ 的浓度将上升。

(5) 进料盐水的 Sr^{2+} 的浓度。一旦进料盐水的 Sr^{2+} 的浓度超过 2.5mg/L，Sr^{2+} 就会漏过。

(6) 第一塔出口处盐水中 $Ca^{2+}+Mg^{2+}$ 的浓度。当指标超过 0.2mg/L(以 Ca 计）时，即使该塔没有达到运行时间，也应将该塔提前进入再生操作。

(7) 第二塔出口处盐水中 Ca^{2+}、Mg^{2+}、Sr^{2+} 的含量。当 Ca^{2+}、Mg^{2+}、Sr^{2+} 的指标超过规定范围，即使没有达到运行时间，也应将第一塔提前进入再生操作。

(8) 进料盐水中的 SS 含量。一旦 SS 含量超过控制值，会加速螯合树脂塔的压降升高速度，同时 SS 中若含有 Ca^{2+}、Mg^{2+}、Sr^{2+}，将直接进入电槽，并在电槽中溶解而释放出大量的 Ca^{2+}、Mg^{2+}、Sr^{2+}。

(9) 进料盐水的游离氯的含量。游离氯的存在会损坏螯合树脂并加速树脂颗粒粉化，使螯合树脂的吸附能力下降。

(10) 第二塔出口处盐水的 pH 值。刚刚再生完时，螯合树脂塔中还会残留一些 NaOH，因此出口处盐水的 pH 值会暂时高一些，但这没有问题，若在正常运行时发生偏差，必须立即停车检查。

（11）树脂塔间的压差。当树脂塔间的压差大于100kPa/塔时，树脂塔就不能处理所需的盐水量，应将第一塔提前进入再生操作。

（12）反冲洗时树脂层膨胀过高。一旦发生该情况，应立即调节反冲洗的流量。这种情况在纯水温度发生变化时，尤其会发生。

2.9.5.3 树脂塔的再生

国内盐水二次精制的工艺有多种，有关树脂塔的再生的方法也多种多样，下面以三塔流程工艺为代表阐述树脂塔的再生过程。在正常操作情况下，每24h三台树脂塔的一台由PLC全自动进行离线再生，再生一次大约需6h。

（1）树脂塔的再生步骤（表2-34）

表2-34 三塔流程树脂塔的再生步骤

再生步骤	时间/min	流向	流体名称
切换	1	—	—
排液	<15	DF	工艺空气
第一次反洗	10	UF	纯水
鼓泡-1	3	UF	工艺空气
静止-1	10	—	—
水洗	60	DF	纯水
第二次反洗	30	UF	纯水
静止-2	10	—	—
加盐酸	60	DF	4%盐酸溶液
盐酸排放	40	DF	纯水
排水	<15	DF	工艺空气
加NaOH	20	UF	5% NaOH溶液
加水	10	UF	纯水
鼓泡-2	10	UF	工艺空气
静止-3	10	—	—
排水	40	DF	二次精制盐水
第三次反洗	6	UF	纯水
鼓泡-3	3	UF	工艺空气
静止-3	10	—	—
等待	约18h	—	—
切换	1	—	—
充液	17	DF	二次精制盐水

注：UF表示向上流，DF表示向下流。

（2）树脂塔再生每步的作用

① 排液。为了避免螯合树脂在反冲洗时被冲走，用工艺空气将塔中的残留盐水排出。

② 第一次反洗。在正常操作时，盐水中的SS沉积于螯合树脂层的上面，有一些螯合树脂颗粒结成了块状，因此，从树脂塔的底部打入纯水，以除去螯合树脂层上面的SS，打散成块的螯合树脂和松动的螯合树脂层。为防止螯合树脂从树脂塔中流出来，冲洗水应从安装在树脂塔中间带滤网的出口处排出。

③ 鼓泡-1。从树脂塔的底部通入工艺空气，以搅拌和分散螯合树脂。

④ 静止-1 。用来静置悬浮的螯合树脂。

⑤ 水洗。为了完全除去螯合树脂层中的盐分，加纯水自上而下进行洗涤。

⑥ 第二次反冲洗。目的同第一次反洗，从树脂塔的底部打入纯水，从塔顶的出口流出。

⑦ 静止-2 。用来静置悬浮的螯合树脂。

⑧ 加盐酸。加盐酸是用来解吸被螯合树脂吸附了的金属离子。此步螯合树脂会有些收缩。

⑨ 盐酸排放。解吸后，没有反应的盐酸还残留在螯合树脂层中，应将它排出，同时从树脂塔的顶部加入纯水。

⑩ 排液。此步骤的下一步将用 NaOH 使螯合树脂从 H 型转化为 Na 型。在加 NaOH 之前，应用工艺空气将塔内残留的酸水排放掉，以防止 NaOH 的损失。

⑪ 加 NaOH。稀碱液从塔底部加入，用后的碱液从树脂塔中间带滤网的出口排出。此步螯合树脂会膨胀。

⑫ 加水。加 NaOH 后，没有反应的 NaOH 会留在塔的底部，为了充分利用残留的 NaOH，从树脂塔的底部加入纯水。

⑬ 鼓泡-2。从树脂塔的底部通入工艺空气，该步是为了充分与树脂接触，进一步利用 NaOH。

⑭ 静止-3。

⑮ 排放碱液。为了排放掉塔内残留的 NaOH，用二次精制盐水从塔的中部加入，底部排出。

⑯ 第二次反冲洗。在上一步中，盐水还会残留在塔中，在冬季时盐水会结晶。为了防止此现象发生，用纯水将其稀释。

⑰ 鼓泡-3。为了使塔内盐水浓度均匀，从树脂塔的底部通入工艺空气，以混合盐水。

⑱ 静止-4。用来静置悬浮的螯合树脂。

(3) 树脂塔再生需要注意的事项

① 树脂塔在碱再生时体积会膨胀。Na 型树脂的体积大约是 H 型树脂的 1.2～1.4 倍。

② 树脂的填充高度。一般为 1.05～1.3m，且满足交换容量的要求。

③ 纯水反洗。用纯水从塔底部进，塔顶排出，控制流速至 7～15m/h，充分搅动树脂层，使树脂反洗展开率控制为 50%～100%，洗至出水澄清、无泡沫、无细碎树脂为止。

④ 盐酸再生。配制 5%～6%的稀盐酸溶液，从顶部进，底部排出，控制流速至 4～6m/h，树脂接触时间不少于 2h，再生比耗为 2～2.5；盐酸再生完后可浸泡一段时间，时间可长可短。

⑤ 纯水洗。用纯水从顶部进，底部排出，置换树脂塔内的残余盐酸，置换流速为 5～10m/h，洗至出水 pH 6～7 时为止。

⑥ NaOH 再生。配制 5%～6%的稀 NaOH 溶液，逆流或顺流进均可，但控制流速为 2～4m/h；树脂再生时间不少于 2h，再生比耗为 2～2.5，进完 NaOH 后，也可以浸泡一会；时间可长可短。

⑦ 纯水洗。用纯水置换（逆流或顺流进，按进 NaOH 的顺序）树脂塔内的残余 NaOH，置换流速同再生流速，置换出水 pH 7～8 时为止。

⑧ 盐水置换。用滤后的盐水置换塔内纯水，置换流速同运行流速，置换完后，树脂进入工作状态。

(4) 树脂的储存

① 纤维桶层叠堆放可以堆放 4 个。

② 纤维桶要放在暖和的地方（室内、10～30℃），不要受潮，如果保存在寒冷的地方，

树脂将会受冻，可能引起受损或破坏。

③ 树脂在使用时一旦变干，不能再浸在水或盐水中，在树脂塔反洗时将其流出，因此在使用前，一定要将聚乙烯袋系紧，以免树脂变干。

(5) 树脂的填充

① 用纯水把整个树脂塔清洗干净。

② 引入纯水到塔内一半液位。

③ 打开树脂塔上面的手孔，将树脂颗粒通过手孔引入塔内。注意填充树脂时，不要将外部材料混进树脂颗粒中。准备一个合适的 PVC 制的漏斗，用来引入树脂颗粒到树脂塔内。当引入树脂层高度高于 105cm 时，关闭上面的手孔。

④ 在树脂填充过程中，应注意纯水液位要始终高于树脂层，如果水少了，应适当加些纯水进树脂塔内，使纯水液位刚好超过树脂层。

⑤ 用纯水充满塔。

2.9.6 盐水二次精制的正常开车程序

2.9.6.1 初次开车程序

(1) 用纯水清洗每一个工作环节并检查是否符合要求，全部用纯水替代所有物料模拟运行各系统并确认无误。

① 启动螯合树脂塔。

② 向螯合树脂塔送纯水，用纯水替代盐水模拟运行。

③ 不断分析螯合树脂塔出口纯水中含有的杂质离子含量，直至符合指标。

(2) 盐水操作

① 确认一次盐水系统正常。

② 启动螯合树脂塔。

③ 将螯合树脂塔出口盐水向脱氯盐水受槽送盐水并打循环。

④ 不断分析螯合树脂塔出口盐水质量，直至符合指标。

2.9.6.2 正常开车程序

正常开车程序执行上述第 (2) 项操作。

2.9.7 盐水二次精制的正常停车程序

2.9.7.1 正常停车前应检查的项目

(1) 调节树脂塔前后储槽中的液位。

(2) 将原料量调节到在停车时为最小量。

2.9.7.2 正常停车程序

(1) 送给电解的盐水量根据电解的负荷进行调节。

(2) 当供给电解的盐水停止后，所有的泵停止，所有的原料阀关闭。

(3) 开始对树脂塔进行再生，然后等待。

如果停车时间超过 1 个月，需把树脂浸泡在稀 NaCl 溶液中。在冬季，为防止系统冻结，要排掉设备、配管中的液体。

2.9.8 树脂塔的结构

2.9.8.1 树脂塔的结构

树脂塔为钢衬低钙镁橡胶的桶体结构见图 2-47，下有树脂支撑设施。树脂支撑设施形式一般有两种，一种是管板加水帽（过滤元件，见图 2-48）形式，管板材质为钢衬低钙镁橡胶，水帽材质为 ABS；另一种是管板夹支撑网形式，管板材质为钢衬低钙镁橡胶，支撑网材质为 PVDF，规格 60 目。在树脂支撑设施中装填有树脂，在其顶部有盐水分布器（见图 2-49）。

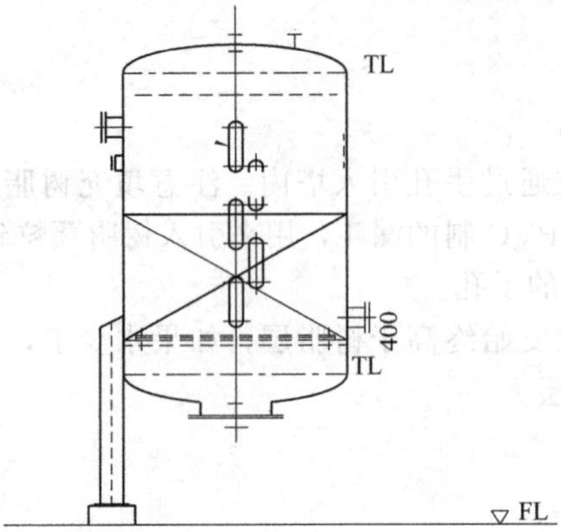

图 2-47　树脂塔结构示意图

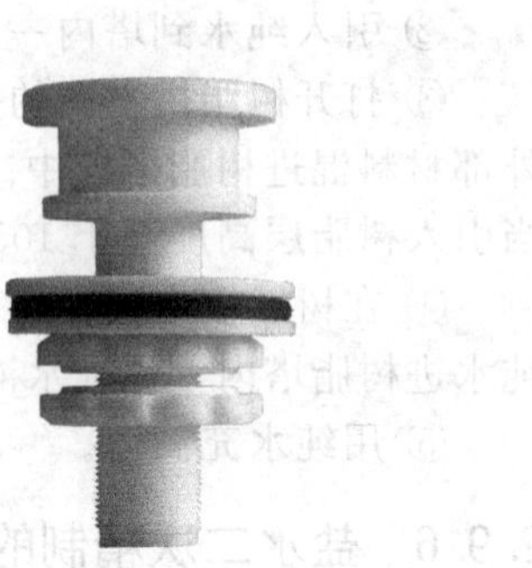

图 2-48　水帽结构示意图（材质为 ABS）

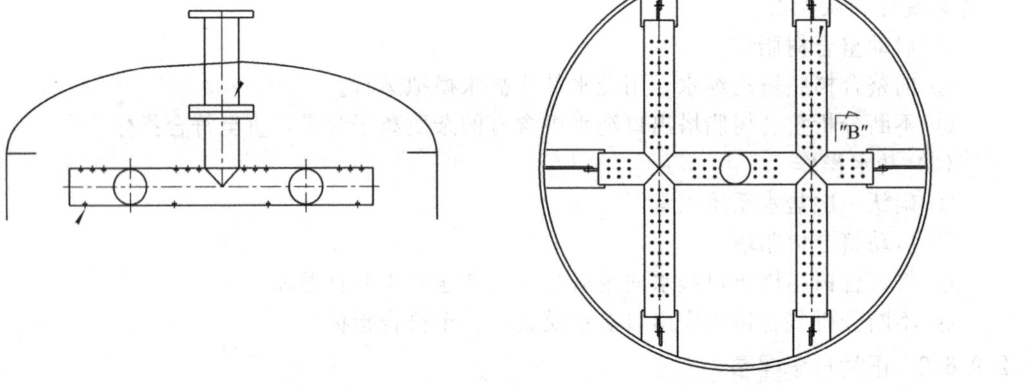

(a) 侧视图　(b) 俯视图

图 2-49　盐水分配器示意图

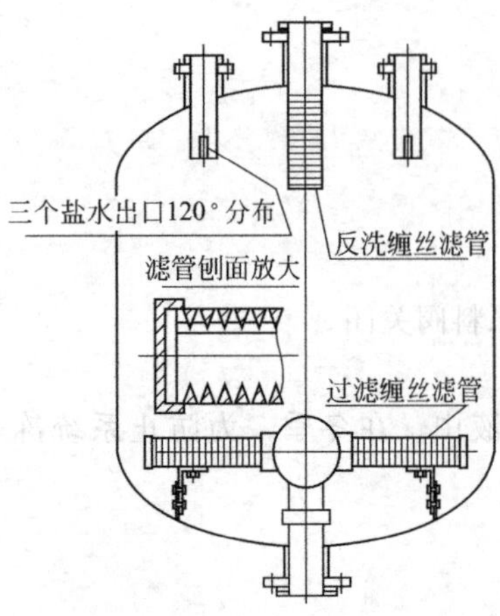

图 2-50　全金属塔内件示意图

图 2-50 为采用全金属塔内件、截面形状为等腰三角形的金属丝，在骨架上螺旋缠绕成管，根据需要控制螺距形成不同的缝隙，分别制作成过滤管和反洗拦截管。将过滤管安装在树脂塔底部，树脂塔任何工作状态时，只允许盐水或反洗水正常通过，而树脂不能从塔的底部流出；反洗拦截管安装在树脂塔反洗水出口上，树脂塔再生反洗时，允许反洗水和破碎的小颗粒树脂通过，而正常粒径的树脂不能从反洗管口流出。

2.9.8.2　树脂塔安装注意事项

（1）“水帽”的安装力度要适中。“水帽”与塔底板接触的紧固部位上下各有一个橡胶密封垫圈。下部有两个扁螺母重叠使用，上面一个为紧固螺母，下面一个为防松锁紧螺母。塔底板上下衬胶面均应平整。在安装时，上面接触塔底板的一个螺母不应旋拧过紧，以防水帽柄受力过大，特别是在温度变化较大时可能会产生更大的应力；而防松锁紧螺母与紧固螺母应旋紧，防止“水帽”松动脱落。

（2）盐水分布器的安装要求水平，防止盐水分布不均或树脂再生不充分。

2.9.9 树脂塔操作过程中异常情况处理

2.9.9.1 精制盐水杂质离子的增加

当第一塔出口 $Ca^{2+}+Mg^{2+}$ 浓度（总钙量）超过 200μg/L，或第二塔出口 $Ca^{2+}+Mg^{2+}$ 浓度（总钙量）超过 20μg/L，或第二塔出口 Sr^{2+} 浓度超标时，检查下列各项。

（1）进树脂塔盐水有害离子及 SS 含量增加。进树脂塔盐水要求含 $Ca^{2+}+Mg^{2+}<3.0$ mg/L，SS 含量在 1mg/L 以内。螯合树脂的交换容量是一定的，如果盐水含 Ca^{2+}、Mg^{2+} 过高，通过树脂床层时有部分 Ca^{2+}、Mg^{2+} 来不及螯合交换而进入后道工序。SS 含量过高，会使悬浮物进到树脂塔里附着在树脂表面影响交换能力，严重时还会堵塞树脂颗粒间隙，造成床层压降上升快、加速树脂破损、导致树脂失效，同时，螯合树脂对沉淀物是没有螯合交换能力的。

（2）进树脂塔盐水 pH 值变化。树脂对 Ca^{2+}、Mg^{2+} 的交换能力随盐水的 pH 值上升而增大，但一般不大于 11，因为盐水 pH 值大于 11 时，在高浓度盐水中的 Mg^{2+} 以 $Mg(OH)_2$ 胶状沉淀存在，螯合树脂对分子态的 $Mg(OH)_2$ 胶状沉淀是没有螯合交换能力的。一般螯合树脂使用的最佳盐水 pH 值为 9.0 ± 0.5。当 pH 值太低时，螯合树脂以 H 型存在，失去了离子交换能力，此时必须进行再生，使螯合树脂从 H 型转化为 Na 型。

（3）进树脂塔盐水流量及温度的变化。盐水流量的波动会影响盐水与螯合树脂的接触时间及反应时间，低流量盐水与螯合树脂的螯合交换时间就稍长，盐水中 Ca^{2+}、Mg^{2+} 交换得就越彻底，反之流量高时盐水与螯合树脂反应时间就短，盐水 Ca^{2+}、Mg^{2+} 交换得就不彻底，会使处理后的盐水中 Ca^{2+}、Mg^{2+} 含量增加；合适的温度会使螯合树脂发挥其最佳的螯合交换能力，温度太低会降低树脂的螯合交换能力，太高会缩短树脂的使用寿命，树脂最佳操作温度为 50～60℃。

（4）进树脂塔盐水中游离氯的浓度超标。游离氯是强氧化剂，容易对树脂造成氧化降解，不仅损害了树脂的强度，还降低了树脂的交换能力；盐水有时会含有一定量的氯酸盐，在酸再生时，与盐水中的酸反应生成游离氯，从而会损害树脂；若发现游离氯超标，要及时调整在线自动加亚硫酸盐的数量，控制游离氯在合格范围。

有观点认为，在该系统中增加活性炭保安装置，使游离氯与活性炭发生反应，达到保护树脂的目的。该办法理论上是可行的，但并不能完全起到保护树脂的目的。最好的办法还是及时调整在线自动加亚硫酸盐的数量。

2.9.9.2 螯合树脂性能的下降

（1）螯合树脂破碎。用于螯合树脂再生的化学品浓度太高或受氧化物的影响，会导致螯合树脂破碎，从而造成螯合树脂离子交换能力的下降。

（2）螯合树脂中毒。正常情况下螯合树脂的颜色是浅黄色的，若树脂的颜色不正常，就意味着是被有机物或重金属等氧化或污染了。

（3）螯合树脂层不平整。螯合树脂层不平整会导致塔内盐水分布不均匀，影响树脂交换能力。

（4）螯合树脂数量不足。如果螯合树脂数量不足，应缩短树脂塔的操作时间，并及时补充树脂。

2.9.9.3 螯合树脂再生不正常

(1) 再生所用的化学试剂不符合要求。再生所用的化学试剂若数量不足，用两倍数量的化学品再生（倍量再生），直至调节好数量。

(2) 再生反冲洗时螯合树脂膨胀速率不正常。若再生反冲洗时螯合树脂膨胀速率不正常，必须调节好纯水的温度和流量。

(3) 螯合树脂塔出口 pH 值不正常。若再生后螯合树脂塔出口 pH 值低于标准值，必须确认和调节一下所有有关氢氧化钠加料的项目，有可能氢氧化钠加料不充分。

(4) 螯合树脂再生不充分。螯合树脂工作一段时间以后，必须离线进行再生，将 Ca 型、Mg 型树脂转化为 H 型树脂，再转化为 Na 型树脂，以备下次在线工作。如果再生不彻底，树脂吸附的 Ca^{2+}、Mg^{2+} 交换不下来，再次在线运行时就不能再进行螯合交换，这样会严重影响树脂的螯合交换量。

2.9.10 螯合树脂的交换能力

完全再生成 Na 型的螯合树脂进入正常运行时，开始没有 Ca^{2+}、Mg^{2+} 等杂质离子检出，但随着吸附操作的持续，Ca^{2+}、Mg^{2+} 等杂质离子开始逐渐增加，最后排出液中的 Ca^{2+}、Mg^{2+} 等杂质离子含量与进入螯合树脂塔的原液越来越接近。我们将 Ca^{2+}、Mg^{2+} 等杂质离子开始泄漏的那一点称为穿破点（BTP），而开始穿破（BTP）时所吸附的 Ca^{2+}、Mg^{2+} 等杂质离子数量称为穿破容量（BTC）。

由于穿破容量（BTC）随共存离子的种类、空速、pH 值、温度等变化而变化，因此必须对这些因素进行控制。BTC 与钙离子浓度的关系见图 2-51。

可以看出，交换容量越大的树脂，BTC 越大，因此应尽可能选用高交换容量树脂。BTC 与空速（SV）的关系见图 2-52。

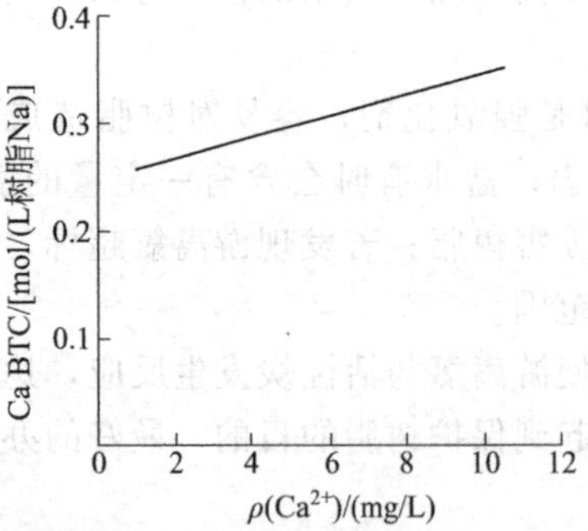

图 2-51 穿透容量与树脂钙的质量交换容量之间关系图

注：pH 值为 9.0，t 为 60℃，BTP 为 0.1mgCa^{2+}/L，SV 为 20/h^{-1}。

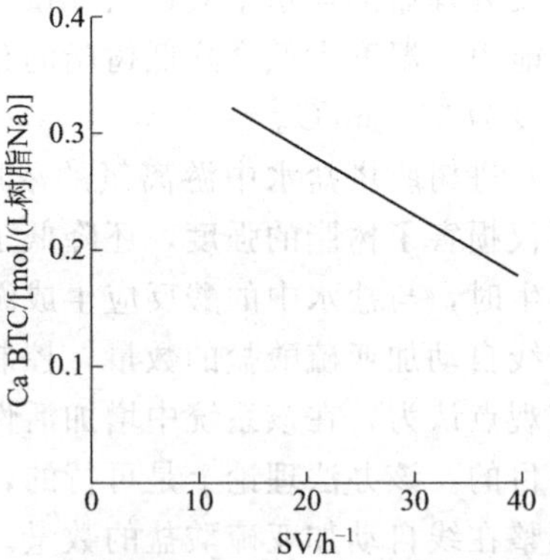

图 2-52 穿透容量与空速（SV）之间关系图

注：pH 值为 9.0，t 为 60℃，BTP 为 2.1mgCa^{2+}/L。

可以看出，空塔流速越小，BTC 越大，因此应尽可能选用低空塔流速，但也要兼顾设备和树脂费用。BTC 与温度的关系见图 2-53。

可以看出，温度越高，BTC 越大，因此应尽可能提高盐水温度，但也要考虑高温情况下树脂强度下降和设备材质强度下降的情况。

BTC 与 pH 值的关系见图 2-54。

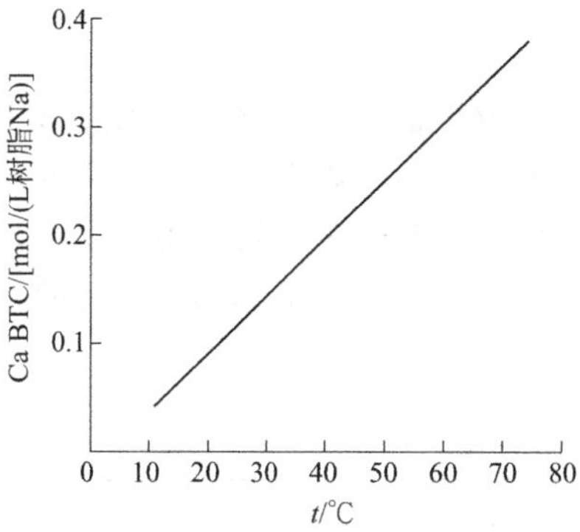

图2-53 穿透容量与温度之间关系图

注：pH值为9.0，Ca^{2+}、Mg^{2+}总量计为2.1mgCa^{2+}/L，BTP为0.1mg Ca^{2+}/L，SV为20/h^{-1}。

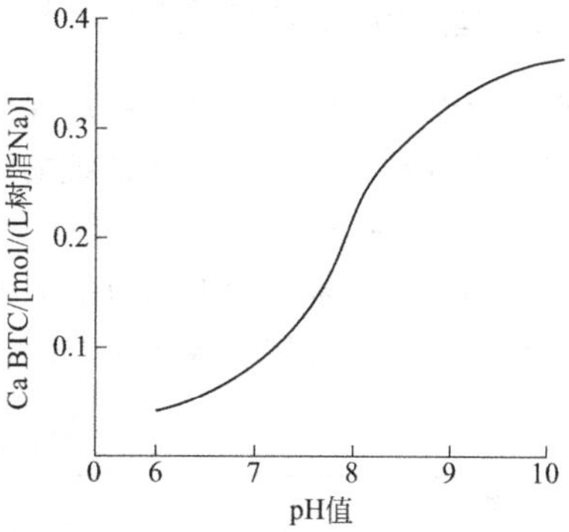

图2-54 穿透容量与pH值之间关系图

注：t为60℃，Ca^{2+}、Mg^{2+}总量计为2.1mg Ca^{2+}/L，BTP为0.1mgCa^{2+}/L，SV为20/h^{-1}。

可以看出，pH值越大，BTC越大，但在pH 10以后趋于平滑，因此应尽可能控制pH值在9～10之间。

2.10 盐水工艺技术对比

目前，盐水制备和精制存在很多工艺和不同工艺组合，每种工艺都有其特点和不足，本节只进行了不同层面的单因素对比分析。

2.10.1 盐水化盐工艺技术

目前，化盐工艺普遍采用固定床固液溶解工艺，主要原因是工艺设备简单和便于操作控制。根据设备形式、安装位置情况，可以分成不同的工艺类型，主要工艺区别在于化盐强度和设备安装高度，对比情况如表2-35所示。

表2-35 各种化盐工艺的比较

化盐工艺	高速化盐	低速化盐	地上化盐	地下化盐
主要特征	化盐单位面积强度高于6m³/(m²·h)	化盐单位面积强度低于6m³/(m²·h)	设备处于地面以上	设备处于地面以下
优点	占地面积小，设备少	占地面积大，设备多	便于盐水自流精制和设备排污清理	便于铲车装盐，减少设备成本
缺点	盐水易夹带细盐，化盐浓度易波动	盐水不易夹带细盐，化盐浓度不易波动	不利于铲车装盐，增加皮带机	不利于设备排污清理和盐水自流精制
适用场合	小型装置	大型装置	盐质不好的装置	盐质较好的装置

化盐设备的防腐问题在离子膜工艺中日益受到重视，设备防腐不仅关系到设备寿命，也与工艺设计和操作有关。隔膜法盐水系统一般不需防腐，但离子膜工艺都要求对盐水系统全面防腐，以防止游离氯和次氯酸盐对设备的腐蚀，特别是有些工艺要求用次氯酸去除盐水中的有机物。如果非防腐设备用于离子膜系统，要求严格控制返回淡盐水的游离氯，并在返回盐水管线上增加活性炭过滤器保护。盐水系统防腐虽然会带来投资提高和维护费用上升，但对稳定、保证工艺指标和提高设备寿命还是必要的。

2.10.2 固液分离精制工艺对比

近几年对盐水固液分离精制的探索和创新最为活跃，成果也最为显著，成为氯碱工业技术进步的焦点和亮点之一。在传统的沉淀分离与过滤分离结合的基础上，发展出多种分离工艺，每种工艺都有其特点，相应的设备和操作也不尽相同。由于很多工艺应用时间不长，给全面客观的对比带来一定的困难和局限，因此对比是基于目前掌握情况基础上进行的。各种固液分离精制工艺对比如表 2-36 所示。

表 2-36 固液分离精制工艺对比

固液分离精制工艺	澄清+砂滤+碳素管	澄清+砂滤+白煤	浮上+四氟膜	陶瓷管	四氟膜
代表供应商	传统	迪诺拉	戈尔、凯膜、麦驼、御隆	九思膜	戈尔
特点	技术成熟	操作稳定、运行费用低	反应分离分步进行、盐水过滤质量好	盐水过滤一步完成、固体去除使用板式过滤	过滤分离一步完成、盐泥浓缩倍率高
缺点	对高镁盐和卤水适应能力差、需消耗α-纤维素	对高镁盐和卤水适应能力差、盐水过滤后不溶物含量高	工艺过程复杂、需要加入铁离子助剂、对电解有一定影响	过滤设备操作复杂、过滤循环盐水量大	对盐水精制反应要求严格
精制反应特点	一步反应、高分子助剂共絮凝	一步反应、高分子助剂共絮凝	分步反应、无机助剂絮凝	一步反应、无助剂共絮凝	一步深度反应、无助剂共絮凝
分离特点	重力沉淀+重力过滤+床层压差过滤	重力沉淀+双重力过滤	气体附着浮上分离+压差过滤	双压差过滤	一步压差过滤
过滤精制效果	SS<1.0mg/L	SS<1.3mg/L	SS<0.5mg/L	SS<0.5mg/L	SS<0.5mg/L
助剂	PAM、α-纤维素	PAM	$FeCl_3$、NaClO、Na_2SO_3	NaClO、Na_2SO_3	NaClO、Na_2SO_3
反应单元数	1	1	2	2	2
重力分离单元数	1	1	1	0	0
过滤单元数	2	2	1	2	1
独立操作单元总数	4	4	4	4	3

2.10.3 离子交换精制工艺对比

离子交换精制是盐水精制的最高水平和最后把关，螯合树脂离子交换精制工艺经过多年发展成为成熟的盐水二次精制工艺，从设备配置上可以分为两塔工艺和三塔工艺；从再生工艺上可以分为有空气疏松和无空气疏松工艺，对比情况见表 2-37。

表 2-37 离子交换精制工艺对比

离子交换工艺	两塔工艺	三塔工艺	纯水置换工艺	空气置换工艺
特点	两台离子交换塔串联操作，一塔再生时单塔操作	三台离子交换塔，两塔串联操作，一塔再生后备用或作为第三塔使用	再生工艺不使用空气置换塔内液体	再生工艺使用空气置换塔内液体
优点	设备简单，投资和占地少，仪表阀门少，故障率低	盐水质量有可靠保证，总有一塔把关	操作和程序简单，不用压缩空气，对树脂损伤小，安全可靠	再生效果好，节省再生费用，减少混合废水数量
缺点	当一塔再生时，只有一塔运行，系统盐水质量有波动的可能	设备多，投资和占地大，仪表阀门多，故障率高	混合废水多	操作和程序复杂，对塔耐压有要求
适用场合	小型装置	大型装置	由设备技术供应商确定	由设备技术供应商确定

参考文献

[1] 方度，蒋兰荪，等．氯碱生产技术．北京：化工部化工司，1985.
[2] 刘立初．氯碱一次盐水生产技术浅析．第 25 届全国氯碱行业技术年会论文专辑，2007.
[3] 邢卫红，陈先均，王肖虎．陶瓷膜法盐水精制技术．第 25 届全国氯碱行业技术年会论文专辑，2007.
[4] 方度，蒋兰荪，吴正德．氯碱工艺学．北京：化学工业出版社，1990.
[5] 袁强，李宽，杨英．内蒙古海吉公司戈尔过滤器盐水工艺的完善．“中盐金坛”杯全国氯碱行业盐水精制技术交流会，2006.
[6] 林自扬．液体过滤膜组件的发展和应用．“中盐金坛”杯全国氯碱行业盐水精制技术交流会，2006.
[7] 张寅，周卫，霍文丽．盐水精制过滤器之比较．“中盐金坛”杯全国氯碱行业盐水精制技术交流会，2006.
[8] 何云．凯膜卤水精制技术的研究．“中盐金坛”杯全国氯碱行业盐水精制技术交流会，2006.
[9] 李德敏，宋作强，宋绍勇．凯膜在滨化氯碱盐水精制装置上的应用．“中盐金坛”杯全国氯碱行业盐水精制技术交流会，2006.
[10] 康志恩．凯膜过滤器运行总结．“中盐金坛”杯全国氯碱行业盐水精制技术交流会，2006.
[11] 程殿彬．离子膜法制碱生产技术．北京：化学工业出版社，1998.
[12] 李华昌，符斌．实用化学手册．北京：化学工业出版社，2006.
[13] [日] 碱工业协会．碱工业手册．江苏氯碱协会译．葫芦岛：化工部锦西化工研究院，1986.
[14] 北京石油化工工程公司．氯碱工业理化常数手册．北京：化学工业出版社，1988.
[15] [日] 田中良修．离子交换膜基本原理及应用．北京：化学工业出版社，2010.
[16] 邢家悟等．离子膜法制烧碱操作问答．北京：化学工业出版社，2009.
[17] 安超．中国原盐市场格局分析及展望．中国氯碱，2014 (4)：43-46.
[18] 郭彬．提供高质量二次精制盐水的工艺控制．氯碱工业，2002 (5)：5-8.
[19] 闻科科，王伟红，苏克勤．二次精制工艺研究．2014 年全国烧碱行业技术年会论文集，2014.

3 隔膜法电解及烧碱蒸发系统

3.1 隔膜法电解

3.1.1 隔膜法电解概述

烧碱生产主要有水银法、隔膜法和离子膜法。隔膜电解法烧碱有着悠久的历史，与离子膜电解法相比，隔膜法的缺点主要是能耗较高、产品中含盐量高、不能满足下游高端产品的需要，现已基本退出。在一定时间内或将作为难以处理的有机含盐废水处理装置存在。隔膜法制碱工艺流程由盐水精制、电解、氯氢处理、碱液蒸发及固碱工序等组成。其采用的核心设备是隔膜电解槽，特点是用多孔渗透性的隔膜将阳极室隔开，隔膜阻止气体通过，而只让水分子和离子通过。这样既能防止阴极产生的氢气与阳极产生的氯气混合而引起爆炸，又能避免氯气与氢氧化钠反应生成次氯酸钠而影响烧碱的质量。

3.1.1.1 隔膜法电解生产原理

隔膜法电解原理如图 3-1 所示。隔膜法电解槽一般采用的是直立隔膜电解槽，典型代表是虎克电解槽，隔膜将电解槽隔成阳极区和阴极区。阳极是金属阳极，电解时在阳极析出氯气；阴极是粗铁丝网或多孔铁板，H^+ 在阴极上放电并形成氢气释出，H_2O 离解生成的 OH^- 在阴极室积累，与阳极区渗透扩散来的 Na^+ 形成 NaOH。食盐水连续加入阳极室，通过隔膜孔隙流入阴极室。为避免阴极室的 OH^- 向阳极区扩散，要调节电解液从阳极区透过隔膜向阴极区的流速，使流速略大于 OH^- 在阳极区的迁移速度。这同时也造成电解液含相当数量未电解的氯化钠，因此，氯化钠应回收并循环利用。

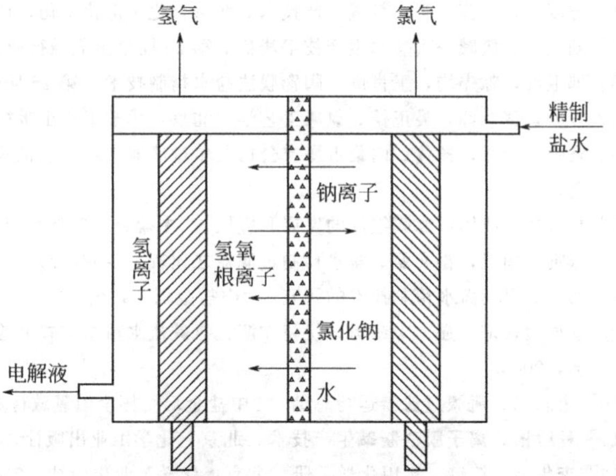

图 3-1 隔膜法电解原理图

氯化钠水溶液电解反应的方程式：

$$2NaCl + 2H_2O \xrightarrow{\text{直流电}} 2NaOH + Cl_2\uparrow + H_2\uparrow$$

阳极上主反应： $2Cl^- - 2e \longrightarrow Cl_2\uparrow$

阴极上主反应： $2H_2O + 2e \longrightarrow H_2\uparrow + 2OH^-$

此外还存在着一些副反应，如阳极室中有 O_2、Cl_2 溶解于 H_2O，其反应式如下：

$$Cl_2 + H_2O \longrightarrow HCl + HClO$$

部分 OH^- 渗透扩散进入阳极室，与 HCl 反应生成 NaClO，反应如下：

$$NaOH + HClO \longrightarrow NaClO + H_2O$$

$$2NaOH + Cl_2 \longrightarrow NaClO + NaCl + H_2O$$

当 ClO^- 聚积到一定量后，由于 ClO^- 比 Cl^- 放电电位低，则 ClO^- 在阳极上放电生成氯酸、盐酸和氧气，反应式如下：

$$12ClO^- + 6H_2O - 12e \longrightarrow 4HClO_3 + 8HCl + 3O_2 \uparrow$$

$$HClO_3 + NaOH \longrightarrow NaClO_3 + H_2O$$

$$HCl + NaOH \longrightarrow NaCl + H_2O$$

当 OH^- 向阳极扩散、浓度增大时，OH^- 在阳极放电生成氧气：

$$4OH^- + 4e \longrightarrow 2H_2O + O_2 \uparrow$$

当盐水中 SO_4^{2-} 含量高时，也容易在阳极放电产生 O_2：

$$SO_4^{2-} - 2e \longrightarrow SO_2 + O_2 \uparrow$$

在阴极区，次氯酸钠、氯酸钠进入阴极室，被新生态氢原子还原成氯化钠：

$$NaClO + H_2 \longrightarrow NaCl + H_2O$$

$$NaClO_3 + 3H_2 \longrightarrow NaCl + 3H_2O$$

由于存在上述的副反应，消耗了电解产物氯和碱，增加了电解消耗，降低了电流效率，也影响了电解产物的质量。

3.1.1.2 隔膜法电解生产技术

隔膜电解法烧碱生产工艺界区内包括整流、盐水精制、电解、氯氢处理、液碱蒸发、固碱生产等工序，其能耗包括上述工序及附加设施的水、电、蒸汽等的能耗。据测算，隔膜烧碱电解法生产吨碱综合能耗在各工序的分布如下：整流 1.5%、盐水精制 3%、电解 45%、氯氢处理 1.5%、液碱蒸发 38%、固碱生产 11%，液碱蒸发中的蒸汽消耗占吨碱蒸汽消耗的 73%以上。30-Ⅲ型隔膜电槽见图 3-2。

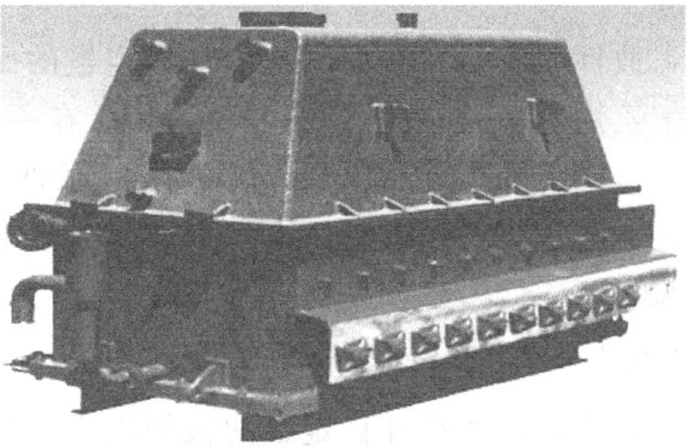

图 3-2 30-Ⅲ型隔膜电槽

1975 年 3 月，国内第一台隔膜法金属阳极电解槽在北京化工机械厂试制成功。

中国设计和制造的隔膜法金属阳极电解槽已成系列化产品，可生产制造 $55m^2$、$47m^2$、$30m^2$、$25m^2$、$21m^2$、$16m^2$、$12m^2$、$8m^2$ 等系列规格的产品。

电解直流电耗约占吨碱电耗的 90%，其蒸汽消耗约为吨碱汽耗的 14%，因此，电解工序是电解法烧碱生产的最大耗能工序。下面将较详细地叙述电解直流电耗。

电能消耗可按下式计算：

$$W_{实} = \frac{V}{(1.492\eta) \times 1000} \tag{3-1}$$

式中，$W_{实}$ 为生产 1t 烧碱的实际电能消耗，kW·h；V 为电解槽的槽电压，V；η 为电解槽电流效率，%；1.492 为 NaOH（烧碱）的电化当量值。

从式（3-1）可知，影响直流电耗的因素是槽电压和电流效率，直流电耗与槽电压成正比，与电流效率成反比。因此，降低电解槽的槽电压和提高电流效率是电解工序的主要节能途径。实践表明：当电流效率为 94%时，每降低槽电压 0.1V，就可减少直流电耗 63kW·h/t NaOH；而当电槽电压为 3.2V 时，每提高 1%的电流效率，也可使直流电耗减少 33kW·h/t NaOH。

槽电压的组成可用下式表示：

$$V_T = E_d + E_{mem} + \eta_A + \eta_C + IR_{sol} + IR_{met} \tag{3-2}$$

式中 V_T——槽电压，V；

E_d——理论分解电压，V；

E_{mem}——膜电压降，V；

η_A——阳极过电位，V；

η_C——阴极过电位，V；

IR_{sol}——电解液电压降，V；

IR_{met}——第一类导体电压降，V。

不同类型电解槽的理论分解电压各异。于25℃下电解NaCl（食盐）饱和水溶液时，采用以固体电极和隔膜组成的电解槽（如隔膜电解槽和离子膜电解槽）理论分解电压为2.172V。

3.1.2 改性隔膜技术

隔膜电解在氯碱工业中使用已经有几十年的历史，随着氯碱工业的发展和对节能降耗的不断需求，电解技术已经从早期的石墨阳极、普通隔膜发展到金属阳极、活性阴极、改性隔膜。

改性隔膜是在石棉纤维中加入定量的耐电解槽环境腐蚀和机械磨损的热塑性聚合物(聚四氟乙烯)，其在吸膜槽中混合均匀，在一定的真空度下，沉积于阴极网袋上，再经过干吸、干燥、烧结等步骤制成高强度、低溶胀性的隔膜。国外改性隔膜普遍使用纤维或粒状的聚四氟乙烯改性剂（SM1、SM2），国内使用石棉加四氟复合纤维和四氟乳液改性剂居多。

3.1.2.1 改性隔膜的特点

改性隔膜的尺寸稳定、两极间距小，可配合扩张阳极获得阴极表面与隔膜仅为3mm的间距，能够大幅度地降低电解溶液电阻，收到比较明显的节能效果。隔膜厚度比普通石棉隔膜减少20%～25%，膜电压降比普通石棉隔膜低0.10～0.15V，单槽石棉用量也有所减少。改性隔膜具有一定的机械强度和低溶胀性，能够耐阴极液及气泡的冲刷，使用寿命较长，正常情况下一般可使用1年以上。改性剂与石棉纤维均匀粘连，能够形成小孔径、恒定渗透率的隔膜。

3.1.2.2 影响改性隔膜性能的因素

（1）石棉绒的选择。石棉绒的开棉要好，块状纤维要少，长、短绒要搭配合理。长绒在吸附中主要起到骨架作用，并使隔膜在运行中具有良好的渗透性以减少隔膜阻力及电压降；短绒在吸附中用于调节隔膜的盐水渗透率，不使盐水流量过大。在改性剂的网状粘连下，改性膜在盐水中的纵向溶胀很小，但浸泡后的横向溶胀仍然存在，将使隔膜间的孔隙率减小。改性隔膜不适合采用多种长短棉按不同比例混合配制，改性剂与多种棉混合易产生不均匀，尤其是石棉苛化不均匀，主要是石棉绒纤维长短不一样，影响了吸附质量。30型电槽典型配比：津巴布韦石棉38kg的G35与8kg四氟乳液混合，制膜槽内石棉与改性剂均匀分散。

（2）吸附浆液的配制。苛化浆液的盐碱浓度要适中，配比要合理，以便使石棉绒能够均匀地悬浮于吸附液中。黏度过高，易导致真空成膜时间短、致密性差、渗透率高、黏度过低，易导致隔膜致密性高、渗透率低。特别是黏度会随周围环境温度的变化而改变，因此，要注意季节变化对苛化浆液的影响。一般推荐NaOH浓度为（125±5）g/L，NaCl浓度为(185±5) g/L（夏季取上限，冬季取下限）。

（3）隔膜的均匀程度。由于改性隔膜厚度较小、吸附时间较短，要保证上膜的均匀性，使膜间的中性层在运行时不发生偏移和扭曲。首先，要保证浆液的一定密度，以使石棉绒均匀悬浮；保证浆液混合均匀，密度一致，多采用真空翻浆工艺，并且在吸附过程中采用了动态吸附法；根据情况控制开吸真空度，但不宜过高。另外，吸附后要认真检查和修整隔膜缺陷，以利于保持隔膜通道的均一性和必要的孔隙率，提高隔膜性能。

(4) 吸附真空度的控制。改性隔膜的真空吸附过程，实质上就是将石棉纤维和改性剂的混合物均匀地堆积在阴极网袋上的过程，因而吸附真空度是成膜过程的重要表征数据。真空度过高，则膜的致密性大、渗透率低，易造成电解液浓度过高、效率下降；真空度过低，则膜的空隙率大、膜不均匀、渗透率过高，也会对膜的机械强度和氯含氢造成影响。

① 吸附方法。采用动态高真空一次成膜吸附技术，同时吸附真空控制也尤为重要：一般湿吸真空控制在＞0.094MPa，干吸真空＞0.074MPa，这样可以保证制成的改性隔膜紧密度和平整度都完美。

② 第一次吸附时间的控制。第一次吸附时间控制极为关键，一般是普通隔膜吸附时间的 2 倍以上，这样制备的改性隔膜比普通隔膜平整坚固、渗透性好。若第一次吸附时间控制过短，成膜较薄，隔膜漏气较多，修补压膜不易且平整度差，单槽浓度也偏低，对蒸发汽耗影响大；而吸附时间过长，则成膜较厚，单槽槽压高，运行 6 个月后，单槽浓度和氯内含氧上升过快，改性隔膜寿命大为缩短。

(5) 改性隔膜的干燥。由于改性隔膜在烧结时，NaOH 呈固态，水分过大易使石棉粉化，影响隔膜强度，甚至造成隔膜脱落，严禁将大量水分带入烧结炉中，对隔膜的干燥程度要求要高。而且干燥时间和温度控制要适宜，避免阴极网袋边缘出现隔膜鼓泡现象，适当延长干吸时间、增加放水次数对干燥效果有一定帮助。

(6) 改性隔膜的烧结。改性隔膜的烧结主要是改性剂的塑化和固化过程，对改性隔膜的性能至关重要。在 320～360℃的高温区域，改性剂充分熔融，将周围的石棉纤维黏结在一起，纵横交错成二维或三维网状结构，对隔膜起到增强及抑制溶胀作用。烧结过程中温度过低，达不到改性剂的熔融点，则不能均匀分布；温度过高，则易造成改性剂分解。固化是改性剂从熔融到重结晶的过程，对隔膜孔隙率有一定影响，在固化期内，降温时间要控制适当，降温过快，则固化不均匀，改性剂与石棉纤维、改性剂之间黏合不牢固，开槽流量较大，严重时无法调节，隔膜寿命明显偏短；降温过慢，则开槽流量特别小，电解液浓度很高，氯气纯度低，电流效率低。

改性隔膜最常用的是两步烘干法，即阴极箱放入普通烘房内用低压蒸汽初烘 24h，将改性隔膜内部水分烘干（和普通膜相同）；再将阳极箱放入电热烘箱内进行改性剂自动温控烧结，烧结过程中要特别注意 320～360℃的高温区域，因为这一区域是四氟乳液的熔融温度区，温控设定在该区域时升温、衡温和降温过程时间尽可能延长，这样可以保证四氟乳液在热熟化过程中均匀涂溥于改性膜上，渗透到隔膜的各个部位，并能防止因温度的快速变化而使改性剂脆化，影响改性隔膜的强度和今后的使用寿命。

改性隔膜在运行过程中，因槽压低而产生的节能作用已广泛被认可，但同时也存在一些问题，如氯含氧高、电流效率偏低等。对此，除了根据具体情况对制膜质量进一步提高要求外，电槽的日常维护也尤其重要，包括液面的调整、电流波动的控制、精盐水质量等方面，特别是在验收期内，应尽量避免外界因素变化对改性隔膜产生不可逆转的影响。

3.1.3 活性阴极技术

活性阴极技术是隔膜法电解槽节能降耗的一种技术。活性阴极，它的电催化活性比铁阴极高，析氢过电位比铁阴极低。使阴极得到活性的方法有3种：第一种是增大电极的比表面积，如采用雷尼镍（Raney Ni）涂层。这种方法是将Ni-Al或Ni-Zn合金以电镀法或喷涂法（热喷或等离子喷涂）喷涂在铁基材表面，以浓NaOH溶液将其中的Al或Zn溶解，从而得到比表面积很大的多孔镍材料；还有的采用基本腐蚀法，以高镍的不锈钢作为阴极基体，用高浓度、高温NaOH溶液浸泡，使网表层的铁和铬溶出，形成多孔镍活性阴极。第二种方法是合金类活性电极。此类电极多为含贵金属（如Pd-Ag合金及Pt-Ru合金）的电极等。第三种方法是采用高电极催化活性的氧化物涂层，如Co_3O_4活性阴极涂层。我国隔膜法金属阳极电解槽采用的活性阴极主要有雷尼镍（Raney Ni）涂层及碱洗不锈钢基体两种。活性阴极单槽槽压平均降低0.15～0.20V。

3.1.3.1 基本腐蚀法活性阴极技术原理

基本腐蚀法活性阴极技术是移植了离子膜电解槽的活性阴极技术，电解槽所用的活性阴极材料为SUS316L超低碳不锈钢板冲孔而成，开孔率为38%左右，采用高温高浓度碱腐蚀工艺，将不锈钢表面Cr、Fe等成分腐蚀掉，在不锈钢边面形成富镍的多孔状表层。镍属于中过电位金属，电流密度在$13A/cm^2$时过电位为0.5～0.7V，使阴极活性层的比表面积增大，以降低阴极电流密度，从而降低阴极的析氢电位。

3.1.3.2 阴极网片的改进

普通阴极箱的阴极网是采用镀锌低碳钢丝编织而成，线径为ϕ2.336mm或ϕ2.77mm，网孔为1.8mm×2.0mm、2.0mm×2.0mm或2.5mm×2.5mm，开孔率20%左右，而活性阴极的阴极网是采用SUS316L材料的不锈钢板冲孔而成，网孔直径为ϕ2.4mm，开孔率38%左右。

3.1.3.3 阴极网袋的改进

普通铁丝网的阴极网袋网片与网片间的焊接采用气焊焊接，活性阴极网袋网片与网片间的焊接采用氩弧焊焊接，焊点要求均匀牢固，无开焊现象，网面平整无断丝，如有开焊现象，补焊也比较困难，影响导电效率。

3.1.4 扩张阳极+改性膜电槽技术

扩张阳极是在铜钛复合棒与钛网上焊一块具有弹性的钛板并设有凹槽，安装时用卡条卡在凹槽上，使阳极网呈收缩状态，便于阳极安装和阴阳极套装。隔膜套装后拔除卡条，阳极网袋弹开，阴阳极间采用ϕ3mm聚四氟乙烯隔离棒隔离，这就使得扩张阳极与阴极间的极间距缩小到3mm，配合改性隔膜从而使电压降降低。

3.1.4.1 扩张阳极+改性膜电解槽技术特点和要求

将盒式阳极片改制成扩张阳极，其关键是怎样充分利用原盒式阳极的旧网铜片复合棒以及扩张器的焊接，在要求网面平整的基础上，扩张阳极的扩张度和扩张均匀度要满足工艺要求，否则会导致极距误差，电流分布不均匀，影响改性隔膜电槽各项技术指标，扩张阳极的闭合、开启要求见图3-3。

扩张阳极与阴极间距的缩小，改性隔膜具有高强度、高弹性和高渗透性；改性隔膜溶胀率仅为25%以下，大大低于普通隔膜溶胀率。改性隔膜流量稳定，在运行周期内，受电流

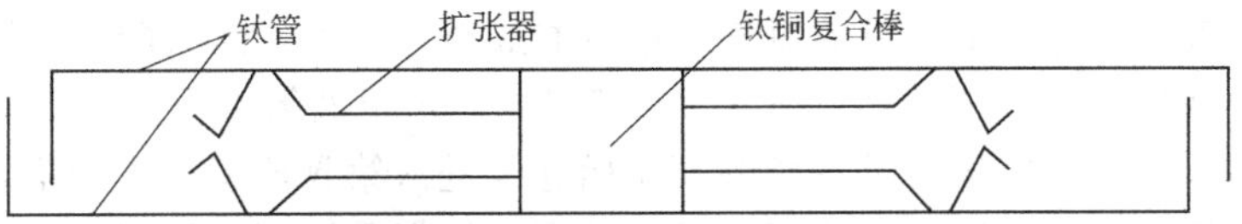

图 3-3 扩张阳极工作原理示意图

波动影响较小；在较高电流密度下，可降低单槽电压 0.2～0.25V；氯中含氢低且稳定。

3.1.4.2 扩张阳极+改性膜技术的应用

扩张阳极＋改性膜技术应用对精盐水质量要求比较苛刻，所以进一步提高精盐水质量，是扩张阳极＋改性膜技术应用的关键所在。盐水质量的好坏直接影响着电解的正常生产操作、能量消耗、安全生产及电解槽多项新技术能否得以实现，以及隔膜的使用寿命、电流效率等。盐水中的 Ca^{2+}、Mg^{2+} 及 SO_4^{2-} 含量是盐水精制中的主要控制指标，普通隔膜要求 Ca^{2+}、Mg^{2+} 总含量小于 5mg/L，SO_4^{2-} 含量小于 5g/L；改性隔膜对盐水质量的要求更加严格，质量不好，将直接影响隔膜的使用寿命及槽电压，因此制备高质量的盐水对氯碱生产是十分重要的。世界各国都在探索盐水精制的新技术及新工艺，严格控制进槽盐水的各项指标，控制每一道生产工序，确保盐水质量符合隔膜电解的要求，保证电解正常进行。

3.1.5 隔膜电解系统工艺流程

典型的电解系统流程见图 3-4，系统包括电解槽安排辅助系统如氯氢处理和干燥压缩。

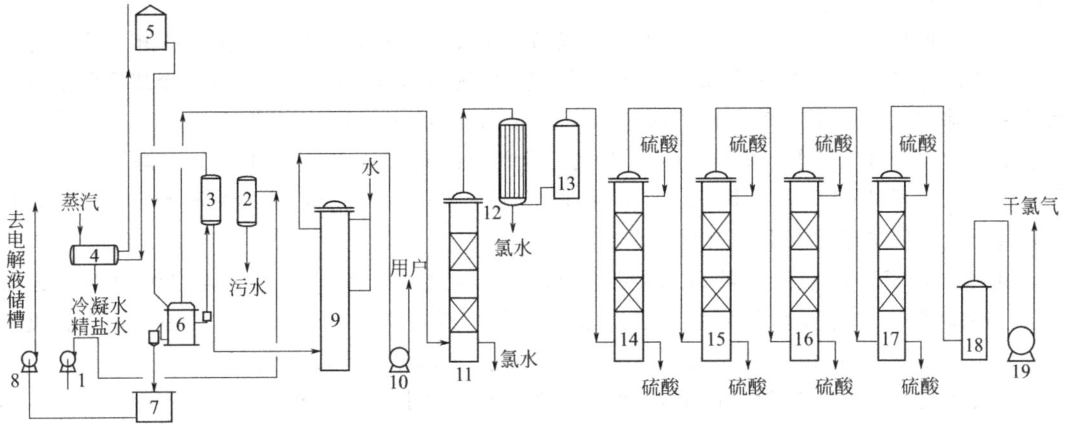

图 3-4 隔膜法电解流程图

1—精盐水输送泵；2—过滤器；3—氢气-盐水换热器；4—蒸汽预热器；5—盐水高位槽；6—隔膜电解槽；7—电解液集中槽；8—电解液输送泵；9—氢气冷却塔；10—氢气泵；11—洗涤塔；12—钛冷却器；13—水除雾器；14—Ⅰ段干燥塔；15—Ⅱ段干燥塔；16—Ⅲ段干燥塔；17—Ⅳ段干燥塔；18—酸除雾器；19—氯压机

盐水工段来的合格精盐水由精盐水泵送至盐水二次过滤器，流入氢气-盐水换热器，预热至 80～85℃后送入盐水高位槽，利用位差经盐水总管、支管，并用夹子控制流量，将盐水连续，均匀地送入每只运行的电解槽，保持电解槽内一定的液位。精盐水在电解槽中借助于整流工段送来的直流电进行电解反应，产生氯气、氢气及电解液。

阳极室产生的湿氯气通过氯气支管汇入氯总管，然后进入洗涤塔下部，与塔顶喷淋下来的循环冷却氯水进行逆向热交换，使氯气冷却至 50℃左右，氯气中的水蒸气被冷凝后除去，并除去夹带的盐雾等杂质，再进入钛管冷却器，使氯气冷却至 15℃左右，然后进入湿氯除雾器，除去水雾后，进入四台串联的氯气干燥塔，与经过冷却的硫酸逆流接触，进行干燥，使氯气中含水≤25mg/kg。干燥后的氯气通过硫酸酸雾分离器，除去酸雾，送往氯压机压缩系统。经压缩冷却后，氯气压力达到0.3～0.35MPa，送至液氯工段。

干燥用的硫酸浓度≥98%，从浓硫酸高位槽连续进入第Ⅳ段氯气干燥塔，再依次溢流到Ⅲ、Ⅱ、Ⅰ段干燥塔中。稀硫酸由Ⅰ段硫酸循环泵，根据Ⅰ段氯气干燥塔液位调节流量，连续打入稀硫酸储槽，由稀硫酸输送泵定期送出。氯气处理过程中产生的氯水，进入氯水槽，供其他生产工序使用。

电解反应后，氢气经氢气断电器后进入总管，经过并联的氢气-盐水换热器冷却，再经水封进入氢气冷却塔，用水直接喷淋冷却，除去水汽和碱雾等，再由氢气泵压缩，经分配后送至各用户。

10%的NaOH电解液由电解槽鹅颈管流出，经碱液断电器流入排管，汇总入电解液集中槽，然后用电解液泵打至蒸发电解液储槽。

氯干燥装置可采用一塔式流程：除去水雾的氯气从干燥塔（上段为泡罩板式塔，下段为填料塔）的填料段进入，先与从泡罩段流下的92%左右的硫酸接触除去大部分水，再上升进入泡罩段与98%的浓硫酸接触除去剩余的水，确保干燥后的氯气中含水量不大于15mg/kg，98%硫酸消耗小于18kg/t NaOH，其动力电耗也有所降低。

氯气处理系统是氯碱生产中一道重要的工序，氯气处理系统运行质量的好坏直接影响到后序系统的正常生产，特别是对提高氯气质量、延长设备和工艺管线的使用寿命、保障安全生产最为重要。氯气干燥效果主要取决于氯气处理系统的洗涤、冷却、干燥这三道工序及该系统设备结构的合理性。

从电解槽出来的85℃湿氯气进入氯气洗涤钛塔，在塔内用循环的氯水喷淋洗涤，除去氯气中的盐雾和杂质，并降低氯气温度，然后去并联的两台钛冷却器冷却，冷却后的氯气经水除雾器除去大部分水雾后，再依次进入一段浓H_2SO_4干燥塔、二段浓H_2SO_4干燥塔、三段浓H_2SO_4干燥塔、四段浓H_2SO_4干燥塔，而浓H_2SO_4从四段浓H_2SO_4干燥塔进入，依次逆向流入三段浓H_2SO_4干燥塔、二段浓H_2SO_4干燥塔、一段浓H_2SO_4干燥塔，经干燥后的氯气再经酸除雾器后去氯气压缩机压缩。

电解出槽85℃湿氯气中的含水量为338g/ kg氯气，冷却到35℃时含水量为14.7g/kg氯气，冷却到14℃时含水量为4.06g/kg氯气。氯气经过洗涤冷却后，氯气中水量大幅度减少，含水量下降了338g/ kg氯气－4.06g/kg氯气＝333.94 g/kg氯气 。

由此可见，冷却后的温度越低，则含水量越少，含水量少、相对氯气干燥效果越有利，同时对硫酸耗量的降低也有利，但在低于9.6℃时，氯气和水会形成$Cl_2 \cdot 8H_2O$的水合结晶，会导致氯气冷却器、管道的堵塞，所以要将氯气冷却后的温度指标控制在12～16℃左右。

对氯干燥处理系统测试情况，应从以下几方面入手来降低氯中含水量：提高洗涤、冷却能力，降低氯气温度；提高高氯水冷却器、钛冷却器的冷却能力；降低冷却介质的温度。

湿氯除雾器除水雾效果的好坏，将直接影响氯气的含水率，它主要由管式过滤器和桶体组成。每根管式过滤器采用经过特殊浸渍工艺处理的超细玻璃棉为滤芯的纤维除雾器，并要求过滤器用玻璃棉完全充实，这样，湿氯气由外至内通过管式过滤器，其夹带的水分被截留在玻璃棉中，降低了氯气中的含水率。

一般来说，用填料塔或用填料塔与泡沫塔相结合的干燥工艺是比较合理的，同时干燥塔顶部液体分布器要安装正确，如安装不合适，会造成硫酸向下的降落不均，严重时可能走短路，引起氯气走短路，部分氯气在上升过程中接触不到硫酸或接触硫酸量很少，达不到全部干燥的目的。

操作工艺的严格控制和运行设备的管理、维护是确保降低氯中含水率的重要基础。钛冷却器的出口温度控制在12～18℃，循环硫酸温度控制在11～16℃，确保酸的浓度。酸浓度的不稳定会造成液面上的水蒸气分压或高或低，造成氯中的水不容易被吸收，所以要稳定Ⅳ段干燥塔的进酸浓度，同时Ⅰ段干燥塔出口硫酸浓度控制在78%～85%。

操作时应保证酸的循环量。酸的循环量太小，会造成硫酸通过塔内填料层的分布不均，接触面太小，使萃取过程不能充分进行，导致氯含水超标。

3.2 隔膜法烧碱蒸发

3.2.1 隔膜法烧碱蒸发概述

隔膜法电解碱液蒸发系统，是指蒸发从电解槽流出的盐碱混合电解液，使碱浓度从11%浓缩到30%或42%以上，使盐以结晶分离的方式回用于电解的系统。

隔膜蒸发技术在不断的技术进步中，已完全淘汰了单效蒸发和双效蒸发工艺，普遍采用了三效顺流、三效逆流、四效逆流工艺技术来生产30%和42%以上的液碱，在蒸发器形式上淘汰了标准式、悬筐式等自然循环蒸发器，而是以强制循环的方式来提高流体在加热器内的循环速度以提高蒸发效率。烧碱蒸发单套装置规模的设计走向大型化，促进蒸发器内碱液中结晶盐颗粒增大的逆向采盐工艺得到了很好的应用。蒸发含碱结晶盐的处理由滤盐箱发展到WG型刮刀卸料离心机及双推料式离心机。在操作控制自动化方面，全自动控制的DCS系统已取代了仪表控制和手动控制。30%液碱生产的蒸汽单耗指标已达到2.4t /t NaOH的水平。

3.2.2 烧碱蒸发原理、操作条件及影响因素

液碱蒸发是以生蒸汽为热源，用蒸发装置将来自电解槽的电解液进行浓缩和分离盐，从而获得液碱产品（含氢氧化钠分别为30%、42%、45%和50%）。该工序的汽耗约占吨碱汽耗的75%，电耗约占吨碱电耗的3%，因此液碱蒸发工序是电解法烧碱生产的一个主要耗能工序。

蒸发器所需蒸汽供给的热量用下式表示：

$$q=D(I-\theta)$$

式中 q——蒸发器所需蒸汽供给的热量，kJ/h；

D——蒸发器加热蒸汽的用量，kg/h；

I——加热蒸汽的热焓，kJ/kg；

θ——加热蒸汽相同温度下冷凝水的热焓，kJ/kg。

向蒸发器供给的蒸汽热量主要消耗为：预热物料至沸点所需热量，蒸发水分所需热量，液碱的浓缩热，氯化钠析出的结晶热，设备的散热损失。蒸发过程中，实际的有效温差比理论温差小，这是溶液沸点升高引起的温差损失、由静压升高引起的沸点升高及由于流动阻力引起的温差损失造成的。

根据上述情况，要做好蒸发工艺主要操作条件的选择。在蒸发系统中主要操作条件有加热蒸汽压力、真空度、出料浓度、电解液碱浓度、预热温度、冷碱温度、回收盐水质量和操作液位等。生产中如何控制好这些条件，是充分发挥装置的生产能力、提高产品质量、降低消耗、协调氯碱系统正常的保证。

3.2.2.1 加热蒸汽压力

加热蒸汽是电解液蒸发的热源，加热蒸汽的压力较高，可使Ⅰ效蒸发器及整个蒸发系统

获得较大的温差，从而使整个装置具有较大的生产能力。但是，在热量传递过程中，有效传热温差有一个临界值，超过这个临界值，将使蒸发器的传热系数降低。此外，加热蒸汽的压力还受到供汽条件和设备耐压条件的限制，因此加热蒸汽压力不能过高。在一般情况下，三效顺流自然循环蒸发工艺的Ⅰ效蒸汽压力选择0.60～0.8MPa（表）；三效逆流强制循环蒸发工艺可选择0.7～0.9MPa（表）。

3.2.2.2 真空度

采用多效蒸发时，由Ⅱ效（以三效蒸发为例）产生的二次蒸汽压力只有0.055MPa（表）左右，温度约110℃。要使这种低压蒸汽得到充分利用、获得较大的传热推动力，就要降低末效料液的沸点，因此必须采用减压蒸发。采用减压蒸发有以下几个优点。

(1) 随着真空度的提高、末效沸点的下降，使传热温差增大十分显著。在真空度≥73.3kPa时，每增加0.007MPa真空度，可增加温差10℃左右。因此选择较高的真空度，不仅能使末效蒸发器，而且还能使整个装置的传热温差得到提高，从而提高了整个系统的生产能力。

(2) 由于真空度提高后所增加的温差能自动分配到各效蒸发器，所以，就可以减少预热用的一次蒸汽量。同时由于碱液在较低温度下蒸发，使碱液对设备的腐蚀也可减轻。

(3) 随着真空度的提高，末效的沸点也随着降低。因此也就减少了碱液离开蒸发器所带走的热量，也就相应减轻了碱冷却器的负荷。

真空度虽然有利于提高装置的生产能力和降低蒸汽消耗，但是真空度不可能无限制提高，它的提高受到了以下几个因素的抑制。

① 冷却水量及温度。末效蒸发器的真空度，理论上应等于大气压与大气冷凝器出口水的饱和蒸气压之差。例如当冷凝水出口温度为40℃时，它的饱和蒸气压为7.33kPa，则末效蒸发器所能达到的真空度应为101.3－7.33＝93.97(kPa)。一般来说，冷凝水出口温度越低，真空度就越高，所以要想达到较高的真空度，就要尽可能降低冷凝水的出口温度。而冷凝水的出口温度又与冷凝水量和冷凝水的进口温度有密切关系，冷凝水量越大，冷凝水进口温度越低，则冷凝水的出口温度就越低，得到的真空度也就越高。

② 管道和设备的泄漏。管道和设备连接部位如果漏入不凝性气体，也影响蒸发器的真空度。为了减少泄漏，必须提高管道和设备的密闭性能。

由于上述原因，末效蒸发器实际上所能达到的真空度比理论值低6.66kPa左右。蒸发系统的真空度以不低于80kPa为宜。

3.2.2.3 电解液碱浓度

在电解液蒸发过程中，加热蒸汽所供给的热量，主要消耗在水分蒸发上。一般情况下，电解碱液中的氢氧化钠浓度越低，含盐、含水量就越高，需要蒸发的饱和析出的盐也越多。这样不仅增加蒸汽用量，而且还要影响整个装置的生产能力。因此，控制较高的电解液碱浓度对蒸发是有利的。但是电解液碱的浓度过高，将会降低电槽的电流效率，增加电耗。所以必须对电解和蒸发进行综合分析后，才能确定最佳的电解液的碱浓度。

一般来说，当电解液中NaOH浓度在110～130g/L范围时，电解液中NaOH浓度每提高1g/L，则生产1t 42%的碱，大约可节约蒸汽30kg左右。此外，如果电解液的碱浓度过低，还会影响设备的生产能力。在一般情况下，电解液中NaOH浓度每降低1g/L，其生产能力将下降1%～1.2%。不同NaOH浓度的电解液与设备的生产能力指数之间有密切的关系。

3.2.2.4 预热温度

电解液的预热温度如果能接近进料液的沸点，则有利于蒸发装置的稳定运行和降低加热蒸汽的用量。但在一般顺流工艺中，电解液均采用数量有限的蒸汽冷凝水的显热不预热，再加上预热工艺和装置不够完善，预热后的电解液温度往往比蒸发器内料液的沸点低得多。这就不可避免地要在蒸发器内继续将料液加热到沸点，从而消耗一部分加热蒸汽。国内大多数氯碱厂，电解液预热后的温度要比进料效的沸点低 40～50℃。按此计算，在进料效中每吨 100% NaOH 需多耗用 0.7～0.9t 蒸汽，约占蒸发总汽耗的 25%～30%。因此，为了节约蒸汽，应适当提高电解液的预热温度。一般对于双效顺流工艺，电解液预热温度应不低于 100℃；对于三效顺流工艺，电解液预热温度应争取控制在 130℃以上。

3.2.2.5 蒸发器液面高度

保持蒸发器液面的正常稳定，对任何一台蒸发器都是十分重要的。如果液面过低，对于管沸腾的自然循环蒸发器，将使沸腾区下移，料液将在加热管内沸腾。这样，氯化钠晶体就会在加热管内析出，蒸发器的传热系数亦将随之下降。对于强制循环蒸发器，如果液面过低，会使循环泵发生气蚀和振动。但如果蒸发器内液面过高，则蒸发室的汽液分离空间将会变小，二次蒸汽中易夹带碱沫，造成不必要的碱损失。此外，由于静压液位的作用，碱液出加热室时呈过热状态，碱液在上升过程中，会因静压逐渐减小而产生闪蒸现象，使料液温度下降。同时，如果操作液位过高，出加热室的过热碱液进入蒸发室后，可能还未达到表面(即温度还没有完全降至与液面处压力相当的沸点)，又参加下一轮循环，这样就会造成进加热室的碱液温度升高，降低了加热室的有效传热温差。

因此，在蒸发器内必须维持适当的液面高度，必须根据蒸发器的型式和操作条件而定。对于悬筐式、标准式一类的自然循环蒸发器，一般把适宜的液面高度确定在加热室上花板以上 50cm 处，列管式蒸发器则在沸腾区上方 30～50cm 处，强制循环式蒸发器则在分配管上方 100cm 处。

3.2.2.6 出碱浓度

严格控制蒸发系统的出碱浓度，是稳定成品碱质量的重要保证。如果出碱浓度偏低，成品碱的质量指标就不合格，浓碱带出的盐也多；如果出碱浓度偏高，不但会增加蒸发汽耗，还会加剧碱液对设备的腐蚀。因此在蒸发操作中，必须严格控制出碱浓度。如果出碱浓度增加 1%，每吨碱的汽耗就要增加 20～30kg。生产 30%碱时，要求出碱浓度稳定在 410～430g/L 之间；生产 42%碱时，要求出碱浓度稳定在 610～630g/L 之间。

3.2.2.7 冷碱温度

随着成品碱的冷却，液碱中盐的溶解度会降低，一部分盐将从烧碱溶液中继续结晶析出。这样，一方面产品中含盐量进一步降低，从而使质量得到保证；另一方面还可回收一部分盐，以降低食盐消耗。在生产上，一般冷碱温度控制在 45℃左右。

3.2.2.8 回收盐水质量

回收盐水中 NaCl、NaOH 的含量应符合盐水工序的要求。如果 NaCl 含量过低，将使回收盐水量增加，导致化盐用水过剩；如果 NaOH 含量高，超过了盐水精制时所需要的碱量，就会使精盐水的过碱量升高，影响电槽的正常运行。在生产中，一般把 NaCl 含量控制在 265～310g/L，NaOH 含量控制在 2.1g/L 以下。

3.2.2.9 传热系数 K 的影响

影响传热系数 K 的因素很多，当物料性质、操作条件及设备形式确定后，在实际操作中，影响较大的有加热管结盐及不凝性气体等。

(1) 加热管内结盐的影响。在电解液蒸发过程中有大量结晶盐析出，致使加热管的内壁非常容易结盐。由于盐层的热导率很小，传热阻力很大，因此加热管内结盐会明显影响蒸发器的生产能力。若将盐层厚度为0.1mm时的蒸发器的生产能力比作1，则当盐层厚度增加到0.2mm时，生产能力下降12%；当盐层厚度增加到0.4mm时，生产能力下降30%。为了及时清理加热管内的结盐，蒸发装置运行一段时间后需要清洗，即所谓的“洗效”。

在蒸发中要绝对防止结盐是不可能的，采取下列措施则可减少结盐：①在操作中严格控制蒸发器的液面，尽量避免蒸发器内脱料；②合理选用采盐泵和旋液分离器，确保采盐效果，使蒸发过程中析出的盐尽量采出；③提高蒸发器中料液的循环速度，减少盐在管壁上附着停留的机会；④及时处理碱泥槽的盐，减少回炉盐。

(2) 加热蒸汽中不凝性气体的影响。在加热蒸汽中不可避免地会夹带少量不凝性气体，这些不凝性气体如不及时排除，就会在加热室中逐步积累，使加热管周围形成一层气膜，增加传热阻力，从而降低蒸发器的生产能力。因此，在加热室必须设置合理的不凝性气体排放口，以便定期排放不凝性气体。

3.2.2.10 外加水量的影响

蒸发系统的外加水量，主要是指洗效水、冲洗水和离心机的洗盐水。这几部分水都要进入蒸发系统，所以其用量的多少直接关系到蒸汽消耗的高低。外加水量与蒸发操作有密切的关系，如果液面控制不严、采盐不及时或采盐效果差，就会缩短洗效周期，增加洗效水和冲洗水。同时，欲获得较低碱性的回收盐水，洗盐水量也将大增。因此，严格控制操作条件是减少外加水量的关键。

3.2.2.11 疏水器性能的影响

用蒸汽作热源时，必须使蒸汽在加热室里充分冷凝后再排出。一般在冷凝水排出口均安装有疏水器，其作用是排除冷凝水和阻止跑汽。因此疏水器性能的优劣，对蒸汽消耗有直接影响。由于蒸发器所使用的加热蒸汽量很大，因而要求配备排水量较大的、性能较好的疏水器。

3.2.2.12 散热损失的影响

蒸发系统的散热损失，主要指蒸汽通过系统内设备和管道的表面，向外界散失的热量。在保温良好的情况下，此项损失约占供热量的2%～5%左右。但是如果保温材料选择不当、保温层厚度不够或保温施工质量不高，此项损失可高达10%～15%。因此，加强设备和管道的保温也是降低蒸汽耗量的重要措施。

3.2.2.13 降低碱损失

电解液蒸发系统碱损失的大小直接影响到成品碱的产量，碱损失越大，各项消耗定额也越高。碱损失主要是回收盐水不合格，所以要求回收盐水控制在含碱低于3.1g/L、盐碱比不低于80∶1，此指标现达标率为100%。

3.2.3 三效顺流蒸发工艺流程

三效顺流即电解液与蒸汽同时进入第一效蒸发器，顺次逐级进入二效和三效，达到能源高效利用的目的。其特点是高温蒸汽与低浓碱相遇在第一效，对蒸发器材质要求不高，各效压力依次降低，过料可以采用压差过料，动力损失少，操作容易；缺点是有效温差利用不如逆流工艺。三效顺流蒸发工艺流程见图3-5。

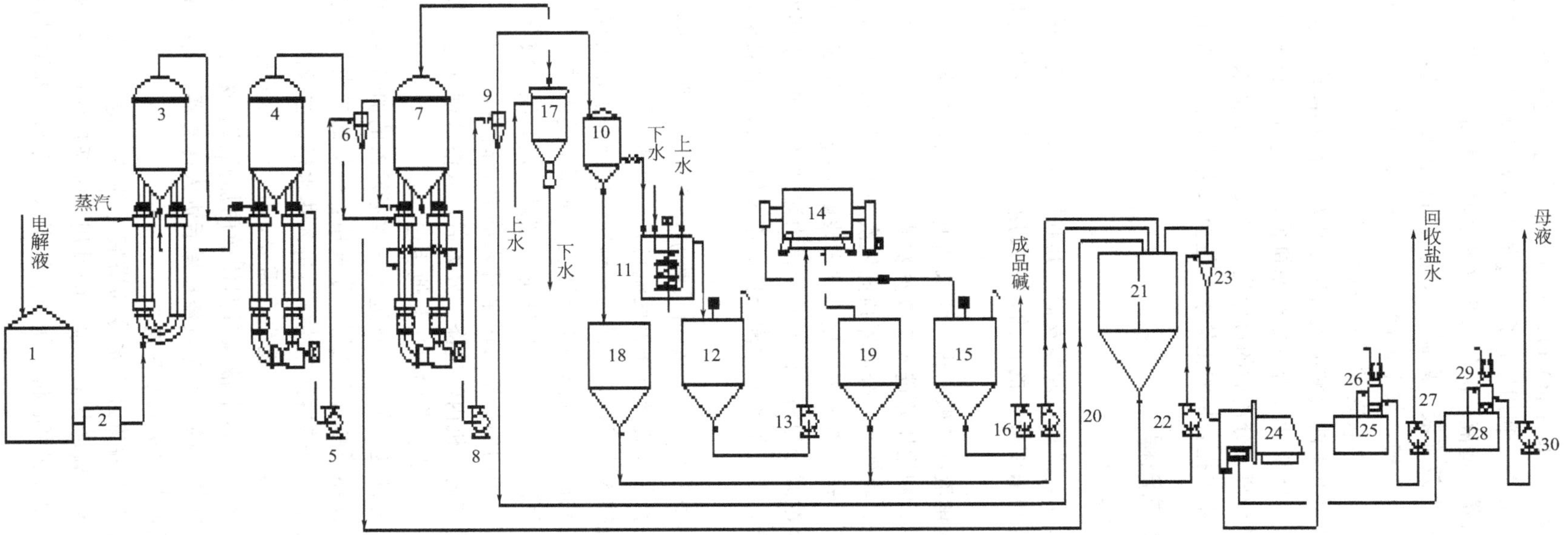

图 3-5 三效顺流工艺流程

1—电解液储槽；2—电解液输送泵；3—Ⅰ效蒸发器；4，7—Ⅱ效蒸发器；5，8—Ⅱ效出料泵；6，9—Ⅱ效旋液分离器；7—Ⅲ效蒸发器；8—Ⅲ效出料泵；9—Ⅲ效旋液分离器；10—浓碱高位槽；11—碱冷却器；12—过滤机缓冲槽；13—过滤机加料泵；14—过滤机；15—成品碱槽；16—成品碱泵；17—大气冷凝器；18—盐泥中间槽；19—滤饼槽；20—滤饼槽输液泵；21—盐碱集中槽；22—离心机加料泵；23—离心机泥液分离器；24—离心机；25—化盐槽；26—回收盐水泵前罐；27—回收盐水泵；28—母液槽；29—母液泵前罐；30—母液泵来自电解工序的电解液（含10%的NaOH），进电解液储槽，通过加料泵输送到预热器，加入Ⅰ效蒸发器浓缩至13%左右，利用压差自动过料入Ⅱ效蒸发器，浓缩至18%左右。经Ⅱ效出料泵打至Ⅱ效旋液分离器，清液一部分回Ⅱ效蒸发器，大部分进Ⅲ效蒸发器，浓缩至30%左右。经Ⅲ效出料泵打至Ⅲ效旋液分离器，未达到出料浓度，清液全部回Ⅲ效蒸发器；达到出料浓度，则打入出料高位槽，放至碱冷却器，冷却到30℃，再经碱过滤机过滤后，由成品泵送至固碱澄清桶（以三效顺流蒸发30%碱为例）。

由Ⅱ效、Ⅲ效旋液分离器分离下来的盐碱进入盐碱集中槽，出料高位槽底部盐浆放至盐泥中间槽，并送往盐碱集中槽；过滤机冲洗盐浆放至滤饼槽，并送往盐碱集中槽；盐碱集中槽底部盐泥进入离心机进行盐碱分离，分离后的母液进入母液槽；洗涤水进入洗水槽；洗涤后的盐化成盐水进入化盐池；再用泵把合格的化盐水送往盐水工段，母液进电解液储槽。

3.2.4 三效四体顺流蒸发工艺流程

3.2.4.1 三效四体顺流蒸发工艺流程

该流程是三效顺流的一种应用，采用第四蒸发器，其利用第二效蒸汽，进一步蒸发三效的碱液，用以提高浓度，达到合理浓度分布的目的，一般用于蒸发42%浓度烧碱，流程见图3-6。

碱流程：来自电解工段的电解液（淡碱）进入淡碱储槽，由泵经二台预热器升温后进入一效蒸发器，经蒸发一定水分后，利用压差进入二效蒸发器，二效蒸发器内液碱由强制循环泵通过加热器循环加热蒸发水分，再经旋液分离器顶流依次进入三效和四体效强制循环蒸发器蒸发水分，浓缩到规定指标后，经旋液分离器顶流排入浓碱沉盐槽，浓碱沉盐槽内的浓碱在沉降结晶盐过程中依次溢流至浓碱冷却槽，浓碱冷却槽内液碱经冷却器循环冷却到规定温度，沉降结晶盐后，进入配碱槽，经（加水）调配合格后用泵输入到成品碱槽，计量后作为商品输出。

结晶盐流程：四体效蒸发器中析出的结晶盐由采盐泵经旋液分离器底流排入三效蒸发器，三效蒸发器内的结晶盐由采盐泵经旋液分离器底流排入二效蒸发器，二效蒸发器内的结晶盐由采盐泵经旋液分离器底流排入盐浆槽。浓碱沉盐槽底部的结晶盐排入碱盐集中槽，浓碱冷却槽内结晶盐和含有一定结晶盐数量的离心机母液也分别用泵送入碱盐集中槽，碱盐集中槽内的碱液溢流至淡碱储槽。沉降在碱盐集中槽底部的结晶盐用泵经旋液分离器底流进入盐浆槽，顶流回碱盐集中槽。盐浆槽内的盐浆再由泵打入旋液分离器，顶流去碱盐集中槽，底流进入双推料离心机，含碱盐在离心机内经洗涤、分离后，入溶盐槽（池）加水溶为合格的碱盐水，送至盐水工序配用，或制成盐浆输出作其他用途。

蒸汽及蒸汽冷凝水流程：由外部送入的生蒸汽进入一效蒸发器的加热器，其冷凝水经阻汽排水器进入2号淡碱预热器，预热淡碱后去电解工序配用，一效的二次蒸汽进入二效蒸发器的加热器，其冷凝水进入1号淡碱预热器预热淡碱后进入热水槽，二效的二次蒸汽进入三效的蒸发器加热器，其冷凝水进入热水槽，根据生产需要，生产30%液碱时的四体效加热蒸汽来源于二效的二次蒸汽，生产42%以上液碱时四体效的加热蒸汽来源于一效的二次蒸汽，冷凝水进入热水槽。三效和四体效的二次蒸汽经捕碱后进入冷凝器，用冷却水冷凝并使效体内形成真空，温度升高后的冷却水进入水封槽。

水流程：水封槽内的冷凝器下水溢流进入水冷却塔底部的热水池，由热水泵送至冷却塔，经冷却后分别作为冷凝器上水、碱冷却器用水、配碱用水等循环使用。热水槽内热水分别作为蒸发器洗罐、管路、泵阀冲洗和离心机洗盐、溶盐用水。冷却塔和浓碱冷却需设置相关的补充水源。

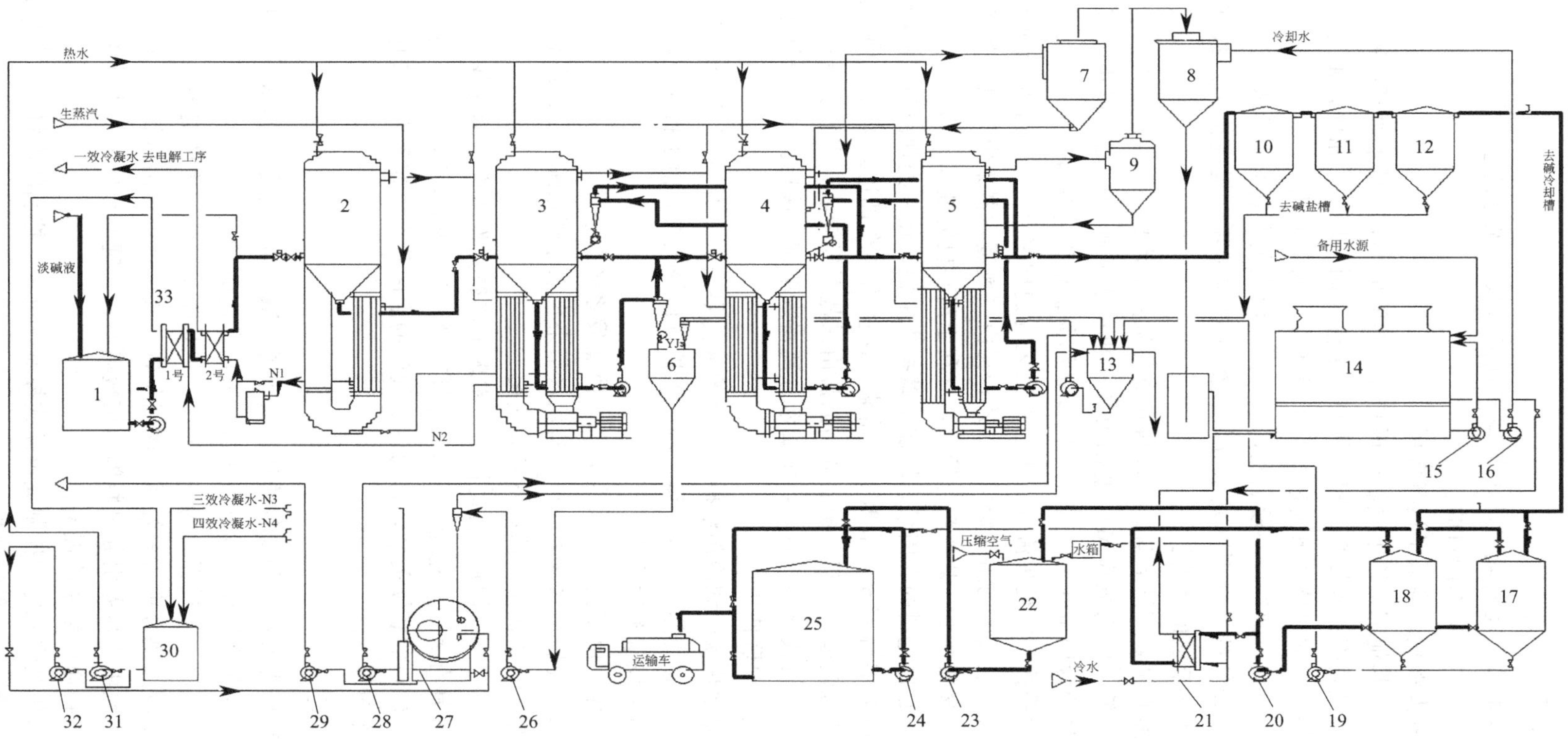

图 3-6 三效四体顺流蒸发流程图

1—储槽；2—Ⅰ效蒸发器；3—Ⅱ效蒸发器；4，7—Ⅲ效蒸发器；5—Ⅳ效蒸发器；6—盐浆槽；7，8—冷凝器；9—Ⅳ捕碱器；10～12—浓碱沉盐槽；13—盐碱集中槽；14—水冷却塔；15，31—热水泵；16—冷水泵；17，18—碱冷却槽；19，23—抽盐泵；20—冷碱泵；21—板式换热器；22—配碱槽；24—碱输出泵；25—成品碱槽；26—盐浆泵；27—双推料离心机；28—碱母液泵；29—碱盐水泵；30—热水槽;；32—化盐水泵；33—淡碱预热器

3.2.4.2 装置的工艺技术特点

该装置重要的工艺技术特点是将隔膜法电解碱液顺流蒸发中先进的生产技术结合于一体，达到了节能降耗、降低生产成本的目的。

(1) 国产装置设计的大型化，降低了运行费用。

(2) 蒸发器除一效外，其他都采用了强制循环和双加热器的形式。强制循环提高了料液在加热管内的流速，使蒸发效率得到提高。双加热与单加热强制循环工艺相比，相当于节省了一台强制循环泵。另外，双加热器的形式还有利于设备设计的大型化。

(3) 设置了四体效，组成三效四体一段蒸发，改变了碱液在蒸发过程中的浓度分配。这样可以使大多数的碱液在较低的浓度下蒸发水分，减少加热器结垢，提高传热系数 K 值，使生产强度得到提高，达到节能的目的。

(4) 采用双推料式离心机处理结晶盐。双推料式离心机由于体积小、生产能力大、处理后的结晶盐含湿（碱）率低，因而成为 WG 型刮刀离心机的更新换代产品。但用好双推料离心机的关键是确保进料的含固量在 70%以上，因此，结晶盐的工艺流程必须与之相适应。

(5) 设计了更合理的采盐和盐处理流程。采盐的工艺为逆向采盐，与碱液的流向相反，四体效的结晶盐采入三效，三效内的结晶盐采入二效，再由二效蒸发器集中采出。其优点是采出的结晶盐含固率高、含碱性低、盐颗粒比较大，有利于离心机的处理。

盐处理流程保证了离心机进料的含固量，增加了碱盐集中槽，用来处理浓碱沉盐槽、浓碱冷却槽、离心机母液内的混合着较多液碱的结晶盐。这些物料全部进入碱盐集中槽后分流，清液从上部溢流去淡碱储槽，沉降在槽底的结晶盐由采盐泵经旋液分离器底流进入盐浆槽，盐浆槽内盐浆在进入推料式离心机时，再由旋液分离器来增稠固液比。工程设计中，碱盐集中槽一般由两只组成，串联使用。

(6) 采用板式换热器预热淡碱和冷却浓碱。传统的换热器一般采用列管式或螺旋板式，板式换热器与它们相比，具有传热系数高、体积小、维护方便等优点。由于板式换热器生产技术的进步，目前已适用于烧碱蒸发系统。

(7) 系统供水自成一体。由于具备了水冷却塔，使蒸发系统具备了水循环使用的条件。冷凝器上水、浓碱冷却水、配碱用水或离心机洗盐用水都来自水循环系统。冷却塔处设置补充水源，另外，浓碱冷却配置了低温水源以备夏天使用。

(8) 采用 DCS 自动控制。采用 DCS 自动控制，实现了烧碱蒸发生产自动化操作。与传统的仪表控制相比，DCS 具有灵敏、稳定、适用范围广的特点。例如，DCS 可分别控制蒸发器液位与进料、回流、出料的联锁关系，自动调节阀门的启闭状态。在蒸发系统中，DCS 还应用于水循环、浓碱冷却等方面。

3.2.4.3 技术中的注意事项

(1) 要根据工艺流程合理安排一些设备的高、低布置，减少机泵用量。如图 3-6 中的浓碱沉盐槽、碱盐集中槽都安装在高位，排碱或排盐时采用自流的方式。

(2) 隔膜法烧碱三效顺流蒸发过程中的一个显著特点是随着碱液浓度的提高，结晶盐不断析出，因此，针对这个特点要合理布置管道和阀门位置，蒸发器过料出口管线宜短，过料口要布置在液相中，以避免由于压差引起过料闪蒸结盐堵塞；关键的部位配备水冲洗点，解决生产运行过程中局部不畅通或堵塞的现象。

(3) 蒸发器液位可采用基本稳定式控制或位差式控制。位差式控制的出料要控制低位时不可出料。蒸发器液位还设置了高低液位报警。

(4) 出料的控制采用温差法。操作时应注意控制沸腾水的进水量。

（5）一效加热器列管推荐使用 ϕ38mm 管，加热器高度推荐 6m。

（6）强制循环加热器内碱液流速推荐 2.5m/s。

（7）真空设备推荐抽取不凝气与冷凝二次汽相结合的冷凝器。

3.2.5 三效逆流蒸发工艺

三效逆流即蒸汽与电解液同时进入第一效和第三效蒸发器，顺次逐级逆向流向下一效，达到能源高效利用的目的。其特点是高温蒸汽与高浓碱相遇在第一效，对蒸发器材质要求高，碱流经各效压力依次提高，过料必须采用强制加压过料，动力损失大，操作复杂，效温差利用充分，能耗低。三效逆流工艺流程见图 3-7。

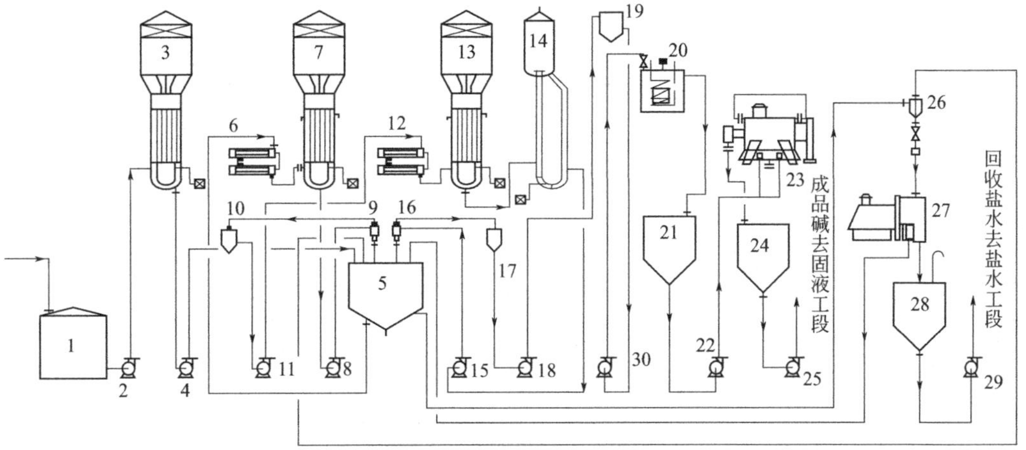

图 3-7 三效逆流工艺流程图

1—电解液储槽；2—电解液加料泵；3—Ⅲ效蒸发器；4—Ⅲ效出料泵；5—CFR；6—Ⅱ效预热器；7—Ⅱ效蒸发器；8—Ⅱ效出料泵；9—Ⅱ效旋液分离器；10—Ⅱ效旋液分离器高位槽；11—Ⅰ效加料泵；12—Ⅰ效预热器；13—Ⅰ效蒸发器；14—FE 蒸发器；15—FE 出料泵；16—FE 旋液分离器；17—FE 旋液分离器高位槽；18—碱冷却器加料泵；19—出料高位槽；20—碱冷却器；21—过滤机缓冲槽；22—过滤机加料泵；23—过滤机；24—成品碱槽；25—成品碱泵；26—离心机旋液分离器；27—离心机；28—盐浆槽；29—回收盐水泵；30—浓碱泵

电解工序来的电解液（含 10%左右的 NaOH），经电解液加料泵加入Ⅲ效蒸发器浓缩至 14%左右，经Ⅲ效输送泵打至离心机加料受槽（CFR），然后由Ⅱ效加料泵经Ⅱ效预热器加入Ⅱ效蒸发器，浓缩至 25%左右，经Ⅱ效输送泵打至Ⅱ效旋液分离器采盐。清液一部分回流至Ⅱ效蒸发器，大部分由Ⅰ效加料泵经Ⅰ效预热器加入Ⅰ效蒸发器蒸发。利用压差直接进料至闪蒸蒸发器闪蒸，经闪蒸出料泵打至闪蒸旋液分离器采盐。清液部分回流至闪蒸效，部分由碱冷却器加料泵打至碱冷却器。闪蒸器出来的 93℃左右的碱经碱冷却器，冷却至 24℃，然后去碱液过滤机滤盐后，由成品泵送往固碱。

Ⅱ效旋液分离器底部、闪蒸旋液分离器底部及碱液过滤机滤出来的盐全部进入 CFR，经分离后，清液作为Ⅱ效加料，浆料由一次盐离心机加料泵打至一次盐旋液分离器或二次盐旋液分离器，清液回 CFR，盐浆进一次盐离心机或二次盐离心机，离心分离后，母液回 CFR。一次盐离心机分离出来的盐进入硫酸盐溶化槽，加水、搅拌溶化后，溢流至盐浆槽；二次盐离心机分离出来的盐进入盐浆槽，加水搅拌溶化后，溢流至盐浆受槽，再用盐浆泵打至盐水工段。

参考文献

[1] 方度，蒋兰荪，等．氯碱生产技术．北京：化工部化工司，1985.

[2] 方度，蒋兰荪，吴正德．氯碱工艺学．北京：化学工业出版社，1990.

[3] 碱工业协会（日）．碱工业手册．江苏氯碱协会译．化工部锦西化工研究院，1986.

[4] 北京石油化工工程公司．氯碱工业理化常数手册．北京：化学工业出版社，1988.

4 离子膜

4.1 离子膜概况

4.1.1 离子交换膜的定义、结构和分类

离子膜是离子选择性交换膜的简称，是膜状的离子交换树脂。它包括三个基本组成部分，即高分子骨架、固定基团及可移动离子。按照其带电荷种类的不同，主要分为阳离子交换膜和阴离子交换膜。阳离子交换膜中含有带负电的酸性活性基团，因此它能选择透过阳离子而阻挡阴离子的透过；阴离子交换膜中含有带正电的碱性活性基团，因此它能选择透过阴离子而阻挡阳离子的透过。凡是被膜阻挡的离子称为同离子，选择透过膜的离子被称为反离子。图 4-1 给出了阳离子交换膜的固定基团、同离子和反离子的示意图。

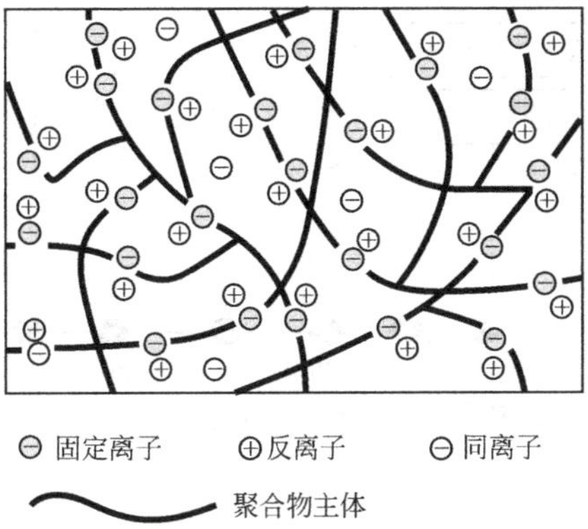

图 4-1 阳离子交换膜的固定基团、同离子和反离子的示意图

对于阳离子交换膜，其固定基团主要有磺酸基($—SO_3H$)、磷酸基($—PO_3H_2$)、羧酸基($—COOH$)、酚基($—C_6H_4OH$)以及砷酸基和硒酸基等；阴离子交换膜的固定基团主要有伯胺、仲胺、叔胺、季铵、芳氨基、鏻基等，如$—NH_3^+$、$—RNH_2^+$、$—R_2NH^+$、$—R_3N^+$、$—R_3P^+$。

离子交换膜也可以按照其固定基团与骨架的结合方式进行分类，凡是固定基团以物理方式与膜状高分子母体结合的称为异相膜；反之，固定基团以化学键与膜状高分子母体相结合的称为均相膜；若膜中一部分固定基团以物理方式与高分子母体结合，而另一部分固定基团以化学键与高分子母体相结合的则称为半均相膜。

4.1.2 离子交换膜发展的历史

最早采用离子交换膜的过程可以追溯到 1890 年，当时 Ostwald 研究一种半渗透膜的性能时发现，如果该膜能够阻挡阴离子或阳离子，该膜就可以截留这种阴、阳离子所构成的电解质。为了解释当时的实验现象，他假定了在膜相和电解质溶液之间存在一种膜电势(membrane potential)，这种电势的存在导致膜相和溶液主体中离子浓度的差异。这种假设

被 Donnan 证实，并发展成为现在所公认的描述电解质溶液与膜相浓度的 Donnan 平衡模型。不过，真正与离子膜有关的基础研究起源于 1925 年，Michaelis 和 Fujita 用均相弱酸胶体膜进行了一些研究。1932 年，Sollner 提出了同时含有带正电基团和负电基团的镶嵌膜和两性膜的概念，同时发现了通过这些膜的一些奇特的传递现象。离子公司的 Juda 和 McRae（1950 年）、Rohm 公司的 Winger（1953 年）发明了性能优良的离子交换膜，从此离子交换膜进入了快速发展期。20 世纪 70 年代，美国 Du Pont 公司开发出了化学性能非常稳定的全氟磺酸膜，日本旭硝子公司开发出了具有优越的阻挡氢氧根离子性能的全氟羧酸膜，实现了离子交换膜在氯碱电解工业和能量储存系统（燃料电池）方面的大规模应用。离子膜及其相关发展如图 4-2 所示。

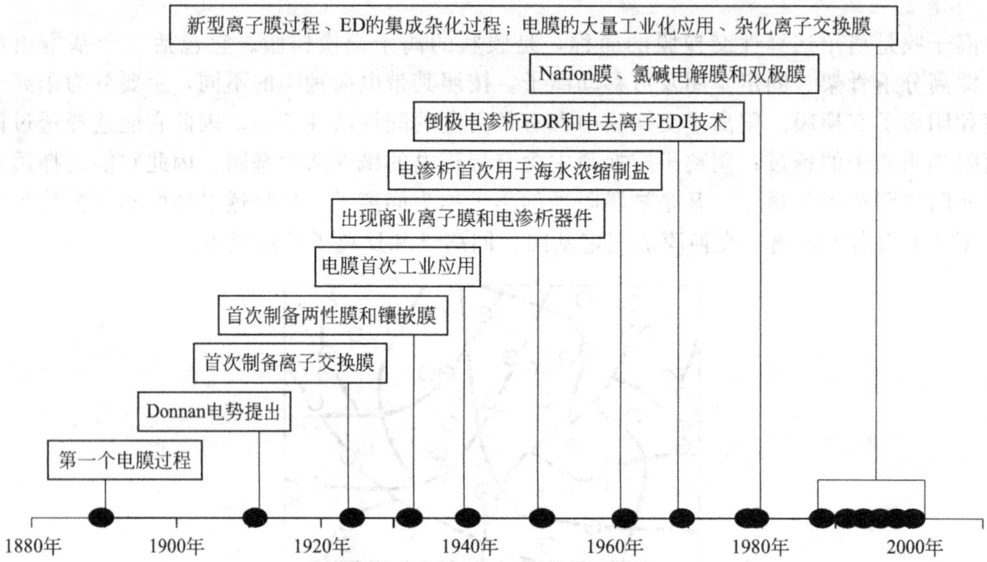

图 4-2 离子膜及其相关发展过程

4.1.3 氯碱离子膜的发展和现状

离子交换膜在氯碱工业中的使用是氯碱工业的一次革命，由于离子膜电解法兼具环保和节能等特点，所以离子膜法电解工艺是当今世界上最先进的烧碱生产工艺。离子膜电解槽和离子膜是氯碱装置的核心部件，而其中发挥关键作用的是安装在电解槽上的全氟离子膜（氯碱离子膜）。氯碱离子膜技术随着材料科学的不断发展而发展，其三大离子膜制造商的技术革新，带动了整个行业的迅速崛起。离子膜制造商根据自身技术特点和市场需求对离子膜进行开发和研究，主要围绕以下六个方面进行：获得更低膜电阻和更高的电流效率，达到降低电解直流电耗的目的；具有更高的机械强度和稳定性；进一步提高膜的抗杂质离子污染能力；使膜更加适应高电流密度下的长时间运行；适用更广泛的运行范围（NaOH 浓度和温度范围）；增强膜的抗起泡能力。氯碱离子膜的发展历程，从某种意义上来说，可以用以下三大离子膜制造商的发展来体现。

4.1.3.1 科慕公司（前杜邦公司高性能化学品业务部）离子膜的发展

1962 年杜邦公司发明全氟离子膜（Nafion® 膜）。

1970 年杜邦公司研究开发出织物增强的 Nafion400 系列膜，该膜为单层磺酸膜，具有良好的物理耐久性，生产烧碱浓度低于 15%。

1971～1975 开发出复合型离子交换膜，进一步提高了电流效率。离子膜中做的改进包括聚合物类型、交换容量、膜处理、杂质抵抗力、膜电阻及制造方法等。

1975 年应用在采用离子膜技术的第一家氯碱工厂。

1978 年离子膜技术在全球氯碱生产技术中占 1%。

1980 年杜邦公司的 Nafion900 系列高性能膜问世，兼具有高电流效率、低电压、高浓度烧碱和长寿命等优点，大规模地商业化应用于各种形式的离子膜电解槽上。

2005 年杜邦公司大规模商业化 N2030 离子膜。

2015 年杜邦公司高性能化学品业务部从杜邦独立出来，成立科慕公司。

2016 年科慕公司大规模商业化 N2050 离子膜。N2050 是目前科慕公司推出的最新一代高性能离子膜，具有更低的槽电压、更高的电流效率。图 4-3 为科慕公司离子膜产品型号性能示意图。

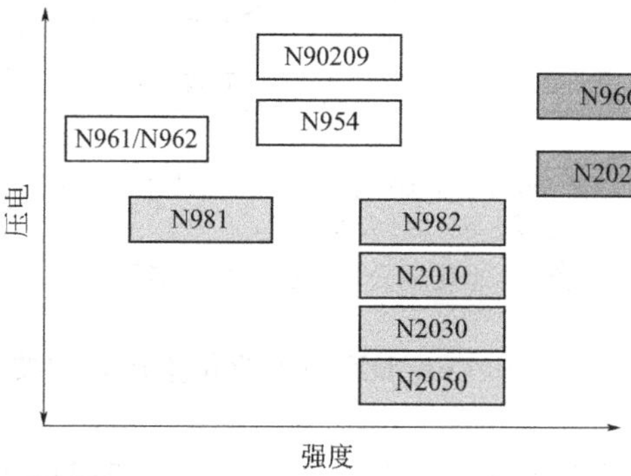

图 4-3 科慕公司离子膜产品型号性能示意图

4.1.3.2 旭化成公司离子膜的发展

日本旭化成公司于 20 世纪 60 年代末期开始进行氯碱工业电解用离子交换膜的研究。20 世纪 70 年代初，旭化成公司发现只有全氟羧酸离子膜能在高浓度烧碱溶液的电解生产中得到较高的电流效率。根据这项研究成果，旭化成公司在 1974 年提出了羧酸离子膜材料组分和该离子膜用于电解食盐水溶液的基本专利申请，专利内容包括全氟羧酸离子膜和含有羧酸、磺酸双组分的全氟离子膜。

1975 年，旭化成公司在延岗工厂建成了世界上第一套离子膜法电解工艺的生产装置，生产能力为 4 万吨/年，采用杜邦 Nafion315 离子交换膜，每吨烧碱的直流电耗为 2700kW·h。

1987 年起，旭化成公司开发生产的 Aciplex-F 系列全氟羧酸/磺酸复合离子交换膜开始大规模商业化应用，其主要系列包括生产 21%～24%浓度 NaOH 的 F-2200 系列；生产 30%～34%浓度 NaOH 的 F-4000 系列；新的 F-6800 系列。图 4-4 为旭化成公司产品型号性能示意图。

4.1.3.3 旭硝子公司离子膜的发展

旭硝子公司作为日本主要的生产有机氟化合物的公司之一，具有良好的研究开发氯碱工业电解用离子膜的技术基础。

1975 年 6 月旭硝子公司开发出高性能的全氟羧酸型离子交换膜。

1978 年旭硝子公司开始商品名为 Flemion 的离子膜工业化生产，型号为 Flemion230。

1979 年旭硝子公司开发出 FlemionDX 系列膜。

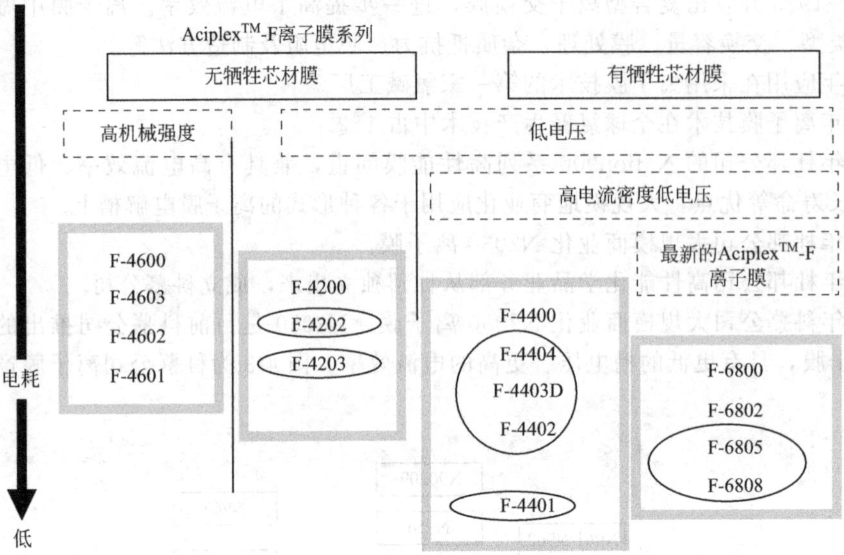

1) Aciplex™-F离子膜有适应低深度(20%~24%)烧碱的F-22系列离子膜。

2) Aciplex™-F离子膜可以应用于KOH生产。

图 4-4 旭化成公司产品型号性能示意图

1981 年 11 月旭硝子公司开始 FlemionDX 的工业化生产，主要型号有 FlemionDX723 和 FlemionDX753。

FlemionDX 系列膜具有无机和有机复合材料结构，由于膜的表面有一层多孔的非电极无机层，从而达到增强表面亲水性目的，使气泡很容易从离子膜表面逸出，降低槽电压，也使得离子膜与电极之间实现零极距成为可能。

1983 年旭硝子公司研制出 F-811 膜，随后相继研制出 F-851、F-855、F-865 等型号的膜，Flemion800 系列膜均为全氟羧酸/磺酸复合膜。

20 世纪 90 年代旭硝子公司又开发出 F-892、F-893、F-8933、F-8934、F-8935、F-896、F-8964 等型号的膜，大规模商业化应用于各种型号的离子膜电解槽中。

2000 年起旭硝子公司在 F-8934 的基础上开发出 F-8020，在 F-8935 的基础上开发出 F-8030，近年来又在 F-8020 的基础上开发出 F-8020SP、F-8051 等系列的高性能的离子膜。图 4-5 为旭硝子公司产品型号性能示意图。

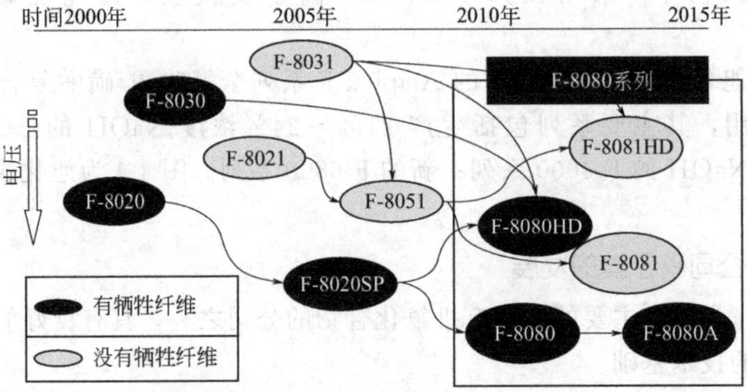

图 4-5 旭硝子公司产品型号性能示意图

4.2　氯碱离子膜结构、　工作原理及性能

4.2.1　氯碱离子膜的结构

20 世纪 60 年代中期，全氟磺酸树脂被制成选择性离子交换膜尝试应用在氯碱工业中，但全氟磺酸离子交换膜阻隔氢氧根离子的能力较差，在氯碱生产中的电流效率达不到实用水平，直到 1975 年由日本旭硝子公司开发出新的全氟羧酸离子交换树脂和膜，此问题才得到了解决。用全氟磺酸离子交换树脂和全氟羧酸离子交换树脂制备的复合膜能同时得到较低的膜电阻和较高的电流效率。因此，氯碱工业用的离子交换膜具有多层的复合结构，主要是由全氟磺酸树脂、全氟羧酸树脂、聚四氟乙烯增强网及改性亲水涂层组成，其结构示意图如图 4-6 所示。

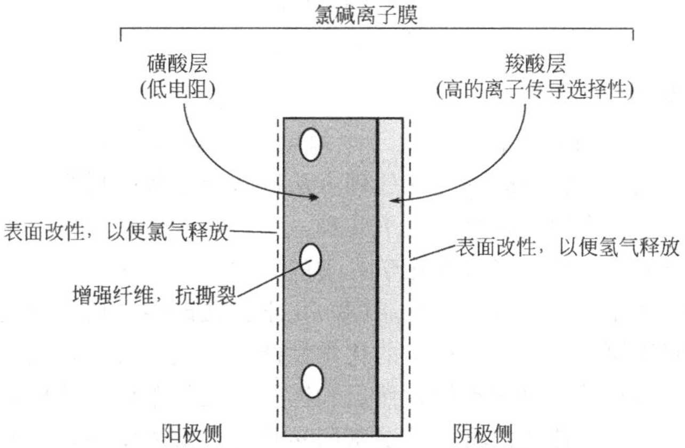

图 4-6　氯碱离子膜横截面结构示意图

4.2.1.1　全氟磺酸树脂

全氟磺酸离子交换树脂分子主链为碳原子和氟原子组成的线性结构，支链是带有磺酸或磺酰氟基团的全氟醚结构。其主链提供了树脂分子的热稳定性、化学稳定性和制品的力学性能，侧链端基的功能基团提供了树脂分子和制品的离子交换能力。树脂制备时一般采用含有磺酰氟基团的全氟乙烯基醚单体与四氟乙烯共聚而成，目前常用的全氟磺酸商用树脂和膜对应的醚体结构如下：

$$\left[CF_2CF_2\right]_x\left[\begin{array}{c}CFCF_2\\ \left[\begin{array}{c}OCF_2CF\\ CF_3\end{array}\right]_z O\left(F_2C\right)_n SO_3H\end{array}\right]_y$$

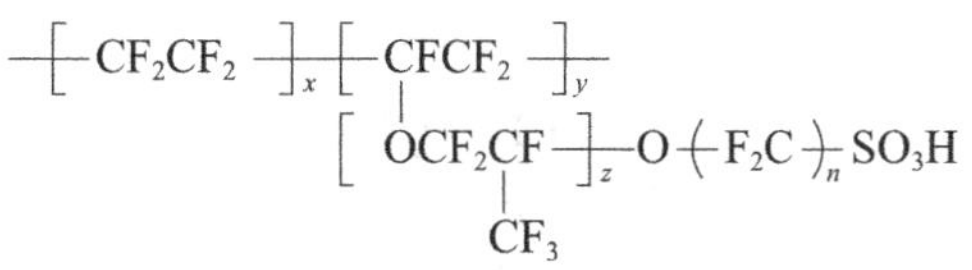

美国科幕公司生产的 Nafion® 全氟离子交换树脂和膜的羧酸树脂结构如下：

$$\left[CF_2CF_2\right]_x\left[\begin{array}{c}CFCF_2\\ \left[\begin{array}{c}OCF_2CF\\ CF_3\end{array}\right]_z O\left(F_2C\right)_n \overset{\overset{\textstyle O}{\|}}{C}-OCH_3\end{array}\right]_y$$

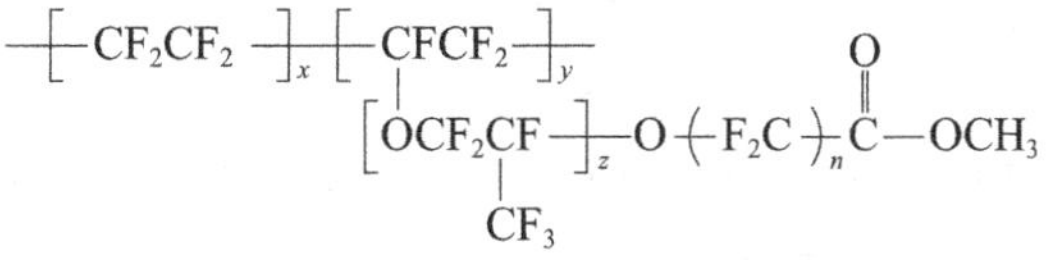

全氟磺酸离子交换树脂是由四氟乙烯和末端带磺酰氟基团的全氟乙烯基醚两种单体在一定条件下聚合而得到的共聚物，在电解使用前将磺酰氟基团转型为磺酸基团即可使用。氯碱工业用的全氟磺酸型树脂结构为：

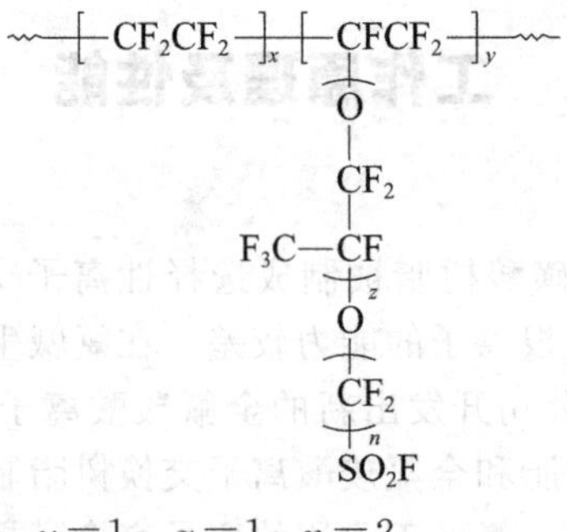

科慕公司产品：$x=6\sim10$；$y=1$；$z=1$；$n=2$。

旭化成公司产品：$x=6\sim8$；$y=0\sim1$；$z=0$，3；$n=2\sim5$。

旭硝子公司产品：$x=6\sim10$；$y=1$；$z=0$，1；$n=2$。

Dow 公司产品：$x=3\sim10$；$y=1$；$z=0$，3；$n=2$。

3M 公司产品：$x=5\sim10$；$y=1$；$z=0$；$n=3\sim5$。

4.2.1.2 全氟羧酸树脂

在全氟羧酸树脂(膜)的研发初期，由于全氟磺酸树脂的合成以及成膜工艺发展比较成熟，通过磺酸树脂(膜、烯醚单体)的化学处理方法制取全氟羧酸树脂(膜、烯醚单体)是一种很自然、很重要的思路，主要的途径有以下几种：①C—S 键断裂制备—CF_2COOH 的方法；②使用氨气，经过氰基对树脂或者膜的化学处理的方法；③不减少碳原子数的处理方法，使磺酸树脂转型为羧酸树脂。由全氟磺酸树脂(膜)化学方法改性制成的全氟羧酸树脂(膜)，由于中间体转化不彻底等原因在实际应用中的化学性能不稳定，难以长期使用。目前工业上的制备方法是首先合成含羧酸酯型的单体，然后和四氟乙烯等单体用共聚合的方法来制备全氟羧酸离子交换树脂，在电解使用前将羧酸酯基团转化为羧酸基团即可。各种合成全氟羧酸酯型单体的方法如下。

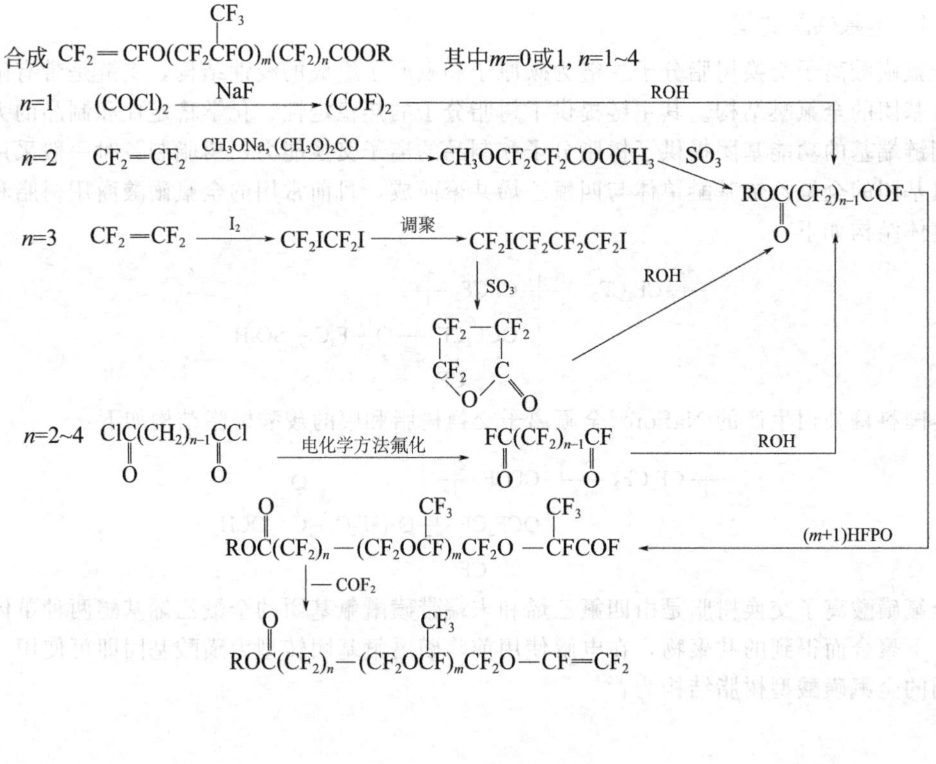

全氟羧酸酯型树脂的结构为：

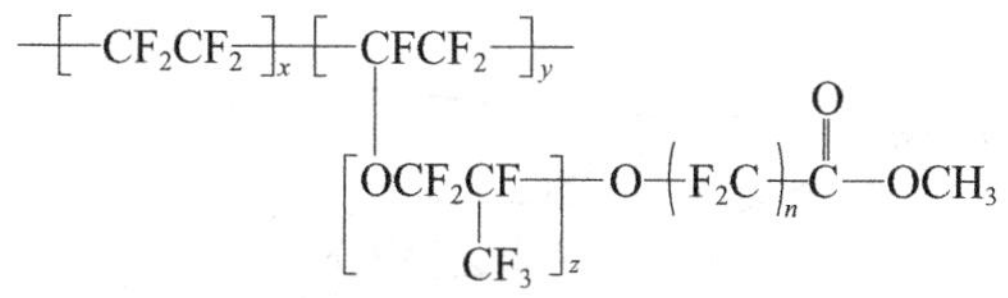

科慕公司产品：$x=8\sim15$；$y=1$；$z=1$；$n=2$。

旭硝子公司产品：$x=7\sim20$；$y=1$；$z=0$；$n=3$。

4.2.1.3 全氟增强材料

在电解槽安装与应用过程中，为了使膜能具有抗衡各种应力冲击的技术特性，并能保持良好的尺寸稳定性，以适应各种应用工艺的需求，则全氟离子膜必须采用增强骨架材料，才能使膜达到高性能与实用化的要求。

在全氟碳聚合物中，聚四氟乙烯(PTFE)具有良好的热稳定性，可在低于260℃的温度下长期使用；特别是它在强酸、强碱、强氧化剂等介质中的化学稳定性优异。为改进PTFE的加工性能而开发的可熔融聚四氟乙烯(PFA)树脂，其突出特点是具有良好的可熔融加工的热塑性，并提高了聚合物分子链段的柔性，其化学稳定性与PTFE相似。由这两种全氟碳聚合物制成的氟纤维及其织物，在全氟离子膜的增强骨架材料中得到了实际应用。

4.2.1.4 涂层

电解槽阴阳极之间非常狭窄的极间距导致槽电压升高。当电解时，无数的氢气泡附着在面向阴极液的离子膜表面上，这些微小的气泡由于限制了电流的通过，而增加了离子膜的电压降，并造成电流在离子膜上的分配不均匀；如果阴阳极的间隙进一步减小，由于阴极侧的阻碍，除去这些气泡就变得更加困难，结果更增加了槽电压。研究表明，克服这一缺点最简单而又最有效的方法是在制造时把离子膜表面做粗糙，将离子膜表面用无机多孔的非电极涂层处理，达到增强表面亲水性的目的。即使阴阳极之间的距离减少到零，也没有氢气泡附着在粗糙的离子膜表面上，电压也不会上升，使离子膜和电极之间的距离达到零成为可能(图4-7)。

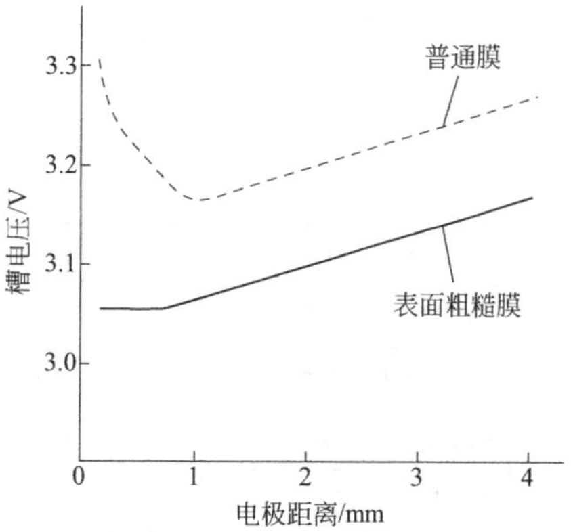

图4-7 电极距离与槽电压的关系
(电解槽规格为1.2m×2.4m，电流密度为4.0kA/m^2，温度为90℃)

从图4-7中可以看出：由于有了多孔的非电极无机层，达到了增强表面亲水性的目的，气泡很容易从离子膜表面逸出，槽电压没有升高。

固定电荷理论认为：离子膜是均相的物质，平衡时膜内固定离子、反离子和同离子均匀分布，膜的选择透过性就是由膜上的固定离子吸引反离子和排除同离子而形成的。离子交换膜的选择透过性是实现电解质物质分离的关键，选择透过性的高低决定了离子膜的分离性能好坏。构成膜的高分子物质的结构由不动的磺酸基团($-SO_3^-$)、羧酸基团($-COO^-$)和可移动的Na^+两部分组成。膜的选择透过性可以用固定电荷理论和Donnan膜平衡理论来进行解释，将其置于NaCl水溶液中，待一定时间后达到如图4-8所示的平衡。

氯碱离子膜是全氟磺酸/羧酸(R_f-SO_3H/R_f-COOH)的复合膜，在膜的两侧具有两种离子交换基团。电解时，较薄的羧酸层面向阴极，具有高的离子选择性及高电流效率；较厚的磺酸层面向阳极，具有高的离子通过性及低的槽电压，从而可以在较高电流效率的条件下

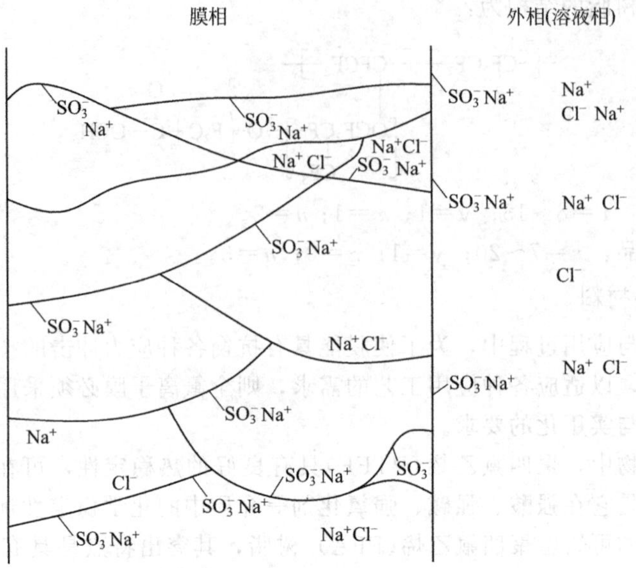

图 4-8 离子膜相平衡状态示意图

制得较高浓度的 NaOH 溶液。同时由于膜电阻较小，可以在较高电流密度下工作。不同交换基团的离子交换膜的特性比较如表 4-1 所示。

表 4-1 不同交换基团的离子交换膜的特性比较

性能	离子交换基团		
	$R_f—SO_3H$	$R_f—COOH$	$R_f—COOH/R_f—SO_3H$
交换基团的酸度(pK_a)	<1	<2～3	2～3/<1
亲水性	大	小	小/大
含水率/%	高	低	低/高
电流效率(8mol/L NaOH)/%	75	96	96
电阻	小	大	小
化学稳定性	优良	良好	良好
操作条件(pH 值)	>1	>3	>3
阳极液的 pH 值	>1	>3	>1
用 HCl 中和 OH^-	可用	不可	可用
Cl_2 中 O_2 含量/%	<0.5	>2	<0.5
阳极寿命	长	短	长
电流密度	高	低	高
需电槽数量	多	多	少

4.2.2 氯碱离子膜的工作原理

氯碱工业离子膜法电解食盐水制造氯气、氢气及烧碱的生产工艺是采用阳离子交换膜作为阴阳极分隔体进行的电解操作，阳离子交换膜是由全氟磺酸层和全氟羧酸层复合而成，面向阴极室的羧酸层较薄，排斥 OH^-，对 Na^+ 有高度的选择性，主要影响膜的电流效率；面向阳极室的磺酸层较厚，主要起机械加固作用，对膜的电压起到关键性控制作用。当离子交换膜处在直流电产生的电场工作状态时，盐水（阳极液）中的 Na^+ 从一个固定负电荷($—SO_3^-$)向下一个固定负电荷迁移，Na^+ 以这种方式从电槽阳极室向阴极室迁移，同时伴随着 H_2O 分子的大量迁移，而 Cl^-、OH^- 受同离子相斥的作用被分别排斥在阳极室和阴极室中，从而达到 OH^- 不从阴极室迁移到阳极室而降低电流效率，Cl^- 不从阳极室迁移到阴极室而污染产品，达到制备出优级品烧碱的目的，图 4-9 为离子膜法烧碱生产工艺示意图。

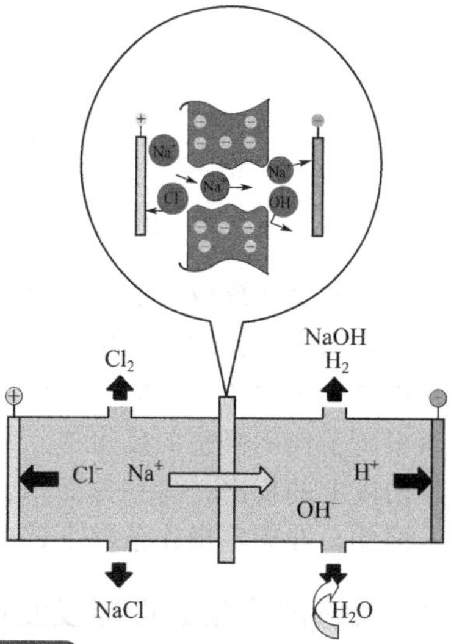

图 4-9 离子膜法烧碱生产工艺示意图

① 阳极室内的反应。阳极室内装满了去除了杂质、精炼过的高浓度盐水(NaCl)，阳极与浸没在盐水中的直流电的正极相连。NaCl 离子化成 Na^+ 和 Cl^-，由于阳离子交换膜的固定基团($R—SO_3^-—$) 带负电荷，它们和溶液中的 Na^+ 离子异性电荷相吸，结果只允许 Na^+ 通过，而对 Cl^- 排斥，于是 Na^+ 迁入阴极室与 OH^- 结合生成氢氧化钠。Cl^- 在阳极被氧化，变成氯气（Cl_2）。从阳极室中排出生成的氯气和浓度降低了的盐水。

阳极反应：

$$2Cl^- \longrightarrow Cl_2\uparrow + 2e$$

$$4OH^- - 4e \longrightarrow O_2\uparrow + 2H_2O$$

从热力学的平衡关系看，水的氧化析出氧的过程应该优先于氯离子氧化析出氯气的过程。因此要选择能促进氯离子氧化反应而又能抑制水的氧化反应的电极催化层，以得到较高的阳极电流效率。

② 阴极室内的反应。阴极室内添加纯水，装满浓度比产品低一些的氢氧化钠(NaOH)，阴极浸没在氢氧化钠中，与直流电的负极相连。阴极室内的水离子化成 H^+ 和 OH^-。H^+ 在阴极被还原，变成氢气(H_2)。OH^- 离子与来自阳极侧的 Na^+ 结合，生成氢氧化钠(NaOH)。从阴极室内排出的是生成的氢气和氢氧化钠。

生产中为了维持阴极室内的氢氧化钠的浓度，始终供应纯水，保持最适合离子交换膜的 32%（质量分数）左右的浓度。

阴极反应：

$$2H_2O + 2e \longrightarrow H_2\uparrow + 2OH^-$$

$$O_2 + 2H_2O + 4e \longrightarrow 4OH^-$$

③ 电解槽内部的整个电化学反应式是：

$$2NaCl + 2H_2O = 2NaOH + Cl_2 + H_2$$

在电解槽中还会发生部分副反应，阳极的部分 Cl_2 会溶解于水中，生成盐酸和次氯酸。

$$Cl_2 + H_2O = HCl + HClO$$

若阴极室的 OH^- 由于离子交换膜的选择性不够理想而随水透过到阳极室，则可以发生如下的反应：

$$Cl_2 + 2NaOH = NaClO + NaCl + H_2O$$

$$Cl_2 + 2NaOH \xlongequal{} \frac{1}{3}NaClO_3 + \frac{5}{3}NaCl + H_2O$$

$$Cl_2 + 2NaOH \xlongequal{} \frac{1}{2}O_2 + 2NaCl + H_2O$$

$$HClO + NaOH \xlongequal{} \frac{1}{2}O_2 + NaCl + H_2O$$

溶液中的这些反应会消耗掉氯气，降低阳极的电流效率，而且生成的次氯酸和氯酸盐对阳极有较强的腐蚀作用。要想提高阳极电流效率，就要尽量减少在阳极液中产生的溶解氯与氢氧化钠之间发生的副反应，减少阳极上氧的析出量；要想提高碱的电流效率，就要尽量减少氢氧根离子向阳极室的反渗透。归结起来，一方面要提高阳极的析氧过电压，以阻止或减少氧在阳极上的析出；另一方面则要提高膜的选择性能，减少或阻止氢氧根离子向阳极室的反渗。因此，在确定操作条件下，离子交换膜的特性直接影响着电流效率。

4.2.3 氯碱离子膜的性能及测试方法

4.2.3.1 氯碱离子膜的性能

在氯碱工艺中，对离子交换膜性能的基本要求是：①高的电流效率；②电阻低；③产品纯度高；④足够的机械强度；⑤在安装和使用过程中形状及尺寸稳定。氯碱离子膜的常规性能包括以下几项，分别介绍如下。

(1) 离子交换容量(IEC 值)。离子交换容量的定义为每克干树脂所能进行交换的离子的毫摩尔数，单位为 mmol/g（干树脂），它是反映离子交换膜内活性基团浓度的大小和它与反离子交换能力高低的一项化学性能指标。膜的离子交换容量高，导电性好，但是由于膜的亲水性较好，含水率相应也较大，膜的膨胀率较大，电解质溶液易进入膜内，膜的选择性有所降低；反之，膜的离子交换容量低，电阻较高，离子选择性较好。

(2) 含水率(%)。含水率(%)是指每克干膜中含有的水量(g H_2O/g 干树脂)，或以百分率表示。含水率高的膜比较柔软，但机械强度差。影响膜中含水率的因素有以下几点。

① 离子交换膜的 IEC 增加时，膜的含水率也随之增加。

② 组成离子膜的聚合物分子量增加，膜的含水率将降低。但当聚合物分子量达到 20 万以上时，膜的含水率几乎不再变化。这是因为分子间范德华力较小的全氟聚合物链，随着分子量的增加而形成一种疏水性的结构，从而阻止水分子进入聚合物中。

③ 当离子膜浸泡于碱液中时，其含水率受碱浓度影响很大。随碱浓度的增加，膜的含水率下降很明显。含水率的降低不仅影响膜本身的电阻，而且对电流效率、产品质量等也会带来影响。另外，对复合膜来说，还会因各层含水率的差异造成复合层结合力下降，进而影响膜的使用寿命。

④ 离子交换基团种类对含水率的影响很明显。磺酸膜的含水率要远高于羧酸膜，因此磺酸膜的电导率要高于羧酸膜；但是相反，OH^- 在磺酸膜中的反渗速度要高于在羧酸层。现在广泛采用的几种复合膜均是考虑到这两种离子交换基团的特点，把羧酸膜和磺酸膜进行复合，既利用磺酸膜高的电导率，又利用羧酸膜对 OH^- 的优异阻挡性能。

⑤ 高聚物的化学组成结构对膜的含水率影响很大，全氟聚合物制成的全氟膜的含水率要远远小于碳氢膜的含水率，因此在一些电化学特性上也产生很大差异。

(3) 固定基团浓度(A_w)。固定基团浓度定义为单位质量膜内所含水分中具有交换基团的毫摩尔数(单位为 mmol/gH_2O)。在离子交换膜中，离子交换容量 IEC(mmol/g 干树脂)、含水率 (%) (gH_2O/g 干膜)和固定离子浓度 A_w 之间有 A_w=IEC/含水率的关系。

(4) 膜电导。膜电导是指膜外电解质溶液中的离子可凭借离子交换膜中解离的离子而传导电流的一种行为。

$$S=\frac{A}{\rho L}$$

式中 S——电导率，Ω^{-1}；

A——截面积，cm^2；

ρ——比电阻，$\Omega\cdot cm$；

L——距离，cm。

影响膜电导的因素有以下几方面：

① 膜的 IEC 值增加(或干膜摩尔质量减少时)，膜的电导率上升。

② 组成离子膜的高聚物结构对膜的电导率是有影响的。

③ 离子交换基团种类对膜电阻有明显影响(见图 4-10)。磺酸膜的比电阻要明显低于羧酸膜，这是因为前者的含水率要高于后者。

④ 由图 4-10 还可看出，随着 NaOH 浓度的增加，两种膜的比电阻均相应增加，这也是由于受到膜含水率降低的影响。

⑤ 通过复合或改性的方法，在膜的阴极侧引入羧酸基团，从而提高制碱时的电流效率，而且电流效率随羧酸层厚度增加而提高。但当羧酸层厚度达到 10μm 以上时，电流效率不再上升，随羧酸层厚度的进一步增加，会使膜电阻上升，见图 4-11。

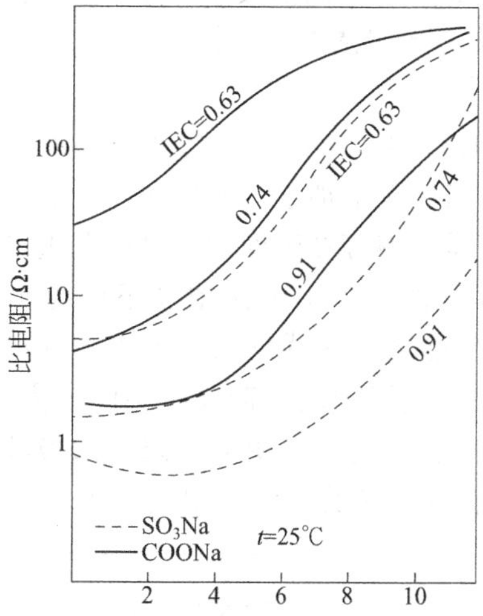

图 4-10 膜电阻与离子交换容量、交换基团及碱浓度的关系

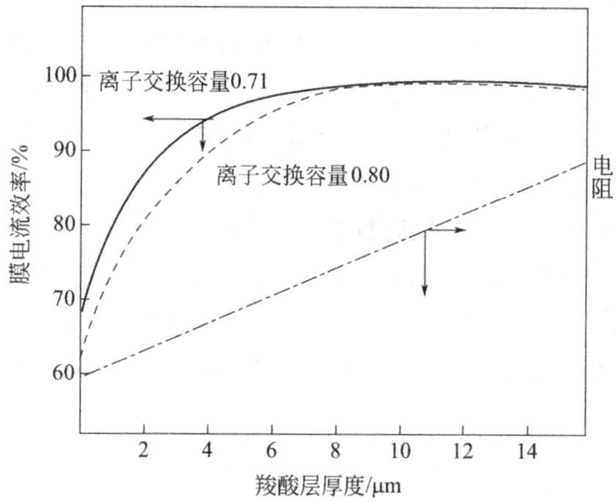

图 4-11 膜的羧酸层厚度对电流效率及电阻的影响

⑥ 为了改善膜的物理机械性能，在复合膜制造中要插入增强材料，这些增强材料的插入，将遮蔽一部分膜的导电面积，从而引起膜电阻的上升。

(5) 水在膜中的电渗析。在膜的电渗析或膜电解等电场存在下，水分子伴随着离子通过离子膜而发生移动，这被称为水的电渗析过程。影响膜中水的电渗析速度的主要因素有以下几方面。

① 随固定离子浓度的增加(膜内含水率下降)，电渗析系数呈下降趋势(图 4-12)。由此可以推测，膜含水率的增加将会使电渗析系数提高。

② 外液浓度的影响。随外液中 NaOH 浓度的增加，电渗析系数降低。这是因为随外液

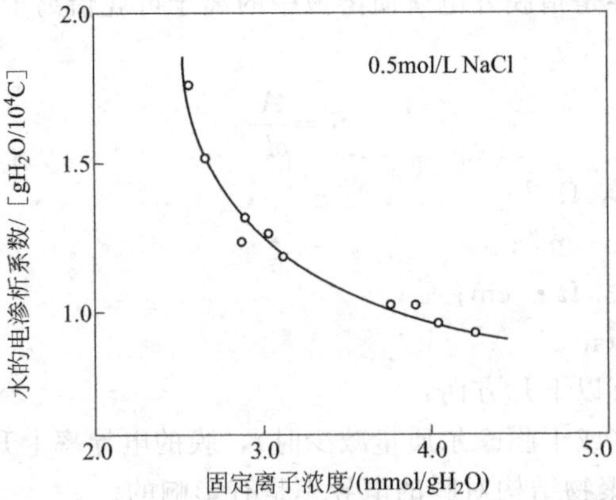

图 4-12 离子膜内固定离子浓度与水的电渗析系数关系曲线

浓度的上升，膜的含水率下降；阳极液浓度(如 NaCl)的上升同样会导致电渗析系数值的下降。

在电解食盐水制取烧碱的生产中，对水的透过速度的变化必须给予充分的注意。为保证生产烧碱浓度的恒定，向电解槽阴极室中补加的纯水量要随透水速度的变化而变化。水的电渗析速度的变化还将对 NaOH 中 NaCl 含量产生影响，随水移动速度的增加，碱中含盐量增加很快(图 4-13)。这是因为，一方面阳极室中的 Cl^- 随水的移动而向阴极室移动，Cl^- 移动量正比于水的移动数值；另一方面，被吸收于膜中的水又会使膜膨胀，从而使更多的 NaCl 透过膜而进入 NaOH 中。

从图 4-14 可以看出，阳极盐水浓度对于水的迁移量的影响非常灵敏。随着阳极液浓度的降低，膜的透水量明显升高，这意味着出槽淡盐水的浓缩比例增加了，所以实际上盐水中的杂质浓度提高了。由于阳极液中杂质离子，尤其是钙、镁、碘等在浓度增加时会严重降低膜的电流效率，因此阳极液浓度低对电流效率是非常不利的。当阳极液浓度下降到低于 180g/L 时，水通过膜的迁移量快速增加。由于羧酸层透水能力弱于磺酸层，当水的迁移量超过羧酸层的承载能力时，过量的水就会被挡在羧酸层和磺酸层中间，造成膜层的分离(即起泡)，长此以往就会造成整个膜的层间剥离、槽电压升高、电流效率明显下降。阳极液浓度升高则会造成膜的磺酸层含水量减小，导致碱中含盐量明显降低。而当阳极液浓度过高

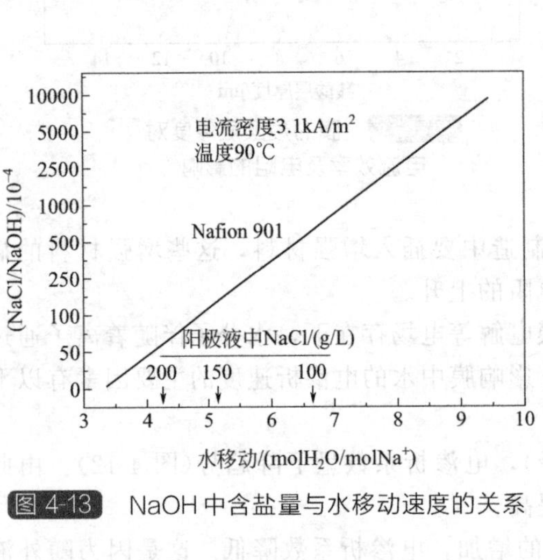

图 4-13 NaOH 中含盐量与水移动速度的关系

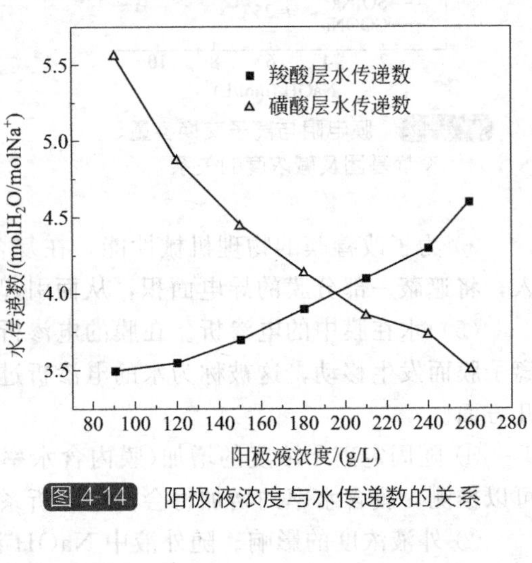

图 4-14 阳极液浓度与水传递数的关系

时，膜易收缩变形影响膜性能而造成电流效率下降，因此应控制阳极液浓度在合理的范围内。

（6）膜的离子迁移数。离子交换膜作为电解隔膜时，膜的离子选择性将影响电流效率，成为离子膜的最重要的特性参数之一，一般可以采用通过膜的离子迁移数来定量地表示离子选择性。

在通过直流电时，电解质溶液中的离子迁移数表示了离子搬运电荷的比率。例如在图 4-15中，对于阳离子膜来说，理想状态是所有的电流都通过 Na^+ 来搬迁，此时 Cl^- 的通电数为零、钠的迁移数为 1、氯的迁移数为零，此时的选择性(电流效率)为最高。但是，在实际的电解中，随外液浓度的上升，氯的迁移数也将上升，钠离子的迁移数将小于 1。通过测定离子在不同离子膜中的迁移数以及不同条件对离子迁移数的影响，可以选择较为合适的离子膜和确定较为合适的电解条件。

图 4-16 表示全氟离子膜中 Na^+ 的迁移数。由图 4-16 可见，离子动的迁移数要高于静的迁移数，这可以认为是在电场的作用下，流体流速的作用加速了 Na^+ 的移动。由图 4-15 还可看出，全氟羧酸膜 Flemion 要比全氟磺酸膜 Nafion 中的钠迁移高。外液浓度对迁移数的影响很复杂，这种影响与外液浓度对制碱时电流效率的影响很相似。

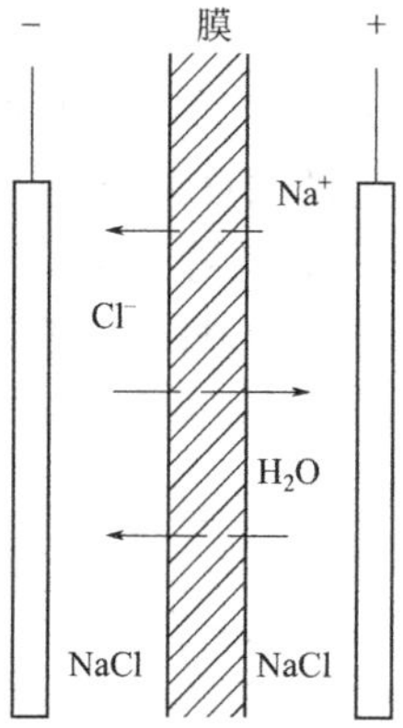

图 4-15 电场下离子的迁移

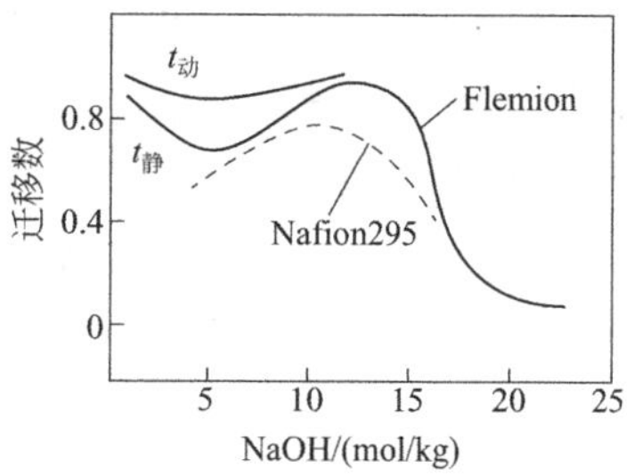

图 4-16 全氟离子膜中钠的迁移数

（7）膜的电流效率。从电解槽内物料平衡关系可以得出，要提高阳极电流效率，就要尽量减少在阳极液中产生溶解氯与氢氧化钠之间发生的副反应，减少阳极上氧的析出量；要提高阴极的电流效率，就要尽量减少氢氧根离子向阳极室的反渗。归结起来，一方面要提高阳极的析氧过电位，以阻止或减少氧在阳极上的析出；另一方面则要提高膜的选择性能，减少和阻止氢氧根离子向阳极室的反渗。因此，除膜的特性直接影响电流效率外，电解槽结构和操作条件也对电流效率有着不同程度的影响。影响电流效率的主要因素可以概括为：①离子交换膜的交换容量；②电解槽结构；③氢氧化钠浓度；④阳极液中氯化钠浓度；⑤电流密度；⑥操作温度；⑦阳极液 pH 值；⑧盐水中杂质；⑨电解槽操作压力和压差；⑩开停车及电流波动，接下来讨论各种因素的影响趋势。

① 离子交换膜的交换容量对电流效率的影响。电流效率随离子交换容量而变化，羧酸层的最佳离子交换容量由阴极室烧碱的要求浓度决定。为使槽电压长期稳定，必须选好离子交换容量。图 4-17 显示出烧减浓度、离子交换容量和电流效率间的关系，磺酸层的设计交换容量要比羧酸层高。

② 阳极液中氯化钠浓度对电流密度的影响。阳极液中 NaCl 浓度直接影响电流效率和烧

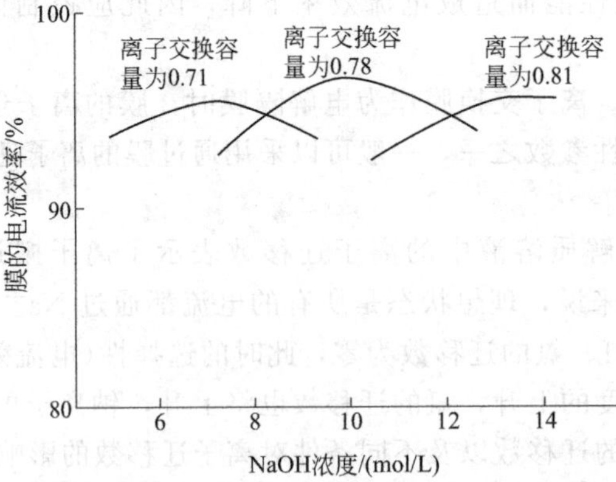

图 4-17 电流效率、离子交换容量（IEC 值）和 NaOH 浓度间的关系

（采用化学处理制备的多层全氟磺酸/全氟磺酸膜；电解条件为 4.0kA/m²、90℃）

碱产品中 NaCl 的含量(图 4-18)。这是由于随淡盐水浓度的降低，膜中的含水率增高，导致 OH^- 反渗速度增加，使电流效率下降，并且由于膜中水含量的增加，会使膜发生膨胀，碱中含盐量升高，因此，在选择 NaCl 浓度时，应考虑多个因素的综合最佳效果。通常氯化钠浓度在 180g/L 以上，或更高一些可使电流效率特别稳定。

③ 阴极液浓度(氢氧化钠浓度)对电流效率的影响。从图 4-19 可以看出，阴极液中 NaOH 浓度与电流效率的关系存在一个极大值，随着氢氧化钠浓度的升高，阴极侧膜的含水率减少，固定离子浓度增加，因此电流效率随之增加，但是，随着氢氧化钠浓度的继续升高，膜中 OH^- 浓度增大，当碱浓度超过 35%～36%以后，膜中 OH^- 浓度增大的影响起决定作用，使电流效率明显下降。

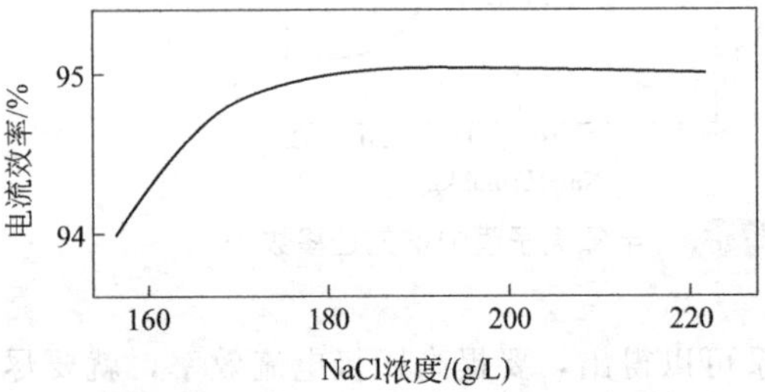

图 4-18 盐水浓度对电流效率的影响

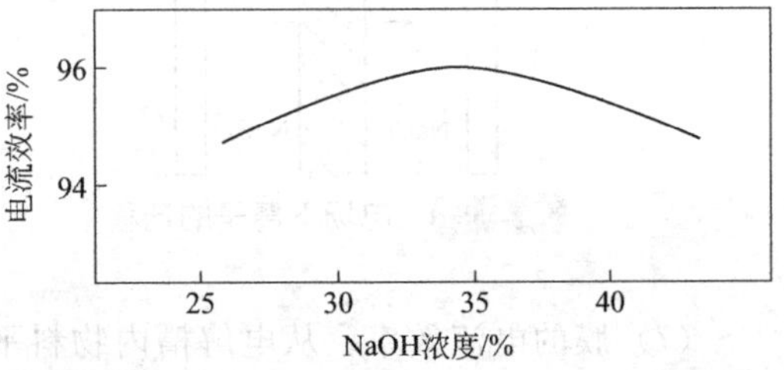

图 4-19 阴极室 NaOH 浓度对电流效率的影响

④ 盐水中杂质对电流效率的影响。盐水中含有钙、镁、锶、铝、铁、镍以及碘、亚硫酸根等杂质，当它们以离子形态进入膜中时，就会以金属氢氧化物、硫酸盐或者硅酸盐的形式沉积在膜上；而当这些离子共同存在时，则影响更大，例如硅本身是无害的，但当硅与钙、锶、铝等共存时，就会引起电流效率的下降。羧酸基通常比磺酸基受重金属离子的影响更明显，这是因为羧酸基往往会与重金属离子结合而导致离子交换能力下降，其结果是槽电压急剧升高，电流效率下降。但是，对膜影响最为明显的还是钙和镁，它们的微量存在就会使槽电压升高，电流效率下降。钙离子在膜内的沉积量对膜电流效率的影响见图 4-20。

⑤ 操作温度对电流密度的影响(图 4-21)。在高浓度 NaOH 及低槽温下长期运转对膜的影响非常大，长期处于低温运转时，羧酸层中的—COO^- 会与 Na^+ 形成—COONa 而使离子交换难以进行，或导致离子交换容量下降而使膜的性能恶化。由于膜的阴极一侧脱水而使膜的微观结构发生不可逆转的改变，导致膜对 OH^- 反渗的阻挡作用下降，电流效率下降后难

以再恢复，因此电解的操作温度不能低于 70℃。

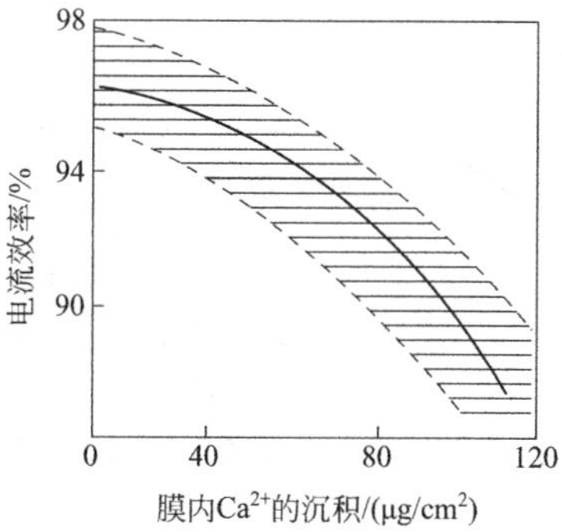

图 4-20 膜内钙的沉积量对电流效率的影响（阴影区域为电流效率范围）

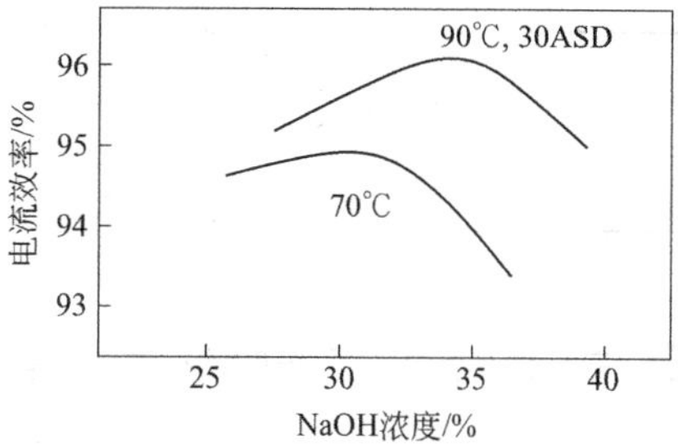

图 4-21 高浓度低槽温下长期运行对电流效率的影响

⑥ 操作对电流效率的影响。通过电解槽电解实验表明，阴极室供给的纯水中断，在不停电的情况下，阴极液的浓度将上升到 45%左右，电流效率下降。如果只停供水两天，恢复供水后电流效率还可以恢复到原来的水平，而停水时间再延长，电流效率将不能恢复(见图 4-22)。

若长时间在高碱液浓度、低温及高电流密度下运转，膜的性能很难再恢复。图 4-23 表示在经过正常运转 2 个月后，由于误操作而使 NaOH 浓度达到 38%，槽温在 70℃下持续运转 2 个月，虽然槽电压变化不大，但是电流效率再也不能恢复，见图 4-23。

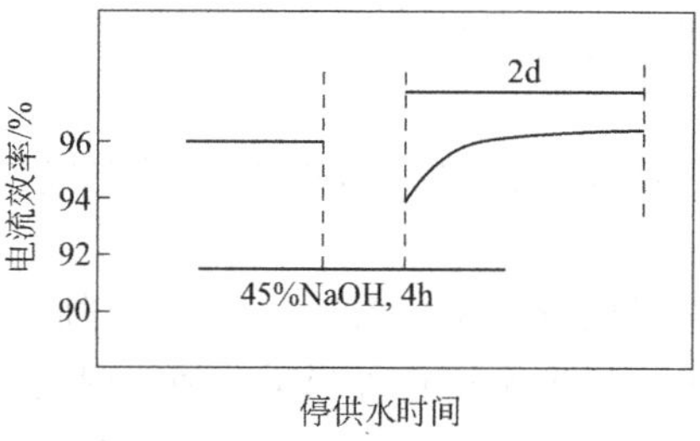

图 4-22 停供水对电流效率的影响

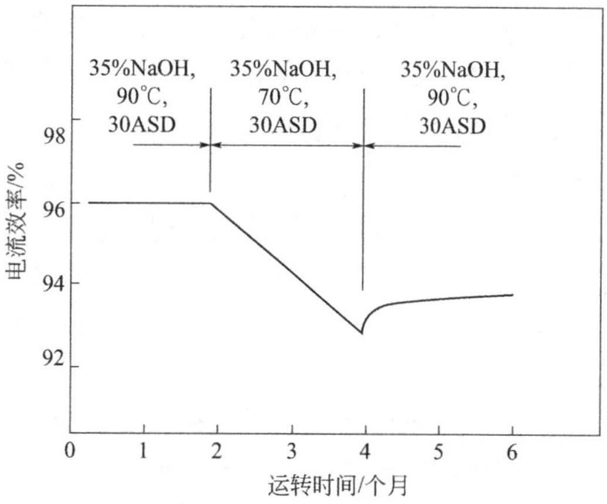

图 4-23 长期误操作的影响

图 4-24 表示电解槽在 2 个月内阳极室 NaCl 浓度一直在 120g/L 的条件下运转，电流效率及槽电压均有下降。这是低浓度的阳极液造成阳极一侧膜膨胀，逐渐使阴极膜一侧的膜也膨胀造成的。

⑦ 电流密度对电流效率的影响。如图 4-25 所示，在 1.5～4.0kA/m²下，电流效率几乎不受电流密度的影响；但在 1.5 kA/m²以下，OH^- 的扩散泄漏比率逐渐增加，从而导致电流效率的降低；在 1.5 kA/m² 以下运转，不仅使电流效率降低，而且使碱中含 NaCl 及 $NaClO_3$的量增加。

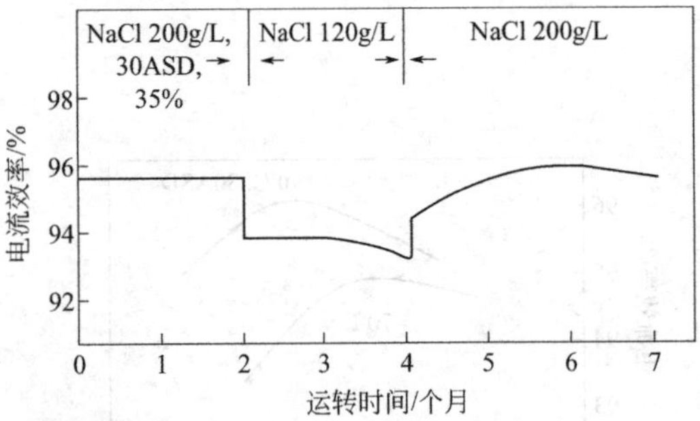

图 4-24 在低浓度阳极液下长期运行对膜的影响

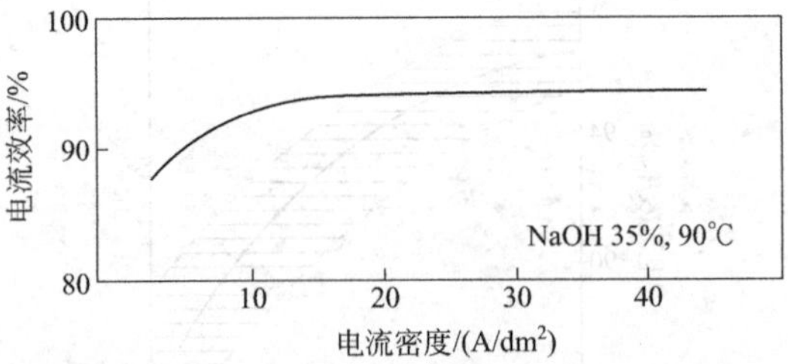

图 4-25 电流密度对离子膜电解电流效率的影响

电流密度的上限不得超过极限电流密度，如果超过极限电流密度，因来不及向膜的界面上补充 NaCl，不仅 Na^+ 的电流效率降低、电压升高，而且容易使膜的内部结构受到损坏。在稍低于极限电流密度运转时，因膜的界面处几乎不存在 NaCl，故而不会发生 NaCl 自阳极侧通过膜扩散到阴极侧的现象，为了在高的电流效率下获得高纯度的 NaOH，运转时的电流密度最好选择接近极限电流密度。

⑧ 阳极液 pH 值对电流效率的影响。阴极液中的 OH^- 通过离子膜向阳极室反渗，不仅直接降低阴极电流效率，而且反渗到阳极室的 OH^- 还会与溶解于盐水中的氯发生一系列副反应，这些反应导致阳极上氯的消耗，使阳极效率下降。采取向阳极液中添加盐酸的方法，可以用 HCl 与反渗过来的 OH^- 反应，除去 OH^-，从而提高阳极电流效率。因此，离子膜电解槽需要对出槽阳极液 pH 值进行控制，电解槽加酸一般 pH 值为 2～3。

⑨ 电解槽压力和压差对电流效率的影响。增加电解槽压力，电解液中气体体积缩小，因气泡发生而引起的电解液电阻下降，槽压降低，电流效率升高。

4.2.3.2 氯碱离子膜测试方法

(1) 膜厚度的测定。采用精度为 0.01mm 的测厚仪或螺旋测微器测定。

(2) 含水率的测定。可从测定湿态膜和干态膜的质量之差求得。

$$C_1=(W_1-W_2)/W_1\times100\%$$

式中，C_1 为膜的含水率；W_1 为烘干前湿态膜的质量，g；W_2 为烘干后干态膜的质量，g。

(3) 交换容量的测定。膜交换容量是膜中所含反离子的量，单位为 mol/kg(干树脂)。

由于膜中固定基团所结合的可离解离子能与溶液中的反离子进行等当量交换，因此，可以通过在溶液中的交换和滴定测定膜交换容量。

精确称取已经过预处理的氢型阳离子交换膜，将其置于 1mol/L NaCl 溶液中，充分交换一定时间后，用 0.1mol/L 标准 NaOH 溶液滴定所交换出来的 H^+ 离子，即可算出膜的离子交换容量，计算公式为

$$C_w=CV/[m(1-C_1)]$$

式中，C_w 为膜的交换容量，mol/kg(干)；C 为滴定溶液的浓度，mol/L；V 为滴定溶液的体积，mL；m 为原膜质量(湿态)，g；C_1 为膜的含水率，%。

(4) 膜面电阻的测定。离子交换膜在电解质溶液中能传导电流。通常用膜的电阻与面积的乘积值来比较各种离子交换膜的导电性能，这个值称为面电阻，单位为 $\Omega\cdot cm^2$。

膜面电阻的测定方法是在电导池中，先测定溶液的电阻(设为 R_s)，装上一定面积的膜，再测膜和溶液的电阻，设为(R_{m+s})，则膜的电阻为

$$R_m = R_{m+s} - R_s$$

或

$$R_m = \frac{\rho L}{A}$$

式中，L 为电导池中两电极板之间的距离，即膜的厚度，cm；A 为电极面积（与膜面积相同），cm^2；ρ 为膜的电阻率；R_m为膜的电阻，Ω。

由上式可得：$$R_A = R_m A = \rho L$$

式中，R_A为膜的面电阻，$\Omega \cdot cm^2$。

从面电阻定义可知，用面电阻来比较不同的离子交换膜的导电性能已消除了膜厚度的影响。但是需要注意的是，在表示面电阻值时，必须同时指出测定时的温度、电解质溶液及其浓度等条件。

(5) 选择透过性测定。离子交换膜对离子的选择透过性是衡量其性能好坏的重要指标之一。一般用模拟电渗析装置对该参数进行测定，但此法测出的值除与膜本身性能有关外，还受测定时电流密度和溶液流速的影响，而且还要测定通电前、后浓缩室内两种离子浓度的变化。因此工作量大，装置复杂。采用电位法对等价离子选择透过性进行测定已有文献报道，并证实可行。

在(25±1)℃的恒温条件下，已知 E 的理论值为 E_0，可以 $E_0 = RT/[nF\ln(C_1/C_2)]$ 计算求得。式中，n 为电荷；R 为气体常数；T 为温度；F 为法拉第常数。并且在 25℃ 时，0.1mol 或 0.2molKCl 条件下，阳膜的 $E_0 = 16.1mV$，阴膜的 $E_0 = -16.1mV$。

又已知 K^+ 和 Cl^- 在 25℃时，在 KCl 溶液中的迁移数分别为 $t_{K^+} = 0.49$ 和 $t_{Cl^-} = 0.51$，得到 E_0、E、t_{K^+} 和 t_{Cl^-} 后就可求得选择透过性。

在表示膜的选择透过性时，必须要注明测定时的温度、电解质溶液及其浓度等条件。

4.3 氯碱离子交换膜的设计和操作要求

4.3.1 离子膜设计时考虑的因素

全氟磺酸/全氟羧酸复合膜是一种性能比较优良的离子膜，使用时较厚的磺酸层面向阳极，较薄的羧酸层面向阴极，因此兼有磺酸膜和羧酸膜的优点。由于 $R_f—SO_3H$ 层的电阻低，能在高电流密度下运行，且阳极液可以用盐酸中和，产品氯气含氧低，NaOH 浓度可达 33%～35%；又由于 R_f—COOH 层的存在，可阻挡 OH^- 从阴极室向阳极室的迁移，确保了高的电流效率，可达 96%以上。因此，全氟磺酸/全氟羧酸复合膜具有低槽电压和高电流效率的优点。在设计多层离子复合膜时主要考虑以下几点：

(1) 面向阴极液的全氟羧酸膜层，可以有效地提高电流效率。羧酸层的厚度与离子交换容量有关(图 4-11)。在正常的离子交换容量范围内，10μm 厚度就足够了。如果厚度大于 10μm，其电流效率变化很小，而电阻随膜厚度的增加持续增大。

(2) 增加羧酸层厚度能够有效降低烧碱产品中的 NaCl 含量，但超过一定厚度效果就变小，因此这种关系可以作为最佳厚度的标准。

(3) 羧酸层厚度增加时能够减轻膜的机械损伤及膜上的应力，但超过一定厚度其效果变小。

(4) 在阳极液中加入盐酸，能够提高氯气纯度并延长阳极的使用寿命。采用磺酸和羧酸多层复合膜，可以在阳极室加入足够量的盐酸使氯中含氧小于 0.5%，还可以延长阳极的使用寿命。

（5）改进增强纤维网在磺酸树脂膜层内的位置。图 4-26 是早期氯碱膜的结构示意图，整膜包括全氟磺酸树脂层、全氟羧酸树脂层和增强材料层，其中羧酸层较薄，朝向位于膜的阴极侧，起着阻碍氢氧根离子的作用，增强层位于磺酸树脂层的内部。在氯碱膜的两侧表面又分别进行了表面处理，加以涂层以利于氢气和氯气的扩散和释放。

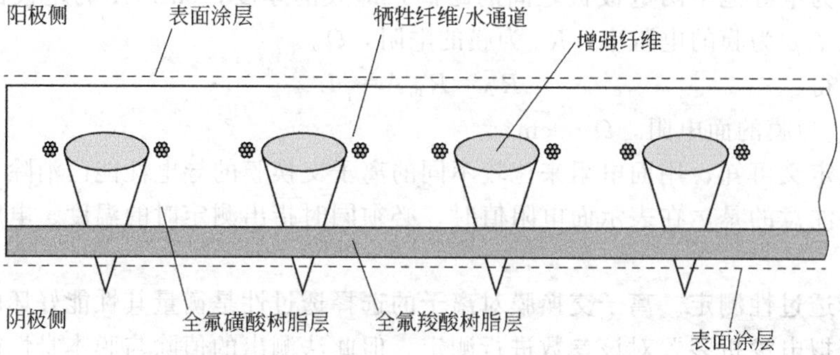

图 4-26　早期全氟离子氯碱膜结构示意图

这种结构的膜具有较高的电流效率和使用寿命，能满足氯碱生产的要求，可以得到高质量的产品，但是在使用过程中人们逐渐发现了这种结构的膜所具有的缺陷。如图 4-27 所示，因为在早期的全氟氯碱膜中，增强纤维和牺牲纤维位于膜的内部，牺牲纤维降解除去后留下的离子通道也位于膜的内部，在电流方向上，由于纤维的体积阻隔，纤维背后存在一个“阴影区”，离子在此“阴影区”内的密度要低于其余在膜断面上无纤维阻挡的部分，而且纤维离阴极过近，直径过大的纤维的“阴影区”会投射到膜阴极侧的表面上，从而造成羧酸层表面的电流分布不均匀，而在电流密度高的膜阴极表面产生许多的 Ca^{2+}、Ba^{2+} 等阳离子杂质的沉积，在电流密度低的区域产生阴离子杂质的沉积，降低了生产效率、产品质量和膜的使用寿命。除此之外，早期膜内的气体扩散层与膜的传质不完善、膜内牺牲纤维留下的离子通道比较大，通道内富集盐水、碱、次氯酸盐和游离氯等，通道内液体的电导高于周围聚合物，而且气体偶尔也会进入到通道内部，影响膜内的电流分布并可能导致膜的破损。

改进后的氯碱膜的增强层贴近膜阳极侧的表面，纤维的横截面积更小，因为远离阴极侧，所以造成的对膜内部及阴极表面电流密度影响的“阴影效应”大大减弱。将图 4-27 与图 4-28 对比可以发现，改进后的膜阴极侧表面附近没有不导电的阴影区存在，膜面上的电流密度分布更均匀，在使用中也发现膜抵抗离子杂质的能力也大大提高。

将牺牲纤维移至膜表面后可以得到更为粗糙的阳极表面，从而使氯碱膜阳极面的气体释放涂层和电极与离子膜的贴合面深入到膜的内部，减小了离子在膜内部的实际传导距离，牺牲纤维留下的通道变成阳极液导电通道。

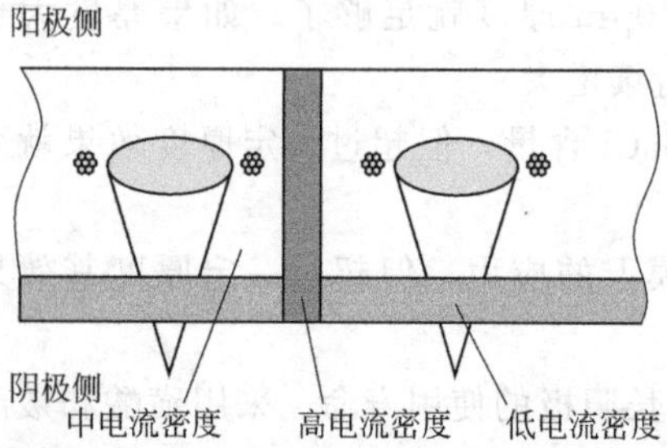

图 4-27　早期的全氟氯碱膜结构缺陷示意图

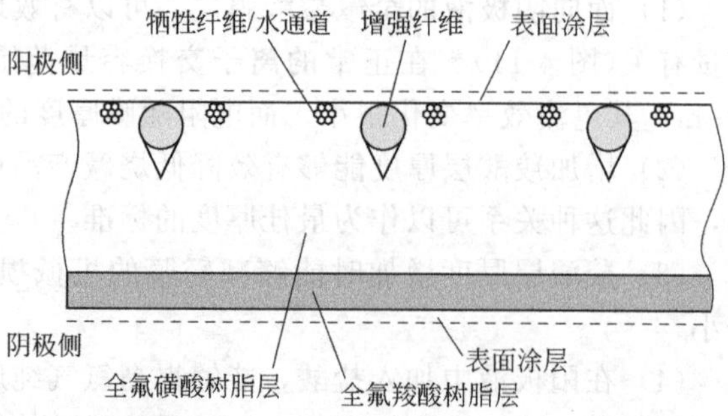

图 4-28　改进的全氟氯碱膜结构示意图

另外单位比表面积的增加也有利于气体的扩散，改善阳极盐水循环的同时有利于消除增强网遮挡区，扩大开口面积，提高单位面积膜上的杂质沉积区域，提高杂质耐受能力。在氯碱膜的长期研究中还发现，膜内部形成更小的离子簇和细小而致密的离子通道更有利，在使用过程中能得到更好的效果(图 4-29)。

牺牲芯材的加入，可以说是膜从发明单层树脂膜到双层树脂膜和后来的表面涂层技术后，离子膜制造技术的又一次巨大改良升级，其作用是多方面的，显著效果是带来膜电阻的降低，附带好处是可以用于高电流密度电解槽和更耐受盐水杂质。图 4-30 是加入牺牲芯材扩大膜有效开口率示意图。

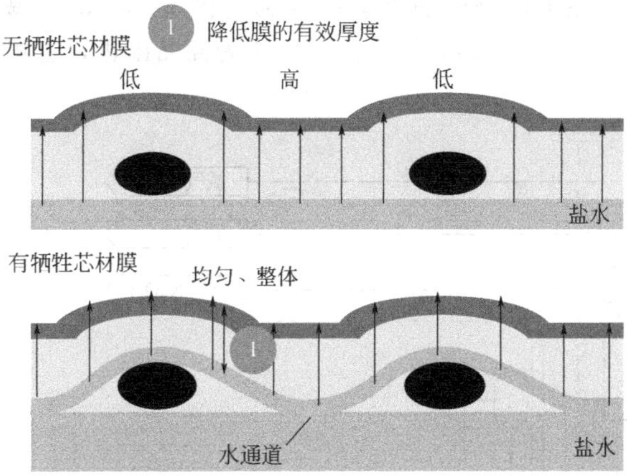

图 4-29 牺牲芯材通道效应示意图

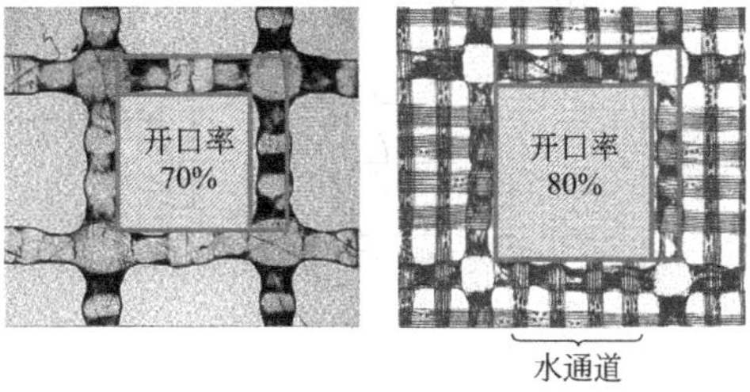

图 4-30 牺牲芯材扩大膜开口率示意图

4.3.2 氯碱离子膜操作要求

4.3.2.1 离子膜对电解工艺和装备的要求

(1) 离子膜法电解原理。在电解食盐水溶液所使用的阳离子交换膜的膜体中存在着活性基团，它是由带负电荷的固定离子(如—SO_3^-、—COO^-)，同一个带正电荷的对离子(Na^+)形成静电键，磺酸型阳离子交换膜的化学结构简式为：

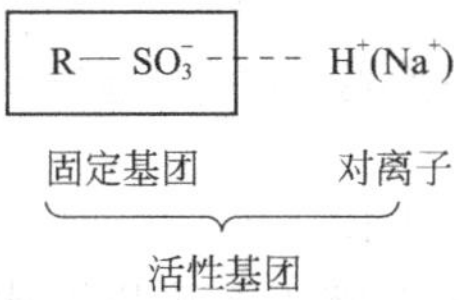

由于磺酸基团具有亲水性能，而使膜在溶液中溶胀，膜体结构变松，从而造成许多微细弯曲的通道，使其活性基团中的对离子 Na^+ 可以与水溶液中的同电荷 Na^+ 进行交换，与此同时，膜中活性基团中的固定离子具有排斥 Cl^- 和 OH^- 的能力，见图 4-31，从而获得高纯度的氢氧化钠溶液。

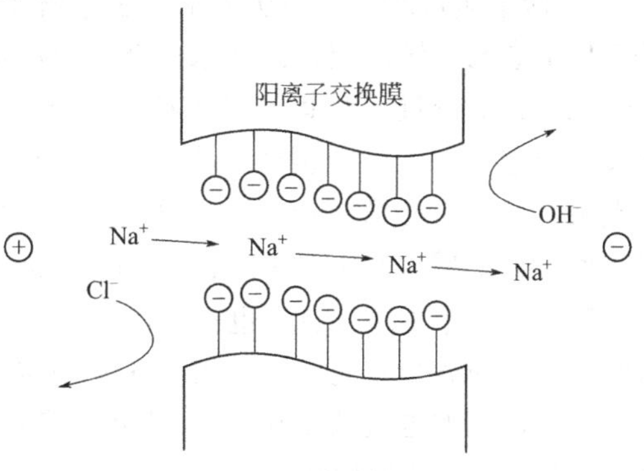

图 4-31 离子交换膜示意图

水合钠离子从阳极室通过离子膜迁移到阴极室时，水分子也伴随着迁移。此外，少量 Cl^- 通过扩散移动到阴极室，少量的 OH^- 则由于受到阳极的吸引而迁移到阳极室，此

反向迁移的 OH^- 导致了阴极电流效率的降低。

(2) 离子膜法电解生产工艺。如图 4-32 所示，用食盐为原料，从离子膜电解槽流出的淡盐水经过脱氯塔脱去氯气，进入盐水饱和槽制成饱和盐水，而后加入氢氧化钠、碳酸钠等化学品，盐水进入澄清槽澄清，但是从澄清槽出来的一次精制盐水还有一些悬浮物，这对盐水精制的螯合树脂塔将产生不良影响，一般要求盐水中的悬浮物要小于 1mg/L，因此盐水需要经过盐水过滤器过滤，再经过二次盐水精制，即盐水进入螯合树脂塔除去其中的钙、镁，就可以加入到离子膜电解槽的阳极室；与此同时，纯水和碱液一同进入阴极室。通入直流电后，在阳极室产生氯气和流出淡盐水经分离器分离，氯气输送到氯气总管，淡盐水一般含 NaCl 200～220g/L，经脱氯去盐水饱和槽。在电解槽的阴极室产生氢气和 30%～35%碱液同样经过分离器分离，氢气输送到氢气总管，30%～35%的碱液可以作为商品出售，也可以送到烧碱蒸发装置浓缩为 50%的碱液。

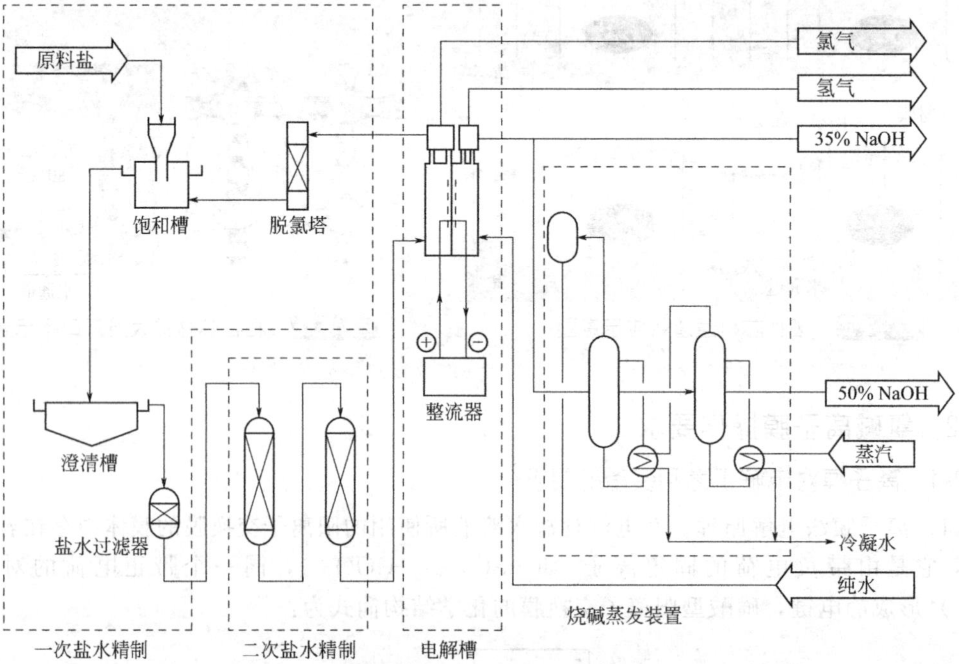

图 4-32 电解流程示意图

(3) 离子膜对电解工艺和装备的要求

① 盐水质量的要求。从离子膜法电解工艺可以看出，经过二次精制的盐水进入电解槽的阳极室参与电解反应，而盐水中杂质对膜的性能影响很大，阳离子交换膜不仅对盐水中的 Na^+ 能选择和透过，对其他的如 Ca^{2+}、Mg^{2+}、Ba^{2+}、Fe^{2+}、Fe^{3+} 等多价阳离子也同样能透过，当它们透过交换膜时与从阴极反迁移来的 OH^- 生成氢氧化物沉淀而堵塞离子膜，使膜电阻上升，引起槽电压增加，更进一步加剧 OH^- 的反迁移，造成电流效率永久性的下降。此外，上槽盐水中 SO_4^{2-} 浓度过高，也会造成 SO_4^{2-} 在膜内与 Ba^{2+} 结合生成硫酸盐堵塞离子膜；盐水中 I^-、SO_3^{2-} 也都会以某种形式沉积在离子膜上。因此，严格控制精制盐水和高纯酸的杂质含量是离子膜电解槽正常稳定运行的基本条件。

要保证膜的电流效率在 95%以上，需要提供高纯度的盐水，一般盐水过滤和盐水精制后应达到表 4-2 中的指标。

表 4-2 盐水精制后需达到的指标

元素	1.5～4.0kA/m²(电流密度)	4.0～6.0kA/m²(电流密度)
钙/镁	<30μg/L(以 Ca 计)	<20μg/L
锶	<500μg/L	<400μg/L
钡	<1mg/L	<500μg/L
硫酸钠(以 Na_2SO_4 计)	<10g/L	5～8g/L
碘	<1mg/L	<200μg/L
铝	<100μg/L	<100μg/L
硅	<10mg/L	<6mg/L

② 阴极液浓度的要求。阴极液浓度与电流效率的关系存在一个极大值。随着 NaOH 浓度的升高，阴极侧膜的含水率减小，固定离子浓度增大，电流效率随之增加；随着 NaOH 浓度的继续升高，膜中 OH^- 浓度增加，当 NaOH 浓度超过 35%～36%以后，膜中 OH^- 浓度增大的影响起决定作用，使电流效率明显下降。因此，为了获得较高的电流效率，对不同的制碱浓度要使用不同离子交换容量的膜。

③ 阳极液浓度的要求。随阳极液中 NaCl 浓度的降低，电流效率下降。目前离子膜电解槽阳极液出口 NaCl 浓度控制：强制循环槽控制在 190～200g/L，自然循环槽控制在200～220 g/L。

④ 电流密度的要求。电流密度的上限不得超过极限电流密度，如果超过极限电流密度，因来不及向膜的界面补充 NaCl，不仅使 Na^+ 的电流效率降低、电压上升，而且易使膜内部结构受损。为了在高的电流效率下获得高纯度的 NaOH，运转的电流密度最好接近极限电流密度。

⑤ 阳极液 pH 值的要求。阴极液中的 OH^- 通过离子膜向阳极室反渗，不仅直接降低阴极电流效率，而且反渗到阳极室的 OH^- 还会与溶解在盐水中的氯气发生一系列副反应，这些副反应导致阳极上析氯的消耗，阳极效率下降。采取向阳极液中添加盐酸的方法，将反渗过来的 OH^- 与盐酸反应，从而提高阳极电流效率。离子膜电解槽对阳极液 pH 值的控制，加酸一般 pH 值为 2～3，不加酸一般 pH 值为 3～5。

⑥ 电解液温度的要求。每一种离子膜都有一个最佳操作温度，在这一范围内，温度的上升会使离子膜阴极一侧的空隙增大，使钠离子迁移数增多，有助于电流效率的提高；每一种电流密度下都有一个最佳电流效率的温度点。离子膜电解槽的阴极液出口温度一般控制在 85～90℃，各类不同电解槽温度控制稍有差别。

⑦ 电解液流量的要求。在一般离子膜电解槽中，气泡效应对槽电压的影响是很明显的，当电解液循环量减少时，槽内的液体中气体率将增加，气泡在膜电极上的附着量也将增加，从而导致膜电压上升。以每年万吨烧碱槽计算，强制循环阴、阳极液流量都是32～95m^3/h，部分强制循环阴极液流量为 20m^3/h，阳极液自然循环流量为 11～14m^3/h。

⑧ 电解槽压力和压差的要求。增加电解槽压力，电解液中气体体积缩小，因气泡发生而引起电解液电阻降低，电解槽电压降低。但电解槽压力过大，对其强度的要求也就提高了，并且易漏，因此电解槽气体压力应控制在一定范围内。目前离子膜强制循环复极电解槽氯气压力控制在 0.04MPa，氢气压力控制在 0.055MPa，电解槽压差控制在 0.015MPa。自然循环复极槽有的氯气压力控制在 0.02MPa，氢气压力控制在 0.024MPa，电解槽压差控制在 0.004MPa。自然循环复极槽有的氯气压力控制在－0.15～0.5kPa，氢气压力控制在

1.5～2.0kPa，电解槽压差不控制。自然循环单极槽氯气压力控制在－0.15～0.5kPa，氢气压力控制在1.5～2.0kPa，电解槽压差不控制。

（4）电解装备的要求。离子膜电解槽有单极式和复极式两种，不管哪种槽型，每台电解槽都是由若干电解单元组成，每个电解单元都有阴极、阳极、离子交换膜和槽框。单极槽电极面积为0.2～3m^2，复极槽电极面积为1～5.4m^2，电极面积越大，离子膜的利用率也越高(一般为74%～93%)，维修费用亦省，电解槽的厂房面积也小。对应于离子膜电解工艺和离子膜的特点，设计电解槽时的基本目标和要点，在充分考虑经济效益的情况下，需满足如下五个目标。

① 能耗低。在整个电解生产过程中，能耗是成本的最重要组成部分。为了降低能耗，就要获得高的电流密度和低的槽电压。要在较大的电流密度下运行，仍能保持低的电耗。为了满足节能的要求，在设计中要注意以下几点：a. 电流分布均匀、合理；b. 降低电极间距，减少极间溶液电压降；c. 尽量降低金属结构部分的电压降；d. 电解液充分循环，气体能顺利逸出；e. 电解温度保持一定，可适当加温和保温；f. 适宜的电极活性及几何尺寸；g. 合适的电解槽结构以提高膜的电流效率。

② 容易操作和维修。既要使操作人员减轻劳动强度，又能安心进行操作，即电解槽的开、停车或改变供电电流操作要简单，在更换离子膜时必须在短时间内进行，且方便易行又安全。电极的结构要考虑到工艺简单化，具体要注意以下几点：a. 尽量减少电解槽的数量；b. 选择合适的密封结构和密封圈材质；c. 便于开、停车的结构。

③ 制造成本低，使用寿命长。从使用寿命考虑，阳极室最好的材料是钛，阴极室最好的材料是镍。电解槽的配件也要考虑采用防腐蚀材料。

④ 膜的使用寿命长。膜使用寿命的长短，除与膜本身的质量、操作条件控制有关外，与电解槽设计、制造亦有很大关系，因此在设计和制造电解槽时，要从延长膜寿命方面多予以考虑。具体要注意以下几点：a. 电流分布均匀；b. 尽量采用自然循环；c. 要采用溢流的方式，设法避免膜上部出现气体层、干区；d. 减小膜的振动。

⑤ 运转安全。电解槽运行是在安全的前提下进行的，所以设计电解槽要考虑以下几点：a. 槽电压、槽温检测系统；b. 电解槽安全联锁停车；c. 防止氯中含氢高的措施。

从技术的角度来看，要同时满足以上五个目标是困难的，但也存在最佳设计和制造的选择问题，应兼顾各个方面，达到最优化的设计。

4.3.2.2 电流密度控制

电流密度即单位面积上通过的电流。离子膜选择性地让Na^+通过，因此Na^+的迁移数在阳极液中和在膜中是不同的，从而在膜的阳极一侧界面上形成一层少盐的过渡边界层，如图4-33所示。

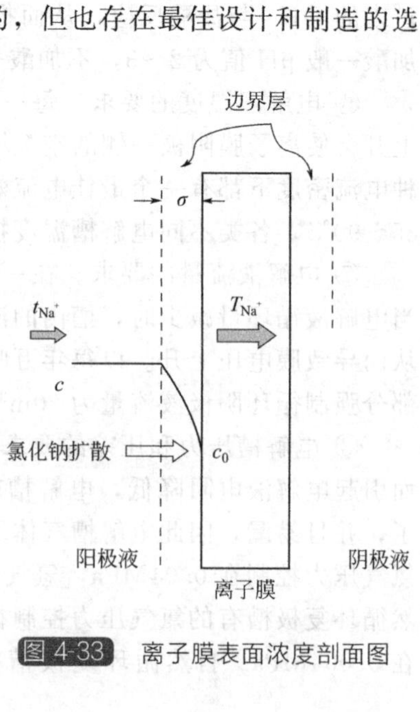

图4-33 离子膜表面浓度剖面图

由少盐边界层中的物料平衡推导出离子膜阳极一侧界面上的NaCl的浓度为零时，离子膜的极限电流密度J_0与NaCl浓度的关系如下式：

$$\frac{J_0\sigma}{c}=\frac{DF}{T_{Na^+}-t_{Na^+}}$$

式中，J_0为临界状态下的电流密度，kA/m^2；T_{Na^+}为离子膜中Na^+的迁移数；t_{Na^+}为阳极液中Na^+的迁移数；F为法拉第常数，96480(A·s)/mol电子；D为脱盐层中NaCl的扩散常数，cm^2/s；c为阳极液中NaCl的浓度，mol/cm^3；σ 为脱盐层的厚度（由阳极液的流动条件和电槽结构决定），cm。

当膜及电解温度固定时，上式右边的值为一常数。在稍低于 J_0 运行时，因膜的界面处几乎不存在 NaCl，故不会发生 NaCl 自阳极侧通过膜扩散至阴极侧的现象，J 越高越接近 J_0，获得的 NaOH 纯度越高，但 J 不得超过 J_0，否则因膜的界面上来不及补充 NaCl，使 Na^+ 的电流效率降低，电压上升，而且易使膜的内部结构受到损坏。因此要获得高纯度的 NaOH，离子膜电槽运转时的 J 值最好接近 J_0，获得高纯度的 NaOH 的条件是运转时的 J 最好接近 J_0，但实际生产中离子膜电槽的 J 不可能无限接近 J_0，它还受到离子膜电槽的电耗、电流效率及盐水质量等多方面的影响，要降低能耗，J 的选取尤其重要。

理论上烧碱直流电耗 $W=V\times1000/(1.492\eta)$ kW·h/tNaOH

式中，V 为槽电压，V；1.492 为 NaOH 的电化当量，g/(A·h)；η 为膜的电流效率，%。

高电流密度是离子膜法电解技术的发展趋势，20 世纪 80 年代我国引进的离子膜电解槽电流密度在 3.3 kA/m^2 左右，到了 90 年代后期新型电解槽的电流密度可达 4.0～6.0kA/m^2，甚至复极槽最高可达 8kA/m^2。运行电流密度的提高不仅大大提高了生产能力，且单位产量需用离子交换膜的数量相对减少，可大大降低离子膜法烧碱的生产成本。在高电流密度下，静电引力加强，带负电荷的 Cl^- 被正电位的阳极更强烈地吸引，从而减少了碱中的含盐量，如 50%烧碱中 NaCl 含量随着电流密度的增加而明显降低。

我国蓝星(北京)化工机械有限公司(以下简称蓝星北化机)的高密度电槽最高电流密度可达 6 kA/m^2，2004 年在河北宝硕集团投入运行。近年来高电流密度离子膜电解槽的应用已成趋势，目前世界各国竞相推出了 4～8 kA/m^2 高电流密度自然循环复极槽。

4.3.2.3 离子膜起泡原因

起泡是膜受到机械性损坏的一种形式，最终会导致膜操作效率下降和膜上出现孔隙。用来生产 30%～35% NaOH 的离子交换膜都有两个聚合物层，为面向阳极室的全氟磺酸膜层和面向阴极室的全氟羧酸膜层，起泡或层间分离就是这两层膜的分离。具体来说，这些泡直径大于 5mm，发生在电极活性区并会使电压升高；较小的"微型鼓泡"或是羧酸层上的小孔则可能出现在非活性区或活性区并降低电流效率。这两种类型的鼓泡用肉眼从膜的阴极面均可看得见。离子交换膜发生起泡的原因见表 4-3。离子膜起泡主要有四种类型，分别为水泡(泡内含水)、盐泡(泡内含盐)、碱泡(泡内含碱)、杂质在膜内沉淀引发的起泡。

表 4-3 离子交换膜起泡的原因

膜结构变化	原因
层间压力高导致层间分离	膜的方向装反； 停车期间水的反向迁移(反电流)； 阳极液消耗过度
传导不充分导致孔隙	阳极液酸度过大； 盐水或烧碱液温度过低或者浓度过高； 局部电流密度过大

(1) 水泡。当膜内部液体压力超出层间结合力的时候，两层膜会出现层间分离(如图 4-34所示)，研究显示，40g/L 的 NaCl 阳极液和 32%的 NaOH 阴极液，在膜的内部液体积累是 1.0$mL/(h\cdot m^2)$（经测量），产生的内部压力大约是 12MPa。

离子膜内水泡主要是由磺酸层与羧酸层的特性决定的，磺酸层在低浓度下保持水分，在高浓度(5mol/L 以上)下水分脱出；羧酸层在一定范围高浓度下也能够保持少量适当水分

（如果浓度下降，则吸收大量水分）。由于磺酸层的水渗透性高于羧酸层，磺酸层的含水率高于羧酸层，磺酸层与羧酸层之间的透水性差对磺/羧界面形成一定的压力作用，造成水泡的产生。

水泡形成的主要原因：

① 阳极室盐水浓度较低会造成磺酸膜层内含水率大增。增加了磺酸膜层与羧酸膜层之间的迁移量差，使磺/羧界面产生很大的压力，进而造成磺酸/羧酸膜层间剥离（分层），形成水泡。以科慕公司 Nafion 膜为例，介绍离子膜的水迁移性能见图 4-35。

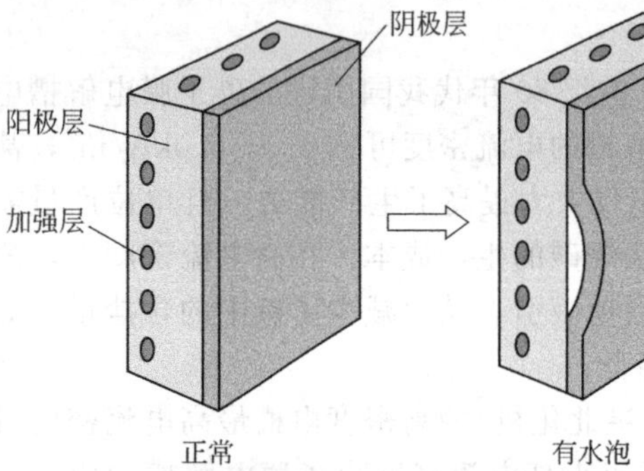

图 4-34 水泡形成示意图

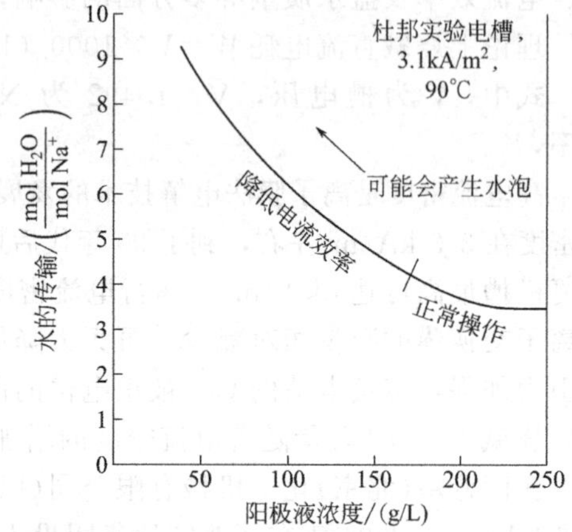

图 4-35 离子膜水的传输与阳极液浓度之间的关系

对阳极液浓度最敏感的性质是水的迁移，以通过膜的每个钠离子所带的水的分子数来表示。通过 Nafion 901 的水迁移数范围为 4～10，在含有 200g/L NaCl 的正常淡盐水中迁移数为 4，而在高度耗用的含 50g/L NaCl 的淡盐水中迁移数为 10，正常情况下，脱水的羧酸层很容易迁移并运送水，且羧酸层水迁移条件由阴极液碱浓度决定，淡盐水的浓度低于 150 g/L时，电流效率就开始下降，如图 4-36 所示，膜内开始起水泡。

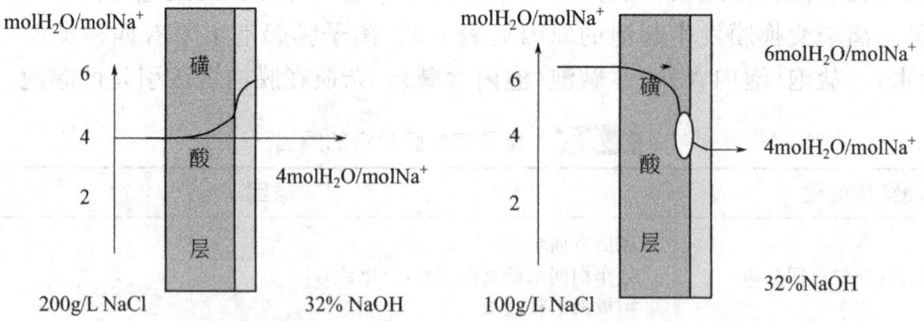

图 4-36 盐水浓度变化形成水泡示意图

淡盐水浓度低于 100g/L 时，磺酸层的运送水能力远超过羧酸层，液体就会开始在两层交界处聚积，形成水泡。当淡盐水浓度降为 50g/L 或水的迁移数在 9 左右时，完整的膜就会出现各层的分离。

科慕公司推荐在 170g/L NaCl 或更高浓度的一些阳极液中使用 Nafion 全氟膜。大多数的工业操作经验是保持阳极液的浓度在 190g/L 以上，开、停车过程中也要配合盐水的浓度变化，降低碱浓度以防止膜产生水泡。在生产厂中，电解槽应适时分析，连续监测阳极盐浓度，避免阳极液浓度失常。电槽制造和检修中，也要尽可能使盐水均匀分配到各单元槽，避免个别单槽盐水浓度过低，膜产生水泡。

生产中可能出现的问题是：a. 在电解槽的角落处由于盐水循环不当而造成局部的盐水高度消耗；b. 由于垫片或电极限制了盐水流向膜的阳极一侧表面的某些部位，膜的这些部分会脱盐形成水泡，长期使用的膜也会出现小的鼓泡，特别是电解槽的周边处。由于这些鼓泡只占膜的总面积的一小部分，对于电解槽性能的全面影响是微不足道的。

② 阴极室碱液浓度过高。当碱液浓度较高时，羧酸膜层内的含水率相比磺酸层变得更低，羧酸层内水的迁移量大减，磺酸层和羧酸层之间水的迁移量差增大，对磺酸/羧酸界面产生很大的压力，磺酸/羧酸层间剥离(分层)，形成水泡。

③ 碱液透过针孔溢流到阳极侧。阳极室的 pH 值上升，氧分子发生电位下降，形成电流密集部位，羧酸层内 Na^+ 和水的迁移量增大，造成磺酸/羧酸膜层分离。

④ 停车期间水的反向迁移(反电流)。

停车期间电解液会流动，以保持阴极液和阳极液离子强度的平衡。如果阴极液离子强度低于阳极液离子强度，水就会从阴极室扩散入阳极室，这种液体流过离子膜所造成的后果如同离子膜装反一样，最终会导致鼓泡产生，由于扩散速度较慢，损坏通常要经过较长时间才出现。

反向电流，即停车时的“电流效应”也会导致鼓泡发生。当氯碱电解槽正常运行时，阳极液充满活性氯/次氯酸根而处于饱和状态，同时在电解槽上部的气体区内包含 95%～99%的氯气，除非电路被打开且活性氯和次氯酸根被从阳极室内清洗掉，否则在阳极上由于氯气还原为氯化物的同时在阴极上金属被氧化，形成一个原电池。这一电路由一个反向流动的金属离子流，通常是钠离子加上从阴极液流向阳极液的附着水而完成。结果是阴极受到腐蚀，膜的阻力增加，电压升高，这一反向电流造成膜鼓泡现象的发生。因此，在停车期间用盐水冲洗阳极室，降低电槽温度到 70～75℃是非常有益的。

(2) 盐泡。盐泡形成的原因主要有以下四点：

① 部分单极槽构造有问题。

② 高电流密度运行时电槽上方易形成氯气滞留区域。

③ 垫片安装不当(图 4-37)。

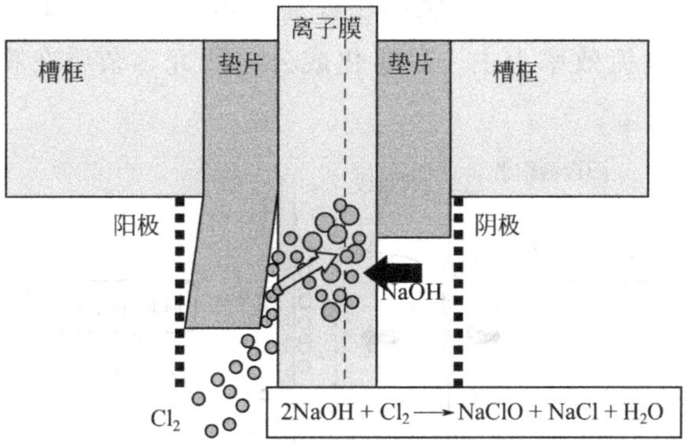

图 4-37 垫片安装不当形成盐泡示意图

④ 停车时置换不彻底，导致离子膜热片弯曲而易形成氯气滞留区域，发生如下反应：

$$Cl_2 + 2OH^- = ClO^- + Cl^- + H_2O$$

$$Na^+ + Cl^- = NaCl\downarrow$$

Cl_2变成 ClO^-、Cl^-和 OH^-，ClO^-不稳定，变成 Cl^-，离子膜内 Cl^-(或 Na^+) 的浓度高于其溶解度时，将发生结晶，造成磺酸层和羧酸层分层。

（3）碱泡。阴极室碱液的浓度对磺酸层与羧酸层都有一定程度的影响，当离子膜正确安装时，羧酸膜层面向阴极室，羧酸基团强烈排斥 OH^-，绝大部分 OH^- 被截留在阴极室，在 32%碱液浓度下，羧酸膜层内的离子通道呈现较小的理想尺寸，达到较高的电流效率。当离子膜安装呈反向时，羧酸膜层暴露在低浓度盐水下，含水量升高，离子通道孔径变大，羧酸基团对 OH^- 的排斥力降低，磺酸基团对 OH^- 的排斥力小于羧酸基团对 OH^- 的排斥力，大量的 OH^- 向磺酸/羧酸界面迁移，羧酸层 OH^- 迁移量小于磺酸层，碱液对磺酸/羧酸界面产生很大压力，磺酸/羧酸剥离（分层），产生碱泡。

（4）杂质沉淀引发的起泡。杂质进入离子膜：阳离子在电场力的作用下进入膜中；中性或两性的杂质随着水的迁移进入膜中；阴离子随着水的迁移进入膜中，但是，由于电场力的作用，其进入的速度很慢。

进入离子膜的杂质将会沉积在膜的阳极侧表面，透过膜取代钠离子沉积在膜里面（其所沉积的位置和颗粒的大小决定了其对离子膜性能的影响）。同时，杂质也有可能对电极的活性造成影响，杂质会以氢氧化物、盐或复合盐的形式沉积下来，其沉积物的溶解度决定了其沉积的位置、颗粒大小及影响。如果杂质沉积在靠近离子膜的阴极侧表面的位置，那么它会对膜造成机械损伤并导致电流效率下降；如果沉积在膜中，那么将会导致电压上升。杂质造成的影响将会累积，即使杂质的量不大，长期作用也会对膜造成巨大影响。

各种杂质在膜内的沉淀位置和对膜的性能影响如表 4-4 所示。

表 4-4　各种杂质在膜内的沉淀位置和对膜的性能影响

杂质	沉淀位置	对膜的影响	
Mg，Ni	磺酸层（阳极侧表层）	电压上升	透水量减少
Al/SiO_2			形成 Na^+、H_2O 迁移障碍层
Ca，Al/SiO_2	羧酸层（阴极侧表层）	电流效率下降	破坏树脂层（孔洞）
I/Ba			破坏离子通道
SO_4，Sr			水的迁移量减少

盐水杂质随着膜内 pH 的变化，在膜中会逐渐沉积，在阳极侧的沉积以影响电压为主，在阴极侧的沉积以影响电流效率为主。经旭化成公司研究，杂质在膜中的沉积位置和影响见图 4-38。

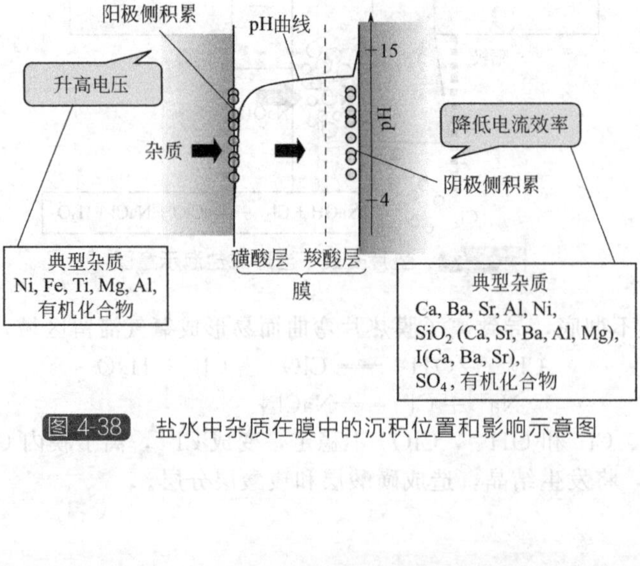

图 4-38　盐水中杂质在膜中的沉积位置和影响示意图

4.3.2.4 离子膜操作包线图

离子膜电解槽的操作关键是使离子膜能够长期稳定地保持较高的电流效率和较低的槽电压，进而稳定直流电耗，延长膜的使用寿命，不因误操作而使膜受到严重损害，同时也能提高成品质量。不同生产厂家的氯碱离子膜以及同一生产厂家不同型号的膜都有各自不同的电解操作要求，以科慕 Nafion 膜为例，介绍新的氯碱膜开、停车以及使用过的膜(旧膜)重新开车使用时的操条件。

新装置-新膜开车时的操作包线见图 4-39。

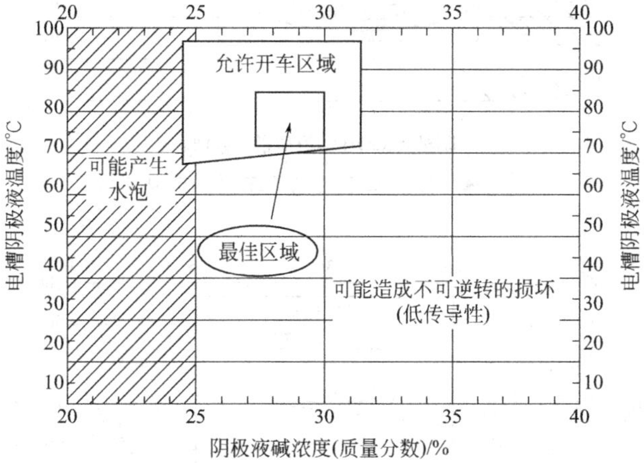

图 4-39 新装置-新膜开车条件

从图中可以看出，离子膜新装置-新膜的允许开车条件是电解槽温度 65～95℃，阴极室碱液浓度为 25%～32%；最佳的开车条件是电解槽温度 70～83℃，阴极室碱液浓度为 27.5%～30.5%。碱液浓度低于 25%会造成离子膜的起泡甚至剥离；碱液浓度高于 32%会造成离子膜不可逆转的损坏。推荐的操作条件如图 4-40 所示。

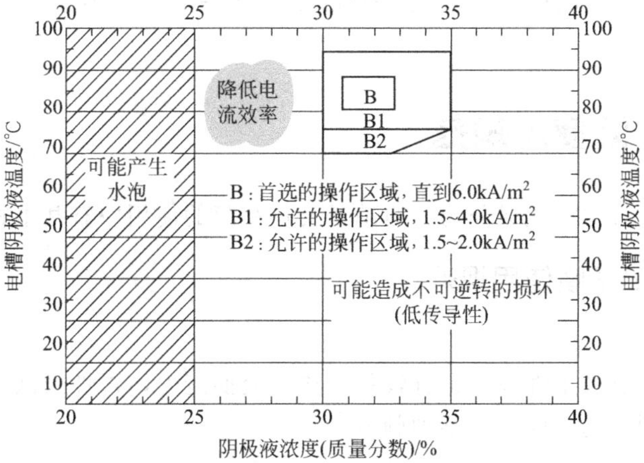

图 4-40 推荐的操作条件

图 4-41 所示为离子膜电解槽停车时的操作条件；图 4-42 所示为离子膜电解槽“旧膜”重新开车时的操作条件。

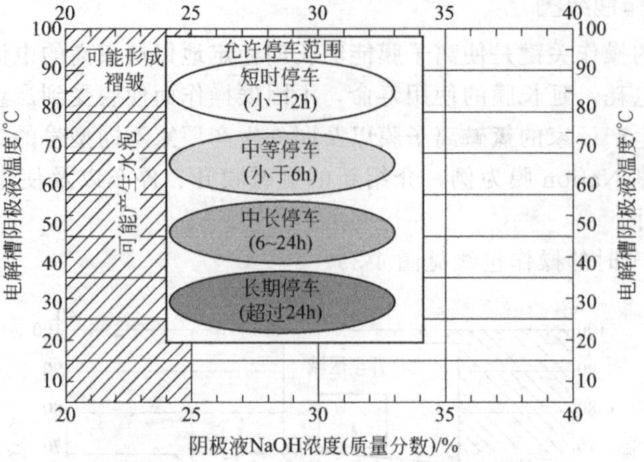

图 4-41 离子膜电解槽停车时的控制条件

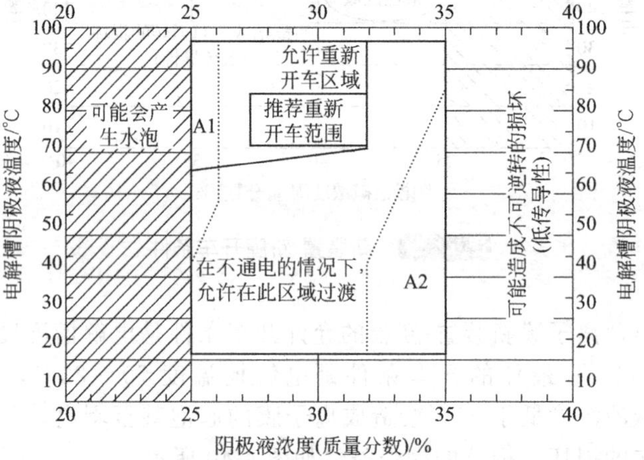

图 4-42 离子膜电解槽“旧膜”重新开车时的操作条件

4.4 离子膜实际使用规范

美国科幕公司、日本旭化成公司、旭硝子公司在膜的使用中有基本相同的操作规范。

4.4.1 科慕公司离子膜使用规范

4.4.1.1 安全性

全氟离子膜化学热稳定性高，具有较强的离子交换能力，毒性极低，但操作人员若长期接触时，可能对个别人的皮肤产生某种刺激。

4.4.1.2 膜的加工修补

全氟离子膜不适宜在熔融状态下进行操作，因为膜在热熔过程中易变形，但对于膜本身所进行的热密封加工处理则是可行的，如膜的修补、层压和套封等。在热密封过程中，膜的温度会超过 300℃，但因间隔时间短且只有极少部分材料处于熔融状态，故一般不会出现问题。

4.4.1.3 膜储存

膜储存的最佳方法是将离子膜水平放置于原密封圆筒内，若原运输密封筒不能使用，则要求将膜平放储存，禁止折皱、重折叠或拉伸离子膜，保护膜不受机械性损坏和尘砂等摩擦物对膜的损坏。

膜的运输温度为20～30℃，储存温度在2～30℃之间，避免温度环境的急剧恶化，如过冷、阳光直射等，拆包前膜温度应大于15℃。膜在运输和储存中相对湿度应大于40%。

4.4.1.4 膜预处理和安装过程

膜的预处理过程主要包括：①膜安装前必须先延伸以防止在操作条件下膜产生皱褶；②钠形式膜在碱性溶液中的膨胀；③钾形式膜的膨胀；④用盐水浸渍做进一步膨胀；⑤杜邦公司开发的一种先进的增强型钠式预膨胀膜不需要预处理可直接装入电解槽，膜安装后，需对膜进行冲洗以除去二甘醇膨胀剂DEG。膜的安装过程主要包括：①膜的装卸；②离封和润滑；③膜入电解槽安装，需要严格按照厂家提供的安装使用说明书进行操作。

膜的正常操作条件：①电流密度1.5～4.0kA/m^2；②电解槽电压小于4.0V；③供料盐水、NaCl浓盐水再循环系统为＞210g/L，一次通过盐水系统为＞270g/L；④阳极液NaCl浓度为200±30g/L；⑤阳极液pH值大于2；⑥阳极含量小于20g/L；⑦阳极液温度80～90℃；⑧供料盐水杂质含量控制Ca、Mg＜33μg/L，I＜1.1mg/L，Sr＜550μg/L，Al＜110μg/L，Ba＜1.1mg/L，SiO_2＜11mg/L，Na_2SO_4＜10g/L，$NaClO_3$＜20g/L。

4.4.1.5 膜取出和重新使用的操作

①膜取出时在拆卸前、拆卸中和拆卸后要让膜始终保持湿润；②在打开电解槽前将电解槽充注碱水并排之；③拆卸电解槽配件时要小心，防止造成人员伤害或膜遭撕裂或其他物理性损坏；④如果需用工具拆卸膜，应使用平滑的刀片；⑤在无离子水或软水中浸渍离子膜以除掉盐分和NaOH，这样做易于安全装卸，防止膜内结晶；⑥膜取出后将膜以湿润状态储存。

离子膜从储存池中取出后要立即安装。如果储存在聚乙烯薄片中，要最大程度膨胀离子膜，方法如处理新膜一样。如果离子膜预处理的正常程序中包括水浸渍，那么储存在聚乙烯薄片中的膜要直接放入该种碱水溶液中去。

4.4.2 旭硝子系列离子膜使用规范

4.4.2.1 膜储存

旭硝子Flemion膜出厂后，用2.8～3.0mol/L(140～176g/L)盐水润湿后重叠在聚乙烯薄膜里，并用密闭木箱保存于10～40℃的阴暗房间里。对于开过箱的离子膜，如出现干燥现象，应及时用盐水润湿，密闭保存。因为膜的保存温度超过40℃时，膜中含水率增加(膨胀现象)；温度低于10℃时，膜会出现析出NaCl现象。

4.4.2.2 膜安装

旭硝子的Flemion®膜不需要预处理，可直接装槽，装槽过程须按照厂家提供的说明书，严格执行。

4.4.2.3 运行稳定后的操作条件

电流密度：3.0～6.0kA/m^2。

盐水(NaCl)进口浓度：270～320g/L，pH≥2。

淡盐水(NaCl)出口浓度：190～210g/L。

碱(NaOH)出口：电流密度3～4kA/m^2　　30.0%～34.0%

电流密度4～5kA/m^2　　30.0%～33.5%

电流密度5～6kA/m^2　　30.0%～33.0%

4.4.2.4 停车

电解槽停车后，必须按顺序处理氢气、氯气残余量，关闭纯水，进行淡盐水和淡碱液循环。NaOH淡液浓度为20%～32%；淡盐水NaCl浓度为190～230g/L，淡盐水游离氯小于11mg/L；槽温低于50℃时不检修、不排液。

4.4.3 旭化成系列离子膜使用规范

4.4.3.1 膜储存

要求在潮湿的条件下将膜卷缠在PVC管子上，一根管子上通常卷缠5张膜，用聚乙烯薄膜包扎卷缠离子膜，并用PVC绝缘胶布密封两端，再用聚乙烯袋包扎并密封开口端，将包扎膜放进塑料筒里盖上密封盖，塑料筒一定要水平地在室温下储存。

4.4.3.2 装槽

旭化成的Aciplex-F膜属于湿膜，在出厂时已经用碳酸氢钠溶液处理，在装槽后，不需要活化离子膜。但装槽前，应根据不同电解槽阴极涂层要求，用相应平衡液泡一下。浸泡形式可以整圈浸泡也可以一张张平铺在平衡液里，浸泡时间在8h以上。如果整圈浸泡，装载到能够转动的专用工具上，一张张取出膜装入电解槽上。需要注意，取膜时不要使之出皱。

4.4.3.3 开车

①电解槽开车通电前，槽温应保持在60℃以上；②开车时电流应逐步提升，1～3kA范围内提升速度要快（一般在几分钟内），电流升至6kA要检测槽电压，若槽电压正常（各单槽电压与平均单槽电压差不超过0.3V视为正常），可根据氯气平衡情况加快电流提升速度(新膜新垫片5kA后电流提升速度要慢，缓慢提高电解槽温度，温度在75～85℃时进行维持，等待单元槽垫片的蠕变)；③开车时的NaOH浓度控制与正常运转一样，一般为30%～34%，但有时因碱供应问题，新开车充液碱浓度稍低些也是可以的，但不能低于29%。

4.4.3.4 停车

①电解槽在停止送电后，立刻进行槽中剩余气体排放和置换，根据停车时间决定是否应将电解槽内的阴、阳极液排出电解槽，是否检修决定于水洗的次数；②如果离子膜还有利用的话，在单元槽进行拆除前，应向单元槽上部膜浇水，再一次弄湿膜和垫片，拉开单元槽仔细地取出膜。

4.5 国产氯碱离子膜的研发

4.5.1 国产氯碱离子膜的发展和现状

我国离子交换膜研究工作起步较早，20世纪60年代中期，锦西化工研究院进行羧酸型离子交换膜研制，以苯乙烯、二乙烯苯、甲基丙烯酸为单体三元共聚得到了羧酸型离子交换膜。1976年三元共聚羧酸膜正式用于北京化工厂年产500t KOH装置中。1978年通过技术鉴定，使北京化工厂试剂级KOH由水银法转为离子交换膜法生产。1983年晨光研究院初步解决了磺酸树脂挤出造粒中的气泡问题。1984年通过挤塑法成功制备了全氟磺酸膜，制成的PTFE网布增强仿Nafion 400膜，同时完成了全氟磺酸膜表面羧酸化改性的实验室工作。

　　通过"七五"攻关，上海氟材所等单位确定了全氟磺酸及全氟羧酸树脂合成工艺路线与制膜工艺过程，建成了羧酸树脂装置和磺酸树脂装置，试制出小面积全氟磺酸与全氟羧酸增强复合膜，锦西化工研究院先后考核了280多张试验膜，其中最好的膜考核结果接近当时杜邦公司Nafion 901膜的水平，寿命长达151天，平均电流效率为96.2%，但重现性不好。实际上，全氟离子膜并非只是一个膜的问题，而是需要解决从原料、单体、中间体、功能单体、全氟材料增强网、全氟磺酸树脂、全氟羧酸树脂到复合增强离子膜的制备、功能化、涂层材料和涂装设备等一系列核心生产技术，是一个系统工程。

　　2004年开始，在"十五"国家"863"计划和"十一五"国家科技支撑计划项目的支持下，山东东岳集团和上海交通大学组成的氯碱离子膜研发团队密切合作，展开了漫长的攻关历程。2009年9月，氯碱离子膜团队经历数年攻关，终于突破了一系列关键技术，创造性地解决了项目所涉及的理论难题、技术难题、装备难题和工程难题，并建成了1.35m幅宽的连续化离子膜生产线，生产的离子膜成功应用到万吨级大规模氯碱生产装置中，结束了中国没有全氟离子膜的历史，为我国基础产业氯碱工业的安全运行和健康发展铺平了道路。

4.5.2　国产氯碱离子膜的结构、组成

4.5.2.1　全氟磺酸树脂

　　全氟磺酸离子交换树脂的分子主链为碳原子和氟原子组成的线性聚四氟乙烯结构，支链是末端基为磺酸或磺酰氟基团的全氟醚结构。由于碳—氟键的结构特点，富电子的氟原子可极化度小，通过分子链旋转，氟原子能紧密覆盖在碳—碳主链周围，形成具有低表面自由能的氟原子保护层，因此全氟离子交换膜具有较高的力学强度、优良的热稳定性和化学稳定性；支链通过醚键固定在全氟碳主链上，末端的磺酸基团由于受到氟原子强烈的吸电子作用而酸性增加，酸性与硫酸相当，在水中完全解离，增强了膜的离子导电性。目前常用的全氟磺酸膜对应的树脂结构如下：

$$\left[CF_2CF_2\right]_x\left[\begin{array}{c}CFCF_2\\ \left[\begin{array}{c}OCF_2CF\\ CF_3\end{array}\right]_z-O-(F_2C)_n-SO_3H\end{array}\right]_y$$

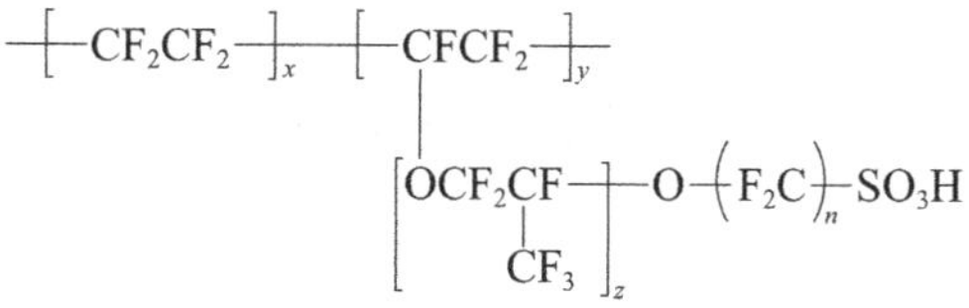

　　东岳集团产品：$x=4\sim12$；$y=1$；$z=0,1$；$n=2\sim5$

　　从上述分子式可以看出：国内外全氟磺酸离子交换膜的化学结构都比较类似，只是共聚物链段比例和醚支链的长度略有差别，其中科幕、旭化成和旭硝子公司的膜产品同属长支链型，Dow公司和3M公司的膜产品为短支链型，东岳集团的膜产品既有长支链型也有短支链型。短支链型的优点是比长支链全氟磺酸膜具有更大的IEC值(每克干树脂所含摩尔磺酸基团数量，单位为mmol/g)和更高的电导率。但是，由于短支链单体合成工艺更加复杂，目前为止还没有得到大规模的使用。

　　山东东岳集团除了合成常规长支链磺酰氟烯醚单体外，还研发了一条不同于现有工艺的合成路线，避免了高温裂解、电解氟化的工艺，能够高转化率、高选择性地制备短支链磺酰烯醚单体 $CF_2=CF-OCF_2CF_2SO_2F$。

　　常规长支链磺酰氟单体(与杜邦公司结构相同)的 ^{19}F NMR测试结果如图4-43所示。

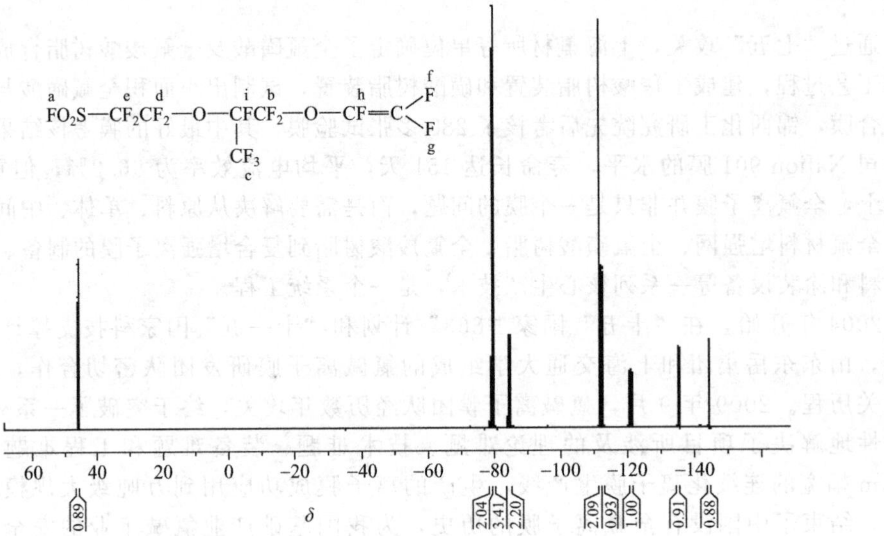

图 4-43 长支链磺酰氟烯醚单体的[19]F NMR 谱图

对短支链磺酰氟烯醚单体的详细测试表征如下：采用 BRUKER TENSOR 27 型红外光谱仪对单体结构进行了测定；单体纯度在 Agilent-6890N 气相色谱仪上测定；^{19}F NMR 及[13]C NMR 在 BRUKER AVANCE Ⅲ 400 MHz 全数字化核磁共振仪上测定。

在磺酰烯醚产品的红外光谱图中可以看到，在 4000～1850 cm^{-1} 波数范围内无任何振动吸收峰，1840cm^{-1} 处有中等强度的单峰振动吸收峰，对应—CF ═CF_2 的伸缩振动；1464cm^{-1}处有强的振动吸收峰，对应—SO_2F 的振动吸收峰；1400～1000cm^{-1}对应 C—F 骨架的强振动吸收峰；1157cm^{-1}处、1133cm^{-1}处对应—C—O—C—强振动吸收峰。根据这些特征峰的存在，证明产品为具有双键结构且含有磺酰基团的全氟类物质，符合预期的化学结构。

通过 Agilent-6890N 气相色谱仪对产品纯度进行了分析，结果显示产品纯度为 99.92%，完全满足聚合要求。

在以 $CDCl_3$ 为溶剂和内标的核磁共振测试谱图上可以得到如下信息(图 4-44)。

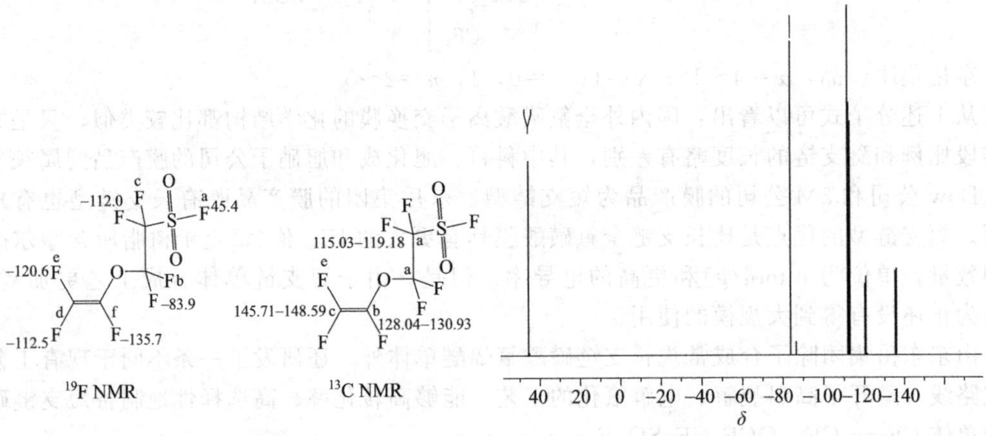

图 4-44 短支链磺酰氟烯醚单体的[19]F NMR 谱图

采用 LAP PERKIN ELMER 7 Series Thermal Analysis System（LAP PERKIN ELMER7 系列热分析仪）测定了合成的全氟磺酸树脂的热稳定性，测试条件为 N_2 气氛，测试温度 30～800℃，升温速率 20℃/min；测定结果如图 4-45 所示。

磺酸树脂的热分解温度超过 400℃，保证了树脂在熔融挤出复合时稳定不分解，避免了加工生产过程中气体生成而导致的复合膜不可用。

采用德国 Brabender 公司的转矩流变仪测定树脂的流变性能，测试不同树脂在不同温度下转矩(N・m)随加工时间(min)的变化。测定条件：转速 50r/min，密练机容积 49mL。测定结果如下所示(图 4-46)。

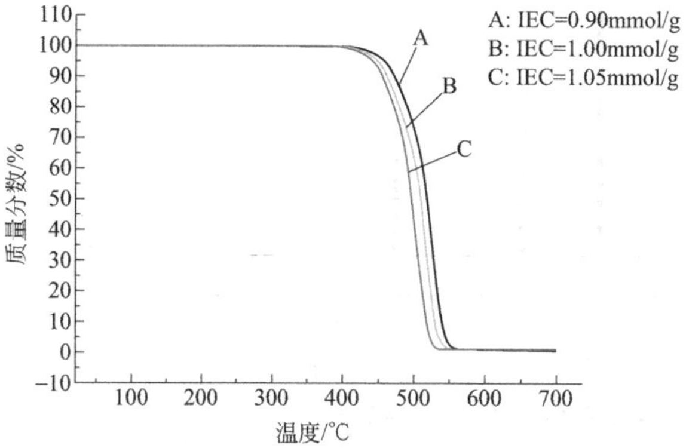

图 4-45 三种不同离子交换容量磺酸树脂的 TGA 测试曲线

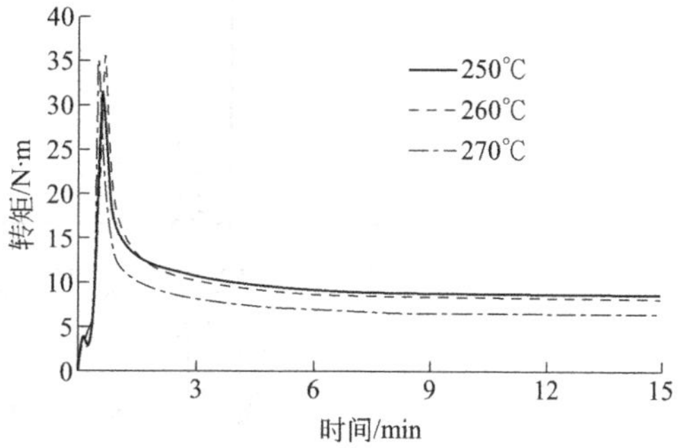

图 4-46 磺酸树脂(IEC=0.90mmol/g)在 250℃、260℃、270℃时转矩随测试时间的变化

转矩流变测试能够真实地模拟聚合物在熔融挤出加工过程中所受到的各种剪切和摩擦等受力条件，并能够测得聚合物在加工过程中的转矩随加工温度和加工时间而变化的重要参数和规律曲线。根据这些参数间的变化关系可以确定全氟磺酸树脂在加工过程中熔体黏度的变化规律、熔体加工特性、熔体加工时的热稳定时间及聚合物加工时的降解温度等。这一系列参数都为全氟磺酸树脂实际加工工艺的控制提供了重要的指导依据。

4.5.2.2 全氟羧酸树脂

由于全氟羧酸树脂的应用范围比较窄，对于该树脂的结构及性能研究的相关资料很少，尤其是对于酯基侧基羧酸树脂的耐热性能、加工性能的研究几乎没有，因此全部数据来源于山东东岳集团的研究积累。

最具有实用价值的全氟羧酸树脂的制备方法是以四氟乙烯和带羧酸酯基侧基的全氟烯醚单体共聚合而成。目前可用的含有羧基官能团的烯醚单体主要有以下两种(表 4-5)。

表 4-5 两种全氟羧酸功能单体的结构

MW	结构	生产厂家
422	$CF_2{=}CF{-}OCF_2CF(CF_3){-}OCF_2CF_2COOCH_3$	杜邦公司 东岳神舟公司
306	$CF_2{=}CF{-}OCF_2CF_2CF_2COOCH_3$	旭硝子公司

在 BRUKER AVANCE Ⅲ 400MHz 全数字化核磁共振仪上测定所合成的羧酸单体，^{19}F NMR谱图及分析结果如下所示(图 4-47)。

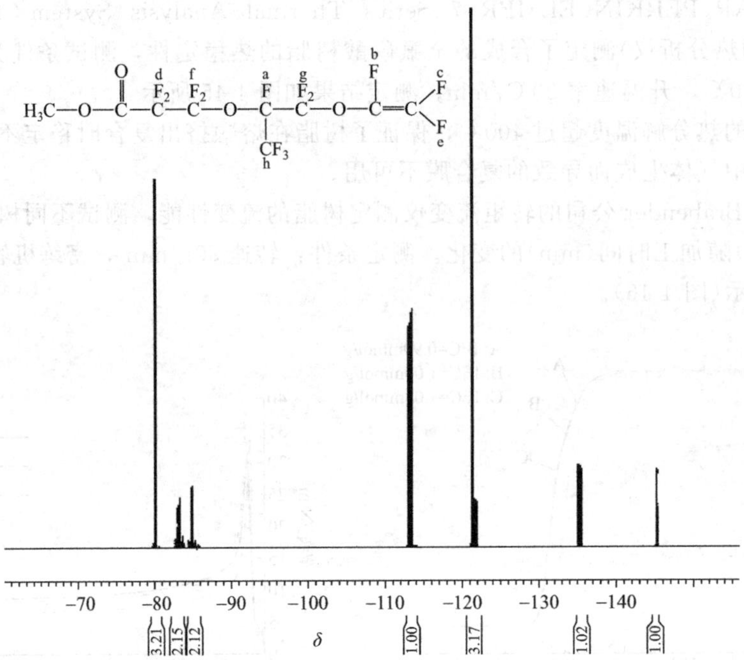

图 4-47 酯基侧基羧酸烯醚单体的^{19}F NMR 谱图

全氟羧酸树脂的结构为：

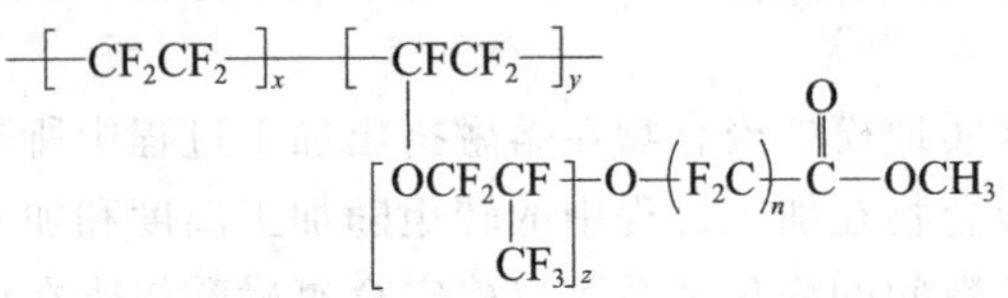

图 4-48 给出了三种不同交换容量的全氟羧酸树脂热重测试曲线，随着 IEC 值的增加，树脂的热分解温度稍有降低，但热分解温度均高于 400℃，可见全氟羧酸与全氟磺酸树脂同样具有优异的静态热稳定性。

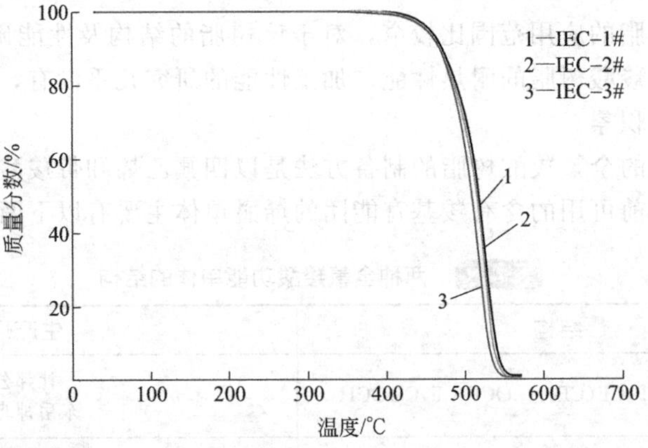

图 4-48 三种不同交换容量羧酸树脂的 TGA(热重)测试曲线

图 4-49 给出了 IEC＝0.92mmol/g 的树脂在 250℃、260℃、270℃下转矩与捏合时间的变化曲线。随着加工温度的增加，羧酸树脂在加工过程中转矩达到平衡所需要的时间明显减少，且平衡转矩值也有所下降。另外，树脂在长时间高温、强剪切作用条件下，转矩均可以

保持平衡，无明显降解或交联现象发生，说明全氟羧酸树脂同样具有良好的动态热稳定性。

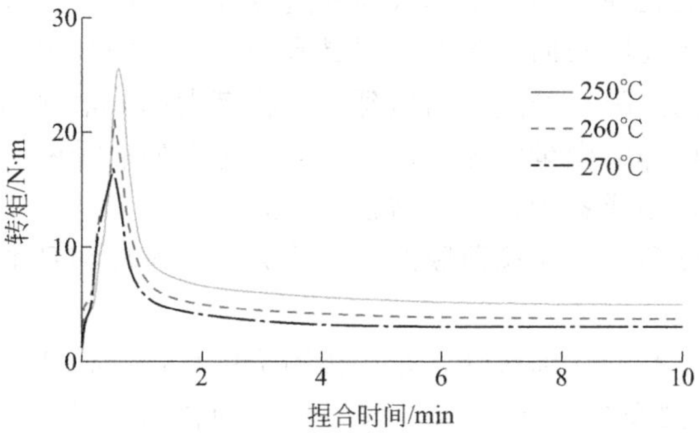

图 4-49 羧酸树脂在 250℃、260℃、270℃下转矩随测试时间的变化

4.5.2.3 新型结构全氟磺酸树脂和全氟羧酸树脂

氯碱离子膜材料的开发是氯碱产业的安全运行基础，在全氟离子交换树脂合成方面，经过多年实验研究，东岳集团制备成功了独具特色结构的多元共聚产物全氟磺酸树脂和全氟羧酸树脂，这两类树脂结构通式如下所示：

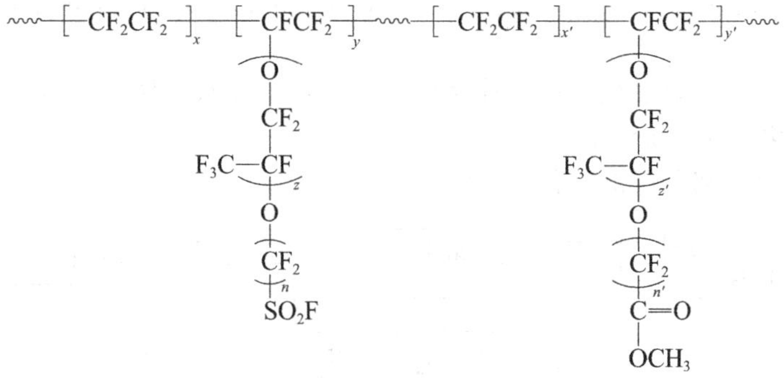

其中，x，$x'=4\sim12$；y，$y'=0$，1；$z=0$，1；$z'=1$；$n=2\sim5$；$n'=2$。

通过聚合工艺调控，使全氟磺酸树脂分子结构内含有少量的酯基羧酸单体结构，也可以使全氟羧酸树脂内含有少量的磺酸单体结构，形成两类性能优异的离子交换树脂：当利用少量全氟羧酸单体与四氟乙烯和全氟磺酸单体共聚合得到新型全氟磺酸树脂时，共聚物的性质将随着全氟羧酸单体含量的增加而发生一系列变化，如聚合物成膜后阻挡氢氧根离子的反渗透能力提高，成膜后与全氟羧酸树脂的匹配度上升，膜层剥离和出现气泡的现象将减少。

4.5.2.4 全氟磺酸/全氟羧酸/全氟增强网复合膜成型制备过程

全氟磺酸树脂与全氟羧酸树脂存在一定的不相容性，当所用的两种全氟树脂的离子交换容量等电化学性能不相匹配时，在电解过程中由于两种基膜的离子迁移数差异过大，以及在两种基膜间水渗透量不平衡而产生较大的内应力，都会引起复合膜层的起泡与剥离。因此，应选用两种相容性匹配的全氟树脂薄膜进行复合，从而获得层间粘接强度较高的全氟离子复合膜。氯碱工业用的全氟离子膜的复合大致采用如下 4 种方法。

(1) 浸胶涂渍法。将增强网布在树脂溶液中进行浸胶处理，使树脂液均匀涂布在增强网布上，然后将此预浸胶的增强网布在一定温度下进行热处理，使树脂胶液层与网布熔融粘接到一起，即制成一定规格的普遍性增强复合膜。

(2) 真空转鼓层压法。该法是将膜的增强和复合在真空层压机上一次完成，采用 4 层层压，即全氟羧酸膜、全氟磺酸膜、PTFE 网布、全氟磺酸膜的四层层压，一次完成。

(3) 带式真空层压法。该法由 Wether 等人提出，其设备是两对不锈钢带，也采用四层层压，靠真空的作用将夹在膜中网布上的气体从边缘抽走，同时完成膜的增强和复合。

(4) 热滚压法。在增强网布面上紧贴一层具有一定厚度的基膜，然后使之通过加热到基膜熔融温度以上的双滚筒间隙。经过滚筒压延后，将有大部分增强网布包覆在熔膜层内。夹杂在增强网布与熔膜层内部的微量气体，由未被熔膜包覆的痕量网布面层排出。根据所用增强网布与基膜的不同，可制成各种普通型增强复合膜。

以上几种制备全氟磺酸离子交换薄膜的方法均为美国科幕和日本旭硝子等几家大公司所垄断。

通过对大量文献、专利的仔细研究，东岳集团采用直接熔融共挤复合磺酸、羧酸两层全氟薄膜并在线复合增强网布的工艺路线，该工艺目前国外尚未详细报道，主要工艺流程如下：

① 将性能相匹配的全氟磺酸树脂粒料、全氟羧酸树脂粒料分别加入共挤出设备不同的螺杆挤出机中，采用熔融挤出工艺将树脂塑化熔融，之后通过分配器进入衣架式机头流延成具有一定宽度和厚度的均匀性两层或三层复合熔膜，在三滚机的牵引和挤压作用下将高温熔膜与预处理过的 PTFE 增强网布进行在线复合。

② 通过热真空装置将 PTFE 增强网布的节点全部嵌入全氟磺酸膜中，实现增强材质与基膜的紧密融合，之后经冷却、切边、收卷，即制得 PTFE 网布/全氟磺酸/全氟羧酸树脂增强复合膜。

③ 增强的复合膜在氢氧化钠溶液体系中转型处理，经水解转型后再双面喷涂亲水氧化物涂层，涂层固化后即得最终的离子膜产品。

图 4-50 是氯碱用离子膜的制备工艺流程图。

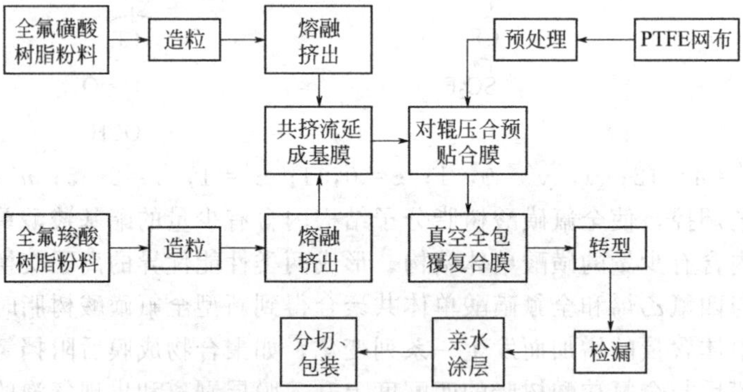

图 4-50 国产氯碱离子膜制备示意图

4.5.2.5 东岳氯碱膜的结构与应用

东岳氯碱膜目前包括两种主要类型，一种是适合强制循环槽的高强度 DF988 膜，另外一种是适合高电流密度电解槽的 DF2800 系列膜。

DF988 氯碱工业用离子膜是无牺牲芯材的离子膜，采用全氟磺酸/PTFE 网布/全氟羧酸膜复合而成，其特点是强度高、使用安全性好、适用性强。由于采用具有自主知识产权的专利技术，全氟磺酸层和全氟羧酸层之间形成无界面融合状态，大大提高了两层之间的结合牢固度，具有不易脱层起泡的独特性能。同时，通过层间结构的优化设计和树脂匹配，赋予离子膜以突出的盐水杂质耐受性。

在蓝星(北京)化工机械有限公司的鼎力支持下，山东东岳氟硅材料有限公司建成年产 1

万吨的我国首套国产离子膜烧碱电解试验装置，使用DF988离子膜于2010年6月30日成功运行，成为中国氯碱工业发展的里程碑。该装置采用蓝星(北京)化工机械有限公司的复极式高电流密度自然循环电解槽，由两种单元槽组成，其中36组膜极距单元槽，36组窄极距高电密(电流密度)单元槽。

该套国产万吨离子膜电解装置为完全国产化的系统，是中国第一套国产离子膜专用生产试验装置，具有代表性和实用性，能够满足国产离子膜工业试验和应用的示范要求，可并入现有氯碱装置同步运行(见图4-51)。

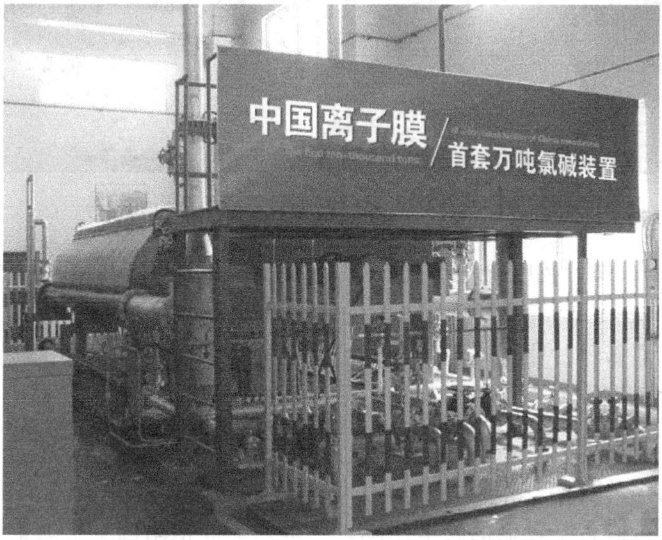

图4-51 中国首套国产离子膜万吨氯碱装置

截至目前，国产DF988膜已成功应用于蓝星(北京)化工机械有限公司位于黄骅的离子膜装置试验基地、山东东岳氟硅材料有限公司、中盐常州化工股份有限公司、上海氯碱化工股份有限公司、山东鲁北化工股份有限公司、苏化集团张家港有限公司、瀛创三征(营口)精细化工有限公司、江西赣中氯碱制造有限公司、甘肃中天化工有限公司、江西九江湖口新康达化工实业有限公司、青岛海晶化工集团有限公司、方大锦化化工科技股份有限公司、衡阳建滔化工有限公司和遵义氯碱股份有限公司等多家企业的20余台工业电解槽上，运行指标达到甚至超过国际同类产品水平。国际客户有泰国Siam PVS化学有限公司、泰国Nirankarn有限公司以及德国富玛科技有限公司等。主要适用槽型包括小单极槽、大单极槽、强制循环复极槽、自然循环复极槽以及高电密和膜极距电解槽等几乎目前行业所有槽型，既有钠碱生产也有钾碱电解，其中运行时间最长的是在中盐常州化工股份有限公司的一台F2装置，连续运行时间已经超过3年半，各项运行指标均达到预期效果，产品质量符合生产要求，证明国产氯碱膜在安全性、实用性和适应性方面已经达到工业大规模应用的要求。

DF2800系列氯碱离子膜是一种具有牺牲芯材的离子膜，适合高电密膜极距电解槽，具有最新的离子膜制造技术，是一种低电压、高电流密度离子膜，对盐水杂质具有更高的耐受性。2012年4月1日，DF2801膜(见图4-52)装备在中盐常州化工股份有限公司F2单极电解槽上并顺利开车运行，虽然部分性能指标未完全达到设计要求，但与DF988膜相比，结合槽电压和对杂质良好耐受性的测试结果，表明DF2801膜符合高电密、低电压和更好的杂质耐受性的设计理念和技术要求，为DF2801膜综合性能的进一步提高奠定了基础、指明了方向。

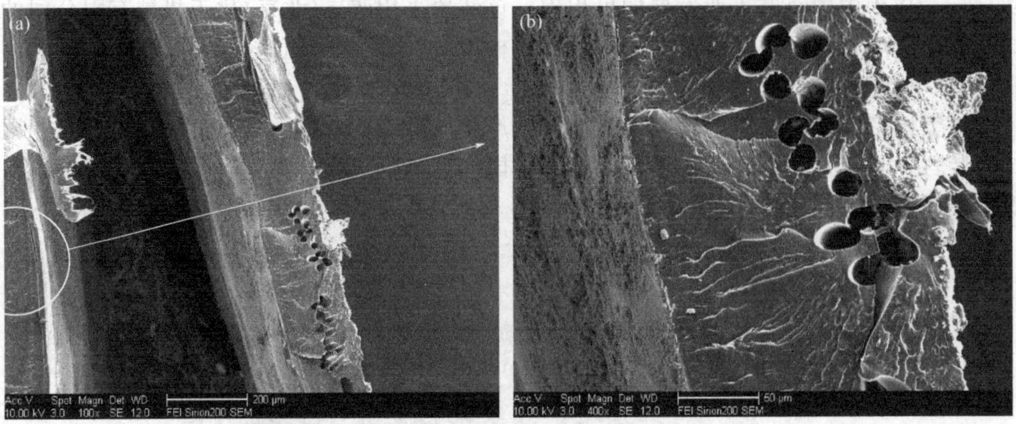

图 4-52 DF2801 离子膜的牺牲纤维与截面结构

从 2014 年开始，经过树脂优化、网布升级、结构创新、设备改造等多项科技研发和装置升级，新型号 DF2806 离子膜问世，并具有更加优异的机械性能。经过改进的 DF2806 膜陆续应用于营口三征新科技化工有限公司、山东铝业有限公司、上海氯碱化工股份有限公司和陕西金泰氯碱化工有限公司等单位，取得了良好的效果。

4.5.2.6 影响氯碱膜性能的主要因素

（1）膜自身结构的影响。槽电压主要由膜电压决定，膜电压首先由膜本身的结构所决定，较低的膜电阻可以带来较低的膜电压降。一般影响膜电阻的主要因素有：组成膜的复合层的化学结构、复合层的物理结构、复合层的厚度等。另外，磺酸树脂层的膜电导率要高于羧酸树脂层，但同样是相同厚度的磺酸层，膜电阻又随其交换容量的下降而上升。

由于羧酸膜层的电导率较低，因此在保证电流效率的条件下，尽可能减少羧酸层的厚度，有助于降低离子膜的电压降，从而可以降低槽电压。

增强层在膜中可以提高氯碱膜的力学性能，但是因为增强层不导电，而且会影响膜内电流密度的分布，并带来离子杂质在膜面阴极侧的沉积，所以应当尽可能减少增强层的面积，并使增强材料在膜中的分布优化。

（2）表面涂层的影响。氯碱膜两侧的气体释放涂层对膜性能的影响也很重要。缩小电极间的距离，溶液的电压降也随之降低，电解槽的槽电压也会随之减小，从而使能耗更小。但是，当极距缩小到一定程度时，槽电压反而有上升的趋势，这是因为在膜的表面会附着一定数量的气泡，降低膜的导电能力，随着极距的减小，膜与电极之间的距离和空间缩小，附着的气泡会难以除去而越来越多，从而导致膜电压的升高。但是随着膜两侧性能良好的涂层的出现，气泡聚集的问题得以解决，电极间的距离已达到膜的厚度水平，也更对涂层提出了越来越高的要求。氯碱膜两侧的涂层必须是多孔的，以促进溶液主体和涂层之间的传质，若涂层质量不高，则会带来气体难以释放、电压升高、羧酸层脱水、羧酸层过热、水传递下降、降低杂质的溶解以及对外部环境的变化更加敏感等诸多不良的影响。

（3）外部条件的影响。提高温度有利于膜电导率的提高，从而降低膜电压和槽电压；溶液中的杂质会在氯碱膜内部和表面沉积，使膜的电压降升高，槽电压随之升高，能耗增大。

4.5.2.7 氯碱膜国家标准

为更好地保护自主知识产权，规范国产离子膜的科研、生产及应用，山东东岳高分子材料有限公司于2010年提出制定《氯碱工业用全氟离子交换膜》系列国家标准，国家标准化管理委员会审查公示后正式纳入国家标准制修订计划，并经由［2011］11号文件下达《氯碱工业用全氟离子交换膜 通用技术条件》等3个标准的制定任务和计划编号。2013年12月31日，国家质量监督检验检疫总局、国家标准化管理委员会通过2013年第27号公告发布GB/T 30295—2013《氯碱工业用全氟离子交换膜 通用技术条件》等3项国家标准（表4-6），并于2014年8月1日开始正式实施。该系列标准的制定有助于规范国内离子膜生产、检验、流通和使用，促进国内离子膜产品质量水平的提高，消除相关行业对离子膜通用技术条件无法可依的状态，支持氯碱企业建立监测评价手段，为争取更多权益打好基础。

表4-6 氯碱离子膜相关国家标准

编号	标准编号	标准名称	实施日期
1	GB/T 30295—2013	氯碱工业用全氟离子交换膜 通用技术条件	2014年8月1日
2	GB/T 30296—2013	氯碱工业用全氟离子交换膜 测试方法	2014年8月1日
3	GB/T 30297—2013	氯碱工业用全氟离子交换膜 应用规范	2014年8月1日

该标准由山东东岳高分子材料有限公司组织起草，同时联合国内多家氯碱企业及离子膜电解槽生产企业共同起草，其中包括上海交通大学、蓝星(北京)化工机械有限公司、中盐常州化工股份有限公司、沧州大化集团黄骅氯碱有限责任公司、沈阳化工集团有限公司、山东东岳氟硅材料有限公司、青岛海晶化工集团有限公司、营口三征新科技化工有限公司等。起草单位中既包括国产氯碱离子膜生产及应用企业，也包括有丰富氯碱离子膜应用和测试经验的单位，这些单位为该标准的制定提供了规范实际的应用经验。

氯碱离子膜目前尚无可供参考的相关国际标准。同时，国产氯碱离子膜的技术在持续进步，应用过程中也待进一步积累经验。但出于对我国氯碱工业安全运行和健康发展的考虑，适时地制定、颁布氯碱离子膜的国家标准，必将促进我国氯碱离子膜产业技术、应用水平和产品质量不断提高，保证氯碱离子膜产品的研发、生产与应用在技术标准的指导下进行。在此系列标准的支撑下，将为氯碱离子膜提供通用的测试方法和应用规范，进一步推动国产氯碱离子膜的应用与推广，有力地支撑我国基础产业的安全运行和健康发展。

4.6 氯碱离子膜研发发展和未来发展改进空间

全氟离子交换氯碱膜经过了几十年的发展，树脂分子的结构和膜本身的构造都在经历不断的改进，使膜的性能更加完善。图4-53是工业上两代全氟氯碱膜的性能比较，从图中可以看出，新型膜具有更优异的性能，在相同的电流密度下，电池电压有很大程度的降低，极大地降低了生产能耗。

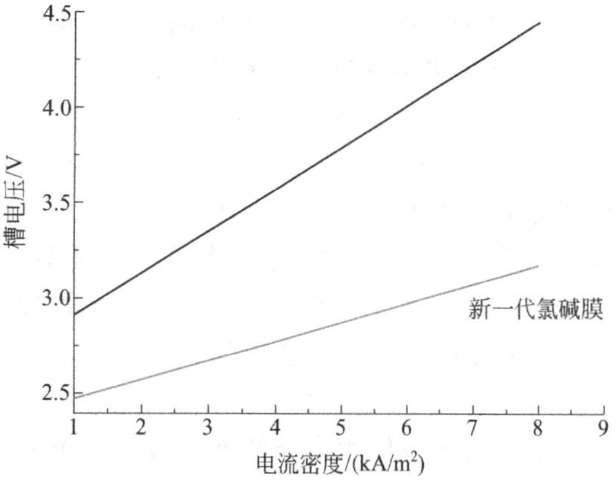

图4-53 两代全氟氯碱膜性能比较

更新一代离子膜研发的趋势是向高电流密度、高电流效率、低能耗方向发展；同时把离子膜的杂质耐受能力、质量是否均匀稳定、寿命长短和运行成本高低也都作为考察未来离子膜性能的重要指标。在未来的离子膜运行中，提高运行碱浓度、降低离子膜电阻也是延长离子膜安全经济寿命、提高离子膜运行质量的重要途径。

4.6.1 提高离子膜抗杂质污染能力

盐水质量对离子膜装置是至关重要的，不仅影响离子膜的使用寿命，也影响高电流密度下的高电流效率。阳离子交换膜选择透过阳离子的特性，不仅使盐水中 Na^+ 选择透过，而且对其他阳离子如 Ca^{2+}、Mg^{2+} 等也不能完全阻隔。Ca^{2+}、Mg^{2+} 进入膜与氢氧根离子形成氢氧化物沉淀，沉积堵塞离子膜，使膜电阻增大、槽电压上升、电流效率下降。铁离子在电池反应中还原成铁被吸附在膜表面，对膜造成污染中毒。这些影响是累积的，极大地影响离子膜的性能，大大缩短离子膜的使用寿命。

高电流密度要求单位时间内更多的钠离子通过膜，也使更多的杂质沉积在膜内，为延长膜经济寿命，研究更耐受杂质的离子膜成为今后各厂家的方向。

4.6.2 提高安全经济运行碱浓度

阴极液中碱浓度对电流效率、槽电压、碱中含盐浓度都有不同程度的影响，对膜透水量基本没有影响。离子交换膜的电流效率的碱浓度特性：阴极液碱浓度与电流效率的关系呈拱状，阴极液浓度降低时，由于膜含水率上升，膜发生膨胀现象，其排斥阴离子特性减小，碱中含盐浓度就会上升。

阴极碱液浓度对磺酸层和羧酸层都有一定程度的影响，羧酸基团强烈排斥 OH^-，绝大部分 OH^- 被截留，32%碱液下羧酸树脂内的离子通道呈现理想尺寸(小)，实现较高的电流效率。当离子膜安装呈反向时，羧酸树脂暴露在低浓度盐水下，含水量升高，离子通道孔径变大，羧酸基团对 OH^- 的排斥力降低，磺酸基团对 OH^- 的排斥力小于羧酸基团对 OH^- 的排斥力，大量的 OH^- 向磺酸/羧酸界面迁移，羧酸层 OH^- 迁移量小于磺酸层，碱液对磺酸/羧酸界面产生很大压力，磺酸/羧酸界面剥离(分层)，产生碱泡。

因此要提高最适宜碱浓度，关键是开发更高碱浓度运行条件的全氟(羧酸)树脂，以满足高碱浓度生产的要求。

4.6.3 提高离子膜安全经济寿命

当离子膜性能下降或针孔过多时，就应选择适当的时机更换离子膜。这主要从两个方面来决定：离子膜电解的产品的质量降低，即 NaOH 中含 NaCl 增多或是氯中含氧量升高；离子膜的运行经济性降低，即旧膜运转成本的增加等于或高于新膜更换成本。此时，离子膜就应予以更换，更换离子膜时要考虑的主要因素列举如下：

① 离子膜的成本、电解槽的垫片费用；

② 操作电流密度及电费的高低；

③ 换膜所需要的工时以及人工费用。

对于实际运转中的电解槽而言，最重要的是如何长期稳定地发挥离子膜的高性能。在正常情况下，离子膜可使用三年或三年以上，而膜物理性能没有较大的变化。若由于机械或物理、化学等的影响，则会加速膜性能的恶化。一般来说，引起膜性能衰竭的主要原因是：①受到杂质或重金属离子污染；②受到物理损伤以及因膨胀或收缩而引起的物理松弛；这些损害主要是操作不当而造成的。

(1) 操作不当对膜寿命的影响

电解槽在最佳操作条件下运转，才可充分发挥膜的性能。如在运行时管理不善，会造成膜性能下降，缩短膜的使用寿命(图 4-54)。此外，停车时阴极液的 NaOH 浓度和阳极液中

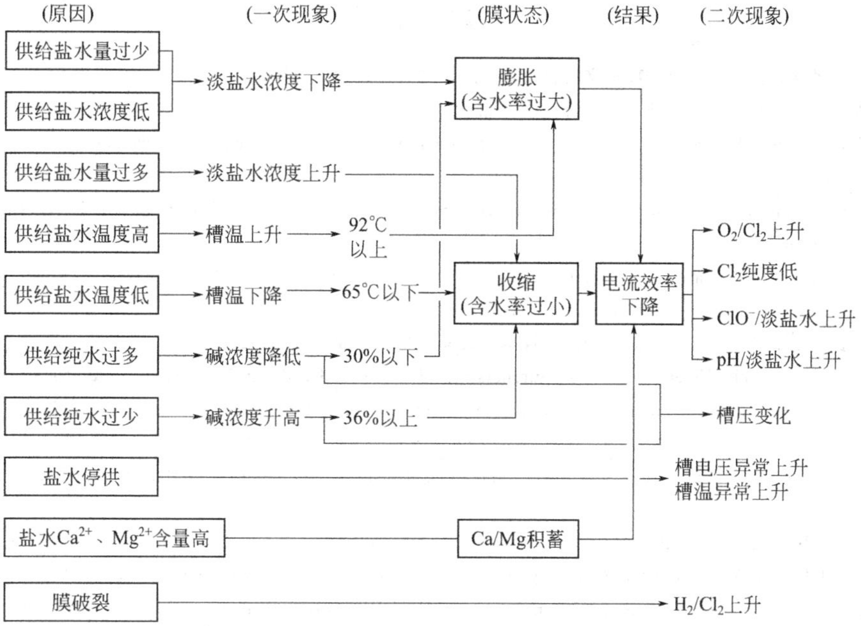

图 4-54 操作因素对电解槽运行的影响

的 NaCl 浓度不能太高，否则离子膜会发生收缩以及在低温时会有 NaCl 结晶析出而造成膜损坏。

（2）保存及安装不妥对膜寿命的影响

① 离子交换膜的保存应该是在室温(10～40℃)下，如果保存温度超过 40℃，膜内含水量就会增加，降低膜的电化学性能；如果温度太低，则会出现膜中水分冻结或 NaCl 析出等现象。

② 为防止膜表面干燥，在安装时应尽量随取随装。在拿取时绝对不允许将膜弯曲或折叠，否则在弯曲折叠处会产生细小的裂痕，甚至导致膜的破裂。

（3）电解槽结构对膜寿命的影响

① 因氯气滞留而造成对膜的损坏。由于电解槽结构不合理而造成氯气在电解槽内滞留(如在电极支持体的地方，因盐水不畅通会造成氯气滞留)，这些氯气会向膜的内部扩散，与反渗过来的 OH^- 形成 NaCl 结晶而破坏膜的结构，严重时甚至会在膜表面形成针孔或发生龟裂，导致膜的损坏。

② 因压力变动而造成对膜的磨损。由于阳极室的氯气和阴极室氢气的压差变化，会使离子膜同电极反复摩擦而受到机械损伤，特别是当膜已经有皱纹时，就更容易在膜上产生裂纹。因此，除了将电极表面尽可能加工得光滑一些以外，还要能自动调节阴阳极室的压力差，使其保持在一定范围内。几乎所有的离子膜电解槽，都是控制阴极室的压力大于阳极室的压力，使膜紧贴在阳极表面，这是因为阴极表面比较粗糙，防止膜与阴极表面的摩擦而给离子膜带来磨损。但是，如果阴极室压力过大，离子膜过分压向阳极表面，也会导致离子膜的损伤。

（4）阴、阳极室内的液体分布的影响　阴、阳极室内的液体分布必须均匀，使整个电解槽内部液体浓度均匀分布，避免局部的液体浓度过高或过低而对离子膜造成的伤害。

参考文献

[1] 李基森，许景文，徐元耀，等．离子交换膜及其应用．北京：科学出版社，1977.

[2] 王振坤编．离子交换膜——制备、性能及应用．北京：化学工业出版社，1985.

[3] Hideo K，Tsuzura K，Shimizu H. Ion exchange membranes// Dorfner K. Ion exchanges. Walter de Gruyter Berlin，1991.

[4] Risen J W. Applications of Ionomers // Scheck S. Ionomers-characterization，theory and applications. New Jersey：CRC Press，1996.

[5] Strathmann H. Electrodialysis and related processes // Nobe R D，Stern S A. Membrane separation technology-principles and applications. Elesevier Science BV，1995：214-278.

[6] 徐铜文，黄川徽．离子交换膜的制备与应用技术．北京：化学工业出版社，2008.

[7] Ostwald W. Elektrische Eigenschaften halbdurchlässiger Scheidewände. Z Physik Chemie，1890，6：71.

[8] Donnan F G. The theory of membrane equilibrium in oresence of a non-dialyzable electrolyte. Z Electrochem，1911，17：572.

[9] Michaelis L，Fujita A. The electric phenomen and ion permeability of membranes 186. Permeability of apple peel，Biochem Z，1925，158：28.

[10] Söllner K. Uber Mosaikmembranen. Biochem Z，1932，244：390.

[11] Juda M，McRac W A. Coherent ion-exchange gels and membranes. J Am Chem Soc，1950，72：1044.

[12] Winger A G，Bodamer G W，Kunin R. Some electrochemical properties of new synthetic ion-exchange membranes. J Electrochem Soc，1953，100：178.

[13] Grot W G. Laminates of support material and flurinated polymer containing pendant side chains containing sulfonyl groups：US，3770567. 1973.

[14] Heitner-Wirguin C. Journal of Membrane Science，1996，120：1.

[15] Eisenberg A，Yeager H L. Perfluorinated Ionomer Membranes. Washington D C：American Chemical Society，1982.

[16] 方度，杨维骅．全氟离子交换膜——制法、性能和应用．北京：化学工业出版社，1993.

[17] James E M. Polymer Data Handbook. New York：Oxford University Press，1999：233.

[18] England D C. US，2852554. 1958.

[19] Robert E P，William D N. US，3301893，1963.

[20] Fritz C G，Moore E P Jr，Selman S. US，3114778. 1961.

[21] HarrisJohn F Jr，McCane D I. US，3180895. 1965.

[22] Donald J C，William F G. US，3282875. 1964.

[23] 刘凤岭，王贫清，曾蓉．全氟离子聚合物的特性及其应用．化工新型材料，2002，30 (11)：19-22.

[24] England D C. US，2852554. 1958.

[25] Robert E P，William D N. US，3301893. 1963.

[26] Grot W G，Molnar C J，Resnick P R. US，4267364. 1981.

[27] Fujimura M，Hashimoto T，Kawai H. Macromolecules，1981，14：1309.

[28] Sata T，Nakahara A，Ito J. JP：53137888. 1978.

[29] Seko M，Yamagoshi Y，Miyauchi H，et al. JP，54006887. 1979.

[30] 李基森，许景文，徐元耀编译．离子交换膜及其应用. 北京：科学出版社，1977.

[31] 莫剑雄，周建钟．电位法测定离子交换膜的选择透过性——两种同价离子的分离比．水处理技术，1990 (16)：195-201.

[32] Stek Alfred E，Stone Charles. Substituted a，b，b-trifluorostyrene-based composite membranes：US，5834523. 1988-11-29.

[33] Spethmann Jeffrey E，Keating James T，Composite ion exchange membranes containing highly crystallilne porous fluorinate polymer supports and electrochemical cell therefor：WO，9850457 A1. 1988.

[34] Grot W G. Nafion product bulletin，Wilmington. DE：Du Pont Co，1986.

[35] Banerjee Shoibal，Summer John Donald. Process for making composite ion exchange membrnes：WO，9851733 A1. 1998-11-19.

[36] Penner R M，Martin C R. Ion-transporting composite membranes Ⅰ Nafion-impregnated Gore-Tex. Electrochem Soc，1985，132：514.

[37] Liu Chao, Martin C R. Ion-transporting composite membranes Ⅱ, Ion transport mechanism in Nafion-impregnated Gore-Tex membranes. Electrochem Soc, 1990, 137 (2): 510.

[38] Liu Chao, Martin C R. Ion-transporting composite membranes Ⅲ, Selectivity and rate of ion transport in Nafion-impregnated Gore-Tex membranes prepared by a high temperature solution-casting method. Electrochem Soc, 1990, 137 (10): 314.

[39] Karine M N, Peter S F. Nafion based composite polymer electrolyte membranes. Electrochemica Acta, 1998, 43 (16-17): 2381.

[40] 邢丹敏，刘永浩，衣宝廉．燃料电池用质子交换膜的研究现状，电池，2005 35 (4)：312-314.

[41] 任建新．膜分离技术及其应用．北京：化学工业出版社，2002.

[42] 杰克逊 C.，沃尔 K. 现代氯碱技术．北京：化学工业出版社，1990.

[43] 中国氯碱工业协会编．沈阳：2009 年全国烧碱行业技术年会资料汇编．2009.

[44] 程殿彬，陈伯森，施孝奎．离子膜法制碱生产技术．北京：化学工业出版社，1998.

[45] 唐小红，刘福，徐勉．离子膜电槽电流密度的研究及应用．化学研究与应用，2008 (20)：212-215.

[46] 张有谟．杜邦公司离子膜的发展历程及展望．江苏氯碱，1991 (4)：1-9.

[47] 袁丽娟．如何延长离子膜使用寿命．中国氯碱．2003 (10)：212-213.

[48] 程殿彬．离子膜在我国氯碱工业中的使用情况．氯碱工业．1996 (2)：11-14.

[49] 刘晓营，唐必勇．高电流密度零极距离子膜电解槽的应用．中国氯碱，2007 (4)：10-11.

[50] 高自宏，王学军，张恒，等. 氯碱用国产离子膜研发及应用. 氯碱工业，2010，10：11-16.

[51] 于昌国，王婧，王学军，等. 万吨级国产离子膜示范装置运行情况. 氯碱工业，2012，11：16-19.

[52] 杨振伟，崔晓兵. 国产离子膜 DF988 的应用. 中国氯碱，2011，08：11-13.

[53] 王学军，于昌国，王婧，等. 国产氯碱离子膜工业应用与研究进展. 中国氯碱，2012，6：1-4.

[54] 王学军. 全氟磺酸树脂在氯碱膜中的作用机理探析. 化学世界，2013 (7)：429-434.

[55] 王学军，王婧. 氯碱膜中的全氟羧酸层及其运行机理研究. 中国氯碱，2014 (4)：1-6.

[56] 王学军，王婧，张永明，等. 氯碱离子膜的水传递和水通量. 氯碱工业，2014 (1)：18-23.

[57] 张佳兴，齐长亮，董文虎，等. 国产离子膜 DF988 在 DD350 电解槽上的应用. 中国氯碱，2014 (2)：16-18.

[58] 董文虎，齐长亮，孙玉堂，等. 国产离子膜 DF988 运行总结. 氯碱工业，2014 (1)：24-27.

[59] 王学军，王婧，张永明. 氯碱离子膜的水传递和水通量. 氯碱工业，2014，50 (1)：18-23.

[60] 王学军，房绍霞，张永明. 氟化工行业与含氟材料国家标准分析. 现代化工，2013，33 (3)：1-6.

[61] 夏俊，王学军，王维东．聚四氟乙烯材料相关标准现状与趋势．塑料工业，2014，42 (4)：124-129.

[62] 全国分离膜标准化技术委员会. GB/T 30295—2013 氯碱工业用全氟离子交换膜 通用技术条件. 北京：中国标准出版社，2014.

[63] 王学军，王丽，张永明．短侧链全氟磺酸膜材料．化工进展，2014，33 (12)：3283-3291.

[64] 王学军，张恒，郭玉国. 膜分离领域相关标准现状与发展需求．膜科学与技术，2015，35 (2)：120-127.

5 离子膜电解原理

5.1 离子膜电解方法概述

离子膜电解是使用离子选择性透过膜电解的简称，是离子分离和电解装置的结合体，具有电场驱动分离膜和电解装置的双重特性，其电解原理和过程与隔膜法一致，膜分离过程遵循全氟磺酸/羧酸复合膜规律。

离子膜电解过程中，由于离子膜只允许钠离子通过膜，阻挡氯离子和氢氧根离子透过，因此不但可以分开产品氯气与氢气，而且可以防止烧碱与盐水的混合，克服了隔膜法电解过程碱中混合盐的问题，也规避了水银法电解电压高和汞污染问题，自发明以后得到迅速发展，快速替代隔膜法和水银法，成为目前主要的烧碱生产方法。

离子膜电解方法核心技术是保证离子膜能长期稳定运行以及开、停车时膜和电解装置安全。为此除电解槽外，还需建设直流供电系统、开停车液体排放循环系统、阴阳极液进料循环系统、气体压力保持系统和紧急事故应急处理保护等系统，各系统在 DCS 协同下相互配合完成离子膜电解装置运行。多年来，各技术开发方与装置使用者紧密配合，不断探索和改进，提高电解槽、膜和附属系统的工艺与设计，完善制造和操作技术，不断提高装置可靠性和降低单位产品电耗，使离子膜电解技术日臻完善。

5.2 离子膜电解

5.2.1 离子膜电解原理

根据法拉第第一定律，在电极上生成的物质量 W，与电流强度 I 和通电时间 t 成正比，即：

$$W = kIt = kQ$$

式中 W——产物量，g；

I——电流强度，A；

t——通电时间，h；

Q——电解电量，A·h。

k——比例常数，当电极上通过 1A 电流电解 1h，用电量为 1A·h 时，产生的物质量称为该物质的电化学当量 k [g/(A·h)]

根据法拉第第二定律，某一物质的电化学当量与其化学当量成正比：

$$k = dE$$

式中，E 为该物质的化学当量，克当量；d 为比例常数。

当电极上生产 1g 当量物质时，需要电子数为常量，称为阿伏伽德罗常数：通过 1 法拉第电量时，无论是阴极还是阳极，其产物都为 1g 当量。

$$F = 96485.6\text{C/mol}(库仑/摩尔)$$

根据电量定义，每库仑电量为1s通过1A电流，即：

$$C = 1\text{s}\cdot\text{A} = \frac{1\text{A}\cdot\text{h}}{3600}$$

因此，当通电量为1法拉第时：

$$W = E = kIt = kF$$

该物质的电化学当量：

$$k = \frac{E}{It} = E/F = \frac{E}{96485.6\text{C}} = \frac{3600E}{96485.6}$$

$$k = E/26.802\ \text{g/(A}\cdot\text{h)}$$

$$d = 1/26.802\ \text{g/(A}\cdot\text{h)} = 0.0373\text{g/(A}\cdot\text{h)}$$

食盐水电解时，离子反应式为：

$$2Cl^- + 2H_2O = H_2 + Cl_2 + 2OH^-$$

化学反应式：

$$2NaCl + 2H_2O = H_2 + Cl_2 + 2NaOH$$

各电极产物和消耗物的电化学当量如下：

$$Cl_2 \quad k_{Cl_2} = 35.46/26.802 = 1.32304[\text{g/(A}\cdot\text{h)}]$$

$$H_2 \quad k_{H_2} = 1.01/26.802 = 0.03768[\text{g/(A}\cdot\text{h)}]$$

$$H_2O \quad k_{H_2O} = 18.02/26.802 = 0.67234[\text{g/(A}\cdot\text{h)}]$$

$$OH^- \quad k_{OH^-} = 17.01/26.802 = 0.63465[\text{g/(A}\cdot\text{h)}]$$

$$Cl^- \quad k_{Cl^-} = 35.46/26.802 = 1.32304[\text{g/(A}\cdot\text{h)}]$$

换算成烧碱和盐为：

$$NaOH \quad k_{NaOH} = 0.63465 \times 40.01/17.01 = 1.49280[\text{g/(A}\cdot\text{h)}]$$

$$NaCl \quad k_{NaCl} = 1.32304 \times 58.46/35.46 = 2.18118[\text{g/(A}\cdot\text{h)}]$$

每生产1t烧碱理论消耗盐可以按如下计算：

$$q = k_{NaCl}/k_{NaOH} = 2.18118/1.49280 = 1.46113(\text{t/tNaOH})$$

因此，电解槽如果通过Q(A·h)电量时，理论产物和原料量分别为：

$$W_n = knQ$$

$$W_{Cl_2} = 1.32304Q[\text{g/(A}\cdot\text{h)}]$$

$$W_{H_2} = 0.03768Q[\text{g/(A}\cdot\text{h)}]$$

$$W_{NaOH} = 1.49280Q[\text{g/(A}\cdot\text{h)}]$$

$$W_{NaCl} = 2.18118Q[\text{g/(A}\cdot\text{h)}]$$

$$W_{H_2O} = 0.67234Q[\text{g/(A}\cdot\text{h)}]$$

5.2.2 食盐水电解过程反应热力学

在反应平衡时，化学过程热力学可表达为：

$$\Delta G = \Delta H - T\Delta S$$

式中 ΔG——自由能量变化；

ΔH——反应焓变；

ΔS——反应熵变。

若将生成的能量全部回收为电能，根据热力学关系可用下式表达：

$$-\Delta G = nFE$$

式中 E——电动势；

ΔG——吉布斯(Gibbs)自由能变化；

n——反应中相应的电荷迁移数；

F——法拉利常数，96485.6J/(V·mol)。

为使反应逆向进行，需从外界接受能量最低限度为 nFE_d，则：

$$E=-E_d$$

式中，E_d为理论分解电压。

电解食盐水制烧碱和氯气的阳极过程：

$$2Cl^- - 2e \longrightarrow Cl_2 \quad \Delta G^0 = -262.086\ kJ/mol$$

式中，ΔG^0 为标准吉布斯（Gibbs）自由能变化。

则标准理论分解电压：

$$E^0_{dCl_2}=-\frac{\Delta G^0}{nF}=-\frac{262.086}{2\times 96.48456}=1.3582(V)$$

电解食盐水制烧碱和氯气的阴极过程：

$$2H_2O+2e \rightleftharpoons 2OH^- + H_2\uparrow \quad \Delta G^0=159.787kJ/mol$$

$$E^0_{dH_2}=-\frac{\Delta G^0}{nF}=-\frac{159.787}{2\times 96.48456}=-0.8125(V)$$

离子膜电解反应标准理论分解电压：

$$E^0_d=E^0_{dCl_2}-E^0_{dH_2}=1.3582+0.8125=2.1707(V)$$

电解食盐水制烧碱氧阴极的阴极过程：

$$H_2O+\frac{1}{2}O_2+2e \longrightarrow 2OH^- \quad \Delta G^0=-77.3806\ kJ/mol$$

$$E^0_{dO_2}=-\frac{\Delta G^0}{nF}=\frac{77.3806}{2\times 96.48456}=0.4010(V)$$

氧阴极电解反应标准理论分解电压：

$$E^0_d=E^0_{dCl_2}-E^0_{dH_2}=1.3582-0.4010=0.9572(V)$$

离子膜法食盐水电解氧阴极与氢阴极的标准分解电压差：

$$\Delta E^0=E^0_{dO_2}-E^0_{dH_2}=0.4010+0.8125=1.2135(V)$$

标准电极电位是温度的函数，在25℃时，ΔG^0 和 ΔE^0 可以在化学手册中查到，但其他温度下的数据则较少，需要计算，根据热力学基本函数则有：

$$\Delta G^0_T=\Delta H^0_T-T\Delta S^0_T$$

$$\Delta H^0_{T_2}=\Delta H^0_{T_1}-\int_{T_1}^{T_2}\Delta C_P\,dT$$

$$\Delta S^0_{T_2}=\Delta S^0_{T_1}-\int_{T_1}^{T_2}(\frac{\Delta C_P}{T})dT$$

式中，C_P 为定压比热容。

而：$-\Delta G=nFE$

$$E=-\frac{\Delta G}{nF}$$

这样对其温度求导，得到

$$E=-\frac{\Delta H}{nF}+T\left(\frac{\partial E}{\partial T}\right)_P$$

该式为 Gibbs-Helmholtz(吉布斯-赫姆赫茨)方程，式中的 $\left(\frac{\partial E}{\partial T}\right)_P$ 为体系恒压下的电位温度系数，可以从实验中测得。

5.2.3 平衡电极电位

对于典型的离子膜电解阳极电化学反应：

$$2Cl^- - 2e \longrightarrow Cl_2$$

达到平衡时，存在体系自由焓变化与平衡电动势之间的关系式：

$$-\Delta G = nFE$$

根据化学反应等温方程有：

$$\Delta G = \Delta G^0 - RT\ln \frac{P_{Cl_2}}{\alpha^2_{Cl^-}}$$

即：

$$E = -\frac{\Delta G^0}{nF} + \frac{RT}{nF}\ln \frac{P_{Cl_2}}{\alpha^2_{Cl^-}}$$

反应物生成物活度系数和为 1 时，定义标准平衡电势为：

$$E^0 = -\frac{\Delta G^0}{nF}$$

这样有：

$$E = E^0 + \frac{RT}{nF}\ln \frac{P_{Cl_2}}{\alpha^2_{Cl^-}}$$

对应标准 H_2 电极为参比电极的电位，上式标记为：

$$\varphi = \varphi^0 + \frac{RT}{nF}\ln \frac{P_{Cl_2}}{\alpha^2_{Cl_2}}$$

式中 R——气体常数，8.31 J/（mol・K）；

F——法拉第常数，96485.6 J/（V・mol）；

n——转移电子数；

T——热力学温度，K；

α——离子在溶液中的活度系数，mol/L；

P——气相分压，(λ，下同) atm（λ，下同）。

该方程为奈斯特(Nernst)方程，常用于计算不同工况条件下的电极电位。对于析氯反应，标准电极电位与温度的关系有如下方程：

$$\varphi^0 = 1.47252 + 4.82271 \times 10^{-4} T - 2.90055 \times 10^{-6} T^2$$

在 25℃、槽内盐水浓度 200g/L、氯离子活度系数 3.221mol/L、氯气分压 0.97atm 下，计算电极电位：

$$\varphi^0_{Cl_2,25℃} = 1.47252 + 4.82271 \times 10^{-4} \times 298 - 2.90055 \times 10^{-6} \times 298^2$$
$$= 1.358656\ (V)$$

$$\varphi_{Cl_2,90℃} = \varphi^0_{Cl^2,25℃} + \frac{8.31 \times 298}{2 \times 96485.6} \times ln\frac{0.97}{3.221^2}$$

$$\varphi_{Cl_2,25℃} = 1.358656 + 0.012833 \times \ln 0.093495$$
$$= 1.32824\ (V)$$

在 90℃、槽内盐水浓度 200g/L、氯离子活度系数 3.221mol/L、氯气分压 0.4486atm

下，计算电极电位：

$$\varphi^0_{Cl_2,90℃}=1.47252+4.82271\times10^{-4}\times363-2.90055\times10^{-6}\times363^2$$
$$=1.26538\ (V)$$

$$\varphi_{Cl_2,90℃}=\varphi^0_{Cl_2,90℃}+\frac{8.31\times363}{2\times96485.6}\times\ln\frac{0.4486}{3.221^2}$$

$$\varphi_{Cl_2,90℃}=1.26538+0.015632\times\ln0.04329$$
$$=1.21628(V)$$

可以容易计算出，温度从25℃提高到90℃，析氯平衡电极电位降低0.11196V，即降低了112mV。

对于离子膜电解阴极电化学反应有：

$$2H_2O+2e \rightleftharpoons 2OH^-+H_2\uparrow$$

$$\varphi_{H_2}=\varphi^0_{H_2}-\frac{RT}{nF}\ln\frac{P_{H_2}\alpha^2_{OH^-}}{\alpha^2_{H_2O}}$$

$$\varphi_{H_2}=\varphi^0_{H_2}-\frac{RT}{nF}\ln(P_{H_2}\alpha^2_{OH^-})$$

由于参比电极即为析氢电极，因此规定标准电极电位与温度无关：

$$\varphi^0_{H_2}=-0.828V$$

在25℃、槽内碱浓度32%、氢氧根活度系数10.56mol/L、氢气分压1atm下，计算电极电位：

$$\varphi_{H_2,25℃}=\varphi^0_{H_2}-\frac{8.31\times298}{2\times96485.6}\times\ln10.56^2$$
$$=-0.828-0.060496$$
$$=-0.8885(V)$$

在25℃温度时，离子膜电解槽平衡电位：

$$V^0_{25℃}=\varphi_{Cl_2,25℃}-\varphi_{H_2,25℃}=1.32824+0.8885=2.15624(V)$$

在90℃温度、槽内碱浓度32%、氢氧根活度系数10.56mol/L、氢气分压0.7124 atm下，计算电极电位：

$$\varphi_{H_2,90℃}=\varphi^0_{H_2,90℃}-\frac{8.31\times363}{2\times96485.6}\times\ln(10.56^2\times0.7124)$$
$$=-0.828-0.06839$$
$$=-0.89639(V)$$

在90℃温度时，离子膜电解槽平衡电位：

$$V^0_{90℃}=\varphi_{Cl_2,90℃}-\varphi_{H_2,90℃}=1.21628+0.89639=2.11267(V)$$

可以容易计算出，温度从25℃提高到90℃，离子膜电解平衡槽压降低0.043V，即降低了43mV。

对于离子膜电解氧阴极电化学反应有：

$$H_2O+\frac{1}{2}O_2+2e\longrightarrow2OH^-$$

$$\varphi_{O_2}=\varphi^0_{O_2}-\frac{RT}{nF}\ln\frac{\alpha^2_{OH^-}}{\sqrt{P_{O_2}}}$$

对应于25℃，氧阴极电极电位：

$$\varphi^0_{O_2,25℃}=0.401V$$

在 25℃温度、槽内碱浓度 32%、氢氧根活度系数 10.56mol/L、氧气分压 1atm 下，计算电极电位：

$$\varphi_{O_2,25℃}=\varphi_{O_2}^0-\frac{8.31\times298}{2\times96485.6}\times\ln 10.56^2$$
$$=0.401-0.060496$$
$$=0.3405(V)$$

在 25℃温度时、氧阴极离子膜电解槽平衡电位：

$$V_{25℃}^0=\varphi_{Cl_2,25℃}-\varphi_{O_2,25℃}=1.32824-0.3405=0.98774(V)$$

在 90℃温度、槽内碱浓度 32%、氢氧根活度系数 10.56mol/L、氧气分压 1atm 下，计算电极电位：

$$\varphi_{O_2,90℃}=\varphi_{O_2,90℃}^0-\frac{8.31\times363}{2\times96485.6}\times\ln(10.56^2)$$
$$=0.401-0.072195$$
$$=0.328805(V)$$

在 90℃温度时，离子膜电解槽平衡电位：

$$V_{90℃}^0=\varphi_{Cl_2,90℃}-\varphi_{O_2,90℃}=1.21628-0.328805=0.887476(V)$$

可以容易计算出，温度从 25℃提高到 90℃，氧阴极离子膜电解平衡槽压降低 0.1003V，即降低了 100mV。

5.2.4 离子膜电解槽主要化学反应

在离子交换膜电解工艺中，电场驱动下选择性透过阳离子的功能膜安装在阳极和阴极之间，当盐水在阳极室循环和碱液通过阴极室的时候进行电解。

(1) 阴极主要反应方程式

主要反应：

$$2H_2O+2e\longrightarrow H_2+2OH^-$$

次要反应：

$$\frac{1}{2}O_2+H_2O+2e\longrightarrow 2OH^-$$

$$ClO^-+H_2O+2e\longrightarrow Cl^-+2OH^-$$

阴极所有反应均生成氢氧根，因此阴极氢氧根效率为 100%。

(2) 阳极主要反应方程式

主要反应：

$$2Cl^--2e\longrightarrow Cl_2$$

次要反应：

$$4OH^--4e\longrightarrow O_2+2H_2O$$

在阳极液中发生下列副反应：

$$Cl_2+OH^-\longrightarrow HClO+Cl^-$$

$$Cl_2+2OH^-\longrightarrow Cl^-+ClO^-+H_2O$$

$$2HClO+ClO^-\longrightarrow ClO_3^-+2Cl^-+2H^+$$

由于 HClO 和 ClO^- 是由 Cl_2 而来，上式可变为：

$$3Cl_2+6OH^-\longrightarrow ClO_3^-+5Cl^-+3H_2O$$

在阳极液不加酸时：

$$CO_3^{2-} + 2H^+ \longrightarrow CO_2 + H_2O$$
$$OH^- + H^+ \longrightarrow H_2O$$

由 HClO 分解产生氧的反应如下：

$$2HClO + 2OH^- \longrightarrow 2Cl^- + 2H_2O + O_2$$

即：

$$2Cl_2 + 4OH^- \longrightarrow 4Cl^- + 2H_2O + O_2$$

在阳极液加酸时：

$$CO_3^{2-} + 2H^+ \longrightarrow CO_2 + H_2O$$
$$OH^- + H^+ \longrightarrow H_2O$$

由 ClO_3^- 分解产生氯的反应如下：

$$ClO_3^- + 6H^+ + 5Cl^- \longrightarrow 3Cl_2 + 3H_2O$$

即生成的氯酸盐分解后，系统氯酸盐含量不会增加。

5.2.5 氧阴极电解技术

氧阴极技术是近年来发展起来的一项新型离子膜电解槽技术。氧阴极的技术原理是以氧气还原反应代替氢析出的还原反应，由于阴极反应不同，阴极的理论分解电压也就不同。氧阴极比现行的普通阴极(镍网＋活性涂层)的电极电位降低了 1.23 V 左右，在相同电流密度的运行条件下，可以在理论上达到节能 30％的效果。

氧阴极技术是将燃料电池的氧阴极进行技术改进，应用到氯碱电解槽中，从而制造出适合于氯碱电解的氧阴极电极技术，并将该电极装载到离子膜电解槽中用于氯碱生产，从而大幅度降低能源消耗。氧阴极与氢阴极原理对比表见表 5-1，氧阴极电解槽电压对比表见表 5-2。

表 5-1 氧阴极与氢阴极原理对比表

项目	传统电极	氧阴极
阳极	$2Cl^- \longrightarrow Cl_2 + 2e$	$2Cl^- \longrightarrow Cl_2 + 2e$
阴极	$2H_2O + 2e \longrightarrow H_2 + 2OH^-$	$1/2O_2 + H_2O + 2e \longrightarrow 2OH^-$
总反应	$2NaCl + 2H_2O = 2NaOH + Cl_2\uparrow + H_2\uparrow$	$2NaCl + 1/2O_2 + H_2O = 2NaOH + Cl_2$

表 5-2 氧阴极电解槽电压对比表 单位：V

项目	离子交换膜法	氧阴极法
理论分解电压	2.10	0.96
膜电压降	0.36	0.36
氧阴极电极过电压	0	0.45
阳极过电压	0.05	0.05
溶液电压降	0.15	0.15
氢过电压	0.15	0
总槽电压	2.89	1.97

电解条件：电流密度 3.3kA/m²，氢氧化钠浓度 32％，温度 90℃，槽电压每降低 0.1V，直流电耗降低 70kW·h，见图 5-1。

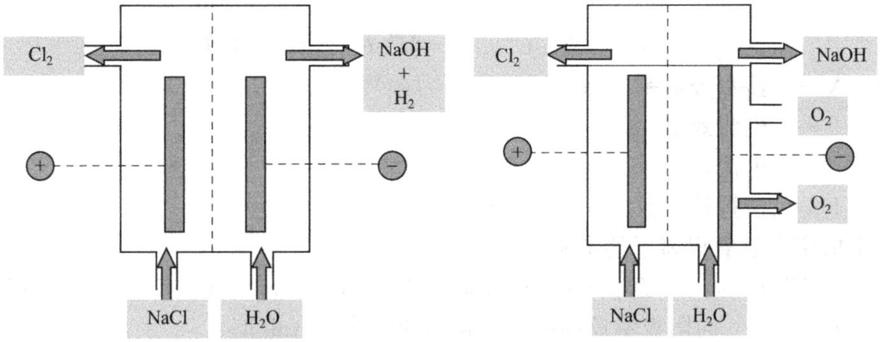

图 5-1 氧阴极与氢阴极离子膜电解原理图

食盐电解的电能消耗较低，普通离子膜法电解制烧碱技术，吨碱能耗 2300kW·h，采用氧阴极技术制烧碱，吨碱电耗为 1500kW·h。

5.3 离子膜电解物料平衡

离子膜电解过程的工艺原理如图 5-2 所示。氯化钠被电离成钠离子和氯离子。氯离子在阳极室放电转变为氯气，同时，钠离子通过离子交换膜迁移到阴极室。在阴极室，水电解成氢气和氢氧根离子。钠离子和氢氧根离子结合生成氢氧化钠。

钠离子的选择性渗透：通过离子膜对钠离子的选择性渗透，在阳极室的钠离子由于它们和膜的亲和性，能够透过膜而进到阴极室。

因氯离子和氢氧根离子有与膜相似的负电荷，膜对它们排斥，所以它们不能通过膜。

水通过膜的迁移：在钠离子通过离子膜的同时，由于离子膜的含水率确定，围绕钠离子有 n 个水分子同时通过膜从阳极转移到阴极，该转移水称为钠离子水合水，n 在通常工作条件下为 4 左右。在离子膜电解物料平衡模型中，假设通过某面的体积流量为 V、摩尔流量为 J、物质体积浓度为 C，离子膜单元槽内的物料平衡情况见图 5-3。

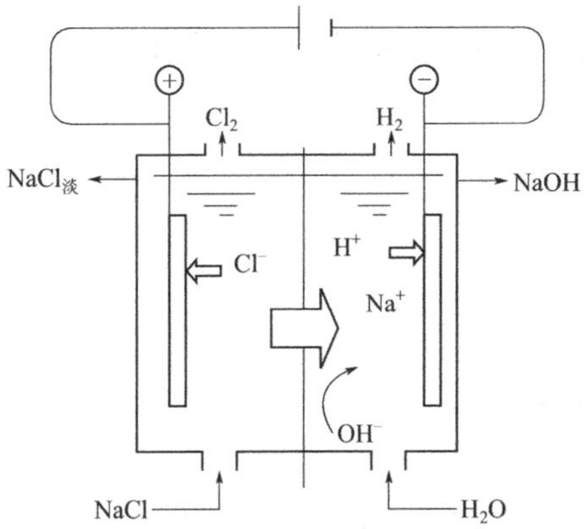

图 5-2 离子膜电解槽内物料流动图

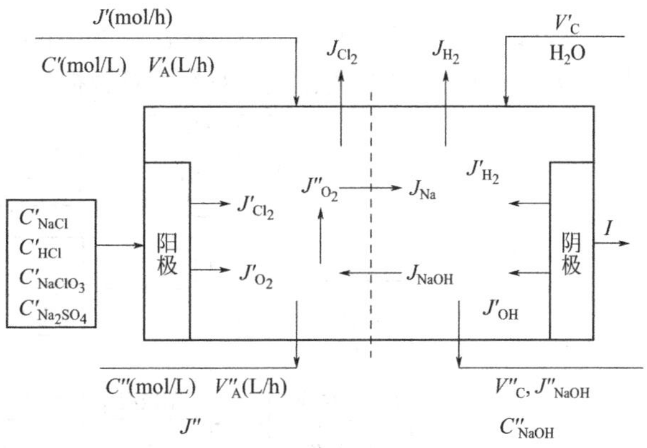

图 5-3 离子膜电解槽中的物料平衡

（1）电解槽中的钠离子的平衡

$$V'_A C'_{NaCl} + V'_A C_{NaClO_3} = V''_C C''_{NaOH} + V''_A C''_{NaCl} + V''_A C''_{NaClO_3}$$

式中 V'_A、V''_A——流入、流出盐水流量，m^3/h；

V''_C——流出的阴极液流量，m^3/h。

$$XV'_A C'_{NaCl} = V''_C C''_{NaOH} = V''_C C''_{NaOH} = (I/F)\varepsilon_{OH}$$

式中 X——盐水分解率,%;

ε_{OH}——电流效率,%;

I——电流, A;

F——法拉第常数 (26.801A·h/mol)。

(2) 阳极室中氢氧根离子的平衡

$$J_{NaOH} = V'_A C'_{HCl} + 4J_{O_2} + V''_A C''_{HClO} + 6(V''_A C''_{NaClO_3} - V'_A C'_{NaClO_3}) + 4J''_{O_2}$$

式中 J_{NaOH}——向阳极室反渗的氢氧化钠的流速, mol/h;

J_{O_2}——阳极室流出氧的流速, mol/h;

J''_{O_2}——向阳极室反渗氧的流速, mol/h。

(3) 电解槽中氯离子的平衡

$$V'_A(C'_{NaCl} + C'_{HCl} + C'_{NaClO_3}) = 2J_{Cl_2} + V''_A(C''_{NaCl} + 2C''_{Cl_2} + C''_{HClO} + C'_{NaClO_3})$$

(4) 阳极室中氯气的平衡

$$J'_{Cl_2} = J_{Cl_2} + V''_A(C''_{Cl_2} + C''_{HClO} + C'_{NaClO_3}) - 3V_A C'_{NaClO_3} + 2J''_{O_2}$$

式中 J'_{Cl_2}——阳极上析出氯的流速, mol/h;

J_{Cl_2}——阳极室流出氯的流速, mol/h。

(5) 氧气的平衡

$$J_{O_2} = J''_{O_2} + J'_{O_2}$$

式中, J_{O_2}, J''_{O_2}, J'_{O_2} 为阳极室流出, 阳极上析出, 向阳极室反渗氧的流速, mol/h。

(6) 阴极室中氢氧根离子的平衡

$$J_{NaOH} + J''_{NaOH} = I/F$$

式中, J_{NaOH}, J''_{NaOH} 为阳极室反渗及流出阴极室氢氧化钠的流速, mol/h。

(7) 典型工况下的物料衡算 以旭化成 NCH-2.7 典型电槽为例, 假设槽温 90℃, 碱电流效率 95%(不包括漏电损失), 阳极氯效率 99%, 阳极氧效率 1%, 阴极氢效率 100%, 进槽盐水浓度 305g/L, 出槽盐水浓度 200g/L, 阳极液加盐酸浓度 17%, 氯气和氢气带出水蒸气含氯和碱全部回收, J 为 $1kA/m^2$ 电流密度下物质的流量(kmol), W 为该物质在 $4.5kA/m^2$ 电流密度下每单元槽质量流量, 物料衡算数据见图 5-4。

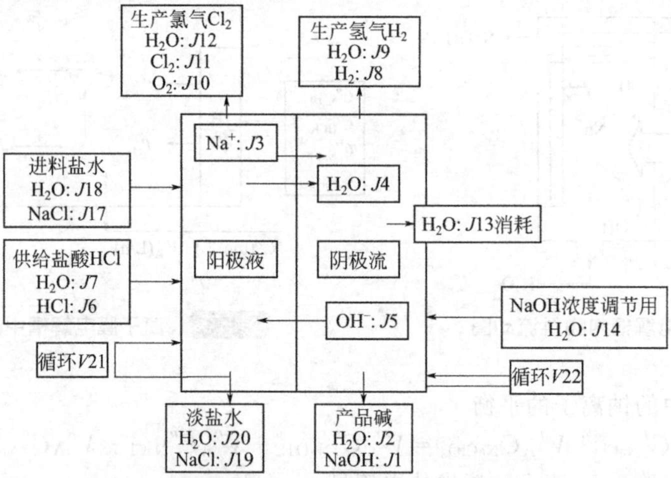

图 5-4 单元电解槽物料平衡图

对图 5-4 中的衡算结果如下：

$$J1=1\times1\times1000\times1.492\times0.95/40/1000$$
$$=0.035435[\text{kmol}/(\text{h}\cdot\text{kA}\cdot\text{m}^2)]$$
$$W1=J1\times2.7\times4.500\times40=17.22(\text{kg/h})(100\%\text{NaOH})$$
$$W2=W1\times68\%(\text{质量分数})/32\%(\text{质量分数})=17.22\times0.68/0.32=36.6(\text{kg/h})$$
$$J2=W2/18.02/2.7/4.5=0.167167[\text{kmol}/(\text{h}\cdot\text{kA}\cdot\text{m}^2)]$$
$$J11=J1/2\times0.99/0.95=0.018464[\text{kmol}/(\text{h}\cdot\text{kA}\cdot\text{m}^2)]$$
$$W11=J11\times2.7\times4.5\times2\times35.45=15.90(\text{kg/h})$$
$$J10=J1/4\times1/100/0.95=0.00009325[\text{kmol}/(\text{h}\cdot\text{kA}\cdot\text{m}^2)]$$
$$W10=J10\times2.7\times4.5\times32=0.0363(\text{kg/h})$$
$$J12=(J11+J10)\times P_{\text{AH}_2\text{O}}/(1-P_{\text{AH}_2\text{O}})$$
$$=(0.018464+0.00009325)\times0.4486/(1-0.4486)$$
$$=0.015098[\text{kmol}/(\text{h}\cdot\text{kA}\cdot\text{m}^2)]$$
$$W12=J12\times2.7\times4.5\times18.02=3.30(\text{kg/h})$$
$$J8=J1/0.95/2=0.01865[\text{kmol}/(\text{h}\cdot\text{kA}\cdot\text{m}^2)]$$
$$W8=J8\times2.7\times4.5\times2\times1.01=0.46(\text{kg/h})$$
$$J9=J8\times P_{\text{CH}_2\text{O}}/(1-P_{\text{CH}_2\text{O}})$$
$$=0.01865\times0.2876/(1-0.2876)$$
$$=0.007529[\text{kmol}/(\text{h}\cdot\text{kA}\cdot\text{m}^2)]$$
$$W9=J9\times2.7\times4.5\times18.02=1.65(\text{kg/h})$$
$$J17=J1\times2=0.035435\times2=0.07087\ [\text{kmol}/(\text{h}\cdot\text{kA}\cdot\text{m}^2)]$$
$$W17=J17\times2.7\times4.5\times(23+35.45)=50.33(\text{kg/h})$$
$$W18=W17\ (1177/305-1)=50.33(1177/305-1)=143.89(\text{kg/h})$$
$$J18=W18/18.02/2.7/4.5=0.6572[\text{kmol}/(\text{h}\cdot\text{kA}\cdot\text{m}^2)]$$
$$J5=J1\times(1-0.95)=0.035435\times0.05=0.0017718[\text{kmol}/(\text{h}\cdot\text{kA}\cdot\text{m}^2)]$$
$$W5=J5\times2.7\times4.5\times17.01=0.366(\text{kg/h})$$
$$J3=J1=0.035435[\text{kmol}/(\text{h}\cdot\text{kA}\cdot\text{m}^2)]$$
$$W3=J3\times2.7\times4.5\times23=9.902(\text{kg/h})$$
$$J4=J1\times4=0.035435\times4=0.14174[\text{kmol}/(\text{h}\cdot\text{kA}\cdot\text{m}^2)]$$
$$W4=J4\times2.7\times4.5\times18.02=31.03(\text{kg/h})$$
$$J6=J5\times(1-0.95+0.01)/(1-0.95)=0.002126[\text{kmol}/(\text{h}\cdot\text{kA}\cdot\text{m}^2)]$$
$$W6=J6\times2.7\times4.5\times(1.01+35.45)=0.94(\text{kg/h})$$
$$W7=W6\times0.83/0.17=4.64(\text{kg/h})$$
$$J7=W7/18.02/2.7/4.5=0.02119[\text{kmol}/(\text{h}\cdot\text{kA}\cdot\text{m}^2)]$$
$$J20=J18+J7+J5-J12-J4$$
$$=0.6572+0.02119+0.0017718-0.015098-0.14174$$
$$=0.52333[\text{kmol}/(\text{h}\cdot\text{kA}\cdot\text{m}^2)]$$
$$W20=J20\times2.7\times4.5\times18.02=114.578(\text{kg/h})$$
$$J19=J1=0.035435\ [\text{kmol}/(\text{h}\cdot\text{kA}\cdot\text{m}^2)]$$
$$W19=J19\times2.7\times4.5\times(23+35.45)=25.16(\text{kg/h})$$
$$V21=W19/200\times1/7=0.018(\text{m}^3/\text{h})$$
$$J13=J1/0.95=0.0373[\text{kmol}/(\text{h}\cdot\text{kA}\cdot\text{m}^2)]$$

$$W13=J13\times2.7\times4.5\times18.02=8.17(\mathrm{kg/h})\text{(考虑到反应生成 }H_2O\text{)}$$

$$J14=J2+J5+J9+J13-J4$$
$$=0.167167+0.0017718+0.007529+0.0373-0.14174$$
$$=0.072028[\mathrm{kmol/(h\cdot kA\cdot m^2)}]$$
$$W14=J14\times2.7\times4.5\times18.02=15.77(\mathrm{kg/h})$$
$$V22=W14\times31.5\%/1320/1.5\%=0.251(\mathrm{m^3/h})$$

由以上假定条件可计算出，每生产1t烧碱，需要的纯水量为：

$$m_{H_2O}=J14/J1=0.072028/0.035435=2.0326(\mathrm{mol/mol})$$
$$q_{H_2O}=2.0326\times18.02/40=0.9158(\mathrm{t/t\ NaOH})$$
$$\approx0.92(\mathrm{t/t\ NaOH})$$

需要盐水量：

$$Q_{NaCl}=W17/305/W1\times1000=50.33/305/17.22\times1000=9.5828$$
$$\approx9.6(\mathrm{m^3/t\ NaOH})$$

产生淡盐水量：

$$q_{NaCl}=W19/200/W1\times1000=25.16/200/17.22\times1000=7.3055$$
$$\approx7.3(\mathrm{m^3/t\ NaOH})$$

出进槽盐水比：

$$c=q_{NaCl}/Q_{NaCl}=7.3055/9.5828=0.76236$$
$$\approx0.76(\mathrm{m^3/m^3})$$

产生的氯水量：

$$q_{H_2O/Cl_2}=W12/W1=3.30/17.22=0.19(\mathrm{t/t\ NaOH})$$

5.4 离子膜电解电流效率

5.4.1 电流及电流密度

电流是指电荷的定向移动。电压是使电路中电荷定向移动形成电流的原因。电流的大小称为电流强度(简称电流，符号为 I)，是指单位时间内通过导线某一截面的电荷量，每秒通过1库仑的电量称为1(A)(安培)。安培是国际单位制中所有电性的基本单位。除了安培，常用的单位有毫安(mA)、微安(μA)。

电流密度是描述电路中某点电流强弱和流动方向的物理量。它是矢量，其大小等于单位时间内通过垂直于电流方向单位面积的电量，以正电荷流动的方向为该矢量的正方向。单位为安培/米^2，记作 A/m^2。它在物理中一般用 J 表示。

电流强度和电流密度之间的关系

$$J=I/S$$

式中 J——电流密度，A/m^2；

I——电流强度，A；

S——导电截面积，m^2。

在氯碱工业中，我们所说的电流就是指电流强度，是指通过电解槽的总的电流强度的大小。电流密度一般是指通过电解槽的电流与该电解槽的单元面积的比值。

按照目前各种电解槽的实际电流密度情况，将电流密度分为低电流密度、中电流密度、高电流密度、超高电流密度，$3.5kA/m^2$ 以下为低电流密度，$3.5\sim4.5kA/m^2$ 为中电流密度。$4.5\sim6.0\ kA/m^2$ 为高电流密度，$6.0\ kA/m^2$ 以上为超高电流密度。

5.4.2 电流效率

5.4.2.1 电流效率

按照法拉第定律，当通过电解槽的电量为 96485.6C 时，在电极上应析出 1 克当量的电解产物。但在实际中所得到的电解产物，常常比理论量低。电解时，电极上实际析出的产物量与通过同样电量所得到的理论产物量之比，以百分率计算称为电流效率 η。

一个离子膜电解过程，存在阴极电流效率、阳极电流效率、膜分离效率和产品电流效率等多种电流效率。通常我们最关心烧碱电流效率，烧碱产品却不是电极产物，是膜效率和阴极效率的综合结果，各种电流效率关系见图 5-5。

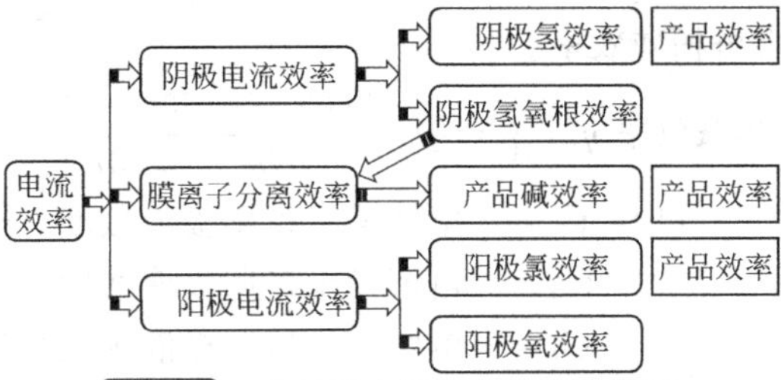

图 5-5 离子膜电解各种效率关系图

阳极电流效率是指阳极侧的理论产物量与通过同样电量理论上应生成的产量之比。在电解生产中，阳极产物为氯，随着氯下游产品附加值的提高，氯效率越来越受到重视；阴极生成物是氢氧根和氢，氢氧根生成效率是 100%，但阴极室的产物烧碱通常是我们需要的主要产物，生成效率受到膜分离效率的影响，因此我们研究的烧碱电流效率通常是指电流作用下的膜分离效率。电流效率达不到 100%的主要原因是膜分离效率低、在电极上存在副反应、已析出的产物再分解和电路的漏电和短路等的叠加效果。电流效率是生产上的一个重要技术经济指标。

5.4.2.2 NaOH 电化当量、离子膜电解槽的年产量及吨碱电耗

离子膜电解槽年产量计算方法：

$$M = KITN\eta$$

式中 M——离子膜电解槽每年烧碱产量，g；

K——NaOH 电化当量，1.492 g/（A·h）；

I——电槽总电流，A；

T——每年运行时间，8000h；

N——电槽单元槽数；

η——电流效率，平均 94%。

离子膜电解槽吨碱电耗计算方法：

$$W = \frac{V \times 1000}{1.492\eta}$$

式中 W——直流电耗，kW·h/t NaOH；

V——单元槽平均槽电压，V；

1.492——NaOH 的电化当量，g/(A·h)；

η——电流效率,%。

电解过程中，随着等于$(1-\eta)$的 OH^- 从阴极室向阳极室的迁移，阳极室的酸度将降低，根据给阳极液和返回阳极液酸度的差别，假设电槽加足够盐酸，完全抵消阴极反迁氢氧根，阳极液没有新的氯酸盐产生，可以根据阳极气体和液体特性，计算出电解槽碱效率。

电解槽碱效率：

$$\eta_{NaOH} = [1 - \frac{(C_i - 0.76C_o)Q^+}{INn \times 0.0373}] \times 100\% - 2f_{O_2/Cl_2} - \eta_C$$

式中 C_i——电解槽入口阳极液酸度，mol/m^3；

C_o——电解槽出口阳极液酸度，mol/m^3；

Q^+——电解槽入口阳极液流量，m^3/h；

I——单元槽开动电流，kA；

N——电解槽单元槽数；

n——电解槽数；

f_{O_2/Cl_2}——氯中含氧，体积分数，%；

η_C——泄漏电流率（泄漏电流量占通电量的百分数），%。

假设电槽加酸不足，阳极液有新的氯酸盐产生，同样可以由阳极气体和液体特性，导出电解槽碱效率。

$$\text{其碱效率}\ \eta_{NaOH}=[1-\frac{(C_i-0.76C_o)Q^+}{INn\times 0.0373}-\frac{6(0.76C_c-C_t)Q^+}{INn\times 0.0373}]\times 100\%-2f_{O_2/Cl_2}-\eta_C$$

式中 C_i——电解槽入口阳极液酸度，mol/m^3；

C_o——电解槽出口阳极液酸度，mol/m^3；

C_t——电解槽入口阳极液氯酸盐浓度，mol/m^3；

C_c——电解槽出口阳极液氯酸盐浓度，mol/m^3；

Q^+——电解槽入口阳极液流量，m^3/h；

I——单元槽开动电流，kA；

N——电解槽单元槽数；

n——电解槽数；

f_{O_2/Cl_2}——氯中含氧，体积分数，%；

η_C——泄漏电流率(泄漏电流量占通电量的百分数)，%。

为精确计算，应单独测量每台复极槽氯气和盐水特性，这时上式中槽数 $n=1$。

随着氯产品受到重视，氯效率也得到重视，假设电槽加酸不足，阳极液有新的氯酸盐产生，同样可以由阳极气体和液体特性，导出电解槽氯效率。

电解槽氯效率：

$$\eta_{Cl_2}=[1-\frac{3(0.76C_c-C_t)Q^+}{INn\times 0.0373}]\times 100\%-2f_{O_2/Cl_2}-\eta_C$$

式中 C_t——电解槽入口阳极液氯酸盐浓度，mol/m^3；

C_c——电解槽出口阳极液氯酸盐浓度，mol/m^3；

Q^+——电解槽入口阳极液流量，m^3/h；

I——单元槽开动电流，kA；

N——电解槽单元槽数；

n——电解槽数；

f_{O_2/Cl_2}——氯中含氧，体积分数，%；

η_C——泄漏电流率（泄漏电流量占通电量的百分数)，%。

如果知道实际产碱量，则阴极效率 η_{OH^-} 可用下式计算：

$$\eta_{OH^-}=W_{实}/W_{理}\times 100\%=[Q_{OH^-}C_{OH^-}\rho_{OH^-}]/(1.492\times 10^{-3}INn)\times 100\%$$

式中 $W_{实}$——单位时间内的 NaOH 的实际产量（100% NaOH），t/h；

$W_{理}$——单位时间内的 NaOH 的理论产量（100% NaOH），t/h；

Q_{OH^-}——单位时间内 NaOH 的流量，m^3/h；

C_{OH^-}——NaOH 的浓度(质量分数),%;

ρ_{OH^-}——NaOH 的密度，t/m^3；

I——单元槽通过的电流，kA;

N——单元槽数；

n——电解槽数。

5.4.2.3 影响电流效率的因素

由电解槽内的物料平衡关系可知，要提高阳极的电流效率，就要尽量减少在阳极液中产生溶解氯与氢氧化钠之间发生的副反应，减少阳极上氧的析出量。要提高电流效率，就要减少氢氧根离子向阳极室的反渗。归结起来，一方面要提高阳极的析氧过电位，以阻止或减少氧在阳极上的析出；另一方面则要提高膜的选择性能，减少和阻止氢氧根离子向阳极室的反渗。因此，除膜的特性直接影响电流效率外，电解槽结构和操作条件也对电流效率有着不同的影响。影响电流效率的主要因素可概括为：①离子交换膜的交换容量及质量；②电解槽结构；③氢氧化钠浓度；④阳极液氯化钠浓度；⑤电流密度；⑥操作温度；⑦阳极液 pH 值；⑧盐水杂质；⑨电解槽操作压力和压差；⑩开停车及电流波动。

5.5 离子膜电解槽电压

5.5.1 槽电压的构成

电解槽的槽电压是直接影响电解电耗的一个重要操作参数。

离子膜电解槽的槽电压可以用下式表示：

$$V=E_0+V_M+V_A+V_C+IR_A+IR_C+IR_t$$

式中 V——槽电压，V；

E_0——理论分解电压，V；

V_M——离子膜电压降，V；

V_A——阳极过电压，V；

V_C——阴极过电压，V；

IR_A——阳极溶液欧姆定律电压降，V；

IR_C——阴极溶液欧姆定律电压降，V；

IR_t——金属欧姆定律电压降，V。

实际电解过程，由于电极过电位是非线性的，因此会出现在正常工作电流密度区间，表观分解电压与计算值不一致的情况，这个分解电压我们称为表观分解电压 E_t，其值与阴极和阳极过电位有关，槽电压组成参见图 5-6，实际槽电压计算公式如下：

$$V=E_t+V_M+V_A+V_C+IR_A+IR_C+IR_t$$

$$V=E_t+kI$$

式中 E_t——表观分解电压，V；

k——电解槽电压与电流密度比例特性值。

k 值受到运行槽温和碱浓度的影响，一般可按如下公式计算：

$$k=k_0\,[1+0.095(90-t)][1-0.06(32-C)]$$

式中 k_0——标准条件比例特性值（90℃，32% NaOH)；

k——实际比例特性值；

t——实际阴极液温度,℃；

C——实际阴极液出口碱浓度，%。

电压特性中，E_t和 k 值的大小，代表了电解槽的制造水平和运行状况，随着电解槽、膜设计和制造水品的提高，特别是电极技术进步和极间距的减小，新型电槽 E_t值和 k 值不断降低；随着电槽使用时间的延长，E_t值和 k 值也会不断提高。因此，测量和计算电槽的表观分解电压和电压特性值，对了解电槽设计水平、判断电解槽运行状况非常重要，见表 5-3。

表 5-3 槽电压的构成情况（3kA/m²，90℃）

槽电压构成	1978 年	1986 年		2014 年
	极距 7mm	极距 2mm	极距 0.5mm	膜极距
理论分解电压/V	2.10	2.10	2.10	2.10
阳极过电压/V	0.05	0.05	0.05	0.05
阴极过电压/V	0.35	0.25	0.25	0.10
膜电压降/V	0.45	0.45	0.40	0.36
液体电压降/V	0.42	0.26	0.16	0.06
表观分解电压 E_t/V	2.53	2.48	2.39	2.21
k	0.28	0.21	0.19	0.16
槽电压/V	3.37	3.11	2.96	2.67

5.5.2 影响槽电压的主要因素

槽电压构成中的其他几项，均受各种相关设备结构和设备条件等的影响。影响槽电压的主要因素是：①离子膜的自身结构及性能；②电流密度；③氢氧化钠浓度；④阳极液 NaCl 浓度；⑤阳极液 pH 值；⑥阴阳极循环量；⑦极间距大小；⑧电解槽结构及两极涂层；⑨温度；⑩电解槽压力及压差；⑪开停车次数；⑫膜的金属离子杂质污染等。

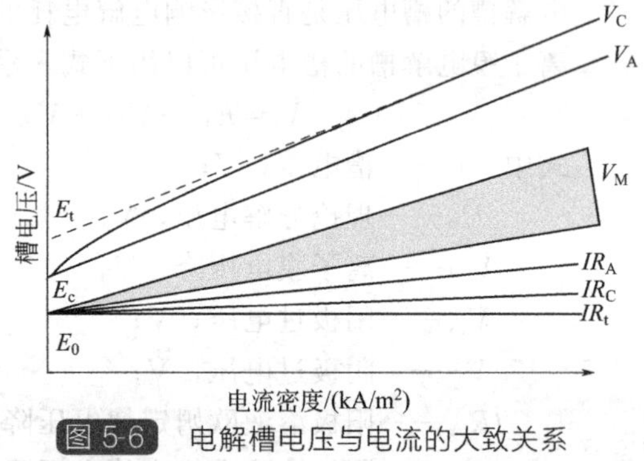

图 5-6 电解槽电压与电流的大致关系

槽电压和槽电流之间的关系如图5-6所示。图 5-6 中，电压分布依次为：E_0 为理论标准分解电压，E_c 为实际分解电压，E_t 为表观分解电压，IR_t 为导体引起的电压上升，IR_C 为阴极液引起的电压上升，IR_A 为阳极液引起的电压上升，V_M 为膜电阻引起的电压上升，V_A 为阳极引起的过电位，V_C 为阴极引起的过电位。实际槽电压叠加后为 V_C 线。

如果其他参数保持不变，运行时槽电压和槽电流两者之间的关系如下：

$$E_2=(E_1-E_t)I_2/I_1\times 1/[1+0.014(t_2-t_1)]+E_t$$

式中 E_1——电流 I_1时的槽电压；

E_2——标准电流 I_2时的槽电压；

E_t——常量（表观平衡分解电压）；

t_1——操作温度；

t_2——标准温度（90℃）。

通常，90℃作为标准温度（t_2=90℃），阴极液浓度为 32%时，E_1大约是 2.39V。

5.6 离子膜电槽运行特性

离子膜电槽属于典型的不可逆工艺过程，可控的输入条件是运行电流、槽内运行盐水浓度、槽运行温度、槽运行出口碱浓度四个变量，输出变量为槽电压、碱电流效率、碱中含盐和膜转移水等变量。这些输出变量特性受电解槽设计、膜特性和电极性能影响，对反应电解槽状况和调节电解工况十分重要。

设电解槽输出特性中，V 代表单槽电压、η 代表碱电流效率、c 代表碱中含盐、m 代表膜转移水。图 5-7 显示的是当碱浓度由小到大变化时，膜含水率下降，槽电压将升高，电流效率出现最佳峰值，碱中含盐减小。图 5-8 显示的是当电流密度由小到大变化时，电场作用增强，槽电压将升高、电流效率提高、碱中含盐减小。

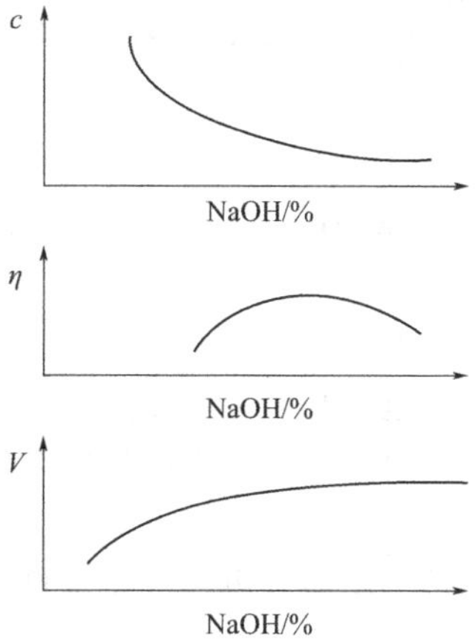

图 5-7 阴极液碱浓度与电解参数关系图

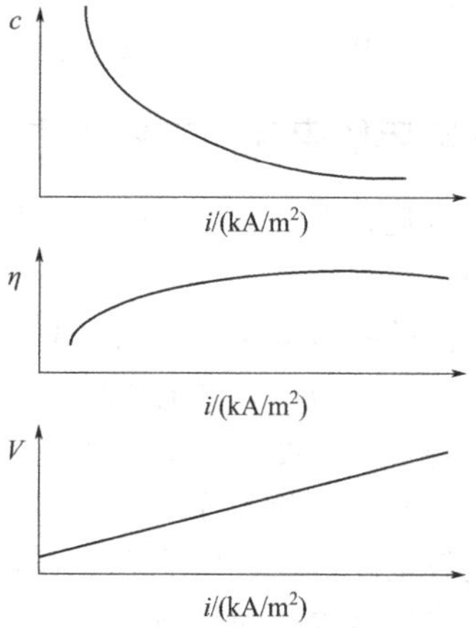

图 5-8 电流密度与电解参数关系图

图 5-9 显示的是槽温由小到大变化时，膜含水率提高，槽电压将下降、膜效率出现最佳峰值、碱中含盐提高。图 5-10 显示的是当运行阳极液盐浓度由小到大变化时，膜含水率降低，膜转移水降低、效率提高、碱中含盐减小。

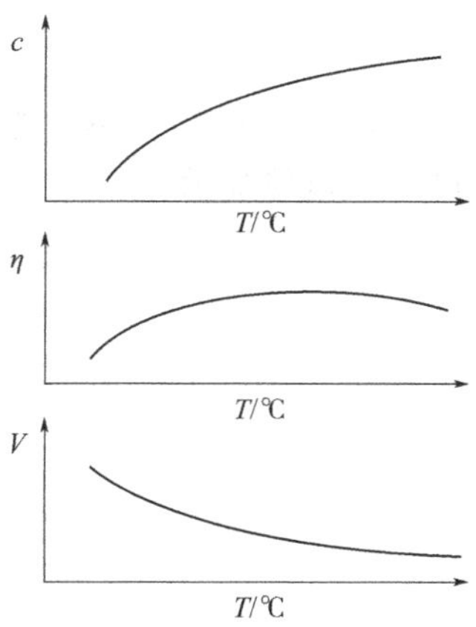

图 5-9 槽温与电解参数关系图

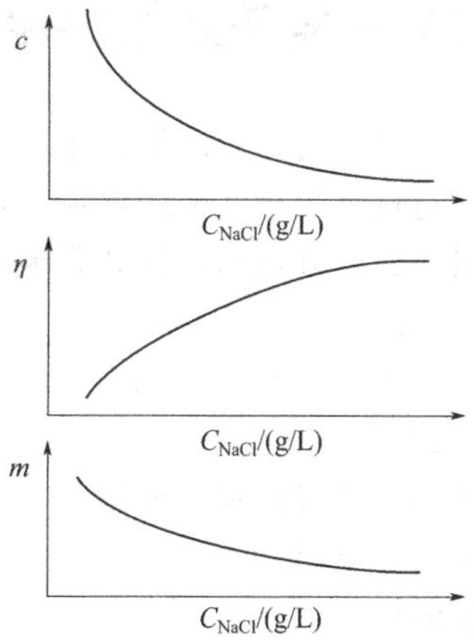

图 5-10 阳极液盐浓度与电解参数关系图

5.7 电解电耗

5.7.1 电解电耗的计算

电解法生产 1t 氢氧化钠所需要的直流电耗由下式算得：

$$W=\frac{1000V}{1.492\eta}$$

式中 W——直流电耗，kW·h/t NaOH；

V——槽电压，V；

η——电流效率，%；

1.492——NaOH 的电化当量，g/(A·h)。

例如，槽电压为 3.1V，电流效率为 95%时（包括漏电损失）：

$$W=3.1\times1000/(1.492\times0.95)=2187(\text{kW}\cdot\text{h/t NaOH})$$

5.7.2 影响电解电耗的主要因素

由上式可见，电解电耗与槽电压及电流效率有关，凡是影响槽电压及电流效率的因素，都能影响到电解电耗。

（1）电流效率与电耗成反比，电流效率越高，电耗越低。

（2）电流密度增加，槽电压增加，电耗增加。由于槽电压与电流密度成正比关系，因此电解电耗也与电流密度成正比关系，只不过对不同种类的离子膜、不同结构的电解槽，曲线的斜率也不尽相同，随着技术的不断进步，斜率正在降低。

（3）电解电耗与氢氧化钠浓度的关系。由于氢氧化钠浓度影响电流效率及槽电压，因此电解电耗也受制碱浓度的影响。

（4）电解技术进步带来的能耗降低。由于离子膜法制碱技术的进步，使电解电耗逐渐降低。膜极距离子膜电解槽是目前工业制碱法中最为节能的一种技术，但与 SPE（膜与电极一体化电解）相比，由于存在一定的溶液电压降及导体电压降，因此还有很长的路要走。

（4）断电不良造成漏电，增加电耗。

5.8 复极式离子膜槽的电流泄漏

对于单元槽，由于阴阳极液进出管的电流泄漏，通过每个单元槽膜、阳极、阴极的电流都不相等，通过每个单元槽的电流也不同，简单以图 5-11 等效电路显示。

结合图 5-11，在电解回路正极侧单元槽中：

通过阳极的电流为 I'

通过膜的电流$=I'-i_1-i_2$

通过阴极的电流$=I=I'-i_1-i_2-i_3-i_4$

在电解回路负极侧单元槽中：

通过阳极的电流为 I'

通过膜的电流$=I'+i_1+i_2$

通过阴极的电流$=I=I'+i_1+i_2+i_3+i_4$

复极槽回路中主电流与泄漏旁路电流关系见图 5-12。

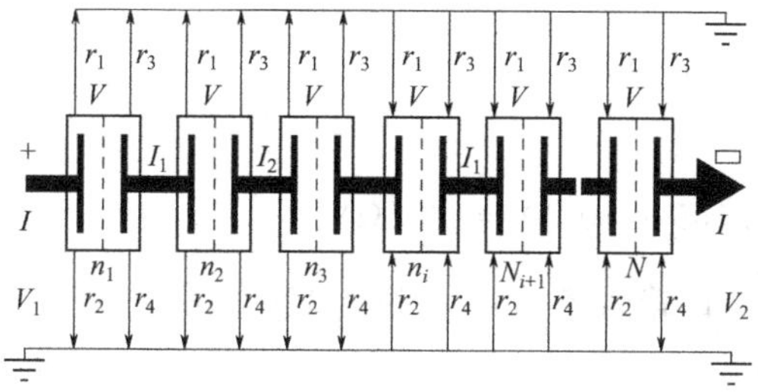

图 5-11 复极槽泄漏电流等效电路图

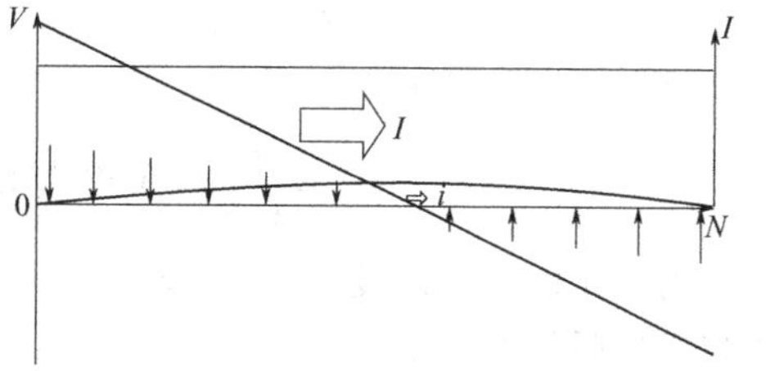

图 5-12 复极槽电压主电流泄漏电流示意图

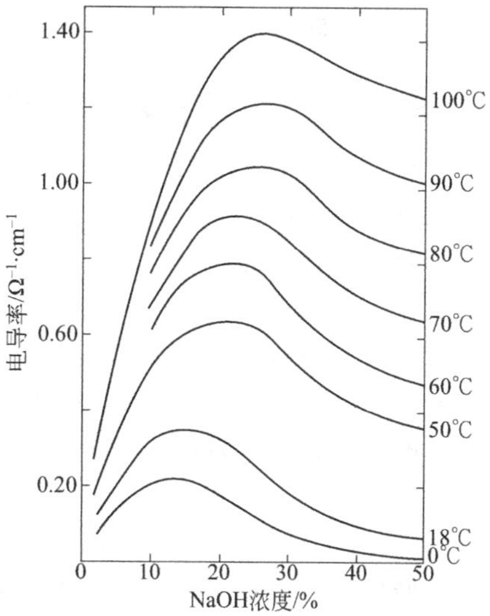

图 5-13 NaOH 溶液电导率图

假设单个回路复极槽总单元槽数为 n，总电流为 I，总电压为 V，阳极端和阴极端对地电压为 V_1 和 V_2，单元槽阳极室出入口管运行时电阻均为 r_1 和 r_2，阴极室出入口管运行时电阻均为 r_3 和 r_4，单元槽电压均相同。

欧姆定律计算：

$$V = i_n r_n$$

$$i_n = V/r_n$$

实际上计算出每一个单元槽 4 根阴阳极进出口管的电阻 $r_{1\sim4}$，即可从单元槽对地电压线性变化规律计算出总泄漏电流。

溶液电导率可以下式计算：

$$k_t = k_{18}[1+\alpha(t-18)]$$

式中 k_t——温度为 t 时的溶液电导率，$\Omega^{-1}\cdot m^{-1}$；

k_{18}——温度为 18℃时的溶液电导率，$\Omega^{-1}\cdot m^{-1}$；

α——溶液电导率温度系数；

t——实际温度，℃。

烧碱溶液电导率还可从图 5-13 中查到。

管道溶液电阻计算如下：

$$r = L/(k_t S)$$

式中 r——管道的溶液电阻，Ω；

L——管道的溶液流通长度，m；

S——管道内溶液流动截面积，m^2。

对应于盐水进槽浓度 305g/L 和温度 70℃时，入口管内径 6mm、长度 1200mm 情况下，盐水入口管电阻计算如下：

溶液电导率为：

$$k_t = k_{18}[1+\alpha(t-18)] = 21.35\times[1+0.0227\times(70-18)] = 46.551(\Omega^{-1}\cdot m^{-1})$$

入口软管电阻：

$$r_1 = \frac{L}{k_t S} = \frac{1.2}{46.551\times10^{-6}\times(3\times3\times3.14)} = 912(\Omega)$$

对应于盐水出槽浓度 200g/L 和温度 90℃时，出口管内液体平均流速 0.3m/s，长度 870mm 情况下，盐水出口管电阻计算如下：

溶液电导率为：

$$k_t = k_{18}[1+\alpha(t-18)] = 17.68\times[1+0.0211\times(90-18)] = 44.54(\Omega^{-1}\cdot m^{-1})$$

出口管内盐水流动截面积：

$$S=25.16/200/0.3/3600=1.165\times10^{-4}(m^2)$$

盐水出口软管电阻：

$$r_2=\frac{L}{k_tS}=0.87/44.54/(1.165\times10^{-4})=168(\Omega)$$

对应于碱进槽浓度31.5%和温度80℃时，入口管内径6mm、长度1200mm情况下，碱入口管电阻计算如下。

溶液电导率为：

$$k_t=95\Omega^{-1}\cdot m^{-1}$$

碱入口软管电阻：

$$r_3=\frac{L}{k_tS}=1.2/(95\times10^{-6})\times(3\times3\times3.14)^{-1}=447(\Omega)$$

对应于碱出槽浓度33%和温度90℃时，出口管内液体平均流速0.3m/s，长度870mm情况下，碱出口管电阻计算如下。

溶液电导率为：

$$k_t=115\ \Omega^{-1}\cdot m^{-1}$$

出口管内盐水流动截面积：

$$S=0.251/0.3/3600=2.324\times10^{-4}(m^2)$$

碱出口软管电阻：

$$r_4=\frac{L}{k_tS}=0.87/115/(2.324\times10^{-4})=33(\Omega)$$

假设复极槽总单元槽数160、单元槽电压3V、总电流12.15kA，根据以上计算复极槽泄漏电流的结果见表5-4。

表5-4 典型复极槽泄漏电流计算表

内容	盐水入口管	盐水出口管	碱进口管	碱出口管
软管长度/m	1.2	0.87	1.2	0.87
软管内径/mm	6	28	6	28
电阻/Ω	912	168	447	33
最大对地电压/V	240	240	240	240
最大泄漏电流/A	0.263	1.429	0.537	7.273
平均对地电压/V	120	120	120	120
平均泄漏电流/A	0.132	0.714	0.269	3.64
总泄漏电流/A	10.56	57.12	21.52	291.2
等效平均电阻/Ω	25.26			
合计泄漏电流/A	380.4			
泄漏电流率/%	3.13			

如果电解槽单元槽数为n，单槽平均电压为v，总槽压为V，运行电流为I，单元槽软管等效平均对地电阻为r，从表5-4可以得出电槽泄漏电流和泄漏影响的电流效率损失。

泄漏电流：

$$i=\frac{vn^2}{8r}=\frac{Vn}{8r}$$

泄漏电流率：

$$\eta_C=\frac{i}{I}\times 100\%=\frac{vn^2}{8rI}\times 100\%=\frac{Vn}{8rI}\times 100\%$$

5.9 离子膜电解槽辅助系统

5.9.1 概述

离子膜电解过程主要目的是保证离子膜和电极处于最佳稳定状态运行，为此要保持阴阳极处于稳定的液体包围状态，产生气体可以及时排出，离子膜两侧液体温度、浓度均一，电场均匀，需要对安装于阴阳极间的离子膜进行密封和固定，并采用适当方式对阴阳极液进行循环均化，对进入电解槽的液体进行精心分配，以保证每个单元槽浓度均匀，并尽可能对电流分配和均一进行控制，在开、停车和正常运行时保持氯、氢气压力在工艺指标内，在开停车期间满足离子膜的升温和浓度调整等特殊工艺条件。因此，电解系统设计了膜密封系统、液体供应及循环系统、电流提供及分配系统、气相压力保持控制系统、开停车及保护系统等辅助系统。

现代工业电解槽设计要考虑其经济效益，必须达到以下五个目标。

(1) 能耗低。在整个电解生产过程中，能耗是成本的重要组成部分。为了降低能耗，就要获得高的电流效率和低的槽电压，要在较大的电流密度下运行，仍能保持低的电耗。

为了满足节能要求，在设计中要注意以下几点：

① 电流分布要合理、均匀；

② 降低极间距离，减小极间溶液电压降；

③ 尽量降低金属结构部分的电压降；

④ 使电解液能充分循环，使气体能顺利逸出；

⑤ 使电解温度保持一定，可适当加温或保温；

⑥ 选择适宜的电极活性及几何尺寸；

⑦ 选择合适的结构以提高膜的电流效率。

(2) 容易操作。电解槽的开、停车或升降电流的操作简单，既可以使操作人员减轻劳动强度，又便于操作。

(3) 制造成本低，使用寿命长。从使用寿命考虑，阳极室的最好材料是钛，阴极室的最好材料是镍。电解槽的配件也要考虑采用防腐材料。

(4) 膜的使用寿命。膜使用寿命的长短，除与膜本身的质量、操作条件控制有关外，与电解槽设计、制造也有很大的关系，因此在设计和制造电解槽时，要从延长寿命方面多予以考虑。

(5) 运转安全

① 槽电压、槽温检测；

② 电解槽安全联锁停车；

③ 防止氯中含氢高等安全措施。

5.9.2 膜密封系统

离子膜需要安装并固定在电解槽阴阳极之间，并要求随时可以更换，这样离子膜与阴阳极盘间的密封成为电解槽面积最大、长度最长的密封，也是保证电解安全最关键的密封处。一旦膜与电槽密封失效，将会导致电解液泄漏、碱喷出伤人、氢气泄漏着火、氯气泄漏污染以及膜撕裂失效等后果，甚至产生整体密封失效和阴阳极接触腐蚀及全系统长期停车等严重后果，因此膜密封系统一直是各电解技术最为重视的系统。

膜与电解槽边缘的密封，普遍采用密封垫法兰压紧密封形式，主要考虑是便于更换和拆装、检修方便、密封可靠。密封垫片根据形变量不同采用膨体四氟带和三元乙丙橡胶密封垫两种形式；压紧形式采用整体压紧和单独夹紧两种；压紧力采用弹簧压杆、油缸压紧和螺栓三种。各种密封形式见表 5-5。

表 5-5 离子膜电解槽膜密封形式表

密封形式	单元槽式		密压机式	
压紧形式	单独法兰		整体压紧	
压紧力来源	螺栓		油缸	压缩弹簧拉杆
代表槽型	BM-2.7	BiChlor	NBZ-2.7	n-Bitac
垫片形式	膨体四氟带	三元乙丙橡胶垫	三元乙丙橡胶垫	三元乙丙橡胶垫
有效电解尺寸	1212mm×2358mm	1200mm×2400mm	1156mm×2357mm	2340mm×1400mm
压紧螺栓数量	74	76	1	14
螺栓直径/mm	10	12	250	28
压紧力矩	30N·m	24N·m	90kgf/cm^2	80N·m
压紧力/kgf	101935	83752	44156	42860
最大内压力/kgf	7200	7600	14400	8190
密封压力/kgf	94735	76152	29756	34670
密封宽度/mm	40	40	22.5	30
密封压强/(kgf/cm^2)	33.3	26.4	19.5	15.5
优势	独立密封、无累积公差、使用膨体氟密封	独立密封、无累积公差	压紧力均匀可调、拆装方便、自动化程度高	压力均匀、四周可分段调整压力均衡
劣势	组装烦琐	组装烦琐、胶垫片易老化	有累计公差影响、周边压力不可分段调节、胶垫片易老化	有累计公差影响、组装强度大、胶垫片易老化

注：1 kgf=9.80665N，1 kgf/cm^2=98.0665kPa，余同。

从表 5-5 分析看出，单元槽式密封具有密封可靠、密封压力不受内压影响、可以采用长寿命膨体氟垫片等优势；油压密封具有压力灵活可调、自动化程度高、检修容易等特点；压杆弹簧密封具有结构简单可靠、维护性好等特点。但每种密封都有其不足，比如单元槽式密封有安装劳动强度大、导电结构电压损失大的缺点；油压密封存在受内压影响较大、对外部动力依赖性高等不足；压缩弹簧拉杆结构存在对内压适用范围窄、检修劳动强度大等不足。

实际使用中，密封形式需要综合分析每种结构的特点和电槽性能平衡来采用和决策。

5.9.3 液体供应分配及循环系统

阴阳极液体的供应和均质化是离子膜电解的主要技术，如何提供阴阳极电解均一环境、及时导出产物气体和液体、稳定膜上的压力差，是电解槽设计的关键技术。

在盐水进料技术中，普遍采用高位槽稳压和针孔分配技术，以均匀分布盐水到每台单元槽和之内的每个格栅，根据槽内是否有足够的循环空间和循环器设计，可以采用大量外部循环、部分外部循环和完全没有外部循环等多种方式进料；碱进料系统中，由于膜对碱浓度适用范围较窄，因此全部采用外部循环的方式，保证碱浓度均一和进出口浓度范围在31%～33%之内。

液体与气体流出单元槽也非常关键，需要保持液体中没有气沫、流道通畅没有涡流，流体连续不产生断流打火问题，这样才能使槽内压力稳定，膜不产生波动。

典型离子膜电解阴阳极液外部供料和循环系统见表5-6。

表5-6 典型离子膜电解阴阳极液外部供料和循环系统

代表槽型	BM-2.7	BiChlor	NBZ-2.7	n-Bitac
单元槽厚度/mm	72	80	62	40
阳极盘厚度/mm	40	40	32	22
阴极盘厚度/mm	30	40	22	16
阳极液循环方式	内循环	内循环	内循环+1/7外循环	外循环
阴极液循环方式	外循环	外循环	外循环	外循环
阳极液外循环强度/[m^3/(h·kA)]	0	0	0.001646	0.0134
阴极液外循环强度/[m^3/(h·kA)]	0.017	0.017	0.01646	0.02066
优势	流程简化	流程简化	循环量少	槽内结构简化、单元厚度小
劣势	单元槽厚度大	单元槽厚度大	有一定量外循环	动力消耗大

5.9.4 电槽的电流分布

电流在复极槽内均匀分布和有均一的电流密度，可以保证槽电压较低、延长膜与电极寿命，特别是在高电流密度下，更需要在各环节保证电流密度均一。

从单元槽电压组成分析可以看出，任何一部分电阻或电位变化，都会影响电流的分配，除分解电压外，影响电压越大的部分，其变化越可能影响电流的槽内分布。膜电压、阴极溶液电压降、阴极过电位这三部分电压降最大，也最为关键。因此需要特别关注并保持这三部分的一致性。

膜电压降主要靠膜制造厂商的工艺水平保持，重点控制膜的厚度、羧酸层厚度、树脂均一性等指标；阴极液电压降主要采用保持极间距的均匀措施，采用的手段有提高制造水平和采用阴极弹性结构，达到膜间距的实现。因此膜间距技术不但减小了极间距，同时使极间距均匀化，提高了电流均匀性，为提高电流密度创造了条件；阴极过电位均匀，主要靠阴极活性涂层性能保证，一般新槽是较为均匀的，在使用一段时间后，阴极活性就会退化，不均匀也显现出来，需要及时检测和及时更换阴极结构。

5.9.5 气相压力控制

气体压力与阴阳极压力差稳定，是保证离子膜和电极稳定运行的重要因素。离子膜系统的运行主要控制点也是气体压力控制，主要方式是采用气体总管上的自动阀门控制阀前压力，以保证正常运行电槽上气体压力处于工艺指标并保持稳定。

在设计时按照氢气压力高于氯气压力设计，目的是保持离子膜紧密贴向阳极表面，因为在电解条件下，阳极溶液电导率为$56\Omega^{-1}\cdot m^{-1}$，阴极液电导率为$115\Omega^{-1}\cdot m^{-1}$，是阳极液的两倍多，如果溶液间隙为2mm，在$4.5kA/m^2$电流密度下，膜贴向阴极将会使槽电压升高 82mV。阴阳极压力差不能太大，以防损伤离子膜和阳极；但压力差太小将不足以抵消阴阳极气体波动的影响。所以压力差是由阴阳极气体正常压力波动范围加上一个安全值确定的，比如气体正常波动在 1.5kPa，考虑到两气体波动叠加为 3kPa，再加上安全压力差 2kPa，设计压力差 5kPa，这样氯气压力如果设定为 20kPa，这时阴极氢气压力为 25kPa。

5.9.6 开停车及保护

电解槽除正常运行外，需要有开停车辅助系统协助，主要包括气体压力保护和安全充氮、液体循环冲洗与排放、电槽温度控制与提升、电极防护的电流控制等系统。

气体压力保护和安全充氮系统设计在阴极出口总管槽末端，接有氮气管，在开停车期间向氢气管线充氮以防止氢气中混有空气而引起安全事故。在停车或事故停车期间，由于氢气分子量小、流动速度快、失压速度快，很容易造成氢气压力低于氯气压力的反压差情况产生，损坏离子膜和阴极弹性结构，这时需要紧急向氢气系统补充氮气以维持合理正向压差，直到停车结束。为防止自动控制系统失灵时气相压力过大而损坏离子膜和电极，有些系统还设计有安全水封槽或安全阀，以防止超压对系统的损坏。

液体循环冲洗与排放系统，主要任务是收集开车升温和停车排液用的阴阳极液以及停车时冲洗槽内含氯盐水，因此需要设计排液用阴阳极槽，进料盐水管路也要单独设计纯水稀释系统。

电槽温度控制与提升系统，主要考虑要在开车前逐步提升电解槽温度，以保证膜处于适宜温度后才能通直流电，同时该系统还要控制运行电槽温度处于合理区间。电解槽温度过高会产生垫片损坏加快和气体带出水蒸气过多问题，甚至产生液体沸腾问题；槽温过低会产生槽压升高、槽内副反应过多等问题，因此电槽运行温度必须得到有效控制。控制电槽运行温度和给开车电槽升温，通常办法是在阴极循环系统中设有换热器，对进入电槽的阴极液进行加热或冷却，以控制电槽温度；但为更好地保持运行电槽温度、不产生热量过多通过膜由阴极液加热阳极液情况，现在很多在阳极进料盐水管线上设计有加热器或氯气盐水换热器，对进料盐水加热，以保持和提升电槽温度，特别是在低负荷以及膜极距电解槽系统上，这一设计普遍被采用。

电极防护的回路控制系统，是指为防止停车后电解回路产生反向电流损坏电极涂层，对电解回路采取的电流控制系统。通常做法是在电解回路停车后，立即加载正向保护电流，以保持电解装置正向的电流流向，直到含氯阳极液被充分置换完毕，待槽温下降后方可停止；另一策略是在电解停车后，立即断开整流器和电解槽中部的导电开关，减低电槽对地电压，使槽外主回路断开，减小反向电流数值，使电位差降低到涂层溶解值以下。

5.10 离子膜电解槽的电极

电解法氯碱生产用电极，是从隔膜法和水银法时代发展而来。由于氯气和氯水的强腐蚀氧化性，最初能用于阳极的材料只有石墨，阴极由于工作条件温和，采用碳钢即可。随着技术进步，1962 年发明了氧化钌涂层和开始在阳极材料上采用钛，相对石墨损耗变形这种电极称为形稳型阳极（DSA）。进入离子膜时代，阴极材料为适应高浓度烧碱的腐蚀性采用镍为基材，这样初始的离子膜电解槽采用的是涂有氧化钌混合物的钛阳极和镍阴极。

5.10.1 电极电位和电极退化

从阴极氢过电位看，镍的过电位比碳钢高，达到 300mV，是离子膜电解技术发展的潜力之一，人们开始不断研究探索更有效的阴极涂层，以降低析氢过电位，达到节约电耗提高电流密度的目的。不同金属的析氢过电位见图 5-14。从图中可以看出，Fe 上的析氢过电位要比 Ni 低，随着电流密度的提高，过电位将成指数上升，因此，增大阴极表面积和改善阴极析氢活性同等重要。

经过人们不断探索，阴极上增大面积的雷尼镍涂层被广泛采用，近期技术开始进入金属氧化物涂层阶段，可以大幅度降低阴极过电位，牢固度也得到提高，其技术进步情况可参见图 5-15。

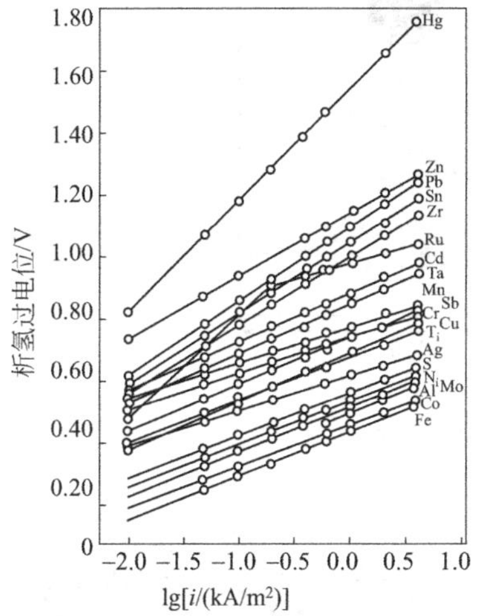

图 5-14 不同金属表面的析氢过电位

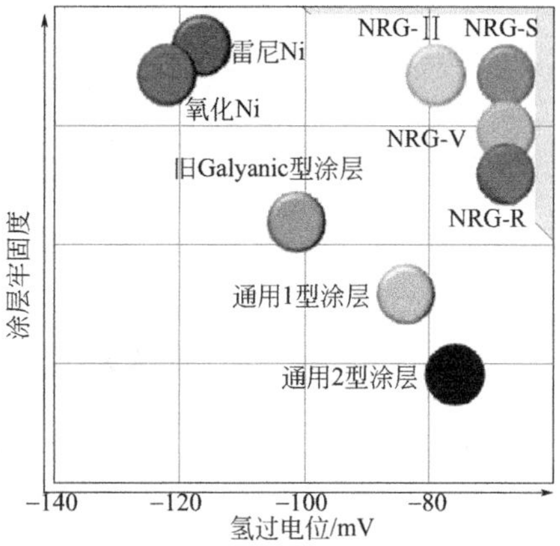

图 5-15 阴极涂层技术进步情况

随着氧阴极的发展，析氧阴极受到重视，图 5-16 显示的是不同金属氧化物表面的析氧电位。

阳极技术也在不断进步，主要研究方向是阳极催化涂层的活性与抗氧化性能平衡方面，需要解决低过氯电位和高抗氧化性能之间的矛盾问题，不同材料析氯电位见图 5-17。

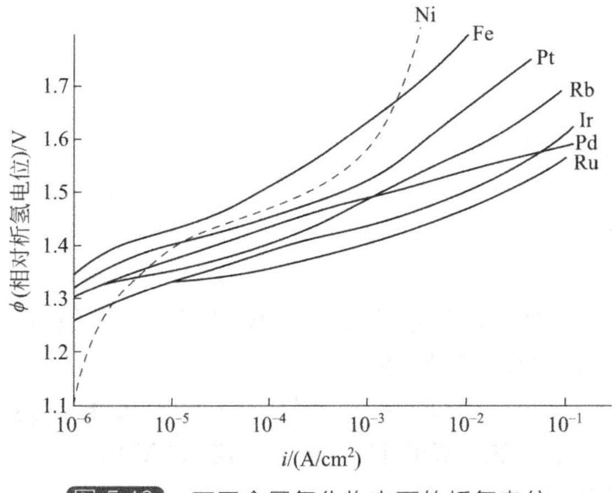

图 5-16 不同金属氧化物表面的析氧电位

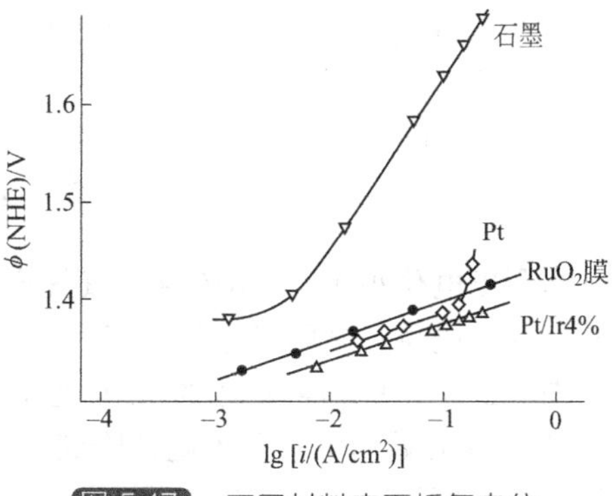

图 5-17 不同材料表面析氯电位

在析氯涂层技术日臻完善的同时，如何进一步降低析氯电位，同时延长涂层寿命和提高抗氧化性能，也是技术进步的方向，其技术进步情况可参见图 5-18。

电极的氧化性能，主要反映在过氧电位较低时，阳极生产氧可能对电极基体与涂层带来的电化学腐蚀，电极腐蚀条件见图 5-19。

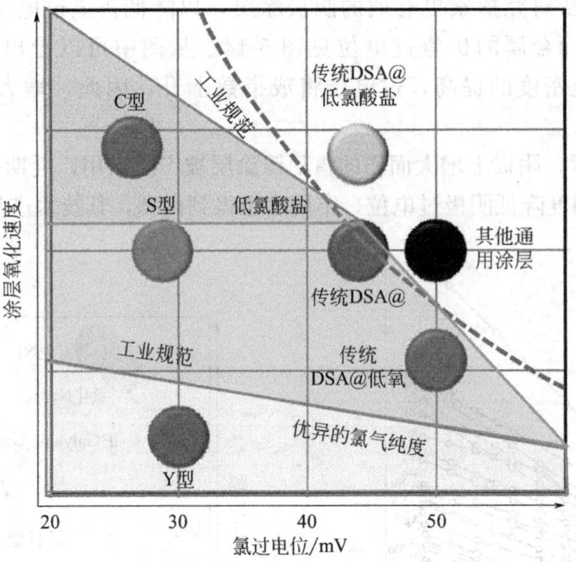

图 5-18 阳极涂层技术进步情况

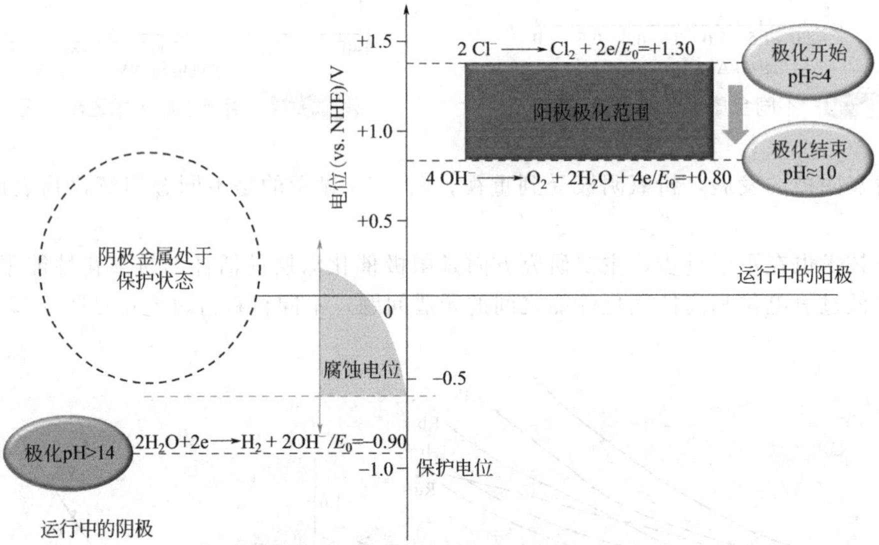

图 5-19 运行电极电位和腐蚀条件图

当阳极电位小于＋0.8V时，氧气产生，会对阳极涂层产生氧化作用而缩短阳极寿命、提高氯的过电位；当阴极电位小于－0.7V时，阴极产生腐蚀。

图5-20反映出停车时的原电池效应和反向电流的腐蚀特性。这时阴极电位达到－0.7V，镍开始腐蚀；阳极电位降到0.4V以下，铂开始腐蚀，如果降到0.3V以下，钌氧化涂层开始腐蚀。因此要避免停车期间反向电流的产生。

5.10.2 电极种类

(1) 阴极种类。目前世界上应用于氯碱行业的阴极电极主要有以下几种：

① 纯金属电极。这种电极诸如铁、镍等，由于没有涂层，过电位较高。

② 电镀雷尼镍＋贵金属(含一定量的稀有金属)的活性阴极。也有不加贵金属的电镀活

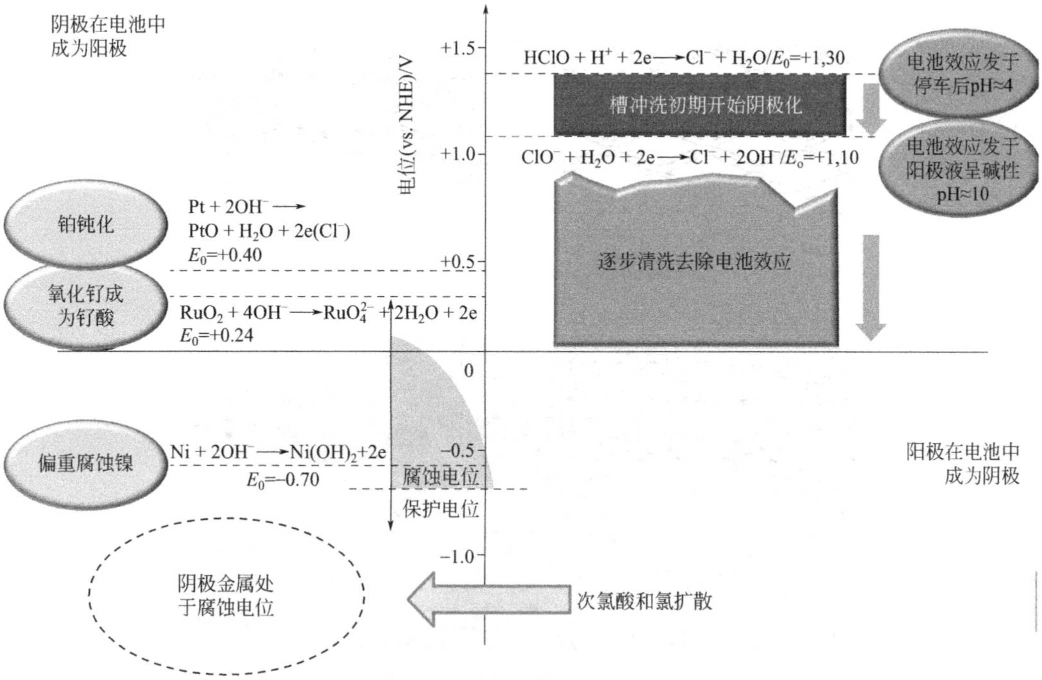

图 5-20 反向电流产生及原电池效电位图

性阴极，这种活性阴极的基材有铁、镍、铜几种材料，底层镀镍再镀活性层。

③ 碱腐蚀法制造的活性阴极。

④ 涂层为贵金属的氯化物并经烧覆后转换成贵金属氧化物为主体的活性阴极。此种阴极主要用于高电流密度自然循环离子膜电解槽。

⑤ 等离子火焰喷涂活性阴极。这种阴极是将镍的氯化物经等离子火焰高温加热喷射到镍基材表面，Ni 的氯化物转换成 Ni 的氧化物为主体的活性阴极技术。

⑥ 其他方式处理得到的阴极。

阴极的基材主要有金属板拉网(菱形孔)和编织网。

(2) 影响阴极寿命主要有以下几方面因素：

① 阴极系统中铁离子超标，造成阴极活性层劣化；

② 极化整流器未正确投运，造成反向电流影响阴极涂层，致使阴极活性层脱落；

③ 反压差，造成阴极网变形；

④ 如果离子膜出现针孔，仍然进行操作运行，阳极侧产生的 Cl_2 通过膜针孔后进入离子膜电解槽阴极室，过量时，造成阴极涂层大面积脱落(腐蚀)，使得阴极的使用寿命缩短；

⑤ 停车后，未能及时进行电解液循环，使阴、阳极之间产生反向电流，造成阴极涂层损坏；

⑥ 离子膜电解槽存放不当，或在氯气氛围中存放离子膜电解槽，或停止运转电解槽出口氯气阀门内漏，膜又出现针孔，总管氯气通过针孔进到阴极室，会造成阴极涂层表面氯化物生成，从而破坏阴极涂层。

阴、阳极电极表面一般都涂有在电解过程中起到降低阴极析氢电位和阳极析氯电位的贵金属涂层，在操作过程中，应避免划伤阴阳极电极表面的涂层，如果划伤电极，就会使得表面的涂层脱落，从而导致电极性能下降。

阴极拉网节点见图 5-21，阴极编丝网见图 5-22。

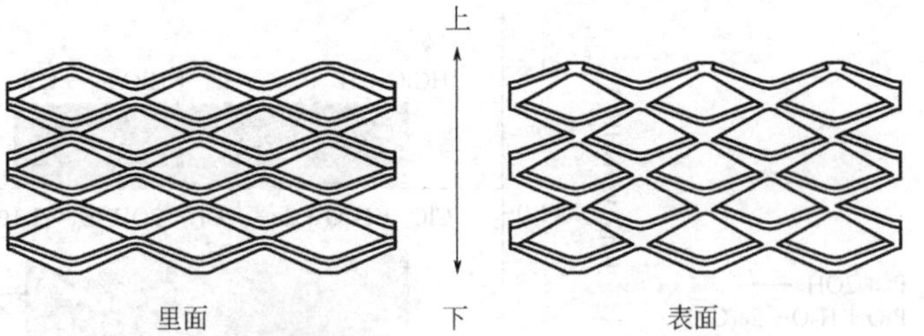

图 5-21 阴极拉网节点示意图

图 5-22 阴极编丝网示意图

(3) 阳极的种类。目前世界上应用于氯碱行业的阳极电极主要为一种或多种贵金属的盐类转化为贵金属氧化物而形成的涂层，有各种不同的配方，适应于不同的电流密度和不同的离子膜电解槽结构。阳极的基材主要是钛板拉制的菱形孔网。阳极拉网节点示意图见图 5-23。

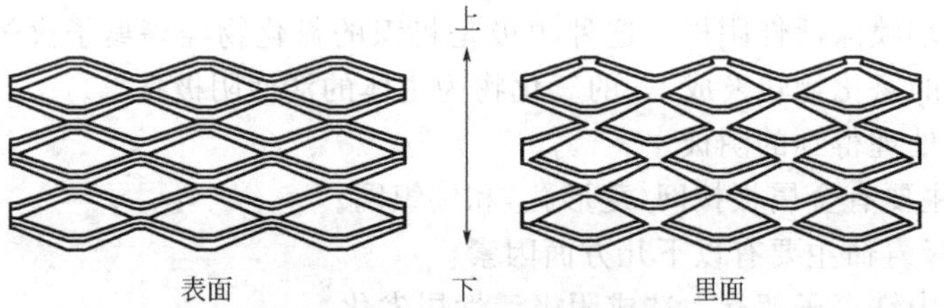

图 5-23 阳极拉网节点示意图

(4) 影响阳极寿命的主要有以下几方面因素：

① 如阴极侧 OH^- 反迁移使盐水 pH 值上升，破坏阳极涂层，影响到阳极性能及寿命，所以必须控制出口阳极液的酸度，确保 H^+ 在合理的范围内；

② 如果操作带有针孔的膜，NaOH 通过膜的针孔反迁移后造成阳极腐蚀，过量时，出现阳极涂层大面积脱落(性能急剧下降)；

③ 停车后，未能及时投入极化电源并进行电解液的循环，使阴、阳极之间产生反向电流，造成阳极涂层损坏；

④ 压差控制不当，造成阳极变形。

5.10.3 弹性阴极与膜极距

在离子膜电解槽开发设计初期，阴极和阳极是固定的，为避免电极接触损坏离子膜，阴阳极间保持有一定的距离。这种设计的弊端显而易见，要求加工精度高、极间距离不易保持一致、槽电压损失较大。为弥补以上缺点，人们开始研究改进极间距保持和缩小途径，一个最有效的方法是一侧电极保持固定，另一侧电极改为弹性贴向固定侧电极，形成窄间隙甚至膜极距电解槽。

由于阳极钛导电性差、电阻高，导电结构必须焊接，阴极镍比较软、导电性好，因此弹性结构大多数设计在阴极侧，阳极保持刚性和平整。

开始时对阴极依然采用拉网式结构和刚性或半刚性网，这时采用阴极弹簧推动阴极向阳极靠拢。但由于阴极刚性过大，阴极弹簧有限，不能保证每一点阴极都与膜贴在阳极表面，结果是极间距不一致、电流分布不均、槽电压较高。

为克服刚性阴极的不足，开始采用柔软阴极和全面积阴极弹性层结构，以保证微观上每一点阴极都与膜贴向阳极，实现了膜极距电解。这一设计的好处是极距均匀、电流分布均匀、槽电压低、弥补了阳极制造平整度偏差，但不足之处是阴极弹性较差，易受反压差影响造成阴极弹性体失效，引起电流分布不均、槽电压升高。因此弹性阴极结构和膜极距技术，一方面需要精心操作和维护，另一方面也是今后技术进步的方向。

参考文献

[1] 方度，蒋兰荪，吴正德等氯碱工艺学．北京：化学工业出版社，1990.
[2] 程殿彬等．离子膜法制碱生产技术．北京：化学工业出版社，1998.
[3] 邢家悟等．离子膜法制碱操作问答．北京：化学工业出版社，2009.
[4] 赵众，冯晓东，孙康等编著．集散控制系统原理及其应用．北京：电子工业出版社，2007.
[5] 陆德民主编．石油化工自动控制设计手册．北京：化学工业出版社，2000.
[6] 温斯顿 R. 里维主编．尤里格腐蚀手册．北京：化学工业出版社，2005.
[7] 哈曼卡尔·H，安德鲁·哈姆内特，沃尔夫·菲尔斯蒂希著．电化学．北京：化学工业出版社，2009.
[8] 库尔特 M. O，杰克逊 C. 现代氯碱技术．北京：化学工业出版社，1990.
[9] 任建芬．离子膜电流效率计算公式的探讨．中国氯碱，2003（7）：15-17.

6 离子膜电解槽

6.1 离子膜电解槽历史与现状

离子膜电解槽是随着离子膜应用于烧碱生产而发展的特殊设备，其基本功能是在阴极和阳极之间安装离子选择性交换膜，保持阳极、阴极和膜正常平稳运行，在阳极产生氯气，在阴极产生氢气，钠离子在电场的推动下穿过离子膜从阳极侧到阴极侧，与阴极的氢氧根结合形成烧碱。电解槽需要对单张膜进行逐一固定和密封，组成一个阳极、一个阴极和一个离子膜的单元槽，多个单元槽组成一台离子膜电解槽。

离子膜电解槽为保证阴极、阳极、离子膜的工作条件，需要对电解过程供电、保证阴阳极溶液循环和控制电极间距离。因此，电解槽从开发之日起，人们就开展了研究和改进，主要集中在电槽供电方式、溶液循环方式、电极有效面、电极间距离等方面。

6.1.1 单极槽与复极槽

单元槽之间的供电和回路连接方式从电槽研究发起初期，就分为复极式和单极式两种思路发展。

单极槽受隔膜槽运行经验、供电系统设计、电流电压等级规格等影响，单元之间采用并联方式连接，多个单元槽组成一个电解槽，电解槽与电解槽间采用串联方式，多台电解槽组成一个电解回路。单极槽运行和布置与隔膜式电解槽类似，特点是阴阳极液循环采用自然循环，浓度均一，易于操作，电解液断电和杂散电流腐蚀容易控制解决，可以利用原有隔膜槽变电整流系统；单极槽固有缺陷也十分明显，每台单元槽都需要阴阳极单独供电，电槽之间也需要金属电路连接，导电金属需用量极大，并联方式使得整流器和变压器电流高，占地面积大，连接管路长、管件多。

复极槽由单元槽串联组成，一台电解槽最多可以组合近200片单元槽，一台电解槽或多台电解槽串联后组成一个电解回路。复极槽打破了隔膜槽的运行方式，电流从一个单元槽平行地直接进入下一个单元槽，不需要额外的导电连接，回路总电流也较小，总电压较大。这样复极槽的优点是导电金属需求量小，电路导电损失较小，整流效率高，对整流变电要求较低；复极槽缺点是总电压较高，杂散电流腐蚀也较难解决，制造、操作和组装要求较高。单极槽与复极槽导电原理见图6-1。

离子膜电解槽的供电方式有并联和串联两种，其等效电路见图6-2。在一台单极式离子膜电解槽内部，直流供电电路是并联的，因此总电流即为通过各个单元槽的电流之和，各单元槽的电压基本相等，所以单极式离子膜电解槽的特点是低电压、高电流。复极式离子膜电解槽则正好相反，每个单元槽的电路是串联的，电流依次通过各个单元槽，故各单元槽的电流相等，但总电压为各单元槽槽电压之和。所以，复极式离子膜电解槽的特点是低电流、高电压。

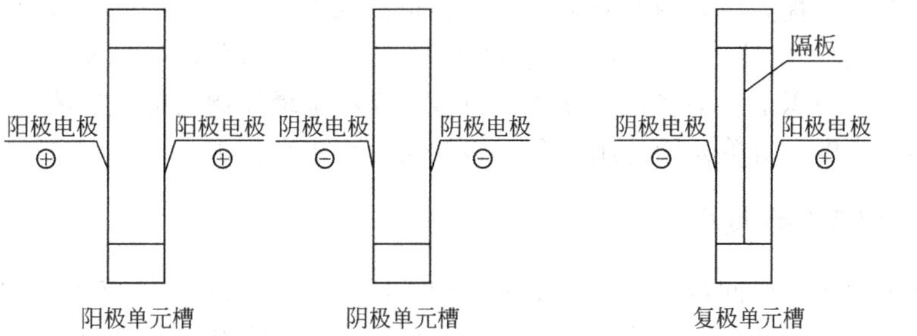

(a) 单极式离子膜单元槽结构示意图 (b) 复极式离子膜单元槽结构示意图

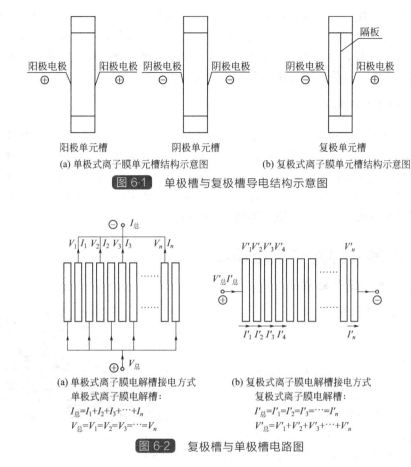

图 6-1 单极槽与复极槽导电结构示意图

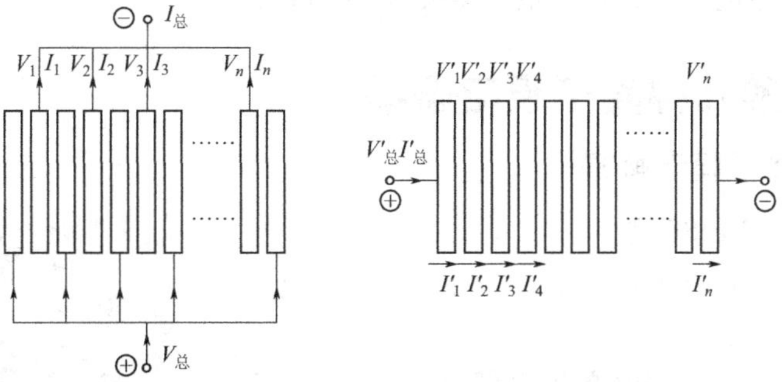

(a) 单极式离子膜电解槽接电方式

单极式离子膜电解槽：

$I_总=I_1+I_2+I_3+\cdots+I_n$

$V_总=V_1=V_2=V_3=\cdots=V_n$

(b) 复极式离子膜电解槽接电方式

复极式离子膜电解槽：

$I'_总=I'_1=I'_2=I'_3=\cdots=I'_n$

$V'_总=V'_1+V'_2+V'_3+\cdots+V'_n$

图 6-2 复极槽与单极槽电路图

从以上分析可以看出，复极槽更适合离子膜电解方式和电解原理，产能规模比较灵活；单极槽则延续了隔膜槽的思维模式，适用于较大规模的单套装置发展初期经历了一段发展鼎盛时期，后逐渐被市场淘汰，技术提供厂家纷纷转向开发复极槽。复极槽开发厂家不断完善技术，成为目前市场主要电解技术提供商。

6.1.2 自然循环与强制循环

电解液在阴阳极室的流动，可以起到保证溶液浓度均匀、带出气体、平衡热量、控制电槽温度等作用，因此阴阳极液循环是电解槽工作的必备条件。如何进行阴极液和阳极液的循环，每个电解槽都有不同的设计和方法，可以分为槽内循环和槽外循环两类，槽外循环又可分为自然循环和强制循环两种方式。槽内循环都属于自然循环，自然循环的优点是节省动力，循环量较大，浓度均匀；强制循环具有循环量可控，流量分配均一性好的特点。

单极槽由于槽数多、循环量大，阴阳极液一般采用单槽独立的槽外自然循环方式，具有动力消耗少、循环量容易调节控制、浓度均匀等优点，缺点是连接管件较多、不利于维修。复极槽阴极液由于浓度波动范围窄，普遍采用槽外强制循环方式。阳极液采用槽内自然循环和槽外强制循环两种。槽内自然循环缺点是阳极室厚度大，电压损失较大，电槽成本高。

6.1.3 单元槽有效电解面积

单元槽有效电解面积，一直都是各厂家研究和提高的目标。有代表性的趋势是，初始开发复极槽的厂家，单元膜有效面积都在 $2.7m^2$ 或以上，单极槽则从开发初期的 $0.2m^2$ 不断提高到后期的2.7m^2。提高单元槽有效电解面积，可以降低电解槽投资，减少电解槽附属投资(管路、阀门、仪表、电器、整流变电、基础等)，减少占地面积，减少操作费用和检修工作量，因此增大单元面积是一举多得的办法，但增大面积也增加槽内电解液浓度分布、电流分布和密封的实现难度，对单元槽的刚性和材料规格提出更高要求。

6.1.4 极间距的不断减小

离子膜电解槽阴阳极间的平均距离，称为极间距。减小极间距，不但可以减小电压损失，也可以提高电流密度分布的均匀性，所以从离子膜电解槽开发之日起，人们就试图不断减小极间距。初期主要受到离子膜阴极表面没有涂层和阴极柔性限制，极间距不能进一步降低，设计保持在1～2mm，随着离子膜表面涂层技术使用和阴极技术改良，实现了极间距降低，直到达到膜的厚度，称为膜极距或零极距(zero gap)。

6.2 历史上的几种离子膜电解槽

6.2.1 单极式离子膜电解槽

6.2.1.1 ICI公司FM-21SP槽

ICI电解槽是早期的槽型，槽比较小，电流密度比较低，用的厂家也比较少。

ICI公司研制的FM-21SP单极电解槽实质上是由四个部分组成——阳极组合件、阴极组合件、离子膜和端板。阴、阳极无槽框，每块阴、阳极一样(图6-3)。每块阴极用镍板压制而成，由ICI用自己专有的低过电压涂层涂制；阳极用钛压制结构制造，并带有活性涂层，阴、阳极片厚度为2mm。

图6-3 FM-21SP型离子膜槽

附件主要包括：导电铜板、拉杆、紧固螺栓、阴阳极垫片、电解槽与固定导电铜排连接用的挠性电缆、防止电气腐蚀保护装置。

电解槽由阳极和阴极组合件交替组成，其间用离子膜隔开，夹紧在两端板之间。两支撑轨道在两端板之间成水平状态，其作用是支撑和校正电极组合件，整个电极组合件由穿过端板的六根拉杆加压固定。

该单极槽一般有46～60个单元，每台电解槽有91～119张离子膜，每张离子膜的规格为968mm×275mm；运行的电流密度为2.65～3kA/m^2，设计最大电流密度为4kA/m^2，单元槽有效面积是0.21m^2。该电解槽的阴、阳极液的进出口比较简单，阴极液为强制循环，阳极液为自然循环。

每一阳极和阴极组合件带有铜电流分布器，设计了标准的挠性连接铜排，全部电气连接都要设计成低电压损失和连接处最少清洗的条件下保持长时间的运转寿命。ICI的FM21-SP电解槽循环效果很差，存在死区和气室，导致离子膜容易起水泡，这也是它的最大弊端。

FM21-SP电解槽槽内部通道设计成用于分布工艺物料去单元电解槽和收集单元电解槽来的物料。由于电解槽通道和极室之间的密封是靠电极上的垫片组成，一旦垫片腐蚀严重就会发生内漏，造成出槽氯气的氯中含氢高。

采用这种简单设计的结果是外部到单元电解槽的管道连接均被取消，通道连通端板的固定孔与工艺管线相连接，有下述四个主要的连接：a. 进料盐水(阳极液进料)；b. 出口淡盐水和产品氯气；c. 进料烧碱(阴极液进料)；d. 出口烧碱和产品氢气。每台电解槽的管子连接制造成挠性的，允许热膨胀。

6.2.1.2 旭硝子公司 AZEC-M 槽

旭硝子公司的 M 型电解槽，结构与 FM21-SP 槽类似，只是安装形式是立式，安装见图 6-4。

6.2.1.3 旭硝子公司 F1 槽

旭硝子公司 F1 型电解槽，是历史上最大单元面积的单极槽，见图 6-5，单元膜有效面积达到 $2.7m^2$。

图 6-4 旭硝子公司 M 型电解槽

图 6-5 旭硝子公司 F1 型电解槽

6.2.1.4 旭硝子公司 AZEC-F2 槽

日本旭硝子公司 AZEC-F2 型单极式离子膜电解槽，该结构的单元槽外框尺寸 1580mm×1220mm，有效电解面积为单面 $1.71m^2$。该单元槽的外框采用 50mm×40mm 的方管，阴极框方管材质为 SUS316L，阳极框方管材质为 Ti-Pd，方管是整个单元槽的金属支持框架，又是单元槽两侧密封面框架，因此，对于方管的尺寸精度(平面度、粗糙度）及材质均匀度等都有很高的要求。阳极槽框内有 6 根 ϕ34mm 的 Ti-Cu 复合导电棒。阳极网材质为钛，阴极网材质为铜表面镀镍，支撑电极的筋板为带孔的金属条(见图 6-6 和图 6-7)。

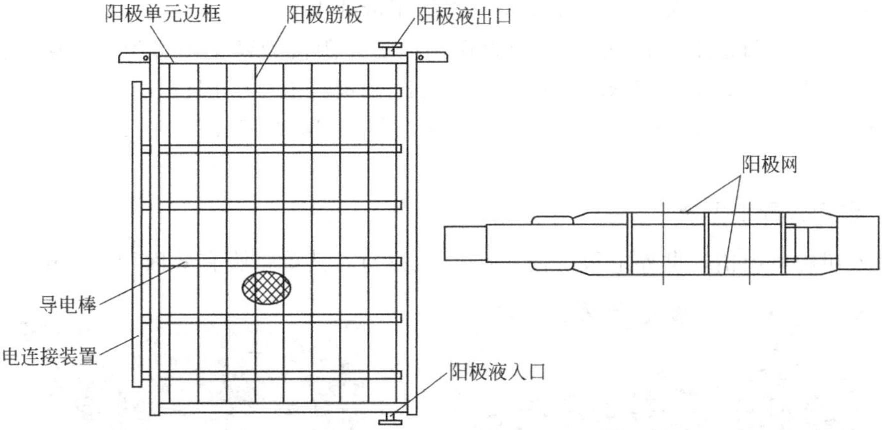

图 6-6 旭硝子公司 F2 型电解槽阳极结构图

该单元槽的结构特点：

(1) 阴阳极液采用自然循环；

(2) 离子膜电解槽与槽间铜排相连；

(3) 阴极框筋板上设有弹簧，使阴极网安装后有弹性并趋向于阳极侧；

(4) 导电铜排配置复杂，相对耗铜量较大，后期改为一槽三组式(见图 6-8)。

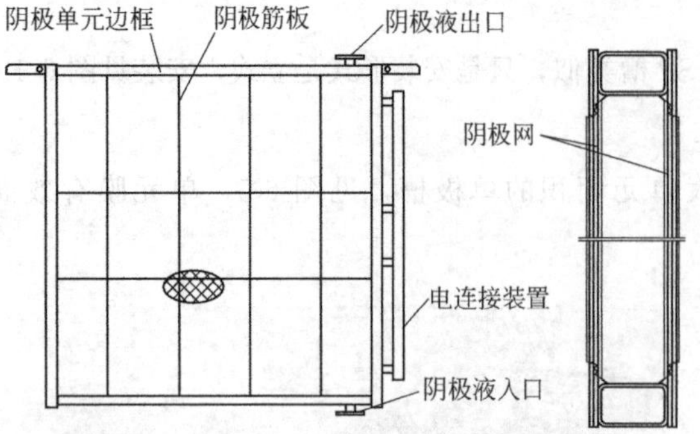

图 6-7 旭硝子公司 F2 型电解槽阴极结构图

图 6-8 旭硝子公司 F2 型电解槽

6.2.1.5 西方公司 MGC 单极槽

美国西方公司在隔膜槽研究开发方面享有盛名，开发过著名的 MDC-29 和 MDC-55 型电解槽，被世界广泛采用，该公司开发了 MGC 单级式离子膜电解槽，后期改进为一槽三组形式，节省了导电连接材料，例如 EXLDP-3×8 电解槽为三槽组合式单极电解槽，一台 EXLDP-3×8 电解槽由 3 只 8 个单元的单极槽串联组成，减少了占地面积，电流密度达 $4.167kA/m^2$，每只电槽包含阴极铜板 12 块、阳极铜板 15 块、24 块阳极、24 块阴极、24 张离子膜，每张膜的规格为 1575mm×1143mm，有效面积为 $1.5m^2$。每台电解槽由 5 个部件组成：①阳极组合件；②阴极组合件；③端板和拉杆；④铜电流分布器；⑤离子膜。阴、阳极无槽框。附件主要包括：紧固螺丝、阴阳极进出料液管、阴阳极垫片、防止电化腐蚀保护装置(见图 6-9)。

EXL 是膜间隔极距电解槽；极片面网的导电和支撑结构采用耐腐蚀、弹性好、疲劳强度好的材料；阳极片背板为含钯 2%的钛钯合金，其导电面镀海绵镍；阴极极片为纯镍，阴阳极电流铜板表面也均镀镍，以实现同一种金属接触导电。因此内部电路接触电压及其电耗损失减小；表面管道系统及流量计等仪表、阀门用量减少。

该结构的单元槽是用 0.8mm 厚的板材压制而成，阴极为镍，阳极为钛。阴、阳极各有两种类型，分为 L. H. 阴极与 R. H. 阴极和 L. H. 阳极与 R. H. 阳极，极片规格为 1540mm ×1130mm × 20mm；氯气压力 13 ～ 21kPa，氢气压力 14.25 ～ 22.25kPa，压差维持 1.25kPa。

6.2.1.6 鲁奇公司单极槽

鲁奇公司的单极槽，世界上很少使用(见图 6-10)，其单张膜有效面积 $1.5m^2$。

图 6-9 西方公司 MGC 型电解槽

图 6-10 鲁奇公司电解槽

6.2.1.7 蓝星北化机公司单极槽

蓝星北化机 BMCA-2.5 型单极式离子膜电解槽(见图 6-12)，属外部自然循环装置，阴极为固定式，每单元双面电极面积 2.5m^2，可在电流密度 3～4kA/m^2下运行，吨碱直流电耗可在 2180kW·h 以下，结构见图 6-11。

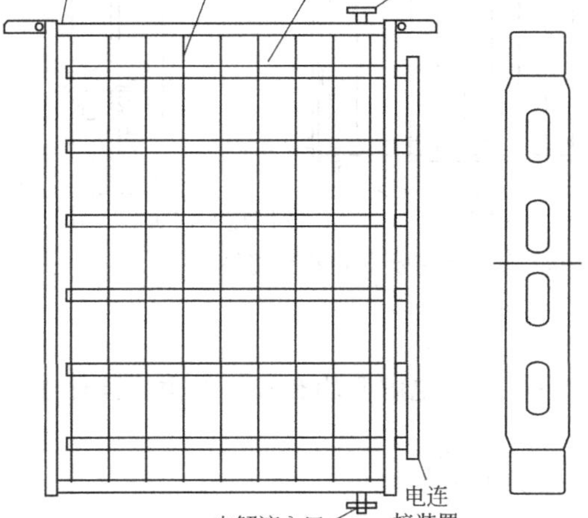

图 6-11 北化机 BMCA-2.5 型电解单元槽结构图

图 6-12 蓝星北化机 BMCA-2.5 型电解槽

(1) 阳极单元槽边框采用钛钯合金方管组焊结构，确保阳极单元槽不受含游离氯盐水腐蚀，密封面不产生间隙腐蚀；

(2) 阴极单元槽边框采用 SUS310S 方管组焊结构，确保阴极单元不受腐蚀；

(3) 阳极单元槽采用钛铜复合棒结构导电，在电解室上部气液密集区导电棒做扁形处理，确保阳极上电流分布均匀且可保证气液循环状态稳定；

(4) 阴极单元槽采用不锈钢铜复合棒结构导电，在电解室上部气液密集区导电棒做扁形处理，确保阴极上电流分布均匀且可保证气液循环状态稳定。

6.2.2 复极式离子膜电解槽

6.2.2.1 日本旭化成公司 FC 型复极槽

日本旭化成公司 FC 型复极离子膜电解槽，是早期在中国(北化机)制造的引进技术槽型之一，在其标准型基础上的改进型复极槽，单元电极面积 2.7m^2，电流密度 3～4kA/m^2下运行，吨碱直流电耗可在 2180kW·h 以下，其结构见图 6-13。

旭化成公司 FC(改进) 型复极式离子膜电解槽的单元槽主要由阴阳极盘、阴阳极筋板、阴阳极堰板、槽框、中间复合板等组成。槽框材质为碳钢，碳钢的外框条上加工有沟槽，阴阳极盘分别由镍板和钛板压制而成，阴阳极盘的折边插入外框条的沟槽内，阴阳极盘之间放有 $\delta=4$mm 的 Ti-Fe 复合板和作为填充料用的不锈钢拉网板，阴阳极盘通过与复合板焊接而连接在一起，阴极盘内焊有阴极筋板、阴极液下部分散挡板和阴极堰板，阳极盘内焊有阳极筋板、阳极液下部分散挡板和阳极堰板。单元槽的外形尺寸为 2400mm×1200mm，厚度为 60mm，密封面宽度 22mm 左右，有效电解面积 2.7m^2。通电电解时的电流方向：复合板(导电板)→阳极盘→阳极筋板→阳极网→离子膜→阴极网→阴极筋板→阴极盘→后续串联的单元槽。

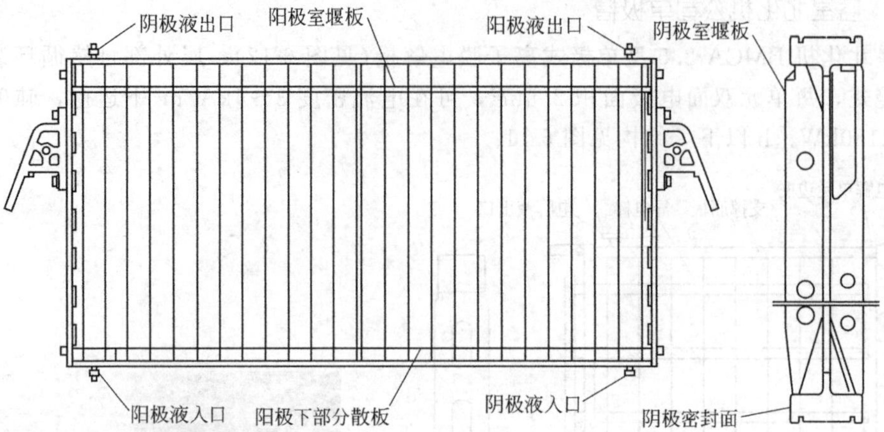

图 6-13　日本旭化成公司 FC 型离子膜单元槽结构示意图

该单元槽的结构特点：

(1) 阴极室材质为镍，阳极室材质为钛，对相应的电解质均有极强的耐腐蚀性能，因而大大提高了单元槽的寿命；

(2) 阳极为多孔板结构，小孔均匀密布，对膜的损伤较小；

(3) 在单元槽的上部均装有阴极堰板和阳极堰板，减少了气泡效应，防止膜的上部出现干区；

(4) 外框架采用碳钢条，整体结构刚性好，加工精度及单元槽关键尺寸易于保证；

(5) 在单元槽阳极侧密封面和阳极液进出口管法兰密封面均有防止间隙腐蚀的涂层，延长了单元槽的使用寿命。阳极室下部安装有电解液进液分散板，确保电解室内各部位能及时补充新鲜电解液，保持浓度均匀。

6.2.2.2　蓝星北化机公司 MBC-2.7 型强制循环复极槽

蓝星北化机公司 MBC-2.7 型复极式离子膜电解槽为早期国产化装置，采用强制循环工艺，单元电极面积 2.7m^2，电流密度 3～4kA/m^2 下运行，吨碱直流电耗可在 2180kW·h 以下，其结构见图 6-14。

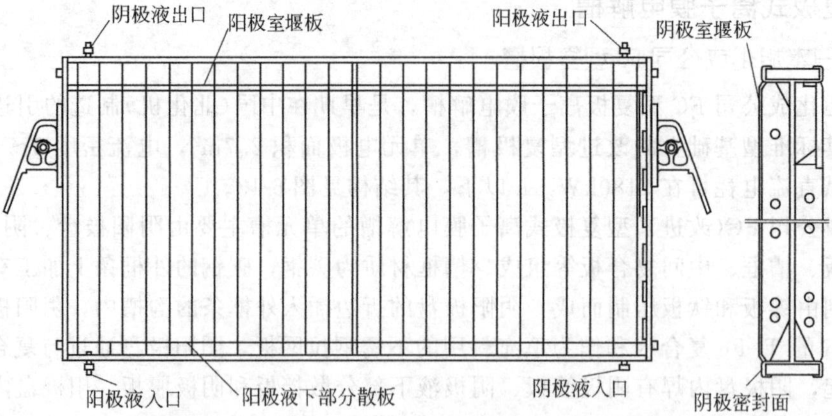

图 6-14　北化机 MBC-2.7 型离子膜单元槽结构示意图

此槽型总体形式与旭化成装置相似，但具体结构有以下区别：

① 单元槽框采用不锈钢方管组焊结构，确保在使用寿命期限内不生锈；

② 阳极室密封面使用钛钯合金板材，确保使用寿命期限内不发生间隙腐蚀；

③ 阴阳极室框采用刚性结构，槽框不易变形；

④ 采用碱苛蚀不锈钢活性阴极，具有永久性寿命，不需更换；

⑤ 采用注塑绝缘托架，强度高、绝缘好、寿命长、轻便。

6.2.2.3 迪诺拉公司DD350电解槽

迪诺拉DD350电解槽见图6-15，源于迪诺拉公司和道化学合作，取两公司名首字母，因单元面积为350dm^2，取名DD350。该电解槽是第一个实现复极式、自然循环、零极距、大面积为一体的电解槽，膜有效面积为1205mm×2898mm，每台复极槽由25～32片单元槽组成，单台复极槽通过槽外循环槽阴阳极形成独立自然循环体系，多台复极槽串联成一个电解回路。

6.2.2.4 迪诺拉公司DN350电解槽

迪诺拉DN350电解槽见图6-16，是在DD350基础上改进而来，放弃了单槽独立自然循环系统，阳极采用内循环板循环，阴极采用拉伸网结构，不再使用零极距技术，压紧装置采用连杆机构弹簧压紧，气液排出采用从槽内插管槽下排出方式，多台复极槽串联成一个电解回路。

图6-15 迪诺拉公司DD350电解槽

图6-16 迪诺拉公司DN350电解槽

6.2.2.5 德山曹达公司NTC-270电解槽

德山曹达公司NTC-270电解槽见图6-17，结构类似于旭化成电解槽，但采用了柔性阴极，单元有效面积2.7m^2。

6.2.2.6 旭硝子公司B1电解槽

旭硝子公司在单极槽开发末期，转向开发复极槽B1(见图6-18)，该槽吸收了同期复极槽的许多优点，采用隔板式结构和阳极内循环通道、油缸压紧密压机式结构，单元有效面积2.7m^2。

图6-17 德山曹达公司NTC-270电解槽

图6-18 旭硝子公司B1电解槽

6.3 现代离子膜电解槽系统

6.3.1 日本旭化成 NCH 型离子膜电解槽

该槽型设计为内部自然循环结构，采用复极式串联组合，单元电解面积 $2.7m^2$，电流密度 $4\sim5kA/m^2$下运行，吨碱直流电耗可在 2080kW·h 以下，其结构见图 6-19。

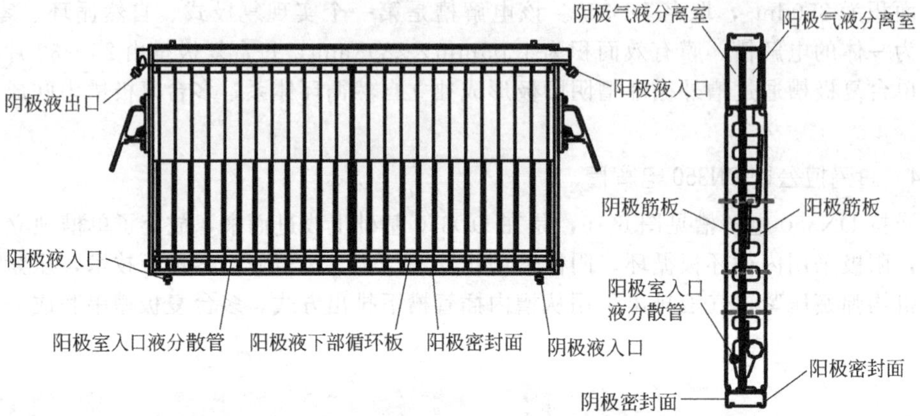

图 6-19 旭化成 NCH 型自然循环离子膜单元槽结构

日本旭化成 NCH 型自然循环离子膜电解槽单元槽主要由阴阳极盘、阴阳极筋板、阴阳极气液分离室、阴阳极液分散管、阴阳极分散板、外框架、中间复合板等组成。外框架材质为碳钢，碳钢的外框条上加工有沟槽，阴阳极盘分别由镍板和钛板压制而成，阴阳极盘的折边插入外框条的沟槽内，阴阳极盘之间放有 Ti-Fe 复合板和作为填充料用的不锈钢拉网板，阴阳极盘通过与复合板焊接而连接在一起，阴极盘内焊有阴极筋板和阴极气液分离室，阳极盘内焊有阳极筋板、阳极分散板和阳极气液分离室。单元槽的外形尺寸为 2400mm×1200mm，厚度 60mm，密封面宽度 22mm 左右，有效电解面积 $2.7m^2$。通电电解时的电流方向：复合板→阳极盘→阳极筋板→阳极网→离子膜→阴极网→阴极筋板→阴极盘。

该电解槽的特点：

(1) 外框架采用碳钢条，整体结构刚性好，加工精度及单元槽关键尺寸易于保证；

(2) 单元槽阴极室材质为镍，阳极室材质为钛，对相应的电解质均有极强的耐腐蚀性能，因而大大提高了单元槽的寿命；

(3) 单元槽阴阳极侧上部分别设置了阴阳极气液分离室，使得阴阳极室内气液混合物流经分离室时及时进行分离，减少气液混合物流经出口接管时的喘动现象；

(4) 单元槽阴阳极侧下部分别设置了液分散管，液分散管上均匀分布着二十几个小孔，有利于离子膜电解槽内电解液浓度的均匀，可有效降低槽电压；

(5) 单元槽阴阳极侧均设置了分散板，其中阳极循环板呈现一定的斜度，保证了循环液体的及时补充，也避免了由于气泡而产生离子膜局部干膜现象的发生。

6.3.2 蓝星北化机复极式自然循环离子膜电解槽

6.3.2.1 蓝星北化机 NBH-2.7 型复极式自然循环离子膜电解槽

该槽型设计为内部自然循环结构，采用复极式串联组合，单元电解面积 $2.7m^2$，电流密度 $4\sim5kA/m^2$运行，吨碱直流电耗可在 2080kW·h 以下，其单元槽结构见图 6-20。

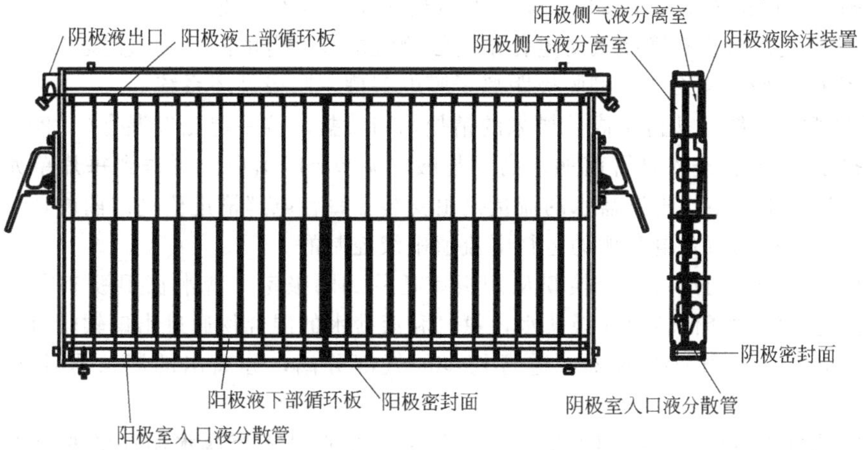

图 6-20 NBH-2.7型复极槽单元槽结构示意图

此槽型总体形式与旭化成装置相似，但具体结构有较多区别：

（1）边框采用不锈钢方管组焊结构，确保槽框在使用寿命期限内不生锈，不易变形；

（2）阳极室密封面使用钛钯合金板材，确保槽框在使用寿命期限内阳极密封面不受间隙腐蚀；

（3）单元槽整体采用刚性结构，槽框不易变形，结构稳定；

（4）采用注塑绝缘托架，强度高、绝缘好、寿命长、轻便。

6.3.2.2 蓝星北化机NBZ-2.7型膜极距离子膜电解槽

（1）蓝星北化机NBZ-2.7型膜极距离子膜电解槽特点。蓝星北化机研制开发的NBZ-2.7型膜极距离子膜电解槽（外观见图6-21）的槽型设计为内部自然循环结构，采用复极式串联组合，单元电极面积$2.7m^2$，电流密度$5 \sim 6kA/m^2$运行，吨碱直流电耗可在2030kW·h以下，单元槽特点如下：

图 6-21 蓝星北化机NBZ-2.7型膜极距离子膜电解槽

a. 边框采用不锈钢方管组焊结构，确保槽框在使用寿命期限内不生锈，不易变形；

b. 阳极室密封面使用钛钯合金板材，确保槽框在使用寿命期限内阳极密封面不受间隙腐蚀；

c. 阴阳极单元槽整体采用刚性结构，确保槽框不易变形，结构稳定；

d. 阴阳极室下部安装有电解液进液分散管路，确保电解室内各位置能及时补充新鲜电解液，保持电解室内电解液浓度均匀；

e. 阳极室上部、下部都安装有电解液内循环用堰板，运用计算机流场模拟设计和效果试验技术，确保在较高电流密度下运行时，电解液在电解室内部有足量循环，使电解液充分电解和浓差梯度更低；

f. 电解室顶部装有气液分离装置，电解室内生成的气体上升与电解液分离后存在于气液分离室内并有防回流设计，确保电解室上部无气泡堆积，有效通电面积范围内的离子膜全部处于电解液的浸泡中；

g. 阴极侧刚性支撑网上固定有缓冲网和阴极面网，该结构属于阴极柔性、阳极刚性类膜极距结构，力学设计的专用缓冲网压力在离子膜耐受强度限度内，并可持久保持弹性，可以确保阴阳极间保持离子膜厚度的间隙，并且能保持反复安装使用；

h. 电解室进出口设有隐藏式防电化学腐蚀牺牲电极，电解液可无阻碍通过。

(2) 蓝星北化机 NBZ-2.7 型膜极距离子膜电解槽阴阳极循环系统

① 阳极循环系统。从盐水高位槽来的精盐水与淡盐水按一定比例混合(开停车时加纯水配成 1/2 盐水)，并在进入总管前加入高纯盐酸，调节 pH 值后，再送到每片单元槽的阳极入口软管，进入阳极室。进槽盐水的流量是由安装在每台电解槽进槽阀门前的调节阀来控制的，流量大小是根据每台电解槽的运行电流值串级控制的。

电解期间，Na^+ 通过离子交换膜从阳极室迁移到阴极室，盐水在阳极室中电解产生氯气，同时氯化钠浓度降低转变成淡盐水，氯气和淡盐水的混合物通过出口软管流入电解槽的阳极出口总管和阳极气液分离器，进行初步的气液分离，分离出的淡盐水流入淡盐水循环罐。

阳极气液分离器初步分离出的氯气，通过氯气总管进入淡盐水循环槽的上部气液分离室，进一步分离后进入氯气总管，在此总管适宜处设置氯气压力调节回路，通过其调节阀控制氯气压力，并与氢气调节回路形成串级调节，控制氯气与氢气的压差，流出系统至氯气处理装置。

淡盐水循环槽中的淡盐水由淡盐水循环泵加压输送，一部分通过调节回路返回阳极系统与精制盐水混合后再次参加电解，另一部分输送至淡盐水脱氯系统进行脱氯。蓝星北化机 NBZ-2.7 型电解槽阳极循环系统见图 6-22。

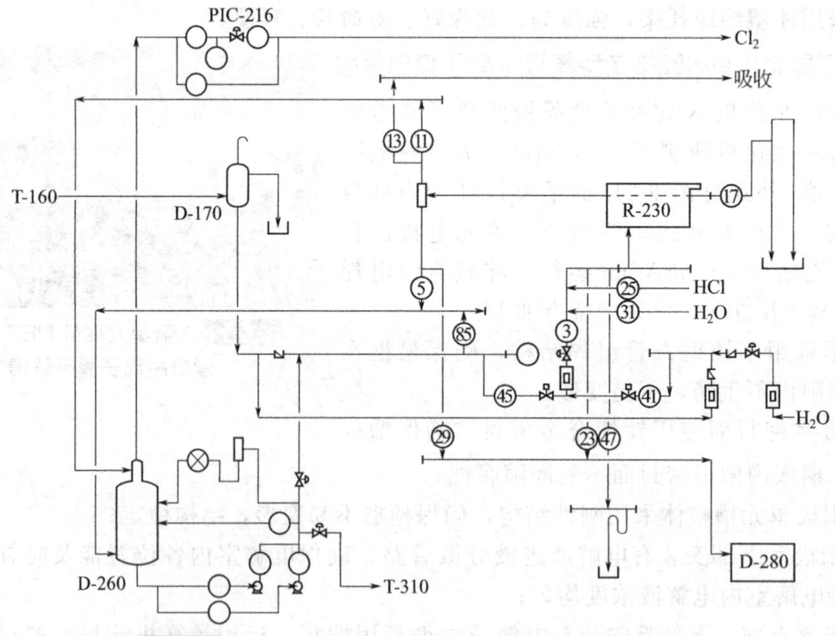

图 6-22 蓝星北化机 NBZ-2.7 型电解槽阳极循环系统

② 阴极循环系统。从碱高位槽来的浓度约 32%的液碱与纯水按一定比例混合后，流入阴极入口总管，并通过与总管连接的进口软管送进阴极室，进槽碱液的流量是根据安装在每台电解槽槽头前的流量计来控制的。

电解期间，进槽碱液在阴极室电解产生氢气和烧碱。氢气和碱液的混合物通过出口软管流入阴极出口总管和阴极气液分离器，进行初步的气液分离，分离出的碱液流入碱液循环槽。

在阴极气液分离器初步分离出的氢气，通过氢气总管流入碱液循环槽的顶部气液分离室，进一步进行气液分离，然后从其顶部流出至氢气总管，在此总管适宜处设置氢气压力调节回路，通过调节阀控制氢气压力，并与氯气调节回路形成串级控制调节，控制氢气与氯气的压差，流出系统至氢气处理装置。

阴极循环槽中的碱液由碱液循环泵加压输送，一部分通过调节回路输送至碱液高位槽，通过碱液高位槽配水回到阴极系统，一部分通过调节回路作为成品碱送到成品碱储槽。蓝星北化机 NBZ-2.7 型电解槽阴极循环系统见图 6-23。

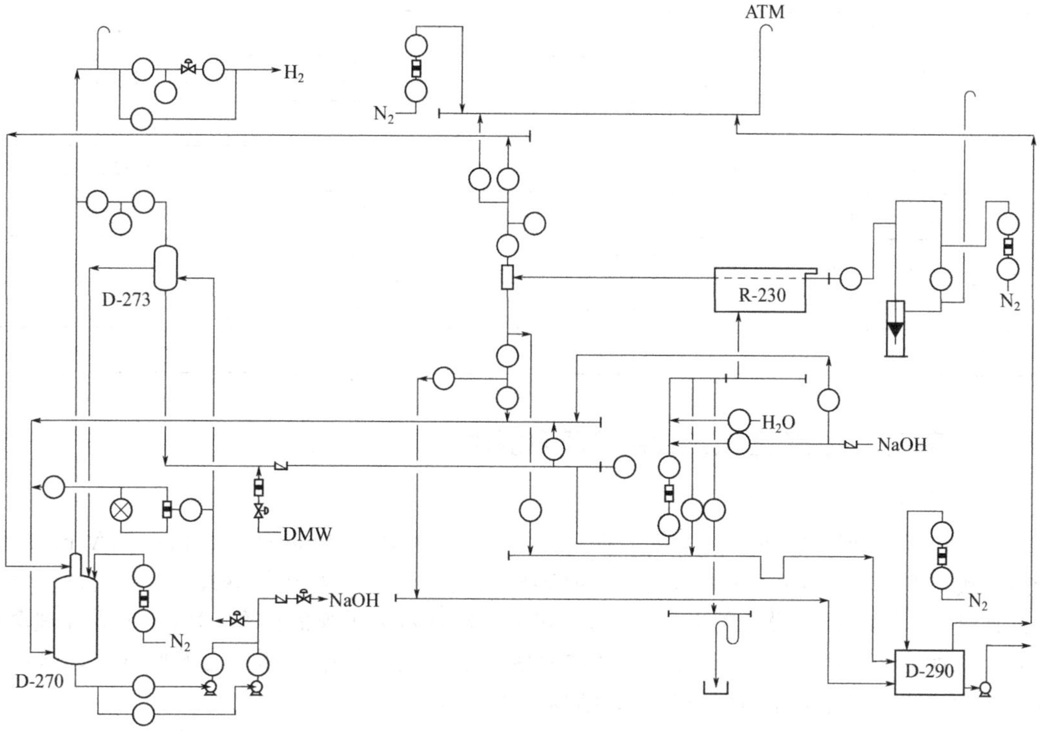

图 6-23 蓝星北化机 NBZ-2.7 型电解槽阴极循环系统

压紧机构：离子膜电解槽在稳定操作中用锁定螺母锁定，油压缸的油压保持在 6.5MPa。电解槽的锁定是为了避免过高的密封压力，这个压力是在油压为 7.5MPa 时由紧急停车产生的。过高的密封压力会使垫片或膜引起一些破裂，并且有氢气、氯气从电解槽中喷出。另外，电解槽锁定之后，油压保持在 6.5MPa，当温度降低超过 5℃时，电解液、氢气或氯气将由于电解槽和垫片的收缩从电解槽中漏出，短路、泄漏便会引起火灾。因此，当温度降低多于 5℃时，油压必须增加到 75kg/cm^2（G）。当垫片使用很长时间时，垫片逐渐变形或收缩，因此电解槽必须有规律地重新挤压和重新锁定。电解槽不同状态下油压和锁定位置表见表 6-1。

表 6-1 电解槽不同状态下油压和锁定位置表

电解槽的操作状态	油压/MPa		锁定螺母位置
	常压	提高后	
电解槽维护	1.5	—	解除
膜安装后的压力	6.5	—	解除
膜试漏	6.5	—	解除

续表

电解槽的操作状态	油压/MPa		锁定螺母位置
	常压	提高后	
电解槽试漏	8.5	—	解除
充电解液	6.5	—	20mm 远
主要管线的打通(H_2、Cl_2阀门打开)	6.5	7.5	20mm 远
电解液循环	6.5	7.5	20mm 远
通直流电	6.5	7.5	20mm 远
H_2、Cl_2压力上升	—	7.5	1～10mm 远
达到稳定温度	—	7.5	1～2mm 远
稳定温度 2h	—	7.5→锁定→6.5	锁定
未锁定电解槽的停车	7.5→锁定→6.5	7.5→锁定→6.5	
锁定电解槽的停车	锁定（6.5）	锁定(6.5)	
排电解液和膜的清洗	6.5	—	20mm 远

6.3.3 蒂森克虏伯伍迪氯工程离子膜电解槽

6.3.3.1 氯工程电解槽特点

（1）Bitac 系列电解槽。日本氯工程公司 1994 年开发了 Bitac 型电解槽，$6kA/m^2$ 电流密度下吨碱耗电 2200kW·h，这也是当时零极距电解槽首次实现了 $6kA/m^2$ 电流密度下运行。此外，采用零极距设计的 Bitac 电解槽可大幅降低对离子膜的损伤。Bitac 的设计理念以及其标志性的 $3.276m^2$ 大反应面积，都被保留在了后代产品中。其单元槽厚度窄，电解有效面积大，阴阳极盘采用凸凹设计，其结构见图 6-24。

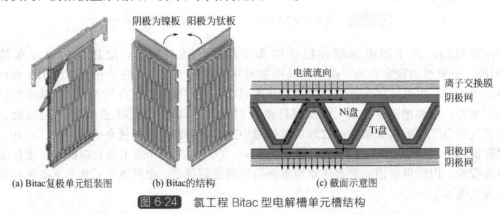

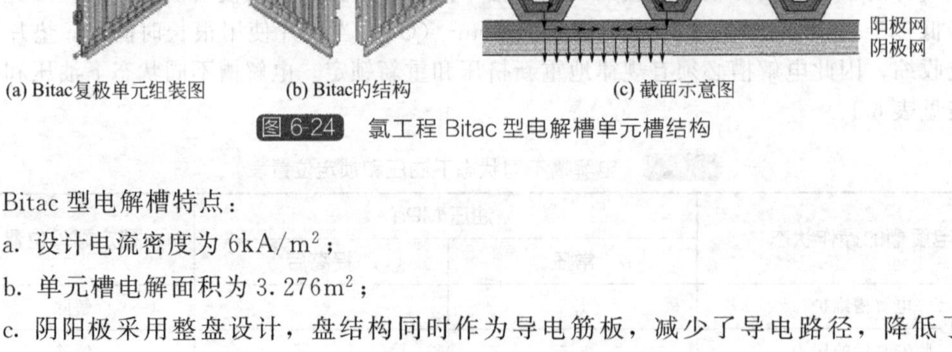

图 6-24 氯工程 Bitac 型电解槽单元槽结构

Bitac 型电解槽特点：

a. 设计电流密度为 $6kA/m^2$；

b. 单元槽电解面积为 $3.276m^2$；

c. 阴阳极采用整盘设计，盘结构同时作为导电筋板，减少了导电路径，降低了结构电阻；

d. 阴阳极导电位置错开，能够最大限度使得导电更为均匀；

e. 离子膜电解槽的极距可调，以适应不同条件；

f. 电解液在离子膜电解槽内独特的混合分开形式，使得电解液最大程度均匀；

g. 离子膜电解槽上部设置溢流装置，保证离子膜浸泡在电解液中，避免干膜；

h. 组装拆卸比较容易。

（2）n-Bitac电解槽。2005年氯工程公司开发了n-Bitac电解槽(见图6-25)，单元槽采用隔板结构，阴极使用多脚弹簧弹性结构，结构电压损失下降。$6kA/m^2$下的电流密度吨碱电耗降至2060kW·h，并且增加了0.15mm的精细阴极网。

（3）nx-Bitac电解槽。2013年氯工程公司开发了nx-Bitac电解槽，主要采用了柔性阴极(见图6-26)，同年nx-Bitac电解槽投放使用。$6kA/m^2$电流密度下吨碱耗电2010～2025kW·h，另外还首次尝试使用了精细阳极网，厂房内安装外观见图6-27。

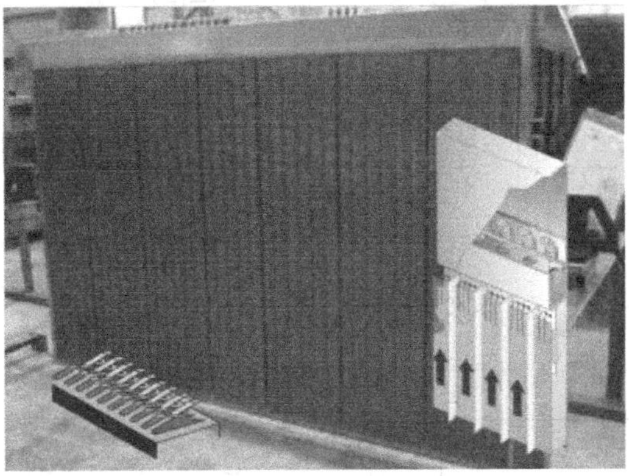

图6-25 氯工程公司n-Bitac电解槽单元槽结构

图6-26 氯工程公司nx-Bitac电解槽单元槽阴极侧

图6-27 氯工程公司电解槽厂房安装外观

6.3.3.2 氯工程电解槽电解循环系统

氯工程公司电解系统采用阴阳极槽外循环，其阴阳极系统见图6-28。

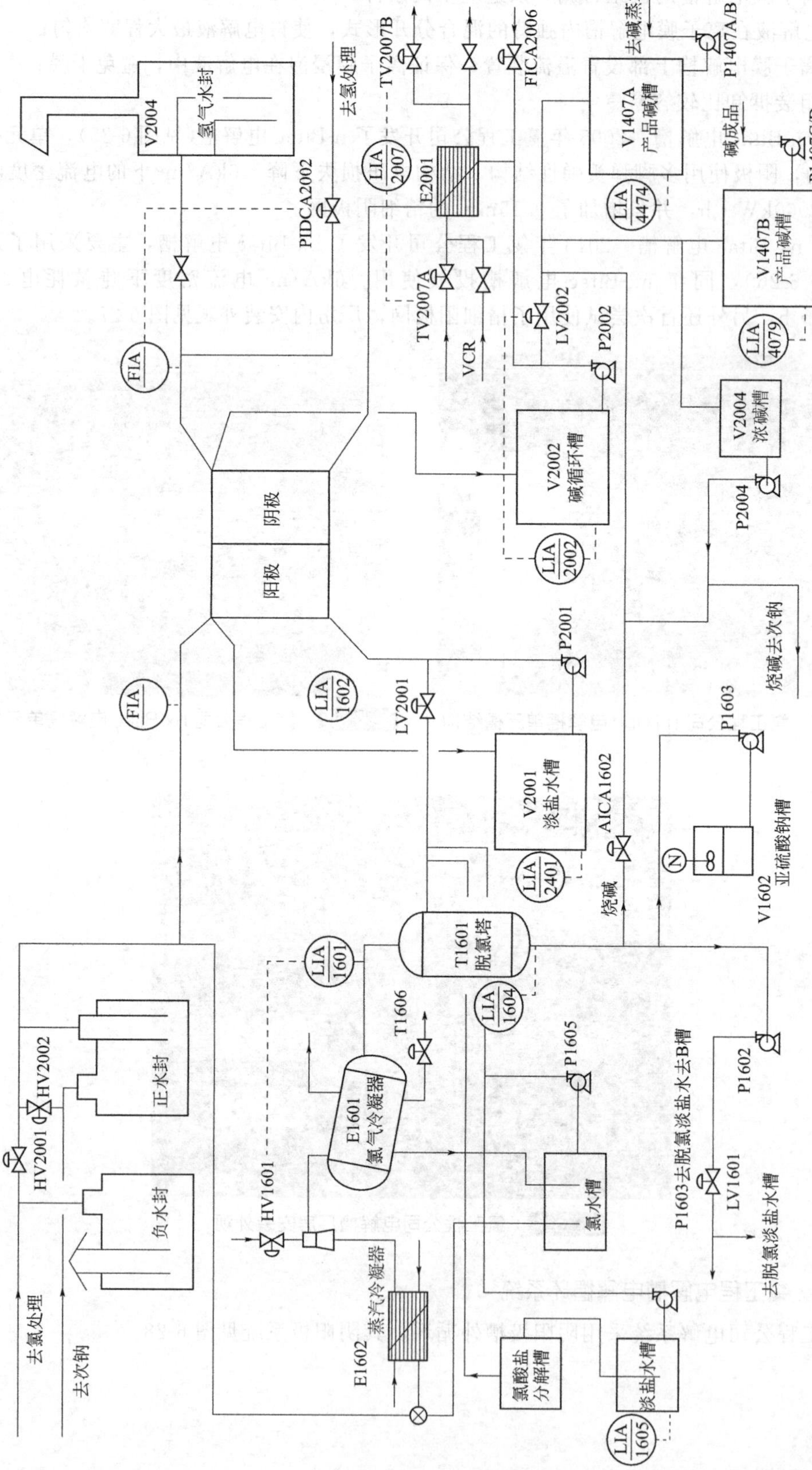

图 6-28 氯工程公司电解系统流程图

6.3.3.3 伍迪 BM-2.7 复极式电解槽

(1) 基本结构。伍迪电解槽由德国伍迪公司发明，自伍迪独立单元电解槽推出市场，大获成功的 BM-2.7 系列电解槽在近 30 年间已经发展至第六代。该系列每一代产品都拥有相同的 2.72m² 反应面积，使每代产品之间能够完全互相兼容(见图 6-29)。

该电解槽开创了独立密封式单元槽结构的先河，采用法兰式密封形式，由阴极盘、阳极盘、法兰和膜组成独立密封的单元槽，密封压力由法兰上的 74 个 M10 螺栓提供，压紧转矩 47N·m。单元槽之间靠移动端 27 个螺栓挤压弹簧接触导电，导电接触面由焊接在钛盘背面的 17 条钛镍复合导电条接触镍盘导电。该电解槽出口管从底部插入到单元槽上部，气液从单元槽下部导出，因此电解槽上部没有管路连接，外观整洁。

图 6-29 伍迪公司 BM-2.7 复极式电解槽

由于单元式结构决定，密封不受累积公差影响，密封压力大，密封垫片材料为聚四氟乙烯，密封圈采用膨体四氟，密封寿命长，独立可靠。

(2) 发展历史。最早由伍迪公司于 1978 年推出 BM-2.7 第一代电解槽，采用波纹形支撑条内部支撑，阴阳极采用百叶窗式结构，没有内部循环板，底部设插入式出口管，形成单元式电解槽雏形(见图 6-30)。

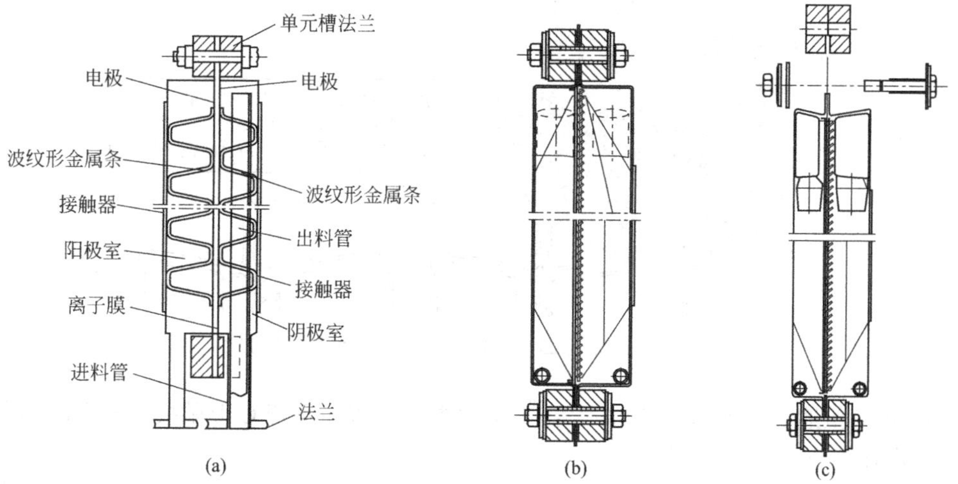

图 6-30 伍迪公司单元槽结构演进示意图

1984 年伍迪公司推出改进型单元槽式结构 BM-2.7Ⅱ，采用板式支撑，阳极增加内部循环板。

基于实际生产经验和技术创新，2001 年伍迪公司推出 BM-2.7Ⅲ型电解槽(见图 6-31)，主要改进是采用内部气液分离堰板设计，阴极采用网式电极，更有利于气体的分离和排出。

2003 年，伍迪公司推出 BM-2.7Ⅲa 型电解槽，采用槽内四氟盐水分布管设计，有利于防止腐蚀。

2005 年，伍迪公司推出 BM-2.7Ⅳ型电解槽(见图 6-32)，采用上部倾斜和堰盒设计，作用是在小流量和停车充液时液体能润湿离子膜上部，有利于气液分离。

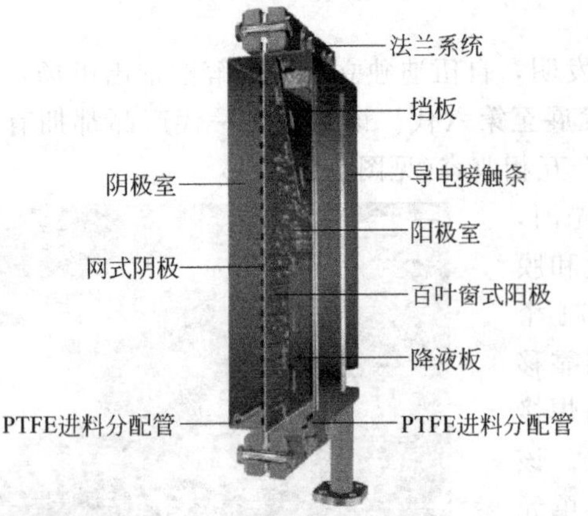

图 6-31 伍迪公司 BM-2.7 Ⅲ型单元槽结构图

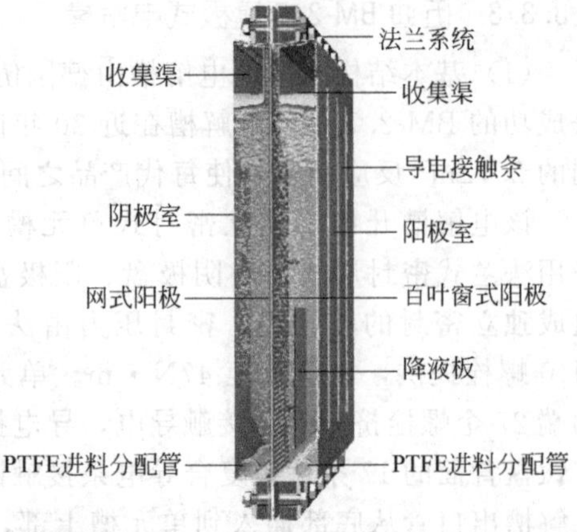

图 6-32 伍迪公司 BM-2.7Ⅳ单元槽结构图

2008 年，伍迪公司推出 BM-2.7Ⅴ型电解槽，采用法兰夹装设计，不用在阴阳极盘和膜上开孔，减少膜、阴阳极盘无效面积，减少组装劳动强度(见图 6-33)。

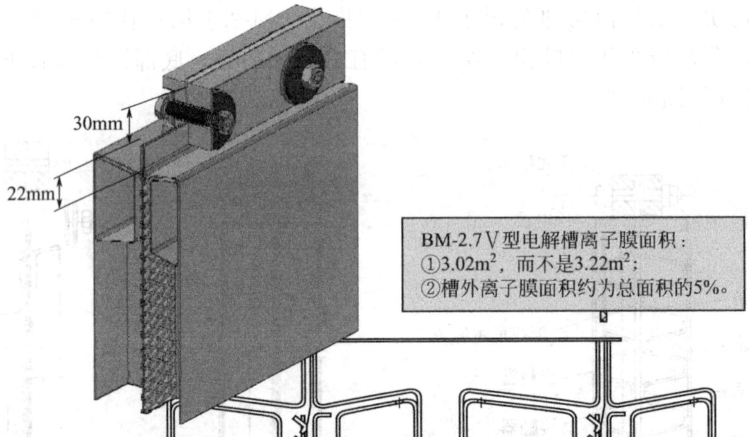

图 6-33 伍迪公司 BM-2.7Ⅴ型单元槽结构图

2011 年，伍迪公司推出 BM-2.7Ⅴ＋型电解槽，改进在预弯 C 形阳极和开孔隔离条，进一步降低电压。

到 2012 年，伍迪公司正式推出以弹性单元为特色的零极距电解槽 BM-2.7Ⅵ，如今在电流密度 6kA/m² 的条件下，第 6 代电解槽吨碱电耗已降至 2020～2035kW·h。

BM-2.7Ⅵ电解槽的一大标志性特征就是在整个离子膜反应区域的零极距电解，这是通过结合伍迪独立单元槽与弹性单元来实现的。此外，采用编织结构网材和最先进涂层的阴极，确保了电解槽能够更好地承受逆压和压力波动。

伍迪推出的 BM-2.7Ⅵ型电解槽，采用零极距技术和 V 形降液板，提高电流分布均匀性和降低极间距，阳极采用网式电极，阴极采用编制网电极和弹性元件导电，进一步降低了槽电压。

(3) BM-2.7 系列电解槽的特点：

① 节能降耗。结合增加离子膜使用面积和全零极距的设计理念，实现降低电耗。

② 提高能源利用效率。离子膜表面电流分布更加均匀，气泡更易释放，减少单元槽内

部任何可能的气体滞留。

③ 无泄漏。得益于独立单元槽的设计、独特的单元槽密封和软管系统，单元槽在运行周期内无泄漏。

④ 独立控制的接触压力。直接控制施加在弹性单元以及传导到离子膜上的压力，无须考虑对密封系统的法兰螺栓施加的转矩。

⑤ 延长离子膜寿命。运行时离子膜处于最佳状态，确保在整个反应面进行零极距电解，从而延长了离子膜的寿命。

6.3.4 英力士 Bichlor 复极式电解槽

英力士公司的 Bichlor™型离子膜电解槽结构见图 6-34。

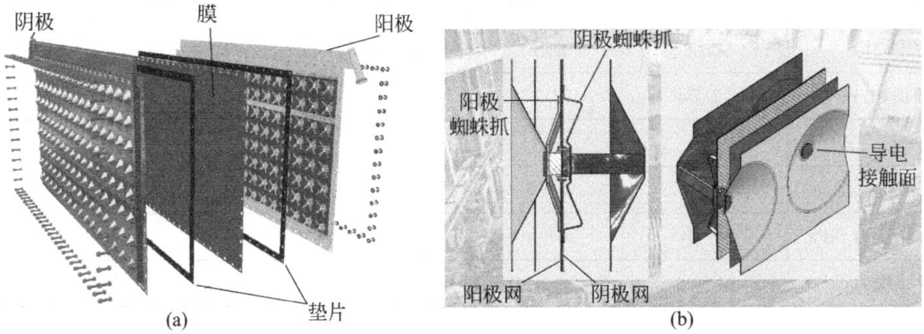

图 6-34 英力士公司 Bichlor™型离子膜电解槽结构示意图

该型离子膜电解槽特点：

a. 独立单元槽设计，使得单元槽和离子膜同时更换(见图 6-35、图 6-36)，现场维修更换单元槽时间短，同时带来了后续安装拆卸不方便，但维修工作可以不在离子膜电解槽现场进行，可以转移到维修车间；

b. 在单元槽装进离子膜电解槽前，可以对单个单元槽进行压力密封检测；

c. 设计电流密度为 $6kA/m^2$，设计操作压力 250mbar，单片单元槽面积为 $2.895m^2$；

d. 单元槽上部设计有气液导出盒，保证离子膜完全浸泡在电解液中，确保离子膜不会干燥；

e. 垫片采用 EPDM 材料衬 PTFE，提高耐腐蚀能力和密封能力；

f. 酒窝式的电极板设计，最大限度利用钛材和镍材；

g. 爆炸复合的 Ti/Ni 圆块连接阴阳极，数量众多的十字导电爪的设计保证电流均匀通过；

h. 零极距设计，对于电解槽电压起到降低作用。

图 6-35 英力士公司 Bichlor 单元槽

图 6-36 英力士公司 Bichlor 电解槽

6.4 各电解槽参数比较

当代离子膜电解槽参数比较表见表6-2。

表6-2 离子膜电解槽参数比较表

电解槽供应商	蓝星北化机	旭化成	氯工程	伍迪	英力士
离子膜电解槽型号	NBZ-2.7	NCZ-2.7	Bitac（氯工程）	BM-2.7(伍迪)	Bichlor
离子膜电解槽形式	压滤机式	压滤机式	压滤机式	独立单元槽式	单元槽式
循环方式	自然循环	自然循环	强制循环	自然循环	自然循环
密封材质	三元乙丙胶	三元乙丙胶	三元乙丙胶	膨体四氟	三元乙丙胶
密封压力源	油压	油压	弹簧拉杆	法兰螺栓	法兰螺栓
单元槽面积/m^2	2.7	2.7	3.276	2.72	2.895
设计电流密度/kA/m^2	6	6	6	6	6
运行电流密度/kA/m^2	5～6	5～6	4.5～6	4.5～6	4～5
阳极室操作压力/kPa	20～40	20～40	30～200	20	10
阴极室操作压力/kPa	24～44	24～44	80～250	24	13

6.5 离子膜电解槽最新技术发展

6.5.1 膜极距离子膜电解槽

膜极距复极式离子膜电解槽是国内自高电密自然循环复极槽以来开发的新一代电解槽。膜极距电解槽通过降低电解槽阴极侧溶液电压降，从而达到节能的效果。原有电解槽阴阳极的极间距为1.8～2.2mm，溶液电压降为200mV左右。膜极距电解槽就是改进阴极侧结构，增加弹性构件（见图6-37），使得阴极网贴向阳极网，电极的间距为膜的厚度，从而可以减小槽电压180mV，在实际生产中，起到节能降耗的目的。

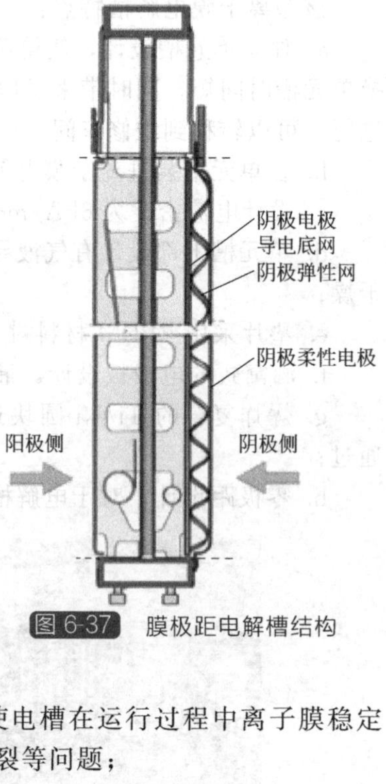

图6-37 膜极距电解槽结构

(1) 结构特点。膜极距电解槽承接原有电解槽的循环结构特点，在其基础上，通过使阴极网具有缓冲特性，使其达到运行电流密度高、电压低、运行平稳等特点。其结构特性有以下几点：

① 阳极室安装电解液内循环结构件，使阳极液在气升作用过程中，通过密度差原理充分进行内循环自然流动，改善传质、传热和传递等电解反应条件；

② 阴极室阴极面安装具有缓冲特性的编织网，该结构使电槽在运行过程中离子膜稳定地贴在阳极上，减少由于压力波动而引起的极网变形、膜撕裂等问题；

③ 阴极采用镍丝编织网结构，该种结构具有较大比表面积，可提高电解电流密度，使离子膜上的电解电流均匀分布，有效地降低槽电压。

(2) 应用前景。膜极距电解槽具有运行电流密度高、单槽电压低、占地面积小、运行维护简单等优点，在国内各氯碱厂家已投入运行的原有电解槽都可以经过相应改进，改造成膜极距电解槽，从而达到节能的效果。

与普通电解槽相比，同等电流密度下，膜极距电解槽电压降低约 180mV，相应吨碱电耗下降。

6.5.2 氧阴极离子膜电解槽

氧阴极技术是近年来发展起来的一项新型离子膜电解槽技术(见图 6-38)。目前，伍迪公司与蓝星北化机已完成氧阴极技术的研发与应用氧阴极的技术原理是以氧气还原反应代替氢析出的还原反应，由于阴极反应不同，阴极的理论分解电压也就不同。氧阴极比现行的普通阴极(镍网＋活性涂层)的电极电位降低了 1.2 V 左右，在相同电流密度的运行条件下，可以在理论上达到节能 40%的效果。

氯化钠氧阴极电解技术是基于氧去极化阴极与独立单元电解技术的结合，其与传统离子膜电解技术决定性的区别在于阴极，而阳极没有差别。由于在阴极室内氧气的导入抑制了氢气的生成，从而使得槽电压由 3V 左右下降到 2V。相应地，这使得氧阴极技术可将电耗缩减 25%。具体来说，$4kA/m^2$ 电流密度下吨碱电耗可下降至 1590kW·h。

氯化钠氧阴极技术优势：

(1) 与传统离子膜电解技术相比节能 25%；

(2) 可降低二氧化碳排放的环保解决方案；

(3) 得益于电解槽与盐水循环系统的兼容，可结合应用于同一装置；

(4) 获得论证的可靠技术；

(5) 可根据电费及氢气供给灵活调整运行。

氯化钠氧阴极技术反应过程分为几个步骤：首先，氧气进入多孔氧阴极结构；然后，氧气在碱性电解液中溶解并扩散至催化剂表面；最终，氧气发生化学还原后，其反应产物——水被对流输送离开催化剂。氧阴极工艺的特点就是在反应的催化剂表面上存在液体、气体和固体的三相界面，保证氧气、氢氧化钠和催化剂可以充分接触并反应，这使得电解槽设计与众不同(见图 6-39)。

图 6-38 伍迪公司氧阴极电解槽

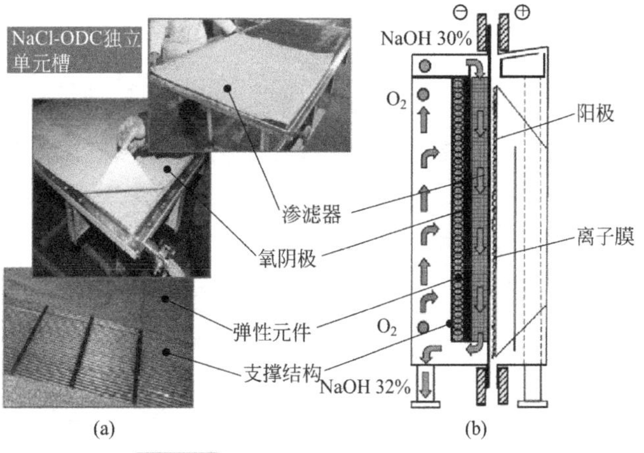

图 6-39 NaCl-ODC 电解槽结构图

参考文献

[1] 方度，蒋兰荪，等. 氯碱生产技术. 北京：化工部化工司，1985.
[2] 方度，蒋兰荪，吴正德. 氯碱工艺学. 北京：化学工业出版社，1990.
[3] 程殿彬. 离子膜法制碱生产技术. 北京：化学工业出版社，1998.
[4] [日] 碱工业协会. 碱工业手册. 江苏氯碱协会译. 化工部锦西化工研究院，1986.
[5] 北京石油化工工程公司. 氯碱工业理化常数手册. 北京：化学工业出版社，1988.
[6] 邢家悟，等. 离子膜法制烧碱操作问答. 北京：化学工业出版社，2009.
[7] 杰克逊 C，沃尔 K. 现代氯碱技术. 北京：化学工业出版社，1990.

7 淡盐水脱氯系统

7.1 概述

从离子膜电解槽流出的淡盐水一般温度在85℃左右，NaCl浓度约200g/L，游离氯含量随着淡盐水浓度、槽温和pH的不同有所差别，一般在0.5～0.8g/L之间。

由于淡盐水中含有游离氯，对盐水系统钢制设备和管线、碳素烧结管、螯合树脂有较强的腐蚀和破坏作用，同时在精制过程中阻碍$Mg(OH)_2$和$CaCO_3$的沉淀和絮凝，必须进行脱除后方可回化盐工序重复使用。

氯碱工业中淡盐水脱氯不只是从离子膜烧碱工艺开始的，已淘汰的水银法烧碱装置同样有淡盐水需脱氯。不管是过去的水银法还是现在的离子膜法，国内外淡盐水脱氯无外乎是先采用减压析氯或空气吹除进行物理脱氯，再采用亚硫酸钠、活性炭等还原剂进行化学脱氯。

由于空气吹除法需排放大量的尾气，容易造成环境污染，氯气回收率低，目前国内外较多采用减压法和化学法组合脱氯。

7.1.1 游离氯的产生

在离子膜法制碱过程中，进入离子膜电槽的290～310g/L的二次盐水，在直流电的作用下经过电解反应，约有50%的氯化钠被分解，成为含氯化钠200g/L左右的淡盐水流出电槽。淡盐水被电解产生的氯气所饱和，含有大量的游离氯，它以两种形态存在，第一部分为溶解氯，溶解量与淡盐水的温度、浓度、溶液上部氯气的分压有关。在正常操作下，1L淡盐水中溶解约300mg左右的氯。它的溶解值数据可从有关的氯碱理化常数手册中查到。氯在氯化钠溶液中的溶解度见表7-1。

表7-1 氯在氯化钠溶液中的溶解度

p(50℃)/kPa(a)	c/(mol/L)	p(60℃)/kPa(a)	c/(mol/L)	p(70℃)/kPa(a)	c/(mol/L)
20.3	0.0035	21.3	0.0030	24.3	0.0030
35.5	0.0060	36.5	0.0050	40.5	0.0048
49.6	0.0085	51.7	0.0070	59.8	0.0068
65.8	0.0110	64.7	0.0090	72.9	0.0085
81.0	0.0135	75.0	0.0100	90.2	0.0103
93.2	0.0155	85.1	0.0113	101.3	0.0115
101.3	0.0170	101.3	0.0135		

注：氯化钠溶液浓度为217g/L NaCl；p为氯气的蒸气分压；c为氯气的溶解度。

在1atm（绝对压力）下氯气在水中的溶解度，随温度升高而降低，如表7-2所示。

表 7-2 氯气在水中的溶解度

温度/℃	1atm(绝对压力)下1体积水中溶解的氯气体积数(相对值)	1atm(绝对压力)下100g水中溶解的氯气质量/g	温度/℃	1atm(绝对压力)下1体积水中溶解的氯气体积数(相对值)	1atm(绝对压力)下100g水中溶解的氯气质量/g
0	4.61	1.46	45	1.320	0.4228
10	3.148	0.9972	50	1.216	0.3925
15	2.68	0.8495	60	1.025	0.3295
20	2.299	0.7293	70	0.862	0.2793
25	2.019	0.6413	80	0.683	0.2227
30	1.799	0.5723	90	0.309	0.1270
35	1.608	0.5104	100	0.000	0.000
40	1.450	0.4590			

在0～20℃范围内，压力为101.3kPa、浓度为19.66%的淡盐水中，氯气的吸收系数和温度的关系如下：

$$\alpha = 1.74 - 0.0672t + 0.00117t^2 - 0.0000097t^3$$

式中，α——1g溶液中溶解标准状态氯气的体积，cm^3。

氯在盐水中的溶解度非常小，为稀溶液，近似地遵守亨利定律：

$$P = KN$$

式中 P——气相中的氯气分压；

K——常数；

N——溶液中的氯气的物质的量。

在不同盐水浓度、温度、压力下的氯气溶解度可从图7-1、图7-2查得。

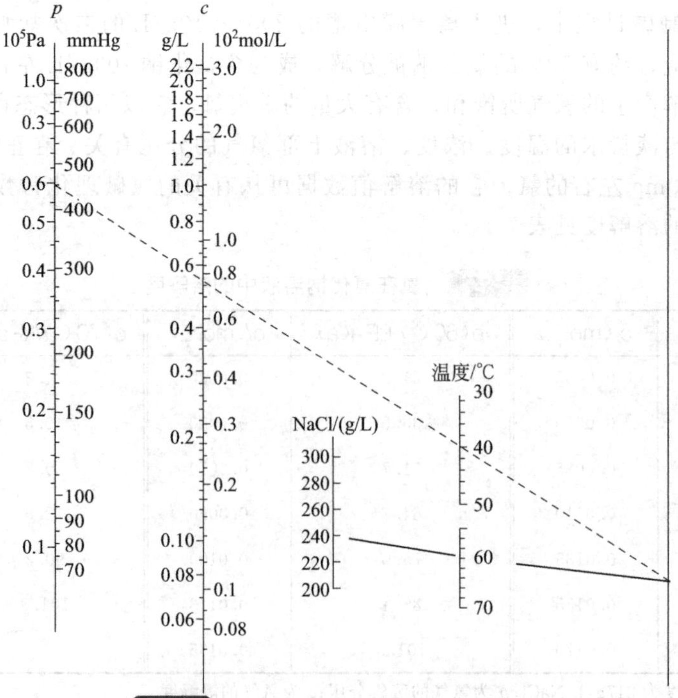

图 7-1 盐水溶液中氯气溶解度测线图

(1mmHg=133.322Pa，余同)

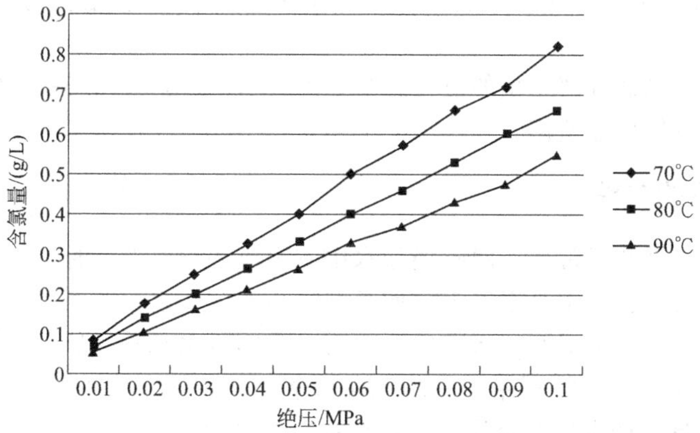

图 7-2 在 210g/L 盐水中，不同温度下压力与溶解氯关系

第二部分为化合态氯，因为电解中 OH^- 反渗使淡盐水中的 OH^- 增多，从而发生下列化学反应：

$$Cl_2 + 2OH^- = ClO^- + Cl^- + H_2O$$

这部分 Cl_2 的反应量和膜反渗过来的 OH^- 的浓度有关。因此化合态游离氯包括 HClO、ClO^-、ClO_3^- 等，为氯气、水、阴极室反渗来的烧碱、阳极入口加入的盐酸相互反应的产物。ClO^-、ClO_3^- 含量和溶液 pH 有关，溶液的 pH 值降低时，ClO^-、ClO_3^- 浓度降低，反之亦然。电流效率越低，反渗的 OH^- 越多，生成的 ClO^- 也越多。

上述两部分量的总和，以氯气来计，称为游离氯。

7.1.2 游离氯的危害性及利用

不同企业，游离氯的来源不同，由于工艺上的差别，游离氯的危害性各不相同，企业去除的控制指标也不相同。

7.1.2.1 危害性

（1）含游离氯的淡盐水对碳钢、不锈钢的设备管线有强烈的腐蚀性。对于接触含游离氯淡盐水的设备管线，由于其中的游离氯会对管线产生强烈腐蚀作用，故一般采用钛或复合钛、CPVC、PVC、钢衬胶、钢衬 PO、钢衬 PP、钢衬 PE 等耐腐蚀材料。对于一些老旧企业，较难满足一次性全部将接触的设备管线做防腐保护，对于脱除干净游离氯的要求尤为重要。

（2）含游离氯的淡盐水会使碳素管及螯合树脂中毒。盐水中的游离氯可以破坏碳素管结构、降低强度，导致破裂，并可使螯合树脂中毒、破碎，严重时使设备不能正常运行。

（3）含游离氯的淡盐水会使助沉剂（如聚丙烯酸钠等）氯化。对于传统的一次盐水精制工艺，需要使用高分子助沉剂（如聚丙烯酸钠），由于游离氯可使聚丙烯酸钠氯化生成胶状物，不仅增加助沉剂的消耗，更重要的是影响沉降或过滤效果。

7.1.2.2 游离氯的利用

淡盐水不但流量较大，而且含有大量的氯化钠，除含有游离氯和氯酸盐外，其他杂质含量较少，排放会造成较大的浪费，且存在环境污染和恶化操作环境等问题。目前国内外对淡盐水都采取回收利用，由于固体盐需要溶解，且考虑淡盐水含盐量大，故一般采取去除游离氯和氯酸盐后回化盐工序重新饱和循环利用。

对于一次盐水需要除氨的企业，可以利用淡盐水中的游离氯脱氨及有机物，达到节约

NaClO 和亚硫酸钠使用量、降低消耗以及脱氨目的，当然混合槽应考虑设计锥底及排泥设施。

有些厂家提出氯酸盐分解产生的氯气含少量 ClO_2，会对 CPVC 和氯化石蜡的生产产生影响，建议这部分氯气单独使用。

7.1.3 盐水脱氯的方法

目前，离子膜制碱装置常用的脱除淡盐水中游离氯的方法有三种。

(1) 真空脱氯法。在一定真空度下，使温度较高的淡盐水在脱氯塔内急剧沸腾，产生水蒸气，利用生成的气泡带走氯气，水蒸气冷凝后生成的氯水经分离后重新回到脱氯系统，脱出的氯气则并入氯气总管回收利用。采用该法脱氯，不但氯气回收率较高，也相应降低了 NaOH 的消耗，而且生产也比较容易控制，经济性相对较高。

(2) 空气吹除法。将空气加压通入脱氯塔内，在填料表面空气和淡盐水接触脱氯，吹出的氯气再用碱液吸收，用于生产次氯酸钠溶液。该法脱氯效果较好，脱氯后淡盐水中游离氯的浓度可达到 5mg/L 以下，但缺点是经空气吹出的氯气纯度较低，不能并入氯气总管，只能用碱液吸收，生产副产品次氯酸钠溶液，因而该法具有氯气回收率低、碱液消耗大的弊端，再加上次氯酸钠产品价格低廉、不易久存、生产不易控制等缺点，空气吹除脱氯法的经济性较差。

(3) 化学脱氯法。利用游离氯具有强氧化性的特点，通过向淡盐水中添加还原性物质 Na_2SO_3 或 Na_2S，使其与游离氯发生氧化还原反应，把盐水中游离氯除去。该法会产生大量的 SO_4^{2-}，从而导致盐水精制用 $BaCl_2$ 的消耗也相应增加，使膜法除 SO_4^{2-} 系统负荷增大，故单纯使用化学法脱除淡盐水中的游离氯是非常不经济的。

不管何种物理脱氯工艺，脱氯后淡盐水的 pH 值约为 3，残余游离氯的质量分数小于 30×10^{-6}，脱氯不彻底时采用化学法进一步除残余氯，是脱氯工艺中必不可少的步骤；另外，一次盐水工序对淡盐水的 pH 值有要求。因此，脱氯后的淡盐水加烧碱调 pH 值和加 10%亚硫酸钠溶液除去残余氯，对节能降耗有很大的作用，操作中既要保证脱氯完全，又要保证不浪费烧碱和亚硫酸钠。目前，国内的氯碱装置中都使用亚硫酸钠脱除残余游离氯。

这三种脱氯方法比较见表 7-3。

表 7-3 不同脱氯方法的对比汇总

项目	真空脱氯法	空气吹除法	化学脱氯法
优点	氯气回收率高，可并入氯气总管，经济性相对高	脱氯效果相对较好	利用还原剂脱氯，脱氯彻底
缺点	脱氯不彻底	回收氯气纯度低，回收率低，碱液消耗大，经济性相对较差，脱氯不彻底	增加淡盐水中硫酸根含量；单纯化学脱氯不经济，一般与物理脱氯相结合
工艺参数	真空度≤−55kPa， 脱氯后盐水含氯量≤30×10^{-6}	脱氯后盐水含氯量$(10\sim20)\times10^{-6}$， 废气中氯气纯度为 2%～3%	ORP≤−50mV， 脱氯后盐水含氯量≤1×10^{-6}

7.2 盐水脱氯原理

7.2.1 淡盐水中相关物质的化学性质

(1) 氯气水解生成次氯酸和盐酸，反应如下：

$$Cl_2 + H_2O \rightleftharpoons HClO + H^+ + Cl^- \tag{7-1}$$

以上反应为可逆反应，平衡常数：

$$K = \frac{[H^+][Cl^-][ClO^-]}{[Cl_2]} = 4.2 \times 10^{-4}(25℃)$$

加碱可以促进水解，加酸则阻碍水解。

(2) HClO 在水溶液中电离：

$$HClO \rightleftharpoons H^+ + ClO^- \tag{7-2}$$

电离常数：

$$K = \frac{[H^+][ClO^-]}{[HClO]} = 2.95 \times 10^{-8}(25℃)$$

(3) HClO 在加热或光照条件下分解。HClO 对光和热不稳定，仅存在于稀溶液中。其分解反应如下：

$$2HClO \longrightarrow 2HCl + O_2 \tag{7-3}$$

(4) 氯气和冷碱溶液的反应：

$$Cl_2 + 2NaOH \longrightarrow NaClO + NaCl + H_2O \tag{7-4}$$

当温度上升到 75℃以上时，发生歧化反应生成 ClO_3^-。

$$3ClO^- \longrightarrow 2Cl^- + ClO_3^- \tag{7-5}$$

(5) ClO_3^- 在酸性条件下的分解：

$$6H^+ + ClO_3^- + 6Cl^- \xrightarrow{加热} Cl^- + 3H_2O + 3Cl_2 \tag{7-6}$$

7.2.2 脱氯原理

淡盐水中同时有 Cl_2、HClO、ClO^- 和 H^+ 存在，它们之间的关系即反应式 (7-1)、式 (7-2) 之间的化学平衡关系。

脱氯是破坏平衡关系，为了降低运行费用，并达到脱氯完全的目的，往往采用物理脱氯和化学脱氯相结合的工艺。

7.2.2.1 物理脱氯

(1) 淡盐水的酸化。根据同离子效应，在方程式 (7-1) 右边增加 H^+、Cl^- 反应向逆向析出 Cl_2 方向进行，故可以先加入盐酸破坏化学平衡关系，使平衡朝着生成 Cl_2 的方向移动。

淡盐水加酸酸化的 pH 值，国内外各厂家不尽相同，较多控制在 1.0～1.5，部分控制在 2.0～2.5，少数控制在 4.0 左右。控制在 1.0～1.5 的在电槽阳极液入口和淡盐水槽（或淡盐水槽进口管、脱氯塔进口管线）均加盐酸，电槽阳极出口控制 pH 2.0～2.5，进淡盐水槽后控制 pH 1.0～1.5，控制在 2.0～2.5 的是只在电槽加酸，控制在 4.0 左右的是不加酸。pH 值控制低，物理脱氯后淡盐水中游离氯含量低，Na_2SO_3 的消耗较低，回收氯气量较多，但盐酸和烧碱消耗较高。

由式 (7-1) 的平衡常数公式可知：pH 值每下降 1.0，$[ClO^-]$ 降至原来的 10%，但考虑到盐酸、烧碱的消耗和设备腐蚀情况，pH 值不能无限降低。

淡盐水 pH 值除了和酸度有关外，还和 SO_4^{2-} 含量有关。同样的酸度下，SO_4^{2-} 含量上升，pH 值上升。表 7-4 为相同酸度下的淡盐水中 SO_4^{2-} 含量为 0g/L、1g/L、10g/L 三种情况下对应的 pH 值。

表 7-4　相同酸度下不同 SO_4^{2-} 含量时淡盐水 pH 值（50℃）

$[SO_4^{2-}]$/(g/L)	$[H^+]$/(mol/L)				
	0.1	0.055	0.01	0.0055	0.001
0	1.00	1.26	2.00	2.26	3.00
1	1.00	1.63	2.20	2.90	3.56
10	1.54	2.30	2.85	3.50	4.17

（2）物理脱氯。物理脱氯采取增大液相表面积、加快气相流速、保持较低的气相压力的方法，加大气液两相中的不平衡度，并通过产生的大量气泡，使液相中的溶解氯不断向气相转移。

从表 7-1 和图 7-1 中可看出，氯气的溶解度随温度的升高和蒸气分压的降低而降低。氯气在水中的溶解度非常小，根据表 7-1、表 7-2 及图 7-1 看出，在溶液表面压力 101.3kPa（a）时，氯气在 60℃的 217g/L 盐水溶液中的溶解度为 0.0135mol/L，故其近似遵守亨利定律：

$$P_{Cl_2} = KN_{Cl_2}$$

式中　P_{Cl_2}——氯气的分压；

K——常数；

N_{Cl_2}——溶液中 Cl_2 的摩尔分数。

根据方程式 $P_{Cl_2} = KN_{Cl_2}$，由于 K 值不变，P_{Cl_2} 与 N_{Cl_2} 成正比，故要使 N_{Cl_2} 低，就要使 P_{Cl_2} 低，因此要求脱氯达到一定真空度，其效果更佳。从反应（7-1）看出，如果不断移走 Cl_2，则反应会向逆反应即析氯方向移动，故要求不断搅动溶液，破坏气液两相的平衡度，使溶解氯不断向气相转移，配合一定真空度，及时移走 Cl_2，会得到较佳脱氯效果。

故酸化后的淡盐水可采用升高温度和降低分压进行脱氯，通常有以下两种方法：

① 真空法。该法在真空条件下，使较高温度的淡盐水处于沸腾状态，产生水蒸气，利用生成的气泡带走氯气的脱氯方法。

② 空气吹除法。该法是将空气加压通入脱氯塔内，在填料表面空气和淡盐水逆向接触，利用空气带走淡盐水中氯气的脱氯方法。

当然，从以上分析看，仅采用破坏化学平衡和相平衡的方式来脱除游离氯，从理论和实际来讲都不能达到完全脱除游离氯。

7.2.2.2　化学脱氯

物理脱氯后，淡盐水中残存游离氯量在 10～30mg/L 左右，需要采用化学脱氯。化学脱氯即添加 Na_2SO_3 等还原剂对淡盐水中 ClO^- 进行还原，该方法能彻底除去游离氯。

由于 ClO^- 具有氧化性，故可采用还原性物质与之反应而彻底除去，国内一般选用 Na_2SO_3，既可达到还原目的，又不使其他离子进入系统，仅 SO_4^{2-} 含量有所升高，当然对于过碱量的控制原则上，各企业应根据自身工艺确定。

$$SO_3^{2-} + Cl_2 + H_2O = SO_4^{2-} + 2H^+ + 2Cl^-$$

以上反应需在碱性条件下进行：

（1）淡盐水中 ClO^- 在酸性条件下脱除较好，但在酸性条件下 Na_2SO_3 先与 HCl 反应释放出 SO_2，造成亚硫酸钠消耗高，且还原 ClO^- 效果差，故反应要控制一定的碱性条件。

（2）根据反应在两种介质中的电极电位情况，在碱性条件下电极电位低于酸性条件下的电极电位，故反应要控制一定的碱性条件。

（3）从化学平衡上分析，酸性条件下，根据同离子效应，有利于向亚硫酸钠分解成二氧化硫方向进行，故不宜在酸性条件下脱除游离氯。

$$SO_2 + H_2O \longrightarrow 2H^+ + SO_3^-$$

因此绝大多数厂家均采用先加 NaOH 调节 pH 值，再加还原剂 Na_2SO_3；也有部分厂家在 Na_2SO_3脱氯流程之后，还有活性炭保护塔，以保证达到完全脱除游离氯的目的。

7.2.3 脱氯工艺数据

淡盐水成分见表 7-5。

表 7-5 淡盐水成分(物理脱氯)

项目	脱氯前	脱氯后
NaCl 含量/(g/L)	190～220	190～220
游离氯/(mg/L)	400～600	10～30
含盐酸量/(g/L)	0.2～0.3	0.1～0.2
流量/(m^3/t NaOH)	7.5	7.5
温度/℃	80～90	70～80

(1) 气相成分。根据实际测得的数据，空气吹除法尾气中含氯在 3%（体积分数）左右。

(2) 生产 1t NaOH（100%）淡盐水带出的氯气量

① 采用酸性盐水：

$$0.5kg/m^3 \times 7.5m^3/t\ NaOH = 3.85kg/t\ NaOH, V_{Cl_2} = 1.21m^3$$

② 采用中性盐水：

$$2kg/m^3 \times 7.5m^3/t\ NaOH = 15kg/t\ NaOH, V_{Cl_2} = 4.73m^3$$

根据上述数据可以算出空气吹除法生产 1t NaOH 所需气量。

由于在实际生产中，送往脱氯塔的淡盐水一般都已加了适量的盐酸，所以计算气量是用加酸后的值。

$$V_{废气量} \times 3\% = 1.21m^3 (Cl_2)$$

$$V_{废气量} = 40.3m^3$$

③ 生产 1t NaOH 用于脱氯所需的盐酸量。淡盐水中 ClO^- 的浓度和电流效率直接相关，电流效率低，ClO^- 含量高，游离氯以 Cl_2 计变化范围在 1～3g/L，如以 1g/L 计算，根据方程式：

$$HClO + HCl \longrightarrow Cl_2\uparrow + H_2O$$

$$\frac{71}{36.5} = \frac{7.5}{X}$$

$$X = \frac{36.5 \times 7.5}{71} = 3.86(kg)(100\%\ HCl)$$

$$折\ 31\%\ 盐酸 = \frac{3.86}{31\%} = 12.45(kg)$$

即游离氯总量（不加盐酸）每增加 1.0g/L，多耗 31%盐酸 12.45kg，为使淡盐水的酸度控制在 2～2.5 之间，脱氯后淡盐水应含酸 0.15g/L 左右，这部分需用酸量为：

$$0.15kg/m^3 \times 7.5m^3 = 1.125kg(100\%\ HCl)$$

相当于 31%盐酸：3.63kg

这两部分酸消耗的总量：3.63kg+12.45kg=16.08kg

7.3 盐水脱氯工艺方法

7.3.1 真空法脱氯

利用在真空下，离子膜装置出来的具有较高温度的淡盐水在 pH 值为 2 左右时，都能处于沸腾状态，沸腾蒸发水蒸气，通过搅动状态，由产生大量的气泡将溶解的氯带出，经冷凝、气液分离，纯度达 80%以上的氯气由真空泵抽吸送入氯气总管回收利用，从而使电解装置来的大约 700～800mg/L 淡盐水中溶有的 Cl_2降低到 30mg/L 以下。

真空脱氯工艺可分为蒸汽喷射真空脱氯、水流喷射真空脱氯、机械真空泵脱氯、水环真空泵脱氯四种方式。

7.3.1.1 工艺流程

从电解装置来的 85℃左右的淡盐水，用 HCl 调节 pH 值为 2 左右，进入脱氯塔，脱氯塔在真空 50～70kPa 下工作，真空度由水环式真空泵、机械真空泵、水流泵或蒸汽喷射器产生和控制，氯气带出的水在顶部被分离。氯气中的水蒸气在脱氯冷凝器被冷凝分离，经冷凝后的氯气被真空泵送入氯气主管线或去除害塔。

(1) 蒸汽喷射真空脱氯流程。添加适量盐酸的淡盐水通过淡盐水泵送往脱氯塔顶部，经填料段流下，真空条件下在填料塔内急剧沸腾，水蒸气携带着氯气进入钛冷却器，水蒸气冷凝，进入淡盐水罐再去脱氯，氯气被蒸汽喷射器吸入，再和蒸汽、冷凝水一起进入蒸汽冷凝器，经冷却后氯气进入氯气总管被回收，氯水送至淡盐水罐再去脱氯。真空脱氯后的淡盐水进入脱氯塔底部的淡盐水槽，被淡盐水泵抽入，在泵的进口加入 NaOH 调节 pH 值至 8～11，在泵的出口再加入 Na_2SO_3溶液，去除残余的游离氯，被除去氯的淡盐水送去化盐工序。蒸汽喷射法脱氯流程图见图 7-3。

(2) 水流喷射真空脱氯流程。脱氯塔顶部的氯气通过冷却器冷却后，被水流泵喷射器吸入，再和淡盐水一起进入淡盐水循环罐，循环罐多余的淡盐水送回脱氯塔，其余部分同蒸汽

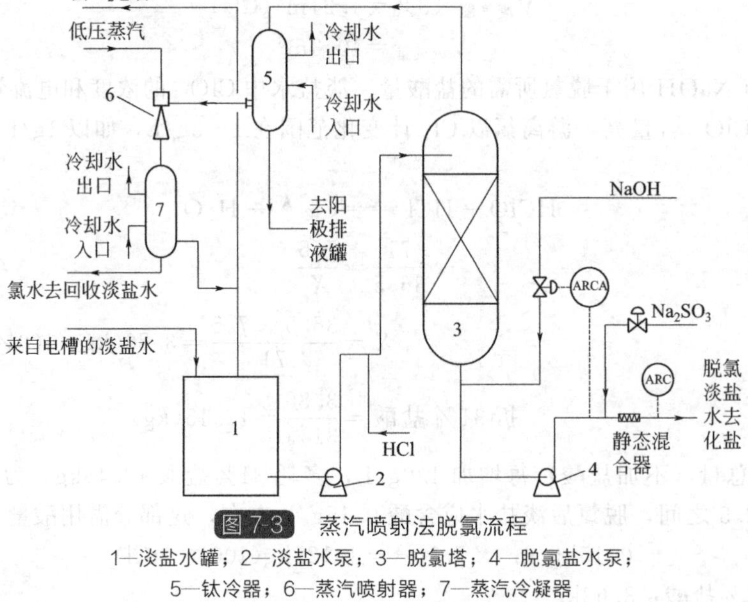

图 7-3 蒸汽喷射法脱氯流程

1—淡盐水罐；2—淡盐水泵；3—脱氯塔；4—脱氯盐水泵；5—钛冷器；6—蒸汽喷射器；7—蒸汽冷凝器

喷射真空脱氯流程。水流喷射真空脱氯流程见图 7-4。

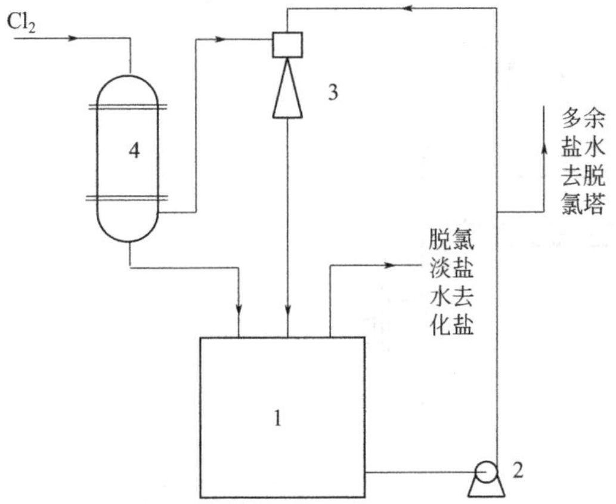

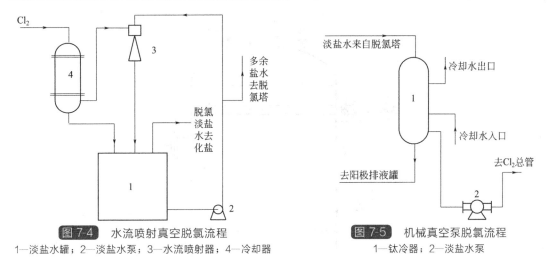

图 7-4 水流喷射真空脱氯流程

1—淡盐水罐；2—淡盐水泵；3—水流喷射器；4—冷却器

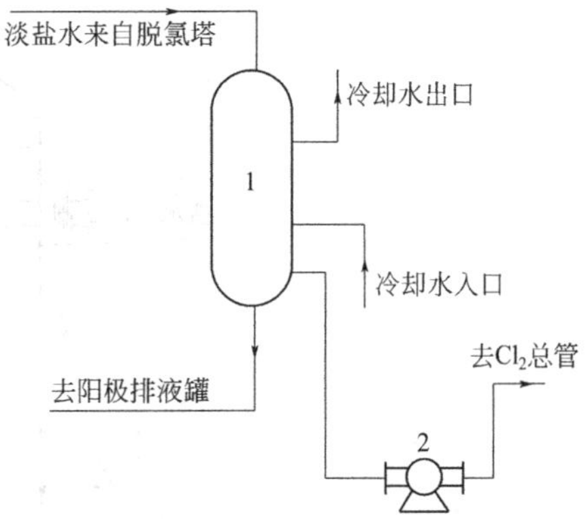

图 7-5 机械真空泵脱氯流程

1—钛冷器；2—淡盐水泵

(3) 机械真空泵脱氯流程。脱氯塔顶部的氯气通过冷却器冷却后，直接经机械真空泵送入氯气总管回收，其余部分同蒸汽喷射真空脱氯流程，见图 7-5。

(4) 水环真空泵脱氯流程。脱氯塔顶部的氯气通过冷却器冷却后，经水环真空泵送入气液分离器，氯气由分离器顶部出来流入总管回收，分离气中的含氯盐水经冷却后流回水环泵的进口，多余部分进淡盐水槽，其余部分同蒸汽喷射真空脱氯流程，见图 7-6。

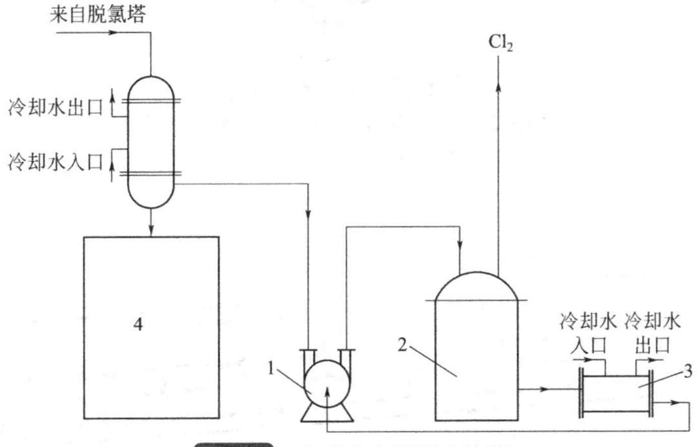

图 7-6 水环真空泵脱氯流程

1—陶瓷水环真空泵；2—钢衬胶分离器；3—钛冷器；4—阳极排液罐

7.3.1.2 主要设备

(1) 脱氯塔。塔体材质用钛，在真空状态下，钢衬胶容易剥离，故不推荐；塔内装陶瓷填料、CPVC 填料或其他耐湿氯气、耐温填料，一般底部采用规格为 ϕ80mm 的填料，上部采用规格为 ϕ50mm 的填料。脱氯塔结构见图 7-7。

(2) 冷却器。氯气冷却采用列管式钛冷却器；水环泵循环淡盐水冷却采用列管式、螺旋板式或平板式钛冷却器。冷却器主要由壳体、管束、管板和封头等组成，壳体多呈圆形，内部装有平行管束，管束两端固定于管板上。在管壳换热器内进行换热的两种流体，一种在管内流动，其行程称为管程；一种在管外流动，其行程称为壳程。管束的壁面即为传热面。氯气冷却器结构见图 7-8。

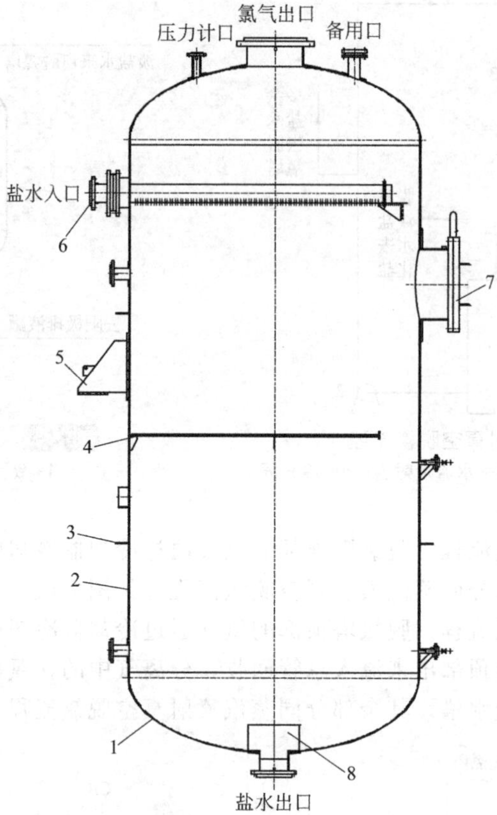

图 7-7 脱氯塔结构图

1—封头；2—筒体；3—加强圈；4—筛板；5—耳座；
6—液体分布管；7—人孔；8—防涡流板

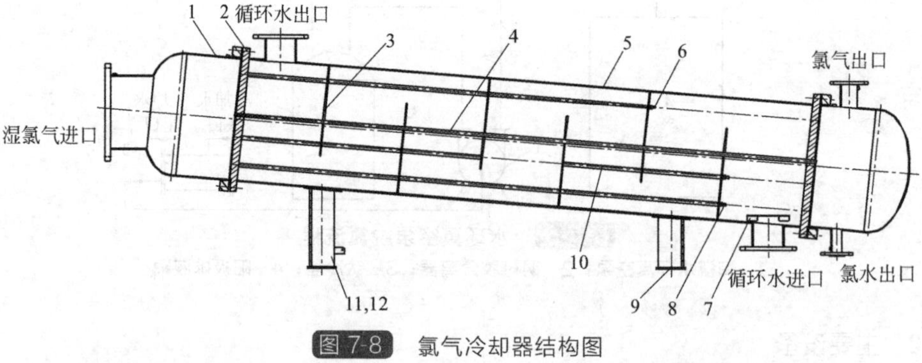

图 7-8 氯气冷却器结构图

1—管箱；2—管板；3—折流板；4—换热管；5—壳体；6—拉杆；7—防冲挡板；
8—拉杆；9—鞍座；10—定距管；11—鞍座；12—接地板座

(3) 真空系统。包括真空泵机组（由真空泵、板式换热器和气液分离器组成）、喷射器（包括蒸汽喷射器和水流喷射器）、水环泵。

无论是蒸汽还是水流喷射器都由喷嘴和扩压器及混合室相连而组成。工作喷嘴和扩压器这两个部件组成了一条断面变化的特殊流体管道，流体通过喷嘴可将压力能转变为动能。流体经过喷嘴的出口到扩压器入口之间的这个区域称混合室，在混合室由于流体处于高速而出现一个负压区，被抽氯气吸进混合室，工作流体和被抽氯气相互混合并进行能量交换，混合流体在扩压器扩张段速度下降，动能又转换成压力能。喷射原理图见图 7-9。

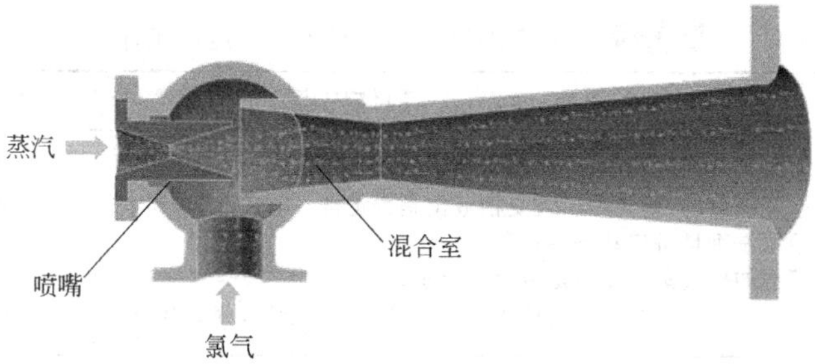

(a)

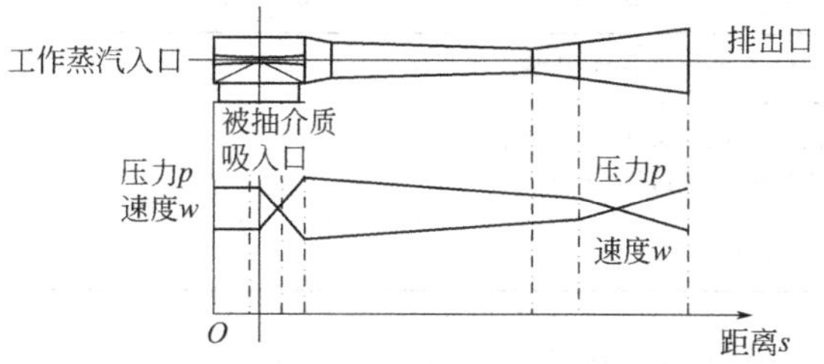

(b)

图 7-9 喷射原理图

7.3.1.3 操作要点及工艺控制指标

(1) 操作要点　淡盐水真空脱氯的操作比较简单，它的操作好坏，除控制指标外，主要取决于设备的能力。如果设备能力够（指塔的填料量、冷却器面积、真空泵能力），管路不泄漏、不堵塞，运行起来是非常稳定的。

① 对脱氯的操作，要特别注意向脱氯塔供应的盐水中加酸，由于一部分氯溶进盐水成为 NaClO 或 HClO，供给足够的 HCl，直到电解槽出口盐水的 pH 值下降到 2.0～2.5，才能使 NaClO 或 HClO 在进脱氯塔以前使游离氯变成 Cl_2。

② 真空度的控制，根据 85℃左右的淡盐水对应一定真空度，故要想达到较好的脱氯效果，必须保持表压－40kPa 以上，电位低于 200mV。盐水的蒸气压力见表 7-6。

表 7-6 盐水的蒸气压力表　　单位：kPa

NaCl 浓度	40℃	50℃	60℃	70℃	80℃	90℃	100℃
17.5%(196g/L)	48	81	130	204	310	458	665
25%(300g/L)	43	72	117	183	279	414	599

③ 脱氯塔盐水的液位控制和气液分离效果密切相连。

④ 控制钛换热器出口温度低于 50℃。

控制好以上几点，淡盐水真空脱氯会有比较好的效果。

(2) 工艺控制指标

根据每个厂家的工艺情况会稍有不同：

冷却水出口温度＜38℃

真空度　　　　≤－55kPa

7.3.1.4 正常开停车

（1）开车前准备　真空脱氯法正常开车前的准备工作见表 7-7。

表 7-7 真空脱氯法正常开车前的准备工作

序号	具体内容
1	① 检查真空泵是否符合启动条件，检查冷却水、机泵水、循环水等； ② 如果采用水流喷射的，检查喷射液受槽液位是否正常、气相管是否和氯气总管连通； ③ 喷射液供给泵是否具备启动条件； ④ 采用蒸汽喷射的检查蒸汽压力是否符合要求； ⑤ 采用机械真空泵或水环真空泵的检查泵是否具备开车条件，分离器液位是否正常等
2	① 检查氯气冷却器的冷却水压力、流量、温度等是否符合条件； ② 启动真空泵，检查真空泵的运转状况是否正常，真空度是否达到要求
3	检查各管路、阀门、设备是否严密无泄漏
4	① 确认 DCS 已经调试好，具备开车条件； ② 确认各仪表、遥控开/关阀开关灵活
5	确保各泵完好，运转压力正常

（2）开车操作　真空脱氯法正常开车操作见表 7-8。

表 7-8 真空脱氯法正常开车操作

步骤	具体操作
1	确保氯水储槽保持一定的液位，能够接收脱氯单元来的氯水
2	电槽通电后，淡盐水储罐达 50%时，启动淡盐水泵向脱氯塔输送淡盐水
3	开始向淡盐水管道加盐酸，调节 pH 值在 2.5 左右，稳定后将加酸流量调节转自动运行
4	脱氯塔液位达 40%时，启动脱氯盐水输送泵
5	脱氯盐水泵运转正常后，开始往淡盐水中添加 NaOH 及 Na_2SO_3，出口淡盐水 pH 值控制在 8.0～10 范围内，氧化还原电位显示小于 200mV
6	开启真空系统（真空泵开车按操作规范进行）

注：刚开车运行时，由于淡盐水的温度较低，脱氯塔出来的脱氯盐水中残留的游离氯会增加，Na_2SO_3 加入量应适当加大。

（3）停车操作　真空脱氯法正常停车操作见表 7-9。

表 7-9 真空脱氯法正常停车操作

步骤	具体操作
1	电解停车后，确认流出电槽的盐水不含游离氯后方可进行停车后的工作
2	停止加入盐酸
3	逐渐降低真空度，以免真空泵停止后，塔内的淡盐水大量溢出；停真空泵（按真空泵的操作规范进行）
4	当脱氯塔的液位约 30%时，停止加 Na_2SO_3 和 NaOH；如果电解槽已停止盐水循环，则可停淡盐水泵、脱氯淡盐水泵

7.3.1.5 事故原因及处理方法

事故处理见表 7-10。

表 7-10 真空脱氯法事故原因及处理方法

序号	事故原因	原因分析	处理方法
1	氧化还原电位高	① 淡盐水 pH 值高于 3； ② 脱氯盐水 pH 值低于 8； ③ 探测器显示错误	① 调节 pH 值在 2～3 之间； ② 调节 pH 值在 8～11 之间； ③ 如果必要的话，更新或清洁探测器
2	淡盐水温度低	装置刚开车或低负荷运行时，槽温低，进脱氯塔淡盐水温度低，淡盐水中溶解的氯气多，在脱氯塔中沸腾产生的蒸汽量不够	槽温升上来后，即可正常；低负荷运行下，增加 Na_2SO_3 的流量
3	淡盐水 pH 值高	① HCl 流入量不足； ② 探测器显示错误	① 增加 HCl 流量； ② 分析 pH，联系相关部门处理
4	脱氯盐水的 pH 值低	① 烧碱流入量不足； ② 探测器显示错误	① 增加烧碱流量； ② 分析 pH，联系相关部门处理
5	Na_2SO_3 流入量不足	① 流量低； ② 储罐 Na_2SO_3 量不足	① 增加 Na_2SO_3 流量，检测 Na_2SO_3 浓度； ② 向储罐中添加 Na_2SO_3
6	真空度低	① 由于冷却水量不够，气体的温度高、体积大，超过了真空泵的能力，使真空度下降； ② 由真空脱氯塔至真空泵之间的管路不畅通，衬胶、衬 F4 的管路易产生此类问题； ③ 冬天温度低（北方），氯水产生结晶（10℃）而堵塞管路； ④ 填料老化破碎，使淡盐水在脱氯塔中表面积减小，产生的蒸汽量小	① 增大冷却水水量； ② 更换管件； ③ 管路保温或蒸汽伴热管保温； ④ 更换填料

7.3.2 空气吹除法

使酸性含游离氯的淡盐水进入脱氯塔中，采用加压的空气使淡盐水不断产生气泡，增加气液两相接触面，加快气相流速，使溶液中溶解氯不断向气相转移而逸出，通常将这种方法叫作空气吹除法。

吹除法脱氯，工艺简单、设备少、易操作，吹除效果比较好，经过吹除后的淡盐水，含氯量较真空法低，可以达到 5mg/L 以下，脱氯运行费用较低，但吹除的气体量大，含氯气浓度低，不能并入电解槽出来的氯气系统中，必须配氯气吸收装置，吸收废气中的氯气，符合环保要求后排放。氯气回收率低于真空脱氯法。

因此采用本法脱氯时，应考虑低浓度氯气的利用。例如用以制备漂白液、次氯酸钠溶液等，这是一些常被采用的利用途径。吹除塔可以采用钛材或钢衬橡胶等耐腐蚀材料来制作。

7.3.2.1 工艺流程

淡盐水加入盐酸后，流到淡盐水罐，用淡盐水泵将淡盐水打入脱氯塔顶部，在填料表面和下部鼓风机鼓入的 5～7 倍于淡盐水量的空气进行逆流接触。大量的空气将逸出的氯气从塔顶部带出，送入废氯处理塔处理，含氯量约为 2%～3%。脱氯后的淡盐水流入塔底，经泵抽出后再进行化学脱氯，流程和真空法相似，加入 NaOH 中和，直到 pH 值为 8～11，再加入 Na_2SO_3 和剩余的游离氯反应，然后送去化盐。

鼓入的风量约是淡盐水量的 5～7 倍，如能更大，则效果更好，但热能损耗大。吹除脱氯工艺流程见图 7-10。

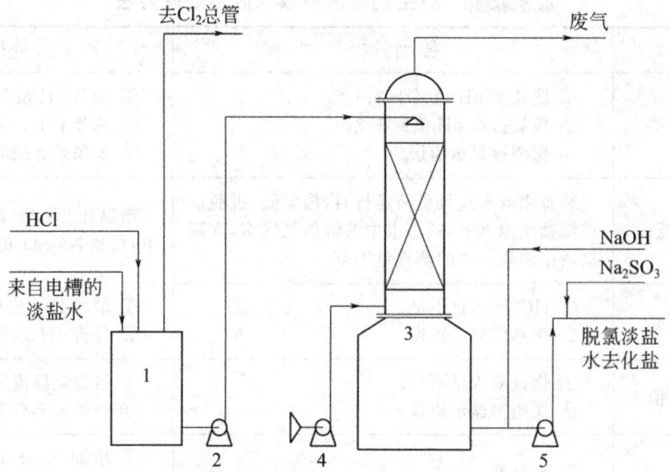

图 7-10　吹除脱氯工艺流程图

1—淡盐水罐；2—淡盐水泵；3—脱氯塔；4—空气鼓风机；5—脱氯盐水泵

7.3.2.2　主要设备

(1) 脱氯塔。脱氯塔是该法的主要设备，塔内采用填料或筛板。淡盐水从塔的上部喷入，空气用鼓风机从塔底送入。同真空脱氯，脱氯塔材质可用钢衬胶或钛材等耐腐蚀材料。

(2) 鼓风机。鼓风机对材质无特殊要求，但要有防止淡盐水倒灌鼓风机措施。

(3) 2%～3%尾氯处理系统。如低浓度氯气无合适的用户，则需专设吸收系统来吸收这部分氯气，生产次氯酸钠等。

7.3.2.3　操作要点及工艺控制指标

(1) 操作要点。空气吹除法脱氯的操作优于真空法，如有问题易于查找，若设备能力够，只要风量、酸度和温度合适，脱氯后淡盐水含氯量就能达到要求。

脱氯后含酸量	0.1～0.2g/L
废气含氯量	2%～3%
脱氯后含氯量	10～20mg/L

(2) 工艺控制指标

① 去脱氯塔淡盐水工艺指标：

NaCl	190～220g/L
游离氯	0.4～0.6g/L
含盐酸量	0.2～0.3g/L
温度	80～90℃

② 出脱氯塔工艺控制指标：

NaCl	190～220g/L
游离氯	10～20mg/L
含盐酸量	0.1～0.2g/L
温度	70～80℃

③ 风机出口压力：3～4kPa。

7.3.2.4　正常开停车

(1) 开车前准备　空气吹除法正常开车前的准备见表 7-11。

表7-11 空气吹除法正常开车前的准备

序号	具体内容
1	提前运行尾氯吸收装置
2	启动风机，检查风机的运转状况，使之出口压力在要求范围内

(2) 开车操作　空气吹除法正常开车操作见表7-12。

表7-12 空气吹除法正常开车操作

步骤	具体操作
1	准备工作完毕后，电解槽开始加液；同时，在电槽开始盐水循环之前启动淡盐水槽送脱氯塔的淡盐水泵
2	通电后，向淡盐水内加入盐酸，这时的盐酸加入量大于正常时的加入量，因为槽温低，氯溶解量大
3	检查脱氯前、后的淡盐水质量和废气含氯量
4	在升电流过程中，调节风机出口压力，严格控制各项工艺指标

(3) 停车操作　空气吹除法正常停车操作见表7-13。

表7-13 空气吹除法正常停车操作

步骤	具体操作
1	停车的所有工作，都必须在电解停车后，确认流出电解槽的盐水不含游离氯，方可进行
2	停止加入盐酸
3	停风机(长时间停车)
4	如电解槽已停止通液，关闭泵和有关阀门(按泵的操作规范进行)

7.3.2.5 异常情况的原因及处理方法

空气吹除法异常情况的原因及处理方法见表7-14。

表7-14 空气吹除法异常情况的原因及处理方法

序号	事故原因	原因分析	处理方法
1	淡盐水温度低	装置刚开车或低负荷运行，槽温低，进脱氯塔淡盐水温度低，淡盐水中溶解的氯气多	槽温升上来后，即可正常； 低负荷运行下，加 Na_2SO_3 的量增大
2	鼓入风量少	① 风机出口压力没有及时调整； ② 风机运转不正常	① 调整风机出口压力； ② 切换风机
3	游离氯含量高	① 盐酸加入量少； ② 鼓入风量少； ③ 盐水温度低	① 根据脱氯后的盐酸含量，调节盐酸加入量； ② 增大风量，使游离氯含量符合工艺要求； ③ 提高盐水温度
4	废气含氯量低	风机通风量大	减少风量

7.3.3 化学法脱氯

化学法脱氯的原理为氧化还原反应，由于产生的 SO_4^{2-} 为强酸根，而 SO_3^{2-} 为中强酸根，并且酸性条件下又会反应放出 SO_2，故此反应应在碱性条件下进行。

7.3.3.1 工艺流程

经过物理脱氯后的淡盐水输送至淡盐水储罐，在盐水泵入口加入20%左右的NaOH溶液，调节pH值在9左右，然后将碱性淡盐水输送至活性炭塔，除去淡盐水中的游离氯，再由淡盐水泵送往盐水工序化盐。当活性炭塔出口游离氯偏高时，将活性炭塔进行反洗，此时向盐水中加入Na_2SO_3溶液除去游离氯。化学法脱氯流程见图7-11，其化学反应如下：

$$Cl_2+H_2O = HClO+HCl\text{(之前酸化淡盐水)}$$

$$HClO+NaOH = NaClO+H_2O$$

$$NaClO+Na_2SO_3 = Na_2SO_4+NaCl$$

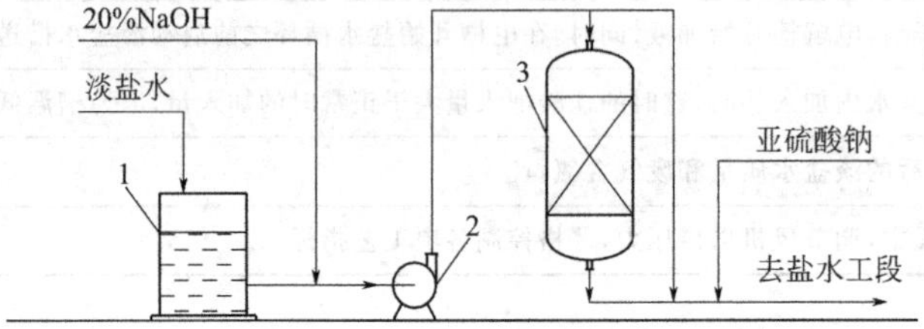

图7-11 化学脱氯工艺流程图

1—淡盐水储罐；2—淡盐水泵；3—活性炭塔

7.3.3.2 主要设备

该部分主要设备为活性炭塔（有些厂家没有活性炭塔，直接使用烧碱和Na_2SO_3溶液）。

活性炭塔是利用多孔固体（活性炭）将盐水中溶解的游离氯吸附以脱除。

当含有游离氯的水通过活性炭层时，游离氯被吸附在表面上，发生以下反应：

$$Cl_2+H_2O = HCl+HClO$$

$$HClO = HCl+[O]$$

[O]与活性炭由吸附状态迅速转变成化合状态的CO和CO_2，从而有效地去除游离氯。

活性炭塔的操作比较简单，它的操作好坏，主要取决于活性炭的吸附能力，如果吸附能力强，管路不泄漏、不堵塞，运行起来是非常稳定的。

7.3.3.3 操作要点及工艺控制指标

（1）操作要点

① 淡盐水pH控制必须保证碱性。

② 采用ORP（oxidation and reduction potential，氧化还原电位）手动或自动控制Na_2SO_3加入量，控制好脱氯效果。

（2）工艺控制指标 工艺控制指标一览见表7-15。

表7-15 工艺控制指标一览

序号	名称	指标
1	脱氯后盐水含NaCl	190～220g/L
2	脱氯后盐水pH值	8～11
3	脱氯后盐水含游离氯	$<1\times10^{-6}$
4	脱氯盐水温度	<50℃
5	ORP值	≤−50mV

7.3.3.4 正常开停车

（1）开车 化学脱氯法正常开车操作见表 7-16。

表 7-16 化学脱氯法正常开车操作

序号	具体内容
1	启动淡盐水泵，将淡盐水回流
2	启动碱计量泵，向淡盐水泵进口加碱(手动或 pH 检测自动控制)
3	启动亚硫酸钠计量泵，向淡盐水泵出口加入亚硫酸钠，通过 ORP 手动或自动调节，达到游离氯基本脱除

（2）停车 化学脱氯法正常停车操作见表 7-17。

表 7-17 化学脱氯法正常停车操作

序号	具体内容
1	停碱计量泵和亚硫酸钠计量泵
2	停淡盐水泵

7.3.3.5 异常情况的原因及处理方法

化学脱氯法异常情况的原因及处理方法一览见表 7-18。

表 7-18 化学脱氯法异常情况的原因及处理方法一览

序号	事故原因	原因分析	处理方法
1	淡盐水游离氯含量高	① 物理脱氯真空度低； ② 在线游离氯氧化还原值分析不准； ③ 加酸控制回路失控； ④ 亚硫酸钠管线堵塞	① 调节真空度； ② 校正或更换现场测量仪； ③ 请仪表处理； ④ 及时疏通亚硫酸钠管线
2	去界区外淡盐水出现酸性	① pH 计不准或排空电极； ② 碱管线压力低	① 及时校正或检查 pH 电极； ② 增加去碱管线压力

7.4 氯酸盐分解

7.4.1 概述

盐水中的氯酸盐主要是由电解槽阳极侧盐水中的 Cl_2 和阴极侧反渗过来的 OH^- 发生如下化学反应生成的：

$$Cl_2+2OH^- \longrightarrow ClO^-+Cl^-+H_2O$$

$$3ClO^- \longrightarrow ClO_3^-+2Cl^-$$

槽内阳极液中的 Cl_2 是大量存在的，而 OH^- 的量由离子膜的渗漏率决定，渗漏率高，碱迁移量大，产生的氯酸盐就多，反之渗漏率低，碱迁移量小，产生的氯酸盐就少，新膜和旧膜碱的迁移量有明显的差别。因此，盐水中氯酸盐的多少，很大程度上由离子膜的完好状况决定。

在理想状态下，假设离子膜无泄漏，盐水中加碱产生的 OH^- 很少，生成的氯酸盐数量也少，但是由于离子膜法电解使用的盐水闭路循环，氯酸盐在盐水系统中逐渐积累到相当高的浓度。随着氯酸钠含量的增加，盐水中的氯化钠含量减少，电流效率下降。据估算，氯化钠的质量浓度每降低10g/L，电流效率就会下降1%。实际生产过程中很难保证离子膜不漏，离子膜不同程度的泄漏，特别是出现孔洞、撕裂等损坏事故时，盐水中氯酸盐将在很短时间内大幅增多，并直接导致阴极侧碱中从阳极盐水中反渗漏的氯酸根含量上升，并最终导致成品碱氯化物超标。由于氯酸钠具有较强的氧化性，尤其是在pH值小于9时，对碳素烧结管、螯合树脂的危害巨大，因此必须除去系统中累积的氯酸钠。

7.4.2 消除氯酸盐的有效途径

鉴于氯酸盐对产品质量及设备的危害，消除盐水中氯酸盐成为氯碱厂必做的工作。

(1) 及时更换合格的新膜。离子膜在接近寿命期时，由于老化变质和机械损伤，膜上的针孔以及砂眼已很多，尽管采用补膜方法进行修复，仍然不能完全消除针孔，这些针孔的存在造成渗碱量大，最终导致片碱中氯化物超标。在这种状况下必须更换新膜，否则很难生产出合格片碱。实践证明，健康完好的离子膜盐水中，氯酸盐就不会超标，就能保证成品片碱质量达标。

(2) 及时切换出有孔洞膜和撕裂膜的电解槽。电解工序产品质量控制与管理的关键是对电解槽膜的健康状况的控制和管理，其中通过及时分析化验数据来捕捉离子膜的完好状况是至关重要的，在第一时间里发现并切换出健康恶化、有孔洞、有撕裂的膜，反映出岗位生产管理水平的高低。如果采取措施不及时，必然导致盐水质量恶化，最终导致氯酸盐超标，生产出不合格产品。

(3) 按比例排出一部分淡盐水。按比例从系统中排出一部分淡盐水，是控制氯酸盐浓度的有效方法。这种方法只适用于可以利用一部分淡盐水的场合，淡盐水可以用于去除有机物或其他用盐水途径，因此该方法受到很多限制，但确是一种有效的控制氯酸盐的方法，该方法也可有效控制系统硫酸根浓度。

(4) 对盐水进行酸化处理。将入槽盐水加高纯盐酸，调整出槽淡盐水pH值至2～2.5，以有效中和从阴极液渗漏过来的OH^-，减少OH^-和Cl_2接触，减少氯酸盐的生成。该做法实质上是让电解槽作为氯酸盐分解槽，首先中和反迁氢氧根，其次分解产生的氯酸盐，达到控制氯酸盐水平的目的，其条件是膜状态良好、加酸量精确控制、槽温足够高。

以上4种途径只是消除产生氯酸盐的根源，采取措施得当可以大大减少盐水中氯酸盐的生成。对于盐水中已经产生和长期积累的氯酸盐，必须由氯酸盐分解装置来分解，分解机理如下式：

$$NaClO_3 + 6HCl = 3Cl_2\uparrow + 3H_2O + NaCl$$

该装置在离子膜寿命后期以及电解槽运行不佳或加酸不足的企业，应坚持开车运行。

7.4.3 氯酸盐分解原理

电解过程中，由于阴极的OH^-迁移至阳极室，与阳极室产生的Cl_2发生如下副反应：

$$OH^- + Cl_2 = Cl^- + HClO$$

$$2OH^- + Cl_2 = Cl^- + ClO^- + H_2O$$

$$2HClO + ClO^- = 2Cl^- + ClO_3^- + 2H^+$$

$$3Cl_2 + 6OH^- = 5Cl^- + ClO_3^- + 3H_2O$$

$$3ClO^- = 2Cl^- + ClO_3^- \ (75℃)$$

在加酸不足时，由于淡盐水的不断循环，系统氯酸盐含量会升高，随着氯酸盐浓度的升高，盐水中的氯化钠含量减小、电流效率下降，少量的氯酸盐会透过膜进入碱液中，造成蒸发工序设备的损坏。氯酸钠具有较强的氧化性，尤其是在pH值小于9时，对碳素烧结管、螯合树脂的危害巨大，故有必要配备氯酸盐分解槽，分解一部分氯酸盐，使其浓度维持在某一水平上，保证安全生产。

由于氯酸盐在常温及碱性条件下比较稳定，要想去除盐水中的氯酸钠，就要在较高的温度和较强的酸性条件下进行，其反应如下：

$$NaClO_3 + 6HCl = 3Cl_2\uparrow + 3H_2O + NaCl$$

故可向淡盐水中加入盐酸并加热到一定的温度可使氯酸盐分解，从而保证生产的可持续性。

该过程中的副反应为：

$$2NaClO_3 + 4HCl = Cl_2\uparrow + 2H_2O + 2NaCl + 2ClO_2\uparrow$$

该副反应不可能完全避免，也是制取二氧化氯的经典开斯汀方法（Kesting），最宜反应条件是71℃和强酸性，这时副反应转化率达85%。如果是在88℃和3.6% HCl条件下，转化率降为4.1%；而将反应温度提高到90℃以上，可以分解产生的二氧化氯，达到减少二氧化氯的目的：

$$8ClO_2 + 2H_2O = 2Cl_2\uparrow + 7O_2\uparrow + 4HClO$$

如果二氧化氯混入氯气中，可以参与某些氯气应用过程的氯化反应，使氯化度不足和产品变色，极大影响产品质量，比如氯化石蜡生产过程。因此在氯酸盐分解过程中，特别要避免二氧化氯的产生。

7.4.4 氯酸盐浓度控制方法

降低氯酸盐含量一般采取两种方法：一种是排放法；另一种是化学去除法。

所谓的排放法是指在送化盐桶前将脱氯后的淡盐水部分排放掉，借此减少系统中氯酸钠的累积。该方法无须添加任何化学品，不使用蒸汽，但是排放的盐水仍然污染环境，还造成了盐水中氯化钠的浪费。

化学去除法，就是在较高的温度和酸性条件下进行化学反应，达到去除氯酸盐的目的。

7.4.5 氯酸盐分解条件的确定

氯酸盐须在较高的温度、较强的酸性这两个条件下进行分解，要更好地满足这两个条件，就要：①设备采用较高档次的材质；②消耗大量的蒸汽，浪费能源；③加入大量的盐酸。这就增大了物料消耗，增加了成本。因此，对于氯酸盐分解系统的指标必须进行优化调整，既能使氯酸盐较大程度地分解，又要减少物料、能源的消耗。

（1）在稳定进料量和加酸量的前提下，通过调整温度考察氯酸盐的分解率，具体情况见表7-19。

表7-19 温度对氯酸盐分解率的影响实例

测定次数	加酸量/(m^3/h)	分解温度/℃	进料量/(m^3/h)	ρ(氯酸盐)/(g/L)		分解率/%
				分解槽进口	分解槽出口	
1	0.385	92.0	11.00	4.73	3.71	21.56
2	0.385	92.0	11.00	5.26	4.10	22.05
3	0.385	93.0	11.00	11.18	8.68	22.36
4	0.385	94.0	11.00	3.53	2.72	22.95
5	0.650	93.0	13.00	8.36	5.14	38.52
6	0.650	93.5	13.00	7.85	4.62	41.15

由表 7-19 可见，在进料量为 $11m^3/h$ 时，随着温度的升高，氯酸盐的分解率由 21.56% 上升到 22.95%；在进料量为 $13m^3/h$ 时，分解率也有同样的变化趋势。由此可见，提高温度有利于氯酸盐的分解。

（2）在稳定进料量和温度的前提下，通过调整加酸量考察氯酸盐的分解率，结果见表 7-20。

表 7-20 加酸量对氯酸盐分解率的影响实例

测定次数	加酸量/(m^3/h)	分解温度/℃	进料量/(m^3/h)	ρ(氯酸盐)/(g/L)		分解率/%
				分解槽进口	分解槽出口	
1	0.385	93.0	11.00	11.18	8.68	22.36
2	0.440	93.0	11.00	11.75	8.74	25.62
3	0.455	92.0	13.00	4.24	3.69	12.97
4	0.780	92.0	13.00	4.77	2.22	53.46

表 7-20 可见，在温度为 93℃、进料量为 $11m^3/h$ 的条件下，随着加酸量的增大，氯酸盐的分解率也随之提高；在温度为 92℃、进料量为 $13m^3/h$ 的条件下，也呈现出同样的变化趋势。由此可见，在相同的分解温度下，增大加酸量，可有效提高氯酸盐的分解率。

（3）在稳定加酸比例和温度的前提下，通过调整进料流量来考察氯酸盐的分解率，结果见表 7-21。

表 7-21 进料量对氯酸盐分解率的影响实例

测定次数	加酸比例/%	加酸量/(m^3/h)	分解温度/℃	进料量/(m^3/h)	ρ(氯酸盐)/(g/L)		分解率/%
					分解槽进口	分解槽出口	
1	0.035	0.385	92.0	11.00	5.26	4.10	22.05
2	0.035	0.455	92.0	13.00	4.24	3.69	12.97
3	0.045	0.495	94.0	11.00	7.65	5.48	28.37
4	0.045	0.563	94.0	12.50	7.16	5.24	26.82

由表 7-21 可见，在相同温度和相同加酸比例的条件下，进料量增大，加酸量增大，氯酸盐的分解率却有所下降。其原因是进料量增大，物料在分解槽内的停留时间减少，致使反应时间减少，造成分解率下降。因此，要想提高进料量并提高分解率，必须加大氯酸盐分解槽的体积。

以上分析表明：要提高氯酸盐的分解率，必须提高反应温度，增大加酸量，减小进料流量或是增大分解槽的体积。

在实际生产过程中，提高反应温度就意味着要加大蒸汽的用量，从而增加能源的消耗，提高盐酸的用量，增大物料的消耗。在电解槽运行末期，淡盐水中氯酸盐含量很高，甚至其质量浓度增大到 10g/L 以上，减小进分解槽的盐水流量也不能使更多的氯酸盐分解，造成氯酸盐在系统中越积越多，反过来影响电解槽的正常运行，因此氯酸盐分解系统要按离子膜末期工艺条件进行设计。

（4）控制指标的选择。选择合适的分解温度、加酸量以及适宜的盐水进料量应从原料盐水中的氯酸盐含量、电解槽产生的氯酸盐量、氯酸盐的分解率、避免二氧化氯生成等方面综合考虑，以表 7-22 数据说明如下。

表7-22 原料盐水中的氯酸盐含量、电解槽产生的氯酸盐量、氯酸盐的分解率实例数据表

测定次数	原料盐水中 ρ（氯酸盐）/(g/L)	阳极液中 ρ（氯酸盐）/(g/L)	增长率/%	分解槽出口 ρ（氯酸盐）/(g/L)	分解率/%	外送盐水中 ρ（氯酸盐）/(g/L)
1	9.26	12.18	31.53	10.54	13.46	11.60
2	8.90	11.75	32.02	8.74	25.62	11.24
3	5.58	7.65	37.01	5.48	28.37	7.00
4	3.88	5.39	38.92	3.77	30.06	5.15
5	6.41	9.00	40.41	6.29	30.11	8.46
6	6.14	8.67	41.21	5.61	35.29	7.74
7	4.97	7.16	44.06	4.24	40.78	6.63
8	5.71	8.36	46.41	5.14	38.52	7.70
9	5.34	7.85	47.00	4.62	41.15	7.52

当氯酸盐分解系统分解率较低时，外送淡盐水中氯酸盐的含量较高，从而使原料盐水中的氯酸盐含量也相应升高；阳极液总管中的氯酸盐含量与原料盐水中的相比，增长率较低，故此时若选择合适的指标将会使氯酸盐分解系统的分解率等同于电解槽的氯酸盐产生率，盐水中的氯酸盐含量稳定；当电解槽产生的氯酸盐量较多时，虽然氯酸盐分解系统的分解率较高，但是此时氯酸盐的分解量要小于产生量，因此造成盐水系统的氯酸盐含量较高。以实例说明正常操作指标：温度为92℃，加酸量为0.6m^3/h，进料流量为12m^3/h，这些指标是在电解槽正常运行过程中总结出来的。随着电解槽运行时间的延长，这些指标要做适当的调整。另外，氯酸盐分解系统的加酸量与上槽盐水的pH值也有一定的关系，上槽盐水中的加酸量大，上槽盐水的pH值低，出槽淡盐水的pH值相对较低，此时氯酸盐分解系统的加酸量要低于推荐值。

7.4.6 工艺流程及主要设备

7.4.6.1 工艺流程

电解槽产生的淡盐水的一部分经过换热器加热到一定温度后输送至氯酸盐分解槽，加入盐酸，进行反应，反应后的淡盐水回到淡盐水脱氯塔进行脱氯处理。氯酸盐分解工艺流程见图7-12。

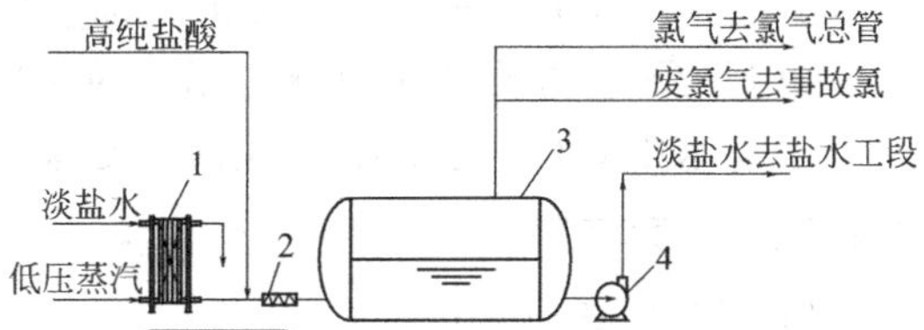

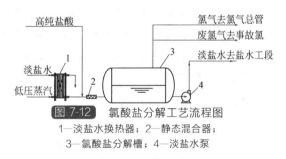

图7-12 氯酸盐分解工艺流程图

1—淡盐水换热器；2—静态混合器；3—氯酸盐分解槽；4—淡盐水泵

7.4.6.2 主要设备材质确定

金属材料的腐蚀，按其腐蚀机理可分为化学腐蚀和电化学腐蚀，而非金属材料与金属材料不同，电导率很小，它同电解液接触时不会形成原电池，因而不会出现电化学腐蚀。但非金属材料存在机械强度较低、易渗透和热稳定性差等特点，其腐蚀形式主要有：化学裂解、溶解和溶胀、应力开裂、渗透破坏。所以在选择化工设备材料时，应掌握好恰当的关系，使投资不增加太多，同时在运行中又不会因为腐蚀问题而导致装置停车，增加维修费用，即要求设备生命周期成本最低。

在氯酸盐分解设备中，氯酸盐分解槽的材质选择尤为重要，通过已有的工业化试验发现：钛金属可以耐高温、氯酸盐腐蚀，使用寿命长，但价格昂贵；海特隆197树脂玻璃钢耐高温氯酸盐的性能不理想，使用寿命短而且价格也不低；DERAKANE470树脂玻璃钢耐高温、氯酸盐腐蚀性能比较理想，使用寿命、价格适中。表7-23为氯酸盐分解槽的相对使用寿命和价格的比较情况。

表 7-23 氯酸盐分解槽的相对使用寿命和价格的比较情况

材质	槽总重量/t	单价/(万元/t)	总造价/万元	寿命/年
钛	1.87	36	67.32	10
海特隆 197 树脂玻璃钢	1.67	6	10.32	2
DERAKANE470 树脂玻璃钢	1.67	8	13.36	5

需要着重强调如下：

(1) 钛材氯酸盐分解槽一定要加强焊接质量的管理。

(2) DERAKANE470 树脂玻璃钢涉及两个很重要的概念：①树脂固化度必须达到最高点，如果固化不良，则有部分双键未反应而产生交联现象，树脂本身的耐蚀性能和耐老化性能便会降低，结果是使树脂不能完全表现出其优良性能；②层压结构设计合理，玻璃钢设备的标准防腐层应兼具“腐蚀裕量”与“防腐层”，腐蚀裕量可以补偿氯酸盐腐蚀作用而损失的层压材料，并允许一定的淡盐水穿透/渗透，这两层加起来的厚度一般为 6.0～9.5mm，而外面的结构层只起支撑作用。

该设备容积大小要求：盐水停留 3h 以上。

7.4.7 操作要点及工艺控制指标

7.4.7.1 操作要点

(1) 必须控制好加热温度，温度过高会损坏设备，温度过低达不到分解效果。

(2) 应经常检测氯酸盐含量。

需分解的淡盐水的流量由以下因素决定：

① 反应 $3ClO^- \xlongequal{} 2Cl^- + ClO_3^-$ 的生成量；

② 反应平衡常数，反应平衡常数取决于反应的温度、酸浓度等条件；

③ 盐水中 ClO_3^- 允许浓度，允许浓度越低，则去氯酸盐分解槽的流量越多。

7.4.7.2 工艺控制指标

加热温度：85～95℃。

分解槽 HCl 含量：3～10g/L。

分解槽溢流口 ClO_3^- 含量：<5g/L。

反应时间：盐水停留 3h 以上。

通常通过控制这几个因素来控制 ClO_3^- 的分解程度和含量。

7.4.8 正常开停车

(1) 准备工作 氯酸盐分解工艺开车前的准备工作见表 7-24。

表 7-24 氯酸盐分解工艺开车前的准备工作

步骤	具体操作
1	检查泵的润滑油、密封水是否正常，手动盘车是否正常
2	确认 DCS 已经调试好，具备开车条件，各仪表、遥控开/关阀开关灵活
3	确认各管路、阀门、设备严密无泄漏。

(2) 开车 氯酸盐分解工艺开车工作见表 7-25。

表 7-25 氯酸盐分解工艺开车工作

步骤	具体操作
1	待电解工段开车一段时间后，打开氯酸盐分解槽废气通往事故氯系统阀门，以便将氯酸盐分解产生的氯气排到事故系统
2	将淡盐水的一部分送往氯酸盐分解槽，并达到规定的流量
3	向淡盐水中加入一定量的盐酸，使氯酸盐分解槽的 HCl 含量在 3～10g/L
4	打开板式换热器的蒸汽阀门，将淡盐水的温度提高至 85～95℃，加大反应强度

（3）停车 氯酸盐分解工艺停车工作见表 7-26。

表 7-26 氯酸盐分解工艺停车工作

步骤	具体操作
1	关闭蒸汽阀门
2	关闭加酸阀门，停止供酸
3	停止往氯酸盐分解槽供应淡盐水，关闭氯气阀门

7.4.9 异常情况的原因及处理方法

氯酸盐处理工艺中，异常情况的原因及处理方法见表 7-27。

表 7-27 氯酸盐分解异常情况的原因及处理方法一览表

序号	事故原因	原因分析	处理方法
1	溢流口 ClO_3^- 含量过高	① 盐酸管路堵塞，造成盐酸加入量减小； ② 分解槽反应温度过低； ③ 流量增大，导致分解反应时间不够； ④ 进入分解槽的氯酸盐含量太高	① 疏通管路； ② 增加蒸汽量； ③ 降低流量； ④ 增加酸量
2	分解槽温度低	① 蒸汽阀门开度小； ② 蒸汽压力小； ③ 板式换热器换热不正常	① 增加阀门开度； ② 联系提高压力或增加流量； ③ 检修换热器
3	分解槽 HCl 含量低	① 加酸量不足； ② 盐水和酸混合不均匀	① 增加酸量； ② 可增加管道混合器

7.5 蒸汽机械再压缩（MVR）淡盐水浓缩工艺

有很多氯碱工厂依托井矿盐资源建设，采用廉价的卤水代替固体盐，而且为了最大限度地降低生产成本，这些工厂希望实现全卤制碱。

对于离子膜法制碱工艺，大量的出槽脱氯淡盐水给全卤制碱增加了相当大的难度。过去由于传统蒸发工艺浓缩淡盐水成本远高于返井重饱和工艺，全卤制碱工厂多数采用淡盐水返井重饱和工艺。MVR 技术在淡盐水浓缩中的成功应用，可为全卤制碱工艺提供新的选择方案。

另外，氯碱企业在生产下游产品时，往往会副产含盐废水（一般含 NaCl 10%～20%），将含盐废水（以下称“回收淡盐水”）的资源化再利用的循环经济，将是未来氯碱行业的主流发展趋势。回收淡盐水的再利用，加之原有的脱氯淡盐水，系统水多的问题更加凸显，淡盐水的重饱和工艺选择的不同，关系到运行成本的高低，MVR 技术将成为淡盐水重饱和工艺的首选，用 MVR 技术可实现全卤制碱及含盐废水的源化利用。

7.5.1 MVR 技术原理

MVR（mechanical vapor recompression）是重新利用蒸发浓缩过程产生的二次蒸汽的冷凝潜

热，从而减少蒸发浓缩过程对外界能源需求的一项先进节能技术。MVR技术于1917年由瑞士Sulzer-EscherWyss Ltd发明，早在20世纪60年代，德国和法国已成功地将该技术用于化工、食品、造纸、医药、海水淡化及污水处理等领域。MVR的工作原理是先将低温位的二次蒸汽经蒸汽再压缩机压缩，以提高温度、压力和热焓，然后再进入蒸发器冷凝供热，以充分利用蒸汽的潜热。这样，原来要排放的废蒸汽就得到了充分利用，既回收了其潜热，提高了热效率，又可回收蒸汽冷凝液。MVR系统除开车启动外，正常运行后整个蒸发过程不需生蒸汽。MVR系统原理图见图7-13。

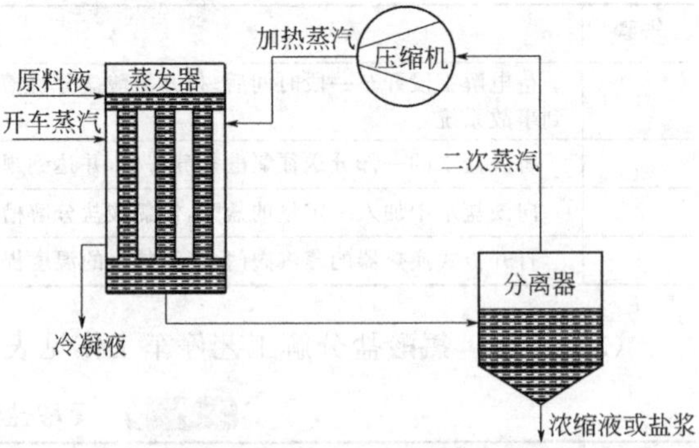

图7-13 MVR系统原理图

7.5.2 MVR的优势和特点

7.5.2.1 技术优势

常规蒸发中需要大量冷却水冷却二次蒸汽的热量，然后冷却水的热量再通过冷却塔冷却将热量释放到大气中，不但消耗大量的生蒸汽，同时冷却塔消耗大量的冷却水及电能，造成能源浪费。MVR技术可以将需要冷凝的二次蒸汽通过压缩再次利用，以替代生蒸汽，不但节省了生蒸汽，而且彻底摒弃了冷却塔，大大降低了运行费用，做到了节能、环保。

7.5.2.2 技术特点

（1）100%循环利用二次蒸汽的潜热，减少或不使用生蒸汽量，从而大大减少了能源消耗；

（2）取消了循环冷却水，减少了冷却设备耗水、耗电和维护费用；

（3）结构紧凑，占地面积小；

（4）运行平稳，自动化程度高；

（5）可实现低温蒸发，对于温感性物料，保持物性有利，对淡盐水而言，可以在80℃蒸发，从而降低了对蒸发加热蒸汽的温度要求。

7.5.3 脱氯淡盐水的特征

（1）温度较高，脱氯淡盐水温度约75℃，如果经膜法除硝处理的部分淡盐水与原脱氯淡盐水混合，温度还能高于60℃；

（2）氯化钠浓度在180～200g/L范围内，常压条件下沸点约为103.5℃；

（3）纯净，Ca^{2+}、Mg^{2+}等杂质含量小于4×10^{-5}mg/L；

（4）腐蚀性强。

7.5.4 淡盐水处理方案

离子膜烧碱要实现全卤制碱或者利用大量的回收淡盐水，就是要处理淡盐水到接近饱和。使淡盐水接近饱和有两种方式，即要么除掉水分，要么加盐。除掉水分的方式有膜过滤、多效蒸发、机械蒸汽再压缩（MVR）蒸发；加盐方式有在淡盐水中直接添加固体盐、淡盐水返井溶解盐矿。

（1）膜过滤的原理是此膜只允许水分子通过，过滤掉部分水分，得到饱和的氯化钠溶液。此种方法能耗低，但在氯碱行业的应用上有许多技术难题还未突破，需要关注进展。

（2）传统的多效蒸发是制盐行业普遍采用的一种方法，此法需要蒸汽作为能源，蒸出淡盐水中的多余水分，最后一效的二次蒸汽需要用循环水进行冷却。

（3）机械蒸汽再压缩（MVR）技术在食品、海水淡化及废水处理等行业应用较多，在欧洲氯碱行业早已成熟应用，近几年，国内已有少数氯碱企业率先获得成功应用，显现出较好的成本优势。

（4）淡盐水加盐是将淡盐水通入溶盐桶底部，穿过从上部加入的固体盐层（保持盐层高度约 3m），饱和盐水从上部流出，进入一次盐水精制工序。

（5）淡盐水返井是将地下的盐井当做一个大的化盐池，把淡盐水打入盐井中，使淡盐水饱和，然后再送往一次盐水处理。

7.5.5 MVR 淡盐水浓缩工艺过程

7.5.5.1 MVR 淡盐水浓缩全卤制碱工艺

（1）淡盐水浓缩（物料）系统。自脱氯工序来的淡盐水的一部分经膜法除硝后进入淡盐水中间槽，另一部分直接进入淡盐水中间槽，通过泵送往预热器进行预热，与蒸汽冷凝水和浓盐水并联换热后，进入降膜蒸发器提浓到 250～280g/L，出降膜蒸发器，再送往强制循环蒸发器进行进一步蒸发，出料浓盐水浓度控制在 310～315g/L，进入一次精盐水储槽，直接进树脂塔进行二次盐水精制。

（2）二次蒸汽系统。在淡盐水浓缩过程中，降膜蒸发器和强制循环蒸发器内同时产生二次蒸汽，通过降膜蒸发器和强制循环蒸发器内的除沫器进行第一次除沫，除掉二次蒸汽中夹带的氯离子和其他杂质，然后，二次蒸汽进入二次蒸汽洗涤器，通过洗涤泵用洗涤器内的循环洗涤水第二次洗涤二次蒸汽，产生的冷凝液通过调节阀调节液位，排出冷凝液系统。洗涤后的二次蒸汽再次用加热室冷凝液进行第三次洗涤，确保进入压缩机的二次蒸汽中含盐量低于 10×10^{-6}mg/L，保证蒸汽压缩机长周期安全稳定运行，合格的二次蒸汽进入第一级和第二级蒸汽压缩机进行加压升温。为了避免二次蒸汽过热，使用加热室产生的冷凝液对压缩机和二次蒸汽管道进行喷雾降温，获得需要的饱和蒸汽。加压和升温后的二次蒸汽进入降膜蒸发器和强制循环蒸发器加热室，通过热量交换，将热量传递给蒸发器内的淡盐水进行蒸发产生二次蒸汽，实现二次蒸汽的循环利用。

系统出来的冷凝水，含盐量控制在＜20mg/L，电导率＜40μS/cm，符合一般脱盐水质量，可用于树脂塔再生或锅炉给水等。不过，如果想用于电解槽阴极补水，只需要经过一道装有阴、阳离子的交换树脂塔，进一步吸附微量的盐，使电导率降至＜2μS/cm 即可。MVR 淡盐水浓缩全卤制碱工艺参见图 7-14。

7.5.5.2 MVR 淡盐水浓缩回收盐水制碱工艺

如果氯碱企业除了电解槽出来的脱氯淡盐水之外，还有其他氯产品副产盐水，作为回收淡盐水用于离子膜法制碱，也就意味着有更多的水分要从系统中分离出来，这种情况用 MVR 技术时，只蒸发脱氯淡盐水、除掉系统多余的水分方案可能更经济。

MVR 淡盐水浓缩回收盐水制碱工艺与 MVR 淡盐水浓缩全卤制碱工艺唯一的不同是全卤制碱工艺只出浓盐水（310g/L），而回收盐水制碱工艺中，为了从脱氯淡盐水中拿出所有淡盐水中多余的水，在 MVR 淡盐水浓缩出料时，不仅要出浓盐水，还要出一部分固体盐，用于饱和回收盐水的需要。MVR 淡盐水浓缩回收盐水制碱工艺参见图 7-15。

对于脱氯淡盐水和回收淡盐水两种盐水，只蒸发脱氯淡盐水，而非两种都蒸发或单蒸回收盐水的好处在于：

（1）从能量利用方面看，脱氯淡盐水自身具有更高的温度（60～75℃），对于蒸发更有利；

（2）脱氯淡盐水的纯度更高，蒸发出来的浓盐水不需一次精制，直接进树脂塔即可，如果将回收淡盐水混入，脱氯淡盐水将被污染。

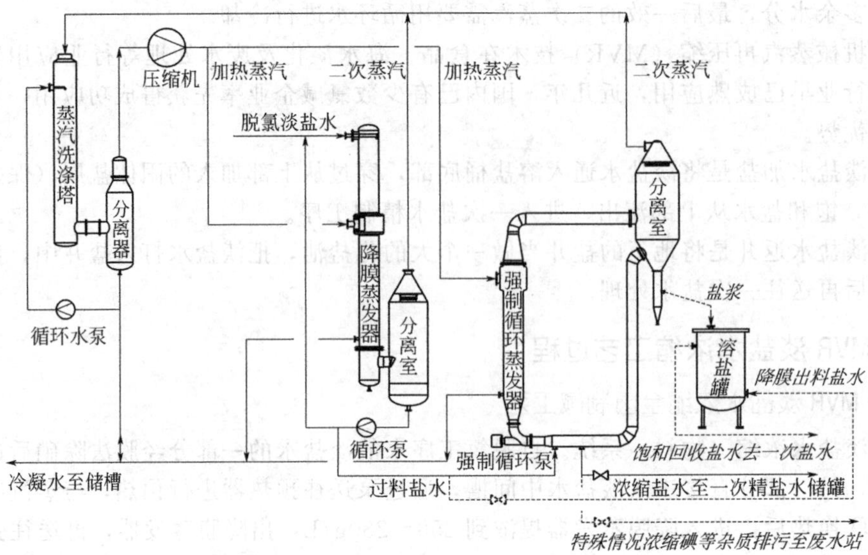

图 7-14　MVR 淡盐水浓缩全卤制碱工艺

（注虚线物料流向部分为系统排碘等杂质时才开启的通道）

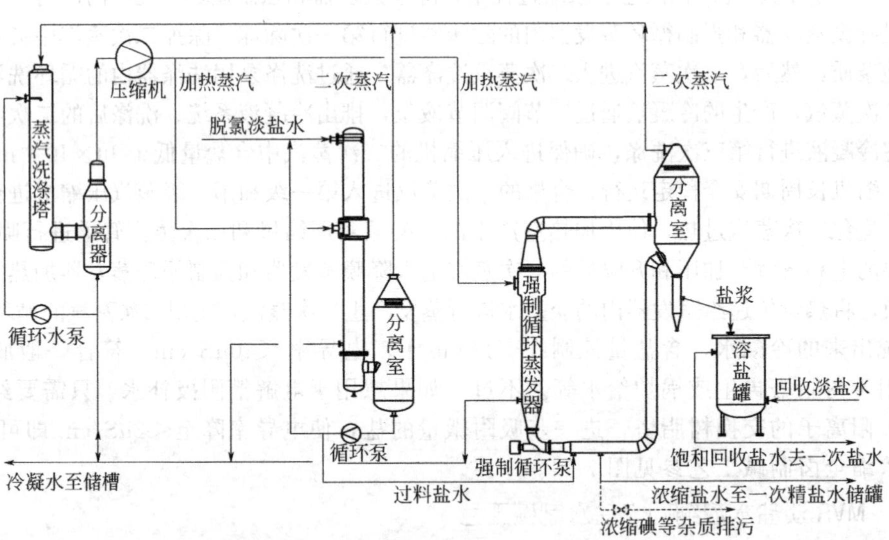

图 7-15　MVR 淡盐水浓缩回收盐水制碱工艺

7.5.5.3　两个采用 MVR 工艺工厂的运行考核数据

目前，采用 MVR 淡盐水浓缩全卤和回收淡盐水制碱工艺，在国内已有成功运行案例，下面是 A 和 B 两个工厂的 72h 运行考核数据，见表 7-28。

表 7-28　MVR 淡盐水浓缩 A、B 工厂运行考核数据

MVR 淡盐水浓缩全卤制碱工艺(A 工厂)				MVR 淡盐水浓缩回收淡盐水工艺(B 工厂)				
项目	脱氯淡盐水	浓盐水	冷凝水	项目	脱氯淡盐水	浓盐水	盐浆	冷凝水
流量	＞185t/h	＞125t/h	＞60t/h	流量	＞61t/h	＞33t/h	＞7.4t/h	20.6t/h
含盐	200g/L	310g/L	＜10mg/L	含盐	230g/L	310g/L	49%(固液比 23%)	＜10mg/L

续表

MVR 淡盐水浓缩全卤制碱工艺(A 工厂)				MVR 淡盐水浓缩回收淡盐水工艺(B 工厂)				
温度	60℃	<70℃	<70℃	温度	60℃	<70℃	<70℃	<70℃
装置蒸发量		>60t/h(设计值 60t/h)		装置蒸发水量		20.6t/h(设计值一期 20t/h,二期 26t/h)		
蒸发电耗		36.5kW·h/t (设计值<35.5kW·h/t)		蒸发电耗		40.39kW·h/t (设计值<43kW·h/t,采盐条件下)		

氯碱工厂采用 MVR 淡盐水浓缩工艺，蒸发系统出料可以设计成既可以出料浓缩盐水，也可以出盐浆，出盐浆功能既可以达到从系统里蒸出更多的水分（达到过饱和），更具有采盐操作条件的功能特点。MVR 系统具有碘、Na_2SO_4、$NaClO_3$、TOC 等杂质浓缩并排除功能，具体应用是当氯碱工厂盐水系统中某种杂质超过标准限值，比如用了高碘的盐，而又没有更好的办法处理掉的情况下，可以使强制循环蒸发器暂停浓缩盐水出料，系统开始采盐操作，随着蒸发的持续进行，蒸发器内的杂质将被浓缩，当浓缩倍数达到预期值时，通过排污管排出系统，这样可以通过排出少量的盐水解决系统中某种杂质超标的问题。毫无疑问，这是一种利用浓缩排污方式除杂质的方法。浓缩倍数越高越省盐，一般建议浓缩倍数控制在5～8倍，过高浓缩倍数可能引起氯酸盐高对系统腐蚀加剧，以及影响二次蒸汽质量，损伤蒸汽压缩机等。

7.5.6 几种淡盐水处理全卤制碱工艺经济性对比

四种淡盐水工艺的经济性对比见表 7-29。

对比分析说明：

(1) 以年产 20 万吨离子膜烧碱产能为基础，折 100% NaCl 盐耗 1.5t/t，年耗盐 30 万吨。

(2) 进槽盐水量为 $240m^3/h$ (283t/h)，NaCl 含量 310g/L，SO_4^{2-} 含量 6g/L。

(3) 淡盐水 $180m^3/h$ (折 205t/h)，NaCl 含量 200g/L，SO_4^{2-} 含量 9g/L。

(4) 卤水 NaCl 含量 300g/L，SO_4^{2-} 含量 15g/L，经除硝后降至 6g/L。

(5) 原盐折 NaCl 含量 94%，Ga^{2+} 0.2%，Mg^{2+} 0.2%，SO_4^{2-} 0.6%。

(6) 一次盐水精制费用按每吨盐水 11 元计，卤水除硝采用膜法除硝工艺，按每千克硫酸根 2 元算。

(7) 淡盐水浓缩蒸发水量为 60t/h，传统蒸发蒸汽消耗按 0.36t 蒸汽/t 水，动力电耗按 18kW·h/t 水计。

(8) 蒸汽价格按 150 元/t，电费按 0.51 (kW·h)，折 NaCl 含量 310g/L 卤水 52 元/t (折 100% NaCl 200 元/t)，折 94% NaCl 原盐 300 元/t。

(9) 为了简化分析，对比中没有考虑各种工艺投资的差异，而重点针对运行过程的物料和能源消耗的不同带来的不同成本。

(10) 对比结果表明，四种方案中，固体原盐+卤水（掺卤）工艺年运行费用 11963.66 万元，传统蒸发全卤制碱工艺费用 12075.68 万元，MVR 淡盐水浓缩工艺运行费用 9732.32 万元，MVR 工艺运行费用最低。淡盐水返井工艺返井运行总费用为 9281.68+X，X 为待定值，主要是因淡盐水返井条件各个工厂有不同，实际上，X 值大小与工厂和盐井距离以及高度差、盐井深度、盐矿成分以及溶池构造等因素紧密相关。总体来说，盐井距离工厂越近、盐井越浅、盐矿越纯净，淡盐水返井费用低，X 值就会小，淡盐水返井才有可能具备优势。反之，随着盐井距离的增加，盐井越深，返井成本必然增加，X 增大，返井优势将逐渐减弱直至变成劣势。

表 7-29 四种淡盐水处理工艺经济性对比

类别	项目	单位	单价/(元/t)	传统多效蒸发		MVR 蒸发		淡盐水返井		外购工业盐+卤水		备注
				单耗	年费用/万元	单耗	年费用/万元	单耗	年费用/万元	单耗	年费用/万元	
蒸发	淡盐水蒸发用蒸汽	t 汽/t 水	150.00	0.36	2592.00	0.00	0.00					按蒸发量 60t 水/h 计
蒸发	淡盐水蒸发用电	kW·h/t 水	0.51	18.00	440.64	36.00	881.28					按蒸发量 60t 水/h 计
蒸发	冷凝水收益(作脱盐水用)	t 水/t 碱	4.00			−2.40	−192.00					脱盐水,电导率<40μS/cm
蒸发	浓缩盐水一次精制费用	t 浓缩盐水/t 碱	0.00	5.80	0.00	5.80	0.00					蒸发浓缩盐水不需一次精制
蒸发	节省二次精制费用	t 浓缩盐水/t 碱	0.50	−5.80	−58.00	−5.80	−58.00					浓缩盐水纯度高,延长树脂塔周期
蒸发	补充卤水费用	t 卤水/t 碱	52.00	5.91	6150.27	5.91	6150.27					自采或外购卤水进厂价格
蒸发	补充卤水除硝费用	$kgSO_4^{2-}$/t 碱	2.00	41.87	1674.77	41.87	1674.77					膜法除硝,含电费、亚硫酸钠等
蒸发	补充卤水一次盐水精制费用	t 处理卤水/t 碱	11.00	5.80	1276.00	5.80	1276.00					
蒸发	可比年费用总计				12075.68		9732.32					
淡盐水返井	淡盐水返井重饱和费用	t 淡盐水/t 碱						8.00	X			包含往返输送、入井、提升费用
淡盐水返井	淡盐水返井盐水除硝费用	$kgSO_4^{2-}$/t 碱	2.00					63.08	2523.31			纯净的淡盐水返井被污染
淡盐水返井	返井重饱和盐水一次精制费用	t 重饱和盐水/t 碱	11.11					8.91	1979.80			
淡盐水返井	补充卤水费用	t 卤水/t 碱	52.00					2.92	3036.80			
淡盐水返井	补充卤水除硝费用	$kgSO_4^{2-}$/t 碱	2.00					20.67	826.94			
淡盐水返井	补充卤水一次盐水精制费用	t 处理卤水/t 碱	11.00					2.92	642.40			
淡盐水返井	可比年费用总计								9281.68+X			
加盐掺卤	淡盐水加盐重饱和费用	t 工业盐/t 碱	300.00							0.91	5489.36	
加盐掺卤	添加原盐除硝费用	$kgSO_4^{2-}$/t 碱	2.00							5.49	219.57	
加盐掺卤	补充卤水费用	t 卤水/t 碱	52.00							2.79	2901.60	
加盐掺卤	补充卤水除硝费用	$kgSO_4^{2-}$/t 碱	2.00							19.75	790.13	
加盐掺卤	重饱和盐水+补充卤水一次精制费用	t 处理盐水/t 碱	11.00							11.65	2563.00	
加盐掺卤	可比年费用总计										11963.66	

参考文献

[1] 程殿彬，陈伯森，施孝奎．离子膜法制碱生产技术．北京：化学工业出版社，1998.
[2] 杜冠华等．淡盐水脱氯工艺改造．氯碱工业，2000（2）：11-11.
[3] 周洪义等．淡盐水真空脱氯系统物热衡算及过程分析．中国氯碱，2000（2）：10-22.
[4] 崔学清．降低盐水巾氯酸盐含量旳有效途径．中国氯碱，2004（9）：4-5.
[5] 仇志勇，李明．氯酸盐分解系统的指标控制-5优化．中国氯碱，2009（4）：8-10.
[6] 钱碧峰．氯酸盐分解槽材质的探讨．氯碱工业，2005（6）：40-41.
[7] 郭杨武．液氯质量影响氯化石蜡生产的原因及解决办法．中国氯碱，2013（12）：23-23.
[8] 闫成林，胡洪铭．机械蒸汽再压缩（MVR）技术在全卤制碱工艺中的应用．中国氯碱，2011（10）：9-11.
[9] 何睦盈，蔡宇凌，胥娟．机械蒸汽再压缩（MVR）技术的发展及应用．广州化工，2013（7）：115-116.

8 盐水硫酸根脱除系统

8.1 硫酸根的危害和脱除原理

8.1.1 硫酸根的性质与危害

在离子膜烧碱生产过程中，硫酸根通过三种途径带入系统，即原料盐、化盐用的生产水及盐水脱氯时加入的亚硫酸钠被氧化生成的硫酸根，其中原料盐带入的硫酸根是主要的。

原料盐带入杂质硫酸根进入盐水系统，存在系统内的富集现象。一般要求进槽盐水中 SO_4^{2-} 浓度为 5～7g/L，如果精制盐水内硫酸根含量过高，会影响化盐浓度，并且发生硫酸根离子与其他金属离子反应生成硫酸盐沉积在膜内，使槽电压升高、电流效率下降。因此必须对富集的硫酸根进行除去，使整个系统处于平衡状态。

8.1.2 硫酸根脱除原理和方法

目前硫酸根的处理可分为化学和物理两种方法，进而分为沉淀法、结晶法和膜分离法。化学法又可分为钙法和钡法，比较成熟的分离、去除硫酸根的技术方法主要有 6 种，即氯化钡法、氯化钙法、碳酸钙法、碳酸钡法、冷冻法和膜分离法。

化学法是实现分离的第一步，即实现硫酸盐固体沉淀反应，真正分离还需要物理方法去除。氯化钡法、氯化钙法、碳酸钙法、碳酸钡法是化学分离方法，即在脱氯盐水中加入另一种盐，使其与硫酸根反应形成硫酸盐沉淀，在硫酸盐沉降槽内经过一定时间的沉淀，在其底部形成盐泥，将盐泥定时排放压滤达到脱除硫酸根的目的。硫酸根的去除方法见表 8-1。相关反应式如下：

$$Ba^{2+} + SO_4^{2-} \longrightarrow BaSO_4\downarrow \quad K_{sp} = 1.1\times10^{-10}$$

$$Ca^{2+} + SO_4^{2-} \longrightarrow CaSO_4\downarrow \quad K_{sp} = 7.1\times10^{-5}$$

$$BaCO_3 + SO_4^{2-} \longrightarrow BaSO_4\downarrow + CO_3^{2-}$$

表 8-1 硫酸根的去除方法

基本原理	一级实现技术	二级实现技术	三级实现技术	具体方法	归类
物理法	膜分离			膜分离	膜法
	结晶	沉淀分离	离心分离	冷冻分离	冷冻
化学法＋物理法	沉淀反应	沉淀分离	压滤	氯化钡法	钡法
	沉淀反应	沉淀分离	压滤	碳酸钡法	钡法
	沉淀反应	沉淀分离	压滤	氯化钙法	钙法
	沉淀反应	沉淀分离	压滤	碳酸钙法	钙法

冷冻法和膜分离法脱除硫酸根是物理分离方法，利用膜分离方法将脱氯盐水中的硫酸根浓度升高，一般达到 SO_4^{2-} 质量浓度为 30～80g/L 左右，再利用硫酸钠及氯化钠的溶解度随着温度的变化而变化的特性，分离结晶的硫酸钠，实现分离的目的。图 8-1 为硫酸钠在水中

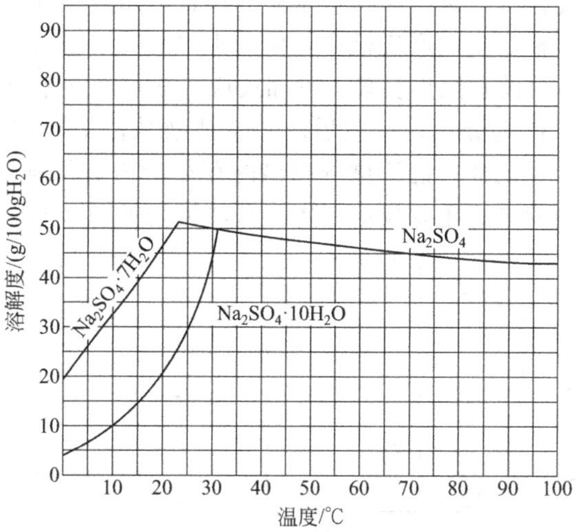

图 8-1 硫酸钠在水中的溶解度曲线

的溶解度曲线。

从图 8-1 中可以看出，低温结晶可以制备十水硫酸钠（芒硝）而除去硫酸根；高温结晶可以制备元明粉，但溶解度较高。

8.2 氯化钡法脱除硫酸根

氯化钡法是利用氯化钡与盐水中的硫酸根发生反应生成硫酸钡沉淀，由于硫酸钡溶解度很小，所以采用该法除去硫酸根的效果较好，同时可副产硫酸钡。

$$Ba^{2+} + SO_4^{2-} = BaSO_4 \downarrow \quad K_{sp} = 1.1 \times 10^{-10}$$

使用该方法时应注意，要防止氯化钡过量，因为过量的氯化钡会与电槽中的 NaOH 反应生成氢氧化钡沉淀堵塞电槽离子膜。尤其是重金属 Ba^{2+} 将会沉积在阳极表面，形成不导电的化合物，使阳极涂层活性降低，电压升高。

氯化钡虽然生成速度快，但生成的结晶颗粒小，沉淀速度慢。因此应设法单独沉淀压滤以回收硫酸钡而销售，降低成本。如果与精制反应一同加入，应设法在加烧碱和碳酸钠前加入，以防发生下述反应消耗精制剂：

$$Ba^{2+} + CO_3^{2-} = BaCO_3 \downarrow \quad K_{sp} = 2.6 \times 10^{-9}$$

$$Ba^{2+} + 2OH^- = Ba(OH)_2 \downarrow \quad K_{sp} = 2.6 \times 10^{-4}$$

加入点在碳酸钠前，另一个好处是可以与钙镁沉淀形成共附着沉淀，加快沉淀速度。

氯化钡本身有较强的毒性，属于剧毒物质，储存条件要求高；操作不当还会引起 Ba^{2+} 超标现象，对离子膜造成伤害；另外，副产物及氯化钡的包装回收较困难，给生产和现场管理带来较大难度。钡法除硫酸根的最大缺点是运行成本高。

8.3 碳酸钡法脱除硫酸根

碳酸钡法是利用碳酸钡与硫酸钡的溶度积差而实现分离硫酸根的目的，反应式为：

$$BaCO_3 + SO_4^{2-} = BaSO_4 \downarrow + CO_3^{2-}$$

在碳酸钡混合槽里装入 65～80℃的离子膜烧碱装置的淡盐水，盐水浓度在 150～250g/L，加入适量的碳酸钡，在搅拌下使碳酸钡与盐水充分混合，制成碳酸钡悬浊液；将碳酸钡悬浊液从上部加入到含有硫酸根盐水的反应槽中，使盐水中的硫酸根与碳酸钡进行反应，反应时间为 20～40min，反应槽内设有搅拌装置；参加反应的盐水经盐水泵打到澄清槽的中心导流内桶中，盐水通过澄清槽进行分离，反应后的盐水清液从澄清槽的上部溢流堰溢流到盐水罐，再用化盐泵加入化盐桶化盐；澄清槽分离出的存在于澄清槽锥底中的未反应的碳酸钡，则用沉淀泵打回到反应槽中进行重复反应。碳酸钡法流程见图 8-2。

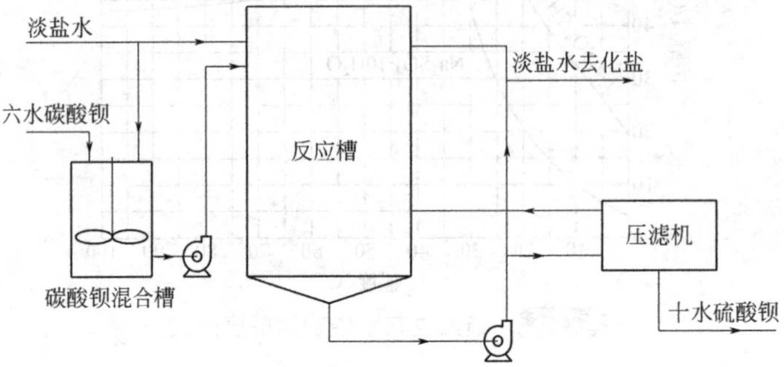

图 8-2 碳酸钡法流程简图

该法的主要优点是：由于是重复反应，碳酸钡的反应率高；该工艺较氯化钡法除硫酸根的费用低、安全性高；可产生一定量的碳酸钠，减少精制剂（碳酸钠）的消耗，节约碳酸钠的购置费用。

该法的缺点也很明显，由于碳酸钡溶解度小，反应时间长，一次反应不彻底，必须循环反应，在实际使用中会出现管道堵塞现象，工艺的过程较复杂，使其工业化应用受到限制。

8.4 氯化钙法脱除硫酸根

氯化钙法是用氯化钙与硫酸根反应生成硫酸钙沉淀。由于硫酸钙溶解度较大，尤其在盐水中的溶解度要增大三至四倍，故该法去除硫酸根不如钡法彻底。但是如果盐中硫酸根量不大，经氯化钙法处理后的盐水含硫酸根的质量浓度可达 7g/L 以下，反应原理如下：

$$Ca^{2+}+SO_4^{2-} \longrightarrow CaSO_4\downarrow \quad K_{sp}=7.1\times10^{-5}$$

氯化钙法去除硫酸根工艺与钡法相比，氯化钙法除去硫酸根的投资省，氯化钙的价格相对便宜。但是其缺点是硫酸钙的溶解度较大，去除硫酸根的效率不高，同时又增加了盐水中的钙离子，造成盐泥量增加，工业化生产难度较大。氯化钙法流程见图 8-3。

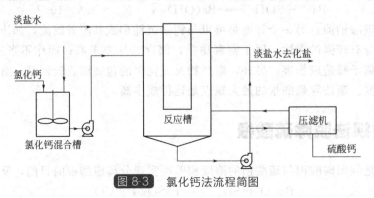

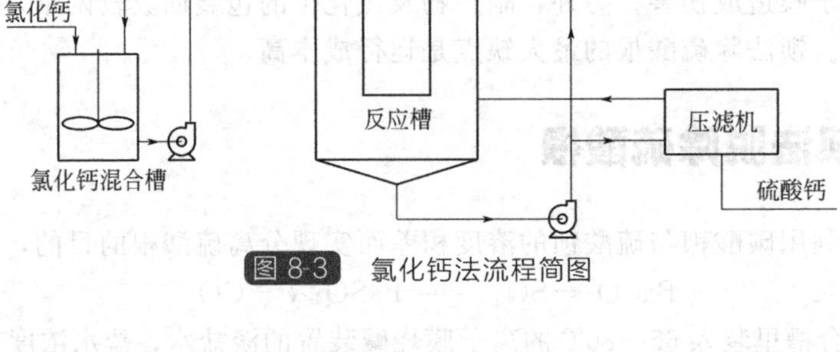

图 8-3 氯化钙法流程简图

8.5 冷冻法脱除硫酸根

该法利用硫酸钠及氯化钠的溶解度随着温度的变化而变化的特点而实现分离的目的。其工艺流程：质量浓度为30g/L的高芒硝盐水溶液与冷冻盐水热交换，由室温（25℃）降至8～10℃，生成晶粒浆液，然后经离心机进一步分离出晶体，分离出的浆液与30g/L高芒硝盐水热交换后送往化盐工段，也可进一步冷却后送往化盐工段。高芒硝盐水经二级冷却，第一级冷却是与分离出的浆液（8～10℃）热交换，温度从25℃冷却至15℃，第二级冷却是与冷冻盐水热交换，进一步冷却至8～10℃。该法可以副产晶体，去除硫酸根效果较好，能够满足电解所需盐水含硫酸根≤5g/L的要求。其缺点是投资大，需要离心机、冷冻站、热交换器以及皮带运输机和配套的储槽机泵等。

原理：制备高芒硝盐水，将高芒硝盐水冷冻，将硫酸钠以晶体的形式去除，适用于质量浓度在25g/L以上盐水的除硝，只适用于生产42%以上浓度的隔膜法烧碱（能够分离出高浓硫酸根盐水）除硫酸根。

优点：可以副产芒硝。

缺点：硫酸根的浓度小于25g/L时没有经济性。

8.6 膜法脱除硫酸根

近几年，随着离子膜制碱技术的应用，氯碱企业盐水硫酸根超标现象时有发生，以上介绍的几种方法去除硫酸根存在运行成本高、精制费用高、钡盐毒性大、加入新的杂质离子、设备管路容易结垢、有固形物排出、盐水澄清较困难、二次精盐水中残存的金属离子容易超标、影响离子膜寿命等不利因素。因此化学沉淀法一直影响着我国氯碱行业的稳定生产和产品质量。

膜法工艺采用新型的膜分离技术来过滤脱氯淡盐水中的硫酸根。膜过滤原理主要基于“微孔过滤”原理，即膜表面具有大量均匀分布的微孔，可选择性过滤溶液中粒径不同的分子，其孔径只允许粒径较小的单价阴阳离子穿过，例如Cl^-、ClO_3^-和Na^+，而分子量较高、粒径较大的高价阴离子，例如SO_4^{2-}等则被截留在膜外。脱氯淡盐水进入筒形的膜过滤器后，盐水沿过滤器方向流过，盐水中各分子与流动方向垂直向膜扩散，越靠近膜侧的分子越先接受过滤。经微孔过滤后，能穿过微孔的分子层穿过膜组件，达到膜内侧渗透管，而粒径较大的分子，即Na_2SO_4等硫酸根则被截留在膜外侧，即膜组件与器壁之间，沿器壁上的浓硝盐水出料管被排放。因此，整个膜组件分两股出料，一股是沿筒形膜组件的中心轴方向的渗透液，即Na_2SO_4等硫酸根含量很低的低硝盐水；另一股是沿器壁方向出料的Na_2SO_4等硫酸根含量较高的浓硝盐水。为达到在一定空间扩大膜与盐水接触面积的目的，整个膜组件设计成层层包裹的卷筒形，筒的内侧就是低硝渗透流管。每层膜外有一层网状分布层，可促使溶液均匀地接触膜表面，降低传质阻力，提高过滤效率；每层膜后还有一层支撑层，主要是为了提高膜的强度和抗压能力。膜结构如图8-4所示，过滤原理如图8-5所示。

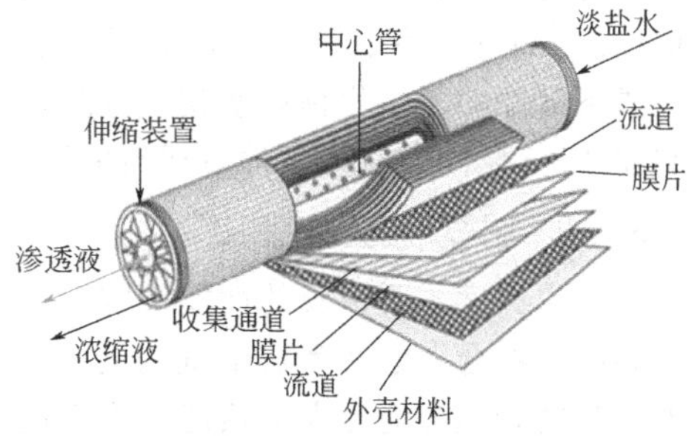

图8-4 膜结构图

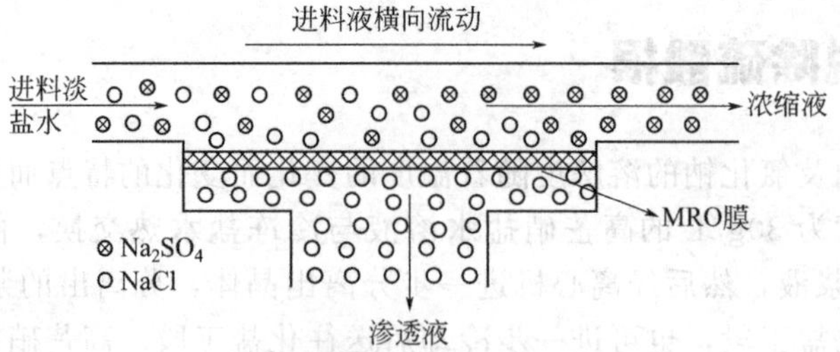

图 8-5 过滤原理图

8.6.1 膜法除硫酸根工艺

该法分为三个工序，前处理工序、膜过滤工序和后处理工序。

为了保证整个系统的稳定，应对游离氯含量、氯酸盐含量、pH 值等指标严格控制，从而保证膜过滤工序滤膜的使用寿命。

(1) 前处理工序。为了确保淡盐水指标在规定的范围内，盐水前处理系统对于膜系统来说是必需的。盐水前处理的步骤就是利用换热器冷却盐水，达到盐水进膜的温度要求（35～50℃）；同时利用过滤器脱除残余游离氯。该过滤器采用了特殊的处理方法，经过多次的交替特殊处理，保证其运行的稳定性；而精密过滤器滤芯则采用了进口的精密滤芯，能够保证少量微小颗粒在精密过滤器中被隔阻，确保了膜不被污染。pH 值的稳定性对装置运行很重要，如果稳定性有所欠缺，很容易造成膜在酸碱交替下运行，引起膜的运行环境不稳定，此时滤膜很容易造成水解，影响膜的使用寿命。

(2) 膜过滤工序。脱氯淡盐水经过严格的前处理工序处理后，通过进料泵打入膜过滤系统。在膜过滤单元，盐水被分离成两股流体：渗透液和浓缩液。渗透液，属于硫酸根含量比较小的流体，在低压下从每级膜壳中脱离出来，从每个外壳出来的渗透液汇流在一起，然后回到一次盐水系统中；浓缩液则随着进料中硫酸钠的浓度增大而增大（最佳控制在 40g/L 左右），因为它在排列成顺序的膜壳内逐级过滤分离，浓缩液通过后处理工序另行处理。

膜具有选择性去除硫酸根的能力，另外膜过滤是低压过滤，一般运行压力低于 2MPa。这样的运行压力不仅节省了高压泵的能耗，使运行的能耗更低，而且保证了膜在较低压力的状态下运行，对膜的寿命延长起到关键性的作用。膜在没有清洗的情况下效率仍然保持良好，膜的使用寿命会大于 2 年。

8.6.2 操作要点及注意事项

8.6.2.1 pH 值影响和控制要求

游离氯对膜的影响很大，在除游离氯过程中，pH 值是一个非常重要的参数。因此，严格控制 pH 值是保证膜法除硝装置长期稳定运行的关键。另外，为防止盐水中金属离子水解生成不溶性的氢氧化物堵塞膜，进膜过滤器的盐水也要维持一定的酸度。要求盐水 pH 值控制在 4～5 之间，在该条件下运行的膜一直处于免清洗状态，延长了膜的使用寿命。

8.6.2.2 温度影响及控制要求

盐水温度主要由膜的性能决定。温度过高，将导致膜结构的改变，对膜性能将产生较大的影响。综合考虑两者影响而设定一个合理的温度范围，以求达到较高的膜分离效率。另外，过度升温会消耗大量热能，生产成本增大，要求控制进料盐水温度在 35～50℃之间。

8.6.2.3　压力影响

对分离膜而言，压力越高，膜透过量越高，但膜过滤室内压力不能过高，因为压力越高，会消耗过多动力，而且，过高压力对设备容器的要求也会变高，从经济角度考虑不合算；另外，压力升高，会有更多的硫酸根透过膜，使低渗透液中的硫酸根含量升高；而且，盐水流速变快，盐水中许多溶质分子可能还未来得及渗透过膜，就被流体带出膜过滤室，造成处理量下降，膜的分离效率及使用寿命将受到影响。膜系统要求操作压力不高于 2.0MPa。

工业化装置选择膜过滤的压力主要和要求所达到的浓缩液浓度有关系，浓缩液的浓度越高，需要提供的反渗透过滤压力就越高，在氯碱淡盐水脱硝工况条件下，如果浓缩液硫酸钠浓度要求达到 80g/L 以上，过滤压力必须达到 3.3MPa 以上，否则膜的效率非常低，膜的回收率下降，产水能力达不到生产需要；如果浓缩液的硫酸钠浓度只要求达到 40g/L 时，过滤压力选择只需要 1.50～2.0MPa 即可。根据不同的工艺配置，膜的排列形式会有略微的区别。

8.6.3　膜法与冷冻法结合工艺技术

由于膜法只能把硫酸钠浓缩富集起来，而未能从根本上把硫酸钠脱除，若利用膜法直接排放浓缩液，会造成氯化钠的损失及氯碱装置生产成本的增加，另外也污染环境，因此膜法与冷冻法相结合的工艺为现阶段除硫酸根技术的最佳模式。

经过膜过滤出来的浓缩液中除了含有大量的硫酸根外，同时含有大量的氯化钠，若直接排放，氯化钠的消耗会升高。该工艺利用冷冻法进行盐硝分离，利用冷冻盐水和浓缩液换热，浓缩液的温度降至 −5～−6℃ 左右，此时浓缩液中的绝大多数硫酸钠被转化成 $Na_2SO_4 \cdot 10H_2O$ 固体，之后通过重力沉降法将其浓缩，然后利用离心机进行分离。硫酸钠以 $Na_2SO_4 \cdot 10H_2O$ 固体的形式排出系统，使整个系统中的硫酸根保持平衡，不至于产生硫酸根的积累。其冷冻工艺流程大致如下：浓缩液自膜系统流出后首先加入一定量的淡碱，充分反应后使浓缩液的 pH 值大于 7。之后流入浓缩液储罐，利用浓缩液泵将浓缩液抽出并输送至换热器进行预冷，冷媒是来自冷盐水罐冷冻除硝后的低硝冷盐水。然后预冷后的浓缩液直接输送到冷冻换热器中继续进行冷却，冷媒是冷冻工序输送来的温度小于 −15℃ 的冷冻盐水。盐水自冷冻换热器流出后自流到沉硝器，在沉硝器中十水硫酸钠结晶颗粒逐渐长大，并在重力的作用下逐渐下沉，最终堆积在锥底处。沉硝器锥底的固含量较高的硝泥由锥底排出后自流到双级推料离心机中，分离掉十水硫酸钠中的游离水及部分结晶水，并产出结晶硫酸钠成品去包装。膜分离硫酸根流程、硫酸根冷却结晶原理分别见图 8-6、图 8-7。

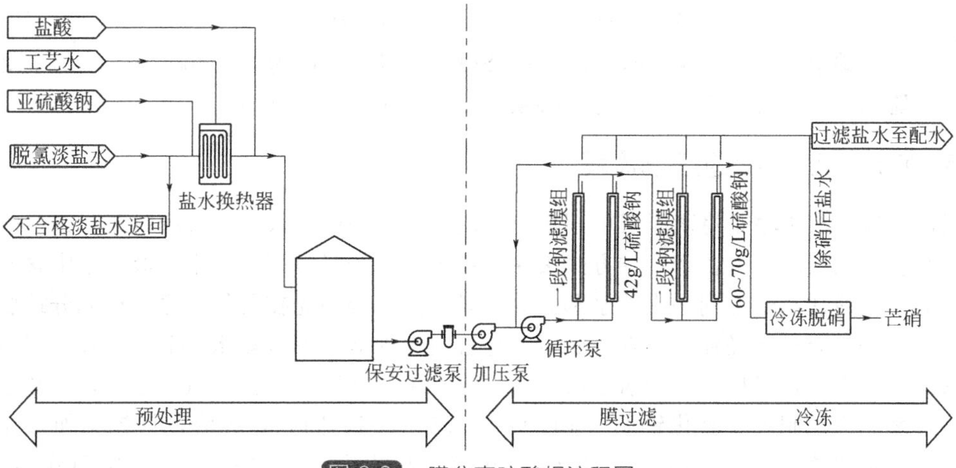

图 8-6　膜分离硫酸根流程图

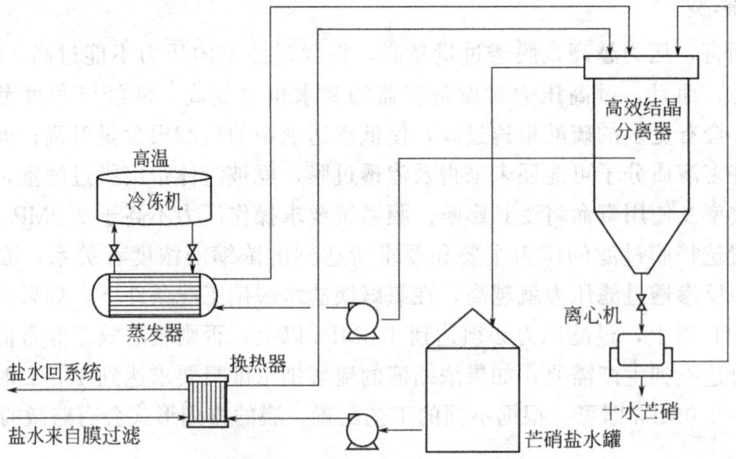

图 8-7 硫酸根冷却结晶原理图

后处理工序换热器采用进口平行变流道换热器，换热效率高，不容易结晶，相对于列管换热器的占地面积小，且不需要备用设备。多种类型的换热器可用于热交换，包括列管换热器、螺旋板换热器以及其他类型的板式换热器。经过试验，采用平行变流道换热器，该换热器换热效率高，不容易结晶，结晶后 3min 即可冲洗完毕，并实现自动控制，冲洗过程无须人工操作，减少了劳动强度，同时与列管换热器相比也节约了大量的热水消耗。

8.6.4 膜法除硫酸根设计实例

实例装置采用的原料盐都是经过精制加工过的工业盐，烧碱生产能力为 20 万吨/年，即 25t/h，生产 1t 烧碱消耗盐约 1.5t，原盐中 NaCl 质量分数大于 99%，硫酸根离子的质量分数小于 0.2%，由此可以算出生产过程中原料盐将硫酸根带入系统的量 M_1 为：

$$M_1=1500\times25\div99\%\times0.2\%=75.757(\text{kg/h})$$

一次盐水工序和脱氯工序将硫酸根带入系统的量为 M_2，已知该单元亚硫酸钠消耗量为 0.9kg/t NaOH，所以可以算出：

$$M_2=\frac{96}{126}\times0.9\times25=17.143(\text{kg/h})$$

即带入系统的硫酸根量（忽略化盐生产水带入的量）为：

$$M_{总}=M_1+M_2=75.757+17.143=92.9(\text{kg/h})$$

折成硫酸钠量为 137.41kg/h，折成 $Na_2SO_4\cdot10H_2O$ 量为 311.6kg/h。因此，要保证系统内的硫酸根离子无积累，除硝能力必须大于或等于 311.6kg/h。

8.6.5 膜法除硫酸根的工艺流程

膜法除硫酸根工序是将离子膜电解槽出来的淡盐水中硫酸根，经过膜过滤，最后降温冷冻以十水硫酸钠结晶体（芒硝）的方式去除。由于从离子膜电解槽出来的淡盐水中含有大量的游离氯，在淡盐水输送到一次盐水和膜除硝界区前，必须先在脱氯工序严格充分地脱除氯气。电解槽来的淡盐水经控制，在入脱氯塔总管道上加盐酸调节盐水 pH 值至 1.0～1.5，从脱氯塔的上部进入，采用真空脱氯法将氯气去除，氯气从塔顶出去到氯气总管，淡盐水从塔底出来，然后经控制加氢氧化钠调节 pH 值至 1.5～2.5，同时，经流量计控制加入亚硫酸钠，除去残余的游离氯，使 ORP 值小于 −50mV（如果膜除硝工序不开车，则调节 pH 值至

9～11)，然后输送到一次盐水化盐和除硝界区。

电解来的脱氯淡盐水 pH 值为 1.5～2.5，进入膜除硝工序的淡盐水高位槽，通过钛泵输送到两级冷却器换热冷却，一级用从 MRO 系统返回的渗透液盐水作冷源，二级用循环冷却水作冷源。在钛泵的入口管道上加入氢氧化钠和亚硫酸钠，调节控制 pH 值在 3.5～7（正常 4～5）和 ORP 值小于 200mV（此电位是基于 Ag/AgCl 参比端)，其余的淡盐水从淡盐水高位槽上部溢出，去一次盐水工序化盐水储槽，在溢出口管道经调节阀调节控制加入氢氧化钠，使 pH 值在 9～10.5。经两级冷却后，淡盐水温度降到 30～50℃，再从活性炭过滤器顶部进入，经活性炭过滤去除残余的游离氯，要求游离氯含量为零，至少要求小于 0.5mg/L。活性炭对游离氯的吸附主要是物理吸附，同时，也存在着化学催化吸附。化学催化吸附使游离氯转化成氯的化合物，因此，活性炭在吸附脱氯过程中会损失少量的活性炭，注意检查过滤器中活性炭的高度，必要时要补充适量的活性炭。当盐水的 pH 值和 ORP 值调节合格后，出来的淡盐水还经过两个并联的保安过滤器，去除盐水中夹带的固体颗粒杂质，然后淡盐水进入 MRO 膜处理系统。

膜处理系统是整个膜除硝工序的核心部分，淡盐水经过严格的预处理系统处理，各工艺指标合格后，通过高压给水泵输送到膜系统的高压膜室。以一套 4-2-2 型过滤系统为例，分为三级过滤，第一级四台过滤器并联，刚开始进料的盐水处理量大，经第一级过滤后，从膜室中心渗透流管出料的盐水，即此级渗透液中硫酸根含量已降低到控制指标，其直接去渗透液总管；而从膜外侧排放流管出料的盐水虽经过一级过滤，但硫酸根浓度未达到排放指标，还需继续浓缩，就从第一级滤室中流出，进入第二级滤室，第二级仍需两台过滤器并联操作，经第二级过滤后，渗透盐水硫酸根达到控制指标，再汇入去渗透液总管；浓缩盐水再进入第三级过滤器，经第三级过滤后，渗透盐水硫酸根达到控制指标，也汇入总管，最后出来的浓缩液去后处理工序。每级渗透液汇合后全部去地下回收水池，最后用回收水泵输送到化盐水储槽，该处理系统通过调节变频泵的转速、进膜前的流量和压力、出膜后的流量和压力等来调节膜出淡盐水中硫酸根的含量。

浓缩液自膜系统流出后首先加入一定量的氢氧化钠，充分反应后使浓缩液的 pH 值达到 9～12 之间，之后流入浓缩液储罐，利用浓缩液泵将浓缩液输送至两台板式换热器进行预冷，冷源是来自冷盐水罐冷冻除硝后温度－4～－5℃的低硝冷盐水，预冷后浓缩液的温度降到 12～15℃左右送入沉硝器，预冷后的浓缩液再由冷冻循环泵输送到两台板式换热器中进一步深冷，浓缩液被冷冻降温到－6℃以下，两台板式换热器的冷源是冷冻工序输送来的温度小于－20℃的冷冻盐水；浓缩液温度下降到 11℃以下时，大量的硫酸钠分子开始结晶成十水硫酸钠结晶体从盐水中分离出来，温度下降到－3～－5℃时，浓缩液中的绝大部分硫酸钠分子被结晶成十水硫酸钠结晶体，冷冻后的浓缩液含有大量的十水硫酸钠，呈浑浊状态，浑浊的浓缩液自板式换热器流出后流到沉硝器中心桶，在中心桶中十水硫酸钠结晶体颗粒逐渐长大，浓缩液沿中心桶下降到中心桶下部出口，流到沉硝器的桶体中，这时浓缩液中的十水硫酸钠晶体在重力的作用下逐渐下沉，最终堆积在锥底处，使锥底处的浓缩液固含量达到 30%左右，脱除十水硫酸钠的低硝浓缩液沿桶体上升到沉硝器的上部，并回流到积液箱，最终自流而出，流入冷盐水储罐中，并由冷盐水泵输送至两台板式换热器作预冷器的冷源，同时使低硝浓缩液温度提高到 25℃左右后流到地下回收池，最后送去化盐储槽。沉硝器锥底的固含量较高的硝泥由锥底排出后自流到双级推料离心机中，将硝泥中的游离水甩干并脱除部分结晶水，使排出的含水芒硝的含水量低于 60%（包括结晶水)。膜法与冷冻法结合流程见图 8-8。膜法与冷冻法结合流程图见图 8-9。工艺指标见表 8-2。

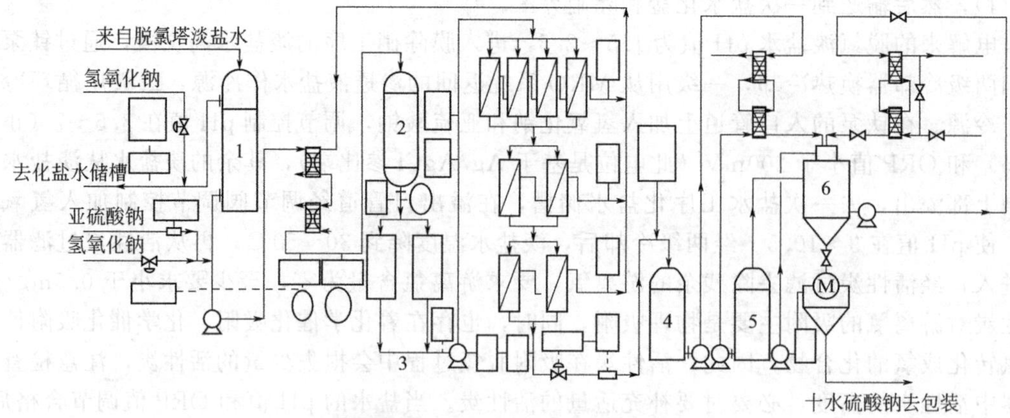

图 8-8 膜法与冷冻法结合流程图

1—淡盐水高位槽；2—活性炭过滤器；3—保安过滤器；4—浓缩液罐；5—冷盐水罐；6—沉降器

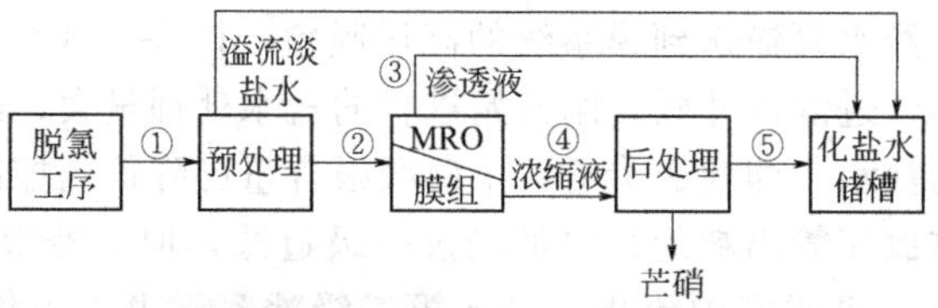

图 8-9 膜法与冷冻法结合流程图

表 8-2 工艺指标

工艺指标	①	②	③	④	⑤
pH 值	<4	3～7	3～7	8～13	8～13
温度/℃	65～80	35～50	30～50	30～50	15～45
游离氯质量分数/%	<1	0	0	0	0
氯酸钠质量浓度/(g/L)	≤10	<10	<10	<10	<10
硫酸钠质量浓度/(g/L)	<10	<10	<2	>40	<2
氯化钠质量浓度/(g/L)	200～220	200～220	210～230	190～210	200～220
亚硫酸钠质量浓度/(mg/L)	≤20	≤20	≤10	≤20	≤20

膜法除硝工艺要求进膜淡盐水的 pH 值控制在 3.5～7 之间，活性炭主要是与 HClO 反应，而反应 $Cl_2+H_2O \rightleftharpoons HClO+HCl$，在酸性环境中保持［$H^+$］状态，即 HClO；在碱性环境下，则被 OH^- 夺取 H^+，而成为 ClO^-。所以，为保证绝大部分游离氯（Cl_2）能转化成 HClO，必须维持输送来的脱氯淡盐水为酸性状态。另外，为防止盐水中金属离子水解生成不溶性的氢氧化物，堵塞 MRO 膜，进膜过滤器的盐水也要维持一定的酸度。该工序在盐水预处理系统的两级冷却与活性炭吸收塔之前，向盐水中加 NaOH，并用 pH 计控制氢氧化钠加入量，盐水中残留的亚硫酸钠与氯酸盐再度反应生成新的游离氯，与盐水中本来就含有的游离氯，到活性炭塔内一并除去。根据 pH 值变化曲线和盐水 pH 值控制要求，盐水 pH 值最好控制在 4～5 之间。

该工艺要求从活性炭过滤器入口开始，控制进料盐水温度在 30～50℃之间。温度越高，活性炭与 Cl_2 反应速率越快，会提高透过膜的低硝盐水量。但不能过度升温，因为随着温度的提高，低硝盐水中的硫酸根也随之提高，同时将导致膜结构的改变，对膜性能将产生较大的影响。因为对分离膜而言，其分离效率是用膜透过率来衡量，而膜透过率是分子扩散系数与溶解度系数之积，当温度上升时，扩散系数增大，但溶解度系数降低，因此在膜设计制造时，综合考虑两者影响而设定一个合理的温度范围，以求达到较高的膜分离效率。另外，过度升温会消耗大量热能，生产成本增大。

该工艺要求进膜系统的操作压力不高于2.0MPa，对于分离膜而言，压力越高，膜透过量越高，但膜过滤室内压力不能过高，因为压力越高，会消耗过多动力，而且，过高压力对设备容器的要求也会变高，从经济角度考虑不合算；另外，压力升高，会有更多的硫酸根透过膜，使低渗透液中的硫酸根含量升高；而且，盐水流速变快，盐水中许多溶质分子可能还未来得及渗透过MRO膜，就被流体带出膜过滤室，造成处理量下降。

氯酸钠在酸性条件下易与亚硫酸钠反应，生成游离氯。若待处理盐水中残留有过多量亚硫酸钠，在盐酸调节pH到酸性范围后，游离氯大量生成，会造成活性炭塔负荷过重。此外，未来得及反应的亚硫酸钠和氯酸钠在膜内部发生反应，生成的游离氯会破坏膜结构。因此，在脱氯工序即可控制亚硫酸钠加入量，使脱氯淡盐水中Na_2SO_3残留量不超过氯酸钠的浓度，一般要求进活性炭塔的盐水中，亚硫酸钠含量在20mg/L以下。

8.7 各种硫酸根去除方法综合对比和能耗分析

8.7.1 各种除硫酸根方法综合对比

各种除硫酸根方法对比情况见表8-3。

表8-3 硫酸根的去除方法对比

分离方法		优点	缺点
化学分离法	氯化钡法	效果好，效率高	Ba^{2+}易超标，毒性强，运行成本高
	氯化钙法	投资省	Ca^{2+}过量，效率低，工业生产难度大
	碳酸钡法	运行成本低	易出现管道堵塞现象，工艺不成熟
物理分离法	冷冻法	副产芒硝，无其他离子加入	卤水中硫酸根的质量浓度小于25g/L时没有经济性
	膜法	无其他离子加入，运行简单，操作维修方便，无任何污水产生，节省生产成本，减少操作工人数	无

膜法除硫酸根避免了其他除硫酸根方法的缺点，有操作方便、无任何污染、运行成本低的优点，具有其他除硫酸根方法无可比拟的优势，为整个离子膜系统长期高效的稳定运行提供了保障。

8.7.2 能耗分析

以280kg/h硫酸钠脱除量为例，由于后处理工序的清液仍然回到一次盐水，其膜过滤工序的硫酸钠脱除量应为320kg/h左右，若浓缩液硫酸钠浓度达到80g/L左右，过滤压力必须达到3.3MPa左右，其泵的电机功率将在132kW左右；若浓缩液硫酸钠浓度达到40g/L左右，过滤压力必须达到1.5MPa左右，其泵的电机功率将在75kW左右；因此其高浓度与低浓度在膜过滤工序能耗差别很大。

由于膜处理工序产出的浓缩液含硫酸钠的浓度有所不同，一种是高压法所生产的硫酸钠含量为 80g/L 的高浓度浓缩液，另一种是低压法生产的硫酸钠浓度为 40g/L 的低浓度浓缩液。在相同的生产能力下，高浓度的浓缩液的流量是低浓度浓缩液流量的一半，从表观上看，在后处理阶段高浓度浓缩液将会因为流量的减少而节省大量的能量（接近一半），但是通过实践运行来看，高浓度的方法并不会有节能的优势，现分析如下：

浓缩液在冷冻脱硝处理之前首先会进行预冷，由于高浓度浓缩液和低浓度浓缩液中硫酸钠的浓度含量差别比较大，其在预冷冷却过程结晶温度点差别较大，所以在预冷过程中两种浓缩液所能降低的温度相差很大，低压法生产的硫酸钠含量为 40g/L 的浓缩液预冷温度达到 12℃时开始结晶，如果温度再继续降低将会使得换热设备堵塞而不能运行，因此在后续的冷冻过程将会由 12℃降到－5℃，温差为 17℃；而高压法生产的 80g/L 的浓缩液在预冷过程中温度低于 25℃时将会使得换热设备结晶堵塞，因此在后续的冷冻过程必须由 25℃降到－5℃，温差为 30℃。表 8.4 是以 280kg/h 硫酸钠脱除量为例，由于后处理工序的清液仍然回到一次盐水，其膜过滤工序的硫酸钠脱除量应为 320kg/h 左右，根据此脱除量可计算出 40g/L 和 80g/L 硫酸钠浓度的后处理冷冻消耗冷量情况。不同硫酸根浓度能耗对比见表 8-4。

冷冻需要的理论总冷量为：

$$Q_{总}=Q_1+Q_2$$

Q_1＝膜过滤脱除量×322×十水硫酸钠结晶热/142

$Q_2=cm\Delta t=c\rho V\Delta t=c\rho V\Delta t=c\rho$ 膜过滤脱除量/浓缩液浓度×Δt

式中，Q_1 为十水硫酸钠结晶热消耗的冷量，kJ/h；Q_2 为从预冷温度降温到结晶温度所需要的冷量，kJ/h。

表 8-4 不同硫酸根浓度能耗对比表

项目	低浓度 40g/L	高浓度 80g/L
Q_1	320×322×552.29/142	320×322×552.29/142
Q_2	3.517×1216×320/40×[12－(－5)]	3.517×1216×320/80×[25－(－5)]
$Q_{总}$	982387kJ/h	913960kJ/h
相对能耗	107%	100%

从以上计算可以看出其理论所需要的冷量相差不大，考虑到冷冻机组的稳定运行及余量，高浓度与低浓度所需的冷冻机组冷量相差不大。

从膜过滤工序能耗分析和后处理冷冻工序能耗分析可以看出，高浓度运行所需要的能耗要比低浓度运行所需要的能耗高出 55kW·h/h。

参考文献

[1] 方度，蒋兰荪，等. 氯碱生产技术. 北京：化工部化工司，1985.
[2] 方度，蒋兰荪，吴正德. 氯碱工艺学. 北京：化学工业出版社，1990.
[3] 程殿彬. 离子膜法制碱生产技术. 北京：化学工业出版社，1998.
[4] [日] 碱工业协会. 碱工业手册. 江苏氯碱协会译. 化工部锦西化工研究院，1986.
[5] 北京石油化工工程公司. 氯碱工业理化常数手册. 北京：化学工业出版社，1988.
[6] 杰克逊 C，沃尔 K. 现代氯碱技术. 北京：化学工业出版社，1990.

9 离子膜法碱蒸发和固碱

9.1 离子膜法碱液蒸发原理与特点

蒸发的定义：使含有不挥发性溶质的溶液沸腾（沸腾指液体吸热后在其内部产生气泡的汽化过程）汽化并移出蒸气，从而使溶液中溶质浓度提高的化工单元操作，所用的设备称为蒸发器。

9.1.1 离子膜法碱液蒸发原理

离子膜法烧碱电解工序生产出的烧碱质量分数为30%～33%，为提高经济运输半径和满足部分用户需求，需要蒸发烧碱使其浓度提升到45%～50%，还可以进一步浓缩到98%～99%，制成片碱、粒碱、棒碱或桶碱，其中以45%液碱和98.5%片碱最为常用。离子膜法烧碱的蒸发一般采用蒸汽为热源，间接加热使烧碱溶液中的水分汽化，逐效提高烧碱的浓度。碱液浓缩是利用燃料热源，以熔盐为热载体，加热烧碱使之浓缩到规定浓度，然后经过冷却、成型、包装后销售。

离子膜法烧碱不含盐，其碱液蒸发的特点是没有盐结晶，这样就不需要像隔膜碱那样循环蒸发以冲刷结晶盐和分离盐结晶，因此可以采用膜式蒸发以最大限度地利用有效温差。技术上膜式蒸发的实现形式有升膜和降膜两种。升膜蒸发是指碱液在蒸发加热器中自下向上流动，被加热汽化蒸汽推动、在加热器壁形成液膜而浓缩；降膜蒸发是指碱液自上向下靠重力和汽化蒸汽推动在加热器壁形成液膜蒸发浓缩。升膜蒸发具有传热系数大、液体分布均匀、生产负荷弹性大和易于操作等特点；降膜蒸发具有温差损失小、雾沫夹带少和对高黏度高浓碱适应性好等特点。根据具体条件，液碱的蒸发可以采用升膜蒸发或降膜蒸发技术，而从60%到98.5%浓缩。由于碱液浓度大，只能选择降膜蒸发技术。

蒸发器是碱液蒸发的主要设备，但常用的蒸发器的类型却相当多，根据循环方式的不同可分为以下几种形式，见表9-1。

表9-1 蒸发器的类型

循环式				非循环式			
自然循环		强制循环		降膜	升膜		
外热式	内热式	外循环	内循环	管式	管式	板式	旋转薄膜

非循环式蒸发器是采用薄膜蒸发的原理进行换热蒸发，所以又习惯称为膜式法蒸发器。根据其流体流动方向的不同，分为升膜蒸发和降膜蒸发两种装置类型。与传统的、常规的蒸发器相比，膜式法蒸发器具有传热系数高、蒸发能力高、物料在管内停留时间较短、相对耗材和投资较少、设备结构紧凑、容易操作控制等特点，是高效蒸发设备。膜式蒸发技术日益成熟，将会成为物料蒸发的主流发展方向。

目前，国内蒸发主要采用的技术有瑞士 Bertrams 公司、美国 BTC 公司、法国 GEA 公司、意大利 SET 公司、丹麦 APV 公司、芬兰 CEP 公司以及日本木村公司的双效逆流或三效逆流降膜蒸发装置，以及阿法拉伐公司板式升膜蒸发装置。国内也有部分供应商可以提供双效或三效降膜蒸发装置。

瑞士 Bertrams 公司可以提供可靠的双效逆流降膜浓缩装置，特点是最终浓缩器采用单元管结构，利于单根更换维修，利于燃料热源加热熔盐载热体，碱可从 45%～50%浓缩到 98.5%，制成片碱、粒碱、棒碱或桶碱，燃料可以是天然气、电石炉气、氢气、煤气、重油或煤，也可以是双燃料切换。

采用逆流蒸发工艺流程可以更充分地利用热量，增加各效的温差，从而提高热利用率、降低消耗、减少设备传热面积和降低投资。碱蒸发效数可根据投资和蒸汽消耗确定，一般小规模生产以双效为主，大规模生产以三效为宜。

蒸发采用循环蒸发器或顺流工艺，都是不符合离子膜碱液特点的工艺技术，会带来不必要的温差损失。旋转薄膜蒸发器是降膜蒸发器的一种，由于其属于单效蒸发，加热面积小、结构复杂，作为过渡产品已经被淘汰。

碱液蒸发，是借间接加热作用来提高碱液的温度，使溶液中所含的水部分汽化，以提高溶液中溶质碱的浓度的物理过程。

工业上的蒸发过程是典型的传热过程。这个过程可用传热方程式来表示：

$$Q=KF\Delta t$$

式中 Q——传热速率，kJ/h；

F——传热面积，m^2；

Δt——传热温差，℃；

K——传热系数，kJ/(m^2·h·℃)。

由传热方程式可知，提高传热速率分别与传热面积、传热温差及传热系数有关。也就是说上述三要素是提高传热速率、提高蒸发能力的基本条件。下面我们分别进行讨论。

(1) 传热面积。提高传热面积是提高蒸发能力的重要途径，但也意味着同时要增加设备的投资费用。因此，传热面积的增加受到投资费用的约束。实践中，在投资确定时(材质不变)设计者就要考虑如何寻找最大的传热面积，即在传热管径、薄厚的选择上做文章。

(2) 传热系数 K。传热系数 K 是影响传热的重要因素，它是由以下因素决定的。

$$K=\frac{1}{\frac{1}{a_i}+\frac{b}{\lambda}+\frac{1}{a_o}+R_i+R_o}$$

式中 a_i，a_o——传热壁面两侧流体的传热系数，kJ/(m^2·h·℃)；

b——传热壁面的厚度；

R_i，R_o——传热壁面两侧的热阻。

由此，如果想要提高传热系数，就要采取如下措施：

① 提高传热壁面两侧流体的传热系数（a_i和a_o）。一般的方法是提高流速，采用强制循环的方式。

② 减少传热壁面的厚度 b。目前国外在蒸发器中大量选用薄壁管，其厚度仅为国内的 3/5～1/2。

③ 增大传热壁面的热导率 λ 值。这就是说选择既有较大的热导率，又有较好的耐腐蚀性的材质，如镍、合金钢等。NaOH 溶液的热导率见图 9-1。

④ 减少传热壁面两侧的热阻（R_i和R_o）。即要清除壁面两侧上的污垢，工业上一般采

取定期清洗的方式。

(3) 传热温差 Δt。蒸发过程的传热温差 Δt，是第一效加热室蒸汽的饱和温度 t_0 与末效冷凝器的蒸汽饱和温度 t_i 之差，即：

$$\Delta t = t_0 - t_i$$

所以，要提高传热温差，有以下两点：提高加热蒸汽的温度，即使用较高压力的饱和蒸汽，但是，它受到企业公用工程条件的限制，一般企业使用的蒸汽压力大都不超过 0.8MPa (表压)；降低末效冷凝器内的蒸汽饱和温度，一般都采用提高真空度的方式来实现。

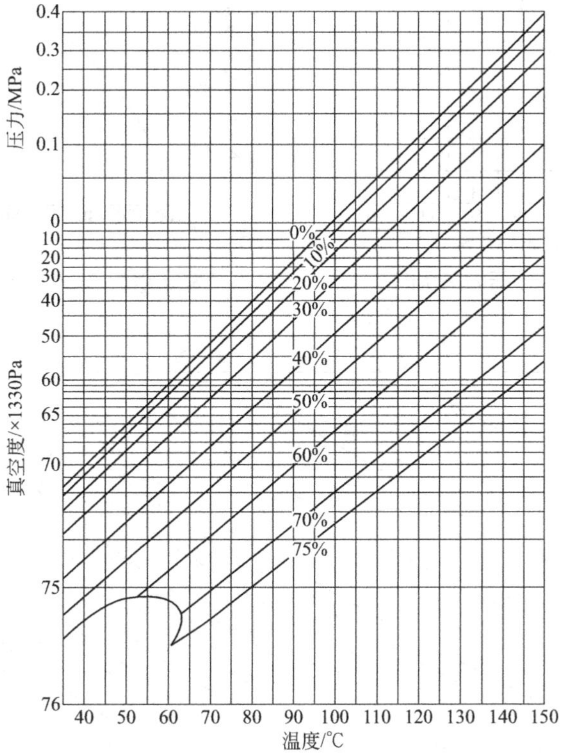

图 9-1 NaOH 溶液的热导率

9.1.2 离子膜法电解碱液蒸发特性

9.1.2.1 溶液的沸点升高

在一定压力下，溶液处于沸腾状态下的温度即为该溶液在此压力下的沸点。碱液的沸点随着氢氧化钠浓度的增加和蒸发压力的升高而升高。

鉴于离子膜碱液是高纯度的碱液，其所含的杂质量都在 10^{-6} 数量级上，所以可视为是纯净的碱液，此碱液在不同浓度和不同压力下的沸点如图 9-2～图 9-6 所示。

常压下不同浓度离子膜碱液的沸点升高值见表 9-2。

表 9-2 离子膜碱液的沸点升高值

离子膜碱液浓度/%	20	30	40	50	60
沸点升高值(Δt)/℃	8	16.5	28	43	60

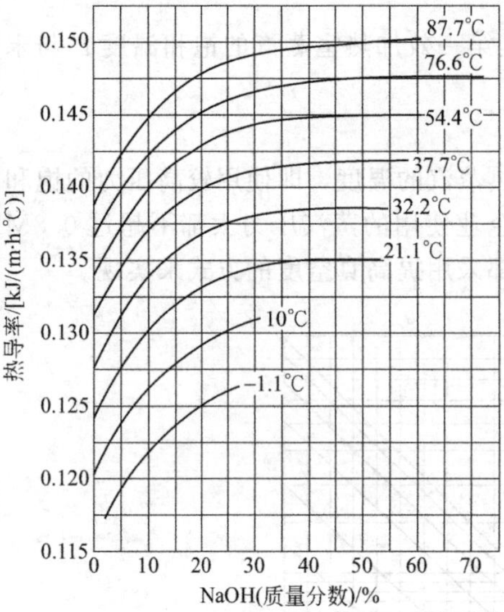

图 9-2 NaOH 沸点与压力关系图

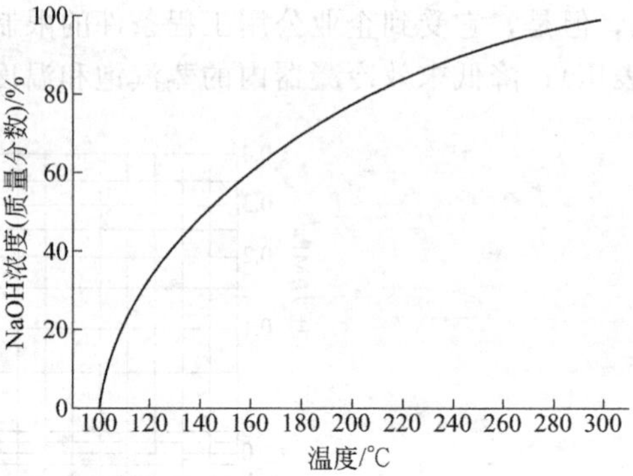

图 9-3 大气压下 NaOH 溶液的沸点

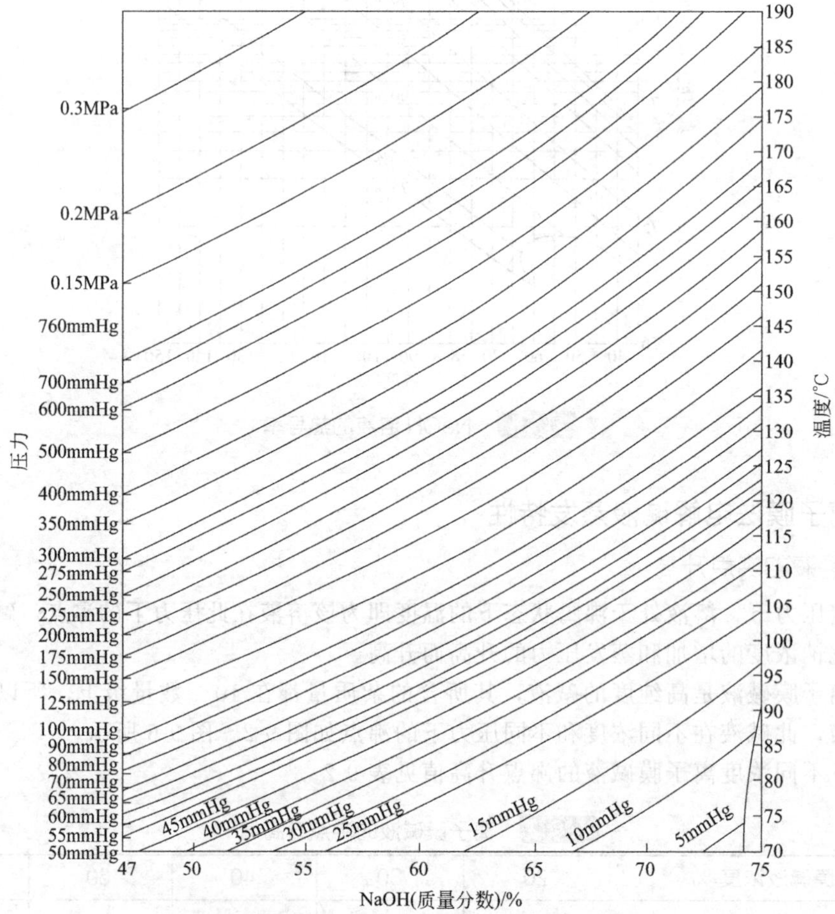

图 9-4 NaOH 浓度与蒸气压力的关系

（1mmHg=133.322Pa，余同）

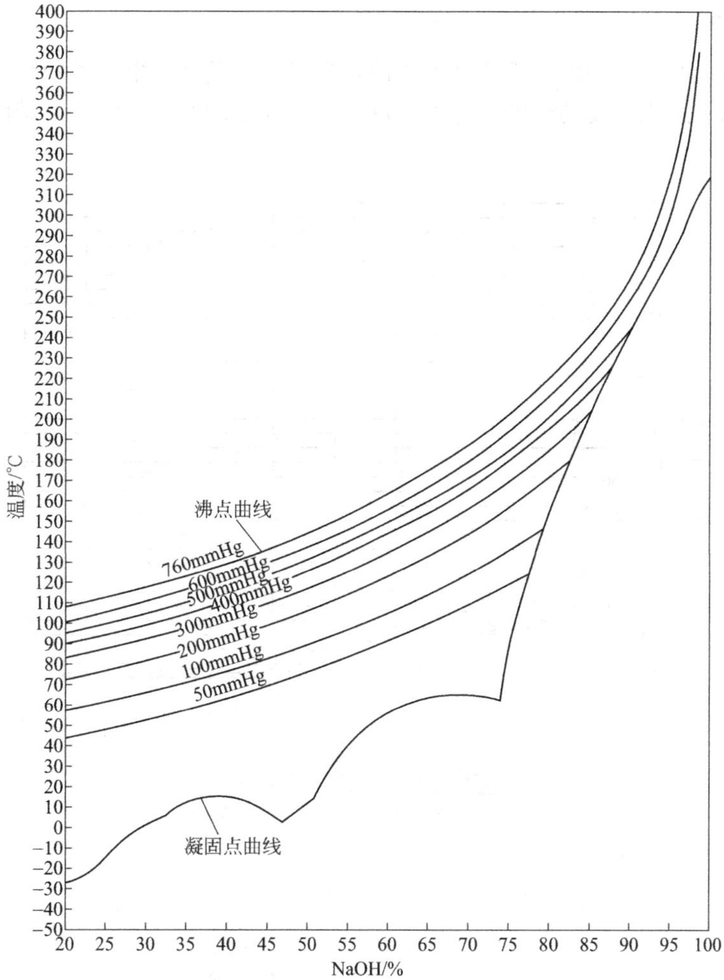

图 9-5 NaOH 的沸点、凝固点图

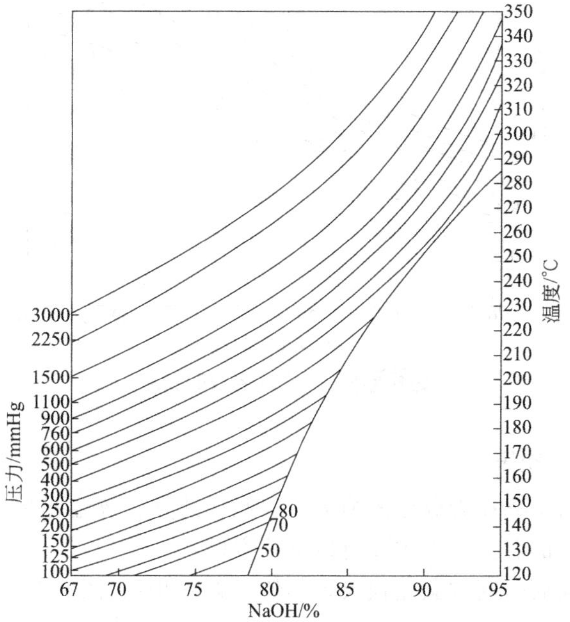

图 9-6 NaOH 的沸点、凝固点、曲线

9.1.2.2 碱液的黏度

衡量流体流动时产生的内摩擦特性大小的物理量称为黏度。电解液的浓度升高时，它的黏度也随之增加。一定浓度的碱液，它的黏度又随着温度的升高而降低，碱液的相对黏度见图 9-7～图 9-9。

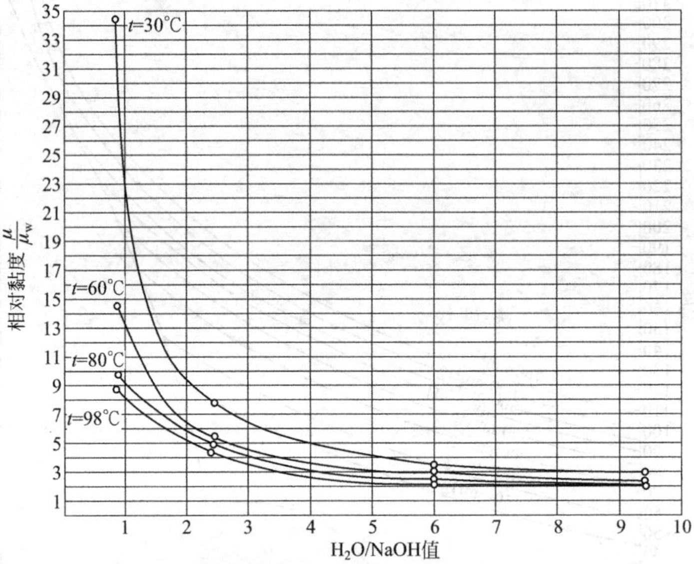

图 9-7 碱液的相对黏度
（μ，μ_W 分别为氢氧化钠，水的黏度）

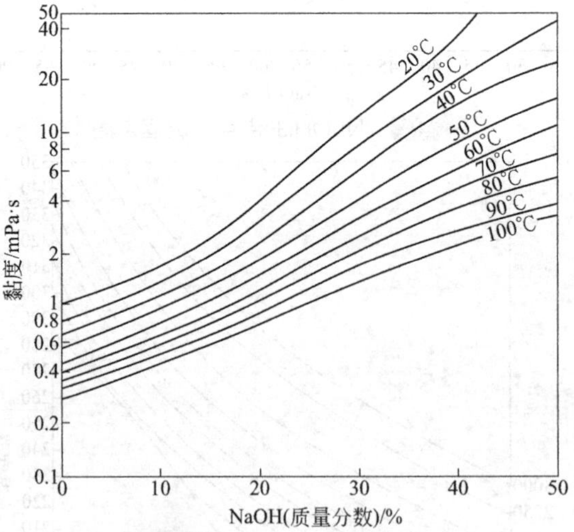

图 9-8 NaOH 溶液的黏度

9.1.2.3 蒸发过程的热损失

在蒸发过程中，由于存在着温差的损失，因此在计算有效温差时，必须用总的温差减去温差损失。蒸发过程中的温差损失主要有以下几方面：

（1）溶液沸点升高而引起的温差损失，其值可查图 9-2、图 9-3 或表 9-1，即：

$$\Delta_1 = t_{实} - t_{水}$$

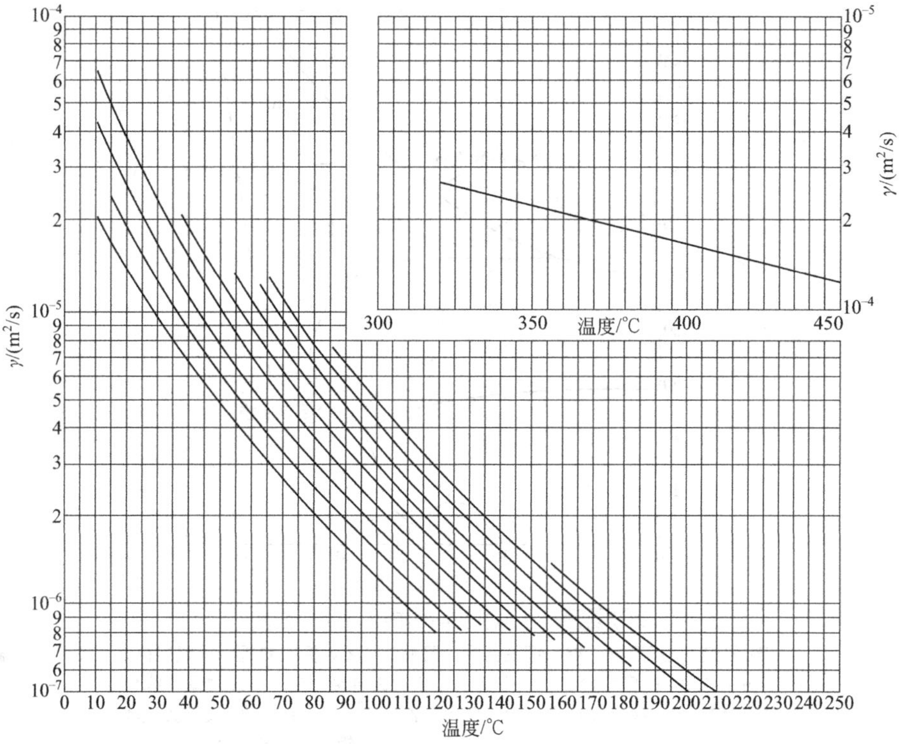

图 9-9 NaOH 的动力黏度

式中，Δ_1为溶液沸点升高而引起的温差损失。

（2）由液体静压引起的沸点升高。在升膜蒸发器内进行蒸发的过程中，由于需要维持一定液位，碱液在蒸发器底部进入加热室内受到的压力要比液面上的压力大，则就形成了由于静压引起的沸点升高值。由于实际情况比较复杂，一般选用经验值，$\Delta_2=2\sim3$℃（Δ_2为液体静压引起的温差损失）。

（3）流体阻力所引起的温差损失。在多效蒸发过程中，蒸汽在进入下一效系统过程时，由于流体阻力的原因使蒸汽压力下降，温度下降，形成温差，其温差损失一般为 0.5～1.5℃，设Δ_3为流体阻力所引起的温差损失。

所以，蒸发过程的总温差损失 $\Delta_{总}=\Delta_1+\Delta_2+\Delta_3$。

9.1.2.4 离子膜电解液蒸发的传热系数

离子膜电解槽所生产的碱液，由于其纯度高、杂质含量少，可近似视为烧碱水溶液的蒸发。因其与蒸发过程中没有结晶盐析出，可以采用膜式蒸发，蒸发传热系数要比隔膜碱液蒸发的传热系数高。

9.1.2.5 离子膜碱液的腐蚀性

虽然离子膜烧碱杂质含量较少，氯酸盐含量很低（一般在 5×10^{-5}以下），但由于烧碱本身的苛化腐蚀性质，因而对蒸发的设备及管道仍产生强烈的腐蚀，所以，对离子膜碱蒸发所用的材质，还是要有严格的要求（见图 9-10）。

在离子膜烧碱蒸发过程中，镍材是首选的材质。镍的设备及管道在蒸发系统中的使用寿命，一般都在 10 年以上，甚至有超过 20 年的报道。

其次建议采用 316L 不锈钢，即 00Cr17Ni14Mo$_2$，这种钢材也被广泛用于离子膜蒸发系

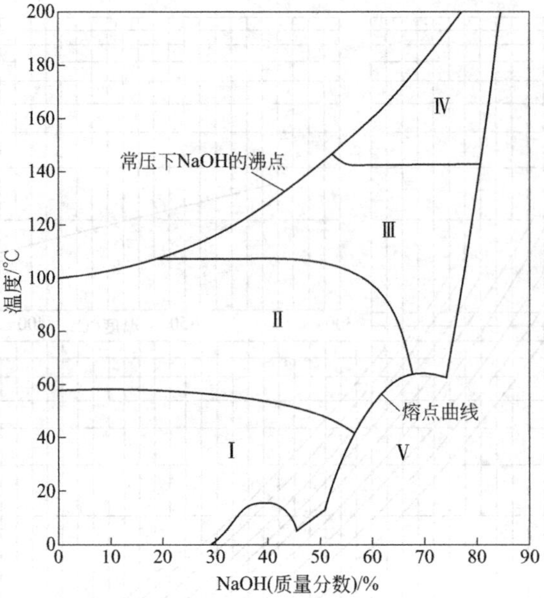

图 9-10 NaOH 生产用材质的选择图

Ⅰ—碳钢，铸铁，大部分塑料，不锈钢，镍，铜镍合金，蒙耐尔 400，橡胶衬里，环氧材料，聚乙烯，聚氯乙烯；
Ⅱ—镍，蒙耐尔 400，哈氏合金 B. C，不锈钢，铬镍铁合金，锆，橡胶衬里，镍合金，铬钢；
Ⅲ—镍，蒙耐尔合金，镍铬铁合金，哈氏合金；Ⅳ—镍，银，镍铸铁，超纯铁素体不锈钢；
Ⅴ—碳钢，不锈钢，蒙耐尔合金，镍，银，超纯铁不锈钢

统的设备及管道。

对于新型的耐碱材料——超纯铁素体不锈钢（含 26%～30%Cr，1%～5%Mo，C+N <1.5×10^{-4}的 Fe-Cr-Mo 钢），虽然这种钢对氯酸盐有较好的耐腐蚀性能，但由于其热导率小，(仅为镍材的 30%)，目前尚未被广泛推广。

9.1.2.6 离子膜法烧碱高纯度

离子膜法烧碱纯度高，杂质含量极少，一般烧碱中 NaOH 含量 30%～33%，NaCl 质量浓度在 30～50mg/L、$NaClO_3$质量浓度在 10～30mg/L，因此，在工业生产上可以把离子膜法烧碱看做是纯净的烧碱溶液。离子膜法烧碱纯净的特性为其蒸发创造了良好的条件。离子膜法烧碱的高纯性也可从表 9-3 的 GB/T 11199—2006 高纯氢氧化钠标准中看出。

表 9-3 高纯氢氧化钠标准(GB/T 11199—2006) 单位：%

项目		型号规格			
		HL			
		Ⅱ		Ⅲ	
		指 标			
		优等品	一等品	优等品	一等品
氢氧化钠(以 NaOH 计)的质量分数	≥	32.0		30.0	
碳酸钠(以 Na_2CO_3 计)的质量分数	≤	0.04	0.06	0.04	0.06
氯化钠(以 NaCl 计)的质量分数	≤	0.004	0.007	0.004	0.007
三氧化二铁(以 Fe_2O_3 计)的质量分数	≤	0.0003	0.0005	0.0003	0.0005

续表

项目		型号规格			
		HL			
		Ⅱ		Ⅲ	
		指 标			
		优等品	一等品	优等品	一等品
二氧化硅(以 SiO_2 计)的质量分数	≤	0.0015	0.003	0.0015	0.003
氯酸钠(以 $NaClO_3$ 计)的质量分数	≤	0.001	0.002	0.001	0.002
硫酸钠(以 $NaSO_4$ 计)的质量分数	≤	0.001	0.002	0.001	0.002
三氧化二铝(以 Al_2O_3 计)的质量分数	≤	0.0004	0.0006	0.0004	0.0006
氧化钙(以 CaO 计)的质量分数	≤	0.0001	0.0005	0.0001	0.0005

9.2 离子膜法碱液蒸发工艺

根据流体流动方向的不同，膜式蒸发又可分为升膜蒸发与降膜蒸发二种。尽管其给热形式与流型有所不同，但均利用膜式蒸发的原理进行换热蒸发。因其给热系数大，传热效率高，物料在传热管内蒸发速度快，停留时间短，物料不需循环加热，只需一次通过即能达到要求的浓度，并且物料在管内存留量小，当外界条件改变时，反应敏感。同时由于其结构简单，性能优越，便于大型化、连续化、自动化控制，故已被广泛应用。

9.2.1 升膜蒸发

9.2.1.1 升膜蒸发基本原理

升膜蒸发是通过升膜蒸发器来实现的。该设备由一束很长的镍管或通过板式蒸发器实现，料液由蒸发器的底部进入后向上流动。管外用蒸汽加热，碱液在管子中央出现蒸汽柱，由于蒸汽密度急剧变小，促使蒸汽上升速度加快，因此将料液拉曳成一层薄膜沿管壁上升，且继续蒸发，汽、液在顶部分离器内分离。浓缩后的料液由分离器底部排出，二次蒸汽由分离器顶部排出。高速蒸汽拉曳促使管壁液膜变薄，流速加快，减薄了滞流热边界层，创造了良好的传热条件。一般升膜蒸发器总传热系数在 600～6000W/（m^2·K）。根据流体在管内流动和受热的状况，料液在升膜蒸发器内基本上可分为六个区域，如图 9-11 所示。

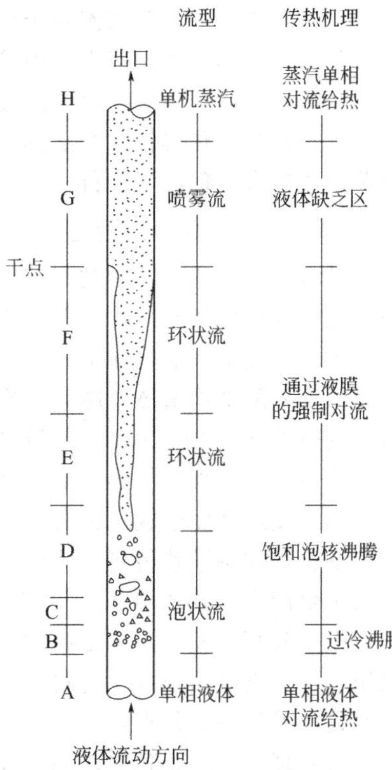

图 9-11 升膜蒸发原理示意图

（1）预热区。流体在未产生气泡前为单相液体对流给热，整个液体的温度在管内逐渐上升。这一区域称为流体的预热区（图 9-11 中 A 段）。

（2）表面沸腾（过冷沸腾）区。如果加热蒸汽所给壁面的温度足够高时，在液体尚未达到沸点以前，就可能在管壁表面上产生气泡而沸腾。这时气泡从壁面上脱离后，就通过气泡的表面传热放出汽化潜热，加热周围液体，而气泡本身在低温的液体内重新凝结消失。这一区域称为液体的表面沸腾区或过冷沸腾区（图 9-11 中 B 段）。

(3) 饱和泡核沸腾区。随着液体向上流动，管内中心部分的液体也逐渐达到沸点而沸腾，这时液体的沸腾称为饱和泡核沸腾。此时生成的气泡不再消失，气泡分散并悬浮于液相中。流体流动方式从单相的液体流动转化为气液两相的流动（图 9-11 中 C、D 段）。

表面沸腾和饱和泡核沸腾均为局部沸腾，气泡仍均匀地分布在液体中。在加热表面仍存在着过热的液流层，并不断地向液流中心输送气泡。这种液体的流动状态称为泡状流。

(4) 环状流区。气液两相在继续加热的情况下，由于密度较小的蒸汽的流速大于密度较大的液体的流速，因此气泡就慢慢地集中到加热管的中心，而液体则在管壁四周，于是形成了环状流。在环状流中，大部分液体继续留在贴近管子壁面的环状区中，小部分液体由于气流的夹带以滴状分散在中心区的气相中（图 9-11 中 E、F 段）。这时，由于形成的二次蒸汽的流速很高，将液体拉曳成一层薄膜，并迅速沿管壁爬行上升。故环状流中有一个高速的蒸汽中心和一个液体环，气液界面上由于受到高流速的中心蒸汽干扰，紊乱程度很强烈，使壁面的传热机理由泡状流的饱和泡核沸腾给热，转变为液膜的强制对流给热。因此给热系数很高，在液膜表面产生强烈蒸发，这种蒸发形式称为薄膜蒸发。在薄膜蒸发时，液膜内不再有气泡产生，热量主要通过液膜的导热和液膜表面的蒸发进行传递。

(5) 喷雾流区。流体在管内继续上升时，管壁的液膜变薄，在管子中心的高速流动的二次蒸汽会把壁面的液膜撕裂，并吹散成雾状而分散在蒸汽流中，此时流体的流动状态就称为喷雾流。在喷雾流中，雾滴和蒸汽相间存在，为液体缺乏区，但仍有雾滴存在。

在这阶段，管子壁面变干，因此又称为干壁区（图 9-11 中 G 段）。

(6) 单相蒸汽流区。如果喷雾流继续受热，雾滴不断蒸发，最后可成为过热蒸汽的单相对流给热（图 9-11 中 H 段）。

在喷雾流和单相蒸汽流两个区域，由于管壁变干，壁温将明显上升，同时给热系数将大大下降。如果热源不是蒸汽，而是电加热或其他高温热源，则有可能达到金属的熔化现象。因此，在实际生产中应控制碱液在 A～F 区域运行，采用蒸汽加热并控制温度在 140～150℃左右。同时为了获得较高的给热系数，改善传热状况，应尽可能扩大 E～F 区城。因此，升膜蒸发器通常在负压下运行。

9.2.1.2 工艺流程及控制指标

碱液在升膜蒸发器中被蒸汽加热后，经单程流过即达到规定的碱液浓度。由于流速快，碱液在管内停留时间短，所以在生产中必须规定有适宜的操作条件，才能保证生产的正常进行。由于升膜蒸发器是在负压下运行的，蒸发器内真空度越高，则碱液的沸点就越低，冷热流体温度差的平均值 Δt_m 越大，则传热效果就越好。因此，在实际生产中通常要求升膜蒸发器的真空度在 80kPa（600mmHg）以上。同时，提高加热蒸汽压力也能增大 Δt_m，但如果蒸汽压力过高，将使加热管上部出现“干壁区”，这样反而会降低传热系数 K 值，同时还会引起因浓度过高而造成出料管堵塞的现象。如果加热蒸汽压力过低，则液体进入管内的预热段将增长，这将导致传热量不够而使设备的生产能力下降。所以加热蒸汽压力大小要适中，在实际生产中一般选用 0.4～0.5MPa（表压）。

根据升膜蒸发器连续出料的特点，在生产中还必须保证相对稳定的操作条件，即加热蒸汽压力、真空度要稳定，物料的进料量、进料温度和浓度要稳定。为满足上述条件，在生产中要设法做到以下几点：

(1) 真空系统要独立，不宜和其他单元共用，否则会造成真空度不稳定而影响物料的沸点和蒸发水量；

(2) 要采用蒸汽减压或稳压装置，切忌加热蒸汽直接由蒸汽总管引入；

(3) 采用自控装置，使进料流量保持恒定。

9.2.1.3 主要生产设备

升膜蒸发器亦称竖式长管蒸发器（LTV）、热虹吸蒸发器。它的加热管长径比要求为 $L/D=100\sim300$，这是因为料液通过管后，一次即应达到要求，所以要求管长较长。二次蒸汽 20～30m/s，减压下为 80～200m/s，二次蒸汽在管内高速螺旋上升，将料液贴管内壁拉曳成薄膜状，薄膜料液上升必须克服重力与壁的摩擦力，因此不适于黏度大的液体，一般料液黏度小于5×10^{-2}Pa·s。这种类型的蒸发器适于热敏性物料，不适于有结晶析出或易结垢的物料。

升膜蒸发器一般为单流型（即一次通过即可完成浓缩）。对非热敏性物料，浓缩比要求大时，亦可设计成循环型。升膜蒸发器总传热系数为 600～6000W/（m^2·K），如图 9-12 所示。

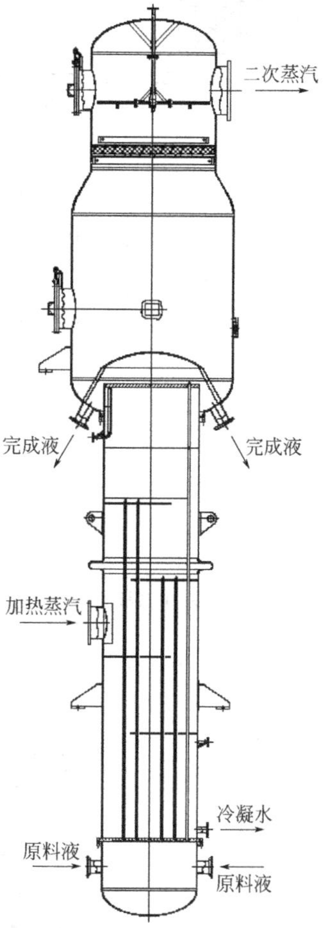

图 9-12 升膜蒸发器结构示意图

9.2.1.4 板式蒸发

板式蒸发采用板式蒸发器，是通过蒸汽加热作用来提高碱液的温度，使碱液中所含的水部分汽化，以提高碱液中烧碱浓度的物理过程，其实质是升膜蒸发的一种加热器形式。

物料从板间通过，并被蒸汽加热而蒸发。气液混合物从出口处排出，然后进入分离器，在分离器中将气液分离，从而获得浓缩物料和二次蒸汽。在多级蒸发中，浓缩的物料和二次蒸汽将进入下一级蒸发器，继续蒸发。

9.2.1.4.1 双效逆流工艺

双效逆流板式蒸发工艺流程：

(1) 碱液流程　如图 9-13 所示，来自制碱工序 32%烧碱进入Ⅱ效板式蒸发器 6，其流量由中控根据生产情况调节自控阀控制，物料在Ⅱ效板式蒸发器 6 内由下向上流动的过程中被蒸发，气液混合物沿切线方向进入Ⅱ效分离器 2，气体从分离器上部被分离出去，浓缩碱液从分离器底部出来，通过送料泵 13 经液位自控阀送到 1# 预热器 9 及 2# 预热器 8，分别与成品碱液和生蒸汽冷凝液进行换热后一并进入Ⅰ效板式蒸发器 5，经过Ⅰ效板式蒸发器 5 浓缩的气液混合物沿切线方向进入Ⅰ效分离器 1，气体由真空泵 11 从分离器顶部出去，浓缩碱液从分离器底部出来，通过产品泵 14 经液位自控阀进入 1# 预热器 9，进行热回收后再通过成品冷却器 10，冷却至 45℃以下送至高碱成品储槽。

(2) 蒸汽及冷凝液流程　如图 9-14 所示，新鲜蒸汽作为Ⅰ效板式蒸发器的加热介质，通过蒸汽调节阀进入Ⅰ效板式蒸发器，Ⅰ效板式蒸发产生的二次蒸汽作为Ⅱ效板式蒸发器的热源，Ⅱ效板式蒸发产生的气体在水表面冷凝器 1 中冷凝后进入冷凝液储罐 7 中。Ⅱ效板式蒸发器产生的冷凝液也进入冷凝液储罐 6 中。收集的冷凝液通过冷凝液泵 4 经液位自控阀被送至一次盐水供生产化盐用，此冷凝液罐也为各泵的密封冷却/夹套冷却提供循环水。蒸汽管道中冷凝液进入冷凝液储罐 6 进行回收，收集的冷凝液通过冷凝液泵 5 经液位自控阀被送

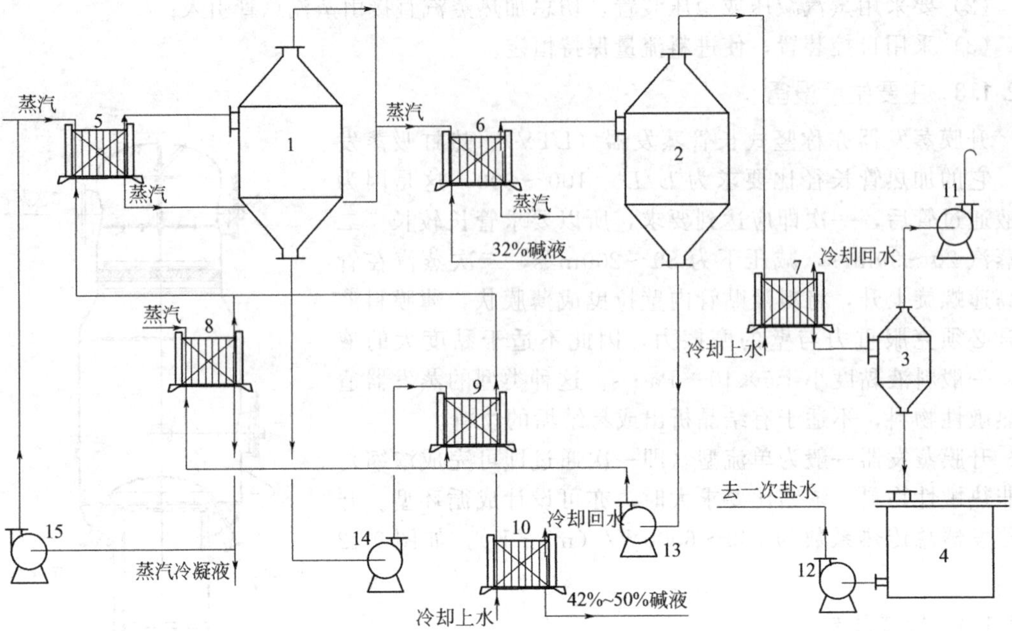

图 9-13 双效逆流板式升膜蒸发流程图

1—Ⅰ效分离器；2—Ⅱ效分离器；3—冷凝器；4—冷凝液储罐；5—Ⅰ效板式蒸发器；6—Ⅱ效板式蒸发器；7—水表面冷却器；8—2# 预热器；9—1# 预热器；10—成品冷却器；11—真空泵；12—冷凝液泵；13—送料泵；14—产品泵；15—减温计量泵

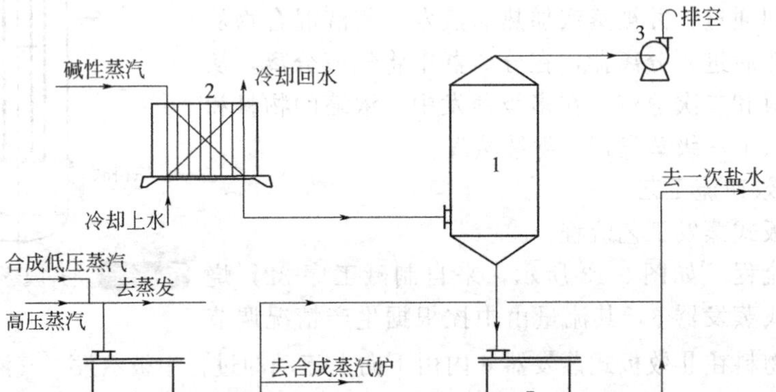

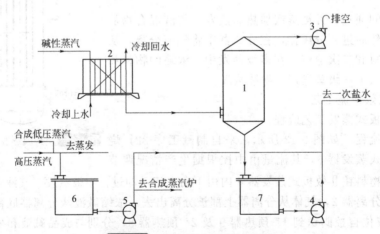

图 9-14 蒸汽及冷凝液流程简图

1—水表面冷凝器；2—碱性蒸汽冷却器；3—抽真空泵；4，5—冷凝液泵；6，7—冷凝液储罐

至一次盐水供生产化盐用；如使用高压蒸汽，Ⅰ效板式蒸发器产生的蒸汽冷凝液进入 2# 预热器进行热回收后，一部分被送至一次盐水或动力分厂供生产用，另一部分由减温计量泵送到生蒸汽管内，使过热生蒸汽成为饱和蒸汽，有利于系统运行稳定。

9.2.1.4.2 三效逆流工艺

(1) 碱液流程 来自离子膜电解 32%烧碱进入三效板式蒸发器，其流量由自控阀控制，物料在三效蒸发器内由下向上流动的过程中被蒸发，气液混合物沿切线方向进入三效分离器，气体从分离器上部被分离出去，浓缩碱液从分离器底部出来，通过送料泵经液位自控阀送到预热器，分别与蒸汽冷凝液和成品碱液进行换热后一并进入二效板式蒸发器，物料在二效蒸发器内由下向上流动的过程中被蒸发，气液混合物沿切线方向进入二效分离器，气体从分离器上部被分离出去，浓缩碱液从分离器底部出来，通过浓缩泵经液位自控阀送到预热器，分别与成品碱液和蒸汽冷凝液进行换热后一并进入一效板式蒸发器，经过一效浓缩的气液混合物沿切线方向进入一效分离器，气体从分离器顶部出去，浓缩碱液从分离器底部出来，通过产品泵进入预热器，进行热回收后再通过成品冷却器，冷却至40℃以下送至高碱成品储槽。一效分离器液位由自控阀控制，系统需要的真空度由真空泵控制，真空泵连接在板式冷凝器的出口以抽走不凝结气，见图9-15。

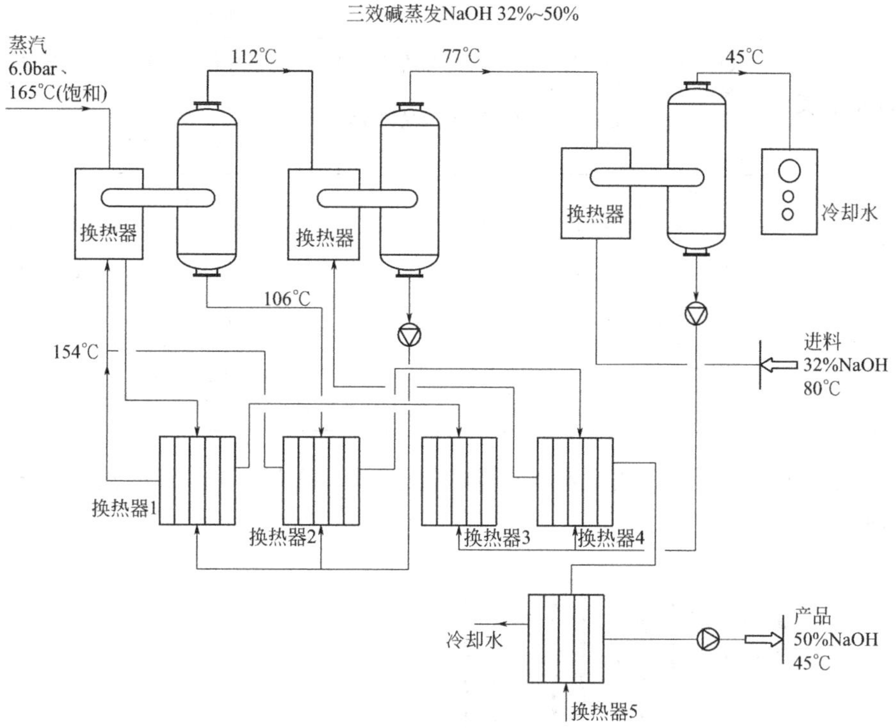

图9-15 三效逆流板式升膜蒸发流程图

(2) 蒸汽及冷凝水流程　0.8～1.0MPa的生蒸汽经过减压，作为一效蒸发器的加热介质，通过蒸汽调节阀进入一效蒸发器，一效蒸发产生的气体作为二效蒸发器的加热介质，蒸汽冷凝液经两个预热器、进行热回收后靠自身压差经自控阀送往一次盐水化盐储罐；二效蒸发产生的气体作为三效蒸发器的加热介质，蒸汽冷凝液经疏水阀进入三效蒸发器；三效蒸发产生的气体在板式冷凝器中冷凝后进入工艺蒸汽冷凝液罐中，三效蒸发器产生的冷凝液也进入工艺蒸汽冷凝液罐中。收集的冷凝液通过冷凝液泵经液位自控阀被送至一次盐水化盐储罐。

(3) 正常操作要点　正常操作情况下，需要连续观察及监控系统真空度、进出物料浓度、各效的温度和压力、各分离器液位、冷凝液疏水器运行状态及冷凝液罐的液位、32%碱液进料流量、蒸汽压力、各泵运行声音。

a. 严格控制进入一效的蒸汽压力，保证平稳而少波动。

b. 保持各气液分离器的液面在规定值内，做到稳定，不过高、过低或频繁大幅度波动。

c. 严格控制真空度，注意真空波动，及时查找原因并进行处理。

d. 定时进行巡回检查，包括检查泵的温度、轴承的润滑情况；测试蒸汽冷凝液 pH 值；检查各指示仪表的数据是否正常等。

(4) 故障处理　操作中的不正常现象的原因及处理方法见表 9-4。

表 9-4　三效板式蒸发装置不正常现象及原因分析表

不正常现象	原因	处理方法
真空度不够，温度太高	(1)循环水流量小； (2)系统漏气或物料中夹气	(1)提高循环水的流量； (2)检查下列位置并解决漏气问题：人孔、视镜、连结处/活结、法兰口、螺纹接口、管线及气相管、PHE 垫片、泵的填料函、泵的端盖垫片及机械密封，检查分离罐液位及温度
分离器液位升高	(1)冷凝液泵吸入管线空气泄漏，如法兰接口、机械密封、泵盖的垫片等； (2)泵的排放管线上控制阀或液位变送器故障； (3)板式蒸发器结垢	(1)检查并排除管线空气泄漏； (2)检查控制阀和液位变送器，排除故障； (3)停车清理板式蒸发器
蒸汽消耗增加	(1)真空度低； (2)一效分离器温度指示有误	(1)调整真空度； (2)检查一效分离器温度指示是否正确
真空泵效率下降	密封水的温度高、压力低	检查密封水的温度及压力是否正常
成品碱温度高	(1)冷却水入口温度太高； (2)冷却水流量偏小； (3)真空度低； (4)冷凝器液位高	(1)调整冷却水入口温度至合适范围内； (2)加大冷却水流量； (3)调整真空度； (4)调整冷凝器液位

三效逆流式升膜蒸发与管式降膜蒸发装置高度比较图见图 9-16，三效逆流式升膜蒸发装置示意图见图 9-17。

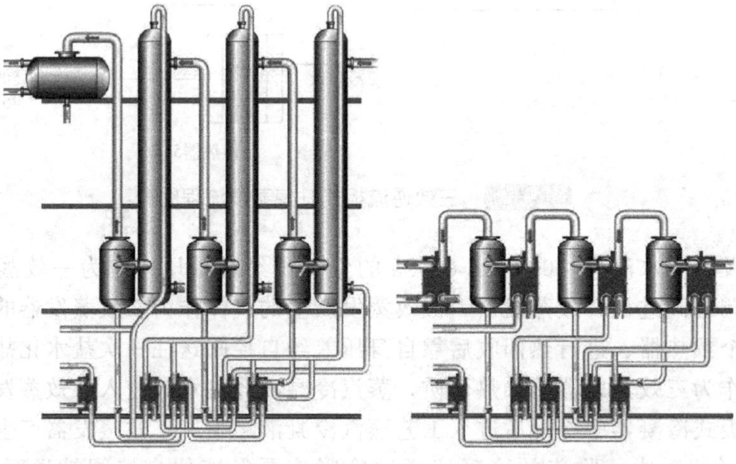

(a) 三效逆流板式升膜蒸发　　(b) 管式降膜蒸发

图 9-16　三效逆流板式升膜蒸发与管式降膜蒸发装置高度比较示意图

9.2.2 降膜蒸发

9.2.2.1 降膜蒸发基本原理

降膜蒸发是在降膜蒸发器内进行的。单流型降膜式蒸发器可由一束加热管组成，但更多的是采用单管式或用若干个单管式加热管组成，可根据不同规模配用不同规格的管子和管数。这种组合形式的蒸发器具有检修方便、制造成本低的特点。

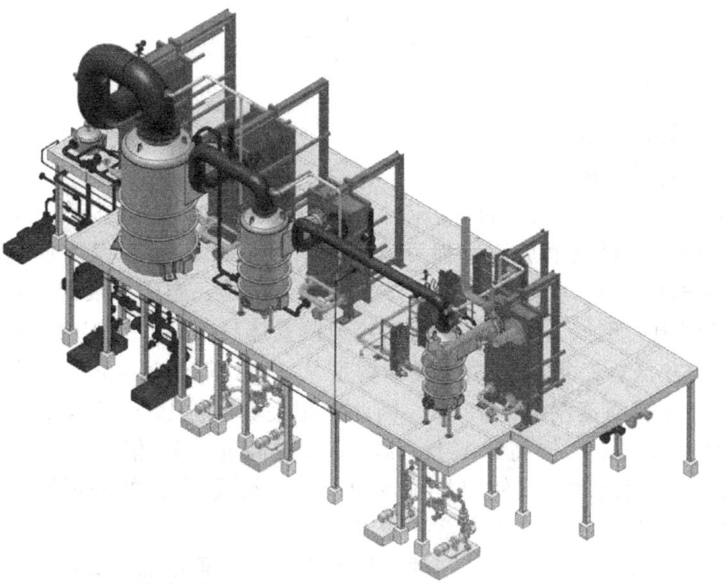

图 9-17 三效逆流板式升膜蒸发装置示意图

在运行时，料液由蒸发器的顶部经液体分配器均匀进入加热管内，沿管壁成膜状向下流动并与管外载热体进行对流换热。料液中的水分被蒸发，产生的二次蒸汽与被浓缩的物料一起向下流动，在底部流入气液分离器。浓缩后熔融状态的碱由分离器底部放出，二次蒸汽则从分离器顶部排空或回收利用。

进入降膜蒸发器的料液是在分配器的帮助下，利用本身重力作用，使料液沿垂直的管壁呈均匀的液膜向下流动。因此它能在较小的流量下，具有较高的给热系数。同时料液在蒸发过程中，在管内停留时间短、液层薄，加热介质与料液之间的温差得以有效利用，所以就能在较低温度下进行蒸发而制得固体烧碱。

在熔盐作载热体的降膜法制固碱的工艺中，降膜蒸发器是最主要的设备。提高降膜蒸发器的传热效率，就可以提高整个装置的生产能力。根据传热公式 $Q=KF\Delta t_{\mathrm{m}}$，提高传热系数 K 值、增加传热面积 F 和提高有效温差 Δt_{m}，均能增加传热量 Q 的值，也就能提高降膜蒸发器的生产能力。但是，凡是采用熔盐作载热体的，均无法使熔盐温度再升高，因为熔盐在 427℃以下比较稳定，超过 450℃就开始分解，而在 600℃以上则显著分解。因此一般使用温度均低于 540℃，最好能在 450℃左右。同时为使碱液一次通过降膜管即能获得成品，必须将碱的出口温度加热到 370℃以上。所以用提高 Δt_{m} 的方法使 Q 值增加，在降膜蒸发器上是有限的。另外，如果用增大传热面积的方法来增加 Q 值，在降膜蒸发工艺中也是比较困难的。因为增大传热面积的方法一般有两种：一是增加降膜管的根数，但它带来了在工业生产装置上如何合理分配熔盐和碱液的流量问题，如果分配不当，不但影响传热，而且还直接影响成品质量的稳定；二是采用较大口径的降膜管，但管径越大，成膜越困难。因为料液在较小管径内加热时，管内料液由于沸腾会造成液滴飞溅，但因管径较小，它又能很快地被对面的液膜所吸收而继续成膜下流。如果管径较大，则飞溅的液滴就要被二次蒸汽夹带而下，这样管壁就不能很好成膜而降低 K 值。因此，提高降膜蒸发器的传热量的最好方法是提高 K 值。其方法一是必须使降膜蒸发器的整个传热面上布满均匀下降的液膜，液膜越薄越均匀，其传热效果就越好，它与升膜蒸发器的环状流相似，此时的传热机理是强制对流沸腾传热，所以给热系数很大；二是设法提高熔盐对管壁的给热系数。熔盐对管壁的给热系数 a_1 可用下式表示：

$$a_1=\frac{AW^{0.8}}{d^{0.2}}$$

式中 A——常数；

W——流速，m/s；

d——管径，m。

从上式可知，当流体在圆管内作湍流时，a_1与流速的0.8次方成正比，与管径的0.2次方成反比。所以缩小管径或增加流速都可以增加给热系数a_1，但以增加流速更有效，这是强化传热的重要方法之一。实际生产中，熔盐泵的流量是一定的，要提高熔盐的流速，只能减小熔盐夹套的间隙。例如，某化工厂在用超纯铁素体高铬钢代替镍材制降膜管时，为避开高铬钢475℃的脆化区，必须将熔盐的操作温度从530℃降低到430℃，为了弥补平均温差Δt_m的下降，就必须提高蒸发器的K值。因此就把夹套间隙从12.5mm减小到5.5mm，这样熔盐的流速就从0.31m/s提高到1.1m/s，即a_1提高近2.75倍，结果仍能获得合格产品。此外，夹套内设法增加搅动，促使熔盐湍流加剧，也是提高a_1的一项措施。因此在降膜管的外壁往往冲压成凹凸形状，以改变熔盐的流动状态。

如上所述，要使降膜蒸发器有较好的传热效果，就必须使加热管的壁面上布满均匀下降的液膜。如果碱液进口分布不均，液膜走单边或流量过小，就不能将管内壁面覆盖，造成管壁上液膜中断或蒸干而出现“干壁”现象。另外碱液中夹带的杂质也容易析出黏附在管壁上形成污垢，影响传热效果。因此，碱液在降膜蒸发器内成膜很重要。影响碱液均匀成膜的主要因素有以下几点。

(1) 最小允许降液密度。碱液进入降膜管后，必须使碱液能分布成均匀的液膜下流。如果控制不当，进料流量降低到极限值时，液膜在向下流动过程中，随着液体中水分不断蒸发，向下流动的液膜就越来越薄，因此液膜很可能在加热管的下部破裂而出现干壁区，所以生产中必须控制好出口段的最小允许降液密度。

(2) 热流强度。由于载热体和碱液是逆向流动的，因此在蒸发器内的壁温及碱温始终是下部高于上部。当降液密度减小时，如果热负荷增大并超过极限热负荷时，在降膜管内会引起剧烈的鼓泡液膜沸腾，将表面的液膜吹散到管中心，被二次蒸汽带走，造成二次蒸汽带液现象。因此，在操作时必须适当控制热流强度，不能太大。

9.2.2.2 工艺流程及控制指标

(1) Ⅱ效降膜逆流蒸发。32%的NaOH溶液被加入第一级降膜蒸发器EV-1101，该蒸发器的物料侧为负压。碱液一次流过该蒸发器，浓度从32%提升至约38%。EV-1101是由来自EV-1301的二次蒸汽加热的。EV-1101物料侧产生的二次蒸汽通过二次蒸汽管D-1101被送到表面冷凝器C-7101中由冷却水间接冷凝。水环式真空泵P-7102将惰性气体抽走。38%的碱液通过碱泵P-1101从第一级降膜蒸发器的底部泄出并被送至换热器HE-1511（蒸汽）和换热器HE-1521。当NaOH流过这两台换热器后，碱液的温度被提高。38%的碱液一次流过第二级降膜蒸发器EV-1301，浓度被提升至50%，该蒸发器的物料侧为常压。该级蒸发器产生的二次蒸汽用来加热第一级蒸发器。第二级降膜蒸发器是由生蒸汽加热的。生蒸汽冷凝液和离开第二级蒸发器EV-1301的碱液用来预热NaOH溶液。50%的碱液通过碱泵P-1301从降膜蒸发器EV-1301的底部泄出并被送至换热器HE-1511和HE-1531。当流过水冷的换热器HE-1531后，产品的温度降至45℃。二次蒸汽冷凝液由收集罐T-7101收集，并由泵P-7101送出界区，它离开装置时的温度约为70～75℃。

瑞士Bertrams公司双效蒸发工艺流程如图9-18所示。

(2) Ⅲ效降膜逆流蒸发。浓度为32%的电解液送入Ⅲ效降膜蒸发器，与Ⅲ效碱泵送来

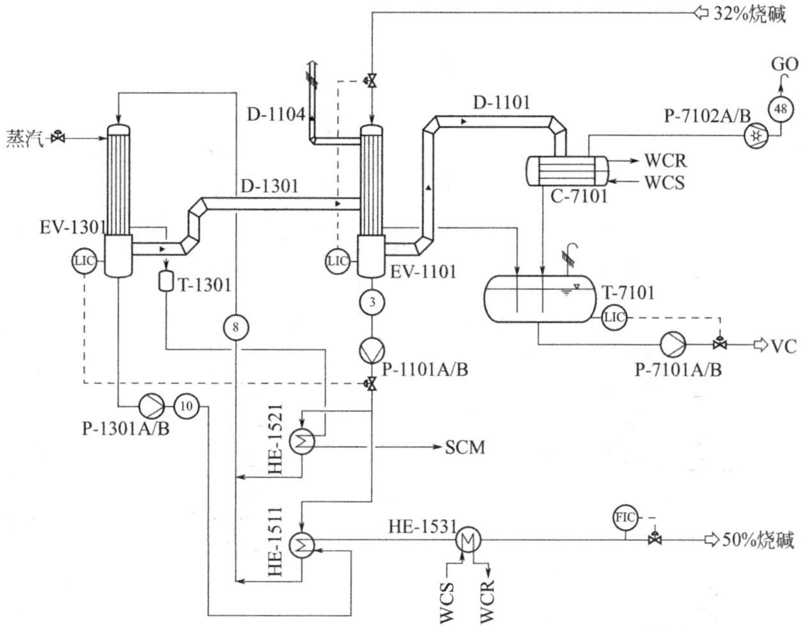

图 9-18 瑞士 Bertrams 公司双效蒸发工艺流程图

EV-1101—一级降膜蒸发器；EV-1301—二级降膜蒸发器；D-1301—一次蒸汽管；T-1301—蒸汽冷凝罐；D-1101—二次蒸汽管；P-7102—水环真空泵；P-1101—碱泵；HE-1511，HE-1521，HE-1531—换热器；T-7101—凝液收集罐；P-7101—凝液输送泵

的循环料液送入Ⅲ效降膜蒸发器顶部，碱液在降膜蒸发器管内由Ⅱ效蒸发分离罐送来的二次蒸汽加热，产生的二次蒸汽与碱液顺流而下，二次蒸汽经Ⅲ效蒸发分离罐分离后，送入真空系统和设备。在降膜蒸发器和蒸发分离罐分离的液体，由Ⅲ效碱泵吸入和送出，部分碱液串入Ⅱ效降膜蒸发器，大部分碱液送入Ⅲ效降膜蒸发器的顶部进行强制循环和蒸发。Ⅲ效蒸发和分离在真空条件下操作，Ⅲ效蒸发分离罐分离的二次蒸汽被真空系统抽入吸入前先用冷却器冷却气体。真空设备可采用液环式真空泵或蒸汽喷射泵产生真空。Ⅲ效碱泵送来的碱液经Ⅱ效预热器预热后送入Ⅱ效降膜蒸发器，与Ⅱ效碱泵送来的循环料液送入Ⅱ效降膜蒸发器的顶部。蒸发分离后的碱液经Ⅱ效碱泵送出，部分碱液串入Ⅰ效降膜蒸发器，大部分碱液送入Ⅱ效降膜蒸发器。Ⅱ效蒸发分离罐分离的二次蒸汽，供Ⅲ效降膜蒸发器加热和使用。同样碱液在Ⅰ效降膜蒸发器中进行蒸发和浓缩。Ⅰ效加热使用的蒸汽为生蒸汽，蒸汽冷凝后收集于冷凝水罐。冷凝水经Ⅰ效碱液预热器和Ⅱ效碱液预热器与串料的碱液换热，回收利用冷凝水的热量。在Ⅰ效碱泵送出的料液中，一部分为完成液碱，大部分碱液送入Ⅰ效降膜蒸发器。由于完成液碱温度较高，余热要进行利用和回收。经Ⅰ效碱液预热器和Ⅱ效碱液预热器换热后，再经成品碱冷却器进行最终冷却，控制碱液温度 40℃以下。瑞士 Bertrams 公司三效蒸发工艺流程见图 9-19，SET 公司三效加闪蒸蒸发工艺流程图如图 9-20 所示。

9.2.2.3 主要生产设备

蒸发器料液自顶部加入，因顶部有液体分布装置，故每根管都可以均匀地得到液体。二次蒸汽与浓缩液一般并流而下，因二次蒸汽作用，料液沿管壁呈膜状流动，液膜下流不需克服重力反而可利用重力，因而可以使黏度大的溶液蒸发。加热管长径比 $L/D=100\sim250$，总传热系数为 $1200\sim3400\mathrm{W/(m^2\cdot K)}$。这种蒸发器料液从上至下即可浓缩完成，若一次达不到浓缩指标，也可用泵将料液循环进行蒸发。

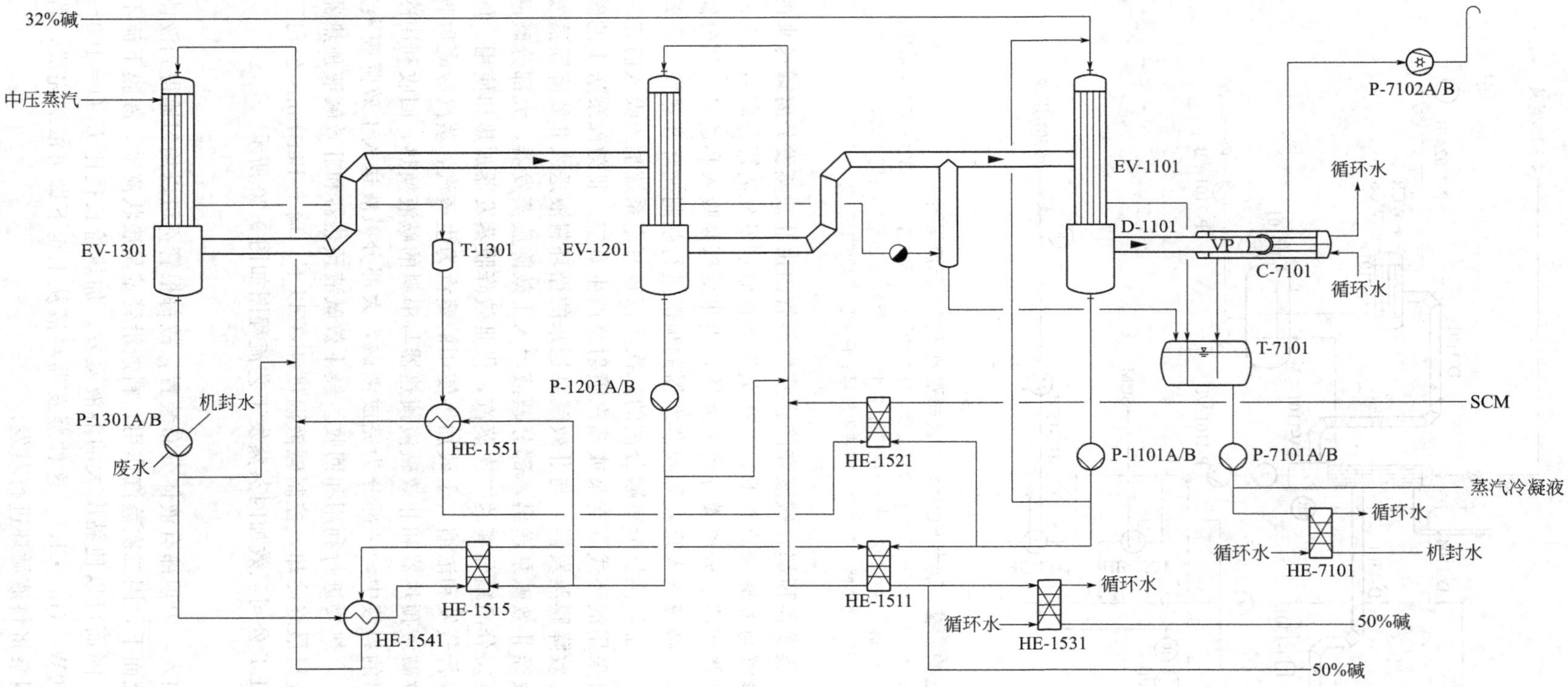

图 9-19 瑞士 Bertrams 公司三效蒸发工艺流程图

EV-1101—一效降膜式蒸发器；P-1101A/B—36%烧碱泵；EV-1201—二效降膜式蒸发器；P-1201A/B—2%烧碱泵；EV-1301—三效降膜式蒸发器；P-1301A/B—50%烧碱泵；T-1301—蒸汽冷凝罐；HE-1511—36%碱 1# 预热器；HE-1515—42%碱 1# 预热器；HE-1521—36%碱 2# 预热器；HE-1531—50%碱冷却器；HE-1541—42%碱 2# 冷却器；HE-1551—42%碱 3# 冷却器；C-7101—表面冷凝器；T-7101—凝液收集槽；P-7101A/B—凝液换热器；HE-7101—凝液换热器；P-7102A/B—水环真空泵

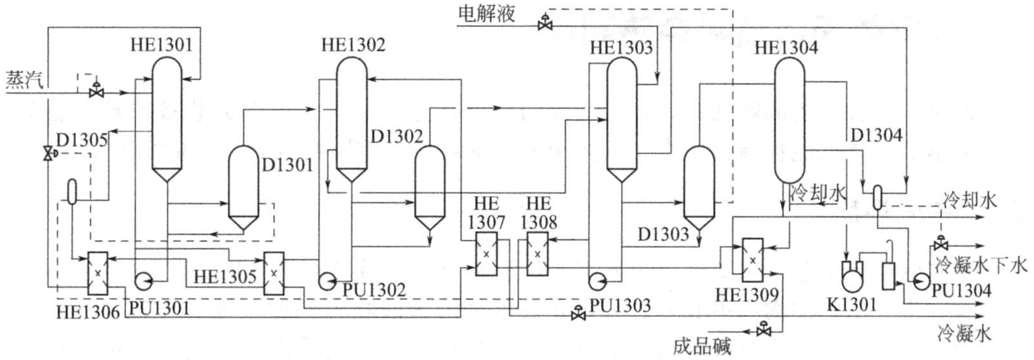

图 9-20 SET公司三效加闪蒸蒸发工艺流程图

HE1301—Ⅰ效蒸发器；HE1302—Ⅱ效蒸发器；HE1303—Ⅲ效蒸发器；HE1304—表面冷凝器；D1301—Ⅰ效分离罐；D1302—Ⅱ效分离罐；D1303—Ⅲ效分离罐；D1304—冷凝水槽；D1305—阻汽排水罐；HE1305—Ⅰ效一段预热器；HE1306—Ⅰ效二段预热器；HE1307—Ⅱ效二段预热器；HE1308—Ⅱ效一段预热器；HE1309—成品冷却器；K1301—真空泵；PU1301—Ⅰ效碱泵；PU1302—Ⅱ效碱泵；PU1303—Ⅲ效碱泵；PU1304—冷凝水泵

降膜蒸发器见图 9-21。

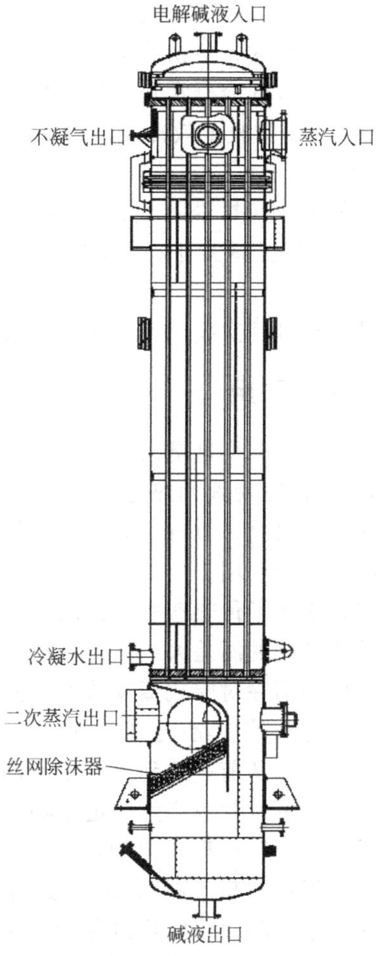

图 9-21 降膜蒸发器

9.3 蒸发效间换热和余热利用

节能是一项长期的战略任务，也是当前的紧迫任务。氯碱行业部分装备技术性能低下，生产工艺落后，导致能耗指标较高，总体用能效率低，严重制约氯碱行业持续快速发展。

9.3.1 中间换热

（1）双效逆流工艺。双效逆流蒸发工艺流程是目前氯碱行业中常见的离子膜法烧碱蒸发工艺流程，进入Ⅰ效的物料由Ⅱ效送来，Ⅱ效出来的碱液物料温度很低，为充分利用余热，节约能源，利用Ⅰ效的冷凝水及出料的热量加热物料。该工艺采用2台板式换热器并联，1台用于吸收冷凝水余热，1台用于吸收出料50%碱的余热。从Ⅱ效来的碱液分流经过2台热交换器，加热后一起进入Ⅰ效。

Ⅱ效出来烧碱的预热影响到系统的蒸汽消耗，需由2台并联的预热器进行预热，而不是串联。这样一来能使Ⅰ效冷凝液和成品碱的出口温度都接近Ⅱ效出来的烧碱的进口温度，进而使其能量尽量多地传递给39%的烧碱，达到最大的热能回收。

（2）三效逆流工艺。三效逆流蒸发是较为先进的碱浓缩工艺，三效逆流生产工艺充分利用热能，回收冷凝液和出效料液的热量，降低了成本。

进入Ⅰ效的物料由Ⅱ效送来，Ⅱ效的物料由Ⅲ效送来，Ⅲ效出来的碱液物料温度很低，为充分利用余热，节约能源，利用Ⅰ效的冷凝水及出料的热量加热物料。从Ⅱ效来的碱液分流经过2台并联的热交换器，1台用于吸收Ⅰ效冷凝水余热，1台用于吸收Ⅰ效出料成品碱的余热，加热后一起进入Ⅰ效。

Ⅲ效物料出口采用2台并联的板式换热器，1台用于吸收Ⅰ效冷凝水经Ⅱ效出口物料换热后的余热，1台用于吸收Ⅰ效出料成品碱经Ⅱ效出口物料换热后的余热，加热后一起进入Ⅱ效。

Ⅰ效冷凝水和Ⅰ效出料成品碱经过两次换热，其所带热量得到了最大限度的利用。

9.3.2 三效逆流工艺的蒸汽余热利用

逆流工艺能充分利用加热蒸汽的热量，这是由于逆流次级效蒸发器的碱液沸点较低（碱浓度低），可以利用前效加热器的蒸汽冷凝液预热进本效的碱液；并可使用前效产生的二次蒸汽用于次级效加热。这样增加了加热量，节省了原蒸汽的使用量。蒸汽冷凝水进入热水储罐用泵送出，按其水质和水温状况作为它用。

另外，逆流工艺增加了温差，增大了传热速率，提高了蒸汽的热利用率。由于排出的蒸汽冷凝液温度较顺流温度低，总体利用的温差大。

蒸汽，特别是二次蒸汽过热度的消除对膜式蒸发效率、换热器的使用寿命等影响比较明显。在离子膜烧碱蒸发过程中，不论双效顺流/逆流，还是三效逆流，由于下一效的正常操作压力低于前一效的压力，使二次蒸汽从前一效到下一效不同程度地产生约10℃的过热度，过热蒸汽在强制循环蒸发过程中只对蒸发效率产生一定影响，对设备的影响不是很大。在膜式蒸发器中，蒸汽加热的物料是以“膜”的形式出现，因此均化受热对成膜质量非常关键。过热蒸汽的存在，使同一加热室内形成“高温区”，碱膜受热不均，对换热管的腐蚀均化性产生很大的偏差，使局部易腐区过早泄漏而使换热器寿命下降。过热蒸汽会使装置的能力有所下降，汽耗上升。除此之外，末效的二次汽若在不去除过热的情况下进入表面冷凝器，使表面冷凝器的冷凝负荷严重加大，真空度达不到理想工艺值，真空泵进汽温度也会随之上升，又进一步影响不凝气体的足量抽出，制约真空度稳定与提升，进而影响装置能力的发挥，使汽耗上升。减温增湿装置可以有效地消除二次汽的过热现象，采用自动调节方式消除过热，可以克服手动调节随动性差的缺点，有利于提高生产的稳定性。

9.4 离子膜法固碱生产原理与特点

9.4.1 原理

将离子膜法制得的杂质含量、低热敏性高的32% NaOH或50% NaOH经过蒸发器蒸发制得高浓度、熔融态、液态NaOH的过程称为离子膜固碱蒸发。熔融碱经成型冷却成固态的过程，称为固碱成型。

离子膜固碱生产原理：根据氢氧化钠的溶解及沸点曲线（见图9-22），利用蒸发化工单元操作的生产原理进行离子膜液碱制固碱的生产。

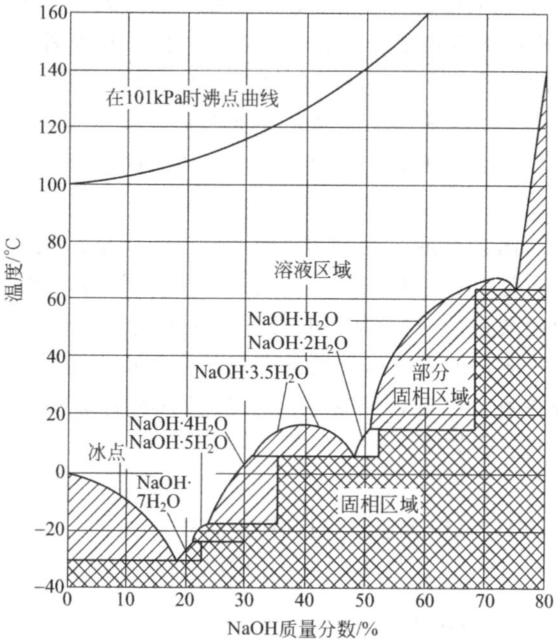

图9-22 氢氧化钠的溶解及沸点曲线

行业上根据固碱生产工艺选择的不同，生产原理有所变化，但具体来说主要采用大容器沸腾的蒸发原理及膜式蒸发的生产原理来进行，在后续的章节中做详细介绍。

9.4.2 离子膜固碱蒸发生产方法

在工业上，离子膜固体烧碱生产的主要方法有两种，即间歇法锅式蒸发和连续法膜式蒸发。锅式蒸发采用铸铁锅，直接用火加热蒸煮液碱，熬制固碱。这种方法工艺成熟，成品质量稳定，铸铁锅的维修工作量不大，因此被普遍采用，但此方法的缺点是工艺落后、耗能高、规模小且环保性能差。连续法膜式蒸发制固碱是采用膜式蒸发原理，将32%～50%的液碱先在升膜或降膜蒸发器内预浓缩到约60%，然后再经特殊结构的由多个独立浓缩单元的组合式降膜蒸发器浓缩制成熔融碱。这种工艺便于大型化、连续化及自动控制，且节能环保，因此是离子膜固碱生产的发展方向。

9.5 锅式蒸发固碱

9.5.1 锅式蒸发原理

（1）蒸发过程。间歇法锅式蒸发是采用特制铸铁锅直接用燃料加热熬煮脱去碱液中的水分，同时在熬煮的过程中加入氧化剂及还原剂去除杂质制得熔融碱的过程。整个生产过程分为两个阶段：第一阶段，液碱在预热锅内利用烟道气余热在常压下预热并蒸发脱去一部分水分；第二阶段，用燃料直接加热熬碱锅，对碱液进行持续加热，达到碱液的沸点后在常压下进行蒸发，脱去水分。随着碱液浓度的逐步升高，碱液温度及沸点也不断升高，在整个过程中需要持续供给充足的热量，使碱液始终处于沸腾状态，从而缩短熬制时间，直至将碱液中所含的水分完全脱去，达到需要的纯度，成为熔融的液态氢氧化钠。同时，随着碱液温度及浓度的不断提升，高温浓碱对铁制的熬制锅造成了一定的腐蚀，而且碱液中所含的氯酸盐也随着温度升高不断分解，加剧了对熬制锅的腐蚀程度，使得熬制锅中所含的铁、锰离子等发生了氧化还原反应。在不同的温度下，氧化、还原离子的价位及种类不同，导致碱液颜色发生不同的变化。为了去除杂质离子，使得到纯净的白色氢氧化钠结晶产品，在熬制过程中需要加入一定量的氧化剂硝酸钠和还原剂硫黄，使其与杂质离子反应，生成沉淀；然后再经降温，沉降、沉淀于锅底，上部熔融碱经处理包装即得成品固碱。整个过程既有物理过程又有化学过程。

（2）去除主要杂质的化学反应（也称其为调色）。在间歇法锅式蒸发熬制固碱过程中，主要影响碱液颜色的杂质是铁、锰离子等，为了得到容易沉淀而颗粒较大的三价铁及四价锰，在实际生产中采用硝酸钠氧化，然后用硫还原的工艺（在行业上一般称为调色过程），即在熬制开始时加入硝酸钠，加入量一般按折百烧碱一次加入量总质量0.5%加入，它既能使铁锅表面钝化，缓解并减少腐蚀，又能使溶于碱液中的金属离子氧化。在整个生产过程中，去除杂质的化学反应过程如下：

a. 除铁反应

$$Fe+2H_2O \xlongequal{} Fe(OH)_2\text{(棕黄色)}+H_2\text{(铁锅腐蚀)}$$

$$\left.\begin{aligned}&10Fe(OH)_2\text{(棕黄色)}+2NaNO_3+6H_2O \xlongequal{} 10Fe(OH)_3\text{(棕红色)}+2NaOH+N_2\\&2Fe(OH)_3 \xlongequal{\text{脱水}} Fe_2O_3+3H_2O\end{aligned}\right\}\text{(熬制过程)}$$

$$\left.\begin{aligned}&6NaOH+4S \xlongequal{} 2Na_2S+Na_2S_2O_3+3H_2O\\&8Fe(OH)_3+9Na_2S \xlongequal{} 8FeS+4H_2O+Na_2SO_4+16NaOH\end{aligned}\right\}\text{(加硫过程)}$$

b. 除锰反应

$$Na_2S+4Na_2MnO_4+4H_2O \xlongequal{} Na_2SO_4+8NaOH+4MnO_2$$

$$Na_2S_2O_3+4Na_2MnO_4+3H_2O \xlongequal{} 2Na_2SO_4+6NaOH+4MnO_2$$

在加硫调色的过程中，首先要控制好温度，一般调色都在420～440℃进行。如果温度过高，则硫黄达到沸点（444.6℃），易挥发而增加硫黄的消耗。一般加硫量是加入硝酸钠量的1/3，若加硫过量（熔融碱呈粉红色），可再加硝酸钠进行反调，其反应为：

$$5Na_2S+4MnO_2+4H_2O \xlongequal{} 4MnS\text{(粉红色)}+Na_2SO_4+8NaOH$$

$$2NaNO_3+MnS \xlongequal{} MnO_2+N_2+Na_2SO_4$$

若加硫不足，则溶液呈蓝色，这是铁酸钠（Na_2FeO_4）所呈颜色，此时需要补加硫黄，直至碱液呈白色为止。

整个调色过程各种氧化剂和还原剂的加入量是个经验值，主要根据液碱中杂质含量来定。

9.5.2 工艺流程

离子膜碱由碱泵送至碱液预热器，经初步预热后进入 1# 熬碱锅加热，保持碱液温度 140～150℃。当碱液浓度达到 60%后，送（由液下泵）至下一熬碱锅（2# 熬碱锅）。碱在 2# 熬碱锅内继续加热，保持碱液温度 250～260℃。碱浓度达到 70%后，再进入下一熬碱锅（3# 熬碱锅）。碱在 3# 熬碱锅内继续加热，保持碱液温度 460～460℃，加入适量硝酸钠以防腐蚀，碱浓度达到 99%后，送入 4# 锅（俗称边锅）。在 4# 熬碱锅中加入适量硫黄进行调色，静置约 2～3h 后，再进入片碱机，经制片后进行包装，得到合格产品。

当碱温逐步上升达到沸点时，碱液中的水分不断蒸发逸出。逸出的水蒸气经排气筒直接排至室外。由于水分的不断蒸发，在熬制过程中需不断补加一定量预热后的碱液，以维持锅内液面稳定。

间歇法锅式蒸发生产片碱的生产工艺简单，投资相对小，适合于小规模生产。生产中供热（燃烧）的原料主要有煤、重油、氢气、天然气或利用其他余热（尾气）。

(1) 以氢气（天然气）为原料的供热（燃烧）。用氢气（天然气）作燃料时，由氢气（天然气）站送来的氢气经氢气（天然气）阻火器和氢气（天然气）水封，直接送至炉膛内环形喷头喷出燃烧。这种供热（燃烧）方法适用于有富余氢气或天然气资源丰富的地方。

(2) 以重油为原料的供热（燃烧）。用重油或原油作燃料时，重油由油储罐经油过滤器用油泵输送，并通过油预热器预热后，直接在炉膛内经喷嘴喷出燃烧。喷嘴有用蒸气雾化与机械送风等设施。这种供热（燃烧）方法目前成本较高。

(3) 以煤为原料的供热（燃烧）。以煤为原料的供热（燃烧）工艺，目前有煤直接燃烧和煤气发生炉法。煤直接燃烧投资低、工艺简单、操作方便、对煤质要求低，生产中主要存在环保问题，直燃后的烟气直接排放，不符合环保要求。煤气发生炉法提高了供热效率，煤燃烧充分，可以大大降低能源消耗，与直接燃煤相比，可降低消耗 20%～30%，烟气排放符合标准 GB 9079—1988，废渣排放采用湿式出渣，无污染。

(4) 以余热（尾气）为原料的供热（燃烧）。该加热方式是循环利用已有生产或装置中产生的富余热能，目前比较常用的方式是利用生产焦炭中产生的废气加热熬制固碱。该工艺可实现能源利用，比较符合循环经济的要求，相比其他方式节能、环保、效益高。

9.5.3 工艺操作条件

主要工艺控制指标：

(1) 原料碱液的成分离子膜碱液中 NaOH 的浓度为 32%、45%、50%均可；

(2) 预热锅温度 130～180℃；

(3) 分解及补液温度 230～280℃，反应期升温速率 10～15℃/h；

(4) 止火温度 450～460℃；

(5) 止火沉降时间>12h；

(6) 固碱桶包装温度 340～355℃；

(7) 燃氢喷嘴压力 400～500Pa；

(8) 燃油压力 0.2～0.3MPa；

(9) 油预热温度 70～80℃；

(10) 雾化蒸汽压力 0.2～0.3MPa；

（11）片碱装袋温度<60℃。

大锅熬制离子膜固碱工艺流程见图 9-23。

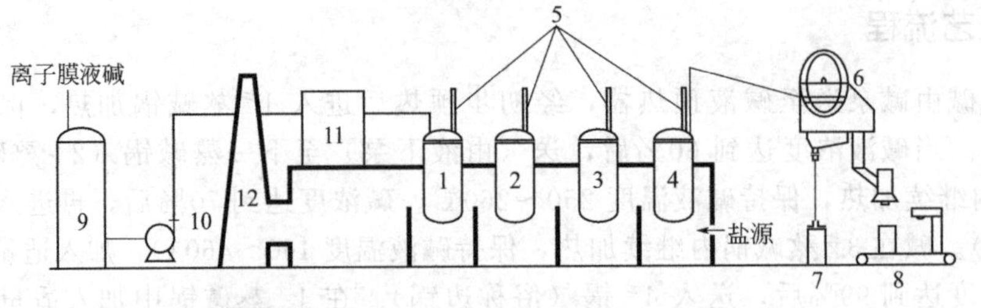

图 9-23 大锅熬制离子膜固碱工艺流程图

1—1# 制碱锅；2—2# 制碱锅；3—3# 制碱锅；4—4# 制碱锅；5—二次气相放空；6—片碱机；7—溢流桶；8—包装机；9—离子膜碱储槽；10—离心泵；11—液碱预热器；12—烟囱

9.5.4 主要消耗定额

主要消耗定额（以吨碱为单位计）见表 9-5。

表 9-5 大锅熬制固碱主要消耗额(50%碱为原料)

项目	耗用量
燃油/kg	160～180
动力电/kW·h	2～4
蒸汽/t	0.3～0.5

9.5.5 正常操作及故障处理

9.5.5.1 正常操作

（1）在点火前，应先加入定量的硝酸钠。

（2）严格按照升温曲线进行操作，尤其是在 230～280℃阶段，此时补液和分解反应同时剧烈地进行，一般控制升温速率不大于 12℃/h。

（3）严格控制止火温度在 450～460℃。

（4）调色操作的温度一般在 420～440℃，一次性加入硫，避免反复调色，在加硫前先取小样试验。

（5）控制出锅温度在 350～360℃。

（6）出锅前先放入液下泵，并打出少量浓酸以清洗管道。

（7）出锅后，应加入热水，多次清洗锅底碱渣。

（8）定期进行转锅，防火局部过热，延长使用寿命。一般三个月转锅一次。

（9）严格控制燃油预热温度，注意观察炉膛火焰燃烧情况，调节油量和蒸气雾化配比，防止冒黑烟。

（10）在燃氢时应严格点火操作，先点着火棒，然后使软管点着火焰后再插入喷嘴，严禁直接向炉内排氢点火（在喷嘴上点火）。首次点火应先分析氢气纯度。

（11）定期进行巡回检查，按时进行岗位记录。

9.5.5.2 故障原因及处理

常见的故障原因及处理方法见表 9-6。

表9-6 锅式固碱常见的故障原因及处理方法

故障及异常现象	原因分析	处理方法	故障及异常现象	原因分析	处理方法
液下泵抽不上液或量小	(1)电机反转；(2)泵轮腐蚀严重	(1)找电工处理；(2)换泵	包装时桶内起火	桶内有油	去除油分(擦干)
加液后锅碱呈淡红色或棕红色	洗锅不干净	(1)多向锅里加硝酸钠；(2)提高止火温度	桶内碱液四溅并大量冒汽	桶内有水	检查空桶(擦干)
反应期泡沫大,有跑锅危险	(1)升温太快；(2)原料液氯酸盐含量大	(1)减慢温升,停止补料；(2)必要时加入化学除泡剂	桶焊缝漏碱	弧焊不严	(1)小漏用水浇桶；(2)大漏立即停止装碱,放入回收池
烟囱冒黑烟	油气比例不当	(1)调小油量；(2)调大气压	轧盖不严	(1)桶盖周围有碱结晶；(2)桶盖、桶口配合不好；(3)压紧小轮磨损	(1)清除干净；(2)换桶盖或修理；(3)换小轮
氢气爆炸	(1)氢气纯度不合格；(2)氢气和空气混合物在爆炸范围内	(1)按规定分析合格后再点火；(2)控制阀门；(3)不要在炉内点火	产品碳酸钠含量高	(1)锅台上冒黑烟,锅盖不严；(2)碱液放置时间长；(3)后锅锅边挂碱多	(1)堵好锅圈,扣严锅盖；(2)适时倒锅、清锅；(3)清洗后锅
火焰闪动,有爆鸣声	氢气中含水多	查原因、清除积水			

9.6 连续降膜浓缩固碱

双效降膜浓缩固碱系统是规模以上普遍采用的工艺流程，其中以瑞士博特（Bertrams）公司的工艺最为典型。

9.6.1 生产原理

降膜蒸发是在降膜蒸发器内进行的。单流型降膜式蒸发器可由一束加热管组成，但更多的是采用单管式或用若干个单管式加热管组成，可根据不同规模配用不同规格的管子和管数。这种组合形式的蒸发器具有检修方便、制造成本低的特点。在运行时，料液由蒸发器的顶部经液体分配器均匀进入加热管内，沿管壁成膜状向下流动并与管外载热体进行对流换热。料液中的水分被蒸发，产生的二次蒸汽与被浓缩的物料一起向下流动，在底部流入气液分离器。浓缩后熔融状态的碱由分离器底部放出，二次蒸汽则从分离器顶部排空或回收利用。

进入降膜蒸发器的料液是在分配器的帮助下，利用本身重力作用，使料液沿垂直的管壁呈均匀的液膜向下流动。因此它能在较小的流量下，具有较高的给热系数。同时料液在蒸发过程中，在管内停留时间短、液层薄，加热介质与料液之间的温差得以有效利用。所以就能在较低温度下进行蒸发而制得固体烧碱。

在降膜蒸发中，只有在降膜管内部整个传热面布满了均匀的下降液膜，才能进行有效的传热。液膜越薄越均匀，传热效果越好。降膜蒸发通过下降液膜进行强制的对流沸腾传热，因此，传热系数很高。

装置由以下几部分组成：①以熔盐为热源的最终浓缩器，单管式结构；②熔融碱分配器；③熔盐加热系统，以天然气为燃料；④特种设计的制片机，将高浓度的 NaOH 熔体加工成低温的片碱；⑤半自动电子式包装秤，将易吸潮的 NaOH 片碱装入 25kg 的敞口袋；⑥装置匹配的仪表和控制系统，以保证装置自动运行。

其特点有：单管式降膜浓缩，高效低粉尘式制片机，高效熔盐炉，节省能源，技术成熟可靠。

9.6.2 工艺流程

博特双效降膜浓缩系统是指将 50% NaOH 浓缩至含量约为 97%～99%的熔融碱的生产过程，工艺流程如图 9-24 所示。

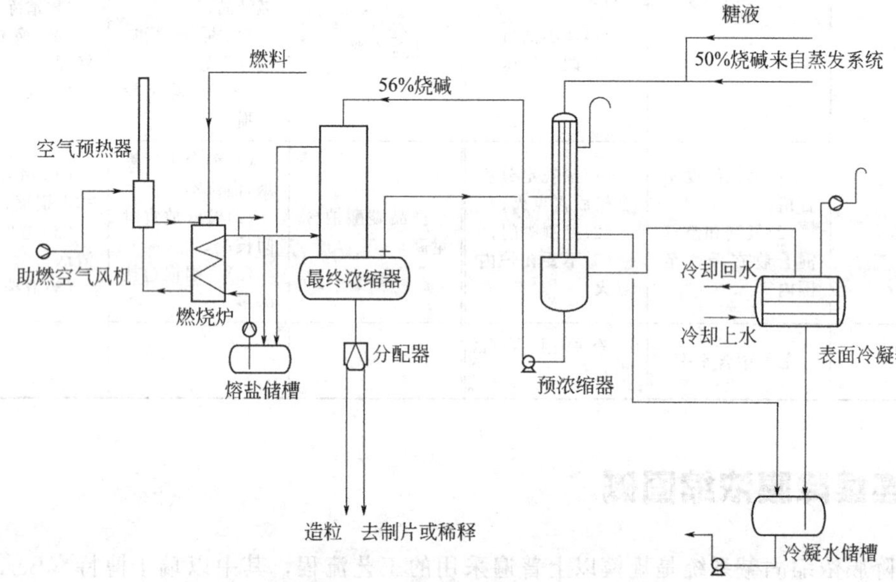

图 9-24 博特双效降膜浓缩工艺流程图

博特双效降膜蒸发系统由以下部分组成：

(1) 一个二次蒸汽加热的预浓缩器；

(2) 一个熔盐加热的最终浓缩器；

(3) 辅助系统，如蒸汽系统、糖液配制罐等。

50%的烧碱溶液通过输送泵被送到工作压力约 87mbar（绝压）的降膜蒸发器（预浓缩器），在蒸发器内经过单程蒸发，碱液由 50%被浓缩到大约 56%，生成的水蒸气（汽）在表面冷凝器内冷凝成液态。

从冷凝器以及降膜蒸发器来的蒸汽冷凝液被收集到储槽并通过泵送出界区。

从蒸发器出来的 56%的碱液经过泵送到特殊设计的最终浓缩器。在蒸发器内经过单程蒸发，56%碱液脱水被浓缩到大约 97%～99%。最终浓缩器的操作压力为常压，生成的蒸汽被用作预浓缩器的加热源。

浓缩器出来的熔融碱进入分配器，再进入到制片或造粒工序。

在固碱生产中，高温浓碱对镍设备有一定的腐蚀性，腐蚀的原因主要是碱液中所含氯酸盐在250℃以上时会逐步分解，并放出新生态氧与镍发生反应，生成氧化镍层。氧化镍易溶于碱中被带走，从而导致镍制设备和管道的腐蚀。为了避免这种腐蚀的发生，通常在50%碱液中加入一定量的5%蔗糖溶液，以除去氯酸盐，其反应机理如下：

$$C_{12}H_{22}O_{11}+8NaClO_3 = 8NaCl+12CO_2+11H_2O$$

$$2NaOH+CO_2 = Na_2CO_3+H_2O$$

9.6.3 主要工艺控制指标

原料液碱的控制指标：

NaOH	50%
Na_2CO_3	<0.035mg/L
NaCl	<0.08mg/L
Fe_2O_3	<0.006mg/L
温度	<50℃
预浓缩器操作压力（绝压）	87mbar
最终浓缩器操作压力	常压
蒸发二效烧碱浓度控制	≥56%
最终浓缩器熔融碱温度控制	≥380℃
熔盐出燃烧炉温度控制	405～425℃

9.6.4 常见故障处理

连续法固碱装置常见故障见表9-7。

表9-7 连续法固碱装置常见故障

故障及异常现象	原因分析	处理方法
56%碱液浓度降低	(1)预浓缩器降膜管发生泄漏； (2)预浓缩器温度控制问题或真空度降低	(1)停车检查； (2)检查工艺控制系统
熔融碱纯度降低	(1)熔盐泵能力不足； (2)最终浓缩器降膜管腐蚀，熔盐泄漏	(1)停车，检查熔盐泵； (2)停车，检查降膜管
燃烧炉熄火	(1)燃料压力过低或过高； (2)炉前管线、滤网堵塞，炉头堵塞	(1)迅速重启，并将负荷降到最低，压力调到正常； (2)停车，疏通管路，清洗滤网，检查炉头
系统电源故障	外电网故障	(1)咨询调度系统，停车； (2)立刻将熔盐系统旁路打开
熔盐发生泄漏或故障	熔盐泵或熔盐管道破裂	(1)轻微泄漏时及时抢修； (2)严重泄漏时按长期停车处理
冷凝水pH值过高	(1)蒸发器液位过高； (2)蒸发器丝网除沫器脱落损坏； (3)蒸发器内漏	(1)液位调至正常； (2)停车更换、修复丝网除沫器； (3)停车更换效体
中压蒸汽中断	(1)供汽单位原因； (2)管路泄漏	(1)咨询调度； (2)停车处理
糖液中断	(1)糖液计量泵故障； (2)糖液罐空	(1)4h内解决时正常生产，超过4h按临时停车处理； (2)配糖液

续表

故障及异常现象	原因分析	处理方法
仪表气源故障	供气单位原因	(1)咨询调度； (2)按临时停车处理
氮气中断	(1)咨询调度； (2)供气单位原因	(1)2天内解决，正常生产； (2)超过2天，按长期停车处理

9.7 闪蒸浓缩

9.7.1 生产原理

9.7.1.1 亨利定律

该定律是物理化学的基本定律之一，是英国的 W. 亨利在 1803 年研究气体在液体中的溶解度规律时发现的，可表述为："在一定温度下，某种气体在溶液中的浓度与液面上该气体的平衡压力成正比。"实验表明，只有当气体在液体中的溶解度不是很高时该定律才是正确的，此时的气体实际上是稀溶液中的挥发性溶质，气体压力则是溶质的蒸气压。所以亨利定律还可表述为：在一定温度下，稀溶液中溶质的蒸气分压与溶液浓度成正比。

$$p_B = kx_B$$

式中，p_B 是稀薄溶液中溶质的蒸气分压；x_B 是溶质的摩尔分数；k 是亨利常数，其值与温度、压力以及溶质和溶剂的本性有关。由于在稀薄溶液中蒸气分压与该溶质的各种浓度成正比，所以上式中的 x_B 还可以是 m_B（质量摩尔浓度）或 c_B（物质的量浓度）等，此时的 k 值将随之变化。只有溶质在气相中和液相中的分子状态相同时，亨利定律才能适用。若溶质分子在溶液中有离解、缔合等，则上式中的 x_B（或 m_B、c_B 等）应是指与气相中分子状态相同的那一部分的含量；在总压力不大时，若多种气体同时溶于同一个液体中，亨利定律可分别适用于其中的任一种气体；一般来说，溶液越稀，亨利定律越准确，在 $x_B \to 0$ 时溶质能严格服从定律。

根据亨利定律，不同温度与分压下气相溶质在液相溶剂中的溶解度不同。当溶剂压力降低时，溶剂中的溶质就会迅速地解吸而自动放出，形成闪蒸。闪蒸的能量由溶剂本身提供，故闪蒸过程中溶剂温度有所下降。从较高的压力到较低的一定压力，达到解吸平衡时解吸的溶质量是一定的，对应溶剂中剩余的溶质量也是一定的。所以闪蒸的控制目标只有一个，那就是闪蒸的压力。

9.7.1.2 博特闪蒸浓缩的原理

博特闪蒸浓缩利用在饱和状态下，98%熔融碱蒸气温度与压力的一一对应关系，当压力降低时，熔融碱中的蒸气由非饱和状态转化为饱和或过饱和状态，此时就有一部分熔融碱中的液体水吸收热量从熔融碱中蒸发出来变成气态，剩余物质变成较高浓度的熔融碱饱和液体。

9.7.2 工艺流程

在博特的粒碱工艺中，为了顺利完成造粒工序、进一步降低热能消耗，熔融碱被冷却至非常接近高浓度烧碱的凝固温度，且浓度被浓缩到大约 99.3%（质量分数）。

通过安装在熔融碱储槽后、工作在高真空状态下的闪蒸器，可以实现闪蒸，产生超高浓度熔融碱。由浓缩碱产生的蒸汽在表面冷凝器及真空泵内冷却为液态。

闪蒸系统由闪蒸器、表面冷凝器、水环真空泵等组成。

从最终浓缩器出来的熔融碱，经分配器进入中部设置有隔离板的熔融碱储槽有两根升膜管的一侧，闪蒸器与熔融碱储槽通过两根升膜管和一根降膜管连通，闪蒸器在真空状态下运行，表面冷凝器冷却水为10℃水。随闪蒸器中压力逐渐降低，熔融碱沿升膜管上升，沸点降低，熔融碱开始沸腾，汽化的二次蒸汽以很高的流速将碱液拽拉成一层薄膜并通向闪蒸器。经过闪蒸的熔融碱质量分数由98%提升至约99.5%，密度增大、温度降低后从降膜管回落至熔融碱储槽的另一侧。

闪蒸器二次蒸汽温度反映了烧碱的蒸发情况，温度越高则蒸发量越大，温度越低则蒸发量越小。通过控制闪蒸器的真空度，即可控制蒸发程度。

经过浓缩后的熔融碱经过融碱泵送至造粒单元。固碱闪蒸流程见图9-25。

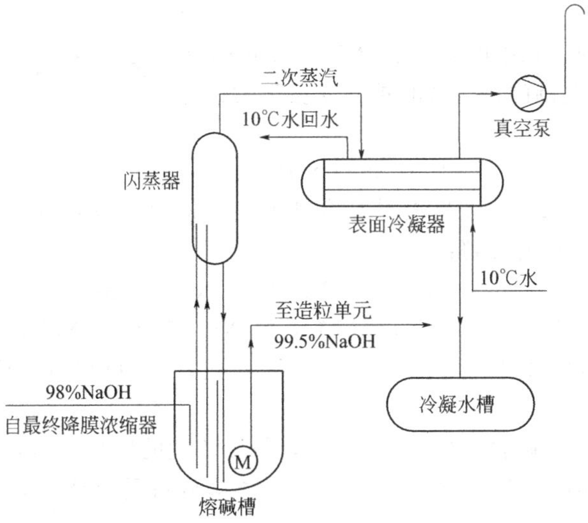

图9-25 固碱闪蒸流程图

主要工艺控制指标：

进碱浓度	>98%
进碱温度	>380℃
出碱浓度	>99%
出碱温度	>360℃
温度控制	>360℃
熔融碱储槽液位控制	50%～80%
闪蒸器真空度控制	−85～−82kPa

9.8 载热熔盐和燃料

9.8.1 载热熔盐

9.8.1.1 概述

在连续法膜式蒸发制固碱的工艺中，最终浓缩器的热载体通常采用熔盐（HTS）。它是由53%（质量分数）硝酸钾、40%（质量分数）亚硝酸钠、7%（质量分数）硝酸钠三种化学纯硝酸盐混合而成的热载体，这种熔融的碱金属硝酸盐混合物具有均热性、导热性和流动性等优点，且化学性质稳定、不可燃、无腐蚀性、熔点较低，因此在工业上被普遍作为热载体使用。

9.8.1.2 物理化学特性

(1) 相关物化参数。HTS的平均分子量89.2；熔融热为76.986kJ/kg (18.4kcal/kg)；HTS的密度在150～530℃范围内为$\gamma_H=1972-0.745(t-150℃)(kg/m^3)$。

在固态时，熔盐的比热容为1.34kJ/(kg·℃)，在175～530℃内呈液态时的比热容为1.42kJ/(kg·℃)。

熔盐的热焓 $I=[78+0.34(t-142)]\times 4.184$ (kJ/kg)

液体熔盐的热导率$\lambda=0.23-0.47$ [W/(m·K)]，并随温度的升高而下降。

在250℃以上的热导率可按下式计算：

$$\lambda=\lambda_0\left(1-0.15\times\frac{t-250}{100}\right)$$

当温度为250℃时，式中的$\lambda_0=0.426W/(m\cdot K)$。

在148～520℃的范围内，熔盐的黏度μ按下式计算：

$$\frac{\mu}{\lg 0.2955\times 10^{-4}}=\frac{363}{t-53}$$

HTS的熔点为142.2℃，温度的升高会加速熔盐的分解以及容器材料的反应。熔盐的分解反应主要是亚硝酸钠的分解：

$$5NaNO_2 = 3NaNO_3+Na_2O+N_2$$

单纯盐的分解温度依次为：KNO_3 550℃，$NaNO_3$ 535℃，$NaNO_2$ 430℃，而混合盐的热稳定性则优于单纯盐。HTS在427℃以下非常稳定，可使用多年而不变质，并且对碳钢或不锈钢的腐蚀较轻。

(2) 杂质允许范围。硫含量最大0.025%，较高浓度的硫与镍制元件接触，会形成危险的硫化镍。氯含量最高0.1%，含量过高会使不锈钢材料受拉伸应力产生裂纹，造成腐蚀危险。

(3) 稳定性。熔盐在450℃以下时，性质非常稳定，可用多年不变质。温度达到450℃以上开始有缓慢的分解，亚硝酸钠开始分解生成硝酸钠，由此产生氧化钠，并释放出氮。到550℃以上分解速度加快，600℃以上则明显分解，同时熔点升高，颜色由透明的琥珀色转变成棕黑色。

为了防止和减少熔盐中亚硝酸钠的分解，我们在系统运行时要注意控制以下两点：①熔盐的温度尽可能控制在427℃以下；②熔盐槽用氮气密封，同时还要防止熔盐炉超负荷运行，并确保传热盐的额定流量。

(4) 与氧反应。在熔盐中，亚硝酸钠由于与氧接触氧化成硝酸钠，从而导致熔盐熔点的升高。

(5) 与其他化合物的化学反应。熔盐接触金属时反应如下：

铜和银易被熔盐腐蚀，因此，不能用它们来做运输和取样容器。

由于铁能夺取硝酸盐中的氧，因此熔盐在高于500℃时，与低碳钢开始反应产生氧气，温度越高，发生腐蚀的速度越快，从而破坏设备及管道。另外当硝酸钾过热时，其与铁或铸铁产生激烈的放热反应，有引起爆炸的危险。因而，应小心避免在450℃以上的温度时，使熔盐与低碳钢接触。

纯镍和各种无渣合金即使在高于600℃时与熔盐也不会发生反应，对这种材料熔盐的腐蚀速度非常慢。

与有机物的反应：由于熔盐是一种强氧化剂，当与有机物混合粉末，如纸、木头、褐煤、焦炭等有机物接触时，有机物可能会发生剧烈的燃烧或爆炸。所以在操作时，必须避免熔盐和这些物质的接触。

(6) 碳化的影响（Na_2CO_3）。当熔盐与CO_2接触时，部分会形成Na_2CO_3，如果充氮气时夹杂了CO_2，这种情形就会发生，碳化会增加熔盐的熔点。Na_2CO_3浓度最大不超过0.2%。若浓度增加，则要求熔盐部分或全部更新。

(7) 与NaOH接触。在正常条件下，不允许系统有烧碱泄漏进入，但是在实践中，不能完全排斥这个可能性，万一有破损，烧碱将污染熔盐。

NaOH对熔盐的影响类似于碳化作用中的使熔点增加，NaOH的最大含量为2%，如果高于此浓度，类似于$NaNO_3$，需要相应更换熔盐。

9.8.2 燃料

9.8.2.1 燃料的选择

在降膜浓缩制碱工艺中，熔盐的热量主要依靠熔盐加热炉加热来获得。

熔盐加热炉主要由一个无间隙燃烧炉体和燃烧器组成。根据燃料的种类，燃烧器有燃气燃烧器、燃油燃烧器及汽油混合燃烧器。近几年由于我国燃煤成本低廉，固体燃煤炉也随之出现。

燃气的选择由各个企业根据现场实际情况和资源情况选择，目前行业上普遍采用的燃料有重油、煤气、柴油、氢气、天然气及液化石油气等。对于氢气富裕量大的企业，推荐选择氢气或氢气燃油混合的燃料方式；有石油裂解的企业，推荐使用重油或天然气；有煤化工的企业，推荐使用煤气或天然气。总之，各企业应根据自身情况，选择节能环保的燃料体系。

另外随着国家对能源的有效控制，燃料的选择随着企业的发展变得更加尖锐，因此改变初选燃料方式也成为企业节能降耗的一种思路，改变燃料方式就必然对原有燃烧器及燃烧炉进行改造，一般来说，当燃料选择热值变化不大时，只需对燃烧器进行相应的改造，但当燃料热值变化大时，就需要重新对原有熔盐炉进行能力核算。

在博特双效降膜浓缩工艺中，生产1t碱（100%）需消耗热量890000kcal（1kcal＝4.1840J，余同），根据此数据，生产中消耗各种燃料量见表9-8。

表9-8 各种燃料消耗量表

序号	燃料名称	低热值	吨碱消耗量
1	液化石油气	12000kcal/kg	74kg
2	天然气	8600kcal/m^3	103m^3
3	焦炉煤气	4000kcal/m^3	222.5m^3
4	重油	10000kcal/kg	89kg
5	氢气	34000kcal/kg	26kg

9.8.2.2 利用富氧空气提高燃料利用率

氯碱企业在采用变压吸附制氮的工艺过程中，会产生纯度为70%的富氧空气，大多数企业都没有对这部分富氧空气进行利用，普遍的做法是直接排放。国内部分企业把这部分富氧空气收集到富氧空气柜，经风机输送至固碱工序熔盐系统的助燃空气风机入口，用其代替或部分代替助燃空气。因其含氧量远远高于空气，一方面可以减少工艺配送风量，减少动力消耗；另一方面，也可以使燃料充分燃烧，增强燃料的利用效率，取得了较好的经济效益。

此工艺方案中，富氧空气的供应量及压力要保持稳定，否则将导致助燃空气中含氧量发生变化，燃料燃烧不充分，造成燃料的浪费和供热量不足。

9.8.2.3 烟道气制备碳酸钠

固碱生产时，燃料燃烧后产生了大量的烟道气，其中二氧化碳含量很高。用烧碱将烟道气中的二氧化碳吸收，生成碳酸钠溶液，减少了二氧化碳的排放。产生的碳酸钠供一次盐水精制使用，形成了一个小的内部循环经济模式。

(1) 生产原理。固碱生产中，燃烧炉产生的烟道气用抽风机抽取，经洗涤塔洗去其他杂质，再与稀氢氧化钠溶液发生反应，生成12%碳酸钠溶液供一次盐水精制工序使用，化学反应过程如下：

$$NaOH + CO_2 \longrightarrow NaHCO_3$$

$$NaHCO_3 + NaOH \longrightarrow Na_2CO_3 + H_2O$$

以上反应都是放热反应，在生产过程中会产生一定量的热量，因此，需移去反应热。

吸收液中要有一定的氢氧化钠过碱量，避免过度反应，保证产品中不含碳酸氢根。

(2) 生产过程。燃烧炉产生的烟道气，经尾气烟囱外排时部分烟道气经风机抽至制碳酸钠工序，喷水降温后进入洗涤塔洗去粉尘及硫化物等杂质，再经压缩机送入吸收塔与预先配好的稀氢氧化钠溶液逆流接触反应，尾气放空。当循环液中 Na_2CO_3 达到 10%～12%，NaOH 达到 20～30g/L 时即为成品，并立即更换循环槽，成品纯碱液经泵打入成品储槽，供盐水精制使用。

9.8.3 载热盐工作原理

载热盐系统包括以下组成部分：

① 一个装备有沉浸式盐泵的熔盐储槽；

② 一个顶部装备有燃烧器的强制对流的熔盐加热炉；

③ 一个助燃空气预热器和烟道气烟囱。

由熔盐转移的热能必须能够将 NaOH 由 57%浓缩到 99.3%。

载热熔盐由泵从熔盐槽循环，通过由燃料燃烧强制加热的燃烧炉，在燃烧炉内熔盐被加热至大约 430℃。在燃烧炉内热能以热辐射（燃烧炉内心部分）和热传导（燃烧炉外部）的形式转移到熔盐。离开燃烧炉后熔盐循环至最终浓缩器底部的收集器，在那里熔盐被均匀分配至各独立的浓缩器单元。在浓缩器各单元，熔盐与烧碱逆向对流。在最终浓缩器进行热交换后冷却的熔盐在重力作用下由出口处回流至熔盐槽。

助燃空气风机送风至燃烧器，预热的助燃空气与燃料燃烧。助燃空气在助燃空气预热器内被烟道气加热，然后烟道气通过烟道气烟囱排放到大气中。

蒸汽伴管用来预热所有的熔盐循环管道。熔盐槽被安装在装置最低位置处，目的是万一停车，所有的熔盐都能自由返回到熔盐槽。熔盐槽要用氮气密封，用来防止熔盐被大气中的氧气分解。

熔融碱管、熔盐罐及最终浓缩器均装有高压蒸汽伴管，这样可以使整个盐系统在开车循环前的温度高于熔盐的熔点。加热器本身通过燃烧炉火焰预热，一旦盐开始循环，加热到操作温度，所有蒸汽伴管必须关闭并放气，以避免加热蒸汽在内部产生高压。

当整个盐管路系统与熔盐一样预热至 180℃，盐泵开始工作，盐进行循环，进一步加热，使用燃烧炉最小工作能力，由温控器程序控制以每小时 30℃的速度逐渐升温至 400℃。这样可以防止温度的波动，保证设备初始所要求的细致操作。

如果盐循环停车较长时间，最终浓缩器比盐罐中熔盐冷却得快。为防止再开车时的波动，熔盐必须进行冷却。此冷却是经盐加热器和旁路进行的封闭循环。盐加热器用燃气风机进行冷却。当盐与最终浓缩器的温差小于 30℃时，进入最终浓缩器的盐重新开始循环，温度也可以加热至运行温度。

9.8.4 载热盐性能曲线

各种组分盐的混合物的熔点如图 9-26 所示。例如，只有两组分的 F 点，连线到三组分的 A 点，熔点下降很多。熔盐热导率与温度的关系如图 9-27 所示。熔盐的密度与温度的关系如图 9-28 所示。熔盐黏度与温度的关系如图 9-29 所示。熔盐的热焓与温度的关系如图 9-30所示。

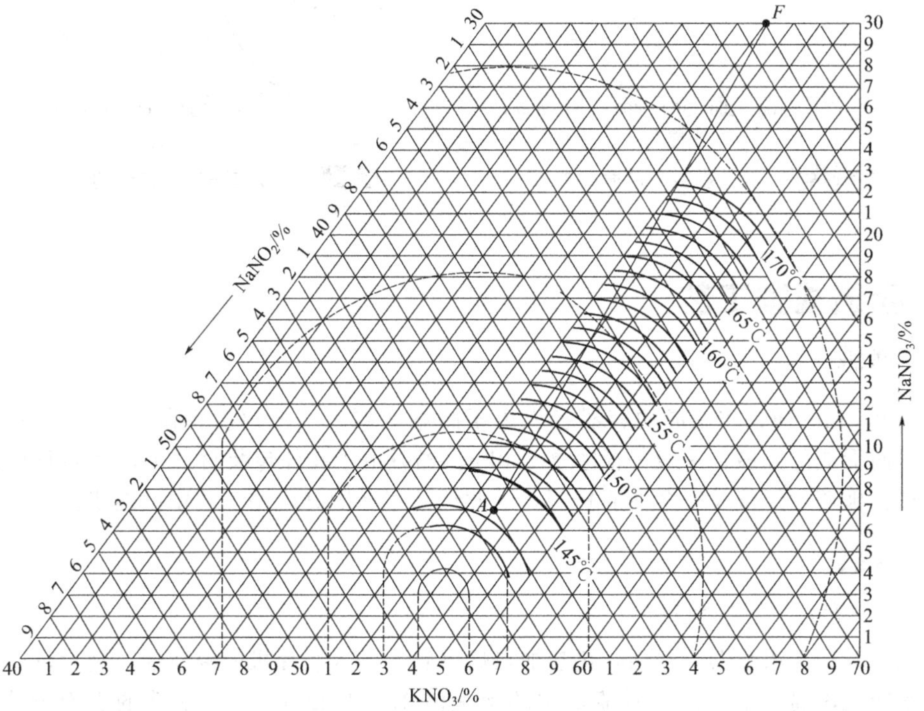

图 9-26 各种组分盐的混合物的熔点

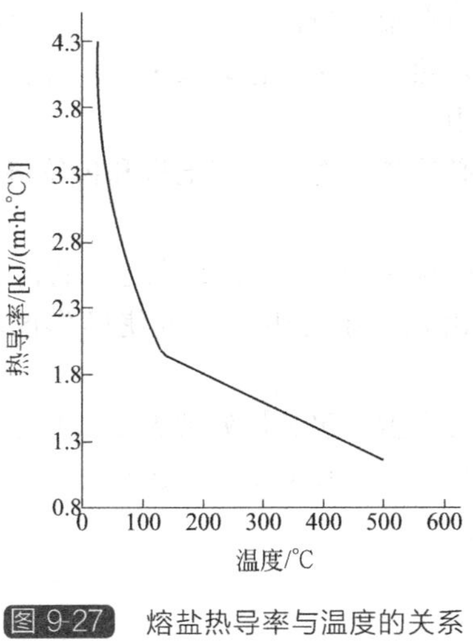

图 9-27 熔盐热导率与温度的关系

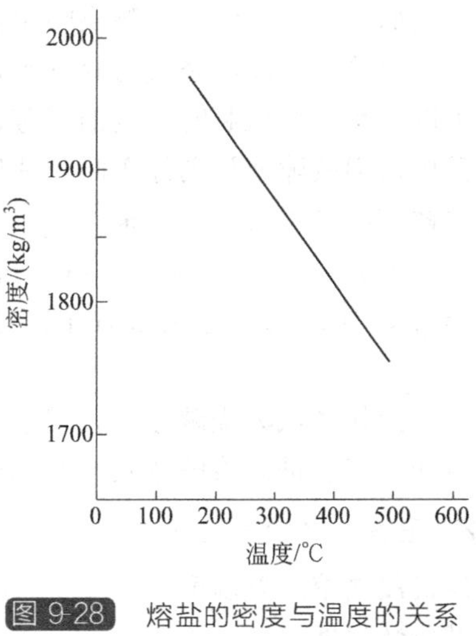

图 9-28 熔盐的密度与温度的关系

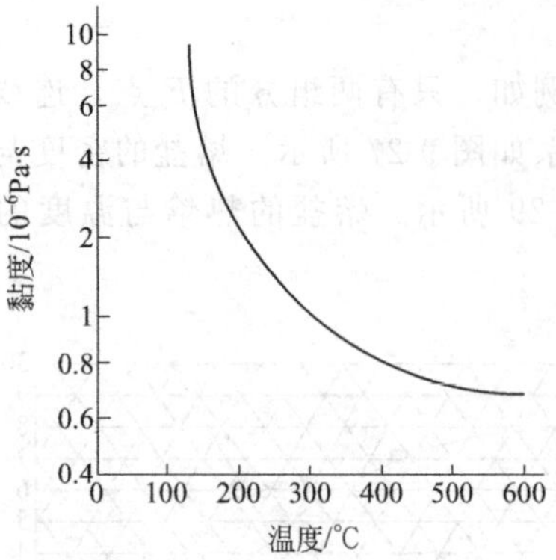

图 9-29 熔盐黏度与温度的关系

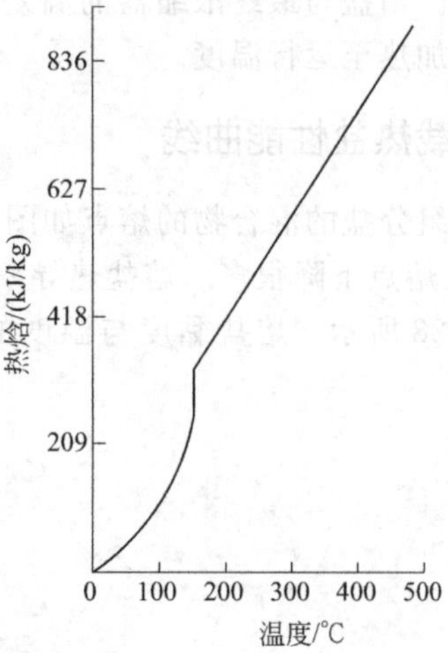

图 9-30 熔盐的热焓与温度的关系

9.9 固碱成型工艺

9.9.1 桶碱

指用 0.5mm 薄铁皮制成的容器装入离子膜熔融碱（一般温度控制在 330～350℃范围内）凝固而形成的固碱，一般每桶净重 200kg。桶碱由于其外包装材料价格较高且使用时需要对桶进行破碎，经济及安全性能较差，因此近几年在固碱成型工艺中已逐步被淘汰。

9.9.2 片碱

9.9.2.1 片碱成型的生产过程

熔碱离开最终浓缩器，经用导热盐加热熔碱管，进入制片机的浸渍桶。制片机使用一个旋转的水冷式滚筒，滚筒浸入浸渍桶中的熔融碱 10～20mm。冷却滚筒的表面形成 0.8～1.3mm 的膜，随着滚筒的旋转，可使烧碱结晶并冷却至 55℃。熔碱层用刮刀从滚筒上刮下，在刮下的过程中，冷却器表面的一层烧碱破碎形成片状。滚筒内的冷却水呈切线状喷向滚筒的内表面，管道上装有喷嘴供喷水使用。冷却滚筒在带压条件下工作，冷却水经出口管连续地离开滚筒。片碱经竖直密封管到达振动输送机，然后再送往包装天平。制片机外有密封箱，可以避免刮熔碱膜时形成的碱雾进入周围空气中。

一旦机器因故障或计划停车时，片碱机内的产品必须腾空洗净。用电机和齿轮将槽倾斜倒空，这样熔融碱溢流进溢流桶。

片碱从制片机出来，经计量后，通过振动输送机送往由机械称重系统控制的包装天平。每袋片碱重 25kg，包装过程中产生的烧碱浮尘由抽气系统吸走，可使操作区域无烧碱浮尘。

为保持操作区域无烧碱浮尘，在包装过程中产生的浮尘在包装机处被吸走。含浮尘的空气经过缓冲空气管进入溶解罐及排气风机组成的洗涤系统中。片碱生产工艺见图 9-31。

9.9.2.2 主要工艺控制指标

片碱机浸槽熔融碱温度	380～390℃
片碱包装温度	＜60℃

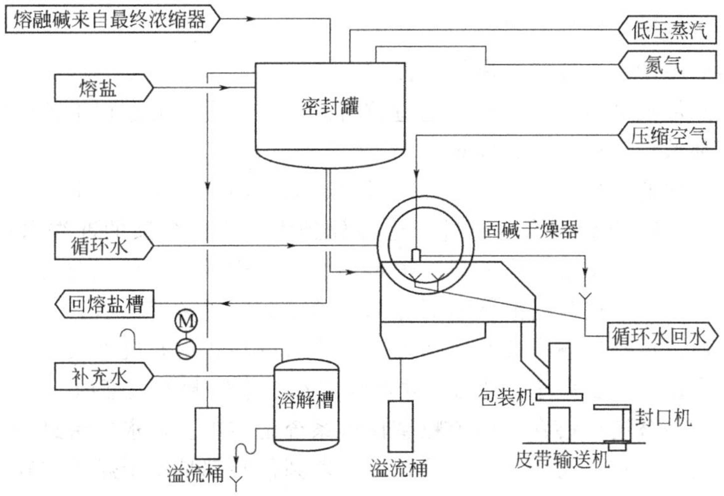

图 9-31 片碱生产工艺图

9.9.2.3 片碱的产品质量标准

2006 年颁布、2007 年 2 月 1 日正式执行的中华人民共和国国家标准 GB/T 11199—2006 对高纯氢氧化钠（即离子膜固碱）质量在纯度及杂质含量方面制定了统一的标准，但在镍含量及片碱形状方面未作统一要求，但行业内片碱规格一般为：

厚度	大约 0.8～1.2mm
形状（长×宽）	大约 0.3～1cm^2
堆积密度	大约 0.7～0.9kg/dm^3

9.9.3 粒碱

9.9.3.1 粒碱成型的生产过程

造粒单元包括：

(1) 熔融碱罐和沉浸式融碱泵；

(2) 一个安装有喷雾造粒装置的造粒塔；

(3) 气体洗涤器和空气风机；

(4) 粒碱输送、筛选及包装系统，如产品冷却器、斗式提升机、筛分器、料仓、包装机等；

(5) 冷却塔冲洗系统。

高浓度的熔融碱离开浓缩器，经过一个特殊的转向器并在重力作用下，经过有熔盐伴管的熔碱管道进入熔融碱罐，然后通过闪蒸器，高浓度的烧碱被收集在熔融碱收集槽内。这个收集槽安装有沉浸式熔融碱泵，熔融碱通过泵经过一个有电伴热的熔融碱管道被输送到安装在造粒塔顶部的缓冲罐。通过熔融碱泵的旋转速度来控制缓冲罐的液面。

缓冲罐熔融碱自流进入由稀有合金制成的喷洒筐内，通过喷洒筐的高速旋转，熔融碱在离心力的作用下从喷洒筐小孔被甩出去，形成小液滴，形成的小液滴在造粒塔内自由下落的过程中被周围的空气冷却并结晶。

由于熔融碱夹带的镍渣容易沉积在旋转筐的孔处并阻塞小孔，这就需要喷雾系统定期清洗（取决于装置的工作模式）。因此，为了避免由于清洗而引起的生产中断，生产中必须配备两个喷雾器，其中一个工作另外一个喷洒篮进行清洗，清洗完后由喷洒篮加热器加热到操作温度备用。

缓冲罐和喷洒篮要用氮气密封。

造粒喷雾器的冷却由冷却空气风机来提供。

碱滴（微粒）从喷洒篮以抛物线通过造粒塔。碱滴在下落的过程中被同向流动的空气冷却，在造粒塔底部碱粒已被冷却成固态。

经过造粒塔底部的环形收集器，由抽风机抽取的冷却空气经过一个空气洗涤器，将夹带的碱尘冲洗出来。干净的空气然后通过管道释放到大气中。含碱的冲洗水连续溢流到废水槽。通过控制排气量来保持造粒塔的温度恒定不变，这样可以避免碱粒的吸湿。

结晶的粒碱被收集到造粒塔的圆锥形底部，通过振动运输带输送到冷水喷灌的旋转式粒碱冷却器。粒碱通过振动运输带离开冷却器，然后通过斗式提升机进入筛分器，不合格产品被分离出来（不合格产品量低于0.1%）并被收集在一个钢制的铁桶内。

合格的粒碱产品被送至料仓。整个粒碱输送系统是防尘、防水、密封的。为了防止粒碱被空气中的水分吸湿，整个输送系统从粒碱冷却器到包装都是用干燥的空气密封。粒碱生产工艺流程见图9-32。

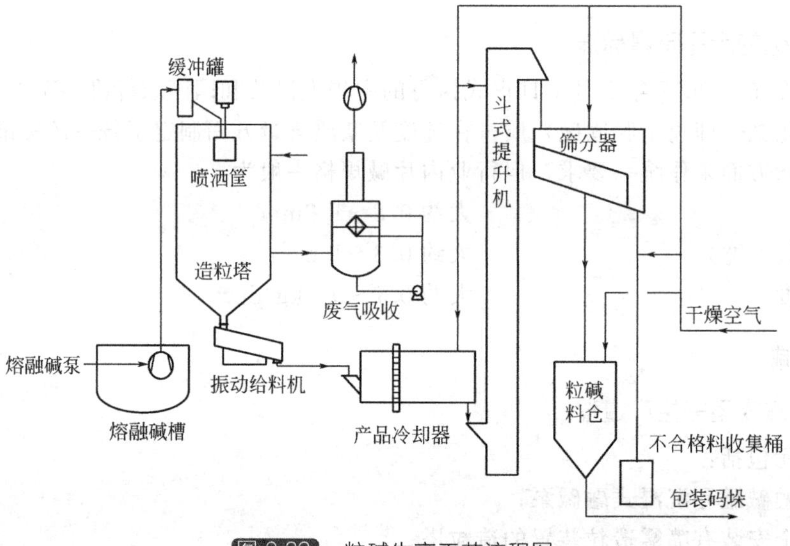

图9-32 粒碱生产工艺流程图

9.9.3.2 主要工艺操作条件

熔融碱管壁温、喷洒篮温度	<340℃
锥体电伴热温度	>150℃
干燥空气露点	<−40℃
粒碱冷却器出口粒碱温度控制	≤60℃

9.9.3.3 粒碱质量指标

纯度及杂质	符合GB/T 11199—2006
Ni抽样	$\leqslant 3\times10^{-6}$
温度	≤60℃
粒度	0.25～1.3mm，平均0.7mm
堆积密度	大约1.1～1.2t/m^3

9.10 固碱主要设备

9.10.1 最终浓缩器

最终浓缩器的一个显著的优点是基于组合式基础上的设计。这个组合式的设计原理是提供单独的应用浓缩单元，浓缩单元的数量基于装置的预定生产能力。组合式设计的最终降膜浓缩器的主要特性和优点有：

（1）浓缩器中的每根蒸发管有着能独立的加热夹套，它能在任何方向膨胀，因而可以避免任何的热应力。在高浓度烧碱的生产过程中，热应力可以造成裸露的管壳和管式蒸发器的应力腐蚀、裂化。

（2）通过控制每个蒸发单元的载热盐温度来控制独立单元上的烧碱的平均分配。

（3）每个浓缩器单元能够被隔离和独立控制。

（4）所有浓缩器单元到目前为止以同样的尺寸制造，以至于在经过多年运行后可以全部更换，部分容易损耗的辅件能够快速经济地替换。

（5）最终浓缩器的操作压力为常压，无空气进入设备和溢出危险。

最终浓缩器（图 9-33）基本上是由若干个独立的降膜浓缩元件及一个蒸气分离器构成。在常压下烧碱溶液在降膜浓缩元件中脱水。对浓缩元件的加热是由在每个浓缩元件两壁内部逆流中的传热盐完成的。

最终浓缩器外观图见图 9-34。

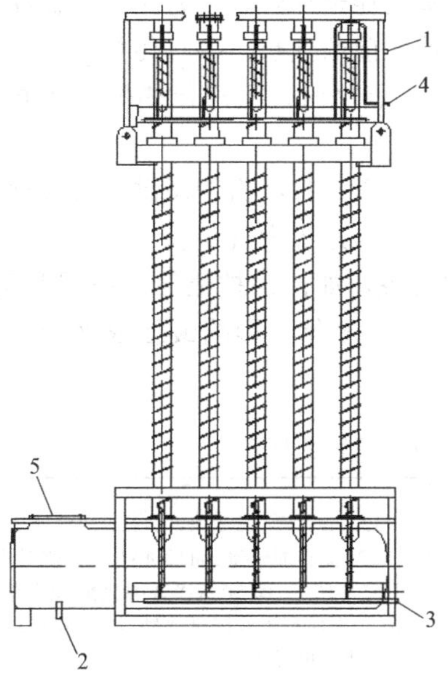

图 9-33 最终浓缩器结构示意图

1—碱液入口；2—碱液出口；3—熔盐入口；4—熔盐出口；5—蒸汽出口

图 9-34 最终浓缩器外观图

烧碱溶液是通过泵进入设备的两个烧碱溶液入口。在收集器朝向每个浓缩元件的出口开有孔，用以保证烧碱均匀分布在所有的元件内。在元件的顶部，烧碱被均匀分布在管壁，形成不间断的膜从顶部流向底部。

插入在每个浓缩元件中心的推进器是为了防止烧碱膜由于迅速发生蒸发，从管道内壁被吹落。

蒸发所产生的蒸气和烧碱一起从每个浓缩器元件顶部流向底部。其流动挥发物与前面提到的推进器插件的效力共同导致碱液膜黏附在浓缩元件的内壁上。

烧碱中所含的水在流经浓缩元件时被蒸发。

烧碱在离开浓缩元件之前浓度达到大约98%，并流入设备（分离器）底部的储槽中。

在每个降膜浓缩器元件的出口处安装有圆柱形插件，以防止分离器的外壳受溅洒，被视为易磨损件。

保持分离器底部的烧碱液面一直为100mm，可保护由降落的烧碱所引起的侵蚀。

在分离器中，蒸气挥发物大大减少，这就使得蒸气附带的碱滴被重力分离并落入分离器的底部。

蒸气经过安装在蒸气输送管的镍材丝网构成的席垫形除雾器离开分离器。这种除雾器为表面接触提供了最大的可能性，使大部分碱雾被除下来形成大一些的烧碱液滴，通过重力的作用落回到分离器的底部。

产生的清洁二次蒸汽用于加热预浓缩器。

每个浓缩元件都配有单独的加热套管，在其间传热盐与烧碱成反方向流动被浓缩。传热盐被供入这些夹套中并经过盐收集器导出。每个加热套在出口侧都配有节流阀，可允许传热盐均匀分部到所有的浓缩元件。

这些节流阀是在压力测试期间由生产商安置并焊接固定的。每个元件都配有蒸汽伴热用来预热。

每个有加热夹套单独的浓缩元件的收集器都被蒸汽伴热加热，以防止传热盐在启动的时候发生冻结。此蒸汽伴热本身是被用作各元件在启动之前的预热。一旦传热盐系统达到接近220℃的温度时，在升高盐的温度设定点至其额定设定点之时，蒸汽伴热被关闭并排放以避免在蒸汽伴热系统中形成过高压力。

为防止氧气在停车期间进入最终浓缩器系统中，低压蒸汽经由烧碱供应管线被送入降膜蒸发器中。蒸汽经由蒸汽输送管及降膜蒸发器离开系统，进入大气中。

最终浓缩器（见图9-33）是固碱装置最重要的设备，如何保护最终浓缩器和延长寿命，是保证装置效益和平稳运行的关键，一般元件寿命在3～5年。影响最终浓缩器寿命的可能原因及对策见表9-9。

表9-9 影响最终浓缩器寿命的原因及对策

序号	可能缩短寿命原因	损坏说明	对策
1	烧碱进料氯酸盐含量太高	造成镍管严重腐蚀	适当提高加糖量；如果进料32%烧碱中氯酸盐超过25×10^{-6}，即50%烧碱中氯酸盐含量超过32×10^{-6}，则加糖无法降低腐蚀，必须停车，待氯酸盐含量降低后再开车
2	腐蚀抑制剂（糖）加入太少	造成镍管严重腐蚀	即使氯酸盐含量很低，也必须加入腐蚀抑制剂（糖）保护镍表面，糖的加入量绝不能低于80g/t NaOH(100%)
3	腐蚀抑制剂（糖）加入太多	烧碱产生泡沫，干扰平滑烧碱降膜层的形成，造成镍管严重应力腐蚀和点腐蚀	糖的加入量绝不能高于200g/t NaOH(100%)
4	最终浓缩器中有氧	氧含量高将干扰镍表面的氧化膜，使其从黑色变为绿色，导致腐蚀	必须氮气保护；检查垫片密封情况；片碱机熔碱进口管必须总是浸入到烧碱中；短期停车必须立即打开最终浓缩器保护蒸汽，直到再开车

续表

序号	可能缩短寿命原因	损坏说明	对策
5	开停车次数过多	开停车次数越多，最终浓缩器寿命越短	尽可能保持长期运行；如停止碱进料，也要持续通入保护蒸汽并保持熔盐循环，并保持温度400℃，只有在计划停车1周以上时，才可以停熔盐
6	开车速度太快	造成应力破坏，缩短浓缩器寿命	严格遵守预热原则；熔盐系统以30℃/h速度加热或冷却；重新开车时，熔盐与空的最终浓缩器之间的温差绝对不能高于50℃；开车时，熔盐进入温度不能高于240℃
7	装置产量太低	烧碱膜厚不够或中断，产生严重的应力腐蚀和点腐蚀	不得低于额定产能的50%，开车时立刻将最终浓缩器流量从0切换到不低于50%
8	烧碱进料中断后，未采用蒸汽进行吹扫	最后浓缩器的出口、密封罐、分流装置及熔体管线将被凝固的烧碱堵塞，照成不必要的开/停车	每次停烧碱后，采用低压蒸汽吹扫最终浓缩器的出口、密封罐、分流装置和熔体管线；为确保开车条件，采用蒸汽从最后浓缩器至密封罐、分流装置至熔体管线和片碱机进行短期吹扫，然后对系统进行检查
9	烧碱进料中断后，未采用氮气进行保护	空气中的氧气将进入最终浓缩器、密封罐、分流装置及熔体管线，干扰镍表面的氧化层	装置停车后，密封罐或分流装置保持氮气保护；在装置操作期间，也必须总是采用氮气保护
10	重新开车前，最终浓缩器没有进行正确预热	形成超强热应力，缩短了浓缩器、分离器和蒸汽管道的使用寿命	最终浓缩器温度低于170℃，采用高压蒸汽从浓缩元件盐夹套、软管、总管等进行预热；采用低压蒸汽从最终浓缩气内预热
11	浓缩器内元件螺旋桨垂直位置存在不合规变化	会磨损与螺旋桨小翼接触部位的浓缩管	至少每年对螺旋桨插件的垂直位置进行一次调整，且顶部封头必须用新银垫片
12	浓缩元件使用磨损的螺旋桨插件	磨损后插件缺少凹口，会使碱膜中断，在浆膜管上形成热区和热应力腐蚀	必须检查插件情况，至少每年要更换磨损的插件，且顶部封头必须用新银垫片
13	热熔盐中硫或氯化物超标	与镍降膜管产生腐蚀	硫含量低于0.025%，氯含量低于0.1%
14	熔盐温度超过430℃	造成应力超标，缩短降膜管寿命	调节盐安全恒温器，使盐加热器出口的温度不超过435℃
15	浓缩器顶部分配区有淤浆聚集	造成碱液分布不均或堵塞碱液分配，形成干膜区，造成应力腐蚀和过早损坏	开展年度检查，检查可能出现的淤浆区，经常观察盐温指示器浓缩器出口盐温度均一，若观察到温度出现偏差，必须停产，通过水运转确保烧碱分配均匀
16	安装在烧碱进料收集器中的烧碱进料孔板中淤浆聚集	造成碱液分布不均或堵塞碱液分配，形成干膜区，造成应力腐蚀和过早损坏	检查可能出现的淤浆区，经常观察盐温指示器浓缩器出口盐温度均一，若观察到温度出现偏差，必须停产，通过水运转确保烧碱分配均匀
17	接地系统缺失或出现故障	在螺旋桨和浓缩元件之间造成静电腐蚀，导致元件过早损坏	每年至少对最终浓缩器的接地系统进行一次检查，确保连接正确和正常发挥作用
18	浓缩元件出现强制或非自由运动情况	导致热膨胀期间热应力超标，造成元件腐蚀和损坏	元件安装和更换后，必须检查和确保元件自由运动，正确调整导向支承、碱进料和盐的连接采用规定的挠性接头
19	浓缩元件安装位置不垂直	造成碱膜不均或干膜，造成应力腐蚀和过早损坏	元件必须垂直安装，采用中心管内的铅锤检查，调整到每个元件均实现垂直

9.10.2 闪蒸浓缩器

熔融碱在最终浓缩器中，在气压下浓缩至98%左右，随后经由熔融碱槽被导入闪蒸器（图9-35），在此通过在高真空下的加速浓缩，达到99.5%左右的浓度。

闪蒸器主体材质为LC-Ni，内部由两根升液管和一根降液管组成，主要作用是对熔融碱进行进一步浓缩，在真空作用下物料从两根升液管进入闪蒸器内，通过熔盐伴管的加热进一步浓缩，然后在重力作用下流入熔融碱槽。

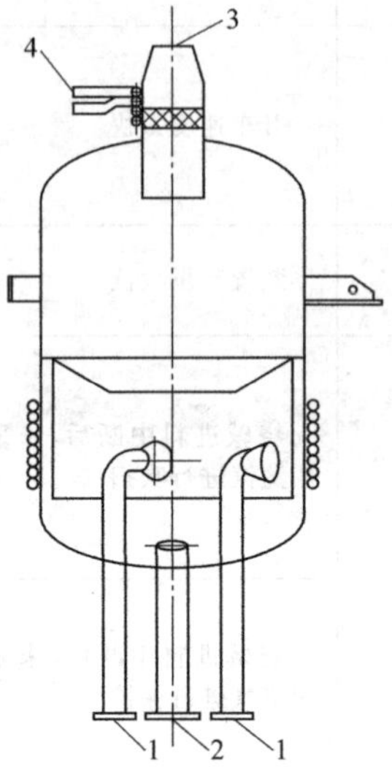

图9-35 闪蒸器结构图
1—碱液进口；2—碱液出口；3—蒸汽出口；4—熔碱管

闪蒸器是安装在熔融碱槽上的。熔融碱槽分为两部分：一侧未闪蒸的熔融碱储槽，另一侧闪蒸过的熔融碱储槽。未经闪蒸的碱液通过上升的导管被吸入至真空运转下闪蒸器的上部。当达到上升的导管的入口时，溶碱仍为饱和温度并在气压下。由于熔融碱在导管的内部上升时压力下降，熔融碱在上升的导管中沸腾。所产生的蒸气泡降低了混合物的特定质量，会引起溶液在导管内上升并到达闪蒸器的上部。在此蒸气从熔融碱中被分离出来，脱去水分的熔融碱经由降落的导管回流至熔融碱槽。

残留水的蒸发需要的热量是从溶碱本身固有的热量中获取的，并将溶液冷却。由于较凉的溶碱在降落的导管内具有较高的特定质量，流出的溶液在降落的导管内是没有问题的。

闪蒸器中产生的蒸气被表面冷凝器中产生的真空移除，并通过除雾器离开闪蒸器。在表面冷凝器中，蒸气被冷凝。

惰性气体被水环真空泵排出。蒸气冷凝物被导入蒸气浓缩槽中。

闪蒸器在开始投运时，仅仅依靠熔融碱自身所含的热量是不够的，熔融碱中的水分被蒸发，使温度降低而固化，会堵塞设备，因此闪蒸器的底部配有加热外壳，上升及下降的导管以及分离器上的加热绕管，启动之前通过传热盐进行预热。一旦启动并连续进行运转，闪蒸器就不再需要加热了。

9.10.3 熔盐炉

熔盐炉（图9-36）是引进的立式高效熔盐炉。

由图9-36可见，熔盐炉的加热盘管在炉内外侧，共有两层。燃烧的燃料由上部燃料入口进入，燃烧后气体经下部燃烧器出口导出，熔盐由熔盐入口先进入盘管，加热后经外盘管从熔盐出口导出，盘管是用15Mo3管盘制再经热处理而成。

这种炉的最大特点是体积小，热利用效率高。在行业上熔盐炉基本采用进口，国产炉采用较少，目前四川有一家公司已具备国产化改造实力。

另外近几年国内已研发出固体燃煤炉，将烟煤用自动上煤机通过链条炉排送入炉底进行燃烧，燃烧后的煤渣经自动出渣机输送到地面，再送往渣场。燃烧产生的高温烟气在炉体内部和盘管内的熔盐进行热交换后温度降至540℃左右，送入余热锅炉对锅炉给水进行加热，产生的0.6～0.8MPa蒸汽并入蒸汽总管。降温后温度约为290℃的烟气送入空气预热器对鼓风机送入的空气进行预热，预热后温度约为160℃的空气送往燃烧炉底部助燃。降温后温度约为180℃的烟气经静电除尘后由引风机送往热电厂进行处理后排放到大气，灰渣由螺旋输灰机输送到下灰斗。

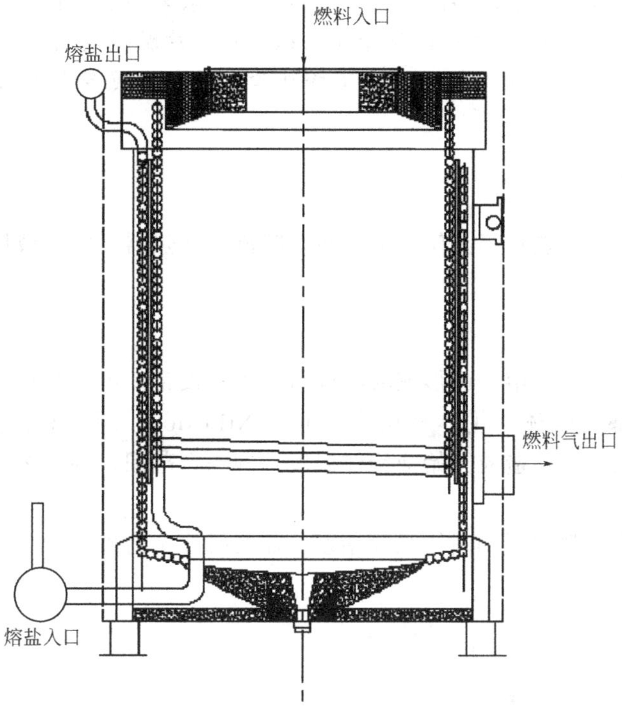

图 9-36 熔盐炉结构图

9.10.4 片碱机

片碱机（图 9-37）是由滚筒（带水冷却）、刮刀、弧形碱槽、外壳及传动装置等部件组成。滚筒及弧形碱槽接触碱的部分是由镍材制成，刮刀则是由铜合金制成。滚筒表面开燕尾槽，槽上宽 4.5m、下宽 6m、深 3m，其目的是使碱膜能较好地附着在滚筒表面上，难以鼓起，因而有利于冷却。

片碱机内的冷却水供给方式采用喷淋式。冷却水从滚筒中心引入，至管上的喷嘴成 120° 的扇形喷出，在滚筒内壁形成一层持久的连续冷却膜，从而提高了冷却液膜的给热系数。

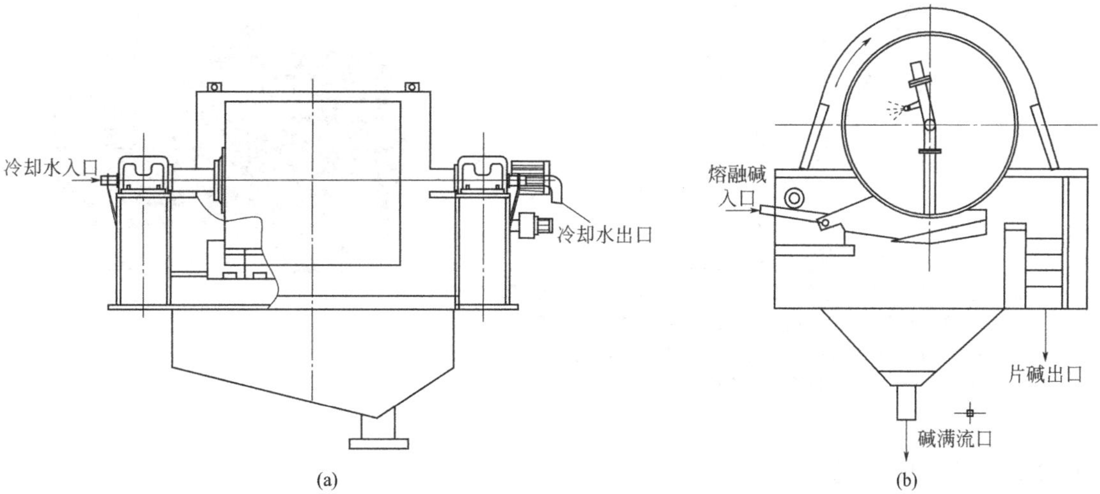

图 9-37 片碱机结构图

片碱机的冷却滚筒是一个回转的圆筒，给料方式一般采用下给料式，这主要是它比上给料方式有更长的冷却时间及更大的有效冷却面积。此外片碱机的密封性要好，避免进入空气，使二氧化碳与碱反应，从而使成品中碳酸钠含量升高；或者吸入水分，使产品容易潮解，影响产品质量。

9.10.5 造粒装置

造粒装置由造粒塔、造粒喷洒筐、清洗机、喷洒框加热器、维修液压台车组成，接下来逐一介绍（见图 9-38）。

9.10.5.1 造粒塔

造粒塔是粒碱工艺中，熔融碱形成粒状固碱的重要设备，由一圆柱筒体和锥体组成，上部为圆柱筒体，下部为锥体，主体材质为 00Cr17Ni14Mo2，即 316L。筒体上部安装喷洒框，下部外绕锥体电伴热，造粒开始前锥体温度达到一定范围，利于熔融碱液滴固化。造粒塔外观见图 9-39。

常见故障是锥体出料口因物料结晶而堵塞，需及时停车清理。

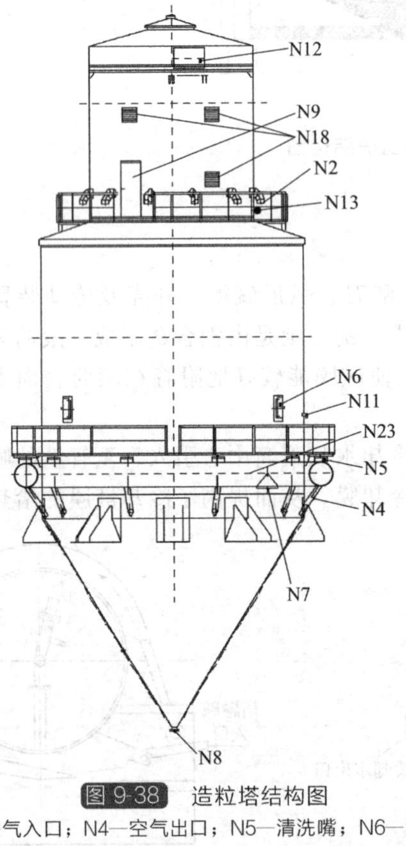

图 9-38 造粒塔结构图

N2—空气入口；N4—空气出口；N5—清洗嘴；N6—清洗孔；N7—空气吸口；N8—成品出料口；N9，N18—检查口；N11—清洗液进口；N12—检修口；N13—清洗口；N23—清洗管

图 9-39 造粒塔外观图

9.10.5.2 造粒喷洒筐

造粒喷洒筐由电机、传动装置、喷洒篮组成，其中喷洒篮是关键部件，主体材质为镍/

铂合金，喷洒篮与传动装置连接处的密封元件为银垫片，主要为了防止物料腐蚀传动轴，喷洒篮由均匀分布若干小孔的外筒和内筒及分流调节装置组成，当熔融碱进入内筒后通过分流装置均匀分流至外筒，在离心力作用下碱液雾化为小液滴分布到造粒塔筒壁上逐步固化形成粒碱，从锥体出料口流出进入下一工序。

常见故障：

（1）物料溢流

消除办法：

① 检查、调节内筒通道流量；

② 调节物料流量到合适量。

（2）外筒出料小孔堵塞。消除办法：更换喷洒篮，将该篮放至清洗机进行蒸汽吹扫除杂。

9.10.5.3 清洗机

清洗机用来清洗堵塞的喷洒篮，清洗介质为低压蒸汽，清洗时上部清洗箱必须全封闭，防止碱液漏出伤人。

9.10.5.4 喷洒筐加热器

喷洒筐加热器是由一组电加热装置组成，主要用于备用喷洒装置预热。

9.10.5.5 维修液压台车

维修液压台车主要是用于喷洒篮的安装及更换的专用工具，日常维护必须保持液压部件干净无尘。

9.11 蒸发技术发展

近年来，我国离子膜烧碱有了长足的发展，离子膜烧碱的产业规模不断扩大，高浓度离子膜烧碱的市场需求越来越大，离子膜烧碱的蒸发装置也随之不断发展。离子膜烧碱的蒸发装置以低能耗、高可靠性为发展目标，继续朝着装置具有工艺流程简单、设备生产强度大、占地面积小、自动化程度高、蒸汽消耗低、产品质量稳定等特点进一步发展。

9.11.1 低能耗

蒸发流程根据效数分为单效蒸发、双效蒸发、三效蒸发、四效蒸发等；根据蒸汽与物料的流动方向分为顺流和逆流；根据蒸发器种类分为自然循环、强制循环、升膜和降膜（包括直流式、旋转刮板式）等。

升膜和降膜蒸发器是近几年离子膜法烧碱蒸发中广泛使用的蒸发器，其主要优点是：①具有较大的传热系数，表现出良好的传热效率；②设备的加工制造和维修比较容易。

降膜浓缩装置主要采用列管式降膜蒸发器，升膜浓缩装置主要采用板式升膜蒸发器：

（1）降膜蒸发器具有传热系数大、蒸发强度高、容易操作控制等特点，装置一次性投资费用较高，安装时对降膜蒸发器的垂直（水平）度有严格要求，但蒸汽消耗相对较低（降膜浓缩装置平均蒸汽单耗 0.65t/t 左右），运行费用上具有较大优势。

（2）升膜蒸发器具有传热系数大、蒸发强度高、容易操作控制等特点，并且设备布置非常紧凑，一次性投资费用较低，但蒸汽消耗较高，其蒸汽消耗比降膜浓缩装置要高 25% 左右。

瑞典阿伐拉法公司的板式升膜蒸发器性能较好。升膜蒸发的原理是利用板式换热器的高传热系数，可使蒸发器在一定的高度内，蒸发量提高四五倍。板式换热器已广泛地应用于相关单元操作的工业中，其极高的传热系数已被人们所接受。

9.11.1.1　蒸发技术的选择

（1）蒸发器的选择。升膜和降膜蒸发器是近几年离子膜法烧碱蒸发中广泛使用的蒸发器，其主要优点是：①具有较大的传热系数，表现出良好的传热效率；②设备的加工制造和维修比较容易。

（2）顺流和逆流的选择。采用逆流蒸发流程可以更充分地利用蒸汽的热量，增加各效的温差，从而提高蒸汽的热利用率；另外，由于烧碱与蒸汽逆流流动，提高了传热系数，可以减少设备传热面积，降低投资。实际生产中采用逆流蒸发流程的企业较多。而采用顺流蒸发流程的各效温差小、能耗较高、设备占地面积大，但对设备材质要求较低。

（3）蒸发器效数的确定。蒸发器效数与蒸汽消耗关系见表 9-10。

表 9-10　蒸发器效数与蒸汽消耗关系表

效数	蒸汽耗量/(t/t100% NaOH)
单效	1.10
双效	0.57
三效	0.40
四效	0.30

从蒸汽耗量来考虑，一般情况下很少选择单效蒸发。由于多效蒸发流程能有效地利用二次蒸汽，节约能源，因此，目前氯碱行业中离子膜法烧碱蒸发流程广泛使用的是双效以上蒸发流程。三、四效蒸发流程可以更好地利用热能，降低蒸汽消耗，其工艺流程相对较长，投资相对较大，适合大型装置采用。博特公司四效逆流降膜流程见图 9-40。

（4）离子膜法烧碱蒸发常用的工艺流程。目前，氯碱行业中常见的离子膜法烧碱蒸发工艺流程是双效逆流蒸发工艺流程，该工艺流程的特点是各效温差较大，能有效提高传热速率，设备传热面积相对较小，但是末效对设备材质要求较高。

国外多采用三效逆流降膜蒸发技术及装置，生产质量分数为 50%的液碱。

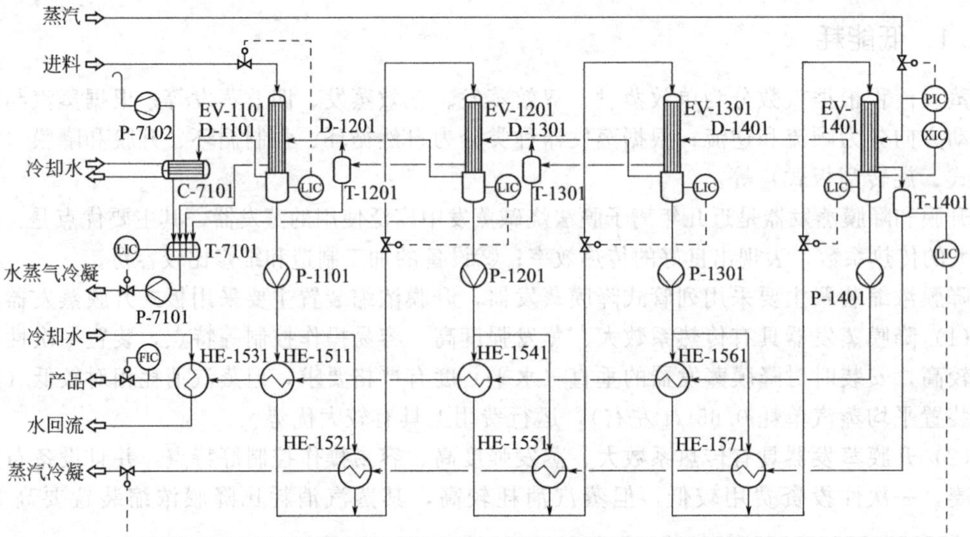

图 9-40　博特公司四效逆流降膜流程图

双效逆流降膜式蒸发装置对于离子膜碱蒸发而言是非常适用的，特别是对低蒸汽品位（≤0.5MPa）的厂家。建议蒸汽品位0.8MPa以上的厂家使用三效逆流降膜蒸发装置，在生产50%烧碱时，蒸汽消耗<0.45t/t 100% NaOH。

旋转薄膜蒸发器以0.2～0.3MPa的饱和蒸汽在薄膜蒸发器内与物料进行热交换。通过对真空度、蒸汽压和加料量的调节，可以用来生产42%～70%不同质量分数的离子膜烧碱，对于中小型离子膜烧碱厂家来说，在液碱浓缩过程中具有较高的推广价值。

9.11.1.2　现有装置技术的低能耗

蒸发装置的设计制造企业有瑞士Bertrams公司、美国BTC公司、法国GEA公司、意大利SET公司、丹麦APV公司及芬兰CEP公司等，蒸发1t烧碱的汽耗为0.4～0.5t。国内一些离子膜法烧碱企业引进了上述几家的三效逆流降膜蒸发技术和装置。

20世纪80年代末，瑞典阿法拉伐公司在管式升膜蒸发器和板式换热器的基础上研究开发了板式升膜蒸发器，广泛应用于蒸发浓缩工艺，特别是烧碱的蒸发浓缩。

国内烧碱浓缩生产技术的发展，近年来以蓝星（北京）化工机械有限公司为代表，其研制开发的三效逆流离子膜烧碱降膜蒸发装置，进料浓度32%，出料浓度50%，吨碱汽耗低于0.5t/t NaOH，比传统的双效蒸发降低0.2t。该装置设计合理，采用了可靠的仪表、阀门、材料及DCS控制系统，系统运行安全稳定。

由于近年新建的烧碱装置以离子膜法烧碱为主，所以液碱的蒸发一般是从质量分数30%～32%浓缩到质量分数48%～50%。典型的工艺流程是双效顺流或逆流蒸发工艺，蒸发设备有多种形式，如引进的瑞典阿法拉伐板式蒸发器、瑞士Bertrams降膜蒸发器、国产列文蒸发器。采用双效工艺烧碱的汽耗为700～750kg/t。

目前，国内有的企业引进了瑞士Bertrams公司、意大利SET公司以及日本木村化机株式公社的双效逆流或三效逆流降膜蒸发装置，有的还引进了瑞典阿法拉伐板式蒸发装置，少数企业采用了双效顺流强制循环蒸发装置。Bertrams公司和SET公司的双效逆流降膜蒸发装置的主流程基本相同，主要区别在降膜蒸发器结构和布料器结构上。

离子膜法烧碱的典型蒸发工艺流程：

（1）阿法拉伐板式蒸发。阿法拉伐双效逆流板式蒸发装置有较高的热效率，使得该装置具有比传统蒸发系统投资省、占地少、维护方便及易于扩容等诸多优点。

（2）意大利SET双效逆流降膜蒸发。该工艺结构紧凑，便于管理操作，工艺设计时充分考虑了二次蒸汽及蒸汽冷凝液的余热利用，节约了能源，降低了汽耗。

9.11.2　高可靠性

9.11.2.1　离子膜法烧碱特性的高可靠性

离子膜法烧碱电解工序生产出的烧碱质量分数一般为32%，为了满足用户对高浓度离子膜烧碱的需求，须把32%的烧碱输送到蒸发装置进一步浓缩。离子膜法烧碱的蒸发与所有的蒸发过程相同，借助蒸汽加热使烧碱溶液中的水分汽化，提高烧碱的浓度。传热量分别与传热面积、传热温差、传热系数有关，三者是提高蒸发能力的基本要素。

（1）离子膜法烧碱纯度高，杂质含量极少，一般32%烧碱中NaCl≤30mg/L、$NaClO_3$≤15mg/L，因此，在工业生产上可以把离子膜法烧碱看做是纯净的烧碱溶液。离子膜法烧碱纯净的特性为其蒸发创造了良好的条件。

（2）离子膜法烧碱溶液的沸点随浓度的增加而升高，随压力的升高而升高。在离子膜法烧碱浓度增大的同时，黏度也随着增大。

（3）离子膜法烧碱的纯度高，在蒸发过程中没有像隔膜法烧碱蒸发中那样有结晶盐析出，因此在相同状态下，离子膜法烧碱蒸发的传热系数比隔膜法烧碱蒸发的传热系数大。由传热方程式可知，在传热温差和传热面积相同的情况下，提高传热系数就能提高传热量，提高设备的生产强度。

(4) 离子膜法烧碱腐蚀性强。

9.11.2.2 设备、管道材质的高可靠性

离子膜法烧碱的杂质含量极少，但离子膜法烧碱本身具有强腐蚀性，选择离子膜法烧碱蒸发设备和管道的材质是极其严格的，镍材是首选材质，其次为316L。

镍具有很高的化学稳定性，是一种很好的耐蚀材料，在高浓度烧碱与还原性介质中具有优异的耐蚀性（如镍在质量分数为50%的高温 NaOH 溶液中，腐蚀速度为0.01～0.03mm/a)，广泛应用于国内外生产高浓度烧碱的主要设备上。尤其对质量分数高于42%的高浓度烧碱的耐蚀性是其他金属材料无可比拟的，因而，近几年来它在我国氯碱生产中起到非常重要的作用。

如选用Ni材，腐蚀不突出。而有的厂家选用316L材质，使用寿命仅五六年，管道的腐蚀也十分严重，特别是热碱部分，如Ⅰ效成品热碱使用316L，其寿命不足两个月甚至几天。

在该装置中，离子膜法电解的烧碱被浓缩为50%的成品碱，同时加热蒸汽及二次蒸汽形成冷凝水，这些冷凝水的利用取决于设备的材质。若生蒸汽管、Ⅰ效蒸发器换热器壳体、表面冷凝器壳体及列管均采用不锈钢材质，那么所产生的含微量碱（$\leqslant 1\times10^{-4}$）的冷凝水可作为电解槽补充水，做到高质高用。若Ⅰ效不具备条件，则可回锅炉；Ⅱ效具备条件可送电解系统作纯水用；若都不具备条件，这些冷凝水可作为化盐用水。

9.11.2.3 设备加工及安装的高可靠性

该法工艺稳定性好，但对设备加工及安装要求十分严格。由于布料器的作用，双效逆流降膜蒸发装置碱液被均匀分配，在湍流状态下旋流下降；并且各效均在负压下运行，使传热温差很大，传热系数较高。对设备的要求十分严格，否则由于液流分布不均会造成干壁现象，使换热管的寿命大幅缩短。因此，在设备加工过程中，要求列管的形位公差越小越好。国内无缝管的公差标准不能满足需要，应采用 ASTM 换热管标准。在设备安装过程中对降膜换热管的垂直度要求很高，应不大于1mm。在设备加工过程中，花板孔径偏差严格控制在±0.05mm以内。降膜蒸发装置的核心是膜的形成与均化，而要达到目标，必须对设备的选材、加工、安装3个环节按标准严格把关，才能为将来的均化打好基础。另外，在生产过程中若出现低负荷运行，应不低于设计负荷的70%，若过低，应保持碱液部分回流来弥补均化的不足。

板式升膜蒸发器的制造、安装相对容易，但其密封的高可靠性是影响其平稳运行的重要因素。

9.11.2.4 成品碱浓度及温度的高可靠性

(1) 成品碱浓度的影响。在蒸汽压力为0.65MPa下，生产50%碱蒸汽消耗为0.76～0.78t/t 100% NaOH；生产45%碱蒸汽消耗为0.58～0.60t/t 100% NaOH。同时由于浓度的下降，相应装置产能提高，腐蚀减轻，设备维护费用降低。

(2) 成品碱的冷却不容忽视。从Ⅰ效出来的50%碱、温度（135～145℃）的高温碱，经两段冷却到50℃。生产过程中出现超出工艺标准的现象，会出现黑碱，45%～50%碱在57℃时对碳钢的腐蚀是38℃时的7倍以上，对不锈钢也会产生较为严重的腐蚀，控制成品碱温度低于45℃。

9.11.2.5 蒸发工艺的高可靠性

升膜和降膜蒸发装置采用的是在国内领先的烧碱蒸发工艺和成套设备，具有工艺流程简单、生产连续、设备生产强度大、占地面积小、自动化程度高、蒸汽消耗低、产品质量稳定、设备维修方便、操作简单、单台处理能力大、碱损几乎为零、节能作用显著等特点。

9.11.2.6 自控仪表的高可靠性

仪表的维护是工序稳定运行的关键。该装置采用DCS控制，具有连续进料、连续过料、连续出料的工艺特点。但对仪表的精确度及完好状态要求较为严格，其控制的核心是各效的液位。而液位控制的两个关键是自控调节阀和双法兰式差压变送器，主要问题是阀芯和膜片的腐蚀，一旦阀芯腐蚀，液位将不受控制，若双法兰式差压变送器膜片被腐蚀，液位将出现虚报。因此，建议厂家跟踪自动调节阀及双法兰差压变送器的运行周期，定期给予更换；同时使用Ni材过流元件的阀及Ni材差压变送器膜片，并采取相应的保护措施。

液面自动控制在蒸发过程中有着重要的作用。液位过高，气液分离空间过小，导致二次蒸汽带碱；液位过低，不利于平稳出料。

平稳出料是自动控制中的另一个重要方面。出料浓度忽高忽低，不但增加了配碱的难度，也将影响烧碱汽耗，出料液碱的质量分数每增加1%，吨碱汽耗升高20～30kg。

参考文献

[1] 程殿彬主编．离子膜法制碱生产技术．北京：化学工业出版社，1998.

[2] 陈康宁．氯碱生产岗位知识问答．上海：上海科学技术出版社，1992.

[3] 张毅，李庆生，等．粗糙集理论在薄膜蒸发器产量预测中的应用．氯碱工业，2006（11）：29-32.

[4] 贺小华，李佳，等．薄膜蒸发器传热蒸发性能的实验研究．化工机械．2006，33（2）：67-71.

[5] 李明，高自建，钟勇．加强工艺技术改造·促进蒸发增产降耗．中国氯碱，2005（8）：12-14.

[6] 郑英兰，林志平．离子膜碱浓缩装置的比较．中国氯碱，2005（8）：9-11.

[7] 马海燕．板式升膜蒸发器在离子膜烧碱中的应用．中国氯碱，2006（5）：9-10.

[8] 周广叶，李永红．利用薄膜蒸发器生产45%烧碱运行小结．中国氯碱，2006（5）：11-12.

[9] 张桂香，贾长安．升膜板式蒸发装置及其操作．中国氯碱，2007（10）：13-15.

[10] 许剑平，张术山．离子膜烧碱蒸发装置设计与管理中应重视的问题．中国氯碱，2007（11）：5-7.

[11] 陈玉国．20万吨/年离子膜烧碱蒸发运行总结．中国氯碱，2008（2）：7-9.

[12] 宋长军，林梦辉．GXZ-10型薄膜蒸发器在离子膜烧碱浓缩中的应用．氯碱工业，2002（4）：18-20.

[13] 韩秀丽，李学斌，胡书生．镍和镍合金在离子膜烧碱蒸发工序中的应用．氯碱工业，2002（4）：24.

[14] 张术山．双效逆流降膜蒸发装置在离子膜法烧碱蒸发中的应用探讨．氯碱工业，2006（1）：27-29.

[15] 王炼翃．离子膜法烧碱的蒸发与浓缩．氯碱工业，2006（10）：20-23.

[16] 吴彬，邓建康．降膜蒸发技术在烧碱蒸发浓缩装置中的应用．氯碱工业，2008（6）：31-32.

10 氯氢处理系统

10.1 氯气处理

10.1.1 概述

氯气处理在氯碱生产中是电解槽稳定操作、安全生产的重要环节。由电解工序出来的湿氯气有较高的温度，并夹带着大量水蒸气及盐雾等杂质，对大多数金属管道及设备有强烈的腐蚀作用，只有某些金属或非金属材料在一定条件下能抵抗湿氯气的腐蚀。因而使得生产及输送极不方便，但干燥的氯气对钢铁等常用材料的腐蚀在通常条件下是较小的，所以将湿氯气除水的干燥操作是生产和使用氯气的过程中所必需的。通常采用的方法是先用冷却洗涤气体的方法使湿氯气中的大部分水汽冷凝除去，然后用浓硫酸干燥剂进一步除去其水分，达到氯气干燥的目的。

生产中使用的氯气需要有一定的压力以克服输送系统的阻力，并满足用户对氯气压力的要求，因而通常在氯气干燥处理后，用压缩方法提高氯气压力进行输送。因此氯气处理工序的主要任务是将湿氯气冷却、干燥和加压输送，并为了保证电解工序工艺条件和干燥氯气的纯度，还应维持电解槽阳极室在稳定的压力下操作。

在压力相同的情况下，温度越低，水蒸气分压就越小，气体中含水量也就越低。从电解来的约85℃左右的湿氯气含水量为338g/kg氯气，若将气体温度降至15℃时，其含水量为4.3g/kg氯气。但在9.6℃时，湿氯气中的水蒸气会与氯气生成 $Cl_2 \cdot 8H_2O$ 结晶，造成设备、管道的阻塞并损失氯气。根据这一原理，将电解来的湿氯气冷却到12～16℃，即可除掉其中95%的水分。剩余水分使用浓硫酸作干燥剂，通过塔式传质吸收氯气中的水分，使氯含水降低到50mg/kg以下，以满足压缩、输送以及储存需要。

10.1.2 工艺原理

氯与氟、溴、碘、砹元素在元素周期表中同在第ⅦA族，通称卤族元素。常见的卤素的化学活泼性很强，自然界中常以化合物形态存在。

常温下，氯气为黄绿色气体，密度是空气的2.5倍，是氧气的2.3倍。气态氯在0℃、1atm下的水中溶解度为1.46g（100g水），此时的溶解热为22.1kJ/mol。

氯气的化学性质非常活泼，能与金属、非金属及其化合物进行反应，与有机化合物也能发生卤代、加成等反应。氯气能溶于水，但溶解度不大，不同温度下氯气在水中的溶解度不同，温度越高，氯气在水中的溶解度越小。氯气溶于水后同时与水反应生成盐酸和次氯酸，因此氯水具有极强的腐蚀性。

气体的“含湿量”与温度有着密切的关系。在不同的压力和温度下，气体中的“含湿量”（又称为“水蒸气分压”）是不同的。饱和湿氯气中，“含湿量”同样与温度有着密切的关系。一般来说，在压力相同的情况下，温度较高的气体中含水量要大于温度较低的气体，详见表10-1。

表10-1 氯气中含湿量与温度关系表

温度/℃	水蒸气分压/kPa	水蒸气含量/(g/m^3湿氯气)	水蒸气含量/(g/kg湿氯气)
95	84.5	505	1278
90	70.1	424	571
85	57.8	354	338
80	47.3	293	219
75	38.5	242	115
70	31.2	198	112
65	25.0	161	82.5
60	20.0	130	61.6
50	12.3	83.1	34.9
45	9.6	65.4	26.2
40	7.4	51.2	19.8
35	5.6	39.6	14.7
30	4.2	30.0	10.8
20	2.3	17.5	5.9
15	1.7	12.8	4.3
12	—	—	3.56
10	1.2	9.4	3.1

由表10-1可知，在相同的压力情况下，气体温度每下降10℃，湿氯气中的“含湿量”几乎降低近一半。由此可见，湿氯气温度从80℃下降至12℃，每千克湿氯气可以去除水分215.44g，占98.4%。余下的1.6%的水分进行干燥脱水，这样做是比较合理的。

氯气处理工艺的原理是采用“先冷却、后干燥”的工艺流程，将来自电解槽阳极室的高温湿氯气首先进行冷却，除去气相含水量98.4%，余下的水分用硫酸干燥脱水去除。

浓硫酸的分子式为H_2SO_4，是一种具有高腐蚀性的强矿物酸，指质量分数大于或等于70%的硫酸溶液。浓硫酸在浓度高时具有强氧化性，这是它与普通硫酸或普通浓硫酸最大的区别之一。同时它还具有脱水性、强腐蚀性、难挥发性、酸性、稳定性、吸水性等。由于浓硫酸中含有大量未电离的硫酸分子（强酸溶液中的酸分子不一定全部电离成离子），所以浓硫酸具有吸水性、脱水性（俗称炭化，即腐蚀性）和强氧化性等特殊性质。而在稀硫酸中，硫酸分子已经完全电离，所以不具有浓硫酸的特殊化学性质。浓硫酸吸水性很强，与水可以任何比例混合，并放出大量稀释热。所以进行稀释浓硫酸的操作时，应将浓硫酸沿容器壁慢慢注入水中，并不断用玻璃棒搅拌。浓硫酸具有很强的腐蚀性，若是不小心溅到皮肤或衣服上，应立即用大量水冲洗，尽量减少浓硫酸在皮肤上停留的时间，然后涂上3%～5%的碳酸氢钠溶液（切不可用氢氧化钠等强碱）。

从图10-1可知，硫酸浓度38%时有最低冰点－74.5℃，硫酸浓度76%时有冰点－28.1℃，硫酸浓度76%时有冰点－28.1℃，硫酸浓度93%时有冰点－35.5℃，硫酸浓度98%时有冰点0.1℃。在使用中注意冰点与环境温度的关系，避免结冰。

硫酸对水的吸收受硫酸表面水蒸气压力影响，因为硫酸表面水压力很低，所以可以干燥氯气中的水分达到工艺需要，硫酸中的水蒸气压见图10-2。

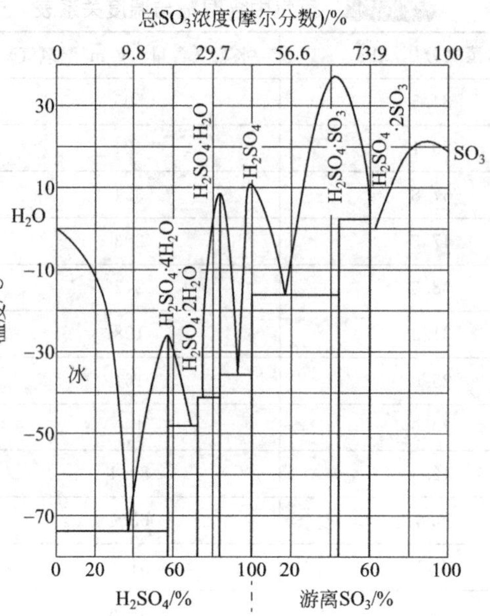

图 10-1 硫酸-水相图

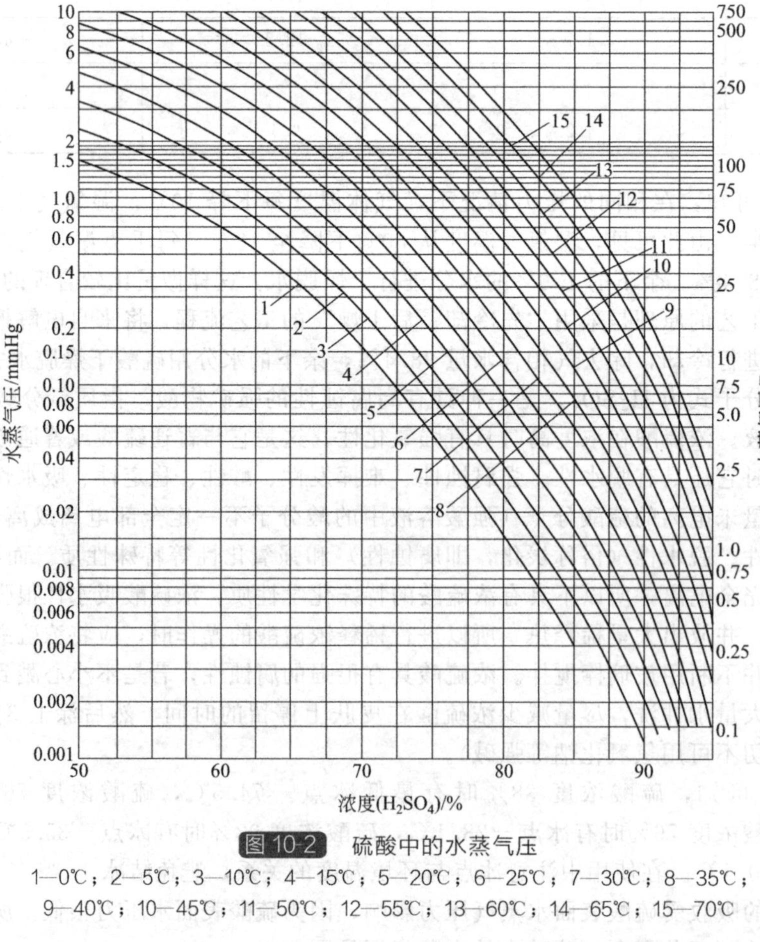

图 10-2 硫酸中的水蒸气压

1—0℃；2—5℃；3—10℃；4—15℃；5—20℃；6—25℃；7—30℃；8—35℃；
9—40℃；10—45℃；11—50℃；12—55℃；13—60℃；14—65℃；15—70℃

从图 10-2 中可以计算出，当 92.5%硫酸在塔温 20℃时，水蒸气分压只有 0.133Pa，假设塔出口压力为−9.806kPa，这时理论氯气含水可按下式计算：

$$V_{H_2O/Cl_2 mol}=10^6\times0.133/9332=14(mmol/kmol)$$

$$V_{H_2O/Cl_2 w}=14\times18/71=3.6(mg/kg)$$

因此，只要有充分的接触时间和面积，设计得当，控制操作温度和酸浓度，氯气含水可以满足工艺需求。浓硫酸对水的吸收可按下式计算：

$$\Delta M=ktm\Delta P$$

式中 ΔM——吸收的水量，kg；

k——吸收系数，kg/（m^2·h·mmHg）；

t——接触时间，h；

m——接触面积，m^2；

ΔP——水分压差，mmHg。

在工艺设计中，为控制移除硫酸吸收水的热量，采用分段吸收和部分酸循环工艺，因此计算时要分段计算，吸收系数见图 10-3，硫酸吸收放热见图 10-4。

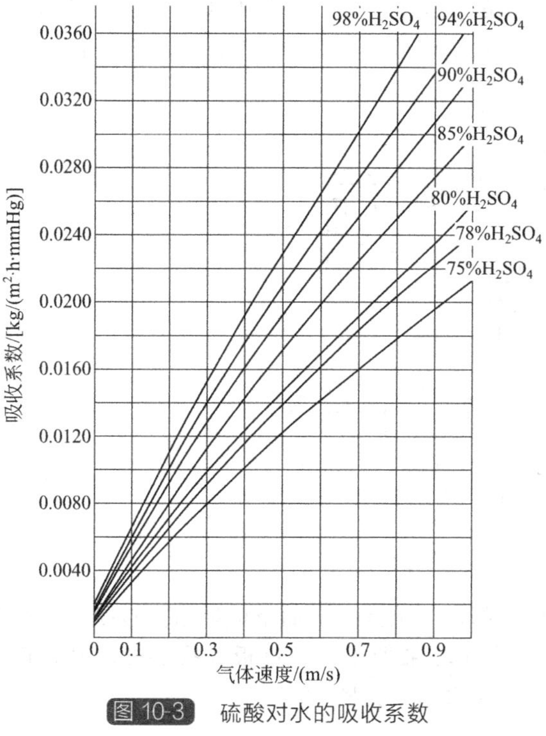

图 10-3 硫酸对水的吸收系数

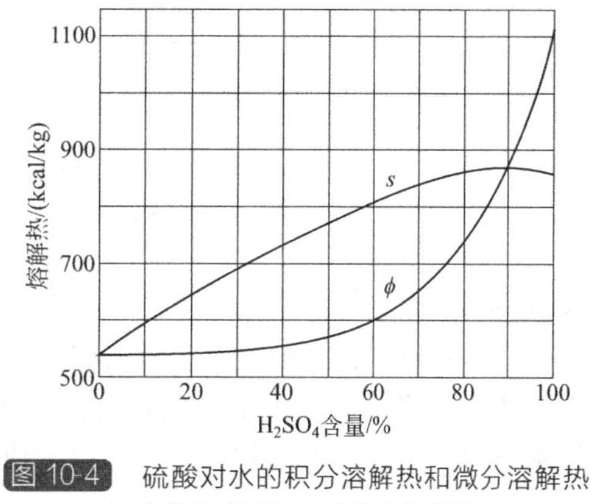

图 10-4 硫酸对水的积分溶解热和微分溶解热
（ϕ 为微分溶解热，s 为积分溶剂热）

10.1.3 湿氯气的冷却

氯气冷却可分为直接冷却洗涤、间接冷却和能量回收、闭路循环氯气直接冷却流程。

10.1.3.1 直接冷却洗涤流程

如图 10-5 所示，直接冷却方式是将电解槽阳极来的湿氯气直接进入氯气洗涤塔，采用工业上水或者冷却以后的含氯洗涤液与氯气进行气、液相的直接逆流接触，以达到降温、传质冷却，使气相的温度降至 60℃左右，并除去气相夹带的盐粒、杂质。在氯气洗涤塔中气液相直接接触，既进行传热，又进行传质。气液两相直接在洗涤塔中接触传热、传质，因此传热的效果十分好。另外，直接冷却采用的是气液两相的直接接触，可以去除气相中所夹带的杂质。填料采用CPVC花环或者陶瓷填料。但是直接冷却的方式也有难以克服的缺点，由于气液两相直接接触冷却和去除气相中所含的水蒸气，使出洗涤塔的气相氯气夹带着较多的游离水，必须在进一步冷却过程中去除掉，这样就使后道冷却装置的负荷有所增加。氯水量的增加会给“淡盐水脱氯工序”的真空脱氯加大压力。

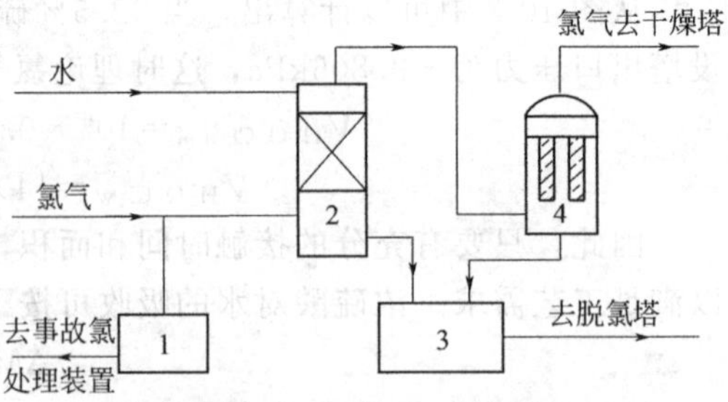

图 10-5 氯气直接冷却流程

1—安全水封；2—氯气洗涤冷却塔；3—氯水槽

10.1.3.2 间接冷却和能量回收流程

出电解槽的高温湿氯气先经第一钛管冷却器以外界来的一次盐水冷却至55～60℃，回收氯气中的热量，再进入第二钛管冷却器以冷冻水冷却至12～15℃，然后经水雾捕集器除水雾后，进入干燥塔。采用间接冷却流程操作简单、易于控制、操作费用低、氯水量小、氯损失少，并能节约脱氯用蒸汽。冷却后氯气的含水量可低于0.5%，但钛冷却器的投资费用较大，详见图10-6。

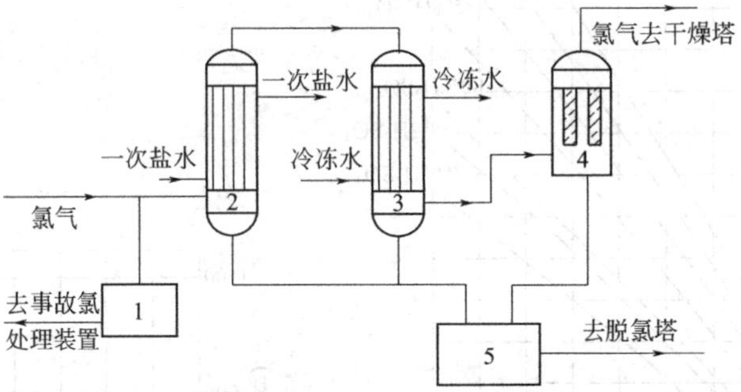

图 10-6 氯气间接冷却流程

1—安全水封；2，3—钛管冷却器；4—水雾捕集器；5—氯水槽

10.1.3.3 闭路循环氯气直接冷却流程

自电解来的高温湿氯气，进入氯水洗涤塔底部，与顶部喷淋而下的氯水直接换热并被洗涤，使温度降至45℃左右。而塔内的氯水用氯水循环泵加压，经过板式换热器冷却，送入氯水塔的塔顶喷淋形成循环，多余氯水由泵送往氯水槽，见图10-7。

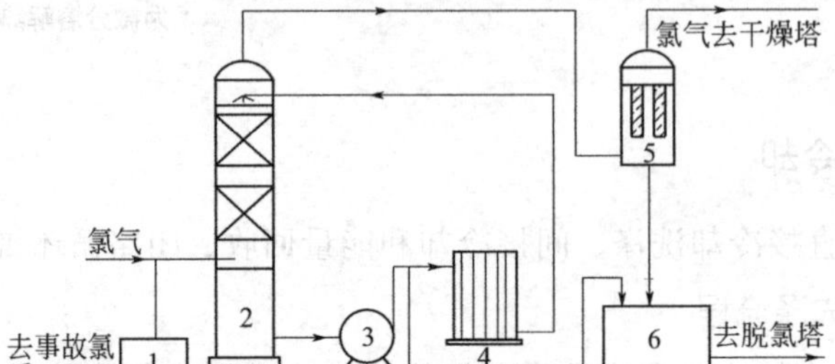

图 10-7 氯气闭路直接冷却流程

1—安全水封；2—氯水洗涤塔；3—氯水循环泵；4—氯水板式换热器；5—水雾捕集器；6—氯水槽

此流程冷却效率高，操作费用大大低于直接冷却法，而稍高于间接冷却法，投资比前者高而低于后者。由于流程简捷，因此国内用得较普遍。其缺点是热交换器所用的冷却水温度要求低于15℃，因此需要消耗冷冻量，并需增设氯水泵使流程复杂化。国内氯碱企业基本上是将该法与间接冷却方法组合运用。

10.1.3.4 水雾捕集和氯水利用

自电解来的高温湿氯气，进入氯水洗涤塔底部，与顶部喷淋而下的氯水直接换热并被洗涤，使温度降至45℃左右。而塔内的氯水与从钛冷却器、水雾捕集器下来的氯水一起用氯水循环泵加压，经过板式换热器冷却，送入氯水塔的塔顶喷淋形成循环，多余氯水由泵送往脱氯塔脱氯后，再送至一次盐水化盐用（详见图10-8）。

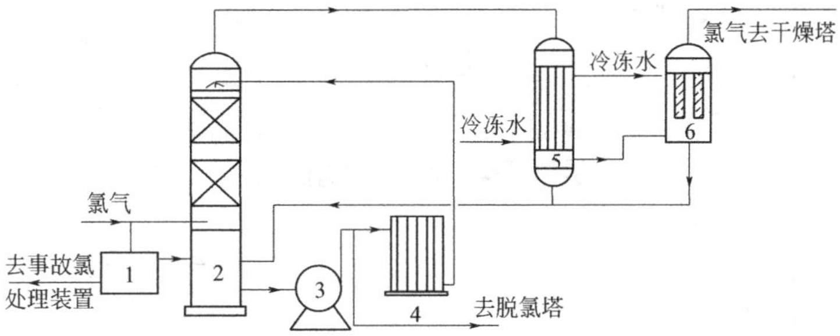

图10-8 氯气冷却与水雾捕集流程

1—安全水封；2—氯水洗涤塔；3—氯水循环泵；4—氯水板式换热器；5—钛管冷却器；6—水雾捕集器

10.1.4 氯气干燥

干燥脱水是氯气处理的主要单元操作，也是氯气处理工艺成功的关键。干燥脱水是利用氯气在浓硫酸中的溶解度很小、浓硫酸的强吸水特性来实现的。硫酸吸收氯气中水分属于传质过程，吸收效果取决于硫酸液面上的水蒸气分压，经过干燥脱水后氯气中的最终含水在50mg/kg以下，以满足氯气压缩机入口含水量的要求，氯气干燥时均以浓硫酸为干燥剂，干燥流程大致分为：三级填料塔串联，一级填料塔＋填料泡罩复合塔，二级填料塔＋泡罩塔；也可分为填料塔串联和填料塔＋泡罩塔串联干燥流程。

10.1.4.1 氯气干燥的传质与传热

（1）填料塔。该流程（图10-9）采用三台填料塔串联，每台填料塔配有硫酸泵、换热器。按氯气流向，最后一只塔的硫酸浓度最高，依次往前，最前一只塔的硫酸浓度最稀，当浓度小于75%时，作为废酸打入废酸槽外售，其余各塔硫酸依次打入前一塔循环，最后一塔则补入98%的新硫酸。硫酸在循环过程中，因吸收水分而温度升高，为了提高吸收效率，必须及时将硫酸冷却，因此每台干燥塔均配有硫酸冷却器。

该工艺对氯气负荷波动的适应性好，且干燥氯气的质量稳定，硫酸单耗低，系统阻力小，动力消耗省；但设备大、管道复杂、投资及操作费用较高。

（2）泡罩塔。泡罩塔（图10-10）一般塔体材料采用硬PVC/FRP，设有五块塔板，氯气由塔底进入，浓硫酸由塔顶进入，于是在每层塔板上形成泡沫层，氯气被浓硫酸吸收水分后经塔顶泡罩层除沫后出塔。浓硫酸经过每一层塔板因吸收水分而逐渐被稀释，废酸由塔底流入废酸槽。泡罩塔上面四层为不循环段，下面一层采用强制循环以移走硫酸吸收水分产生的热量，顶层塔板上加设旋流板，增强气液分离，减少浓硫酸液滴被氯气带走的数量。

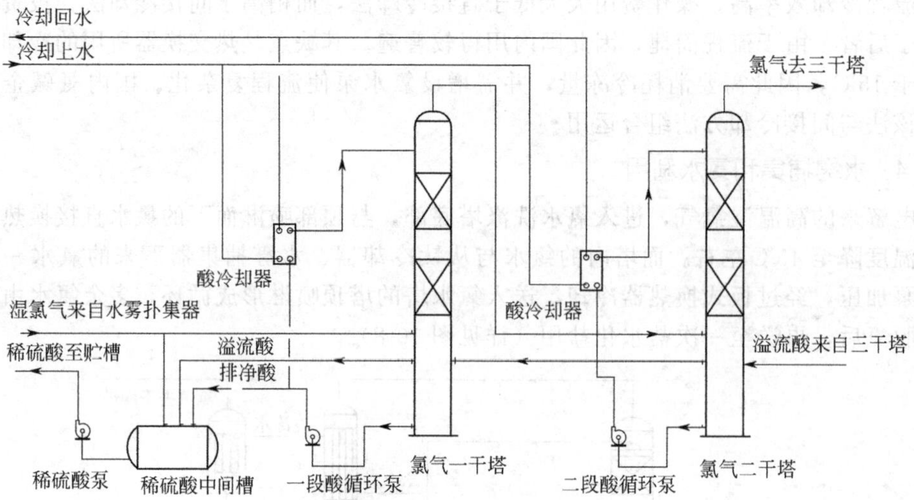

图 10-9 填料干燥塔流程

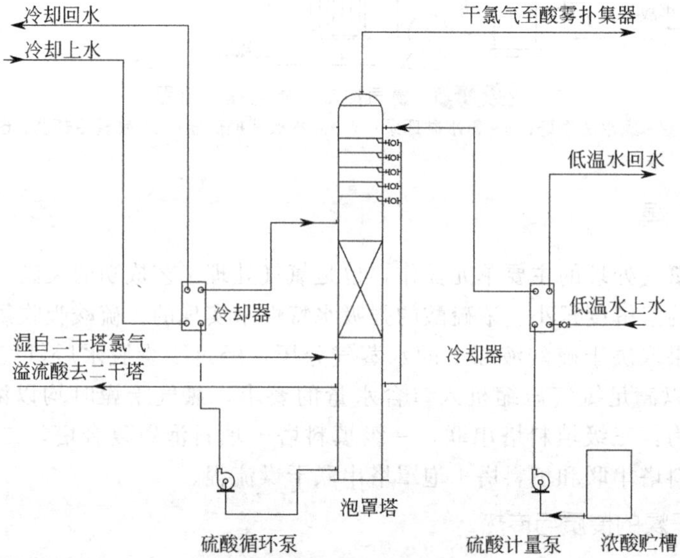

图 10-10 泡罩塔流程

泡罩塔一般要与填料塔联合使用，即氯气经过一级填料塔或者两级填料塔后，再经过泡罩塔。此流程设备体积小、台数少、操作弹性大、流程简单、投资及操作费用低；其缺点是传质的推动力不大，压力降较大。

10.1.4.2 酸雾捕集

氯气离开冷却塔、干燥塔时，往往夹带有液相及固相杂质，因此在进入压缩机前要求尽量除去这些杂质。直接冷却可有效地除去固相食盐，但不能完全除掉水雾。国内在除水雾或酸雾时，一般都采用除雾器，除雾器内有若干个浸渍过“全氟硅油”的玻璃纤维层组成的过滤滤芯。这种“玻璃纤维床层”具有强烈的硫酸、疏水性能。当夹带着酸雾的氯气流径向通过“玻璃纤维床层”时，直径大于 3μm 的“雾粒”具有较大的动能，冲击到“玻璃纤维床层”以后，立即被分离。而小的“雾粒”受到气体分子的碰撞，往不同方向移动，接触纤维表面而被拦截下来。气流的强大拉力使小“液滴”往水平方向移动，而自身的重力又使得“液滴”向下移动，可以100%去除大于3μm的雾滴。采用附瓷环的填料塔、旋流板、丝网过滤器、旋风分离器及重力式分离器等方法也可以除去水雾或酸雾。管式、丝网式填充过滤器是借助具有多细孔通道的物质作为过滤介质，能有效地去除水雾或酸雾，净化率可达94%～99%，而且压力降较小，可用于高质量的氯气处理（见图10-11）。

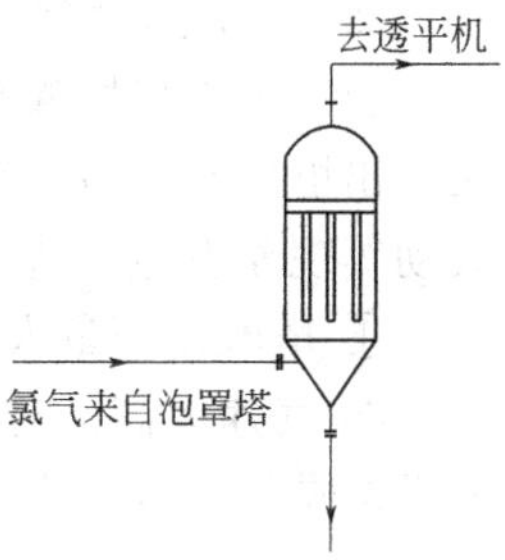

图10-11　酸雾捕集器

10.1.4.3　各工艺比较

氯气脱水干燥的工艺种类较多，主要有三类：

(1) 三级或者四级填料塔串联，适应于系统压降要求低、氯气压缩机压力要求高的工况，要求设备投资和操作费用较高；

(2) 填料塔和泡罩塔串联，该工艺操作弹性大，气相负荷的变化对其干燥效果影响不大，浓硫酸消耗较少，但是压降大，容易造成漏液；

(3) 填料塔和填料泡罩组合塔串联，此工艺和（2）相比较，主要是把填料塔和泡罩塔合二为一，节省占地面积，同时也导致塔体较高。

三种工艺各有千秋，只要设计合理，都能满足生产要求。

10.1.4.4　干燥系统常见故障及排除方法

在氯气处理过程中，干燥是整个处理工艺的关键，其故障最常见，也比较频繁，干燥效果的好坏直接影响到产品质量和设备的使用寿命，因此绝不能忽视。造成干燥后氯气的含湿量偏高的原因有工艺设计上的问题，有设备本身的问题，更有操作上的原因，纵观起来有如下几点可能性。

(1) 出泡罩塔气相温度高。出泡罩塔气温较高，说明是硫酸吸收水的稀释热被气相带出所致，也就是说明浓硫酸移去热量不多，同样的影响到硫酸液面上的水蒸气分压，对传质影响也是显而易见，因而直接影响到氯气的含湿量，硫酸循环量小导致无法移去太多的稀释热，处理方法如下：

① 降低进酸温度。进塔硫酸温度降低，就能在与氯气传质吸收中降低硫酸液面上的水蒸气分压，增加传质推动力，降低进酸温度，只需降低冷却液的温度。

② 调整气液比，加大硫酸循环量。这样可以将稀释热由循环量大的硫酸带出，以降低出塔气相温度。

③ 降低进塔气温。降低进塔气温，含水量自然降低，干燥后稀释热由酸移去，这样液面上水蒸气分压降低，推动力大，自然出塔气温度就降低了。

(2) 出酸浓度过低。出干燥塔浓度实际反映了干燥酸总体浓度，投入传质吸收的干燥酸浓度降低，使传质推动力降低，气液接触达到相平衡的机会就增加，从而影响干燥效果，处理方法如下：

① 需补充进酸浓度；

② 调换循环酸。

(3) 塔阻力降过低。干燥塔（填料塔、泡罩塔）在传质过程中需保持一定的阻力降，因为填料塔中气流需克服逆流接触及填料层阻力所产生的阻力降，泡罩塔中气流需克服各塔板湿板阻力所产生的阻力降。塔阻力降过低是气液比失效或气流与液体接触不良所致，对填料塔而言，喷淋密度小或气量较小，气体走短路，均会使阻力降降低；对泡罩塔来说，液流量过小，干板阻降小，进塔气量小，也会造成塔阻力降过低，处理方法如下：

① 增加气相回流量（泡罩塔），保持合适的气流速度；

② 增加进塔酸量（对填料塔而言，增加喷淋密度），调整气液比。

（4）干燥塔塔板积液。干燥塔（包括泡罩塔、填料塔）塔板积液时出现阻力降明显增大、出塔硫酸明显减少现象，同时有氯压机抽不动、氯气出口压力下降、电解总管正压上下波动等现象发生。造成积液原因大致有以下几种情况：

① 塔酸循环量太大，以致气液比失调。

② 气速太高。对于泡罩塔来说，气速达到雾沫点气速，泡沫层被吹散成雾沫层，严重的雾沫夹带造成阻力大；对于填料塔来说，气速在泛点以上，气流出口近处积液，气流无法通过，塔阻力骤增。

③ 泡罩塔溢流管堵塞或塔板溢流堰过高，造成塔板液层过厚，填料塔底部有堵塞，出酸不畅。

处理方法如下：

① 减少塔酸循环量，调整气液比；

② 降低气量，升大回流；

③ 清理塔板及溢流堰，适当降低堰高。

（5）塔板上无泡沫层。泡罩塔气带应控制在漏液点与液泛点之间，当气速在漏液点以下时，塔板上的液体无法留在塔板上，全部从筛孔中泄漏下来，气液在塔板上以鼓泡形式接触传质，干燥效果极差。其原因有以下几种情况：

① 气量太小，阻力降太低；

② 进酸量少造成塔板上留不住液体，全泄下去；

③ 塔板变形，部分拱起，造成气流走近路。

处理方法如下：

① 增加进塔气量，提高气速；

② 增加进酸量，调整气液比；

③ 塔板整形，停车检修。

10.1.5 稀硫酸的浓缩和循环利用

废硫酸的浓缩回收是许多企业急待解决的问题之一，一方面为了保证正常生产，必须对废酸进行处理（出售或回收）；另一方面，还要解决由此而造成的环境污染问题。目前浓缩硫酸主要有锅式浓缩、燃烧浓缩、真空浓缩等几种。

10.1.5.1 锅式浓缩

在传统的锅式浓缩中，采用锅体加热浓硫酸，冷却后循环使用。其优点是生产工艺简单，投资小，操作简单，出酸浓度可以达到90%以上；缺点是浓缩锅及塔节容易坏，检修频繁，劳动强度大，维修费用高。

10.1.5.2 燃烧浓缩

燃烧浓缩是用燃料燃烧产生的火焰或者烟气直接通入废酸中，以蒸发废酸的水分使硫酸浓缩。易燃气体与空气预先混合在燃烧室内作无焰燃烧，燃烧效率高，燃烧室端部（即喷嘴）浸泡在酸液中，热效率高，耐腐蚀材料用得少。但是喷嘴需要经常更换，不适宜浓缩较高浓度的硫酸。

10.1.5.3 真空浓缩

真空浓缩是在真空状态下用电加热浓缩硫酸，稀硫酸通过洗涤塔洗涤，将原锅式燃料直接改成石英管加热器，搪瓷釜用电加热蒸发，真空浓缩达到需要浓度的成品酸。稀硫酸真空浓缩和其他浓缩方法相比优势明显：首先操作环境好，几乎没有三废的排放；其次采用了多种性能优越的防腐材料，避免了设备腐蚀后的频繁更换，大大降低了劳动强度；再者浓缩系统连续运行，操作人员少，能耗低（见图 10-12）。

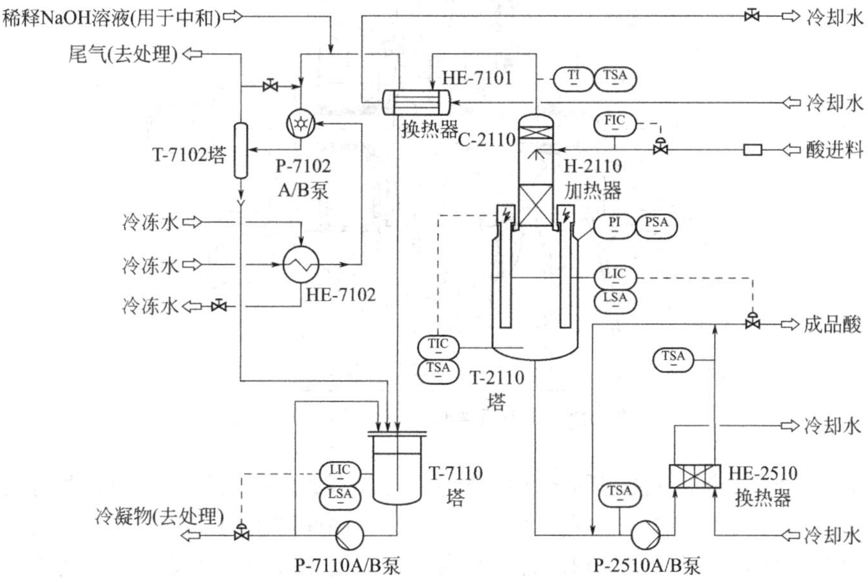

图 10-12 真空浓缩硫酸流程图

10.1.6 氯气压缩输送

10.1.6.1 氯气离心压缩机原理

（1）工作原理。电机（或汽轮机）带动压缩机主轴叶轮转动，在离心力作用下，气体被甩到工作轮后面的扩压器中去。而在工作轮中间形成稀薄地带，前面的气体从工作轮中间的进气部分进入叶轮，由于工作轮不断旋转，气体能连续不断地被甩出去，从而保持了气压机中气体的连续流动。气体因离心作用增加了压力，还可以很大的速度离开工作轮，气体经扩压器逐渐降低了速度，动能转变为静压能，进一步增加了压力。如果一个工作叶轮得到的压力还不够，可通过使用多级叶轮串联起来工作的办法来达到出口压力的要求。级间的串联通过弯通、回流器来实现。这就是离心式压缩机的工作原理。

（2）基本结构。离心式压缩机由转子及定子两大部分组成，结构如图 10-13 所示。转子包括转轴，固定在轴上的叶轮、轴套、平衡盘、推力盘及联轴器等零部件。定子则有汽缸，定位于缸体上的各种隔板以及轴承等零部件。在转子与定子之间需要密封气体之处还设有密封元件。各个部件的作用介绍如下。

叶轮：叶轮是离心式压缩机中最重要的一个部件，驱动机的机械功即通过高速回转的叶轮对气体做功而使气体获得能量，它是压缩机中唯一的做功部件，亦称工作轮。叶轮一般是由轮盖、轮盘和叶片组成的闭式叶轮，也有没有轮盖的半开式叶轮。

主轴：主轴是起支持旋转零件及传递转矩作用的。根据其结构形式，有阶梯轴及光轴两种，光轴有形状简单、加工方便的特点。

平衡盘：在多级离心式压缩机中，因每级叶轮两侧的气体作用力大小不等，使转子受到一个指向低压端的合力，这个合力称为轴向力。轴向力对于压缩机的正常运行是有害的，容易引起止推轴承损坏，使转子向一端窜动，导致动件偏移，与固定元件之间失去正确的相对

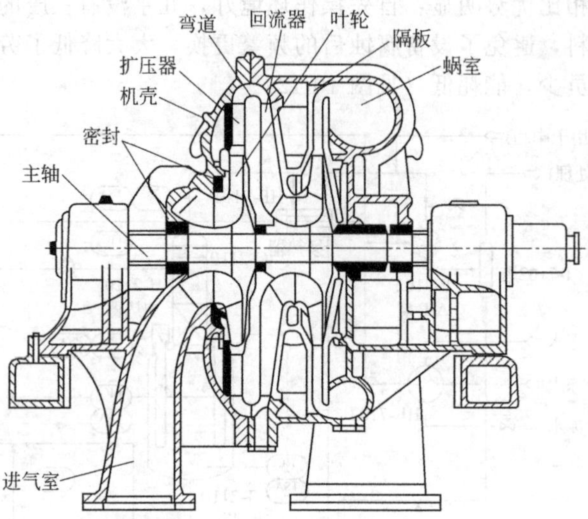

图 10-13 单级离心式压缩机结构原理图

位置，情况严重时，转子可能与固定部件碰撞而造成事故。平衡盘是利用它两边气体的压力差来平衡轴向力的零件。它的一侧压力是末级叶轮盘侧间隙中的压力，另一侧通向大气或进气管，通常平衡盘只平衡一部分轴向力，剩余轴向力由止推轴承承受，在平衡盘的外缘需安装气封，用来防止气体漏出，保持两侧的压差。轴向力的平衡也可以通过叶轮的两面进气和叶轮反向安装来平衡。

推力盘：由于平衡盘只平衡部分轴向力，其余轴向力通过推力盘传给止推轴承上的止推块，构成力的平衡，推力盘与推力块的接触表面，应做得很光滑，在两者的间隙内要充满合适的润滑油，在正常操作下推力块不致磨损，在离心式压缩机启动时，转子会向另一端窜动，为保证转子应有的正常位置，转子需要两面止推定位，其原因是离心式压缩机启动时，各级的气体还未建立，平衡盘两侧的压差还不存在，只要气体流动，转子便会沿着与正常轴向力相反的方向窜动，因此要求转子双面止推，以防止造成事故发生。

联轴器：由于离心式压缩机具有高速回转、大功率以及运转时难免有一定振动的特点，所用的联轴器既要能够传递大转矩，又要允许径向及轴向有少许位移，联轴器分齿型联轴器和膜片式联轴器，目前常用的都是膜片式联轴器，该联轴器不需要润滑剂，制造容易。

机壳：机壳也称汽缸，对中低压离心式压缩机，一般采用水平中分面机壳，利于装配，上下机壳由定位销定位，即用螺栓连接。对于高压离心式压缩机，则采用圆筒形锻钢机壳，以承受高压，这种结构的端盖是用螺栓和筒形机壳连接的。

扩压器：气体从叶轮流出时，仍具有较高的流动速度。为了充分利用这部分动能，以提高气体的压力，在叶轮后面设置了流通面积逐渐扩大的扩压器。扩压器一般有无叶、叶片、直壁形等多种形式。

弯道：在多级离心式压缩机中，级与级之间气体必须拐弯，就需要采用弯道，弯道是由机壳和隔板构成的弯环形空间。

回流器：在弯道后面连接的通道就是回流器，回流器的作用是使气流按所需的方向均匀地进入下一级，它由隔板和导流叶片组成。导流叶片通常是圆弧形的，可以和汽缸铸成一体，也可以分开制造，然后用螺栓连接在一起。

蜗壳：蜗壳主要是把扩压器后或叶轮后流出的气体汇集起来引出机器。蜗壳的截面形状有圆形、犁形、梯形和矩形。

密封：为了减少通过转子与固定元件的间隙的漏气量，常装有密封。密封分内密封、外密封两种。内密封的作用是防止气体在级间倒流，如轮盖处的轮盖密封、隔板和转子间的隔板密封。外密封是为了减少和阻断机器内部的气体向外泄漏，或防止外界空气窜入机器内部而设置的，如机器端的密封。离心式压缩机中密封种类很多，常用的有以下几种。

① 迷宫密封。迷宫密封目前是离心式压缩机用得较为普遍的密封装置，用于压缩机的外密封和内密封。迷宫密封中的气体流动，当气体流过梳齿形迷宫密封片的间隙时，气体经历了一个膨胀过程，压力从左端的 p_1 降至右端的 p_2，这个膨胀过程是逐步完成的，当气体从密封片的间隙进入密封腔时，由于截面积的突然扩大，气流形成很强的旋涡，使得速度几乎完全消失，密封面两侧的气体存在着压差，密封腔内的压力和间隙处的压力一样，按照气体膨胀的规律来看，随着气体压力的下降，速度应该增加，温度应该下降，但是由于气体在狭小缝隙内的流动是属于节流性质的，此时气体由于压降而获得的动能在密封腔中完全损失掉，而转化为无用的热能，这部分热能又加热气体，从而使得瞬间刚刚随着压力降下去的温度又上升起来，恢复到压力没有降低时的温度，气流经过随后的每一个密封片和空腔就重复一次上面的过程，一直到压力为 p_2 为止。由此可见，迷宫密封是利用节流原理，当气体每经过一个齿片，压力就有一次下降，经过一定数量的齿片后就有较大的压降，实质上迷宫密封就是给气体的流动以压差阻力，从而减小气体的通过量。常用的迷宫密封有平滑形、曲折形、台阶形等几种。

② 浮环密封（油膜密封）。浮环密封是靠高压密封在浮环与轴套间形成的膜，产生节流降压，阻止高压侧气体流向低压侧，浮环密封既能在环与轴的间隙中形成油膜，环本身又能自由径向浮动。靠高压侧的环叫高压环，靠低压侧的环叫低压环，这些环可以自由沿径向浮动，但不能转动。密封油压力通常比工艺气压力高 0.05MPa 左右进入密封室，一路经高压环和轴的间隙流向高压侧，在间隙中形成油膜，将高压气封住；另一路则由低压环与轴的间隙流出，回到油箱，通常低压环有好几只，从而达到密封的目的。浮环密封用钢制成，端面镀锡青铜，环的内侧浇有巴氏合金作为耐磨材料，以防轴与油环的短时间接触。浮环密封可以做到完全不泄漏，被广泛地用作离心式压缩机的轴封装置。

③ 机械密封。机械密封装置有时用于小型离心式压缩机轴封上，离心式压缩机用的机械密封与一般泵用的机械密封有不同点，主要是转速高、线速度大、pV 值高、摩擦热大和动平衡要求高等。因此，在结构上一般将弹簧及其加荷装置设计成静止式，而且转动零件的几何形状力求对称，传动方式不用销子、链等，以减小不平衡质量所引起的离心力的影响，同时从摩擦件和端面比压来看，尽可能采取双端面部分平衡型，其端面宽度要小，摩擦件的摩擦系数低，同时还应加强冷却和润滑，以便迅速导出密封面的摩擦热。

④ 干气密封。随着流体动压机械密封技术的不断完善和发展，其重要的一种密封形式螺旋槽面气体动压密封（即干气密封）在石化行业得到了广泛应用。相对于浮环密封，干气密封具有较多的优点：运行稳定可靠、易操作、辅助系统少，大大降低了操作人员维护的工作量，密封消耗的只是少量的氮气，既节能又环保。

轴承：离心式压缩机有径向轴承和推力轴承。径向轴承为滑动轴承，它的作用是支持转子使之高速运转，止推轴承则承受转子上剩余的轴向力，限制转子的轴向窜动，保持转子在汽缸中的轴向位置。

① 径向轴承。径向轴承主要由轴承座、轴承盖、上下两半轴瓦等组成。

a. 轴承座。轴承座是用来放置轴瓦的，可以与汽缸铸在一起，也可以单独铸成后支持在机座上，转子加给轴承的作用力最终都要通过它直接或间接地传给机座和基础。

b. 轴承盖。轴承盖盖在轴瓦上，并与轴瓦保持一定的紧力，以防止轴承跳动，轴承盖用螺栓紧固在轴承座上。

c. 轴瓦。用来直接支承轴颈，轴瓦圆表面浇巴氏合金，由于其减摩性好、塑性高、易于浇铸和跑合，在离心式压缩机中广泛采用。在实际中，为了装卸方便，轴瓦通常是制成上下两半，并用螺栓紧固，目前使用的巴氏合金厚度通常在1～2mm。

轴瓦在轴承座中的放置方式有两种：一种是轴瓦固定不动；另一种是活动的，即在轴瓦背面有一个球面，可以在运动中随着主轴挠度的变化自动调节轴瓦的位置，使轴瓦沿整个长度方向受力均匀。

润滑油从轴承侧表面的油孔进入轴承，在进入轴承的油路上，安装一个节流孔板，借助于节流孔板直径的改变，就可以调节进入轴承油量的多少，在轴瓦的上半部内有环状油槽，这样使得润滑油能更好循环，并对轴颈进行冷却。

② 推力轴承。推力轴承与径向轴承一样，也是分上下两半，中分面有定位销，并用螺栓连接，球面壳体与球面座间用定位套筒，防止相对转动，由于是球面支承或可根据轴挠曲程度而自动调节，推力轴承与推力盘一起作用，安装在轴上的推力盘随着轴转动，把轴传来的推力压在若干块静止的推力块上，在推力块工作面上也浇铸一层巴氏合金，推力块厚度误差小于0.01～0.02mm。

离心式压缩机中广泛采用米切尔式推力轴承和金斯泊雷式推力轴承。

离心式压缩机在正常工作时，轴向力总是指向低压端，承受这个轴向力的推力块称为主推力块。在离心式压缩机启动时，由于气流的冲力方向指向高压端，这个力使轴向高压端窜动，为了防止轴向高压端窜动，设置了另外的推力块，这种推力块在主推力块的对面，称为副推力块。

推力盘与推力块之间留有一定的间隙，以利于油膜的形成，此间隙一般在0.25～0.35mm以内，最主要的是间隙的最大值应当小于固定元件与转动元件之间的最小轴向间隙，这样才能避免动、静件相碰。

润滑油从球面下部进油口进入球面壳体，再分两路，一路经中分面进入径向轴承，另一路经两组斜孔通向推力轴承，进推力轴承的油一部分进入主推力块，另一部分进入副推力块。

氯气属于重于空气的气体，容易压缩且压缩后温升较大，为提高效率和避免氯气温度达到与金属的反应温度，因此根据工艺压缩压力需要，氯气离心式压缩机一般采用多级压缩，级间和末级出口设有间接冷却器，一般采用管式冷却器，使用循环冷却水冷却。氯气离心式压缩机密封采用迷宫密封，由于氯气极易与润滑油反应，因此氯气侧迷宫密封与润滑油密封间必须充分隔离，一般方法是在两密封间有一段轴暴露在大气中，同时在油系统内采用正压氮气保护。

10.1.6.2 液环泵系统

液环泵系统如图10-14所示，其特点是利用硫酸进行冷却循环，带走氯气压缩时产生的热量。因液环泵工作压力不高，压缩产生的热量大部被硫酸带走，而硫酸又由酸冷却器进行冷却，一般氯气出口温度不超过80℃，对碳钢材质的使用是安全的。

出干燥塔的氯气，经液环式压缩机（液环泵）加压至0.15～1.5MPa，并依次经过气液分离器、缓冲器、除沫器，把夹带的硫酸雾沫分离掉后，送往氯气分配台，经调配后送至各用氯部门。出压缩机的硫酸，经气液分离器，进入冷却器降温后，回入压缩机循环使用。当循环酸的浓度小于92%时，需用95%浓度的硫酸更换，换出的酸可供干燥塔用。根据负荷的高低，压缩机可多台并联运转。氯气由于被压缩机抽吸，因此自电解槽、冷却塔、干燥塔至压缩机进口都呈负压，压缩机出口呈正压。为稳定电解槽阳极室内氯气的负压，在压缩机

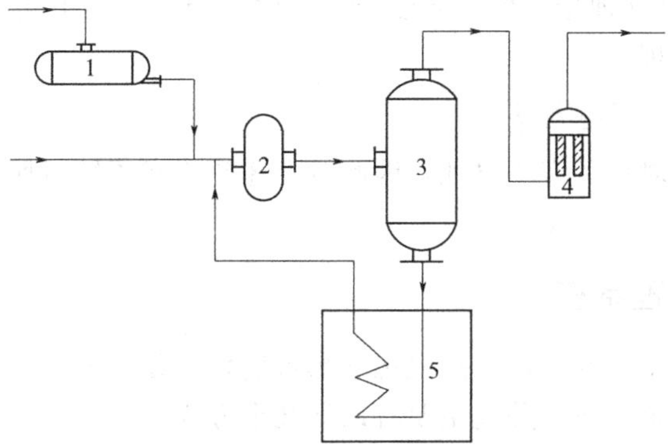

图 10-14 液环泵系统

1—浓硫酸高位槽；2—液环泵；3—硫酸分离器；4—酸雾捕集器；5—硫酸冷却器

的进出口之间，装有氯气压力自动调节装置。

液环式压缩机虽然结构简单，强度好又实用，但由于利用硫酸来推动气体压缩，效率甚低，单位能耗极高，加上长期采用仿制老产品、产能低、密封泄漏严重、污染环境，目前除了 6 万吨/年以下小型氯碱厂应用外，对大、中型氯碱厂来讲基本不能适用。另外，它在压缩、输送氯气过程中，还需要输送硫酸，且氯气中含有较多酸雾，压缩机出口要装酸雾捕集器，以免给后工序带来困难。

10.1.6.3 单轴离心式氯气压缩机系统

单轴离心式氯气压缩机是近 20 余年来在大、中型氯碱厂普遍应用的机组，机组先进、可靠、能耗低、自动化程度高、有独立 PIC 控制。国产单机组能满足 4 万～10 万吨/年规模氯碱厂氯气处理能力，机组可靠、成熟，但开发已有十多年历史，相对引进机组技术能耗要高，但一次性投资较低。近几年某些氯碱厂采用引进机组，单机组可满足 30 万吨/年规模氯碱厂氯气处理能力，机组先进、长期运行稳定、可靠性强、能耗低，但引进机组价格昂贵，宜反复考虑机组性价比，慎重选用。

单轴离心式氯气压缩机是根据工艺操作条件由制造厂进行设计，单轴串联几级叶轮（一般为 4～7 级），两端由可倾瓦式滑动轴承支承、可靠密封系统、外缸体组成机、电、仪一体化机组，气路、油路、水路均设有多路压力及温度控制，主机振动及轴位移的监察、防喘振系统措施完善，同时设回路对气量调节系统均由机组独立 PIC 系统控制，整套控制系统复杂、先进可靠。

单轴离心式氯气压缩机一般采用高压电机带动。

单轴离心式氯气压缩机密封系统由于压缩机压力低，一般均采取两段碳环密封结构，中间加氮封，氮气压力稍高于压缩机内部氯气压力 0.01～0.015MPa 即可。

10.1.6.4 多轴离心式氯气压缩机系统

该种氯气压缩机是近十余年来我国厂家利用多轴式空气压缩机加上一套密封系统和一套控制系统形成的多轴离心式氯气压缩机产品。

多轴离心式氯气压缩机是由电机带动一个大齿轮，由大齿轮带动小齿轮（叶轮轴），叶轮轴上的叶轮即压缩机的每级叶轮，根据每级叶轮压缩比不同、叶轮直径不同，其转速也可不同，有些可达 10000r/min，由于转速高对小齿轮轴精度要求高，材料强度及硬度也要求高，否则对其寿命及整机噪声、振动均有影响。

目前国产多轴离心式氯气压缩机技术开发能力及进展较缓慢，单机组能力可达 4 万～6

万吨/年规模氯碱厂氯气处理量，但产品质量尚有些不稳定，一般需备机或备叶轮轴，选择应用有待考察后慎重处理。

10.1.6.5 氯气压缩机用密封气体

干燥氯气含水就会对设备产生腐蚀，因此对上述离心式压缩机所用密封气体含水量必须有明确规定，不宜大于 50mg/kg。

10.1.7 氯气紧急处理系统

氯碱生产系统开停车过程中或事故状态下都可能发生氯气外逸而造成人员中毒、植物破坏、污染环境等严重后果。氯气外逸主要有以下几个方面：

(1) 氯气压缩机开停车需置换的低浓度氯气；

(2) 由于氯气压缩机机组跳闸或操作不当造成离子膜电解氯气总管氯气正压，通过氯气正安全水封外溢的事故湿氯气；

(3) 离子膜电解来的废氯气以及真空脱氯岗位不正常时产生的废氯气；

(4) 液氯液下泵密封气以及液氯钢瓶包装产生的尾气；

(5) 液氯氯气分配台和氯气压缩机由于管道或设备原因造成外溢的事故氯气；

(6) 来自氯化氢工序的事故氯气；

(7) 其他原因造成氯气的逸出。

为预防氯气外逸、减小对环境的不良影响，可在电槽出口、氯气处理之前设置事故氯气处理装置。事故氯气处理装置一般由事故风机、填料吸收塔、碱液循环槽、应急碱液高位槽等设施组成。

10.1.7.1 氯气紧急处理方法

外逸氯气通过风机抽吸，进入填料吸收塔，用 15%～16%的稀碱液吸收。碱液由填料塔底流出至吸收碱液低位槽，再经吸收碱液循环泵输送至吸收碱液冷却器冷却，移走反应热后，返回塔顶，未被吸收的氯气再通过尾气塔进行处理。尾气排放大气，氯气浓度要小于 8mg/kg，排放高度高于地面 25m。事故风机为应与氯气泄漏报警仪联锁启停，维持废氯气总管的负压，保证装置正常运行时装置中产生的废氯气有足够推动力进入事故氯处理装置。当动力供电全部中断、碱液循环泵不能启动时，吸收碱高位槽出口管线上的切断阀自动打开，碱液靠位差直接向塔内喷淋。吸收碱高位槽所储存的液碱量需考虑能够完全吸收动力电无法供应时的系统内的全部氯气，同时应有一定的余量。

10.1.7.2 氯气吸收的传质和传热

用氢氧化钠溶液吸收氯气是放热反应，制成次氯酸钠溶液，化学反应如下：

$$2NaOH + Cl_2 \longrightarrow NaOCl + NaCl + H_2O \qquad (10\text{-}1)$$

从化学反应方程式可以看出，0.454kg 氯气与 0.512kg 氢氧化钠反应，生成 0.477kg 次氯酸钠。

在烧碱溶液吸收氯气的过程中，还会发生如下副反应：

$$3NaOCl \longrightarrow NaClO_3 + 2NaCl \qquad (10\text{-}2)$$

$$2NaOCl \longrightarrow 2NaCl + O_2 \qquad (10\text{-}3)$$

事故氯处理装置运行时，一个非常重要的原则就是要保证有一定的过碱量，一旦氯气过量，会生产 HClO，同时促进生成氯酸盐的副反应，化学反应如下：

$$NaOCl + Cl_2 + H_2O \longrightarrow 2HOCl + NaCl \qquad (10\text{-}4)$$

生产氯酸盐的反应如下：

$$2HOCl + NaOCl \longrightarrow NaClO_3 + 2HCl \qquad (10\text{-}5)$$

其中式（10-5）的反应速率要高于反应式（10-2），式（10-5）反应生成的 HCl 会与次氯酸根形成 HClO，因此过量氯的存在会加速氯酸盐的生成。该反应是一个放热反应，会对吸收塔产生不利的影响。因此需要特别注意的是，如果过量的氯气进入吸收塔，引起次氯酸钠的分解，反应（10-3）的将越发显著，生产蒸汽和氧气在填料塔中产生大量气泡、造成液泛，使填料塔无法继续吸收氯气。因此必须保证有一定的过碱量，以避免上述情况发生。

氯气紧急处理系统设计和运行中必须要考虑的另一个重要因素就是温度。在碱液吸收氯气的过程中产生大量的热，主要反应及生成热如下：

主反应：$2NaOH + Cl_2 \longrightarrow NaOCl + NaCl + H_2O \qquad -1.456kJ/gCl_2$

次氯酸钠的分解热：

$$3NaClO \longrightarrow NaClO_3 + 2NaCl \qquad -436J/gNaClO$$

$$NaClO \longrightarrow NaCl + \frac{1}{2}O_2 \qquad -782J/gNaClO$$

反应热通过碱液循环冷却器移走，设计中必须针对不同的情况进行分析，合理设计循环冷却器的换热面积以及选取合适的冷却工艺介质。

10.1.7.3 氯气紧急处理系统的自动控制

氯气紧急处理系统采用两路电源供电和一系列的自动控制手段，确保处理装置的有效、可靠。一般来讲，事故氯气处理装置设有专用电源（或称为“安全电源”），并且采用常用电源与备用电源自动联锁切换，确保处理装置的全天候、长周期运行。常用的控制手段如下：

(1) 常用电源与备用电源自动联锁切换，确保装置用电安全，确保处理装置始终处于受电状态、正常的运行状态，随时准备处理可能发生的突发事故。

(2) 电解槽与氯气压缩机组自动联锁，确保电解槽与氯气压缩机始终保持同步运行、同步停车状态（这一联锁，实际上就是电解槽的直流供电系统与氯气离心式压缩机组的运行与停车联锁）。

(3) 氯气压缩机组与事故氯气处理装置自动联锁，也就是说机组一停，装置就启动（处理装置的运行就是碱液循环泵与尾气鼓风机同步启运）。

(4) 事故氯气处理装置对于引进离子膜电解装置来说必须整天运行。一般情况下，处理装置与电解槽氯气总管的压力联锁（也就是水封冲破之前）。

10.1.7.4 氯气含水测量

氯气输送、压缩、储存均需要较低的含水量，通常小于 200mg/kg，含水量超标会引起金属管道或设备腐蚀加快。常规化验室分析利用了 P_2O_5，该分析方法在氯碱工厂被大量使用。但是此种微水分析方法受外界取样条件干扰较大，氯气含水量分析结果要大于实际含水量，而且测试分析时间较长。近几年，在线氯气含水分析在一些工厂得到应用。在线分析微水具有实时、连续、不受外界干扰等优点，特别是在一些大型离心式压缩机、液环压缩机等对氯气含水要求较高的场合常见使用，其中，离心式压缩机要求含水量$\leqslant$50mg/kg，液环式压缩机要求含水量$\leqslant$200mg/kg。

氯气内微水的分析方法常见激光微水分析法和电解法（GB/T 5832.1—2016）。

激光微水分析法原理为比耳-朗伯定律：吸光度与吸收物质（如 H_2O）的浓度之间呈线性关系，对于水选择吸收近红外光谱。光学方法受到的干扰较大，发射和接收探头不能受到样气污染，特别是杂质和有色气体影响较大，需要高纯氮气吹扫，测量的可靠性和稳定性受到影响。

电解法微量水测量原理是微库仑法拉第定律。电解法是绝对测量，保证传感器 P_2O_5 涂层以及进样流量准确，即可准确测量微量水。P_2O_5 传感器利用电解水分子为氢气与氧气的原理，该传感器由一个玻璃材质（或 PVDF）的圆柱和两根并行的电极组成，根据具体应用来选择电极材质（通常由铂或铑金属丝制成），并在两根电极之间涂有很薄的一层磷酸膜层，在两电极之间出现的电解电流，使酸中的水分分解为 H_2 和 O_2，此过程的 P_2O_5 是强吸湿性物质，因此从样气中吸收水分，通过连续的电解过程，最终在样气的水分含量与电解后的水分之间建立平衡，电解电流与样气的水分含量成比例，信号经过放大器处理后显示并读出数据，现场数字显示趋势记录并远传到 DCS 显示记录报警。仪器由取样单元、预处理单元、分析单元三部分组成。操作时在氯气管道安装粗过滤器滤掉杂质、三氯化铁、酸泥等，通过 PFA 软管连接到样气处理单元。样气处理单元由抽吸器、精细过滤器、流量计（带流量报警接点）传感器等组成，以保证流经分析仪传感器的气体洁净且流量、压力稳定。

电解法在线分析要使测量氯气不得达到水的冷凝温度，预处理杂质含量不得超标，需要几个月进行一次探头的再生工作。

10.2 氢气处理

10.2.1 概述

电解槽出来的氢气，需要进行处理。因为氢气是从阴极室出来的，其温度稍低于电解槽槽温，并含有水蒸气，同时还带有盐及碱的雾沫。

氢气处理系统主要完成氢气的洗涤、冷却、干燥、压缩增压四个生产步骤，生产过程中进行氢气的冷却和洗涤。这两个操作常在一台称为水洗塔的设备内进行。水在塔内喷洒，与自下而上的湿热氢气相遇，便可洗去大部分的盐碱和其他固体物质，同时降低氢气的温度，使其中大部分水蒸气得以冷凝除去。氢气干燥是通过一定手段降低氢气中的含水量，便于氢气输送和使用。氢气压缩是冷却后的氢气经氢气压缩机压缩到一定的压力后经氢气分配台送至下游用户。

为了保持电解槽阴极室内的压力稳定并不使其在氢气系统内比环境呈现负压，保证空气不被吸入而造成危险，在氢处理系统中设有电槽氢气压力调节装置及自动放空装置。

10.2.2 物料性质

氢气：化学品中文名为氢，氢气；化学品英文名为 hydrogen；CAS 登录号为 7782-50-5。

10.2.2.1 理化特性

外观与性状：无色无臭气体。

相对密度（水=1）：0.07（−252℃）。

相对密度（空气=1）：0.07。

熔点：−259.2℃。

沸点：−252.8℃。

燃烧热：241.0kJ/mol。

临界温度：−240℃。

临界压力：1.30MPa。

爆炸上限：74.1%。

爆炸下限：4.1%。

引燃温度：400℃。

最小点火能：0.019MJ。

最大爆炸压力：0.720MPa。

饱和蒸气压：13.33（−257.9℃）kPa。

溶解性：不溶于水、乙醇、乙醚。

主要用途：用于合成氨和甲醇等，石油精制，有机物氢化及作火箭燃料。

10.2.2.2 稳定性和反应活性

稳定性：稳定。

聚合危害：不聚合。

避免接触的条件：光照。

禁配物：强氧化剂、卤素。

10.2.2.3 性质及其危害

氯气与氢气能形成爆炸性气体混合物，混合气体中氢含量为3%～15%（体积分数）时即着火燃烧；有时压力升高，含氢15%～83%（体积分数）时燃烧并伴有爆炸，因此在电解生产过程中应防止氯气中混入氢气。

氢气的压力由安装在氢气主管线上的压力计进行控制，为了使氢气和氯气之间保持一定的压差，由氯气压力计进行串级式控制。生产装置中对氢气系统、氯气系统、电解槽压差、整流器电压等均设联锁。

氢气与空气混合爆炸及防范：

氢气的危险性类别：第2.1类易燃气体。

侵入途径：吸入、食入、经皮吸收。

健康危害：氢气在生理学上是惰性气体，仅在高浓度时，由于空气中氧分压降低才引起窒息。在很高的分压下，氢气可呈现出麻醉作用。

氢气与空气易形成爆炸性混合气体，氢气爆炸极限为4.1%～74.1%（体积分数）。电解槽断电时，若产生电火花易引起电解槽失火。氢气放空、受雷击时可引起火灾。

燃爆危险：氢气易燃。

10.2.3 氢气的冷却

10.2.3.1 直接冷却洗涤流程

直接冷却洗涤流程是以工业水在填料式氢气洗涤塔内直接喷淋洗涤氢气，以降低湿氢气的温度。因水与氢气直接接触传热，冷却水吸收氢气后形成含氢废水，直接排入地沟。该法不但生产水耗量大，而且产生大量废水，致使大量废水进入下水道，腐蚀管路、污染环境。用于喷淋塔冷却的冷却水是新鲜的自来水，用后直接排入地沟，这不但造成了大量水资源浪费，还由于电解来的湿氢气夹带着含碱水雾（pH 9～11），其碱性物质与自来水中的Ca^{2+}、Mg^{2+}反应生成不溶的$CaCO_3$及$Mg(OH)_2$，在塔的喷嘴及水环泵的叶轮和泵叶轮凸端部间隙处结垢，造成经常性换喷嘴和换泵，最多时每月换3～4次，从而造成了生产不稳定、工人劳动强度大。因此尽管这种工艺设备投资少、操作简单、冷却效率高，但由于它的致命缺点，该工艺目前已很少有用，我国原先采用直接冷却流程的氯碱厂均被间接冷却流程所代替。氢气直接冷却洗涤流程如图10-15所示。

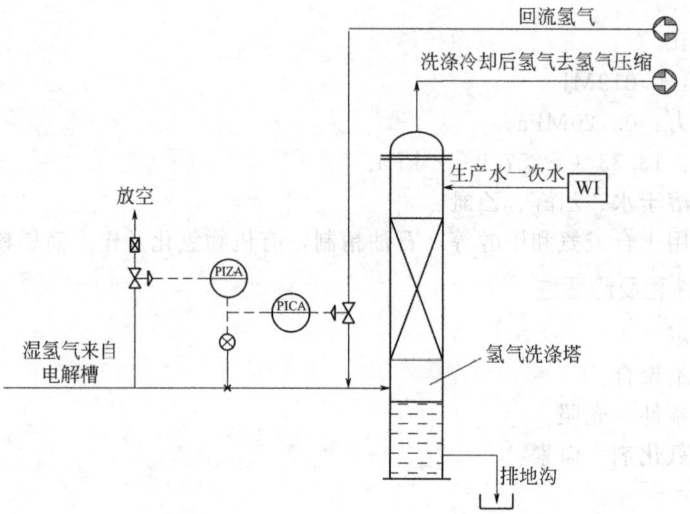

图 10-15 氢气直接冷却洗涤流程示意图

10.2.3.2 间接冷却和能量回收工艺

电解槽操作温度为 85～90℃，其副产的氯气和氢气带有大量的伴生蒸汽，两者所带出的热量在 2.1GJ 以上（以生产 1t 100%烧碱计）。出槽氯气需要冷却干燥才能输送给用户，直接用钛管冷却器冷却，不仅不能回收这部分热量，还浪费大量冷媒；若利用此热量预热入槽精盐水，既节省蒸汽，又节省冷却用水。20 世纪 80 年代初，上海天原化工总厂、上海氯碱电化厂、葛店化工厂、广州化工厂等氯碱企业将出电解槽的氯气和氢气与进槽盐水进行热交换，生产 1t 烧碱的汽耗降低 150～200kg。意大利 DeNora 公司和日本 CEC 公司的离子膜电解技术均有氯气余热利用工艺。如将出槽氯气温度从 85℃降至 70℃左右，则 6 万吨/年烧碱装置由氯气回收的热量相当于 0.4MPa 低压蒸汽 0.36t/h 的热量，用于预热精盐水，节约费用 21 万元/年，且节省冷却氯气用的循环冷却水约 $70m^3/h$，经济合算，工艺合理。因此，同氯气回收热量一样，很多工厂也将氢气热量回收，与盐水换热，这样冷却器材质采用碳钢就可以，降低了投资。

出电解槽的高温湿氢气先经盐水-氢气换热器将外界来的一次盐水冷却至 55～60℃，回收氢气中的热量，再进入第二级冷却器以冷冻水冷却至 12～15℃，然后经水雾捕集器除水雾。该流程操作简单、易于控制、操作费用低、氢损失少，但冷却干燥效果较差，该法目前与其他方法综合运用，见图 10-16。

10.2.3.3 闭路循环氢气直接冷却流程

电解来的温度约 85℃的高温湿氢气经氢气洗涤塔用氢气洗涤液泵送入塔内，并通过氢气洗涤液冷却器换热至温度约 37℃的氢气洗涤液逆向接触洗涤降温至 45℃，冷却后氢气由液环式氢气压缩机再送入氢气冷却器，与 5～7℃低温水进一步间接换热，湿度降至约 35℃。氢气降温除水后经水雾捕集器送至氢气分配台，干燥氢气由氢气分配台送至下游用户。氢气冷凝液自冷却器流入氢气洗涤塔，由氢气冷凝液泵送往一次盐水工段，流程如图 10-17 所示。

10.2.3.4 水雾捕集和水利用

氢气水雾捕集的原理和作用与氯气水雾捕集原理和作用相似，只是设备材质略有不同，因此在此不做详细描述。

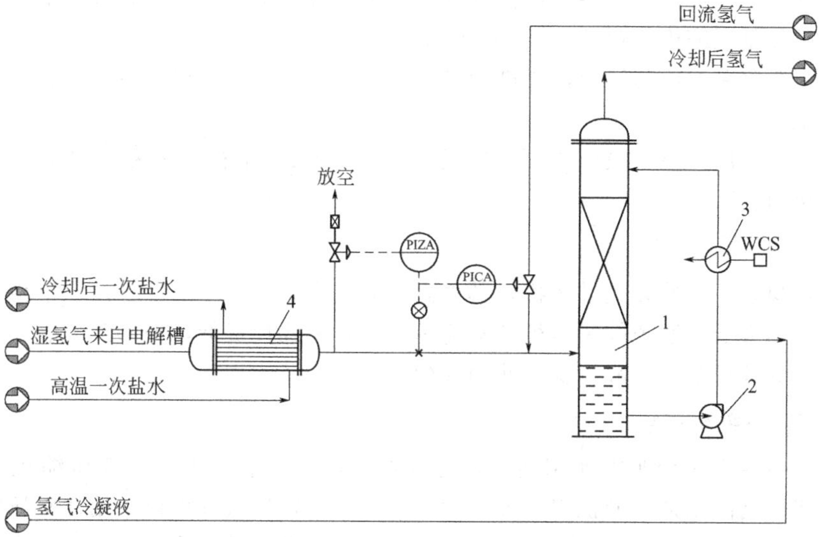

图 10-16 间接冷却和能量回收工艺流程示意图

1—氢气洗涤塔；2—氢气洗涤液循环泵；3—氢气洗涤液冷却器；4—氢气-盐水换热器

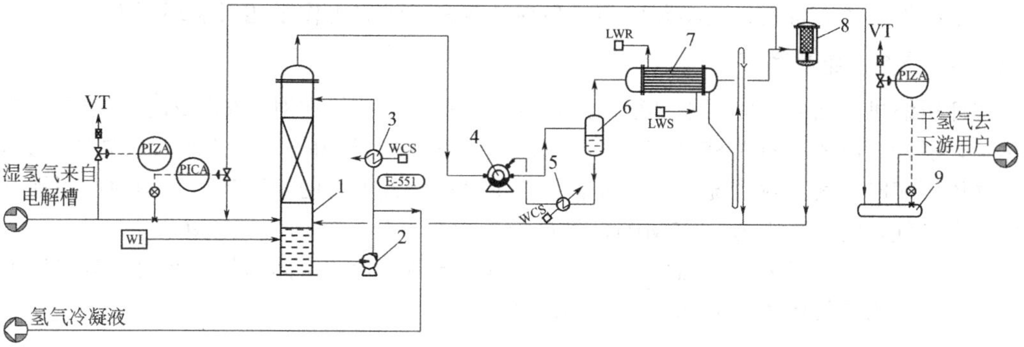

图 10-17 闭路循环氢气直接冷却流程示意图

1—氢气洗涤塔；2—氢气洗涤液循环泵；3—氢气洗涤液冷却器；4—氢气压缩机；5—氢气泵冷却器；
6—气液分离器；7—氢气冷却器；8—氢气除雾器；9—氢气分配台

氢气处理产生的碱性冷凝水，主要来自离子膜电解槽正常运行时进入阴极室的纯水一部分发生了电解反应，另一部分在强制循环及高温（温度约为 90℃）的情况下成为水蒸气随生成的 H_2经管道进入。因此该碱性冷凝液除了溶解部分 NaOH 及夹带极少量的 H_2外，几乎无其他杂质，pH 值约为 10，温度<40℃。根据上述分析，该碱性冷凝液可用于一次盐水化盐和代替纯水用于配制一次盐水精制剂 NaOH 及 Na_2CO_3。

氢气处理工序在开停车时加入氢气洗涤塔的洗涤冷却水是生产用水，如果回收使用这部分碱性冷凝液，虽然生产用水的使用量不大，但仍会给盐水带入新的杂质，因此如用该碱性冷凝液代替纯水用于配制一次盐水精制剂 NaOH 及 Na_2CO_3，可把生产用水改为纯水（不会引起生产成本的大幅提高）。

10.2.4 氢气压缩输送

10.2.4.1 液环泵系统

液环泵是传统设备，应用于氯碱项目。液环泵对危险性大的易燃易爆气体安全性好，且结构简单、可靠、易损件少、一次性投资少，但由于有水推气体压缩，效率低，比处理相同能力氢气所用往复压缩机能耗高50%～60%。

采用液环泵宜采用成套供应模式进行采购，包括主机、驱动机、冷却器、泵、内部连接管道、电仪配置等。

目前国内机组液环泵一级压缩压力能达到45～50kPa左右，压力需大于50kPa时可以用两级串联机组。

10.2.4.2 罗茨鼓风机系统

罗茨鼓风机是一种旋转式鼓风机，其最高压力只有70kPa。在目前大、中型氯碱装置上的氢气输送压力太低，罗茨鼓风机虽结构简单、设备采购投资低，但噪声大、密封效果不太好、安全性不如液环泵，一般情况下使用甚少。

10.2.4.3 往复压缩机系统

往复压缩机在石化行业中使用甚广，尤其在石油加氢装置上，氢气压缩机压力已达到7～9MPa。我国已能制造大型机组，大、中型氯碱装置输送氢气可以采用往复压缩机组，节能效率高，安全可靠，但一次性设备投资较高，厂房及基础较为庞大、复杂。在选用液环泵或往复压缩机方面，各厂以性价比综合比较后再确定选用。

选用往复压缩机时必须采用无油润滑往复压缩机，活塞速度<3.5m/s，另外往复压缩机一般情况下需要有备机，且实际使用时易损件较多，维修工作量相对液环泵大。

10.2.4.4 螺杆压缩机系统

螺杆压缩机在国内的使用不是很广泛，主要是螺杆压缩机在对气体压缩过程中会产生大量热量，螺杆表面要喷有关液体来冷却和润滑（一般采用油和水）。另外，对易燃、易爆、有害气体压缩时，其密封系统要安全可靠。对于氯碱装置下游的苯胺项目，国内已用螺杆压缩机输送氢气，输送压力为0.25MPa，气量为12000m^3/h，使用情况良好。

输送易燃、易爆气体时，螺杆压缩机采用两段碳环密封，中间通氮气密封，氮气压力稍比螺杆压缩机出口气体压力大0.01～0.015MPa。

10.2.5 氢气干燥

10.2.5.1 氢气干燥的传质与传热

氢气干燥是为了降低氢气中的含水量，一是满足下游用户用氢的要求，二是在我国北方及西部地区因冬天气温较低，需将氢气中的水降至最低限，避免输送系统冻结。目前，氢气干燥有固碱干燥和冷冻干燥两种形式。

10.2.5.2 固碱填料塔

固碱填料塔是利用片碱的吸收特性，当含水氢气通过固碱填料塔后，水分被片碱吸收，氢气得到干燥。为保证吸收效果，一般是两个固碱填料塔串联使用，当片碱水分达到一定含量后，更换片碱。该工艺投资大，片碱消耗量高，同时需要经常更换片碱，劳动强度大，而且填料形式是将片碱杂乱地堆放在塔板上。更换片碱时会发现片碱吸水后凝固成一个整块，内部没有空隙，氢气无法通过，只能走片碱与塔壁的空隙，随着时间的增长，空隙越来越大，氢气直接经空隙通过固碱干燥塔，水基本上不被吸收，因此该工艺目前使用较少或与冷冻干燥配合使用。

10.2.5.3 低温干燥

低温干燥是用低温（5℃）水冷却氢气，使氢气中的水蒸气被冷凝。该工艺操作简单、投资相对较小、工人维修强度小，但需要用低温（5℃）冷冻水，因此要消耗一部分电能，但由于其工艺简单、操作方便，被工厂广泛使用。

10.2.6 各工艺比较

通过对“氢气冷却”和“氢气干燥”两部分内容的介绍，我们可以了解到氢气直接冷却洗涤工艺的生产水消耗量大、废水量大、劳动强度大，不宜采用，间接冷却流程回收了能量，闭路循环氢气直接冷却流程则减少了用水量、易操作，以上两种方法宜选择采用或联合使用。

在氯碱项目上的氢气干燥，由于冷冻干燥工艺简单、操作方便，较固碱干燥较好，宜使用。

10.2.7 氢气输送安全

10.2.7.1 氢气输送静电防护

（1）氢气流动或大量泄漏，产生静电荷积聚。当两种不同性质的物体相互摩擦或接触时，由于它们对电子的吸引力大小不同，在物体间发生电子转移，使其中一物体失去电子而带正电荷，另一物体获得电子而带负电荷。如果产生的静电荷不能及时导入大地或静电荷泄漏的速度远小于静电荷产生的速度，就会产生静电荷的积聚。氢气不易导电，能保持相当大的电量。

① 氢气在管线中流动时产生静电荷。当氢气在管线中流动时会形成气体与固体接触分离的条件，这种现象的连续发生，就会产生静电。如果氢气管道没有接地或接地不良，就会积聚一定量的静电荷。

② 氢气泄漏时产生大量静电荷。当氢气从管道中大量泄漏喷出时，氢气和管道破裂部位急剧摩擦，迅速接触与分离的过程产生高静电压。接触时，在接触面形成偶电子层；分离时，偶电子层的一层电荷被带走，另一层电荷留在喷口处。如果管道喷口处接地不良，就会使喷泄的氢气和喷口处分别带上大量不同符号的静电荷。当静电荷积聚到一定量时，就会击穿空气介质对接地体放电，产生静电火花。

（2）高温物体表面。氢气的引燃温度是560℃，氢气泄漏时遇到设备管道等560℃以上的物体外表面就会燃爆。虽然高温设备管道都进行了防腐保温处理，但阀门外露部分和其他保温残缺之处还是存在的。

（3）电气火花。在可燃气体中，氢气的点火能量是最低的，只有0.019mJ（这个能量相当于一枚订书钉从1m高处自由落下时的能量）。电线绝缘不良、接头不实、不防爆电气开关和电气设备产生的电火花均能引爆氢气。

（4）人身静电。据实测，人在脱毛衣时可产生2800V的静电压，脱混纺衣服时可产生5000V的静电压。当一个人穿着绝缘胶鞋在环境湿度低于70%的情况下，走在橡胶地毯、塑料地板、树脂砖或大理石等高电阻的地板上时，人体静电压高达5～15kV。尼龙衣服从毛衣外面脱下时，人体可带10kV以上的静电压，穿尼龙羊毛混纺衣服再坐到人造革面的椅子上，当站起时人体就会产生近万伏的静电压。穿脱化纤服装时所产生的静电放电能量也很可观，足以点燃空气中的氢气。当人体对地静电压为2kV时，设人体对地电容为200pF，则人体静电放电时所产生的能量为：$E=(1/2)CV=0.4\mathrm{MJ}$，这比氢气的最小点火能量0.019MJ高出很多倍，这个能量足以引爆氢气（人能感觉到的最小火花能量约为1MJ）。

10.2.7.2 氢气防爆

氢气点火能量仅需0.019mJ。氢气和空气形成的可燃混合气遇静电火花、电气火花或560℃以上的热物体等点火源，就会发生燃烧爆炸；如果可燃混合气的浓度达到18.3%～

59%，就会发生爆轰现象。发生爆轰时，高速燃烧反应的冲击波，在极短时间内引起的压力极高，这个压力几乎等于正常爆炸产生的最大压力的20倍，对建筑物能在同一初始条件下瞬间毁灭性摧毁，具有特别大的破坏力。

(1) 工艺上采取的氢气防爆措施。氢气与空气也极易形成爆炸性混合气体，氢气在空气中的爆炸极限为4.1%～74.2%（体积分数）。因此必须保证氢气系统严密性，严防负压操作，杜绝空气混入氢气中形成爆炸性混合物。在电解至氢气处理的湿氢气总管上、氢气压缩机出口管至氢气冷却器的回流管线上，设置氢气压力显示、调节、联锁和报警仪表并与DCS系统实时通信。电解与氢气压缩机之间设置安全联锁停车系统。

在电解至氢气处理的湿氢气总管上设氢气正水封槽以维持电解槽运行的压力稳定，同时阴极侧与阳极侧保持一定的压差。如果氢气系统的压力一旦超限，泄压氢气直接进入放空管线经氢气阻火器高空排放。在氢气分配台的氢气放空管线上设氢气放空液封槽，氢气经液封槽、氢气阻火器后高空排放。开、停车前用氮气对氢气系统进行置换。

(2) 建筑防火要求。氢气处理采取半露天布置，以减小火灾爆炸的危险性。房屋应有防雷设施，氢气放空管上有阻火器并应高出管顶3m以上。

(3) 管道系统的防火要求。设备和管道应不泄漏，特别是氢气系统，要防止空气进入负压设备、容器和管道。

(4) 严格控制空气中氢气浓度。定期分析车间空气中氢气浓度，其值应低于0.15%。室内应通风良好，任何情况下不得向室内排放氢气。氢气放空管应伸出屋顶，并在氢气管上安装阻火器。

(5) 妥善处理氢气管道着火事故。氢气总管、支管着火时，不应停电，应设法切断氢气气源，扑灭火焰；或通入惰性气体、水蒸气灭火。为防止火灾蔓延扩大，氢气系统应设置必要的水封和阻火器等安全装置。

(6) 严格执行施工动火制度。设备和管道动火前必须先切断氢气源，确保氢气体积分数在0.5%以下，并做好防护应急措施，确认无误后方可动火。严禁在氢气管道的5m之内动烟火。在氢气厂房30m内禁止存放易燃物和爆炸物，厂区严禁吸烟和明火。

(7) 消除杂散电流，避免产生火花。杂散电流漏电积累的预防，一般采用引流的方法引出电荷，使设备、管道对地电压始终为0，从而消除杂散电流漏电积累的可能。

氢气处理系统防静电措施：该系统所有电器、设备、管道必须接地，以消除静电；管路法兰螺栓采用铜丝接地，以消除静电；氢气管道内的氢气流速严格控制，以防产生静电，从而避免因静电而引起氢气燃烧爆炸事故。

(8) 氢气处理系统。所有电器（如照明、电机等）和仪表均应采用防爆型或有防爆措施，检修氢气设备要使用防爆照明灯具。

(9) 氢气处理工序。开车前要对系统设备管路充氮0.5h左右，取样分析设备、管路中气体含氢不超过3%为合格。各氢气用户从排氮口取样分析，以气体中含氢不超过3%为合格，充氮合格后方可准备开车。

参考文献

[1] 方度，蒋兰荪，等．氯碱生产技术．北京：化工部化工司，1985.
[2] 方度，蒋兰荪，吴正德．氯碱工艺学．北京：化学工业出版社，1990.
[3] 程殿彬．离子膜法制碱生产技术．北京：化学工业出版社，1998.
[4] [日] 碱工业协会．碱工业手册．江苏氯碱协会译．化工部锦西化工研究院，1986.
[5] 北京石油化工工程公司．氯碱工业理化常数手册．北京：化学工业出版社，1988.
[6] 杰克逊C，沃尔K. 现代氯碱技术．北京：化学工业出版社，1990.

11 氯化氢合成和纯酸系统

11.1 概述

盐酸是氯化氢的水溶液，在自然界仅偶然发现于火山喷气中，在哺乳动物的胃液中亦有微量存在（犬胃液中含3%氯化氢）。

盐酸是由15世纪意大利人所创制，但这种水溶液在此时代以前就为古老炼金术士所使用。当时盐酸是将食盐和硫酸铁蒸馏发生的气体溶解于水中而成。1656年Glauber发明用硫酸分解食盐的制法。1772年Priestly最先捕集到氯化氢气体制得纯盐酸，并试验其性质。1810年Davy证明其为氯和氢的化合物。

1791年法国的Nicolas Leblanc获得制碱法的专利，并建设工厂。该法用硫酸钠、石灰石和煤制造纯碱，并副产盐酸。开始时副产的氯化氢气体用150m高的烟囱排放到空中，严重妨碍了四周植物的生长。William Gossage于1836年采用焦炭为填料的洗涤塔回收此气体，以减少其对工厂周围环境的影响。英国在1863年颁布了世界上第一个有关环境保护的碱工业法规，限令各工厂必须回收95%的氯化氢气体，并规定排出气体中氯化氢含量不得超过0.454g/m³。据1912～1916年的调查，英国工厂的盐酸回收率已达到97.9%～98.81%。

早期盐酸的用途不大，市场需要量很少。由于纺织工业的发展需要大量的漂白粉，因此大量的盐酸被用来制造氯气，作为生产漂白粉的原料。当时制造氯气主要是用二氧化锰来氧化盐酸：

$$MnO_2+4HCl \xlongequal{} MnCl_2+Cl_2+2H_2O$$

这样不但浪费了一半的氯气，而且二氯化锰没有工业用途，生产成本很高。通过1866年的Weldon法和1870年的Deacon法提高了氯气回收率和原料的利用率，大大降低了成本，满足了当时英国纺织工业发展的需要。

自1895年食盐电解法制氯和烧碱工业化以来，盐酸可以用电解产生的氯和氢直接合成。第一次世界大战（1914～1918年）后各国纷纷调整其工业结构，1923年英国最后一家Leblanc法盐酸工厂关闭，盐酸的生产逐渐由直接合成法取代，但因部分造纸、玻璃工业需要硫酸钠为原料，所以Leblanc法生产硫酸钠和氯化氢的工艺尚有少数工厂在使用，这部分盐酸在整个盐酸或氯化氢的产量中已为数很少了。

自第二次世界大战后，石油化工和塑料等聚合物工业的迅速发展，氯化氢和盐酸生产的工艺构成亦起了变化。总的来说，副产氯化氢和盐酸产量的比重增大，而合成盐酸的比重下降。

在20世纪70年代后期，由于某些国家对氟氯烃等产品生产的限制，致使副产氯化氢产量比例有所下降，而合成氯化氢产量稍有上升。

在氯碱生产中，氯与碱是按一定比例产生的，而市场对氯、碱的需求既不可能按此比例，而且各种氯产品的耗用量还有淡旺季之分。因此一般氯碱工厂均建有富裕的氯产品生产能力，来保证电解装置的稳定均衡生产，以提高效率，降低生产费用。盐酸和氯化氢不仅用途广阔，和其他氯产品比较还有一些优点：

(1) 装置的投资费用较低；

(2) 工艺简单、控制方便，原料均为电解产生的产品，需要时可立即供应；

(3) 开停车快，短时间即能达到满负荷；

(4) 单系列设备允许有较大幅度的负荷变动；

(5) 设备备用维持费用低。

由于有如上优点，因此所有氯碱厂均建有合成氯化氢或盐酸装置，而且其能力大都超过实际市场需要。当氯碱不平衡时，首先考虑设法增产盐酸。

11.1.1 氯化氢性质、用途及在工业中的地位

我国氯碱工业生产的氯气，每年有1/3以上是通过合成氯化氢制成商品盐酸，或制备聚氯乙烯树脂。商品盐酸年生产量就达100×10^4t以上，可见氯化氢及盐酸在化工中举足轻重的地位，与国计民生是密切联系的。氯化氢是一种重要的无机化工原料，广泛用于染料、医药、食品、印染、皮革、冶金等行业。氯化氢溶于水就成了盐酸，盐酸是化学工业最基础原料“三酸两碱”之一，有广泛的用途。盐酸能用于制造氯化锌等氯化物，也能用于从矿石中提取镭、钒、钨、锰等金属，制成氯化物。随着有机合成工业的发展，盐酸的用途更加广泛，如用于水解淀粉制葡萄糖，用于制造盐酸奎宁等多种有机药剂的盐酸盐等。在进行焰色反应时，通常用浓盐酸洗铂丝（因为氯化物的溶沸点较低，燃烧后挥发快，对实验影响较小）。

11.1.1.1 物理性质

氯化氢是一种无色而且具有刺激气味、易溶于水的气体。盐酸为氯化氢的水溶液，纯盐酸为无色透明的液体，但有铁、氯或有机杂质等存在时呈黄色。

氯化氢气体在标准状态下密度为1.63kg/m³；31%的盐酸在15℃时密度为1.158kg/L，20℃时为1.1543kg/L。

盐酸的沸点因氯化氢含量不同而不同，见表11-1。

表11-1 不同浓度氯化氢的沸点

浓度/%	5	10	15	20.5	25	31
沸点/℃	102.2	104.4	110	108.5	105.5	88

浓盐酸加热逸出氯化氢气体，而稀盐酸则主要逸出水分，两者继续蒸发（在标准大气压下）可得一定浓度的盐酸，其恒沸点为108.5℃，组成为20.5%，密度为1.101kg/L。浓度超过20%的浓酸露置在空气中时，逸出的氯化氢气体与空气中的水蒸气结合而形成酸雾。

随着温度的增加，氯化氢的溶解度降低，氯化氢蒸气在标准大气压时，不同温度下其在水中的溶解度见表11-2。

表11-2 不同温度下氯化氢在水中的溶解度(体积分数)

温度/℃	0	5	10	15	20	25	30	40	50
溶解度/(L/L)	507	491	474	455	442	426	412	386	362

11.1.1.2 化学性质

盐酸很容易电离，为强酸性反应：

$$HCl \xlongequal{} H^+ + Cl^-$$

干燥的氯化氢几乎不与金属反应，但它的水溶液盐酸的腐蚀性很强，能与大多数金属反

应而生成金属氯化物，如：

$$Zn+2HCl = ZnCl_2+H_2\uparrow$$

氯化氢（或盐酸）可被碱性溶液中和，生成盐和水：

$$HCl+NaOH = NaCl+H_2O$$

氯化氢与乙炔等不饱和烃起加成反应：

$$HCl+C_2H_2 \xrightarrow{HgCl_2} C_2H_3Cl\text{(氯乙烯)}$$

盐酸对各种植物纤维及一般金属均有强烈的腐蚀性，对石英、石棉、瓷、耐酸陶瓷、耐酸合成树脂以及金、铂等均无腐蚀性。

盐酸和氯化氢气体对人的眼、呼吸系统有强烈的刺激性，对牙齿具有腐蚀性，并能破坏皮肤及细胞膜。

11.1.1.3 主要用途

盐酸为三大强酸之一，在国民经济各行业中，盐酸的用途很广，是一种重要的工业原料。

食品工业：制造调味粉、酱油、淀粉以及水解酒精与葡萄糖。例如，制化学酱油时，将蒸煮过的豆饼等原料浸泡在含有一定量盐酸的溶液中，保持一定温度，盐酸具有催化作用，能促使其中复杂的蛋白质进行水解，经过一定的时间，就生成具有鲜味的氨基酸，再用苛性钠或用纯碱中和，即得氨基酸钠。制造味精的原理与此差不多。

轻纺工业：用于纺织品的印染以及皮革染色、鞣革、提取骨胶等。例如，棉布漂白后的酸洗、棉布丝光处理后残留碱的中和，都要用盐酸。在印染过程中，有些染料不溶于水，需用盐酸处理，使之成为可溶性的盐酸盐，才能应用。

冶金工业：在钢铁、电镀工业中作为金属的腐蚀剂和表面清洁剂。例如，钢铁制件的镀前处理，先用烧碱溶液洗涤以除去油污，再用盐酸浸泡；在金属焊接之前，需在焊口涂上一点盐酸等，都是利用盐酸能溶解金属氧化物这一性质，以除掉锈。这样，才能在金属表面镀得牢，焊得牢。

化学工业：用于制造各种金属氯化物、合成药物、染料、皂化油脂等，在无机和有机化学中应用广泛。氯化氢气体可作为聚氯乙烯、氯丁橡胶、离子交换树脂等的生产原料。例如，在 180～200℃的温度并有汞盐（如 $HgCl_2$）作催化剂的条件下，氯化氢与乙炔发生加成反应，生成氯乙烯，再在引发剂的作用下聚合而成聚氯乙烯。详细可分为如下：

（1）石油井的酸化。许多油田是由石灰岩和沙石岩组成，这些地下组织的渗油率比较低，在采油过程中，可以利用盐酸能和这些岩石起化学反应的性质，把盐酸注入油井的地下岩结构中，使岩层产生裂缝，以贯通油层之间的阻隔将油汇集在一起，提高油的流动性和渗透率，从而提高油井的产油率。

油田的地质资料和油井采油状况决定油井是否可酸化，每次酸化用 12%盐酸 30～50m^3。

中国于 20 世纪 70 年代已经采用油、气井注酸，中国石灰岩质地层的油气井数目保持稳定，并有日趋减少的趋势。

（2）矿产品的加工

① 含铝矿物的加工。由于优质铝土矿逐年减少，从低含铝矿物如黏土、高岭土和煤矸石中提取氧化铝已越来越被重视，成为各国工业研究的课题。

高岭土经焙烧处理、盐酸酸溶、去渣、浓缩、热分解后得到比 Bayer 法要纯的氧化铝粉。

聚氯化铝是一种无机高分子混凝剂，有优越的净水性。世界各国亦均做了大量的研究，将其用于给排水处理和其他许多领域。含铝原料用酸溶、中和、电解、电渗析等方法与盐酸作用制造聚氯化铝。

② 人造金红石的制取。金红石是制金属钛白粉的重要原料，而天然金红石仅产于少数国家且资源有限。如何用合适的工艺方法，用比较丰富的钛铁矿制得适合氯化用的金红石，是当前工业需要解决的问题。人造金红石的制取以前大都采用硫酸法，亦有如日本的石原法、美国的 BCA 法等用盐酸进行精制的方法。

在中国，随着藏量十分丰富的攀枝花钛精矿的开发，如何更好地利用这一资源，许多人都进行了长期的研究。

③ 磷矿的加工。IMI 湿法磷酸是用副产盐酸代替硫酸分解磷矿石，得到磷酸和氯化钙。

沉淀磷酸钙主要用于肥料、饲养、牙膏、食品和医药等。预计随着复合肥料的采用和畜牧业、饲养业的迅速发展，其需求量必将增加。沉淀磷酸钙的生产可用盐酸分解磷矿石加石灰乳作用制得。

(3) 无机物的制造

① 氯磺酸。氯磺酸在有机合成中用作缩合剂、磺化剂和氯磺化剂，广泛应用在洗涤剂、染料、药物合成、糖精及磺胺制剂制造中，在国防上用作烟雾剂。其生产方法是用干氯化氢与三氧化硫在液相或气相中直接合成。

② 三氯氢硅。三氯氢硅是制造多晶硅的主要原料。随着电子工业的发展，三氯氢硅产品日趋重要。其主要生产方法是用氯化氢气体作用于硅粉，制得三氯氢硅。

③ 硼酸。硼酸广泛用于玻璃、搪瓷、医药、化妆品等工业，也可用作食物防腐剂和外用消毒剂。其生产方法为硼砂或硼矿加盐酸。

④ 金属氯化物。金属氯化物有其广泛的工业用途，有的氯化物是用金属和氯直接反应制得，但大多数用廉价的金属氧化物、硫化物或碳酸化合物，甚至用原矿为原料加盐酸来制取，以降低成本。如氯化锌的制造，可用氧化锌或含锌废料溶于盐酸而制得。

(4) 烯烃、炔烃的加成反应。氯化氢和烯烃（或炔烃）很容易在液相或在各种催化剂作用下于气相中完成反应，制得相应氯产品。目前工业上产量较大的有聚氯乙烯和氯丁橡胶，聚氯乙烯原料中间体氯乙烯，绝大多数国家用乙烯和氯为原料，通过氯化制得二氯乙烷，然后裂解成氯乙烯和氯化氢，氯化氢通过氧氯化法再和乙烯反应制得二氯乙烷。而中国前几年几乎有 85% 的聚氯乙烯还是用乙炔和氯化氢合成。

乙炔法制聚氯乙烯是将乙炔和氯化氢在氯化汞催化剂作用下，加成反应成氯乙烯，再经聚合成聚氯乙烯。

氯丁橡胶是由乙炔制得的乙烯基乙炔和氯化氢反应得到氯丁二烯烃后经聚合反应而得。

(5) 烃类的氧氯化反应。氧氯化反应是指氯化氢和烃类在氧的作用下反应生成氯烃和水蒸气。

工业上最重要的氧氯化反应是由乙烯生产二氯乙烷。氧氯化反应也可应用于生产其他氯烃产品，如氯化苯、三氯乙烯、四氯乙烯和四氯化碳等。

(6) 与氧反应制氯。20 世纪 70 年代的 Deacon 法是用空气同催化剂将氯化氢转化为氯。由于该路线的平衡限制，转化率只能达到 75%，同时腐蚀严重、能量消耗高，所以被放弃了。

针对 Deacon 法的缺点，Pullman-Kellog 公司开发了从氯化氢制氯的 Kel-Chlor 工艺，并与 Du Pont 公司合作，在 Du Pont 公司的工厂中建设成为该厂组成部分的装置，从 1975 年 5 月开工以来运行正常，只有极少流程上出现过问题。进料是利用其他生产装置的氯化氢废气，循环液氯每日约 600t。几十年来证明这种装置开停车容易而且迅速，能在多变化的负荷下生产合格的氯气。

医药生产：盐酸是一种强酸，它与某些金属、金属氧化物、金属氢氧化物以及大多数金属盐类都能发生反应，生成盐酸盐。因此，在不少无机药品的生产上要用到盐酸。在医药上的好多有机药物，例如奴弗卡因、盐酸硫胺等，也是用到盐酸制成的。

11.1.1.4 产品质量标准

工业用合成盐酸按照国家标准 GB 320—2006 执行。

外观：无色或浅黄色透明液体（详见表 11-3）。

表 11-3 工业用合成盐酸产品指标

指标名称		优级品	一级品	合格品
总酸度(以 HCl 计)/%	≥	31.0	31.0	31.0
铁/%	≤	0.002	0.008	0.010
硫酸盐(以 SO_4^{2-} 计)/%	≤	0.005	0.03	—
砷/%	≤	0.0001	0.0001	0.0001
灼烧残渣/%	≤	0.05	0.10	0.15
游离氯(以 Cl 计)/%	≤	0.004	0.008	0.010

注：砷指标强制。

11.1.2 工艺原理

11.1.2.1 反应机理

工业上生产氯化氢主要还是以氯气和氢气直接合成的反应，可以看成氢气在氯气中均衡地燃烧，火焰为青白色，并伴生大量的热。燃烧时火焰的温度按理论计算约为 2500℃，但在实际合成时，由于氢气过量、不纯气体和水分的带入以及氯化氢离解等因素，使火焰温度降到 2000℃以下。

氯化氢的合成反应，在一般情况下，如无强烈的光线照射或加热，反应进行得极为缓慢。只有在加热、强光照射或催化剂存在的条件下，才能迅速化合，甚至会产生爆炸性的化合。

氢气在氯气中均衡地燃烧合成氯化氢的过程，本质上是一个“链锁反应”过程。

(1) 链的开始。所谓燃烧就是以在新物质产生的同时伴随有发光发热现象为特征的化学变化过程。点燃的氢气在合成炉内燃烧发光发热，为链式反应的进行提供了光量子。首先是氯分子吸收了氢气燃烧时放出的光量子，其原子键断裂而离解为两个化学活性远远超过氯分子的活性氯原子，成为链式反应的开始。

$$Cl_2 \xrightarrow{\triangle} 2Cl\cdot$$

(2) 链的传递。离解了的活性氯原子分别和氢分子作用，生成一个氯化氢分子和激发出一个活性氢原子。

$$Cl^- + H_2 = HCl + H^+$$

活性氢原子的活性也远远超过氢分子，当它和氯分子相遇时也立即生成一个氯化氢分子和活性氯原子，反应链式地延续下去：

$$H^+ + Cl_2 = HCl + Cl^-$$

$$Cl^- + H_2 = HCl + H^+$$

……

(3) 链的终止。若链式反应过程中的活性原子，亦即链的传递物被消除，则此反应的链即被终止。随着链式反应的延续进行，系统内活性原子不断增多，反应到急剧、无法控制的程度而发生爆炸。但实际上，在氯化氢的合成过程中，活性原子不断产生的同时，也在不断猝灭。当活性原子产生的概率等于猝灭的概率时，系统内活性原子的数目保持相对稳定，因此链式反应可以平稳安全地进行。

总反应是：

$$H_2 + Cl_2 \longequal 2HCl(\text{放热 } 184.096kJ/mol)$$

活性原子的死灭有以下几种情况：

① 同类的活性原子相碰撞重新结合成分子而失去活性。

$$Cl^- + Cl^- \longequal Cl_2$$

$$H^+ + H^+ \longequal H_2$$

② 活性氯原子和活性氢原子相碰撞生成氯化氢分子而失去各自的活性。

$$Cl^- + H^+ \longequal HCl$$

③ 活性原子和其他杂质分子或炉壁等相碰撞也会失去活性。

工业上氯化氢合成反应的副反应有：

$$2H_2 + O_2 \longequal 2H_2O$$

$$2CO + O_2 \longequal 2CO_2$$

$$3Cl_2 + 2Fe \longequal 2FeCl_3(\text{生产中氯气过剩时})$$

目前大部分氯化氢合成炉系统的设备材质为石墨，管道材质大部分为衬 PVC 和衬氟，在衬里没有破损脱落的情况下，基本不会与 Fe 反应，该副反应在以前钢制合成炉工艺中存在，但目前钢制合成炉已基本淘汰，该副反应不具有代表性。

11.1.2.2 影响氯化氢合成的因素

(1) 温度。氯气和氢气在常温、常压、无光的条件下反应进行很慢，在 440℃以上即能迅速化合。有催化剂存在时 150℃就能剧烈化合，甚至爆炸。所以在温度高的情况下反应完全，但高于 1500℃有显著的热分解现象。

(2) 水分。绝对干燥的氯气和氢气是很难反应的。当水分微量存在时，可以加速反应，起催化剂的作用。

(3) 催化剂。催化剂起催化作用，提高反应速率。

(4) 氯氢分子比。按氯化氢合成原理，氯与氢可按 1∶1 分子比化合。但实际操作时都是控制氢过量，过剩量一般在 5%以上，最多不超过 10%。在氯过剩情况下会影响氯化氢的质量；氢过量太多时还会有发生爆炸的不安全因素。

11.1.2.3 盐酸的生产原理

用水吸收氯化氢气体即成盐酸，在水吸收氯化氢的同时，会放出大量的溶解热，使盐酸的温度升高，氯化氢的溶解度会随着酸温的升高而降低。

所谓吸收就是以适当的液体为溶剂，使气体混合物的一个或几个组分溶于溶剂中，从而达到分离气体混合物的过程。吸收过程中没有化学反应发生时称为物理吸收。当气体溶于液体时要放出溶解热或吸收过程伴有化学反应，还会放出反应热使操作温度显著升高，这类吸收又称非等温吸收。用水吸收氯化氢就是一个物理吸收过程，也是一个非等温吸收过程，吸收是在一定条件下使气体和液体相接触，利用不同组分在液体中的溶解度的不同而达到分离的目的。

在吸收过程中，气液两相进行接触，提高操作压力，降低操作温度，设法加大气液两相的接触面和保证良好的流体动力学条件，有利于吸收。尾气吸收塔（填料塔）和降膜吸收塔等吸收设备就是为了加大气液两相的接触面，而石墨合成炉的夹套冷却（空气冷却管）、石墨冷却器等冷却设备就是为了降低气体的温度，以利于吸收操作的进行。

影响吸收过程的因素很多，主要有：

（1）温度影响。氯化氢是一种极易溶于水的气体，但溶解度与温度密切相关，温度越高溶解度越小。另外，氯化氢在水中溶解时会放出大量的溶解热，1mol 的氯化氢溶于 n mol 的水分子中放出的热量：

$$Q=\left(\frac{n-1}{n}\times 11.98+5.375\right)\times 4.184(\mathrm{kJ})$$

由于溶解热的放出会使溶液温度升高，从而降低氯化氢的溶解度，其后果是吸收能力降低，不能制备浓盐酸，必须设法导走溶解热以提高酸的浓度和设备吸收能力。

（2）氯化氢纯度影响。要使气体中某一组分与溶剂接触而被吸收，则该组分的气体分压必须高于溶液面上该组分的平衡分压。显然，在一定温度下，溶解过程取决于气相中氯化氢的分压（即氯化氢的纯度）。在同样温度下，氯化氢纯度越高，制备的盐酸浓度越高。

（3）流速影响。根据双膜吸收理论，气液两相接触的自由界面附近，分别存在气膜和液膜，氯化氢分子必须以扩散的方式克服两膜的阻力。氯化氢分子扩散的阻力主要来自气膜，而气膜的厚度取决于气体的流速，流速越大，气膜越薄，阻力越小，因而氯化氢分子扩散的速度越大，吸收效率也越高。

（4）气液接触界面的影响。气液接触界面越大，氯化氢分子向水中扩散机会越多，因此应尽可能提高接触面积（如膜式吸收器的成膜状况、填料塔中填料的比表面积等）。

11.1.3 氯化氢合成工艺现状及发展方向

新型材料，其中包括高纯化学试剂和高纯化学气体等，被视为是近代新技术革命的重要标志之一，高纯氯化氢气体就是电子工业中用量较大的一种化学气体。英、美、德、法、日等国均有电子级氯化氢气体商品出售，但对其提纯技术和分离方法极少见有文献报道。近年来，我国电子工业所需的化学气体的研制，在技术上已有不少突破和发展。

氯化氢气体的生产按其原料来源的不同有发生法、盐酸脱析法、合成法。在国内，用氢和氯在合成炉中进行燃烧反应生成氯化氢气体，是 20 世纪 80 年代初为适应我国电子工业的迅速发展而提出的，在技术上是较先进的方法。该方法先后出现了铁合成炉工艺、石墨合成炉工艺和三合一石墨合成炉工艺三种典型工艺。目前，三种工艺中，铁合成炉工艺已逐渐淘汰，以石墨合成炉工艺及三合一石墨合成炉工艺为主。

1934 年不透性石墨材料研发成功。1936 年美国研制成功第一台管壳式（列管式）石墨降膜吸收器，并应用于盐酸吸收，由此完全改变了全球盐酸生产技术落后与被动的局面（在此之前既无耐盐酸腐蚀又具有高热导率的设备），完成了盐酸生产上的一次技术革命。在随后的 60 多年里，多项专业技术的成功开发，使石墨设备在盐酸系统中得到了广泛的应用。

石墨合成炉装置，既可生产 31%的工业盐酸和高纯盐酸，又能为 PVC 生产输送合格的氯化氢气体。该装置的主要特点是：工艺流程短、土建采用钢混结构、设备材质多为化工石墨、单套产量大、采用 DCS 控制、正压生产、远距离输送氯化氢气体等。近几年新增加的氯碱生产企业或老厂搬迁改造企业，盐酸合成装置以三合一石墨合成炉占多数。这些新建的装置，自动化控制程度有了较大的提高，如火焰检测、炉火视频监视、成品酸浓度在线检测、成品酸游离氯在线检测、自动点火系统等。这对稳定生产、提高产品质量及保证安全生产提供了有力保障。2009 年，江苏南通某公司研发的副产蒸汽的氯化氢合成炉及高纯酸合成炉在浙江巨化、江苏大和相继投入运行。该合成系统的自动化程度比原三合一石墨合成炉又有较大程度的提高，如冷却水低流量联锁、火焰熄灭联锁、锅炉水低限联锁等，基本上达到了国外同类装置的自动化水平。

我国氯碱工业生产的氯大约有 1/3 是通过合成氯化氢制成商品盐酸或加工制造成其他的产品。合成盐酸经过多年的发展，装置水平不断提高，主要设备合成炉、吸收方法、单台设备能力、控制水平都发生了很大的变化：

(1) 采用的合成炉不同。用铁合成炉、石墨炉二合一合成氯化氢，用石墨三合一炉直接合成盐酸。

(2) 吸收方法不同。吸收方法有两个填料塔加一个尾气塔、双降膜吸收塔加一个尾气塔、一个降膜吸收塔加一个尾气塔。

(3) 单台能力不同。50t/d→150t/d。

(4) 控制水平不同。手动→DCS 控制。

最早使用的盐酸装置是铁合成炉，其优点是投资少、能力大、便于维修，不足之处是腐蚀较快、污染严重、散热较快。针对这些不足，又研制出耐酸腐蚀、寿命长的石墨合成炉，但投资比较大、耐温差能力小。目前石墨合成炉已逐渐取代铁合成炉，二合一、三合一石墨合成炉应用比较广泛，除德国 SGL 和法国罗兰公司在我国有生产厂（分别为下、上点火）之外，我国也有多家设备制造厂生产同类产品，某些性能已达到或超过国际先进水平，体积产能也是国外同类产品的 2 倍。首台产汽合成炉已成功在滨化集团投入运行，目前已有多家工厂开始应用，这说明我国三合一盐酸石墨合成炉的制造技术与国外差距在不断缩小，今后在自控、石墨原粉和加工精度上需进一步提高水平。

11.2 生产工艺方法

盐酸的生产，目前国内主要有三种流程：第一种是三合一石墨炉法；第二种是用铁制合成炉或二合一石墨炉合成氯化氢，通过洗涤再用高纯水或水吸收的方法；第三种是用普通工业盐酸进行脱吸，再用高纯水吸收的方法。这三种生产方法各有千秋，主要根据各厂的实际情况而定。

石墨炉分二合一石墨炉和三合一石墨炉。所谓二合一石墨炉是将合成和冷却集为一体的炉子；三合一石墨炉是将合成、冷却和吸收三个单元集为一体的炉子。

一般石墨合成炉是立式圆筒形石墨设备，它由炉体、冷却装置以及物料进出口、视镜等附件组成。石墨合成炉与铁制合成炉比较，它的优点是耐腐蚀性好、使用寿命长（一般可达 10 年）、生产效率高、制成的氯化氢含铁低等。由于石墨具有优异的导热性，炉内的燃烧反应热可迅速地传到炉壁外由冷却水带走，因而氯化氢出口的温度较低，在进入吸收器前，不需用大量冷却器冷却；又由于没有高温炉体的辐射热，改善了操作环境。除此之外，其最突出的优点是耐腐蚀，因而对进入合成炉的原料氯气与氢气的含水量无特殊要求（当然这仅是对生产普通工业盐酸而言），从电解槽来的氯气与氢气不需经过冷却和干燥处理，可直接送给石墨炉去合成盐酸。这对于仅有合成盐酸作为耗氯产品的小厂来说，可大大简化工艺，减少占地面积。

石墨炉的缺点是制造较铁制合成炉复杂，检修不如铁制合成炉方便，工艺操作要求严格，一次投资费用大，运输和安装要仔细，否则容易损坏等。

11.2.1 三合一炉法

11.2.1.1 工艺流程

由氯氢处理来的氯气和氢气分别经过氯气缓冲罐、氯气阻火器、氢气缓冲罐、氢气阻火器和各自的流量调节阀，以一定的比例［氯气与氢气之比（1∶1.05）～（1∶1.10）］进入石墨合成炉顶部的石英灯头。氯气走石英灯头的内层，氢气走石英灯头的外层，二者在石英灯头前混合燃烧，化合成氯化氢。生成的氯化氢向下进入冷却吸收段，从尾气塔来的稀酸也从合成炉顶部进入，经分布环成膜状沿合成段炉壁下流至吸收段，经再分配流入块孔式石墨吸收段的轴向孔，与氯化氢一起顺流而下。与此同时，氯化氢不断地被稀酸吸收，浓度变得越来越低，而酸浓度越来越高，最后未被吸收的氯化氢经三合一石墨炉底部的封头进行气液分离，浓盐酸流入酸储罐，未被吸收的氯化氢进入尾气塔底部。高纯水经转子流量计从尾气塔顶部喷淋而下，吸收逆流而上的氯化氢而成稀盐酸，并经过液封进入三合一石墨炉。从尾气塔顶出来的尾气用水力喷射器抽走，经液封罐分离后，不凝废气排入大气。下水经水泵再打往水力喷射器，往复循环一段时间后可作为稀盐酸出售，或经碱性物质中和后排入工业排水系统，或作为工业盐酸的吸收液。三合一石墨炉内生成氯化氢的燃烧热和氯化氢溶于水的溶解热被冷却水带走（详见图 11-1）。

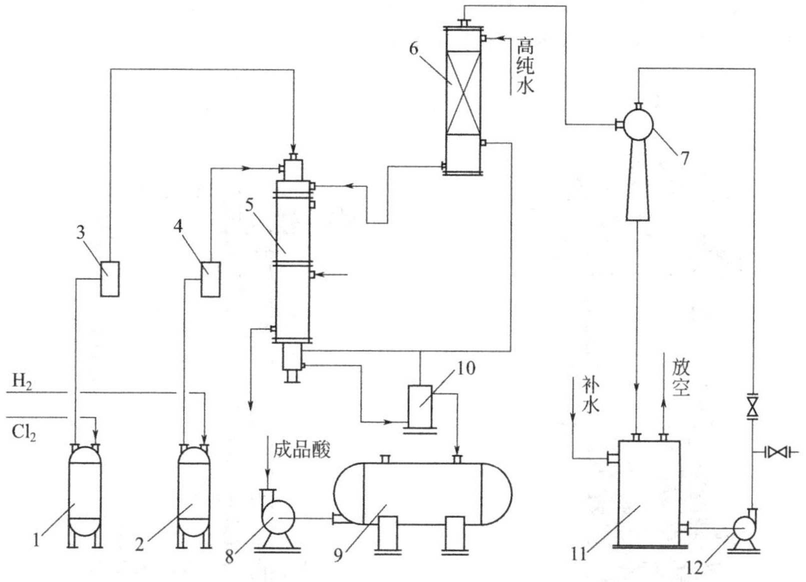

图 11-1 三合一石墨炉法流程图

1—氯气缓冲罐；2—氢气缓冲罐；3—氯气阻火器；4—氢气阻火器；5—三合一石墨炉；6—尾气塔；7—水力喷射器；8—酸泵；9—酸储罐；10—液封罐；11—循环酸罐；12—循环泵

11.2.1.2 主要设备

石墨合成炉是用于氯气和氢气在高温下合成制取氯化氢气体（或盐酸）的主要设备，按设备在生产工艺过程中的作用原理划分，其属于反应设备，同时具有冷却设备的功能。

由于石墨合成炉具有耐腐蚀、耐高温、传热效率高等优点，其在工业生产中的应用也越发广泛。目前工业生产中，石墨合成炉按冷却方式主要包括两种炉型，一种是循环水冷却的普通石墨合成炉，一种是副产蒸汽或热水的块孔式石墨合成炉。

随着工业产业的不断向前发展，循环水冷却的普通石墨合成炉将逐渐被淘汰，副产蒸汽或热水的块孔式石墨合成炉将广泛应用于工业生产中。

(1) 三合一石墨炉。该炉将合成、冷却、吸收三个单元操作集为一体，因而结构紧凑、占地面积小、工艺流程短、具有优良的耐盐酸腐蚀性、生产出的盐酸质量高。根据三合一炉灯头位置设置的不同可分为A型和B型两大类。

① A型三合一石墨炉。A型炉灯头安装在炉的顶部，喷出的火焰方向朝下。合成段为圆筒状，由酚醛树脂浸渍的不透性石墨制成，外面有夹套，用冷却水冷却。炉顶有一环形稀酸分配槽，其内径与合成段筒体内径相同。稀酸从分配槽溢流出，沿内壁往下流，一方面起到冷却炉壁的作用，另一方面与氯化氢接触形成稍浓一点的稀酸，作为吸收段的吸收剂。

与合成炉相连的是吸收段，它一般由六块相同的圆块孔式石墨元件组成。轴向孔为吸收通道，径向孔为冷却水通道。为了强化吸收效果、增加流体扰动程度，每个块体的轴向孔首末端均被加工成喇叭口状，而且在每个块体上表面加工有径向和环形沟槽，经过上面一段吸收的物料在此重新分配进入下一块体，直至最下面一块块体。最后，未被吸收的氯化氢经下封头进行气液分离后去尾气塔，成品酸经液封流入成品酸储槽。该炉防爆膜在下部。该炉结构见图11-2。

② B型三合一石墨炉。B型炉的特点是灯头在炉体的下部，火焰方向向上。其合成段也是不透性石墨圆筒体，其吸收段由在合成段外面呈同心圆布置的若干不透性石墨管所组成，冷却水在石墨合成段筒体与外壁之间的石墨管间流动，与氯化氢和盐酸进行热交换。这种炉型要比A型炉粗大得多，防爆膜在炉体上部，结构见图11-3。

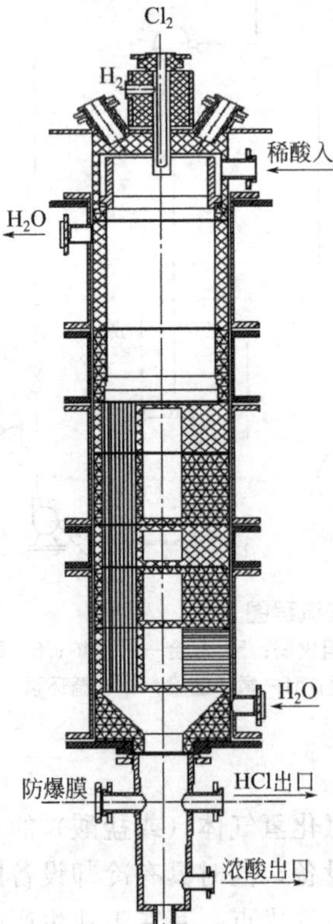

图11-2 A型三合一石墨炉

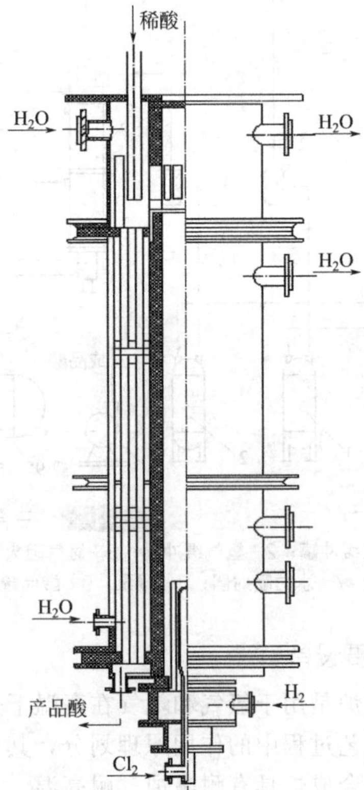

图11-3 B型三合一石墨炉

国外的三合一石墨炉也有上点火和下点火之分。法国利加本洛兰碳制品（LE CARBONE-LORRAINE）公司生产的石墨炉属于上点火型，即 A 型。德国西格里（SIGRI）公司生产的石墨炉属于下点火型，即 B 型，只不过它的吸收段不是在合成段的外围，而是在合成炉的上方。

法国利加本洛兰碳制品公司三合一石墨炉（图 11-3），其单台炉设计能力为日产盐酸从 8～330t 不等，可见三合一石墨炉在占地面积小、容易实现自动化控制方面有着极大的优越性。通过几十年来我国不少厂家的使用，积累了不少经验，炉型和各部分结构也做了很多改进，是值得推广的一种合成盐酸设备。

（2）燃烧喷嘴。燃烧喷嘴为合成炉的一个关键部分，一般为石英制套管，分内外两管。内管封顶，上部近似方形，四面开有狭长的斜孔 20 个左右；内管通入氯气，外管通入氢气；内管四周的斜孔可将氯气均匀地喷入氢气中，使其迅速燃烧，根据生产负荷决定开孔大小（多少）。外管为圆柱形短管，装配时应稍高于内管。这种结构由于氯气分成若干小气流喷入氢气内，且因斜孔起搅拌作用，使氢气和氯气在套管内迅速混匀燃烧。由于氯、氢是在套管内混合燃烧，且石英的传热较慢，套管口积蓄的热量不易散失，能经常保持在引起反应所需温度以上，因此火焰稳定，在负荷变动较大时，运转仍能正常。

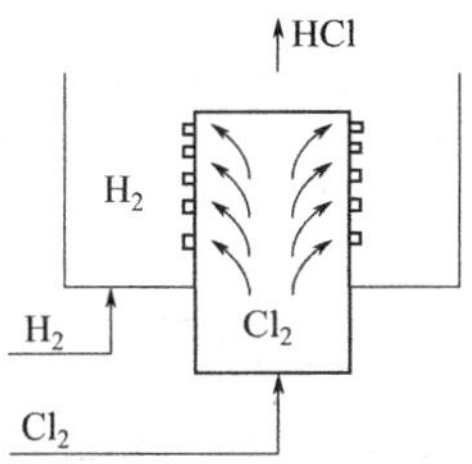

图 11-4 燃烧喷嘴结构图

燃烧喷嘴结构图见图 11-4。

（3）盐酸泵（所有工艺上所用的盐酸泵）。由于盐酸的强腐蚀性，所以泵必须采用耐腐蚀的衬里泵，其中有搪瓷泵、陶瓷泵、聚醚泵、衬聚四氟乙烯的磁力泵等。除磁力泵外，这些泵大多采用机械密封，使用寿命的长短往往取决于机械密封的质量和安装质量。搪瓷泵和陶瓷泵易破碎，所以安装时必须小心，否则一小块面积的破损会造成整台泵的报废，这一小块面积的破损往往也是高纯酸含铁不合格的原因之一。衬聚四氟乙烯的磁力泵不存在泄漏问题，但千万注意使用温度，有些厂家虽表明他们的泵可以在 120℃高的温度下使用，但实际上远远达不到这样的温度泵就坏了。这是因为在 60℃左右，其包裹磁铁的聚四氟乙烯因热膨胀与隔离套相摩擦而很快露出磁铁，磁铁一经酸腐蚀，泵也就报废了。

11.2.1.3 操作要点及工艺控制指标

（1）操作要点

① 由于三合一石墨炉是一次成酸，不仅纯水的质量一定要合格，还必须注意氯化氢中含铁不能太高。如果采用氯氢处理来的氢气，要求氯气含水≤0.03%，含硫酸要求低。如果氯气含水或者硫酸分离不好，会腐蚀输送氯气的碳钢管，造成氯气中含铁高，合成的氯化氢含铁也就高，造成成品酸不合格。

② 三合一石墨炉的操作一定要十分注意观察火焰，以青白色火焰为佳。要根据火焰的颜色来调节氯、氢配比，切不可只根据流量计的显示来调节氯、氢的配比而忽视对火焰颜色的观察。因为，虽然流量没有变化，但有时氯气纯度或氢气纯度发生了变化，实际配比也就发生了变化。当氢气纯度低、含氧高时，火焰会发红发暗；当氯气纯度低时，火焰发白有烟雾，此时若不及时根据火焰颜色来调节配比是很危险的。

③ 成品酸要求不含游离氯，因此氢气过量一些为好，一方面可以防止成品酸含游离氯，另一方面也可以避免因尾气含氧高而形成氢氧爆炸性混合气体。特别是采用液氯生产的废氯来合成盐酸时，更要提高氢氯配比，使氯气中的氧亦能与氢气充分地化合生成水，以减少尾气中的含氧量，避免尾气系统发生爆炸。氧在尾气中的含量小于 5%时，氢气由于缺乏最低的氧需要量而不会爆炸。如果操作不当，氢气过量不足，就会使尾气中氧含量大于 5%，由

于静电或闪电就可能导致尾气系统爆炸。

④ 如使用的循环水质差，合成炉要定期冲洗，以免影响传热效果，防止出现意外（三个月清洁一次）。

（2）工艺控制指标

工艺控制指标见表 11-4。

表 11-4 工艺控制指标

指标名称	指标值	指标名称	指标值
氢气纯度	≥98%	氯气纯度	≥70%
氢气含氧	≤0.4%	氯气含氢	≤2%
氢气压力	0.03～0.08MPa	氯气压力	0.04～0.08MPa
氯气与氢气物质的量之比	1∶(1.05～1.1)	合成炉出口尾气负压	1.3～2.0kPa
浓酸浓度	≥31%	浓酸出口温度	≤55℃
浓酸含游离氯	0		

注：氯气、氢气压力每个厂家因控制不同会有所差别。

11.2.1.4 正常开停车操作、事故原因及处理方法

（1）开停车操作。正常开停车操作见表 11-5～表 11-10。

① 开车及准备：

表 11-5 三合一炉法开车及准备工作表

序号	具体内容
1	首先开启水流喷射器的进水阀抽负压，待炉门全部开启没有负压为止；在氢气进炉阻火器前法兰加盲板，先检查盲板是否符合规定(铁盲板)，再检查是否严密可靠；通过阻火器向合成系统通 N_2 进行置换(关闭炉门)，待做分析样前 15min 停 N_2，打开炉门进行空气置换，排净炉内氢气；化验室做炉内含 H_2 分析和尾气含 H_2 分析(此时应停水流喷射器)
2	点火前应检查 H_2 阀门密封性和 Cl_2 阀门密封性，经确认不漏 H_2 和 Cl_2 后，再仔细检查所有阀门是否处于点火时的工作状态
3	依次打开石墨合成炉的冷却水阀(冬季为长流水)，并调节到最佳状态
4	分析炉前 H_2 和 Cl_2 纯度，使之达到控制指标(如控制系统在正常运行，点其中一台合成炉时，不需要再分析炉前 H_2 和 Cl_2 纯度，可直接点火，但必须分析炉内含 H_2 和尾气含 H_2)
5	通知配汽室，开石墨合成炉夹套水循环水泵(或阀门)，检查合成炉夹套水循环是否正常

② 点火操作：

表 11-6 三合一炉法点火操作表

序号	具体内容
1	点火操作由二人进行，一人应立于室内从视孔内观察火焰，另一人需要戴好面罩，避开点火孔正面将点火棒慢慢置于炉内灯头正中位置，迅速拆除 H_2 阻火器处盲板
2	缓缓打开 H_2 阀，待 H_2 点燃后，调节 H_2 流量，逐渐关 H_2 放空阀，待 H_2 燃烧正常后即可缓慢打开 Cl_2 阀通 Cl_2，逐渐关闭去漂液 Cl_2 阀门，待炉内火焰呈青白色后，关闭炉门
3	按规定的氯氢配比调节氯氢量，待火焰稳定正常后，调节吸收水，测定酸浓度
4	如发生点火不着，应立即关闭 H_2 和 Cl_2 阀门，H_2 放空，石墨合成炉抽负压 30min 后，重新取样分析 H_2 和 Cl_2 纯度，尾气含 H_2 待分析合格后重新点火

③ 正常操作：

表 11-7 三合一炉法正常操作表

序号	具体内容
1	严密注视火焰变化，调节 H_2 和 Cl_2 配比，使火焰稳定为青白色
2	经常注意并调节吸收水流量，分析吸收酸浓度
3	根据酸的日产量及平衡 HCl 气来决定吸收水流量的大小
4	密切注意合成炉出酸温度的变化，及时调节吸收水流量

④ 正常停车操作：

表 11-8 三合一炉法停车操作表

序号	具体内容
1	加强同调度、氯氢处理工段联系，接到停车通知后，必须按比例降低进气量，先降 Cl_2 后降 H_2 至最小比例，并保持火焰青白色
2	迅速关闭 H_2 阀门，再关闭 Cl_2 阀门
3	关闭吸收水阀
4	关闭 H_2 和 Cl_2 总阀门，开大 H_2 放空阀
5	待炉温降到 100℃以下时(30min)打开炉门
6	冬季停车，注意将炉外循环水(或长流水)放净，以防冻结

⑤ 紧急停车操作：遇到下列特殊情况，又不可能通知调度的情况下，值班操作工有权决定停车，停车后立即报告调度室备案。

表 11-9 三合一炉法紧急停车操作表

项目	具体内容
出现状况	正常运行突然发生石墨合成炉防爆膜炸裂或其他恶性事故，设备部分或全部损坏时
	尾气系统起火或爆炸
	火焰跳动频繁，虽经努力，仍然原因不明，导致熄火
	H_2 和 Cl_2 压力有一个降到零时
	H_2 低于 96%，非本工段原因造成炉内火焰迅速变黄、红、紫色等，H_2 管内有"噼噼啪啪"爆鸣声，管道或阀门表面油漆有烧焦现象时(停炉前留样)
停车操作	紧急停车顺序：先关 Cl_2 后关 H_2，后按正常停车处理

⑥ 石墨合成炉切换操作：

表 11-10 三合一炉法合成炉切换操作表

序号	具体内容
1	对需点合成炉及吸收系统做全面检查
2	同时应适当调低正常运行合成炉 Cl_2 量，防止点火时系统波动造成 HCl 含游离氯
3	化验室分析炉前 H_2、Cl_2 纯度及炉内含 H_2、尾气含 H_2，待指标合格后，方可点火
4	点火成功后，应调节配比，逐渐减少停炉的 H_2 和 Cl_2 量，逐渐增加新点炉生产量，最后停掉要停的炉

（2）事故原因及处理方法。事故原因及处理方法见表 11-11。

表 11-11　三合一炉法事故原因及处理方法一览表

序号	不正常现象	原　　因	处 理 方 法
1	点燃氢气时发出爆鸣声	氢气阀门开启过大	点火时氢气阀门适当减小开度
2	氢气点燃后，开氯气阀门时熄火	氯气阀门开得过急过大，而将火扑灭	氯气阀门开启要缓慢，微开，待火焰上升后再开大
3	第一次点火失败后，第二次点火时系统爆炸	系统内积有氢、氯、氧爆炸混合物	首次点火失败后，要用水喷射器将系统抽空 20min 以上，待炉内含氢合格后再点炉
4	正常生产时炉内有爆鸣声	氢气中含氧高或氯气含氢高	立即停炉，待氯气或氢气纯度合格后再点炉
5	火焰发黄发暗	(1)氯气过量； (2)石英灯头损坏	(1)冷却器前温度不高且有提升生产负荷的必要时，提高氢气流量，否则就降低氯气流量； (2)停车更换石英灯头
6	火焰发白，有烟雾	(1)氢气过量太多； (2)氯气纯度太低	(1)冷却器前温度不高且有提升生产负荷的必要时，提高氯气流量，反之则降低氢气流量； (2)联系调度，通知液氯工段降低液化效率或补充氯处理来的直接氯气
7	氯化氢纯度低	(1)氯气纯度低； (2)氢气过量太多； (3)取样时置换排空时间太短	(1)降低液氯液化效率，提高氯气纯度； (2)降低氢气流量，调整氯氢配比； (3)严格取样操作
8	成品酸含游离氯高	(1)氯气过量或氢气流量低； (2)氯、氢压力波动频繁； (3)石英灯头损坏，氯氢反应不完全	(1)降低氯气流量或提高氢气流量； (2)稳定氯气、氢气压力； (3)停炉更换石英灯头
9	成品酸相对密度低	(1)吸收水流量过大； (2)吸收水分配不好、吸收效率不高； (3)石墨吸收器漏	(1)降低吸收水流量； (2)停车检查石墨吸收器分配头是否完好，安装是否水平； (3)停车修理堵塞破损的石墨管(管壳式)或更换损坏的垫片(块孔式)
10	成品酸温度高	(1)一级吸收器冷却水少； (2)一级吸收器入口氯化氢温度高	(1)增大冷却水量、调节水温； (2)改善氯化氢冷却效果，降低氯化氢进入吸收器的温度
11	石墨冷却器氯化氢入口温度高	(1)石墨冷却管水槽水量不足，水温高； (2)炉温高； (3)石墨炉外壁或石墨冷却管外壁水垢太厚	(1)增大水量； (2)降低氯、氢流量； (3)停炉清洗水垢
12	防爆膜爆破	(1)氢气含氧高； (2)点炉时，炉内残存氢气	(1)立即停炉，通知氢气站提高氢气纯度； (2)点炉前要将炉内残存气体抽净，停炉后一定要把氢气管拆下，以免阀门不严，漏进氢气
13	炉压异常升高	(1)石墨炉后边系统堵塞，很有可能是气相管道有液体积存； (2)氯、氢流量过大； (3)吸收水或冷却水中断； (4)洗涤酸流量过大，造成洗涤塔液面过高； (5)吸收水开得太大，尾气塔液泛	(1)停炉检查堵塞处，疏导积存液体； (2)降低氯氢流量； (3)与有关部门联系，尽快恢复供水，若不能及时恢复，要停炉； (4)缩小洗涤酸流量； (5)缩小吸收水流量

续表

序号	不正常现象	原因	处理方法
14	冷凝酸量过大	石墨冷却器破损	停车检查、修理
15	成品酸含铁、钙、镁离子高	(1)高纯水质量有问题； (2)设备、阀门衬里局部损坏，氢气带水多； (3)取样不仔细，混进杂质； (4)石墨吸收器漏，冷却水漏进吸收水中	(1)提高纯水质量； (2)在不同部位取样分析，找出破损部位进行修理； (3)请氢气处理加强氢气的冷却，降低含水，同时加强氢气管路排水； (4)取样瓶、分析器皿一定要洗涤干净； (5)停炉修理

11.2.2 二合一炉法

11.2.2.1 工艺流程

当前国内使用的二合一石墨合成炉主要有冷水型石墨合成炉和蒸汽（热水）型石墨合成炉，各种石墨合成炉的工艺流程有一些差别，但是总的过程是大致相同的，采用的生产设备及操作条件也是大致相同的。

该法有 2 种工艺流程：

(1) 第一种流程。自氯氢处理工序来的合格氯气经氯气缓冲罐，由 DCS 主控调节自控阀，使氯气压力控制在工艺指标范围内；氢气经氢气缓冲罐，由 DCS 主控调节自控阀，使氢气压力控制在工艺指标范围内。氯气经氯气总阀后，根据流量计的流量由 DCS 主控调节自动阀调节控制进气量，经室内手动调节阀进入石英灯头中间层；氢气经氢气总阀后，根据流量计的流量由 DCS 主控调节自动阀调节控制进气量，经室内手动调节阀和阻火器，进入石英灯头外层和内层。氯气、氢气进气量按一定的比例经石英灯头进入石墨合成炉，在石英灯头顶部混合燃烧生成 HCl 气体，HCl 气体从石墨合成炉顶部进入石墨冷却器冷却，HCl 冷却到 40℃，经管道进入氯化氢分配台，由分配台切换阀经管道送到 PVC 界区的 VCM 合成或小部分去高纯酸吸收系统生成高纯度盐酸。副产蒸汽由闪蒸罐产出 130℃左右蒸汽，由 DCS 主控调节自动阀调节压力控制在 0.18～0.25MPa，供给后序工段使用。

① 盐酸吸收系统。去吸收系统的 HCl 气体经一级吸收塔、二级吸收塔，被水吸收生成盐酸，尾气由水力喷射泵抽入酸循环槽放空。水由二级吸收塔顶部加入，根据流量由 DCS 调节自动阀控制进水量，然后经一级吸收塔自上而下逐步吸收 HCl 气体，从底部流出；酸循环槽内酸性水经酸循环泵加入喷射泵，经酸水缓冲槽流进酸循环槽内进行循环，未吸收尾气在缓冲槽内放空，酸水循环槽内的酸水浓度高时，经酸循环泵经管道打入废水池综合处理，或作为吸收水加入二级吸收塔来制酸。从一级吸收塔底部出来的 31%合格盐酸，流入盐酸储槽，经盐酸泵打出界外。

② 高纯酸吸收系统。HCl 气体从高纯酸一级吸收塔顶部进入，未吸收 HCl 气体从底部溢出，进入高纯酸二级吸收塔顶部，无离子水经高纯酸二级吸收塔、高纯酸一级吸收塔自上而下吸收生成高纯酸，根据流量，由 DCS 主控调节自动阀控制流量。尾气由高纯酸喷射泵抽入高纯酸循环槽放空。高纯酸循环槽内酸性无离子水经高纯酸循环泵，加入高纯酸喷射泵进行循环；酸水循环槽内的酸水浓度高时，经酸循环泵经管道打入废水池综合处理。从高纯酸一级吸收塔底部出来的合格高纯酸流入高纯酸储槽，经高纯酸泵供生产使用及外售。石墨合成炉和膜式吸收法流程图一见图 11-5。

(2) 第二种流程。二合一石墨合成炉和膜式吸收法流程图二见图 11-6。原料氢气由氯氢

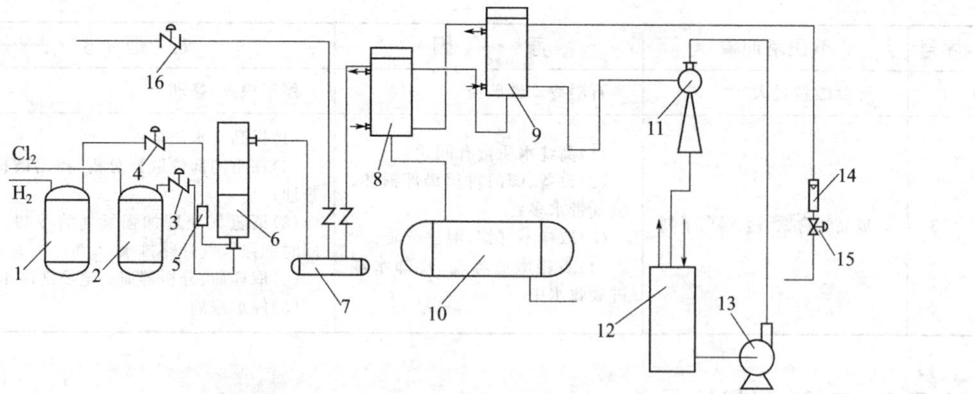

图 11-5 石墨合成炉和膜式吸收法流程图一

1—氢气缓冲罐；2—氯气缓冲罐；3—氯气调节阀；4—氢气调节阀；5—阻火器；6—石墨合成炉；7—氯化氢分配台；8—一级石墨吸收器；9—二级石墨吸收器；10—酸储槽；11—水力喷射器；12—循环酸罐；13—循环泵；14—转子流量计；15—吸收水总阀；16—氯化氢总阀

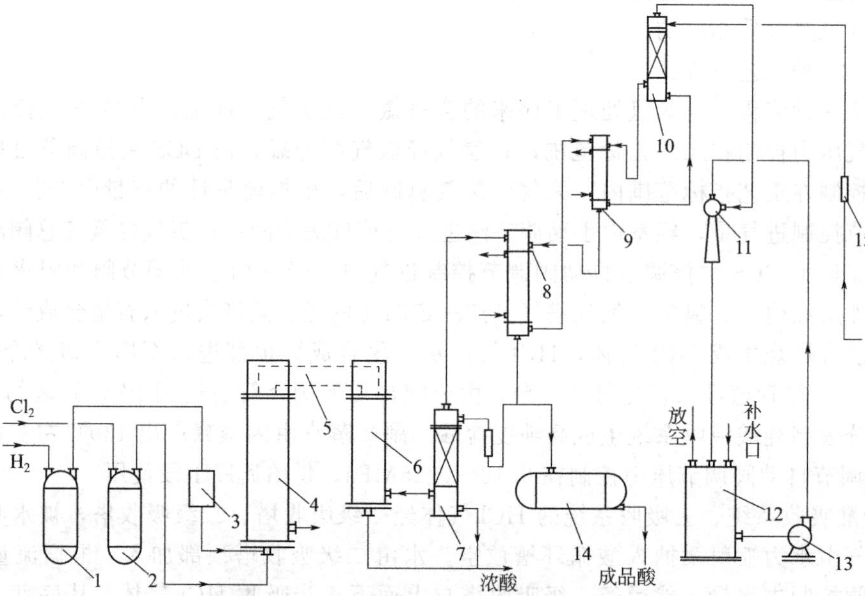

图 11-6 石墨合成炉和膜式吸收法流程图二

1—氢气缓冲罐；2—氯气缓冲罐；3—阻火器；4—石墨炉；5—冷却水槽；6—石墨冷却器；7—洗涤器；8—一级石墨膜式吸收器；9—二级石墨膜式吸收器；10—尾气塔；11—水力喷射器；12—循环酸罐；13—循环泵；14—酸储罐；15—转子流量计

处理送来，经氢气缓冲罐、压力调节阀调节到 50kPa，再经孔板流量计、止回阀、阻火器进入石墨合成炉底部的石英灯头。原料氯气可为氯氢处理来的氯气，亦可为液化后的废氯，其经缓冲罐、压力调节阀调节到压力为 100kPa，然后经过孔板流量计进入石墨炉底部的石英灯头。该石英灯头为双层石英玻璃套筒式，氯气走内层，氢气走外层。氯气和氢气以(1∶1.05)～(1∶1.10) 的比例在石英灯头上方燃烧，生成的氯化氢向上经初步冷却后再经石墨冷却管进入石墨冷却器进一步冷却。从石墨冷却器底部出来的氯化氢（温度≤60℃）进入洗涤器的底部，用一级膜式吸收器出来的部分 31% 的高纯盐酸进行洗涤。这部分高纯盐酸自洗涤器顶部进入，与氯化氢呈逆流接触，洗涤氯化氢后成浓酸从底部流出（浓度可达

36%以上），流入浓酸储槽后作为试剂酸出售。经过洗涤的氯化氢通过洗涤器顶部的丝网除雾器后依次进入一级石墨膜式吸收器、二级石墨膜式吸收器、尾气塔，最后经水力喷射器抽吸后，由分离罐分离后排空。吸收水是纯水，用不锈钢管输送来，经转子流量计计量后首先进入尾气塔，吸收尾气中的大部分氯化氢后成稀酸，稀酸再依次进入二级膜式石墨吸收器、一级石墨膜式吸收器，在膜式石墨吸收器中顺流吸收氯化氢。从一级膜式吸收器中出来的31%以上的高纯盐酸，小部分去洗涤器，绝大部分高纯盐酸作为成品流入酸储槽，然后送往离子膜工序或销售。

整个高纯盐酸的冷却水是由循环水装置供应。水力喷射器用水有工业水和纯水两种，循环吸收废气后，用纯水的，稀酸可作为尾气塔的吸收液；用工业水的，稀酸作为工业盐酸的吸收用水。

11.2.2.2 主要设备

（1）二合一石墨炉。将合成和冷却集为一体的合成炉称为二合一石墨炉。石墨合成炉是立式圆筒形，由炉体、冷却装置、燃烧反应装置、安全防爆装置以及物料进出口、视镜等附件组成。石墨合成炉优点是耐腐蚀性好、使用寿命长（可达10年）、生产效率高、氯化氢含铁低。由于石墨具有优异的导热性，炉内的燃烧反应热可迅速地传到炉壁外由冷却水带走，因而氯化氢出口的温度较低，在进入吸收器前，不需用大的冷却器冷却；又由于没有高温炉体的辐射热，改善了操作环境。除此之外，其最突出的优点是耐腐蚀，因而对进入合成炉的原料氯气和氢气的含水量无特殊要求（这仅是对生产普通工业盐酸）。根据其冷却方式的不同，二合一石墨合成炉分为浸没式和喷淋式。

① 浸没式合成炉。整个石墨炉体完全被一个钢制的冷却水套住，故又称为水套式合成炉。冷却水自水套下部进入，从上部出口排出。操作时水套中充满冷却水，整个石墨炉体浸没在水中。炉体是由圆筒形半透性石墨制成，冷却水可以微渗进炉内润湿炉内表面，所以炉壁温度低，一般不会超过100℃。其优点是：a. 操作环境好，设备周围没有汽化的水雾，不潮湿；b. 操作安全可靠，如遇突然停水，由于炉体浸没在水中，炉壁温度在较长时间内维持在允许温度之下，而不至于急骤升高损坏设备；c. 当生产能力变化时，其适应性较强；d. 其热能可综合利用，如可利用水套中的热水作液氯包装的加热用。浸没式石墨合成炉结构见图11-7。

② 喷淋式合成炉。喷淋式合成炉是炉顶盖上装设冷却水分布器，布水器边有锯齿形溢流堰。冷却水由炉顶均匀分布到炉子外表面成水膜流下，炉子的中部设有硬聚氯乙烯制的再分布器，向外飞溅的冷却水重新汇聚到炉外壁上，底部有钢衬橡胶的集水槽。为了防止喷淋下来的冷却水溅出，炉子外围还装有用聚氯乙烯制成的敞口式的圆筒形防护罩，它与集水槽内径相同，并联为一体。这种炉型的特点是：a. 传热效率高，炉外壁的冷却水膜由上而下以较高的速度流动，液膜不断更新，强化传热，而且有一部分水被汽化，是相变化的传热，给热系数较大，因而用水量较浸没式合成炉少；b. 节省钢材；c. 用水量少，但环境不友好，周围潮湿；d. 生产操作要求严格，如遇系统停冷却水，必须立即停车，否则炉温急剧上升，易使炉体烧坏。喷淋式石墨合成炉结构见图11-8。

（2）炉体。炉体由多节石墨圆筒组合而成，组合形式包括中间加垫片的紧固连接和粘接两种。冷却方式不同，石墨圆筒的结构也不同，循环水冷却的普通石墨合成炉炉体为实心石墨，而副产蒸汽或热水的石墨合成炉炉体为块空石墨。

炉体最上面一节安装有氯化氢气体出口管，氯化氢气体的出口温度一般在350～400℃，所以出口管与工艺管道之间的连接，一般采用伸缩节，以补偿在较高操作温度下的热膨胀，避免出口管与炉体连接处因过大的温差产生应力而损坏。

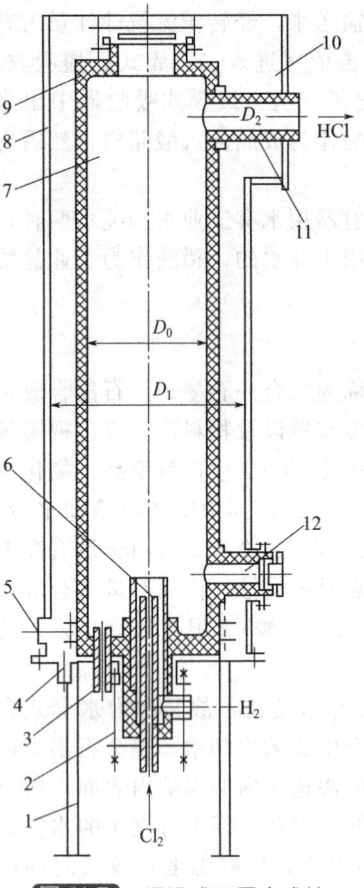

图 11-7 浸没式石墨合成炉

1—支架；2—灯头座；3—排酸孔；4—排污口；5—冷却水出口；6—石英灯头；7—石墨炉体；8—钢壳体；9—防爆炉；10—U 形槽；11—氯化氢出口；12—视镜孔

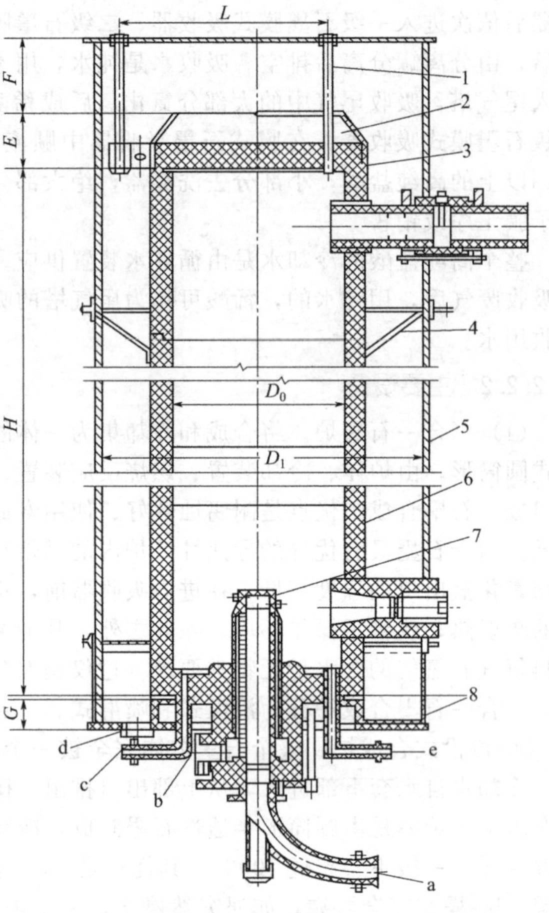

图 11-8 喷淋式石墨合成炉

1—防爆盖滑杆；2—冷却水喷淋装置；3—安全防爆盖；4—硬聚氯乙烯集流板；5—硬聚氯乙烯防护壳体；6—炉体；7—石英燃烧器；8—冷却水收集槽（钢衬橡胶）；a—氯气入口；b—氢气入口；c—保护水入口；d—冷却水出口；e—稀盐酸出口

(3) 炉底。炉底中心留有一接管口，用以安装燃烧器。进入合成炉的氯气和氢气含有的水分及炉体外壁渗入的冷却水会吸收氯化氢气体生产盐酸，聚集于炉底，所以炉底一般具有凹形浅池，用以收集稀盐酸，并使稀盐酸排放管伸入炉底内，形成一定的液封，使炉底经常储存 15～40mm 的稀盐酸液面，浓度小于 25％的稀盐酸沸点为 110℃，它可以防止炉底的壁温因辐射热而超出树脂的分解温度。

(4) 燃烧器。氢气和氯气在燃烧器内混合并保持氢气过量约 5％～10％，燃烧反应生成氯化氢气体。燃烧器由两根或三根同心的导管粘接于不透性石墨制的灯头座上构成，并用螺栓固定在炉底上。燃烧器按结构形式分为双导管式和三导管式两种，燃烧器按燃烧时的火焰长短分为长焰式和短焰式。

短焰式燃烧器由双导管构成，内管通氯气，两导管之间的环隙空间通氢气，内管顶部有灯罩，内管侧壁及灯罩上都开有小孔，氯气从小孔内径向喷出与氢气充分混合后燃烧，火焰较短，形似蘑菇状。短焰式燃烧器气体混合充分，燃烧完全，但因火焰靠近炉壁，所以较易引起炉壁局部过热而烧毁，且氯气导管灯罩也易破碎。日本的几家碳素公司的合成炉多采用短焰式燃烧器。

长焰式燃烧器可由双导管或三导管构成，导管不开孔，均为直通管。双导管燃烧器内管通氯气，两导管之间的环隙空间通氢气；三导管燃烧器的内导管与中间导管的环隙空间通氯气，其余两环隙空间通氢气。氢气与氯气自直通管顶部喷出后在上方混合燃烧，火焰较长。长焰式燃烧器制造加工容易，安装检修方便。

燃烧器材料可用石英、石墨、高铝质耐酸陶瓷等。石英燃烧器耐温、耐腐蚀性能较好，寿命较长，一般可用 2～3 年以上，应用广泛。其他两种材料制作的燃烧器使用寿命较短，只有 3 个月左右，检修更换频繁，影响设备的利用率，已逐渐被淘汰。

(5) 防爆膜。开、停车时炉内的气体不置换干净或由于其他原因造成氢气和助燃气体的混合比例达到爆炸范围时，很有可能会引起爆炸。因此，合成炉需要设置安全防爆装置，在炉体超压时率先爆破以保护炉体免于遭到破坏，最常用的就是防爆膜。

防爆膜的结构形式一般采用平板型。防爆膜材料可用不透性石墨和高温石棉橡胶板，较常用的是不透性石墨。防爆膜常采用较厚的平板，再在平板上加工圆槽、十字槽或井字形槽。

(6) 夹套。夹套设置于炉体外面，内装冷却水，故也称水套。冷却水自水套底部进入，由上部的出口管排出，操作时整个水套内充满冷却水，整个石墨炉体浸泡于水中。水套为钢制，内壁应采用防腐蚀措施，如涂刷防腐蚀涂料。水套底部设有排污口，以便日常排污操作或停车清洗水套时排净污水。

(7) 吸收器。目前，我国合成盐酸厂家普遍采用石墨制降膜吸收器，大体分为列管式和圆块孔式。

① 列管式。壳体为碳钢，列管和上下管板均为不透性石墨制成，上下封头为钢衬胶。在上管板上还粘有吸收液分配头，这是上面开有斜槽的石墨短管。这种分配头安装的好坏及吸收器整体安装的垂直度，对于吸收液在管内成膜是否均匀、吸收效率的高低是至关重要的。只有分配头安装得一样高、一样正，才能使各石墨管内有均匀的液膜，才能避免有的管内液体多、有的管内液体少的现象。其优点是：a. 结构简单，制造方便；b. 石墨材料利用率高，单位换热面积的造价低于圆块孔式；c. 流体阻力小，维护、检修、清洗方便。缺点是：a. 压型石墨管在运输和安装过程中极易碰坏，此时只好把损坏了的管子堵死，随着漏管的增多，传质、换热面积会越来越小；b. 允许使用的温度较低，由于石墨管、管板和胶黏剂的膨胀系数不一样及温度、压力的变化，粘接缝很易损坏，造成泄漏。

② 圆块孔式。圆块孔式外壳为碳钢制，内件为高约 300mm 的圆柱形石墨块。在石墨块上沿轴向钻有 ϕ18mm 的竖孔，沿径向钻有 ϕ8mm 的横向孔。每个石墨块的上端面刻有同心圆的沟槽和径向槽。几个石墨块叠放在一起，中间用 O 形橡胶圈密封，这样轴向孔上下贯通，而每个端面上的沟槽可以增加湍流效果，改善吸收液的分配。其优点是：a. 结构坚固，不易破损；b. 适应性强，可用于加热、冷却、冷凝、再沸、吸收等许多化工过程；c. 元件的互换性能好，采用积木可拆卸组合结构，只需要相同的标准元件即可组装成不同换热面积的设备，某一块坏了，可以更换一块好的，而不像列管式那样堵塞坏管而减少换热面积；d. 不需要用胶黏剂粘接，从而避免了因粘接缝而带来的麻烦，使用寿命长；e. 传热系数高于列管式。其缺点是：a. 流体阻力较大；b. 孔道小、易堵塞。圆块孔式吸收塔结构图见图 11-9。

随着科学技术的发展，又有新材质的换热器问世。北京化工大学发明的石墨改性聚丙烯吸收器，其列管为石墨改性聚丙烯，这大大改善了石墨列管易破损的弊病；其壳体为聚丙烯，更增强了耐腐蚀性和美观性。现在还有一种聚四氟乙烯管制的换热器亦可用在盐酸吸收上，只不过这二者的热导率较石墨低，在选用上只需将换热面积选大一些就可以了。由于近年来石墨价格的上涨，而塑料制品价格的下降，这二者的造价与石墨吸收器相差不大，是很有前途的盐酸吸收器材料。

另外一种吸收器是填料塔吸收器，它被广泛用来作为盐酸尾气吸收用。它的特点是操作弹性大、传质面积大，更适于低浓度氯化氢的吸收。在填料塔中的填料有许多种，如陶瓷拉西环、石墨拉西环、增强聚丙烯鲍尔环和陶瓷波纹填料等，各生产厂家采用的不尽相同。

填料塔的塔体一般采用硬聚氯乙烯外缠玻璃钢增强。对于采用两级石墨吸收器再加一个尾气吸收塔的工艺流程来说，由于尾气中氯化氢含量较少，吸收温度不太高，采用硬聚氯乙烯做塔体一般不会产生热变形。对于采用一级石墨吸收塔的工艺流程来说，尾气吸收塔采用更耐温的法奥利特较好。石墨填料吸收塔结构见图11-10。

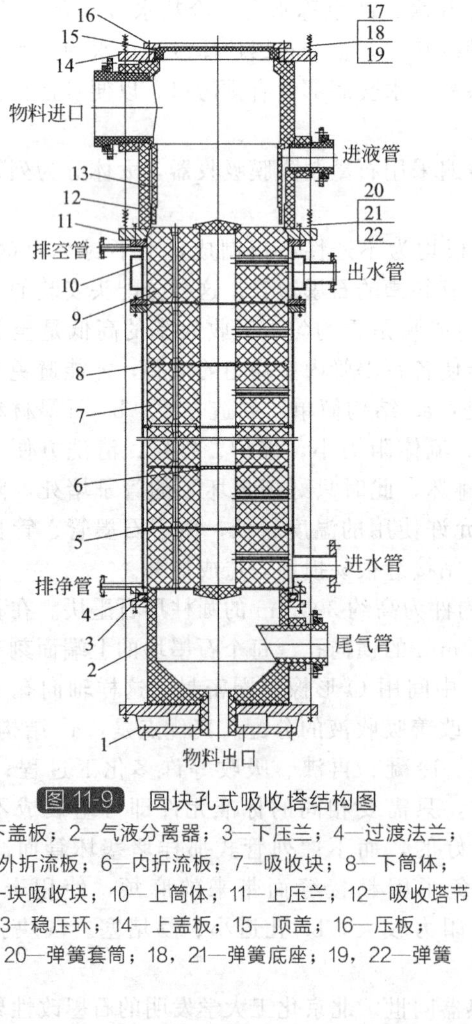

图11-9 圆块孔式吸收塔结构图

1—下盖板；2—气液分离器；3—下压兰；4—过渡法兰；5—外折流板；6—内折流板；7—吸收块；8—下筒体；9—第一块吸收块；10—上筒体；11—上压兰；12—吸收塔节；13—稳压环；14—上盖板；15—顶盖；16—压板；17，20—弹簧套筒；18，21—弹簧底座；19，22—弹簧

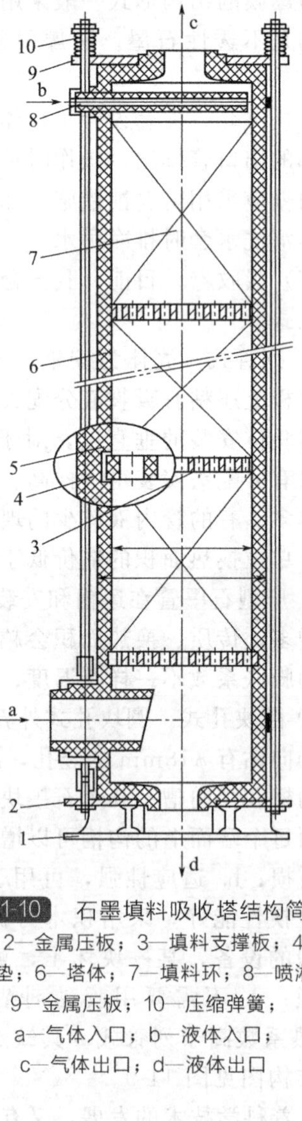

图11-10 石墨填料吸收塔结构简图

1—底座；2—金属压板；3—填料支撑板；4—塔体；5—衬垫；6—塔体；7—填料环；8—喷淋管；9—金属压板；10—压缩弹簧；a—气体入口；b—液体入口；c—气体出口；d—液体出口

11.2.2.3 操作要点及工艺控制指标

(1) 操作要点及安全注意事项

① 操作要点。密切注视火焰颜色，及时调节氯气、氢气流量配比，保持火焰为青白色，控制炉压在53.3kPa以下，注意石墨冷却器的温度变化。

a. 调节冷却水、吸收水的流量，保持石墨冷却器出口氯化氢温度小于或等于40℃，成品酸浓度大于等于31%。

b. 当一级膜式吸收器有成品酸流下来后，打开进洗涤塔前的阀门，让产出的盐酸经转子流量计进入洗涤塔塔顶，向下喷淋以洗涤来自合成炉的氯化氢。洗涤盐酸的流量控制在31%盐酸产量的10%～15%。

c. 密切注视氯气、氢气压力的变化。因为压力的变化会直接影响流量的配比。

d. 密切注视氢气纯度的变化。若氢气纯度降到90%以下时，应立即停车。

e. 如遇突然停冷却水，若在短时间内可恢复供水时，可不必停炉，应酌情降低氯气和氢气的流量，维持石墨炉不熄灭，同时密切注意炉温、炉压的变化，待恢复正常供水后再缓慢增大氯氢流量。要注意交替降低氯、氢流量且不可将流量降得太低，因为流量太低，氯、氢流速过小时，火焰喷不上去，会造成石英灯头温度升高，将石英灯头的石墨底部烧坏；也不可在冷却水恢复后一下子就将氯气、氢气流量提高到正常流量，因为流量提得太快，会在短时间内造成氯气和氢气过量太多而造成危险。

② 安全注意事项

a. 氯气和氯化氢气体均为有毒气体，故操作工应备有防毒面具，在操作时应戴好劳保用品，长发应戴在帽内。

b. 氢气易燃、易爆，因此严禁铁器撞击或烧、烤氢气管道及设备。

c. 氢气管道动火检修时必须进行N_2或空气置换，分析合格并办理动火证后方可进行检修。

d. 点炉时H_2纯度不得小于99%，炉内H_2含量不得大于0.4%。

e. 严禁过氯或大量过氢操作，以防污染环境及发生事故。

f. 经常检查防毒面具及灭火器材是否有效。

g. 氢气系统着火时，保持系统正压。严禁停直流电，用干粉灭火器灭火（严禁用二氧化碳灭火器灭火）。

h. 炉点不着时必须重新按操作规程要求再次置换。

i. 过氢操作的盐酸炉过氢量不能超出氯氢配比要求，以免引发生产事故。

j. 密切监视HCl合成炉内燃烧情况及Cl_2、H_2配比，若出现不正常情况无法保证PVC分厂安全生产时，按紧急停炉处理，立即向氯乙烯合成工段发出紧急停车信号。

k. 合成炉生产时须通过冷却水后方可点火。

l. 打开炉门必须在停炉并经过氮气置换合格后进行，绝不允许停炉后立即打开炉门。

m. 正常停送氯化氢时必须先与氯乙烯合成工段联系，确保乙炔流量降低之后方可停送氯化氢气体，并认真检查送氯化氢阀门是否关闭。

n. 在紧急停车情况下，要给氯乙烯合成工段发紧急信号并立即关闭氯化氢分配台上送氯化氢阀门。

o. 停合成炉必须在减小Cl_2、H_2流量前提下，做到“先断氢、后断氯”或同时一起切断，防止合成炉发生爆炸。

(2) 工艺控制指标　工艺控制指标见表11-12。

表 11-12 二合一炉法工艺控制指标一览表

指标名称	指标值	指标名称	指标值	指标名称	指标值
氯气纯度	≥96%	氢气纯度	≥98%	冷却后气体的温度	≤40℃
氯内含氢	≤0.4%	氢气含氧	≤0.4%	合成炉炉压	≤0.0526MPa
氯内含水	≤0.1%	氢气含水	≤0.06%	合成炉热水压力	≥0.5MPa
氯内含氧	≤2%	氢气压力	0.03～0.05MPa	合成炉蒸汽压力	0.1～0.18MPa
氯气压力	0.08～0.12MPa	压力	0.11～0.12MPa	合成炉热水水位	50%～65%
高纯酸浓度	≥31%	尾气含氯	65%～90%	氯气与氢气物质的量之比	1∶(1.05～1.10)
氯化氢纯度	91%～93%，不含游离氯	成品酸温度	≤40℃		
洗涤酸流量	31%盐酸产量的10%～15%	冷却器前氯化氢温度	≤250℃		

11.2.2.4 正常开停车

（1）开车前的准备工作见表 11-13。

表 11-13 二合一炉法开车前的准备工作表

步骤	具体内容
1	全面检查设备、仪表、管道、阀门、压力表是否处于正常状态，主要包括合成炉、石墨冷却器、膜式吸收器、阻火器、氯气阀门、氢气阀门、氢气放空阀门、氯气去尾气塔阀门及 HCl 分配台上所有的阀门等
2	检查酸循环槽内水位是否达到 60%以上，然后开启水力喷射泵抽负压，待炉门全部开启没有负压为止；先检查氢气软管连接是否接好，再检查是否严密可靠；打开炉门进行空气置换，排净炉内氢气；分析室做炉内含氢分析和 HCl 分配台乙炔分析及二级吸收塔含氢分析（此时应停水力喷射泵）
3	依次打开石墨合成炉（水位调整到 55%以后，DCS 操作工关闭热水进水阀，等待炉体闪蒸罐产出蒸汽、水位下降再慢慢开启热水进水阀，控制水位不得超过 70%）、各级膜吸收器的冷却水阀门（冬季为长流水），调至最佳状态
4	点火前应检查氢气阀门密封性和氯气阀门密封性，经确认不漏氢气和氯气后，再仔细检查所有自动阀门是否处于点火时的工作状态
5	做好吸收 HCl 的一切准备工作
6	分析炉前氢≥99%，氯≥90%；如果系统在正常运行，点其中一台合成炉时，不需要再分析炉前氢气和氯气纯度，可直接点火，但必须分析炉内含氢<0.4%和 HCl 分配台无乙炔及二级吸收塔含氢量<0.4%
7	分析热水 pH 是否是中性
8	检查炉门垫是否该更换，将炉门丝杆调至最佳状态
9	点火准备工作完毕后向调度汇报，接到正式开车通知后进行点火操作

（2）点炉操作见表 11-14。

表 11-14 二合一炉法点炉操作表

步骤	具体内容
1	调整水力喷射泵水阀，在炉门口处试验微感有抽力即有吸风感；点炉操作由三人进行，一人应立于室内从视镜孔观察火焰，另两人操作氢气总管（软管连接）

续表

步骤	具 体 内 容
2	通知操作工打开该台炉手动氢气总阀、氯气总阀和室内调节阀；DCS操作工缓缓打开氢气微量调节阀，待氢气软管点燃后迅速放进管道，上紧法兰（火焰长度大约30cm）；室内操作人员观察火焰并通知DCS主控缓缓打开氯气微量调节阀，观察火焰为青白色时通知室外操作工迅速关闭炉门
3	点炉成功后，不断分析氯化氢纯度，根据氯化氢纯度、氯氢压力及氯氢流量差逐渐增大氯气和氢气进炉量，同时做酸工控制好该台炉的吸收水量，避免尾气泄漏（做酸时炉压≥20kPa）
4	分析尾氯合格后并入总管
5	如发生点火不着，DCS主控应立即关闭氢气和氯气自动调节阀和室内调节阀，用氮气和水力喷射泵置换该台炉，待分析炉内混合气体含氢合格（<0.4%）后重新点火
6	待合成炉氯氢配比稳定，经分析HCl纯度达到85%～90%时，按调度指令通知氯乙烯岗位送HCl，根据氯乙烯岗位需要的流量，DCS主控开启HCl总管自动阀，然后打开分配台上输送HCl阀门，同步调节吸收水量，保证盐酸浓度合格及尾气排空口且不冒HCl气体（炉压≥20kPa）

（3）切换炉操作。生产中若单台炉出现问题，不停炉无法处理时，需进行切换炉操作，见表11-15。

表11-15 二合一炉法切换炉操作表

步骤	具 体 内 容
1	对需点合成炉及吸收系统做全面检查
2	调整氯气、氢气进炉量，保证氯气、氢气总管压力稳定；然后按点炉程序点备用炉，逐渐调整新点着炉和将要停的炉氯气、氢气进炉量，使负荷平稳转移
3	与氯乙烯岗位联系，输送点着炉的HCl气体（按输送HCl程序操作）
4	与氯乙烯岗位联系降流量，将要停的炉在保持炉压稳定的情况下停送HCl改为酸；然后将要停的炉灭掉，5min后停吸收水
5	灭完炉后按程序进行操作

（4）停炉操作见表11-16。

表11-16 二合一炉停炉操作表

步骤	具 体 内 容
1	接到停车通知后，加强与调度、氯氢处理岗位和氯乙烯岗位的联系，开启各台炉水力喷射泵和吸收水阀
2	DCS主控逐渐降低各台炉的进炉气量，先降氯气流量，后降氢气流量，保持炉压≥20kPa；当氯气、氢气流量降到最低时，逐台打开HCl吸收系统阀门，并关闭通往氯乙烯的分配台切换阀和HCl总管自动阀门后，DCS主控迅速切断氢气、氯气进炉（先断氢，后断氯）；根据情况，室内操作工可迅速关闭氢气和氯气手动调节阀或同时关闭
3	灭炉后尾氯由DCS主控切换自动阀去尾气处理，DCS主控关闭氯气和氢气总阀和手动氢气和氯气总阀、HCl总阀
4	开启每台炉氮气进行置换15～25min，然后停氮气，水力喷射泵抽负压1.3～2.7kPa，约15～20min；然后打开炉门，取下氢气软管连接法兰；炉内混合气体分析含氢合格后停止置换（分析时停水力喷射泵）
5	灭炉5min后，DCS主控关闭吸收水总阀
6	冬季停车，必须将合成炉冷却水排净，各级吸收器吸收水保持一定流量的长流水，以防冻结

（5）紧急停车操作。遇到下列情况之一，需紧急停车处理：

① 正常运行时突然发生石墨合成炉防爆膜炸裂或其他恶性事故，设备部分或全部损坏；

② 尾气系统起火或爆炸；

③ 吸收塔冷却器石墨损坏，大量酸外溢而无法排除，吸收酸浓度不够；

④ 氢气总管突然断氢，火焰临近熄灭；

⑤ 火焰跳动频繁，虽经努力，仍然原因不明，导致熄灭；

⑥ 氢气和氯气压力突然大幅度降低（氢气压力低于 0.07MPa 时，紧急打回流，低于 0.04MPa 时紧急灭炉）；

⑦ 氢气纯度低，非人为原因造成炉内火焰突然变黄、紫色等，氢气管内有“噼噼啪啪”爆鸣声，管道或阀门表面油漆有烧焦现象（停炉前留样）；

⑧ 突然停水，经联系解决不了又不能坚持生产时，立即向调度请示停车。

紧急停车顺序见表 11-17。

表 11-17 二合一炉法紧急停车顺序表

顺序	具体内容
1	立即给氯乙烯合成工段发紧急停车信号
2	关氯气、氢气(紧急调节时操作),灭炉时先关氢气再关氯气,或同时关闭
3	按正常停车处理

11.2.2.5 事故原因及处理方法

二合一炉法事故原因及处理方法见表 11-18。

表 11-18 二合一炉法事故原因及处理方法一览表

序号	不正常现象	原因	处理办法
1	点火器点燃氢气时发生爆鸣	氢气阀门开度过大	点火时氢气阀门适当减小开度
2	氢气点燃后,开氯气阀门时火熄灭	氯气阀门开度过大、过快	(1)首次点火失败后,要重新按要求置换,待炉内含氢合格后再点炉; (2)开氯气阀门时,要缓慢开启
3	火焰发红、发暗	氢气纯度低、含氧高	通知氯氢岗位、电解主控室提高氢气纯度,当氢气纯度低于控制点时应考虑停车
4	第一次点火失败后,第二次点火时系统爆炸	系统内积有氯氢爆炸混合物	首次点火失败后,要重新按要求置换,待炉内含氢合格后再点炉
5	火焰发黄	(1)氯气过量; (2)石英灯头损坏	(1)调整氯气、氢气配比; (2)停车更换石英灯头
6	火焰发白,有烟雾	(1)氢气过量太多; (2)氯气纯度太低	(1)降低氢气流量或提高氯气流量; (2)通知液氯工段降低液化效率或补充电解来的直接氯气
7	防爆膜爆破	(1)氢气含氧高; (2)点炉时炉内残存氢气; (3)炉压高	(1)立即停炉,通知氯氢岗位、主控室提高氢气纯度; (2)立即停炉,点炉前要将炉内残余气体抽净; (3)查找原因降低炉压
8	氯化氢纯度低	(1) 氯气纯度低; (2)氢气过量; (3)取样时置换排空时间短	(1) 降低液氯液化效率,提高氯气纯度; (2)降低氢流量,调整氯氢配比; (3)严格取样操作

续表

序号	不正常现象	原因	处理办法
9	合成炉炉压偏高	(1)系统有积酸； (2)合成炉后系统有堵塞	(1)放积酸； (2)停炉检查处理
10	灯头气室或 H_2 管内着火	(1)H_2 压力低或纯度低； (2)灯头气室隔板漏气	(1)提高氢气压力或纯度； (2)停合成炉换灯头
11	H_2 压力波动较大	(1)总管分离器积水多； (2)电流波动	(1)放水； (2)联系前工序处理
12	氢气流量计显示流量偏大	孔板堵塞	轻轻敲打孔板附近管道，使堵塞孔板的铁锈落掉
13	吸收系统 HCl 波动大	管线积酸	检查排酸系统，排除积酸
14	冷凝酸量过大	石墨冷却器破损	停车检查、修理
15	成品酸含游离氯高	(1)氯气过量或氢气流量低； (2)氯、氢压力波动频繁； (3)石英灯头损坏，氯氢反应不完全	(1)降低氯气流量或提高氢气流量； (2)稳定氯、氢压力； (3)停炉更换石英灯头
16	成品酸相对密度低	(1)吸收水流量过大； (2)吸收水分配不好，吸收效率不高； (3)石墨吸收器漏	(1)降低吸收水； (2)停车检查石墨吸收器、分配台是否完好，安装是否水平； (3)停车修理堵塞、破损的石墨吸收器
17	成品酸温度高	(1)吸收器冷却水量小； (2)吸收器入口 HCl 温度高	(1)增大冷却水量，调节水温； (2)改善 HCl 冷却效果，降低 HCl 入口吸收器的温度；
18	石墨冷却器 HCl 入口温度高	(1)石墨冷却器水槽水量不足，水温高； (2)炉温高； (3)石墨炉外壁或石墨冷却器壁水垢太厚	(1)增加水量； (2)降低氯、氢流量； (3)停炉检修
19	吸收塔温度高	(1)冷却量不够； (2)产量过大	(1)加大冷却水； (2)降低产量
20	炉压异常升高	(1)石墨炉后序系统堵塞，可能是气相管道有液体积存； (2)氯、氢流量过大； (3)纯水或冷却水中断； (4)吸收水开得太大，尾气塔液泛； (5)提高流量时，送 HCl 阀门开度小，吸收阀门全关	(1)停炉检查堵塞处，疏导积存的液体； (2)降低氯、氢流量； (3)与有关部门联系，尽快恢复供水，若不能及时恢复，要停炉； (4)减小吸收水量； (5)开大送 PVC 阀门
21	成品酸含铁、钙、镁离子高	(1)高纯水质量有问题； (2)设备、阀门衬里局部损坏； (3)氢气带水多； (4)取样不仔细，混进杂质； (5)石墨吸收器漏，冷却水漏进吸收水中	(1)提高纯水质量； (2)在不同部位取样分析，找出破损部位并进行修理； (3)请氢气处理加强氢气的冷却，降低含水，同时加强氢气管路排水； (4)取样瓶、分析器皿一定要洗涤干净； (5)停炉修理
22	正常生产时炉内有爆鸣声	氢气中含氧高或氯气含氢高	立即停炉，待氯气或氢气纯度合格后再点炉

11.2.3 铁合成炉及膜式吸收法

11.2.3.1 工艺流程

来自氯氢处理工段的氢气经由氢气缓冲罐、阻火器、孔板流量计、止逆阀进入合成炉。原料氯气可以是从氯氢处理来的氯气，亦可以是液氯的废氯，经氯气缓冲罐、孔板流量计进入合成炉。较为常见的合成炉为碳钢空冷式双锥形炉，合成炉灯头为多层套管式，材质亦为碳钢。从里往外数一、三、五层走氯气，二、四、六层走氢气。操作时先将灯头中通入氢气并点燃，然后通入氯气，这样氢气在氯气中均衡燃烧生成氯化氢。500℃左右的氯化氢离开合成炉经空气冷却管冷却到120℃，进入石墨冷却器被冷却到60℃，然后进入湍流板塔的塔底。31%的盐酸经转子流量计从湍流板塔顶喷淋而下，洗涤自下而上的氯化氢。被洗涤过的氯化氢再进入洗涤罐，该罐里盛有成品盐酸并放有很多的聚丙烯小球。氯化氢在洗涤罐里以鼓泡的方式被进一步洗涤。洗涤后的氯化氢通过丝网除雾器，依次进入一级膜式吸收器、二级膜式吸收器和尾气塔，被从尾气塔顶喷淋而下的高纯水逐级吸收。一级膜式吸收器出来的高纯盐酸，除一部分进入湍流板塔和洗涤罐外，大部分送入酸储罐以备离子膜电解之用或出售。未被吸收的废气经水力喷射器抽走，通过分离罐分离后排空。铁合成炉、洗涤和膜式吸收法流程图见图11-11。

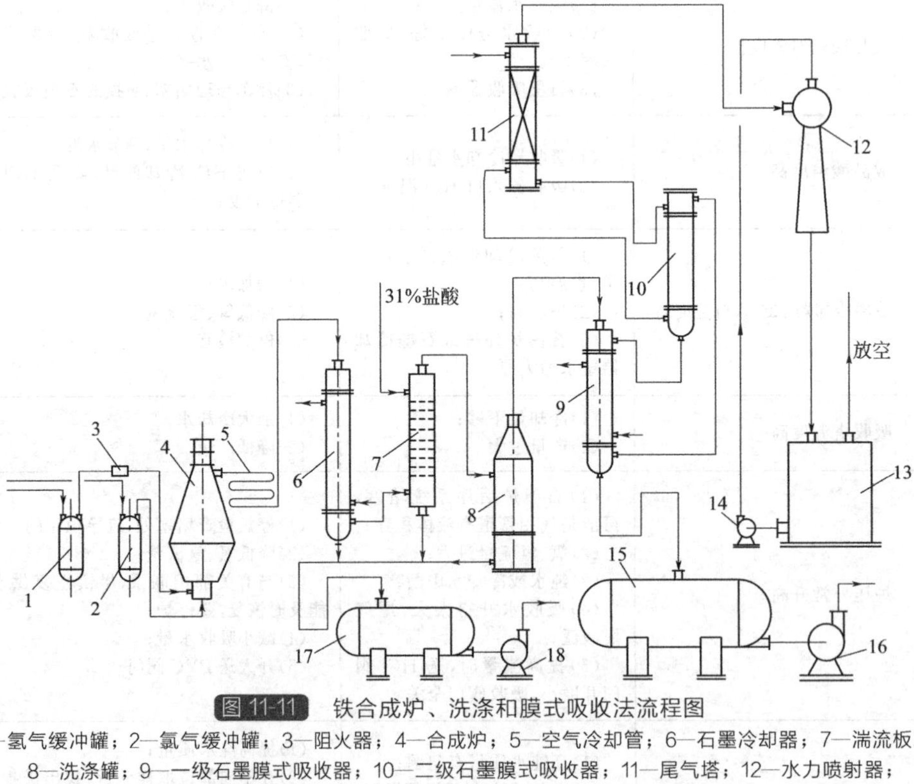

图 11-11 铁合成炉、洗涤和膜式吸收法流程图

1—氢气缓冲罐；2—氯气缓冲罐；3—阻火器；4—合成炉；5—空气冷却管；6—石墨冷却器；7—湍流板塔；8—洗涤罐；9—一级石墨膜式吸收器；10—二级石墨膜式吸收器；11—尾气塔；12—水力喷射器；13—分离罐；14—循环泵；15—成品酸罐；16—成品酸泵；17—浓酸罐；18—浓酸泵

11.2.3.2 主要设备

合成炉从目前国内外使用的炉型材质来看，主要分铁制炉和石墨炉两大类。

铁制炉依据其热量移出方式分为空气冷却式、水冷夹套式和余热锅炉式。

(1) 空气冷却式合成炉。该合成炉壳体由锥形顶底和中间圆柱筒体构成，外壳均匀地焊有数条散热翅片与空气进行自然对流换热，炉底装有氯气和氢气混合燃烧的石英灯头。原料氯气和氢气进入合成炉底部的石英灯头混合燃烧，合成后的氯化氢气体借炉身翅片散热。考虑到壁温低于氯化氢露点温度，生成凝酸会腐蚀设备，气体出口温度降到450℃左右后进入大气冷却管。空气冷却式合成炉结构及流程见图 11-12。

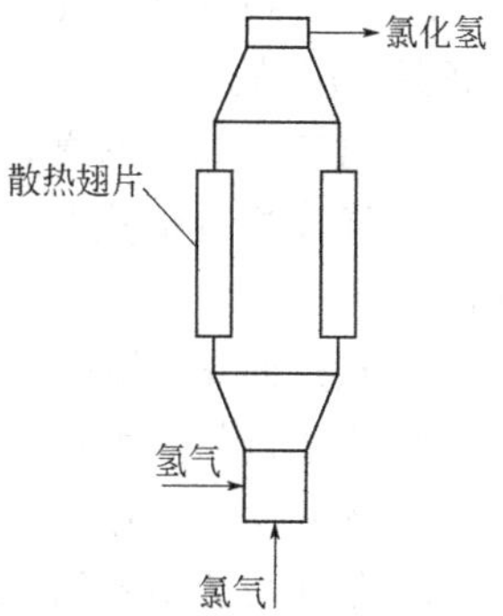

图 11-12 空气冷却式合成炉结构及流程简图

(2) 水冷夹套式合成炉。水冷夹套式合成炉是在炉体外设置夹套，用 70～90℃热水循环回收氯化氢反应热，气体出口温度降到约 450℃左右后进入大气冷却管，循环热水用于氯乙烯精馏装置加热或作为采暖热水。水冷夹套式合成炉结构及流程见图 11-13。

(3) 余热锅炉式合成炉。余热锅炉式合成炉炉内布置水冷却管形成水冷却壁，软化水经汽包预热至 90℃进入炉内水冷却管，吸收反应热产出 0.5MPa 低压蒸汽（经汽包去除冷凝水后并入蒸汽管网送往用户），合成气出口温度降到 450℃左右至大气冷却管。余热锅炉式合成炉结构及流程见图 11-14。

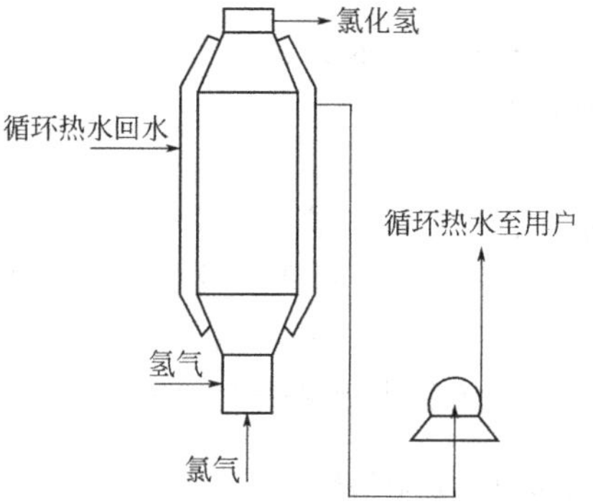

图 11-13 水冷夹套式合成炉结构及流程简图

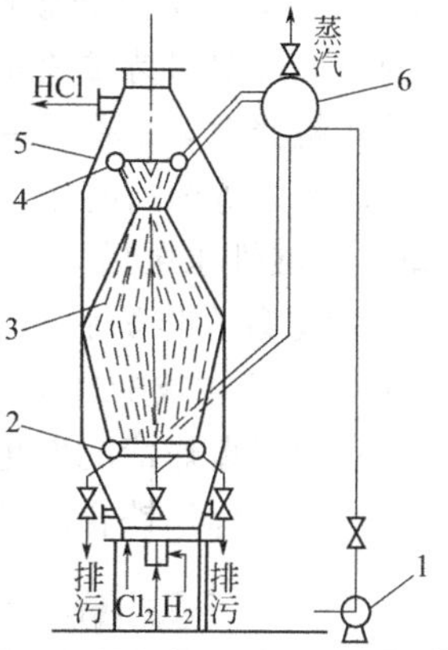

图 11-14 余热锅炉式合成炉结构及流程简图

1—给水泵；2—下联箱；3—水冷却管；4—上联箱；5—合成炉；6—汽包

11.2.3.3 操作要点及工艺控制指标

(1) 操作要点及安全注意事项

① 操作要点

a. 氯氢进料配比比石墨合成炉大，也比生产工业盐酸大，氢气过量较多，这是为了防止游离氯的产生，因为即使短时间的氯气过量，高温条件下也会造成铁合成炉的剧烈腐蚀，氯化氢中含三氯化铁就会高，进而使成品酸含铁高。

b. 由于氢气过量较多，须采用正压操作，而不宜采用负压操作，以防止空气进入系统形成氢与氧的爆炸混合物，而造成危险的爆炸。

c. 每班更换一次洗涤罐内的洗涤酸。如果鼓泡洗涤罐内的洗涤酸更换不及时，洗涤效果就会不佳，同样会造成成品酸含铁不合格。

用这种方法生产出的盐酸一般含铁都能达到 0.2mg/L 以下，用于离子膜烧碱生产工艺过程已满足要求。

② 安全注意事项

a. 氯气和氯化氢气体，均为有毒气体，故该工段应备有防毒面具，操作工在操作时应戴好劳保用品。

b. 氢气易燃、易爆，因此严禁带入火种，严禁铁器撞击或烧、烤 H_2 管道及设备。

c. 氢气管道动火检修时，必须进行 N_2 或空气置换，分析合格并办理动火证后方可进行。

d. 点炉时 H_2 纯度不得小于 98%，炉内含氢量不得大于 0.4%。

e. 严禁过氯或大量过氢操作，以防污染环境及发生事故。

f. 该工段应备有必需的灭火器材。

g. 各岗位人员不得擅自离开工作岗位，谨慎操作，严防事故发生。

h. 炉点不着时，必须重新按操作规程要求再次点炉。

i. 当点炉没有看见火焰时，严禁往炉内通氯气。

j. 送 HCl 合成炉必须严格根据炉内燃烧情况配比 Cl_2、H_2，若出现不正常情况无法保证树脂分厂转化工段安全生产时，按紧急停炉处理，立即向树脂分厂转化工段发出紧急停车信号并向厂调度报告，如实填好生产原始记录。

k. 冬季停炉时，要立刻将吸收水排水阀门及各级膜吸的酸排污阀门打开，物料排放干净，各台炉的水流泵要保持常流水。

l. 冬季停车检修时，系统全部停完后，要立刻将设备的冷却水、冷却水分配台、酸性水分配台、冷却水管等的所有水阀门打开放掉或保持常流水。

m. 冬季，停酸性水泵后，必须将泵内积水放掉，以防冻裂。

n. 打开炉门必须在停炉后 0.5h 进行，绝不允许停炉后立即打开炉门。

o. 停合成炉必须在减少进炉的 Cl_2、H_2 流量前提下，做到"先断氢，后断氯"，或同时一起切断，防止炉子爆炸情况发生。

(2) 工艺控制指标　铁合成炉、洗涤和膜式吸收法工艺控制指标见表 11-19。

表 11-19　铁合成炉、洗涤和膜式吸收法工艺控制指标

指标名称	指标值	指标名称	指标值	指标名称	指标值
氯气纯度	≥65%	氢气纯度	≥98%	空冷后温度	120～180℃
氯内含氧	≤3%	氯气含氧	≤0.4%	石墨冷却器后温度	≤60℃
氯气压力	0.08～0.12MPa	氢气含水	≤0.06%	一级吸收器下酸温度	≤50℃
氯化氢纯度	≥70%	氢气压力	0.05～0.08MPa	氯气与氢气物质的量之比	(1∶1.20)～(1∶1.25)
合成炉炉压	≤20kPa	合成炉炉温	450～550℃		

11.2.3.4 正常开停车

(1) 开车前的准备工作，见表 11-20。

表 11-20　铁合成炉、洗涤和膜式吸收法开车前的准备工作一览表

步骤	具体内容
1	全面检查设备、仪表、管道、阀门、压力表是否处于正常状态，主要包括合成炉、石墨冷却器、膜式吸收器、填料塔、阻火器、氢及氯气阀门及 H_2 放空阀门等
2	接到开车通知后，关闭 H_2 放空阀门，保证一定压力，逐渐打开 H_2 放空阀门，进行 H_2 系统置换，直到合格为止
3	开启水流泵，检查整个系统是否有抽力，抽力是否正常，若发现问题，及时处理

续表

步骤	具 体 内 容
4	检查氢气系统是否有积水，若有，放掉积水
5	检查炉顶防爆膜是否完好
6	一切工作就绪后，向调度汇报并与前后工序取得联系；当接到开车通知后，分析炉内的混合气体是否合格，并在分析氢气纯度≥98%时开启所有冷却系统冷却水，准备开车

(2) 点炉操作。点炉前必须将由合成炉到填料吸收塔整个系统用水流泵抽真空或以氮气置换合格，点炉操作见表 11-21。

表 11-21 铁合成炉、洗涤和膜式吸收法点炉操作一览表

步骤	具 体 内 容
1	调节水流泵水量，认真看炉内抽力的大小，调节至点炉工示意氢气适量后停止，点炉工站到上风向点燃氢气
2	用点燃的点火棒放在灯头正上方，加入少量氢气，将氢气点燃
3	室内操作工，将火苗调至适中
4	室内操作工见到火苗后，立即开启 Cl_2 阀门，根据火苗控制加入 Cl_2 与 H_2 燃烧，保持火焰青白色
5	检查整个系统有无漏气现象，正常后方可逐渐加大 H_2、Cl_2 量

(3) 停炉操作

① 正常停炉，见表 11-22。

表 11-22 铁合成炉、洗涤和膜式吸收法正常停炉操作一览表

步骤	具 体 内 容
1	接到停炉通知后，应与调度、氯氢、液氯、氯乙烯转化取得联系，开启吸收系统冷却水及吸收水阀，根据炉压，内外配合，逐渐打开 HCl 吸收系统阀门，同时逐渐关闭送 HCl 阀门
2	逐渐调小氢、氯气入炉流量，达到最小流量后，立即同时关闭 Cl_2 及 H_2 阀门灭炉
3	关闭吸收水的同时，H_2 由排空阻火器排空，Cl_2 送至液氯岗位吸收，再关闭冷却水所有阀门
4	停炉后打开水流泵将整个系统内的混合气体，进行抽真空置换，直到合格为止

② 紧急停炉的操作，见表 11-23。

表 11-23 铁合成炉、洗涤和膜式吸收法紧急停炉操作一览表

步骤	具 体 内 容
1	当发生断氢、断氯事故或当全厂突然停电时，应立即与氯氢、氯乙烯转化联系，同时关闭氢气阀门、氯气阀门，打开氢气放空阀门，并开启氯气处理有关阀门，去液氯岗位，关闭膜吸收及石墨冷却的所有冷却阀门，做好停炉工作后与有关部门取得联系
2	当设备发生严重故障和损坏，不能正常运行时，应与调度联系，并尽量减少氯、氢气进炉量，切忌不要随意停车，若能处理的要尽量解决，不能处理的与调度联系进行切换炉；当突然停水时，经联系，解决不了又不能坚持生产的，立即向调度请示停车

③ 炉切换操作，见表 11-24。

表 11-24 铁合成炉、洗涤和膜式吸收法切换炉操作一览表

步骤	具体内容
1	若单台发生问题，无法处理时需进行切换炉操作
2	按点炉程序点燃备用炉，使其正常运行
3	按停炉程序停炉

(4) 输送氯化氢操作。输送氯化氢操作见表 11-25。

表 11-25 铁合成炉、洗涤和膜式吸收法输送氯化氢操作一览表

步骤	具体内容
1	当接到调度准备开车通知后，先调整氯气、氢气的入炉量，严格控制氯气、氢气配比
2	逐渐关小去吸收塔的氯化氢阀门，待炉压提高 26.7kPa 时，必须分析氯化氢纯度，若氯化氢纯度≥85%，且不过氯，方可逐渐输送氯化氢，直到输送氯化氢阀门打开

(5) 停送氯化氢操作。停送氯化氢操作见表 11-26。

表 11-26 铁合成炉、洗涤和膜式吸收法停送氯化氢操作一览表

步骤	具体内容
1	当接到调度及树脂分厂氯乙烯的停车通知后，应立即打开水分配台上的转子流量计(即吸收水阀门)、水流泵阀门、各级膜吸及石墨冷却阀门，并告知氯氢工段氯乙烯停车
2	调小氢、氯气的入炉量，根据炉压，内外配合，逐渐打开氯化氢吸收系统阀门，同时逐渐关闭送氯化氢阀门
3	打开下酸阀门，再适当地控制吸收水量

(6) 切换输送氯化氢炉的正常操作。切换输送氯化氢的正常操作见表 11-27。

表 11-27 铁合成炉、洗涤和膜式吸收法切换输送氯化氢炉正常操作一览表

步骤	具体内容
1	首先与氯乙烯工段联系降低流量，将要停的炉停送氯化氢，调整氯、氢气进炉量，保证总管氯、氢压力稳定，然后按点炉程序点备用炉，逐渐调整新点着炉和将要停的炉的氯、氢气进炉量，使负荷平衡转移，然后将要停的炉灭掉
2	在输送氯化氢前，先逐渐关小去吸收塔的氯化氢阀门，待炉压提高至与总管压力相等，经分析工分析纯度为≥85%，且不过氯时，方可逐渐输送氯化氢，直到输送氯化氢阀门全开

(7) 压输送氯化氢炉冷凝酸操作。压输送氯化氢炉冷凝酸操作见表 11-28。

表 11-28 铁合成炉、洗涤和膜式吸收法压输送氯化氢炉冷凝酸操作一览表

步骤	具体内容
1	压输送氯化氢炉的冷凝酸时，将石墨冷却脱酸罐脱酸阀打开，再打开相应的酸阀门
2	观察石墨冷却脱酸罐放酸管液面，无酸液后，关闭石墨冷却脱酸阀及与之相应的阀门
3	压做酸炉的石墨冷却冷凝酸时，必须与室内看炉工紧密配合，将炉压逐渐提至 26.7kPa 时，打开石墨冷却脱酸罐相应的阀门，再按操作法操作
4	当压酸或氯乙烯压酸时，必须提前将酸雾吸收风机启动，控制吸收填料塔水量，压酸完毕后停机

(8) 酸吸收系统。开车前的准备工作，见表 11-29。

表 11-29 铁合成炉、洗涤和膜式吸收法酸吸收开车准备一览表

步骤	具体内容
1	检查泵内油液面是否达标,液面保持 2/3,若不够要求进行补加
2	检查泵及密封和冷却水系统是否正常
3	用手盘泵时,应感觉旋转均匀灵活,并注意辨别泵内有无摩擦声和异物滚动等杂音
4	通知电工检查电机,并空试泵的转向是否正确,严禁反转
5	检查水高位槽水量是否够用,若水不够用应补加水

膜式吸收器的排气操作，见表 11-30。

表 11-30 膜式吸收器的排气操作一览表

步骤	具体内容
1	检查膜式吸收器是否有漏气现象
2	检查去膜式吸收器的阀门是否打开
3	打开膜式吸收器的排气阀门
4	膜式吸收器加冷却水,待冷却水从排气阀流出后,立刻关闭排气阀
5	待点着炉之后,打开吸收水阀门

11.2.3.5 事故原因及处理方法

事故原因及处理方法见表 11-31。

表 11-31 事故原因及处理方法一览表

序号	不正常现象	原因	处理方法
1	火焰发红	① Cl_2 过量; ② H_2 纯度低	① 减小 Cl_2 或增大 H_2 流量; ② 减小抽力,与氯氢联系
2	火焰发白或有烟雾	① H_2 过量; ② Cl_2 纯度低; ③ Cl_2 干燥不好	① 减小 H_2 或增大 Cl_2 流量; ② 提高 Cl_2 纯度; ③ 与氯氢岗位联系进行处理
3	炉内有爆炸声或回火	① H_2 含 O_2 高,纯度低; ② H_2 压力突然下降	① 与电解氯氢联系; ② 处理调节,严重时停车
4	HCl 纯度低	① H_2 过量太多; ② Cl_2 纯度低	① 适当减少 H_2 流量; ② 与电解氯氢联系,提高 Cl_2 纯度
5	HCl 含游离氯高	① Cl_2 过量或 H_2 量少; ② 灯头损坏,混合不好; ③ 原料气体压力不稳	① 加强调节; ② 切换炉换灯头; ③ 与氯氢工段联系
6	防爆膜爆破	① H_2 含 O_2 高或 Cl_2、H_2 配比不当; ② 点炉时间内气体未抽净; ③ 用得时间太长	① 提高 H_2 纯度,调节 Cl_2、H_2 比例; ② 停炉重新抽净; ③ 更换防爆膜
7	H_2、Cl_2 压力突然下降	① 用 Cl_2 部门的阀门开度太大; ② 氯氢处理有问题	① 联系解决; ② 停炉
8	合成炉压偏高	① 系统有积酸; ② 合成炉后系统有堵塞	① 放积酸; ② 停炉检查处理

续表

序号	不正常现象	原因	处理方法
9	灯头气室或 H_2 管内着火	① H_2 压力低或纯度低； ② 灯头气室隔板腐蚀	① 提高压力或纯度； ② 切换炉换灯头
10	水流泵下水管着火	因过 H_2 操作，由明火或雷电引起等	调节入炉 H_2 量，灭火
11	向树脂分厂输送 HCl 塑料管或合成炉爆炸着火	树脂分厂乙炔气体倒过来和 Cl_2 混合爆炸	立即关闭送树脂分厂转化工段 HCl 阀门，并灭火
12	成品酸浓度低	① 吸收水量太大； ② 膜式吸收器漏	① 减少吸收水； ② 停炉查漏

11.2.4 四合一合成炉法

11.2.4.1 流程简述

来自氢气处理的氢气经流量调节后经阻火器进入四合一炉，与液化来的经流量调节后的废氯气（液化尾气）按照一定的比例［(1.05～1.20)：1］进入石墨合成炉底部的石英灯头。氯气走石英灯头的内层，氢气走石英灯头的外层，二者在石英灯头前混合燃烧，化合成氯化氢。经冷却、吸收制得合格的高纯盐酸进入盐酸储槽，由泵输出供二次盐水精制及电解使用。合成段的热量用一定量的软水（流量＞$100m^3/h$）移走，冷却段则用一定量的循环水上水（流量＞$100m^3/h$）将 HCl 气体冷却。冷却后的 HCl 气体用一定量的高纯水吸收（流量＞$0.6m^3/h$），制得合格的高纯盐酸。四合一石墨炉法流程简图见图 11-15。

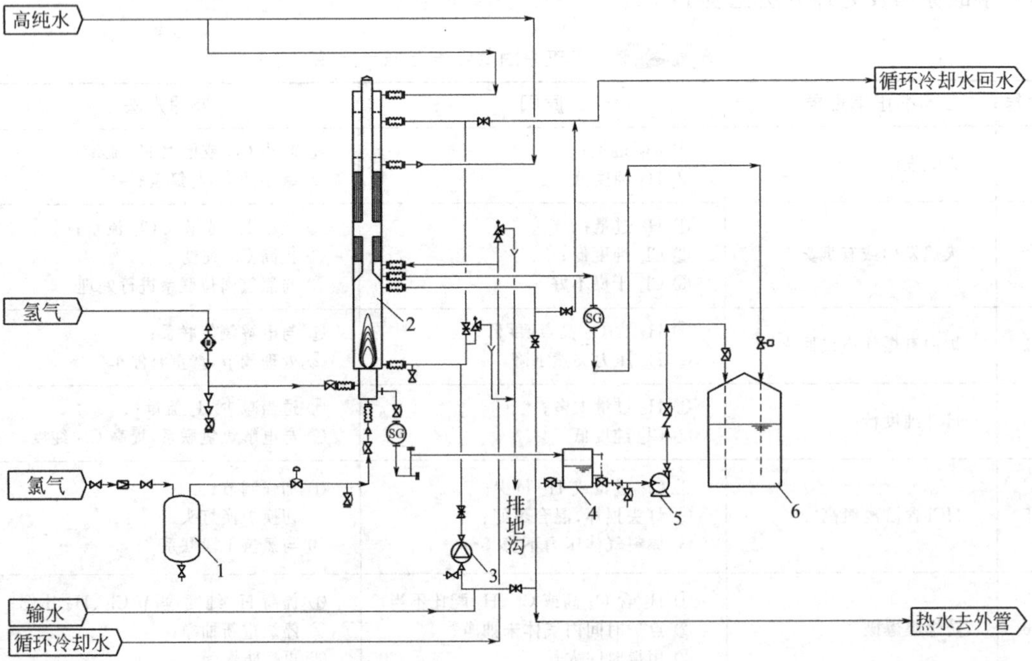

图 11-15 四合一石墨炉法流程图

1—氯气缓冲罐；2—四合一盐酸合成炉；3—热水泵；4—冷凝酸槽；5—冷凝酸泵；6—盐酸储槽

11.2.4.2 生产控制点

（1）合成炉点火控制指标，见表11-32。

表11-32 合成炉点火控制指标一览表

名称	指标
氢气纯度	≥99%
氢气含氧	≤0.4%
氢气压力	0.03～0.08MPa

（2）正常生产控制指标，见表11-33。

表11-33 合成炉正常生产控制指标一览表

指标名称	指标值	指标名称	指标值	指标名称	指标值
氯气纯度	≥80%	氢气纯度	≥99%	成品盐酸浓度	31%
氯内含氢	≤1.0%	氢气含氧	≤0.4%	酸出口温度	≤50℃
氯内含氧	≤15%	氢气压力	0.06～0.1MPa	ClO^-浓度	≤50mg/L
氯气压力	0.06～0.1MPa	循环冷却水流量	150～180m^3/h	吸收水流量	≥0.65m^3/h
循环冷却水回水温度	<41℃	冷却水压力	≥0.35MPa	吸收水电导率	≤10μS/cm
冷却水给水温度	≤30℃	热水出口温度	70～78℃		
氯气与氢气物质的量之比	(1.05～1.20)∶1	热水流量	120～150m^3/h		

11.2.4.3 四合一盐酸合成炉技术特点

（1）德国SGL公司的盐酸合成炉是将燃烧炉、吸收器和尾气洗涤器装配在一个塔内，不需要管道管件的连接，使得设备结构紧凑、体积小，俗称四合一炉。

（2）在生产时，燃烧炉腔内没有液体降膜，只需要冷却水在炉腔外侧冷却。因此，即使产量很低时，也不需要盐酸回流循环，不需要盐酸循环泵。此外，炉腔在生产时保持永久性干燥，使合成炉具有卓越的紧急状态下的运转性能。

（3）吸收器采用对流操作，不但使设备设计紧凑，还利于生产高浓度的盐酸。

（4）尾气洗涤器采用板式塔。塔板设计使得原料氯气和空气混合物的选择余地加大，并使吸收用的稀酸补加少量的新水。

（5）炉头、原料气体管道、控制和安全系统皆位于塔底，防爆膜安装在塔顶，在压力过高时气体由塔顶放空。充氮排气也是由塔底至塔顶，一旦发生装置停车或点火失败，可爆未燃气体的清除较为彻底。

（6）垂直向上的火焰通道使燃烧炉内生成的冷凝液和产品酸分开排放，保证了成品酸质量。

（7）成品酸在高出地面5m处的塔身出料，利用重力直接流入盐酸储槽。

11.2.4.4 自动点火系统

（1）自动点火系统的组成

① 带有PTFE接头的点火器，H_2、空气限流孔板及流量调节器。

② 用法兰连接的护套，红外线光电管和石英杆。

③ 点火指示箱：火焰放大镜、火焰侦查器、燃烧控制器、信号灯和操作按钮。

④ 程序控制器、定时器。

⑤ N_2 流量计。

⑥ 阻火器。

(2) 自动点火控制程序

① 点火前检查信号。点火前检查氢气压力、氯气压力、冷却水流量、紧急停车按钮信号等是否正常。

② 执行开始点火程序。按下“开始点火”按钮，相应的检测器会首先检测火焰情况，若其有火焰已燃烧等错误的报告，则点火失败，点火程序自动停止，已打开的阀门将全部关闭，并充入氮气。

开始点火，首先是预先充入氮气，之后充入空气至燃烧器，高压点火放电，检测到火焰后，通入氢气燃烧。此时，火焰检测器若未检测到火焰情况，则点火失败，系统启动，重新充入氮气。

自动控制系统在氢气点火导向阀打开后，火焰检测器检测到火焰信号，打开氢气至盐酸炉的阀门，延时开启氯气来盐酸炉的阀门，延时关闭氢气点火导向阀后，点火程序结束。

11.2.4.5 四合一盐酸炉的开停车

(1) 准备工作，见表11-34。

表11-34 四合一盐酸炉的开停车准备工作一览表

步骤	内容
1	确认工艺管路、电气、仪表系统检查确认完毕
2	确认系统充氮合格
3	确认合成炉点火装置、指示灯完好，视镜干净
4	开启循环水进口阀，调节流量至规定值，压力控制在0.3MPa，打开合成炉软水进出口阀并且手动调节流量至规定值
5	开启成品酸取样阀后，打开吸收水总阀、吸收水旁路阀，控制好流量
6	打开氢气、氯气进合成炉手动隔膜阀，打开点火用氢气、压缩空气手动阀
7	确认各联锁处于开车状态(循环水流量、热水循环流量、吸收水流量、氢气压力、氯气压力、防爆膜、火焰信号、热水泵运行、紧停开关)
8	打开出酸管路至盐酸储槽阀门
9	确认氯气调节阀、氢气调节阀处于手动关闭状态
10	设定热水系统水温，补充水按10m^3/h控制
11	氯气、氢气比值设定为0.82
12	氢气、氯气纯度分析合格(氯气>80%、氢气≥99%)，确定压力是否达标，氢气系统是否置换完毕

(2) 开车工作，见表11-35。

表 11-35 四合一盐酸炉的开车工作一览表

步骤	内容
1	DCS操作工将盐酸流程图上的"火焰旁路"开关打到旁路，并在其右上角打开"点火确认"开关
2	现场操作工接到点炉通知后，待现场"允许点火"指示灯亮后，按下"点火开始"按钮，点火程序会自动控制整个点火过程，点火成功后"点火成功"灯亮
3	DCS操作工手动提高进炉氢气、氯气流量(保持氢气流量高于氯气流量 $60m^3/h$ 左右)，待氯气流量达到 $150m^3/h$，将氯气流量控制投入串级
4	关闭成品酸取样阀
5	关闭点火用的氢气、压缩空气手动阀
6	全面检查系统，检查各项操作是否处于正常控制范围
7	开车结束

(3) 停车操作，见表 11-36。

从安全角度考虑，四合一盐酸炉设置了较多的联锁信号，以保证盐酸炉在异常情况下能及时停车，包括氢气压力、氯气压力、防爆膜破裂信号、吸收水流量、冷却水流量、热水流量、热水最高温度、现场紧急停车按钮信号等。

表 11-36 四合一盐酸炉的停车操作一览表

步骤	具体内容
1	联锁停车发生后，装置将自动关闭氢气阀、氯气阀，自动打开氮气切断阀向合成炉内充氮；如氮气阀因故障不能打开，则手动打开氮气旁路截止阀向合成炉内充氮，此时检查氮气流量计，确认是否有流量
2	与调度联系
3	提高液化量(即提高液化效率)，控制好尾氯压力、含氢量
4	关闭合成炉进口氯气、氢气隔膜阀
5	检查吸收水流量调节阀是否关闭，关闭吸收水旁路阀
6	查找联锁原因
7	如短时间内不能重新开车，则停热水泵，关盐酸炉热水阀
8	关闭循环水冷却水的进口阀

11.2.4.6 事故原因及处理方法

四合一盐酸炉事故原因及处理方法见表 11-37。

表 11-37 四合一盐酸炉事故原因及处理方法一览表

序号	不正常情况	产生原因	处理方法
1	点火失败	点火控制盘故障	分析、检查点火执行步骤，查明原因后重新点火
2	出口酸游离氯高	氯气过量	通过比例调节器调节设置值
3	出口酸浓度低	(1)氯气、氢气流量低； (2)吸收水流量大	(1)增大氢气、氯气流量； (2)调整吸收水流量
4	氯化氢纯度低	(1)氢气过量太多； (2)氯气纯度过低	(1)通过比例调节器调节设置值； (2)补充原料氯或降低液化效率

续表

序号	不正常情况	产生原因	处理方法
5	火焰发黄	氯气过量	通过比例调节器调节设置值
6	火焰发白，且有烟雾	(1)氢气过量太多； (2)氯气纯度低； (3)氢气水分多	(1)通过比例调节器调节设置值； (2)补充原料氯或降低液化效率； (3)系统放水

11.2.5 盐酸脱吸法

11.2.5.1 概述

所谓“脱吸”与吸收相反，将溶剂所吸收的气体从吸收剂中分离出来的操作称为脱吸。脱吸是利用溶液中各组分的沸点不同，在加热到某一温度时，低沸点的组分变成蒸气，而沸点较高的组分仍留在溶液中，从而达到分离的目的。影响脱吸的主要因素是温度，温度高有利于脱吸。

高纯氯化氢是集成电路生产中硅片蚀刻、钝化和外延等工艺的重要材料，也可用于金属冶炼、光导通信和科学研究等领域。随着大规模集成电路的发展，对氯化氢纯度的要求越来越高，对其中杂质的含量要求越来越苛刻，尤其要求严格限制碳氢化合物和碳氧化合物的含量，以防止硅片加工过程中碳的形成。国内外对于制备高纯氯化氢的方法有很多。

(1) 解吸法。20 世纪 70 年代以前，电子工业用高纯氯化氢的制备一直是将浓硫酸滴加到浓盐酸中，将其中的水吸收掉，使过饱和的氯化氢气体析出。20 世纪 80 年代以后，制备方法发展到用浓硫酸与焙烘干的氯化钾反应，生成高纯氯化氢气体，再用压缩机压入钢瓶中，即曼海姆法硫酸钾联产氯化氢气体，此种方法生产的氯化氢气体纯度在 99.9%（质量分数）以上。

(2) 盐酸脱吸法。将浓盐酸置于脱吸塔中加热脱析制氯化氢气体。盐酸脱吸法制高纯氯化氢广泛应用于 PVC、氯丁二烯和高纯盐酸等的生产中。此种方法生产的氯化氢气体纯度在 99.9%（质量分数）以上。

(3) 合成法。氢和氯在合成炉中进行燃烧反应生成氯化氢气体是 20 世纪 80 年代初为适应我国电子工业的迅速发展而提出的，在技术上是较先进的方法。此种方法生产的氯化氢气体纯度在 99.99%（质量分数）以上。

(4) 工业副产酸脱吸法。随着盐酸脱吸法的逐步推广，副产酸脱吸生产氯化氢的工艺已广泛应用于生产。它是通过稀酸在绝热吸收塔吸收有机氯化物生产中的副产氯化氢，提浓后，进入解吸塔脱吸出高浓氯化氢气体。

(5) 石油化工副产氯化氢提纯法。目前电子级氯化氢出口国（如美国），主要是以石油化工副产氯化氢作为原料来制备高纯氯化氢。石油化工副产氯化氢，其水含量低，对不锈钢和碳钢基本无腐蚀，但其中通常含有达 1000×10^{-6} 甚至更多的乙炔和乙烯等杂质。对于此种气体的净化通常采用精馏或吸附的方法，但由于其中乙炔和乙烯杂质的沸点与氯化氢沸点相近，很难采用精馏的方法脱除得较干净；而吸附的方法操作过程烦琐，需要频繁更换吸附剂，生产成本高。美国的方法是在氢氯化反应催化剂存在的条件下，使乙炔与氯化氢反应转化为相应的相对氯化氢沸点较高的易于脱除的卤代烃，再进行分离和脱除反应产物。此种方法生产的氯化氢气体纯度在 99.998%（质量分数）以上。

解吸法和盐酸脱吸法制备氯化氢，工艺简单，可大规模生产，但制备的氯化氢气体纯度偏低，越来越不能满足电子工业尤其是集成电路的要求。合成法生产的氯化氢气体纯度较高，但其中水含量高、腐蚀严重、对设备要求高、生产成本高。考虑到环保及副产品回收利用等多方面因素，石油化工副产氯化氢提纯法生产高纯氯化氢是大势所趋，而且用这个方法无须外加反应介质，从而避免了其他杂质的引入，而且操作简单、生产成本低，但是我国的这项技术还不成熟。我国电子工业所用高纯氯化氢大多是从美、日等国进口，且价格昂贵，随着电子工业向着大尺寸、高集成化、高均匀性和高完整性方向的发展，高纯氯化氢已广泛地应用在大规模集成电路制备中，所以我们需要对高纯氯化氢的制备方法和生产工艺做进一步的研究和完善。

11.2.5.2 盐酸脱吸法工艺流程

盐酸脱吸法流程见图 11-16。合成炉生成的氯化氢，经冷却后进入膜式吸收器，用来自脱吸后的稀酸储槽的 20%～21%稀盐酸吸收制成 35%以上的浓盐酸送入浓酸储槽。在合成吸收段，膜式吸收器中未被吸收的尾气中的少量氯化氢经回收塔用工业水吸收后排空，得到的稀酸流入稀酸储槽。浓酸储槽中 35%的浓酸用酸泵送往解吸塔的顶部，从塔顶喷淋而下，与来自再沸器的高温氯化氢和水蒸气逆流传热、传质，塔顶得到含饱和水的氯化氢，塔底得到恒沸酸。恒沸酸一部分用来补充再沸器中恒沸酸的消耗，另一部分经块孔式石墨冷却器冷却后依次进入合成吸收段的尾气吸收塔二级膜式吸收器、一级膜式吸收器。解吸吸收段的吸收高纯水则经转子流量计从尾气回收塔顶部进入，再依次进入二级膜式吸收器、一级膜式吸收器，吸收氯化氢生成 31%的高纯盐酸，流入高纯酸储槽以备离子膜电解用或出售。

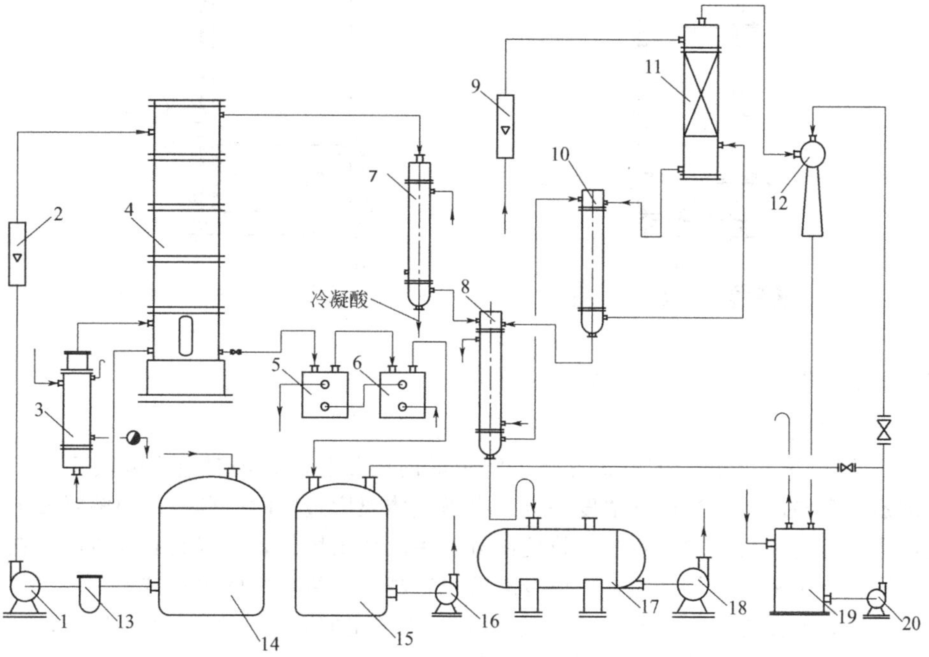

图 11-16 盐酸脱吸法流程图

1—浓酸泵；2—转子流量计；3—再沸器；4—解吸塔；5，6—稀酸冷却器；7—氯化氢冷却器；8—一级石墨吸收器；9—转子流量计；10—二级石墨吸收器；11—尾气回收塔；12—水力喷射器；13—过滤器；14—浓酸储罐；15—稀酸储罐；16—稀酸泵；17—高纯酸储罐；18—高纯酸泵；19—循环罐；20—循环泵

在石墨冷却器中冷凝下来的冷凝酸流入浓酸储槽。从解吸吸收段尾气回收塔出来的废气经水力喷射器抽吸，在分离罐分离后放空，水力喷射器下水经加压后作水力喷射器的水源，

如此循环一段时间后可作为工业盐酸的吸收水。若水力喷射器吸收水循环槽的补水为纯水，则循环液也可作为解吸吸收段吸收水。

11.2.5.3 主要设备

脱吸塔结构图见图 11-17，再沸器结构图见图 11-18。

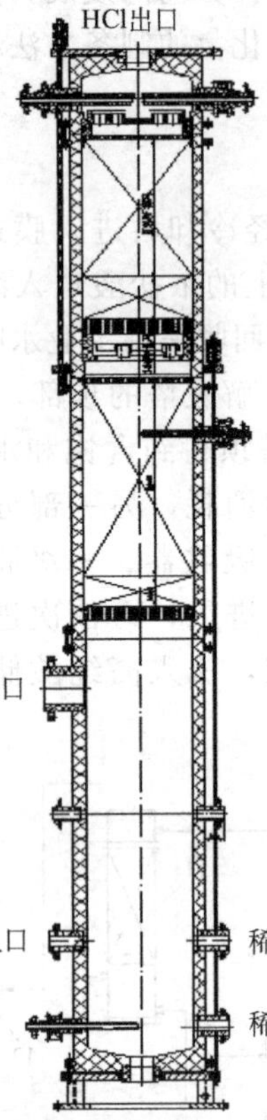

图 11-17 脱吸塔结构图

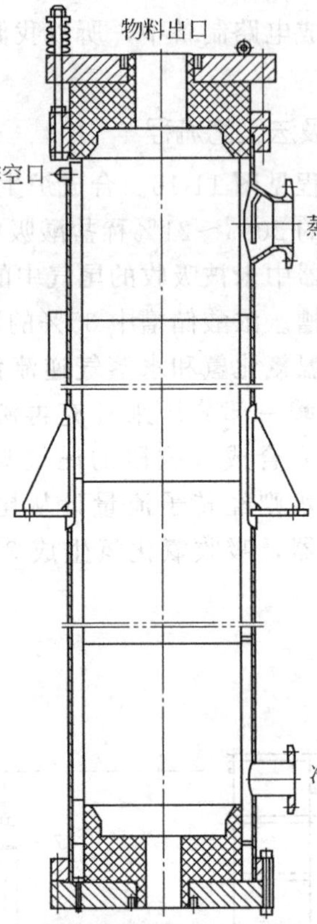

图 11-18 再沸器结构图

11.2.5.4 操作要点及工艺控制指标

（1）操作要点

① 解吸塔氯化氢出口温度直接反映了解吸塔的操作状况，同时也影响氯化氢带出的水量及冷却器冷凝酸的量。当进酸浓度一定、出塔气体温度过高时，则使塔内解吸段上移，若出塔气体温度超过进塔酸的沸点时，将使部分解吸段移出塔外，所以其温度越高，在氯化氢冷却器中被冷凝下来的水量越大，形成冷凝酸也就越多，氯化氢的损耗越大。同时气体的冷却显热也增多，所需冷却面积加大。当冷却器面积一定时，就会使氯化氢在夏天时温度过高，氯化氢中含水量大，从而影响高纯酸的质量。

当解吸塔气体出口温度过低时，会使解吸段下移，填料不能充分发挥作用，溢流酸浓度变高，生产能力下降。一般控制塔顶气体出口温度在 70℃左右为宜。

② 解吸塔液面控制是系统稳定操作的重要因素之一。液面维持在再沸器气液混合物出口附近最为适宜，如果液面高于或低于上述范围，不仅影响再沸器内稀酸的循环，降低再沸器的传热系数和生产能力，而且还会造成操作不稳定。当液面太高时，可能浸没部分填料，造成解吸段上移，阻力增大；而液面太低时，可能使解吸的气体从稀酸溢流口逸出。

③ 再沸器加热蒸汽的压力与解吸塔喷淋量的关系。再沸器的热负荷必须与解吸塔的喷淋量相适应，从而决定了解吸塔的生产能力。实践证明，在塔的操作范围内，提高蒸汽压力和增大喷淋量有利于提高产量。

(2) 工艺控制指标盐酸脱吸工艺控制指标见表 11-38。

表 11-38 盐酸脱吸工艺控制指标一览表

指标名称	指标值	指标名称	指标值
入解吸塔酸浓度	≥35%	再沸器顶部温度	<120℃
溢流酸浓度	20%～21%	石墨冷却器出口氯化氢温度	<40℃
解吸塔出口气体温度	60～70℃	成品酸温度	≤50℃
解吸塔出口气体压力	0.04～0.053MPa	成品盐酸相对密度(15℃)	1.158～1.163
再沸器加热蒸汽压力	0.21～0.24MPa		

11.2.5.5 正常开停车

(1) 正常开车操作，见表 11-39。

表 11-39 盐酸脱吸工艺正常开车操作一览表

步骤	具体内容
1	检查设备、管线、阀门，必须要灵活好用，并全部保持关闭状态
2	放掉再沸器和蒸汽管路中的冷凝水
3	打开氯化氢冷却器、稀酸冷却器的上水阀，并检查压力和水量是否正常
4	打开氯化氢气体总管出口阀门，打开冷凝脱分离罐的冷凝酸出口阀
5	开少量蒸汽预热再沸器
6	开酸泵开始加入浓酸，在脱吸塔有液面后，开蒸汽阀门供蒸汽
7	控制蒸汽量，供汽要缓慢，随时注意再沸器蒸汽压力、温度及解吸塔温度、出口压力、液面的变化

(2) 正常停车操作，见表 11-40。

表 11-40 盐酸脱吸工艺正常停车操作一览表

步骤	具体内容
1	联系相关部门，准备停车
2	关闭蒸汽阀门，停止向再沸器供蒸汽，同时排出再沸器内余汽
3	停止向脱吸塔供浓酸
4	停车后在 40～60min 内放净再沸器、冷却器内的酸
5	放净冷却水
6	停冷却水，关闭氯化氢气出口阀门

11.2.5.6 事故原因及处理方法

盐酸脱吸工艺事故及处理方法见表 11-41。

表 11-41 盐酸脱吸工艺事故原因及处理方法一览表

序号	异常现象叙述	原因	处理方法
1	脱吸塔液面高	① 浓酸量大； ② 稀酸冷却系统堵塞； ③ 蒸汽压力波动； ④ 系统呈负压	① 减少酸量； ② 停车检修； ③ 调节蒸汽量
2	脱吸塔温度高	① 蒸汽量过大； ② 浓酸量小； ③ 浓酸浓度低； ④ 温度仪表故障	① 减少蒸汽量； ② 调节上酸量； ③ 提高酸浓度； ④ 检修仪表
3	脱吸塔温度波动	① 蒸汽压力波动； ② 浓酸流量波动	调节蒸汽或浓酸量
4	送出氯化氢气压力波动	① 蒸汽压力波动； ② 浓酸流量波动； ③ 管道冷凝酸过多	① 调节蒸汽； ② 调节浓酸量； ③ 放冷凝酸
5	再沸器下水或冷却水含酸	设备列管漏	停车检修
6	冷凝酸多	脱吸塔温度高	降低脱吸塔温度
7	稀酸浓度过高	① 蒸汽压力下降； ② 脱吸塔分酸盘坏或漏； ③ 脱吸塔中部温度低	① 加大蒸汽量或减小加酸量； ② 检修分酸盘； ③ 提高脱吸塔中部温度
8	氯化氢气出现大负压	① 脱吸塔温度高； ② 酸中断或刚开车加酸量过大； ③ 浓酸浓度太低，生成大量冷凝酸； ④ 列管石墨冷却器漏	① 停蒸汽，加浓酸； ② 加或减浓酸量； ③ 提高酸浓度； ④ 停车检修
9	氯化氢压力提不起来	① 浓酸浓度太低； ② 蒸汽压力太低	① 提高浓酸浓度； ② 提高蒸汽压力

11.2.6 副产蒸汽式合成炉

11.2.6.1 概述

氯化氢副产蒸汽合成炉的生产工艺主要包含氯化氢气和蒸汽两条生产主线。氯化氢合成的化学反应方程式为：

$$H_2+Cl_2 = 2HCl+184.096kJ/mol$$

氯气与氢气在合成炉内以燃烧形式反应生成氯化氢，并释放出大量的热量，而且火焰中心区温度达到 2500℃以上，生成的氯化氢气体温度在 2000℃以上，氯化氢气体溶解于水生成盐酸时又有溶解热放出，这些热量相当可观，由此是可以利用氯化氢合成时放出的高温热能来副产蒸汽。

蒸汽是在合成炉的夹套层产生的。从脱盐水站送来的无离子水，经过管道泵加压，送至合成炉夹套的底部，无离子水吸收氢气、氯气的燃烧反应热沸腾蒸发，产生的蒸汽在夹套层顶部排出。

目前有两种副产蒸汽的合成炉：

第一种，采用全石墨、进口改性树脂加工的副产蒸汽氯化氢石墨合成炉（副产蒸汽压力为 0.3～0.8MPa）。

第二种，采用半石墨、半钢制副产蒸汽氯化氢合成炉（副产蒸汽压力为0.9～1.6MPa）。

11.2.6.2 结构特点

（1）氯、氢合成段与氯化氢冷却段一体式结构，减少占地面积。

（2）合成段分为两段（低温段、高温段）。合成炉的合成段分为低温段、高温段两段。低温段主要配置了点火口、视镜口等，高温段主要用来副产蒸汽。将合成炉的石墨接口与高温段分开，主要是解决合成炉在高温、高压状态下由于壳体的伸缩引起的接口渗漏问题，氯化氢冷却段采用与合成段组合式结构，减少占地面积。不一样的主要是合成炉体的材质的差别，一种是使用全石墨制的氯化氢合成炉（副产蒸汽段采用进口细颗粒石墨材料加工制作），副产蒸汽压力可达0.8MPa；另一种是使用半石墨制的氯化氢合成炉（所谓的半石墨制即为副产蒸汽段采用钢制水冷壁炉筒及炉壁），副产蒸汽压力可达1.6MPa。

11.2.6.3 全石墨制蒸汽合成炉的优缺点

全石墨制的氯化氢合成炉（副产蒸汽压力0.3～0.8MPa），该类型合成炉由于采用全石墨及进口改性树脂加工制作，并且在副产蒸汽段采用进口细颗粒石墨材料加工制作，解决了在副产高压蒸汽时石墨材料的强度问题。加上石墨材料的高耐腐蚀性及高导热性等优点，保证了该类型全石墨制副产蒸汽合成炉能在苛刻的运行条件下长期稳定地运行，且产量大、操作简便、不易腐蚀、使用寿命长、检修方便简捷，缺点为副产蒸汽压力达不到1.6MPa。

11.2.6.4 半石墨副产蒸汽合成炉的优缺点

该类型合成炉是为满足部分厂家对蒸汽压力要求的需要，推出的一种钢制合成炉，为了保证蒸汽压力能达到0.9～1.6MPa，解决石墨强度达不到该强度的问题，在合成炉副产蒸汽段采用钢制炉壁来保证强度，进而达到对蒸汽压力的要求。

优点：钢制副产蒸汽合成炉副产蒸汽压力高，可达到0.9～1.6MPa。

缺点：由于炉壁为钢制，设备存在产量小、操作不稳定、开停车频繁、操作困难、易腐蚀、对操作的自动化程度要求高、检修困难、使用寿命短及在后续产品中铁离子含量高等缺点。

11.2.6.5 自动控制系统

氯化氢（盐酸）合成系统副产蒸汽是利用HCl合成反应热来副产蒸汽的，是一个自动化程度要求较高的节能装置。

（1）自动点火系统。自动点火系统包括点火程控柜、高电压发生装置、点火枪燃烧器、燃气控制装置、助燃气控制装置及其他监测装置等，并配合系统安全联锁装置，既安全又便捷、操作简便。

（2）自动联锁保护系统。该装置设有氢气压力低、氯气压力低、冷却水流量低、闪发罐压力异常、闪发罐液位异常、氢气流量与氯气流量比值异常联锁，在线火焰联锁保护，上下工序故障联锁保护等。当联锁条件满足时，立即执行停车保护程序或者转换到氯化氢吸收工序。

（3）氢气、氯气自动配比控制。实现氢气与氯气的自动配比控制，由于实现精确的氢气、氯气流量控制，可以根据生产控制中HCl的纯度分析来设定氢气、氯化氢适合的比值。在生产中若氢气、氯气的纯度波动时，及时分析HCl纯度来调整比值，实现两者的自动控制。

（4）吸收水的自动控制。a. 根据生产盐酸的浓度，氯化氢气体和吸收水之间存在确定的比值关系，也就是在合成反应稳定的情况下，氯气和吸收水流量可以实现双闭环比值控制。在氯气纯度比较高或者含量比较稳定的情况下，可以实施；b. 在两段吸收的合成盐酸生产中也可以根据稀酸温度控制吸收水流量，间接控制盐酸的浓度。

（5）闪发罐部分的自动控制。蒸汽部分的控制包括闪发罐液位的自动控制，蒸汽压力自动控制，闪发罐液位低和蒸汽压力高的联锁保护。

11.3 高纯酸

11.3.1 高纯酸的质量要求

高纯盐酸所含的杂质要比普通的工业盐酸少得多，其物理性质与普通工业盐酸基本相同，其化学性质方面具备一切强酸的特性。

（1）外观。无色透明的液体，具有刺激性的臭味。

（2）质量指标。几十年前刚引进离子膜电解装置时，因离子膜电解装置的供应商不同，对用于树脂塔再生、进树脂塔盐水 pH 调节、电解槽加酸、氯酸盐分解槽进料的酸化等的高纯酸的质量要求相差很大（主要是铁离子含量）。目前，随着离子膜技术的不断改进，对铁离子含量也有了相应的放宽，各供应商的要求已基本上没有区别。

我国高纯盐酸按照中华人民共和国化工行业标准 HG/T 2778—2009 执行，高纯酸行业标准见表 11-42。

外观：无色或浅黄色透明液体。

表 11-42 高纯酸行业标准

指标名称		一等品	合格品
总酸度(以 HCl 计)/%	≥	31.0	31.0
钙(以 Ca 计)/(mg/L)	≤	0.30	0.50
镁(以 Mg 计)/(mg/L)	≤	0.07	0.20
铁(以 Fe 计)/(mg/L)	≤	0.30	3.0
蒸发残渣/(mg/L)	≤	25.0	50.0
游离氯/(mg/L)	≤	20.0	60.0

11.3.2 高纯酸的生产工艺

目前国内高纯盐酸的生产工艺，如前所述主要有四种流程：①三合一石墨合成炉法；②二合一石墨合成炉与膜式吸收法；③铁质合成炉与膜式吸收法；④普通工业盐酸脱吸与膜式吸收法。这几种方法各有特点，可根据各厂实际情况确定。

11.3.3 高纯酸的储藏和输送

高纯酸为强腐蚀性产品，其运输和储存时不得与有毒、有害物品混运或混储，接触的人员必须佩戴眼镜、耐酸手套等防护用具。

储存高纯盐酸的罐体材质有许多种，被广泛采用的有钢衬低钙镁橡胶、钢衬聚丙烯、玻璃钢等。钢衬材质的储罐，由于制造条件的限制，一般不能做得很大，而玻璃钢目前已可以做到＞$1000m^3$。钢衬里罐的优点是整体强度高，使用安全可靠；缺点是衬里层一旦损坏，盐酸含铁会高而使产品不合格。玻璃钢储罐的优点是可大型化、造价低廉；缺点是进出料等时罐接口不能承受额外应力，配管处理不当，接口根部很容易开裂而泄漏。

高纯盐酸的包装容器上粘贴牢固的标志，内容包括：生产厂家、厂址、产品名称、商标、净重、批号或生产日期、标准编号以及 GB 190 中规定的“腐蚀品”标志。每批出厂的产品都应附有标签，内容包括：产品名称、质量等级、生产厂家、厂址、商标、生产日期、执行标准号、储运注意事项、安全事项等。

高纯盐酸用聚氯乙烯桶或陶瓷坛包装时，注料口应以螺栓盖盖好，盖的周围用耐酸材料密封，而后装入木箱或纸箱中，箱口应高于注料口至少 20mm，用槽车及储罐包装时应衬胶并加密封盖。

11.4　三合一合成炉的自动控制与仪表系统

氯碱厂大部分都有氯气和氢气合成生产氯化氢的工艺，氯化氢用水吸收即生产盐酸，和乙炔加成即生产氯乙烯。盐酸生产一般都使用合成炉，大部分是三合一合成炉。氯气和氢气在合成炉中高温燃烧生成氯化氢，同时产生大量的热；氯化氢进一步用水（稀酸）吸收生成浓盐酸。

本章前几节介绍了氯化氢合成和纯酸生产的几种工艺，其中也在各自工艺方法叙述中介绍了一些在自动控制方面的特点和应用。三合一炉是应用比较普遍的工艺，以副产热水三合一炉为例，叙述自动控制方案选择和自动化仪表的应用。

三合一炉是氯碱厂常用的化工生产单元，它包含了很多仪表检测控制技术。在 20 世纪，国内氯碱厂对于三合一炉的自动控制没有给予足够的重视，自动化程度不高。近十多年来，随着氯碱行业的发展，对于安全和产品质量的重视要求提高，氯氢合成工序逐渐实现了自动化。

三合一炉的典型仪表控制是氯、氢配比控制，吸收水与氯气的配比控制，氯气压力控制，吸收水压力控制，合成炉正负压控制等。氯氢的配比控制是自动控制的核心，它的运行效果直接影响合成炉的自控水平。

三合一炉的仪表系统涉及流量、压力、温度、液位、成分、热电等检测技术，特别是氯气、盐酸的腐蚀特性，氢气的可燃性都对仪表的可靠工作造成影响。

目前存在的问题，一是产品质量控制不达标，氯化氢纯度、盐酸浓度、游离氯等超标；二是合成炉存在生产和设备安全风险，系统容易爆鸣，出现故障停车；三是工人劳动强度大，产品质量不稳定，容易给后续工艺造成安全隐患，氯化氢含氯过高，还会在下游产品氯化氢和乙炔加成氯乙烯的工艺中冷冻脱水工艺前后发生爆炸，造成混合器、冷冻脱水等工艺设备爆炸破坏，甚至出现人身伤亡事故。

造成问题的原因是多方面的，排除工艺和工艺设备、管理等原因，一些问题与仪表自动控制系统有关的是仪表和控制阀门选型不正确、自动检测和控制方案不合理、自动控制系统整定参数偏离较大、仪表安装不正确和维护不及时等，也有自动控制系统本身不稳定等原因促成。

要保证人身、设备安全和产品质量，应在仪表自动控制等诸多方面予以重视。

11.4.1　自动控制方案选择

自动控制方案选择包括氯气和氢气双闭环比值控制系统、纯水和氯气流量单闭环比值控制、氯气压力控制、纯水压力控制、合成炉负压控制等。

11.4.1.1　氯、氢配比方案

根据氯氢合成反应原理和应用经验，氯氢的物质的量比值应在 1∶(1.05～1.10) 以内，

控制反应物的物质的量之比是生产的关键。氯氢配比控制是首要任务，关系到安全、质量等指标。配比控制有多种方案可以选择，从实用、简单的角度出发，双闭环比值控制系统可以满足要求，自动化程度高，可灵活达到远距离控制、产量可控等。使用氯氢两套控制的双闭环比值控制系统还有开停车方便的优点，使用两个单回路控制氯气和氢气的流量，提量和降量都小幅度变化，保证工艺过程安全。盐酸工序氯气与氢气、氯气与水比值控制方案图见图11-19。

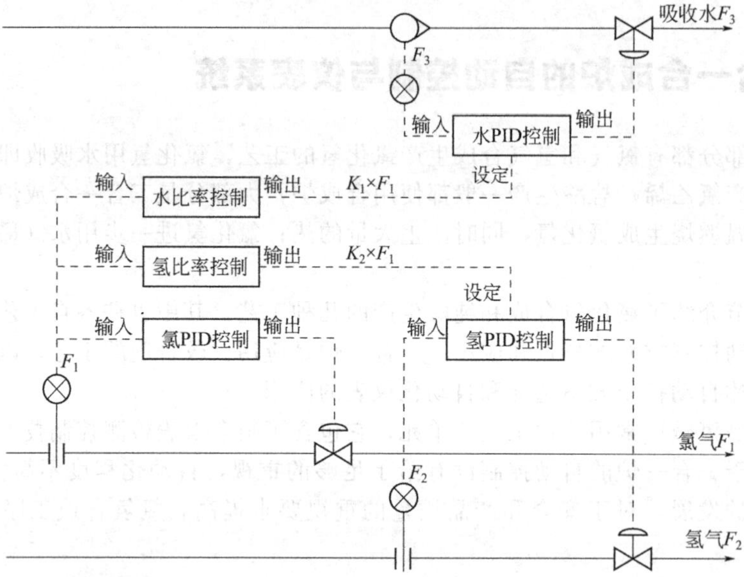

图 11-19 盐酸工序氯气与氢气、氯气与水比值控制方案图

氯氢配比控制系统能够成功投用，有几个重要环节需要注意，如氯气、氢气流量的准确测量，控制阀的结构、特性，控制器的性能、增益、时间常数等。

一般的控制方案是选择氯气流量作为主流量，氢气作为副流量，选择的主要原因是考虑氯气的各种因素波动比较大，尽可能把不稳定的或不产生破坏性影响的作为主流量来使用，而氢气压力比较稳定，纯度也比较稳定，在氯碱厂又有一定的富余，因此常将氢气作为副流量。工艺的约束条件和比值关系被破坏时，对生产工艺及设备的影响力是主要的考虑因素。如盐酸稀释配比，水作为主流量，盐酸作为副流量对于工艺比较安全，也是一种保护措施。投入比值控制情况在水断流条件下，自然盐酸流量也为零，可以防止盐酸浓度过高。

在合成盐酸系统中一般不使用带逻辑提量的比值控制系统，由于氢气和氯气的比值关系，过氢比较好办，过氯极易产生爆炸，另外由于阀门和流量的传递滞后、放大倍数的不同，它的弹性空间有限，在生产要求不是极苛刻的情况下，不要应用带逻辑提量的比值控制系统。氢气流量的控制通道时间常数很小，容易振荡，阀门的微小变动即引起氢气流量较大变动。

由节流装置的体积流量公式：

$$Q=\frac{A}{\sqrt{\xi}}\sqrt{\frac{2}{\rho}}\sqrt{(p_1-p_2)}$$

式中，Q 为体积流量，m^3/h；A 为节流面积，m^2；ξ 为阻力系数，无单位；ρ 为介质密度，kg/m^3；p_1，p_2 为节流件前，后压力，Pa。

可以忽略密度的变化，视密度为常量，化简为，$Q=C\sqrt{\frac{\Delta p}{\rho}}$ ，标准状态氢气的密度小于1，为 0.089kg/m^3，计算得氢气 $Q=3.35C\sqrt{\Delta p}$。同样可得，氯气 $Q=0.557C\sqrt{\Delta p}$。由公式可以看出，同样的流量系数和压差标准状态，氢气的流量是氯气的 6 倍左右，压差微小变化引起流量较大变化；根据公式同样可得阀芯面积微小的变化也会引起较大变化，氢气流量较难控制。

11.4.1.2　氯气和吸收水配比方案

在三合一炉中合成的氯化氢由脱盐水吸收生成浓盐酸，如果不考虑氯化氢带出尾气被吸收而全部生成浓盐酸，那么，就是氯气质量和脱盐水存在着固定的比值关系，如果生产 31%（质量分数）的盐酸，则氯化氢与水存在 31：69 的质量比关系，忽略氢气的质量，氯气和水的质量比接近 31：69，以氯气为主流量，脱盐水为副流量，也就是水的流量跟随氯气流量，构成双闭环比值控制系统，稳定盐酸质量。

11.4.1.3　盐酸浓度校正方案

由于使用液化后的尾氯的氯气含量不稳定，使得氯气和水双闭环比值控制、氯气和氢气双闭环比值控制均难解决盐酸浓度的质量要求。要求纯度比较高的场合，可以选择在线盐酸浓度分析仪，使用带外校正的变比值控制系统。

11.4.1.4　氯气压力控制

生产装置使用的氯气是氯气液化后的尾氯气，压力不稳定。在氯气液化界区内安装一个单回路控制系统，保证到合成炉的压力稳定。在合成盐酸界区内安装一个原氯气体接入的压力控制回路，以确保氯气供应，防止合成盐酸因为尾氯工序故障没有氯气引起合成炉停车或爆炸。控制回路设定值稍低于使用压力，正常状态时原氯压力控制回路阀门关闭，使用尾氯气。尾氯流量大时，要提高进合成炉的氯气流量；尾氯量减少时，氯气压力下降，来自原氯的压力控制阀自动控制开启，保证进合成炉的氯气总管压力稳定。

对于使用多套氯气液化装置的尾氯气三合一炉，要设置尾氯气稳压控制回路。

11.4.1.5　吸收水控制

吸收水总管由于系统管网压力经常变动，还由于是多台炉生产，每台炉都有吸收水流量控制，容易互相干扰，造成酸浓度不稳定，影响尾气排放。为了减少吸收水流量的扰动，采用了一个吸收水压力控制回路，被控变量为总管压力，操纵变量为总管水的回流量。

11.4.1.6　炉内正负压力控制

“三合一”石墨合成炉是负压生产或负压点火正压生产，为了达到压力稳定的目的，采用了炉内正负压力控制，控制进入射流真空泵的流量或尾气风机的转数。

11.4.1.7　温度控制方案

尾气稀酸绝热吸收，合成炉浓酸放出大量的热，吸收温度超过 50℃，难以完成高浓度酸吸收，合成炉换热循环水温度需要控制。

采用多套控制回路自动控制，保证产品质量指标、物料平衡，排放减少，使得效益最大化。

由图 11-20 可以看出，复杂控制回路有氯气和氢气的比值调节控制、氯气和吸收水的比值控制，在开车时将比值设定好便可以自动调节氯气和氢气的流量，生产过程中要根据氯气、氢气纯度的变化及时调整该参数值，其余都为根据负荷大小进行自动调节的简单回路控制。

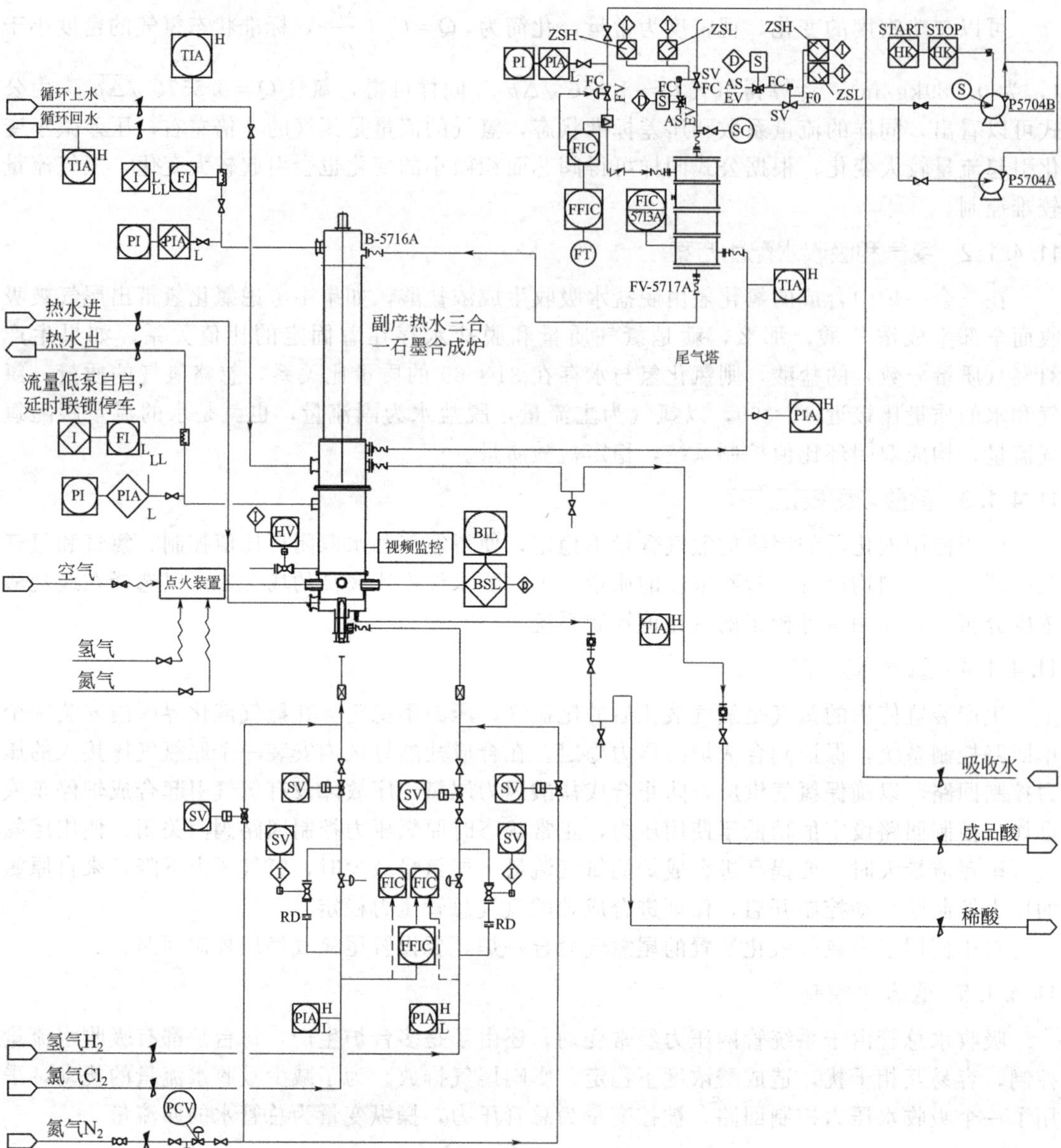

图 11-20 副产热水三合一合成炉控制原理

11.4.2 安全联锁

(1) 合成炉联锁停车。合成炉联锁停车时，氯气、氢气进炉切断阀、调节阀自动关闭，氮气切断阀自动打开，向炉内充氮置换。因以下原因合成炉联锁停车：

① 氯气、氢气压力低于合成炉最低要求的压力；

② 吸收水流量低于联锁设定值；

③ 冷却水流量低于联锁设定值；

④ 热水或蒸汽流量低于联锁设定值；

⑤ 仪表风压力低联锁；

⑥ 氮气压力低联锁；

⑦ 火焰熄灭；

⑧ 顶部防爆膜破（炉内压力高或低）；

⑨ 其他因素紧急停车。

安全联锁逻辑图见图 11-21。

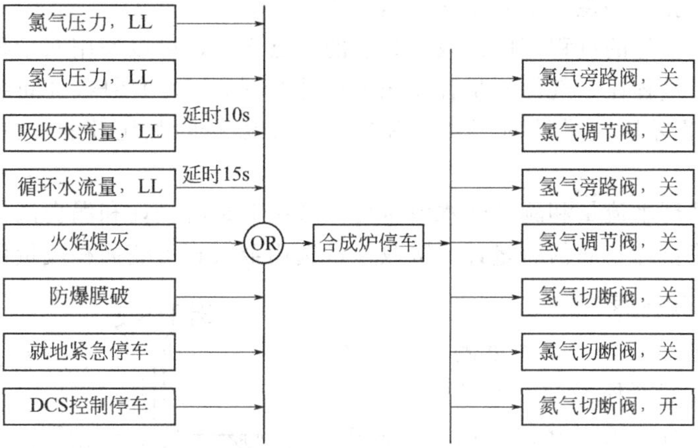

图 11-21　安全联锁逻辑图

（2）合成炉工序的其他小联锁：

① 一开一备的热水泵互启联锁；

② 一开一备的吸收水泵互启联锁；

③ 盐酸储槽压力高泄压、低补氮报警联锁。

为了提高联锁动作可靠性，在联锁动作时除了二位开关阀要关闭，与其相关的各调节阀都要同时关闭。

因联锁停车条件众多，且一个条件不满足导致其他的条件在短时间内也波动较大，为了及时发现问题，需要在 DCS 系统中增加第一联锁信号捕捉逻辑程序，即可以非常迅速地捕捉第一个导致异常联锁的信号，针对第一问题进行解决，减少因查询 DCS 系统中历史数据耗费的时间，缩短停车时间，最大限度地降低停车带来的损失。

针对上述要点，DCS 系统对该套系统信号所设置的扫描时间要短，正常 500ms 便可以满足捕捉第一联锁信号的要求。目前国内外的 DCS 控制系统基本上都可以满足该扫描周期要求。

11.4.3　仪表选型和自动技术选择

11.4.3.1　流量测量仪表

流量测量点有氯气、氢气、吸收水、循环水等。氯气和氢气是气体，因其密度值的不确定性，准确测量较为困难。由于监控系统是控制使用的流量，准确度可以不高，要追求高可靠性和稳定性，可以选用差压式孔板流量计。差压式流量计是当今仍广泛大量使用的流量计。对于现场使用而言，其精度、可靠性、稳定性均能满足控制要求，其量程改变方便，维护简单。为了获得好的精度，可以采用成品流量演算仪。对于气体演算仪，一般要使用温度补偿、压力补偿、流出系数非线性补偿和流束膨胀系数补偿，以及对临界温度较高、临界压力较低的气体进行压缩系数补偿。常用的转子流量计、涡街流量计在氯气和氢气流量测量时存在一定的缺陷而没有选用，特别是氢气流量因氢气密度比较小、流量不大，涡街流量计更不适用于测量氢气流量。在氢气测量中，由于系统温度、压力不高，氢气的晶间腐蚀不用考虑，氢气测量较容易，选用不锈钢 SUS316L 膜片的差压变送器即可。在氯气测量中，氯气测量的孔板选用标准孔板，节流孔的厚度等于孔板的厚度，没有斜角，抗冲刷性较好，节流件和取压装置为一体，角接取压。氯气为干氯气，孔板材质可选用不锈钢 SUS316L，也可选用 HAC 材质板片，其耐腐蚀性更好一些；PVC 材质孔板不建议使用，运行一段时间会有变形、表面粗糙，孔径和锐边都有变化，运行寿命较短。

常规的孔板流量计的量程范围比较小是它的弱点之一，可以使用双量程差压流量计配合流量演算仪来改善量程比。气体双量程差压流量计在（3～100）%FS 区间系统的不确定度可达±1.5%。双量程差压流量计对于氯气和氢气在小流量的配比控制中提供了较好的测量手段。

合成炉降温循环水流量和副产热水流量可以选用电磁流量计和涡街流量计。副产蒸汽流量可以选用差压流量计、涡街流量计。吸收水常选用金属管可变面积流量计。

11.4.3.2 温度测量仪表

盐酸生产工艺一般有三个温度测量点：尾气塔气体温度、稀酸液体温度、成品酸液体温度。三者都是在含有水的氯化氢中测量，温度在 100℃以下，管道压力为微负压，成品酸浓度在 31%，其中还含有微量的游离氯。尾气温度测量可选用金属钛 TA2 保护管热电阻，后两个点金属钛保护管不能使用，使用带搪瓷或 PTFE 衬里的金属保护管价格也较高，而且传递滞后较大，防腐蚀效果有时不理想。部分厂家使用自制的热电阻玻璃保护套管解决了腐蚀问题，而且温度反应很快，只是安装时要注意不要安装在人容易碰到的位置。自制热电阻及安装示意图如图 11-22 所示。

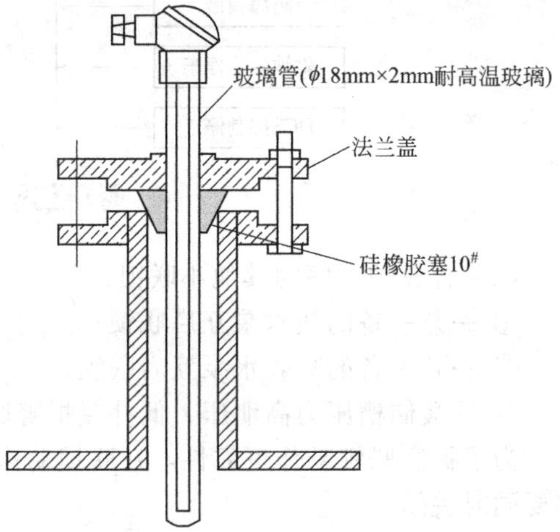

图 11-22 自制热电阻及安装示意图

11.4.3.3 压力测量仪表

氯气总管压力约 0.1MPa，采用隔膜密封压力变送器，法兰选用 *DN*50 或 *DN*80，接液的隔离密封膜片选用钽膜片，抗氯气腐蚀。合成炉压力和尾气塔压力是微负压力，选用 HAC 本体，接液部分和膜片仍然选用钽膜片，防止酸腐蚀。由于变送器处在酸性腐蚀介质环境中，所有压力变送器排大气膜片选用 HAC 材质。

为了节省投资，也可选用隔离罐测量压力。隔离罐内装抗化学仪表油 4837（氟油）。要注意温度变化、隔离液密度变化对测量压力值的影响，尽量使得隔离罐的液面和变送器的取压口在一个平面。测量尾气压力的隔离罐为透明玻璃管（可视）制造，中间是玻璃管，两端是法兰，接腐蚀端用 PVC 法兰，双头螺栓将两个法兰连接。

压力测量仪表的变送器膜盒测量膜片要选用 HAC 材质或耐氯气腐蚀的材料。压力变送器大气侧的膜盒测量膜片暴露在空气中，容易受到大气中泄漏氯气、盐酸雾的侵蚀，尤其是不锈钢材质的膜盒不耐氯离子的腐蚀，腐蚀破坏性可能导致变送器报废。

11.4.3.4 液位测量

该工序有一些盐酸储槽和热水槽等的液位测量。液位测量选用隔膜密封差压变送器，盐酸储槽使用 PTFE 隔离膜片，也可以选用金属钽隔离膜片，具有价格低而且耐用的优点。雷达液位计也是一种成熟的测量工具，选用全包覆的 PTFE 隔离膜片，但是寒冷地区要注意气温降低时，在雷达液位计发射天线处的凝水或气相中气体凝露对反射波的影响。

11.4.3.5 分析仪表

盐酸浓度是重要工艺指标，使用电感式电导率计配合温度补偿可以测量盐酸浓度，浓度与盐酸电导率和过程温度有关。由于浓度的非线性，测量范围分段选为22%～39%（质量分数，50℃）。

盐酸或氯化氢中的游离氯是重要的质量指标，可以使用氧化还原电位测量仪表定性测量。国内也有厂家用水吸收氯化氢气体，用自制铂、银电极测量电极电位的简单方法实现。也可使用紫外吸收的在线分析仪器，根据游离氯含量的多少，选择流通池内不同的光程，取得合适的测量范围。盐酸游离氯含量较低，测量时要慎重选择仪器，特别是铁离子含量较高，影响溶液的颜色时，要慎重选用。紫外吸收的仪器可以准确地测量浓度，有极好的重复性、线性度和分辨率。

尾气含氯分析可以选择可见光的吸收方法测量，选择不同的光程，适应不同的浓度范围。气相中可做到不同的浓度范围，但是气体氯含量较低时也要慎重选用。

盐酸中游离氯小于50mg/L、氯化氢中的尾气含氯小于200mg/kg时要谨慎选择在线分析仪表。

含氢分析时选用热导分析仪是成熟的做法。

11.4.3.6 自动阀

（1）控制阀门。

（2）氯气系统。氯气是有毒气体，选用波纹管密封的气动控制阀。较低温度可选用衬塑的调节阀，波纹管的厚度要有一定的要求。氯气分子的渗透性较强，要注意阀门的外漏和内漏。较高的温度和压力作用可使氯气渗透到PTFE波纹管之外，从阀杆和密封填料处渗漏，造成阀体鼓包。氯气温度如果高于30℃，要选用HAC材质的波纹管控制阀。选用多层HAC波纹管密封单座控制阀，阀芯采用HAC，阀芯、阀座堆焊司太立合金22，保证一定的硬度，切断“氯油”污垢，保障零泄漏。HAC材质控制阀价格相对高一些，也可选用PVDF隔膜式调节阀或PVDF蝶形调节阀，对控制精度会有一定影响，也可使用智能定位器改善控制精度。

（3）氢气系统、水系统。使用球形控制阀（globe valve），也称单座阀，阀体材质为1Gr18Ni9Ti。

（4）尾气负压系统。负压射流真空泵均采用耐腐蚀蝶阀或波纹管密封单座阀，阀体（阀板）衬里选用PFA、FEP、PTFE都可以。

阀门流量特性都采用等百分比，采用多弹簧薄膜执行机构，定位器为本质安全型。

氯气和氢气的配比控制需要的流量控制范围较宽，尤其初次开车点火时，控制阀门工作在小流量条件下。一般的控制阀虽然最大和最小流量可调比$R=30$或50，但是实际真正的调节范围小于10。为了提高控制精度，可选用小流量调节阀和正常控制的氯气、氢气调节阀并联分程控制，以取得较好的流量调节性能。另外的方法是增加控制阀门辅助回路，不采用小流量调节阀而采用加限流孔板限定流量、二位阀切换的方式配合初次开车点火流量控制，这也是一种行之有效的方案。

控制阀流量特性选择等百分比特性，对于开车和稳定控制有较好的效果。氯气和氢气压力以及吸收水压力比较稳定，系统压降基本上都在阀上，故阀门的工作特性接近理想工作特性。回路压力比较稳定时，控制阀门应该选择直线流量特性，保证系统放大倍数为常数。副回路是一个随动系统，给定值经常变化，应该选择直线流量特性。阀门设计者和阀门厂家选型普遍倾向放大流量系数，阀门选择的流量系数在放大。国内提供的阀门流量系数普遍偏大，结果是一般阀门在现场使用时开度普遍偏小。在较小开度下工作时使用等百分比阀门，对于稳定控制可起到好的作用。

（5）二位开关阀。联锁系统的自动阀采用气动二位阀，执行机构选用单作用汽缸，失电、失气压阀门自动关闭（故障关）。氯气、氢气、氮气联锁阀门的阀体采用 PTFE 衬塑球阀（ball valve）或者品质高的蝶阀。采用衬塑阀主要是考虑到停车时，合成炉内的酸性物质腐蚀阀体、阀芯。

11.4.3.7 可燃有毒气体检测和报警

该工序涉及可燃气体为氢气，常采用催化燃烧方式测量，优先选择抗毒性催化燃烧检测器；有毒气体为氯气和氯化氢气体，采用电化学方式测量，也可采用半导体型检测器测量氯气。可燃有毒气体检测器一般安装在室内，户外空气流通，可不设可燃有毒气体检测器。报警系统可选用报警器厂家配套的独立控制系统，也可将检测器通过 DCS 系统连接，独立配置，要使用单独 DCS 板卡连接，不与工业检测仪表共用，以提高可靠性。

11.4.3.8 火焰检测

火焰检测目前普遍使用的是紫外光检测器。紫外光检测器在检测火焰时，正常燃烧时有间断信号跳跃情况。这种情况测量时，因为氯气、氢气燃烧反应的频率信号变化太小，常有频率恒定值，所以紫外光检测器很难检测稳定。现在紫外光检测器厂家常用信号延时回避这一问题，而且延迟时间越加越长。实际应用中要予以调整，一般小于 1～2s。紫外光检测器一般安装两个，从不同的角度来在线拾取火焰信号。只有当两个火焰熄灭信号同时到达，才确认为火焰熄灭。火焰检测常用来作联锁停车条件信号。该检测装置需要 dⅡCT4 以上的防爆等级，防护等级 IP65，灵敏度 1 个烛光。

11.4.3.9 燃烧火焰电视监控系统

为了达到安全和远距离监视氯气和氢气燃烧状态的目的，可以使用工业电视监视系统。监视系统由摄像头、监视器、信号传输以及硬盘录像机等构成。摄像头感光元件采用 CCD 元件，黑白摄像机水平清晰度 480 线以上、彩色水平清晰度 330～480 线，分辨率为 30 万以上像素，自动增益控制（AGC），带背光补偿（BLC）功能。选用手动可变光圈或自动光圈、定焦镜头，模拟信号传输距离近时（300～500m 之间）选用 SYV75-7 欧姆同轴电缆(会损失高频分量，影响清晰度和分辨率)。数字信号传输使用光纤传输，也可使用无线传输。视传输距离和干扰程度确定。监控器水平清晰度黑白的不低于 500 线，彩色的不低于 480 线。合成炉的视镜部分可选用带自动清洗装置的设备。该系统需要 dⅡCT4 以上的防爆等级，防护等级 IP65。

11.4.3.10 视镜自动清洗技术

合成炉的视镜是重要的观测窗口，常由于氯氢燃烧的黄色物体等附着在视镜玻璃的内表面而影响观测效果。选用带自动清洗技术的装置间歇清洗，能较好地进行长周期合成炉运转。上海天三自控有限公司研发的一项专利技术具备自动除污除垢的功能，可以克服炉膛由于水汽、过氯、严重过氢等工况下造成玻璃视镜结垢与污染而无法获得检测信号的问题，确保恶劣环境工况下的安全、可靠在线检测，使自动点火系统、火焰检测系统更可靠与更安全。

11.4.3.11 自动点火控制系统

根据 GB 50016—2014《建筑设计防火规范》及 GB 50160—2008《石油化工企业设计防

火规范》的要求，具有氢气原料的生产装置 30m 内不可以有明火，因此合成炉初开车的点火不适宜采取在现场用火把点火的方式，这是一项有风险的工作，而且涉及较多人员的参与，采用合成炉自动点火系统可以解决上述问题。合成炉自动点火系统可实现操作工远程全自动点火、全自动联锁保护逻辑点火，保护操作工人身安全。合成炉的自动点火技术，较早时只有国外引进的合成炉具有。近几年，国内上海天三自控有限公司经过努力，也研制成功自主知识产权的合成炉自动点火装置，而且近几年不仅在新项目中采用，老的合成炉装置改造也在逐渐选择使用。

上海天三自控有限公司研制的自动点火系统由喷焰型防爆点火枪、火焰检测器（可带自动清洗装置和现场点火控制柜）以及点火控制盘组成。点火采用 PLC 控制，可实现就地或远程控制。在合成装置完成氮气吹扫和空气补充后，DCS 送出允许点火枪点火信号至 PLC，点火枪实现自身的吹扫与点火，点火枪的发火维持在 30～60s 内，发火频率 5 次/s，发火能量 5J。完成正常点火后，PLC 会自动送出信号至 DCS；若在 30s 内未得到点火信号，点火枪自动实现自身联锁，并进行吹扫，同时 PLC 送出点火失败信号至 DSC。点火枪点火完成后，自动打开合成装置中心火焰氢气点火切断阀，打开合成装置中心火焰氯气点火切断阀。火焰检测器若未得到中心点信号，系统联锁，氢气点火切断阀与氯气点火切断阀的状态信号送 DCS。点火枪为耐腐蚀全金属结构，采用高科技材料的封固技术，保证耐压（0.25MPa 下气相零泄漏）；采用气封的双重保护形式，并可允许长周期埋入在合成装置内。枪体特点：无泄漏，新型材料，低压高能半导体发火技术，燃气采用氢气与助燃空气实现自动配比功能，内旋火焰加速，空气无级调速加速火焰长度。点火过程：安全吹扫、少量空气进入、高能放电、燃烧气进入、点燃、火焰探测保护、空气无级调节加速、燃烧保持、停止、安全保护。自动点火系统还可执行远程、进程切换，复位，仿真等功能。

自动点火时氢气最小点燃压差为 10kPa，最大消耗量不得大于 $3m^3/h$，该装置需要通过安全评估认证。自动点火装置见图 11-23。

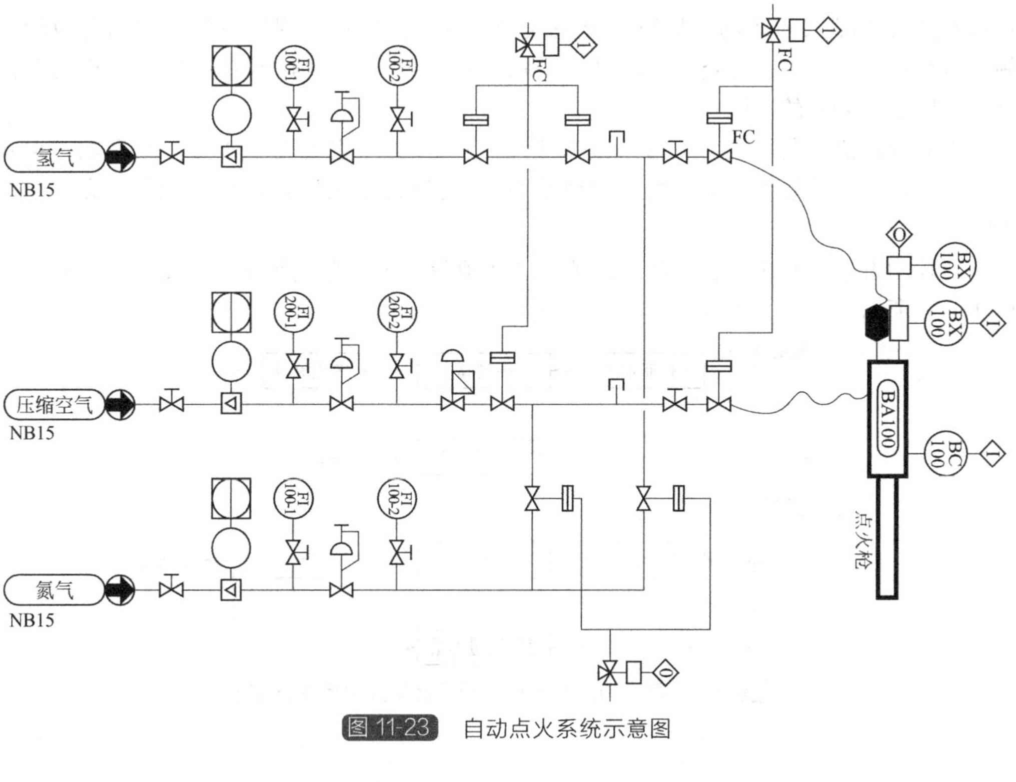

图 11-23 自动点火系统示意图

11.4.4 合成氯化氢比值控制和比值计算

比值控制（或称比率控制，ratio）是两种或两种以上物料反应或混合（配比、稀释）经常要用到的控制方案。通常流体应用比值控制较多，所以常称流量比值控制。其控制方式为一种流体（称为副流量或从动量），按照一定的数学关系跟随另一种流量（称为主流量或主动量）变化而变化，主流量相当于定值控制系统，对于副流量来说，相当于随动控制系统。

流量比值控制能起到在扰动量影响到被控过程指标之前及时控制的目的，对于最终指标难以测量、变送时采用流量比值控制是有效手段，比值控制能使生产过程指标达到预期控制、前馈控制的目的。在主动量供应不足或偏离设定值时，可通过比值函数环节及时改变从动量的设定值，使主、从动量保持所需比值，故比值控制具有很多优点。

两种流体一旦比例失调，将会产生产品质量或人身和设备安全事故。氯化氢合成的氯气和氢气比例失调，将引起产品质量事故，如酸浓度不合格、游离氯超标、合成尾气吸收的稀酸氯气超标、氯气被不凝性气体带到大气中。燃烧火焰脱火、失火熄灭时，引起合成系统停车。比例失调严重会引起合成炉内气体爆炸，设备合成炉损坏或伤及人身安全。氯化氢合成过程中，氢气过量较大，将会引起后续为氯乙烯工艺精馏的尾气排放加大，影响单体消耗；氢气过少，过量的氯进入氯乙烯合成，与乙炔反应生成氯乙炔，可能造成混合冷冻脱水流程爆炸。所以，合成炉的流量比值控制一直是氯碱厂十分关注的生产和安全问题。

11.4.4.1 比值控制

比值控制要理解两个概念，一个是工艺上确定的比值关系，是保持两种或两种以上物质以一定比例参加化学反应或混合稀释配比等计算出的比值；另一个是仪表或工业控制计算机（DCS，PLC 等）完成运算功能的功能块确定的仪表比值系数。一般用 k 表示工艺比值，用 K 表示仪表比值系数。在定比值控制系统中，工艺上确定的比值 k 是保持不变的，因某种需要，最后实现的是用人工微调整 K 的值，完成两种或两种以上物料的工艺关系。比值 k 和比值系数 K 的意义不等同，但数值上采取合适的主副流量量程以及计算机内部数学运算措施以后可以相等。现在的企业一般都是采用计算机控制，实际上的比值系数 K 的数值也就基本等同于工艺上的比值 k。

应把流量比值 k 与仪表的比值系数 K 区别开来，虽然它们同属于无量纲系数，但除了特定场合外，两者的数值是不等的。比值系数 K 是设置于比值函数块或比值控制器（RC）的参数。

比值控制有单闭环比值、双闭环比值、变比值等方案。合成氯化氢双闭环比值控制方案如图 11-24 所示。

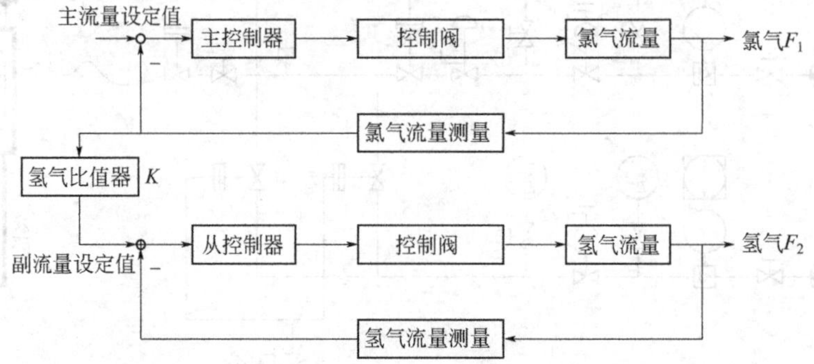

图 11-24 氯气和氢气流量双闭环比值控制系统方案图

由图 11-24 可以看出，双闭环比值控制系统如果没有比值函数环节，可组成两个独立的单回路控制系统。稳态时，调整两个单回路的设定值可使主、从动量保证所需的比值关系，但是扰动大时，不能保证比值恒定。由于有了比值环节，从动量的外给定来自比值函数块的输出，使得系统能够按照确定的关系跟踪主动量的变化。

在双闭环比值控制方案中，流量比值系数 K 是流量值 F_2 与 F_1 的比值。F_1 与 F_2 可以同为质量流量、体积流量或折算成标准状况下的流量。

氯气和氢气合成工艺上的比值关系：$\frac{F_2}{F_1}=\frac{\text{氢气流量}}{\text{氯气流量}}=k_1$

同样也有氯化氢被水吸收工艺上的比值关系：

$$\frac{F_3}{F_1}=\frac{\text{吸收水流量}}{\text{氯化氢气流量}}\approx\frac{\text{吸收水流量}}{\text{氯气流量}}=k_2$$

式中，F_1 为主流量（氯气流量），m^3/h；F_2 为副流量（氢气流量），m^3/h；F_3 为副流量（吸收水流量），L/h；k_1，k_2 为工艺比值。

在差压流量测量中，流量经过开平方以后，或是在线性流量测量中，比值系数为工艺比值与主副流量量程的比值的积。

流量线性仪表或计算功能块的仪表比值系数和工艺比值的关系如下：

由主、副流量仪表输出值的信号分数 $F_1/F_{1\max}$、$F_2/F_{2\max}$，可得比值块的比值系数：

$$K=\frac{F_2/F_{2\max}}{F_1/F_{1\max}}=\frac{F_2}{F_1}(\frac{F_{1\max}}{F_{2\max}})=k(\frac{F_{1\max}}{F_{2\max}})$$

未经开平方的流量关系，比值系数为工艺比值的平方与量程的比值的平方（现在已不采用，因为开平方运算在工程中已经是稀松平常的事情，况且它的非线性也产生控制品质影响，一般的差压流量的信号都进行开平方运算）。

流量差压未经开平方，仪表或计算功能块的仪表比值系数和工艺比值的关系：

$$K=(\frac{F_2}{F_1})^2\times(\frac{F_{1\max}}{F_{2\max}})^2=k^2\ (\frac{F_{1\max}}{F_{2\max}})^2$$

式中，$F_{1\max}$ 为主流量，氯气流量的量程，m^3/h；$F_{2\max}$ 为副流量，氢气流量的量程，m^3/h。

常规的比值控制器完成比值功能的数学运算表达式：

$$y=Kx+b$$

式中，y 为副流量，相当于 F_2，合成中的氢气；x 为主流量，相当于 F_1，合成中的氯气；K 为比值系数；b 为偏移量。

工艺上的主、从动量除了有确定的比率以外，有时还存在确定的偏移量，即一种工艺参数和另一种工艺参数存在确定的高出或低于的数值，即表达式中 b 值。当 b 值等于零时，从动量和主动量完全为正比例函数。

在有些生产过程中，要求把过程变量（物料）F 分成两路 F_1 和 F_2，要求 F_2 与 F_1 之差保持一定数值，即公式 $y=Kx+b$ 中，$b\neq0$、$K=1$，常将其称为均分控制。

11.4.4.2 比值控制方案选择

较早的合成氯化氢生产中，流量自动控制使用较少，一般都是采用氯气和氢气压力稳定，然后采取人工手动控制阀门，调整氯、氢气流量并观察火焰的方法完成控制。这种调节方法配比精度比较低，产品质量不稳定，容易造成设备安全事故，甚至造成人身伤亡事故。现在此种方法在氯碱行业内已不多使用，已大量被自动化装置替代。自动化控制中，比较重要的控制措施是采用流量比值控制方案和联锁保护系统，以极少的人员，在远距离通过自控仪表或DCS等计算机装置监视、控制生产，配以工业电视监控氯氢燃烧火焰等手段，较好地解决了合成氯化氢及生产盐酸的工艺指标和安全生产问题。

直接法生产盐酸中，几种控制方案中应用较多的是双闭环比值控制。合成氯化氢的双闭环比值系统方案图如图11-24所示。氯气 F_1 是主动量，氢气 F_2 是从动量，氢气的标准体积流量以确定的气体的摩尔比［1∶(1.05～1.10)］跟踪氯气的标准体积流量。氯化氢被水吸收生产盐酸的工艺同样也可以使用双闭环比值控制方案。合成盐酸工序氯气与氢气、氯气与吸收水的比值控制方案如图11-19所示。从动流量由氢气 F_2 换成吸收水 F_3（体积流量，L/h），吸收水以确定的比率（1∶7左右）跟踪氯气标准体积流量。

氯气和氢气组成的双闭环控制系统具有开停车方便、提降量方便、适合于远距离操作的特点，能有效控制氯气流量波动的影响，系统运行比较稳定。

氯气和水组成的双闭环控制系统具有当提降盐酸产量时，提高或降低氯化氢产量，实际上也就是提高或降低氯气流量时，吸收水能自动跟踪氯气量的变化，使得盐酸的浓度基本稳定。

双闭环比值控制系统主要应用于总流量经常调整（及工艺负荷提降）的场合，如果没有这个要求，两个单独的闭环控制系统也能使两个流量保持一定比例关系。仅仅在动态过程中比例系数不能保证。在生产不太稳定时，脱离比值控制，可以将这两个单回路控制器单独作为定值系统运行，可有效提高运行的安全性和保障产品质量。

11.4.4.3 比值控制的工程实现

在工程中，目前使用较多的是DCS、PLC等计算机控制系统。传统的也有用常规模拟仪表或者数字智能控制仪表使用比值控制器或内部比值函数模块，实现比率控制。

(1) DCS中实现比值控制。DCS等工业控制计算机系统实现氯气和氢气比值以及氯气和吸收水控制是很方便的，一般的DCS中有相应的比率运算功能或比率仪表模块。

DCS中（广义的说法，以下称计算机）的运算模块具有如下功能：

$$\mathrm{CALC_n}=\mathrm{KR}\cdot \mathrm{SV_e}\cdot \mathrm{PV_n}+\mathrm{BIAS}$$

式中，$\mathrm{CALC_n}$ 为当前计算输出值；$\mathrm{PV_n}$ 为当前过程变量；$\mathrm{SV_e}$为实际的比率，可以在组态中确定范围；KR为比率增益，没有确定的数值约定；BIAS为偏移值。

运算模块的当前输出值等于来自主动量的当前过程值与比率设定值和比率增益相乘再加上固定的偏移值。

在计算机内部，从手动切换到自动状态时是无扰动的。最初的比率设定为实际的两种流量的比率，比率沿斜坡趋向比率设定值。比率设定值的改变速率经过模块内的缓冲开关，受到给定值斜坡函数的抑制，经过斜坡作用，防止输出值变化速率大，引起从动量的不稳定。工程中的比率设定值是人机界面的仪表面板中的设定值SV仪表常数。

(2) 比值控制功能块的工作过程。比值运算模块在自动的方式下输出计算值，模块内部的操纵变量接受输出信号处理；用手动的方式直接输出数值，这个数值实际是从动量控制器的外给定值。从动量的控制器在串级模式接受外给定值，也就是比值模块的输出值，使得从动量以一定的比值关系跟踪主动量。

(3) 在人机界面中更改相应的变量数据。有些计算机系统有固化好的比值仪表面板，在比值仪表面板中，确定比值设定值，输出变量、输入变量量程，百分比量程，偏移变量值等。

如果是没有相应比值模块的计算机系统，可以在组态程序中，自己搭建比值函数功能块，随时调用。计算式形如DCS的计算式，将输入变量归一化，乘以比值系数，计算后的数值，再乘以输出量程，得到工程量，再和偏移量相加得到工程量输出值。在比值系数转换中，首先使用当前实际流量的比值，然后按照一定的斜坡速率达到设定比率。在初始切换过程中取当前运算比值作为比值系数，沿着斜坡函数趋向于设定值，参与运算，防止对工艺过程有较大的扰动。

在人机界面上，搭建一个仪表面板可方便操作，面板中有输入变量上下限、输出变量上下限、比值数值 SV 输入窗口，要由当前比值计算输出值 CALC，当面板在手动状态时，比值的计算输出值可以由操作员改变，可以在任何方式下输入比值系数 SV。若为变比值控制系统，还要设置一个内外给定开关，作为比值来自于外部控制器的输入时的切换开关。

11.4.4.4 比值系数计算

在使用模拟式常规仪表时，要考虑比值系数的大小（即信号匹配）问题。当采用常规仪表实施比值控制系统时，由于受仪表量程范围及所采用的仪表类型的影响，通常要计算比值函数环节中的仪表比值系数 K，K 值除了与工艺的比值有关外，还与仪表量程有关。在数值上，还要使仪表比值系数在一定的数值范围之内，如电动Ⅲ单元组合仪表的比值系数范围为 0～3。

模拟仪表控制系统的仪表常数 K 尽量选择在 1 附近，使其与工艺规定的流量比 k 成比例，才能保证比值控制系统有较高的精度及灵敏度。

在采用 DCS 或计算机控制系统实施比值控制系统时，由于采用数字运算，因此不必计算比值系数 K，可直接根据工艺所需比值设置。

变比值控制系统中的比值由另一控制器输出设定，一般不需要设置和准确计算，只需要确定比值范围，使得变比值控制器输出要落入比值控制器的标准输入信号范围。

合成盐酸要用到氯气和氢气的比值控制，氯气和吸收水的比值控制，还有可能为离子膜碱配制 15%或 4%的盐酸的比值控制。一般的盐酸工序测量的流量大都是体积流量，需要计算各个控制回路的比值系数。如果是计算机系统只计算比值即可，因为在计算机内部已经将流量的量程等因素记在系统内部。

对于气态流体，一般流量单位都设成标准体积，便于计算，乘以标准状态密度即得到质量流量。氯气和氢气流量单位都选择为米^3/时（m^3/h），吸收水的单位选择为体积流量（L/h 或 m^3/h）。

（1）正常生产中流量和比值系数的确定。在满足工艺条件的情况下，每天生产 150t 盐酸（31%），每小时需要的氯气、氢气、吸收水各是多少？氯气和氢气的比值、氯气和吸收水的比值是多少？

（2）氯气和氢气合成的比值、氯气和吸收水流量的比值计算。理论情况下，1mol 的氢气与 1mol 的氯气生成 2mol 的氯化氢。标准状况下 1kmol 的气体体积约是 22.4m^3，即用气体标准体积作为流量单位，按照经验，氯气和氢气反应生成氯化氢的比率范围为 1∶(1.05～1.10)，取 1∶1.1，纯度按 100%计，即：

每小时盐酸生产量：150/24＝6.25(t/h)

氯化氢被水吸收生成盐酸，31%是高纯盐酸质量分数，即每吨盐酸中氯化氢为 310kg，水为 690kg。

生产 1t 盐酸的氯化氢与吸收水的质量比为 31∶69。

每小时需要纯氯化氢：6.25×310＝1937.5(kg)

每小时需要纯氯化氢：1937.5/36.5＝53.082(kmol)

吸收效率若为 99%，则需 53.082/0.99＝53.618(kmol/h)

由 $H_2+Cl_2 = 2HCl$

$$\begin{matrix} 1 & 1 & 2 \\ & X & 53.618 \end{matrix}$$

需氯气 X＝53.618/2＝26.81(kmol/h)

如果盐酸含游离氯和尾气等损耗氯气忽略不计，即氯气合成氯化氢按照100%计，需要氯气流量为：26.81×22.4=600(m^3/h)

需要氢气过量按照1.1计，则氢气量为660m^3/h。

需要吸收水为6250−1937.5=4312.5(kg/h)

20℃水的密度为998kg/m^3，则吸收水的体积流量为：4312.5/998=4.321(m^3/h) = 4321(L/h)

取氯气和氢气的比值为1∶1.1，氯气和吸收水的比值为600∶4321=1∶7.2。

设定氯气流量为600m^3/h，氢气量为660m^3/h，吸收水的流量为4321L/h，可以达到每天150t盐酸的目标产量。

工程中实际使用的比值系数比计算的比值系数有一定的偏离，是需要调整的。

在氯碱厂，氯气一般使用氯气液化后的尾氯气，纯度一般在70%以上（体积分数）；氢气的纯度较高，98%～99%以上（体积分数），那么氯气和氢气合成氯化氢的标准体积之比范围在1∶(0.75～1.1)左右，即比值系数还有可能小于1。氯气和吸收水比值计算也偏离了计算比值。在生产31%（质量分数）的盐酸时，质量之比为31∶69，除了氯气纯度原因，还有吸收液带走的氯化氢，尾气排放掉的氯气，不能100%被吸收，所以氯气和吸收水的比值范围为1∶(5～7.2)左右。

(3) 特殊情况产量的流量和比值系数确定。在8h内需要降量或提量生产50t盐酸时，比值不变，氯气、氢气和吸收水流量增加，增加的幅度按照上述方法计算即可。

(4) 配制稀酸溶液。在氯碱厂需要稀释盐酸供离子膜电解和盐水使用。配15%或4%的稀酸，计算比值以及仪表输入的比值系数。

设：稀释前浓度为A（%），质量为M_1，稀释后浓度为B（%），添加水质量为M_2。

那么，有水稀释公式：

$$AM_1=B(M_1+M_2)$$

$$M_1(A-B)=BM_2$$

$$\frac{M_1}{M_2}=\frac{B}{A-B}$$

$$\frac{\rho_1 V_1}{\rho_2 V_2}=\frac{B}{A-B}$$

得体积比：

$$\frac{V_1}{V_2}=\frac{B}{A-B}\times\frac{\rho_2}{\rho_1}$$

式中 M_1——盐酸质量，g；

M_2——稀释水质量，g；

ρ_1——工作温度下盐酸密度，kg/L；

ρ_2——工作温度下水密度，kg/L；

V_1——工作温度下盐酸体积流量，L/s；

V_2——工作温度下水体积流量，L/s；

A——配制前盐酸浓度，%；

B——配制后盐酸浓度，%。

例如：用31%盐酸配制4%盐酸，水为主流量，盐酸为从动流量，盐酸密度为1.155kg/m^3(15℃) 水的密度为0.998kg/m^3(20℃)，计算比值系数。

根据稀释公式，盐酸比水，水为主动量：

$$\frac{V_1}{V_2}=\frac{B}{A-B}\times\frac{\rho_2}{\rho_1}$$

代入已知条件得：$$\frac{V_1}{V_2}=\frac{4}{31-4}\times\frac{998}{1155}=0.1326$$

反之，盐酸为主动量则与上式成倒数关系：$\frac{V_2}{V_1}=\frac{1}{0.1326}=7.5415$

计算比值：盐酸比水的比值为 0.1326，如果水为 1000L/h，盐酸则为 132.6L/h。

（5）根据实际流量确定比值系数。另外一种计算方法：由 k = 从动量/主动量 = F_2/F_1 直接计算。例如用观察火焰方法控制流量，测试盐酸纯度正常，尾氯气流量 $80m^3/h$，氢气流量 $95m^3/h$，吸收水流量为 500L/h，则氯气和氢气流量比值为 95/80=1.1875，氯气和吸收水流量比值为 500/80=6.25，将此比值系数，输入到控制器比值块中即可。

（6）实际生成物质经化验或在线分析偏离目标值，重新修正比值系数。如生产 31%的盐酸，实际得到 31.8%的盐酸，需要修正比值系数。实际上就是酸浓度不合格调水流量的计算方法。计算：如当前氯气流量为 $110m^3/h$，吸收水流量为 660L/h，比值系数为 6，则比值系数更新为 31.8/31×6=6.155，吸收水流量相应为 677L/h。

11.4.4.5 比值控制的参数整定和投运

比值控制系统在设计和安装好以后，即可进行系统投运。投运前的准备工作和投运步骤与单回路控制系统相同。

（1）控制器正反作用设置。合成氯化氢时氯气和氢气双闭环比值控制，氯气为控制阀气开阀，控制器反作用；氢气为控制阀气开阀，控制器反作用。高纯盐酸、氯气和吸收水双闭环比值控制：吸收水阀气开阀，控制器反作用。

（2）比值系数设定。由于纯度的原因，合成氯化氢的流量测量不是准确的单质质量，要精确计量是很困难的，计算的比值系数 K 值不一定完全合适，想通过计算的比值系数的精确设置来保证流量比值精确是不可能的。因此，系统在投运前比值系数不一定精确设置，可以在投运过程中逐渐校正，直至工艺认为合格为止。

（3）控制器参数整定。一个控制系统选用常规控制器比例积分微分控制规律，它的 PID 参数整定是十分重要的环节。控制器参数整定不合理时甚至无法自动投运，直接影响到控制品质。双闭环比值控制系统的主流量一般是定值系统，可按常规的单回路整定，主回路流量按 4：1 的衰减比整定；副回路是随动系统，副回路衰减比 10：1，非振荡；希望副回路能迅速跟随主回路流量变化，且不能过调，达到振荡与不振荡的边缘。

主回路稳定，副回路控制器置于串级，接入外给定——比值控制器输出信号，积分时间置于最大，比例度由大（几百以上）到小，找到系统处于振荡与不振荡的临界为止。适当放宽比例度，一般放大 20%，积分时间减小，使得余差尽量小，带着主动量调整，观察记录曲线，达到工艺指标认可的目的。

但是，氯化氢合成时的氯气和氢气的控制器整定的衰减比要小。整定 PID 参数，流量波动幅度大，造成氯气氢气流量比值失调，极易引起燃烧中断、爆炸，所以要十分谨慎，生产安全第一。有经验的工程师可以经验法为主调试 PID 参数，总体上，控制器的比例度要大，积分时间可以小一些，控制品质要牺牲快速性，以稳定性高为主。

11.4.4.6 比值控制的其他问题

（1）流量测量的准确性。流量比值控制流量的准确性是控制系统的基础，流量不准确，自动控制的比值投运效果就打了折扣。

选择好的流量测量仪表，如质量流量计更好，但是对于纯度变化较大的液化后的尾氯气，质量流量计的优势不是很明显。

使用推断式质量流量计也行，推断式质量流量计要在选型、设计、安装、维护等各方面上给予足够的关注。差压原理测量和涡街原理测量配以性能较高的二次流量演算仪表可以完成合成工序的氯气、吸收水流量测量。在氯碱行业使用差压流量计测量氯气、氢气流量比较普遍，选用一体化节流装置能够保证安装精度。差压流量变送器精度要高，稳定性要好；温度补偿热电阻精度A级以上，测温元件响应时间要快；压力补偿同样要选择较高精度和稳定性的压力变送器；二次仪表要有温度、压力补偿，压缩系数补偿，流量系数非线性补偿，可膨胀系数补偿，根据测量原理选用不同的补偿功能。流量输出使用二次仪表修正后的输出。对于推断式流量计也存在纯度不能稳定，得到的不是单质的质量流量。

计算机系统固有的稳压补偿是比较粗糙的精度。在差压流量测量中，如果氯气流量没有以上修正，在氯气纯度100%、温度不变时，管道实际表压力由0.1MPa变化到0.125MPa时，在50%量程时流量示值偏低8.3%，压缩系数修正0.16%，可膨胀系数修正2.56%，流量系数非线性修正0.14%。

对于使用尾氯气的工序，应在选型上给予更多考虑准确性和稳定性问题。我们知道，根据差压流量测量方程，质量流量 $q_m=\frac{\pi}{4}\times\frac{C}{\sqrt{1-\beta^4}}\varepsilon_1 d^2\sqrt{2\Delta p\rho_1}$，体积流量 $q_V=\frac{\pi}{4}\times\frac{C}{\sqrt{1-\beta^4}}\varepsilon_1 d^2\frac{\sqrt{2\Delta p}}{\sqrt{\rho_1}}$，流体的密度 ρ_1 对流量有一定影响，尾氯气纯度改变，密度在改变，所以，流量测量不准确，但是它的稳定性较好。根据涡街流量原理 $q_V=\frac{\pi D^2}{4St}mdf$，涡街流量计流量与频率 f 呈线性关系，测得的是工作状态下的体积流量。频率只与平均流速有关，而与流体的物理性质和组分无关。这个经过二次仪表修正后的标准体积流量和纯度的体积分数相乘可以得到相对于差压测量较准确的质量流量。但是，涡街流量计受氯气内由于含水、酸泥在测量管道内生成三氯化铁等其他的物质，脏污涡街发生体，运行的稳定性有问题。所以，在流体纯度变化较大的场合，选型要根据实际情况取舍选用。

(2) 动态比值。随着生产发展要求精准控制，对自动化控制要求越来越高，除了静态时流量比值要保持一定，还要求动态比值也要保持一定，接近同步变化。为了达到控制系统的控制响应特性，两个流量比值基本为定值，就要求系统的副流量快速跟踪。要达到上述目的，在比值函数环节上串接一个微分环节，实现动态前馈控制。对于常规控制规律，如实现了快速响应，实际上对于系统的稳定性产生了影响。同样，在控制系统中要实现变化率限制，以期不至于产生流量振荡现象。在吸收水回路的双闭环控制系统中，在氯气流量比率通道串接一个微分环节是必要的。在氯气和氢气比值系统中不要采用在比值通道连接微分环节，由于气体的流量的时间常数非常小，流速在几十米每秒以上，两者比值稍有失调，极容易引起安全事故。

(3) 逻辑提量控制。所谓逻辑提量，实际上是工艺上的流量控制要求先后问题。对于氯化氢合成，升降负荷要有先后顺序，总是保证氢气在反应时处于富余状态。正常的控制是提负荷时，先提氢气，后提氯气；降负荷时，先降氯气，后降氢气。这种操作通常称为逻辑提量控制。在氯化氢合成中，由于配比失常容易爆炸，没有充分的把握尽可能不选逻辑提量这种控制方式，以减少由于控制的动态特性不好，引起氯气或氢气过量较多而发生恶性事故。在生产中，提降负荷一般是将比值控制脱离，组成两个自动运行的单回路，小幅度调整设定值，测量氯气或氢气自动跟踪设定值；或用手动控制方式改变输出值，调整氯气和氢气流量，使系统处于操作工观察火焰，监视流量的控制之中。

(4) 副流量不足的配比控制处理。氢气一般选择为副流量，当氢气压力下降时，阀开度超一定范围，氢气流量不能满足约定的比值流量，这个时候要将主动物料氯气流量下调以满足系统要求。一种方式采用阀位控制系统，氢气的控制阀门输出作为氯气流量的给定，在氯气流量给定环节做一个选择器，正常采用单回路定值控制，当氢气阀门输出超过一定限值时，缓慢切换到阀位控制环节。另外一种方式（推荐使用的方式），在设计中，要做好相应的报警和处理措施。氢气阀门的输出值，流量的实际比值都可以作为判断的依据，在工程中，用运算模块自己搭建一个比值报警功能块，在程序中调用。功能块完成流量比值实时输出，程序中做好一定的约束关系，制作一些“活点”由操作员在操作层灵活设置报警上、下限比值，对于控制住比值异常是一个很好的方法。比值异常的预报警，主动量减料；比值异常时的联锁停车起到了防范风险的作用。

（5）预测流量控制，预联锁思想。为了减少联锁停车，在 DCS 等计算机控制系统比值控制程序设计时，根据经验选取一定的几组数据，在比值失常时，根据当时的压力等参数程序自动执行相应的小范围的程序动作，如氯气阀位、氢气阀位、吸收水阀位等自动给定到预先设定好的值，可有效防止由于失常造成的联锁停车。

（6）主动量和从动量选择。主动量和从动量的选择原则，一般是选择干扰比较大的作为主动量。氯碱厂一般都是以氯气为主流量，氢气为副流量，这是因为一般氯碱厂都有氯气液化工序，氢气剩余。在氢气没有富余的企业，以氢气为主流量，氯气为副流量。一般的工厂，从气体纯度来说，氢气纯度高，氯气纯度低；氢气压力比较稳定，氯气或尾氯压力不稳定。尽量把干扰包含在主动量回路中，故选择氯气为主流量者居多；在使用尾氯的合成工序，选择氯气作为主流量的控制系统，尾氯气压力不稳定的情况下，另外增加一套自动压力控制回路是一个比较妥善的方案。该方案是在原氯气通往合成的尾氯气工艺管路上，安装一台自动控制阀门保证压力稳定。控制回路的控制品质要求具有快速性，即尾氯压力变化时，及时补充原氯气。用这个措施来避免由于尾氯压力不稳，主动量氯气流量变化造成的生产不稳定以及停炉的影响。

（7）主副流量选择产生工艺后果的问题。在为氯碱电解、盐水处理工序提供稀释盐酸的比值控制中，水作为主流量，盐酸作为副流量，这样做的目的是风险小。当盐酸输送管道没有压力等造成没有流量时，不至于对工艺产生不良影响。

（8）比值的运行状态。在氯化氢合成生产控制中，氢气的比值控制可以经常使用在单回路自动控制，也就是氯气和氢气都各自在自动回路状态，操作员可观察火焰，观察比值输出，根据计算出的流量比值数据调整 K 值，达到稳定质量的控制。三合一炉生产盐酸的氯气和吸收水可投运在比值控制状态，达到稳定控制盐酸浓度的目的。

（9）压力控制和流量控制的耦合处理。在一般的氯碱厂，氯气和氢气都使用压缩机压缩输送，一般都有自动压力稳定控制回路。压力控制系统在前，流量控制系统在后。由于氯气和氢气的使用不单单是一个下游用户，而是多个用户，如几台合成炉，各个炉的流量负荷变化，常常引起氯气总管和氢气总管压力不稳定。简单的解耦处理主要是设置控制器的增益和时间特性，即 PID 整定参数的设置。氯气和氢气压力控制系统追求控制的精度和快速性；对于安装在压力控制系统以后的流量控制系统，追求控制品质的精度和稳定性。所以要对氯气或氢气系统压力和流量整体把握，把 PID 参数的值拉开，免得相互影响。

在利用尾气合成氯化氢中，除了利用一个自动控制回路稳定尾氯压力外，还在尾氯系统中加入原氯的压力控制回路，这个原氯的压力控制回路的整定要求它的快速性，使得尾氯压力稳定，氯气流量稳定，不至于尾氯不足引起系统停车。

工艺在界区内有相应较大的储罐，对于稳定氯气和氢气压力有较好的缓冲作用。实际上相当于提高了系统的容量，增大了系统的时间常数。

（10）变比值控制问题。变比值控制是根据在线分析成分，通过控制器输出来改变比值控制器的外部输入来及时修正副回路流量以得到期望的比值，对于产品的质量控制更有优势。近几年来，由于仪表技术的发展，氯化氢气纯度分析和酸浓度测量比较可靠准确，可以应用变比值控制。利用氯气和氢气光化学反应，测量反应前后热导率不同的原理可以得到氯气纯度和氯化氢纯度，利用纯度测量结果及时修正氯气和氢气的比值控制；利用电感电导浓度计测量盐酸浓度，都可以达到可靠的实时测量分析结果，且有较成熟的应用。据文献介绍，光电法和超声法测量盐酸浓度也有成功应用案例。盐酸浓度的测量可以校正吸收水流量比值。

目前较多的在线分析技术可以提供可靠的数据修正流量比值。测量氯化氢中的游离氯时，取少量的氯化氢气体被水吸收，测量稀酸的氧化还原电位。氯中含氢测量时，五氧化二磷电极电解水测量氯气微量水等技术也比较成熟，对于系统稳定控制都有相当好的作用。

变比值控制由于使用成分分析控制，要考虑测量滞后和纯滞后问题，综合分析对控制品质的利弊。

特别提醒：合成氯化氢及三合一炉生产盐酸不能单单依靠流量比值控制，要及时观察火焰，调整流量。若不及时根据火焰颜色来调节配比是很危险的，尤其是开停车过程中，氯气和氢气流量不要连接在比值控制状态，氯气和氢气打在单回路自动，缓慢调节给定值，逐渐提升氢气和氯气流量。停车时使用联锁中的紧急停车开关，使合成炉系统自动进入停车及后处理阶段。

11.4.5 仪表安装和控制系统投运

“三合一”石墨合成盐酸工艺的仪表，冬季气温较低时要考虑防冻。除了工艺上要有措施以外，还要将氢气、氯气、水等系统的测量和控制阀门安装在室内或者保温伴热。氯气温度降低会有液氯生成，影响测量准确性，甚至会酿成事故；氢气温度降低会有冷凝水生成，在管路形成液封，甚至形成冰块，影响测量，甚至也会酿成事故。所有的带隔离罐的仪表的安装，要防止安装位置的不同引起的附加误差。要注意的是隔离罐的液面要和变送器的膜片中心线水平，以减少由于温度变化引起密度的变化，使得毛细管中的填充液对差压造成影响。

仪表和控制系统还需要注意大气腐蚀。在盐酸和合成工序中，工艺管道设备内含有氯气、氯化氢气体、盐酸等腐蚀性介质，在检修或意外事故中会有腐蚀性介质外露，弥漫在大气中，这些介质会腐蚀仪表、DCS系统。现场仪表变送器、阀门要做好防腐工作，一般在外表面隔一段时间涂凡士林油。热电阻等温度仪表、温度计套管腐蚀会顺着套管沿着电缆线到控制室腐蚀DCS卡件。防腐蚀要落实仪表工责任制。现场分控制室设正压通风，设引风机及时排出串入室内的氯气、氯化氢气体。

系统投运时，对氯气和氢气流量配比回路PID参数整定要小心，因为气体流量的时间常数很小，流量的变化速度很快，尤其是氢气，阀门的较小变化就能引起流量的较大变化。尾氯和原氯压力控制的PID参数配置要错开，尾氯压力变化要缓慢，原氯追求快速动作，即尾氯不足、氯气压力下降时马上补充原氯。

初开车要手动控制，小幅度改变控制器的输出值，观测火焰颜色为青白色为好，提量时要先提氢，后提氯，降量要先降氯，后降氢。

带有自动点火装置、自动清洗视镜和火焰观测的合成炉，氮气压力和清洗水要引起足够重视。氮气压力低时不能吹扫，而且会引起盐酸倒灌到点火系统，清洗水要注意防冻。

11.4.6 氯气、氢气自动配比应用

目前氯化氢生产过程中大都采用手动和自动方式调节氯气与氢气比例（简称自动调节系

统）的双套操作模式，一般情况下，在开车初期采用手动控制，装置运行正常后再切换为自动调节。氯气与氢气比例自动调节系统具有节省人力、减轻操作人员劳动强度、运行平稳等优点，这也是工业化发展的方向。

但是，在实际生产过程中对产品游离氯含量的要求很高，由于变量太多，虽然各合成炉制造商对设备多次改进，特别是灯头部分制作更科学，使氯气、氢气混合燃烧更充分，但还无法弥补生产过程中工艺指标的正常和非正常波动的影响，致使产品中经常发生游离氯含量超标的现象，影响了系统正常运行。许多厂家投资几十万的氯气与氢气比例自动调节系统或时开时停，或闲置不用，直接手动运行，造成巨大的浪费，也给生产带来不确定因素。

为了改变上述现象，锦化化工工程设计有限公司对氯气与氢气比例自动调节控制系统进行了改进，在投资增加不多的情况下即可满足生产的需要。

11.4.6.1 普通自动调节系统工艺路线

来自烧碱界区的氯气通过压力自动调节阀稳压，进入氯气缓冲罐；来自烧碱界区的氢气通过压力自动调节阀稳压，进入氢气缓冲罐。氯气出缓冲罐后，通过联锁切断阀，送去并联的若干个合成炉，每个合成炉的入口都安装有流量计，并串联一个手动截止阀和一个自动调节阀；氢气出缓冲罐后，通过联锁切断阀，送去并联的若干个合成炉，每个合成炉的入口都安装有流量计，并串联一个手动截止阀和一个自动调节阀，该自动调节阀以氯气的流量为基准，按比例自动调节加入合成炉的氢气流量。氯气、氢气在合成炉中燃烧生成氯化氢气体，该气体经冷却降温或去氯乙烯转化工序，或经纯水吸收制备高纯度盐酸。普通自动调节系统工艺路线简图见图 11-25。

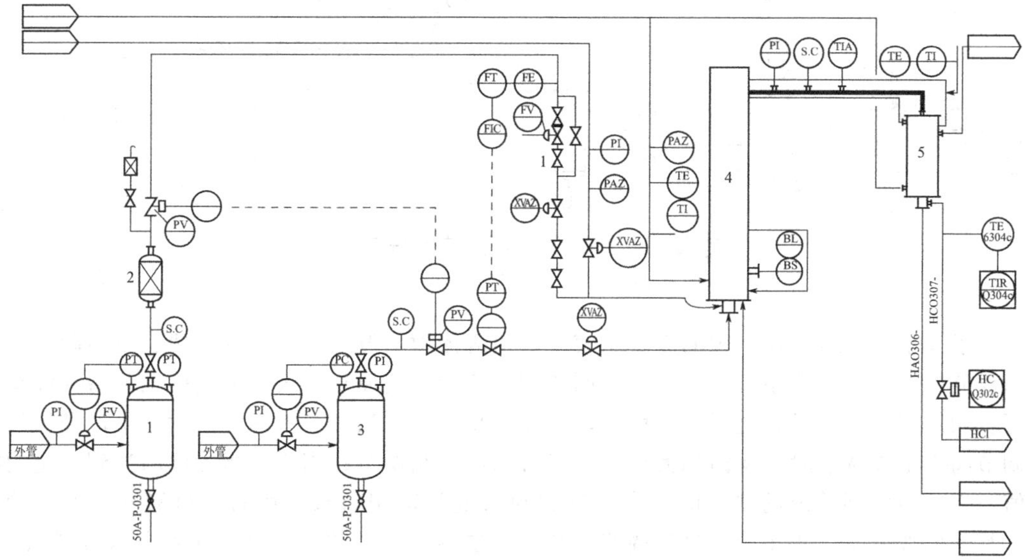

图 11-25 普通自动调节系统工艺路线

1—V-0301 氢气缓冲罐；2—V-0302 氢气阻火器；3—V-0303 氯气缓冲罐；4—F-0301 石墨合成炉；5—E-0301 石墨冷却器

普通自动调节系统工艺存在以下不足：

（1）自动调节阀口径大，流体微量变化时调节困难。转化工序要求氯化氢含游离氯质量分数在 0.002%以下，离子膜电解使用的高纯度盐酸要求含游离氯在 5×10^{-6} 以下，流体微量变化时调节很困难。如果提高氢气比例，不但增加废气数量，使聚氯乙烯产品的消耗定额升高，也会影响合成炉的安全运行。

(2) 当烧碱的生产负荷或其他某个产品的用户出现大的变化时，特别是氯气用户变化时，进入缓冲罐的原料虽经稳压自动调节阀调节，但限于大口径调节阀的精度，还会造成合成系统压力波动，这时自动调节误差增大，影响产品质量。

(3) 满负荷生产时，一般生产厂家氯化氢从合成炉到转化工序混合脱水的时间在10～20s，虽然在系统中装有自动显示、报警、调节功能，但限于大口径调节阀的精度和人工手动调节的滞后，当系统工艺指标波动时，还会有部分不合格氯化氢产品进入转化工序，影响到系统的安全运行。

(4) 当氯气浓度波动时，自动调节系统无法自动修正。

(5) 当装置在高负荷或低负荷状态下运行时，产品质量不稳定。

11.4.6.2 优化后的自动调节系统工艺路线

优化后的自动调节系统与普通自动调节系统的区别是在氢气自动调节阀处并联一个小口径氢气自动调节阀，在合成炉氯化氢气体出口增加一个气体成分分析仪，小口径氢气自动调节阀的流量根据气体成分分析仪的结果调节；有反馈到大口径氢气自动调节阀调节和氢气、氯气联锁切断阀的信号输出；具有自动显示功能，使生产过程更直观。优化后的自动调节系统工艺路线见图11-26。

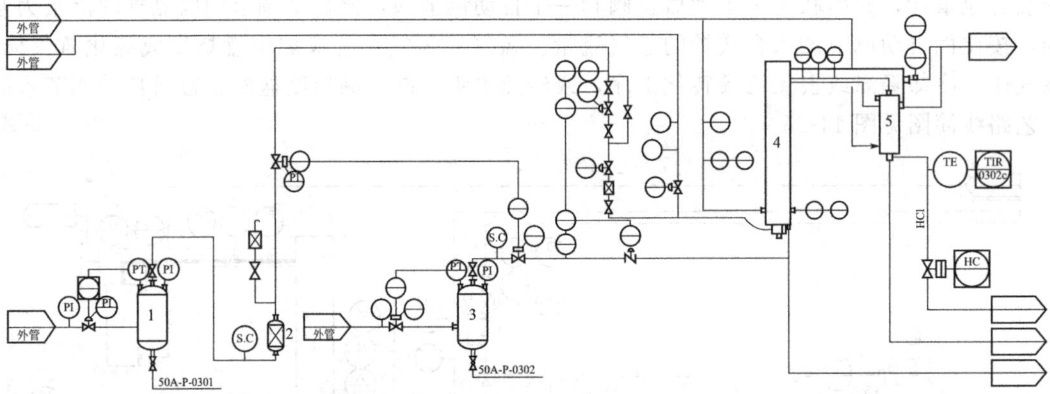

图11-26 优化后的自动调节系统工艺路线

1—V-0301氢气缓冲罐；2—V-0302氢气阻火器；3—V-0303氯气缓冲罐；4—F-0301石墨合成炉；5—E-0301石墨冷却器

由于大小两个自动调节阀的流量比较大，使流体微量波动时调节更方便、更准确；通过产品成分反馈信号调节小口径氢气自动调节阀的流量，使原料氯气、氢气的工艺指标波动时也可自动修正氢气流量，使系统更稳定，确保产品质量；当工艺指标波动大、小口径氢气自动调节阀不足以调节时，反馈到大口径氢气自动调节阀调节；当工艺指标波动达到设定的极限值，直接威胁到系统的安全时，直接反馈到系统联锁切断阀，切断原料氯气、氢气的来源，杜绝事故发生。优化后的自动调节系统的主要优点在于当原料的工艺指标发生变化时，系统可在30s内做到小波动可调节、大波动可报警并停车的处理，从而最大限度地保证氯化氢产品的质量，使生产装置安全运行。

对于三合一炉生产高纯度盐酸，可以采用分析成品高纯盐酸或尾气的方法实现优化自动调节，可达到同样的目的。该工艺路线特别适用于使用工艺指标波动较大的低纯度废氯气的合成炉。

通过优化改进工艺路线，使氯气、氢气比例自动调节系统更完善；该工艺路线投资少，可行性大；为了减小滞后，自动调节阀与合成炉炉头的距离应尽可能小。

参考文献

[1] 方度．氯碱工艺学．北京：化学工业出版社，1990.
[2] 仇晓丰等．浅谈氯化氢吸收和盐酸脱吸技术．氯碱工业，2004 (1)：32-36.
[3] 熊洁羽，叶招莲．PVC生产中氯化氢合成的能源利用分析．聚氯乙烯，2004 (7)：53-57 .
[4] 王民涛等．氯化氢合成控制系统浅析．化工自动化及仪表，2007，34 (3)：89-90.
[5] 崔昭梁，张建华．氯化氢合成炉自控运行的探讨，聚氯乙烯，2005 (8)：32-33.
[6] 孙广军，张佳兴，孙玉堂．石墨合成炉生产盐酸自动控制系统．化工自动化及仪表，2007，34 (6)：90-93.

12 液氯和三氯化氮处理

12.1 概述

12.1.1 液氯生产的基本原理

由于输送和储存的需要以及纯化气体氯气，很多情况下需要对氯气进行液化。气体液化需要降低温度和增大压力。增加压力缩小气体分子之间的距离，降低温度减少气体分子的动能。只要在气体的临界温度下或在临界压力上采取一定措施，就能达到气体液化的目的。工业化生产液氯就是利用了这一原理。从理论上讲，如果有足够高的压力和足够低的温度，任何气体都是可以液化的。由于氯气中含有氢气，而氯气、氢气在一定混合程度下有爆炸的危险性，所以必须控制一定的氯气液化程度，因为在液化前，氢在氯中的比例很小，没有达到爆炸下限，氢的存在不会引起爆炸；但当氯气液化时，氢没有液化（氢气在常压下的液化温度＜－216℃），它将在不凝性气体中存在，氯的液化量越大，不凝性气体中氢的含量也越多，这样可能会达到爆炸极限范围之内，威胁生产的安全。所以在制造液氯的过程中，必须根据不凝性气体中（又称液化废气或尾气）氢含量来控制氯气液化程度（氯内含氢＜3.6%，体积分数）。

12.1.2 温度和压力的关系

气体的液化有两个条件：把温度降低到一定数值以下，这个温度称为临界温度，用 T_c 表示，氯气的 $T_c=144℃$；增加压力，在临界温度下使气体液化必需的最小压力，称为这个气体的临界压力，用 p_c 表示，氯气的 $p_c=7.61\text{MPa}$（图 12-1）。

12.1.3 液化效率和传热

（1）液化率

$$A=\frac{C_1-C_2}{C_1(1-C_2)}\times100\%$$
$$=\frac{C_{n2}-C_{n1}}{C_1C_{n2}}\times100\%$$
$$=\left[1-\frac{p_x}{p-p_x}\times\frac{1-C_1}{C_1}\right]\times100\%$$

式中 A——液化率，%；

C_1——氯气占原料氯气的体积分数；

C_2——氯气占不凝气体的体积分数；

C_{n1}——惰性气体占原料氯气的体积分数；

C_{n2}——惰性气体占不凝气体的体积分数；

p_x——在液化温度时氯气的饱和蒸气压，atm；

p——液化过程的绝对压力（总压），atm。

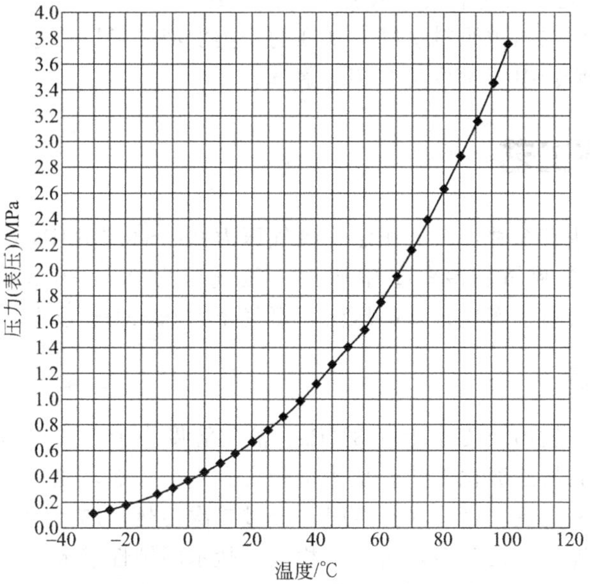

图 12-1 液氯温度与饱和蒸气压图

(2) 最大液化率

$$A=\frac{100-\dfrac{C_H}{0.04}}{C_1}\times 100\%$$

式中 A——最大液化率,%;

C_1——原料氯气中氯含量(体积分数),%;

C_H——原料氯气中氢含量(体积分数),%;

0.04——单位体积不凝气体中允许最大氢含量(体积分数)。

(3) 气氯、液氯热交换器与冷凝器串联时的液化率

① 原料氯气、液氯热交换器的转化率:

$$A_1=\frac{C_1-C_2}{C_1(1-C_2)}$$

② 液氯冷凝器的液化率:

$$A_2=\frac{C_1(1-A_1)-C_3(1-A_1C_1)}{C_1(1-A_1)(1-C_3)}$$
$$=\frac{C_2-C_3}{C_2(1-C_3)}$$

③ 总液化率:

$$A=A_1+A_2-A_1A_2$$
$$=\frac{C_1-C_3}{C_2(1-C_3)}$$

式中 A_1——气氯/液氯热交换器的液化率;

A_2——冷凝器的液化率;

A——液氯工序总液化率;

C_1——原料氯气中氯气浓度(体积分数);

C_2——出热交换器时剩余原料氯气中氯气浓度(体积分数);

C_3——冷凝器尾气中氯气浓度（体积分数）。

以上计算式是以单位体积原料氯气为基准的。蒸发液氯可以通过换热，在蒸发 1kg 氯气的同时，在液氯热交换器中同时冷凝 0.7kg 氯气。

12.2 液氯生产工艺

目前氯气液化方法有 3 种：①低压法，氯气压力 0.1～0.15MPa 左右，液化温度－10～20℃，常采用液氨或氟利昂制冷；②中压法，氯气压力 0.4～0.8MPa，液化温度－5～20℃，液化温度和压力易于实现；③高压法，氯气压力 0.8MPa 以上，液化温度 20～50℃。

12.2.1 低压法工艺

低温低压法是氯气输出压力小于 0.3MPa、液化温度小于－20℃的条件下生产液氯的工艺。有氨法液化和氟利昂法液化工艺。从质量和安全生产考虑，氨法利用低温，须配备双级制冷设备。其缺点是采用氯化钙盐水作冷媒，经过二次传热，加上管路上的冷量损失和热量损失较大，装置结构庞大，设备多，占地面积大，盐水腐蚀性较大，液化器泄漏时会生成易爆炸的三氯化氮，影响安全生产；制冷周期长，一般需提前 8h 降温；活塞式压缩机维修工作量大，易损件多，安全性差。氨法液化工艺已逐步淘汰。

氟利昂法与氨法相近，与氨法制冷的最大区别是：氟利昂法占地少（是氨法的 12.5%）、流程短、工艺简单、操作方便、效率高。氟利昂直接在液化器中吸收周围的热量使氯气液化，是一次换热，比液氨-氯化钙盐水的换热效率高 1 倍以上；电耗仅为氨法的 65%；采用 PLC 自动控制减轻负担，能实时监控，安全系数高。缺点是噪声大，对原氯含水要求高。

12.2.1.1 氨-氯化钙盐水间接冷冻氯气液化工艺

（1）工艺流程及说明。来自氨双机双级冷冻的液氨，在液化槽内的氨蒸发器中蒸发后变成气氨回冷冻系统循环使用，液化槽内的氯化钙盐水被冷冻；来自氯处理工序的干燥氯气在液化槽内的氯冷凝器中与氯化钙冷冻盐水进行热交换后变成液氯，液氯经气液分离器分离后未被液化的尾氯去尾氯分配台供有关用户使用，液氯进入液氯储槽，液氯储槽中的液氯灌装到液氯钢瓶或液氯槽车外销。该工艺流程见图 12-2。

（2）工艺特点。该工艺历史悠久，技术成熟，安全可靠，但装置存在以下一些缺点：

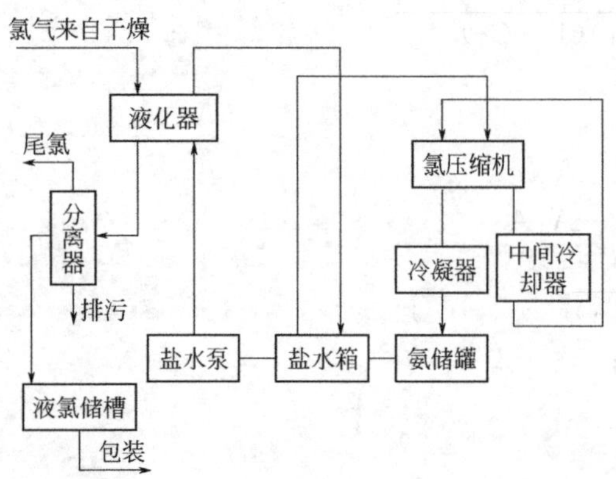

图 12-2 氨-氯化钙盐水氯气液化工艺流程示意图

① 由于液氨不能直接与氯在同一换热设施中进行热交换，如果任何一方泄漏，就会使氨与氯气发生激烈的化学反应而造成严重的事故，所以需要用氯化钙盐水作为传递热量的中间冷媒，这样势必增加能量损失。

② 系统设备结构庞大，氨-氯化钙盐水系统由双级氨压缩机、立式氨冷凝器、中间冷却器、油分离器、液氨储槽、箱式液化槽和氯化钙盐水泵等组成，占地面积大。

③ 氨-氯化钙盐水系统一般采用箱式结构的氯冷凝器。在氯冷凝器中，氯气将热量传给氯化钙盐水，氯化钙盐水再将热量传给

液氨，前后需进行两次热交换，这样势必增加液氯与氯气之间的总温差。根据制冷原理，传热温差相对加大，产冷量下降，需做的功增加，在低温情况下，总温差相差 12℃，约需多耗 25%～30%的总能量。

④ 氯化钙盐水腐蚀性较大，设备易腐蚀，该制冷系统的维修工作量大。

⑤ 由于氯化钙盐水槽一般为敞口，因此冷量损失较大。

⑥ 氯化钙盐水在循环过程中也会消耗一定量的能量。

12.2.1.2 氟利昂直冷氯气液化工艺

(1) 工艺流程及说明。采用 R22 氟利昂作为冷媒，通过液体氟利昂汽化吸热与氯气进行热交换，达到液化氯气的目的，汽化后的氟利昂用螺杆压缩机压缩、冷凝后变为液体。

干燥氯气进入液化器与 R22 氟利昂换热后部分被液化，气液混合物进入分离器，经分离后的液氯流入液氯储槽，液氯由液下泵加压后进行包装。液化器尾氯送往盐酸合成或事故氯系统。液化器低温低压的氟利昂气体进入螺杆压缩机压缩，从压缩机出来的高温高压氟利昂气体经过冷凝器被冷凝成氟利昂液体，流入储槽，通过供液阀节流膨胀后向液化器供液。该工艺流程见图 12-3。

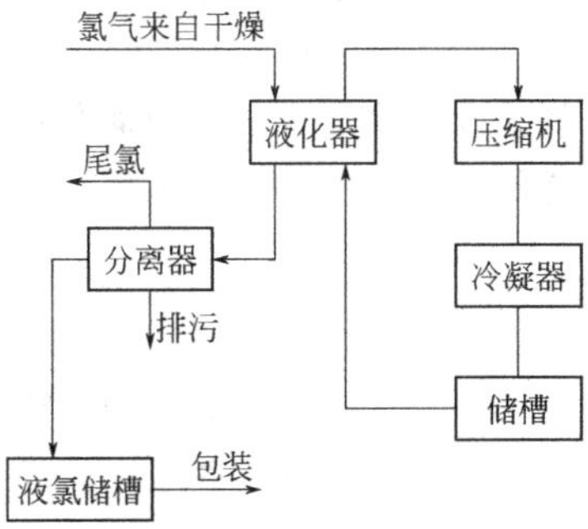

图 12-3 氟利昂直接氯气液化工艺流程示意图

(2) 工艺特点。氟利昂作为冷媒与氨-氯化钙盐水作为冷媒液化氯气相比，有以下优点。

① 减少了中间环节，工艺流程缩短，生产效率大大提高，正常生产条件下，该工艺从开始到正常操作只需 20min 即可将温度降至－30℃以下，而氨-氯化钙盐水工艺完成此过程需要 2～3h。

② 减少了动力设备（如盐水泵），动力消耗降低。根据计算，同规模的生产装置的动力消耗可降低 25%～30%，且正常生产的维护费用大大降低。

③ 操作简便，运行平稳，事故率低。该装置在正常生产中，可直观地从吸气温度上推断出蒸发器的温度，并根据需要进行无级调节，由于运行平稳，事故率大大降低。

④ 由于使用了不燃烧、不爆炸，又对金属无腐蚀作用的氟利昂作冷冻介质，生产操作安全性大大提高。

12.2.2 中压法工艺

中压法氯气压力控制在 0.40～0.80MPa，液化温度通常控制在－5～20℃左右，安全性较高，能耗较低，流程与高压法相似，只是冷凝温度降低，氯气液化装置涉及压缩制冷装置。目前，大部分氯碱企业的新装置采用此工艺。该工艺通常采用双级液环压缩机或氯气压缩机组将氯气压缩至需要的压力，然后在液化器中通过冷冻水将氯气液化。冷冻水由压缩制冷装置制得，制冷装置一般采用离心式和螺杆式冷水机组，余热较多的企业也采用溴化锂冷水机组。中压法工艺也可采用氟利昂液化氯气，具体原理类似低压法工艺中的氟利昂直接氯气液化工艺，只是液化温度较高，仅需要控制在 5℃左右即可。该工艺流程见图 12-4。

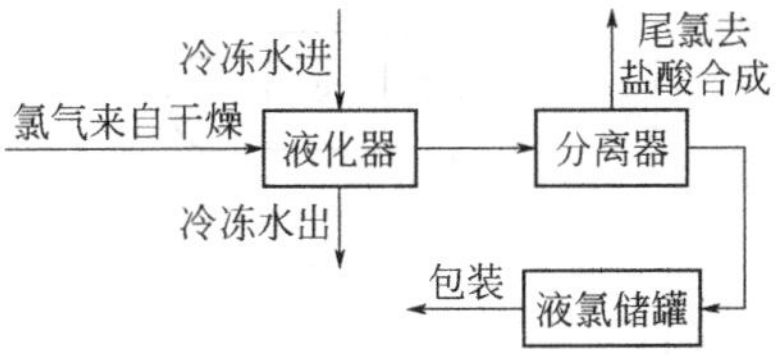

图 12-4 中压法工艺流程示意图

12.2.3 高压法工艺

高温高压法是将氯气的输出压力提高到 0.8MPa 以上，液化温度为常温（通常用循环水冷却）的情况生产液氯。该方法大胆采用了一步压缩无冷冻的新工艺实现氯气液化，优点是：工艺先进、流程简单、冷量损耗少、能耗低、经济效果好。该工艺的缺点是：①系统操作压力较高，对仪表控制设备及工艺管路系统的要求较高；②气相出口压力较高，需减压才能供用户使用。

根据机组的特性，可分为往复式压缩机和液环式压缩机压缩方法。目前国内普遍采用的是液环式压缩机，用液环式压缩机生产液氯的工艺又有单级压缩和双级压缩工艺。

(1) 单级压缩工艺。进入压缩机的氯气为干燥后氯气，进气压力 0.15MPa（绝压）左右，出口压力 1.2MPa（绝压）左右，液化温度低于 40℃，工艺流程见图 12-5。

(2) 双级压缩工艺。该工艺是先通过低压氯气泵将干燥氯气压缩到 0.2MPa（绝压）左右，透过单级压缩后的氯气再经一次干燥后，送入二级压缩系统。出二级压缩系统的氯气压力约为 1.0MPa，液化温度低于 35℃，流程见图 12-6。

(3) 单级压缩与双级压缩工艺的比较。可以看出，单级压缩工艺比双级压缩工艺流程简单、设备数量少、占地面积小、相应控制点少，而且安全系数高、容易操作，目前国内高温高压法液氯生产全部采用该工艺。

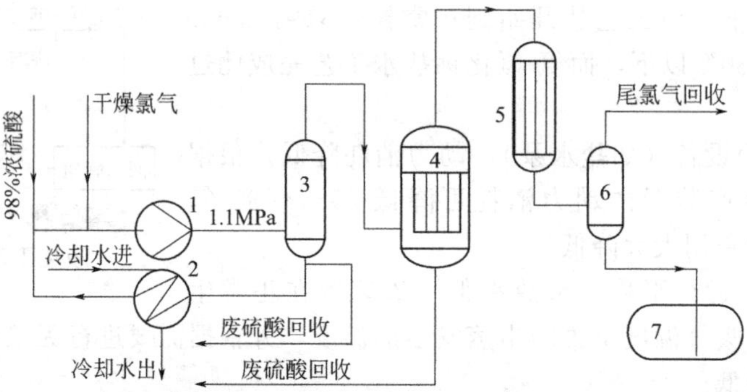

图 12-5 高温高压法液氯单级压缩流程简图

1—氯气压缩机；2—硫酸冷却器；3—硫酸分离器；4—干燥塔；5—二级氯气压缩机；6—气液分离器；7—液氯储槽

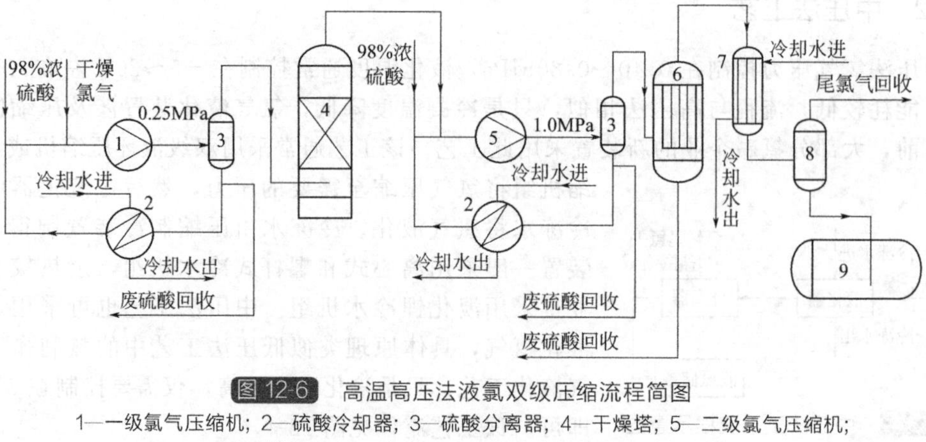

图 12-6 高温高压法液氯双级压缩流程简图

1—一级氯气压缩机；2—硫酸冷却器；3—硫酸分离器；4—干燥塔；5—二级氯气压缩机；6—酸雾捕集器；7—液化器；8—气液分离器；9—液氯储槽

高温高压法液化工艺将氯气输送和液化两个工序合二为一，省去了低温制冷装置，所用设备仅为低温低压法工艺的 47%；大大缩短了氯气液化流程；工艺先进，运行可靠性高；投资少，运行费用低；将原有氯气液化工艺过程中氨及氟利昂对大气的污染降为 0；提高了液化的安全性。

12.2.4 工艺评述

随着无油润滑压缩机和透平压缩机的发展和应用，低压液化工艺因其能耗高、流程长、冷却剂环保安全性差等弊端，已逐渐被淘汰；高温高压法省去了低温制冷装置，大大缩短了氯气液化工艺流程，所用设备仅为低温低压法工艺的 30%左右，能耗仅为低温低压法工艺的 47%左右，工艺先进，可靠性高，投资少。中压法和高压法逐渐成为液氯生产的主流方法。

（1）传统的氨-氯化钙盐水间接制冷工艺成熟，历史悠久，安全性高；但系统结构庞大，占地面积大，而且能量损耗是三种工艺中最高的，同时设备易腐蚀。

（2）氟利昂单机单级制冷工艺先进，系统结构最紧凑，占地面积最小，操作方便，设备使用寿命长，制冷量可在 10%～100%范围内进行无级调节。

（3）氟利昂双机双级制冷工艺较传统的氨-氯化钙盐水间接冷冻工艺先进，系统能量损失少，压缩机通用性强，工艺设备也比传统工艺紧凑，操作方便。

（4）传统氨-氯化钙盐水制冷工艺中的氨压缩机和氟利昂双机双级制冷工艺中的氟利昂压缩机都为活塞式压缩机，而氟利昂单机单级制冷工艺中的氟利昂压缩机为螺杆压缩机。相比而言，螺杆压缩机的使用寿命较长一些，维修量小一些。

（5）三种工艺相比而言，氟利昂单机单级制冷工艺流程简单，占地面积最小，单机处理能力最大，消耗的能量最少。

12.3 液氯蒸发

12.3.1 概述

液氯广泛用于化工、造纸、医药、给排水等行业。液氯在使用过程中需汽化，通常采用液氯自然汽化的形式，一个重量为 1000kg 的液氯钢瓶，在常温（25℃）下自然的蒸发量为 8～10kg/h。氯气钢瓶外部环境温度的变化直接影响着液氯汽化量，特别是在气温过低时，液氯汽化量严重不足，导致加氯不正常；液氯来不及汽化，不能完全汽化成气体，在被抽到氯瓶出口的压力管路、过滤罐、减压阀、真空调节器等部件，由于是气液混合，带有强氧化性，会腐蚀设备，影响整套加氯设备的使用寿命，甚至会导致氯气泄漏事故的发生。

人们为了满足氯气的汽化量的要求，只能采用多个氯瓶并联，或者给氯瓶加热，如用热水喷淋及电炉、红外灯烘烤等，不仅费用特别高，而且极不安全，有时因温度升高，压力也随之上升，超出管道安全耐压值范围，也同样会发生安全事故。因此好多厂家采用液氯蒸发器，但易产生三氯化氮积聚问题，而三氯化氮在蒸发器中因浓缩富集达到一定浓度而发生爆炸事故，所以液氯蒸发器的选用及使用过程非常关键。

液氯汽化工艺分为三部分：液氯储槽进料部分，液氯汽化部分，废气处理部分，液氯汽化流程见图 12-7。

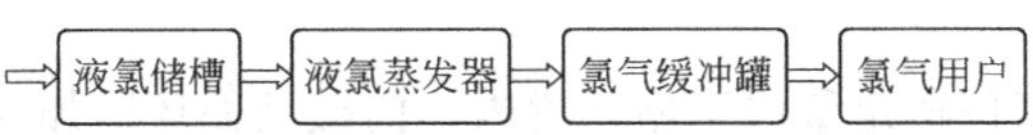

图 12-7 液氯汽化流程框图

12.3.1.1 液氯储槽进料

（1）首先确认槽车卸料口、尾气接口及氮气接口连接完毕，以氮气试压，确认连接点有无泄漏。

（2）在确认连接点无泄漏的情况下，管道泄压。检查槽车与储罐压力，确保槽车与储罐压力差值在0.15～0.20MPa范围内，如槽车压力低，可采取槽车用氮气加压或储罐泄压的方式进行处理。

（3）在确认槽车与储罐压力、压差无误的情况下，打开储罐进料阀、槽车卸料阀开始进料。在进料过程中注意保持槽车与储罐的压差值，如压差过小可暂停进料，按（2）中所述进行处理后，才可进行过料。

（4）在槽车泄料过程完毕后，关闭槽车泄料阀，以氮气向储罐方向压料，完毕后关闭储罐进料阀，打开槽车进料阀，以氮气向槽车方向压料，完毕后关闭槽车泄料阀。注意在压料过程中，操作压力不得超过储罐规定压力，同时在操作阀门过程中，一定要缓慢进行。

（5）压料完毕后，缓慢开启尾气阀做抽空处理，同时开启氮气阀置换，分析检测合格后方可拆开卸料阀，完成槽车卸料操作。

12.3.1.2 液氯汽化

（1）液氯蒸发器采用热水循环加热，热水槽循环水依靠外接纯水补充，并控制一定液位(2/3)。循化水依靠外接蒸汽管道加热，并且水温控制在40～45℃范围内。热水循环罐通过底部排污口定期排污，防止循环热水变质，造成蒸发器结垢。

（2）液氯储槽中的液氯依靠液下泵送至液氯蒸发器内，液下泵出口压力控制在0.65MPa左右，依靠液位传感器传输信号调节进料量，维持蒸发器中液位在2/3左右。蒸发器通过离心泵送来的循环热水加热使液氯转化为气体，通过蒸发器上的压力传感器调节进水流量，来调节蒸发量使蒸发器压力稳定在0.6MPa左右。蒸发器通过底部排污口定期排污至废气缓冲罐内，严格控制蒸发器中三氯化氮含量不超过0.5%（质量分数）。

（3）从蒸发器汽化出来的氯气通过调节阀进入氯气缓冲罐，为防止氯气夹带液氯影响后系统操作安全，氯气缓冲罐采用夹套式，夹套内通以热水保温加热（40～45℃），使带入的液氯完全汽化，氯气缓冲罐压力通过进口调节阀控制，从氯气缓冲罐出口排出的氯气送至用氯工序。

（4）液氯蒸发器排污操作：

① 将蒸发器液位控制在30%，压力泄至0.2MPa左右，再向中间排污罐排料。

② 排料完毕后，关闭蒸发器排污阀，以氮气给中间排污罐打压至0.15MPa，然后缓慢向残氯吸收罐过料，残氯以15%稀碱液缓慢吸收，稀碱液通过外置冷却器换热，保证吸收罐温度≤40℃，压力≤0.02MPa，尾气排至废气处理塔。

③ 残液处理过程中，及时监测吸收碱液中的含碱量，当碱液低于2%含量时及时更换碱液。

12.3.1.3 尾气处理

（1）槽车卸料、储罐进料、设备管道泄压、液下泵氮气密封、设备排污、设备检修置换等含氯废气均排至废气缓冲罐内，废气经废气处理塔用碱液吸收后，由塔顶风机抽出排至大气。

（2）碱液经由碱液高位槽定量放至循环罐内，向碱液循环罐加入定量水，开碱液循环泵打循环混合碱液。分析检测混合碱液浓度达10%～15%时，停止加水。开启碱液循环泵，向废气处理塔输送碱液吸收系统所排含氯废气。定时分析检测循环液中碱含量及次氯酸钠含量，当碱含量达到 pH 值为 8～10 时，将碱液循环切换至另一碱液循环罐继续吸收含氯废气。

(3) 将转化为次氯酸钠溶液的吸收液送至次氯酸钠储槽外售。蒸发器种类繁多，形式各异，如列管式、釜式、盘管式等。

12.3.2 釜式蒸发器

釜式蒸发器构造简单（几种蒸发器见图 12-8），蒸发器的夹套安装在容器的外部，夹套与器壁之间形成密闭的空间，为载热体的通道。夹套的形式有两类，一类是直径比容器大的壳体，为强化传热，有的做成带凹腔的蜂窝状壳体，有的在内筒外壁焊螺旋形导流板；另一类是直接在容器外壳上焊各种形状的条形管，如螺旋形盘管、螺旋形半管、弓形管、直条管等，用以强化换热过程，同时可起到增加容器刚度、提高容器承受外压的作用。但这种蒸发器的传热系数较低。

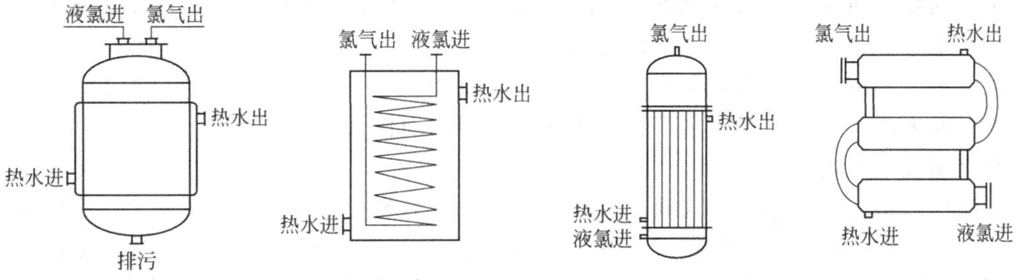

(a) 釜式蒸发器　(b) 盘管式蒸发器　(c) 列管式蒸发器　(d) 套管式蒸发器

图 12-8 几种典型液氯蒸发器简图

采用釜式蒸发器蒸发液氯时，向釜内加入一定液位的液氯，同时在夹套中通入温水加热，使液氯汽化供用氯工序使用。从液氯蒸发器工艺技术、操作特点来看，釜式蒸发器最易产生三氯化氮的富集积聚。事先充装有液氯的釜式蒸发器，尽管里面的液氯本身含三氯化氮是符合标准的，但由于液氯的沸点远比三氯化氮的沸点低，随着液氯的逐渐汽化，液氯残液中的三氯化氮浓度越来越大，为了不使三氯化氮浓度超过爆炸极限，釜式蒸发器底部应留有排污口定期进行排污，且不能将液氯完全汽化，应保持部分液氯随残液一起排到液氯排污器进行处理，这是必须遵守的。

处理排污的方法通常有：①将排污液用 10%～15%烧碱溶液分解，或用于生产次氯酸钠产品；②将残液采用小型列管式蒸发器或盘管式蒸发器，蒸发后送次氯酸钠或其他用氯部门，这种方法安全可靠、方便易行、免去处理残液的很多麻烦、无废液排放；③事先在排污液内加入惰性有机溶剂（氯仿等）稀释三氯化氮，蒸出氯气，然后在残液中加入足够量的还原剂，使三氯化氮转变为氯化铵。

12.3.3 盘管式蒸发器

盘管式蒸发器结构坚固、可靠、适应性强、易于制造、能承受较高操作压力和温度。用盘管式蒸发器蒸发液氯时可以满足氯气汽化量的要求，不易产生三氯化氮聚集问题。但盘管式蒸发器的管外流体流速很小，因而传热系数小，传热效率低，需要的传热面积大，设备显得笨重。同时其属于管道汽化器，负荷高时有可能产生液氯夹带，应设有蒸发器出口气液分离罐。氯气分离罐采用夹套式，夹套内通以热水保温加热，使带入的液氯完全汽化。

采用盘管式蒸发器蒸发液氯时，在盘管外通入温水给盘管内的液氯进行加热汽化，汽化后的液氯供用氯工序使用，定期对盘管式蒸发器和气液分离器进行排污，防止三氯化氮在系统内积累。

12.3.4 列管式蒸发器

列管式蒸发器主要由壳体、管束、折流板、管板和封头等部件组成。管束安装在壳体内，两端固定在管板上。封头用螺栓与壳体两端的法兰相连。它的主要优点是单位体积所具有的传热面积大、结构紧凑、传热效果好、结构坚固，而且可以选用的结构材料范围广，故适应性强、操作弹性较大。用列管式蒸发器蒸发液氯时可以通过调节加热用循环水的循环量以及液氯的进液量来满足氯气汽化量的要求，该蒸发器不易产生三氯化氮在蒸发器内积累的问题。

由于列管式蒸发器易于制造、适应性强、处理量大、成本较低、可供选用的材料范围广泛、理论研究和设计技术最完善，仍是当前应用最广、运行可靠的一类蒸发器。该类蒸发器底部封头容积尽可能小，以防三氯化氮积累，出口必须设有分离罐，以防止液氯夹带给后续工艺带来问题。氯气分离罐采用夹套式，夹套内通以热水保温加热，使带入的液氯完全汽化，分离罐要定期排污，以防三氯化氮积累。

液氯蒸发器的供热介质宜采用热水，这样易于恒定汽化条件。如用氯部门要求氯压较高，氯量较大时，可采用低压蒸汽作供热介质，但必须保证蒸汽温度低于125℃，以防止干氯气与碳钢反应燃烧。

用氯厂家最适宜采用列管式液氯蒸发器，这种液氯蒸发器在使用上最安全，在液氯进液以及 NCl_3 的处理过程中，列管式蒸发器汽化方法优于其他几种方法。采用列管式蒸发器时，接有液氯进口的下封头一定要设计得很小，以实现液氯一进入就迅速汽化，不留死角，达到三氯化氮不富集的良好效果。

各种氯气汽化工艺比较见表12-1。

表12-1 各种氯气汽化工艺比较表

蒸发器类型		夹套式	蛇管式	列管式和套管式	
传热介质侧	介质名称	热水	热水	热水	水蒸气
	工作温度/℃	≤45	45～80	45～80	≤120
	工作压力(表)	常压	常压	常压	0.098MPa
氯介质侧	三氯化氮富集效应	容器上部是气体随着液氯汽化,沉积出残液,其中含有三氯化氮、有机物等	液氯在管内迅速沸腾,不留残液,不富集三氯化氮	液氯在管内迅速沸腾,不留残液,不富集三氯化氮	液氯在管内迅速沸腾,不留残液,不富集三氯化氮
	操作方式	间歇操作,定期排污	连续操作,不需排污	连续操作,不需排污	连续操作,不需排污
	工作温度/℃	≤45	≤45	≤45	≤45
	工作压力(表)/MPa	≤1.2	≤1.2	≤1.2	≤1.2

12.3.5 缓冲分离罐操作

为避免氯气汽化夹带液氯进入后续工序，通常液氯蒸发器之后接有氯气分离缓冲罐，以保证用氯系统压力的稳定。氯气缓冲罐有三氯化氮富集的可能，而这一点往往很容易被人们忽视。缓冲罐富集三氯化氮后会发生爆炸，管道多处炸裂，部分甚至被熔化烧毁，导致发生跑氯事故。

缓冲罐中三氯化氮富集的因素有：①液氯蒸发器负荷过大时液氯汽化不充分，有部分液氯进入缓冲罐，在缓冲罐内发生二次汽化而富集三氯化氮；②系统压力不稳（特别是开停车）时，因压力过高部分氯气在缓冲罐内被液化，再次汽化就会富集三氯化氮；③环境气温突降（特别是北方地区的冬季），达到氯气液化条件，再次汽化会富集三氯化氮。

在分离缓冲罐操作中，要注意以下事项：控制蒸发器的负荷量，保证液氯全部汽化并有一定的过热温度；控制系统压力，避免压力过高造成氯气在缓冲罐内液化；季节变换、环境温度骤降时，要注意缓冲罐的保温或伴热；定期检测缓冲罐的三氯化氮含量，发现偏高时要及时排污。

12.4 液氯尾气和三氯化氮的处理

12.4.1 三氯化氮的产生和危害

12.4.1.1 三氯化氮的产生

在氯气生产和使用过程中，所有和氯气接触的物质，当其中含有铵盐、氨及含铵化合物等杂质时，就可能产生三氯化氮。

(1) 盐水中含有铵盐、氨及含铵化合物等杂质，其中的无机铵有 NH_4Cl、$(NH_4)_2CO_3$ 等，有机铵有胺（RNH_2）、酰胺（$RCONH_2$）、氨基酸［$RCH(NH_2)COOH$］等。

NCl_3 产生于食盐水电解过程中，在电解槽阳极室 pH 值为 2～4 的条件下，盐水中的 NH_4^+ 和 Cl_2 即可生成 NCl_3，其反应式为：

$$NH_4{}^+ + 3Cl_2 \longrightarrow NCl_3 + 4H^+ + 3Cl^-$$

盐水中铵盐、氨及含铵化合物的来源有以下几个方面：

a. 由原盐带来，一是原盐本身含有，二是在运输和储存的过程中混入；

b. 由化盐用水夹带（由于农田施用化肥，使江河水域带铵，流入电解槽的精盐水中氨浓度明显增加，或利用 AC 发泡剂等产品的含盐废水）；

c. 由盐水精制剂、助沉剂夹带。

(2) 氯气冷却洗涤水、干燥氯气用硫酸等含有氨和某些氨基（氮基）的化合物，与含氯的水会发生如下反应。

$$NH_3 + HClO \longrightarrow H_2O + NH_2Cl(pH>8.5)$$

$$NH_3 + 2HClO \longrightarrow 2H_2O + NHCl_2(4.2<pH<8.5)$$

$$NH_3 + 3HClO \longrightarrow 3H_2O + NCl_3(pH<4.2)$$

这些反应基本上是瞬间完成的并同水的 pH 值有关。pH 值在 4.2～8.5 时，3 种形态的氯胺均会存在。

(3) 氯气液化时因冷却器破裂，冷冻剂混入时也会带入含铵化合物，尤其是氨-氯化钙氯气液化工艺，从而产生三氯化氮。

12.4.1.2 三氯化氮的性质及危害

三氯化氮，分子式为 NCl_3，分子量为 120.5，是一种呈淡黄色或琥珀色光敏性黏稠液体，结晶为斜方形晶体，有类似氯气的强烈刺激性气味，密度 1.653kg/L，熔点＜－40℃，沸点＜71℃，自燃自爆炸点 95℃。三氯化氮（NCl_3）分子为三角锥形，由于分子内 3 个氯原子聚集在同一侧，相互有较大的排斥力和阻碍，同时氮氯元素电负性接近（氮稍大于氯），在外界较小能量的激发下，就可能引起氮氯键（N—Cl）断裂而造成三氯化氮发生分解。纯的三氯化氮和臭氧、磷化物、氧化氮、橡胶、油类等相遇，可发生剧烈反应。NCl_3 爆炸威力相当巨大，空气中爆炸温度约为1700℃，密闭容器中爆炸时最高温度可达2128℃，最大压力可达543.2MPa。

三氯化氮在氯气液化中是同步液化的，因此被认为是溶解在液氯中，并不因为密度大而分层，三氯化氮在氯气中的体积占5%～6%时存在潜在爆炸危险。在密闭容器中60℃时受震动或在超声波条件下可分解爆炸，在非密闭容器中93～95℃时能自燃爆炸。在日光照射或碰撞“能”的影响下，更易爆炸。三氯化氮爆炸前没有任何迹象，突然间发生。爆炸产生的能量与NCl_3积聚的浓度和数量有关，少量NCl_3瞬间分解引起爆鸣，大量NCl_3瞬间分解可引起剧烈爆炸，并发出巨响，有时伴有闪光，破坏性很大。在氯碱生产过程中，曾多次发生三氯化氮爆炸事故，爆炸不仅会造成氯气泄漏，而且爆炸本身可能造成人身伤害。爆炸方程式为：

$$2NCl_3 = N_2 + 3Cl_2 \text{(放出能量 459.8kJ)}$$

三氯化氮液体在空气中易挥发，在热水中易分解，在冷水中不溶，溶于二硫化碳、三氯化磷、液氯、苯、乙醚、氯仿等。NCl_3在湿气中易水解生成一种常见的漂白剂，显示酸性，NCl_3与水反应的产物为HClO和NH_3。

水解的化学方程式：

$$NCl_3 + 3H_2O = NH_3 + 3HClO$$

NCl_3遇碱迅速分解，反应式为：

$$2NCl_3 + 6NaOH = N_2 + 3NaClO + 3NaCl + 3H_2O$$

$$NCl_3 + 3NaOH = NH_3 + 3NaClO$$

12.4.2 防止三氯化氮的累积

12.4.2.1 三氯化氮的富集

在氯碱生产中，正常情况下，即使在原料中或在氯气处理过程中带入一部分含氮化合物，也不会使氯气中的NCl_3含量达到爆炸浓度。统计结果表明，多数三氯化氮爆炸事故的原因并不是原料氯气本身三氯化氮含量超标，而是液氯系统存在对三氯化氮富集工序引起的三氯化氮爆炸。因此，在液氯的生产中除了从源头（盐水的含氨、铵）开始控制氯中三氯化氮的生成量外，更要避免和减少后部工序三氯化氮的富集，从而防止液氯生产和使用过程三氯化氮爆炸事故的发生。三氯化氮在液氯中主要以液态的形式溶解于液氯中存在，NCl_3在液氯中没有分层现象，其浓缩后易在液氯容器的底部因震动而爆炸。另外液氯和NCl_3沸点存在较大差异，标况下氯气的沸点约为−34.5℃，而标况下NCl_3的沸点接近71℃，因而表面蒸发情况下随液氯一同汽化的NCl_3量很小，在蒸发过程中三氯化氮被浓缩。NCl_3的爆炸主要发生在液氯的浓缩蒸发系统中，或处理液氯过程的浓缩蒸发过程中，在合理操作时并不会产生三氯化氮浓缩爆炸，比如完全蒸发的管式蒸发（非浓缩蒸发），就不存在三氯化氮浓缩富集问题。

(1) 氯气液化系统。氯和NCl_3沸点存在较大差异，随氯一同汽化的NCl_3量很小，特别是采用传统的釜式汽化工艺，大部分NCl_3存留于未蒸发的液氯残液中，另外如果液氯储槽出现故障需要抽成负压进行处理时，液氯储槽中的液氯随着汽化量的增加，NCl_3即在氯气液化系统内不断富集，达到一定浓度时遇到引爆因素，即发生爆炸。

(2) 液氯包装系统。在液氯包装的过程，例如用液氯钢瓶进行包装液氯，随着液氯的每次包装及汽化，都会有一定量的NCl_3进入液氯钢瓶内，而在液氯使用的过程中，氯和NCl_3沸点存在较大差异，随氯一同汽化的NCl_3量很小，NCl_3在液氯钢瓶中不断富集，达到一定浓度时遇到引爆因素，即发生爆炸。

（3）液氯蒸发系统。在液氯釜式蒸发器中，底部最容易富集 NCl_3，随氯一同汽化的 NCl_3 量很小，随着液氯汽化量的增加，NCl_3 即在液氯蒸发系统内不断富集，达到一定浓度时遇到引爆因素，即发生爆炸。

12.4.2.2 防止三氯化氮的累积

（1）避免产生三氯化氮浓缩操作。正常情况下三氯化氮在液氯中浓度很低，远不足以造成爆炸威胁，但如果液氯浓缩后，三氯化氮将浓缩而达到爆炸极限，因此防止三氯化氮聚集的有效办法是避免液氯过度浓缩蒸发，主要是指避免采用釜式蒸发，同时避免与釜式蒸发类似的液氯储罐残氯进行蒸发处理，平时注意液氯储存和运输过程中无死区和死角。

（2）控制原料中铵离子含量

① 原盐的管理。首先要避免运输、堆垛、仓储过程含铵物质污染原盐，其次定期对原盐总铵和无机铵含量进行分析（一般总铵控制在 1mg/100g 盐，无机铵指标控制在 0.3mg/100g 盐）。

② 水源的分析。选用合适的水源并加强监控［有的企业要求 ρ（无机铵）≤0.2mg/L，ρ（总铵）≤1.0mg/L，每周分析一次］。特别是采用河水化盐时，在使用化肥的季节，应严密监视化肥对水体的污染，避免化盐水含铵量超标。

③ 精制剂、助沉剂的控制。在盐水精制过程中，应选用不含铵或含铵低的精制剂、助沉剂。

④ 入槽盐水的分析。控制指标为 ρ（无机铵）≤1mg/L，ρ（总铵）≤4mg/L，一般每日分析 1 次，随情况不同分析频次可调整，有的企业因各方面的情况比较稳定，规定每月分析 1 次。

严格控制原盐、化盐用水及精盐水中的含铵量。一般控制指标见表 12-2。

表 12-2 一般控制指标

指标	原盐	化盐用水	精盐水
ρ(无机铵)	≤0.3mg/100g	≤0.2mg/L	≤1.0mg/L
ρ(总铵)	≤1.0mg/100g	≤1mg/L	≤4.0mg/L

（3）压缩空气吹除法。在盐水中加入次氯酸钠可以有效脱除铵类物质，氯碱厂一般都使用 NaClO 和铵类物质在 pH 值大于 9 时生成易分解的肼和氮气：

$$2NH_3 + ClO^- \Longrightarrow N_2H_4 + Cl^- + H_2O$$
$$N_2H_4 + 2ClO^- \Longrightarrow N_2 + 2Cl^- + 2H_2O$$

然后用压缩空气吹除，无机铵脱除率一般约 80%～90%。

（4）蒙乃尔合金法。蒙乃尔合金是一种以铜、镍为主的合金，当氯气或液氯通过装填有蒙乃尔合金的设备时，NCl_3 即分解。使用过的蒙乃尔合金可以再生。该法对 NCl_3 的去除率较高，但设备造价高，氯碱厂家也较少使用。

（5）排污法。降低氯气和液氯中的 NCl_3 含量，可以有效地预防 NCl_3 的危害，由于 NCl_3 和 Cl_2 沸点差异较大，因此随着 Cl_2 的汽化，NCl_3 会在液氯系统产生富集，达到一定浓度，仍然会发生爆炸，特别是对于釜式汽化量很大的液氯系统危险性更大，因此排污法是氯碱厂家普遍采用的一种方法。所谓排污法就是定期将液氯汽化器中的液氯残液排掉，残液中还含有大量的氯气，将排掉的残液用稀碱处理，可回收生产次氯酸钠。实践证明，排污是一个有效防止 NCl_3 爆炸的办法。

（6）喷淋洗涤方法。可以采用氯苯、液氯及乙醚等在专用的洗涤塔中进行喷淋洗涤，可以除去氯气中的NCl_3，但因喷淋后的洗涤液较难处理，对设备的防腐要求高，所以在生产实践中很少应用。

(7) 采用屏蔽泵或液下泵输送包装液氯，杜绝NCl_3在储槽和蒸发器内的累积。

(8) 钢瓶用户在用液氯时，严禁把液氯放净，要留有余量，防止钢瓶内存积的NCl_3达到爆炸含量或吸入空气。

(9) 定期对液氯蒸发器及液氯钢瓶等液氯容器进行清洗，将液氯容器中残留的混有三氯化氮的液氯进行彻底清洗，避免NCl_3在液氯容器底部由于长期不断积累浓缩而发生爆炸。

(10) 采用合理氯气液化工艺。国内许多企业采用制冷剂—冷冻盐水—氯气液化间接热交换工艺，要避免制冷剂（氨）与氯气接触。如采用氨作为冷媒，一般是将氨蒸发器和氯冷凝器分别与冷冻盐水热交换，一旦氯冷凝器和氨蒸发器腐蚀泄漏，氯和氨接触反应生成三氯化氮，由此发生三氯化氮爆炸的机会很大，所以要加强换热器内漏的定期检查。建议采用氟利昂工艺代替氨冷工艺，从根本上杜绝氯和氨接触生成三氯化氮。

12.4.3 三氯化氮的处理

关于三氯化氮的处理，方法很多，如排污法、催化剂分解法、氯化还原法等。一般多采用“带液氯排污法”处理汽化器中的三氯化氮。此法工艺简单，费用低廉，为多数氯碱厂所采用，但是，如果操作失误则会诱发三氯化氮爆炸事故。

各种液氯生产、储存容器的使用温度应低于45℃，容器内液氯严禁完全汽化，必须留有足够的液氯剩余量，并定期排污。

排污物中的NCl_3质量浓度不得超过0.5%（质量分数），在操作时，一定要注意以下几点：

a. 液氯系统内的液氯任何时候都不能汽化完，要保持一定的液氯液位，以稀释NCl_3的浓度；

b. 排污时一定要带着液氯排污，绝对禁止“干排”；

c. 加强氯气、液氯中的NCl_3监测，发现含量偏高时，增加排污次数，实行勤排；

d. 排污时间选择在避开阳光直射的时段进行，排污管线要设静电接地装置，定期检查对地电阻，不要使用胶管、胶垫；

e. 排污时严禁敲击排污阀门或管线，严禁使排污物同油脂、有机物等引爆物质接触。

12.4.4 液氯尾气的处理和次氯酸钠

氯碱生产中的氯气液化尾气可以送合成氯化氢工序与氢气燃烧生成氯化氢，用于生产PVC或盐酸，也可以用碱液吸收生产次氯酸钠。用碱液吸收尾氯时要注意及时分析碱浓度，防止碱液饱和造成氯气泄漏事故，将其转化为次氯酸钠溶液送至次氯酸钠储罐外销。次氯酸钠有效氯（Cl）≥8.0%，游离碱（NaOH）0.1%～1.0%。次氯酸钠可以用于医院污水、生活污水的处理；游泳池、浴室、饮用水、食品、饮料行业的消毒；工业循环冷却水的灭菌、除藻处理；各类含氰、酚及需氧化的工业废水处理；造纸、印染行业的漂白、脱色处理；屠宰和制革工业废水除臭，工业洗矿等用途。大部分氯碱厂都将液化尾气与氢气燃烧生成HCl供PVC使用或做盐酸。

12.5 液氯的输送、包装和储存

12.5.1 液氯的运输

12.5.1.1 屏蔽泵输送

(1) 屏蔽泵的工作原理。屏蔽泵是一种类似于清水泵的卧式离心泵，由泵头和电机连成一体，泵的叶轮与电机驱动轴相连，驱动轴为空心轴，二者共同组成转子部分。屏蔽套嵌在定子内侧隔离转子腔和定子腔，使泵实现无泄漏。应用于液氯充装的屏蔽泵是专为输送易汽化介质设计的。该泵采用内循环方式，液氯由泵叶轮轴向吸入，径向排出，经过截止阀和止逆阀后，将液氯送至液氯充装岗位，从叶轮出口的高压区分流出一小部分液氯进入空心驱动轴，经电机的后部辅助叶轮冷却降温，循环回流到叶轮的高压区。这种内循环方式确保了液氯冷却介质不会因为吸收热量而在转子腔内汽化，造成滑动轴干摩擦损坏。

(2) 屏蔽泵的充装工艺流程。从氯气液化器自流下来的液氯进入卧式液氯储罐内，液氯从储罐的底部阀门进入屏蔽泵，加压后经过出口管道上的截止阀和止逆阀后送充装岗位充装。

为保证装置的安全稳定运行，在屏蔽泵的进口管道上安装液位检测器，在电机尾部安装温度监测器，当液氯进口没有液体或产生汽蚀时，液位监测器就发出报警信号使泵停止运转，当泵出现干运转、大流量超载、轴承轴向磨损，造成电机发热时，温度监测器就会发出报警信号，使泵停止运转。

(3) 液氯屏蔽泵充装工艺优缺点。液氯屏蔽泵以其独特的结构和保护措施在液氯充装中具有安全、高效、环保的特点。液氯连续输送，不需要液氯汽化加压过程，从根本上避免了三氯化氮在液氯储槽中的富集；泵和电机是一体的，无泄漏的可能，安全性、可靠性好；体积小，无辅助设备，占地面积小，便于安装维修；监控措施齐全，可长期运行，维护费用低，操作方便。

液氯屏蔽泵的不足之处是在施工安装时必须考虑汽蚀余量问题，泵应该安装在液氯储罐以下，开泵时要确保泵腔内灌满液氯，因此泵与储罐底部之间的距离要按泵设计要求安装。在液氯充装过程中，根据钢瓶内氯气的量调节变频调节器的出口控制压力；尽量减少开泵停泵的次数；要尽量减少液氯中酸泥等机械杂质。

12.5.1.2 液下泵输送

(1) 液氯液下泵的工作原理。液下泵的防爆电机通过蛇形弹簧联轴器带动主轴，主轴带动叶轮旋转，叶轮的级数根据输出压力而定，一般 3 或 4 级就可满足液氯输送和充装的需要。整轴仅有 1 组轴承，轴的其余部分虽有多个配合，实质上都是密封件或限位件，工作运转时都脱离了与密封件、限位件的接触，不起轴与轴承作用，所以原则上不会出现轴与轴的摩擦、磨损或咬死等现象。各级叶轮自下而上排列，最下面一级称为第一级，在此处将液氯吸入泵内，其出口压力为气相氯气的压力（一般为 0.2MPa 左右）。然后依次进入上一级叶轮内压缩，最上一级叶轮级数最高，输出液氯压力可达 1.0～1.5MPa，经消声器（使压力平衡）和限流器输出，再经外输出管道、截止阀和止逆阀送到液氯充装岗位进行钢瓶充装或液氯槽车的灌装。

(2) 液下泵的充装工艺流程。从氯气液化器出来的液氯经管道自流入液氯储罐内，需要充装液氯时，只要打开液氯储罐下面和中间罐之间连接管道上的液氯截止阀（液氯中间罐为立式罐，在安装时使中间罐的上平面与液氯大储罐内的上平面处在同一水平面上），使液氯进入中间罐，并通过控制液氯大储罐内的液位高度，而不使中间罐的液氯充料。当中间罐内的液位达到最低液位（600mm）时就可以开泵，液氯就会经消声器（使压力平衡）和限流器输出，压力可在 0.8～1.2MPa，再经外输出管道、截止阀和止逆阀送到液氯充装岗位进行钢瓶包装或液氯槽车的罐装。

(3) 液氯液下泵充装工艺优缺点。采用液氯液下泵充装液氯时，不需对液氯储罐增压即可充装，充装 1t 液氯约 30min，极大地提高了工作效率，简化了充装程序。充装液氯的时间可以灵活掌握，减小了操作人员的劳动强度。通过使用变频调速器稳定液氯液下泵的输出压力，当输送管道发生泄漏异常情况时，由于流量急速增大时会通过限流器的作用切断液氯的输出，保证液氯输出安全和环保要求，每充装 1t 液氯比部分液氯汽化加压法节约费用 10 元左右，同时，可以从根本上解决因液氯蒸发器内的液氯不断汽化而导致残余液氯中的三氯化氮的浓缩、富集而超标等问题，减少了三氯化氮分解、爆炸的隐患。该装置无须对液氯过滤，液氯储罐也不必承受汽化充装的压力，不需要向系统中排放汽化加压充装完的余压，达到了液氯生产的连续稳定运行。

泵的轴封采用填料密封，并有一定的活动间隙，为保证液下泵的轴封不向外泄漏氯气，用充分干燥处理的压缩空气对上部密封箱加压密封，密封气的压力比中间罐内氯气压力要高 0.01～0.03MPa。逸出的少部分氯气和干燥的密封空气一起通过回收管路送到碱液吸收池吸收处理，实现了液下泵轴封采用双密封的操作机理。需要停机时，液下泵还采取了氮气紧急密封气囊装置，紧急气封的压力要比中间罐里的氯气压力高 0.5MPa，压力过低时密封失效，压力过高时紧急密封的气囊会爆裂，因此要保证压力稳定。特别是紧急密封，严禁在使用过程中转动转子，否则密封将立即损坏和失效。

液下泵的维护、保养、拆卸、组装和调试有较高要求。使用中要谨慎选择密封气，必须使用露点达到－40℃的密封气，对密封气干燥处理，可以延长维修周期，而且要保证气源稳定充足。紧急密封气囊内的气源不能与密封箱内的气源相同，要另选氮气钢瓶作气源。紧急停车时要确认密封气源供气阀是关闭的，而溢出阀是开启的，如果密封气突然停供，必然会使中间罐内的氯气泄漏到空气中，污染环境，泵若运转时，紧急密封气阀又不能自动开启，生产操作十分被动。紧急密封的气囊属于橡胶材料，如果已经老化和损失失效，维修时极为不便。该种泵设计为单端面，是可调式干气密封，静环密封和密封箱内的填料密封容易磨损，弹簧失效，O 形密封圈变形导致泄漏氯气，而且难以调整，只能通过更换静环等易损件解决。非金属滑动轴承、角接触轴承和紧急密封气囊需要 2 年更换一次，更换难度大，拆卸复杂，组装时间长，调试精度要求高，所以使用中存在控制操作不简捷的问题，使用一段时间后，稍有不慎就会出现异常。

12.5.2 液氯的包装

12.5.2.1 液氯钢瓶的包装

液氯钢瓶包装前的准备工作

(1) 充装前应校准计量衡器；充装用的计量衡器每三个月检验一次，确保准确。

(2) 充装前必须有专人对钢瓶进行全面检查，确认无缺陷和异物，方可充装。

(3) 充装系数为 1.25kg/L，严禁超装。

(4) 充装后的钢瓶必须复验充装量。两次称重误差不得超过充装量的 1%。复磅时应换人换计量衡器。

(5) 充装前后的重量均应登记，作为使用期中的跟踪档案。

(6) 入库前应有产品合格证。合格证必须注明：瓶号、容量、重量、充装日期、充装人和复磅人姓名或代号。

(7) 钢瓶有以下情况时，不得充装：

① 漆色、字样和气体不符合规定或漆色、字样脱落，不易识别气体类别；

② 钢印标记（条码、电子标签）不全或不能识别；

③ 新瓶无合格证；

④ 超过技术检验期限；

⑤ 安全附件不全、损坏或不符合规定；

⑥ 瓶阀和易熔塞上紧后，螺扣外露不足三扣；

⑦ 瓶体温度超过 40℃。

(8) 充装量为 50kg 的钢瓶，使用时应直立放置，并有防倾倒措施；充装量为 500kg 和 1000kg 的钢瓶，使用时应卧式放置，并牢靠定位。

(9) 使用钢瓶时，必须有称重衡器，并装有膜片压力表、调节阀等装置。

(10) 应采用经过退火处理的紫铜管连接钢瓶。紫铜管应经耐压试验合格。

(11) 严禁将油类、棉纱等易燃物和与氯气易发生反应的物品放在钢瓶附近。

(12) 开启瓶阀要缓慢操作，关闭时亦不能用力过猛或强力关闭。

(13) 应有专用钢瓶开启扳手，不得挪作他用。

(14) 检查充装工具是否齐全，备好防毒面具。

(15) 开启液环真空泵（以液环真空泵提供真空为例）：

① 盘车检查液环真空泵是否转动灵活，有无卡阻现象或摩擦声；

② 检查真空系统中的阀门状态，除进气阀门和进酸阀门关闭外，其余阀门一律处于全开状态；

③ 检查硫酸液位是否在液环真空泵的泵轴中心，且硫酸浓度≥94%；

④ 检查板式换热器的循环水是否畅通；

⑤ 启动液环真空泵；

⑥ 慢慢将进气阀打开，调节液环真空泵前的真空度为≥0.02MPa。

(16) 通知液化工注意液氯储槽及中间槽液位，并开启液氯液下泵（以液氯液下泵输送液氯为例）：

① 盘车检查液氯液下泵是否转动灵活，有无卡阻现象或摩擦声；

② 打开液氯液下泵出口阀放气，然后再关闭；

③ 启动液氯液下泵；

④ 慢慢将液氯液下泵的回流阀全部打开，慢慢将液氯液下泵去包装的出口阀打开，调节回流阀将充装压力调节至 0.8～1.2MPa。

充装操作

(1) 将修好待装的空瓶吊上电子秤，液相与气相瓶阀分别垂直朝下和朝上，然后止动。

(2) 准确称定皮重，核准扣除防震圈等附件后的净皮重与钢印标志之皮重是否相符，如净皮重误差超过规定指标，原则上不予充装，新瓶或确认内存液氯的气瓶除外。内存液氯的以瓶标皮重加防震圈等附件重量后作为其皮重。

(3) 把紧充装铜管和钢瓶液相瓶阀及气相瓶阀之连接卡子后再次称重，准确记录充装钢瓶的户头、瓶号和皮重。

(4) 打开包装架上的真空阀门和气瓶液相阀门，将气瓶提压（内有液氯的气瓶不做此操作）。

(5) 关闭包装架上的真空阀门，打开其上的液氯阀门及充装管上液氯总阀门，向气瓶充装液氯。

(6) 气瓶开始充液后应立即用手摸测瓶壁温度，如瓶温下降，瓶壁结霜，充液畅快，并有明显进液声响则为正常。如瓶壁发热，并伴有瓶压升高，进液缓慢或不进液，甚至发生倒压现象时应立即停止充装，卸下气瓶推离现场至室外，如情况紧急应立即排气泄压，并报告安环处，如非紧急情况则告修瓶工处理。

(7) 开启包装架上之真空阀门，根据室温高低、充装压力大小、进液快慢，调节气相瓶阀开启程度，进行排气。如气温低、充装压力大、进液畅快，则完全可以不排气。当不需要排气时，则关闭真空阀门，打开液氯进液阀门，向两个瓶阀同时充氯，这样可以加快充装速度。

(8) 当气瓶充液量达到规定值时，立即关闭瓶阀和包装架上液氯阀门。

(9) 打开真空阀门，将铜管内液氯抽尽后，卸下铜管卡子。

(10) 将重瓶吊至复称，核定净重是否符合规定。

① 如净重合格。挂上按规定如实填写的商品标签，推至重瓶厂棚，码放整齐，垛层不得高于两层，且必须打堰止动。

② 如净重不足，则重新把上铜管卡子，继续充装至规定重量。

③ 如超重小于5kg，只需在气相瓶阀上连上真空管，借助液环真空泵抽气至重量合格。

④ 如超重过多，则有以下两种方法处理。

a. 向空瓶排液氯。重新将超重气瓶液相瓶阀把上铜管卡子，将铜管另一端也接上卡子，接在另一个已经核准好皮重的空瓶液相阀门上，并在气相瓶阀上接上真空管，打开真空阀门及气相瓶阀抽气，然后先后打开空瓶和重瓶液相阀，在空瓶抽气降压的情况下将重瓶内多余的液氯排入空瓶，直到净重合格为止。

b. 向中间槽放液氯。重新将超重气瓶液相瓶阀把上铜管卡子，关死其他包装架上的所有包装阀门，停止液下泵，打开空的中间槽的液下泵出口阀及回流阀或工作着的中间槽的液下泵出口阀及回流阀，再打开重瓶液相瓶阀及该包装架上的充装阀门，缓缓将瓶内超重液氯倒回中间槽内，直到净重合格为止。

包装的终止操作

(1) 停液氯液下泵：

① 将液氯液下泵的出口阀关小；

② 停液氯液下泵；

③ 将液氯液下泵去包装的出口阀全部打开，防止液氯挥发造成液氯管道憋压。

(2) 停真空泵：

① 将液环真空泵的进口阀关闭；

② 停液环真空泵。

12.5.2.2 液氯槽车的包装

槽车充装前准备

(1) 确认槽车停至充装区，熄火，拔钥匙。

(2) 确认槽车已关闭发动机，拉手刹制动。

(3) 确认槽车导静电导线与地面接触。

(4) 在槽车前后轮胎加防滑块，固定槽车。

(5) 对槽车进行外观检查，如有无明显缺陷，安全附件（包括安全阀、紧急切断阀、液面计、压力表和灭火器等）是否完好。

(6) 检查槽车检验期限是否过期。检查槽车运输证、驾驶证、押运证等是否齐全。

(7) 确认槽车内余氯量，余氯压力不低于0.1MPa。

(8) 准备好氨水及试漏工具。

(9) 确认事故氯系统开启，打开吸风软管阀门，微负压即可。

(10) 检查包装真空管路−20～−70kPa。

(11) 确认液氯包装手阀关闭。

(12) 连接鹤管液相管路与槽车充装管路。

(13) 缓慢打开槽车上充装手阀，使用氨水对鹤管查漏。

(14) 确认液氯充装泵是否开启，如未开，开启充装泵。

(15) 充装前检查，发现有下列情况，不得充装：

① 槽车准运证已超过有效期；

② 槽车未按规定进行定期检验；

③ 槽车漆色或标志不符合规定；

④ 防护用具、服装、专用检修工具和备品备件未随车携带；

⑤ 随车携带的文件和资料不符合规定或与实物不符。

槽车的充装操作

(1) 设定槽车充装量。

(2) 缓慢打开液氯充装手阀，开始进行充装。

(3) 充装开始后，现场检查各连接口有无泄漏，检查液氯充装流量计、槽车液面计及温度计变化，严格控制液氯槽车充装量，严禁超装。

(4) 当充装累积量即将达到容量设定值时，打开回流阀，防止泵出口压力过高。

(5) 充装累积量达到容量设定值后，槽车充装切断阀自动关闭。

(6) 关闭液氯充装手阀。

(7) 用蒸汽软管对鹤管进行加温，使管内液氯尽量排至槽车内，后关闭槽车上充装手阀。

(8) 打开真空阀，用蒸汽软管对鹤管继续进行加温，确保鹤管内无氯气。

(9) 拆卸鹤管，关闭真空手阀，使用吸风软管对准鹤管管口。

(10) 检查充装后压力、温度，合格后交换钥匙，移走防滑块。

液氯槽车充装流程示意图见图 12-9。

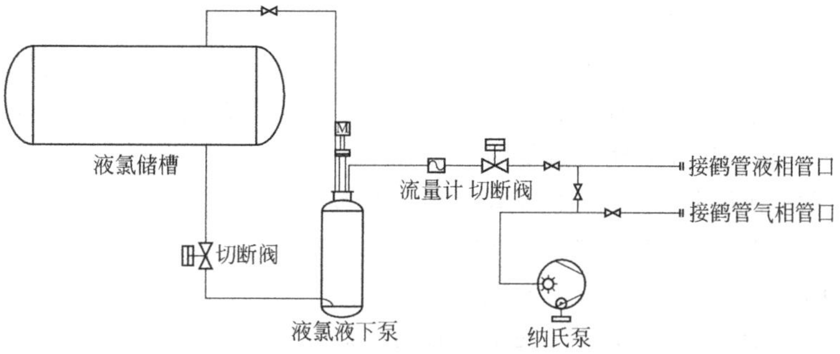

图 12-9　液氯槽车充装流程示意图

12.5.3　液氯的计量

在氯碱生产中采用液氯计量槽进行初步的计量，然后再通过液氯包装进行精确的计量，也可采用质量流量计与计量槽结合方式计量。在过去，液氯包装计量大都采用杠杆式机械秤，防腐蚀效果不理想，机械秤在使用一段时间后会出现计量不准或机械故障，长期造成企业停工停产，甚至无报警控制功能，操作者很难掌握、控制包装量，影响企业的安全稳定运行。液氯钢瓶电子秤计量装置，具有抗腐蚀、抗冲击能力强，缓冲性、稳定性好等特点。配套使用高精度称重传感器和智能化称量显示仪的称量系统，同时可以实现重量报警，准确度高，工作稳定可靠，可以实现在线测量，提高在线计量准确度。

液氯钢瓶电子秤计量装置的应用，给液氯计量控制带来较多好处：第一，减少了杠杆式及指针式机械秤维修所消耗的费用，也避免了机械秤计量不准的问题；第二，可以实现在线测量，提高液氯在线计量准确度，避免了液氯计量不准带来的危险。

液氯包装使用的计量衡器应在液氯充装前进行校准，充装用的衡器每三个月检验一次，确保准确。

12.5.4 液氯的储运

12.5.4.1 液氯在液氯储槽中的储存

经过氯气液化后的液氯进入液氯储槽，在整个下液过程中，液氯储槽的液位要控制在储槽液位的80%以下，压力控制在0.5MPa之内，当液氯储槽压力偏高时，开液氯储槽上氯气去除害塔或打开合成氯化氢的泄压阀，将压力控制在指标范围。

12.5.4.2 液氯钢瓶的储运

(1) 液氯钢瓶的储存

a. 钢瓶禁止露天存放，也不准使用易燃、可燃材料搭设的棚架存放，必须储存在专用库房内。

b. 空瓶和充装后的重瓶必须分开放置，禁止混放。

c. 重瓶存放期不得超过三个月。

d. 充装量为500kg和1000kg的重瓶，应横向卧放，防止滚动，并留出吊运间距和通道，存放高度不得超过两层。

(2) 液氯钢瓶的运输

a. 钢瓶装卸、搬运时，必须戴好瓶帽、防震圈，严禁撞击。

b. 充装量为50kg的钢瓶装卸时，要用橡胶板衬垫，用手推车搬运时，应加以固定。

c. 充装量为500kg和1000kg的钢瓶装卸时，应采取起重机械，起重量应大于瓶体重量的一倍，并挂钩牢固，严禁使用叉车装卸。

d. 起重机械的卷扬机构要采用双制动装置，使用前必须进行检查，确保正常。

e. 机动车辆运输钢瓶时，应严格遵守当地公安、交通部门规定的行车路线。

f. 不得在人口稠密区和有明火等场所停靠。

g. 车辆驾驶室前方应悬挂规定的危险品标志旗帜。

h. 不准同车混装有抵触性质的物品和让无关人员搭车。

i. 车辆停车时应可靠制动，并留人值班看管。

j. 高温季节应根据当地公安部门规定的时间运输。

k. 车辆不符合安全要求或证件（运输证、驾驶证、押运证等）不齐全的，充装单位不得发货。

l. 运输液氯钢瓶的车辆不准从隧道过江。

m. 车辆运输钢瓶时，瓶口一律朝向车辆行驶方向的右方。

n. 充装量为50kg的钢瓶应横向装运，堆放高度不得超过两层；充装量为500kg和1000kg的钢瓶装运时，只允许单层设置，并牢靠固定，防止滚动。

o. 严禁用自卸车、挂车、畜力车运输液氯钢瓶。

p. 船舶装运液氯钢瓶应严格遵守交通、港口部门制定的船舶运输危险化学物品的规定。

12.5.4.3 液氯槽车的运输

(1) 应选派持有押运证的人员跟车押运监护。

(2) 液氯槽车的押运员和驾驶员应熟悉其所运输介质的物理、化学性质和安全防护措施，了解装卸的有关要求，具备处理故障和异常情况的能力。

(3) 液氯用户严禁将单车式槽车作为储罐和汽化罐使用。

(4) 押运人员在发生氯气泄漏时应迅速处理，防止事态扩大，并应立即通知当地政府有关部门。

12.6 液氯生产的安全

12.6.1 生产控制方法

12.6.1.1 氯气内含氢指标控制

原料氯气中含有氢气，一定比例的氢气与氯气是爆炸性气体混合物。在开始进行氯气液化时，由于氯气能液化而氢气未达到液化条件不能液化，氢气在混合气体中的比例较小，以不凝气的形式存在于气相之中，尚未达到爆炸范围的下限，所以氯气内氢的存在不会影响系统的安全。随着氯气的液化量增多，液化尾气中氢的含量由于积聚而增加，达到爆炸范围，威胁着液氯生产的安全。

在液氯制备过程中，必须根据不凝性气体中的氢含量（液氯尾气含氢）来控制原料氯气的液化程度，就是控制它的液化效率。一般液化尾气中氢的体积分数不能超过4%，由此可见，氯气的液化程度必须处于受控状态，受到一定的限制。一旦尾气含氢超标，就会发生爆炸事故，这种事故在氯碱行业曾经发生过。不同含氢量原料氯气的液化效率见表12-3。

表12-3 不同含氢量的氯气的液化效率

$\varphi(H_2)$/%	液化效率/%	$\varphi(H_2)$/%	液化效率/%
0.3	97.5	0.7	87.0
0.4	94.8	0.8	84.1
0.5	92.1	0.9	81.5
0.6	89.4	1.0	79.0

液化效率可以用下式计算：

$$\eta=\text{液氯产量}/\text{原料氯气量}\times100\%$$

或 $$\eta=[1-(100-C_1)/C_1C_2/(100-C_2)]\times100\%$$

式中 η——液化效率，%；

C_1——原料氯气中氯气体积分数，%；

C_2——尾气中氯气体积分数，%。

由上可见，氯气含氢（含原料气及尾气）是相当重要的控制指标，并且是可以控制掌握的，关键在于加强分析和调节。发现氯中含氢超标时可以采用如下措施：

(1) 继续分析原料氯气的纯度和液化尾气中的氯气纯度，以观察氯内含氢是否继续上升或下降。

(2) 适当降低冷冻剂的循环量，提高氯气的液化温度，降低液化效率。

(3) 适当开大氯气液化器顶部尾气出口的阀门（通往盐酸合成炉或除害塔处理），尽可能增加尾气的流通量，以降低液化效率和加速排出不凝性气体，但是尾气阀门千万不能开得太大，否则很有可能将液体氯一起带往尾气流通管道，造成尾气压力突然升高，使氯化氢合成炉氯气过量；若与乙炔气接触，会生成氯乙炔而发生爆炸。另外离子膜法生产烧碱的氯内含氢量要比金属阳极隔膜法生产烧碱的氯内含氢量低得多，因此尽可能采用先进的制碱方法也是防止氯气内含氢量超标的一种方法。

12.6.1.2 三氯化氮含量控制

液氯生产过程中的重大隐患就是三氯化氮，正常情况下三氯化氮与氯气同步液化，在液氯中含量很低并分散在液氯中，但如果在釜中蒸发氯气，三氯化氮由于沸点较高，不会被同步蒸发而富集，达到爆炸极限后将发生爆炸。因此必须避免过度浓缩蒸发或采用完全蒸发方式汽化液氯。

12.6.2 液氯充装

12.6.2.1 液氯钢瓶充装过程安全控制

最为常见的液氯储存容器是液氯储槽和液氯钢瓶，目前我国经常使用于运输、储存和计量的单位容器就是液氯钢瓶。为了确保液氯钢瓶在使用、周转过程中的安全，有必要对液氯钢瓶的安全要点做重点介绍。我国用于液氯的钢瓶设计压力约为 2MPa（绝对压力），屈服压力约为 320MPa，按照规定充装量充装的液体氯气在允许的温度下体积膨胀后，钢瓶内仍能确保有 5% 的安全空间。此时的最高液氯温度为 60℃，相应的液氯蒸气压力为 1.759MPa。液氯钢瓶的主要技术指标如表 12-4 所示。

主要技术指标中，最为重要的是充装率与充装系数。充装率是指液氯充填容积与钢瓶有效容积之比，按照规定，液氯的充装率应小于 80%。

表 12-4 液氯钢瓶主要技术指标

容积/L	材质	自重/kg	使用温度/℃	合金堵个数（熔点 65℃）	充装率/%	充装系数/(kg/L)	尺寸（外径×总长）
832	16MnR	440	−40～60	6	77.5	1.202	ϕ810mm×2000mm
415	17MnR	230	−40～60	3	77.6	1.205	ϕ608mm×1800mm

充装系数是相当重要的安全考核指标，国家对此有明确规定，其数值为小于 1.25kg/L。它表示为液氯容器（包括储槽）储存液氯的总量与容器有效容积之比。按照规定："以盛装临界温度大于 70℃的液化气瓶，其设计压力应当按所盛气体在 60℃的饱和蒸气压设计。"氯气的临界温度为 144℃，所以液氯钢瓶在充装、运输以及使用各过程中的环境温度不得大于 60℃。根据计算，当充装系数为 1.25kg/L、液氯温度在 68.8℃时，储存容器内气体的空间将为零（已经没有空间可以缓冲），这时称为该容器已达到"满量"（钢瓶达到满瓶）。此时液氯的饱和蒸气压为 2MPa，已达到试压压力；如果液氯容器超装的话（超过充装系数 1.25kg/L），在同样温度下，不仅已将容器的有限空间挤满，而且使液氯的饱和蒸气压超过试压压力，从而使容器（包括钢瓶）发生爆破性的爆炸。这就是国家三令五申强调液氯容器不能超装的原因。表 12-5 中表示出 500kg 容量的液氯钢瓶超装后的危险温度。

表 12-5 超装后的危险温度

充装量/kg	超装量/kg	液氯膨胀后充满钢瓶时的温度/℃	钢瓶开始屈服时的温度/℃
500	0	78	79～81
510	10	69	74～75
520	20	66	67～68
530	30	59	60～61
540	40	51	53～55
550	50	45	46～49
560	60	37	40～41
570	70	31	32～34

续表

充装量/kg	超装量/kg	液氯膨胀后充满钢瓶时的温度/℃	钢瓶开始屈服时的温度/℃
580	80	24	25～26
590	90	15	16～19
600	100	8	8～10

为了避免类似的危险情况出现，在钢瓶一侧的瓶体上，装有低熔点的合金堵（合金堵的主要成分：铋，50%；铅，25%；锡，12.5%；镉，12.5%），合金堵的熔点为65℃，而在钢瓶阀上的易熔合金熔点为60℃。这样，只要在充装时不超过规定，一旦温度超过了正常温度时，钢瓶内还是有一定的安全余量。因为在实际进行钢瓶充装时，计量的装置可能有误差产生，因而允许有一定正、负误差存在，现在规定只能负偏差。但是绝不能因此而忽视各个环节中应保证达到的安全规定指标。因为液氯钢瓶在使用过程中间，强度和腐蚀余度都在下降，不可预见的情况可能会发生。除了液氯钢瓶在充装、使用、运输以及储存各个环节必须严格遵守有关条款的规定之外，还要加强对各类用户返回钢瓶的查证、验收，充装时的计量、记录、复查，加强对用户使用液氯钢瓶的监督、管理。

12.6.2.2 液氯槽车充装过程安全控制

20世纪90年代开始有少数企业用槽车代替钢瓶运输液氯，当时槽车容积一般为50m^3，充装量为1.2t/m^3，每台槽车可装60t液氯。考虑到汽车运输过程中的颠簸以及各地不同气温条件的变化，当时50m^3槽车一般装载不超过50t液氯；考虑到液氯在运输过程的危险性，目前槽车设计容积统一为21.66m^3，充装系数不应超过1.20kg/L，一般装载液氯不超过25t。为了确保安全，液氯槽车上设计、安装有气相阀和液相阀、温度计、压力表、安全阀等安全附件。气相阀和液相阀是供装卸液氯用的，所以也叫装卸阀。槽车上装两个气相阀，两个液相阀，液相阀下部有插入管（距筒体底部150mm）。阀体材质均为铸钢，密封面采用不锈钢或聚四氟乙烯密封。温度计主要观察槽车装氯后的温度变化，便于及时采取措施，避免不良后果的出现。温度计发生泄漏的机会较小，因为它只有1个密封点，此外，发生泄漏往往是更换温度计时未能紧到规定的压紧力造成的，所以只要拧紧紧固螺栓，泄漏便可以停止。压力表是槽车内介质压力的测量、指示装置，是槽车重要的安全附件之一。安全阀是一种自动泄压装置，一旦出现罐内压力过高即会自动开启，及时排放部分介质，降低罐内压力，避免发生爆炸事故。

12.6.3 液氯钢瓶的储运

（1）液氯钢瓶的生产过程中要严格遵守以下规定：

① TSGR 0006—2014《气瓶安全技术监察规程》；

② TSG D0001—2009《压力管道安全技术监察规程—工业管道》；

③ TSG R4001—2006《气瓶充装许可规则》；

④ GB 11984—2008《氯气安全规程》；

⑤ GB 14193—2009《液化气体气瓶充装规定》。

（2）对液氯钢瓶的生产部门来说，必须注意以下方面：

① 液氯钢瓶必须三证齐全（即：钢瓶合格证、化学危险品标志、生产许可合格证）。其中钢瓶合格证应有钢瓶重量、试压日期、钢瓶检验日期、检验人员以及钢瓶出厂日期等内容；化学危险品标志是各类化工产品所必须配备的；生产许可合格证应有产品检验日期、生

产日期、产品重量、包装人员等内容。

② 液氯钢瓶包装尽可能采用电子磅秤以及超重自动切换设施，近来不少氯碱企业采用DCS集散控制系统，极大提高了液氯包装的安全可靠性。已包装的钢瓶要进行复磅检验；钢瓶的实际包装量要采取负偏差，严格防止正偏差产生。由于合金堵措施是个较为烦琐的工作，另外，万一合金堵在运输途中或使用过程中熔化，那么钢瓶内液氯就会外逸（这种情况已有发生），故现今不再使用合金堵，而是通过加强对包装环节的控制来防止钢瓶超装情况的发生。

③ 定期对液氯钢瓶进行清洗、试压。有不少氯碱企业对返回的钢瓶全部进行抽吸清洗，保证了液氯灌装的绝对安全。一般液氯钢瓶每2年要进行试压及技术性的检查，内容包括外表面平整度检查（油漆）、重量损失、容积残余变形率、水压试验以及测定其最小壁厚等。正常使用的液氯钢瓶按照规定，其使用期限为12年（自出厂日算起）；钢瓶的水压试验压力为设计压力的1.5倍，即3MPa，而容积残余变形率按照《气瓶安全检查规程》测定。

（3）在液氯钢瓶的运输及储存方面，必须注意以下几点：

① 搬运和移动液氯钢瓶时，严禁拖曳、撞击，不能用磁性或真空起重设备。

② 运输、储存过程中不得暴晒于阳光下，夏季高温季节，应该按照安全部门的规定，要避开阳光，采取夜间运输。钢瓶必须置于室外时，要有遮阳降温措施；室内钢瓶堆放不得高于2层，通风良好；不能与其他的高压气瓶（氢、氧、氨、乙炔等）混放、混装，也不能与容易和氯发生反应的物料一起运输或储存。

12.6.4 液氯槽车的储运

（1）在液氯槽车的充装过程中要严格遵守以下规定：

① GB 11984—2008《氯气安全规程》；

② TSG R0005—2011《移动式压力容器安全技术监察规程》；

③ TSG R4002—2011《移动式压力容器 充装许可规则》。

（2）对液氯槽车的充装，生产部门必须注意以下方面。

① 充装前的检查。充装前应当对槽车逐台进行检查，未经检查合格的槽车不得进入充装区域进行充装作业。充装前检查按照以下要求进行：

a. 随车规定携带的文件和资料是否齐全有效，检查是否携带行驶证、驾驶证、槽车罐体检验（安全附件）合格证、驾驶员从业资格证、押运证、资格证书、危化品运输通行证、准购证。

b. 槽车铭牌与各种标志（包括颜色、环形色带、警示性标质等）是否符合相关规定，充装的介质与罐体涂装标志是否一致。

c. 首次充装投入使用的槽车，要有置换合格报告或者证明文件。

d. 车辆GPS使用是否正常，车辆标志灯（牌）安装、反光标识是否符合规定。

e. 槽车是否在定期检验有效期内，安全附件是否齐全，工作状态是否正常，并且在校验有效期内；核查压力、温度是否符合要求。槽车的余压不应低于0.10MPa。

f. 随车防护用具，检查和维护保养、维修（以下简称检修）等专用工具和备品、备件配备齐全、完好。

g. 车上应急器材、防护用品配备是否齐全，驾驶员、押运员熟悉对所运输的危险货物特性、安全防护知识和紧急处置措施。

h. 车辆安全机件（轮胎、转向装置、制动装置、灯光、喇叭、雨刮以及各部连接）是否可靠有效。

i. 槽车阀门、接地线是否完好有效；有上一次该槽车的装卸记录；有事故应急预案。

j. 液氯槽车以计算法确定充装量。

k. 检查各介质作业现场是否已经采取防止明火和防静电措施。

l. 罐体与行走装置或者框架的连接是否完好、可靠。

② 充装过程的控制：

a. 充装人员必须持证上岗，按照充装工艺规程进行操作，安全管理人员进行巡回检查。

b. 槽车按照指定位置停车，槽车的发动机必须熄火，充装时切断车辆总电源，轮胎下加垫块。车钥匙交充装人员。

c. 装卸臂（充装管）与槽车的法兰（快装接头）连接必须安全可靠，试漏检测无泄漏。

d. 充装作业过程中，槽车作业台有紧急切断阀的，操作人员必须处在紧急切断阀旁；槽车作业台没有紧急切断阀的，操作人员必须处在充装的槽车旁。发生充装异常时，操作人员随时按下紧急切断阀或告知远程操控人员关闭流量计量阀，中止充装。

e. 装卸介质前，槽车导静电装置与装卸台接地报警器进行连接。

f. 使用充装单位专用的装卸臂（管）进行充装，不得使用随车携带的管进行充装。

g. 装卸前，进行管道吹扫。

h. 移动式压力容器充装量不得超过核准的最大允许充装量，严禁超装、错装。

i. 随车人员不得介入充装作业。

③ 充装后的检查：

a. 检查槽车上与装卸作业相关的操作阀门是否置于闭止状态。

b. 压力、温度、充装量是否符合要求。

c. 槽车所有密封面、阀门、接管等是否泄漏。

d. 所有安全附件、装卸附件是否完好。

e. 汽车槽车与装卸台的所有连接件确保已分离。

f. 充装完成后，复核充装介质和充装量，如有超装、错装，必须立即卸载，否则严禁车辆驶离充装现场。

④ 禁止充装作业要求。凡遇下列情况之一的，液氯槽车不得进行或立即终止充装作业：

a. 遇到雷雨、风沙等恶劣的天气情况；

b. 附近有明火、充装站内设备和管道出现异常工况等危险情况的；

c. 槽车罐体或者安全附件、装卸附件等有异常的；

d. 槽车证明资料不齐全、检验检查不合格、内部残留介质不详以及存在其他危险情况的；

e. 罐体工作压力、工作温度超过规定值，采取措施仍然不能得到有效控制；

f. 罐体的主要受压元件发生裂缝、鼓包、变形、泄漏等危及安全的现象；

g. 管路、紧固件损坏，难以保证安全运行；

h. 发生火灾等直接威胁到槽车安全运行；

i. 充装量超过核准的最大允许充装量；

j. 充装介质与铭牌和使用登记资料不符的；

k. 槽车的行走部分及其与罐体连接部位的零部件等发生损坏、变形等危及安全运行。

参考文献

[1] 北京石油化工工程公司．氯碱工业理化常数手册．北京：化学工业出版社，1988.

[2] 赵素梅．浅谈烧碱生产中三氯化氮的危害与防治．氯碱工业，2004（1）：38-39.

[3] 中华人民共和国安全生产监督管理总局．GB 11984—2008 氯气安全规程．北京：中国标准出版社，2009.

[4] 王香爱．氯碱生产中三氯化氮的生成及防治措施．氯碱工业，2007（8）：32-34.
[5] 刘廉斐，丁晓玲．浅谈三氯化氮的性质、危害及预防．中国氯碱，2007（5）：37-39.
[6] 严明亮．氯碱工业三氯化氮控制技术研究．中国安全生产科学技术，2006，2（2）：99-104.
[7] 闫健．液氯包装和输送技术方案的选择．氯碱工业，2006（2）：24-25.
[8] 高锁成．屏蔽泵在液氯输送包装中的应用．中国氯碱，2008（2）：23-24.
[9] 王世荣．高娟．液下泵和屏蔽泵在液氯充装中的应用．氯碱工业，2007（12）：19-21.
[10] 刘太令．液氯包装系统安全生产管理的措施．中国氯碱，2005（12）：29-31.
[11] 章昌顺，郝永梅．液氯生产过程风险分析及控制．中国安全生产科学技术，2007（1）：83-86.
[12] 陆忠兴，周元培．氯碱化工生产工艺．北京：化学工业出版社，1995.
[13] 阎传荣．高压常温法液化氯气新工艺．中国氯碱，2003（8）：13-14.
[14] 方度，蒋兰荪，等．氯碱生产技术．北京：化工部化工司，1985.
[15] 周贤国．刘红民．液氯生产工艺综述．氯碱工业，2007（9）：20-21.
[16] 刘红民．液氯槽车充装风险的防范．氯碱工业，2013，49（12）：34-35.
[17] 隋延明，闫健，刘国华．氟利昂法氯气液化工艺总结．氯碱工业，2008，44（6）：23-25.

13 纯水制备

13.1 概述

原料水可分为天然水和人工水。天然水可分为河水、地下水、湖水、大气水（雨水、雪水）和海水；除天然水之外的水源都可称为人工水，如工业上水、生活供水、冷却循环水、生活下水、工艺回收水、蒸汽冷凝水等。用于离子膜法电解生产的纯水水源，以工业上水和蒸汽冷凝水为主。

原料水中含有多种杂质，主要分为悬浮物、胶体、溶解物三大类。悬浮物为悬浮于水中的物质，其相对密度大于1者，有泥土、砂粒等，相对密度小于1者，有水藻、植物遗体及细菌等。胶体物指水中带电荷的胶体微粒，如硅、铁、铝的化合物及有机质等。溶解物包括呈分子和离子状态的溶质和气体，如氯化物、硫酸盐、重金属离子及氧、二氧化碳等。由于水中杂质对生产工艺、产品质量、设备材料会产生不同的影响，因此，离子膜电解装置对水质纯度有严格的要求（图13-1）。

根据不同工业用水的水质要求，天然水除通过混凝、沉淀、澄清、过滤等一般处理外，还需进行软化、除盐、稳定以及其他处理，其过滤级别见图13-1。

过滤方式	微滤	超滤	纳滤	反渗透
滤膜分类	滤网/PP棉等	超滤膜	纳滤膜	反渗透膜
滤膜精度	1~0.001mm	0.5~0.01μm	1nm	0.1nm
工作耗能	不用电	不用电	不用电/用电	用电
最小滤出物	•铁锈 •泥沙	•异色异味 •部分细菌病毒 •胶体 •部分VOC	•细菌、病毒 •有机污染物(VOC) •重金属离子 •水垢	•细菌、病毒 •所有有机污染物(VOC) •所有无机离子，包括矿物质
过滤保留物	•细菌、病毒 •农药、胶体 •挥发性有机物(VOC) •重金属离子、水垢 •水分子	•细菌、病毒 •部分有机物 •无机盐 •水分子	•部分矿物质 •水分子	•水分子
能否直饮	不能	不能	能	能
优点	无能耗	去除细菌，无能耗	去除几乎所有污染物，保留部分矿物质	去除所有杂质，最安全
缺点	不能直饮	不能直饮	部分产品需耗能	需要耗能
使用场合	水质初滤	水质偏好的地区	所有水质	所有水质

图13-1 水中杂质去除及过滤级别

软化，指用化学的方法降低或去除水中的钙、镁离子，降低水的硬度。除盐（包括一级除盐与二级除盐），是采用物理、化学（包括电化学）的方法，降低或去除水中的绝大部分盐类，以获得纯度较高的除盐水（即纯水）。

除盐的方法通常分为蒸馏、离子交换、电渗析、反渗透以及电渗析等多种，不同使用对象对纯水水质有不同的要求，处理方法应根据实际情况确定。

13.2 纯水标准

水质标示水的质量，反映水的使用性质。水质指标也称水质参数，它只标示这些指标的具体含义，不涉及这些指标的实际数值，只有水质指标的实际数值才反映水质的好坏。由于工业用水的种类繁多，因此对水质的要求也各不相同。

电渗析、反渗透或离子交换装置进水，无论地面水源或工业用水、自来水，还是接近饮用水水质指标的地下水，一般均不能满足其进水水质要求，需进行预处理（见表13-1）。

表13-1 膜分离、离子交换装置允许的进水水质指标

项目		电渗析	离子交换	反渗透	
				卷式膜（乙酸纤维素膜）	中空纤维膜（聚酰胺系）
1	浊度/(°)	1～3（一般<2）	逆流再生宜<2；顺流再生宜<5	<0.5	<0.3
2	色度/(°)	—	<5	清	清
3	污染指数FI值	—	—	3～5	<3
4	pH值	—	—	4～7	4～11
5	水温/℃	5～10	<40	15～35	15～35(降压后最大为40)
6	化学耗氧量（以O_2计）/(mg/L)	<3	<2～3	<1.5	<1.5
7	游离氯/(mg/L)	<0.1	宜<0.1	0.2～1.0	0
8	铁(以总铁计)/(mg/L)	<0.3	<0.3	<0.05	<0.05
9	锰/(mg/L)	<0.1	—	—	—
10	铝/(mg/L)	—	—	<0.05	<0.05
11	表面活性剂/(mg/L)	—	<0.5	检不出	检不出
12	洗涤剂、油分、H_2S等	—	—	检不出	检不出
13	硫酸钙溶度积	—	—	浓水$<19\times10^{-5}$	浓水$<19\times10^{-5}$
14	沉淀离子(SiO_2,Ba等)	—	—	浓水不发生沉淀	浓水不发生沉淀
15	朗格利尔指数	—	—	浓水<0.5	浓水<0.5

注：表中是保证各纯水系统正常运行的最低条件，为了使系统运行效果更佳，系统设计时应适当提高要求。

13.3 原料水预处理

13.3.1 概述

预处理的主要任务是把相当于生活饮用水质的进水处理到后续纯水处理装置所允许的进水水质指标。它的处理对象主要是机械杂质、胶体、微生物和活性氯等。预处理的好坏直接影响电渗析、反渗透、离子交换等主要处理工艺的技术经济效果和长期安全运行。

一般的预处理过程包括澄清或石灰软化。多级过滤器如多介质过滤器、软化器、活性炭过滤器、保安过滤器及微孔过滤器，保安过滤器后还会设置紫外线杀菌器（UV）以消除细菌的滋生。正确分析和认真中试将可避免许多因预处理不合格而造成的麻烦。预处理阶段的所有过滤器或软化器的容器需做衬胶处理或采用耐腐蚀的材质，以减少 RO 和 NF 进水中的铁离子含量。

实践证明，较保守的设计通常使系统运行更好，且能增强对水质波动的适应性。尽管保守的设计带来初期投资费较高，但其长年累月的总运行成本减低，成功的经验表明，投资费和运行费应综合考虑，合理的保守设计所造成的较高的投资费是有价值的。

适宜的预处理方案使纯水制备系统减少污堵、结垢和膜降解，从而大幅度提高系统效能，是实现系统产水量、脱盐率、回收率和运行费用最优化的有力保障。

而适宜的预处理方案取决于水源、原水组成和应用条件，而且主要取决于原水的水源，例如对井水、地表水和市政废水要区别对待。通常情况下，井水水质稳定，污染可能性低，仅需简单的预处理，如设置加酸或加阻垢剂和 5μm 保安过滤器即可。地表水是一种直接受季节影响的水源，有发生微生物和胶体两方面高度污染的可能性。所需的预处理应比井水复杂，需要其他的预处理步骤包括氯消毒、絮凝/助凝、澄清、多介质过滤、脱氯、加酸或加阻垢剂等。

13.3.2 机械杂质去除

进水为地面水或工业用水且浊度较高时，应通过混凝沉淀（或澄清）将浊度与色度降低，再经过砂滤将浊度进一步降低至 1°～2°以下。其处理流程：

进水→混凝沉淀（澄清）→过滤→合格进水

为适应后续水处理工序不同设备的需要，上述流程中的部分设备可增减，对基本流程可做适当调整。

若进水中含较多有机物时，在除盐系统前用吸附装置（活性炭或有机物清除器等）去除有机物，以防树脂中毒或反渗透膜堵塞、污染。

若除盐工序为电渗析或反渗透时，应再增加微孔过滤作为保护性措施。

进水为工业用水且浊度较低时（一般工业用水浊度在 10°～15°以下），在这种情况下仅砂滤即可。

进水为地下水时（一般浊度较小，通常 1°以下），有机物与细菌含量也较少，一般经简单的细砂过滤即可。

当地下水中含铁、锰量较高时，可依据水中铁、锰的形态，在上述流程中增加除铁、锰工序。

水源为生活饮用水时（进水为饮用水，余氯及有机物含量理论上都不高），往往不需特意进行预处理，只需细砂过滤即可。其处理流程如下：

生活饮用水→细砂过滤→水质精制

为防止余氯量较高或有机物含量较高时对除盐系统的离子交换树脂、电渗析的离子交换膜或反渗透膜产生危害，往往要加吸附装置或用还原剂脱氯，其工艺流程为：

自来水→细砂过滤→吸附装置（或加还原剂，如亚硫酸钠等）→微孔过滤→水质精制

13.3.3 结垢控制

对于反渗透或电渗析系统来讲，当难溶盐类在膜元件内不断被浓缩且超过其溶解度极限时，它们就会在反渗透膜或纳滤膜膜面上发生结垢，如果反渗透水处理系统采用 50%回收率操作时，其浓水中的盐浓度就会增加到进水浓度的两倍，回收率越高，产生结垢的风险性

就越大。为了防止膜面上发生无机盐结垢，应采取相应措施。

13.3.3.1 加酸

大多数地表水和地下水中的 $CaCO_3$ 几乎呈饱和状态，由下式可知 $CaCO_3$ 的溶解度取决于 pH 值：

$$Ca^{2+} + HCO_3^- \rightleftharpoons H^+ + CaCO_3$$

因此，通过加入酸中的 H^+，化学平衡可以向左侧移动，使碳酸钙维持溶解状态，所用酸的品质必须是食品级。在大多数国家和地区，硫酸比盐酸更易于使用，但是进水中硫酸根的含量会增加，就硫酸盐垢而言，问题会严重。

$CaCO_3$ 在浓水中更具有溶解的倾向，而不是沉淀，对于苦咸水而言，可根据朗格利尔指数（LSI），对于海水可根据斯蒂夫和大卫饱和指数（S&DSI），表示这种趋于溶解的倾向。在饱和 pHs 的条件下，水中 $CaCO_3$ 处于溶解与沉淀之间的平衡状态。

LSI 和 S&DSI 的定为：

$$LSI = pH - pHs(TDS \leqslant 10000mg/L)$$

$$S\&DSI = pH - pHs(TDS > 10000mg/L)$$

仅采用加酸控制碳酸钙结垢时，要求浓水中的 LSI 或 S&DSI 指数必须为负数，加酸仅对控制碳酸盐垢有效。

13.3.3.2 加阻垢剂

阻垢剂可以用于控制碳酸盐垢、硫酸盐垢以及氟化钙垢，通常有三类阻垢剂：六偏磷酸钠（SHMP）、有机磷酸盐和多聚丙烯酸盐。

相对聚合有机阻垢剂而言，六偏磷酸钠价廉但不太稳定，它能少量吸附于微晶体的表面，阻止结垢晶体的进一步生长和沉淀。但需使用食品级六偏磷酸钠，还应防止 SHMP 在计量箱中发生水解，一旦水解，不仅会降低阻垢效率，同时也有产生磷酸钙沉淀的危险。因此，目前极少使用 SHMP。有机磷酸盐效果更好也更稳定，适合于防止不溶性的铝和铁的结垢。高分子量的多聚丙烯酸盐通过分散作用可以减少 SiO_2 结垢的形成。

但是聚合有机阻垢剂遇到阳离子聚电解质或多价阳离子时，可能会发生沉淀反应，例如铝或铁所产生的胶状反应物，非常难以从膜面上除去。对于阻垢剂的加入量，需咨询阻垢剂供应商后慎重考虑，必须避免过量加入，以免污染膜表面。

在含盐量为 35000mg/L 的海水反渗透系统中，结垢问题没有苦咸水中那样突出，海水中受浓水渗透压所困，其系统水回收率在 30%～45%之间，但是为了安全起见，当运行回收率高于 35%时，推荐使用阻垢剂。

13.3.3.3 强酸阳离子交换树脂软化

可以使用 Na^+ 置换和除去水中结垢阳离子，如 Ca^{2+}、Ba^{2+} 和 Sr^{2+}。交换饱和后的离子交换树脂用 NaCl 再生，这一过程称为原水软化处理。在这种处理过程中，进水 pH 不会改变。因此，不需要采取脱气操作，但原水中的溶解气体 CO_2 能透过膜进入产品侧，引起电导率的增加，操作者仍可以在软化后的水中加入一定量 NaOH（直到 pH 8.2），以便将水中残留 CO_2 转化成重碳酸根，重碳酸根能被膜所脱除，使反渗透产水电导率降低。

如果及时进行再生的话，采用强酸阳离子交换树脂进行软化是非常有效和保险的阻垢方法，但主要用于中小型苦咸水系统中，而海水淡化中不会使用软化法。

这一过程的主要缺点是相当高的 NaCl 消耗，存在环境问题，也不经济。

13.3.3.4 弱酸阳离子交换树脂脱碱度

采用弱酸阳离子交换树脂脱碱度的主要是大型苦咸水处理系统，它能够实现部分软化以达到节约再生剂的目的。在这一过程中，仅仅与重碳酸根相同量的暂时硬度中的Ca^{2+}、Ba^{2+}和Sr^{2+}等为H^+所取代而被除去，这样原水的pH值会降低到4～5。由于树脂的酸性基团为羧基，当pH值达到4.2时，羧基不再解离，离子交换过程也就停止了。因此，仅能实现部分软化，即与重碳酸根相结合的结垢阳离子可以被除去。因此这一过程对于重碳酸根含量高的水源较为理想，重碳酸根也可转化为CO_2。

$$HCO_3^- + H^+ \longrightarrow H_2O + CO_2$$

在大多数情况下，并不希望产水中出现CO_2，这时可以对原水或产水进行脱气来实现，但当怀疑存在生物污染时（地表水，高TOC或高菌落总数），对产水脱气更为合适。在膜系统中高CO_2浓度可以抑制细菌的生长，当希望系统运行在较高的脱盐率时，采用原水脱气较合适，脱除CO_2将会引起pH值的增高，进水pH>6时，膜系统的脱除率比进水pH<5时要高。

采用弱酸脱碱度的优点如下：

① 再生所需要的酸量不大于105%的理论耗酸量，这样会降低操作费用和对环境的影响；

② 通过脱除重碳酸根，水中的TDS降低，这样产水TDS也降低。

该法的缺点是残余硬度。

如果需要完全软化，可以增设强酸阳离子交换树脂的钠交换过程，甚至可放置在弱酸性树脂同一交换柱内，这样再生剂的耗量仍比单独使用强酸性树脂时低，但是初期投资较高，这一种组合仅当系统容量很大时才有意义。

13.3.3.5 石灰软化

通过向水中加入氢氧化钙可除去碳酸盐硬度。

$$Ca(HCO_3)_2 + Ca(OH)_2 \longrightarrow 2CaCO_3 + 2H_2O$$

$$Mg(HCO_3)_2 + 2Ca(OH)_2 \longrightarrow Mg(OH)_2 + 2CaCO_3 + 2H_2O$$

非碳酸钙硬度可以通过加入碳酸钠（纯碱）得到进一步降低。

$$CaCl_2 + Na_2CO_3 \longrightarrow 2NaCl + CaCO_3$$

石灰-纯碱处理也可以降低二氧化硅的浓度，当加入铝酸钠和三氯化铁时，将会形成$CaCO_3$以及硅酸、氧化铝和铁的复合物。通过加入石灰和多孔氧化镁的混合物，采用60～70℃热石灰硅酸脱除工艺，可将硅酸浓度降低到1mg/L以下。

采用石灰软化，也可以显著地降低钡、锶和有机物含量，但是石灰软化处理需要使用反应器，以便形成高浓度作晶核的可沉淀颗粒，通常需要采用上升流动方式的固体接触澄清器，该过程的出水还需设置多介质过滤器，并在进入RO/NF之前应调节pH值。使用含铁絮凝剂，不论是否同时使用或不使用高分子助凝剂（阴离子型或非离子型），均可提高石灰软化的固-液分离作用。

仅当产水量大于200m^3/h的苦咸水系统，才会考虑选择石灰软化预处理工艺。

13.3.3.6 预防性清洗

在某些场合下，可以通过对膜进行预防性清洗来控制结垢问题，此时系统可不进行软化或加化学品阻垢。通常这类系统的运行回收率很低，约25%左右，而且1～2年左右就考虑更换膜元件。这些系统通常是以自来水或海水作水源，制造饮用水单元件不重要的小型系统，其最简单的清洗方式是打开浓水阀门做低压冲洗，设置清洗间隔短的模式要比长的模式有效，例如常用每运行30min低压冲洗30s。

也可以采用类似于废水处理中的批操作模式，即在每批操作之后清洗一次膜元件。清洗步骤、清洗化学品和清洗频率等需要做个案处理和优化。特别要注意，采取措施不让结垢层随运行时间的延长进一步加剧。

13.3.3.7 预防胶体和颗粒污堵

胶体和颗粒污堵可严重影响离子交换、反渗透及纳滤元件的性能，如大幅度降低产水量，有时也会降低系统脱盐率，胶体和颗粒污染的初期症状使系统压差的增加。

反渗透及纳滤进水中的淤泥和胶体的来源有相当大的差异，通常包括细菌、黏土、胶体硅和铁的腐蚀产物。澄清池或介质过滤器所用的预处理絮凝剂，如聚合氯化铝、三氯化铁、阳离子聚电解质，会与微小的胶体和颗粒结合，聚集成大尺度絮凝体，以便于被填料介质或滤芯截留住，这类凝絮体就使得人们对介质过滤器和滤芯的孔径要求降低，仍能发挥出色的过滤效果。当这些絮凝剂投加过量少许时，过量部分的絮凝剂本身之间会发生自凝聚而生成大颗粒，可被过滤过程截留住，但应特别注意的是，如果超极限投加极有可能在元件内因被截留而污染膜表面。此外，正电性的聚合物与负电性的阻垢剂也会发生沉淀反应而污染膜元件。

判断反渗透和纳滤进水胶体和颗粒污染程度的最好技术是测量进水淤积指数值（SDI），有时也称为污染指数值（FI）。它是设计 RO/NF 预处理系统之前应该进行测定的重要指标，同时在 RO 日常操作时也需定时检测（地表水一般建议每天三次）。淤积指数的测定方法在美国材料工程协会 ASTM 标准测试方法 D 4189—82 中已作了规定。

13.3.3.8 预防膜生物污染

所有的原水均含有微生物，即细菌、藻类、真菌、病毒和其他高等生物。细菌的一般尺寸为 1～3 μm，微生物可以看成是胶体物质，可以按防止胶体污染的预处理方法进行除去，但它与无生命颗粒的不同之处在于它们有繁殖能力，在适宜的生存条件下形成生物膜。

微生物进入反渗透系统之后，找到了水中溶解性的有机营养物，这些有机营养物伴随反渗透过程的进行而浓缩富集在膜表面上，成为形成生物膜的理想环境与场所。膜元件的生物污染将严重影响反渗透系统的性能，出现进水至浓水间压差的迅速增加，导致膜元件发生“望远镜”现象与机械损坏以及膜产水量的下降，有时甚至在膜元件的产水侧也会出现生物污染，导致产品水受污染。

一旦出现生物污染并产生生物膜，清洗就非常困难。因为生物膜能保护微生物免受水的剪切力影响和化学品的消毒作用，此外，没有被彻底清除掉的生物膜将引起微生物的再次快速滋生。

因此微生物的防治是预处理过程中最主要的任务。地表水比井水出现微生物污染的机会要多得多，这就是地表水、海水、废水更难处理的主要原因。

13.3.3.9 含 H_2S 水源的预处理

一般地，含盐量为苦咸水范围的某些井水水源是呈还原态的，有时这类水源含有硫化氢，当不存在氧时，硫化氢表现为溶解性气体。由硫化氢引发的胶体硫极难清洗，受污染的元件性能下降严重，例如产水量和脱盐率降低。胶体硫污染的早期信号常常是系统压差增加，当有二价铁存在时，还会与硫化氢反应生成硫化铁污染，只要按照 FilmTec 清洗导则选用磷酸清洗就可达到有效清洗。

避免胶体硫或硫化物污堵的建议：通过添加亚硫酸氢钠等还原剂维持系统的绝氧状态；对进水脱气以除去 H_2S，既可以设置在膜系统的上游，也可以设置在膜系统的下游，如果 RO/NF 系统不能保证 H_2S 呈溶解气体状态，则建议将脱气设置在膜系统上游（进水侧），如果产水输送系统中不能保证 H_2S 呈溶解气体状态，则建议将脱气设置在下游（产水侧）；将 H_2S 氧化成难溶硫，此时可以使用空气、氯或高锰酸钾，难溶硫可以通过多介质滤器或絮凝和 UF/MF 组合处理工艺去除。H_2S 的氧化反应如下：

$$2H_2S + O_2 \longrightarrow 2H_2O + 2S\downarrow$$

13.4 纯水制备工艺

13.4.1 离子交换工艺

13.4.1.1 综述

离子交换工艺是采用离子交换剂，使其和水溶液中可交换离子之间发生等物质的量规则的可逆性交换，导致水质改善而离子交换剂的结构并不发生实质性变化的水处理方式，特别在原水电导率$\leqslant 1500\mu S/cm$的情况下，其较高的经济性和较强的实用性，使其在工业生产中得到广泛应用，如图13-2所示。

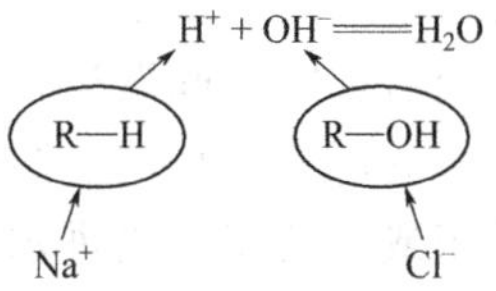

图13-2 离子交换工艺脱盐示意图

水中各种无机盐类电解生成的阳、阴离子，经过氢型离子交换层时，水中的阳离子被氢离子所取代，经过氢氧型离子交换层时，水中的阴离子被氢氧根离子所取代，进入水中的氢离子与氢氧根离子组成水分子（H_2O）；或者在经过混合离子交换剂层时，阳、阴离子几乎同时被氢离子与氢氧根离子所取代生成水分子，从而取得去除水中无机盐类的效果。以氯化钠（NaCl）代表水中无机盐类，水质除盐的基本反应可以用下列方程式表达。

（1）氢型阳树脂的交换反应（阳床交换反应）。氢型强酸性阳树脂与原水中阳离子的交换反应：

$$Ca^{2+}+2RH \xlongequal{} R_2Ca+2H^+$$

$$Mg^{2+}+2RH \xlongequal{} R_2Mg+2H^+$$

$$Na^++RH \xlongequal{} RNa+H^+$$

（2）氢氧型阴树脂的交换反应（阴树脂交换反应）。氢氧型强碱性阴树脂与原水中阴离子的交换反应为：

$$Cl^-+ROH \xlongequal{} RCl+OH^-$$

$$HSO_4^-+ROH \xlongequal{} RHSO_4+OH^-$$

$$SO_4^{2-}+2ROH \xlongequal{} R_2SO_4+2OH^-$$

$$HCO_3^-+ROH \xlongequal{} RHCO_3+OH^-$$

$$HSiO_3^-+ROH \xlongequal{} RHSiO_3+OH^-$$

氢氧型弱碱性阴树脂的交换反应为：

$$H^++Cl^-+RNHOH \xlongequal{} RNHCl+H_2O$$

$$H^++HSO_4^-+2RNHOH \xlongequal{} (RNH)_2SO_4+2H_2O$$

$$2H^++SO_4^{2-}+2RNHOH \xlongequal{} (RNH)_2SO_4+2H_2O$$

由上述交换反应可见，水中的阳离子和阴离子各自与氢型阳树脂和氢氧型阴树脂反应，分别形成的H^+和OH^-结合成水，其反应如下：

$$H^++OH^- \xlongequal{} H_2O$$

交换：

$$RH+NaCl \xlongequal{} RNa+HCl$$

$$ROH+HCl \xlongequal{} RCl+H_2O$$

或：

$$RH+ROH+NaCl \xlongequal{} RNa+RCl+H_2O$$

再生：

$$RNa+HCl \xlongequal{} RH+NaCl$$

$$RCl+NaOH \longrightarrow ROH+NaCl$$

通过离子交换可以较彻底地除去水中的无机盐类，混合离子交换可以制取纯度较高的纯水，是目前水质除盐与纯水制取中比较常用的水处理工艺。

离子交换纯水制备系统适用于进水的总含盐量不大于500mg/L，相当于总阳离子含量不大于7mmol/L，总阴离子含量不大于4mmol/L。超过上述进水水质范围，可采用药剂软化、电渗析、反渗透等水处理技术，作为预除盐的手段与离子交换组成联合工艺，以扩大适用范围。根据处理水量、进水水质条件以及对出水水质要求，离子交换除盐系统可采用逆流再生固定床、顺流再生固定床、浮动床、双层床和移动床等不同床型组成。各种床型的正确选用对所组成的水处理系统的技术经济效益有重要影响，通常应根据设计条件进行技术经济比较后选定：间歇运行或供水量不稳定的场合不宜选用浮动床或移动床；当进水总含盐量小于150mg/L时，宜选用顺流再生固定床；当进水总含盐量为150～300mg/L时，宜选用浮动床或移动床；当进水总含盐量为150～500mg/L时，可考虑使用逆流再生固定床。

13.4.1.2 离子交换工艺流程

当水中的各种阳离子和阳离子交换树脂交换后，水中就只含从阳离子交换树脂上被交换下来的阳离子，而水中的各种阴离子和阴离子交换树脂交换后，水中就只含从阴离子交换树脂上被交换下来的阴离子。若水中仅存的阳离子和阴离子反应生成水，就达到了离子交换除盐的目的。

（1）一级复合床脱盐。一级复合床脱盐主要包括阳离子交换单元、脱碳器和阴离子交换单元，工艺流程见图13-3。

（2）混合床脱盐。混合床离子交换树脂脱盐系统即混床。它是以阳离子树脂和阴离子树脂按一定比例混合后装填于同一个交换器内，形成一个相当于多级的脱盐系统，工艺流程见图13-4。其中经氢型强酸阳离子树脂与水中杂质阳离子交换后形成的氢离子，和经氢氧型强碱阴离子树脂与水中的杂质阴离子交换后形成的氢氧根离子发生反应生成水，使混合床的脱盐效果好，出水水质高。

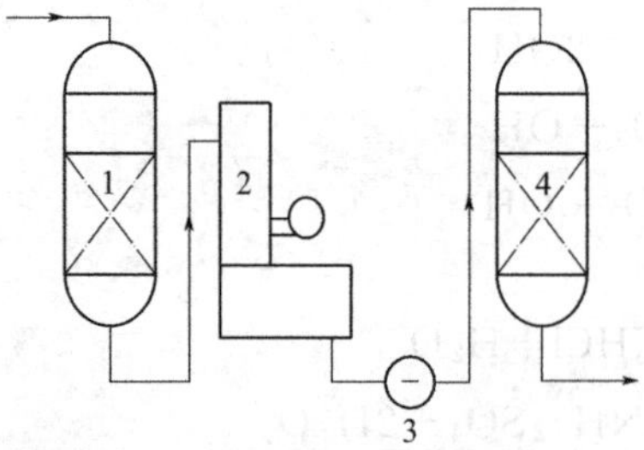

图13-3 一级复合床脱盐工艺流程图

1—阳床；2—除二氧化碳器；3—中间水泵；4—阴床

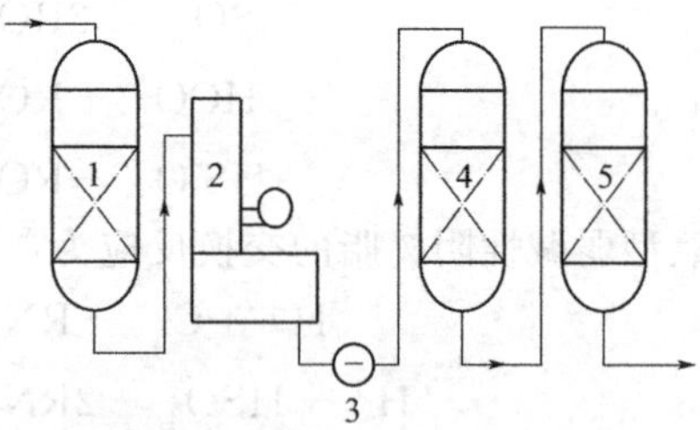

图13-4 混合床脱盐工艺流程图

1—阳床；2—除二氧化碳器；3—中间水泵；4—阴床；5—混合床

13.4.1.3 运行操作

（1）新树脂预处理。新购进的离子交换树脂常含有少量低聚合物和未参加聚合反应的单体，当与水、酸、碱或其他溶液接触时，上述物质会转入溶液中影响水质，另外树脂中还会有铁、铜等无机杂质，所以新树脂在使用前一般应进行预处理。

① 阳离子树脂预处理：

a. 在体外清洗罐中清洗干净后移入阳离子交换器中。

b. 将计量好的树脂装入阳离子交换器。

c. 用约一倍树脂体积的10%食盐水浸泡18～24h。

d. 用软水洗净树脂。

e. 用5%～6%左右的盐酸，以再生方式将酸打入阳离子交换器中，到出口酸浓度2%左右停泵，稳定20min保持酸浓度不变，浸泡8～12h，用纯水清洗至pH 5～6（自来水清洗至pH 3～4左右），以达到除铁的目的（加硫氰酸铵应不显色）。

f. 用2%～3%的NaOH溶液，以再生方式将碱打入阳离子交换器中，到出口碱浓度2%左右停泵，稳定20min保持碱浓度不变，浸泡8～12h，用纯水清洗至pH 8（自来水清洗至pH 10左右）。

g. 用5%～6%的盐酸溶液，以再生方式将酸打入阳离子交换器中，到出口酸浓度2%左右停泵，稳定20min保持酸浓度不变，浸泡8～12h，用纯水清洗至pH 5～6（自来水清洗至pH 3～4左右）。

注意：弱酸树脂的碱处理这一步（g.）改为盐水。

h. 按正常再生时间加倍对树脂再生，即可投入使用。

② 阴离子树脂预处理：

a. 在体外清洗罐中清洗干净后移入阴离子交换器中；

b. 将计量好的树脂装入阴离子交换器，用约一倍树脂体积的10%食盐水浸泡18～24h。

(2) 用软水洗净树脂。用2%～4%左右的NaOH，以再生方式将碱打入阴离子交换器中，到出口碱浓度2%左右停泵，稳定20min保持碱浓度不变，浸泡8～12h，用纯水清洗至pH 8（自来水清洗至pH 10左右）；用2%～3%的盐酸溶液，以再生方式将酸打入离子交换器中，到出口酸浓度2%左右停泵，稳定20min保持酸浓度不变，浸泡8～12h，用纯水清洗至pH 5～6（自来水清洗至pH 3～4左右）；用2%～4%的NaOH溶液，以再生方式将碱打入交换器中，到出口碱浓度2%左右停泵，稳定20min保持碱浓度不变，浸泡8～12h，用纯水清洗至pH 8（自来水清洗至pH 10左右）。按正常再生时间加倍对树脂再生，即可投入使用。

(3) 运行。投入运行前先进行正洗以保证出水水质，打开放空阀和进水阀，当放空阀出水时，开正洗排水阀，同时关放空阀，经水质分析合格后，开启出水阀，同时关闭正洗排水阀，即投入正常运行。

(4) 离子交换树脂再生。影响再生效果的因素很多，如再生剂用量、再生剂浓度、流速、流量、温度等。

a. 再生剂用量。因再生反应至多只能进行到平衡状态，一般增加再生剂用量可提高树脂的再生程度，它是影响再生效果及经济性的重要因素。

b. 再生剂浓度。当再生剂用量一定时，在一定范围内提高浓度可提高再生程度。

c. 再生剂流速。保持适当流速的实质就是保持再生剂与交换树脂有适当的接触时间，以保证再生效果，这一点非常重要，特别是当再生剂温度很低时更不要随意提高流速。

d. 再生剂温度。再生剂温度对再生效果有很大的影响，适当提高再生剂温度可以提高再生程度，而温度低于一定程度时将会影响再生效果。

13.4.2 电渗析工艺

13.4.2.1 概述

电渗析（EDI）工艺是利用离子交换膜对阴阳离子的选择透过性，以直流电场为推动力的膜分离方法。电渗析是20世纪80年代以来逐渐兴起的净水新技术。进入21世纪以来，已在北美及欧洲占据了超纯水设备相当部分的市场，EDI系统代替传统的DI混合树脂床，生产去离子水。EDI使水质稳定，且能最大限度地降低设备投资和运行费用。目前，EDI与反渗透、离子交换及其他的净水装置结合制备纯水技术在海水淡化、咸水脱盐、工业废水处理等领域得到广泛应用。

现阶段电渗析的适用范围为：当进水含盐量在500～4000mg/L时，采用电渗析法进行纯水制备技术可行，经济合理；在进水含盐量小于500mg/L时，需进行技术经济比较，确定是否使用电渗析法；在进水含盐量波动较大、酸碱来源和废水排放困难等特殊状况下，可采用电渗析法。

离子交换树脂如果不是做成粒状，而是制成膜状，则它具有如下特性：阳离子交换树脂膜（简称阳膜）只容许阳离子透过，阴离子交换树脂膜（简称阴膜）只允许阴离子透过，即离子交换膜有选择透过性。离子交换膜的这种特性是电渗析水处理工艺的基础，它与其活性基团的结构有关。对于阳离子交换树脂膜，其不可移动的内层离子为负离子，在阳膜的孔眼内有由于这些负离子而产生的负电场，因此溶液中的负离子受到排斥，使它们不能通过。而阳离子遇到阳膜时，可以进入此膜的孔眼内，也可以将阳膜上原有的阳离子替代下来。同理，阴膜的内层为阳离子，带有正电场，排斥阳离子，允许阴离子进入。

如果仅是用这样的膜把水隔成两个部分，水质不会发生变化，因为任何溶液都必须保持电中性。要使阳离子向阴极迁移，阴离子向阳极迁移，就需要动力——电场，即溶质在直流电场作用下发生阴、阳离子定向迁移，再利用离子交换膜的孔隙和膜上活性基团的作用，使离子交换膜具有上述的选择性，从而达到脱盐的目的。电渗析既不是渗透，也不是单纯的渗析。在电渗析的过程中要发生几种电迁移，如图13-5所示。

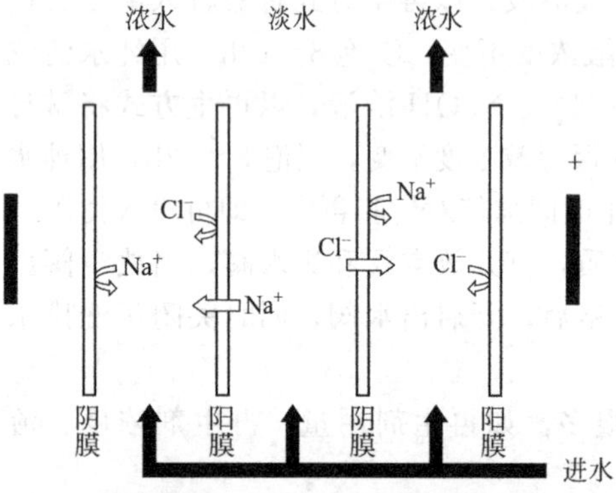

图13-5 电渗析除盐过程示意图

（1）反离子迁移。与离子膜的交换基团所带电荷相反的离子穿过该膜的现象，称为反离子迁移。

（2）同名离子迁移。与离子膜的交换基团所带电荷相同的离子穿过该膜的现象，称为同名离子迁移。

（3）电解质浓差扩散。由浓缩室和渗析室电解质的浓度差产生的扩散，称为电解质浓差扩散。

（4）水的渗透。电解质从浓度高的渗析室向浓度低的浓缩室迁移的现象叫作水的渗透。

（5）水的电渗透。在反离子和同名离子迁移的同时，由于离子的水合作用，带着一定量的水分子迁移，这种迁移叫水的电渗透。

（6）水的离解。由于电流密度和溶液流速不相适应，电解质离子未能及时补充到膜表面，使水极化分解，生成氢离子和氢氧根离子，该过程叫作水的离解。

（7）压差渗透。由于渗析室和浓缩室两侧的压力不同而产生的机械渗透，称为压差渗透。

13.4.2.2 电渗析除盐过程

当含盐水通过电渗析器，在通直流电的情况下，水中的离子是带电的，阳离子和阴离子各自会做定向迁移，由于离子交换膜具有选择透过性，淡水室的阴离子向正极迁移，透过阴离子交换膜进入浓水室，但浓水室内的阴离子不能透过阳离子交换膜而留在浓水室内，阳离子向负极迁移，故透过阳离子交换膜进入浓水室，浓水室中阳离子不能透过阴离子交换膜而留在浓水室内，这样浓水室因阴阳离子不断进入而浓度增高，淡水室因阴阳离子不断移出而浓度降低，从而获得淡水，这就是电渗析除盐过程。

离子交换膜按其选择透过性的不同，主要分为阳膜和阴膜；按膜结构可分为异相膜、均相膜和半均相膜三类。

离子交换膜是电渗析装置的重要组成部分，直接影响到系统的除盐效率、电能消耗、抗污染能力等技术经济指标，其质量要求如下：

(1) 离子选择透过性要高，透水性要小；

(2) 膜电阻要低；

(3) 化学稳定性好和具有较好的抗有机物污染的性能，无毒性；

(4) 厚薄均匀，平整性好，具有足够的机械强度和韧性。

13.4.2.3 电渗析除(脱)盐方式

(1) 除盐水（淡水）系统。电渗析的除盐方式应根据原水水质、用水要求、电渗析器的性能等通过技术经济比较确定，一般分为直流式、循环式和部分循环式三种。

a. 直流式。进水通过一台或多台并、串联的电渗析器除盐，即达到规定的水质指标，具有制水连续、系统简单等优点。

b. 循环式。该系统是将一定量的水通过多次循环除盐，在达到所需出水水质时，再供给用水设备，故是间歇用水。该系统适应性强，适用于水量小、除盐率要求较高的场合。

c. 部分循环式。在电渗析器淡水出口分成两路，一路供用水设备使用，另一路继续通过电渗析器和原水一道进行除盐处理，适用于原水含盐量高或变化大的场合。

(2) 浓水系统。浓水系统也有直流式、循环式和部分循环式三种。

a. 直流式。浓水经电渗析器后排放，耗水量大，成本高，附属设备少，适用于水源充足的小型除盐水站。

b. 循环式。浓水定时、定量排放，附属设备多，动力消耗大，适用于水源缺乏的小型除盐水站。

c. 部分循环式。部分循环，提高含盐浓度，减轻浓差渗析的不良影响，防止结垢。

13.4.2.4 电渗析工艺流程

把阳离子膜和阴离子膜按照一定的规则交替排列，两侧分别安装正、负电极，再通入直流电，就构成了电渗析器。在工业应用中，一般组成多膜电渗析工艺，如一级一段一次连续脱盐、多级多段一次连续脱盐和分批循环脱盐、连续部分循环脱盐等，图 13-6 是多级多段串联一次脱盐流程示意图。

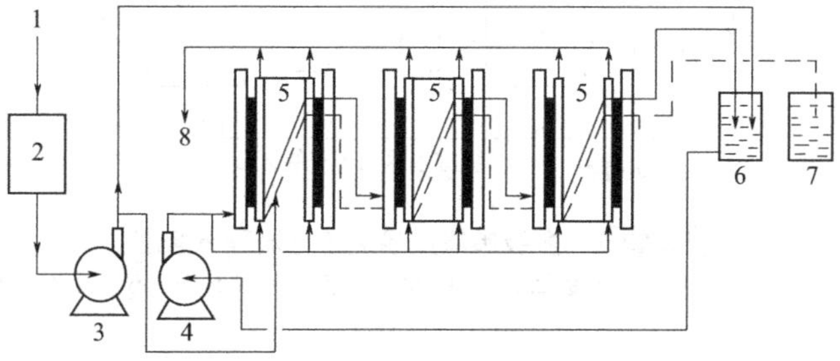

图 13-6 多级多段串联一次脱盐流程示意图

1—水源；2—原水槽；3—原水泵；4—浓水泵；5—电渗析器；6—浓水槽；7—淡水产品槽；8—极水排放

13.4.3 反渗透工艺

13.4.3.1 概述

反渗透（reverse osmosis，RO）是 20 世纪 60 年代发展起来的一项新型膜分离技术，是渗透的一种反向迁移运动，是一种在压力驱动下，借助于半透膜的选择截留作用将溶液中的溶质与溶剂分开的分离方法。水中的杂质在截流液中浓缩并被去除，RO可除去原水中95%以上的溶解性固体、99%以上的有机物及胶体、大部分细菌。

渗透是指当两种不同浓度盐类的水溶液，用半渗透性的薄膜分开时，含盐浓度低的一侧水会透过膜渗透到含盐浓度高的一侧，直到膜两边的盐浓度相等，而所含盐分并不渗透的现象。反渗透是用足够的压力使溶液中的溶剂通过反渗透膜而分离出来，因为它和自然渗透的方向相反，故称为反渗透。如果在含盐浓度高的一侧施加一个压力，刚好使渗透现象停止，这个压力称为渗透压。如果在含盐浓度高的一侧施的压力高于渗透压，使水向相反方向渗透，即含盐浓度高的一侧水向含盐浓度低的一侧渗透，使含盐浓度高的一侧水逐步减小，盐浓度逐步增大；含盐浓度低的一侧水逐步增加，盐浓度逐步减小，从而达到除去溶液中的盐分的目的，这个过程称为反渗透。

反渗透的对象主要是分离溶液中的离子，由于其分离过程无须加热，没有相的变化，具有耗能少、操作简单、适应性强、应用范围广等优点；它的主要缺点是设备费用较高，膜清洗效果较差。

反渗透在水处理中应用范围日益扩大，已成为水处理技术的重要方法之一。反渗透分离过程的关键是反渗透膜具有较高的透水速度和脱盐性能：单位膜面积透水速度快，脱盐率高；机械强度好，压密实作用小；化学稳定性好，耐酸碱侵袭；使用寿命长，性能衰减较小。

目前，反渗透膜主要有纤维素类膜和非纤维素类膜两大类：纤维素类膜，在纤维素类膜中应用最广的是乙酸纤维素类膜（简称CA膜），该膜透水速度快、脱盐率高、价格便宜、应用最广，但易受微生物侵袭；非纤维素类膜，非纤维素类膜中以芳香聚酰胺为主，该膜对一、二价离子的脱盐率较高，对有机物及硅类也能脱除，机械性能、抗压密和抗污染性能较好，具有良好的化学性能，pH稳定范围大，耐热性能好。

13.4.3.2 反渗透工艺流程

反渗透技术通常用于海水、苦咸水的淡化，水的软化处理，废水处理以及食品和药品的提纯、浓缩、分离等方面。该技术工艺装置分一级反渗透和多级反渗透。图13-7是多级串联反渗透工艺流程示意图。

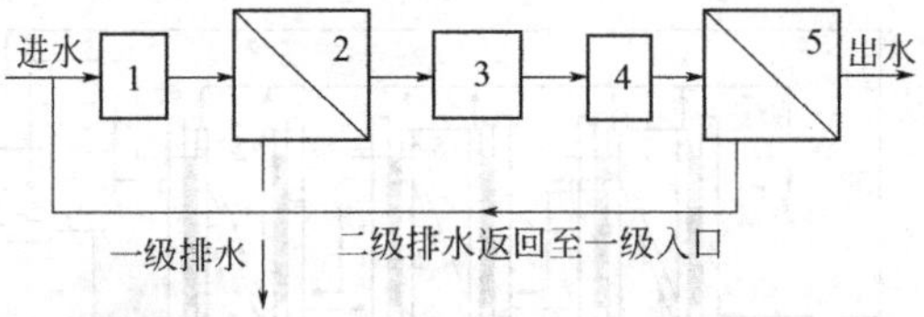

图13-7 多级串联反渗透工艺流程示意图

1—高压泵；2—一级反渗透装置；3—中间储水箱；4—高压泵；5—二级反渗透装置

13.5 纯水制备设备

13.5.1 阴阳离子交换塔

离子交换水处理技术的先进性、安全可靠性及其经济性和确保水质优良与离子交换水处理系统设备的结构、运行、管理等的合理性与先进性密切相关。

离子交换水处理系统的设备通常包括离子交换器、除碳器和再生剂系统的设备等。离子交换器是指离子交换反应的设备，它是离子交换水处理中的核心设备。根据离子交换运行方式不同，离子交换器可分为以下几种类型：固定床离子交换器；顺流再生离子交换器；对流再生离子交换器；分流再生离子交换器；满室床离子交换器；浮动床离子交换器；连续床离子交换器；移动床离子交换器；流动床离子交换器；混合床离子交换器。

固定床离子交换器是离子交换剂在静止条件下运行的交换器，简称固定床；连续床离子交换器是离子交换剂在动态条件下运行的交换器，简称连续床。各种类型离子交换器的结构、运行及其工艺要求和特点等扼要介绍于下。

13.5.1.1 顺流再生离子交换器

在顺流再生离子交换器中，运行（交换）时原水水流和再生时再生剂的流动方向均为由上向下，故称顺流。其壳体外部由管路系统组成；壳体内部自上而下由进水装置、再生剂分配装置、交换剂层（离子交换树脂层）、石英砂垫层和排水装置等组成。

（1）进水装置。进水装置设在交换器上部，在交换运行时，欲进行离子交换处理的水进入进水装置。为了使进入交换器内的水流分布均匀，并使水流不直接冲击交换剂层的表面，在进水装置与交换剂层之间需留有树脂层高度的40%～60%作为水垫层。通常进水装置又作为反洗时排水之用，将积留在树脂层面上的悬浮物和破碎的树脂排出交换器外。常用的进水装置有漏斗式、喷头式、管式和多孔板式。

（2）排水装置。排水装置位于交换器底部，又称底部排水装置。它的作用在于交换运行时，能顺利均匀排出水流，不产生偏流和水溢流区；在反洗时，它起着均匀布配水的作用。

（3）进再生剂装置。进再生剂装置的要求是使再生剂在交换器截面上均匀分布。常用的进再生剂装置有圆环型、支管型和辐射型等。

13.5.1.2 对流（逆流）再生离子交换器

在对流再生离子交换器运行（交换）时，原水水流自上而下流动；再生时，再生剂则自下而上流动，两者的流动方向相反，故称对流（逆流）。再生和置换时，离子交换树脂不发生紊乱（乱层）是保证对流再生效果的关键，为此应控制再生剂和置换水的流速、再生剂的浓度及不同的顶压方式。对流再生离子交换器（图13-8）的结构与顺流再生离子交换器基本上相同，它与顺流再生离子交换器的最主要区别是在树脂层上有压脂层，并设有中间排液装置。中间排液装置一般设在压脂层和树脂层之间，用于再生剂排出，小反洗进水及清洗水均能均匀地排出，不致错动树脂层。

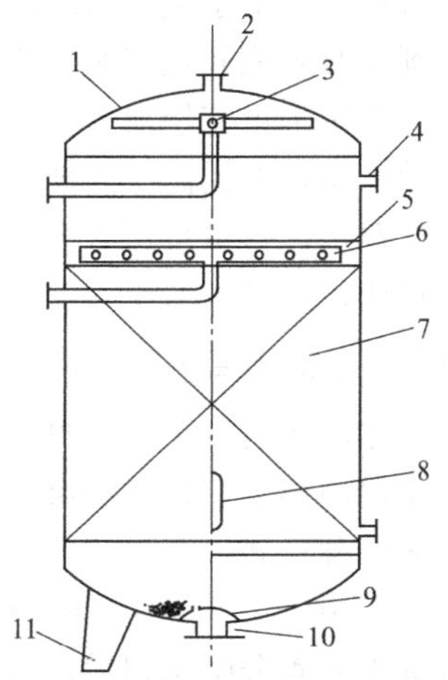

图13-8 逆流再生器结构图

1—壳体；2—排气管；3—上布水装置；4—交换剂装卸口；5—压脂层；6—中排液管；7—离子交换剂层；8—视镜；9—下布水装置；10—出水管；11—底脚

对流再生离子交换器的工作过程为小反洗、再生、置换、清洗、运行、大反洗。由对流再生离子交换器再生时的顶压方式不同，可分为以下四种对流再生的过程。现将其工艺操作程序分别简单介绍如下：

（1）空气顶压法的再生过程。空气顶压法（简称气顶压法）是在再生和置换的整个过程中，水和空气不能同时通过同一树脂层或压脂层。由于在压脂层的颗粒间充满了空气，去掉了水对压脂层的浮力，压脂层的重力全部压在再生的树脂上，防止了下部树脂的浮动和乱层。

空气顶压法的再生工艺过程为：小反洗、放水、气顶压、再生、置换、正洗，并定期进行大反洗。气顶压法所采用干净压缩空气的压力为0.03MPa，空气流量为0.2～0.3m^3/(m^2·min)。

(2) 水顶压法的再生过程。水顶压法是从交换器顶部引入水（即为顶压水），经过压脂层会产生一定的压降，将树脂层压住而防止树脂层乱层。顶压水与再生剂同时从中间排液装置排出。

水顶压法的操作过程为：小反洗、水顶压、再生、置换、正洗、运行，并定期大反洗。顶压水水压为0.05MPa，顶压水流量为再生剂流量的1～1.5倍。

(3) 低流速法的再生过程。低流速法再生是一种无顶压的再生过程，它是以很低流速的再生剂从下向上流过树脂层，并由交换器中间或顶部排出，在防止树脂错动下达到树脂再生的目的。此法多用于小型交换器。

(4) 无顶压法的再生过程。无顶压法对流再生操作程序与顶压法相同，只是该法不进行顶压，为此，只要控制中间小孔排液量流速在0.1m/s和再生剂流速为3～5m/h即可。

对流再生的出水水质比顺流再生大为提高，对流再生方式工艺在技术和经济上显出其优点，其缺点是设备结构复杂，操作较为麻烦。

13.5.1.3 分流再生固定床离子交换器

(1) 分流再生固定床的结构。分流再生固定床的结构基本上和逆流再生离子交换器相似，只是将中间排液装置降低至设计的位置即可。

(2) 分流再生固定床的工作过程。分流再生固定床的工作过程和对流再生离子交换器的工作过程大体相同。运行（交换）时，原水自上而下地流过离子交换器树脂层，离子交换树脂失效后，先进行小反洗，水由中间排液管进入，由交换器顶部排出，使中间排液装置以上的树脂层得以反洗。然后进行再生，大部分再生剂由底部进入（约为总量的2/3），其余小部分再生剂由上部进入交换器，两者均从中间排液装置排出。由于上部和底部同时进再生剂，故再生时不需顶压，仅在进再生剂前先自上而下通过稀释水将树脂层压实。进再生剂和置换水时，上、下水流应同时进入，以防止乱层。在再生和运行时，底部不许产生浮动。由于再生剂同时顺流和逆（对）流进入床层（树脂层），故又称顺对流再生法。

由于再生剂由交换器上下两端进入，交换器中几乎所有的树脂都能得到再生，从而保证了出水的水质，亦提高了周期制水量。这种顺逆流再生工艺，可用于阳床或强酸性、弱酸性树脂的阳双层床，也可用于强碱性阴离子交换树脂的阴床或强碱性、弱碱性阴离子交换树脂的阴双层床。

13.5.1.4 浮动床离子交换器（浮动床）

(1) 浮动床的种类。从再生方式看，浮动床属于对流再生离子交换器的一种。由浮动床离子交换器内离子交换树脂层（简称床层）的工况不同，浮动床可分为运行式浮动床和再生式浮动床两种形式。

a. 运行式浮动床。在运行状态下，床层处于密实的浮动状态。水由底部进入浮动床，经下部进水装置分配均匀后，进入树脂层（床层），借助于上升水流，使交换树脂以密实的状态向上浮动，即为成床的过程，水流经床层时完成离子交换反应，其交换处理后的水经上部分配装置引出交换器外部。当床层失效后停床，利用出口水的反压或者床层本身的重力使床层下落，即为落床。此时，浮动床由运行状态转入停运状态。

在再生状态时，再生剂由浮动床交换器上部进入，经上部分配装置配匀后，由上向下流过床层时完成再生反应，再生剂由底部排出；然后，用合格的水经向下流和向上流清洗，直至出水质量合格后，便可再投入运行。

b. 再生式浮动床。再生式浮动床是指在再生状态时，床层处于密实的浮动状态。在运行状态时，入口水由上部进入浮动床，经上部分配装置配匀后，由上向下流过浮动床时完成离子交换反应，处理水经下部分配装置引出，运行失效后停床，处于停用或转入再生状态。

在再生状态时，再生剂由交换器底部进入浮动床，经下部分配装置配匀后，进入床层，利用再生剂的动能（或先以水的动能），使树脂以密实的状态向上浮动（即成床），再生剂自下向上流过床层时，完成再生反应，再生废液经上部分配装置引至交换器外；经向上流清洗后，利用入口水的压力或者床层本身的重力使床层落床，再经向下流清洗，至水质合格后，浮动床由再生状态转入运行状态。

因此，再生式浮动床的工作过程可以概括为水向下流时运行，再生剂向上流时再生；运行式浮动床的工作过程则可概括为水向上流时运行，再生剂向下流时再生。

（2）浮动床的本体装置。离子交换器壳体与一般固定床离子交换器壳体的结构大体相同。上部配水装置用得较为广泛的有：鱼刺管式、弧形管式、多孔板式、穹形孔板式和多孔管式等。上部配水装置兼作分配再生剂装置，有两个功能：第一，在运行或向上流清洗时用作疏水装置；第二，在再生或向下流清洗时，作为再生剂或清洗水的分配装置。由于上部配水既是配水装置又是疏水装置，因此要在不同流速时能够配水（或再生剂）均匀。惰性树脂床层上部为惰性树脂层，其高度一般为200mm。惰性树脂层的作用是防止碎树脂堵塞滤网；提高水流分配的均匀性和可以选用网目较大的滤网，以减少设备的运行阻力。在上下部分配装置之间为床层（树脂层）和水垫层。在运行状态时，床层在上部，水垫层在下部；在再生状态时，床层在下部，水垫层在上部。

床层即树脂层，起离子交换作用，而水垫层的作用是作为床层体积变化的缓冲高度，好使水流或再生剂分配均匀。下部分配装置常用的有石英砂垫层式、多孔板加水帽式和环形管式等。最常用的是石英砂垫层式，石英砂垫层式下部分配装置由石英砂垫层、穹形板和挡板等组成。下部配水装置的作用是：第一，运行或向上流清洗时，作为水流分配装置；第二，在再生或向下流清洗时，起支持树脂层和疏水作用。因此，下部分配装置应能均匀布水。

（3）浮动床的辅助设备

a. 树脂捕捉器。浮动床运行时，细颗粒树脂和破碎的树脂颗粒位于交换器顶部，接近排水装置，易被水流带出。为了防止带出的树脂颗粒进入后级设备，就在后级设备前装设树脂捕捉器。

树脂捕捉器有管式（蜡烛式）、叠片式和滤网式三种。叠片式和滤网式捕捉器仅能拦截60目或0.2mm以上的细碎树脂，而且过滤面积小、水流阻力大，仅适用于中、小型浮动床。管式捕捉器（或称精密过滤器、卡盘过滤器）可拦截100μm以上的细碎物，其过滤面积大、水流阻力小，又可以随时反冲洗，适用于各种出力的浮动床，最大出力可达200m^3/h以上，多台浮动床可共用一台捕捉器。

b. 树脂清洗装置。由于浮动床的水垫层很低，其体内几乎全部空间装满树脂，无法在本体内进行反清洗。为此，要清除长时间运行中截留的悬浮物和碎树脂，需将树脂移至体外专用的树脂清洗装置中进行反洗。清洗的方法有气-水清洗法、水力清洗法和高位槽清洗法等几种。

运行式浮动床的工作过程可以分为浮动床运行操作和床层的体外清洗两部分。

① 运行操作。浮动床运行操作自床层失效算起，依次为：落床、再生、置换、向下流清洗、成床和向上流清洗、运行六个步骤，即浮动床的一个运行操作循环。操作时要求避免床层乱层，好使保护层树脂保持很高的再生度。

② 床层体外清洗操作。床层的清洗周期与入口水的浊度有关。当入口水浊度低时，清洗周期较长，反之，则清洗周期较短。

浮动床的优缺点：

① 优点。运行流速高，浮动床允许在7～60m/h流速下运行，一般均在20m/h以上；出水水质好，由于再生效果好，出水水质优于对流再生离子交换器，对进水水质适用范围较宽；再生剂比耗低，一般为1.1～1.4，再生剂的利用率为70%～90%；由于再生剂利用率高，排放废液少，减轻了对环境的污染；本体设备结构简单，浮动床与对流再生离子交换器相比，不需中间排液装置，设备简单，不易损坏，由于浮动床再生剂浓度低、过剩量少、反洗次数少以及正洗容易洗净等原因所致，因此自用水率低。

② 缺点。要求进水浊度要小，这是因为浮动床内树脂不能进行反洗，一般要求进水浊度小于2mg/L；需要增设专用的体外反洗装置，并对树脂定期进行体外清洗；要严格控制运行终点，这是因浮动床运行流速高和工作层厚度薄，所以在快到达运行终点时，离子漏过量增加快，如不及时发现，将使出水水质恶化；运行周期的最后阶段，如果中断运行，将造成树脂乱层，使出水水质和周期制水量降低。

13.5.1.5 提升式浮动床离子交换器

提升式浮动床离子交换器简称浮动床或提升床。它的工作原理和浮动床基本相同，是为克服浮动床体内不能反洗或不宜经常启停的缺点而设计的。

(1) 提升床的结构。提升床由上、下两室组成，中间装有水帽式多孔板。上、下两室在体外有管道阀门连通，用于输送树脂。上室和浮动床一样，装满树脂及白球（占空间体积5%）。下室装有部分树脂，并有50%～100%的反洗空间，作为下室树脂反洗及容纳一部分上室输出的树脂之用。

(2) 提升床的工作过程。提升床的运行步骤和操作程序及操作参数与浮动床大体相同。

提升床运行操作程序依次为：下室反洗、往下室送树脂、上室反洗、往上室送树脂、落床、再生和置换、正洗、运行。运行时，水由下室进入，上室排出。下室为浮动床，上室为紧密层。再生时，再生剂从上室顶部进，下室底部排出。反洗时，可分上下两室分别反洗。下室因有空间可按一般工艺反洗；上室反洗时，首先将部分树脂通过中间连通阀排入下室，再进行反洗，反洗结束后再将树脂提升至上室，故这种交换器称为提升床，它可多次运行，再启动不影响出水水质。

(3) 提升床运行要点。经反洗后需要有一落床步骤，以压实树脂床层。对上室树脂反洗后，应使用约两倍的通常再生剂再生，以保证出水水质。由于上室树脂充满空间，即使下室树脂乱层运行，对出水水质影响不大。在供水周期的1/3和2/3时停床，对出水水质和工作交换容器无影响，因此比浮动床更适用于供水量变化较大的场合。提升床的反洗空间较小，截污能力较差，应尽量降低进水悬浮物含量。

13.5.1.6 移动床离子交换器

移动床离子交换器简称移动床。它是指交换器中的离子交换树脂层在运行中是周期性移动的，即定期排出一部分已失效的树脂和补充等量再生好的树脂，被排出失效的树脂在另一设备中进行再生，故称为移动床。所以，移动床系统中，交换过程和再生过程是分别在不同设备中同时进行的，制水是连续的。

(1) 移动床的结构。移动床是由交换塔、再生塔和清洗塔组成的，称为三层式移动床。若把再生塔和清洗塔合为一个塔，其上部用于再生，下部用于清洗，则称为二塔式移动床；若将再生塔、清洗塔置于交换塔上部，则称为单塔式移动床。

① 交换塔。交换塔为压力式浮动床，它由塔身、上下封头、漏斗组成，塔身上部设有平顶式出水滤网和木心胶质浮球阀，下部设有包尼龙网的母管、支管式配水喷头、树脂层、滤网；原水从塔底进入，处理后由塔身上部流出。

② 再生塔。再生塔塔体呈圆筒形，上部有防止树脂溢出的滤网，下部设置浮球阀将再生塔分为再生段和输送段。此外还设进水管、进再生剂管、排水管、排再生剂的溢流管以及树脂输入和输出管道。

③ 清洗塔。清洗塔是一个敞口或设有滤网的圆筒形容器，设有进水、溢水、进树脂和出树脂管件。

（2）移动床的工作过程。交换开始时，原水从塔下部进入交换塔，将配水装置以上的树脂托起，即为成床，进行离子交换，处理后水从出水管排出，并自动关闭浮球阀。运行一段时间后，停止进水并进行排水，使塔中压力下降，因而水向塔底方向流动，使整个树脂层下落，即落床。与此同时，交换塔浮球阀自动打开，上部漏斗中新鲜树脂落入交换塔树脂层上面，同时排水过程中将失效树脂排出塔底部。所以，落床过程中同时完成新树脂补充和失效树脂排出。两次落床之间交换塔运行的时间，称为移动床的一个大周期。

（3）再生和清洗过程。在再生塔内，再生时，再生剂在塔内由下而上流动进行再生，排出的再生废液经连通管进入上部漏斗，对漏斗中失效树脂进行预再生，这样充分利用再生剂，而后将再生剂排出塔外。当再生进行一段时间后，停止进水和停止进再生剂，并进行排水泄压，使再生塔树脂层下落，与此同时，再生塔内浮球阀打开，使漏斗中失效树脂进入再生塔，而再生过的下部树脂落入再生塔的输送段，并依靠进水水流不断地将此树脂输送到清洗塔中。两次排放再生好的树脂的间隔时间即为一个小周期。交换塔一个大周期中排放过来的失效树脂分成几次再生的方式，称为多周期再生。若对一次输入的失效树脂进行一次再生，则称为单周期再生。

13.5.1.7 混合床离子交换器

混合床离子交换器（图 13-9）是一个圆筒形密闭容器，内部装有上部进水装置，下部设有多孔板、挡水板、滤布层和进压缩空气装置，中部设有中间排水装置（体外再生混合床无此中排装置）等，包括三种混合床（即体内再生、阴树脂外移再生和体外再生混合床）和外部管系。

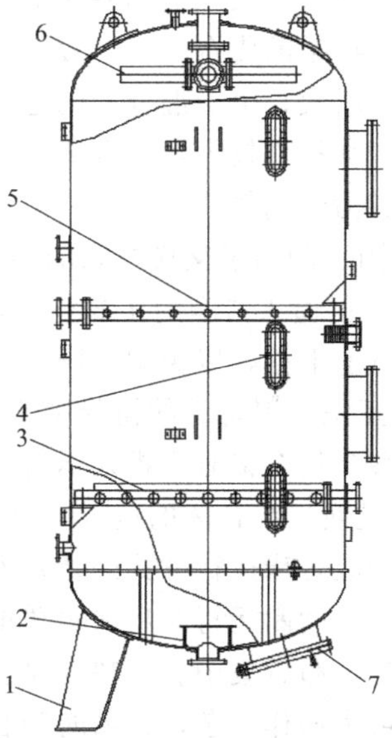

图 13-9 混合床离子交换器结构示意图
1—支座；2—挡水装置；3—中排装置；4—视镜；5—进碱装置；6—进水装置；7—人孔

为了便于混合床中阳、阴树脂的分层，混合床中阴、阳树脂的湿真密度差应大于 15%～20%，混合床中阴、阳树脂的比例的调整原则是使阴、阳树脂同时失效，当进水水质不同时，其比例要随之调整。

（1）常用的树脂比例。对于锅炉补给水处理的混合床，常用的树脂比例（其体积比）为：阴离子交换树脂∶阳离子交换树脂＝2∶1。对于凝结水处理的混合床，由于进水中有大量氨存在，其阴离子交换树脂∶阳离子交换树脂＝1∶2。

（2）混合床的工作过程。混合床的工作过程由反洗分层、再生、树脂混合、正洗、交换运行等操作步骤组成。

① 反洗分层。反洗分层是混合床运行操作中

的重要步骤之一。反洗分层目的是将阴、阳两种树脂彻底分离。通常采用以下两种分离方法：a. 浮选分离法，即向经反洗预分离的树脂内加入密度介于两种树脂之间的溶液，使小于溶液密度的各种大小颗粒的阴离子交换树脂浮起，而使大于溶液密度的各种大小颗粒的阳离子交换树脂沉于底部，达到彻底分离的目的；b. 隔离分离，即在混合树脂内加入一种密度介于阴离子交换树脂和阳离子交换树脂之间的惰性树脂（其真密度约为1.16～1.17g/mL），当反洗分层时，惰性树脂介于阳、阴离子交换树脂层之间，使得不易分离的那些树脂夹在惰性树脂层中，仅对不夹杂有另一种树脂的两种树脂分别再生。

② 再生。混合床中阴、阳树脂的再生有以下四种方法：

a. 酸、碱分别流经阳、阴离子交换树脂层的两步法体内再生。这种混合床体内再生方法的操作步骤为：反洗分层后，从上部送入碱再生剂再生阴树脂，废液从阴、阳离子交换树脂分界处的排液管排出，为防止碱液污染阳离子交换树脂，在再生同时由底部通入清洗水，通过阳离子交换树脂由中间排液管排出，从下部通入再生阳离子交换树脂用的酸液，废液同样由分界处排液管排出，同样为防止酸液污染阴树脂，由上部送入清洗水通过阴离子交换树脂层由中间排液管排出；用除盐水分别由底部和上部送入，自下而上清洗阳离子交换树脂层至排水酸度降至0.5mmol/L，由上而下清洗阴离子交换树脂层至排水碱度降到0.5mmol/L为止。

b. 酸、碱同时流经阳、阴离子交换树脂层体内再生。具体操作步骤为：树脂反洗分层后，再生时，由交换器上下同时送入再生用的碱液和酸液，分别流经阴、阳离子交换树脂层后，由中间排液装置同时排出；清洗水亦同样由交换器上下送入，分别流经阴、阳离子交换树脂层后，由中间排水装置同时排出。

c. 阴离子交换树脂移出体外再生。阴离子交换树脂移出体外再生法是将阴离子交换树脂移出混合床至专用的阴离子交换树脂再生罐，然后送入再生剂进行再生。

d. 阴、阳离子交换树脂外移体外再生。阴、阳离子交换树脂外移体外再生法是将阴树脂和阳离子交换树脂全部移出混合床至专用的阴离子交换树脂再生罐和阳离子交换树脂再生罐，然后分别送入碱液和酸液对阴离子交换树脂和阳离子交换树脂进行再生。

体外再生的优点：再生效率高，保证出水不被再生剂污染；交换器可不设中排装置，使运行流速增大；由于混合床的运行周期长，可以几台混合床共用一个再生罐。体外再生的缺点是树脂磨损率较大：混合床中再生剂比耗，阳离子交换树脂一般为理论量的2倍，阴离子交换树脂为理论量的3倍。

③ 阴、阳离子交换树脂的混合。树脂混合时，先使交换器中的水高于树脂层表面100～200mm，再通入洁净的压缩空气，使分层的树脂重新混合均匀，立即快速排水，迫使整个树脂层迅速下落，以免阴、阳离子交换树脂由于密度不同而在缓慢下沉时再次分层。

④ 正洗。混合后的树脂层要用除盐水以10～20m/h的流速进行正洗，直至出水的电导率和硅酸含量合格时再投入运行。

⑤ 交换。混合床的运行一般在较高的流速（一般为50～100m/h）下进行。

由于混合床运行方式的特殊性，与复床相比，混合床的优点在于：出水水质优良和出水水质稳定，间断运行对出水水质的影响较小；交换终点明显，利于监督实现自动控制；设备比复床少，布置集中。其缺点是：树脂交换容量的利用率低，树脂损耗率大，对有机物污染敏感，再生操作复杂，且需时间长等。但由于混合床具有上述特点，所以在对水质除盐要求较高时，可在一级复床除盐系统后设置混合床除盐，对除盐起“精加工”作用，这样不仅可以延长其工作周期，而且还可以防止阴树脂被有机物污染。

13.5.1.8 双层床离子交换器

双层床离子交换器（图 13-10）简称双层床。它是在同一交换器内部装有两层树脂的联合应用工艺的固定床离子交换设备。一般情况上层是弱型树脂，下层是相对应的强型树脂。利用这两种树脂的湿真密度和粒度明显不同，因此在反洗后可分为上下两层。装有弱酸性和弱碱性阳树脂的双层床，称为阳离子交换双层床；装有弱碱性和强碱性阴树脂的床层，称为阴离子交换双层床。运行时，水由上而下流经整个交换床层，再生时，再生剂自下而上逆流再生。

双层床离子交换设备的结构与对流再生固定床相同，运行程序亦相同。但其运行要求反洗后达到良好分层。在阴双层床再生时，弱碱性阴离子树脂层出现大量硅，为防止硅胶析出，再生碱液应加热（40℃），并采用先用低浓度（1%）高流速（5m/h）的再生剂，而后再用高浓度（2%～3%）低流速（3m/h）再生剂的再生法，因弱碱性阴树脂有一定去除有机物的能力，故需严格控制其出水中有机物含量，以保护弱碱性阴离子交换树脂。

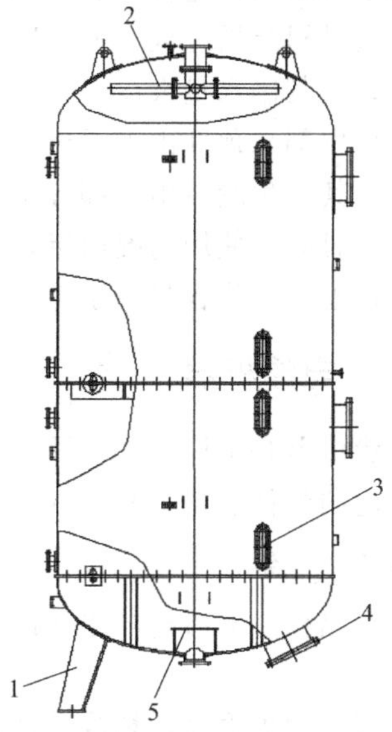

图 13-10 双层床离子交换器结构示意图
1—支座；2—进水装置；3—视镜；4—人孔；5—出水装置

双层床在除盐水处理工艺上得到应用，其优点：再生剂利用率高，比耗小，制水成本低；树脂层平均工作交换容量高，周期制水量大；有利于防止有机物对树脂的污染；排放废液量少。其缺点：强型与弱型树脂的交换界面互相混杂，弱型树脂易黏结，影响交换能力；双层床阻力大，反洗较麻烦。

13.5.1.9 其他离子交换器

（1）双室浮床离子交换器。双室浮床离子交换器简称双室浮床。它是在双层床交换器的中部加装一块多孔板，将交换器分隔成上、下两室。它与双室床的区别是：强型树脂置于上室，弱型树脂置于下室，采用向上流运行和向下流再生的方式。其运行步骤和浮动床大体相同。

双室浮床克服了双层床的树脂混层，提高了运行流速，简化了再生操作，综合了双层床和浮动床的工艺优点，并又具备联合应用工艺的优点。它的缺点是要求进水悬浮物含量低，需设置体外清洗罐，后级应设树脂捕捉器，间断运行会影响出水质量。

（2）变径双室浮床离子交换器。变径双室浮床离子交换器简称变径双室浮床。它是指强型树脂室的直径小于弱型树脂室的直径，它综合了双室浮床和变径串联离子交换系统工艺的优点，是适合我国天然水水质特点的新型离子交换设备。

变径双室浮床的原理与双室浮床相同，除具有双室浮床的优点外，还具有下述一些优点：因缩小了强型树脂室的直径，当在较低流速下运行时，强型树脂不会发生落床乱床现象，因此，在设备负荷波动较大时能安全运行；变径双室浮床中弱型树脂体积比强型树脂大得多，相应地提高了强型树脂的再生水平，从而提高了树脂的工作交换容量及出水水质；改善了设备结构，用直径较小的孔板置于设备中部直径较小段，便可能实现大直径的设备；适用水质范围较宽，使除盐工艺进水的含盐量从 500mg/L 提高到 1000mg/L，扩大了化学除盐技术的应用范围。

(3) 满室床离子交换器。满室床的特点：满室床与一般固定床的区别是前者交换器空间几乎充满树脂。满室床具有结构和操作简单、设备投资费用低、体外反洗、再生剂用量低、再生效率高、正洗水用量少、出水水质好（电导率 0.1～1.0μS/cm，含硅量≤10μm/L）等优点。其主要缺点是水流阻力大，要求进水水质悬浮物含量低。

满室床的工作过程：满室床运行时，其进水由下部分配装置配匀后进入交换器，水流由下向上通过树脂层完成交换反应，其处理水（出水）则由上部分配装置引出，因其树脂充满交换器，故其制水量大。再生时，只要将树脂再输回交换器，因树脂充满交换器，故在无顶压下，再生剂从顶部由上部分配装置配匀后进入交换器，再生剂由上而下流经树脂层，使再生完全，其再生废液由下部分配装置从底部排出，再经水清洗至合格，即可转入运行。上层树脂反洗时间视使用情况而定，正常操作，一般在一年半内可不进行反洗。一般要求进入满室床的进水悬浮物含量少于 1mg/L。

13.5.2 电渗析器

电渗析器是由许多特殊设计的板和框，以及将这些板、框和阴、阳离子交换膜组合和紧固在一起的整体装备，其部件及组装方式如下。

13.5.2.1 部件

(1) 隔板。电渗析器之所以能形成许多连通的淡水室和浓水室等结构，是由于一些隔板的作用。

隔板可用硬聚氯乙烯或其他合适的材料制成，厚度常为 2mm 以下。隔板中间开有许多槽和孔，水流由进水孔送入后沿着布水槽送入流水槽，然后沿着各流水槽和过水槽流动，最后由布水槽和出水孔送出。

隔板上的孔是将整块板打穿的，以便组装后形成水流通道。布水槽和过水槽并不穿透隔板，可以在板上开凹槽或在板层中间开孔道，用以引导水流至各室。流水槽是在槽中填以隔网而形成，即在隔板上先开许多穿透的槽，在槽的四周留有凸边，然后将隔网的四边粘在此凸边上。此隔网可做成鱼鳞状或交织状、平织状等，其材料可用硬聚氯乙烯或聚丙烯。隔网可以起搅动水流的作用，因而便于水中离子扩散，提高除盐效果。

在不同情况下，对水在电渗析器中流程长度的要求不同，每块隔板可根据具体情况开流水槽。流水槽可开成多槽的，也可开成一槽的。

在电渗析器中，因淡水室和浓水室中水流是分成两路的，所以此两室的隔板上的布水槽的位置不同，隔板上不带布水槽的过水孔，是用来沟通另一路水流之用的。

(2) 极框。电极和膜之间的隔板称为极框，其结构与隔板一样，只是没有布水槽和过水槽。

13.5.2.2 组装方式

电渗析器的组装排列次序，如从阳极算起为：阳电极—极框—阳膜—隔板甲—阴膜—隔板乙—阳膜—隔板甲—阴膜—隔板乙……阳膜—极框—阴电极。其排列原则为阳、阴膜交替排列，靠近电极处安置极框，阳、阴膜之间安装隔板。由于阳膜比阴膜稳定，可将其两端最后一个膜都排成阳膜。例如，一级一段只有一对电极，故为一级，进水到出水经过一次电渗析，故为一段；二级一段有两对电极（其中一个电极为共用），故为二级，水流情况同一级一段；一级二段只有一对电极，故为一级，但进水到出水要经过二次电渗析，故为二段；二级二段有两对电极，水流经过二次电渗析。

以上的一组排列就是一个最简单的电渗析器，也就是一个电渗析单元。通常，一台电渗析器不止一个单元而是包括几个单元，这些单元又可根据出水水质的要求，组成串联或并联方式运行，而且还可以在一个电渗析器中设置几对电极，所以电渗析系统有多种组装方式。

13.5.3 反渗透器

由于反渗透膜的产水率是有限的，所以在设计设备时为了提高出力，必须使设备内有很大的反渗透面积，目前有多种设计方式，现列述如下。

（1）板框式。板框式反渗透器是最初设计的反渗透装置。它由几块或几十块承压板组成。承压板的两侧覆盖有微孔支撑板和反渗透膜。当这些板组合装配好后，装入密封的耐压容器中，即构成反渗透器，其结构和水流通道等均类似于压滤机。

这种装置比较牢固、运行可靠；单位体积中膜的表面积比管式大，但比空心纤维式小，安装和维护费用较高。

（2）管式。管式反渗透器是将半透膜敷设在微孔管的内壁或外壁进行反渗透。在内壁型反渗透器中，压力下的盐水进入管内，渗透出的水在管束间集合后导出，做成管束状是为了增大单位设备容积中的渗透面积。此外，也可将膜涂在外壁，做成外压型，设备外壳必须耐压。

管式反渗透器有膜面易清洗的优点，但在装置中，膜的填装密度不如螺旋卷式和空心纤维式。

（3）螺旋卷式。螺旋卷式（简称卷式）反渗透器的膜呈袋状，袋内有多孔支撑网，袋的开口端与中心管相通，两块袋状膜之间有隔网隔开。把这些膜和网卷成一个螺旋卷式反渗透组件，将此组件装在密闭的容器内即成反渗透器。

此种反渗透器运行时，盐水在压力下送入此容器后，通过盐水隔网的通道至反渗透膜，经反渗透的水进入袋状膜的内部，通过袋内的多孔支撑网流向袋口，随后由中心管汇集并送出。

螺旋卷式的优点是结构紧凑、占地面积小，缺点是容易堵塞、清洗困难，因此对原水的预处理要求较严。

（4）空心纤维式。空心纤维反渗透装置中有几十万至上百万根空心纤维，组成一圆柱形管束，纤维管一端敞开，另一端用环氧树脂封住，或者将空心纤维管做成 U 形，则可使敞口端聚集在一起，不需封另一端。将这种管束放入一个圆柱形压力容器中。高压溶液从容器的一端送至设于中央的多孔分配管，经过空心纤维的外壁，从空心纤维管束敞开，一端把净化水收集起来，浓缩水从容器的另一端连续排掉。

空心纤维的出现是反渗透技术的一项突破。这种空心纤维式反渗透装置的主要优点是：单位体积中膜的表面积大，因而单位体积的出力也大；膜不需要支撑材料，纤维本身可以受压而不破裂。其缺点是：不能处理含悬浮物的液料，所以对原水的预处理要求很严。

13.6 纯水制备工艺评述

13.6.1 离子交换工艺

离子交换工艺在水质软化、水质除盐、高纯水制取、工业废水处理、重金属及贵重金属回收等方面应用广泛。所谓的离子交换即是某些物质与水作用时，能将本身具有的离子与水中带同类电荷的离子进行交换，其中这些物质称为离子交换剂。通过离子交换不但可以将水中溶解的杂质阳离子去除，而且能将溶解的阴离子去除，得到纯度很高的脱盐水，是目前比较常用的水处理技术。

优点：对进水水质要求低，抗污染能力相对较高，脱盐较彻底，出水水质稳定。

缺点：工艺复杂，附属设备较多，操作难度相对较大，酸碱液消耗大，废液排放量大。

离子交换工艺适用范围：适用于进水含盐量<1000mg/L的纯水处理系统。

13.6.2 电渗析工艺

电渗析（简称EDI）工艺是20世纪80年代以来逐渐兴起的净水新技术。进入21世纪以来，已在北美及欧洲占据了超纯水设备相当部分的市场。电渗析作为水质除盐的一种技术手段，可单独组成简单的水质除盐装置，也可以与离子交换联合组成适应范围更广的水质除盐系统。

优点：电渗析所用化学药剂少，排水易于处理，对环境的影响小；可代替传统的DI混合树脂床，生产去离子水。与离子交换不同，EDI不会因为补充树脂或者化学再生而停机，因此EDI使水质稳定。同时，也最大限度地降低了设备投资和运行费用。通常把EDI与反渗透及其他的净水装置结合在一起从水中去除离子。EDI组件可以连续地生产超纯水，电阻率高达18.2MΩ·cm。EDI既可以连续运行也可以间歇性运行。

EDI和传统离子交换（DI）相比具有的优点：EDI不需化学再生，EDI再生时不需要停机，提供稳定的水质，耗能低，运行费用低。

缺点：电渗析水质除盐的彻底性差，出水剩余含盐量一般均较高；对离解度小的盐类和不离解的物质难以去除（如对二氧化硅胶体、有机物，没有去除能力）；某些重金属离子和有机物会污染离子交换膜，影响除盐效率。电渗析所需的膜对数量多，对组装维修技术要求较高。

电渗析工艺适用范围：适用于进水含盐量在500～4000mg/L的纯水处理系统。

13.6.3 反渗透工艺

反渗透（简称RO）工艺是20世纪60年代发展起来的一项新的薄膜分离技术，是依靠反渗透膜在压力下使溶液中的溶剂与溶质进行分离的过程。利用反渗透技术，我们可以利用压力使溶质与溶剂分离。

优点：反渗透装置在苦咸水、海水淡化高纯水制备、废水处理以及一些物质的浓缩回收上应用较广，特别是反渗透与离子交换联合组成除盐系统，扩大了除盐系统对进水水质的适应范围，简化了离子交换系统，提高了系统出水水质，延长了离子交换设备的运行周期，降低了酸碱消耗，减少了废酸、碱液排放量，操作简单。

缺点：不能单独作为除盐水制备系统，必须与离子交换配套使用，所以系统制水成本高。可以去除较大的各类物质，但由胶体、水垢及微生物（细菌、病毒和藻类）引起的污染，是RO系统运行面临的最主要的问题。即使预处理后只有一个细菌存活，在不长的时间内也可能会引发严重的膜系统微生物污染问题，所以对预处理要求非常高，设备费用较高，膜清洗效果较差。

反渗透工艺适用范围：适用于进水含盐量大于3000mg/L的系统。

13.6.4 组合工艺

传统上制备纯水采用离子交换工艺，但该工艺具有的不足使工业设计人员往往采用几种工艺的组合。

反渗透＋离子交换组合：为减少高含盐水对离子交换法的影响，采用反渗透工艺作为前处理，再通过离子交换法进一步降低阴阳离子浓度，可以制备高质量的纯水，又减少了离子交换法的再生频率和消耗，是一种保险的组合应用。

反渗透＋电渗析组合：经过反渗透装置的水，含盐还是较高，在水标准允许的情况下，可以采用电渗析进一步除盐，以满足装置的工艺要求。该组合的优点是装置自动化程度高，消耗化学品少，排放物环保性好；缺点是含盐指标较高，用水量较大。

电渗析＋离子交换组合：为减少离子交换法的负荷压力，可以先通过电渗析法除去水中的盐，再通过离子交换法进一步精制，以满足工艺要求。该组合的优点是装置动力消耗小，水质较好，消耗相对较低，用水量少。

参考文献

[1] 唐受印，戴友芝．水处理工程师手册．北京：化学工业出版社，2000.
[2] 叶婴齐主编．工业用水处理技术．上海：上海科学普及出版社，1995．

14 整流变电系统

14.1 总述

电解槽在电解食盐水生成氯气、氢气和烧碱的过程中，需要为电槽提供稳定、可靠的直流电，能实现直流供电的设备是整流装置，它由整流变压器和整流器组成，工作原理大致为：整流变压器首先将高压交流电变为适宜整流的低压交流电，然后，经过整流器将交流电转化为电槽需要的直流电。本章将对离子膜电槽所用整流装置的相关问题进行论述。

14.1.1 氯碱工艺对整流供电的技术要求

整流供电包含整流装置的高压交流供电和电槽直流供电两部分内容。

(1) 整流对高压供电源的要求。通常氯碱企业电解工序的复极离子膜电解槽是由多台组成，需要由专用整流变电站或综合型变电站供电。因电解工艺受整流变电站或综合型变电站供电中断的影响，连续生产过程被打乱需较长时间才能恢复，经济上损失较大，所以整流装置的供电要有一定的可靠性。

(2) 结合氯碱企业电解工艺特点对交流高压供电要求：

① 整流变电站应由两回线路供电，该两回线路应尽可能引自不同的变压器的母线段，互为100%备用；

② 整流站供电宜采用电缆进出线，配电设备为户内布置；

③ 整流站的上级变电站宜设有载调压装置，保证整流站母线电能质量满足国标要求；

④ 应设置准确度为不小于或等于1级的交流有功电度表，准确度为2级的无功电度表；

⑤ 整流器应为户内布置，整流变压器宜为户内布置。

(3) 动力配电的要求。动力电是供生产系统中各种机泵、照明等设备的动力电源。

为保证动力电的可靠供给，氯碱厂的动力电系统通常设置两路电源，将多台氯气泵电机等重要负荷分别装接在两路电源的不同母线上，以保证一路电源停电时还有一路电源工作，动力电不至于全部停供。此外，还将电机的控制回路设计成接触器失压时延时释放的工作方式（或采用抗晃电模块），从而避免晃电造成瞬时失压，导致机泵停止运转。现在有的企业在双回路供电切换中应用了快切装置，更好地满足了供电要求。

在电解过程中，动力电的中断或停止，将带来系统的运行混乱和威胁设备安全以及环境的污染。如氯气泵的停止运转而发生跑氯，氢气泵的停转而发生爆炸。对离子膜电解来说，电解液泵或循环泵停止运转，会使电解槽液流中断，将因时间长短不同程度地损坏离子膜，而对自然循环的单极槽更为严重。为此，绝大多数企业都配备了应急电源（如能快速自启动的发电机组）。

(4) 直流供电的要求。复极式电解槽对整流直流供电的技术要求：

① 供电连续、稳定可靠；

② 采用可调的电源设备，优先选用晶闸管可控硅整流器；

③ 整流装置的额定电流应大于电槽最大运行电流，一般控制在1.2倍以下；

④ 复极式离子膜电解槽要求零电流启动，电流 0～100%连续可调，电流升降速度≤50A/s，在运行中可根据系统需求自行设定；

⑤ 要求具有抗雷击引起电流波动的能力；

⑥ 控制整流器输出电流 I_d的稳流精度为 1%；

⑦ 应具有直流电流 I_d过零闭锁功能，防止电流突然降为零后突然反冲上升造成对离子膜的损坏，并设置有投入和退出功能；

⑧ 整流装置控制系统宜采用计算机数字控制和监控系统，并融入化工工艺的 DCS 系统；

⑨ 需要向电解工艺提供在线信息，如直流电流、直流电压、直流功率、直流电度、交流电度；

⑩ 宜设置准确度为 0.5 级的直流电度表，设置正负对地的绝缘监察电压表，在电槽室设置事故紧急停车按钮，预留配合工艺的接口。

14.1.2 氯碱整流技术的发展和现状

在氯碱化工生产中，电解槽是必备的主要设备。直流电是电解槽不可缺少的工作电源，它是由交流电源通过整流装置换流产生。电解槽规格、型号、材料的不同，对直流电源的电流、电压参数要求也是不同的。在行业中一般是由生产工艺决定电解槽的规格、型号及数量，按工艺所要求的直流电流、电压条件选配整流装置，满足电解工序对直流电流、电压的要求。氯碱整流技术总是随着电解技术和电力电子技术的发展而发展的。

随着科技的发展，整流装置经历了水银整流器（石墨阳极电槽时期）、硅二极管整流器（石墨阳极、金属阳极电槽时期），到现在的技术先进、可靠性高的可控整流器（当前的离子膜电槽）。

离子膜电解槽有单极式电解槽，电流密度为 2.5～4.0kA/m^2，直流电流 I_d为 45～55kA；复极式电解槽，电流密度为 3～8kA/m^2，直流电流 I_d为 10～26kA。因复极式电解槽电流 I_d小，电压 U_d高（一台复极式电解槽的电压取决于槽内串联的离子膜片的多少，一般为 300～600V），每台复极式电解槽的碱产量为 1 万～2.5 万吨/年，由独立整流装置供电，其占地面积少、检修方便，已成为国内的主流。此阶段的整流器，单极、复合式电解槽采用整流单机电流为 25kA、35kA、60kA 机组。复极式离子膜电解槽整流机组电流为 12.5～20kA。元件结构形式为平板型，元件电流容量为：1000A、2000A、3000A、4000A、5000A、6500A。单极式整流机组配置 2 机组居多，复极式整流机组配置 1 机组。操作方式与以往相比有质的进步，整流操作人员与电解操作人员共用一个操作室，共用一个计算机操作台，计算机系统分开使用，与工艺生产调度方式同前。随着生产系统越来越大、自动控制水平的提高、网络通信的进一步发展，化工企业中 DCS 控制系统得到广泛应用，同时对化工生产的安全性要求也在不断提高，原有的调度指挥系统也在变化。生产过程的重要的运行参数变化，将引起整个氯碱系统中各工序工艺参数的变化，人工来协调各种关系、工艺参数调整、指挥的时效都不能适应安全生产的需要，整流器机组、电解槽、氯氢处理、盐酸、合成等工序之间安全自动联锁得到较大的发展，实现了离子膜、整流供电与变电站合一。

5500A 可控硅整流元件实物图，见图 14-1。氯碱化工行业电解槽的电流变化轨迹，见图 14-2。

不同时期氯碱的整流技术汇总，如表 14-1、表 14-2 及图 14-3 所示。

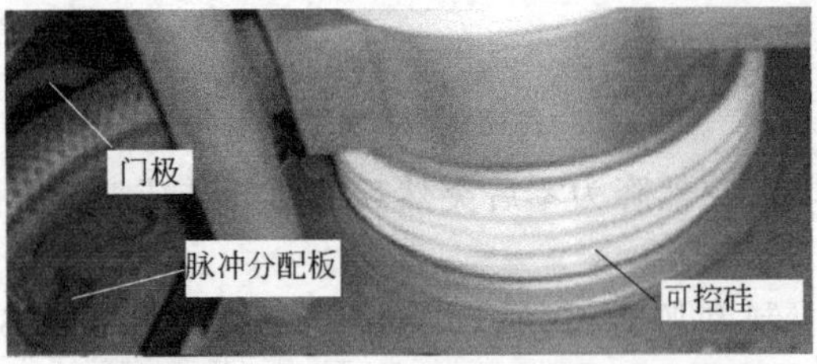

图 14-1 5500A 可控硅整流元件实物图

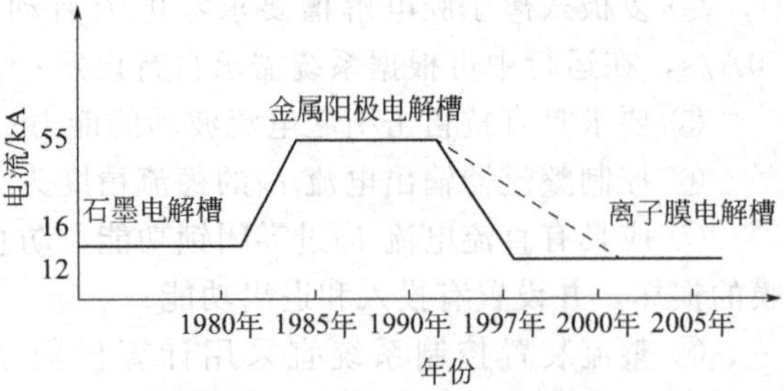

图 14-2 电解槽电流的轨迹图

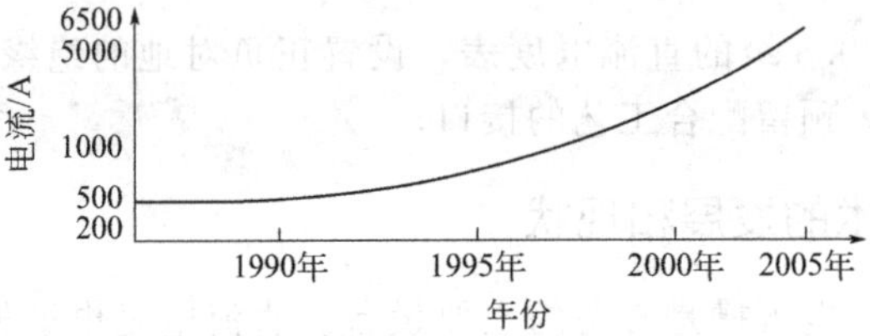

图 14-3 我国整流元件电流的发展轨迹图

表 14-1 氯碱工业应用整流元件的电流发展

序号	时期	整流元件	电流	结构特点
1	20 世纪 50 年代中期～70 年代初期	水银整流桶	500A	体积大、电流小、损耗高
2	20 世纪 70 年代中期～80 年代初期	硅二极管	200A	螺栓型、风冷或水冷、体积小、电流小、损耗小
3	20 世纪 80 年代中期～90 年代中期	硅二极管	500～3000A	平板型、水冷、体积小、电流较高、损耗小
4	20 世纪 90 年代中期～2000 年	硅二极管、可控硅管	1000～4000A	平板型、水冷、体积小、电流高、损耗小
5	2000 年至今	可控硅管	1000～6500A	平板型、水冷、体积小、电流高、损耗小

表 14-2 不同时代电解槽所对应的整流机组、整流元件、调压方式及控制系统

电槽类型	机组配置方案	结构特点	调压方式	控制系统
石墨阳极，16kA 以下	多机组 $N+1$ 配置方案、元件为 200A 螺栓型，4 台 6kA 整流机组	总整流桥臂多，单臂元件可达 10～15 只，元件之间电流、均流系数低	有载调压＋饱和电抗器调压	开环控制，电流控制精度≥1.5％
金属阳极电解槽、单极式离子膜，55kA 以下	2～3 机组配置方案、同相逆并联或星-角 12 脉冲波接线、元件为螺栓型 200A 元件或平板型 1000～4500A，可由 2 台 35kA 整流机组或 3 台 25kA 整流机组组成	单机组整流桥臂 12 支，单臂元件 10 只(200A 元件)、4 只(大电流元件)，总桥臂数减少，元件之间电流不平衡现象较突出；采用移相方式，多机组形成 24 脉冲波、36 脉冲波整流，减少谐波电流	(1)有载调压＋饱和电抗器调压； (2) N 台有载调压＋1 台可控硅调压； (3)有载调压＋可控硅调压	闭环控制，电流控制精度≥1％；可控硅控制系统采用模拟模块电路

续表

电槽类型	机组配置方案	结构特点	调压方式	控制系统
复极式离子膜电槽，12.5kA	单机组配置方案，元件为可控硅平板型4500A及以上，1台20kA整流机组	采用非同相逆并联方案，整流桥臂数少，整流元件数量减少，可应用大电流可控硅元件	有载调压（幅值调压）＋可控硅调压（相控调压）	数字触发电路，双触发通道热冗余，远方监控＋现场PLC控制，闭环控制，控制精度≤1%

氯碱整流器发展的趋势：

离子膜电解槽由单极式向复极式过渡成为主流，它的发展方向是复极式电槽，发展趋势是电流密度 j 向高密度，直流电压 U_d 向高电压，直流电流 I_d 向小电流，电耗向低电耗方向发展。氯碱化工 DCS 控制系统、安全联锁系统在广泛使用的基础上更加完善和成熟。整流器的发展趋势如下：

(1) 整流器主回路。一个调变带一个整变（共油箱结构），一个整变带一个整流器再带一只电解槽，这种一机带一槽方式叫作“一拖一”；一个调变带两个整变（共油箱结构），一个整流变压器带一个整流器，再带一只电解槽，即一个变压器带两只电解槽，这种一机带二槽方式叫作“一拖二”。用多机组在网侧移相形成多相整流接线，可减小谐波总量，提高电能质量。典型接线见图 14-4。

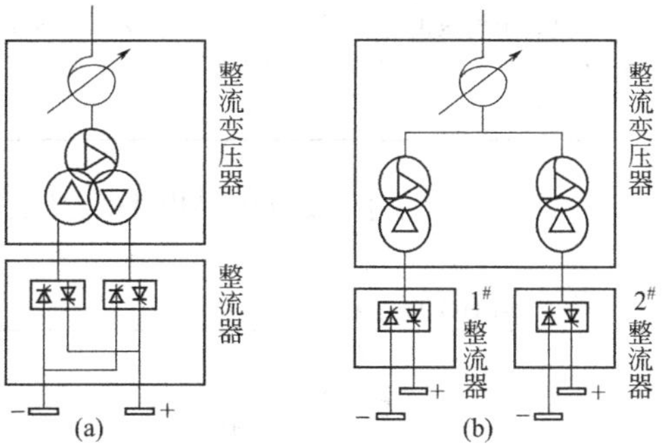

图 14-4 典型接线

一个直流供电单元整流器的整流臂数为6只，同臂元件数为1只，为提高可靠性，从安全角度考虑可为2只。选用单只元件电流 I_T 大于臂电流 I_v，一般 $I_T \geqslant 1.3I_v$，可消除并联元件、同臂支路以及进出线对电流的影响，使整流器成为安全运行可靠、结构简单的设备。目前国内已研制出单只 5in（1in＝0.0254m，余同）6500A 的可控硅元件，为离子膜（复极式）整流器的发展创造了良好条件。

(2) 可控硅的数字触发回路。目前较为广泛的是采用计算机数字集成电路触发、具有双通道、热备用、防晃电、防同步缺相、双反馈等技术替代模拟触发技术。

(3) 综合自动化监控系统。对机组采用后台计算机＋现场 PLC 控制技术，替代传统继电器控制模式，使各种操作更加方便，功能更加完善，可靠性、智能化程度进一步提高。模糊整流岗位，使整流操作控制与电解工艺操作同控制室，加强了两岗位操作人员面对面交流和沟通，提高了操作效率。整流装置运行参数和运行状态通过计算机网络传送生产总调度和相关岗位，使生产指控系统随时掌握重要岗位生产情况，提高生产指挥调度效率。

发展到更高程度后，电解岗位操作人员直接替代整流操作人员操作，把整流和电解工序更紧密连起来，由一个计算机系统进行统一操作。整流室内实现无人值守，定期巡检。整流继电保护与变电站合一应用综合自动化计算机保护，可能最终与化工系统总控机联网进行遥测、遥信、远距离控制，实现氯碱工艺生产系统的最优控制。

14.1.3 氯碱企业的供电电压等级和系统接线方案

6～10kV 电源供电方式已逐渐淘汰，取而代之的是 35～66kV、110kV 供电，对于 35～66kV、110kV 供电哪个更优？涉及当地电网结构、电源电压、自备发电规模、企业的总图规划、企业发展计划安排、是一次建成还是分期建设等因素，不能简单下结论。

这两种供电电压有它的各自特点，各企业可根据供电电压特点结合当地供电及企业发展规划，通过方案比较后选用。两种电压特点见表 14-3。

表 14-3　35～66kV、110kV 供电特点

35～66kV 供电特点	110kV 供电特点
(1)35～66kV 供电系统是小电流接地系统，发生单相接地事故允许运行 2h 来查找事故，并把事故点从系统中切除隔离开； (2)适宜中、小容量负荷供电； (3)技术、运行成熟可靠，价格适中； (4)适宜特大型企业单元式供电、单元变电站建在界区外向界区内供电； (5)适宜企业自备发电机容量适中(50MW 以下)，并网点在 35～66kV 侧，上网后直接向整流供电； (6)如果企业无自备发电，在 35～66kV 侧并网，整流负荷要全部通过 110kV 及以上电压供电，总降压站的主变压器容量要增大，必须满足整流的全部负荷通过，变压器容量增大时投资要增加，整流负荷增加，一级变压器损耗约 1%～1.3%	(1)110kV 供电系统是大电流接地系统，发生单相接地事故跳闸时，必须很快把故障点从系统中切除隔离开； (2)适宜中等容量负荷供电； (3)一般来说，电压越高，安全性、可靠性、技术的复杂性、投资性越高； (4)适宜大型企业一次建成 20 万吨/年以上复极式离子膜碱，110kV 站设在界区以内或企业自备发电机在 110kV 侧并网； (5)不宜用于整流机组一拖一方案

现将某氯碱企业 110kV 供电系统接线方案举例如下，见图 14-5。

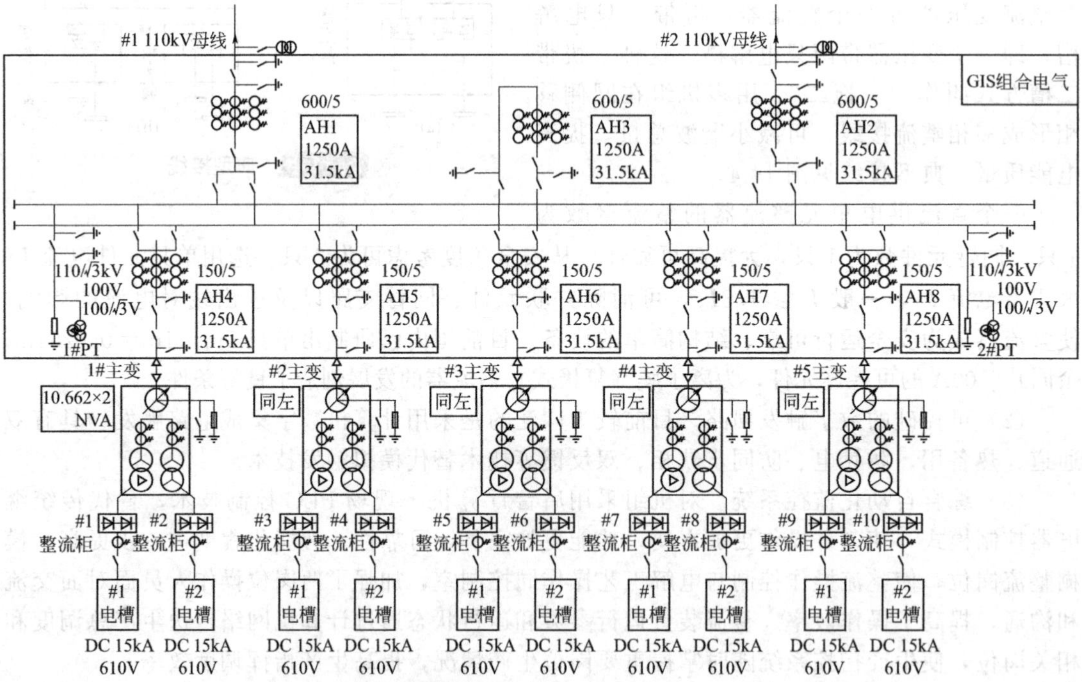

图 14-5　110kV 供电接线图

特点：

① 适用于特大型企业自发电、氯碱、电石、其他用电及各自相对独立（无关联）的氯碱供电；

② 适宜一次建成 30 万吨/年 PVC、24 万吨/年离子膜烧碱，可配其他化工产品；

③ 110kV 总降压站在界区；

④ 110kV 采用单母线分段带 2 回 110kV 进线 5 回出线，配电设备采用 GIS 组合电气，简捷适用，安全性高；

⑤ 110kV 直降整流；

⑥ 整流机组与复极式离子膜槽的配置为一拖二配置；

⑦ 整流、动力合一变电站。

方案简介：由其他变电站引入 110kV 2 回路作电源，110kV 主接线为单母线分段，一段母线 110kV 线路 3 回路出线，另一母线 110KV 线路 2 回路出线。如需动力电源也来自该变电站，则两段 110kV 母线各需增加一路出线，采用 2 台三相配有载调压 25MV·A 电压比为 110kV/10kV 节能型变压器。由 10kV 向各化工配电站供电，10kV 变配电站的进线由 1#、2# 动力变各引入 1 回路互为备用，可靠性高。

变电站采用计算机保护、综合自动化监控系统，10kV 变配电站均采用综合自动化保护装置，供电系统经综合自动化装置通信实现联网，引入监控中心进行监视和控制。

方案主要优点：

① 110kV 直降整流，减少变电层次，节能和节省投资；

② 110kV 采用 GIS 组合电气，占地面积小，安全性高；

③ 界区内全部 10kV 供电，电压层次少，便于管理和维护。

整流供电：

① 网侧电压 110kV。

② 单台整流器额定直流参数为额定直流电压 $U_d=610V$，额定直流电流 $I_d=15kA$。

③ 调压整流变压器（一个油箱内）包括调变 1 台、有载开关 1 台、相应的整变 2 台。调压变压器采用自耦调压接线方式，调压方式为±13 级（即 27 级等差）有载调压、27 级中性点有载调压，中性点水平按 60kV 设计，调压范围为 60%～105%U_{dn}。整流变压器接线方式为一次曲折星形移相接线，采用 2 个独立铁芯。冷却方式采用强油水冷却。

④ 整流系统接线：单机组为 1 机带 2 槽，单机组 12 脉波，5 组组成 60 脉波。

14.1.4 氯碱生产电负荷用电特点

(1) 全年连续运行时间长 8000h 以上。氯碱企业从原料到最后出产品，要经过几十道串联连续的工序，从开车到正常生产水平一般要用 2～3 天时间或更长。如果正常生产过程中其中一道工序中断，将使全系统中断造成停车，这时存在部分中间产品外排报废，部分设备需置换清洗，公用工程还不能停，还要继续运行以保证停车善后至开车准备之间水、电、汽不间断，这就造成成本和消耗增高。氯碱企业长周期满负荷生产就是节能降耗，故全年连续运行时间长达 8000h 以上。

(2) 正常生产日均负荷率高达 95%以上。从上述可知，从原料到产品出来，24h 连续平稳生产，负荷变化不大，负荷率很高。

(3) 用电容量大，供电电压高，电压等级位于 35kV 以上。用电量较大的负荷必须采用 35kV 以上电压供电，例如：一个 20 万吨/年 PVC、16 万吨/年离子膜碱规模企业，全年用电量约 512×10^6kW·h，正常负荷在 80MV·A。

(4) 对用电的安全性要求高，不允许外部随意拉闸停电。由于生产工艺为长流程连续生产，在流程中存在乙炔、氯乙烯、氢气等爆炸危险性气体，氯气、氨气、氯化氢等有毒有害气体，烧碱、盐酸、硫酸等腐蚀性液体，属易燃易爆、有毒有害、腐蚀性场所，随意拉闸限电可能引起操作处理不当或不及时，将会引起易燃易爆气体爆炸或有毒气体泄漏，产生人员中毒和污染环境的事故。所以对用电的安全性、可靠性要求高，不允许外部随意拉闸停电。

14.1.5 氯碱整流技术指标与电解工艺条件参数的关系

整流装置的主要技术指标有：整流效率、功率因数、谐波参数三项。这些参数与电解工艺参数存在密切的关系，在确定电解槽方案时，应结合起来考虑。

(1) 整流效率。氯碱整流装置的整流效率是指功率效率，其定义为输出直流功率与输入交流功率之比的百分数，即：

$$整流效率\ \eta_z=\frac{直流侧输出功率}{交流侧输入有功功率}\times 100\%=\frac{直接侧输出功率(电压\times电流)}{整流侧输出功率+装置全部损耗功率}\times 100\%$$

由以上表达式可以看出，整流效率与直流输出功率成正比（定性而言）。而构成直流功率的直流电压和电流中，装置的损耗又与电流成正比。因此，归根到底，整流效率与直流电压成正比，整流电压与整流效率的关系如表 14-4 所示。

表 14-4 整流电压与整流效率关系表

整流电压/V	36	72	100	200	400	600	800	1000	1200
装置效率/%	89.0	91.0	93.0	94.0	95.5	96.5	97.5	98.0	98.5
整流效率/%	94.0	96.0	97.0	98.0	98.5	99.0	99.3	99.5	99.6

整套装置的装置效率是包括变压器、整流器等一次设备在内的整流装置的效率，整流效率只指整流器本身的效率。从表 14-4 可以看出，整流效率与整流电压成正比，和装置效率随着整流电压增大，越来越接近整流效率的变化规律。

氯碱厂的产量与电解槽的数目及通过的电流大小成正比。在产量一定的条件下，电解槽的数目决定了整流电压与整流电流，而电解槽槽型大小又关系到槽数目的多少，应在它们之间找到平衡点。为使整流装置有较高的效率，300～600V 的系统是必要的，因为整流效率每提高 1%，则每吨烧碱交流用电降低 25kW·h，这是一个不小的数目，应避免小规模大电槽的选择方案。目前，复极式离子膜电解槽大多数的整流电压能在 300V 以上，整流电流在 16.5kA 以下，符合装置效率高的选择原则。在整流电槽一拖二的配置方案中，串联型的方式较并列型方式，整流电压高出一倍，整流电压对装置效率更加有利。

表 14-4 中 1000V 以上整流电压的是对电解铝系统而言，食盐水电解因断电困难而不采用。

(2) 功率因数。功率因数表达式为：

$$\lambda=\xi\cos(\alpha+\gamma/2)$$

式中，λ 为可控整流系统的功率因数；α 为运行控制角；γ 为换相重叠角；ξ 为电流畸变系数。

电流畸变系数为实际电流与理想正弦波电流之间的差异，它与整流电路的脉波数（p）有关；换相重叠角决定于变压器的短路电压，随运行控制角增大而减小。功率因数的计算值列于表 14-5。

表 14-5 不同控制角时的功率因数

p	5°	15°	25°
6	0.94	0.91	0.84
12	0.97	0.93	0.87
24	0.98	0.94	0.88
理想情况	0.996	0.966	0.906

从表 14-5 可看出：同一整流器，随控制角的增大，其功率因数变小；同一控制角，随整流相数的增加，其功率因数变大；随着整流相数的增加，功率因数值越来越接近理想情

况，这要求在整流相数已定的情况下，再考虑整流器运行功率因数的区间，然后依据功率因数的区间确定控制角的范围。例如：12 相整流时，想把功率因数控制在 0.9 以上，此时的控制角应小于 19°（24 相时应小于 22°），这样就避免了凭空确定控制角的范围，为精确控制功率因数提供了理论依据。另外，整流相数较少时，需要有载调压开关的级差较小。通过有载调压开关与控制角的完美配合，便可实现功率因数的有效控制。

对整流装置的功率因数要求较高时的补偿方式有：

① 整流变压器再多一组绕组，用于电容器补偿（或用于消谐装置兼补偿）；

② 高压集中补偿。

（3）谐波参数。氯碱企业的整流装置是电力系统的谐波源，谐波电流的流动使电网电压发生畸变，带来电力设备发热、损耗增加、寿命缩短、自控设备误动作等影响。因此国家已颁布了谐振波标准规范谐振波管理，要求电力谐波用户应有治理谐波措施，对超过标准者将受到供电的约束和限制。其实，氯碱企业内部电力也同样受到谐波不同程度的影响。所以，治理谐波既是供电部门的要求，也是企业本身的需要。

从整流装置自身来看，抑制谐波的有效措施是：采用多相整流；通过有载调压开关的调节，使整流运行控制角 α 较小。两项措施同样对整流装置的全功率因数有利，只不过是所针对的指标不同而已。如果仍不能满足国标 GB/T 14549—1993 之要求，则需要上消谐装置，对谐波治理。

14.2 氯碱整流电路与整流设备

14.2.1 常用整流电路连接形式

大功率整流设备的电连接有两种形式：双反星形和三相桥式。从电路结构上看，双反星形是两个三相半波电路的并联，三相桥式是两个三相半波电路的串联。而在新上整流设备时，究竟该选择何种形式？首先看一下这两种电路的比较，在直流输出电压、电流相同的情况下，其比较如表 14-6 所示。

表 14-6 双反星形与三相桥式整流电路的比较(在单个 SCR 额定电流相等的条件下)

项目	双反星形	三相桥式
SCR 的用量	6 组	12 组
SCR 承受的工作峰值电压	$2.42U_d$	$1.05U_d$
变压器的等值容量	$1.26P_d$	$1.05P_d$
SCR 上的功率损耗	ΔP_k	$2\Delta P_k$
直流输出电压损失	ΔU_d	$2\Delta U_d$
直流电压的脉波数	6	6
功率因数	较好	略差

注：U_d 为整流设备的理想空载直流电压；P_d 为整流设备输出的直流功率；ΔU_d 为 SCR 上的管压降；ΔP_k 为 SCR 上的功率损耗。

从表 14-6 可知，双反星形可控整流电路中 SCR 的用量少一半（相应的整流器造价要低一些），其正向功率损耗少一半，而且因为所用的 SCR 量少，设备出故障的概率也相应减少，其缺点是所需变压器的等值容量比较大，此外还要带平衡电抗器，这就使得变压器的造价要高一些，结构也复杂一点。一般来说，所需整流器的直流输出电压小于 300V 时，宜选用双反星形的可控整流电路，否则宜选用三相桥式的可控整流电路，当然，电压远低于300V，或远高于300V的整流器，按上述原则选择整流电路是没问题的，但处于300V左右的整流器该如何来选呢？还是要将性价比、安全性综合考虑后再确定。

常用的基本整流电路连接形式见图14-6。

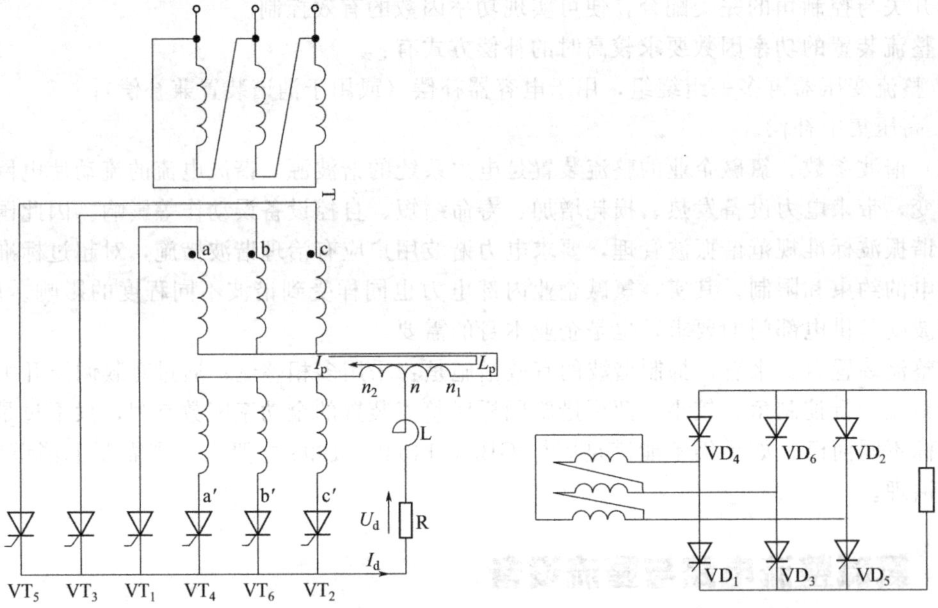

(a) 带平衡电抗器的正反星形可控整流电路　　(b) 三相桥式整流电路

图 14-6 整流电路连接的基本形式图

14.2.2 整流系统的主要设备

如图14-7所示，整流系统成套装置主要设备包括调压变压器、整流变压器、大功率整流器三大部分。图中的调压变压器用于带载调压和偏移相位（移相）；整流变压器用于变压、变流，增加整流相数；晶闸管整流器用于将交流电变换成可调直流电，并可以自动稳流，是装置中的核心设备。

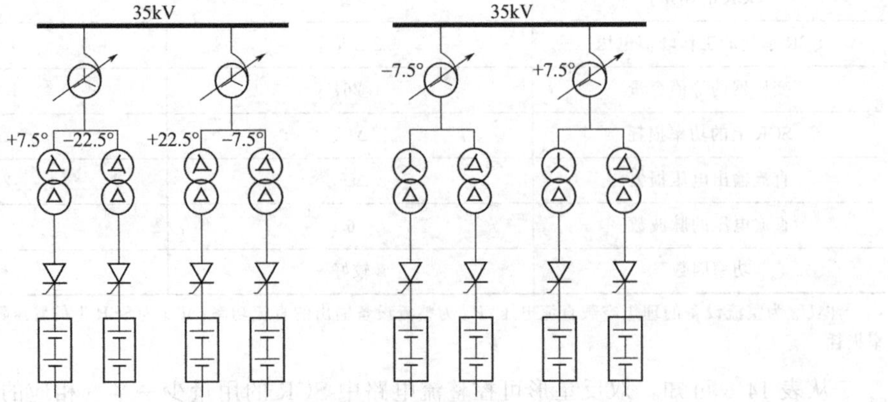

(a) 方案1(整流变压器延边三角形移相)　(b) 方案2(自耦调压变压器曲折星形移相)

图 14-7 整流系统一次设备

成套装置分别由交流母线和直流母线连成一体，经高压断路器受电，配电，再经直流刀开关送至电解槽。装置的辅助设备有交、直流测控装置，整流器和变压器的冷却设备等。极化电源是养护电槽的小功率整流器，也属成套装置的组成部分。

整流设备成套装置配合工艺、协调工作，满足电解槽系列的启动、运行、停止等各个环节的电流升降和恒定的要求以及异常情况下的电流调节、停车的联锁动作。

盐水电解槽属于成套的直流负载装置，电负荷指标是直流电流和直流电压。根据电槽类型和大小决定电流的大小。根据槽数多少决定电压的高低。目前复极式离子膜电流范围在10～20kA，单极式离子膜电流范围在30～115kA；单元槽电压范围在3.3～4.2V，电解槽系列电压范围在250～800V。

14.2.3 整流变压器的技术特征

由于整流器 V-I 非线性的特性，整流变压器在技术性能、产品结构等方面与电力变压器有较大区别。

整流变压器网、阀侧绕组中，电流的波形为非正弦波。由于整流器的各整流臂在工频周期内轮流导通，每个臂的理论导通时间为$\frac{2\pi}{3}$或$\frac{\pi}{3}$（由整流电路决定），流经整流臂的电流波形为近似矩形波，决定了整流变压器网、阀侧绕组中电流的波形均为非正弦波。

根据整流电路的需要，整流变压器阀侧绕组有多种特殊的连接方式：

电力变压器的一、二次绕组的连接方式只有 Y、△两种。整流变压器连接形式除 Y、△两种基本形式外，往往因整流电路的需要，需连接成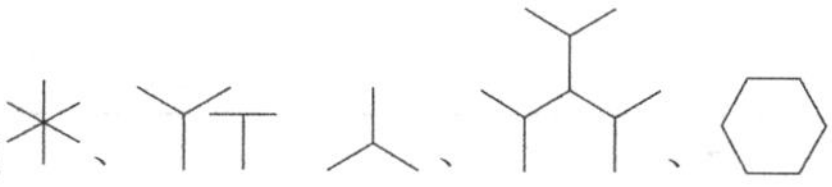等特殊形式，这一点与电力变压器是明显不同的。

当采用单整流电路时，整流变压器高、低侧绕组的形式容量是不相等的（带平衡电抗器的星形整流电路就属此类），可以证明，这种电路的整流变压器的低压侧绕阻形式容量是高压侧绕阻形式容量的1.23倍，而电力变压器的高、低压侧的形式容量是相等的。所谓形式容量就是制造变压器实际耗用的材料换算成制造电力变压器的容量大小，也就是制造同容量的两种变压器，整流变压器的利用率较低，本双反星形整流变压器的利用率只有电力变压器的80%。基于这种特殊性，我们在实际应用中就必须区分整流变压器的两种容量的不同用场，形式容量作为用户订货询价的依据，一次（网）侧额定容量为电力消耗计算的依据。

直流系统的接地：由于电解槽的盐水入口、碱液出口等物料的出入口所流液体都是易导电的强电解质，故漏电不可避免，漏电的后果主要是金属设备的电化学腐蚀。漏电的规律是整个电解槽系列的中间槽对地理论上是地电位；正电位区漏电流是由电槽流出；负电位区漏电流是流入电槽。整个电槽系列的对地电压分布如图14-8所示。

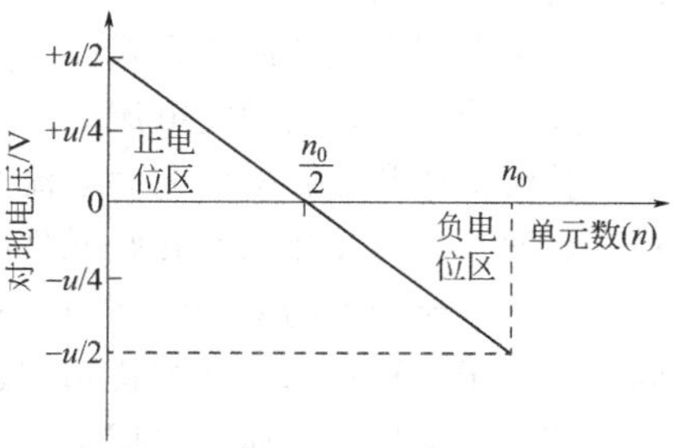

图14-8 电槽对地电压分布图

正常情况下，第一号槽的对地电压为系列电压的$+\frac{1}{2}$，第 n_0 号槽（即最后一个槽）为系列电压的$-\frac{1}{2}$，中间槽对地电压为零（即中性点）。当负电位区漏电大于正电位区时，则第 n_0 号槽对地电压绝对值比正常时小些，而第1号槽对地电压绝对值将比正常时大些，系列中性点向负端偏移若干槽。当负端硬接地时，第 n_0 号槽（负端）的对地电压为零，第 1 号槽对地电压升至系列全电压。同理，当正电位区漏电大于负电位区或硬接地时，中性点偏移情况可按此类推。工艺联锁保护中的“零点电位”，实际上就是上述的中性点偏移保护，发生在电槽系列的正负电位区漏电不对称的情况下。

14.2.4 电化学用硅整流器

电化学用的硅整流器，是由大功率整流元件及其他附件组成一体的设备。硅整流元件分大功率硅二极管和硅晶闸管（又称可控硅元件）两种，并相应组成硅二极管整流器和硅晶闸管整流器；其他附件包括保护器件、测控器件等，配套设备包括控制开关、冷却设备等。

电化学整流器通常采用三相桥式和带平衡电抗器正反星形电连接方式。根据电槽系列的电流和电压值，对于复极式离子膜电槽的整流装置，以三相桥式全波整流居多；对于大单极式离子膜电槽的直流装置，以带平衡电抗器正反星形六相半波整流居多。

根据装设地点的厂房条件和电解槽布置要求，整流器母线的进出方式主要有中进上出、下进上出和上进下出三种基本形式，此外还有下进下出、上进上出的特殊形式。从材料节约和均流性能考虑，一般不推荐采用这种同侧进出线方式。

整流柜内母排结构通常采用水平 ABC 顺序排列。在同相逆并联连接场合，除了延用双桥水平排列方式外，国内新出现了母排从上至下 ABC 顺序排列的三相双桥轴式桥臂结构。据介绍，其结构简洁，母排压降小，安全可靠性高的优点明显。

整流器输出功率分大、中、小功率三大类，见表 14-7。

表 14-7 电化学用整流器按功率大小基本分类

类别	简称	直流输出电流与电压	主要应用领域
大功率整流器	HPR(high power rectifier)	22.000～56.000A,300～500V	电解铝、镁等
中功率整流器	MPR(medium power rectifier)	10.000～31.000A,160～750V	电解食盐、锌、镍等
小功率整流器	LPR(low power rectifier)	3.150～16.000A,12～400V	电解铜、铅、电镀等

注：直流输出电流/电压是指单台 6 脉波整流器的输出电流/电压。

整流柜壳形式有：带柜壳的适用于中、小功率者，供户内使用；无柜壳的适用于大、中功率者，供户内使用；尚有全封闭的整流、控制、冷却一体化结构，适用于中、小功率者，供户内、外使用。

电化学用整流的冷却方式以水-水冷却占绝大多数，只是在水源不便或缺乏的地方才采用强逼风冷方式，其额定电流 8～12kA，额定电压 50～800V。

整流柜体和金属构件在大电流交变磁场作用下，因电磁感应产生涡流或环流会形成附加损耗，发生局部发热以及并联元件电流分布不均等问题，应采取必要的防磁措施。

对于电流较大的采用同相逆并联技术，能从根本上很好地解决大电流交变磁场所带来的问题。由于该种技术存在装置结构连接母线、冷却管路相对复杂的缺点，不推荐在所有电化学整流器中采用，具体应根据整流器的电流大小和电压高低来决定，还应有防短路的绝缘间隔措施。广州擎天实业有限公司开发了浇铸型元件母排，将逆并相的元件母排用环氧树脂铸成一体，对防止短路、减少压降和振动有明显效果。根据电磁感应的原理，应采取屏蔽措施，隔断电磁感应的闭合回路，切断可能形成的环流，对柜体若干部分采用非导磁材料，如不锈钢材料、合金铝材、钢化玻璃绝缘材料、工程塑料等。

在柜体设计时，预留一定的空间尺寸，增大导电母排与柜体钢铁构件之间的空间距离。

整流桥臂并联元件的均流度为整流器的主要性能指标之一。提高均流度的措施包括：采用同相逆并联连接方式，采用1/3进出线方式，选配压降参数接近的元件并联，串联均流电抗器，改进元件压装和母排连接工艺等。时至今日，由于整流元件额定电流可达到4000A以上，桥臂并联元件数减少到5个以下，加上元件特性的稳定性提高，采用元件选配和工艺改进的方法，可以使自然均流系数≥0.9，因此，在电化学整流器中，串联电抗器的均流方法并不是最佳的选择方案。

14.2.5 电解槽的极化整流器

当离子膜电解槽在运行中突然停电时，类似于蓄电池，会产生反向的自放电，造成电解槽极板被腐蚀。极化电源的作用是在主整流器停电时，向电解槽提供防止腐蚀的应急电源。此外，在开车前电解槽已加入电解液，正常停车后电解槽没有排空电解液情况下往往也需要启动极化电源保护电解槽。

(1) 对极化电源要求如下：

① 极化电源长期处于待机状态，必须具有完备的故障监视报警（包括进线交流电源监视），便于操作人员及时发现故障并修复，保证极化电源随时可投入运行。

② 具有稳流、稳压控制功能，最好是稳流/稳压自动切换。开车前送极化电源时，槽压比较低，极化电源以稳流方式工作；电解槽刚停车时，槽压比较高，极化电源以稳压方式工作。

③ 直流输出带平波电抗器。极化电源一般不带电压自动调挡装置，完全靠晶闸管移相触发调节输出电流、电压。如果没有平波电抗器经常处于深控状态，输出电流是不连续的脉动电流。

④ 外部启动/停止控制。极化电源在待机时，根据电解槽工艺要求事先调整好电流/电压设定值。一旦主整流器突然停电，输入一个开关量信号启动后极化电源尽快输出预设的电流/电压，启动过程不至于因冲击造成极化电源自身损坏。

(2) 极化电源的主电路和控制电路。极化电源典型的主电路如图14-9所示。进线电源为三相交流380V，熔断器FU1～3作为交流侧过载保护（也可用空气断路器）。整流主电路采用三相全控桥式，快熔FUS1～3作直流侧短路保护，R_0、C_0、R_1、C_1分别用于换相过电压和直流过电压吸收。R_2为预负载电阻，使晶闸管流过的电流大于其维持电流，即使槽压大于等于极化电源输出电压时，也能以稳压方式正常工作。L_F为平波电抗器，降低输出电流、电压的纹波。VD_1为反电流保护二极管，防止主整流器输出电压或电槽反电势通过极化电源产生反电流。快熔FUS4是防止极化电源主电路击穿时使主整流器输出电压或电槽反电势短路。直流电流检测采用分流器，简单可靠。电流、电压表大多采用数显表。

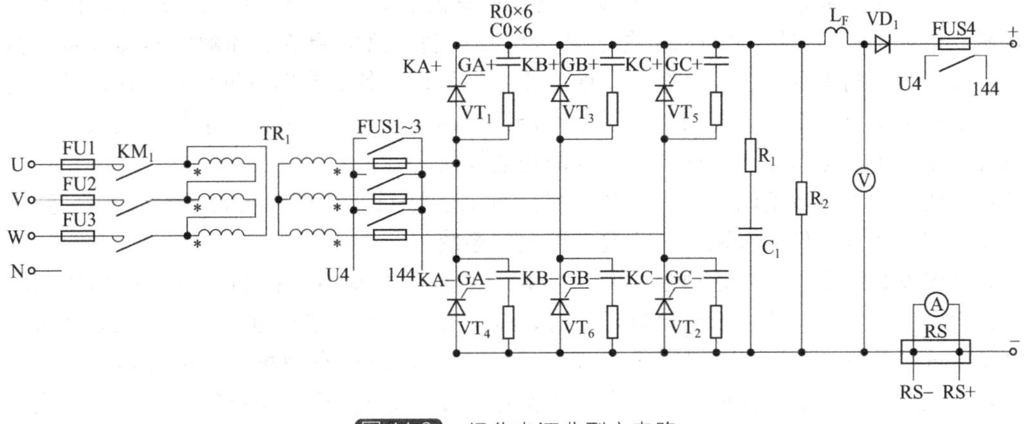

图14-9 极化电源典型主电路

常用的极化电源控制电路有两种：

① 以运放为核心的PI调节器＋锯齿波触发器组成的模拟控制电路；

② 以单片机为核心的数字控制电路。

极化电源的输出启动/停止控制方式有两种：

① 通过主回路的交流接触器控制。待机状态时，整流变压器不送电，没有空载损耗。但要注意启动极化电源时，防止变压器合闸冲击电流导致进线配电回路断路器跳闸。

② 通过控制回路脉冲封锁控制。待机状态时，整流变压器处于带电状态，晶闸管触发脉冲被封锁。相对于方式① 没有变压器合闸冲击问题，但变压器长期存在空载损耗，并且要注意电解槽停车时，应断开极化电源进线交流电，防止干扰脉冲导致极化电源误输出电压至电解槽。

极化电源输出至DCS及主整流控制系统的信号一般包括：

① 4～20mA的极化电流、电压模拟量信号。

② 极化故障。无源接点信号，极化电源出现主控板自检故障、缺相、过流、快熔熔断、整流元件超温等故障。

③ 极化运行。无源接点信号，极化电源直流输出电流、电压正常。

④ 极化准备好。无源接点信号，极化电源处于待机状态并且没有任何故障。

⑤ 极化电源装置的额定值。除旭化成离子膜电解槽外，其他常见的离子膜电解槽都要求配置极化电源。极化电源的额定电压根据所配电解槽系列总的串联单元槽数量确定，一般按每个单元槽2.5V计算。不同厂家不同型号电槽要求配置的极化电源额定电流差异比较大，比如北化机槽要求极化电源额定电流120A，伍迪公司电槽为30A。

14.2.6 整流装置的监控系统

整流装置的监控系统在早期主要有现场信号采集，电缆远距离传输，控制室中央控制屏显示几部分。缺点是装置多，每一个信号需独立信号装置，经电缆远距离传输至控制室，易受干扰；自身不具备自检功能，当出现系统故障时不会有报警提示。例如：整流柜水温报警信号，经水温表采集信号，当超过报警值时，电缆将信号传输至中央控制屏，经继电器输出后分别至报警指示灯和报警光字牌。而整流监控除了整流装置自身的恒流控制外，还包括现场信号采集，其中常见故障报警信号有冷却器故障、元件故障、臂过热、水温高、水压低、直流过流、工艺联锁等，而状态信号则包括了高压开关位置、直流开关位置、冷却器运行状况，每一个信号都需单独电缆将信号引至控制室，线路繁多，故障率较高，不具备故障查询功能。

计算机数字监控系统：数字式控制系统是在整流装置中利用计算机（通常是微型单片机，简称单片机），将硬件和软件相结合代替模拟控制电路的调节器和触发器实现直接数字控制。数字式控制系统一般按分布式、模块化原则设计，各功能模块可独立工作，并可通过内部通信网络交换数据。关键功能是通过冗余设计提高可靠性，局部功能模块失效时尽量避免系统停车，可在运行中修复或更换失效的功能模块。

现在使用的大多数整流装置的控制系统是由工业控制计算机（后台机）、PLC、数字触发板硬件加上系统软件通过通信联系起来构成的系统。

数字触发板的作用主要是通过单片机实现可控硅的自动恒流控制。PLC的作用是将现场采集信号汇总经通信传送至后台机，同时，也可通过现场触摸屏进行现场监控，还可对数字触发板进行控制，进行电流升降等操作。后台机可将PLC在现场采集的数据直观地显示出来，并且监控数字触发板的工作状态，将操作指令下达给PLC和数字触发板。三大部分相互独立，又紧密结合。当后台机故障时，不影响现场设备的操作，并且可通过现场柜上操作按钮进行操作。当 PLC 出现故障时，可分为两种情况：一种是硬件故障，此时需停车进行更换，另一种是软件故障，只需对 PLC 断电重启就可复位，这种情况下，数字触发板按原有的设定值自动进行控制，不会影响直流电流的输出，所不同的是中央控制室的后台机无法对现场信号进行监视，当 PLC 复位后，就可进入正常工作状态。

图 14-10 是一种典型的双通道热备用数字控制系统的方框图。由触发控制器、热备用控制器、通信控制器、PLC、触摸屏（人机界面）等部分组成，并可同时连接到两个计算机监控网络。

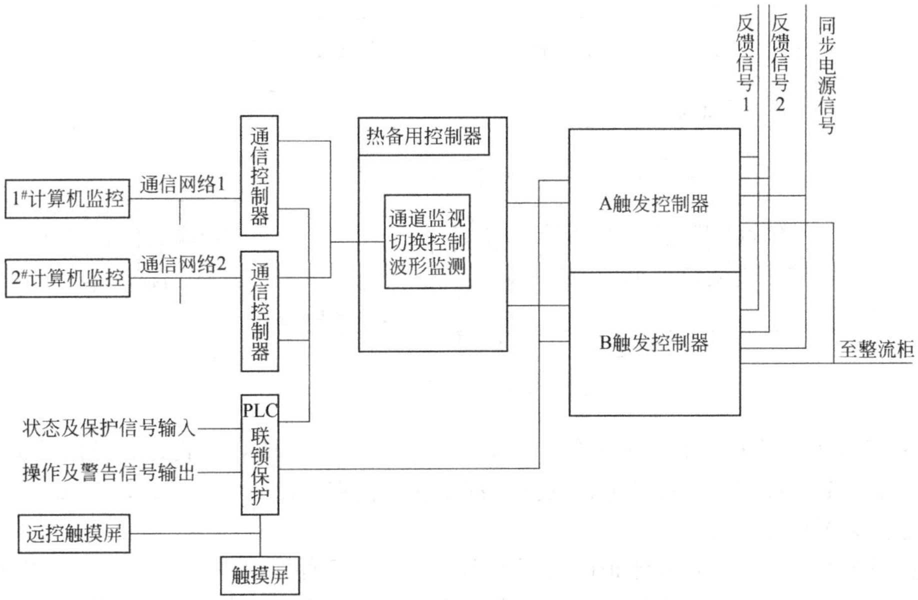

图 14-10 整流装置计算机控制系统方框图

触发控制器作为系统的核心控制部件，主要完成稳流调节和触发脉冲控制，其他功能模块局部故障时，触发控制器仍然可以正常工作，避免意外造成停车。为了提高系统的稳定性，用两套相同的触发控制器组成互为热备用。

热备用控制器实时监测两套触发控制器的运行状态，检测整流装置输出电流是否正常。当工作的触发控制器故障时，自动切换到另一套触发控制器，或者根据操作指令切换触发控制器。

通信控制器负责整流装置控制柜的通信管理。对内部连接的各控制模块，采集和交换各功能模块数据；把内部各功能模块分散的运行数据和参数映射为一个整体的寄存器文件，提供给外部系统访问；对外通过 RS485 通信接口和开放式的通信协议与监控系统连接。通信控制器在内部和外部通信之间进行协议转换、数据缓冲。

以 PLC 为核心组成联锁保护系统，并对触发控制系统及辅助设备进行操作、数据采集。

整流与工艺监控系统配置方案：网络控制技术在电化学的应用，从根本上改变了以往整流设备的控制地点分散、功能单一、分工过细的状况。目前正朝着变电、整流、工艺综合监控方向发展。在变电站监控，中控室控制，整流所无人值守的方案已成为企业电气布置的基本格局。具体细分：在变电站监控，中控室集中控制的方案；在变电站集中监控，多个中控室控制的方案；总变电站综合自动化系统方案。现对应用较多的第一种方案的结构和功能做简要介绍。

该方案的监控地点在 DCS 中控室，它和总变电站、整流所三者之间距离在 500m 以上。

整流所为无人值守方式；总变电站一般只对数据进行监视，不常操作；整流器的日常操作由中控室完成。整个系统如图 14-11 所示。

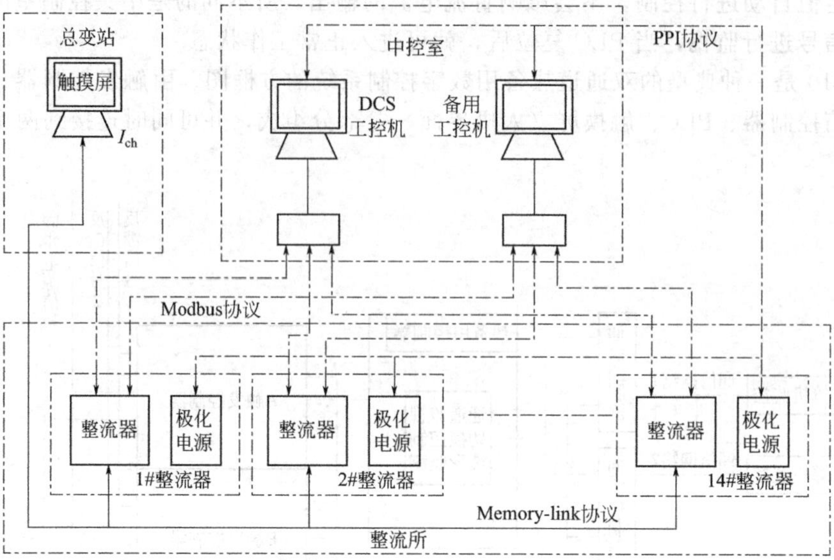

图 14-11 监控系统结构图

① 中控室对整流机组的数据采集和控制。整流所为无人值守方式，大量的整流器相关数据都要上传到中控室，所有整流器的操作都要在中控室远控完成。因此，对通信质量要求很高，监控数据量也很大。

监控系统采集信号有：整流柜内各项数据，每个硅元件实时电流数据，高压开关状态，各相高压、低压电流数据，整流变压器状态，纯水冷却器状态，直流刀开关状态等。

控制系统控制内容有：整流器的启停，有载分接开关的升降，反馈的切换，运行方式的切换，电流的设定，控制角的设定，高压开关的分合，直流刀开关的分合，对时信号等。

监控数据包括上传到中控室的模拟量，开关量数据和故障数据及中控室下传的操作信号和设定信号 5 类。

② 中控室对极化电源的数据采集和控制。极化电源的数据采集和控制数量较少，其主要功能就是在 DCS 的控制下，配合整流器的运行状态进行启停。主要信号见表 14-8。

表 14-8 极化电源与中控室通信的信号

序号	信号名称	数量	备注
1	运行	1	开关量
2	停止	1	开关量
3	故障	1	开关量
4	稳压/稳流	1	开关量
5	手动/自动	1	开关量
6	电压/电流设定	1	模拟量

③ 总变电站对整流器的数据采集和控制。总变电站设置监控的主要目的是向电气值班人员提供实时的整流所数据，确保安全可靠运行，因此，所有数据都要在总变电站内显示，同时也应具备控制功能，作为中控室的控制备用。

④ 整流控制与化工 DCS 联锁系统。为使整流和工艺协调工作及安全运行，必须设置一套快捷的联锁系统。其范围包括工艺、电气及仪表三部分，无论出现哪一种故障状态，都可通过联锁系统切断电解槽直流电，关闭加盐酸的阀门，完成联锁相关动作（见本书仪表控制部分）。整流器的电流、运行状态及电流负荷的调整由电气的 PLC 通过 PROFIBUS-DP 方式传送到 DCS 进行显示、控制，实现实时的监控及负荷的调整。

联锁系统原理见图 14-12。

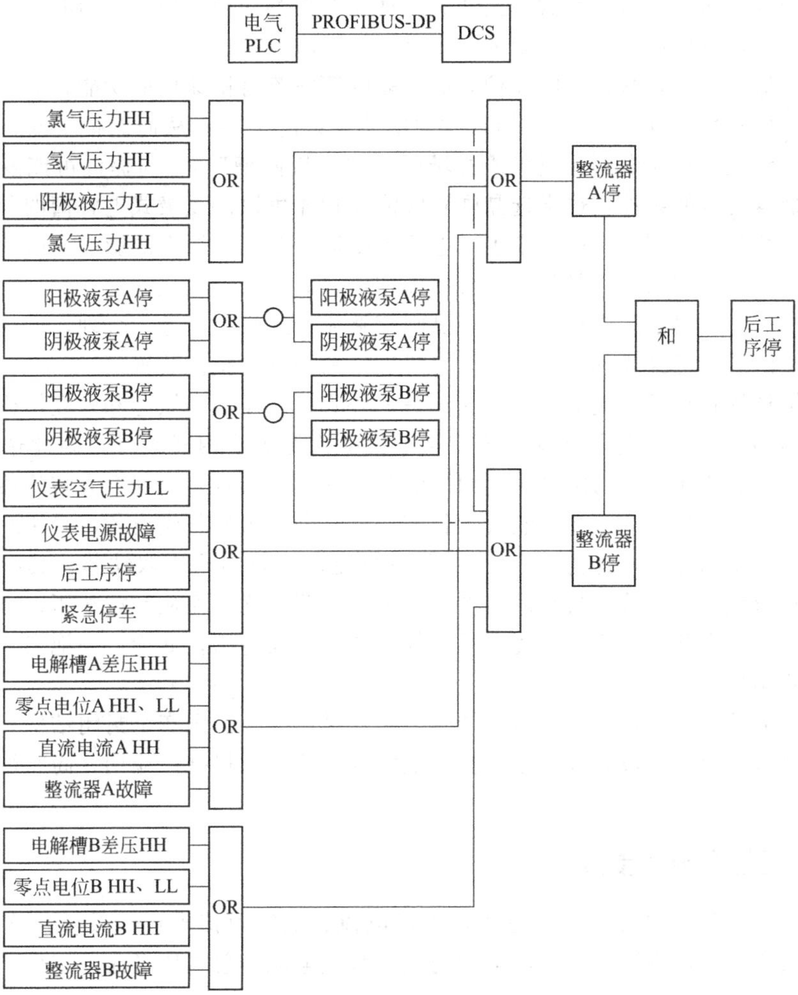

图 14-12 联锁系统原理图

一套控制系统可以安装一个或多个触摸屏，分别安装在就地和远控，但通信速度会受到影响，可以考虑在经常操作的地点安装。理论上一个一个触摸屏可以连接多套整流控制柜，作为集中监控。但触摸屏显示面对于多控制系统操作不方便，难以满足集中控制的需要，一般用台式计算机监控系统作为集中控制。

14.3 氯碱整流装置的设计选型

14.3.1 装置的类别和结构形式

目前电解整流装置有晶闸管（可控硅）和二极管两种，晶闸管整流的优点是输出电压实现了移相控制，从零到额定值平滑、无触点调节，而且速度快、调节精度高，从而简化了调压设备，由此降低设备总造价和装置的总损耗。缺点是故障概率稍高，维修技术较复杂。当整流器深控运行时，装置的功率因数变低，谐波扰害严重。

二极管整流装置工作原理较简单，没有复杂的控制技术，对维修技术要求不高。但是，这种整流方式需配置有载开关作输出电压的粗调并辅之以饱和电抗器作细调，从而使装置的一次设备复杂，整流变压器的结构（形式）容量增加，因此增大了设备总造价和装置的总损耗。就设备的维护而言，由于有载分接开关的动作有接触切换，使用寿命有限，且对开关可靠性要求特别高，维护和检修工作量远大于晶闸管整流设备。

在过电流保护和工艺联锁停电保护方面，晶闸管整流有快速反应功能，故障分闸时首先将控制角推移(一般为90°)，在一个周波时间电流可以降为零，从而保护了断路器触头。另外，对于一组整流装置供电两台复极槽的场所（“一机两槽”），为提供可能发生的一槽检修、另一槽继续运行的条件，也必选晶闸管整流装置才可以。复极式电解槽的单元数和单极槽的台数，往往是一步到位，就决定了槽电压不受运行时间长短大的影响。因此，整流装置的设计电压不必留过多余量，晶闸管不会因深控运行而功率因数变差。

基于上述分析，离子膜电解供电采用晶闸管整流方式较为先进、合理，而且电化学用的国产晶闸管整流装置已经成熟，完全可以取代进口的晶闸管整流装置。

装置的结构形式包括整流器是户内式还是户外式；变压器的铁芯和外壳结构形式。

整流器的柜壳结构应配合电解工艺，离子膜电槽均为户内式设计，因此选户内式整流器。早在20世纪70年代，为配合金属阳极电解槽的户外布置，西安电力整流器厂也制造过调压、变压、整流的户外式三合一装置。目前亦有这种全天候整流设备，采用水-风冷方式。

变压器铁芯结构方面，为构成等效12脉波整流，均较多采用双铁芯，其中有共轭式双铁芯和独立式双铁芯。从节约材料的角度，共轭式铁芯占优；而从空载电压、阻抗值对称和运行灵活性角度，则独立式铁芯较优。对于复极式离子膜电槽，如为“一拖二”配置必须用独立式双铁芯结构。

引进装置的整流变压器多为全封闭结构，不需吊芯检查。国产全封闭结构，不需吊检的整流变压器也进入成熟阶段，并经运行检验证明其成功，值得推广应用，尚有待列入行业的产品系列。

14.3.2 装置基本电气参数设计

装置基本电气参数中最基本的是额定直流电流、额定直流电压以及整流变压器的阻抗值、调压参数等。设计中通常是将电解槽的额定直流电流和总电压考虑一定余量后定作整流装置的额定值。

20世纪80年代的离子膜槽有明确的三种电流密度及其对应的槽电流，即最低、额定、最高，分别为1.5kA/m²、3.3kA/m²、4.0kA/m²，具体由供应离子膜公司提出，这是离子膜槽适合于大范围的电流密度下运行的特性体现。额定电流对应于槽的设计能力，最高电流则适用于峰谷两种电价地区和产量起伏多变的情况。目前的高电流密度的电槽，设计电流密度为4.5～6.0kA/m²，整流装置的额定电流可按槽电流最大值设计。

整流装置的额定电压是以电解槽总电压为基础加上装置本身压降和母线压降来确定。电解槽总电压 U_c 是由单元槽的槽压和槽的单元数 N 所决定的。

$$U_c=N(\mu_0+k_c j)+kj$$

式中 μ_0——槽极化电压；通常取2.4V；

j——槽的电流密度，kA/m²；

k_c ——电槽内部电压降随电流密度变化的梯变，初期值为 0.14V·m²/kA，终期值为 0.16V·m²/kA；

kj ——电槽回路母排压降，随电流密度变化的值。

对于复极式离子膜电槽而言，当电流密度在最大值（5.5kA/m²）运行时，其终期单元槽压为 3.56V，可按此计算出整流装置的额定电压。

整流变压器的阻抗电压百分数选取：整流变压器的阻抗电压百分数的下限值首先应达到与同一电压等级电力变压器的阻抗值，同时使整流器出现短路故障时保证通过快熔的故障电流在它所能承受的范围之内，而且还应进行晶闸管 di/dt 值是否适应的校核。

调压范围及级数的确定：调压范围直接关系到调压设备的经济性，范围越大，设备形式容量越大，设备的价格和损耗也相应增大。其确定原则是当运行电压最低时，调压器处在下限位置，整流器控制角不大于 20°；当运行电压最高、系统电压最低时，调压器处在上限位置，整流器仍然保持 10°以内的控制。因此，调压范围可根据电解槽形式、整流装置的最高运行电压和最低运行电压以及系统电压波动的范围来确定。具体可将有关参数代入阀侧空载电压计算式，求出其最高值和最低值，将该值代入调压范围计算式即可。目前离子膜电解槽的种类较多，除了复极槽外，还有单槽、双槽、三槽和由单槽串联组成一体的复合槽系列。这些电槽的调压下限取装置额定电压的 75%～80%，上限宜取 105%。

复合槽系列的调压器调压范围要求比单槽、双槽、三槽大，下限应取其运行电压和额定电压的差值，减去一台复合槽的电压加上装置额定电压值 10%～15%；上限仍为 105%。

与晶闸管配套的调压器调压级数，可参考二极管整流装置的有载分接开关级数与自饱和电抗器的调压幅度两者之间关系确定。根据有关设计文件推荐，自饱和电抗器的调压幅度相当于晶闸管控制范围，便有：

$$\cos\alpha_{\min}-\cos\alpha_{\max}\geqslant 2\times\frac{\text{调压范围}}{\text{调压级数}(N)}$$

将以上的调压范围、α 值代入上式后，对于复极槽而言，有调压级数：

$$N\geqslant\frac{\text{调压范围}}{\cos\alpha_{\min}-\cos\alpha_{\max}}=\frac{2\times 0.30}{0.045}=13.3$$

14.3.3 整流柜与离子膜电解槽的接线及配置方式

单机组单独供电：随着离子膜电解槽的广泛运用，由于电解槽参数的变化，整流柜的形式结构再次发生一些变化，主要体现在为配合离子膜电解槽安装结构（离子膜电解槽多安装在距地面 4～6m 的二层厂房内），整流柜进出线方式有下进上出、下进下出、上中下进上出等方式。由于受电槽参数的影响（要求额定电压 410～600V，额定电流 12～20kA），整流电路形式多为三相桥式，同相逆并连接线方式一般在整流柜中下部进线方式中采用，非同相逆并联一般在整流柜上（A）中（B）下（C）进线方式中。同时对应大功率可控硅元件运用，元件电流一般在 4000～6500A，整流单臂元件数量一般情况下为 2 只或 4 只。与之配套的整流柜容量，电流 12～20kA，电压 410～600V。离子膜电解槽具有电流小、电压高的特点，一般配置方式为一组整流器单独向一组电槽供电（见图 14-13）或一台整流变压器带二台整流柜向两组电解槽供电的方式（见图 14-14）。

一拖一平面图见图 14-15，一拖二平面图见图 14-16。离子膜电解槽下进上出方式布局示意图见图 14-17，上中下进线、顶部出线方式见图 14-18，柜下部进线、下部出线方式见图 14-19。

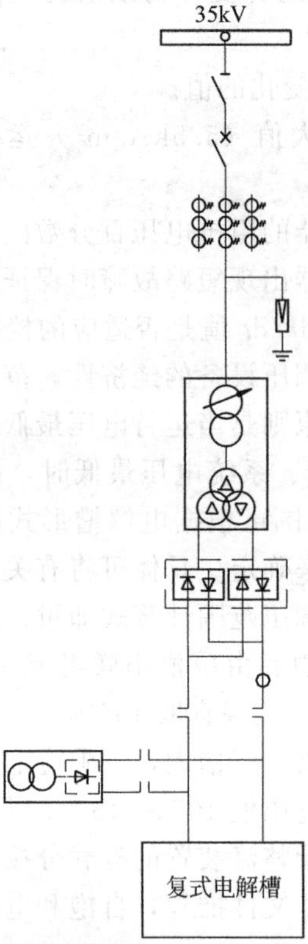

图 14-13 一拖一接线

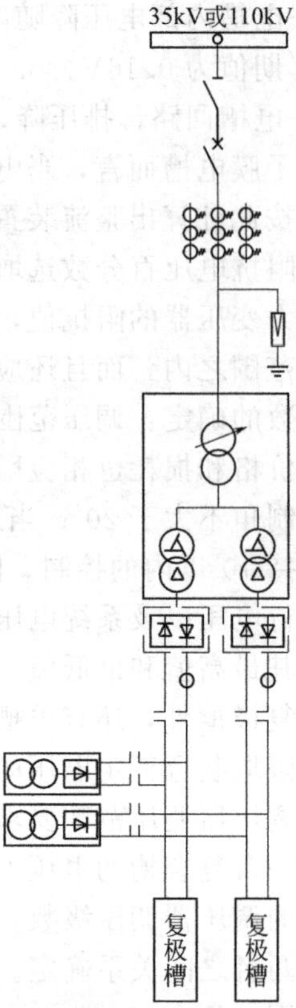

图 14-14 一拖二接线

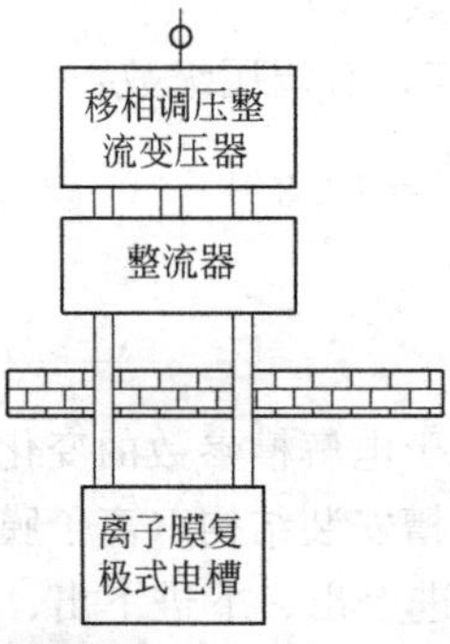

图 14-15 一拖一平面图

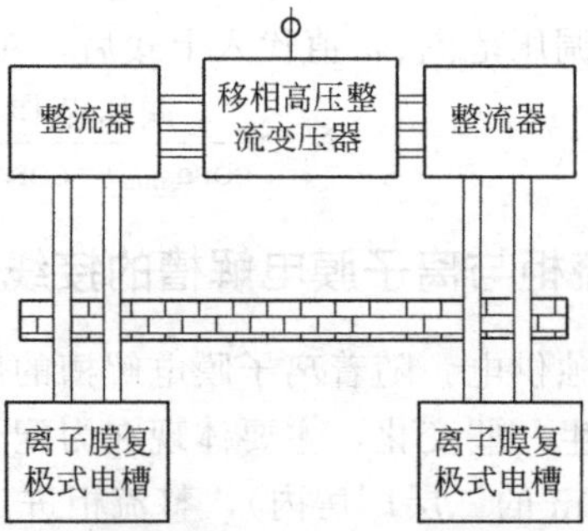

图 14-16 一拖二平面图

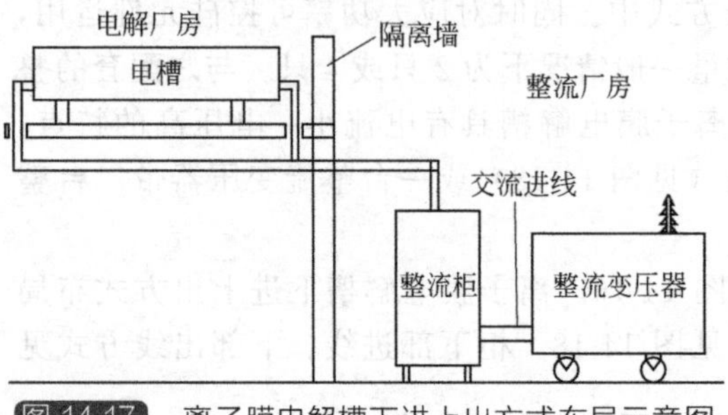

图 14-17 离子膜电解槽下进上出方式布局示意图

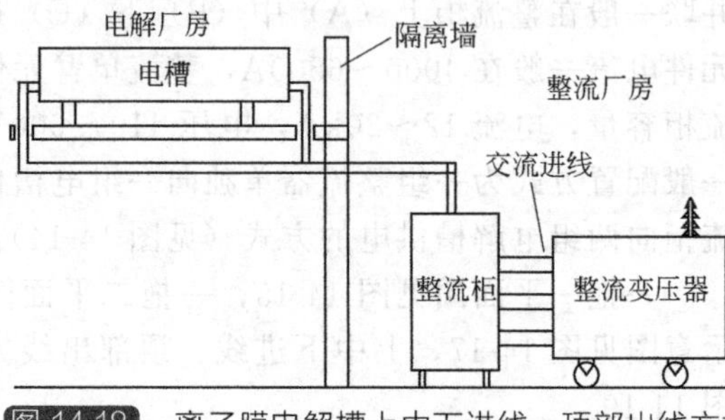

图 14-18 离子膜电解槽上中下进线、顶部出线方式

整流元件一般为 4 只，为减少阀侧交流进线间的互感，交流母线上下间距 400～600mm，左右间距 900～1100mm。采用这种结构方式的最大特点是布局合理，整流柜内部布置简洁明了，外部接线方便直观，相比于传统下进上出或上进下出的接线方式，可最大限度地节省铜材的消耗，空间布局较传统方式，方便巡检和检修。离子膜电解槽三相垂直出线方式见图 14-20。单机组供电，一拖一、一拖二方式的特点比较见表 14-9。

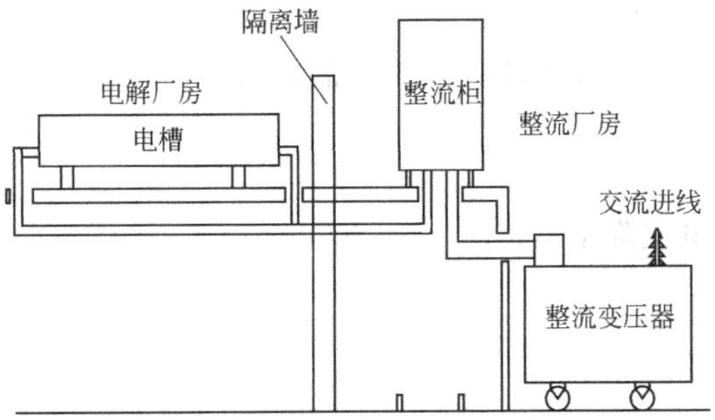

图 14-19 离子膜电解槽柜下部进线、下部出线方式

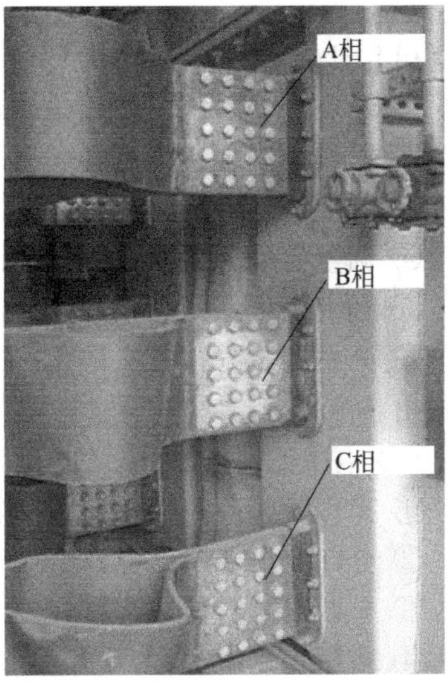

图 14-20 离子膜解电槽柜三相垂直出线方式

表 14-9 单机组供电，一拖一、一拖二方式的特点比较

一拖一	一拖二
(1)一回高压交流供电回路向一台复极式离子膜电槽的整流装置供电，操作灵活性强； (2)高压交流供电回路万吨碱投资较大； (3)一回高压供电回路跳闸，引起一台复极式电解停车，造成系统的氯氢波动量为 1.875～3.125t/h，碱量较小，对生产有利； (4)宜用于 10 万吨/年碱以下生产规模企业； (5)技术尚未完全成熟，设备性能稳靠性欠佳，初期采用	(1)一回高压交流供电回路向二台复极式离子膜电槽的整流装置供电，设备简洁，占地面积较小； (2)高压交流供电回路万吨碱投资较小； (3)一回高压供电回路跳闸，引起二台复极式电解停车，造成系统的氯氢波动量为 3.75～6.25t/h，碱量波动量小于或等于系统总碱量的 25%时，如能通过调整，可使系统稳定下来，不会对生产造成更大影响； (4)便于构成单机组 12 脉波整流，对抑制谐波有利； (5)宜用于 15 万吨/年碱以上规模生产企业； (6)目前的技术和设备已相当成熟，已被广泛采用

14.4 整流装置调试及运行监控

14.4.1 整流与电解工艺 DCS 联锁保护的联动调试

为了保证出现故障时离子膜电解槽和整流装置都能安全停车，除了需要做好离子膜整流装置与 DCS 控制联锁保护的设计外，还需在检修之后或有联锁的仪表等附件、线路有变动之后，进行联锁调试，调试内容为：

(1) 工艺联锁到整流装置停车的调试；

(2) 整流装置故障到工艺联锁停车的调试。

调试原则：

① 正常时，常开触点，要人为短接；

② 正常时，常闭触电，要人为断开；

③ 正常时，模拟信号，要人为用仪表加一个模拟量联锁值；

④ 确定各联锁信号产生的联锁结果正确即可。

14.4.2 整流装置运行操作程序

(1) 开机程序：

① 开启冷却系统，调整冷却水压正常；

② 操作控制柜各控制开关，表计显示正常；

③ 合上交、直流隔离开关；

④ 调整有载分接开关挡位处于电压较低挡；

⑤ 合上变压器断路器；

⑥ 调整有载分接开关挡位（二极管整流装置）或电流调节器（晶闸管整流装置），按工艺输出整流电流。

(2) 停机程序：

① 操作分接开关或给定电位器，使机组电流降至零；

② 分断变压器断路器；

③ 分断交、直流隔离开关；

④ 切断控制电源；

⑤ 停止冷却系统。

(3) 运行监控主要内容及控制指标：

① 网侧交流电流、电压及直流侧输出电压、电流应控制在设备的额定值范围内；

② 变压器温升（≤55℃），油位（控制在 1/3 刻度），有载分接开关挡位；

③ 整流柜冷却水进出口温度（≤45℃），硅元件外壳温升（螺旋式≤45℃，平板式≤50℃），快速熔断器温度（≤80℃），水冷母线温度（≤70℃），母排本体温度（≤35℃）；

④ 冷却系统循环水泵运行是否正常，有无漏水、过温现象，水压是否正常，风机及通风道是否正常，循环水质是否符合要求；

⑤ 控制、保护、测量装置有无声光报警信号，控制给定值是否正常；

⑥ 高压开关、直流隔离开关有无异常发热或放电声。

参考文献

[1] 刘忏斌等．硅整流所电力设计．北京：冶金工业出版社，1983.
[2] JB/T 8740—1998 电化学用整流器．北京：机械工业出版社，1988.
[3] 王兆安、张明勋．电力电子设备设计和应用手册．北京：机械工业出版社，2002.
[4] 张直平．城市电网谐波手册．北京：中国电力出版社，1992.
[5] 黎鹏．氯碱工业整流技术．天津：天津科学出版社，1992.
[6] GB 3859—83 半导体电力变流器．
[7] 廖秀华．电化学实用整流技术手册．天津：中国氯碱工业协会，2009.

15 仪表、控制和信息化系统

15.1 概述

15.1.1 氯碱自动化与信息化系统发展综述

20 世纪 80 年代初，工业 PC 开始应用在氯碱工业，并在此后一段相当长的时间内得到蓬勃发展，成为当时的氯碱企业仪表控制系统更新替代的主导产品；在 20 世纪 80 年代中后期，氯碱工业也开始引进了国外先进的工艺技术和自动化配套装置，比较早的有天津化工厂采用横河 CENTUM 系统的 PVC 树脂装置，北二化和锦西化工厂采用费希尔 DC6400 系统的 $70m^3$ 悬浮法聚氯乙烯装置。通过采用 IPC、DCS 及 PLC 对氯碱自动化技术进行改造，使氯碱生产过程监测和控制从以往手动控制、分散局部控制发展到具有较高水平的自动化集中控制。生产过程控制系统不仅包括数据采集、处理和基本过程控制，还兼容先进的生产管理系统、调度和优化高级控制等。

15.1.2 仪表系统

氯碱生产过程中，仪表测量和控制设备需要面对强腐蚀、易结晶、易燃、易爆、高温、高压等不利因素，同时仪表的使用环境、介质的工况变化也往往会给测量与控制仪表的选型带来很多困难，这对仪表的材质、运行方式、抗干扰能力提出了很高的要求。随着新技术、新材料的不断发展，许多以往难以检测、使用寿命短、性能不稳定、维护量大、成本高等问题已得到有效解决，使得氯碱自动化测控仪表应用水平得到极大提高。氯碱工业生产过程中主要使用的仪表有：

（1）流量仪表

① 质量流量计。测量管材质为不锈钢或哈氏合金 C，精度 0.2 级，适用于烧碱或液氯贸易结算及过程控制要求严格的场合，如引发剂的计量等。

② 电磁流量计。衬里材料有聚四氟乙烯、聚氨酯、橡胶，电极有不锈钢、哈氏合金、钛、钽等，主要用于精盐水、碱液等的计量。

③ 金属管转子流量计。使用聚四氟乙烯、橡胶、钛材、不锈钢等材质制造的测量管和锥子，适用于低流量场合。

（2）压力和差压仪表。隔膜式压力表的膜片材质有聚四氟乙烯、哈氏合金、钛、钽、SS316，变送器膜片材料有 SS316、钽、钛、哈氏合金 C 和镍基合金。这些压力和差压仪表适用于强腐蚀介质测量的场合，可有选择地用于测量强酸、强碱、氯气和氯化氢等介质。

（3）液位测量。对于烧碱蒸发器的液位测量，因蒸发过程中伴随结晶，采用差压变送器或其他形式的液位测量仪表效果很不好，通常采用交流电极对蒸发器液位进行二位式测量，即使这样，因蒸发器中存在碱雾，也容易产生虚假液位。国内已研制出一种信号调理板，依据电极所处位置导电的强弱，将其转化为模拟连续信号，彻底解决了烧碱蒸发器虚假液位的问题。

（4）控制阀。隔膜式控制阀，防腐蚀材料有聚四氟乙烯、橡胶、聚酯、F46、聚乙烯等作为衬里。其他控制阀，如气动蝶阀、气动球阀、偏心旋转阀、直通单座阀等，结构材质上可采用上述衬里或全塑阀门。

(5) 分析仪表。采用热导原理的在线氯中含氢分析仪已得到数十个工业现场长达多年的验证，其长期运行可靠性、易维护性、响应速度等指标与色谱分析仪相比都具有明显的优势，该分析仪可同时输出氯气、氢气组分，既可以在负压下检测单台电解槽氯气组分的变化，也可对氯气总管进行检测。还可以在正压下对液氯尾气进行组分检测。该分析仪可以用于电解开车过程的安全检测、日常运行当中的离子膜膜片破损安全监测，并参与液氯工序液化效率的安全控制以及氯化氢和盐酸合成的氯、氢物质的量配比控制。

pH 计用于测量盐水酸度；可采用红外分析仪表测定氯气中的微量水分，“0”点标定比较困难，但测定其微量水分变化趋势时还是可取的；采用光度比色法的在线光度分析仪还可以实现对盐水中的钙、镁离子在线检测。

15.1.3 控制系统

(1) 可编程控制器（PLC）的应用。PLC 因其成本低、功能丰富、配置灵活，在氯碱行业得到广泛应用，如在烧碱蒸发装置、水处理、盐水制备、大型旋转设备配套控制、液氯包装等产品包装线及电气 SCADA 监控中，PLC 的功能得到极大发挥。

(2) 分散控制系统（DCS）的应用。氯碱工业应用 DCS，早期是随着成套设备配套引进的。随着国产 DCS 的日益成熟，从 20 世纪末开始，浙江中控公司的 SUPCON-JX300、ECS-100 系统，北京和利时公司的 HS-2000、MACS 系统二大国内品牌 DCS 在氯碱行业上也得到了广泛应用。数年前，绝大多数氯碱企业在 DCS 选型上一般遵循这样一个原则：除 $70m^3$ 釜 PVC 聚合装置采用国外 DCS 系统外，其他工序或装置均采用国产 DCS，而现在，对 DCS 功能、性能要求颇高的 $70m^3$ 釜 PVC 聚合装置上，数套国产 DCS 系统已经得到了成功应用。

(3) 先进控制与优化控制的应用。20 世纪 90 年代后期至今，DCS、PLC 已获得广泛应用，尤其是 DCS 和计算机相结合在实现多变量控制、预测控制、优化控制、软测量技术、人工智能专家系统、大型设备诊断等方面有许多企业和自动化工程公司做了大量工作，使我国氯碱化工先进控制与优化控制技术有了长足的进步。

氯碱化工自动化由单体控制系统在向总体控制系统发展，由彼此独立的子系统在向多元沟通的网络化系统发展。同时，由追求单向指标、单个控制系统的品质优化在向追求整体效益、实现大规模生产的安全、优质低耗的综合最优指标也得到了明显的发展。近几年取得成果主要包括：

① 基于热量平衡数学模型的聚合釜等温入料预测控制技术，在缩短生产辅助时间、提高装置产能、节能降耗、产品质量控制方面取得了明显的效果。

② 烧碱蒸发全自动长期稳定运行、多目标协调优化技术，解决了因测量问题导致的控制系统无法长期稳定运行的问题，蒸汽能耗降低 20%以上，产品质量也得到大大提高。突破的关键技术包括：通过研发并采用能够处理虚假液位的电极信号测量调理板，彻底消除了影响自动化蒸发器虚假液位的问题，并以其作为补偿变量，实现对烧碱浓度高精度软测量；通过阻力匹配模型，调节旋液分离器的入口流速，达到分盐的有效控制等。

③ 氯碱企业自备电厂链条炉和循环流化床锅炉的燃烧优化控制技术及多炉协调优化控制技术，可使链条炉节煤 3%以上，循环流化床锅炉节煤 2%以上，其中所采用的多项先进控制技术能够确保锅炉控制回路保持长期稳定闭环运行。

15.1.4 信息化系统

信息化技术的发展：20世纪90年代，市场竞争加剧，生产受贸易变化的影响扩大，企业纷纷要求通过自动化得到有效的贸易信息和生产信息来做出最佳的生产决策，从而出现了用计算机把贸易信息和生产信息沟通成为统一的信息管理系统。各DCS厂商纷纷推出多层结构，软件上具备管理信息集成度更高、更集中的产品。这一时期的管控一体化的综合信息管理系统（CIMS）能对整个企业的经营和生产进行综合的管理和控制，该系统一般包括现场管理层、过程管理层和经营决策层，但按当今的划分只是包括ERP层和过程控制层（PCS）两层，缺乏生产执行层（MES）。

国内氯碱企业信息化系统的发展是随着IPC技术的广泛应用逐步发展起来的。

21世纪初，天津乐金大沽化学公司采用国际先进的信息化技术，构建了全厂信息化系统。该系统包括企业经营管理ERP层、工厂信息管理层和过程控制层三层结构，其中工厂信息管理系统包括生产过程实时信息和实验室实时信息及人工录入数据，而在ERP层包含设备、生产、销售、物流、财务、采购、人力资源管理等模块，其特点在于ERP层中的功能模块同时兼有企业资源计划和生产执行系统MES的功能，虽与目前国际上流行的ERP/MES/PCS三层标准结构不同，但其功能基本是完整的。

烟台万华氯碱公司2008年立项的信息系统分为过程控制层（PCS）、生产执行层（MES）和经营管理层（ERP）三层结构，除采用目前国际上流行的ERP/MES/PCS三层标准结构与功能外，在过程控制层（PCS）采用了大量先进控制、优化控制技术，在生产执行层（MES）则增加了安全生产管理模块，丰富了信息系统对生产过程控制与管理的功能。

总体来讲，进入到21世纪，我国氯碱行业得到了快速发展，生产规模已排在世界首位，信息化应用水平也有了很大提高。在过程控制层，随着国产DCS产品日趋成熟，新建项目几乎无一例外全部采用了DCS或PLC系统，采用DCS系统改造老旧装置的控制系统也非常普及，这为企业信息化奠定了良好的物质基础。在ERP层，国内有许多氯碱企业已经建立了经营管理系统。然而，氯碱企业信息化水平参差不齐，总体应用水平不高，大多数氯碱企业只是通过各产品线DCS或PLC联网，建立了全厂实时信息系统，而先进控制、优化控制以及过程管理优化方面的工作开展深度和广度还远远不够，尤其是处于中间层的MES系统的缺乏，导致对生产基础信息缺乏有效整合，难以对ERP决策经营层给予有力的支持，距离实现控制与管理数字化、信息化、系统化要求的业务流程再造还有很大的距离，这方面应是今后氯碱企业信息化建设需要加强之处。

15.2 烧碱装置控制室设计原则

位置选择

（1）控制室应位于安全区域内，宜接近现场和方便操作的地方。

（2）中心控制室宜布置在生产管理区。

（3）控制室应远离振动源和存在较大电磁干扰的场所。

（4）中心控制室宜单独设置。当组成综合建筑物时，中心控制室宜设在一层平面，并且应为相对独立的单元，与其他单元之间不应有直接的通道。控制室不宜与高压配电相邻布置，若与高压室相邻，应采取屏蔽措施。中心控制室不宜靠近厂区交通主干道，如不可避免时，控制室最外边轴线据主干道中心的距离不应小于20m。

布局和面积

中心控制室应设置功能房间和辅助房间。功能房间宜包括操作室、机柜室、工程师室、空调机室、不间断电源装置（UPS）室、备件室等，房间布置应符合下列要求。

(1) 操作室与机柜室、工程师室应相邻设置，并应有门直接相通。

(2) 机柜室、工程师室与辅助房间相邻时，不得有门相通。

(3) 操作室面积确定可做估算，两个操作台的操作室，其建筑面积宜为 $40\sim50m^2$，每增加一个操作员站再增加 $5\sim8m^2$，尚应符合下列要求：

a. 操作室面积还应根据其他硬件和仪表盘的数量以及布置方式等加以修正；

b. 操作台前面离墙的净距离宜为 3.5～5m，操作台后面离墙的净距离宜为 1.5～2.5m；

c. 操作台侧面离墙的净距离宜为 2～2.5m。

温度条件

计算机系统对温度、湿度及其变化率的要求如下：

温度：(20±2)℃（冬季），(26±2)℃（夏季），温度变化率<5℃/h。

相对湿度：50%±10%，相对湿度变化率<6%/h。

空气净化要求

尘埃 $<0.2mg/m^3$（粒径 $<10\mu m$）；

$H_2S<0.01mg/m^3$；

$SO_2<0.1mg/m^3$；

$Cl_2<0.01mg/m^3$。

振动要求

机械振动频率在 14Hz 以上时，振幅在 0.5mm（峰-峰值）以下；操作状态振动频率在 14Hz 以上时，加速度在 0.2g 以下。

防静电措施

控制室设计需考虑防静电措施，室内相对湿度应符合上述要求，控制室地面宜用防静电地板。

噪声、电磁干扰要求

控制室的噪声应限制在 55dB（A）以下，控制室内的电磁场条件应满足控制系统的电磁场条件要求。

建筑要求

(1) 控制室的抗爆要求。

① 对于有爆炸危险的化工工厂、中心控制室，建筑物的建筑结构应根据抗爆强度计算，分析结果设计。

② 对于有爆炸危险的化工装置、控制室、现场控制室应采用抗爆结构设计。

(2) 防火标准。控制室应按防火建筑物标准设计，耐火等级不低于二级。

(3) 其他

① 控制室的门应向外开，并通向无危险的场所。

② 控制室有可能出现可燃、有毒气体时，应设置可燃或有毒气体泄漏报警器。

③ 控制室的进线常用的有架空进线和电缆沟进线两种方式，电缆穿墙入口处洞底标高应高于室外沟底标高 300mm 以上，室外沟底应有排水设施。

④ 控制室的采光和照明

a. 采用自然采光的控制室，采光面积和仪表盘前面积比不应小于 1/5，一般取 1/3～1/4。自然采光不应直射仪表盘上，不要产生眩光，应有遮阳措施。人工照明的照度标准为仪表盘面及操作台台面不小于300lx（勒克司，1lx＝1lm/m^2，余同）。

b. 仪表盘后区不小于200lx。

c. 控制室外通道、门廊不应小于100lx。

d. 对于事故照明，仪表盘前区不低于50lx，仪表盘后区不低于30lx。

e. 照明方式和灯具布置应使仪表盘盘面和操作台得到最大照度，光线柔和，操作人员逼近监视仪表时，不应出现阴影。

f. 控制室的空调主要用于电子设备对湿、温度有较高要求的场合，冬季室外温度低于零度的地区，需设置采暖设施。

15.3 烧碱装置中安全仪表系统(SIS/ESD)的应用

15.3.1 烧碱生产主要特点

我国氯碱企业大多数都是经过几十年的发展，生产规模逐渐扩大，在这个发展过程中，企业都是根据自身的条件，结合不同时期烧碱生产技术的先进性和成熟度，在原有装置的基础上，采用不同的工艺技术，不断扩充生产能力。因无法在同一时期进行总体设计与规划，就造成了新旧烧碱生产装置之间及烧碱装置与配套装置之间的关联复杂性，这给操作与控制都带来了不同程度的困难，此种情形下的烧碱生产安全控制更加复杂，生产隐患增多，对操作与控制提出了更高的要求。现有氯碱企业烧碱生产流程错综复杂，有以下典型特征：

（1）多期电解装置并存：

① 隔膜电解与离子膜并存；

② 多期离子膜电解并存；

③ 多期隔膜电解并存；

④ 以上几种的组合并存。

（2）多期氯气干燥及氯气压缩并存：

① 氯气干燥是独立并存，压缩是独立或关联并存；

② 氯气干燥是关联并存，压缩是独立或关联并存；

③ 压缩出口是独立或并联；

④ 混合并存。

（3）多期氢气干燥及氢气压缩并存：

① 氢气干燥是独立并存，压缩是独立或关联并存；

② 氢气干燥是关联并存，压缩是独立或关联并存；

③ 压缩出口是独立或并联的混合并存。

（4）整流独立或关联并存。

（5）多期除害塔装置串并联。

（6）多期液氯装置的混合并存。

（7）多期氯产品装置并存。

（8）多期盐水装置并存。

（9）以上方式的不同组合并存。

图15-1、图15-2给出了两种典型烧碱生产装置流程。

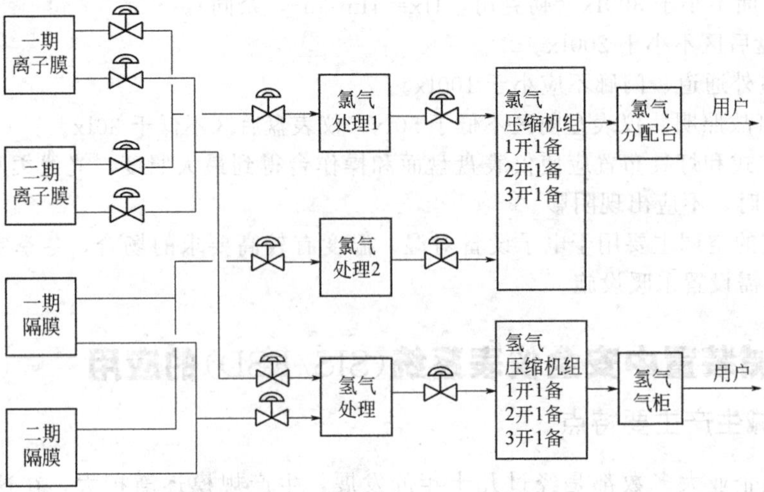

图 15-1 典型烧碱生产装置流程简图之一

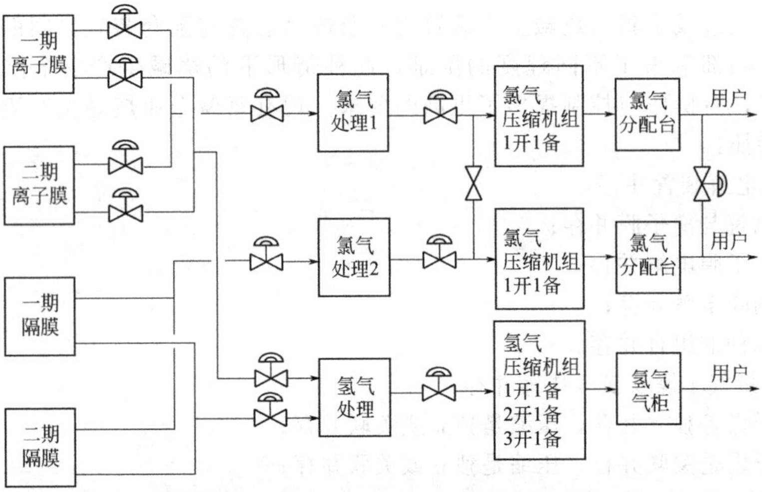

图 15-2 典型烧碱生产装置流程简图之二

15.3.2 烧碱生产安全控制系统现状及要求

早期烧碱装置安全联锁一般都是通过继电器搭建的回路，随着 PLC、DCS 系统的应用，烧碱装置安全联锁移植到了过程控制系统。近年来，少数氯碱企业将安全联锁控制移植到了安全仪表系统（SIS/ESD）上，这是氯碱企业安全控制的新趋势。

安全仪表系统应按照安全独立原则与 DCS 分开设置，尤其是针对氯碱企业采用逐步扩大生产规模且装置间耦合关联比较密切的生产方式，这样做主要有以下几方面原因：

① 降低控制功能和安全功能同时失效的概率，当维护 DCS 部分故障时也不会危及安全保护系统。

② 对于大型装置或旋转机械设备而言，紧急停车系统响应速度越快越好。这有利于保护设备，避免事故扩大；有利于分辨事故原因而记录。DCS 处理大量过程监测信息，因此其响应速度难以做得很快。

③ DCS 系统是过程控制系统，是动态的，需要人工频繁干预，这有可能引起人为误动

作；而 SIS/ESD 是静态的，不需要人为干预，这样设置可以避免人为误动作。

④ 便于多套装置间的协调安全控制，尤其对氯碱企业有扩容需求的企业而言。

15.3.3 烧碱过程安全仪表系统（SIS/ESD）的设计方案

（1）SIS/ESD 系统的设计原则

① 在安全仪表系统的设计中，安全完整性等级是设计的标准。根据经验，用于安全仪表系统的 PLC 应取得 SIL3 等级的安全认证，即 TÜV 的 AK5 或 AK6。

② 安全仪表系统必须是故障安全型。故障安全指 SIS/ESD 系统在故障时，能使生产装置按已知预定方式进入安全状态，从而可以避免由于 SIS/ESD 自身故障或因停电、停气而使生产装置处于危险状态。

③ 安全仪表系统必须是容错系统。

④ SIS/ESD 选用的 PLC 一定是有安全证书的 PLC。

⑤ 应该充分考虑系统扫描时间，一般 1ms 可运行 1000 个梯形逻辑。

⑥ 系统必须易于组态并具有在线修改组态的功能。

⑦ 系统必须易于维护和查找故障并具有自诊断功能。

⑧ 系统必须可与 DCS 及其他计算机系统通信。

⑨ 系统必须有硬件和软件的权限人保护。

⑩ 系统必须有提供第一次事故记录（SOE）的功能。

（2）容错 SIS/ESD 紧急停车系统的选择。容错是指系统在一个或多个元件出现故障时，系统仍能继续运行的能力。具有容错功能的系统，除了在模块、总线、通信上有冗余设计之外，还具有自诊断功能，能准确识别各部件的故障，并对任何故障能进行补偿，如：对故障部件的信号强制为指定状态。

基于处理器的容错系统大致可以分成两类，一类是双重冗余系统，另一类是三重冗余系统或三重模块冗余系统，其共同特点是都具有表决电路。

① 双重冗余系统。双重冗余系统提供了第二条信号线路，并在两条信号线路之间提供某种表决格式。一般采用的表决原则有 1oo2（双通道 2 选 1 表决）和 2oo2（双通道 2 选 2 表决）。双通道 2 选 1 表决，系统中任何一个通道的故障将导致系统误动作，构成或逻辑。由于两通道均可导致系统停车，所以其安全性高（隐性故障率低），但误停车率高（显性故障率高），图 15-3 给出了 2 选 1 安全联锁系统逻辑结构框图。

双通道 2 选 2 表决，系统中必须两个通道同时故障才导致系统误动作，构成与逻辑。由于需要两个一致才可以停车，因此误停车率低（显性故障率低），如果 2 选 2 系统的某一通

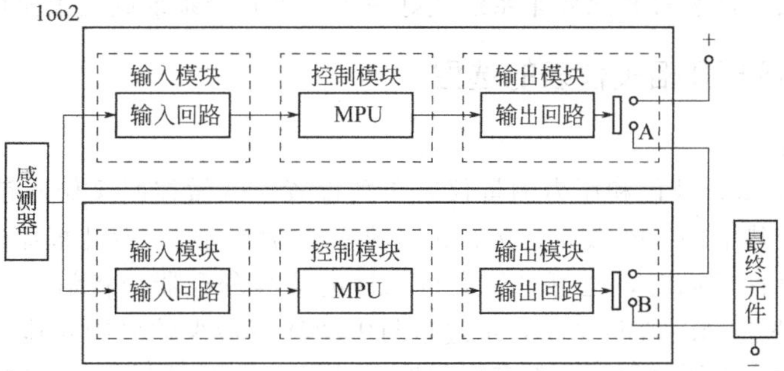

图 15-3 2 选 1 安全联锁系统逻辑结构框图

道中存在隐性故障，则有可能引起系统的失效，导致危险发生（隐性故障率高），因此 2 选 2 表决系统安全性低。

由此可见虽然双重冗余系统提供了一定程度的容错功能，但由于系统具有公用的切换部分（这是导致系统同原因故障的最大隐患环节），会使得系统可靠性大打折扣。再者其系统无论采用 1oo2 或 2oo2 表决原则，都不能同时兼顾安全性和可用性的要求。

② 三重冗余系统或三重模块冗余系统。在三重冗余系统或三重模块冗余系统中，系统采用的表决原则都是 2oo3（通道 3 选 2 表决），在此系统中，只有任何两个通道的故障才会导致系统误动作，其逻辑图见图 15-4。

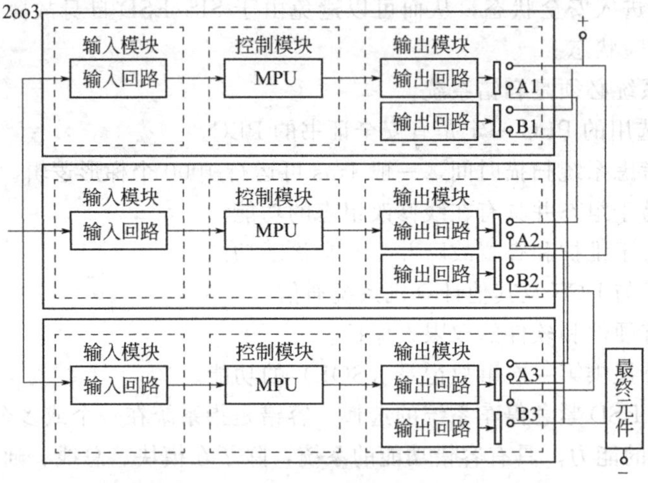

图 15-4 3 选 2 安全联锁系统逻辑结构框图

3 选 2 表决原则意味着出现单个故障的元件不会导致误停车或危险的发生，兼顾了可用性与安全性的要求。

在三重模块冗余系统中是通过多重模块实现容错的，而三重冗余系统是采用一个模块中的多重电路实现容错的，由于把电路组合在一块卡或模块上增加了潜在的同原因故障，所以系统设计不应采用此种方案。较好的设计就是不论是处理器还是输入输出都采用模块设计，使同原因故障降到最少。

综上所述，采用了三重模块冗余技术和硬件实现容错，并进行 3 选 2 表决逻辑控制运算的紧急停车系统是最优的选择。同时若将现场重要的检测点改为用 3 台变送器同时测量，将 3 选 2 表决逻辑运算从微处理器一直前推到检测点，会从根本上保证系统的安全性和可用性，因此建议烧碱生产装置紧急停车系统最好采用三重冗余系统或三重模块冗余系统。

15.3.4 烧碱 SIS/ESD 相关仪表的选型

（1）检测元件

① 独立设置原则。液位和压力测量仪表单独设置，既做控制又做联锁的温度检测点用一台双支热电阻或热电偶；既做控制又做联锁的流量检测点用一台孔板加两台变送器，如果流量仪表本身可靠性较高时，也可采用高可靠性的信号分配器，将信号一分为二，一路进 DCS 系统，另一路进 SIS/ESD 系统，不过这与中间环节最少的原则相违背，当然最好采用两块流量仪表。对于重要性很高、仪表可靠性不是很高的检测点，可通过采用 2～3 个测量仪表进行测量，实现对该检测点的多重冗余检测。

② 中间环节最少原则。回路中仪表越多，可靠性越差。在烧碱装置中，尽量采用隔爆型仪表，避免由于本安回路中的安全栅产生的故障源而导致的误停车。

③ 故障安全原则。对于一个压力开关，如果确定断电或断线为主要故障，则可确定正常情况下，触点闭合为故障安全型，事故状态时触点断开，产生报警或联锁。这种情况下，如果要求压力超高报警联锁，采用常闭触点，工艺超压时为事故状态，压力开关的常闭触点断开产生报警或联锁。同样情况下，采用同一压力开关，如果要求压力超低报警联锁，则应采用常开触点，工艺过程正常时，压力高于低限，触点是闭合的，当工艺过程压力低于联锁设定值时为事故状态，压力开关的常开触点断开产生报警或联锁。

同样以压力开关为例，如果确定触点粘连为主要故障，则与以上情况相反，可确定正常情况下，触点断开为故障安全型，事故状态时触点闭合，产生报警或联锁。压力开关的应用也与以上情况相反。

(2) 执行器

① 独立设置原则。在停电、停气时能自动回到使生产过程处于安全状态的位置；电磁阀宜选用单控型，开关阀应带有阀位开关，以确认阀位；联锁阀一般不设手轮；电磁阀离控制室较远时，应进行电压降计算，选用低功率的产品，并考虑适当扩大电线截面积，也可选用交流 220V 供电的产品。

对重要性很高的输出回路，可通过采用多个电磁阀，实现该输出回路的多重冗余控制。

② 中间环节最少原则。回路中仪表越多可靠性越差，典型情况是本安回路的应用。在烧碱装置中，防爆区域在 0 区的很少，因此可尽量采用隔爆型电磁阀，减少由于安全栅而产生的故障源，减少误停车。

③ 故障安全原则

a. 对以电磁阀为执行机构的来说，SIS/ESD 的输出接点经导线向现场电磁阀供电。对不同的故障因素，故障安全型的结构不一样。

如果确定断电或断线为主要故障，则可确定正常情况下，输出接点闭合为故障安全型，向电磁阀供电。事故状态时输出接点断开，电磁阀断电，执行机构动作，发生工艺联锁。这种情况下，ESD 输出接点采用常闭触点（即正常时 SIS/ESD 输出为 1，故障时输出为 0）。

如果确定触点粘连或弹簧损坏为主要故障，则情况相反，可确定正常情况下，输出接点断开为故障安全型，不向电磁阀供电。事故状态时输出接点闭合，电磁阀通电，执行机构动作，发生工艺联锁。这种情况下，SIS/ESD 输出接点采用常开触点（即正常时 SIS/ESD 输出为 0，故障时输出为 1）。

b. 送往电器配电室用以开/停电机的接点信号用中间继电器隔离，其励磁电路设计成故障安全型，即启动信号一般为常开触点。而停机信号，对于小容量电机一般为常闭触点，对于大容量电机一般为常开触点。

15.3.5 离子膜电解联锁条件和动作

(1) 电解槽的停车联锁公用条件：

① 阳极废盐水罐液位高高　LT_260>LT260_HH（操作设定）

② 阴极烧碱罐液位高高　LT_270>LT270_HH（操作设定）

③ 氯气总罐压力 1 高高　PT_216>PT216_HH（操作设定）

④ 氢气总罐压力 1 高高　PT_226>PT226_HH（操作设定）

⑤ 氯气总罐压力 2 高高　PT_217>PT217_HH（操作设定）

⑥ 氢气总罐压力 2 高高　PT_227>PT227_HH（操作设定）

⑦ 氯氢差压高高　　　　　　　PDT _ 200＞PT200 _ HH（操作设定）
⑧ 氯氢差压低低　　　　　　　PDT _ 200＞PT200 _ LL（操作设定）
⑨ 紧急停车按钮　　　　　　　XI _ YL103
⑩ 仪表电源故障　　　　　　　XI _ YL100
⑪ 仪表风压力低　　　　　　　PA _ 520
⑫ 氯、氢压机停　　　　　　　STOP _ H、STOP _ CL

备注：① 公用停车联锁条件成立，每个电解槽都停掉；
　　　② 每个停车联锁条件都有一个旁路开关。

（2）每个电解槽停车联锁条件：

① 进电解槽精盐水流量低低　　FT _ 231A＜FT231A _ LL（操作设定）
② 进电解槽氢氧化钠流量低低　FT _ 232A＜FT232A _ LL（操作设定）
③ 电解槽电压差高高　　　　　EDIZA _ 231A＞EDI231A _ HH（操作设定）
④ 电解槽电压差低低　　　　　EDIZA _ 231A＞EDI231A _ LL（操作设定）
⑤ 电解槽接地　　　　　　　　XA _ YL102A
⑥ 电解槽整流过电流　　　　　IIZA _ 230A＞IZA230AHH（操作设定）
⑦ 开车盐水阀　　　　　　　　KV1 _ 241A _ 1

备注：① 公用联锁条件成立，每个电解槽都停掉；
　　　② 每个停车联锁条件都有一个旁路开关；
　　　③ 其他槽与 A 槽相同。

（3）电解槽联锁结果：

① 单槽联锁条件成立：

a. 停 R-230A；
b. FIC231A 置为自动，MV＝0；
c. FIC211A 置为手动，MV＝0；
d. 整流脉冲封闭。

备注：其他槽与 A 槽相同。

② 所有电解槽停车联锁-动作：

a. 淡盐水 FIC265 置为手动，MV＝0；
b. 氯氢压缩机停，X _ 501、X _ 551；
c. 氯气 PCV216 置为手动，MV＝0；
d. 氢气 PCV226 置为手动，MV＝0；
e. 单槽联锁停车动作。

15.3.6 国内氯碱企业 SIS/ESD 使用情况及展望

目前，南宁化工在装置规模不断扩大的情况下，采用 SIS/ESD 系统替代原有的继电器联锁保护系统，解决了旧的联锁系统面临的扩展实现困难、维护难度大的问题，并克服了原有系统动作反应速度慢、易出现机械故障、故障排除困难、没有时间序列 SOE 功能导致的故障原因难以确认等缺点。同时，氯装置生产能力过低，存在系统缓冲能力差的问题，为此采用 SIS/ESD 系统设置了全厂紧急停车系统，有效预防了因用氯产品线的生产异常给烧碱装置运行带来的安全生产隐患。锦化化工为引进的旭硝子离子膜烧碱装置也设置了一套 SIS/ESD 系统。此外，内蒙古亿利化学在 PVC 聚合装置，内蒙古海吉氯碱化工在 VCM 装置上都采用了 SIS/ESD 系统。

设置紧急停车系统不仅仅是将联锁回路由原有的继电器保护系统或DCS系统移植到SIS/ESD系统上，作为SIS/ESD整体不可分割的每个环节，除了考虑SIS/ESD控制系统的控制器、I/O等部件的多重冗余容错外，还需对关键回路的传感器、执行器（程控阀门等）是否进行冗余配置给予充分考虑，目前在这方面还没有引起企业足够的关注。

SIS/ESD紧急停车系统无疑会提升生产的安全性，至于是否采用，取决于企业生产运行内需的考虑、专利厂商的意见及国家相关的行业安全标准要求。目前，由国家安全生产监督管理总局化学品登记中心起草的“氯碱生产企业安全标准化实施指南”的报批稿中，烧碱生产采用SIS/ESD系统已被列为强制性条款，部分省市也已经出台对化工过程安全控制系统的明确要求或建议，可以说未来氯碱企业采用SIS/ESD系统的趋势已初见端倪。

15.4 现代氯碱先进控制及主要工艺控制系统

先进控制是针对工艺、设备、仪表的实际现状，设计出的一套让用户投资最低、能够解决基础自动化在内的先进控制解决方案，它能最大限度地适应工业现场的变化，并可以对其进行持续的改进。

15.4.1 电解生产控制系统

15.4.1.1 盐水系统控制

一次盐水制备控制回路

① 优化配水控制回路；

② 粗盐水质量控制回路；

③ 精盐水pH值控制回路；

④ 隔膜电解酸性电解用盐水pH值控制回路。

二次盐水

(1) 主要控制回路：

① pH值的控制及联锁（pH 8～9）；

② V-402液位的控制及联锁（一次盐水罐）；

③ 进螯合树脂塔盐水的温度控制及联锁（55～60℃）；

④ 二次盐水罐的液位控制及联锁。

(2) 树脂塔工艺控制安全与完备，考虑设置如下程序：

① 正常过滤及再生的程序控制。

② 实现塔故障时过滤及再生的设备软重组程序控制。

③ 针对长、短期停车自动处理控制。

④ 控制设备（程控阀）安全切换的顺序处理。

⑤ 防酸化处理程序，包括过酸化出现在以下位置对应的处理程序。

a. 精制盐水高位槽；

b. 树脂塔后；

c. 树脂塔前；

d. 二次盐水的一次盐水罐前。

(3) 基于软重组思想和故障诊断技术的离子交换树脂塔控制方案设计

离子交换树脂塔的工作原理是用一种特殊的钠型螯合树脂与多价金属阳离子进行交换，再将吸附了Ca^{2+}、Mg^{2+}等金属阳离子的树脂进行再生操作，使其还原成钠型树脂。

离子交换树脂塔的工艺流程简图如图15-5所示。

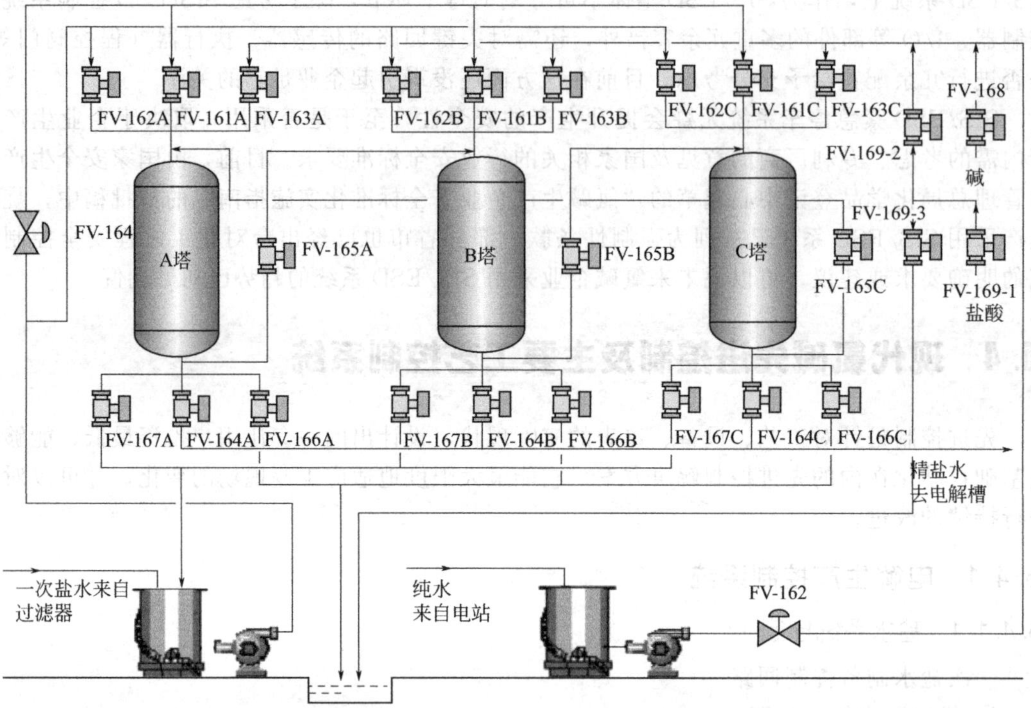

图15-5 离子交换树脂塔的工艺流程简图

该过程共有三个只能两两串联（约束）使用的同类设备单元A、B、C——离子交换树脂塔，每个单元都有针对输入、输出的自动操作手段——有25个两位式控制阀和两个模拟调节阀；每个单元（塔）都有两种工作状态——在线运行和离线再生。三台设备可能的组合方式有：AB塔在线C塔再生、BC塔在线A塔再生、CA塔在线B塔再生，工艺要求每天按顺序自动切换一次组合方式，因为离线再生的时间为24h。每个塔的再生都有10步不同的操作，图15-6给出了离子交换树脂塔软重组控制器操作界面。

① 软重组控制器的设计。图15-6中，I01～I30为设备、程序操作软重组方案中30个功能单元的程序入口标志。

② 每个功能单元程序块的内容。每个独立的程序块均包含如下功能：

a. 清上步运行状态指示，输出本步运行状态指示；

b. 输出本步各在线阀工作状态（KV-161A～C、KV-164A～C、KV-165A～C）；

c. 输出本步各再生阀工作状态；

d. 清上步和下步计时器，启动本步计时器；

e. 水流量变给定控制回路和进槽精盐水流量变给定控制回路投入；

f. 程控阀动作延时处理；

g. 程控阀故障诊断及虚假故障确认计算；

h. 工艺故障报警。

③ 程控阀故障诊断模型M。在该工序中共安装了25个两位式程控阀，且由于其状态正确与否对整个IM电解系统的安全运行有着至关重要的作用，所以除了对有些阀如酸阀、碱阀进行了设备冗余安装外，还在每个阀上又安装了位置发送器以确保每个阀的工作可靠性，这就使在线故障诊断很容易实现了。

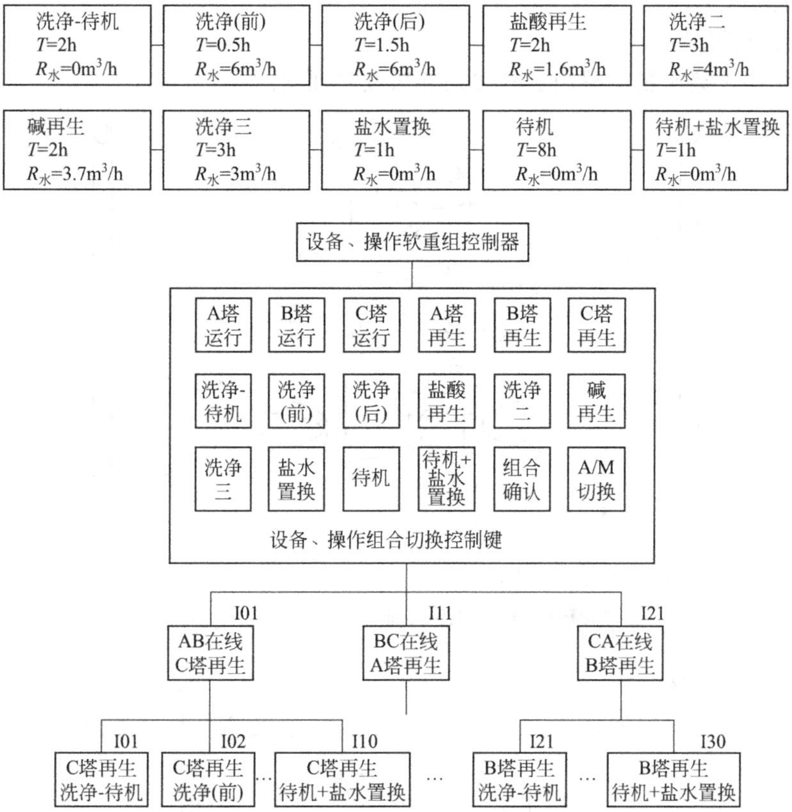

图 15-6 离子交换树脂塔软重组控制器操作界面

15.4.1.2 离子膜电解

离子膜电解槽的操作关键是使离子膜能够长期稳定地保持较高的电流效率和较低的槽电压，进而稳定直流电耗，延长膜的使用寿命，不因误操作而使膜受到严重损害，同时也能提高成品质量。

(1) 电解电耗

$$W=V\times1000/(1.492\eta)$$

式中，V 为槽电压；η 为电流效率。

① 影响电流效率的因素：

a. 氢氧化钠浓度；

b. 阳极液中氯化钠浓度；

c. 操作温度；

d. 阳极液 pH 值；

e. 盐水中杂质；

f. 开停车次数与电流波动。

② 影响槽电压的主要因素：

a. 氢氧化钠浓度；

b. 阴、阳极液循环量；

c. 操作温度；

d. 盐水中杂质；

e. 阳极液 pH 值；

f. 阳极液中氯化钠浓度。

图 15-7 给出了离子膜电解制氢氧化钠和氯气原理图。

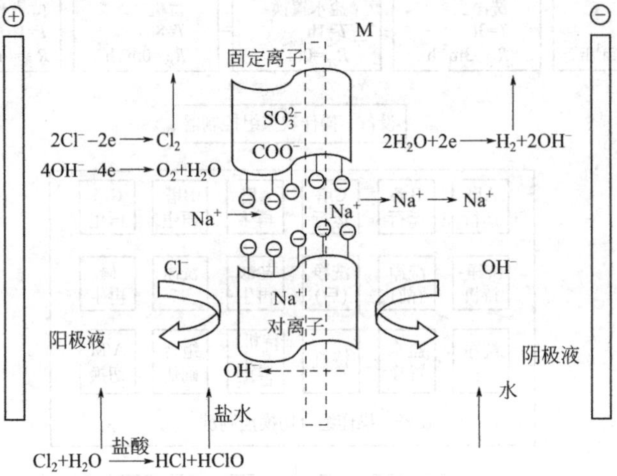

图 15-7 离子膜电解制氢氧化钠和氯气原理图

(2) 主要控制回路

① 阴极液浓度调节。脱盐水流量（FIC221PID）、浓度调节框图见图 15-8。

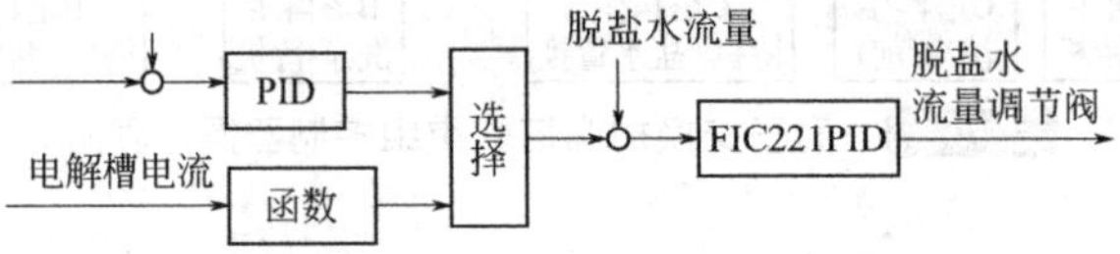

图 15-8 阴极液浓度调节框图

脱盐水流量设定值

$$F_{H_2O}SP = K_f C_0 \sum_{i}^{n} (CE_i \times N_i \times KA_i)$$

式中，K_f 为修正系数；KA_i 为第 i 个电解槽电流；CE_i 为第 i 个电解槽电流效率（90%～98%）；N_i 为第 i 个电解槽单元槽数量；C_0 为常数。

阴极液中 NaOH 浓度与电流效率存在一个极大值，浓度增大，离子浓度增大，电流效率随之增加，但继续升高，膜中的 OH^- 浓度增大（NaOH>35%），此时，膜中 OH^- 浓度增大的影响起决定作用，使电流效率明显下降。

随着 NaOH 浓度的提高，膜中含水率下降，膜电阻增加，使槽电压上升。在高浓度 NaOH 及低槽温下长期运转，对膜的性能影响很大。

由于浓度分析滞后大，而且常因浓度计出现故障，而使调节系统不能充分发挥作用，因而对调节系统做上述改进。由于膜的阴极一侧脱水而使膜的微观结构遭到不可逆的改变，导致膜对 OH^- 反渗的阻挡下降，而且膜的电流效率下降后将再难以恢复到以前的水平。

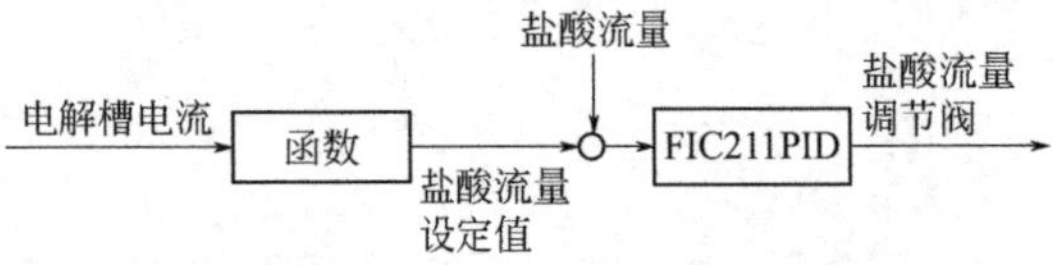

图 15-9 阳极氢氧根离子浓度调节框图

② 阳极氢氧根离子浓度调节。盐酸流量控制（FIC211PID），见图 15-9。

盐酸流量设定值：

$$F_{HCl}SP = K_f C_0 N(C_1 - C_2 \cdot CE)KA$$

式中，K_f为修正系数；KA 为电解槽电流；CE 为电流效率（90%～98%）；N 为单元槽数量；C_0，C_1，C_2为常数。

当电流大于 4kA 时，才加酸。

K_f的修正：手动调节盐酸实际流量，使得氯气出口的氧含量浓度稳定在正常值内，根据实际流量调整 K_f 来修正计算值。

除去反渗过来的 OH^-，防止与溶解于盐水中的氯气发生副反应，提高阳极电流效率，减少氧在阳极的析出。同时对产品质量也有影响：可降低氯中含氧和阳极液氯酸盐含量。

离子膜大多采用的是全氟磺酸和全氟羧酸复合膜，如生成羧酸，就不能作为离子膜工作了，因此必须使阳极 pH 值高于一定值（2），否则膜电阻上升，电解槽电压就要急剧升高。

考虑到 pH 计的非线性，而且故障率高，为使调节系统灵活、充分发挥作用，因而对调节系统做上述改进。

根据电解效率（专利商提供）确定电解槽与盐酸流量设定值，同时人工采样分析淡盐水酸度是否与 pH 值相符，判断加盐酸控制回路是否正常，其目的是中和氢氧根离子。

③ 阳极液浓度调节。精制盐水流量比值控制（FIC231PID），见图 15-10。

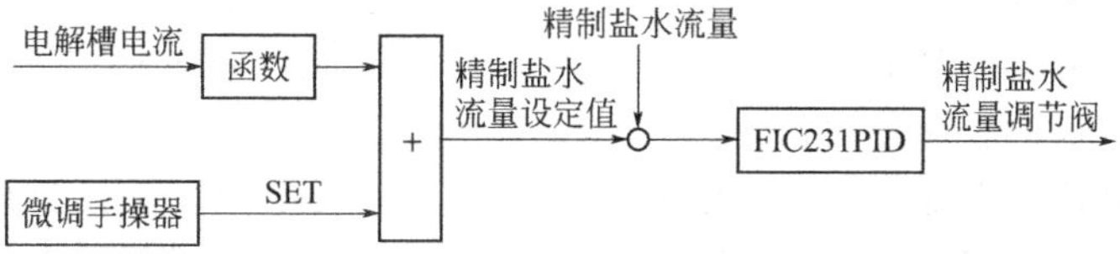

图 15-10 阳极液浓度调节框图

盐水流量与负荷的关系：

$$F_{精制盐水}SP = C_0 N K_f \cdot KA$$

式中，K_f 为修正系数；KA 为电解槽电流；CE 为电流效率（90%～98%）；N 为单元槽数量；C_0 为常数。

微调手操的作用：当精制盐水质量波动时（300～310g/L）或实际流量波动时，需要调整精制盐水流量，使得淡盐水的浓度稳定在 200～220g/L（自然循环）、190～200g/L（强制循环）左右。

淡盐水浓度低，将使膜中含水率增高，导致 OH^- 反渗速度增加，使阳极电流效率下降，如果时间过长，会使膜膨胀，严重时会导致起泡、分层、出现针孔而使膜遭到破坏，还会造成烧碱中含盐过高（膜中伴随钠离子而移动的水量也急速增加，从而导致阳极液的氯离子向阴极室的渗透也加剧，膜膨胀也会增强这种作用。

④ 淡盐水流量比值控制（FIC263PID），见图 15-11。

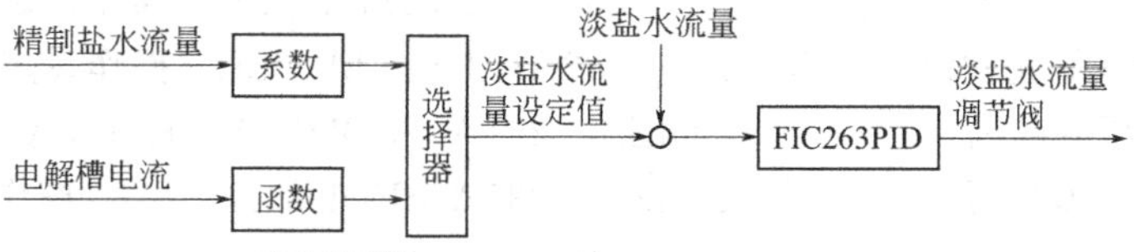

图 15-11 淡盐水流量比值控制框图

一般来讲，当电解电流超过 5000A 时，淡盐水开始加入。常用的是根据电解槽电流调整淡盐水流量，使得精制盐水流量与淡盐水流量比为 6∶1。

⑤ 电解液流量。在一般离子膜（未经亲水处理）电解槽中，当电解液循环流量减少时，槽内的液体中气体率将增加，气泡在膜上的附着量也将增加，从而导致槽电压上升。此外，另一个作用是保持足够的循环电解液移走电解过程中产生的热量。

⑥ 脱氯塔 pH 值调节。淡盐水进塔前加盐酸调节 pH 值为 1～1.5，目的是破坏化学平衡关系（次氯酸在低 pH 值下有利于向氯气脱吸的方向转变），减少盐水中的游离氯的生成，以减轻游离氯对盐水精制系统的设备和管道的腐蚀，促进一次盐水工序中沉淀物的形成，避免对二次盐水工序过滤器的元件和树脂塔中的树脂的损害。

淡盐水出塔后加碱中和，调节 pH 值为 8～9，再加入 Na_2SO_3 和剩余的游离氯反应，控制回路有脱氯淡盐水氧化还原电位调节，然后送化盐。

⑦ 电解液温度调节。一般为 (85±1)℃。每一种离子膜都有一个最佳操作温度范围，在这一范围内，温度上升有助于电流效率的提高（离子膜阴极侧空隙增大，使钠离子迁移数增多）。每一种电流密度下都有一个最佳电流效率的温度点，当电流密度降低时，最高电流效率的温度点也随之下降。同时温度每升高 1℃，槽电压可降 10mV，不仅有助于提高膜的电导率，还将使电解溶液的电导率提高，从而有助于降低溶液电压降。

⑧ 电解槽压力和压差控制。氢气压力比值控制（PIC226PID），见图 15-12。

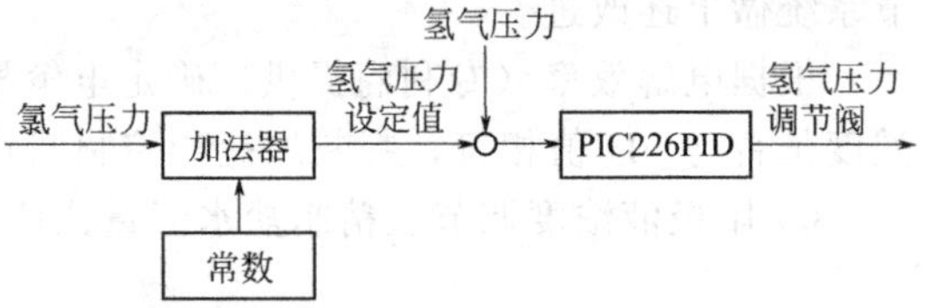

图 15-12 电解槽压力和压差控制框图

⑨ 联锁。电解槽的联锁公用条件：

a. 阳极废盐水罐液位高高	LT _ 260＞LT260 _ HH（操作设定）
b. 阴极烧碱罐液位高高	LT _ 270＞LT270 _ HH（操作设定）
c. 氯气总罐压力 1 高高	PT _ 216＞PT216 _ HH（操作设定）
d. 氢气总罐压力 1 高高	PT _ 226＞PT226 _ HH（操作设定）
e. 氯气总罐压力 2 高高	PT _ 217＞PT217 _ HH（操作设定）
f. 氢气总罐压力 2 高高	PT _ 227＞PT227 _ HH（操作设定）
g. 氯氢差压高高	PDT _ 200＞PT200 _ HH（操作设定）
h. 氯氢差压低低	PDT _ 200＞PT200 _ LL（操作设定）
i. 紧急停车按钮	XI _ YL103
j. 仪表电源故障	XI _ YL100
k. 仪表风压力低	PA _ 520
l. 氯、氢压机停	STOP _ H、STOP _ CL

备注：a. 公用联锁条件成立，每个电解槽都停掉；

b. 每个联锁条件都有一个旁路开关。

电解槽联锁条件：

a. 进电解槽精盐水流量低低	FT _ 231A＜FT231A _ LL（操作设定）
b. 进电解槽氢氧化钠流量低低	FT _ 232A＜FT232A _ LL（操作设定）
c. 电解槽电压差高高	EDIZA _ 231A＞EDI231A _ HH（操作设定）
d. 电解槽电压差低低	EDIZA _ 231A＞EDI231A _ LL（操作设定）
e. 电解槽接地	XA _ YL102A
f. 电解槽整流过电流	IIZA _ 230A＞IZA230AHH（操作设定）
g. 开车盐水阀	KV1 _ 241A _ 1

备注：公用联锁条件成立，每个电解槽都停掉，每个联锁条件都有一个旁路开关，其他

电解槽与 A 槽相同。

电解槽联锁结果：

单槽联锁条件成立：

a. 停 R-230A；

b. FIC231A 置为自动，MV=0；

c. FIC211A 置为手动，MV=0；

d. 整流脉冲封闭。

备注：其他电解槽与 A 槽相同。

所有电解槽停车联锁-动作：

a. 淡盐水 FIC265 置为手动，MV=0；

b. 氯氢压缩机停，X _ 501、X _ 551；

c. 氯气 PCV216 置为手动，MV=0；

d. 氢气 PCV226 置为手动，MV=0；

e. 单槽联锁停车动作。

15.4.2 氯气压缩机的喘振预报及最小能耗防喘振方案

氯气压缩机是离心式压缩机（以 LLY-3700 型为例），该离心机为水平剖分型，单吸四段四级离心式，它与所有离心式压缩机一样具有这样的特性：当负荷降到一定程度时，气体的排送会出现强烈振荡现象，压缩机时而向管网输出气体，气体又时而从管网倒灌入压缩机，该现象会引起机身和管网的剧烈振动，并能听到类似哮喘病人“喘气”般的噪声，此即为喘振。

喘振故障一般来说是破坏性的。尽管国内外几乎所有大型离心式压缩机（高速旋转的设备）均安装有电涡流式传感器——轴振动、轴位移监控仪，但仍避免不了如下问题：监控仪测的是“当前状态”，而不能防患于未然，不能进行故障预报；由于监控仪本身的故障率不为零，使理论上行得通而实际上用监控仪的输出联锁主机停车，使事故消灭于初始时刻的办法不能实施；即使监控仪本身的故障率为零，上述方案能够实施，而愈来愈高的大规模连续性生产工业的开、停车费用亦愈加使人不能接受。

鉴于以上问题，目前工业生产可以采用两种不同的防喘振控制方案：固定极限流量防喘振和可变极限流量防喘振，前者控制方案简单，但愈加可靠能耗浪费亦就愈大，而后者只要是机理建模准确、实施方案正确，则既能保证较高的可靠性又能使能耗最低。

（1）离心式压缩机喘振故障的机理分析。离心式压缩机的特性曲线方程为：

$$\frac{P_{出}}{P_{入}}=a+b\,\frac{Q_{入}^{2}}{T_{入}} \tag{15-1}$$

式中，$P_{出}$为压缩机出口压力（绝压），MPa；$P_{入}$为压缩机入口压力（绝压），MPa；$Q_{入}$为压缩机入口气体流量，m^3/h；$T_{入}$为压缩机入口气体温度，K；a，b为压缩机常数。

$$\frac{P_{出}}{P_{入}}<a+b\,\frac{Q_{入}^{2}}{T_{入}} \qquad \text{工况安全}$$

$$\frac{P_{出}}{P_{入}}>a+b\,\frac{Q_{入}^{2}}{T_{入}} \qquad \text{工况危险}$$

入口气体温度$T_{入}$一般不会变化太多，它对喘振的影响小，主要影响喘振的因素是压缩机入口的压力$P_{入}$，出口的压力$P_{出}$和入口流量$Q_{入}$。$P_{入}$反映供气因素的影响，$P_{出}$反映用

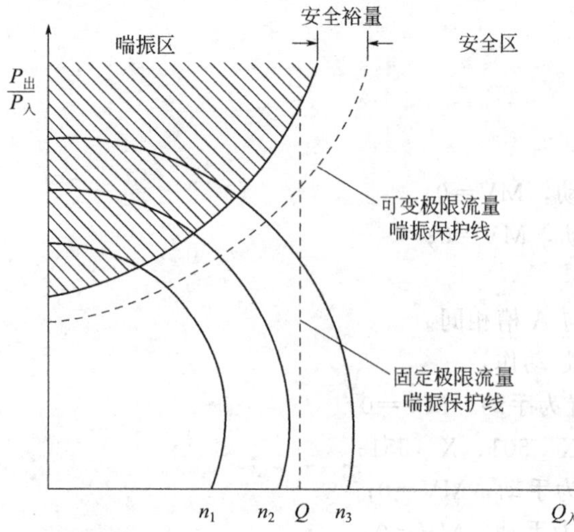

图 15-13 压缩机喘振曲线（n_1，n_2，n_3 为转速）

气因素的影响，$Q_{入}$反映操作因素的影响，而 $P_{出}$和 $P_{入}$是不可控变量，因此固定流量方案除非使入口流量足够大，且相关工序的操作也足以平稳，否则仍有喘振的可能。压缩机喘振曲线见图 15-13。

（2）喘振保护模型的建立。氯气压缩机的工艺流程如图 15-14 所示。

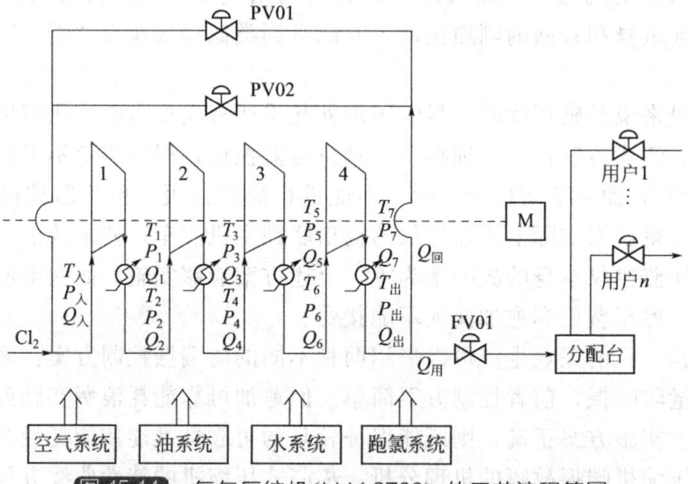

图 15-14 氯气压缩机（LLY-3700）的工艺流程简图

由于 LLY-3700 系统进口氯气呈负压状态，使得流量测量困难，在氯气压缩机出口的两个回路上分别安装了氯气输送计量流量计 $Q_{用}$和氯气回流流量计 $Q_{回}$。根据气体压缩方程和同一管道的质量流量相同的规律，则有：

$$Q_{出}\ T_{出}=Q_7 T_7$$

则：
$$Q_7=\frac{T_{出}}{T_7}Q_{出}=\frac{P_{出}\ M}{ZRT_{出}}\Big/\frac{P_7 M}{ZRT_7}Q_{出}=\frac{P_{出}\ T_7}{P_7 T_{出}}Q_{出}$$

同理可得：
$$Q_i=\frac{P_{i+1}T_i}{P_i T_{i+1}}Q_{i+1}$$

迭代可得：
$$Q_{入}=\frac{P_{出}\ T_{入}}{P_{入}\ T_{出}}Q_{出}$$

令：
$$\frac{P_{出}}{P_{入}}=m \qquad \frac{T_{入}}{T_{出}}=n$$

则：
$$Q_{入}=mnQ_{出} \tag{15-2}$$

将式（15-2）代入式（15-1）得：$Q_{出}=\frac{1}{mn}\sqrt{\frac{m-a}{b}T_{入}}$

代入压缩机常数：$a=3.157$，$b=0.069$

则：
$$Q_{出}=\frac{1}{mn}\sqrt{(14.5m-45.75)T_{入}} \tag{15-3}$$

设安全裕量 $C_0=0.05$，则 $Q_{回}=Q_{出}-Q_{用}+C_0$

$$Q_{回}=\frac{1}{mn}\sqrt{(14.5m-45.75)T_{入}}-Q_{用}+0.05 \tag{15-4}$$

说明：式（15-4）为某厂使用的氯气压缩机喘振保护线方程。

(3) 喘振预报模型的建立。考虑到工艺操作手动的要求，若手动操作的不当亦有发生喘振的可能，因此，将实际回流量低于喘振保护流量的2%作为喘振预报报警点。

即：
$$Q_{回测}<0.98Q_{回测}$$

(4) 最小能耗防喘振方案的实施。从上面的分析可知，若设从一级进口至四级出口间各个环节无泄漏，则式（15-4）便可作为一个具有5%安全裕量的可进行闭环的喘振保护线方程。

闭环实施框图如图15-15所示。

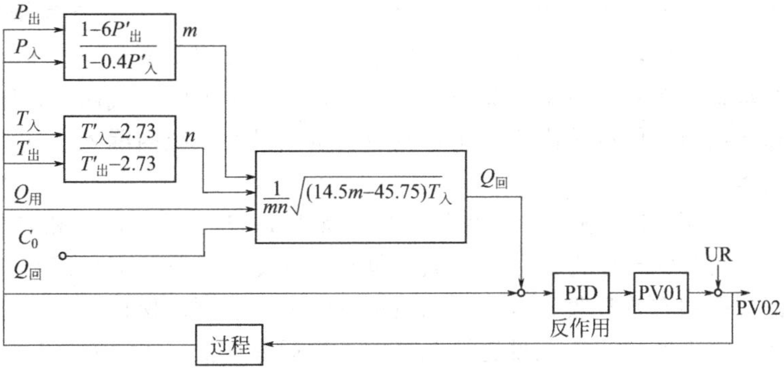

图15-15 闭环实施框图

图15-15中：

$P_{出}$：0～0.6MPa。

$P_{入}$：0～－40kPa。

$T_{入}$：0～100℃。

$T_{出}$：0～100℃。

$Q_{用}$：0～5000m³/h。

$Q_{回}$：0～5000m³/h。

$P_{出}'$、$P_{入}'$、$T_{出}'$、$T_{入}'$为0～1间无量纲的数。

上述方案经过近两年的闭环运行证明是可靠、可行的，减少回流量约10%～15%。值得一提的是，由于该方案中参与运算的参数多，为安全起见，被运算的$Q_{回}$模型应加适当的上下限幅，当有关的传感器发生故障时不致引起大的事故。

15.4.3 盐酸生产控制系统

盐酸生产工艺流程：氯气液化后的尾氯经过氯气缓冲罐、氯气分配台后，与来自氢处理工段的经过氢气缓冲罐、氢气分配台、阻火器后的氢气进入三合一炉顶部的石英灯头，反应生成的氯化氢向下进入吸收冷却段。自尾气塔来的稀酸进入三合一炉炉头分水盘后，沿合成段内壁呈膜状流至吸收段，经过吸收段上部分配头以后，以均匀膜状流至吸收管内壁，与氯化氢气体一道顺流而下。稀酸吸收大部分氯化氢后变成浓酸，浓酸经炉底气液分离器、液封器进入成品盐酸储槽，未被吸收的氯化氢和其他气体进入尾气塔底部。氯化氢被从顶部加入的吸收水吸收变成稀盐酸，经液封后进入三合一炉。尾气被水力喷射泵抽走，不凝气排入大气，酸性水进入循环槽后用稀酸循环泵送至水力喷射泵和尾气吸收塔。反应热由夹套内冷却水带走，冷却水经凉水塔降温后循环使用。

盐酸生产的要求和过程控制存在的问题

① 入炉氯气组分要求。盐酸生产中三合一炉如采用液氯尾气作为氯气原料，通常操作时要求氯气的纯度≥70%，但在实际生产中也有企业采用60%的尾氯。但对氯中含氢都有严格的要求，通常要求氯中含氢要低于4%，超过此值易发生爆炸，因此实际操作中一般要比该值还要低，最好控制在1%以下。

② 避免炉内正压，保持火焰稳定（安全生产要求之一）。进炉氯气纯度越低，入炉杂气越多，或负荷提升时，要求水力喷射泵要有足够的抽气量，否则容易造成炉内正压，会带来火焰不稳甚至熄火的危险，一旦熄火不能及时处理，极易造成炉内形成爆炸性混合气体。

③ 开停车操作要求。开停车操作不当，形成氢气、氯气或氢气、空气爆炸性混合气体，在尾气管内由静电引发爆炸。要求在开车前用水力喷射泵抽空置换至少30min，确保系统内置换合格，而在紧急停车时，应迅速关闭氯气阀门，然后再关闭氢气阀门，随之调节水力喷射泵上水量，降低抽力，保持炉内为负压，避免因负压过大系统内漏入空气，形成氢气、空气爆炸性混合气体。

④ 正常操作时，严格控制氯、氢摩尔配比，尤其是氯气压力超压和氢气压力下降时，需要及时调整氯、氢分配台压力及进炉的氯、氢阀门开度。吸收水流量需与产生的氯化氢总量相匹配，保证盐酸的有效吸收，也是产品质量（浓度）控制的保证。

从氯碱企业盐酸生产控制系统投运情况来看，投运率很低，主要存在以下几个问题：

① 氯、氢流量测量系统问题突出，因选型、安装等原因，氯、氢流量计不能长期稳定运行，故障率较高，造成控制系统不能正常投运；

② 氯气调节阀故障率较高，因介质含水和现场环境恶劣，阀门内外腐蚀较严重，容易造成氯气阀门的故障；

③ 氯、氢流量摩尔配比难以投运，因种种原因没有采用可靠性高的氯气纯度分析仪，当氯气纯度波动时容易造成过氯事故；

④ 适应氯、氢系统压力波动的能力差，诸如氯超高压、氢超低压的调整手段不完善，紧急停车联锁系统设置不完善；

⑤ 开停车程控不完善，操作的完备性不够，存在安全生产隐患。

以上存在的问题不仅涉及产品收率问题，更严重的是危及生产的安全，这些问题如不解决，盐酸合成自控长期运行就无法彻底解决。

盐酸合成过程控制解决方案

(1) 关键仪表的设置、选型与安装

① 氯气和氢气流量和压力仪表。流量宜采用孔板、法兰取压方式，氯气变送器采用哈

氏合金或钽膜片变送器，也可考虑采用膜盒式平法兰变送器，此时注意孔板引压管采用壁厚加厚的不锈钢钢管，提高抗腐蚀能力。

氢气变送器膜片采用不锈钢材质。安装时，变送器宜安装在孔板上方并保持导压管由低向上敷设，安装在下方时，必须加装集液器并应定期排液，消除氢气含水高对测量的影响。

压力变送器的选型与安装需要注意的问题与流量变送器类似。

② 氯气控制阀。流量调节控制阀采用全塑或衬聚四氟乙烯的单座直通调节阀；压力调节用控制阀采用聚四氟乙烯阀板的蝶阀；联锁停车用控制阀采用二位式隔膜阀。

③ 氢气控制阀。流量调节阀采用不锈钢材质阀芯、单座直通调节阀；联锁停车阀采用切断阀，阀芯材质选用不锈钢。

④ 氯气组分分析仪表。采用热导原理的在线氯气组分分析仪（型号：KK650）已得到数十家工业现场长达多年的现场验证，其长期运行可靠性、易维护性、响应速度、精度等性能参数完全可以用于盐酸装置的氯氢流量摩尔配比，同时该分析仪可同时输出氯气、氢气组分，还可同时用于对液氯工序液化效率的安全监制：

a. 现场仪表考虑采用直流电，便于实现冗余供电；

b. 氢气系统采用本质安全型仪表。

（2）控制系统的选型

① 采用高可靠性多级冗余的 PLC 或 DCS 系统，具备回路短路、开路、失电故障诊断和事故状态下的输出预置功能。

② 交流电必须配置不间断电源，双路供电；直流电源也要求冗余，且冗余的直流电源模块的供电电源一路来自常规电，另一路来自 UPS 电源。总体来说，控制系统、现场仪表不要因为交流电、直流电任一部件或系统的故障导致电源丧失。

（3）控制策略

① 氯、氢摩尔流量比值控制。氢气流量作为主流量的优点在于氢气流量的波动直接改变氯气流量的变化，对防止过氯是有益的，图 15-16 给出了氯、氢摩尔流量比值控制方案框图。

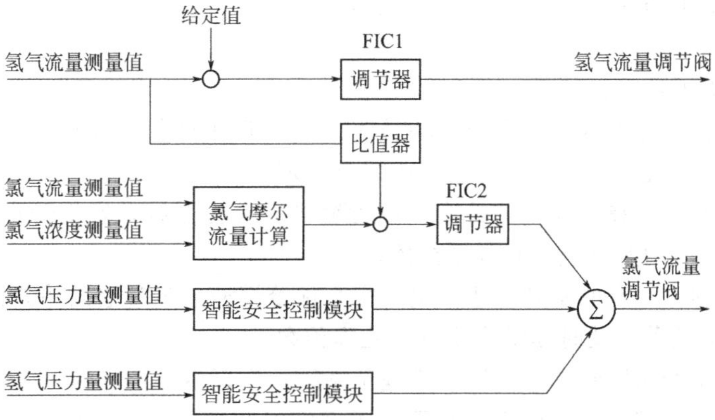

图 15-16 氯、氢摩尔流量比值控制方案框图

通过整定智能控制器参数值，使其输出直接改变氯气调节阀开度，是防止因系统压力波动（如氢气系统压力变低或氯气压力变高时）造成过氯的重要调节策略。

该方案引入氯气浓度分析测量信号，是防止过氯、提高收率的重要措施和手段。

② 炉压前馈-反馈控制。引入表征合成炉负荷的氢气流量作为前馈信号，可在变负荷时实现炉压的平稳控制（图 15-17）。

③ 盐酸浓度质量控制。引入表征合成炉负荷的氢气流量作为吸收水流量的设定值，可实现盐酸浓度的稳定控制（图 15-18）。

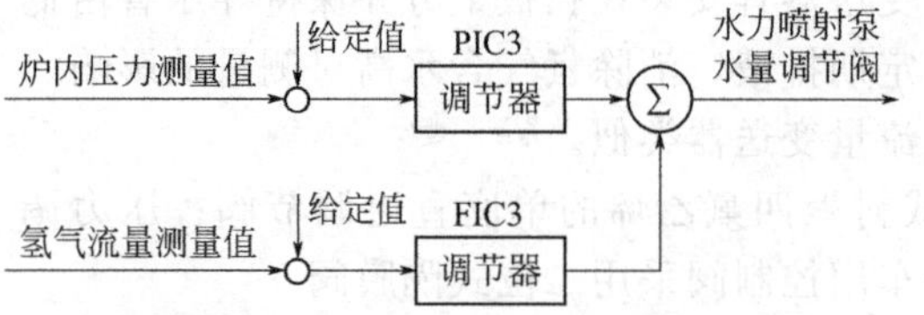

图 15-17 炉压前馈-反馈控制方案框图

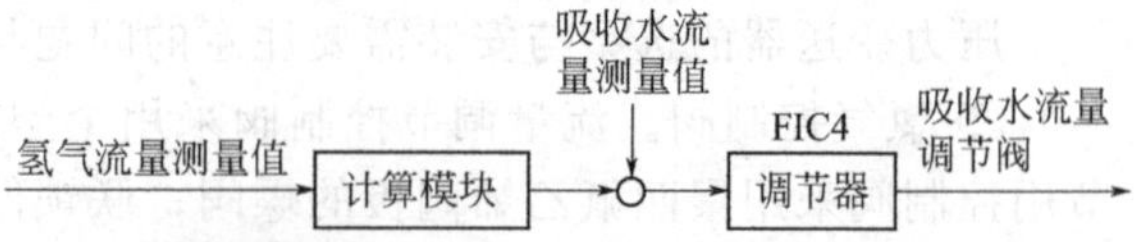

图 15-18 盐酸浓度质量控制方案框图

④ 紧急停车联锁。联锁条件包括氢气压力低低、氯气压力高高、氯气压力上升变化率高高、氢气压力下降变化率高高及氯、氢流量仪表故障等。

联锁动作包括首先关闭氯气切断阀，再关闭氢气切断阀，氯、氢调节阀也做相同处理。

其他控制回路还包括废气吸收塔吸收水流量控制、氯气总管压力控制等。

15.5 氯碱企业安全管控一体化信息集成系统

DCS、SIS 等各种控制系统在我国大中型氯碱企业的使用已经很普遍了。但很多企业的自动化系统由于设备本身的不开放性或企业对信息化工作的不重视，而形成了一个个效能很低的信息“孤岛”。氯碱行业作为国民经济的基础产业，在我国国民经济中占据重要地位。与其地位相比，很多氯碱企业的信息化水平还很低，这严重制约了企业在信息化时代的管理水平和核心竞争力的提升，同时也使得生产安全存在极大隐患。提升企业信息化水平，建立安全管控一体化系统是当前氯碱企业经营和发展的迫切需求，也是企业生产自动化和管理现代化的必然趋势。但是，我国绝大部分氯碱企业还属于中小型企业，资金实力不强，动辄几百万的信息化系统使得很多氯碱企业望而却步。构建一个低成本的信息化系统，特别是安全管控一体化系统成了当前大多数氯碱企业的首选。

系统概况

系统应具备如下功能：

① 利用实时数据库技术和关系数据库技术采集关键生产信息和环境检测信息，建立统一的数据库平台，实现企业生产活动集中监控与管理；

② 利用网络和视频技术建立覆盖全厂的无缝视频监控系统，实现管理人员对全厂，特别是企业危险品场所的实时监控和调度指挥；

③ 在同一数据库平台的基础上建立生产安全预警模型，实时挖掘并分析全厂生产信息，实现安全事故提前预警并及时提供重要应急处理预案；

④ 依据企业生产实际建立生产调度管理子系统，实现生产调度的无纸化和规范化操作；

⑤ 建立 KPI（关键业绩指标管理）管理子系统，使部门主管明确部门的主要责任，并以此为基础，明确部门人员的业绩衡量指标，使业绩考评建立在量化的基础之上；

⑥ 建立 LIMS（实验室信息管理系统）管理子系统，为实现分析数据网上申报、分析数据快速分布、分析报告无纸化、实验室管理水平整体提高等各方面提供技术支持；

⑦ 建立全厂大系统协调优化子系统，实现全厂各生产装置间的有机联系，优化各装置的生产负荷，降低计划外停车的概率，解决影响全厂效益的瓶颈问题。

系统关键技术及实现

(1) 安全预警及应急预案功能实现。安全预警就是对生产过程中危险源头及相关因素的变化进行实时监测并通过数学模型综合处理，对其中的不安全状况进行预警识别，对险情进行定量、定性分析，确定其偏离正常范围的程度以及变化的趋势和速度，以形成对突发性或长期性险情的预警。其中，对警情的定量分析 ALM 可以采用如下公式得出：

$$D=\frac{\mathrm{d}\dfrac{\mathrm{PV}}{\mathrm{HI}-\mathrm{L0}}}{\mathrm{d}t},\mathrm{ALM}=(\frac{\mathrm{PV}-\mathrm{SP}}{\mathrm{HI}-\mathrm{L0}}K_1+DK_2)\times 100\%$$

式中，PV 为危险源实时监测值；SP 为危险源合理状态值；HI，L0 为危险源检测值量程上下限；D 为监测值变化率；K_1、K_2 为系数。该公式集测量值监测、偏差值监测、变化率监测、趋势监测为一体，可以更好地描述危险源的警情状态，而且对定量分析结果 ALM 做了归一化处理，使该公式的适应性大为增强。根据 ALM 与 D 的不同取值，可由表 15-1 得出险情的定性结论。

表 15-1 险情定性归纳表

项目	ALM＞20	ALM＞10	ALM＜-10	ALM＜-20
$D>0.2$	危险！必须采取紧急措施	紧急！险情在快速加剧	险情在快速消失	险情级别在降低，但仍需关注
$D>0.1$	危险！险情在升级	紧急！险情在加剧	险情在逐步消失	险情级别在降低，但仍需密切关注
$D<-0.1$	险情级别在降低，但仍需密切关注	险情在逐步消失	紧急！险情在加剧	危险！险情在升级
$D<-0.2$	险情级别在降低，但仍需关注	险情在快速消失	紧急！险情在快速加剧	危险！必须采取紧急措施

当出现普通级别的险情时，系统会以报警的形式通知管理人员采取措施抑制险情并关注险情变化；当出现紧急以上级别险情时，系统会直接调出应急预案指导相关人员采取应急措施并将险情以短信形式及时通知上级领导。

(2) KPI 管理功能实现。KPI 管理，即关键业绩指标管理，是通过对组织内部某一流程的输入端、输出端的关键参数进行设置、取样、计算、分析，衡量流程绩效的一种目标式量化管理指标，是企业绩效管理系统的基础。KPI 可以使部门主管和业务人员明确工作职责，使业绩考评建立在量化的基础之上，同时可以最大限度地激发员工的工作激情并发现工作中的不足。

以锅炉（链条炉）燃烧系统为例来说明 KPI 管理功能的具体实现方式。锅炉操作质量与以下几个指标密切相关：吨汽煤耗、汽包水位、主汽压力、主汽温度、炉膛负压。对这些指标进行跟踪和统计，得出每个指标某段时间内的最大值、最小值、平均值、超限次数与时间等关键信息即可对这些指标进行量化处理。

以汽包水位为例，在锅炉运行过程中汽包水位应该始终保持在一个合适的范围内，否则会影响锅炉本体或后续工段的安全。对汽包水位进行考核主要是考核其波动范围以及超限次数与时间，程序流程图如图 15-19 所示。

图 15-19 中，G_n 为本周期计算所得均值，G_{n-1} 为上周期均值，n 为周期计数器，PV 为汽包水位测量值，MAX 为最大值，MIN 为最小值，T 为超限时间，C 为超限次数，则汽包水位考核量化值 $\mathrm{KH_1}$ 结构可由如下公式得出：

$$\mathrm{KH_1}=\frac{\mathrm{MAX}-\mathrm{SP}}{\mathrm{HI}-\mathrm{L0}}K_3+\frac{\mathrm{SP}-\mathrm{MIN}}{\mathrm{HI}-\mathrm{L0}}K_4+\frac{G_n-\mathrm{SP}}{\mathrm{HI}-\mathrm{L0}}K_5+\frac{T}{T_1}K_6+\frac{C}{C_1}K_7$$

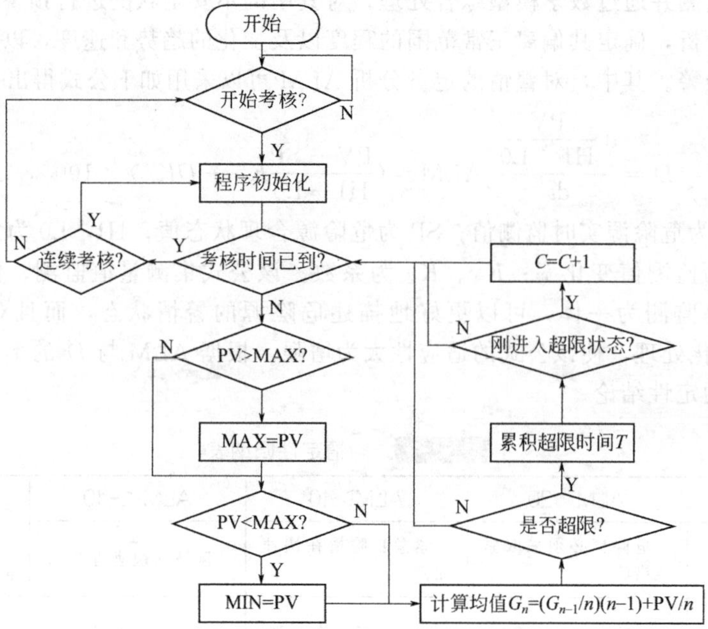

图 15-19　KPI 管理程序流程图

式中，T_1、C_1 为常数。

其他考核指标可参考汽包水位得出。当得到所有关键指标的量化值后就可以通过加权求平均的方式得出整个锅炉最终的量化考核值。

大系统协调优化功能实现

HEROMES 系统的建立也为氯碱生产大系统协调优化功能的实现提供了可能。协调优化模型框图见图 15-20。

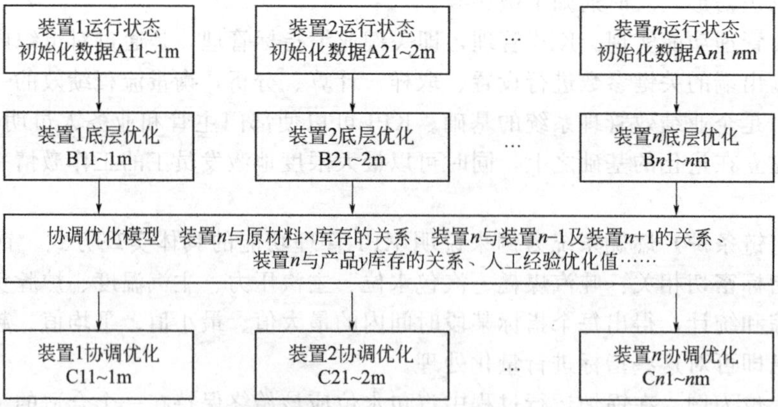

图 15-20　协调优化模型框图

图 15-20 中，B11＝A11＋U11，…，B1m＝A1m＋U1m；C11＝B11＋V11，…，C1m＝B1m＋V1m。式中，A11，…，A1m 为装置 1 的各项初始化生产控制点；B11，…，B1m 为经过底层优化模型优化后的生产控制点；C11，…，C1m 为经过协调优化模型优化后的生产控制点；其余类推。

应用效果：

(1) 解决了企业生产和管理中的信息“孤岛”现象，使各部门之间的协同工作更加富有成效。

(2) 通过安全预警，管理人员不再是“被告知事故已经发生”，而是在事故的萌芽期就得到预警并及时消除险情。经过试验，系统能及时预警许多险情和安全隐患，保证生产现场的安全。

(3) 调度人员结束了多年的手工报表和电话催要数据的历史，这不仅减轻了调度人员的工作负担，而且使得报表数据更真实，并且和手工报表相比，电子报表保存时间更长、查询传阅也更方便；另外，调度日志管理功能的启用也使调度人员开始了无纸化操作，上级下达的命令、调度人员的指令、交接班信息提示、现场的生产记录等均被保存进数据库，极大地方便了日后对这些信息的查询，同时也为可能的事故责任的理清提供了很大便利。

(4) 化验室结束了手动编制报表的历史，实现了分析数据网上申报、快速分布和信息共享。

(5) KPI管理功能的引入使得各部门主管及业务人员明确了自己的职责，更为有效地激励了员工，促进了员工和公司绩效的整体提升。更为重要的是，通过KPI指标进行检讨，发现了部分员工和企业生产管理的不足，为员工能力的提升和企业生产效率及竞争力的提升指明了方向。

(6) 设备管理的引入在很大程度上优化了设备管理的业务流程，为企业设备采购、使用状况监测、企业资产的分析提供了可靠的依据，为企业正常安全生产、有效降低设备事故率提供了可靠保证。

(7) 通过WEB访问功能实现了管理人员远程办公，帮助管理人员随时随地了解现场生产情况，查阅生产报表和生产记录，发现并指挥、排除险情，极大地提高了企业的信息化水平。

参考文献

[1] 化工部考察团．化工部自动化考察团赴美考察报告．化工自动化现状与发展，1998，6.
[2] 厉玉鸣．化工仪表及自动化．北京：化学工业出版社，1998.
[3] 孙洪程，李大宇．过程控制工程设计．北京：化学工业出版社，2008.
[4] 王常力，罗安．分布式控制系统（DCS）设计与应用实例．北京：电子工业出版社，2004.
[5] 田文德，张军．化工安全分析中的过程故障诊断．北京：冶金工业出版社，2008.
[6] 高金吉，杨剑峰．工程复杂系统灾害形成与自愈防范原理研究．中国安全科学学报，2006（9）：15-22.
[7] 周东华，叶银忠．现代故障诊断与容错控制．北京：清华大学出版社，2000.
[8] 王宏安，荣冈，冯梅，张朝俊．化工生产执行系统MES．北京：化学工业出版社，2007.
[9] 北京和隆优化公司，烧碱全流程优化控制技术．COPSYS节能降耗论文集，2007.
[10] 罗安．DCS发展的热点技术．世界仪表与自动化，2008（2）：21-24.
[11] 焦多勤，张琳．无线通信技术在工业自动化领域中的应用及发展，2006（9）：53-55.
[12] 郑立．OPC应用程序入门．日本OPC协会，OPC（中国）促进委员会，2008.
[13] 秦仲雄．石油化工装置应用ESD浅见．石油化工自动化，2002（6）：14-19.
[14] 李平康．工业过程的现代优化技术与应用．世界仪表与自动化，2002（8）：37-40.
[15] 蒋尉孙，俞金寿．过程控制工程．北京：烃加工出版社，1998.
[16] 潘立登．先进控制与在线优化技术及其应用．北京：机械工业出版社，2008.
[17] Shinskey F G．过程控制系统——应用、设计与整定．北京：清华大学出版社，2004.

16 环保安全节能和总图

16.1 概述

氯碱行业属技术密集型产业，具有耗能高、易燃、易爆、易中毒、产品链较长、废弃物处理量大等特点。因此，现代氯碱项目的总图设计，从厂址选择、总图设计到运输的全过程和全方位，不但要始终围绕着现代氯碱工艺技术的目标实施和实现，而且还要始终注重并必须与环保、安全、节能设计同步进行。在总图设计过程中以及与总图设计相关的方方面面，必须将环保、安全、节能的设计理念、设计内容、技术措施，灌输、贯穿、纳入、融入其中。实现这一点突破，不但是成为现代氯碱企业必须具备的条件之一，而且也是建设环境友好型氯碱企业的发展方向，同时也是现代氯碱企业对于整个国家、全社会乃至全球应尽的责任和关怀。

16.2 环境保护和循环经济

16.2.1 环境保护的意义和目的

16.2.1.1 环境保护的意义

环境是人类生存和发展的基本前提。环境为我们的生存和发展提供了必需的资源和条件。保护环境，减轻环境污染，遏制生态恶化趋势，是我国的一项基本国策。解决国内突出的环境问题，促进经济、社会与环境协调发展和实施可持续发展战略，是我国面临的重要而又艰巨的任务。

环境问题不是一个单一的社会问题，它是与人类社会的政治经济发展紧密相关的。环境问题在很大程度上是人类社会发展，尤其是那种以牺牲环境为代价的发展的必然产物。西方国家已经进入了工业化社会，他们已在偿还工业化起步阶段以来对环境欠下的“债务”。我国正在进行社会主义现代化建设，正在经历从农业社会向工业社会的过渡。我们绝不能走西方国家“先污染，后治理”的老路，而应该提前把环境保护放到一个重要的位置。这既是历史的教训，也是我们面临的必然选择，是在环境危机日益深化的情况下的一种被动选择。因为环境问题已成为危害人们健康，制约经济发展和社会稳定的重要因素。

经过 20 多年的发展，我国的环境保护政策已经形成了一个完整的体系，主要目的是“预防为主，防治结合”，“强化环境管理”，贯彻“环境影响评价”制度。

虽然经过多年的治理，我国环境污染加剧的趋势基本得到控制，但是，环境污染问题依然相当严重。重大污染事故时有发生，环境污染问题严重影响了人们的生产和生活，成为制约我国可持续发展的障碍因素。

生态环境是人类生产和生活中与之发生联系的自然因素的总和，人类的活动必然对这些因素造成或多或少的影响。可持续发展是既满足当代人的需求，又不危及后代人满足其需求的发展。从社会观角度，可持续发展主张公平分配，包括发达国家与发展中国家的资源公平分配，当代人和后代人的资源公平分配；从经济观角度，可持续发展主张在保护地球上自然系统的基础上使经济持续增长；从自然观角度，可持续发展主张人与自然和谐发展。

可持续发展主要包括自然资源与生态环境的可持续发展、经济的可持续发展、社会的可持续发展三个方面，这三个方面是相互影响的综合体。因此，保护环境就意味着保障了我国自然资源与生态环境、经济、社会的协调发展和可持续发展。

16.2.1.2 环境保护的目的

环境保护首先就是对建设项目采取必要的污染源治理措施。对建设项目的主要污染因素采取环境保护措施的目的：

(1) 使各类生产废水、生活污水达标排放并满足当地总量控制要求，保证地表水现有功能不下降，区域浅层地下水不因工程排污而受到功能损失；

(2) 使工艺废气达标排放并满足当地总量控制要求，保证环境空气质量不下降；

(3) 控制噪声强源，实现厂界声环境达标，不产生噪声扰民问题；

(4) 工艺废渣、副产物等实现综合利用或安全处置，不对厂区及周围环境（土壤、空气、水体）造成污染。

16.2.2 现代氯碱装置污染源

氯碱工业特征污染物是氯。在生产过程中产生的氯气、含氯废水和盐泥废渣均能造成污染。目前烧碱行业主要采用隔膜法和离子膜法制备工艺。

离子膜烧碱生产过程中的“三废”主要为电解系统和氯气处理系统含氯废气，盐酸合成工段尾气吸收塔含 HCl 尾气；化盐和一次盐水精制产生的盐泥，螯合树脂塔再生排出的酸碱废水和氯氢处理氯气洗涤塔、氢气洗涤塔排出的氯水和碱性废水。

离子膜烧碱生产过程中产生的三废流程见图 16-1。

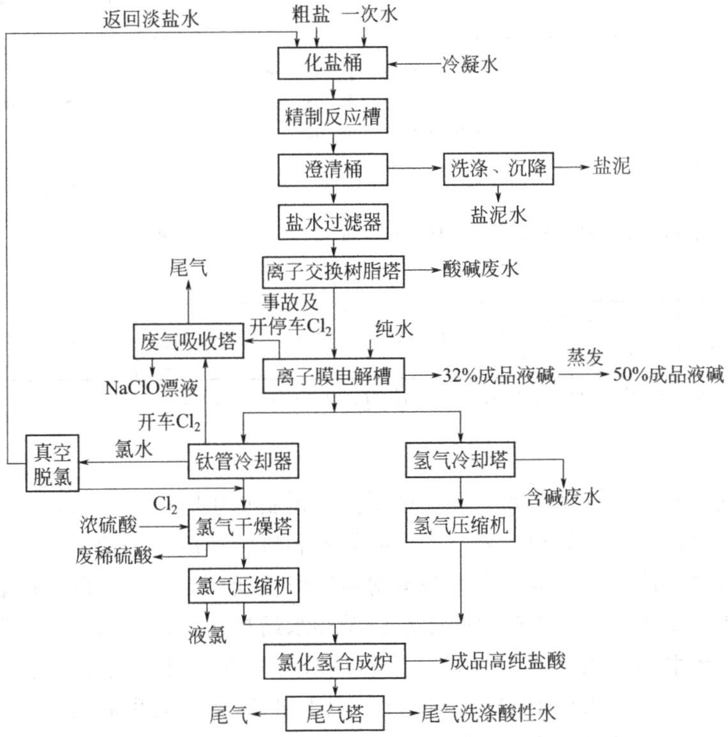

图 16-1 离子膜烧碱生产过程中产生的三废流程图

离子膜烧碱装置在正常工况下的废气产生量和排放量均很小，主要在于管理。烧碱生产过程产生的污染物主要为废水和固体废物，根据第一次全国污染源普查产排污系数核算工作对烧碱行业的产排污统计，离子膜烧碱大、中规模企业，工业废水量的产污系数分别为6.0t/t产品、6.4t/t产品；排污系数分别为1.3t/t产品、1.48t/t产品；盐泥量（干基）的产污系数均为56kg/t产品。不同规模企业污染物的产排污系数反映了企业的管理水平、污染综合治理水平及清洁生产水平，因此离子膜烧碱工业处于国内清洁生产先进水平，离子膜法烧碱装置主要污染源如下。

16.2.2.1 废气

离子膜法烧碱装置主要废气为：烧碱装置开停车及事故时排出的废氯气；高纯盐酸工段氯化氢尾气吸收塔出口的尾气。该装置主要污染物为 Cl_2 和 HCl，无组织排放是离子膜法烧碱装置的主要废气污染源。

以20万吨/年离子膜法烧碱装置为例，有关废气排放情况见表16-1。

表16-1 20万吨/年离子膜法烧碱装置废气排放一览表

装置名称	序号	废气来源、名称	污染物组成	排放规律	排放方式及去向
烧碱	1	电解槽开停车及事故氯气	$Cl_2<5mg/m^3$	间断	去废氯气吸收塔用碱液二级吸收后，25m排气筒排放
	2	废氯处理尾气	$Cl_2\leqslant 5mg/m^3$		25m高空排放
	3	盐酸尾气吸收塔尾气	HCl＜ $20mg/m^3$，其余为 H_2、N_2、H_2O		经水力喷射泵用水吸收成酸性水，作为吸收氯化氢用水，尾气由排气筒排放，效率≥99%
	4	固碱熔盐炉烟气	一般地区固碱炉 $SO_2<100mg/m^3$，重点地区固碱炉 $SO_2<50mg/m^3$		烟囱直接排放
无组织排放	5	盐酸装车点和盐酸储罐	HCl：0.3 kg/h	间断	配备抽风和吸收装置，用引风机将无组织排放的HCl抽出，通入水吸收池，吸收水用于制取盐酸
	6	氯气处理工序、废氯气处理工序、液氯及包装工段	Cl_2：0.97 kg/h	间断	加强管理，尽量减少无组织排放

注：污染物排放指标执行《烧碱、聚氯乙烯工业污染物排放标准》(GB 15581—2016)。

16.2.2.2 废水

离子膜烧碱装置生产废水主要为盐水精制螯合树脂再生时产生的酸性和碱性废液、氯氢处理工段的高温湿氯气经冷却和分离后产生的氯水和碱性冷凝水、盐酸合成水力喷射泵吸收氯化氢尾气产生的酸性废水，生产废水基本均回用作化盐补充水；辅助生产装置产生的废水主要为纯水站离子交换树脂再生产生的废水、循环水站排污水，辅助生产装置废水可中水回用处理后用作循环水补充水或直接外排；生活污水与地面冲洗水均送污水处理装置进行处理，废水主要污染物为COD、BOD、NaOH、HCl和SS等，处理后废水与循环水、排污水等清净废水一起外排，最终外排废水仅为1～1.5m^3/t烧碱。

以20万吨/年离子膜烧碱装置为例，有关废水排放情况见表16-2。

表16-2 20万吨/年离子膜烧碱装置废水排放一览表

装置名称	序号	污染源及名称	排放量	污染物组成	排放规律	排放方式及去向
烧碱生产系统	1	一次盐水精制反应产生的盐泥浆压滤后排出的废水	2～5m^3/h	NaCl:18%	间断	回用于化盐
	2	螯合树脂塔再生废液	110m^3/d	NaCl:16g/L; HCl:19g/L; 其余为H_2O		盐水回用于化盐、酸性废水送污水处理站
	3	淡盐水脱氯工序产生的脱氯淡盐水	223m^3/h	游离氯		回用于化盐
	4	氯气洗涤塔、钛管冷却器、水雾捕集器产生的氯气冷凝水	3～5m^3/h	Cl^-:0.5%; H_2O:99.5%		汇入淡盐水脱氯后回用于化盐
	5	氢气处理产生的含碱废水	3.0m^3/h	NaOH,微碱性		回用于化盐
	6	盐酸合成尾气洗涤酸性废水	1～2m^3/h	HCl,酸性		用于制工业盐酸
辅助生产系统及公用工程系统	7	循环排污水	17～19m^3/h	SS、盐类	连续	可直接外排或中水回用处理后作为循环水的补充水
	8	生活及化验污水	2～5m^3/h	pH:6～9; BOD_5:150mg/L; COD_{cr}:350mg/L; SS:200mg/L; NH_4^+:30mg/L	间断	送A/O污水处理装置
	9	地面冲洗水	0～3m^3/h		间断	
	10	纯水站排水	4～5m^3/h	无机盐类	连续	可直接外排
		总排水	25～37m^3/h	COD_{cr}<100mg/L;BOD_5<30mg/L;SS<70mg/L;pH=6～9;活性氯<2mg/L	连续	可直接外排或进行深度处理后回用于循环水系统

16.2.2.3 废渣及废液

离子膜法烧碱装置废渣为盐水工段产生的盐泥，主要成分为碳酸钙、硫酸钡、氢氧化镁；废液主要为氯气干燥系统排出的废硫酸，约30kg/t烧碱。

以20万吨/年离子膜烧碱装置为例，有关废渣及废液排放情况见表16-3。

表16-3 20万吨/年离子膜烧碱装置废渣及废液排放一览表

装置名称	序号	污染源及名称	排放量/(t/a)	污染物组成	排放规律	排放方式及去向
烧碱	1	压滤机盐泥滤饼	16000	H_2O: 60%; $CaCO_3$、$BaSO_4$、SiO_2、$Mg(OH)_2$	间断	送砖厂制砖或水泥厂制水泥
	2	废硫酸	6000	75%～78%稀硫酸	间断	外售
	3	废离子膜	1.5(3年)	高分子聚合物	间断(每3年排放1次)	生产厂家回收
	4	废螯合树脂	3.0(3年)	高分子聚合物		生产厂家回收

续表

装置名称	序号	污染源及名称	排放量/(t/a)	污染物组成	排放规律	排放方式及去向
污水处理	5	污泥	5		间断	送有资质的危险废物处置单位处置

16.2.2.4 噪声

离子膜法烧碱装置连续噪声主要来源于氯压机、氢压机等各种机泵类。以20万吨/年离子膜烧碱装置为例，有关噪声排放情况见表16-4。

表16-4 20万吨/年离子膜烧碱装置噪声排放一览表

序号	名称及来源	声压级/dB(A)	排放规律	备 注
1	盐水泵	85	连续	一次盐水工段、二次盐水工段及电解工段
2	碱液泵	85	连续	二次盐水工段及电解工段
3	氯压机	95	连续	氯气处理工序
4	氢压机	95	连续	氢气处理工序
5	真空泵	95	连续	废氯气处理工序等
6	引风机	95	连续	废氯气处理工序
7	压滤机	90	连续	一次盐水工段
8	各类风机	85	连续	
9	其他泵类	85	连续	

16.2.3 污染源的治理措施

16.2.3.1 废气治理措施

(1) 电解槽开停车废气治理。电解工段电解槽在开停车时及事故状态下，将有含氯废气排放，每次排放约30min，其主要成分为Cl_2，含量约占60%。开停车及事故状态时，其产生的废气通过二级碱液吸收塔吸收。

废氯气在引风机的作用下由一级废氯气吸收塔下部进入，一级吸收液循环槽内的吸收液由循环泵送往循环冷却器冷却后进入一级废氯气吸收塔。在塔内，自塔上部喷淋而下的吸收液与废氯气逆流接触而迅速吸收。塔底出来的吸收碱液自流入一级吸收液循环槽，再经泵送往循环冷却器冷却后，返回一级废氯气吸收塔上部循环吸收废氯气。当塔底出来的次氯酸钠溶液有效氯含量达到10%（质量分数）时，用次氯酸钠成品泵将合格的次氯酸钠溶液送往罐区，由新鲜碱液和二级吸收液进行补充。

塔顶排出来的低浓度废氯气进入二级废氯气吸收塔下部，二级吸收循环液经循环冷却后和浓度15%（质量分数）的碱液一并送入二级废氯气吸收塔内，由上部喷淋而下与废氯气逆流接触迅速吸收。塔底出来的吸收碱液用碱液循环泵送往循环冷却器，经冷却后重新进入二级废氯气吸收塔内循环吸收废氯气。二级废氯气吸收塔尾气被引风机抽出，经排气筒高空排放。开停车及事故尾气治理工艺流程见图16-2。

目前国内大多数氯碱厂家开停车尾气治理措施均采用以上工艺，其治理效率稳定，可最大限度减小电解槽开停车废气中Cl_2对区域空气环境的影响。该装置同时设双回路电源，以

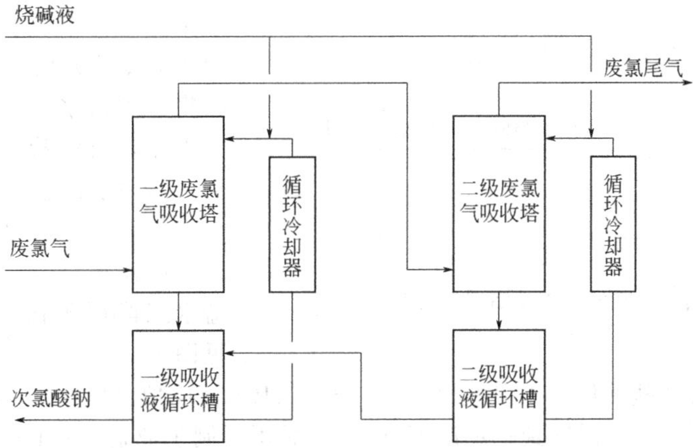

图 16-2 开停车及事故尾气吸收治理措施

保证设备稳定工作。装置副产的次氯酸钠可作为产品出售，以增加经济效益。

（2）淡盐水游离氯脱除。淡盐水脱氯工序采用真空脱氯法，经脱氯塔真空系统使淡盐水与冷却器、水雾捕集器排出的氯气冷凝水中的游离氯脱除，脱除出的氯气汇入电解至氯气处理的湿氯气总管，不对外排放。

（3）高纯盐酸尾气吸收。高纯盐酸吸收工序采用三级水吸收，对 HCl 吸收效率可达 99%以上。根据目前国内企业氯碱系统已采用的高纯盐酸三级水吸收工艺的运行情况来看，完全可保证盐酸吸收尾气稳定达标排放。

（4）液氯工段氯气治理。在液氯工段的 NCl_3 分解器和气液分离器上部将有氯气排放，在开车最初不稳定时送到一级废氯气吸收塔进行处理，待系统运行稳定后送到 HCl 合成工段生产高纯盐酸。该部分废气送至缓冲器，与废气排污槽上部的气体汇集后经纳氏泵送至废气储罐，与液氯包装工序的抽真空废气汇集进入纳氏泵送至废气储罐，与液氯储槽的尾气一起送至合成盐酸工段。对于含氯废气采用上述的措施进行治理后，可以减少废气的排放。

（5）熔盐炉烟气治理。氯碱装置使用的熔盐炉一般为小型工业炉，熔盐炉尽量使用汽油、天然气或煤气等能源为燃料，可保证熔盐炉废气中的 SO_2 达标排放。

（6）无组织排放废气的治理

① 减少 HCl 废气排放：HCl 合成炉尾气采用文丘里水流泵吸收 HCl；盐酸包装处采用文丘里水流泵吸收酸雾，吸收水循环使用，达到一定浓度用于制酸；HCl 气取样时用乳胶管将气导入水桶内吸收；盐酸储罐用油封酸，用水流泵抽吸挥发的 HCl 气体。

② 减少氯气排放：湿氯气管道系统均为负压输送；冷凝水排放点均设有水封；液氯钢瓶检测时，真空抽出瓶内余气送合成炉内生产 HCl 气；建立事故氯吸收装置，确保紧急停车时氯气用碱液吸收。

采取上述措施后，氯碱厂的氯化氢和氯气无组织排放量将大幅度减少。

16.2.3.2 废水治理措施

（1）螯合树脂塔再生废水治理。一次过滤盐水送往螯合树脂塔进行二次精制，再生螯合树脂时产生酸性和碱性废水。螯合树脂塔再生酸碱废水经储罐储存、自身中和后，废水中主要含盐，返回一次盐水工段化盐或送入下游 PVC 装置的电石渣上清液闭路系统使用，不外排。

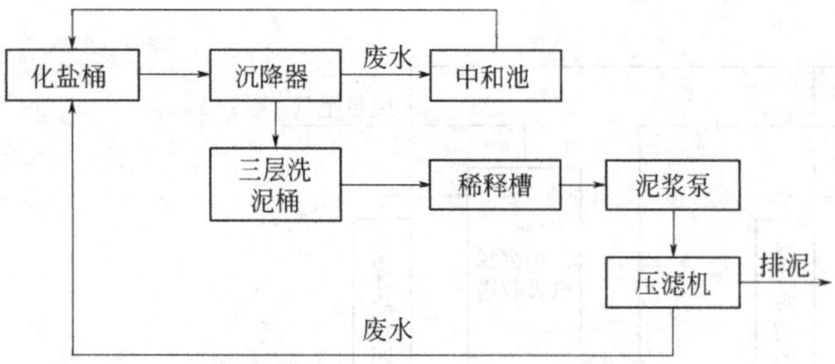

图 16-3 盐泥产生及治理流程图

(2) 含氯冷凝水治理。氯气处理工序高温湿氯气经换热器和水雾捕集器冷却分离时产生氯气冷凝水，收集后用氯水泵送往淡盐水真空脱氯工序，与淡盐水一并脱除游离氯后，回用于化盐。

(3) 盐泥滤液治理。盐泥浆经板框压滤机压滤后，滤液送回一次盐水工段用于化盐，其治理工艺详见图 16-3。

(4) HCl 合成和盐酸包装工段酸性废水治理。HCl 合成炉尾气吸收水及盐酸包装酸雾吸收水在酸性循环水系统循环到一定浓度（5%）后用于制工业盐酸；HCl 冷却系统冷凝废酸集中后送废盐酸储槽，作为商品销售。

(5) 污水处理。烧碱生产中其他工业废水和生活污水主要通过污水处理装置集中处理，通常采用活性污泥法和接触氧化处理工艺、二级沉淀、二级生化处理，处理出水能够达到国家二级或一级排放标准。设计时，可根据废水最终排入水体或接纳装置的要求确定处理工艺流程。

16.2.3.3 固废和废液污染治理措施

(1) 盐泥治理措施。盐泥是氯碱行业盐水工段在原盐精制除钙、镁离子时产生的废弃物，主要成分为 $Mg(OH)_2$、$CaCO_3$、$BaSO_4$ 和少量的 NaOH。盐泥含量和产量与使用的原盐所含杂质有关。不同地区原盐产生盐泥量不同，一般用海盐每生产 1t 烧碱产生盐泥 30kg，用岩盐和湖盐每生产 1t 烧碱产生盐泥 50～60kg。20 万吨/年烧碱装置，每年产生盐泥约 6000～12000t（干基）。

盐泥主要成分中硫酸钡占 35%～45%，钙、镁碳酸盐占 25%，氯化钠占 2%～2.5%，其他是水分和泥土。泥浆主要来自三层洗泥桶的盐泥浆，经板框压滤机压滤后，脱除大部分水分，盐泥含水率在 60%左右。

从盐泥化学组成上看，它是一种钙镁含量高的物质，具有一定的利用价值。盐泥的综合利用尚处在研究开发阶段，其中利用盐泥中的镁制轻质碳酸镁或氧化镁、余渣制造水泥是比较好的综合利用盐泥的方法，但工艺和设备相对复杂。

通常盐泥可用来制砖，标准砖的制砖物料配比为盐泥 35%～40%、米石 20%、砂石 15%、煤灰 12%、电石渣 5%～10%、水泥 8%。

现有不少氯碱企业回收盐泥中的硫酸钡，并获得很好的经济效益和环境效益，有条件的厂家都可以借鉴。

从盐泥中可回收轻质氧化镁和氯化钙。盐泥中的钙镁盐都以碳酸钙和碳酸镁的形式存在，约占盐泥的 25%。采用烧碱酸解的方法可以将盐泥中的钙镁酸溶性沉淀从盐泥中分离出来。该技术已经在部分氯碱企业中采用，得到了合格产品，为氯碱企业开创了一条治理盐泥的新路。

尽可能少产盐泥乃是减轻污染的发展方向，今后应鼓励发展精制盐，尽量减轻末端治理负担。

(2) 废离子膜治理措施。离子膜烧碱装置的电解槽离子膜每三年更换一次，属于危险废物，全部由厂家回收，不向外环境排放。

(3) 废螯合树脂治理措施。二次盐水工序采用螯合树脂进行精制，盐水精制后螯合树脂进行再生利用，根据现有氯碱企业实际生产调查，此部分螯合树脂每3年更换一次，可全部由厂家回收。

(4) 废硫酸治理措施。离子膜烧碱电解工序出来的湿氯气在填料泡罩塔内由下而上与从塔顶喷淋的98%的浓硫酸逆流接触，脱去Cl_2中的水分，当98%硫酸浓度因吸收Cl_2中的水分降低至75%时，硫酸停止使用，其产生量为每吨烧碱约30kg废硫酸，收集在废硫酸储罐暂存后，可全部作为副产品外售，或经过浓缩装置提浓到96%后循环使用。

16.2.3.4 噪声治理

现代氯碱装置主要噪声设备是压缩机、压滤机、风机、化工泵等。噪声治理要从噪声源做起，首先要从设备选型、设备的合理布置等方面考虑，设计中尽量选用低噪声设备，对噪声较高的设备采用集中布置在隔声厂房内，或采取设隔音罩、设消音器、操作岗位设隔音室、振动设备设减振器等措施。

对于风机运转时产生的空气动力性噪声（即气流噪声）和机械噪声，由于强度最高、影响最大的是空气动力性噪声，尤其进出气口产生的噪声最严重。通过在进气口安装阻抗复合消声器和对进排气管道做阻尼减振措施降低压缩机等机械性噪声。

对于空压机，在工作时产生的主要来自连接系统的冲击和螺杆运动机械噪声，其特性是以低频为主，呈宽频带。因此，对空压机进风口采用阻抗复合消声器及机体与风管之间用软接头连接，同时设空压站房将空压机置于室内，采用双层门窗、站房内墙面贴吸声材料等隔声、吸声措施，使空压机噪声对外环境影响进一步降低。

对于泵类可以采用电机隔声和泵体减振等降噪措施，对冷却塔循环泵等进行电机隔声，对水流噪声隔声等。

在与产噪声设备安装连接时，采用合理的连接方式以防止管道气流性振动产生的噪声，并在管道上包扎或涂刷阻尼材料，可降低噪声的声压等级10dB（A）左右。

企业应根据工程厂区平面布局，主装置区内高噪声设备应优化布局，尽量远离敏感区厂界。

氯碱装置噪声经上述治理后，经沿途建筑物和树木的屏障作用，加之噪声随距离的增大而自然衰减，噪声传至厂界可降至白天65dB（A），夜间55 dB（A）以下，满足《工业企业厂界环境噪声排放标准》（GB 12348—2008）中的3类要求。

16.2.3.5 防渗措施

氯碱企业在生产过程中广泛涉及HCl等腐蚀性物质，同时盐泥等固体废物堆放不当时容易造成污水渗漏，会对土壤土质造成污染，甚至会通过土壤渗透到地下水而对地下水造成污染，因此氯碱企业应采取防渗措施对地下水进行保护。

氯碱工程设计和建设时应针对生产工艺布置，原料、产品、废料等的化学性质，按照国家《危险废物鉴别标准》要求进行分类鉴别，按《一般工业固体废物贮存、处置场污染控制标准》（GB 18599—2001）对固体废物贮存、堆场进行防渗设计，按《石油化工工程防渗技术规范》（GB/T 50934—2013）进行地下水防渗工程设计和建设。

防渗设计应遵守环评批复文件和环境影响报告书的要求，应依据项目的工程地质、水文地质资料，研究项目场地的地下水环境敏感程度、含水层易污染特征和包气带防污性能判定决定是否采取防渗措施。

污染防治分区：结合装置、单元的特点和所处的区域及部位，按《石油化工工程防渗技术规范》（GB/T 50934—2013），可将建设场地划分为非污染防治区、一般污染防治区和重点污染防治区，并进行相应的防渗设计。

非污染防治区，如办公室、控制、供电、道路等区域。一般污染防治区，如一次盐水、盐泥堆场、二次盐水电解、电解厂房、氯氢处理装置、盐酸合成等装置的地面、事故水池、雨水监控池、酸碱罐区承台式基础、酸碱罐至围堰之间的地面及围堰、循环水站冷却塔底水池及吸水池、循环水站加药间、水处理厂房的地面等。重点污染防治区，如酸碱罐区的环墙式和护坡式基础、循环水站排污水池、污水处理装置、盐泥池、酸碱中和水池及污水沟、地下生产污水管道、生产装置区域的污水收集池、变电所事故油池等。

16.2.3.6 绿化美化方案

绿化美化也是一项主要的环保措施，包括植树、种草等，是改善厂区环境最主要的途径之一。绿化除具有挡风、除尘、降噪、美化环境等诸多功能外，是防止大气污染、对大气进行净化的一个经济易行且效果良好的重要措施。树木对净化大气有显著功能。因此，氯碱工程应把绿化作为一项主要的环保工作来对待，选择能吸收污染物、防尘、防火、降噪、监测污染物、调节及改善气候的绿化植物。

对于树种的配置，应根据装置区各生产车间性质和要求的不同而定。如对散发有害气体的车间附近，可能有“跑、冒、滴、漏”等无组织排放的污染物所造成的局部污染，为使其尽快扩散、稀释，在其周围不宜种植成片、过密、过高的林木，应尽可能多种抗 Cl_2、抗 HCl 的草皮等低矮植物；在有噪声车间的周围（如空气鼓风机等），宜选择降噪能力强、树冠矮、分枝低、枝叶茂密的乔木、灌木，高低搭配，形成隔声林带；办公楼前的绿化主要为净化空气、美化环境，故对树形、色彩的选择应与环境协调，在配置树种时还应兼顾采光和通风的要求。

根据工程污染特点，厂界可种植树形高大、树叶繁茂的法国梧桐、刺槐、悬铃木和杨树，在厂区道路两侧种植抗 Cl_2、抗 HCl、降噪能力强的树种。常见的氯碱厂可选择的绿化植物见表 16-5。

表 16-5 建议氯碱厂厂区绿化植物表

序号	功能	主要绿化植物
1	绿化美化、降噪	桧柏、侧柏、夹竹桃、大叶黄杨、黄杨、棕榈、女贞、石楠、广玉兰、紫穗槐、榆、合欢、刺槐、紫薇、法国梧桐、雪松、木槿、丁香、腊梅、波斯菊、百日草、茉莉、桃树等
2	绿化美化、抗氯化氢	桧柏、侧柏、棕榈、夹竹桃、大叶黄杨、小叶女贞、沙枣、枣树、柿树、刺槐、洋槐、石榴、月季、丁香、樱花、李树、橡树、紫藤等

16.2.4 现代氯碱循环经济

循环经济是以资源的高效循环利用为核心，以减量化、再利用、资源化为原则，以低投入、低消耗、低排放、高效益为特征，符合可持续发展理念的经济发展模式，属于资源节约型和环境友好型的经济形态。

氯碱行业是我国国民经济重要的基础原材料产业，也是能源、水资源、矿产资源、再生资源消耗量很大的资源密集型产业。氯碱工艺流程的特点，决定了氯碱行业是一个有条件、有潜力发展循环经济的产业。由于目前我国粗放型的经济增长方式还没有根本转变，氯碱工业的发展仍然是依靠资源的高消耗来推动，资源消耗高、浪费大、污染重。这些问题决定了氯碱行业加快发展循环经济势在必行。

16.2.4.1 氯碱企业面临的新挑战和发展循环经济的必要性

（1）面临节约能源的挑战。我国氯碱工业经历了半个多世纪的发展，在生产规模、产量、品种、质量、技术装备及管理水平等方面都有了很大提高，新中国成立初期的烧碱产量每年只有1万～5万吨，2014年生产能力突破了3800万吨/年，成为世界第一氯碱大国。PVC需求更旺，产能和产量都在迅速扩大，2014年我国PVC产能超过1800万吨/年，已取代美国成为世界最大的PVC生产国。随着全球经济的发展，煤、电、石油、原盐等资源的紧缺将持续加剧，严重制约氯碱企业的快速发展。

(2) 环境保护对氯碱行业的制约。2004年以来，《关于持久性有机污染物（POP）的斯德哥尔摩公约》《京都议定书》相继在我国生效，首批列入《关于持久性有机污染物（POP）的斯德哥尔摩公约》受控名单的12种POP中，有10种属于有机氯化物，其淘汰、削减或控制势必会给我国氯碱工业的氯碱平衡和有机物的发展带来一定影响。同时，《京都议定书》要求签约国减少温室气体排放，防止全球气候变暖加剧，“减排”措施已对氯碱行业提出新的挑战。

(3) 发展循环经济的必要性。氯碱工业属高耗能、高耗盐、污染较大的产业。生产1t烧碱耗电2298kW·h，耗一次水24.5t，耗循环水42t，耗原盐1.545t。目前，我国氯碱企业资源产出率、利用效率、综合利用水平、再生资源回收利用率与发达国家相比仍存在差距。努力探索节约资源、保护环境的生产方式，在每一个生产环节最大限度地提高资源利用率，从传统的“资源—产品—废弃物”的单程模式向“资源—产品—废弃物—再生资源”的循环型转变，是氯碱工业发展的必由之路。

面对环境保护对氯碱行业的挑战，环保压力进一步加大，传统的末端治理方法不但给企业带来了沉重的经济负担，也难以从根本上缓解环境压力。从源头抓起，实现全过程控制，将污染物最大限度地消除在生产过程之中，推行清洁生产、减少污染排放、降低生产成本已成为氯碱企业确保生存和发展、提高经济效益、实现可持续发展的根本保证。

16.2.4.2 氯碱企业循环经济模式及产业链的构建

(1) 循环经济模式。构建循环经济发展模式即：

① 调整优化产业结构。认真贯彻国家宏观调控政策，优化调整投资结构，大力发展市场前景广阔、科技含量高的项目，发展清洁生产、新型节能和具有先进核心技术的项目，以最小的资源消耗和环境代价实现最大的经济效益、社会效益。

② 实施废物综合利用。推广工业用水闭路循环和一水多用，实施中水回用工程，提高各类污染物资源化利用水平。

③ 推广先进的污染源治理技术，加强企业节能减排工作，提高资源综合利用率。循环经济作为一种有效平衡经济增长、社会发展和环境保护三者关系的经济发展模式，首先被经济发达国家所采用。发展循环经济，各国的国情不同，行业工艺流程不同，不能盲目模仿。

④ 企业内部的循环经济模式。在现有企业内部，各工序之间物料循环，延长生产链条；减少生产过程中物料和能源的使用量，尽量减少废弃物和有毒物质的排放，最大限度地利用不可再生资源。

⑤ 循环经济园区模式。以氯碱厂为主体企业建立循环经济园区，通过园区内各企业间的物质集成、能量集成和信息集成，形成产业间的代谢和共生耦合关系；将产业链上游的“废物”或副产品，转变为下游的原材料，形成一个相互依存、类似于自然生态系统的“工业生态系统”。园区中各企业既是独立的生产单位，又是整个生态工业链中的一个生产过程和环节，各环节实现资源的充分共享，形成经济发展和环境保护的良性循环。

(2) 构建循环经济产业链。构建循环经济产业链应遵循的原则是：坚持“减量化、再利用、资源化”的原则，努力减少资源消耗和废弃物排放，提高资源使用效率；坚持“以人为本”的原则，充分调动各方面的积极性；坚持“科技创新”的原则，调整产品结构，转变增长方式；坚持“全面部署，重点推进”的原则，实现各个层面的互动发展。

根据以上原则，结合当地资源状况，构建氯碱循环经济产业链和功能分区，工业区内的多个生产单元构成相互关联、互相促进、共同发展的生态工业链，如：

① 自备热电厂单元。充分利用自备热电厂优势，使之成为整个生态工业区的能源基地，为工业区内各单元提供电能、热能（蒸汽），并利用其他单元的废料作发电燃料。燃烧后的粉煤灰提供给水泥厂作为制水泥的原料。

② 氯碱单元。向下游单元提供烧碱、PVC、盐酸等产品；PVC 生产过程产生的电石渣作为水泥厂生产水泥的原料；电解后的淡盐水返回盐矿；副产品氢气生产环己醇、环己酮。

③ 污水处理单元。处理各单元产生的废水，向氯碱单元提供中水。

④ 水泥厂单元。利用氯碱单元生产 PVC 树脂过程中产生的电石渣和热电厂单元的粉煤灰，廉价地生产出大量优质水泥，不仅提高企业对资源的利用率，而且可创造较大的经济效益。

⑤ PVC 型材、管材生产线单元。利用自产 PVC 树脂生产塑料异型材及管材，对 PVC 树脂进行深加工，拉长了产品链，增加了企业的经济效益，而且 PVC 塑料异型材及管材是国家重点推广的节能型化学建材，节能降耗效果显著，可节省大量的木材、铝材、钢材，经济效益和社会效益显著。

⑥ 固碱加工生产线单元。固碱在使用、运输、包装等方面比液碱有优势，而且可扩大离子膜烧碱的市场销售半径，拓宽烧碱销售渠道。

⑦ 氯产品单元。开发新的耗氯产品，发展多种精细化工产品，对于提高产品的科技含量，增强氯碱产品的市场竞争力具有重要的意义。建设多项氯产品生产线，既有利于氯碱平衡，又可形成氯碱产品的规模优势，提高企业的经济效益。

⑧ 盐矿开采、输送卤水单元。结合当地矿盐资源，配套盐矿开采工程，通过输卤管道直接输送卤水，作为烧碱的原材料，不但降低了生产成本，而且提高了资源的利用率。

16.2.4.3 资源的循环利用及环境保护

循环经济理念，在宏观上要求对产业进行循环组合，建立资源的循环利用体系；在微观上要求企业按照“减量、再利用、资源化”的原则，减少资源消耗和废弃物的产生，以达到低投入、低消耗、低排放、高效益的目的。

表 16-6 为资源利用及三废处理。目前，氯碱企业采用的循环利用措施如下。

表 16-6 资源利用及三废处理

序号	生产装置	产生废弃物	循环利用及处理
1	电解装置	氯气	进入脱氯和氯气吸收系统，用质量分数为 15%～20%的碱液吸收
		酸、碱废液	送到工厂废水回收系统，中和至 pH 值达标后，用于化盐和矿盐地下溶采
2	合成盐酸	含酸废气	采用两级水循环吸收，末端增加碱性循环水吸收，这部分水接入自备热电厂锅炉烟气脱硫、除尘用水系统，复用
		含酸废水	加压输送到尾气抽真空系统中循环使用，再用作合成盐酸的原料水
3	氯氢处理	冷凝氯水	送氯气洗涤塔，洗涤后的氯水去淡盐水脱氯塔，而后与淡盐水一同送一次盐水工段，用于化盐或矿盐地下溶采

(1) 间接冷却水全部循环回用。节水是氯碱企业降低成本、节约资源的重要方面，间接冷却设备用水可采用带压回收和集中回收的办法循环使用。以冷却塔为主体的工业给水系统及循环水冷却回用装置采用水质稳定措施，减少回用系统的排污量，工业用水循环利用率超过 95%。

（2）废气回收利用

① 电解槽开停车时，将产生一些低浓度的氯气；正常生产时，电解槽出来的盐水中的少量氯气经真空脱出，并入原氯气系统；氯气处理及液氯装置事故状态都将产生一部分氯气。为处理这部分废氯气，设置了脱氯和氯气吸收系统，用浓度为15%～20%的碱液在氯气吸收塔中加以吸收，生产浓度为10%～12%的次氯酸钠作为副产品销售，保证了系统在正常生产和发生事故状态下均没有氯气直接排入大气。

② 合成盐酸包装时无序排放的含酸废气，采用两级水循环吸收的方法进行处理。为避免污染，末端可增加碱性循环水吸收，而后这部分水接入自备热电厂锅炉烟气脱硫、除尘用水系统，复用。

（3）废水、废液回收及处理

① 离子膜烧碱装置生产过程中产生的一些废酸、废碱（螯合树脂塔再生废液），均送到工厂废水回收系统，中和至pH值达标，用于化盐和矿盐地下溶采。

② 氯氢处理工段的钛冷却器产生的冷凝氯水中含氯约3.3g/L，将其送至氯气洗涤塔，洗涤出电解槽的热氯气。洗涤后的氯水去淡盐水脱氯塔，在真空脱氯塔内，大部分氯气回收至原氯系统，脱氯的氯水与淡盐水一同送一次盐水工段，用于化盐或矿盐地下溶采。

③ 合成盐酸生产过程中，尾气抽真空系统排出的含酸废水通过酸性水池，用石墨间接冷却器等冷却，用泵加压输送到尾气抽真空系统中循环使用，再作为合成盐酸的原料水。

④ 装置的工艺排放水（清净、碱洗含碱废水）、动力设备机械密封水及设备冲洗水、纯水、循环水系统排放的再生废水和过滤废水进入废水收集系统，中和至pH值达标，共同汇到污水池后排放。

（4）废渣处理措施。装置中一次盐水产生的盐泥经工厂一次盐水板框式压滤机盐泥处理系统，压滤回收盐水，盐泥晾晒后用于生产水泥及塑料添加剂等产品。

总之，氯碱企业发展循环经济是建设资源节约型、环境友好型社会的重要途径。通过组织企业内各工序之间的物料循环、产业循环组合、资源循环利用，形成合理的产业链，或者和其他行业联合形成产业链，对生产过程中的废渣综合利用，提高废水、废气的循环利用率，降低能耗、水耗、物耗，使企业资源循环利用率达到一个新水平。同时，从源头和生产全过程控制，减少污染物的产生、排放，减少对环境的污染。以“资源—产品—再生资源”为特征的循环经济发展模式的形成，降低了资源消耗，减轻了环境污染，实现经济发展与环境保护的“双赢”，促进经济、社会的全面、协调、可持续发展。

16.3 安全防护

16.3.1 安全防护的意义和目的

16.3.1.1 安全防护的意义

（1）在实施安全防护工作的过程中，才能深入贯彻落实国家和地方有关安全生产法律、法规、规章和标准的规定，进一步规范氯碱生产企业的安全生产行为，加强安全生产管理，建立、健全安全生产责任制度，完善安全生产条件和安全生产设施，确保氯碱生产安全。

（2）通过实施安全防护工作，强化安全生产基层基础建设，开展安全标准化工作，不断提高自动化、信息化水平，实现安全管理科学化。

（3）实施安全防护工作，要求氯碱企业的主要负责人对本单位的安全生产工作和社会安全作出承诺，全面负责和全面兑现，应按照《中华人民共和国安全生产法》的规定履行职责。

（4）实施安全防护工作，要求氯碱企业应当依照《中华人民共和国职业病防治法》的规定，预防、控制和消除职业病危害，提高防治职业病水平，防止职业病的发生。

(5) 实施安全防护工作，要求氯碱企业杜绝使用国家明令禁止或淘汰的生产工艺和设备设施。

16.3.1.2 安全防护的目的

氯碱生产过程中存在着燃烧、爆炸、腐蚀、中毒、触电等危险有害因素。氯碱企业为了有效地防患于未然，消除安全隐患，文明生产；保护从业人员的职业健康和生命安全，防止发生事故；保护周边群众的人身健康和生命安全；保护国家和人民财产安全；保护整个社会稳定、安定、和谐、可持续发展；保持人类社会与自然环境的协调与平衡；保护整个清洁卫生、绿色生态环境免受污染，免遭破坏；最终造福于人类子孙后代，应认真贯彻落实"安全第一、预防为主、综合治理"方针，一贯性地确实做好安全防护工作。

16.3.2 现代氯碱危害和危险源

现代氯碱项目，其生产过程存在着危险有害化学反应。其生产介质，即生产所用的原料、辅料和产品，大多具有易燃、易爆、有毒、有害、腐蚀等特性，因此生产过程中存在火灾、爆炸、中毒、窒息、腐蚀等危险有害性。

16.3.2.1 现代氯碱项目涉及具有爆炸性、可燃性、毒性、腐蚀性的化学品危险类别

依照《危险化学品目录（2015）版》，在氯碱装置生产过程中，所涉及的危险化学品主要有：液氯（氯气）、氢气、氢氧化钠、硫酸、盐酸、氯化氢、三氯化铁、次氯酸钠、氮气等，其中液氯（氯气）为剧毒化学品。

根据《重点监管的危险化学品名录》（2013年完整版），氯碱装置涉及的液氯（氯气）、氢气为列入名录中的危险化学品。

根据《易制毒化学品管理条例》（2014年修订版），硫酸、盐酸属于第三类易制毒化学品。

不涉及《各类监控化学品名录》（原化学工业部令第11号）中的各类监控化学品。

不涉及《易制爆危险化学品名录》（2011年版）中的易制爆危险化学品。

根据《危险货物品名表》（GB 12268—2012），其中：

第2.1类（易燃气体）：氢气；

第2.2类（不燃气体）：氮气、氯化氢；

第2.3类（有毒气体）：液氯（氯气）；

第8.1类（酸性腐蚀品）：硫酸、盐酸、三氯化铁；

第8.2类（碱性腐蚀品）：氢氧化钠；

第8.3类（其他腐蚀品）：次氯酸钠。

16.3.2.2 现代氯碱项目生产过程可能出现的危险、有害因素分析

在氯碱产品的生产过程中，涉及一次盐水及原盐储运工段，二次盐水、电解、淡盐水脱氯工段，氯氢处理工段，氯化氢合成及盐酸工段，液氯工段，蒸发及固碱工段等过程；涉及的危险化学品主要有易燃易爆物质氢气，有毒有害物质氯气等，腐蚀性物质盐酸、硫酸、氢氧化钠、氯化铁、碳酸钠等，因而装置及生产过程的主要危险、有害因素分析将结合各工段的划分及涉及的危险化学品，参照《企业职工伤亡事故分类》（GB 6441—1986），综合考虑起因物、引起事故的诱导性原因、致害物、伤害方式等，氯碱装置可能存在的主要危险、有害因素应进行辨识与分析。

(1) 原盐储运及一次盐水工段

① 电解工艺技术制烧碱使用的原料是原盐，由于原盐中含有杂质氯化镁，氯化镁极易

潮解，潮解的氯化镁容易使原盐结成硬块状，结块的原盐既影响装卸运输，又有可能在取盐不当时发生盐层坍塌，进而造成操作人员被埋而导致的人员伤亡事故（《企业职工伤亡事故分类》中的坍塌事故）。

② 在化盐过程中需用蒸汽进行加热升温，如果蒸汽管道与被加热的设备系统没有进行保温或原有的保温设施损坏而没有及时修复，操作人员不慎接触到蒸汽管道、阀门及被加热的设备，可导致人员烫伤（《企业职工伤亡事故分类》中的灼烫事故）。同时由于在化盐系统中使用了地下设备，如果缺少必要的栅栏等安全防护装置，或有栅栏等安全防护装置因腐蚀严重而失效，或者作业人员麻痹大意，仍可能造成人员跌落（《企业职工伤亡事故分类》中的高处坠落事故），进而引发烫伤事故或跌伤事故。

③ 在原盐精制时，由于使用到氢氧化钠、盐酸、次氯酸钠、碳酸钠等腐蚀性物质，如果发生故障泄漏、运行泄漏，或者储存、输送氢氧化钠、次氯酸钠、碳酸钠的设备、管道检修时没有清洗或清洗不干净，还可能发生灼伤事故（《企业职工伤亡事故分类》中的灼烫-化学灼伤事故）。

④ 由于原盐中的杂质，使得盐水中含有少量的无机铵盐或有机铵类等含氮化合物，该类化合物在 pH＝2～4 的条件下，可生成一种受到摩擦、撞击、高温等易爆的三氯化氮化合物（可能引发《企业职工伤亡事故分类》中的火灾与其他爆炸事故）。因此，在一次盐水精制过程中，必须控制盐水中的含氮化合物的总量，以防止三氯化氮的生成。

⑤ 一次盐水精制系统中用电备较多——配电设备、动力和照明线路、动力电器、照明电器、通排风设备、消防电气设备等。如果电气设备、开关等受潮锈蚀老化，易造成漏电短路，当缺少漏电保护装置及接地接零损坏时，可能引发触电伤害事故。此外在电器维修过程中也存在触电伤害的可能。电气设备、设施缺少防护网和警示标志，或厂内的电气线路布设不规范，人员均有可能触及而发生触电事故（《企业职工伤亡事故分类》中的触电事故）。此外，在工作过程中，作业人员如不能按照电气工作安全操作规程或缺乏安全用电常识以及设备本身故障等原因，均可能造成危险事故的发生。该系统中触电危险因素及可能造成的事故后果主要有：

a. 设备故障：可造成人员伤害及财产损失。

b. 输电线路故障：如线路短路、断路等可造成触电事故或设备损坏。

c. 带电体裸露：设备或线路绝缘性能不良或绝缘损坏，均可造成人员伤害。

d. 工作人员对电气设备的误操作引发的事故。

综上所述，氯碱装置原盐储运及一次盐水工段主要危险、有害因素为坍塌、化学灼伤、火灾、其他爆炸、触电。

（2）二次盐水及电解工段（二次盐水精制、电解、淡盐水脱氯）。盐水质量的好坏，直接影响离子膜性能的发挥和使用寿命以及产品的质量。分析二次盐水的精制过程，如果盐水中带有氧化剂（ClO^-），将导致树脂受氧化而分解，进而导致螯合性能下降；如果盐水中带有油状物，油状物将使螯合树脂颗粒表面生成一层油膜，从而降低离子交换的功能；螯合树脂性能的下降，使得本应去除的杂质不能有效去除，将会导致离子交换膜的损坏，进而影响产品质量及安全。

因离子膜电解槽的极距非常小，有的属零间距，因此必须注意槽温、槽电压，不然就会发生损坏离子交换膜和电极等各种事故。在电解槽运转中如发生突然供盐水中断，则电解槽槽温和槽电压会因进行水电解而急剧上升，同时离子交换膜也因含水率增大而膨胀，最终导致电槽极板间发生火花，极易发生火灾爆炸（《企业职工伤亡事故分类》中的火灾与其他爆炸事故）。

在电解过程中所得氢气是易燃、易爆气体，当氢气与空气混合时，其爆炸范围在4.1%～74.2%（体积分数），氢气柜、氢气缓冲罐如果由于设备原因或操作不当有可能发生火灾爆炸的危险（《企业职工伤亡事故分类》中的火灾与其他爆炸事故）。因此，正常操作时，氢气应保持正压；在开、停车或检修时，必须充分充氮予以置换。

电解生产中所得的氯气，若因氯中含氢量上升也会引起爆炸，因此，必须保持氯中含氢≤2%。同时氯气是一种剧毒气体，空气中含量到一定浓度就能使人致死，因此必须在生产过程中，注意设备、设施的密封，防止氯气泄漏（《企业职工伤亡事故分类》中的中毒和窒息事故）。在检、维修时，必须采取可靠的措施，使作业部位的氯气达到安全范围。

在电解过程中使用的是强大的低压直流电，也同样可致人触电身亡。电流数值对人体的危害关系如下：

a. 60mA 直流电，有痛觉的电击；

b. 80mA 直流电，电击使肌肉控制力减弱；

c. >100mA 直流电，电击厉害，将失去控制力；

d. >400mA 直流电，电击使心脏受损；

e. >800mA 直流电，电击使人致死。

如果操作人员没有按要求穿绝缘靴或在一手接触电槽时，另一手也触及接地物，则可导致触电死亡事故（《企业职工伤亡事故分类》中的触电事故）。

电解的主要产品为烧碱，浓度高、具有强腐蚀性，在二次盐水中又使用了其他化学品，如盐酸、次氯酸钠等，都具有强腐蚀性能，对人体会造成伤害，如灼伤、眼睛失明等。此外强腐蚀还来自于杂散电流。杂散电流易引起设备、管道的电腐蚀。设备、管道的腐蚀有可能引发次生灾害（《企业职工伤亡事故分类》中的灼烫-化学灼伤事故）。

另外，由于二次盐水、电解液温度较高，如果蒸汽管道与被加热的设备系统没有进行保温或原有的保温设施损坏而没有及时修复，操作人员不慎接触到蒸汽管道、阀门及被加热的设备，也可导致人员烫伤（《企业职工伤亡事故分类》中的灼烫-高温物体烫伤事故）。

综上所述，氯碱装置二次盐水、电解及淡盐水脱氯工段主要危险、有害因素为中毒、窒息、触电、火灾、其他爆炸、灼烫（高温物体烫伤、化学灼伤）、中毒和窒息。

（3）氯氢处理工段。氯气是一种具有窒息性的毒性很强的气体，空气中氯气的含量达到一定浓度就能使人中毒甚至死亡。当氯气离心式压缩机因故不能运转时，如果联锁装置没有动作，则电解继续进行，此时因为事故氯处理装置不能完全吸收大量产生的氯气而使大量的氯气释放出来，造成环境污染，造成人员中毒。如果氯气离心式压缩机因故不能运转时，联锁装置动作但事故氯装置不能及时动作，也可能发生氯气外泄事故，进而导致人员中毒（《企业职工伤亡事故分类》中的中毒和窒息事故）。

在开停车的过程中，如果废氯吸收塔不能正常运转，也可能发生氯气外泄事故。此外，输送氯气的设备、管道、阀门及连接法兰之间的垫片因各种原因也会发生氯气泄漏。氯气洗涤塔的安全水封管如果破裂，可导致空气进入氯气中，从而减低氯气纯度，极有可能导致后续产品在生产过程中发生爆炸（《企业职工伤亡事故分类》中的其他爆炸事故）。

在氯气处理工序中常接触浓硫酸、烧碱、氯水等有强腐性的化学物品。在湿氯气干燥脱水过程中采用硫酸作为干燥吸收剂。硫酸是具有强氧化性和强吸湿性的无机酸，特别在浓度变稀以后，腐蚀碳钢的速率是惊人的。使用硫酸的设备、管道及垫片的泄漏是很难避免的。浓硫酸的危害在于溅在人体皮肤上以后，表皮细胞可产生脱水性的灼伤；若溅入眼睛中危害更大，会使眼结膜立即发生红肿，严重的会使眼晶状体萎缩，直至渗入视网膜，导致眼球肿大失明。另外还需指出的是，千万不能将水冲入浓硫酸中，否则将发生爆破性喷溅，极容易伤害人体。因此，如果发生泄漏，泄漏的硫酸将会灼伤人体（《企业职工伤亡事故分类》中的灼烫-化学灼伤事故）。

烧碱、氯水也具有一定的腐蚀性，既可造成设备、管道等的腐蚀，又有可能灼伤人体（《企业职工伤亡事故分类》中的灼烫-化学灼伤事故）。

在生产过程中电气系统常见的危害莫过于触电，而高压电对人体皮肤的电击、灼伤更是危害甚大。高压电击灼伤还会使血液和其他液体分解，并导致死亡。氯气离心式压缩机采用高压电源，一旦发生触电，将导致人员死亡（《企业职工伤亡事故分类》中的触电事故）。

输送氯气的管道、阀门、容器以及安全附件，由于制造质量、检修质量或运行中发现问题未及时处理，或者没有按规定进行定期校验、定期更换，可能会造成氯气泄漏。无论是氯气泄漏，还是检修中管道、阀门及缓冲器未清洗或未清洗干净，都可能造成人员中毒（《企业职工伤亡事故分类》中的中毒和窒息事故）。

在氢气处理过程中，如果氢气的流速太快而管道、设施又没有静电接地及静电跨接，极有可能导致静电积聚而引发火灾、爆炸事故（《企业职工伤亡事故分类》中的火灾与其他爆炸事故）。

综上所述，装置氯氢处理工段主要危险、有害因素为火灾、爆炸、中毒和窒息、其他灼烫（化学灼伤）、触电、火灾。

（4）氯化氢合成及盐酸工段。氢气与氯气在合成炉中燃烧生产氯化氢。由于氯气是窒息性的且毒性很大的气体，氯气经过的管道、设备、阀门如果因为故障泄漏、运行泄漏或在进行检维修作业时措施落实不到位，极有可能发生中毒事故；如果在合成氯化氢的过程中，合成炉突然发生故障熄火时，合成炉内氯气大量过量而发生氯气外溢；如果在合成过程中，氯气与氢气的流量不匹配，氯气的流量大于氢气的流量，也可发生氯气过量而外溢：如果已经合成了氯化氢而没有及时开启吸收水或氯化氢的生成量所需吸收水量大于用来吸收的水量，可发生氯化氢外溢；外溢的氯气、氯化氢，由于其具有一定的毒性，极易引发人员中毒，甚至死亡（《企业职工伤亡事故分类》中的中毒和窒息事故）。

氢气与空气的混合气中，含氢量在4.1%～74.1%是爆炸区间，氢气与氯气的混合气中含氢量在3.5%～97%是爆炸区间，因此在合成炉点火时，一旦发生氢气点火失败，必须间隔一定的时间才能再点火，否则极有可能发生爆鸣，甚至发生爆炸。如果在合成过程中，氢气与氯气的流量不匹配，氢气的流量太大，没有反应的氢气将使尾气含氢量增加，此时若尾部发生摩擦或遇有其他激发能量，极有可能发生爆炸。无论是氢气还是氯气，如果它们的纯度不合要求而盲目点火，则可能发生爆炸事故（《企业职工伤亡事故分类》中的其他爆炸事故）。

由于氢气的易燃易爆性，如果输送氢气的设备、管道等没有静电接地或静电接地不符合要求，一旦产生的静电不能及时导出，极有可能发生火灾、爆炸事故。如果在进行检、维修作业时，措施落实不到位，违章作业可发生火灾、爆炸事故（《企业职工伤亡事故分类》中的火灾与其他爆炸事故）。

氯化氢经水吸收而成盐酸，盐酸具有较强的腐蚀性；盐酸在腐蚀设备、管道的同时，如果发生泄漏或在进行检、维修作业时设备、管道没有清洗或没有清洗干净，可发生灼伤事故（《企业职工伤亡事故分类》中的灼烫-化学灼伤事故）。

氢氧化钠与氯气逆向反应生成次氯酸钠，由于氯气有毒，氢氧化钠、次氯酸钠具有一定的腐蚀性，因此，中毒、灼伤成为生成次氯酸钠的主要危险、有害因素。如果液碱因为泄漏，喷溅到操作人员或检修人员的身体或眼睛上，可引起化学灼伤。也可能因为盛装液碱的容器、管道、阀门需要检修时，容器、管道、阀门没有清洗或清洗不干净，人体接触到液碱时，可形成对人体的伤害。液碱吸收尾气可生成次氯酸钠，次氯酸钠具有腐蚀性，又具有一定的氧化性，次氯酸钠受高热分解可产生有毒的腐蚀性气体。因此，在输送、灌装、运输次氯酸钠时，可发生灼伤（《企业职工伤亡事故分类》中的灼烫-化学灼伤事故）、中毒事故（《企业职工伤亡事故分类》中的中毒和窒息事故）。

同样，系统中用到的电气设备——配电设备、动力和照明线路、照明电器、通排风设备、消防电气设备等。如果电气设备、开关等受潮锈蚀老化，易造成漏电短路，当缺少漏电保护装置及接地接零损坏时，可能引发触电伤害事故。此外在电器维修过程中也存在触电伤害的可能。电气设备、设施缺少防护网和警示标志，或厂内的电气线路布设不规范，人员均有可能触及而发生触电事故（《企业职工伤亡事故分类》中的触电事故）。此外，在工作过程中，作业人员如不能按照电气工作安全操作规程或缺乏安全用电常识以及设备本身故障等原因，均可能造成触电事故。

综上所述，装置氢气处理及盐酸工段主要危险、有害因素为火灾、其他爆炸、中毒和窒息、灼烫（化学灼伤）、触电。

(5) 蒸发及固碱工段。碱液在降膜蒸发器内利用水蒸气加热，将碱液中的水分逐步去除，从而达到浓缩的目的。由此可见，蒸发固碱工段存在大量的蒸汽换热设备与大量的蒸汽管道，且蒸汽温度较高。如果蒸汽管道与被加热的设备、系统没有进行保温或原有的保温设施损坏而没有及时修复，操作人员不慎接触到蒸汽管道、阀门及被加热的设备，可能导致人员烫伤（《企业职工伤亡事故分类》中的灼烫-高温烫伤事故）。

碱液有强烈刺激性和腐蚀性。如果液碱因为故障泄漏或运行泄漏，喷溅到操作人员或检修人员的身体上，可引起化学灼伤。也可能因为盛装液碱的容器、管道、阀门需要检修时，容器、管道、阀门没有清洗或清洗不干净，人体接触到液碱时，可形成对人体的伤害事故（《企业职工伤亡事故分类》中的灼烫-化学灼伤事故）。

16.3.2.3 现代氯碱项目公用工程及辅助设施的主要危险、有害因素分析

(1) 变配电系统危险、有害因素分析。氯碱工程变配电系统设备、设施较多，线路连接复杂，比较容易发生危险事故。如果工人操作失误、线路短接、油气窜入或渗入、负荷超载、设备过热、接地不良等，导致设备、设施异常工作发热、保护装置失去作用，产生电弧或电火花，当电路开启或切断时、电气熔断器及电线发生短路时，均能产生电火花，有发生火灾、爆炸的危险。

(2) 空压站、氮气站、冷冻站危险、有害因素分析。空压站、氮气站主要设备是空压机和变压吸附装置，如操作失误、维护不当等，有发生人员触电、设备爆裂的危险。空压机温度超过 140℃时，润滑油会被氧化，在出口管壁上形成积炭，积炭可引起火灾、爆炸事故的发生。制氮过程若有氮气泄漏，与人员接触时有发生窒息的危险。

冷冻站的主要危险来自压缩机，如操作失误或遇高热，压缩机超压，有开裂和爆炸的危险。

(3) 氮气为窒息性气体，在生产过程中被大量使用，如果在使用的过程中，使用场所的氮气浓度过高，可能导致空气中的氧气分压降低，从而导致窒息事故发生。氮气储罐如果储存不当，在储存过程中会因为受到高温、高热或受到猛烈的撞击而发生爆炸事故。

(4) 在机修工作中，还存在违反用火作业、高处作业、进入设备作业、临时用电作业等安全管理制度的行为，存在着违章作业、违章指挥、违反纪律的现象，从而造成机械伤害、高处坠落、触电及设备清洗不干净加大发生中毒、窒息、灼伤、火灾、爆炸的可

能性。

配套公用工程及辅助工程存在的主要危险、有害因素为机械伤害（压缩机等设备防护缺陷造成）、容器爆炸（空压站、制氮站、蒸汽换热站的汽包等容器安全附件失效或缺陷造成的超压爆炸）、灼烫（高温烫伤，蒸汽换热站设备、管道防护缺陷造成）、火灾（中央控制室电气火灾）、淹溺（水池、污水处理站）以及触电。

16.3.2.4 现代氯碱项目可能出现的其他危险、有害性分析

（1）机械伤害危险、有害因素分析。项目涉及各种机泵、皮带输送机等转动或运动设备，如设备有缺陷、防护不当、操作失误等，导致设备损坏、脱落、物件飞落，有发生机械伤害的危险。

（2）高处坠落。项目装置多为高层结构，在进入装置进行巡回检查、取样、检修等作业时，有发生高处坠落的危险。另外，装置中存在各种塔、炉、高位槽等，这些塔、炉、高位槽等有时需要在高处操作、巡检和维修作业，如不采取防护措施或防护措施不到位，可能会发生高处坠落伤害事故。

（3）腐蚀危险、有害因素分析。项目腐蚀危险、有害因素主要来自于具有腐蚀性的物料，如液碱、硫酸、盐酸等，其与设备、设施接触，可产生腐蚀作用，在高温高压条件下，易引起设备变薄、破损，抗压力、抗温度能力下降，导致物料从设备、设施、管线中泄漏，从而发生火灾、爆炸事故，与人员接触，有发生化学灼伤的危险。烧碱装置大部分工段设备、设施及管线都存在氯离子，在一定温度、压力条件下，可发生“氯脆”，产生应力腐蚀。

（4）触电危险、有害因素分析。项目涉及各种机泵、照明、仪表等用电装置或设备，如保护装置失效，电器无屏护或屏护上无警示标志，没有根据作业环境和条件选择工频额定安全电压，电器带电部位与地面、建筑物、人体及其他带电体之间的最小电器安全空间距离不符合要求等都有发生人员触电的危险。另外，如防雷装置防护不当、接地不良，有发生因雷击触电造成伤亡事故的危险。

（5）静电危险、有害因素分析。项目涉及很多管线、旋转设备、输送设备，物料高速流动或设备高速旋转均能产生静电，如接地不良或保护装置失灵，导致静电积聚，引起事故发生。人体摩擦产生的静电也不可忽视。

静电主要有三种危害：其一，静电积聚产生火花，引起易燃液体、气体、粉尘等发生火灾、爆炸；其二，人体接近带静电体时，或带静电电荷的人体接近物体时，能发生电击，虽然静电电击不会直接使人致命，但能引起紧张、坠落、摔倒等次生危害；其三，静电可影响生产，干扰仪表控制系统，给生产带来危害。

16.3.3 危害和危险源的治理措施

氯碱装置涉及的重点监管危险化学品（液氯、氢气）的治理措施和应急救援措施根据《国家安全监管总局办公厅关于印发首批重点监管的危险化学品安全措施和应急处置原则的通知》（安监总厅管三［2011］142号）。

16.3.3.1 氢气

（1）急救措施。吸入：迅速脱离现场至空气新鲜处。保持呼吸道通畅。如呼吸困难，给输氧。如呼吸停止，立即进行人工呼吸。就医。

（2）灭火方法。切断气源。若不能切断气源，则不允许熄灭泄漏处的火焰。喷水冷却容器，尽可能将容器从火场移至空旷处。

氢火焰肉眼不易察觉，消防人员应佩戴自给式呼吸器，穿防静电服进入现场，注意防止外露皮肤烧伤。

灭火剂：雾状水、泡沫、二氧化碳、干粉。

(3) 泄漏应急处理。消除所有点火源。根据气体的影响区域划定警戒区，无关人员从侧风、上风向撤离至安全区。建议应急处理人员戴正压自给式空气呼吸器，穿防静电服。作业时使用的所有设备应接地。尽可能切断泄漏源。喷雾状水抑制蒸气或改变蒸气云流向。防止气体通过下水道、通风系统和密闭性空间扩散。若泄漏发生在室内，宜采用吸风系统或将泄漏的钢瓶移至室外，以避免氢气四处扩散。隔离泄漏区直至气体散尽。作为一项紧急预防措施，泄漏隔离距离至少为100m。如果为大量泄漏，下风向的初始疏散距离应至少为800m。

(4) 操作处置与储存

① 操作处置注意事项。密闭操作，加强通风。操作人员必须经过专门培训，严格遵守操作规程。建议操作人员穿防静电工作服。远离火种、热源，工作场所严禁吸烟。使用防爆型的通风系统和设备。防止气体泄漏到工作场所空气中。避免与氧化剂、卤素接触。在传送过程中，钢瓶和容器必须接地和跨接，防止产生静电。搬运时轻装轻卸，防止钢瓶及附件破损。配备相应品种和数量的消防器材及泄漏应急处理设备。

② 储存注意事项。储存于阴凉、通风的库房。远离火种、热源。库温不超过30℃，相对湿度不超过80%。应与氧化剂、卤素分开存放，切忌混储。采用防爆型照明、通风设施。禁止使用易产生火花的机械设备和工具。储区应备有泄漏应急处理设备。

(5) 安全设施

① 保证氢气系统严密性，禁止负压操作，防止空气混入系统形成爆炸性混合物。

② 开停车前应当用氮气等惰性气体对系统进行清扫置换。

③ 生产厂房必须有良好通风，防止气体积累。电解厂房设计须满足规范要求的泄爆面积，屋顶设自然通风。

④ 厂房周围安装避雷设施，设备及管道安装可靠的防静电设施。

⑤ 氢气紧急放空管道安装阻火器或水封。

16.3.3.2 氯气

(1) 急救措施。

吸入：迅速脱离现场至空气新鲜处。保持呼吸道通畅。如呼吸困难，给输氧，给予2%～4%的碳酸氢钠溶液雾化吸入。呼吸、心跳停止，立即进行心肺复苏术。就医。

眼睛接触：立即分开眼睑，用流动清水或生理盐水彻底冲洗。就医。

皮肤接触：立即脱去污染的衣着，用流动清水彻底冲洗。就医。

(2) 灭火方式。本品不燃，但周围起火时应切断气源。喷水冷却容器，尽可能将容器从火场移至空旷处。消防人员必须佩戴正压自给式空气呼吸器，穿全身防火防毒服，在上风向灭火。由于火场中可能发生容器爆破的情况，消防人员必须在防爆掩蔽处操作。有氯气泄漏时，使用细水雾驱赶泄漏的气体，使其远离未受波及的区域。

灭火剂：根据周围着火原因选择适当灭火剂灭火，可用干粉、二氧化碳、水（雾状水）或泡沫。

(3) 泄漏应急处理。根据气体扩散的影响区域划定警戒区，无关人员从侧风、上风向撤离至安全区。建议应急处理人员穿内置正压自给式空气呼吸器的全封闭防化服，戴橡胶手套。如果是液体泄漏，还应注意防冻伤。禁止接触或跨越泄漏物。勿使泄漏物与可燃物质（如木材、纸、油等）接触。尽可能切断泄漏源。喷雾状水抑制蒸气或改变蒸气云流向，避免水流接触泄漏物。禁止用水直接冲击泄漏物或泄漏源。若可能翻转容器，使之逸出气体而非液体。防止气体通过下水道、通风系统和限制性空间扩散。构筑围堤堵截液体泄漏物。喷稀碱液中和、稀释泄漏物。隔离泄漏区直至气体散尽。泄漏场所保持通风。

不同泄漏情况下的具体措施：

① 瓶阀密封填料处泄漏时，应查压紧螺母是否松动或拧紧压紧螺母；瓶阀出口泄漏时，应查瓶阀是否关紧，或用铜六角螺母封闭瓶阀口。

② 瓶体泄漏点为孔洞时，可使用堵漏器材（如竹签、木塞、止漏器等）处理，并注意对堵漏器材紧固，防止脱落。上述处理均无效时，应迅速将泄漏气瓶浸没于备有足够体积的烧碱或石灰水溶液吸收池进行无害化处理，并控制吸收液温度不高于45℃、pH值不小于7，防止吸收液失效分解。

隔离与疏散距离：小量泄漏，初始隔离时60m，下风向疏散时白天400m、夜晚1600m；大量泄漏，初始隔离时600m，下风向疏散时白天3500m、夜晚8000m。

（4）操作处置与储存。操作人员必须经过专门培训，严格遵守操作规程，熟练掌握操作技能，具备应急处置知识。

严加密闭，提供充分的局部排风和全面通风，工作场所严禁吸烟，提供安全淋浴和洗眼设备。

生产、使用氯气的车间及储氯场所应设置氯气泄漏检测报警仪，配备两套以上重型防护服。戴化学安全防护眼镜，穿防静电工作服，戴防化学品手套。工作场所浓度超标时，操作人员必须佩戴防毒面具，紧急事态抢救或撤离时，应佩戴正压自给式空气呼吸器。

液氯汽化器、储罐等压力容器和设备应设置安全阀、压力表、液位计、温度计，并应装有带压力、液位、温度及带远传记录和报警功能的安全装置。设置整流装置与氯压机、动力电源、管线压力、通风设施或相应的吸收装置的联锁装置。氯气输入、输出管线应设置紧急切断设施。

避免与易燃或可燃物、醇类、乙醚、氢接触。

氯化设备、管道处、阀门的连接垫料应选用石棉板、石棉橡胶板、氟塑料、浸石墨的石棉绳等高强度耐氯垫料，严禁使用橡胶垫。

采用压缩空气充装液氯时，空气含水应小于或等于气含水。采用液氯汽化器充装液氯时，只许用温水加热汽化器，不准使用蒸汽直接加热。

液氯汽化器、预冷器及热交换器等设备，必须装有排污装置和污物处理设施，并定期分析三氯化氮含量。如果操作人员未按规定及时排污并且操作不当，易发生三氯化氮爆炸、大量氯气泄漏等危害。

严禁在泄漏的钢瓶上喷水。充装量为50kg和100kg的气瓶应保留2kg以上的余量，充装量为500kg和1000kg的气瓶应保留5kg以上的余量。充装前要确认气瓶内无异物。充装时，使用万向节管道充装系统，严防超装。

储存安全：生产、储存区域应设置安全警示标志。搬运时轻装轻卸，防止钢瓶及附件破损。吊装时，应将气瓶放置在符合安全要求的专用筐中进行吊运。禁止使用电磁起重机和用链绳捆扎或将瓶阀作为吊运着力点。配备相应品种和数量的消防器材及泄漏应急处理设备。倒空的容器可能存在残留有害物时应及时处理。

储存于阴凉、通风的仓库内，库房温度不宜超过30℃，相对湿度不超过80%，防止阳光直射。

应与易（可）燃物、醇类、食用化学品分开存放，切忌混储。储罐远离火种、热源。保持容器密封，储存区要建在低于自然地面的围堤内。气瓶储存时，空瓶和实瓶应分开放置，并应设置明显标志。储存区应备有泄漏应急处理设备。

对于大量使用氯气钢瓶的单位，为及时处理钢瓶漏气，现场应备应急堵漏工具和个体防护用具。

禁止将储罐设备及氯气处理装置设置在学校、医院、居民区等人口稠密区附近，并远离频繁出入处和紧急通道。

应严格执行剧毒化学品“双人收发，双人保管”制度

(5) 安全设施。

① 生产过程密闭操作。

② 设置洗眼器整套装置，配有单独的供水系统，液氯工序为封闭厂房，设置有毒气体报警仪，一旦发现泄漏或有毒气体浓度超标，启动事故风机，将泄漏气体送到事故氯处理工序进行处理。

③ 设置有火灾报警系统和可燃有毒气体检测系统；所有的氯气管线等级根据不同的工艺状态采用不同的材质，法兰的连接采用 2.5MPa 等级的凹凸面连接，保持氯气设备和管道良好密封。

④ 厂房尽量露天化，封闭厂房均设有轴流风机，尽量保持厂房通风等安全设施良好。

⑤ 生产过程中操作人员配备呼吸式防毒面具等劳动防护用品，并定期检查其有效性，发现失效，立即更换。

16.3.3.3 氢氧化钠

(1) 急救措施。皮肤接触：立即脱去污染的衣着，用大量流动清水冲洗至少 15min。就医。

眼睛接触：立即提起眼睑，用大量流动清水或生理盐水彻底冲洗至少 15min。就医。

吸入：迅速脱离现场至空气新鲜处。保持呼吸道通畅。如呼吸困难，给输氧。如呼吸停止，立即进行人工呼吸。就医。

食入：用水漱口，给饮牛奶或蛋清。就医。

(2) 消防措施。危险特性：与酸发生中和反应并放热。遇潮时对铝、锌和锡有腐蚀性，并放出易燃易爆的氢气。本品不会燃烧，遇水和水蒸气大量放热，形成腐蚀性溶液，具有强腐蚀性。

有害燃烧产物：可能产生有害的毒性烟雾。

灭火方法：用水、砂土扑救，但需防止物品遇水产生飞溅，造成灼伤。

(3) 泄漏应急处理。应急行动：隔离泄漏污染区，限制出入；应急处理人员戴防尘面具(全面罩)，穿防酸碱工作服；不要直接接触泄漏物。小量泄漏：避免扬尘，用洁净的铲子收集于干燥、洁净、有盖的容器中；也可以用大量水冲洗，洗水稀释后放入废水系统。大量泄漏：收集回收或运至废物处理场所处置。

(4) 操作处置与储存。

① 操作处置注意事项。密闭操作。操作人员必须经过专门培训，严格遵守操作规程。操作人员佩戴头罩型电动送风过滤式防尘呼吸器，穿橡胶耐酸碱服，戴橡胶耐酸碱手套。远离易燃、可燃物。避免产生粉尘。避免与酸类接触。搬运时要轻装轻卸，防止包装及容器损坏。配备泄漏应急处理设备。倒空的容器可能残留有害物。稀释或制备溶液时，应把碱加入水中，避免沸腾和飞溅。

② 储存注意事项。储存于阴凉、干燥、通风良好的库房。远离火种、热源。库内湿度最好不大于 85%。包装必须密封，切勿受潮。应与易（可）燃物、酸类等分开存放，切忌

混储。储区应备有合适的材料收容泄漏物。

（5）安全设施。

① 生产过程密闭操作。

② 上岗人员必须穿戴好劳动保护用品，如：眼镜、皮手套、长筒靴、头罩型电动送风过滤式防尘呼吸器、空气呼吸器、橡胶耐酸碱服、橡胶耐酸碱手套等。

③ 岗位设置洗眼器和冲洗用水等防护设施。

④ 严格操作，保持设备管道处于无泄漏状态。

⑤ 固碱包装采用半自动包装，降低劳动强度，并设有粉尘吸收装置。

16.3.3.4 氯化氢（HCl）/盐酸

（1）急救措施。皮肤接触：立即脱去污染的衣着，用大量流动清水冲洗至少15min。就医。

眼睛接触：立即提起眼睑，用大量流动清水或生理盐水彻底冲洗至少15min。就医。

吸入：迅速脱离现场至空气新鲜处。保持呼吸道通畅。如呼吸困难，给输氧。如呼吸停止，立即进行人工呼吸。就医。

（2）消防措施。危险特性：无水氯化氢无腐蚀性，但遇水时有强腐蚀性。能与一些活性金属粉末发生反应，放出氢气。遇氰化物能产生剧毒的氰化氢气体。

灭火方法：本品不燃。但与其他物品接触引起火灾时，消防人员须穿戴全身防护服，关闭火场中钢瓶的阀门，减弱火势，并用水喷淋保护去关闭阀门的人员。喷水冷却容器，可能的话将容器从火场移至空旷处。

（3）泄漏应急处理。应急行动：迅速撤离泄漏污染区人员至上风处，并立即进行隔离，小泄漏时隔离150m，大泄漏时隔离300m，严格限制出入。应急处理人员戴正压自给式呼吸器，穿化学防护服。从上风向进入现场。尽可能切断泄漏源。合理通风，加速扩散。喷氨水或其他稀碱液中和。构筑围堤或挖坑收容产生的大量废水。如有可能，将残余气或漏出气用排风机送至水洗塔或与塔相连的通风橱内。漏气容器要妥善处理，修复、检验后再用。

（4）操作处置与储存。操作处置注意事项：严加密闭，提供充分的局部排风和全面通风。操作人员必须经过专门培训，严格遵守操作规程。建议操作人员佩戴过滤式防毒面具（半面罩），戴化学安全防护眼镜，穿化学防护服，戴橡胶手套。避免产生烟雾。防止气体泄漏到工作场所空气中。避免与碱类、活性金属粉末接触，尤其要注意避免与水接触。搬运时轻装轻卸，防止钢瓶及附件破损。配备泄漏应急处理设备。

储存注意事项：储存于阴凉、通风的库房。远离火种、热源。库温不宜超过30℃。应与碱类、活性金属粉末分开存放，切忌混储。储区应备有泄漏应急处理设备。

（5）安全设施

① 氯化氢合成及盐酸工序设有单独的控制室，控制室内设有正压通风系统，装置操作可实现全自动化操作。

② 岗位操作人员配有劳动保护用品，如：防毒面具、皮手套、化学安全防护眼镜、化学防护服、长筒靴等。

③ 厂房岗位周围设置良好的通风设施。

④ 严格操作，保持设备管道处于无泄漏状态。

⑤ 合成炉设有防爆膜，在输送至VCM装置的管线上设有多个防爆膜片，防止超压而引起装置爆炸。

16.3.3.5 硫酸

(1) 急救措施。皮肤接触：立即脱去污染的衣着，用大量流动清水冲洗至少15min。就医。

眼睛接触：立即提起眼睑，用大量流动清水或生理盐水彻底冲洗至少15min。就医。

吸入：迅速脱离现场至空气新鲜处。保持呼吸道通畅。如呼吸困难，给输氧。如呼吸停止，立即进行人工呼吸。就医。

食入：用水漱口，给饮牛奶或蛋清。就医。

(2) 消防措施。危险特性：遇水大量放热，可发生沸溅。与易燃物（如苯）和可燃物（如糖、纤维素等）接触会发生剧烈反应，甚至引起燃烧。遇电石、高氯酸盐、硝酸盐、苦味酸盐、金属粉末等猛烈反应，发生爆炸或燃烧。有强烈的腐蚀性和吸水性。

有害燃烧产物：氧化硫。

灭火方法：消防人员必须穿全身耐酸碱消防服。灭火剂：干粉、二氧化碳、砂土。避免水流冲击物品，以免遇水放出大量热量而发生喷溅，灼伤皮肤。

(3) 泄漏应急处理。应急行动：迅速撤离泄漏污染区人员至安全区，并进行隔离，严格限制出入。建议应急处理人员戴正压自给式呼吸器，穿防酸碱工作服。不要直接接触泄漏物。尽可能切断泄漏源。防止流入下水道、排洪沟等限制性空间。小量泄漏：用砂土、干燥石灰或苏打灰混合，也可以用大量水冲洗，洗水稀释后放入废水系统。大量泄漏：构筑围堤或挖坑收容。用泵转移至槽车或专用收集器内，回收或运至废物处理场所处置。

(4) 操作处置与储存。操作处置注意事项：密闭操作，注意通风。操作尽可能机械化、自动化。操作人员必须经过专门培训，严格遵守操作规程。建议操作人员佩戴自吸过滤式防毒面具（全面罩），穿橡胶耐酸碱服，戴橡胶耐酸碱手套。远离火种、热源，工作场所严禁吸烟。远离易燃、可燃物。防止蒸气泄漏到工作场所空气中。避免与还原剂、碱类、碱金属接触。搬运时要轻装轻卸，防止包装及容器损坏。配备相应品种和数量的消防器材及泄漏应急处理设备。倒空的容器可能残留有害物。稀释或制备溶液时，应把酸加入水中，避免沸腾和飞溅。

储存注意事项：储存于阴凉、通风的库房。库温不超过35℃，相对湿度不超过85%。保持容器密封。应与易（可）燃物、还原剂、碱类、碱金属、食用化学品分开存放，切忌混储。储区应备有泄漏应急处理设备和合适的收容材料。

(5) 安全设施

① 在有硫酸的地方设置洗眼器和喷淋装置，若遇到硫酸溅到皮肤上，能迅速地用水冲洗。

② 浓硫酸管线上取样处均采用双阀门，防止喷溅，管线加有保温和伴热系统，以防管线冻裂。

③ 岗位操作人员必须穿戴好劳动保护用品，如：防毒面具、氧气呼吸器、橡胶耐酸碱手套、橡胶耐酸碱服、长筒靴等。

16.3.3.6 次氯酸钠溶液

(1) 急救措施。皮肤接触：脱去污染的衣着，用大量流动清水冲洗。

眼睛接触：提起眼睑，用流动清水或生理盐水冲洗。就医。

吸入：迅速脱离现场至空气新鲜处。保持呼吸道通畅。如呼吸困难，给输氧。如呼吸停止，立即进行人工呼吸。就医。

食入：饮足量温水，催吐。就医。

(2) 消防措施。危险特性：受高热分解产生有毒的腐蚀性烟气，具有腐蚀性。

有害燃烧产物：氯化物。

灭火方法：采用雾状水、二氧化碳、砂土灭火。

(3) 泄漏应急处理。应急行动：迅速撤离泄漏污染区人员至安全区，并进行隔离，严格限制出入。建议应急处理人员戴正压自给式呼吸器，穿防酸碱工作服。不要直接接触泄漏物。尽可能切断泄漏源。小量泄漏：用砂土、蛭石或其他惰性材料吸收。大量泄漏：构筑围堤或挖坑收容。用泡沫覆盖，降低蒸气灾害。用泵转移至槽车或专用收集器内，回收或运至废物处理场所处置。

(4) 操作处置与储存。操作处置注意事项：密闭操作，全面通风。操作人员必须经过专门培训，严格遵守操作规程。建议操作人员佩戴直接式防毒面具（半面罩），戴化学安全防护眼镜，穿防腐工作服，戴橡胶手套。防止蒸气泄漏到工作场所空气中。避免与碱类接触。搬运时要轻装轻卸，防止包装及容器损坏。配备泄漏应急处理设备。倒空的容器可能残留有害物。

储存注意事项：储存于阴凉、通风的库房。远离火种、热源。库温不宜超过 30℃。应与碱类分开存放，切忌混储。储区应备有泄漏应急处理设备和合适的收容材料。

16.3.4 职业病危害及其防护

16.3.4.1 生产过程中产生或可能产生职业病危害因素的部位

按照不同的工艺功能划分为七个评价单元，单元划分如下：

① 一次盐水单元；

② 电解单元（包括二次盐水、离子膜电解、淡盐水脱氯）；

③ 氯氢处理单元（包括氯气处理、氢气处理、废氯气处理）；

④ 液氯单元；

⑤ 盐酸合成单元；

⑥ 蒸发及固碱单元；

⑦ 辅助工程单元（包括循环水站、污水站、冷冻站、变电站等）。

通过类比职业卫生学现场调查及工程分析，识别该建设项目建成投产后各评价单元生产过程存在和产生的职业病危害因素，主要为化学危害因素和物理危害因素。化学危害因素主要为氯气、氢氧化钠、硫酸、盐酸及氯化氢、氯化钡、碳酸钠、次氯酸钠、三氯化铁、氮气等。物理危害因素主要为噪声、高温、工频电场等，电解厂房还存在静磁场。

(1) 生产环境中的职业病危害因素。高温天气：巡检工在露天巡检时，生产环境中存在的主要有害因素是夏季高温和热辐射，主要来源于太阳辐射及地表加热后形成的二次辐射热源的作用。

低温天气：巡检工在露天巡检时、检修人员室外作业时，冬季可受到低温、冷风等不良环境条件的影响。可能导致部分身体组织产生冻痛、冻伤，从而产生低温的不舒适症状，还会出现感觉迟钝、动作反应不灵活、注意力不集中、不稳定以及否定的情绪体验等心理反应。

不良的采光照明：照度不足影响生产效率和产品质量，还可以引起差错事故；照度过高引起眼睛疲劳，进而导致误操作的发生率提高，增加职业病危害事故发生的风险。

空调作业：长期在空调密闭室、空调通风环境中进行劳动生产，如果空调设备运行功能与室内配套设施不符合卫生要求，导致空气环境恶化，空气中离子缺少，可引起人体产生“空调病”，主要表现有头昏、头脑不清、瞌睡、健忘、乏力、情绪波动、胸闷、食欲缺乏、消瘦、牙龈出血、白细胞减少、血压上升、女性月经不调等。

(2) 劳动组织以及劳动过程中的职业病危害因素。坐姿作业：工人长期坐姿作业易引起颈、肩、腕损伤。

站姿作业：生产车间工人多采用站姿作业，易引起下肢静脉曲张、扁平足；负重作业还可引起下背痛、腹疝。

夜班作业：夜班作业是轮班劳动中对劳动者身心影响最大的作业，若安排不当，对劳动者的安全和健康影响较大。此外，人们由于几次轮值夜班作业后，因睡眠不足常引起进一步的心理障碍。设计不良的轮班劳动制度，尤其是轮班安排不当时，常会导致睡眠质量差、难于入睡、失眠；易激动、技能下降、身体不适及过量吸烟等行为改变；消化不良、食欲差、上腹部疼痛等症状的发生等。

氯在《建设项目职业病危害分类管理办法》中列为可能产生严重职业病危害的因素。其中氯气可造成氯气中毒，为重点评价因子。氯碱建设项目职业病危害因素种类及存在部位见表 16-7。

表 16-7 职业病危害因素种类及存在部位

评价单元	可能产生和存在的职业病危害因素	存在或产生部位	主要作业方式	作业时间
一次盐水	碳酸钠	纯碱配制槽、纯碱配制泵	投料时接触	配制精制剂约 4h
	氯化钡	氯化钡输送管道及反应罐等	配制时接触	
	盐酸、氢氧化钠等	反应罐及相应生产设备及管道等	巡检	巡检 2h
	噪声	机泵类等设备	巡检	
二次盐水	噪声	机泵类等设备	巡检	内操作工在控制室操作，外操作工主要巡检，整流工也需要到电解厂房巡检，巡检时间 4h
	盐酸、氢氧化钠	树脂塔等设备管理	巡检	
电解	氯气	电解槽阳极及相应生产设备及管道等	巡检	
	氢氧化钠	电解槽阴极及相应生产设备及管道等	巡检	
	高温	电解槽及相应生产设备及管道	巡检	
	噪声	机泵类等设备	巡检	
	盐酸	入电解槽阳极相应管道等	巡检	
淡盐水脱氯	氯气	脱氯塔及相应生产设备及管道等	巡检	
	噪声	机泵类等设备	巡检	
	盐酸	脱氯塔等设备管道等	巡检	
	亚硫酸钠	亚硫酸钠罐	投料时接触	
氯氢处理、废气处理	氯气	干燥塔、透平压缩机等设备及管道等	巡检	内操作工在控制室操作，外操作工主要巡检，巡检时间 2h
	硫酸	硫酸泵、干燥塔等设备及管道等	巡检	
	氢氧化钠	吸收塔等设备	巡检	
	次氯酸钠	次氯酸钠系统等	巡检	
	噪声	透平压缩机及其他机泵类设备	巡检	
	氮气	停车检修时氢气管道及设备	检修等作业	
	噪声	氢气压缩机及其他机泵类等设备	巡检	

续表

评价单元	可能产生和存在的职业病危害因素	存在或产生部位	主要作业方式	作业时间
液氯	氯气	液氯包装等设备及管道等	巡检	巡检时间2h
	氢氧化钠	事故应急设施	巡检	
	噪声	机泵类设备	巡检	
盐酸合成	氯气	合成炉及氯气输送管道等	巡检	巡检时间2h
	噪声	机泵类等设备	巡检	
	盐酸及氯化氢	盐酸合成设备及管道等	巡检	
	氮气	停车检修时氢气管道及设备	检修等作业	
蒸发及固碱	氢氧化钠	蒸发设备及相应输送管道、包装设备等	巡检	巡检2h
	高温	蒸发设备及相应输送管道等	巡检	
	噪声	机泵类等设备	巡检	
辅助工程	盐酸、氢氧化钠	污水处理站	巡检	巡检1h
	氯气	循环水系统	巡检	巡检1h
	盐酸、氢氧化钠等	储罐区	巡检及灌装等	巡检1h
	噪声	冷冻机等设备	巡检	巡检1h
	工频电场	变压器	巡检	巡检1h

16.3.4.2 职业病危害因素种类、名称、存在的形态，预计职业病危害程度

(1) 化学因素

① 氯。氯（Cl_2）为黄绿色、具有强烈刺激性的气体，原子量35.45，相对密度2.488，凝点－100.98℃，沸点－34.6℃。氯气在高压下液化为液氯，其密度为1.56g/mL。氯气可溶于水和碱性溶液，易溶于二硫化碳和四氯化碳等有机溶剂。氯气遇水可生成次氯酸和盐酸，次氯酸再分解为盐酸和新生态氧。

氯气是一种具有强烈刺激性的气体，低浓度仅侵犯眼和上呼吸道，对局部黏膜有烧灼和刺激作用。高浓度或接触时间过长，可引起支气管痉挛，呼吸道深部病变甚至肺水肿。

急性氯气中毒可出现刺激反应、轻度中毒、中度中毒、重度中毒。刺激反应可出现一过性眼和上呼吸道黏膜刺激症状。轻度中毒主要表现为支气管炎或支气管周围炎。中度中毒主要表现为支气管肺炎、间质性肺水肿或局限性肺泡性水肿或哮喘样发作。重度中毒出现弥漫性肺泡性肺水肿或中央性肺水肿；严重者可出现窒息、休克及昏迷；吸入高浓度氯气还可引起迷走神经反射性心跳骤停，出现电击样死亡。

皮肤接触液氯或高浓度氯气，在暴露部位可有灼伤或急性皮炎。

长期接触低浓度氯气可引起上呼吸道、眼结膜及皮肤刺激症状，慢性气管炎、支气管哮喘、肺气肿和肺硬化的发病率较高。患者可有乏力、头晕等类神经症和胃肠功能紊乱，皮肤可发生痤疮样皮疹和疱疹，还引起牙齿酸蚀症。

现已列入我国《高毒物品目录》，在《职业病分类和目录》中，氯气被列为可能导致中毒的职业病危害因素。我国已发布并实施GBZ 65—2002《职业性急性氯气中毒诊断标准》。

我国职业卫生标准GBZ 2.1—2017“工作场所有害因素职业接触限值 第1部分：化学有害因素”规定，工作场所空气中氯的最高容许浓度（MAC）为$1mg/m^3$。

② 氢氧化钠。氢氧化钠又称烧碱，是三大强碱之一，为白色不透明晶体，形状有块状、片状、粒状和棒状等，易溶于水，同时放热，并溶于乙醇、甘油，分子量为40.01，密度为2.130g/cm³（20℃），熔点为318.4℃。沸点为1390℃，蒸气压为0.133kPa（739℃）。一定浓度的NaOH水溶液产品俗称液碱，为无色透明有滑腻感的液体，相对密度随浓度不同而从1.115～1.45不等。10%的NaOH溶液pH值约13。

氢氧化钠具有腐蚀和刺激作用。皮肤、黏膜接触高浓度氢氧化钠，能引起较深的碱灼伤且具有浸润性。经常接触氢氧化钠溶液的工人，可见有不同程度的慢性皮肤病，暴露部位可能出现深浅不一的“鸟眼状”溃疡。长期接触低浓度的氢氧化钠溶液能使指甲变薄变脆。氢氧化钠对眼的伤害尤为严重。液碱溅入眼内，无论量多少，都可造成伤害。液碱引起化学性眼灼伤的特征表现是角膜和眶内组织损伤，严重者可导致视力丧失。

氢氧化钠未列入我国政府颁布的《高毒物品目录》。

氢氧化钠所致接触性皮炎、化学性皮肤灼伤已列入《职业病分类和目录》，我国已发布并实施相应的诊断标准GBZ 20—2002《职业性接触性皮炎诊断标准》、GBZ 51—2009《职业性化学性皮肤灼伤诊断标准》，其所致的化学性眼灼伤诊断可执行GBZ 54—2017《职业性化学性眼灼伤的诊断》等。

我国职业卫生标准GBZ 2.1—2007“工作场所有害因素职业接触限值 第1部分：化学有害因素”规定，工作场所空气中氢氧化钠的最高容许浓度（MAC）为2mg/m³。

③ 盐酸及氯化氢。盐酸为透明或微黄色冒烟液体，蒸气有强烈刺激性气味，极易溶于水。盐酸对皮肤和黏膜有强烈刺激、腐蚀作用。短期过量吸入盐酸蒸气和烟雾能刺激鼻、喉和上呼吸道，导致咳嗽、鼻和牙龈出血。严重暴露能腐蚀鼻、喉和造成肺水肿。溅入眼睛可致严重的化学性眼灼伤和失明。长期接触一定浓度的盐酸蒸气或烟雾，可引起牙齿酸蚀症。皮肤沾染盐酸液体，可造成化学性皮肤灼伤。氯化氢为无色有强烈刺激性的气体，在空气中形成白色烟雾，易溶于水后成盐酸。常用盐酸含HCl约31%，浓盐酸含HCl达36%以上。HCl易溶于水、乙醇、乙醚。嗅觉阈值为1.5～7.5mg/m³。HCl对人体的主要损害是刺激眼和呼吸道黏膜。意外事故时可造成急性中毒。患者出现头痛、头昏、恶心、咽痛、眼痛、咳嗽等，严重者甚至声音嘶哑、呼吸困难、胸痛、胸闷等，有的可咯血。长期接触较高浓度的HCl可致慢性支气管炎，甚至导致胃肠道功能障碍以及牙齿酸蚀症。

氯化氢未列入我国卫生部颁布的《高毒物品目录》。

其所致的职业性皮肤病（接触性皮炎、化学性皮肤灼伤）、职业性眼病（化学性眼部灼伤）、职业性耳鼻喉口腔疾病（牙酸蚀病）等已列入《职业病分类和目录》。

我国已发布并实施GBZ 61—2015《职业性牙酸蚀病的诊断》、GBZ 20—2002《职业性接触性皮炎诊断标准》、GBZ 54—2017《职业性化学性眼灼伤的诊断》、GBZ 51—2009《职业性化学性皮肤灼伤诊断标准》等。

我国职业卫生标准GBZ 2.1—2007“工作场所有害因素职业接触限值 第1部分：化学有害因素”规定，工作场所空气中氯化氢及盐酸的最高容许浓度（MAC）为7.5mg/m³。

④ 硫酸。硫酸为无色油状腐蚀性液体，不挥发，有强烈吸湿性，加热到50℃以上时即产生三氧化硫烟雾，分子量为98.08，密度为1.834g/cm³（20℃），熔点为10.36℃，沸点为338℃（98.3%），与水混溶释放大量的热。

硫酸的毒性主要表现为酸雾对呼吸道的刺激作用，小鼠吸入硫酸雾3～5min，LC_{50} 280～320mg/m³。硫酸经皮肤、黏膜迅速吸收，有很强腐蚀性，主要是使组织脱水，凝固蛋白质，以至形成局限性灼伤和坏死。

人吸入高浓度硫酸雾能引起上呼吸道刺激症状，严重者发生喉头水肿、支气管炎、支气管肺炎，甚至肺水肿。皮肤接触浓硫酸可致灼伤。眼溅入硫酸后可引起结膜炎和水肿，角膜浑浊以至穿孔，严重者可引起全眼炎以至完全失明。长期接触低浓度硫酸雾的工人，可有鼻黏膜萎缩并伴有嗅觉减退或消失、慢性支气管炎和牙齿酸蚀症等。

硫酸未列入我国卫生部颁布的《高毒物品目录》。

硫酸所致职业性接触性皮炎、化学性皮肤灼伤、化学性眼部灼伤、职业性牙齿酸蚀病已列入《职业病分类和目录》，我国已发布并实施相应的诊断标准 GBZ 20—2002《职业性接触性皮炎诊断标准》、GBZ 51—2009《职业性化学性皮肤灼伤诊断标准》、GBZ 54—2017《职业性化学性眼灼伤的诊断》、GBZ 61—2015《职业性牙齿酸蚀病的诊断》等。

我国职业卫生标准 GBZ 2.1—2007“工作场所有害因素职业接触限值 第 1 部分：化学有害因素”规定，工作场所空气中硫酸的时间加权平均容许浓度（PC-TWA）为 $1mg/m^3$；短时间接触容许浓度（PC-STEL）为 $2mg/m^3$。

⑤ 碳酸钠。碳酸钠别名纯碱，无水碳酸钠为白色粉末或细粒，分子量为 106.0，密度为 $2.53g/cm^3$（20℃）。碳酸钠吸湿性强，能因吸湿结成碱块。其水溶液由于水解作用而呈碱性，1%水溶液的 pH 值约为 11.5。

碳酸钠的毒性作用主要为吸入其粉尘引起呼吸道刺激和眼结膜炎。由于碳酸钠遇水部分水解形成强碱性的氢氧化钠和碳酸氢钠并释放出热量，因此碳酸钠粉粒或浓溶液接触到皮肤（特别是湿皮肤）和溅入眼内都会引起不同程度的灼伤，但其损害程度较氢氧化钠为轻。有报道称接触碳酸钠的工人可患皮炎、鼻黏膜溃疡等，停止接触后很快好转。

碳酸钠未列入我国卫生部颁布的《高毒物品目录》及《职业病分类和目录》。

对碳酸钠所致作业工人职业损伤可参照我国已发布并实施的 GBZ 20—2002《职业性接触性皮炎诊断标准》、GBZ 51—2009《职业性化学性皮肤灼伤诊断标准》、GBZ 54—2017《职业性化学性眼灼伤的诊断》等。

我国职业卫生标准 GBZ 2.1—2007“工作场所有害因素职业接触限值 第 1 部分：化学有害因素”规定，工作场所空气中碳酸钠的时间加权平均容许浓度（PC-TWA）为 $3mg/m^3$，短时间接触容许浓度（PC-STEL）为 $6mg/m^3$。

⑥ 亚硫酸钠、次氯酸钠、三氯化铁。亚硫酸钠为淡盐水脱氯工艺过程使用的辅助原料。该物质为白色结晶粉末，易溶于水，其水溶液呈碱性，难溶于乙醇。亚硫酸钠与空气接触易氧化成硫酸钠。亚硫酸钠对眼睛、皮肤、黏膜有刺激作用。

次氯酸钠为废氯气处理系统产生的物质，用于氯碱生产的辅助材料和作为副产品出售。次氯酸钠具有腐蚀性，可致人体灼伤且具致敏性。该物质放出的游离氯有可能引起中毒。

三氯化铁为一次盐水精制过程使用的絮凝剂。该物质具有腐蚀性、强刺激性，皮肤接触可致化学性灼伤。

我国职业卫生标准 GBZ 2.1—2007“工作场所有害因素职业接触限值 第 1 部分：化学有害因素”尚未制定工作场所空气中亚硫酸钠、三氯化铁、次氯酸钠的专项卫生标准。

⑦ 氮。氮为无色无味气体，分子量为 28.0134，密度为 0.96g/L，熔点为－200.9℃，沸点为－195.8℃，0℃时每千克水中溶解 0.0294g。常温常压下为单纯窒息作用，当空气中氮含量增高时（>84%）可排除空气中氧，引起吸入气氧分压过低（<0.16MPa），人感觉呼吸不畅、窒息感。高浓度氮（>90%）可引起单纯性窒息，严重时迅速昏迷。及时给予呼吸新鲜空气可较快恢复。

氮未列入职业病危害因素，但局部高浓度充氮环境因缺氧可使进入该环境者窒息。

（2）物理因素

① 生产性噪声。长期在较高噪声环境下工作可引起听力明显下降，继而引起听力损伤，

严重者可造成职业性噪声聋。

噪声对作业工人的危害与噪声强度、频率、接触时间、接触方式、个体防护及有无防护设备和是否正确使用有直接关系。

噪声危害评价及噪声标准制订等主要是以听觉系统损害为依据。

在《职业病分类和目录》中，噪声列为可能导致噪声聋的职业病危害因素。职业性噪声聋已列入《职业病分类和目录》，我国已发布并实施 GBZ 49—2014《职业性噪声聋的诊断》。

《工业企业设计卫生标准》明确规定了工作地点噪声声级的卫生限值和非噪声工作地点噪声声级的卫生限值，见表 16-8、表 16-9。

表 16-8　非噪声工作地点噪声声级的卫生限值

地点名称	卫生限值/dB(A)	工效限值/dB(A)
噪声车间办公室	75	不得超过卫生限值
非噪声车间办公室	60	
会议室	60	
计算机室、精密加工室	70	

表 16-9　工作地点噪声声级的卫生限值

日接触噪声时间/h	卫生限值/dB(A)	日接触噪声时间/h	卫生限值/dB(A)
8	85	1/2	97
4	88	1/4	100
2	91	1/8	103
1	94		

注：最高不得超过 115dB(A)。

我国职业卫生标准 GBZ 2.2—2007“工作场所有害因素职业接触限值 第 2 部分：物理因素”规定了噪声职业接触限值：每周工作 5d，每天工作 8h，稳态噪声限值为 85dB（A），非稳态噪声等效声级的限值为 85dB（A）。

工作场所噪声职业接触限值见表 16-10。

表 16-10　工作场所噪声职业接触限值

接触时间	接触限值/dB(A)	备注
5d/w，=8h/d	85	非稳态噪声计算 8h 等效声级
5d/w，≠8h/d	85	计算 8h 等效声级
≠5d/w	85	计算 40h 等效声级

② 高温。高温作业时，人体可出现一系列生理功能改变，主要为体温调节、水盐代谢、循环、消化、神经、泌尿等系统的适应性变化。这些变化如果超过一定限度，则可产生不良影响，严重者则可发生职业中暑。

在《职业病分类和目录》中高温列为可能导致中暑的职业病危害因素。中暑在《职业病分类和目录》中列为物理因素所致职业病，我国已发布并实施 GBZ 41—2002《职业性中暑诊断标准》。

我国职业卫生标准 GBZ 2.2—2007“工作场所有害因素职业接触限值 第 2 部分：物理因素”规定，在生产劳动过程中，工作地点平均 WBGT 指数≥25℃的作业为高温作业。

在标准中规定了高温作业卫生要求：接触时间率100%，体力劳动强度为Ⅳ级，WBGT指数限值为25℃；劳动强度分级每下降一级，WBGT指数限值增加1～2℃；接触时间率每减少25%，WBGT限值指数增加1～2℃。

室外通风设计温度≥30℃的地区，表16-11中规定的WBGT指数相应增加1℃（例如，天津市塘沽区夏季通风室外计算温度为28℃）。常见职业体力劳动强度分级见表16-12。

表16-11 工作场所不同体力劳动强度WBGT限值 单位：℃

接触时间率	体力劳动强度			
	Ⅰ	Ⅱ	Ⅲ	Ⅳ
100%	30	28	26	25
75%	31	29	28	26
50%	32	30	29	28
25%	33	32	31	30

表16-12 常见职业体力劳动强度分级

体力劳动强度分级	职业描述
Ⅰ(轻劳动)	坐姿：手工作业或腿的轻度活动（正常情况下，如打字、缝纫、脚踏开关等）；立姿：操作仪器，控制、查看设备，上臂用力为主的装配工作
Ⅱ(中等劳动)	手和臂持续动作（如锯木头等）；臂和腿的工作（如卡车、拖拉机或建筑设备等操作等）；臂和躯干的工作（如锻造、风动工具操作、粉刷、间断搬运中等重物、除草、锄田、摘水果和蔬菜等）
Ⅲ(重劳动)	臂和躯干负荷工作（如搬重物、铲、锤锻、锯刨或凿硬木、割草、挖掘等）
Ⅳ(极重劳动)	大强度的挖掘、搬运，快到极限节律的极强活动

GBZ 1—2010《工业企业设计卫生标准》对高温车间的监控室、操作室等室内气温提出要求，高温车间监控室、操作室等室内气温不应超过28℃。高温作业车间、工间、休息室室内气温不应高于室外气温；设有空调的休息室，室内气温应保持在25～27℃。

③ 工频电场。工频电场对人体健康的影响是一个较新课题，目前国内外研究结果倾向于其生物因素影响为功能性居多。工频电场导致人体某些特征改变，从生理、病理和临床来看，可能在中枢神经系统、心血管系统、血液系统、内分泌系统、生殖和遗传方面产生表现。

我国《工业企业设计卫生标准》（GBZ 1—2010）规定，从事工频高压电场作业场所的电场强度不应超过5kV/m。

我国职业卫生标准GBZ 2.2—2007“工作场所有害因素职业接触限值 第2部分：物理因素”规定，频率为50Hz的极低频电场为工频电场，并规定了工作场所工频电场职业接触限值：8h工作场所，频率为50Hz工频为电场的职业接触限值为电场强度5kV/m（表16-13）。

表16-13 工作场所工频电场职业接触限值

频率/Hz	电场强度/(kV/m)
50	5

16.3.4.3 劳动卫生防护措施

（1）选址符合国家有关职业卫生标准。

（2）总平面布置符合国家有关职业卫生标准。符合《中华人民共和国职业病防治法》《工业企业总平面设计规范》《工业企业设计卫生标准》《化工企业安全卫生设计规定》的要求。

（3）生产工艺及设备布置。

（4）建筑设计卫生要求。建筑设计贯彻“适用、安全、经济、美观”的原则，厂房的平面和造型力求简洁整齐，具有现代意识，体现现代建筑的特点。根据生产工艺要求，合理组织空间，遵守建筑协调标准的规定，建筑配件种类、规格力求统一。结合生产特点，对防爆、防火、防震、防腐蚀等因素综合考虑，满足生产需求。建筑配置在满足生产工艺的前提下，力争为员工创造良好舒适的工作及生活环境。

（5）职业病防护设施。防毒设施：

① 采用先进成熟、可靠的离子膜烧碱工艺技术，实现全过程管道化、密闭化生产。

② 为保证生产过程的生产安全和保证产品质量，生产过程中设置物料的流量调节自动控制，生产过程的温度指示调节，压力指示调节，设置了 pH 值的指示调节等，自动化控制水平较高。

③ 采用密封性良好的反应器、储罐和管道储存、运输物料，并采取防泄漏、防腐蚀等防护措施，如采用耐高温、耐磨的法兰和垫片等，减少有毒物质泄漏的概率。

④ 生产系统严格密封，选用可靠的设备和材料，以防泄漏、燃烧和爆炸等条件的形成。

⑤ 厂房大多采用敞开式框架结构，设备尽可能露天化布置，以减少有毒、有害气体的积聚。在电解、氯氢处理等厂房建筑设计中，采取防爆泄压和通风措施，个别地方设防爆机械通风设施，避免火灾、炸危险物质和有毒物质积聚。

⑥ 在各装置区周围设有围堰和排水沟，用于收集泄漏的液体物料，在排水沟设有外排的切换管路，将泄漏的物料排至事故水池。

⑦ 各装置均采用 DCS 系统对生产过程进行远距离遥控，减少操作人员接触有毒有害介质的机会。

⑧ 工人以巡检为主，采样时采用密闭式采样，避免直接接触到毒物。

防尘设施：产尘设施采取密闭措施，设置适宜的局部排风及除尘设施对尘源进行控制。

防噪减振措施：

① 选用技术先进、低噪声机型，空压装置选用的都是螺杆式空压机，该类型空压机噪声低于活塞式空压机；氟利昂制冷机的噪声强度也远低于液氨制冷机。

② 空压机、气体压缩机、制冷机等产生振动的设备，在安装时采用减振安装。

③ 将产生噪声较大的压缩机、制冷机、空压机等设备安装在独立的房间内，利用墙体进行隔声。

④ 采用消声措施，在缓冲罐等排气装置上安装消声器，可有效减少噪声强度。

⑤ 设计时合理控制管道流速，以降低噪声；调节阀、节流装置分配适当的压差，避免压差过大而产生噪声。

⑥ 注意个体防护（如有必要佩戴防噪声护具）；有职业禁忌者应调离受噪声危害的操作岗位；提高自动化水平并制定有关的操作规程，在高噪声区尽量减少操作人员的接噪时间。

⑦ 泵均采取混凝土独立基础等有效的消声、防振措施。

⑧ 在总图布置时，采取“闹与静分开”的原则进行合理布局，尽量将高噪声源远离厂

界等区域，高噪声源与厂外道路之间可布置一些低噪公建设施。

⑨ 在日常生产中，值班人员位于隔声性能较好的控制室/值班室内，与发生噪声的机组隔开，从而使值班人员免受噪声的危害。进入高噪声工作区域，企业应给劳动者佩戴声衰减性良好的个人防护用品，如佩戴耳塞、防护耳罩、防声帽等。

⑩ 合理绿化。由于主要噪声源距离厂界较远，厂区合理绿化也可以起到一定的隔声降噪作用。在厂房四周及道路两旁进行绿化，也可有效阻挡噪声的传播，保证厂界噪声的达标控制。

防高温措施：

① 对盐酸合成炉、蒸发器等加热设备及输送高温蒸汽等管道采取了防烫隔热措施，降低了高温对工人的烫伤危害，设备露天布置，自然通风良好。

② 在对高温设备进行检修时，必须先进行通风降温后作业。

③ 减少工人巡检工作，减少了工人接触高温的时间。

防暑防寒措施：

① 在采取现行防护措施仍不能满足某些岗位降温要求时，合理安排作业时间，并加强个体防护和个体保健措施。

② 夏季高温季节对高温作业人员供应含盐清凉饮料（含盐量0.1%～0.2%），饮料水温不宜高于15℃。

③ 在寒冷的冬季及炎热的夏季需配备好个人防护用品。

(6) 个体防护用品。个人防护用品配备的种类、数量、管理依据《个体防护装备选用规范》(GB/T 11651—2008) 和《工业企业设计卫生标准》(GBZ 1—2010) 的要求进行配置。

(7) 应急救援设施。当有毒有害气体工作场所由于误操作、违章作业、生产设备破损或其他意外因素等，引起有毒有害物质大量逸出时，为避免发生急性职业中毒或控制事故危害程度而设的急救设施。

① 便携式报警器设置。装置巡检工配备了便携式可燃气体报警器以及便携式有毒气体报警器，进行巡检。

② 事故通风设施。生产车间在生产过程中会散发出有害物等，故采用全面通风/事故通风。

为保障生产和人身安全，在装置易发生液氯（氯气）泄漏的场所，按《石油化工可燃气体和有毒气体检测报警设计规范》(GB 50493—2009) 的相关要求，设置有毒气体（氯气）检测报警器。

③ 急救处置用品

a. 应急救援器材。应急救援处置用品设置在便于劳动者取用的地点，设置明显标识，并按照相关规定定期保养维护以确保其正常运行。

b. 在有可能接触有毒介质的区域设置事故喷淋洗眼器。其服务半径不大于15m。喷淋洗眼器加以明显标记，供事故时临时急救用。

④ 其他设备、设施

a. 厂区建筑物设置一定数量的疏散口，疏散距离满足规范要求。

b. 在各装置区周围设有围堰和排水沟，用于收集泄漏的液体物料，在排水沟设有外排的切换管路，将泄漏的物料排至事故水池。

c. 疏散通道提供自带电池的应急灯具。

d. 生产装置区醒目地位置设立风向标。

e. 根据生产性质应设置劳动卫生职业病防治专业机构及应急救援站，配备必要的应急救援设施和仪器设备。

（8）职业病危害警示标识。根据《工作场所职业病危害警示标识》（GBZ 158—2003），在有毒物品作业岗位设置职业病危害告知卡。同时，在可能产生危害的各岗位设置相应的警示标识，作业现场设警示线。

（9）根据《工业企业设计卫生标准》（GBZ 1—2010）规定，氯碱工程车间卫生特征分级按车间卫生特征分级。氯碱装置操作人员可能接触到一些职业病危害因素，结合实际需要和使用方便的原则，设置有相应的辅助用室。

16.4 节能

16.4.1 现代氯碱能源消耗和能流图

以典型离子膜电解系统为例，包括盐水精制、整流变电、电解、氯氢处理、淡盐水脱氯、烧碱蒸发（45% NaOH）工序，其能流图见图 16-4。

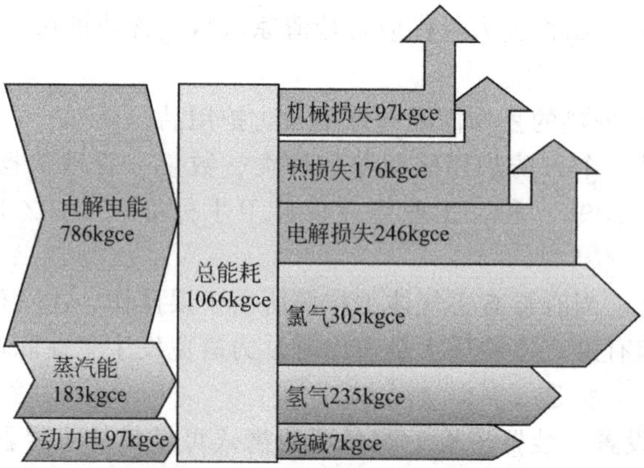

图 16-4 氯碱电解工艺能流图

从图 16-4 中可以看出，总能量输入的约 50%转化为化学能被产品带走，其余的能量在工艺过程中以热损失的方式消耗。如何节约和充分利用能源，减少损失，有着巨大的潜力和空间。

16.4.2 节能潜力和技术

烧碱生产方法主要有电解法和苛化法两种。电解法又分为隔膜法、离子膜法和水银法（已淘汰）三种。目前，我国烧碱生产以离子膜法为主，占总产量的 95%以上。离子膜法烧碱以其生产能耗低，产品质量高（高纯碱），无水银、铅、沥青及石棉污染的优势，成为扩建、新建烧碱装置首选的工艺技术。

（1）发展离子膜法制碱。离子交换膜法制碱技术是 20 世纪 70 年代中期出现的具有划时代意义的电解制碱技术，在世界上应用较为广泛，已被世界公认为技术最先进和经济上最合理的氢氧化钠生产方法，是当今制碱技术的发展方向。

（2）离子膜烧碱三（四）效膜式蒸发技术。离子膜法烧碱蒸发，由于没有结晶盐析出，可以采用膜式蒸发技术，因此可以最大化地减少蒸发温差损失。尽可能多地利用蒸发二次蒸汽，采用多效蒸发形式，是有效利用能源的重要方法。烧碱从 32%蒸发到 45%，相比两效膜式蒸发，三效膜式蒸发每吨烧碱可以节约 0.2t 蒸汽，四效蒸发可比三效再节约 0.12t 蒸汽。因此，在稳定和足够压力蒸汽的条件下，大型装置应尽可能选用三效或四效蒸发装置，节约蒸汽消耗。

(3) 统筹规划，合理布局，发展经济规模。实现烧碱生产的节能降耗，首先应结合石化工业、造纸纺织工业、日化工业等相关行业的发展，扩建、改造具有一定规模、技术管理水平的烧碱装置，不能盲目建新点；其次，调整布局，淘汰小型隔膜法烧碱装置，通过兼并、联合、改组、改造，逐步向烧碱生产的经济规模发展，实现资源合理配置，进一步降低能耗。

(4) 加强工艺技术管理，采用新技术、新设备，挖潜降耗。烧碱生产的主要工序包括整流变电、盐水精制、电解、蒸发和氯氢处理，每个部分的技术状况都将影响烧碱生产能耗。例如，采用大型可控硅整流机组，可提高整流效率；提高盐水质量、采用新型节能电解槽，降低电解电耗；采用大型氯气透平机组，取代输送氯气的纳氏泵，节电效果显著。烧碱生产企业之间能耗水平差距较大，吨碱电耗可相差约 200 多千瓦时，吨碱汽耗相差约 2t，吨碱综合能耗相差约 0.5t 标煤。所以，烧碱生产节能降耗大有潜力。

(5) 采用峰谷运行模式，避峰运行。从整体电网看，发电与用电存在宏观不平衡。对于用电大户氯碱电解装置，如何利用富裕产能，合理地采用峰谷运行模式，避峰运行，不但节约能源费用，而且对电网合理分配用电，提高电能利用率，减少浪费也是有积极的意义，应大力提倡和合理组织运行。

在避峰运行过程中，应采取预先判断和得当操作，避免运行负荷波动，给电解槽带来负面影响，比如负荷波动对操作指标的影响，就要提前预判和得当操作，避免盐水温度波动对盐水质量的影响和造成槽温波动。

(6) 提高盐水质量，实现烧碱生产过程优化及自动控制。盐水质量对离子膜法及隔膜法烧碱的生产、长周期稳定运行及节能降耗，都是非常重要的。离子膜法的生产工艺中，盐水质量尤为重要。

① 电解槽用的阳离子交换膜具有选择和透过溶液中阳离子的特性，它对盐水中 Na^+ 能选择和透过，而对 Ca^{2+}、Mg^{2+} 等也同样能透过。当 Ca^{2+}、Mg^{2+} 等透过离子膜时，会同少量从阴极室反迁移来的 OH^- 生成 $Ca(OH)_2$、$Mg(OH)_2$ 沉淀。沉淀堵塞离子膜，使膜电阻增加，引起槽电压上升，还会加剧 OH^- 向阳极室的反迁移，降低了电流效率。因此合格的一次盐水必须经螯合树脂塔进行二次精制，使盐水含 Ca^{2+}、Mg^{2+} 等总量低于 20×10^{-9}（质量分数），实际上要求长期稳定控制在 10×10^{-9}（质量分数）以下。

② 对离子膜有不良影响的离子还有 Fe^{3+}、Hg^{2+}、Al^{3+}、Mn^{2+}、Sr^{2+}、Ba^{2+}、Ni^{2+}、Si^{4+}、I^-、SO_4^{2-} 等，即使只有少量存在也有不良影响。若离子膜电解槽长期供给杂质含量高的盐水，最明显的是电流效率降低，而且这种影响是积累的，极大地影响离子膜的性能并缩短膜的使用寿命。为此，必须严格控制二次精制盐水质量，杂质含量不得超标。在设计中积极选用先进、可靠的监测、检测仪器和仪表，以控制盐水中杂质含量。

③ 控制盐水的 pH 值在 9～10。为了降低氯中含氧量，需要在进槽盐水中添加盐酸以中和从阴极室反迁移来的 OH^-，但要严格控制阳极液的 pH 值不得过低。如果加了过量的盐酸或混合不匀，会破坏离子膜的导电性，膜的电压很快上升并造成永久性的损坏。如果生产上确有必要在盐水中连续加入盐酸，应采用联锁装置，当电源中断时，立即自动停止加入盐酸，以防止离子膜损坏。

(7) 离子膜法电解工序节能技术措施

① 降低槽电压及经济电流密度的选择。电解生产过程中能耗是成本的重要组成部

分。为了降低能耗，必须获得较高的电流效率和较低的槽电压；设法在较高的电流密度下运行，仍能保持低电耗，使每吨烧碱的电解直流电耗在2100～2200kW·h，甚至更低。

槽电压是影响电解槽直流电耗的主要因素之一。当电流效率为96%时，槽电压每升降0.1V，影响电耗69.8kW·h/t。从槽电压和电流密度的相互关系来分析，槽电压随着电流密度的降低而降低，而电耗又随着槽电压的降低而降低。所以使槽电压维持在适当值，是一项关键性的节能措施。

离子交换膜是离子膜法制碱技术的核心。饱和食盐水在离子膜电解槽中被电解，直接获得浓度32%（质量分数）的碱液和高纯度氯气，就意味着离子膜的一侧要承受高温、高浓度的酸性盐水和氯气，另一侧则是高温、高浓度的碱液。由于离子膜具有高度的选择透过性、高度的物化稳定性和机械强度、高度的离子交换容量和电流效率，同时又具有低的膜电阻和低的电解质扩散，因此完全可以适应电解过程的苛刻条件，而且使用寿命达3.5年以上。

② 缩小极间距可以降低槽电压。阴、阳极间距是影响槽电压的因素之一。电解槽两极间的距离小，电极表面光滑，电流经过的路程缩短，同时能使气体迅速脱离电极表面，电流分布均匀，减少电压降，有利于获得较好的经济技术指标。

阳离子交换膜的溶胀度、机械强度均优于石棉隔膜，能够在目前较小极距的基础上进一步缩小极间距，由极距3mm左右逐渐接近零极距，即两极之间的距离等于离子膜厚度。因此能有效地降低槽电压，节约电耗。

③ 因地制宜，合理选择槽型。槽型规模大型化，增大电槽容量，有利于技术管理，减少环境污染，改善劳动条件。电槽数量少，使电解厂房占地少、电槽维修费用降低，而且因在相同产量的情况下，一台大电槽比多台小电槽散热少，有利于降低能耗。

复极槽电极的有效面积较大，电极面积越大，离子膜的利用率就越高，维修费用亦省，电解槽厂房面积可相应减少。

(8) 氯气输送采用大型透平机，此工艺方案虽然一次性投入大，但从长远来看，运行平稳，减少维修量，比采用小透平可节省用电50%。

(9) 利用盐酸合成炉余热副产蒸汽，可带动溴化锂机组制冷节电。

(10) 电气节能措施

① 采用S11型及以上型号低损耗电力变压器，降低电能损耗。

② 设二次配电点，尽量缩短低压配电线路，减少线损，以减少电能损耗。

③ 总降压变电所内采用了计算机综合保护装置，无人值班，简化了二次接线，节能并节省投资，提高了系统的可靠性。

④ 需调速的电机采用变频器或液体电阻调速器，运行效果良好并能节电20%左右。

⑤ 照明系统中普遍采用了高效、节能、低损耗的照明灯具，以利于电气节能。

(11) 采用的总图节能措施

① 严格执行国家颁布的防火、防爆、安全、卫生等有关标准、规范，在满足装置生产要求的条件下，布局力求紧凑、完整、合理，做到流程顺畅、管道便捷。

② 厂区内各建、构筑物布置满足生产工艺流程、工厂内外运输、安装、检修、防火、防爆、安全卫生、环保、气象条件等各项要求，功能分区明确，布置紧凑合理，节约用地，平衡土方量，人货分流，互不干扰，确保厂区内消防通道畅通，为工厂安全生产创造良好环境。

③ 生产装置布置一体化、轻型化、露天化，成组集中布置，力求缩短装置之间的管线

距离。

④ 在满足工艺生产的前提下，与现有装置合理结合，节约用地，节省投资。

（12）采用的建筑节能措施

① 建筑布置尽量做到南北向，充分利用自然能源。

② 保温材料性能优良。复合压型钢板屋面采用 100mm 厚的超细玻璃棉或岩棉填充；平屋面考虑造价的因素，采用水泥珍珠岩保温的传统做法。

③ 窗采用塑钢窗，对保温要求高的做双层中空玻璃，民用建筑的外层玻璃采用镀膜玻璃，塑钢窗具有密闭性能优良、能源泄漏少的特点，并在能够满足保温要求的前提下增大采光面积，尽量做到不设黑房间，节约电能。

16.4.3 未来节能技术

烧碱节能技术重点和发展方向：

（1）生产采用氧阴极-离子膜电解工艺的开发。目前离子膜烧碱的生产是最先进、环保的工艺，但电耗仍达 2200～2300kW·h/t 碱。氧阴极-离子膜法可使电解槽的电压降低 1.0V，节电 700kW·h/t 碱，是大幅度降低电耗的节能新技术。而且，应用于电解废盐酸回收氯，也是一项很有价值的实用技术。

（2）开发离子膜烧碱大型自然循环高电流密度电解槽，单槽能力高，生产吨碱可节电 20～30kW·h。

（3）电解装置优化节能管理系统技术，重点解决功率因数补偿功能、谐波消除功能、电流调整功能、三相功率不平衡改善功能、浪涌抑制功能、瞬变抑制功能，大幅度节电。

（4）采用氢燃料电池技术，回收电能。燃料电池技术，可以回收大部分氢化学能，在离子膜电槽不断改进的同时，可以根据氢的富裕程度，灵活调整回收能量负荷，是节能的有效途径。

16.5 总图设计

16.5.1 总图设计的意义和目的

16.5.1.1 总图设计的意义

氯碱厂总图设计分为两个阶段，首先是厂址选择，其次是工厂总图的设计。

厂址选择要根据国家相关的法律、法规、方针、政策，如：国家氯碱产业布局，产品规模限制，距重要交通线和江、河、湖、海及水库的安全防护距离，国土、矿产资源使用要求等。根据国家对环境评价和安全评价评估意见，城镇或工业区规划要求，水文、气象、工程地质、水文地质、地震等条件，经济和社会效益择优选择氯碱厂厂址。

16.5.1.2 总图设计的目的

氯碱厂总图设计基于选定厂址所在地的城镇或工业区规划、交通运输、水文、气象、地形、地貌、工程地质、水文地质、地震、防灾、安全、卫生防护及环境保护等条件，依据国家现行法律、法规、标准、规范，根据原料和产品的运输量择优选择运输方案；根据工艺流程和外部公用工程交接点、地形特点、风频等条件确定最优的总图设计方案。

16.5.2 总图设计的基本原则和方法

16.5.2.1 总图设计的基本原则

氯碱厂总图设计要遵循现行的国家法律、法规、标准、规范，根据生产性质、规模、生产流程、交通运输、环境保护、防火、安全、卫生、施工、检修、生产、经营管理、厂容厂貌及发展的要求，宜露天、联合、紧凑布置，并结合当地自然条件经方案比选后择优确定。

16.5.2.2 总图设计的基本方法

氯碱厂总图设计应根据国家或地方铁路接轨条件（轨顶标高、转弯半径及铁路主管部门对工厂铁路专用线有效长度布置的要求，厂外穿越道路的要求，铁路进线方向等）及机械化装卸方式，确定工厂铁路运输平面布置和竖向设计方案。

氯碱厂总图设计应根据工厂周围环境条件，使工厂与周边设施保持合理的安全距离：

(1) 围墙外相邻企业装置生产性质，明火点距离，火炬影响半径，危险品库储量和距离，罐区储罐储存介质性质、储量、罐的尺寸；

(2) 围墙外相邻民用建筑的距离；

(3) 厂外道路的距离和标高；

(4) 厂外高压线的电压等级和塔杆高度及距离；

(5) 厂外通信线路的等级和距离；

(6) 可燃和易燃气体或液体输送管线输送物料的性质、压力等级及距离等。

依据上述条件，根据相关标准、规范确定总平面和道路布置及竖向设计方案。

氯碱厂总图设计除应根据工艺流程进行相关布置外，还应分析一下相关条件，综合确定总平面布置图：

(1) 分析水、电、气、汽等公用工程交接点条件；

(2) 分析主要人流、物流方向；

(3) 根据循环经济产品链上下游关系，配套辅助生产设施和公用工程设施，配套仓储设施和罐区，配套原料和产品装卸设施，综合确定总平面布置方案。

16.5.3 现代氯碱总图设计的特点和要求

16.5.3.1 现代氯碱总图设计的特点

现代氯碱厂的建设，除单独建厂外，还通过向上下游产业的延伸，与各产业有机结合，形成联合化工的发展趋势。现代氯碱厂向大型化和集群化方向发展，主要体现在：

(1) 氯碱厂厂区占地面积向园区化发展，工厂占地面积大幅增加；

(2) 单套装置占地面积大幅增加；

(3) 单体建筑面积大幅增加；

(4) 原料和产品的运输量大幅增加；

(5) 公用工程和动力消耗大幅增加；

(6) 厂区通道宽度大幅增加；

(7) 原料、产品和化学消耗品的仓储量和装卸能力大幅增加；

(8) 上下游产品链中的各种产品的生产性质、行业可能完全不同。

16.5.3.2 现代氯碱总图设计的要求

由于现代氯碱企业存在上述特点，对总图设计也提出了更高的要求：

(1) 对外部环境安全性要求更高（如对于居民区、公共建筑、铁路、公路、重要河流及水库、相邻企业等的安全距离要求)；

(2) 原料和产品的运输组织成为总图设计的关键环节（铁路专用线和原料及产品的装卸规划设计，公路运输和原料及产品的装卸规划设计等)；

(3) 对于固定和移动消防设施的等级要求更高［如用地大于 $100hm^2$（$1hm^2=10^4m^2$，余同)，消防水量按两处着火点计算，消防供水最大保护半径不宜大于 1200m，且面积不宜大于 $200hm^2$；可能需配置企业消防站等］；

(4) 由于单套产品线能力的大幅增加，设备大型化，装置布置要求更趋紧凑，否则难以满足对建筑防火分区占地面积的规范要求；

(5) 由于现代氯碱厂规模大，一般都是分期建设，这就要求预留足够的管架和地下管线位置，要求合理计算装置间通道宽度；

(6) 由于现代氯碱厂占地面积大，地形地貌、工程及水文地质条件等可能存在较大差异，对总图设计提出了更高的要求；

(7) 由于装置性质和行业的不同，不同行业的设计标准、规定有较大差异，需进行统一。

总图设计除上述要求外，还应满足下列要求：

氯碱厂总平面设计应符合国家有关用地控制指标的规定。

氯碱厂总平面布置应合理利用场地地形，当地形坡度较大时生产装置及建、构筑物的长边宜顺等高线布置；液体物料输送、装卸的重力流和固体物料的高站台、低货位设施宜利用地形合理布置。

氯碱厂总平面布置应结合工程地质和水文地质条件进行设计，大型设备及大型建、构筑物宜布置在工程地质良好地段；地下构筑物宜布置在地下水位较低的填方地段；有可能渗透腐蚀性介质的生产、储存、装卸设施，宜布置在可能因渗透影响地下水（对重要设施侵蚀）的地下水流的下游。

氯碱厂总平面布置应根据当地气象等条件，使建筑具有良好的朝向和自然通风。生产有特殊要求和人员较多的建筑应避免日晒。在山区或丘陵地区建厂时，建筑朝向应根据地形和当地小气候条件确定。

氯碱厂产生噪声污染的设施，宜相对集中布置，并应远离人员集中或有安静要求的场所。

氯碱厂物流输送或运输线路的布置应使物流输送或运输顺畅、便捷，并应避免和减少其折返迂回。人流与流量大的货流避免交叉，避免货流大的铁路和道路的平面交叉。

氯碱厂总平面布置应按功能分区布置，可分为生产装置区、辅助生产区、公用工程设施区、仓储区、行政办公区、生活服务区。

氯碱厂事故状态下，可能散发可燃气体的设施宜布置在明火点的全年最小频率风向的上风侧；在山区或丘陵地区应避免布置在窝风位置。

氯碱厂事故状态下，可能泄漏、散发有毒、腐蚀性气体或粉尘的设施，应避开人员密集场所，并应布置在人员密集场所全年最小频率风向的上风侧。

装置内的控制室、变配电室、化验室和办公室宜布置在装置区的一侧，并应位于爆炸危险区范围以外，且宜位于可燃气体和甲、乙类设备全年最小频率风向的下风侧。

全厂性控制室应独立布置，远离爆炸危险区，并宜位于可燃气体、甲、乙类设备和可能散发有毒气体、粉尘、水雾设施的全年最小频率风向的下风侧。

仓储设施应根据储存物料的性质、数量按不同类别相对集中布置，并应符合相关标准、规范要求和靠近运输线路。固体物料的仓库或堆场宜靠近主要用户，方便运输及机械化作业。堆场应根据物料性质和操作要求铺砌地坪，相应采取防腐、防渗、防漏及排水措施。易散发粉尘的仓库或堆场宜布置在厂区边缘，并位于全年最小频率风向的上风侧。酸库及酸桶堆场应布置在全年最小频率风向的上风侧及厂区边缘、地势较低处，并应避免对地下水的污染，其地面应做耐酸处理及酸水收集池。

危险化学品库的布置应符合《危险化学品经营企业开业条件和技术要求》GB 18265 的有关规定。

可燃液体和液化烃储罐宜集中布置在厂区边缘，不宜布置在人员集中区域和明火点的全年最小频率风向的下风侧，避免布置在窝风地段；不应布置在高于相邻装置、车间、全厂性重要设施和人员密集活动场所的场地上，否则应采取防止液体下泄的安全措施；不宜靠近排洪沟。

总变电所应靠近厂区边缘进线方便的地段布置，不宜布置在较空气密度大的可燃气体、腐蚀性气体和粉尘的设施全年最小频率风向的上风侧和散发水雾设施冬季盛行风向的下风侧。室外总变电所的最外构架边缘与散发腐蚀性气体和粉尘的设施边缘之间的距离宜大于50m。不宜布置在强烈振动源附近，宜靠近负荷中心（整流和电解车间）。

循环水应靠近主要用户，且布置在通风良好的开阔地段，不应靠近加热炉等热源体，并应避免粉尘和可溶于水的化学物质影响。机械通风冷却塔不宜与夏季盛行风向垂直，不宜布置在室外变电所、露天生产装置、铁路、主干道冬季盛行风向的上风侧，远离化验室等对噪声敏感的设施。

给水净化站和化学水处理设施宜靠近水源或主要用户，避免粉尘、毒性气体及污水对水质的影响。

燃煤锅炉宜布置在厂区边缘、全年最小频率风向的上风侧并靠近高压蒸汽用户；不宜布置在煤堆场和中转渣场全年最小频率风向的上风侧；当采用自流回收冷凝水时，宜布置在地势较低处。

空分和空压装置宜布置在空气洁净地段，并靠近负荷中心。空分装置的吸风口应位于二氧化碳气体和粉尘散发源全年最小频率风向的下风侧。

冷冻站宜靠近负荷中心，避免靠近热源和人员密集场所，宜位于散发腐蚀性气体和粉尘设施全年最小频率风向的下风侧。

中央化验室及仪表修理车间不应布置在毒性和腐蚀性及粉尘和其他有害气体、水雾全年最小频率风向的上风侧。远离振源，有良好的朝向。

机修、电修车间宜布置在厂区一侧，不宜位于可能散发有毒和腐蚀性气体、粉尘设施全年最小频率风向的上风侧。

消防站的消防车应能迅速地通往工厂内任一着火点，至甲、乙、丙类火灾危险场所最远点行车路程不宜大于2.5km，所用时间不宜超过5min；至丁、戊类火灾危险场所最远点行车路程不宜大于4km。消防站应布置在全年最小频率风向的下风侧，且与全厂性行政办公及生活服务设施等人员集中活动场所的主要疏散口的距离不应小于50m。

16.5.4 影响总图设计的因素以及解决对策

氯碱工厂和其他化工厂的厂区一样，对于总图设计的影响因素也包括两大方面，即选址和总图设计。本节对于和其他化工厂的相同之处不再赘述，只针对氯碱厂区选址及总图设计的影响因素进行阐述。

16.5.4.1 选址

氯碱厂区是一个耗能较大、有氯气污染隐患的厂区，所以在厂址选择时，从国家环保政策、相关法规方面均对氯碱厂区拟建场地做了规定：除搬迁企业外，东部地区原则上不再新建电石法聚氯乙烯项目和与其相配套的烧碱项目。2007 年 11 月 2 日，国家发改委发布 74 号公告：《氯碱（烧碱、聚氯乙烯）行业准入条件》对氯碱企业的发展从布局、规模、工艺与装备、能源消耗、安全、健康、环境保护、监督与管理等方面做了规定。同时，其他相关的环保、铁路、城市规划等方面法律法规对此也做出了相关规定。如《铁路运输安全保护条例》（第 639 号）、《基础化学原料制造业卫生防护距离 第 1 部分：烧碱制造业》（GB 18071.1—2012）等。这些规定按照“优化布局、有序发展、调整结构、节约能源、保护环境、安全生产、技术进步”的可持续发展原则，在环保方面尽量减少对城市区、居住区、重要的生态区、运输干线等的影响，以达到工业合理发展与生态友好共赢效果。其中相关布局规定如下：

（1）新建氯碱生产企业应靠近资源、能源产地，有较好的环保、运输条件，并符合本地区氯碱行业发展和土地利用总体规划。除搬迁企业外，东部地区原则上不再新建电石法聚氯乙烯项目和与其相配套的烧碱项目。

（2）在国务院、国家有关部门和省（自治区、直辖市）人民政府规定的风景名胜区、自然保护区、饮用水源保护区和其他需要特别保护的区域内，城市规划区边界外 2km 以内，主要河流两岸及公路、铁路、水路干线两侧，居民聚集区和其他严防污染的食品、药品、卫生产品、精密制造产品等企业周边 1km 以内，国家及地方所规定的环保、安全防护距离内，禁止新建电石法聚氯乙烯和烧碱生产装置。

（3）在铁路线路两侧建造、设立生产、加工、储存，或者销售易燃、易爆、放射性物品等危险物品的场所、仓库，应当符合国家标准、行业标准规定的安全防护距离。

（4）氯碱厂与居住区的位置，应考虑风向频率及地形等因素的影响，尽量减少对居住区大气环境的污染。

以上规定在氯碱厂区选址时，是必须遵守的，现阶段是无法通过技术手段进行回避的。

16.5.4.2 总图设计

氯碱装置总图设计，除有一般化工装置总图设计中需要注意的问题外，还有特别注意的几个方面。氯碱装置的主要特点就两大方面：一是电耗大，二是氯气有毒。所以在氯碱装置的总图设计中，除做好一般化工装置总图设计中需要注意的问题外，处理好这两个方面是非常重要的。

（1）在氯碱厂的电力消耗中，一般电解单元占到电力消耗总量的 80%左右，所以，总变电站尽量靠近电解单元为降低输电线路电损的布置手段。

（2）氯碱装置是个耗电大户，所以厂区经常靠近 35kV 以上的架空电力线。由于架空电力线一般为裸露铝制金属线，而氯碱厂的氯化钠、烧碱、氯化氢、氯气等有腐蚀性气体对架空线有一定的腐蚀性。所以氯碱厂总图布置中，尽量将含有腐蚀性气体的单元远离架空电力线，将其他辅助及公用设施可以靠近架空线来布置。

（3）液氯的危险性较大，所以在液氯包装单元布置时特别需要注意。应布置在全年最小频率风向的上风侧及地势较低的开阔地带、厂区边缘，应远离厂区主干道及易燃和易爆的生产、储存和装卸设施，与人员密集场所边缘的距离不小于 50m（特别是控制室、化验室、办公室）。地上液氯储罐的地坪应低于周围地面 0.3～0.5m，或在液氯储罐周围设高出周围地面 0.3～0.5m 高的围堤。实瓶库应有装车站台和便于运输的道路。

（4）在氯碱装置建设过程中，现阶段往往和乙炔装置共同建设，用于生产聚氯乙烯树脂，在总图布置中要注意不能将乙炔装置与氯碱装置靠过于近布置。氯碱装置产生的氯气以及氯化氢气体中携带的游离氯在常温下会与乙炔气体发生剧烈反应，所以为了避免在出现泄漏时发生无法控制的事故，总图布置应注意将乙炔装置与氯碱装置远离布置，一般把氯碱装置布置于氯乙烯装置两侧。

(5) 随着氯碱厂规模逐步大型化，随之带来的一个问题就是电解厂房的大型化，而电解厂房（不含整流间）受防火、泄爆、电解槽依次性布置的限制，根据《建筑设计防火规范》的规定，电解厂房的建筑面积必须满足防火分区和泄爆的要求，不得超限，因此单座电解厂房内烧碱规模被定格在30万～40万吨/年之间。所以，一个氯碱厂在总规模的确定前提条件下，选择一个合理的单条线生产能力对于总图布置占地有很大影响。在现代氯碱装置发展的情况下，总规模大、单条生产能力大为主流发展方向，同时也节省土地，符合国家土地政策。

(6) 随着氯碱厂规模逐步大型化，随之带来的原料及产品的运输也成为总图设计中一个重点考虑的问题。当规模增大，除必要的管道和汽车运输外，还需要建设铁路专用线进行火车大量运输。这就存在一个汽车运输与轨道运输在布置上的合理规划，避免交叉。为了解决这一矛盾，一般将火车运输线与汽车运输线布置于储运区两侧，并且运输方向相反，避免交叉。

典型运输装卸总图见图16-5。

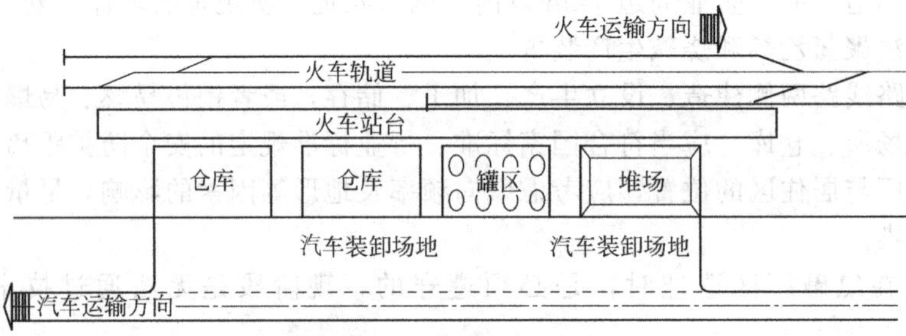

图16-5 典型运输装卸总图

(7) 氯碱厂区如果在一个高度差比较大的场地，则不利于场地设计和生产，但是我们可以通过设计手段在一定程度上合理利用。可以在合理规划运输及消防道路的前提条件下，利用高度差进行节能设计。如，可以将化盐及原盐库区域布置于场地较高处，利用高度差将盐水流入盐水精制单元；可以将碱罐区布置于厂区较低区域，利用高度差将液碱流入罐区等。

16.5.5 总图设计在配电、建筑以及结构防腐蚀方面的特点和要求

16.5.5.1 配电设计在总图设计中的特点和要求

由于氯碱装置的核心工艺是盐水电解工艺，因而确定了氯碱装置用电负荷大的特点，随着现代氯碱厂趋于大型化的发展方向，这一特点的直接体现就是供电电压高，因此氯碱厂总图布置除遵循变配电所所址选择的一般要求外，应特别考虑下列要求：

(1) 根据供电点方位、供电电压等级及供电线路的敷设方式确定总变配电所的位置，当供电线路为110kV及以上架空线路供电时，总变及电解装置应尽可能布置在电源侧，对于超大规模装置有多个总变时应统一规划供电走廊。

(2) 在总变和供电走廊区域内除满足安全间距的基本要求外，应避免布置易燃易爆装置。

(3) 有氯气产生的装置应避免布置在总变和供电走廊区域附近，并不应布置在该区域的上风向；各二级变配电所也应尽可能远离腐蚀性气体场所，如不能远离则应布置在污染源主

导风向的上风侧。

（4）由于现代氯碱厂规模大，一般都是分期实施，不同的总图预留方案所对应的电气配置有很大差异，因此在确定总图预留方案时应充分考虑到各方面要素综合评估。

现代氯碱厂分期实施总图布置主流预留方案：

① 整块预留场地。该方案的技术特点是单期紧凑布置，各期相对独立。

② 分装置、分车间预留。该方案的技术特点是前期总图布局相对分散，各期间管线交叉较多。

就配电而言，两种总图预留方案各有其特点，具体如下：

预留方案1：由于装置各期相对独立，因而其供配电系统也相对独立，除总降可以考虑适当的预留，其余部分的配置可以剔除任何不确定因素的影响，从而保证合理、经济、节能。

预留方案2：由于装置各期交叉，因而其供配电系统应考虑预留规模的用电要求，统筹规划供配电系统，其最大弊端是增加供电距离，增加一次投资，各期系统、线缆相互影响，在后期建设时使前期装置的运行存在安全隐患。该方案用于小规模装置预留时是可行的，用于大规模装置的预留时应进行充分的研究。

16.5.5.2 建筑以及结构防腐蚀在总图设计中的特点和要求

（1）建筑防腐蚀在总图设计中的特点和要求

① 氯碱生产过程中主要的腐蚀性介质及其腐蚀性等级

a. 气态腐蚀。Q2 氯，Q4 氯化氢，腐蚀性等级见表16-14。

b. 液态腐蚀。Y1 硫酸和盐酸，Y7 20%NaOH 和稀碱液，Y16 NaCl（pH=8），Y12 10%（质量分数）次氯酸钠，腐蚀性等级见表16-15。

c. 固态腐蚀。G2 钾和钠的氯化物，腐蚀性等级见表16-16。

表16-14 气态介质对建筑材料的腐蚀性等级

介质类别	介质名称	介质含量/(mg/m³)	环境相对湿度/%	钢筋混凝土、预应力混凝土	水泥砂浆、素混凝土	普通碳钢	烧结砖砌体
Q2	氯	0.1～1.0	＞75	中	微	中	微
			60～75	弱	微	中	微
			＜60	微	微	弱	微
Q4	氯化氢	0.0～1.00	＞75	中	弱	强	弱
			60～75	中	弱	中	微
			＜60	弱	微	弱	微

表16-15 液态介质对建筑材料的腐蚀性等级

介质类别	介质名称		浓度/%	钢筋混凝土、预应力混凝土	水泥砂浆、素混凝土	烧结砖砌体
Y1	无机酸	硫酸、盐酸	＜4.0	强	强	强
			4.0～5.0	中	中	中
			5.0～6.5	弱	弱	弱

续表

介质类别	介质名称		浓度/%	钢筋混凝土、预应力混凝土	水泥砂浆、素混凝土	烧结砖砌体
Y7	碱	氢氧化钠	>15	中	中	强
			8～15	弱	弱	强
Y12	盐	钠、钾的亚硫酸盐、亚硝酸盐	≥1	中	中	中
Y16		钙、镁、钾、钠的氯化物	≥2	强	弱	中

表16-16 固态介质对建筑材料的腐蚀性等级

介质类别	溶解性	吸湿性	介质名称	环境相对湿度/%	钢筋混凝土、预应力混凝土	水泥砂浆、素混凝土	普通碳钢	烧结砖砌体	木
G2	易溶	难吸湿	钠、钾的氯化物	>75	中	弱	强	弱	弱
				60～75	中	微	强	弱	弱
				<60	弱	微	中	弱	微

② 氯碱生产装置建、构筑物的腐蚀特征

a. 二次盐水及电解。气态腐蚀（电解工序、脱氯工序的湿氯气），液态腐蚀（4%～32%烧碱、5%～31%盐酸、220～315g/L氯化钠）。

b. 一次盐水及原盐储运。液态腐蚀（pH=8的305～315g/L氯化钠、碳酸钠溶液、氯化铁溶液），固态腐蚀（被潮解的原盐、盐泥）。

c. 氯气处理及废氯处理。气态腐蚀（氯气、厂房受氯气气相腐蚀），液态腐蚀[75%～95%硫酸、98%浓硫酸、氯气冷凝形成酸性氯水对碳钢等材质腐蚀特别严重，2%～10%（质量分数）次氯酸钠具强氧化性，15%～32%烧碱]。

d. 液氯及包装。气态腐蚀（氯气），液态腐蚀。

e. 硫酸罐区。液态腐蚀（75%～80%稀硫酸、98%浓硫酸）。

f. 硫酸装卸车站台。液态腐蚀（卸车站台98%浓硫酸、装车站台75%～80%稀硫酸）。

g. 盐酸罐区。液态腐蚀（31% 盐酸），气态腐蚀（氯化氢气）。

h. 烧碱罐区。液态腐蚀（32%烧碱、50%烧碱）。

i. 次氯酸钠罐区。液态腐蚀（10%次氯酸钠）。

j. 氯化氢合成及盐酸。气态腐蚀（氯气、氯化氢气），液态腐蚀（31%盐酸）。

k. 蒸发及固碱。气态腐蚀（碱性蒸气），液态腐蚀（32%～98%烧碱、99%熔融碱、被潮解的固碱）。

③ 结构形式的选择。对于有腐蚀的装置不宜采用钢结构和砖砌体结构，宜采用钢筋混凝土结构。当采用钢结构时，应严格除锈，除锈等级应不低于Sa2级，难以维修的重要钢构件的除锈等级不应低于Sa2.5级，并涂刷防腐蚀涂料。

④ 建筑防腐蚀措施

a. 厂房的落水管应采用玻璃钢制品或UPVC制品。

b. 厂房的门窗应尽量采用塑料窗和木门。

c. 有腐蚀性液体滴漏的部位，地面应设耐腐蚀地漏：硬聚氯乙烯地漏、玻璃钢地漏或陶瓷地漏等。其下水管道应尽量采用耐酸陶瓷管，不应采用铸铁管。

d. 防腐蚀材料选用原则。参考防腐蚀材料特性，对于烧碱浓度大于30%的应采用耐酸砖；酸碱共同作用的优先选用环氧树脂和乙烯基酯类材料；对于次氯酸钠溶液浓度大于5%

的优先采用乙烯基酯类材料；高浓度酸和使用温度较高的酸优先选用钾水玻璃类材料，如盐酸浓度大于30%优先选用酚醛类材料。

⑤ 常用做法。做法需根据腐蚀性介质的特性、形态、浓度和使用温度确定。例如，走车装卸罐区地面防腐花岗岩的厚度要适当增加。

a. 气态腐蚀。装置墙、柱、梁及顶刷防腐涂料：应选用耐酸性能优良的涂料，推荐使用年限在5～10年（中），可以选用高氯化聚乙烯、氯磺化聚乙烯、聚苯乙烯涂层。

b. 液态腐蚀。楼地面：隔离层采用树脂玻璃钢；耐酸碱腐蚀的地面选用耐酸石材板、耐酸砖；盐水腐蚀（如化盐池）等选用玻璃鳞片涂料。

c. 固态腐蚀。原盐的腐蚀：地面采用混凝土地面，尽量不配置钢筋；如果需要配钢筋，保护层厚度不小于50mm。墙体采用钢筋混凝土挡墙，玻璃鳞片涂料。

（2）结构防腐蚀在总图设计中的特点和要求

① 酸碱罐区等生产或储存腐蚀性溶液的大型设备宜布置在室外，并不宜临近厂房基础。如确需临近厂房基础或重要设备基础，考虑腐蚀性介质的渗漏作用，厂房基础或设备基础应采取相应的处理措施。

a. 基础埋置深度一般不应小于1.5m，当渗漏的腐蚀性介质能使地基土产生膨胀时，基础埋置深度不应小于2m。

b. 桩基地面以下2.5m范围内及基础、基础梁和柱的地下部分的混凝土应符合《工业建筑防腐蚀设计规范》GB 50046关于混凝土强度等级、密实性和耐久性以及混凝土外表面防腐蚀涂层等相关防腐蚀措施的要求。

② 酸储罐、储槽的周围宜设置围堤，腐蚀性储罐、储槽的周围设有厂房基础或设备基础时，基础的底面应低于储槽或地坑底面不小于500mm。

③ 输送强腐蚀介质的地下管道，应设置在管沟内；管沟与厂房或重要设备基础的水平净距离不宜小于1m。

16.5.6 典型氯碱总图范例

16.5.6.1 典型案例一

该典型案例代表了现代氯碱装置建设规模逐步大型化的趋势。

案例中的项目建设在海盐丰富的山东省某工业园区内，借助资源优势建设大规模生产装置，一次性建设规模60万吨/年离子膜烧碱装置，电解工序等分两条线设计，用地面积33hm^2。

总平面布置方案中，由于电解厂房（不含整流间）受防火、泄爆、电解槽依次性布置的限制，现阶段电解厂房的建筑面积须≤3000m^2，不得超限，因此单座电解厂房内烧碱规模被定格在30万～40万吨/年之间。在本案例的项目中，30万吨/年烧碱规模一条生产线的电解厂房（不含整流间）的建筑面积就达到了2490m^2。该项目电解工序分为两条线设计，每一条生产线的能力为30万吨/年烧碱。其他工段和工序，如：化盐及一次盐水精制、二次盐水精制及淡盐水脱氯、氢气处理及氯化氢合成、氯气处理及废氯气处理、原材料及成品罐区等储运设施和辅助生产装置、公用工程设施均设计为一条生产线，与60万吨/年烧碱规模配套设计。

整个装置区域，北侧为储运区，南侧为总降，中部为主生产装置区，按照工艺流程的顺序依次由北向南布置。储运区全部集中于厂区北侧，便于运输管理，同时避免了散料原盐对装置区内卫生环境的影响。将总降压配电所靠近整个装置的负荷中心电解工序，避免了电耗损失。

16.5.6.2 典型案例二

该案例的总图设计方案是目前现代氯碱项目建设的一般模式——与热电配套建设，同时是周边设施合理规划的代表。

由于氯碱装置的生产方法是以原盐作原料，电解饱和盐水制烧碱，联产氯气、氢气，用电量大，电价在很大程度上决定了一个氯碱企业的投资收益，所以配套热电建设成了现代氯碱发展的模式。该案例的建设项目位于山东省某工业园区内，根据当地主导风频等自然条件、上下游产业链、土地资源等情况，总图设计将厂前区布置于主导风频和次风频的侧方，即厂区西南角，避免了氯碱生产装置区的危险气体顺风吹入人员集中的厂前区，影响该区域的环境空气质量，对人体造成危害。热电装置布置于氯碱生产装置北侧，靠近了用电负荷最大的电解工序，降低了电耗损失。

16.5.6.3 典型案例三

该案例的建设项目是现代氯碱企业大型化、规模化、产业链化及“三废”综合治理型、综合利用型、清洁生产型、保护环境型、可持续发展循环经济型的代表。

该项目建设借助当地煤、卤水等自然资源蕴藏丰富的优势，形成了现代氯碱企业发展循环经济的产业链，配套建设了烧碱、聚氯乙烯、热电、水泥等装置，总占地面积 $185hm^2$。氯碱循环经济产业链主要循环链简图见图 16-6。

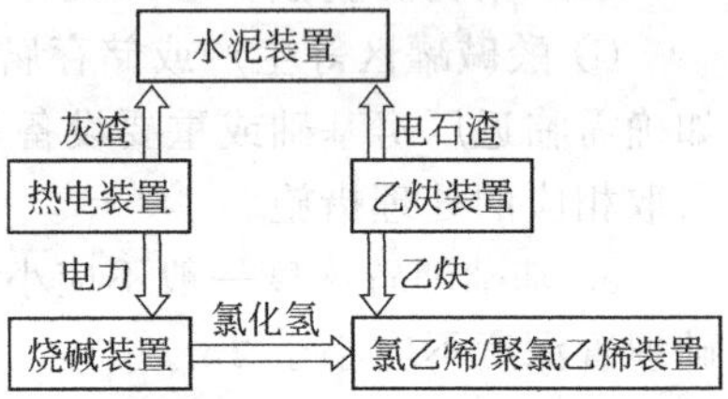

图 16-6 氯碱产业链图

该项目分两期实施，具体规模见表 16-17。

表 16-17 装置规模

序号	项目	总体规模	一期规模
1	烧碱	80 万吨/年	40 万吨/年
2	聚氯乙烯	100 万吨/年	50 万吨/年
3	热电	4×135MW	2×135MW
4	水泥	240 万吨/年	120 万吨/年
5	乙炔	100 万吨/年	50 万吨/年

在这个大型产业链项目中，选址、运输、风频等均需要慎重斟酌、仔细研究。

(1) 选址。经过分析、比较，厂址选在当地的工业园区内，距居民点大于 1km，符合国家的产业政策和相关规范防护距离的要求。

(2) 运输。该项目整体建设完成后，总的运输量达到 893 万吨/年（不含烧碱装置原料卤水通过管道的输送量），其中运出量 373 万吨/年，运入量 520 万吨/年。总图设计根据当地实际情况，采用了公路汽车运输和铁路火车运输相结合的方式：烧碱产品（含液碱）约 160 万吨/年，聚氯乙烯树脂约 100 万吨/年，燃煤约 150 万吨/年，共约 410 万吨/年运输量，主要考虑采用火车运输，其他原料及成品通过公路汽车运输。厂区共设 3 个物流出入口，以便分散运输量，保证了生产原料及时供给，产品及时运出。

(3) 风频。总图设计时，厂前区布置于主导风频和次风频的侧方，位于厂区东南角，避免了生产装置的危险气体顺风吹入人员集中的厂前区。乙炔装置布置于主导风频下风侧，尽量减少乙炔装置区内有害气体对整个园区的影响，同时靠近西侧的水泥装置，以利于电石渣便捷地输入水泥装置进行综合利用。在整个园区的北侧由西向东依次布置热电装置、氯碱装置、氯乙烯装置、聚氯乙烯装置；用电大户氯碱装置靠近热电，便于短距快捷输电；氯碱装置、氯乙烯装置、聚氯乙烯装置依次根据工艺流程顺序合理布置，减少管线迂回。同时，将需要通过铁路运输的物料区靠近北侧铁路，避免二次倒运，方便火车运输。

氯碱 PVC 联合企业总平面图见图 16-7。在图 16-7 方案中，布局主要考虑了运输通道和物流方向。

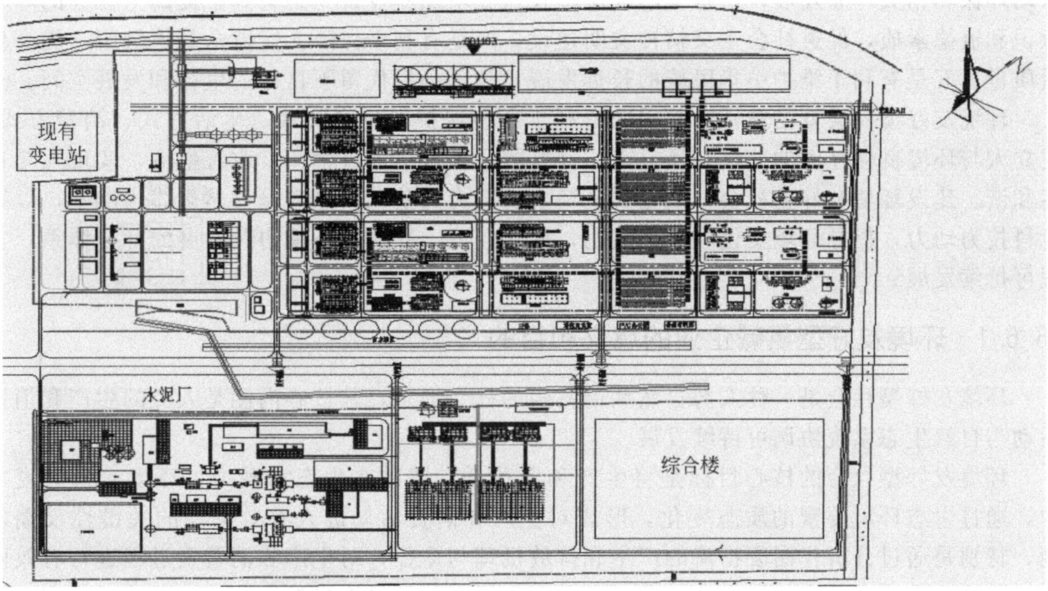

图 16-7 典型氯碱 PVC 热电水泥联合企业总平面图

16.6 环境友好和社会责任

在全球经济迅猛发展的今天，工业化、城镇化带给人类丰富物质文明的同时，也使人类面临众多资源、环境问题，而且对人类的生存发展构成越来越严峻的挑战。

中国在发展，中国在前进，中国作为一个发展中的国家，其经济实力和政治影响力在不断增强的同时，能源、资源和环境问题也成为关注的焦点。人类以其科学技术改造自然，推动社会进步，但同时人类在长期发展过程中，以牺牲环境和浪费资源为代价而给环境带来污染的不幸。森林急剧减少、土地严重侵蚀、物种及其栖息地迅速消失、能源紧张、淡水短缺、大气与海洋环境污染等现象表明，自然环境和资源面临着严重危机。

在这种大背景下，1992 年联合国里约环发大会通过《21 世纪议程》，正式提出了“环境友好（environmentally friendly）”的理念；2004 年日本政府发表的《环境保护白皮书》率先明确提出建立环境友好型社会。在我国，党的十六届五中全会正式提出“要建设资源节约型和环境友好型社会”，2005 年 12 月 3 日国务院颁布《国务院关于落实科学发展观加强环境保护的决定》，将正确处理环境保护与经济发展、社会进步的关系统一到建设环境友好型社会这一高度，并首次把建设资源节约型和环境友好型社会确定为国民经济与社会发展中长期规划的一项战略任务。建设资源节约型和环境友好型社会是我们全面落实科学发展观、建设社会主义和谐社会的必然选择。

环境友好型社会的概念是随着人类社会对环境问题的认识水平不断深化逐步形成的。经过 30 多年的实践和探索，国际社会普遍认识到解决环境问题必须实施可持续发展战略。国家明确提出要建设资源节约型、环境友好型社会，这是国家结合我国国情，借鉴国际先进发展理念，着力解决我国经济发展与资源环境矛盾的一项重大战略决策，对于全面落实科学发展观，不断提高资源环境保障能力，实现国民经济又快又好发展具有重要意义。

构建社会主义和谐社会，对于推动我国环境与发展事业的重大意义突出体现在“五个有利于”：一是有利于促进经济结构调整和增长方式转变，实现更快更好地发展；二是有利于带动环保和相关产业发展，培育新的经济增长点和增加就业；三是有利于提高全社会的环境意识和道德素质，促进社会主义精神文明建设；四是有利于保障人民群众身体健康，提高生活质量；五是有利于维护中华民族的长远发展，为子孙后代留下良好的生存和发展空间。

环境友好型社会就是全社会都采取有利于环境保护的生产方式、生活方式、消费方式，建立人与环境良性互动的关系。反过来，良好的环境也会促进生产、改善生活，实现人与自然和谐。建设环境友好型社会，就是要以环境承载力为基础，以遵循自然规律为准则，以绿色科技为动力，倡导环境文化和生态文明，构建经济、社会、环境协调发展的社会体系，实现可持续发展。

16.6.1 环境友好型氯碱企业的意义和目的

环境友好型社会是一种人与自然和谐共生的社会形态，其核心内涵是人类的生产和消费活动与自然生态系统协调可持续发展。

环境友好型社会的核心目标是将生产和消费活动限制在生态承载力、环境容量限度之内，通过生态环境要素的质态变化，形成对生产和消费活动进入有效调控的关键性反馈机制，特别是通过分析代谢废物流的产生和排放机理与途径，对生产和消费全过程进行有效监控，并采取多种措施降低污染产生量，实现污染无害化，最终降低社会经济系统对生态环境系统的不利影响。

环境友好型社会的构建已经成为中国现代社会发展的关键，而作为市场经济主体力量的氯碱企业，必然成为构建环境友好型社会的一支支撑力量，因而构建环境友好型氯碱企业的问题也就成为现代氯碱企业发展的努力方向，从历史的视角形成环境友好型氯碱企业的基本发展脉络，从而为中国现代氯碱企业如何构建环境友好新模式提供路径与参考。

环境友好型氯碱企业就是要将氯碱生产与生态相和谐、企业发展与资源环境相协调。

创建环境友好型氯碱企业是落实科学发展观、构建和谐社会的重要环节，是氯碱企业提高社会责任和环境责任，推动资源节约型、环境友好型和谐社会建设的有效途径，是体现以人为本理念、改善人居环境、建设美好家园的基础。通过创建环境友好型氯碱企业，树立一批发展模式先进、清洁生产进步、节能减排达标、环境整治优美、企业与周边环境协调相处的氯碱企业典范，促进氯碱行业开展清洁生产，深化氯碱工业污染防治，推动我国经济社会又快又好发展。

通过建设环境友好型氯碱企业，树立科技含量高、经济效益好、资源消耗低、环境污染少、环境与经济“双赢”的氯碱企业典范，对我国尽早实现工业文明生产，实现工业可持续发展具有深远的意义。

16.6.2 环境友好型氯碱企业的标准和原则

党的十六届三中全会上提出以“科学发展观”来指导我国环境友好型社会的构建，而构建环境友好型企业是对企业界落实科学发展观的要求，有着极为重要的现实意义。

1992 年发布的《21 世纪议程》正式提出了“环境友好”的理念。国外对“环境友好”的研究主要集中在社会的再循环、生态材料等领域；我国的研究主要集中在环境友好型社会这一领域。国内关于环境友好企业的研究以案例研究为主，尚未形成成熟的理论，环境友好型企业这一概念还没有形成权威的定义。

中华人民共和国生态环境部在创建“国家环境友好型企业”实施方案中，把考核集中到了环境指标、管理指标和产品指标三个大的综合性指标。以上述指标作为依据，本书作者把环境友好型企业的概念界定为：在生产经营活动中全过程保护环境，在追求企业经济效益的同时也追求环境效益的企业。

环境友好型氯碱企业的标准，也就是管理水平高，生产工艺先进，流程相对简单，能耗低，资源消耗少，水的复用率达90%以上，污染程度低，排出的废气、废水均能回收利用，排放达标，对环境几乎没有污染，盐泥完全能够综合利用，产品纯度高，装置占地面积小，生产稳定，安全性高，自动化程度高。

16.6.3 建设环境友好型氯碱企业的方法

建设资源节约型、环境友好型氯碱企业，必须要加强环境保护工作：突出节能减排工作，把企业节能减排工作作为企业环境友好工作的突破口和重要抓手；树立大环保观，形成全企业都来关心环保、参与环保的机制，形成环境保护合力；企业管理部门严格建设项目环境影响评价、“三同时”制度（同时设计、同时施工、同时投入使用）和环保准入制度，依法行政，严格执法。

建设环境友好型企业要突出重点，一是要抓好宣传教育工作，增强企业各级领导和广大职工的可持续发展意识，使各级领导深刻认识建设环境友好型企业的科技内涵和深远意义，认真研究环境友好企业特点，搞好本职工作。二是要推行清洁生产，使环境管理由末端治理向过程控制、由外部监督与企业内部管理相结合转变。三是要加强环境治理工作，引进新技术、新工艺，建立与环境友好思想相适应的污染治理途径。四是要健全立法体系，形成一系列配套的评价指标和评价技术方法，切实发挥环境监测的作用。

建设环境友好型企业需要强大的推动力。建设环境友好型企业是一项系统工程，涵盖所有产品，同时也是长期建设和持续改进的过程，需要强大的推动力。首先应加强领导，采取行之有效的管理方式。环境保护目标责任制就是一种具体落实地方政府和企业对环境质量负责的行政管理制度。企业为落实与地方政府签订的责任书而对环境目标进行分解。实行一把手总负责，层层落实责任制，认真对照国家标准、行业标准和先进企业标准制订工作规划、考核标准和责任追究机制，层层分解、量化、细化环保节能指标，真正做到量化到岗位、责任落实到个人。其次应加大科技投入，围绕环境友好型企业创建工作，大力发展相关高新技术，积极建立废物资源化、清洁生产等“绿色技术”体系。

创建资源节约型、环境友好型社会是一项长期的工程，不可能一蹴而就，需要坚定决心、增强信心、知难而进、扎实工作，建立健全创建资源节约型、环境友好型社会长效机制，夯实基础，不断地注入新的活力，提升和谐水平，使落实科学发展观、构建和谐社会成为一个动态的、不断完善的过程。

16.6.4 现代氯碱企业的社会责任

环境友好型氯碱企业意味着要在企业经济发展的各个环节遵从自然规律，节约自然资源，保护环境，以最小的环境投入达到企业经济的最大化发展，形成人类社会与自然不仅能和谐共处、可持续发展，而且形成经济与自然相互促进，建立人与环境良性互动的关系。

由于我国人口多、资源储量少、资源利用率低，建设环境友好型氯碱企业的重要措施之一就是节约资源、减少污染、保护环境。

氯碱企业的发展一定要惠及民众，践行企业“向人民负责，让子孙后代放心”的环保承诺。通过加大氯碱生产全过程的环保投入，彻底进行整治，使氯碱企业成为环保一流的企业。要切实落实科学发展观，坚持以提高企业核心竞争力为目标，走内涵发展与外延发展统筹兼顾的发展道路；坚持以建设绿色企业为目标，走资源节约型与环境友好型的可持续发展道路；坚持以构建和谐企业为目标，走以人为本的促进人的全面发展的道路是氯碱企业唯一的出路，同时也是氯碱企业不可推卸的社会责任。

参考文献

[1] GB 12348　工业企业厂界环境噪声排放标准.
[2] GB 18599　一般工业固体废物贮存、处置场污染控制标准.
[3] GB/T 50934　石油化工工程防渗技术规范.
[4] GB 15581　烧碱、聚氯乙烯工业污染物排放标准.
[5] GB Z 49　职业性噪声聋的诊断.
[6] GBZ 2.1　工作场所有害因素职业接触限值 第1部分：化学有害因素.
[7] GB/T 11651　个体防护装备选用规范.
[8] GBZ 1　工业企业设计卫生标准.
[9] GB 50493　石油化工可燃气体和有毒气体检测报警设计规范.
[10] GBZ20　职业性接触性皮炎诊断标准.
[11] GBZ51　职业性化学性皮肤灼伤诊断标准.
[12] GBZ54　职业性化学性眼灼伤的诊断.
[13] GB 18071.1　基础化学原料制造业卫生防护距离 第一部分：烧碱制造业.
[14] GB 12268　危险货物品名表.
[15] GB 50160　石油化工企业设计防火规范.

17 设备腐蚀与防护

17.1 概述

17.1.1 氯碱工业防腐蚀的重要意义

腐蚀是自然界一切物质、材料的天然属性，广泛影响着人类工业文明的进步，并产生巨大的反作用。腐蚀会导致物料泄漏、工厂停产，而产生很大的经济损失。一个30万吨/年产乙烯的装置，停产一天的经济损失就高达750万元。物料的泄漏还会造成环境污染和危害人身安全。腐蚀还会损耗大量的资源，同时也造成能源的浪费。因此，人类与腐蚀的斗争促进了工业文明的进步，促进了高新技术的发展。

氯碱工业是一个腐蚀严重的行业。生产中涉及众多强腐蚀性介质，如盐水、氯气、氢氧化钠、次氯酸钠、硫酸和盐酸等。因此需要不断发展新工艺、新技术、新设备，不断提高氯碱化工的技术水平、装备水平、控制水平。比如，大力推广具有国际先进水平的氯气干燥技术，将氯气中含水量降到10×10^{-6}以下，可以使氯气对于碳钢类材料的年腐蚀率降到可以忽略的程度，从而大幅度提高装置和下游用户设备、管道的使用寿命，提升装置的安全水平。由此可见，氯碱工业的防腐蚀在环境保护、安全生产和资源节省等方面，具有非常重要的意义。

17.1.2 氯碱工业防腐蚀的特点

氯碱工业的生产环境颇为复杂、苛刻，涉及的物料介质多具有强腐蚀性（酸、碱、盐都有），产生腐蚀的原因也很复杂（电化学腐蚀、氧化还原腐蚀等）。因此氯碱工业防腐蚀的工作有如下特点。

17.1.2.1 盐腐蚀（NaCl）

金属在氯化钠溶液中发生的腐蚀主要是阴极反应过程中氧的去极化作用，同时还发生氯离子对普通奥氏体不锈钢的应力腐蚀现象。再者，实际生产中盐水通常都含有微量的游离氯，也会加剧对金属的腐蚀。因此盐水对于碳钢和普通奥氏体不锈钢都有不同程度的腐蚀，实际生产中宜选用钢衬胶、钢衬PO、碳钢涂玻璃鳞片、CPVC、EPDM等材料，高温下宜选用钛材等。

17.1.2.2 碱腐蚀（NaOH）

大多数金属在碱溶液中的腐蚀是发生阴极过程的氧去极化反应，其对金属的腐蚀随浓度和温度变化而不同。金属和EPDM在低浓度和50%的碱液中具有良好的稳定性，镍和镍基合金在高浓度和高温碱液中仍然有良好的耐腐蚀性。实际生产中，碱液通常含有微量氯酸钠，高温状态下（如片碱生产）氯酸钠分解释放出氧，对镍和镍基合金造成腐蚀，影响材料的使用寿命。

17.1.2.3 氯气腐蚀（Cl_2）

氯与许多金属（铝、铁、铜等）都能够发生化学反应，生成金属氯化物，从而造成金属腐蚀，反应随着温度变化的升高而加剧。还有，当氯气中含有水的情况下，氯与水反应生成次氯酸，对金属有强烈的腐蚀作用。所以，氯对金属的腐蚀作用与含水量和温度有着密切的关系。在常温状态下，非常干燥的氯气（含水量≤10mg/kg）对碳钢的腐蚀几乎可以忽略不计，此时选用碳钢材料是非常合适的。对于含水的湿氯气，实际生产中宜选用钛、钢衬四氟、钢衬胶、FRP、CPVC等材料。钛材在氯气中的使用是个很特殊的情况，在湿氯气中钛具有非常好的耐腐蚀性能。但是在干燥氯气中，钛却能够与氯气发生剧烈的化学反应，甚至燃烧。因此在应用中需要特别加以区分。

17.1.2.4 次氯酸盐腐蚀（ClO^-）

次氯酸盐很不稳定，其释放出的新生态氧具有极强的氧化性，能够腐蚀绝大多数的金属，使其造成孔蚀和缝隙腐蚀。实际生产中，多选用非金属材料，如PVC、FRP、CPVC、PVDF、ECTFE、PFA等材料。

17.1.2.5 硫酸腐蚀（H_2SO_4）

硫酸经常被看作是非氧化性酸，其对金属和非金属材料的腐蚀随着酸的浓度和温度不同而有所不同。实际应用中，95%以上硫酸宜选用碳钢材料，常温下的稀硫酸（浓度95%以下）宜选用钢衬四氟、PVC、CPVC。

17.1.2.6 盐酸腐蚀（HCl）

盐酸是一种非氧化性酸，金属在盐酸中被离子化而溶解。另外盐酸生产中不可避免地会带有微量游离氯，加剧金属的腐蚀。因此实际生产中应选用石墨、PVC、CPVC、FRP、PVDF、钢衬四氟等材料。由于PP材料在游离氯的环境下，其寿命有限，因此实际生产中应尽量不选用PP材料。

17.1.2.7 杂散电流腐蚀

由于电解反应是通过大电流的直流电来实现的，所以发生电流的泄漏几乎不可避免。这些泄漏出来的杂散电流，对于金属构件的局部区域形成阳极电流，加速金属的阳极溶解，构成了最终的腐蚀因素。因此电解槽的结构设计（电流通路的设计）和绝缘设计就非常重要，同时也可以采取牺牲阳极的措施。

上述氯碱工业防腐蚀特点仅是其中一个方面。实际中，更应在工厂设计和生产技术管理等方面，综合应用现代腐蚀控制工程技术，尤其是从化工工艺流程、材料选择等方面采取有效的防腐蚀控制措施，避免材料的腐蚀以及由腐蚀所带来的危害。它所涉及的面较广，主要有下列内容：

(1) 合理的总图布置，先进的工艺流程，正确的选材和优化的设计；

(2) 精心施工和安装，正确的使用，定期维护和检查、修理设备和管道阀门；

(3) 加强防腐蚀专业力量，普及防腐蚀专业知识，推行全面腐蚀控制和健全科学管理；

(4) 严格遵守工艺规程，杜绝违章操作所发生的腐蚀；

(5) 开发和应用新工艺技术，比如，大幅度降低氯气中含水量的氯气干燥技术，大幅度减少设备数量的单效热泵蒸发技术等；

(6) 采用新的耐腐蚀材料，特别是使用衬里材料和非金属材料。

总之，化工防腐蚀的概念应包括两个方面的含义：选用耐腐蚀的材料和防护措施；严格遵守工艺规程等规章制度。

17.1.3 腐蚀的定义、本质和分类

17.1.3.1 腐蚀的定义

材料在其周围环境介质的作用下引起的破坏或变质现象称为腐蚀。

这里的材料是指金属和非金属的统称。通常，引起金属和非金属材料的腐蚀，周围环境的作用方式有着明显的区别。金属材料与周围环境的作用主要表现在化学和电化学作用。非金属材料与周围环境的作用主要表现在化学和物理作用。

17.1.3.2 腐蚀的本质

人类所使用的材料都是按照一定规律有序排列的元素或分子，根据熵增原理，自然界的一切物质都遵循从有序到无序（即自然状态）的发展变化过程。所以材料的腐蚀是一个自发进行的自然过程，几乎暴露在自然界中的所有材料都会随着时间的消逝而变质。这时，金属材料被腐蚀为金属的化合物，恢复到它的自然存在状态（矿石），而其重要的金属性质，如强度、弹性、延展性等都已消失了；非金属材料也会由此而发生化学、物理的老化而损坏。

腐蚀也可以用化学热力学理论来解释。任何化学反应进行中如果释放能量，即自由能降低，这种反应就能够自发地进行。研究证明，除了金和铂以外，所有金属的腐蚀反应都伴随着自由能的降低。大多数金属通常是以矿石的形式而存在于自然界中。例如铁在自然界中多为赤铁矿，其主要成分为三氧化二铁，而铁的腐蚀产物（铁锈）的主要成分也是三氧化二铁。可见铁的腐蚀过程就是元素态铁放出能量，恢复到自然矿石状态的自发反应过程。在腐蚀环境中，金属由元素状态变为矿物状态或离子状态的同时需要放出能量。能量的差异是产生金属腐蚀反应的推动力，放出能量的过程便是腐蚀过程。伴随腐蚀过程的进行，将导致腐蚀体系自由能的减少，所以大多数金属在大气环境中都会自发地腐蚀。

从能量的观点看，金属腐蚀的倾向可从矿石冶炼金属时所消耗能量的大小来判断。冶炼时消耗能量大的金属较易被腐蚀，如锌、镁、铝、铁等冶炼的耗能较多，其腐蚀倾向较大；黄金在自然界中是以单质金的形式存在，因而不易腐蚀。但是值得提出，金属腐蚀倾向的大小和腐蚀速率的快慢是两个不同的概念。在一般的情况下，金属的腐蚀是一种表面反应，实际上有很多因素会降低或停止这种反应，如铝、铬在大气中的腐蚀倾向比铁大得多，可是铁的腐蚀速率反而较快，这是由于腐蚀一开始铝、铬的表面就生成一层很薄的致密保护膜，导致反应几乎完全停止，但铁的表面腐蚀产物呈多孔状，疏松易脱落，腐蚀仍能继续进行。这样铁的腐蚀速率反而比铝、铬的快。

所以，金属腐蚀的基本原因是热力学的不稳定性，固体金属有变成矿物状态或离子状态的自发反应倾向。而绝大多数非金属材料是非电导体，就是少数导电的非金属（如碳、石墨）在溶液中也不会离子化，所以非金属的腐蚀一般不是电化学腐蚀，而是纯粹的化学或物理作用，这是和金属腐蚀的主要区别。金属的物理腐蚀（如物质转移）只在极少数环境中发生，而非金属的腐蚀许多是由物理作用引起的。金属腐蚀主要是表面现象，内部腐蚀较少见，而非金属内部腐蚀则是常见的现象。

17.1.3.3 金属腐蚀的分类

由于腐蚀的多样性和复杂性，人类从不同的角度建立了不同的腐蚀分类方法。最常见的金属腐蚀及其控制的分类方法如下。

（1）按金属的腐蚀环境分类

① 干腐蚀。干腐蚀是指环境中没有液相介质或介质在露点以上时发生的腐蚀。其最典型的腐蚀形式为失泽，即金属在干燥气体中的氧化腐蚀。

② 湿腐蚀。湿腐蚀是指在潮湿环境和含水介质中的腐蚀。绝大部分常温腐蚀属于这一种，其腐蚀机理为电化学腐蚀。氯碱生产中的腐蚀均属于湿腐蚀。

③ 无水有机液体和气体中的腐蚀，其属于化学腐蚀。最典型的腐蚀形式为卤代烃中的腐蚀、醇中的腐蚀，如 Al 在 CCl_4 和 $CHCl_3$ 中的腐蚀，Al 在乙醇中的腐蚀。

④ 熔盐和熔渣中的腐蚀，属于电化学腐蚀。

⑤ 熔融金属中的腐蚀，属于物理腐蚀。

(2) 按金属的腐蚀机理分类

① 化学腐蚀。化学腐蚀是指金属与腐蚀介质直接发生反应，在反应过程中没有电流产生。这类腐蚀过程是一种氧化还原的纯化学反应，带有价电子的金属原子直接与反应物（如氧）的分子相互作用。因此金属转变为离子状态和介质中的氧化剂组分的还原是在同时、同一位置发生的。其最重要的腐蚀形式是气体腐蚀。化学腐蚀的腐蚀产物在金属表面形成表面膜，表面膜的性质决定了化学腐蚀速率。实际中，单纯的化学腐蚀是很少见的，更为常见的是电化学腐蚀。

② 电化学腐蚀。电化学腐蚀是指金属与电解质溶液（大多数为水溶液）发生了电化学反应而产生的腐蚀。其特点是在腐蚀过程中，同时存在两个相对独立的反应过程——阳极反应和阴极反应，在反应过程中伴有电流产生。金属在酸、碱、盐中的腐蚀就是电化学腐蚀。电化学腐蚀是最常见的腐蚀形式，绝大多数介质中的金属腐蚀通常具有电化学性质。

③ 物理腐蚀。物理腐蚀是指金属由于单纯的物理溶解作用而引起的破坏。这种腐蚀是由于物理溶解作用形成合金或液态金属渗入晶界造成的，如固态金属在高温熔盐、熔融碱中的腐蚀。

④ 生物腐蚀。生物腐蚀是指金属表面在某些微生物的影响下所发生的腐蚀。这类腐蚀很难单独进行，但它能为化学腐蚀、电化学腐蚀创造必要的条件，促进金属的腐蚀。

(3) 按金属的腐蚀形态分类

① 全面腐蚀或均匀腐蚀。其特点是暴露于腐蚀环境中的金属的整个表面以大体相同的腐蚀速率进行腐蚀。腐蚀程度可用单位面积的失重或平均腐蚀深度表示。

② 局部腐蚀。其破坏形态较多，对金属结构的危害性也比全面腐蚀大得多，主要有电偶腐蚀、孔蚀（点蚀）、缝隙腐蚀、晶间腐蚀、选择性腐蚀。

③ 应力作用下的局部腐蚀。其包括应力腐蚀断裂、氢脆和氢致开裂、腐蚀疲劳、磨损腐蚀等。

由于应力腐蚀和氢脆的突发性，其危害最大，常常造成灾难性事故，在实际生产和应用中必须引起足够的重视。

(4) 按金属的防护方法分类

从防腐蚀的角度出发，依采取措施的性质和限制进行分类：

① 改善金属材料，通过改变材料的成分或组织结构，研制耐蚀合金；

② 改变腐蚀介质，通过加入缓蚀剂，改变介质的 pH 值等；

③ 改变金属与介质体系的电极电势，如电化学保护等；

④ 表面涂层保护，如在不耐蚀材料设备表面涂、镀、渗、衬耐腐蚀材料。

17.1.3.4 非金属腐蚀的分类

由于非金属本身耐蚀性较强，腐蚀机理也简单得多，金属中常见的许多腐蚀形态在非金属材料中几乎不存在，所以物理腐蚀是非金属材料最重要的失效过程。

(1) 溶胀和溶解腐蚀。水和某些有机溶剂分子通过渗透扩散作用渗入材料内部，与高分子材料中的大分子发生溶剂化作用，从而破坏大分子间的次价键，致使高分子材料发生溶胀、软化或溶解腐蚀。

(2) 腐蚀降解。腐蚀降解是指聚合物的分子链被分裂成小分子的腐蚀过程。其最典型的腐蚀降解类型为热降解、氧化降解、机械降解、化学降解。

(3) 老化。聚合物或其制品在使用或储存过程中，由于环境（化学介质、热、光、辐射、强氧化剂等）的作用，其性能（如强度、弹性、硬度等）逐渐劣化的现象。其最典型的类型为光氧老化、热氧老化。

（4）环境应力开裂。环境应力开裂是指聚合物在多轴应力或成型加工残余应力与某些特定介质的共同作用下，因时间效应在材料表面形成的表层、表面裂纹直至脆性断裂的腐蚀破坏现象。

（5）渗透腐蚀。渗透腐蚀是指环境介质通过非金属涂装层中固有的分子级空穴、填料与树脂间界面及涂装层成型缺陷渗透扩散，引起的涂装层腐蚀破坏。非金属材料溶胀和溶解腐蚀也是由介质的渗透引发的。

（6）选择性腐蚀。选择性腐蚀是指在腐蚀环境作用下，非金属材料中的一种或数种组分有选择性溶出或变质破坏，使材料解体。

（7）蠕变。蠕变是指高分子材料在长时间恒温、恒拉伸应力作用下，在应力低于材料的屈服强度的条件下产生塑性变形的现象。

（8）疲劳腐蚀。疲劳腐蚀是指高分子材料在低频交变应力和环境温度、腐蚀介质共同作用下所引起的腐蚀破坏、强度和使用寿命降低的现象。疲劳腐蚀与蠕变的共同点在于两者都是应力、腐蚀介质、温度的共同作用，区别在于疲劳腐蚀所受的应力是交变的，而蠕变所受的应力是稳定的应力。因此疲劳腐蚀比蠕变腐蚀更具有危险性。

（9）差热腐蚀开裂。是指高分子材料在腐蚀介质综合温度差、热应力共同作用下所引起的腐蚀破坏。

（10）取代基反应。其是指高分子侧基官能团受活性介质作用，发生氧化、硝化、氯化、磺化等取代反应而导致的材料耐蚀性能下降的现象。

总之，由于材料、结构、环境的不同组合而有多种多样的腐蚀形态。防止材料的腐蚀，必须运用现代腐蚀控制工程理论进行全面的考虑，亦即从腐蚀的对象来考虑合适选材、构造设计、制造工艺以及有效的防腐蚀措施等，同时还应从腐蚀的环境来考虑介质组成、工艺温度、操作压力和流速等，必须尽最大的可能采取全面控制腐蚀的方法来达到防腐蚀的目的。

17.2 氯碱腐蚀理论

17.2.1 食盐水溶液对金属的腐蚀

17.2.1.1 腐蚀电池工作历程

金属在电解质溶液中的自动溶解属于电化学机理。它是金属发生电化学腐蚀的基本原因。当两种不同的金属互相接触，并浸入同一种电解质溶液时可形成腐蚀电池；当一种金属浸在电解质溶液时，由于种种原因导致金属表面的物理或化学的不均一性，也能构成腐蚀电池；若同一金属材料因变形程度、温度的不同，或因介质浓度的不同等原因，也可形成腐蚀电池。这些构成金属腐蚀电池的一个共同特点是不能对外界做有用功的短路原电池，只能导致金属材料的破坏。

金属在食盐水溶液中的腐蚀是腐蚀电池的电极反应的结果。作为一个腐蚀电池，它必须具备阴极、阳极、电解质溶液和电路四个不可缺一的条件。腐蚀电池的工作历程主要由下列三个相互独立而紧密联系的基本过程所组成。

（1）阳极过程。金属（M）溶解，变成金属离子（M^{n+}）进入溶液中，并把当量的电子（ne）留在金属上：

$$[M^{n+1}\cdot n\mathrm{e}]=M^{n+1}+n\mathrm{e} \quad (17\text{-}1)$$

（2）阴极过程。从阳极流过来的电子被电解质溶液中能够吸收电子的物质（D）所接受：

$$ne + D \xlongequal{} [D \cdot ne] \tag{17-2}$$

在阴极附近的溶液中能与电子结合的物质是很多的，大多数情况下是溶液中的 H^+ 和 O_2。它们与电子结合后分别生成 H_2 和 OH^-。

(3) 电流的流动。由于阳极过程和阴极过程是互不依赖的相对独立的过程，并且阳极过程在起初电极电位较负的表面区域易于进行。因此，阴、阳极过程将主要是局部进行。电流的流动在金属中是依靠电子从阳极流向阴极；而在溶液中是依靠离子的迁移，即阳离子从阳极区向阴极区移动以及阴离子从阴极区向阳极区的移动来实现的。这样就使得整个电池系统中的电路构成通路。

按照上述电化学反应的历程，金属的腐蚀将集中出现在阳极区，而在阴极区并不发生金属的损坏，它只起到传递电子的作用。

腐蚀原电池工作时包含上述三个基本过程，只要其中一个过程受到阻碍，则其他两个过程也将受到阻碍而不能进行。整个腐蚀电池的工作势必停止，金属的电化学腐蚀过程也就停止了。

17.2.1.2 金属腐蚀的热力学概念

金属腐蚀的根本原因是金属的热力学不稳定性。在自然界中，金属腐蚀所产生的矿物（氧化状态）是最稳定的存在形态。从热力学的观点来研究金属腐蚀的可能性，通常是根据热力学数据的计算所得到的一个腐蚀体系的电位-pH 关系图予以判断的。

电位-pH 图在腐蚀学科领域中应用很广，它已成为分析、研究金属的电化学腐蚀过程的重要工具。金属的电化学腐蚀绝大部分是金属同水溶液接触时发生的腐蚀过程，水溶液中的带电荷的粒子，除了其他离子外，总是有 H^+ 和 OH^- 这两种离子，而这两种离子的活度（a）之间存在一定的关系：$aH^+aOH^- = K$，在室温时 $K \approx 10^{-14}$。当知道其中一种离子的活度后也就可得知另一种离子的活度。如果一个电极反应中有 H^+ 或 OH^- 参加，那么，这个电极反应平衡电位就与该溶液的 pH 值有直接的关系。

电位-pH 图是以金属/电解质体系的氧化一还原电位作纵坐标，以溶液的 pH 值作横坐标，就所研究体系的各种电化学反应或化学反应的平衡数据而作出来的线图。由于大多数金属在水溶液中都有不同程度的离子化倾向，所以这里所说的“免蚀区”并不是绝对的不腐蚀。这里规定一个金属“腐蚀”的临界条件，即溶液中金属离子或金属的络合离子的平衡活度为 10^{-6}mol（离子）/L。若大于此数值就认为此处的固相是“不稳定”的，当小于此活度值则固相是“稳定”的。对于一个给定的金属/电解质体系，知道金属的电极电位和溶液的 pH 值，就可以在图中找到相应的“状态点”。应用热力学数据来评定金属腐蚀的可能性，主要是在否定方面。当金属处于电位-pH 图的“免蚀区”时，热力学数据能够毫不含糊地指出该金属将不会发生腐蚀，这是一个肯定的回答；但金属处在“腐蚀区”时，热力学数据指出金属可能被腐蚀；若金属处于“钝化区”时，热力学数据则指出金属可能不腐蚀。实际上，金属腐蚀与否还取决于具体的环境因素。

17.2.1.3 水线腐蚀

在中性饱和盐水的碳钢储罐中，常会发生水线腐蚀，腐蚀最严重的部位正好在盐水与空气接触的弯曲形液面的管壁下方，故又称弯月面腐蚀。在弯月形液面中只有很薄的一层盐水，由于接触空气而较容易地被溶解氧所饱和，即使氧被消耗后也能及时得到补充，故氧的浓度较高而形成富氧区。但在弯月形液面较深部位的盐水，由于受氧的扩散速度的影响，氧不容易达到较高浓度也不易补给，这里氧的浓度较低而形成贫氧区。因此，在盐水储罐内的弯月形液面和较深部位便构成了氧的浓差电池。弯月形液面的部位成为阴极区，其反应产物为OH^-，在弯月形液面的下方深部成为阳极区，其腐蚀产物为Fe^{2+}，铁锈则在这两个区域之间形成。

在贫氧区的金属发生的局部腐蚀，是局部腐蚀过程的自催化效应的缘故。当金属表面与溶液开始接触时，就遵循着阳极溶解动力学的规律进行了电极反应，它能引起金属表面接触的溶液层的组分发生变化，这种溶液组分的变化又会促使金属表面的阳极溶解动力学行为相应的变化，逐步具备了局部腐蚀的条件。结果，金属局部表面的阳极溶解速度远远大于其余的表面。随着腐蚀过程的继续进行，不同部位的金属表面区域的阳极溶解速度的差异不但不减小，甚至不断增大。局部腐蚀过程的自催化效应主要是金属表面不同区域的阳极电流密度和阴极电流密度的不平衡而引起的。

17.2.1.4 金属在盐水中腐蚀的影响因素

(1) 金属的不均匀性。金属杂质、非金属杂质、合金的组织成分、偏析等冶金因素在金属加工和热处理时产生的应力、金属表面吸附了异种物质或生成氧化膜以及金属存在温度差异等因素，均能形成腐蚀电池而导致金属的腐蚀。表17-1列出了几种金属在食盐水溶液中的腐蚀电位测定值。碳钢中的珠光体或组织中的铁素体和渗碳体，由于腐蚀电位存在差异，会在两相间发生腐蚀电池的作用；对于Fe-Cr固溶体合金，如果各部分Cr含量不均（如表17-1所示），腐蚀电位也存在差异，构成腐蚀电池。

表17-1 金属在食盐水溶液①中的腐蚀电位②

金属	电位/V	金属	电位/V
Fe	−0.63	Ni	−0.07
Fe-5%Cr固溶体	−0.50	Cu	−0.02
Fe-12%Cr固溶体	−0.27	Al	−0.85
18Cr-8Ni钢	−0.15	Al合金52S(2.5%Mg、0.25%Cr)	−0.85

① 溶液：1mol/L (5.85%) NaCl+0.3%H_2O_2。
② 参比电极：0.1 mol/L甘汞电极。

(2) 介质的不均匀性。表17-2和表17-3分别列出了食盐水溶液因温度差、浓度差而发生腐蚀电池作用的实测数据。其中，金属与高温溶液或浓溶液接触的部位成为阳极而被腐蚀。

表17-2 金属在食盐水溶液中因温度差引起的电位差

金属	介质条件	电位/V
18Cr-8Ni钢	①高温溶液:10% NaCl,76℃; ②低温溶液:10% NaCl,76℃	0.12
Cu		0.03
Al		0.03

表17-3 金属在食盐水溶液中因浓度差引起的电位差

金属	介质条件		电位/V
	1	2	
Fe	10% NaCl	10% NaCl	0.02
Cu			0.09
Al			0.05

续表

金属	介质条件		电位/V
	1	2	
Fe	20×10^{-6} NaCl	100×10^{-6} NaCl	0.06
Cu			0.05
Al			0.07

食盐水溶液中的溶解氧会使金属氧化。与金属接触的溶液，当各部分溶解氧量存在差异时，也会成为产生腐蚀电池的原因。表 17-4 和表 17-5 列出了食盐水溶液中氧浓度因素引起的电位差实例。在中性溶液中，铁的表面由于被溶解氧所氧化，生成氧化物或氧氧化物的膜而具有正电位，它和含氧浓度小的溶液接触时在铁表面形成腐蚀电池作用。

表 17-4 金属在食盐水溶液中因通气差异引起的电位差

金属	介质条件	电位/V	通气的食盐水中金属的极性
Fe	10% NaCl，室温，其中一方的溶液吹入空气约1300mL/min	0.04	阴极
Cu		0.04	阳极
Zn		0.01	阴极
Al		0.15	阴极

表 17-5 金属在食盐水溶液中因搅拌引起的电位差

金属	介质条件	电位/V	搅拌溶液中金属的极性
Fe	10% NaCl，将一方的溶液搅拌：1000r/min	0.08 0.07	阴极
Cu		0.15 0.11	阳极
Al		0.30 0.38	阴极

但是，当溶液流动时由于溶解氧向金属表面的补给增加，也具有通气差异的效果。对于铜来说，由于氧化作用而使铜离子化，在与氧浓度较高的溶液接触的部位，铜成为阳极而被溶解。

总之，金属在食盐水溶液中的腐蚀行为，主要是阴极反应过程氧的去极化作用，其反应如式（17-3）所示：

$$1/2O_2 + H_2O + 2e = 2OH^- \quad (17\text{-}3)$$

氧去极化过程经历下列步骤：

① 通过气液界面进入溶液；

② 氧分子向阴极表面扩散；

③ 氧分子的离子化。

通常氧的扩散是较迟缓的过程，在这时阴极极化作用主要是氧的浓度极化。因此，在静止、缺氧的食盐水溶液中，由于阴极极化显著而腐蚀轻微；但在流动、搅拌的食盐水溶液中，由于氧的补给容易，则腐蚀速度增大。温度升高一般会使腐蚀反应加快，但由于在较高温度下氧的溶解度却降低，所以也相应减缓腐蚀作用。

大多数金属对食盐水溶液都有良好的化学稳定性。容易钝化的金属，如不锈钢在氯离子的作用下可能产生孔蚀。氯离子还会引起普通不锈钢设备的应力腐蚀破裂的现象。

钛是一种密度小、比强度高，具有优异耐腐蚀性能的金属，特别是在食盐水溶液中钛的耐腐蚀性能尤为显著。钛和其他金属在食盐水溶液中的耐腐蚀性能见表 17-6～表 17-8。

表 17-6 其他金属在食盐水溶液中的腐蚀速率

项目	温度/℃	腐蚀速率/(mm/a)
18Cr-8Ni 钢	沸腾温度	0.00025
Cu	110℃	0.0025
Al	沸腾温度	0.0065

表 17-7 钛和不锈钢在饱和盐水中的腐蚀速率

金属	温度/℃	腐蚀速率/(mm/a)
钛	35	0
	60	0
	100	0.0066
不锈钢	35	0.037
	60	0.0787
	100	0.173

钛在食盐水溶液中发生缝隙腐蚀。据报道，一般认为在温度不超过 130℃、pH>8 时，工业纯钛具有优越的耐缝隙腐蚀性能；而当食盐水溶液的温度超过 130℃、pH<8 时，钛存在缝隙腐蚀现象。

表 17-8 钛在氯化物溶液中现场腐蚀试验结果

介质		试验部位	温度/℃	时间/d	腐蚀速率/(mm/a)
NaCl/%	杂质				
21	Cl_2 0.1%	盐水罐	70	30	0.000
21.8	$NaOCl_2$ 0.1% NaOCl 0.4%	水银电解槽排液精馏器	68	120	0.000
25.5	N_2OCl_2 0.64% NaOCl 0.06%	水银电解槽精制盐水入口处	55	120	0.000
35		盐水供给器	80	30	0.000

17.2.2 杂散电流的腐蚀

在电解槽工作时，由于通入大的直流电流进行食盐水溶液的电解反应制取氯、氢和烧碱，往往会出现电流的泄漏，使金属构件的局部区域受到很大电流密度的阳极极化，很快发生电蚀现象，这是杂散电流引起的阳极溶解的缘故。在正常情况下，电流按照设计的要求在指定的导体内流动。若由于某些原因，一部分电流离开了指定的导体而在原来不应有电流的导体内流动，这部分电流就叫作杂散电流。当杂散电流在金属构件的某一表面区域离开金属（电子导体相）而进入介质（离子导体相）时，对于金属构件的这一表面区域来说是阳极电流，加速金属的阳极溶解，造成由杂散电流引起的腐蚀破坏。

一般来说，杂散电流的形成主要有下列两种情况：

（1）由于金属构件本身某些部位导电不良，使得全部的或一部分的电流从装接部位的一侧离开金属进入介质，而在装接部位的另一侧从介质流入金属。

（2）电流本来应当在介质中流动，由于介质具有一定的电阻率，在电流流过介质时，介质中形成具有一定大小场强的电场。如果有一个金属构件处在这个电场中，那就会使得一部分电流在金属构件的某个表面区域进入金属，而在金属构件的另一表面区域从金属流向介质，引起这个部位腐蚀加速。

由直流杂散电流引起的金属腐蚀的特点是破坏区域比较集中，破坏的速度比较快。

在氯碱电解过程中，上述两种杂散电流的成因是同时存在的。在电解系统中，电解槽总系列与整流器构成了直流电路。在这个直流电路中，任何一点通过盐水、碱液、管道或金属构件而与地面相接触，当两者存在电位差时都有可能漏电。这不仅可发生在盐水的进口处、碱液的出口处、氯或氢的出口处，也可发生在电解槽的支脚、铜排支柱等部位。当漏电时，在直流电路中杂散电流的流向可由漏电部位的对地电位确定。在直流供电系统中，直流母线的来路为正电位区，其回路为负电位区，中间则是零电位点。在正电位区的杂散电流是经过设备、管件等导入大地的，出现的腐蚀部位往往是在物料的出口或接近地面处。如盐水支管的根部焊接处的腐蚀在负电位区的杂散电流是由大地经过设备、管件等进入电路系统的，因此，发生的腐蚀部位多数是在物料的入口而靠近电路的地方；如盐水支管的顶部腐蚀、电解浓管线上漏斗溢碱处的支管界面和焊接处的腐蚀。实际上，处于正电位区的设备及管道的腐蚀程度一般是比负电位区的较轻。

金属在电解质中进行电化学腐蚀时，由于金属在电场的作用下向一定方向移动的荷电粒子是电子，而电解质在电场的作用下向一定方向移动的荷电粒子是离子。当有电荷在金属和电解质之间进行转移时，在这两种导体的界面上，即在接触电解质的金属表面上发生着电极反应。电流从电解质流向金属时发生阴极反应，而电流从金属流入电解质时进行阳极反应。在水溶液中金属表面发生的阳极反应主要有三种情况：

（1）金属氧化成为离子或络合离子而进入溶液；

（2）金属被氧化成为难溶的氧化物或其他化合物；

（3）溶液中的物质被氧化，如 Cl^- 氧化成 Cl_2。

通常在杂散电流离开金属构件的表面区域进入溶液所发生的反应是第一类的阳极反应，这就是金属被氧化成为离子或络合离子而进入溶液的阳极溶解过程。金属溶解的速度正比于阳极表面上杂散电流密度的大小，所以，金属能以很高的速度被腐蚀。初步计算表明：如果1A 的电流参与阳极反应时，经过 1 年就有相当于约 9kg 的铁发生了电化学腐蚀而被溶解。常用的几种金属在杂散电流作用下发生阳极溶解的计算数据见表 17-9。

表 17-9 在杂散电流作用下金属的腐蚀率

金属	失重/[kg/(A·a)]	腐蚀率(对于 1A/m^2)/(mm/a)
Fe	9.1	1.2
Cu	20.7	2.3
Al	3.0	1.1

续表

金属	失重/[kg/(A·a)]	腐蚀率(对于 $1A/m^2$)/(mm/a)
Pb	33.8	3.0
Zn	10.7	1.5
Mg	4.0	2.3

表 17-10 材料在高温干氯中连续使用最高温度

材料	最高使用温度/℃
铂	260
金	150
镍	540
镍铬合金 600	540
镍钼合金 B	540
镍钼铬合金 C	540
碳钢	200
蒙乃尔合金	430
银	65
铸铁	180
18-8 不锈钢	310
18-8-Mo 不锈钢	340
铜	200

17.2.3 氯、次氯酸盐对金属的腐蚀

17.2.3.1 氯

氯的化学性质非常活泼，常温干燥的氯对大多数金属的腐蚀都很轻，但当温度升高时腐蚀加剧。由于干燥的氯与铝、铁、钽、铜等金属所生成的金属氯化物具有很高的蒸气压或者较易熔化，因此，这些金属在一定的温度下与氯作用时是很稳定的，但只要金属表面上的温度超过一定的范围时就会迅速发生放热反应，温度骤增并强烈地腐蚀金属，如铝达 160℃、碳钢达 285℃、铸铁达 240℃时均遭到氯的剧烈腐蚀。然而镍、高铬镍不锈钢、哈氏合金等的金属氯化物具有较小的蒸气压，当这些金属与氯在较高的温度下反应时放出的热量很少，腐蚀速率与温度的变化关系较小，因而这些金属能耐高温干燥氯的腐蚀。表 17-10 列出了几种材料在干燥的氯中连续使用时的最高推荐温度。钛在干燥的氯中发生剧烈的化学反应，生成四氯化钛，再分解为二氯化钛，甚至发生腐蚀燃烧。

在许多情况下，温度较高时水蒸气能阻止氯对碳钢、不锈钢、铝等的腐蚀，这是在这些金属表面上生成了氧化物保护膜的缘故。这些保护膜的蒸气压小，熔点和沸点较高，它与金属相比要在较高的温度下才能被氯化。当水蒸气的含量降低时，氯对上述的金属腐蚀作用增强，同时金属在氯中发热的初始温度也下降，但是因潮湿的氯具有强烈的氧化作用，所以金属在约 150℃的湿氯中会呈现出不同的化学稳定性。一般容易钝化的铝、不锈钢和镍等的腐

蚀并不显著，钽是完全稳定的，碳钢和铸铁则被严重腐蚀。在温度不超过 120℃时，有冷凝的缘故，水分能加强氯对大多数金属的腐蚀作用。在常温时氯中的水分与碳钢的腐蚀速率关系如表 17-11 所示。

表 17-11 氯中水分与碳钢的腐蚀率关系

氯中水分含量/%	碳钢的腐蚀率/(mm/a)
0.00567	0.0107
0.01670	0.0457
0.02060	0.0510
0.02830	0.0610
0.08700	0.1140
0.14400	0.1500
0.33000	0.3800

氯对金属的腐蚀作用与含水量和温度因素有着密切的关系，许多金属材料在氯中含水量不同的条件下大致允许使用的温度极限如表 17-12 所示。在湿氯中的温度下限时，金属受到电化学的腐蚀反应；超过温度上限时，金属则受到腐蚀率大于 1mm/a 的气体腐蚀。钛在湿氯中是非常耐蚀的。由于钛的钝化需要水分，而抑止钛在氯中腐蚀所需的水分含量是随温度、气体运动和压力而变化。99.5%的纯氯，静态、室温时约需 0.93%的水，如果氯是流动的，则所需的水量稍低些。这是需要生成次氯酸（强氧化剂）来维持钛表面上钝化的氧化膜的缘故。

表 17-12 金属材料在不同含水量的氯中允许使用的温度极限 单位：℃

金属材料	氯中含水量/%				
	0.0007(干氯)	0.04	0.4	4	36
铝及其合金	100	—	120～150	150～450	160～450
铜	100	—	—	不稳定	不稳定
镍	550	20～550	50～550	100～500	150～500
H70M27Ø	500	20～500	—	100～500	150～500
XH78T	550	20～550	50～550	100～500	150～500
X15H55M16B	500	20～500	50～500	100～500	150～500
X18H10T、X17H13M2T	300	80～300	120～400	170～350	170～550

氯在压缩条件下，金属材料的腐蚀率如表 17-13 所示。

表 17-13 金属材料在氯压缩条件下的腐蚀率

金属材料	氯中含水量/(g/m³)	温度/℃	压力/kPa	试验延续时间/h	腐蚀率/(mm/a)
镍	2.1	80	354.6	528	0.016
碳钢	0.6	40～50	97.25	672	0.100
	2.1	80	354.6	523	0.390
XH78T	0.6	40～50	97.25	6? 2	0.007
	2.1	80	354.6	520	0.009

续表

金属材料	氯中含水量/(g/m^3)	温度/℃	压力/kPa	试验延续时间/h	腐蚀率/(mm/a)
X18H10T	0.6	40～50	97.25	072	0.630
	2.1	80	354.6	528	0.250
X17H13M2T	0.6	40～50	97.25	672	0.057
	2.1	80	354.6	528	0.035

氯是强腐蚀性介质，尤其在含有水分时，由于氯与水反应生成了腐蚀性很强的盐酸和具有强氧化性的次氯酸：

$$Cl_2 + H_2O \longrightarrow HCl + HClO \tag{17-4}$$

许多金属材料，如碳钢、铝、铜、镍、不锈钢等均可被腐蚀。湿氯对碳钢的腐蚀过程有如下的反应：

在 9.5℃以下时： $$Cl_2 + 8H_2O \longrightarrow Cl_2 \cdot 8H_2O \tag{17-5}$$

水解反应： $$Cl_2 + H_2O \longrightarrow HCl + HClO \tag{17-6}$$

盐酸与铁作用： $$Fe + 2HCl \longrightarrow FeCl_2 + H_2\uparrow \tag{17-7}$$

氯对铁的反复作用： $$2FeCl_2 + Cl_2 \longrightarrow 2FeCl_3 \tag{17-8}$$

$$2FeCl_3 + Fe \longrightarrow 3FeCl_2 \tag{17-9}$$

特殊条件反应： $$H_2 + Cl_2 \longrightarrow 2HCl \tag{17-10}$$

$$2H_2 + O_2 \longrightarrow 2H_2O \tag{17-11}$$

当湿氯中除去水分时则反应（17-6）便停止。但只要氯中存在三氯化铁和少量的水分，碳钢的腐蚀将继续进行。反应（17-7）中由于放出氢，可以引起如式（17-10）、式（17-11）的特殊条件的反应现象。

当氯中含水量小于 150×10^{-6}时，普通的结构材料才被认为无腐蚀，如碳钢在干氯中的腐蚀率仅有 0.04mm/a 以下。因此，除去湿氯中的水分是一项很重要的防腐蚀措施。

17.2.3.2 次氯酸盐

次氯酸盐对材料的腐蚀与湿氯相似，在湿氯中化学稳定的材料一般来说也稳定于次氯酸盐。

次氯酸是一种弱酸，具有强氧化性和漂白性，它极不稳定，遇光可分解成盐酸和氧。次氯酸盐类如次氯酸钠和次氯酸钙等，在中性或弱酸性时是不稳定的，其腐蚀性非常强，特别是在高温处于不稳定状态时更甚。因此，通常将这些盐类的溶液加入过量的碱，这些碱能改善次氯酸盐离子的腐蚀性。表 17-14～表 17-16 分别列出了次氯酸和次氯酸钙对金属腐蚀率的数据。

表 17-14 金属在次氯酸中的腐蚀率

金属	腐蚀率/(mm/a)	备注
钛	<0.00254	在 17%HClO 并含有游离氯及氧化氯的溶液中，温度 10℃、203 天试验后测得
锆	0.0508①	
哈氏合金 C	0.2286	
镍、钼、铬耐蚀合金 3	1.0160	

① 垫片下有严重腐蚀。

表 17-15 次氯酸钙对金属的腐蚀性

金属	腐蚀率/(mm/a)	孔蚀情况	备注
钛	0	无	在 18% ～ 20% $Ca(OCl)_2$溶液中室温、经 204 天试验
锆	0.0254①	无	
哈氏合金 C	＜0.00254	无	
镍、钼、铬耐蚀合金 3	0.0254	无	
316 型不锈钢	0.254①	严重的	

① 垫片下有严重腐蚀。

从这些数据中可以看出溶液的 pH 值对金属腐蚀率的影响是十分明显的。尤其在表 17-16中得到说明，在室温、稀的次氯酸盐溶液中，大多数金属的腐蚀率是较低的。但在温度升高时，由于次氯酸盐离子的强腐蚀性，许多金属均会遭到腐蚀，往往还将引起孔蚀，在这些条件下更易发生缝隙腐蚀。在次氯酸盐溶液的作用下，钛是最佳的耐蚀金属材料。虽然钛在热的湿氯环境下会出现缝隙腐蚀，但是钛在次氯酸盐溶液中却没有缝隙腐蚀的敏感性。

表 17-16 在次氯酸钠溶液中金属的腐蚀性

金属	在 1.5%～4% NaCl、12%～15% NaCl、1% NaOH		在间断生产次氯酸钠中，加 18%～20% NaOH	
	腐蚀率/(mm/a)	孔蚀情况	腐蚀率/(mm/a)	孔蚀情况
钛	0.00254	无	＜0.00254	
铅	0.10160	严重的	＜0.00254	无
哈氏合金 C	1.16820	严重的	0.00254	无
杜里科尔不锈钢	0.17780	严重的	0.02032	无
耐蚀硅铸铁	0.30480	严重的		无

17.2.4 酸的腐蚀

金属在酸中的腐蚀规律较为复杂，不同性质的酸具有不同的腐蚀形态，这是根据酸的性质属于氧化性还是非氧化性为转移的。在氧化性酸中，金属腐蚀的阴极过程是氧化剂的还原，即酸本身的阴离子的还原过程；而在非氧化性酸中，金属腐蚀的阴极过程主要是氢的去极化所控制的。因此，识别酸品种的氧化性质是按照给定的条件，如酸的浓度、该金属的腐蚀电位温度等综合因素区分的。碳钢在酸中腐蚀过程的特点见表 17-17。

表 17-17 碳钢在酸中腐蚀过程的特点

序号	主要因素的特点	非氧化性酸	氧化性酸
1	酸浓度增大	腐蚀速率与酸浓度成正比	腐蚀的初期上升，后因钝化而下降
2	阴极过程的性质	氢去极化	氧化剂去极化
3	通氧量增加	腐蚀过程加速，主要是氧去极化的影响	对腐蚀过程无变化
4	增加活性离子浓度	影响不大	从钝态转向活态而有强烈的影响
5	金属中阴极性杂物增加	腐蚀速率随阴极性杂物的面积的增加而骤大	影响微弱

17.2.4.1 盐酸

盐酸是一种典型的非氧化性酸。随着盐酸浓度的增加，碳钢的腐蚀速率按指数关系增大，这主要是由于氢离子浓度的增加，氢的平衡电位向正的方向移动，在超电压不变时，因腐蚀的动力增加，所以腐蚀就加剧。金属在盐酸中腐蚀的阳极过程是金属的离子化而溶解，如铁在稀盐酸中进行反应生成氯化亚铁，而在浓盐酸中则生成三氯化铁。由于三氯化铁溶于水，所以铁在整个盐酸浓度的范围内完全处于阳级溶解的过程；其阴极过程是氢离子的还原，即析氢反应。

析氢反应有赖于氢能否放出，它取决于阴极表面析氢的过电位及溶液的 pH 值。析氢类型腐蚀作用的速率与阴极上氨的过电位有着密切的关系。析氢过程在电极表面上可分成三个步骤进行：

（1）氢离子放电而成为吸附在金属表面上的氢原子；

（2）由两个吸附在金属表面上的氢原子进行化学反应而形成一个氢分子，或者由一个氢离子同一个吸附在金属表面上的氢原子进行电化学反应而形成一个氢分子；

（3）氢分子逸离电极表面。

其中如有一个步骤的迟缓，就会引起整个反应的减慢，因而形成阴极表面的过电位。氢的过电位越大，腐蚀电流就越小，腐蚀过程的进行就越慢。氢的过电位随着温度的升高而减小。一般来说，温度升高一摄氏度，过电位约减小 2mV。化学反应速率也随温度升高而加快，所以，温度升高，氢去极化的腐蚀加剧。

在正常的情况下，处在金属电负性顺序中比氢更负的金属都能从非氧化性酸中释放出氢。金属中所含阴极性杂质的氢过电位越小，则在盐酸中的腐蚀越为严重。碳钢和铸铁中的碳是以 Fe_3C（渗碳体）和石墨的形式存在的，从腐蚀的角度来看，石墨的电位值较正，铁的电位值较负，而碳化物则介于两者之间，因 Fe_3C（渗碳体）和石墨的氢过电位都很低，所以，铁碳合金在盐酸中的腐蚀均是严重的。另外，金属表面越粗糙，电流密度越小，其过电位也相应地减小，从而使得氢去极化的腐蚀更为容易进行。

17.2.4.2 硫酸

硫酸经常被看作是非氧化性酸，但当其浓度较高时，它也像氧化性酸那样对铁发生作用。铁在硫酸中的腐蚀速率与酸的浓度之间存在一定的规律。可以看到，起初随着硫酸浓度的增加，铁的腐蚀速率相应地加快，大约在 47%～50%（质量分数）的硫酸浓度时，铁的腐蚀速率达到了最大值。而后，随着酸的浓度的增高，腐蚀速率便会下降。在 70%～100% 的硫酸中铁的腐蚀速率极低。随着单水体（100% H_2SO_4）中过剩的三氧化硫含量的增加，铁的腐蚀速率又重新增大。相应于过剩的三氧化硫含量约为 18%～20%时，则会出现腐蚀速率的第二个最大值，但当三氧化硫含量再增加时，铁的腐蚀速率则再次下降。铁在硫酸中这种特有的腐蚀现象，可以理解为，在 50%硫酸浓度时铁的腐蚀速率的极大值应该相应于硫酸活度的极大值，亦即相应于 pH 的极小值。但实际上活性氢离子的最高浓度，却是相应于较上述略低的硫酸浓度［约为 30%（质量分数）H_2SO_4］。这种差异可以认为，接近于铁表面的硫酸由于腐蚀过程中被消耗了，因而使酸的浓度有所降低。铁在 70%～100% H_2SO_4中的腐蚀速率减小，这是浓硫酸的氧化作用以及生成钝化膜的缘故。在含有游离 SO_3的硫酸中的第二个腐蚀极大值和此后出现第二次腐蚀速率降低的现象，可以解释为铁表面保护性氧化膜的破坏和此后形成的硫酸盐或硫化物等保护膜所致。

17.2.5 烧碱的腐蚀

17.2.5.1 金属及合金的腐蚀速率

大多数金属在碱溶液中的腐蚀是发生阴极过程的氧去极化反应。常温时，碳钢和铸铁在碱中是十分稳定的。从铁的腐蚀速率与溶液pH值的关系可知，当pH值很低时，由于氢的阴极放电和析出的效率增加了，同时腐蚀产物也变得可溶了，因而腐蚀加剧。但当pH值在4～9之间时，由于处在氧的扩散所控制的阴极过程氧去极化腐蚀，而氧的溶解度及其扩散速度与pH值关系并不大，所以这时铁的腐蚀速率与pH值无关。当pH值在9～14时，铁的腐蚀速率大为降低，这主要是由于腐蚀产物在碱中的溶解度很小，并能牢固地覆盖在金属的表面，从而阻滞着阳极的溶解，也影响了氧的去极化作用。当碱的pH值高于14时，铁将重新引起腐蚀，这是氢氧化铁膜转变为可溶性的铁酸钠（$NaFeO_2$）所致。氢氧化钠浓度大于30%时，铁表面的氧化膜的保护性能随着碱浓度的升高而降低，当温度升高并超过80℃时，普通钢铁就会发生明显腐蚀。表17-18～表17-21中，分别给出了金属在不同的碱浓度和温度中的腐蚀数据。

表17-18 金属在5%～14% NaOH中的腐蚀率

金属	腐蚀率/(mm/a)		
	NaOH 5%～10%，21℃，124天	电解液为10% NaOH+ 15% NaCl，82℃，207天	多效蒸发器中的工效条件
钛	0.001	无	—
锆	0.005(轻微孔蚀)	0.0018	—
镍	0.005	0.00008	0.0005
蒙乃尔合金	0.0076	无	0.0013
因康镣合金	0.0013	无	0.00076
碳钢	0.161(轻微孔蚀)	0.0153(垫片下有缝隙腐蚀)	0.2083
镍基合金Ⅰ型	—	—	0.0740
铸铁	—	—	0.2083

表17-19 金属在30%～50% NaOH中的腐蚀率

金属	腐蚀率/(mm/a)	备注
镍	0.0025	在单效蒸发器中的30%～50%碱液，平均温度为82℃，经16天试验
蒙乃尔合金	0.005	
铜镍锌	0.0127	
(70-20-5)合金	0.0584	
铜	0.0939	
碳钢	0.1778	
铸铁	0.8382	

表 17-20 金属在 50% NaOH 中的腐蚀率

金属	腐蚀率/(mm/a)			
	1	2	3	4
	38℃,162 天	57℃,135 天	55～75℃,30 天	149℃实验室试验
钛	0.00025	0.0127	—	—
锆	0.00228	0.00203	—	—
镍	0.00023	0.0005	0.0005	0.0127
蒙乃尔合金	0.0005	0.0005	0.0007	0.0127
因康镍合金	0.0002	0.0005	0.0005	—
碳钢	0.0178	0.1270	0.2032	—
铜镍(70-30)合金	—	—	0.0013	—
18-8 不锈钢	—	—	0.0025	1.1938
镍基合金Ⅰ型	—	—	0.0508	—
铸铁	—	—	0.2667	—

表 17-21 金属在高温浓碱液中的腐蚀率

金属	腐蚀率/(mm/a)			
	隔膜法烧碱		水银法烧碱	
	NaOH 50%,35～88℃,6 个月	NaOH 73%,99～135℃,6 个月	NaOH 50%,38～82℃,6 个月	NaOH 73%,113℃,6 个月
镍-290	<0.00254	<0.00508	<0.00254	0.00762
因康镍合金-600	<0.00254	0.00503	<0.00254	0.00508
蒙乃尔合金-460	<0.00254	0.01010	0.00254	0.01270
因科莱合金-400	<0.00254	0.04064	<0.00254	0.00762
镍基合金Ⅲ型	0.00635	0.09398	0.00254	0.03048
316 型不锈钢	0.01661	0.23622	0.00254	0.2540
304 型不锈钢	0.00508	0.40132	0.01905	0.3810
铸铁	0.10676	1.05918	0.08382	2.0828

从上述表中数据可以看出，金属在低浓度烧碱至 50%碱液中均表现有良好的化学稳定性。镍及高镍铬合金、蒙乃尔合金和含镍铸铁等甚至在 135℃、73%碱液中仍是耐蚀的。

17.2.5.2 碳钢的应力腐蚀开裂

如果碳钢在承受较大的应力时，它在碱液中还会发生腐蚀破裂现象，即所谓应力腐蚀开裂。经过冷加工的碳钢设备，在金属的内部存在较大的残余应力，在高温浓碱中使用时会出现破裂，如水银法制碱的解汞塔腐蚀开裂。在固碱生产中，直接用火加热铸铁锅，把 42%碱液熬制成 97%以上的固碱，锅的外壁温度可达 1100～1200℃，而内壁温度约为 480℃，这样的条件下会产生热应力，而有时发生锅壁腐蚀开裂的事故。在碱液中发生金属的应力腐蚀破裂也称碱脆。实际上，对于 50%的碱液，碳钢的应力腐蚀破裂约在 50℃以上时就会发生。碱的浓度越稀、温度越低，碳钢发生应力腐蚀破裂的可能性就越小。

应力腐蚀破裂是金属在腐蚀介质中和热处理及冷加工等过程中，所产生的固定应力的共同作用下造成的破坏。应力的来源一般是残余应力与工程载荷应力的叠加。关于应力腐蚀破裂的机理现已提出了许多假说。这些机理只能解释应力腐蚀破裂的某些现象，尚有许多问题未取得统一的认识。目前有两种说法：①阳极溶解发生在裂纹的尖端，这是由于应变使尖端的钝化膜破裂；②特性物质吸附在变形的金属键上，并与之反应，使结合强度下降。还有一种看法是将裂缝的发生和发展区分为三个阶段：①金属表面钝化膜形成；②膜的局部破裂，产生裂缝源；③裂缝的发展。①与②阶段的腐蚀作用均在闭塞的微区内进行，而在③阶段中由于金属内部存在一条狭窄的活性通路，在拉应力作用下活性通路的膜反复破裂，从而腐蚀沿着与拉应力垂直的通路进行。这时，在裂缝的尖端产生了氢，一部分氢可能扩散到尖端金属的内部而引起脆化，在拉应力作用下会发生脆性断裂，因而金属的裂缝在腐蚀和脆断的反复作用下迅速发展。根据三阶段理论，化学介质在应力腐蚀中起着：①促进全面钝化；②破坏局部钝化；③阴离子进入缝内促进腐蚀或放氢等三方面的作用。

一个有意义现象是一定的金属只有在一定的介质中才产生应力腐蚀破裂。常用的耐碱金属差不多均具有产生应力腐蚀破裂的特性。常用的碳钢、18-8不锈钢、铬镍钼钢、镍、镍铬铁（因康镍）合金等材料均在一定条件的烧碱中产生应力腐蚀破裂。由图可知，碳钢几乎在5%（NaOH）以上的全部浓度范围内都可能产生碱脆，而以30%（NaOH）附近浓度为最危险；碱脆的最低温度为50℃，以沸点附近的高温区最易产生。奥氏体铬镍不锈钢（18-8型）在0.1%（NaOH）以上的浓度时，均能发生碱脆，尤以约40%（NaOH）为最危险的浓度；这时最易发生碱脆的最低温度为115℃左右。当奥氏体铬镍不锈锅中加入2%钼时，便可使这种不锈钢的碱脆界限缩小，并向高浓度的区域移动。镍和镍基合金具有较高的耐应力腐蚀破裂的性能，它的碱脆范围变得狭窄，而且位于高温浓碱的区域内。

17.2.5.3 耐碱蚀材料

（1）高纯高铬铁素体钢。近年来发展的高纯高铬铁素体不锈钢，具有优异的耐蚀性和机械性能。在碱介质中常用26Cr-1Mo和30Cr-2Mo等高纯高铬铁素体不锈钢。

26Cr-1Mo不锈钢又称E-Brite 26-1不锈钢，它对各种氧化性和还原性介质具有卓越的耐蚀性能。26Cr-1Mo不锈钢在烧碱溶液和烧碱-氯化钠溶液中的腐蚀性数据见表17-22。从表中可知，26Cr-1Mo合金除在75% NaOH、高温下腐蚀较严重外，它对烧碱及含盐碱液的耐腐蚀性能是非常优异的。

表17-22 26Cr-1Mo高纯铁素体不锈钢在烧碱溶液和烧碱-氯化钠溶液中的腐蚀率

介质条件	温度/℃	时间/d	腐蚀率/(mm/a)
水中含 500×10^{-6} NaOH	82	7	<0.00254
25% NaOH	20	7	<0.00254
	50	7	<0.00254
	66	28	<0.00254
	100	7	<0.00254
	106	7	<0.00254
45% NaOH	66	7	<0.00254
50% NaOH	82	—	无

续表

介质条件	温度/℃	时间/d	腐蚀率/(mm/a)
70% NaOH	100	7	<0.00254
75% NaOH	207	7	3.048
25% NaOH+0.1% NaCl	沸点温度	7	<0.00254

表 17-23 是 26Cr-1Mo 合金和镍等材料在含有 43% NaOH、7% NaCl、0.15% $NaClO_3$、0.08% Na_2CO_3、0.04% Na_2SO_3 等的溶液中，温度为 142～185℃的Ⅰ效蒸发器中的现场试验数据。从中可以看出，26Cr-1Mo 不锈钢在Ⅰ效蒸发器的生产条件下，它的耐蚀性能可与镍材相媲美。

高纯 30Cr-2Mo 铁素体不锈钢（SHoMAc）是仅含 0.003% C、0.007% N、0.01% Cu、0.04% Mn 的高铬铝铁素体钢，具有高的耐腐蚀性能。在碱液中镍的腐蚀率随着 $NaClO_3$ 的增加而加大，但 30Ct-2 Mo 则几乎无变化。隔膜法碱液中 $NaClO_3$ 含量约为0.05%～0.1%，对镍有腐蚀作用，而 30Cr-2Mo 铁素体不锈钢无论有无 $NaClO_3$ 都具有良好的耐蚀性。

表 17-23　金属在现场Ⅰ效蒸发器碱液中的腐蚀率

序号	试验条件			腐蚀率/(mm/a)			
	介质温度/℃	流速/(m/s)	试验时间/h	镍-200	26Cr-1Mo	因康镍合金-600	镍铬钼合金28(31.6%)
1	142	4.6	72	0.23	0.10	0.18	0.15
2	185	4.6	72	3.10	0.38	3.96	8.61
3	185	0	168	0.38	0.41	0.81	3.18

26Cr 钢由于含 Cr 量较低，所以当 $NaClO_3$ 含量在 0.2%以下时其腐蚀率增大，这是由于 $NaClO_3$ 所引起的氧化作用并不充分，不能有效地抑制腐蚀。30Cr-2 Mo 钢在室温时的力学性能很好，特点是屈服强度较高、冲击韧性也较好，所以它适于作高浓度碱液的浓缩设备的材料。

(2) 镍及其合金。镍及其合金是传统的耐碱材料，在 10%～99% NaOH 的浓缩过程中都可选用镍材。镍及其合金在溶碱中的腐蚀率见表 17-24。在制碱过程中，影响镍材使用寿命的因素是烧碱的浓度、温度、杂质组成，特别是其中的 $NaClO_3$ 和 NaClO 的含量。近年来，由于高纯高铬铁素体不锈钢的发展，在碱液蒸发浓缩设备的选材方面，大有取代传统镍材的趋向。

表 17-24　镍及其合金在溶碱中的腐蚀率

材料	腐蚀率/[mg/(dm^2·d)]			
	400℃	500℃	580℃	900℃
镍-200	5.7	8.2	15.6	235
纯镍(99.9%)	14	50	—	146
哈氏合金 C	—	650	184	—
哈氏合金 D	3.6	12	54	1000
蒙乃尔合金-400	10.8	31	108	—

(3) 铸铁。目前，熬制固体烧碱仍沿用铸铁锅。铸铁及一些金属对熔碱的耐蚀性能见

表17-25。实际上，烧碱的熬碱锅要在高温浓碱和应力协同作用下工作，使用寿命一般不长。

表17-25 金属在熔碱过程中的腐蚀率

金属	腐蚀率/(mm/a)	
	在实验室将75% NaOH熬成无水固碱，482℃	在现场装置中将73% NaOH熬成固碱，538℃
银	0.1346	
锆	—	2.7940
因康镍合金	—	49.0220
耐蚀镍合金3型	3.3020	—
耐蚀镍合金2型	3.8100	
蒙乃尔合金	6.6040	9.6520
镍	1.3208～1.8288	6.604
铸铁	3.3020	5.334
碳钢	—	12.70

铸铁锅使用到相当次数后，大多产生局部腐蚀，最后形成腐蚀破裂而报废。从破损的铸铁锅切取金相试片的横断面观察，腐蚀多由封闭交叉的石墨处开始，并沿石墨周围和晶界处向前发展。一般的局部腐蚀都是从金相组织较疏松处，由晶界或石墨和夹杂物周围开始，腐蚀破裂也是由这些地方开始生成小裂纹，并沿石墨夹杂物一直扩展到深处。这种腐蚀主要由于锅被直接火加热，遭受不均匀的周期性加热和冷却，致使铸铁锅产生很大的应力，这种应力与碱溶液共同作用产生苛性脆化，最后发生腐蚀破裂。对于熬碱锅，铸件以珠光体为基体的灰铸铁及球墨铸铁时，当其颗粒组织细致并具有细片状均匀分布的不连续的石墨体时，则耐蚀性能优良。同时，在制造铸铁锅对应特别注意严格控制铸造质量，尽量避免夹渣、砂眼、缩孔等铸造缺陷，以延长使用寿命。

17.3 主要材料的腐蚀形态和防腐

17.3.1 钛的缝隙腐蚀

金属表面上由于异物或结构上的原因而形成缝隙，使缝隙内溶液中与腐蚀有关的物质迁移困难所引起的缝隙内金属的腐蚀，统称为缝隙腐蚀。几乎所有的金属都能产生缝隙腐蚀。但是，以依赖钝化而耐腐蚀的金属（如不锈钢），最容易发生缝隙腐蚀。对于腐蚀性的介质，含氯离子的溶液通常是缝隙腐蚀最敏感的介质。上述两个因素，正是钛在氯碱工业中应用的不利的敏感因素。

钛的缝隙腐蚀与温度、氯化物浓度、pH值以及缝隙的尺寸有关。当温度超过121℃时，钛在极其狭窄的缝隙内，尤其是非金属垫片处，可能发生腐蚀；但当温度超过149℃时，钛在较宽的缝隙中，如换热器的换热管与管板的间隙中也会发生腐蚀。当金属表面有质地较硬的氯化物沉积时，沉淀物下的氯化物有效浓度将与该处管壁温度下的氯化物溶解度相当，而且由于积垢的隔热作用，温度可大大上升，因此积垢下也是发生缝隙腐蚀的有利场处。温度和氯化物浓度越高，则钛的缝隙腐蚀倾向越大。温度在120℃以下，钛在任何浓度的氯化钠溶液中都不会发生缝隙腐蚀。

钛的缝隙腐蚀敏感性还与间隙大小有关，狭窄的间隙发生缝隙腐蚀的可能性要比宽间隙大。当钛和非金属材料接触时，缝隙腐蚀倾向比钛/钛型间隙要大得多。实际上设备中常见的缝隙腐蚀也是多半发生在与非金属垫片接触的法兰密封面上。垫片材料对钛的缝隙腐蚀影响见表17-26。

表17-26 垫片材料对钛的缝隙腐蚀影响

试样	温度/℃			条件
	100	80	70	
Ti/Ti	○○○●	○○○○	○○○○	脱气 pH＝6，NaCl 6%（质量分数），720h
Ti/氯丁橡胶/Ti	○○●●	○○○○	○○○○	
Ti/石棉/Ti	○○●●	○○○●	○○○○	
Ti/PTFE/Ti	○○●●	○○●●	○○○○	
Ti/二甲基丙烯酸酯/Ti	●●●●	○●●●	○○●●	

注：○未发生；●发生。

在高浓度氯化物溶液中，钛的缝隙腐蚀行为可以解释为：水分不足，不能使间隙中的钛保持钝态。钛氧化膜对氯离子具有高度的稳定性，但在空气中，氧化膜存在着缺陷。在间隙中，与水的接触受到阻碍。此外，氯离子对金属表面上的水具有盐析和俘获效应，因此处于间隙中的钛表面不会生成氧化膜。在间隙中水一旦被消耗后，就不能重新得到补充，因而氯离子就会聚集在氧化膜的缺陷部位生成容易溶解的氧氯化物。这些化合物氧化后，TiO_2和Ti_2O_3就作为腐蚀产物聚集起来，而且又会重新生成H^+和Cl^-，使腐蚀速率越来越大，pH值越来越低，反应转入活性溶解过程。

17.3.2 提高钛耐腐蚀能力的主要方法

为了防止缝隙腐蚀，首先是设备结构的合理设计，尽量避免缝隙、积垢的存在，或防止腐蚀介质进入缝隙。对于焊缝的处理，采用连续焊和双面对焊，避免采用搭焊和点焊。焊接部位尽量放在不积液部位。垫片与介质接触部分注意与设备的金属部分切齐，避免垫片部分下面有缝隙，产生大蚀孔。

其次合理选材也可以有效避免缝隙腐蚀的发生。缝隙处可以采用耐缝隙腐蚀性能较好的Ti-2Ni、Ti-0.2Pd、Ti-0.8Ni-0.3Mo合金。管板改为钛与碳钢的复合钢板。法兰密封面采用Ti-0.2Pd合金。

此外，还可采用表面处理、镀层缝隙中塞以特种填充物等多种方法。表面处理一般为阳极化处理或其他类似的处理，使钛材表面形成牢固的氧化膜。镀钯亦可用于密封元件。镀层缝隙中塞以特种填充物的方法中所用的填充物应该是不吸水的物质。

在工程应用中，最常用的方法是在缝隙处采用耐缝隙腐蚀性能较好的Ti-2Ni、Ti-0.2Pd、Ti-0.8Ni-0.3Mo合金。

17.3.3 奥氏体不锈钢的应力腐蚀

金属及其合金在腐蚀与应力的同时作用下产生的破坏，称为应力腐蚀破裂。这种腐蚀只发生于一些特定的“材料-环境”体系。“奥氏体不锈钢-Cl^-”及“奥氏体不锈钢-苛性碱”

就是比较典型的应力腐蚀体系。在离子膜烧碱生产系统中主要是 NaOH 和 Cl^-。

应力腐蚀这种体系必须是在有拉应力的情况下才发生应力腐蚀。引起应力腐蚀的拉应力主要包括：加工残余应力、焊接残余应力、装配残余应力、服役时的热应力和服役时的工作应力。其中加工残余应力、焊接残余应力和服役时的热应力所引起的应力腐蚀破坏的事件数量，占到了所有应力腐蚀破坏事件数量的 95%。

应力腐蚀的过程是：与介质接触的金属表面生成钝化膜或保护膜，钝化膜或保护膜局部破裂形成蚀孔或裂膜源，蚀孔或裂膜源发展形成裂缝，裂缝向纵深发展导致金属破裂。由于应力腐蚀裂纹产生、扩展，一直发展达到和超过临界裂纹长度，需要有一个过程，因此应力腐蚀有延迟破坏的特点。上述就是三阶段理论。装有能产生应力腐蚀介质的压力容器，承受到一定拉应力作用时，并不马上发生应力腐蚀断裂，而是在经过一段时间以后，往往在没有预兆的情况下发生突然的断裂。该过程有时是几小时、几个月，有时甚至是几年。

根据三阶段理论，化学介质在应力腐蚀中的作用显然可以分为三种：①促进全面钝化；②破坏局部钝化；③进入缝隙内（主要是阴离子）促进腐蚀或放氢。

以奥氏体不锈钢-氯离子体系为例，溶液中氧的作用是促进全面钝化，氯离子破坏局部钝化，同时进入裂缝尖端，构成盐酸，使腐蚀加速。

裂纹形态有两种：一种是沿晶界发展，称为晶间破裂；另一种是穿过晶粒，称为穿晶破裂；也有混合型，如主缝为晶间型，支缝为穿晶型。应力腐蚀沿晶界的腐蚀比沿晶粒的腐蚀快得多。因此，浓度在 40%（质量分数）以上、温度在 120℃以上时，NaOH 溶液选用低碳含量的不锈钢。其原理在于：含碳量小于 0.03%时，由于碳的含量低于碳在奥氏体中的溶解度，所以不会有铬的碳化物（$Cr_{23}C_6$）在晶界析出。一旦发生应力腐蚀，裂纹扩展速率不会受碳化物的影响而加快。

数据表明：NaOH 浓度在 40%（质量分数）以上、温度在 120℃以上时，奥氏体不锈钢不会发生晶间腐蚀，但这一区域却是奥氏体不锈钢应力腐蚀发生的敏感区域。浓度越大，温度越高，奥氏体不锈钢产生的应力腐蚀破坏敏感性就越大。而对于含氯离子溶液，当氯离子含量达到 0.01～0.1mol/L 时，就会出现应力腐蚀。

17.3.3.1 阻止应力腐蚀的通用方法

（1）设计过程中改进设备结构，尽可能地减少几何突变，使应力分布均匀，减少应力集中程度；必要时，应该使得边、角、缝、孔等危险部位处于低应力或压应力区。

（2）设计过程中的选材方面，采用低碳不锈钢也是一种重要的阻止应力腐蚀的方法。在氯碱行业中可供选择的材料有 304L（00Cr19Ni11）、316L（00Cr17Ni14Mo2）及 SUS310ELC；其中用得比较多的是 316L(即使是使用了 316L，也要注意介质温度和浓度的影响)。

（3）设备加工过程中用消除应力热处理的方法，消除或减少由于焊接、冷作、冲压加工产生的内应力及残余应力，使得残余应力小于临界应力腐蚀破坏强度的应力值。

（4）设备运行过程中，维持较低的载荷应力，采用电化学保护、刷涂料或缓蚀剂等方法。

以上是降低应力腐蚀倾向的一般方法。

17.3.3.2 对于含氯离子溶液可以考虑应用的方法

（1）改善介质。降低溶液中的氯离子含量和氧气含量，或在溶液中加入磷酸盐和铬酸盐等无机缓蚀剂，这些缓蚀剂可以在稀的氯离子溶液中提高 pH 值，起到缓解腐蚀作用。

（2）避免温度的不必要升高。室温下不能产生奥氏体不锈钢氯脆，在 60℃以上，奥氏体不锈钢才能出现氯脆。因此在没有必要的情况下不要使溶液温度过高。

(3) 材料选择:

① 采用高镍的奥氏体不锈钢;

② 在奥氏体不锈钢或复项不锈钢中加入硅;

③ 采用复项不锈钢。

17.3.3.3 对于 NaOH 溶液，防止奥氏体不锈钢应力腐蚀的方法

(1) 采用高镍的奥氏体不锈钢。

(2) 控制水质，降低溶液中的氯离子含量。加入磷酸盐时，磷酸根对于碱脆有很大的抑制作用。

17.3.4 非金属的腐蚀

在氯碱生产工艺中，为了保护离子膜、防止腐蚀、保持物料的高纯度，使用了很多非金属材料，如橡胶和各种塑料。

非金属材料是非导电体，在溶液中也不会离子化，所以非金属的腐蚀一般不是电化学腐蚀，而是纯粹的化学或物理作用，这是和金属腐蚀的主要区别。非金属的内部腐蚀是常见现象。

17.3.4.1 非金属材料的腐蚀形态

当非金属表面和介质接触后，溶液(或气体)会逐渐扩散到材料内部，表面和内部都可能产生一系列变化，如聚合物分子起了变化，可引起非金属材料物理机械性能改变(又如强度降低、软化或硬化等)。橡胶或塑料受溶剂作用可能全部或部分溶解或溶胀，液体进入内部后，可能引起溶胀或增重，表面可能起泡、变粗糙、变色或失去透明，内部也可能变色，这在金属中是少见的。如图 17-1 显示出当聚合物和溶剂接触后形成的复杂多层结构，在凝胶层和固体溶胀层通常含有多量溶剂，更有少量溶剂渗入聚合物内，形成浸润层，使聚合物的物理性能改变。有时固体溶胀层由于内应力作用，可产生破裂。高分子有机物受化学介质作用可能分解，受热作用也可能产生热分解，在日光照射(紫外线)和辐射作用下，逐渐变质、老化。非金属材料通常由几种物质组成，例如塑料中除主要成分合成树脂外，还有填料、增塑剂、硬化剂等，这些物质的耐腐蚀性并不完全相同，在腐蚀环境中有时一种或几种成分有选择性地溶出或变质破坏，整个材料也就被破坏了，这是非金属的选择性腐蚀。

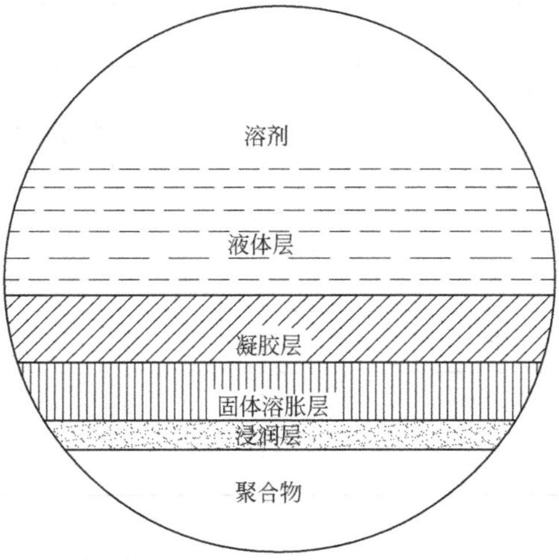

图 17-1 聚合物和溶剂的界面结构

非金属因为没有电化学溶解作用，所以对离子的抗力强，能耐非氧化性稀酸、碱、盐溶液等。

非金属也会产生应力腐蚀破裂，例如氯乙烯、有机玻璃在化学介质和应力的同时作用下会破裂，是由于介质进入内部，使吸附面的界面能显著下降，当存在与吸附线方向垂直的拉应力时，就沿着这条吸附线破裂。还有一种“腐蚀胀裂”或“化学胀裂”的作用，如混凝土储槽由于盐水渗入微孔，盐在孔内结晶，产生膨胀应力，使其破裂。

总之，非金属腐蚀形态的主要特征是物理、力学性能的改变或外形的破坏，不一定是失重，往往还会增重。

17.3.4.2 非金属材料的防腐

非金属（除石墨、玻璃、陶瓷外）耐蚀性不以腐蚀率作标准，而是以失强（%）、增重（%）和外形破坏等作为综合考察目标。

非金属材料由于其优秀的耐腐蚀性能，在氯碱工艺中大量应用，热碱液（阴极液）、含氯淡盐水（阳极液）、盐酸、湿氯气、氯水、次氯酸钠、稀硫酸等腐蚀介质一般采用非金属材料或非金属衬里材料，例如：用于电解槽周围阴极液的 β-PPH、FRP/PVC-L、FRP/CPVC，用于盐酸系统的 CPVC、UPVC、FRP/PVC，用于湿氯气的 FRP、FRP/PVC 以及衬里材料 PE、PP、PO、PTFE、橡胶等。氯碱工艺中常用非金属塑料耐腐蚀性能见表 17-27，常用金属材料耐腐蚀性能见表 17-28。

表 17-27 氯碱工艺中常用非金属塑料耐腐蚀性能

介质	浓度	温度/℃	PVC	CPVC	PP	PVDF	PTFE
盐酸	31%	20	A	A	A	A	A
		40	A	A	A	A	A
		60	B	A	A	A	A
		80		B	B	A	A
		100				A	A
次氯酸钠	13%	20	A	A	B	A	A
		40	A	A	B	A	A
		60	B	B	C	B	A
		80					A
		100					A
三氯化铁	饱和	20	A	A	A	A	A
		40	A	A	A	A	A
		60	B	A	A	A	A
		80		A	A	A	A
		100				A	A

续表

介质	浓度	温度/℃	PVC	CPVC	PP	PVDF	PTFE
湿氯气		20	A	A	X	A	A
		40	B	A		A	A
		60	B	B		A	A
		80		C		A	A
		100		X		A	A
干氯气		20	A	A	C	A	A
		40	A	A		A	A
		60	A	A		A	A
		80		B		A	A
		100				A	A
氯水	400×10^{-6}	20	A	A	C	A	A
		40	A	A	X	A	A
		60	B	B		A	A
		80				A	A
		100				A	A
硫酸	70%	20	A	A	A	A	A
		40	A	A	A	A	A
		60	A	A	A	A	A
		80			B	A	A
		100				A	A
硫酸	80%	20	A	A	A	A	A
		40	A	A	A	A	A
		60	B	B	B	A	A
		80		C	B	A	A
		100				B	A
硫酸	90%～93%	20	A	A	A	A	A
		40	B	A	A	A	A
		60	B	B	B	A	A
		80		C	B	A	A
		100				B	B
硫酸	98%	20	B	B	X	A	B
		40	C	C		A	B
		60	X	X		B	B
		80				C	B
		100				X	B

注:A 为不侵蚀(使用良好);B 为大致不侵蚀(可以使用);C 为危险(视情况使用);X 为侵蚀(不可用)。

表 17-28 氯碱工艺中常用金属材料耐腐蚀性能

介质	浓度	温度/℃	碳钢	304L	316L	SUS310ELC	Ti 合金
盐酸	31%	20	X	X	X		X
		40	X		X		
		60			X		
		80			X		
		100					
次氯酸钠	13%	20	X	X(∞，₵)	C		A
		40					A
		60					A
		80					A
		100					A
三氯化铁	饱和浓度	20	X	X	X		
		40	X	X			
		60	X	X			
		80		X			
		100					
湿氯气		20	X	X	X		A
		40	X	X	X		A
		60	X	X	X		A
		80	X	B	X		A
		100	X		X		A
干氯气		20	B	B	B		X
		40	B	B	B		X
		60	B	B	B		X
		80	B	B	B		X
		100					
氯水	400×10^{-6}	20	B	C	C		A
		40					A
		60					A
		80					A
		100					A
硫酸	70%	20	C	X	X		X
		40	C	X	X		X
		60	X	X	X		
		80	X	X	X		
		100	X				

续表

介质	浓度	温度/℃	碳钢	304L	316L	SUS310ELC	Ti合金
硫酸	80%	20	B	X	X		X
		40	C	X	X		X
		60	X	X	X		
		80	X	X	X		
		100	X				
硫酸	90%～93%	20	B	B	B		X
		40	C	X	X		X
		60	X	X	X		
		80	X		X		
		100	X				
硫酸	98%	20	B	B	X	B	X
		40	B	C	X	C	X
		60	B	X	X	X	
		80	B	X	X		
		100	B	X	X		
氯化钠溶液	10%	20	X	B(∞,*)	B(∞,*)		A
		40	X	B(∞,*)	X		A
		60	C	B(∞,*)			A
		80	C	B(∞,*)			A
		100	X	B(∞,*)			A
氯化钠溶液	20%～30%	20	C	B(∞,*)	B(∞,*)		A
		40	C	B(∞,*)	B(∞,*)		A
		60		B(∞,*)	B(∞,*)		A
		80		B(∞,*)	B(∞,*)		A
		100	X	B(∞,*)	B(∞,*)		A
氯化钠溶液	饱和	20	A	B(∞,*)	A(∞,*)		B
		40	A	B(∞,*)			B
		60		B(∞,*)			B
		80		B(∞,*)			B
		100					B
盐水			B	B(∞)	B(∞)		A
氢氧化钠溶液	0～30%	20	A	B	A		A
		40	A	B	A		A
		60	B	B(*)	A		A
		80	B	B(*)	A		A
		100	B(*)		A		

续表

介质	浓度	温度/℃	碳钢	304L	316L	SUS310ELC	Ti 合金
氢氧化钠溶液	30%～40%	20	A	B	A	A	A
		40	A	B	A	A	A
		60	B	B(*)	B	A	A
		80	B	B(*)	B	A	A
		100	C(*)		X	A	A
碳酸钠溶液	10%	20	A	A	A		A
		40	A	A	A		A
		60	A	A	A		A
		80	A	A	A		A
		100	A	A	A		A
碳酸钠溶液	20%～40%	20	A	B	B		
		40	A	B	B		
		60	A	A	A		
		80	A	A	A		
		100	A	A	A		A
碳酸钠溶液	100%	20	A	A	A		X
		40	A	A	A		X
		60	A	A	A		X
		80	A	A	A		X
		100	A	A	A		X

注：A 为不侵蚀（使用良好）；B 为大致不侵蚀（可以使用）；C 为危险（视情况使用）；X 为侵蚀（不可用）；
* 为可能有应力腐蚀，∞为可能产生孔蚀，₵为可能产生晶间腐蚀。

17.4 设备和管道腐蚀

17.4.1 盐水系统设备与管道腐蚀

17.4.1.1 一次盐水固液分离精制系统设备与管道腐蚀

现代氯碱一次盐水固液分离精制的工艺流程：通过加压溶气罐、预处理器、凯膜过滤器等设备，对粗盐水进行预处理和一次膜分离，得到满足离子交换螯合树脂塔进料要求的一次精盐水。在精制过程中需向粗盐水内加入氢氧化钠溶液、次氯酸钠溶液、碳酸钠溶液、氯化铁溶液、亚硫酸钠溶液，以去除镁离子、钙离子、天然有机物、不溶性机械杂质和游离氯。

为了避免盐水中的硫酸根积累超标，同时避免使用氯化钡除硝对人体的毒害，采用膜脱硝技术去除返回来用于化盐水的部分脱氯淡盐水中的硫酸根。

精制反应后的盐水采用膜分离技术，通过膜过滤器滤出其中的固态悬浮物。滤膜运行一个时间周期后，为了继续保持其具有较高的过滤能力和较低的过滤阻力等性能，需用 15% 盐酸进行化学再生。

合格的一次精盐水的氯化钠浓度为 310～315g/L，温度为 55～60℃，pH 值为 8.0～9.0。

碳钢在盐水中的腐蚀速率随氯化钠的含量增加而提高，常温下2%～3%的盐水对钢铁的腐蚀速率最大，为0.1mm/a，其后随着浓度的增大而下降，这主要是由于在浓溶液中氧的溶解度降低，当盐水温度为55～60℃时，溶解氧更少，腐蚀减慢。盐水对钢铁的腐蚀速率受其中溶解氧的影响，在盐水中存在着氧的浓度差，形成腐蚀电池，阴极为氧的还原反应，阳极为铁的氧化反应，铁被离子化溶解在盐水中而发生腐蚀。当处于静止盐水深处的钢铁腐蚀反应将溶解氧消耗掉后，由于氧的扩散而得不到补充，腐蚀反应难以维持，自然腐蚀减轻。但在流动的盐水、搅拌下的盐水和充气盐水中，氧容易得到补充而使反应能够继续下去，所以腐蚀较明显，而盐水设备的气相部分，如设备顶部和液面以上的器壁比液面中的器壁腐蚀严重，其原因是上面有凝结的水膜，氧易透过水膜达到饱和状态，发生氧的去极化反应（$4Fe + 6H_2O + 3O_2 = 4Fe(OH)_3\downarrow$），脱水后生成$Fe_2O_3$（$2Fe(OH)_3 = 3H_2O + Fe_2O_3$）。加入盐酸的盐水腐蚀反应更加强烈，因为盐水中存在的H^+会夺去电子变成氢气逸出。

（1）一次盐水固液分离精制系统设备腐蚀。一次盐水系统的腐蚀性介质主要是盐水（主要成分为NaCl）、氢氧化钠溶液、碳酸钠溶液、氯化铁溶液、亚硫酸钠溶液和盐酸。其中盐水的腐蚀性最为强烈，也是氯碱工业中值得重点关注的大问题。

该系统的主要设备：原盐储槽、化盐水储槽、化盐桶、精制反应器（反应槽）、澄清桶、预热器、换热器、中和罐、精盐水储槽。

① 盐水腐蚀数据。碳钢对于任何浓度下的盐水，都具有良好的耐腐蚀性能，腐蚀速率为0.05～0.5mm/a。碳钢对于氯化钠（含氧）的耐腐蚀性能比较复杂，见表17-29。

表17-29 碳钢在不同温度、不同氯化钠浓度下的腐蚀情况

氯化钠浓度	25℃	50℃	80℃	100℃
10%	不适用	可用，但腐蚀严重	可用，但腐蚀严重	不适用
20%～30%	可用，但腐蚀严重			不适用
100%	优良	优良		

奥氏体不锈钢虽然对10%～30%的氯化钠溶液具有良好的耐腐蚀性能，但是同时也具有应力腐蚀和孔蚀的危害，因此很少在这个工况下使用。

该工序中，化盐池、粗盐水槽、反应槽采用混凝土内涂玻璃鳞片；化盐桶在有的项目中还有应用碳钢内涂玻璃鳞片的实例；澄清桶、化盐水储槽、预处理器采用碳钢内涂玻璃鳞片；折流槽、精盐水储槽采用PP。这主要是由于盐水达到饱和浓度时，由于溶液中含氧对碳钢腐蚀比较严重。故与饱和盐水接触的设备内部均采用了防腐处理，内涂玻璃鳞片；而容积较小的设备采用非金属材料，如PP、PVC等。这类材料抗腐蚀能力比较强、刚性小、强度低，因此，设备外部有时需要用强度较高的FRP加强。精制盐水为了保证纯度（减少Ca^{2+}和Mg^{2+}的再污染），采用非金属材料。

② 氢氧化钠溶液腐蚀数据。见表17-30～表17-32。

表17-30 氢氧化钠溶液碳钢腐蚀数据表

氢氧化钠浓度	25℃	50℃	80℃	100℃
<30%	优良	良好	良好	良好，有应力腐蚀倾向
30%～40%	优良	良好	良好	可用，但腐蚀严重，有应力腐蚀倾向
50%～60%	良好	良好	不适用	不适用

续表

氢氧化钠浓度	25℃	50℃	80℃	100℃
80%	良好	不适用	不适用	不适用
90%			不适用	不适用
100%	良好	不适用	不适用	不适用

表 17-31 氢氧化钠溶液不锈钢腐蚀数据表

氢氧化钠浓度	25℃	50℃	80℃	100℃
<50%	优良	可用，但腐蚀严重	可用，但腐蚀严重	不可用
70%	良好，有应力腐蚀倾向	良好，有应力腐蚀倾向	良好，有应力腐蚀倾向	不适用
80%	良好，有应力腐蚀倾向	良好，有应力腐蚀倾向	良好，有应力腐蚀倾向	不适用
100%	良好，有应力腐蚀倾向	良好，有应力腐蚀倾向	良好，有应力腐蚀倾向	良好，有应力腐蚀倾向

氢氧化钠溶液高位槽，有的厂家采用碳钢内涂玻璃鳞片，有的厂家采用不锈钢，有的厂家直接采用碳钢，这主要决定于介质的温度和浓度。尤其直接使用碳钢材料时，应注意氢氧化钠溶液的浓度与介质温度对材料的限制条件，如果超过一定条件（表 17-32），要求对设备进行消除应力热处理，否则有产生应力腐蚀的倾向。

表 17-32 氢氧化钠溶液的浓度和温度组合对碳钢设备的限制条件表

NaOH 溶液（质量分数）/%	2	3	5	10	15	20	30	40	50	60	70
温度上限/℃	90	88	85	76	70	65	54	48	43	40	38

③ 碳酸钠溶液腐蚀数据。见表 17-33、表 17-34。

表 17-33 碳酸钠溶液碳钢腐蚀数据表

碳酸钠浓度	25℃	50℃	80℃	100℃
任意浓度	优良	优良	优良	优良

表 17-34 碳酸钠溶液不锈钢腐蚀数据表

碳酸钠溶液浓度	25℃	50℃	80℃	100℃
<10%	优良	优良	优良	优良
20%～40%	良好	良好	优良	优良
100%	优良	优良	优良	良好

碳酸钠溶液高位槽、碳酸钠溶液配制槽选用碳钢、碳钢内部涂玻璃鳞片、PVC/FRP，三种均有应用的实际案例。

由于盐酸对碳钢具有强烈的腐蚀作用，盐酸储罐采用非金属材料。

该系统盐水加热器是一个比较重要的设备。由于盐水在比较高的温度下对碳钢具有腐蚀作用（见盐水腐蚀数据表 17-29），因此选用钛作为盐水加热器的材料。

④ 几种常用溶液钛腐蚀数据。见表 17-35。

表 17.35 几种常用溶液钛腐蚀数据表

溶液	25℃	50℃	80℃	100℃
任意浓度的氯化钠	优良	优良	优良	优良
任意浓度的次氯酸钠	优良	优良	优良	优良
任意浓度的氯酸钠	优良	优良	优良	优良
＜40%氢氧化钠	优良	优良	优良	优良

钛虽然耐腐蚀性能强，但是对于氯化钠溶液，当温度达到一定程度时会产生缝隙腐蚀，设计设备时需要注意尽量消除缝隙。在这一工序中，盐水加热器采用的就是板式换热器，材料为钛。因此使用过程中应注意介质温度的影响（见本书 17.3.1 钛的缝隙腐蚀一节）。

(2) 一次盐水固液分离精制系统管道和阀门腐蚀。盐水管道通常采用钢衬硬橡胶、钢衬塑的管材。近年来由于衬塑工艺的发展，很多厂家采用衬塑管代替衬胶管。钢衬塑包括钢衬PTFE、钢衬 PP、钢衬 PE、钢衬 PO，钢衬 PTFE 价格较高，钢衬 PP 制造工艺是将 PP 管道衬入无缝钢管内，容易出现真空脱衬现象，而钢衬 PE、钢衬 PO 采用滚衬工艺，特别是热滚塑工艺的钢衬 PO 管道在目前很多项目的一次盐水装置中应用。PE 钢骨架管道也可以用于一次盐水精制，但由于与阀门、管口连接时电熔法兰接头烦琐，因此最好不在管廊上采用 PE 钢骨架管道。由于盐水的渗透性很强，如果衬里层存在缺陷，盐水会透过衬里层形成结晶而导致衬里层破坏。一次盐水阀门采用碳钢（或球墨铸铁）、衬胶或衬 F46 阀门；管道小管径采用衬里隔膜阀，大管径采用衬里蝶阀。

氢氧化钠溶液在浓度 15%、温度 45℃的条件下，采用碳钢管道和阀门。

碳酸钠溶液在浓度 10%～15%、温度 50～60℃的条件下，采用碳钢管道和阀门。

亚硫酸钠溶液采用不锈钢 SS304 管道和阀门。

氯化铁溶液在浓度 1%、温度 50～60℃条件下，采用碳钢衬塑（钢衬 PTFE、钢衬 PP、钢衬 PE、钢衬 PO）管道和阀门，也可以采用非金属管道（UPVC、CPVC、FRP/PVC、RPP）和阀门（UPVC、CPVC、RPP）。

盐酸在浓度 15%、温度 45℃的条件下，采用碳钢衬塑（钢衬 PTFE、钢衬 PP、钢衬 PE、钢衬 PO）或非金属管道（UPVC、CPVC、FRP/PVC、RPP）。阀门采用碳钢（或球墨铸铁）、碳钢衬塑（C. S/F46、C. S/PP、C. S/PE、C. S/PO），一般采用碳钢衬 F46 阀门，或非金属阀门（UPVC、CPVC、RPP）。

17.4.1.2 二次盐水离子交换精制系统设备与管道腐蚀

二次盐水离子交换精制是对合格的一次盐水做进一步的除杂处理，通过离子交换与吸附的作用，使二次盐水中 Ca^{2+}、Mg^{2+} 等多价离子的含量低于规定值，以达到离子膜法电解工艺的要求。

离子交换所用的螯合树脂，再生时使用浓度 31%（质量分数）的盐酸、浓度 32%（质量分数）的氢氧化钠和稀释用纯水。

离子交换合格后的二次精制盐水碳钢衬橡胶的设备和管道材料，要求衬低 Ca^{2+}、Mg^{2+} 橡胶。如果选用 PVC 材料，则要求不含 Ca^{2+}、Mg^{2+}。

(1) 二次盐水离子交换精制系统设备腐蚀。该系统的腐蚀性介质主要是精制盐水、氢氧化钠溶液和盐酸。

二次盐水精制过程的主要设备：盐水加热器、过滤盐水储槽、螯合树脂塔、树脂捕集器、二次精制盐水槽、氢氧化钠溶液计量槽、高纯盐酸计量槽、氯化氢洗涤器、纯水槽、高纯盐酸储槽。

二次盐水是去除了Ca^{2+}、Mg^{2+}、SO_4^{2-}等离子的合格的一次盐水的再精制，为了避免被去除的离子的二次污染，所用的设备材料必须严格控制上述离子的侵入。因此，设备大多采用碳钢内衬低Ca^{2+}、Mg^{2+}的橡胶，有的则采用非金属材料，但是对于FRP，要求纤维为不含Ca^{2+}、Mg^{2+}的树脂纤维。

使用碳钢内衬低Ca^{2+}、Mg^{2+}橡胶的设备有：过滤盐水储槽、废盐水回收罐、废水槽、螯合树脂塔、树脂捕集器。对于二次精制盐水槽、纯水槽、自引罐，采用FRP或PVC。二次精制盐水槽和树脂捕集器在有的项目中也有采用钛材制造的。

钢衬橡胶设备应用的橡胶质量要求如下：

① 硬橡胶、半硬橡胶和软橡胶的共性要求是致密性、耐老化系数和耐酸碱系数；

② 除此之外，对于硬橡胶主要要求其与金属之间的黏合力（≥6MPa）、扯断强度（≥65MPa）、硬度（邵尔A≥90）；

③ 对于软橡胶，要求扯断强度（≥10MPa）、扯断伸长率（≥350%）、硬度（邵尔A 55～70）、由胶浆决定的剥离强度（≥70N/2.5cm）。

此外，操作温度对于橡胶的选用也有一定的限制：

① 过高的操作温度会降低橡胶衬层与钢壳体的粘接强度；

② 过低的操作温度会使温差太大，从而使橡胶层产生龟裂；

③ 对于硬橡胶，国外厂商规定最低操作温度为0℃，软橡胶的最低操作温度远低于硬橡胶的最低操作温度。

符合要求的橡胶有天然橡胶、氯丁橡胶、丁基橡胶和乙丙橡胶。现在国内已经有低Ca^{2+}、Mg^{2+}的硬橡胶板和软橡胶板产品。

盐水加热器均采用钛材制造。

总之，二次盐水设备的选材原则与一次盐水的选材原则基本相同，只是对Ca^{2+}、Mg^{2+}的限制要求更为严格。

（2）二次盐水离子交换精制系统管道与阀门腐蚀

① 管道耐腐蚀材料。从一次盐水储罐到螯合树脂塔盐水的管道材料，通常采用碳钢衬低Ca^{2+}及Mg^{2+}橡胶、碳钢衬PO或碳钢衬PP。阀门采用碳钢（或球墨铸铁）衬胶、碳钢（或球墨铸铁）衬塑（C. S/F46、C. S/PP、C. S/PO、D. I/F46、D. I/PP、D. I/PO）。

选用旭化成、北化机、伍迪等专利商二次盐水及电解工艺的工厂中，多数是在螯合树脂塔周围和之后到精盐水高位槽的管道采用碳钢衬PTFE，从精盐水高位槽到电解槽的管道采用钛管。引进氯工程工艺的有些厂家，在螯合树脂塔到精盐水储槽的管道用钛材或碳钢衬低Ca^{2+}、Mg^{2+}橡胶，从精盐水储槽到电解槽的管道用CPVC管或FRP/PVC-L管。

② 阀门耐腐蚀材料。二次盐水精制系统的阀门，小管径采用隔膜阀，大管径采用蝶阀。

当管道材料用碳钢衬PTFE时，阀门材料也应采用碳钢衬PTFE；当管道材料用碳钢衬低Ca^{2+}、Mg^{2+}橡胶时，阀门材料也应采用碳钢衬橡胶，一般为普通橡胶；管道材料用钛材时，阀门材料小管径用CPVC，大管径用碳钢衬PTFE；管道材料用CPVC或FRP/PVC-L时，阀门材料小管径用CPVC隔膜阀，大管径用碳钢衬PTFE蝶阀。

氢氧化钠溶液浓度为32%（质量分数）时，采用不锈钢SS304的管道和阀门。

17.4.2 电解系统设备与管道腐蚀

电解系统的腐蚀除了介质腐蚀，如碱液腐蚀、盐水腐蚀、盐酸腐蚀和湿氯气腐蚀以外，还应考虑杂散电流引起的金属腐蚀的破坏性，其腐蚀速率比较快，特别是盐水支管的根部焊接处和顶部等物料入口处的腐蚀。因此，电解系统应做好绝缘保护，防止漏电的杂散电流腐蚀。离子膜电解工艺因各专利商的工艺流程、电解槽型以及其他附属设备有所差异，在选材方面也有各自的习惯做法，但就物料的种类及其性质、工艺条件和腐蚀情况来看，基本一致。

操作中，二次精制盐水在电解槽的阳极室中被电解，产生湿氯气和含氯淡盐水，含氯淡盐水需送入脱氯工序，同时引出部分含氯淡盐水回到二次精制盐水入口管线，湿氯气送出本系统界区外。

此系统中的腐蚀性介质是循环盐水、含氯淡盐水、氯水、湿氯气、废氯气，温度为80～90℃，pH值为2.0～3.0，电解槽出来的湿氯气中夹杂着盐酸、次氯酸，循环盐水中含有部分游离氯，因此阳极液系统的设备和管道腐蚀问题很严重。

（1）电解系统设备腐蚀。电解工序除了最重要的电解槽以外，还有附属设备，如：精盐水高位槽、含氯淡盐水槽、脱氯淡盐水槽、阳极液放净槽、阴极液储槽、阴极液高位槽、阴极液放净槽、烧碱中间储槽、阴极液冷却器等。

① 含氯淡盐水槽。由电解槽出来的含氯淡盐水溶液中，除了主要成分氯化钠，还含有湿氯气，因此含氯淡盐水的pH值在2～3之间。为了防止酸性物质和盐水的腐蚀，含氯淡盐水槽普遍选用钛材制造。

② 阳极液放净槽。基本上有碳钢内衬橡胶和碳钢内衬FRP两种材料可以选择，内衬橡胶或FRP的作用在于防止盐水的腐蚀。

阴极液系统中用到了SUS310ELC、SUS310S、310S和0Cr25Ni20。SUS310S为日本耐酸不锈钢钢号，中国与其对应的钢号为0Cr25Ni20，美国AIS/ASTM与其对应的钢号为310S。因此，实际上应用的钢号可以归纳为SUS310ELC和0Cr25Ni20。SUS310ELC为超低碳的SUS310S，其含碳量低于0.1%。阴极液的主要成分是氢氧化钠，而且温度可以达到80～100℃，这一组合恰好在应力腐蚀影响区域，用超低碳不锈钢的原理就在于减少应力腐蚀危害性。

③ 阴极液储槽。SUS310ELC（唐山三友、山东海能、昊华宇航、乌海一期），SUS310S（四平昊华、云南南磷），0Cr25Ni20（内蒙古君正）。

④ 阴极液高位槽。SUS310ELC（唐山三友、山东海能、昊华宇航、乌海一期），SUS310S（四平昊华、云南南磷），0Cr25Ni20（内蒙古君正）。

⑤ 阴极液放净槽。0Cr18Ni9（唐山三友、四平昊华、内蒙古君正、云南南磷、山东海能、昊华宇航、乌海一期）。

⑥ 烧碱中间储槽。310S（昊华宇航、乌海一期），0Cr25Ni20（四平昊华、内蒙古君正）。

⑦ 纯水槽。0Cr18Ni9（唐山三友、四平昊华、内蒙古君正、昊华宇航、乌海一期）。

由此可见，如果条件允许，尽可能用SUS310ELC。如果条件不允许，也要求使用SUS310S，或者使用310S、0Cr25Ni20。

阴极液冷却器采用镍材制造，其应用情况如下。

⑧ 阴极液冷却器。镍（唐山三友、山东海能、昊华宇航、乌海一期、四平昊华、内蒙古君正、云南南磷、沧化）。

镍的腐蚀产物较铁的腐蚀产物致密，保护性能较好，钝化性能较强。镍比较耐还原性介质的腐蚀，氧化剂可加速其腐蚀。纯镍在NaOH溶液中，只有在高浓度（>75%）、高温（>150℃）的条件下，才有大于0.13mm/a的腐蚀速率。镍在海水中能够钝化，但是如果介质的流速比较缓慢，可产生严重的缝隙腐蚀和点蚀。

镍合金分为Ni-Cu系的Monel-600，Ni-Cr-Fe系的Inconel-600、Inconel-690，Ni-Mo-

(W、Cr) 系的 Hastelloy A、Hastelloy B、Hastelloy C、Hastelloy D。这些合金虽然抗腐蚀能力强于纯镍，但是由于阴极液中的腐蚀介质只是 NaOH，因此采用纯镍制造阴极液冷却器，在防腐方面足以满足要求。

⑨ 电解槽。根据其工作环境，一般都采用 Ni/Ti。

(2) 电解系统管道与阀门腐蚀

① 阳极液系统管道耐腐蚀材料。该系统的管道材料，各专利商选用的情况有所不同。

a. 氯工程工艺技术中的循环盐水、含氯淡盐水、湿氯气、废氯气管线，在电解槽支管至第一个阀门之间用 FRP/PVC-L 或 FRP/CPVC 管道；阀门之后，循环盐水、含氯淡盐水、湿氯气用钛管；废氯气用 FRP/PVC 或 FRP 管道；湿氯气在盐水换热器后用 FRP/PVC 或 FRP 管道；氯水用 FRP/PVC 或 CPVC 管道。

b. 伍迪工艺技术中的循环盐水、含氯淡盐水、氯水、湿氯气至盐水换热器之间用钛管；湿氯气在盐水换热器后用 FRP/PVC 或玻璃钢管道；氯水用 FRP/PVC 或 CPVC 管道；废氯气用 FRP/PVC 或 FRP 管道。

c. 旭化成和北化机工艺技术中的循环盐水、含氯淡盐水、湿氯气至调节阀组之间用钛管；湿氯气在调节阀组后用 FRP/PVC 管道，氯水用 FRP/PVC 或 CPVC 管道，废氯气用 FRP/PVC 管道。

钛在高温湿氯气环境中极耐腐蚀。钛在常温下的氯水中，腐蚀速率为 0.000565mm/a；在 80℃的氯水中，腐蚀速率为 0.00431mm/a。钛在常温下 95%的湿氯气中，腐蚀速率为 0.00096mm/a。因此，钛材用于含氯淡盐水、湿氯气、氯水是最理想的，但考虑到价格较贵，在换热器后湿氯气温度降为 70～80℃，可采用 FRP/PVC 或 FRP 材料。

目前无缝管最大管径做到 *DN*800，大于 *DN*800 的管道采用 PVC 板焊接外缠 FRP 或采用 FRP 管道。FRP 管道应选用耐湿氯气和氯水腐蚀的乙烯基树脂，如 DERAKANE 470、W2-1、海特隆等树脂等。CPVC 管道由于最大管径只能做到 *DN*300，且价格较贵，使用中受到一定限制。

该系统的阀门采用 PVDF 隔膜阀、碳钢衬 PTFE (PFA) 或衬 F46 蝶阀 、CPVC 阀门。

② 阴极液系统管道耐腐蚀材料。电解槽的阴极室产生湿氢气和烧碱，湿氢气和烧碱的混合物在总管中分离成气相和液相，阴极液汇集在碱液槽，部分烧碱作为成品送出界区，其余返回碱液高位槽。湿氢气汇集在其主管线中，分离出水分后送出界区。

该系统中的腐蚀性介质是循环碱液、湿氢气，碱液在浓度 30%～33% (质量分数)、温度 85～90℃的条件下，属于应力腐蚀工况。

a. 氯工程工艺技术中的循环碱液、碱液、湿氢气、废氢气在电解槽支管至第一个阀门之间用 FRP/PVC 或 FRP/PP、β-PPH、FRP/PPH 管道；阀门之后，用不锈钢 SS310S 管道；湿氢气、废氢气在汇入氢气总管后换成碳钢管道；碱液在碱液冷却器后换成不锈钢 SS304 管道。

b. 伍迪工艺技术中的湿氢气采用 FRP (树脂 ATLAC 382)、FRP/PPH、或 β-PPH 管道；循环碱液、碱液采用 FRP/PPH 或 β-PPH (有的工厂从电槽出来到阴极液罐的碱液、从阴极液泵出口到碱液高位槽的碱液、电解槽出口支管的高温湿氢气采用镍管 Ni201)。

由于电解槽周围存在着大量的杂散电流，对金属材料有电化学腐蚀作用，因此在阴极液系统中，由于非金属材料均聚 β-PPH 的内外防腐、安装方便、耐高温及相对于镍管、不锈钢 SS310S、钢衬 PTFE 价格低等特点，在很多采用伍迪工艺技术和氯工程工艺技术氯碱装置的循环碱液和湿氢气管道中应用，效果较好。

c. 旭化成和北化机的工艺技术中，循环碱液、碱液、湿氢气、废氢气采用不锈钢 SS310S。

该系统中采用非金属管道时，阀门采用非金属 PPH。

管道采用不锈钢 SS310S，阀门采用碳钢衬 F46 隔膜阀、碳钢衬 F46 蝶阀或不锈钢球阀 SS310S/PTFE。

管道采用碳钢衬 PTFE 或镍管时，阀门采用钢衬 F46 隔膜阀、钢衬 F46 蝶阀。

17.4.3 盐水脱氯系统设备和管道腐蚀

淡盐水脱氯工艺技术有真空脱氯和空气吹除脱氯两种方法，目前大规模氯碱装置一般采用真空脱氯法。真空脱氯系统主要设备包括：脱氯塔、真空泵、脱氯淡盐水泵，还有亚硫酸钠储槽以及亚硫酸钠泵。

该系统的腐蚀性介质主要是含 Cl_2（游离氯）、HClO（水化反应）、ClO^-（离解反应）和 OH^- 的淡盐水、湿氯气和氯水。

17.4.3.1 盐水脱氯系统设备腐蚀

（1）脱氯塔。壳体采用钛或碳钢衬瓷砖制作，塔内为陶瓷或其他耐湿氯气腐蚀的填料，填料支撑采用钛，应用时要注意钛的缝隙腐蚀。由于操作过程中会产生真空，因此不建议壳体采用钢衬橡胶制作。

（2）脱氯塔冷却器。采用列管式，管程材料为钛，壳程材料为碳钢。

17.4.3.2 盐水脱氯系统管道腐蚀

由电解槽至脱氯塔的含氯淡盐水，在脱氯塔顶部与浓度为 31%（质量分数）的盐酸混合，pH 值为 1.5～2.0，一般采用钛材；脱氯塔后淡盐水，游离氯的浓度降低到 50mg/L，加入一定量的碱液，pH 值调为 8.0～9.0，温度为 85℃左右，返回一次盐水。一般采用钢衬 PTFE、碳钢衬 PP、碳钢衬 PO 管道。由于脱氯塔后淡盐水温度依然较高，因此不宜用碳钢衬胶或衬 PE 管道。从脱氯塔出来的回收湿氯气经氯气冷却器至真空泵，这段管道采用钛材，真空泵后氯气温度降低，采用 FRP/PVC 或 FRP 管道，氯水采用 FRP/PVC 管道。

阀门材料同电解系统。

综上所述，氯碱工业常用的耐腐蚀管道除了金属管外，主要有碳钢衬里和非金属管道，这两种管道在氯碱装置的应用中各显优缺点，各工厂的使用情况也不尽相同，但应注意以下问题：

（1）对于碳钢衬里管道，应注意衬里质量，特别是由热胀冷缩引起法兰翻边处的拉裂，由停车、冷却产生真空引起衬里的鼓泡堵塞管子，由物料渗透引起衬里的腐蚀等问题；

（2）对于非金属材料 FRP/PVC 管道，应注意温差应力产生的焊口拉断或 FRP 与 PVC 脱层等破坏现象，管道每隔一段应增加一个补偿器以平衡热应力。

17.5 离子膜法烧碱装置的防腐蚀

离子膜法烧碱装置中，接触的大多数物料都属于强酸、强碱、强氧化剂和还原剂，生产工艺条件十分苛刻，这就要求所选用的材料必须具有稳定的化学性能和良好的电化学性能，保证设备、管道等具备优良的抗蚀能力。因此合理正确选择耐蚀材料是控制腐蚀、延长设备使用寿命的首要条件。要做好这项工作，必须了解生产工艺对设备的要求，熟悉各种材料的有关性能，从腐蚀与保护角度，根据特定腐蚀环境和腐蚀介质，选择先进、优质、价格合理的耐蚀材料。近几年来，随着国内外防腐蚀技术及产品的发展，氯碱行业一些腐蚀问题得到了逐步解决，并在继续寻求一些新的解决方法。

17.5.1 对防腐蚀的要求

正确选材是最重要的防腐蚀方法，材料的选择是一项细致的工作，应对生产工艺条件（包括介质、温度、压力、浓度等）、设备结构、加工制造工艺、材料性能及来源、价格等进行综合评估，既不能高材低用，更不能低材高用，否则就会给装置造成不应有的经济损失。对材料的要求应是：化学性能或耐蚀性能满足生产要求；物理、力学和加工工艺性能等能满足设计制造要求；总的经济效益优越。通常材料的选择步骤是：根据设计条件，查阅相关资料，根据经验及制造厂的数据，将可选的材料列出，并对其经济性、可靠性进行比较，最后确定最终选材。

17.5.2 材料的要求和选择

离子膜法烧碱装置一般由一次盐水单元、二次盐水单元、电解单元、淡盐水单元、硫酸根脱除单元、氯气处理单元、氢气处理单元、氢气压缩单元、氯气液化和汽化单元、碱蒸发单元、盐酸及废气处理单元等组成，涉及各类设备超过400多台。因此，需根据不同的单元分别进行选材和采取不同的防腐蚀措施。

17.5.2.1 一次盐水单元的选材与防腐

一次盐水主要原料为原盐或卤水，其包括化盐及一次盐水精制，目的是获得规定的盐水浓度和去除盐水中的杂质，控制Ca^{2+}、Mg^{2+}含量。该单元的腐蚀主要是因盐水中的溶解氧存在浓度差，导致形成氧的浓度差腐蚀电池，其腐蚀速率与盐水的浓度（即NaCl的含量）有关。另外，介质中的Cl^-、ClO^-、ClO_3^-等的氧化性介质引起的腐蚀也不容忽视。

一次盐水单元非标设备多，而且容积都较大，采用碳钢加防腐衬里既经济又可靠。前反应槽、配水桶、后反应槽大都为碳钢衬二层橡胶，底层为3mm的自硫化胶板（SP-422），面层为2mm的预硫化胶板（SP-439）；化盐桶、Na_2CO_3储槽和配制槽、前折流槽、后折流槽、预处理器、中间槽、加压溶气罐防腐采用碳钢涂刷玻璃鳞片，玻璃鳞片材质为玻璃和树脂，本身对盐水抗腐蚀性能良好，鳞片极薄，极化处理后在涂料中呈平行堆积，使渗透介质的渗透路径大大增长，从而提高了涂料的耐渗透性，施工方法简单方便，适用于大面积施工，特别是对不规则结构的设备和构件，涂刷效果远优于衬里，且便于修补、价格低廉。对小容积设备一般采用喷涂玻璃鳞片（二底三面）方式，涂层厚度不小于350μm；对大容积设备一般采用滚涂、刷涂、喷涂相结合的方式，厚度为2～3mm。NaClO配制槽采用碳钢衬丁苯橡胶，$FeCl_3$配制槽采用碳钢衬天然硬橡胶。

一次盐水单元管道使用的材料较多，主要材料有以钢衬硬橡胶（CS/HRL）、钢衬聚丙烯（CS/PP）、钢衬聚四氟乙烯（CS/PTFE）、玻璃钢增强的聚氯乙烯（FRP/PVC）等。

由于钢衬橡胶的价格相对较低，耐蚀情况也不错，因此，新建的离子膜烧碱厂普遍采用钢衬橡胶作为一次盐水的管道材料。旭化成、氯工程、北化机等都已将钢衬橡胶材料作为定型设计。

阀门本体大多数采用钢衬橡胶、钢衬PTFE或PVDF。PVDF阀门耐腐蚀情况良好，但价格相对较贵，其常用于管径小于2in的情况下，具体可根据经济可行性进行选择。如氯工程常采用PVDF和钢衬PTFE，旭化成和北化机往往采用钢衬橡胶。

需要注意的是，虽然饱和盐水本身并不是很强的腐蚀介质，但是盐水是一种强的渗透性介质，当衬里存在结构或施工孔隙时，盐水会透过衬里层，并随着温度的下降而逐渐结晶且体积增大，最后导致衬里层的破裂。为此，要注意衬里加工的结构及工艺，确保衬里质量。

17.5.2.2 二次盐水单元的选材与防腐

二次盐水指的是经过螯合树脂塔后的盐水，此时的盐水其 Ca^{2+} 、Mg^{2+} 的总量已大大降低，以满足离子膜生产设备对精盐水质量的特殊工艺要求。二次盐水设备的耐蚀衬胶层不仅要具有优良的耐蚀性能，同时还应避免对精盐水造成二次污染。因此，二次盐水设备与管道所选用的材料应要求 Ca^{2+} 、Mg^{2+} 的含量足够低，以保证进电解槽盐水中 Ca^{2+} 、Mg^{2+} 总量在允许范围内（控制在 20μg/L 以内）。

二次盐水单元的非标设备大多数为碳钢衬胶，盐水过滤器前的设备其衬里为普通天然橡胶，如：预涂槽、盐水储槽等采用碳钢内衬二层橡胶，底层为 3mm 自硫化胶板（SP-422），面层为 2mm 预硫化胶板（SP-439）。由于离子膜的发展，对整个盐水精制提出了更高要求，为此由盐水过滤器至螯合树脂塔之间的设备衬里选用低钙镁橡胶，如精盐水储槽采用碳钢衬 5mm 自硫化低钙镁橡胶。盐水过滤器中的过滤元件在盐水精制中最关键，目前大多数工程中采用的是碳素石墨烧结管。

二次盐水单元对泵的要求是必须耐腐蚀和不能污染物料，保持盐水的纯净。该单元一般采用衬胶泵或钛泵。

二次盐水单元的管道可选用钢衬硬橡胶、钢衬聚丙烯、钢衬聚四氟乙烯等，但过滤后的盐水管道衬里层应采用低钙镁橡胶。由于钢衬橡胶管道质量比较难保证，橡胶稳定性较差，且管壁易因受热致使衬胶层与金属管分层而鼓泡或脱落，堵塞了管道。为了减少因此更换管道造成的电解槽停车损失，在旭化成和北化机的生产工艺中，从精盐水高位槽到电解槽的这段管子通常采用钛材。

二次盐水单元的阀门多采用钢衬四氟的阀门。需要注意的是，当垫片材质为三元乙丙橡胶（EPDM）时，也应确保为低钙镁橡胶。

17.5.2.3 电解单元的选材与防腐

电解单元中常见的腐蚀性介质有：高温氯化钠溶液、高温湿氯气、含氯碱液和高温饱和氯的水蒸气，另外还受到电解过程中杂散电流的腐蚀。因此，电解单元的防腐蚀相当重要，一直为防腐蚀领域关注的焦点。

电解槽阳极系统的介质为温度 80～90℃、pH 值为 2～3、含游离氯的酸性淡盐水和饱含水分的氯气，腐蚀性很强。该系统的非标设备，如气液分离器、阳极液接受槽等设备一般都选用钛材或钛复合钢板制作。但由于钛材在含 Cl^- 的溶液中容易产生缝隙腐蚀，故对可能存在缝隙的区域采用钛钯合金，如法兰密封面的衬环材料应采用 Ti+0.2%Pa 合金。供给电解槽的盐水和淡盐水循环泵一般选用钛泵，耐蚀可靠，操作稳定。为节省投资，也可采用陶瓷泵、衬胶泵、衬氟泵等。淡盐水和湿氯气用的管道，国内大部分企业采用钛材制作，安全可靠，但价格较高，同时也有采用 CPVC 管、钢衬四氟管。目前的湿氯气主管道也有采用玻璃钢的，树脂为耐氯性能优良的环氧乙烯基树脂，耐蚀温度可达 90℃，在实际使用中效果良好。PVDF 隔膜阀为成功应用于该系统的最理想的阀门。密封垫片通常采用乙丙橡胶或氯丁橡胶。

电解槽阴极系统的 NaOH 浓度为 30%～33%，温度在 85～90℃ ，属于应力腐蚀环境，对碳钢容易引起“碱脆”，因此该系统的设备，如阴极液循环槽、循环泵、碱液受槽等以及输送高温碱液的管道、阀门等，最好选用含碳量低于 0.03%的超低碳奥氏体不锈钢，如 304L（00Cr19Ni10）、316L（00Cr17Ni14Mo2）以及哈氏合金等；而对于碱液浓度在 30%～33%、温度低于 50℃时，可选用 304（0Cr18Ni9）不锈钢，如 32% NaOH 中间槽材料选用 0Cr18Ni9。完全冷却后的碱液腐蚀性大大下降，碳钢即可满足耐蚀要求。阴极系统的泵和阀门主体材料应选用相对应的不锈钢。

对于需要返回到电解槽中的 NaOH 溶液管道，在旭化成或北化机的工艺中，通常采用 310S（含镍≥20%），该种材料属高 Ni、Cr 含量奥氏体不锈钢，比一般的不锈钢抗碱腐蚀能力提高 10 倍。同时，310S 在应力腐蚀环境中，其抗断裂韧性和抗晶间腐蚀性能均比 316L 有一定程度的提高，根据氯碱厂的实际使用效果，该材料耐碱性优良。日本氯工程在设计中，通常采用钢衬四氟材料，其耐碱腐蚀效果也不错。

阴极产生的氢气，腐蚀性很小，设备和管道采用普通碳钢即可满足要求，如氢气防空槽材质采用 Q235-A。但是，碱液循环槽（碱回收槽）顶部的氢气管道，因为氢气冷凝液中含有 NaOH 残液，会导致氢气冷凝液回流到槽中并循环到电解槽中，因此不能选用碳钢。对于这段管道，氯工程公司通常采用 FRP/PP 管道，旭化成公司通常选用钢衬四氟管道。

离子膜电解槽杂散电流的防护措施有如下几点：

（1）断电

① 对复极电槽，漏电从高压单元槽经由软管、总管流入低压单元槽，可采取盐水进口和碱液的出口，采用 FRA 氟塑料软管（可熔性聚四氟乙烯）并控制适当的流速来达到断电目的，否则金属元件会产生电化学腐蚀。

② 尚在使用的单极槽的断电措施与隔膜槽相同，靠液体断流。

（2）接地排流

① 复极槽盐水进出口管和电槽支承接地，这样可使电槽绝缘不良时产生的少量漏电可及时排入地下，减少对电槽及附管的漏电腐蚀。

② 单极槽精制盐水、淡盐水、盐水总管在与外部设备（泵或储槽）相连前，通过防护电极强制接地，可使其处于等电位状态，来避免电化学腐蚀。

（3）对地电位和电槽正负偏差的控制

① 复极槽规定对地电位超过 40V 或正负偏差大于 2V 时，联锁停车，电槽电会被自动切断。

② 单极槽有对地电位差现象，其防护电极箱通过电流超过额定值时，现场和中央控制室会报警，可及时采取措施。

（4）采用辅助电极。复极槽中漏电从高压单元槽经 PFA 软管、总管流入低压单元槽，尽管有时漏电很少，但若没有防护措施，电槽的金属元件仍会产生电化学腐蚀。因此，有采用辅助电极来作为牺牲阳极，并插入电极插入管的连接口，与碱液侧连接口相焊，以保护电极。该辅助电极采用外表涂防腐膜的钛材制成，可有效防止漏电对离子膜中的钛材腐蚀。漏电只在电槽的正极侧使辅助电极阳极化，而在电极负极侧使辅助电极阴极化。因此，要避免更换电槽单元槽的正负极时只更换辅助电极与氟塑料插入连接管，这是因为当辅助电极作阴极使用时，其保护膜受到了还原，此时若又被作为阳极时，保护膜被溶解析出的速率加快。因此，在复极槽装置中，单元槽在进行位置变换时，只限于阳极侧或阴极侧范围内各自进行，或阳极侧向阴极侧范围内移动，但绝不可将阴极侧内使用的单元槽移至阳极侧范围内使用。

17.5.2.4 淡盐水单元的选材与防腐

从电解槽出来的淡盐水中，含有游离氯及少量的次氯酸钠和氯酸钠，如果不加去除，进入到螯合树脂塔中会致使树脂中毒，且此过程不可逆，树脂无法再生。同时，该单元还需防止游离氯、次氯酸对设备、管道产生的腐蚀作用。

淡盐水单元的主要设备脱氯塔，壳体材质采用 TA2，法兰密封面衬环及法兰盖衬层材质采用 TA9。

电解单元至真空脱氯塔前的淡盐水管道采用钢衬四氟。脱氯塔至氯气冷凝器之间的湿氯气管道，由于湿氯气温度较高，普遍采用钛材。脱氯塔至真空盐水泵之间的淡盐水管道，普遍采用钢衬橡胶，但是由于此处是负压操作，对于衬里管道，负压管的制造工艺是不同的，因此需要在采购时特别注明。

阀门可选用 PVDF 隔膜阀、衬胶阀、衬氟阀等。

17.5.2.5 硫酸根脱除单元选材与防腐

在离子膜制碱工艺中，盐水中的 SO_4^{2-} 对离子膜的性能有较大影响，因此，要求将盐水中的 SO_4^{2-} 部分去除，以达到降低 SO_4^{2-} 浓度的目的。该单元同样需防止橡胶等衬里对精盐水造成二次污染。

该单元的设备大都采用内衬低钙镁橡胶，如活性炭塔钢壳采用碳钢衬里 6mm 厚的低钙镁橡胶，内件材料下部采用 TA2、上部采用 CPVC。

管道采用钢衬四氟、钢衬低钙镁胶或 FRP/PVC。

阀门可选用 PVDF 隔膜阀、衬胶阀、衬氟阀等。

17.5.2.6 氯气处理单元选材与防腐

氯气处理单元的主要任务就是将电解食盐溶液生成的氯气经过洗涤、冷却、干燥、压缩后送往各使用部门。该单元的主要腐蚀性介质有湿氯气、稀硫酸、氯水等。

由于湿氯气对碳钢腐蚀严重，故氯气预冷器，氯气冷凝器中，与湿氯气接触的管箱、管板、换热管材料采用 TA2，氯气洗涤塔和泡沫干燥塔采用钢衬天然硬橡胶或 FRP/PVC。干氯气对碳钢腐蚀轻微，一般采用普通碳钢，但需防止经水压试验后设备内部水渍的残留，对于内部结构复杂的设备，条件允许可采用气压试验。98%硫酸的设备可采用普通碳钢，稀硫酸的设备可采用硬 PVC 等非金属材料，泵可使用含钼的高硅铸铁材料。

氯气洗涤塔到泡沫干燥塔之间的管线，由于湿氯气温度已经降低，低于 60～80℃的湿氯气可采用环氧玻璃钢管道或采用玻璃钢增强的 PVC 管道。稀硫酸管道可采用钢衬四氟、钢衬橡胶等材料。干燥塔到雾滴过滤器之间的配管，因是干燥的氯气，腐蚀性很小，采用碳钢管即可。

17.5.2.7 其他单元选材与防腐

氢气处理及氢气压缩单元设备与管道材料以普通碳钢为主，如氢气洗涤塔、氢气预热器、氢气冷凝液储槽、氢气分配台等设备材质均为普通碳钢；氯气液化和汽化单元介质主要为干液氯和干汽化液，对碳钢腐蚀不是很严重，该单元的设备和管道通常选用低温碳钢和普通碳钢，如液氯储槽、液氯中间槽材料为 16MnDR；盐酸及废气处理单元主要介质为氯气、HCl 气体、碱雾、废液等，介质情况比较复杂，对碳钢腐蚀严重，故该单元的设备和管道通常以非金属材料为主，如 FRP、PVC、FRP/PVC 是常用的材料。

17.6 蒸发与固碱设备腐蚀

当今电解制烧碱的主要工艺方法是离子膜法和金属阳极隔膜法，自 20 世纪 90 年代以来新建氯碱装置几乎全部采用离子膜法，仅有少数老旧装置还在沿用隔膜法。离子膜法电解工艺的优势在于电解槽直接能制取高纯度的烧碱溶液，氢氧化钠浓度高达 30%～33%，杂质含量低，其中 $NaCl \leqslant 40\times10^{-6}$，$NaClO_3 \leqslant 20\times10^{-6}$。隔膜法电解槽产生电解液的氢氧化钠浓度只有 10%～12%，其中含 NaCl 16%～18%、SO_4^{2-} 0.1%～0.6%、氯酸盐在 0.03% 以下，必须经过蒸发、浓缩、除盐，才能得到符合商品规格的液碱。由于用户对烧碱浓度、含盐量等有不同的要求，加上区域性储备以及远距离运输等原因，除30%、32%的液碱产品以外，还有42%、48%、50%规格浓液碱产品，73%低浓度固碱以及氢氧化钠含量在95%以上的固碱产品。

隔膜法和离子膜法由于电解槽制取的碱液含杂质不同，相应的对蒸发固碱设备的防腐要求也有区别。

17.6.1 蒸发设备

17.6.1.1 隔膜法蒸发设备腐蚀

隔膜法烧碱含有较多杂质，氯离子及氯离子杂质的存在、碱液浓度及温度的影响以及设备选材、结构设计、加工制造工艺、操作过程等，都会引起设备及管道的腐蚀。设备及管道的腐蚀，主要有均匀腐蚀及局部腐蚀两种形态，局部腐蚀有应力腐蚀、碱脆、点蚀、缝隙腐蚀等。

根据碱液的浓度和温度选定设备的材质，见图17-2及图17-3。

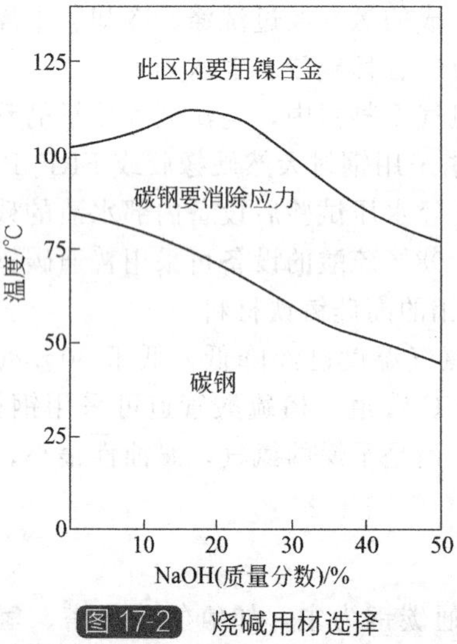

图17-2 烧碱用材选择

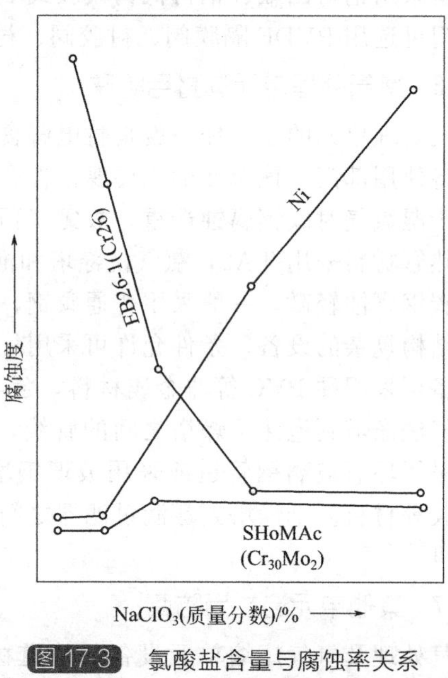

图17-3 氯酸盐含量与腐蚀率关系

镍是最佳耐碱材料。在蒸发工序，烧碱中少量氯酸钠的存在，对镍的耐腐蚀性无明显的影响。

新型耐碱材料——超纯铁素体不锈钢（含26%～30% Cr、1%～5% Mo、C+N<150×10^{-6}的Fe-Cr-Mo钢）在碱中具有优良耐腐蚀性。

特别是在氯酸盐含量高、操作温度高的情况下，超纯铁素体不锈钢比镍耐腐蚀性好，但热导率则比镍小得多，只有工业纯镍的30%左右，隔膜法常用的蒸发器材质如表17-36及表17-37所示。

表17-36 常用的蒸发器材质(一)

流程	一效		二效		三效		四效	
	蒸发室	加热室	蒸发室	加热室	蒸发室	加热室	蒸发室	加热室
三效顺流	1 Cr 18 Ni9Ti	00Cr18Ni10	蒸发室	加热室	蒸发室	加热室		

续表

流程	一效		二效		三效		四效	
	蒸发室	加热室	蒸发室	加热室	蒸发室	加热室	蒸发室	加热室
三效逆流	镍、镍复合钢或 E-B26-1	镍 E-B26-1	镍、复合钢或 E-B26-1	E-B26-1	316L	E-B26-1	—	—
四效逆流	镍、镍复合钢或 E-B26-1	镍 E-B26-1	镍、复合钢或 E-B26-1	E-B26-1	304L	304L	304L	304L
四效错流	镍、镍复合钢或 E-B26-1	Ni	镍、复合钢或 E-B26-1	Ni	复合 304L	304L	复合 304L	304L

表 17-37　常用的蒸发器材质(二)

牌号	304L	E-B26-1	SHoMAc	316L
中国牌号	00Cr18Ni10	Cr26Mo	Cr30Mo2	00Cr17Ni14Mo2

17.6.1.2　离子膜法蒸发设备腐蚀

离子膜法电解制取的碱液浓度高，杂质含量低，典型组成见表 17-38。

表 17-38　碱液典型组成

名称	NaOH	NaCl	$NaClO_3$	Fe_2O_3	H_2O
组成(质量分数)	32%(最小)	$\leqslant 30\times10^{-6}$	$\leqslant 8\times10^{-6}$	$\leqslant 2\times10^{-6}$	剩余

电解制取的 32%碱液现多采用双效逆流或者三效逆流来生产 48%～50%液碱，换热设备形式主要有降膜、板式、旋转薄膜以及列管升膜蒸发器。由于所含杂质浓度特别是氯酸盐浓度低，其腐蚀情况要优于隔膜法电解碱液，在所使用的材料中，镍材使用情况较好，即使在高温高浓的一效也能长时间运行。现采用的逆流蒸发流程比顺流流程有一系列的优点，但浓效蒸发器处于高温、高浓的条件下运行，腐蚀相对严重，故需要选用高等级耐腐蚀材料。设备材料的选择见表 17-39，列出近些年一些新建企业主要蒸发设备的选材及运行情况。

表 17-39　设备材料的选择

工厂代号	一效蒸发器			二效蒸发器			三效蒸发器			运行情况
	加热管	壳体	蒸发室	加热管	壳体	蒸发室	加热管	壳体	蒸发室	
2009-1	Ni	C. S	Ni/C. S	Ni	S. S	Ni/C. S	S. S	S. S	S. S	在建
2008-1	Ni	C. S	Ni/C. S	Ni	304L	Ni/C. S	316L	304L	316L	试生产
2008-2	Ni	C. S	Ni	Ni	304L	Ni	316L	304L	316L	运行
2007-1	Ni	C. S	Ni	Ni	304L	Ni	316L	304L	316L	运行
2007-2	Ni	C. S	Ni/C. S	Ni	S. S	Ni/S. S	S. S	S. S	S. S	运行
2006-1	Ni	C. S	Ni/C. S	Ni	S. S	Ni/S. S	S. S	S. S	S. S	运行
2005-1	Ni	C. S	Ni	Ni	304L	Ni	316L	304L	316L	运行

17.6.2 膜式法固碱设备

对于固碱生产，高温浓碱对设备有很强的腐蚀性，故在膜式蒸发器中多以镍管为加热管。如果以隔膜电解生产的碱液作为原料，因其含有较高的氯酸盐（$300\times10^{-6}\sim600\times10^{-6}$），氯酸盐在250℃以上逐步分解，释放出新生态氧，这种新生态氧与镍制降膜蒸发器发生反应生成氧化镍层，此氧化镍层在高温下很易溶于浓碱而被带走。此时新生态氧又重新氧化镍管生成氧化层，这种过程反复进行，导致镍制蒸发器很快被腐蚀破坏，因此使用隔膜电解碱液生产固碱的碱液必须做预处理，隔膜法电解液的预处理可见相关的论述。基于这种情况，现膜式蒸发固碱生产多以离子膜电解液为原料，并加蔗糖作缓蚀剂，同时根据情况加入消泡剂。表17-40列出近年来一些新建企业主要蒸发固碱设备的选材及运行情况。

表17-40 一些新建企业主要蒸发固碱设备的选材及运行情况

工厂代号	一效蒸发器			二效蒸发器			闪蒸蒸发器	运行情况
	加热管	壳体	蒸发室	加热管	壳体	蒸发室		
2009-1	Ni	S. S	Ni/C. S	Ni	C. S	Ni	Ni	在建
2008-1	Ni	S. S	Ni/C. S	Ni	304L	Ni/C. S	Ni	试生产
2007-1	Ni	S. S	Ni/C. S	Ni	S. S	Ni	—	运行

参考文献

[1] 李凤云等．氯碱工业中耐腐蚀材料选择和应用．中国氯碱，2000（1）：39-40.
[2] 秦晓瑛．氯碱工业设备的腐蚀与防护. 新疆化工，2003（3）：7-9.
[3] 许淳淳，倪永泉，刘松等编著．化学工业中的腐蚀与防护．北京：化学工业出版社，2001.
[4] 赵风桐，氯碱工业设备的腐蚀与防护．氯碱工业，1996（9）：66-71.
[5] 程殿彬，陈柏森，施孝奎．离子膜法制碱生产技术．北京：化学工业出版社，1998.
[6] 程殿彬．离子膜电解的防腐蚀技术，材料及装置．氯碱工业，1996（9）：21-24.
[7] 张亨．氯碱生产中的腐蚀与防护．江苏氯碱，2004（2）：14-23.
[8] 李顺民．防腐蚀新技术在氯碱工业中的应用．腐蚀与防护，2004（1）：36-37.
[9] 金强．氯碱腐蚀与常用耐蚀性材料的选择应用．氯碱工业，2005（5）：41-44.
[10] 江镇海．氯碱工业设备的腐蚀与防腐材料的选用．江苏氯碱，2005，21（2）：29-33.
[11] 李向欣等．氯碱装置中塑料设备的耐腐蚀性能．氯碱工业，2004（4）：42-45.
[12] 宫兰华．氯气处理中湿氯设备的腐蚀与防护．腐蚀与防护，2001（3）：127-130.
[13] 方度，蒋兰荪，吴正德主编．氯碱工艺学．北京：化学工业出版社，1990.
[14] 严福英等主编．氯碱工艺学．北京：化学工业出版社，1990.

18 氯碱分析

18.1 概述

氯碱生产分析技术是氯碱生产技术的一个重要组成部分，长期以来，分析被誉为生产的“眼睛”。随着氯碱生产技术和装备不断更新，氯碱生产方式和市场运作已经完全和国际接轨，因而对氯碱生产分析技术提出了更高的要求。

氯碱生产分析的种类繁多，几乎涉及容量分析的全部内容；仪器分析的应用也已相当普及，如电化学分析、光学分析、色谱分析等；在线分析的应用提高了过程质量控制的效率，越来越显出它的重要性和必要性。

本章节是《现代氯碱工艺技术》一书的辅助部分，受篇幅所限，凡在目前已出版的相关书籍上能查到的分析方法，一般只做简述，而对近年来有关氯碱生产分析中的疑难项目，做较详细的介绍。

本章节选编了相关安全分析和环境监测分析的方法。

18.2 氯碱生产分析方法

18.2.1 容量分析

容量分析法是用一种已知准确浓度的溶液（称为标准溶液），滴加到被测试样的溶液中，直到加入的标准溶液的量与被测组分的含量相当时（称为等当点），由用去的标准溶液的体积和它的浓度计算出被测组分含量的方法。

容量分析的测定方法，一般可分为四类：

（1）酸碱滴定法（又称中和法）。利用中和反应对酸、碱、弱酸盐或弱碱盐进行测定，其反应可用下式表示：

$$H^+ + OH^- = H_2O$$

（2）沉淀滴定法（又称容量沉淀法）。利用生成沉淀的反应进行测定，如银量法，其反应如下：

$$Ag^+ + Cl^- = AgCl\downarrow$$

（3）络合滴定法。利用络合反应对金属离子进行测定，如用 EDTA 作络合剂，有如下反应：

$$Me^{2+} + Y^{4-} = MeY^{2-}$$

（4）氧化还原法。利用氧化还原反应进行测定，包括高锰酸钾法、重铬酸钾法、碘法、溴酸盐法及铈量法等，其反应可举例如下：

$$Cr_2O_7^{2-} + 6I^- + 14H^+ = 2Cr^{3+} + 3I_2 + 7H_2O$$

18.2.2 质量分析

质量分析是化学分析中的一种定量测定方法，指以质量为测量值的分析方法，又称重量法。将被测组分与其他组分分离，称重计算其含量。该法可精确到0.1%～0.2 %，对低含量组分测定误差较大，尽量避免使用。

18.2.3 仪器分析

仪器分析是借助光、电等仪器测量样品的光学性质（如吸光度或谱线强度）、电性能（如电流、电位、电导）等物理或物理化学性质而求出待测组分含量的方法。

18.2.4 在线分析

在线分析是指在工业生产流程中，对物化过程中的物质成分或物理状态进行连续检测和构成控制系统的方法。

在线分析的意义：

(1) 直接反映生产流程中的异常情况，以便及时调整生产条件，防止发生安全环保事故，避免重大经济损失；

(2) 及时知悉物料中的浓度；

(3) 实时知悉产品的质量。

在线检测系统的基本构成见图 18-1。

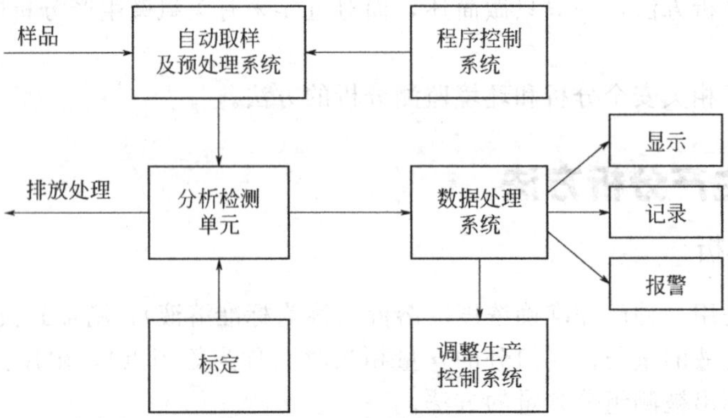

图 18-1 在线检测系统构成图

目前，盐水中 pH、ORP、过碱量、钙镁含量、氢氧化钠溶液浓度、盐酸浓度及氯中含水等在线仪器的性能已经十分成熟，在企业中的使用率逐年提高。

18.3 原辅材料分析

在原辅材料分析中，工业盐、碳酸钠、亚硫酸钠、硫酸是工业通用原料，分析方法成熟可靠，具体方法可见相关的国家标准。

18.4 中间控制分析

18.4.1 盐水中氯化钠测定

18.4.1.1 原理（容量分析法）

在 pH 2～3 的溶液中，强电离的硝酸汞标准滴定溶液将氯离子转化为弱电离的氯化汞，当稍过量的二价汞离子和二苯偶氮碳酰肼指示剂生成紫红色的络合物时，即为终点。

18.4.1.2 试剂

（1）硝酸溶液：2mol/L。

（2）硝酸汞标准滴定溶液：$C[1/2Hg(NO_3)_2]=0.05mol/L$。

（3）溴酚蓝指示剂：0.4g/L 乙醇溶液。

（4）二苯偶氮碳酰肼指示剂：5g/L 乙醇溶液。

18.4.1.3 测定步骤

吸取 10.00mL 试样于 500mL 容量瓶中，用水稀释至刻度，摇匀。吸取上述已稀释的溶液 10.00mL，置于 250mL 锥形瓶中，加 50mL 水，加 3 滴溴酚蓝指示剂，溶液呈蓝色。再逐滴加入硝酸溶液，溶液由蓝色变为黄色，加入 1mL 二苯偶氮碳酰肼指示剂，用硝酸汞标准滴定溶液，溶液由黄色变为紫红色即为终点，同时做空白试验。

18.4.1.4 结果计算

$$NaCl(g/L)=\frac{C(V_0-V_1)\times0.05844}{10\times10/500}\times1000$$

式中 C——硝酸汞标准滴定溶液浓度的准确数值，mol/L；

V_1——试样测定消耗的硝酸汞标准滴定溶液的体积，mL；

V_0——空白测定消耗的硝酸汞标准滴定溶液的体积，mL；

0.05844——与 1.00mL 硝酸汞标准滴定溶液 $\{C[1/2Hg(NO_3)_2]=0.05mol/L\}$ 相当的氯化钠的质量，g；

10——试样的体积，mL。

18.4.2 盐水中次氯酸钠测定

18.4.2.1 原理（容量分析法）

硫酸亚铁铵与氯酸钠反应，用高锰酸钾标准滴定溶液滴定过量的硫酸亚铁铵，溶液呈淡红色即为终点。

18.4.2.2 试剂

（1）硫酸溶液（1+2）。

（2）硫酸亚铁铵溶液：0.1mol/L。

（3）高锰酸钾标准滴定溶液：$C(1/5\ KMnO_4)=0.1mol/L$。

18.4.2.3 测定步骤

吸取 10.00mL 试样置于 250mL 锥形瓶中，加适量水，加 10mL 硫酸溶液，再吸取 50.00mL 硫酸亚铁铵溶液，然后加热煮沸 10min，冷却至室温，用高锰酸钾标准滴定溶液滴定至溶液呈淡红色并持续 1min 不褪色即为终点，同时做空白试验。

18.4.2.4 结果计算

$$NaClO_3(g/L)=\frac{C(V_0-V_1)\times0.01775}{10}\times1000$$

式中 C——高锰酸钾标准滴定溶液浓度的准确数值，mol/L；

V_0——测定空白时消耗高锰酸钾标准滴定溶液的体积，mL；

V_1——测定试样时消耗高锰酸钾标准滴定溶液的体积，mL；

0.01775——与 1.00mL 高锰酸钾标准滴定溶液 $[C(1/5\ KMnO_4)=0.1mol/L]$ 相当的氯酸钠的质量，g；

10——试样的体积，mL。

18.4.3 盐水中硫酸根测定

18.4.3.1 原理

氯化钡与硫酸根生成难溶的硫酸钡沉淀，过量的钡离子用 EDTA 标准滴定溶液滴定，间接测定硫酸根含量。

18.4.3.2 试剂

(1) 乙二胺四乙酸二钠镁（Mg-EDTA）溶液：0.04mol/L，称取 8.6g Mg-EDTA 试剂，溶于水中，稀释至 1000mL，混匀。

(2) 氨-氯化铵缓冲溶液：pH≈10。

(3) 氯化钡溶液：0.02mol/L，称取 2.4g 氯化钡溶于 500mL 水中，室温放置 24h，使用前过滤。

(4) 无水乙醇。

(5) 盐酸溶液：1+1。

(6) 乙二胺四乙酸二钠（EDTA）标准滴定溶液：$C(\text{EDTA})=0.1\text{mol/L}$。

(7) 乙二胺四乙酸二钠（EDTA）标准滴定溶液：$C(\text{EDTA})=0.02\text{mol/L}$。

(8) 铬黑 T 指示剂：2g/L。

18.4.3.3 测定步骤

吸取 25.00mL 试样，置于 500mL 容量瓶中，用水稀释至刻度，摇匀。吸取上述已稀释的溶液 10.00mL，置于 250mL 锥形瓶中，加 2 滴盐酸溶液，加 10.00mL 氯化钡溶液（当硫酸根含量低于 0.6% 时，加入 5.00mL），摇匀，放置 10min，再加入 10.00mL 或 5.00mL Mg-EDTA 溶液（与氯化钡量同），先后加入 10mL 无水乙醇、5mL pH≈10 的氨-氯化铵缓冲溶液、4 滴铬黑 T 指示剂，用 EDTA 标准滴定溶液滴定至溶液由酒红色变为蓝色，即为终点，同时做空白试验。

18.4.3.4 结果计算

$$SO_4^{2-}(\text{g/L})=\frac{C(V_0-V_1)\times 0.09606}{25\times 10/500}\times 1000$$

式中 C——EDTA 标准滴定溶液浓度的准确数值，mol/L；

V_0——测定空白时消耗 EDTA 标准滴定溶液的体积，mL；

V_1——测定试样时消耗 EDTA 标准滴定溶液的体积，mL；

0.09606——与 1.00mLEDTA 标准滴定溶液[$C(\text{EDTA})=1.000\text{mol/L}$]相当的硫酸根质量，g；

25——试样的体积，mL。

注意：盐水中硫酸根含量太高或太低时，可以改变试样的取样量，取适量稀释后溶液进行测定，或者移取一定量试样直接进行。

18.4.4 盐水中游离氯测定

18.4.4.1 原理（容量分析法）

游离氯将碘离子氧化为碘，用硫代硫酸钠标准滴定溶液滴定析出的碘，以淀粉为指示剂，溶液蓝色消失即为终点。

反应式如下：

$$Cl_2+2KI=2KCl+I_2$$
$$I_2+2Na_2S_2O_3=2NaI+Na_2S_4O_6$$

18.4.4.2 试剂

（1）乙酸溶液（1+1）（用36%的乙酸配制）。

（2）碘化钾溶液：100g/L。

（3）硫代硫酸钠标准滴定溶液：$C(Na_2S_2O_3)=0.1mol/L$。

（4）硫代硫酸钠标准滴定溶液：$C(Na_2S_2O_3)=0.01mol/L$。

（5）淀粉溶液：10g/L。

18.4.4.3 仪器

（1）一般实验室仪器。

（2）微量滴定管。

18.4.4.4 测定步骤

在250mL碘量瓶中，加入10mL碘化钾溶液和10mL乙酸溶液，再迅速吸取25.00mL冷却至室温的试样，加盖摇匀，放置暗处5min后取出，用微量滴定管装入硫代硫酸钠标准滴定溶液滴定试样，近终点时，溶液呈淡黄色，加入2mL淀粉溶液，继续滴定至蓝色消失，即为终点，同时做空白试验。

18.4.4.5 结果计算

$$游离氯(mg/L)=\frac{C(V_1-V_0)\times 0.03545}{25}\times 10^6$$

式中 C——硫代硫酸钠标准滴定溶液浓度的准确数值，mg/L；

V_1——测定试样时消耗硫代硫酸钠标准滴定溶液的体积，mL；

V_0——测定空白时消耗硫代硫酸钠标准滴定溶液的体积，mL；

0.03545——与1mol硫代硫酸钠标准滴定溶液[$C(Na_2S_2O_3)=1.000mol/L$]相当的游离氯的质量，g；

25——试样的体积，mL。

18.4.5 盐水中亚硫酸钠测定

18.4.5.1 原理（容量分析法）

测定时加入已知过量的碘标准溶液，将亚硫酸钠氧化，过量的碘在酸性溶液中，用硫代硫酸钠标准溶液回滴至终点。

$$Na_2SO_3+I_2+H_2O=Na_2SO_4+2HI$$
$$I_2+2Na_2S_2O_3=Na_2S_4O_6+2NaI$$

18.4.5.2 试剂

（1）盐酸溶液（1+1）。

（2）硫代硫酸钠标准溶液：$C(Na_2S_2O_3)=0.01mol/L$。

（3）碘标准溶液：$C(1/2I_2)=0.01mol/L$。

（4）淀粉溶液：1.0%。

18.4.5.3 测定步骤

准确量取0.01mol/L碘标准溶液25mL于250mL碘量瓶中，加水30～50mL，再迅速加入试样25mL，加塞摇匀，静止5min后加1mL（1+1）盐酸溶液，摇匀，用0.01mol/L

硫代硫酸钠标准溶液滴定至溶液浅黄色时，加入2mL 1%淀粉溶液，继续滴定至溶液为无色即为终点，同时做空白试验。

18.4.5.4 结果计算

亚硫酸钠含量按下式计算：

$$亚硫酸钠(g/L)=\frac{C(V_2-V_1)\times 0.06302}{25}\times 1000$$

式中 V_1——硫代硫酸钠标准溶液的体积，mL；

V_2——空白试验硫代硫酸钠标准溶液的体积，mL；

C——硫代硫酸钠标准溶液物质的量浓度，mol/L；

0.06302——与1.00mL硫代硫酸钠标准溶液[$C(Na_2S_2O_3)=1.000$mol/L]相当的亚硫酸钠的质量，g。

18.4.6 盐水中钙、镁总量测定

18.4.6.1 原理（容量分析法）

在pH≈10的条件下，钙、镁离子和铬黑T指示剂生成酒红色的络合物，用EDTA标准滴定溶液滴定，当铬黑T指示剂被EDTA置换出来，溶液呈铬黑T指示剂的蓝色，即为终点。

18.4.6.2 试剂

(1) 盐酸溶液（1+1）。

(2) 氨-氯化铵缓冲溶液：pH≈10。

(3) EDTA标准滴定溶液：$C(EDTA)=0.1$mol/L。

(4) EDTA标准滴定溶液：$C(EDTA)=0.01$mol/L。

(5) 铬黑T指示剂：5g/L。

18.4.6.3 测定步骤

吸取50.00mL试样置于250mL锥形瓶中，用盐酸调节试样pH≈7，加入50mL水，置于水浴锅上加热至50℃，取出后立即加入10mL pH≈10的缓冲溶液，加5～7滴铬黑T指示剂，在充分摇动下，用EDTA标准滴定溶液滴定至溶液由酒红色变为蓝色，即为终点，同时做空白试验。

18.4.6.4 结果计算

$$钙、镁总量(以Ca计)(mg/L)=\frac{C(V_1-V_0)\times 40.08}{50}\times 1000$$

式中 C——EDTA标准滴定溶液浓度的准确数值，mol/L；

V_1——测定试样时消耗的EDTA标准滴定溶液的体积，mL；

V_0——测定空白时消耗的EDTA标准滴定溶液的体积，mL；

40.08——与1.00mL EDTA标准滴定溶液[$C(EDTA)=1.000$mol/L]相当的钙的质量，mg；

50——试样的体积，单位为mL。

18.4.7 盐水中钙测定

18.4.7.1 原理（容量分析法）

钙黄绿素能与水中钙离子生成荧光黄绿色络合物，在pH>12时，用EDTA标准溶液滴定钙，当接近终点时，EDTA夺取与指示剂结合的钙，溶液荧光黄绿色消失，呈混合指

示剂的红色，即为终点。

18.4.7.2 试剂

（1）200g/L 氢氧化钾溶液。

（2）0.01mol/L EDTA 标准溶液。

（3）钙黄绿素酚酞混合指示剂：称取钙黄绿素 0.2g 和酚酞 0.07g 置于研钵中，再加入 20g 氯化钾，研细混匀，储于广口瓶中。

18.4.7.3 测定步骤

吸取试样 50.00mL，移入 250mL 锥形瓶中，加 2mL 200g/L 氢氧化钾溶液，再加约 80mg 钙黄绿素酚酞混合指示剂，用 0.01mol/L EDTA 标准溶液滴定至荧光黄绿色消失，出现红色即为终点，同时做空白试验。

18.4.7.4 结果计算

盐水中钙离子含量（毫克/升，以 Ca 计），按下式计算：

$$钙含量(以\ Ca\ 计)(mg/L)=\frac{C(V_1-V_0)\times 40.08}{50.00}\times 1000$$

式中 C——EDTA 标准滴定溶液浓度的准确数值，mol/L；

V_1——测定试样时消耗的 EDTA 标准滴定溶液的体积，mL；

V_0——测定空白时消耗的 EDTA 标准滴定溶液的体积，mL；

40.08——与 1.00mL EDTA 标准滴定溶液[C(EDTA)=1.000mol/L]相当的钙的质量，mg；

50.00——试样的体积，mL。

18.4.7.5 注意事项

（1）若测定时有轻度返色，可滴至不返色为止。

（2）也可采用钙指示剂或紫脲酸铵作指示剂。

（3）盐水中镁含量的测定：盐水中镁含量=盐水中钙镁总量—盐水中钙含量。

18.4.8 盐水中氢氧化钠和碳酸钠测定

18.4.8.1 原理（容量分析法）

盐酸标准滴定溶液和氢氧化钠及碳酸钠反应至酚酞褪色为第一等当点，此时，氢氧化钠完全被中和，碳酸钠转化成碳酸氢钠，然后继续反应至甲基橙出现橙色为第二等当点，此时碳酸钠完全被中和。

反应式如下：

$$NaOH+HCl=\!=\!=NaCl+H_2O$$

$$Na_2CO_3+HCl=\!=\!=NaCl+NaHCO_3$$

$$NaHCO_3+HCl=\!=\!=NaCl+CO_2\uparrow+H_2O$$

18.4.8.2 试剂

（1）盐酸标准滴定溶液：C(HCl)=0.05mol/L。

（2）酚酞指示剂：10g/L 乙醇溶液。

（3）甲基橙指示剂：1g/L。

18.4.8.3 测定步骤

吸取 20.00mL 试样置于 250mL 锥形瓶中，加入适量水，加 2～3 滴酚酞指示剂，用盐酸标准滴定溶液滴定至红色刚刚消失为终点，记录此时盐酸标准滴定溶液消耗体积数为V_1，再加2～3滴甲基橙指示剂，继续用盐酸标准滴定溶液滴定至溶液呈橙色为终点，记录此次盐酸标准滴定溶液消耗体积数为V_2。

18.4.8.4 结果计算

$$NaOH(g/L)=\frac{C(V_1-V_2)\times 0.040}{20}\times 1000$$

$$Na_2CO_3(g/L)=\frac{C\times 2V_2\times 0.053}{20}\times 1000$$

式中 C——盐酸标准滴定溶液浓度的准确数值，mg/L；

V_1——以酚酞为指示剂时，盐酸标准滴定溶液的消耗体积，mL；

V_2——以甲基橙为指示剂时，盐酸标准滴定溶液的消耗体积，mL；

0.040——与1.00mL盐酸标准滴定溶液[$C(HCl)=1.000mol/L$]相当的氢氧化钠的质量，g；

0.053——与1.00mL盐酸标准滴定溶液[$C(HCl)=1.000mol/L$]相当的碳酸钠的质量，g；

20——试样的体积，mL。

18.4.9 盐水中悬浮固体物（SS）测定

18.4.9.1 原理（重量分析法）

用特殊过滤膜过滤悬浮固体，然后干燥称重。

18.4.9.2 试剂与材料

（1）无水乙醇。

（2）聚四氟乙烯隔膜过滤器。

（3）多孔氟基膜滤纸。

18.4.9.3 仪器

（1）一般实验室仪器。

（2）抽滤装置。

18.4.9.4 测定步骤

（1）将过滤膜放入扁形称量瓶中，在105～110℃的恒温烘箱中干燥2h，然后小心取出放入干燥器内，冷却后称重。

（2）在上述称重后的扁形称量瓶中，加入适量无水乙醇，使过滤膜呈半透明状态。

（3）把处理过的过滤膜放入过滤器，用量筒量取1000mL样品，慢慢倾入过滤器进行抽滤，抽滤完毕后用250mL水，分10次洗涤滤膜，然后取出滤膜，放入扁形称量瓶中，再置于105～110℃的烘箱中干燥2h，取出后放入干燥器中冷却，称重。

18.4.9.5 结果计算

$$SS(mg/L)=(m_2-m_1)\times 1000$$

式中 m_2——过滤膜和悬浮固体的质量，g；

m_1——过滤膜的质量，g。

18.4.10 盐水中微量金属离子测定

18.4.10.1 原理(ICP法)

原子（离子）受电能或热能的作用，外层电子得到一定能量，由较低能级被激发到较高能级，这时的原子（离子）处于激发态。处于激发态的电子（离子）不稳定，当它跃迁回原来的能级时就发射出一定波长的光，在光谱中形成一条或几条光谱线，而光谱线的强度与样品中待测原子（离子）的浓度成比例关系，根据这一关系，可测得元素的含量。

18.4.10.2 试剂

（1）金属离子标准溶液（ICP、原子吸收专用试剂）。

（2）工艺超纯盐酸。

（3）超纯水：用纯水器制备。

18.4.10.3 仪器

（1）ICP 发射光谱分析仪。

（2）纯水器：出水电阻率 $R>18.2\ \mathrm{M\Omega/cm}$。

（3）聚乙烯容量瓶、移液管、烧杯。

18.4.10.4 测定步骤

根据仪器生产厂商的操作标准和培训要求开启仪器，分析试样。

18.4.11 盐水中无机铵测定

18.4.11.1 原理（比色分析法）

样品中无机铵在碱性条件下加热，以氨的形态被蒸出，用硼酸溶液吸收后，用纳氏比色法定量，反应式如下：

$$NH_4^+ + OH^- \longrightarrow NH_3\uparrow + H_2O$$

$$3NH_3 + H_3BO_3 \longrightarrow (NH_4)_3BO_4$$

$$2K_2[HgI_4]+4OH^-+NH_4^+ \longrightarrow O\begin{smallmatrix}\diagup Hg \diagdown \\ \diagdown Hg \diagup\end{smallmatrix}NH_2I+4K^++7I^-+3H_2O$$

18.4.11.2 试剂

（1）氢氧化钠溶液：300g/L。

（2）硼酸溶液：20g/L。

（3）纳氏试剂。

（4）铵标准溶液：0.1mg/mL。

18.4.11.3 仪器

（1）一般的实验室仪器。

（2）50mL 标准具塞比色管。

（3）分光光度计。

（4）蒸馏装置。

18.4.11.4 测定步骤

（1）标准曲线绘制。依次吸取 0.0mL、0.2mL、0.4mL、0.6mL、0.8mL、1.0mL 铵标准溶液置于 6 支 50mL 标准具塞比色管中，用水稀释至刻度，分别加入 1mL 氢氧化钠溶液和 1mL 纳氏试剂，摇匀，静置 10min。将分光光度计波长调节到 420nm，用 2cm 比色皿，以空白溶液校零，分别测定各管溶液的吸光度。

以铵含量（单位 mg）为横坐标，对应的吸光度为纵坐标绘制标准曲线。

（2）在蒸馏瓶中加入 50mL 盐水，再加入 100mL 水。

（3）蒸馏。装好蒸馏装置，在承接蒸馏冷凝液的比色管内预先加入5mL硼酸溶液，接液管的下端插入溶液中，开启冷凝水，通过碱式分液漏斗向蒸馏瓶内加入2mL氢氧化钠溶液，摇匀，开启电炉加热蒸馏，蒸馏冷凝液近45mL时，放低比色管使接液管管口脱离液面，继续蒸馏，以冷凝液冲洗接液管内壁，同时用少量水冲洗接液管外壁，关闭电炉，停止加热，取出比色管。

（4）空白试验。用150mL水，采用与样品完全相同的方法蒸馏。

（5）比色。取出比色管，加水至刻度，用标准曲线绘制的相同条件操作，以空白试验蒸馏冷凝液校零，测定样品的吸光度，在标准曲线上查得铵的质量数值。

18.4.11.5 结果计算

盐水中无机铵含量 (mg/L) $=M/V\times1000$

式中，M 为样品中铵的质量数值，mg；V 为样品的体积数值，mL。

18.4.12 盐水中总铵测定

18.4.12.1 原理（比色分析法）

样品中有机氮在有催化剂硫酸铜存在下，于浓硫酸中加热消化，转化为无机铵，和样品中原有的无机铵一起在碱性条件下加热，以氨的形态被蒸出，用硼酸溶液吸收后，用纳氏比色法定量，反应式如下：

$$CH_2NH_2COOH+3H_2SO_4 = 2CO_2+NH_3+4H_2O+3SO_2$$

$$4NH_3+H_2SO_3+O_2 = 2(NH_4)_2SO_4$$

$$NH_4^++OH^- = NH_3\uparrow+H_2O$$

$$6NH_3+H_3BO_3+O_2 = 2(NH_4)_3BO_4$$

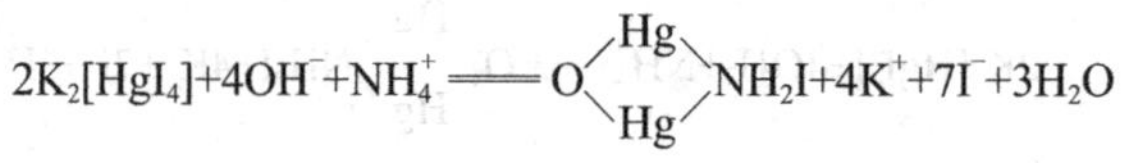

18.4.12.2 试剂

（1）硫酸铜。

（2）硫酸：优级纯。

（3）氢氧化钠溶液：300g/L。

（4）硼酸溶液：20g/L。

（5）纳氏试剂。

（6）铵标准溶液：0.1mg/L。

18.4.12.3 仪器

（1）一般的实验室仪器。

（2）50mL标准具塞比色管。

（3）分光光度计。

（4）消化装置。

（5）蒸馏装置。

18.4.12.4 测定步骤

（1）标准曲线绘制。依次吸取0.0mL、0.2mL、0.4mL、0.6mL、0.8mL、1.0mL铵标准溶液置于6支50mL标准具塞比色管中，用水稀释至刻度，分别加入1mL氢氧化钠溶液和1mL纳氏试剂，摇匀，静置10min。将分光光度计波长调节到420nm，用2cm比色皿，以空白溶液校零，分别测定各管溶液的吸光度。以铵含量（单位 mg）为横坐标，对应的吸光度为纵坐标绘制标准曲线。

（2）消化。称取 0.2g 硫酸铜加入消化瓶内，再加入 10mL 盐水，装好消化装置。

通过酸式分液漏斗向消化瓶内滴加 10mL 硫酸，将电炉上放一块中间有一小孔的石棉网，开启电炉，缓慢加热消化，瓶内溶液始终保持微沸状态，当溶液颜色呈透明翠绿色，消化瓶内充满白烟后继续加热 10min，关闭电炉，停止加热，消化完毕。

（3）蒸馏。将 100mL 水分三次缓慢加入已冷却的消化瓶内，边加水边摇匀。装好蒸馏装置，承接蒸馏冷凝液的比色管内预先加入 5mL 硼酸溶液，接液管的下端插入溶液中，开启冷凝水，通过碱式分液漏斗向蒸馏瓶内加入 50mL 氢氧化钠溶液，摇匀，开启电炉加热蒸馏，蒸馏冷凝液近 45mL 时，放低比色管使接液管管口脱离液面，继续蒸馏，以冷凝液冲洗接液管内壁，同时用少量水冲洗接液管外壁，关闭电炉，停止加热，取出比色管。

（4）空白试验。用 10mL 水，采用与样品完全相同的方法消化、蒸馏。

（5）比色。取出比色管，加水至刻度，用标准曲线绘制的相同条件操作，以空白试验蒸馏冷凝液校零，测定样品的吸光度，在标准曲线上查得铵的质量数值。

18.4.12.5 结果计算

盐水中总铵含量 $(mg/L)=M/V\times 1000$

式中，M 为样品中铵的质量数值，mg；V 为样品的体积数值，mL。

18.4.13 盐水中碘测定

18.4.13.1 原理（比色分析法）

在酸性条件下，亚砷酸与硫酸铈发生很缓慢的氧化还原反应，当有碘离子存在时，由于碘的催化作用而使反应加快。碘离子含量高，反应速率快，所以可以从反应剩余的高铈离子量来测定碘化物的含量。

高铈离子可将亚铁试剂氧化成高铁，再用硫氰酸钾使高铁显色，用比色法进行测定，其吸光度与碘化物含量成非线性比例。

该反应与温度和时间有关，所以应按规定严格控制操作条件。

18.4.13.2 试剂

该法全部使用去离子水，除氯化钠溶液、硫酸溶液，其余试剂全部用棕色磨口试剂瓶储存。

（1）40g/L 硫氰酸钾溶液：称取 4.0g 分析纯硫氰酸钾，溶于去离子水中并稀释至 100mL。

（2）0.1mol/L 亚砷酸溶液：取 4.946g 分析纯三氧化二砷，加 500mL 去离子水、10 滴优级纯浓硫酸，加热至三氧化二砷溶解，用去离子水稀释至 1000mL。

（3）0.02mol/L 硫酸铈溶液：称取 0.809g 分析纯硫酸铈 $[Ce(SO_4)_2\cdot 4H_2O]$ 溶于 50mL 水中，加优级纯浓硫酸 44mL，加去离子水稀释至 100mL。

（4）260g/L 氯化钠溶液：用分析纯氯化钠配制。

（5）（1+3）硫酸：用优级纯硫酸配制。

（6）15g/L 硫酸亚铁铵溶液：称取 1.5g 优级纯硫酸亚铁铵 $[FeSO_4\cdot (NH_4)_2SO_4\cdot 6H_2O]$ 溶于去离子水中，加入 2.5mL(1+3)硫酸，并用去离子水稀释至 100mL，存放于冰箱中，可使用一周。

（7）0.02μg/mL 碘化物标准溶液：称取 0.1308g 无水分析纯碘化钾，溶于去离子水中并稀释至1000mL。取此液10.00mL用去离子水稀释至1000mL，则此溶液1.00mL相当于1.00μg碘化物。使用时取此液20.00mL用去离子水稀释至1000mL。

18.4.13.3 仪器

(1) 恒温水浴装置，[(30±0.1)℃]。

(2) 秒表。

(3) 25mL具塞比色管。

(4) 分光光度计。

18.4.13.4 测定步骤

(1) 取碘化物标准溶液0mL、2.0mL、4.0mL、6.0mL、8.0mL、10.0mL分别置于比色管中，各加去离子水至10.0mL。将上述各管依次编号。

(2) 取盐水溶液0.5mL或1.0mL于比色管中，加去离子水至10.0mL。

(3) 向试样管及标准管内各加入1.00mL氯化钠溶液，混匀，各加入0.50mL亚砷酸溶液，混匀，再各加1.00mL (1+3) 硫酸。将上述各管和硫酸铈试剂瓶放入 (30±0.1)℃的恒温水浴中，使温度达到平衡。

(4) 用秒表计时，依次向各管加0.50mL硫酸铈溶液，每管相隔30s，加入试剂后立即加塞迅速摇匀，放回水浴中保温。

(5) 在水浴中放置(15±1)min后，依次向各管加1.00mL硫酸亚铁铵溶液，每管相隔30s [即保持每管从加硫酸铈溶液到加硫酸亚铁铵溶液的时间均为(15±0.1)min]，加入试剂后，立即加塞迅速摇匀，放回水浴中。

(6) 最后依次向各管加1.00mL硫氰酸钾溶液，每管相隔30s，加入试剂后，立即加塞摇匀，放回水浴中。

(7) 在水浴中放置45min后（从加入硫氰酸钾溶液的第一支试管的时间算起），依次每隔30s自水浴中取出一个试样，在室温中放置15min，测定时按次序，每隔30s测一个试样。

(8) 将标样和试样分别在分光光度计上用510nm波长、1cm比色皿测定吸光度，以标样用量为横坐标，标样吸光度为纵坐标，绘制标准曲线。将试样吸光度在标准曲线上查出相对应的标样用量。

18.4.13.5 结果计算

$$盐水中碘含量(mg/L)=\frac{相当于标准用量(mL)\times 20}{试样量(mL)\times 1000}$$

18.4.14 盐水中溴测定

18.4.14.1 原理（容量分析法）

用次氯酸钠在磷酸盐缓冲溶液中氧化溶液中的溴离子及单质溴，过量的次氯酸钠用甲酸还原。在pH<0.75时加入KI，将氧化后的BrO_3^-，BrO_4^-及BrO_6^-还原成I_2和Br_2。用淀粉作指示剂，硫代硫酸钠标准溶液进行滴定，反应式如下：

$$Br^-/Br_2 \xrightarrow{次氯酸钠氧化} BrO_3^-$$

$$BrO_3^- + 5I^- + 6H^+ = 2.5I_2 + 0.5Br_2 + 3H_2O$$

$$BrO_4^- + 7I^- + 8H^+ = 3.5I_2 + 0.5Br_2 + 4H_2O$$

$$BrO_6^- + 7I^- + 12H^+ = 3.5I_2 + 0.5Br_2 + 6H_2O$$

18.4.14.2 试剂

（1）磷酸盐缓冲溶液：将 50g $NaH_2PO_4 \cdot 2H_2O$、50g $Na_2HPO_4 \cdot 12H_2O$、50g $Na_4P_2O_7 \cdot 10H_2O$、150g NaCl 溶于 1L 中。

（2）甲酸溶液：2mol/L，用超纯水溶解 80mL 甲酸（98%～100%）至 1000mL。

（3）甲酸钠溶液：500g/L。

（4）次氯酸钠溶液：170g/L。

（5）KI 溶液：200g/L。

（6）HCl 溶液（1+1）。

（7）硫代硫酸钠标准滴定溶液：0.1mol/L。

（8）硫代硫酸钠标准滴定溶液：0.01mol/L。

（9）甲基橙指示剂：0.5g/L。

（10）淀粉指示剂：2g/L。

18.4.14.3 测定步骤

称取 100g 左右试样，置于放有 20mL 水的 250mL 锥形瓶中，称量，精确至 0.01g。加入 3～4 滴甲基橙指示剂，用盐酸或氢氧化钠调节至刚显酸性。加入 10mL 磷酸盐缓冲溶液、1.0mL 次氯酸钠溶液、20 粒左右玻璃珠，水浴加热煮沸 10min，趁热加入约 5mL 甲酸钠至热溶液中，然后再滴加甲酸溶液至不再产生 CO_2 为止。冷却至室温，加入 1mL KI 溶液和 15mL 盐酸溶液，以淀粉为指示剂，用 0.01mol/L 硫代硫酸钠标准溶液滴定，同时做空白试验。

18.4.14.4 结果计算

$$溴含量(\mu g/g)=\frac{(V-V_0)\ C\ \times 79.9\times 1000}{m\times 6}$$

式中 C——硫代硫酸钠标准滴定溶液的浓度，mol/L；

V——测定试样时消耗的硫代硫酸钠标准滴定溶液的体积，mL；

V_0——空白测定时消耗的硫代硫酸钠标准滴定溶液的体积，mL；

79.9——与 1.00mL 硫代硫酸钠标准滴定溶液[$C(Na_2S_2O_3)=1.000$mol/L]相当的溴的质量，mg；

m——试样的质量，g。

18.4.15 盐水中碘、溴测定(ICP 法)

盐水中微量碘离子和溴离子的测定是氯碱分析的难题，德国斯派克公司出品的 ICP 仪（见图 18-2）采用密闭充氩循环净化光室技术，可随时应用＜190nm 谱线（即深紫外区谱线），不需提前用高纯氩气吹扫光室，节约宝贵的时间和大量的费用，能准确测量盐水中微量碘离子和溴离子的含量。

18.4.16 盐水中有机物(总有机碳) 测定(TOC 法)

总有机碳（TOC）分析仪是环境监测分析中常用的仪器，为了检测盐水中有机物的含量，被引用到氯碱分析的领域。常用的 TOC 分析仪的工作原理是：用红外光探测测量样品中有机物被高温氧化后产生的二氧化碳，算出总有机碳的量。用高温氧化方法测定 TOC 受盐水中氯化钠的干扰，无法得到准确的测定结果。美国通用公司出品的一款 TOC 分析仪（见图 18-3），采用超临界氧化技术测量盐水中总有机碳的量，避免了氯化钠的干扰，可获得准确的测量结果。

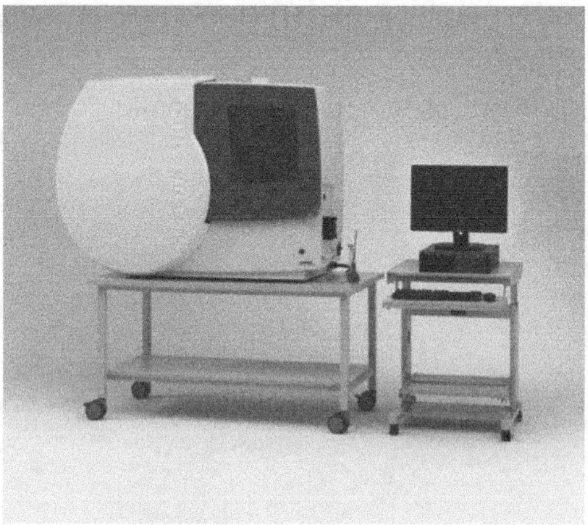

图 18-2 德国斯派克公司 ICP 仪

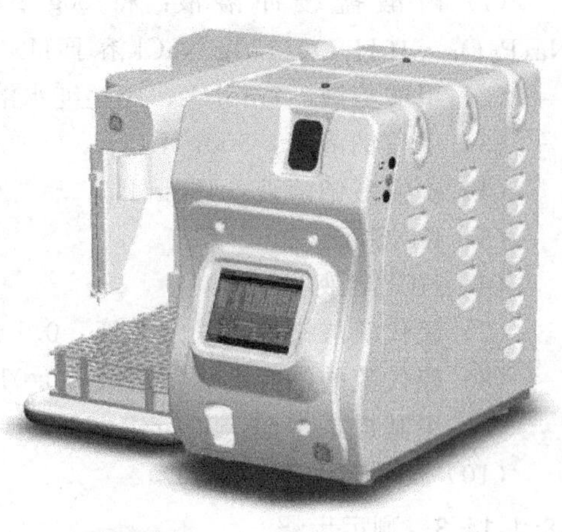

图 18-3 InnovOx-TOC 分析仪

18.4.17 氯气纯度、氯内含氧、氯内含氢、氯化氢纯度和氢气纯度测定（气体分析法）

氯气纯度、氯内含氧、氯内含氢、氯化氢纯度和氢气纯度的测定都是将一定量的样品通过吸收或反应后，根据样品的体积发生变化而产生的体积差，计算出被测组分的含量。

18.4.18 氯中含水量测定（电量法）

目前氯碱行业大部分企业一直采用质量法测定氯中含水量、该法耗费时间长、测定结果严重偏高，不能反映生产的真实状况。上海华盼化工科技有限公司生产的微量氯气水分测定仪（见图 18-4）设计先进、使用方便、测定速度快、检测结果准确度高，解决了几十年来的分析难题。

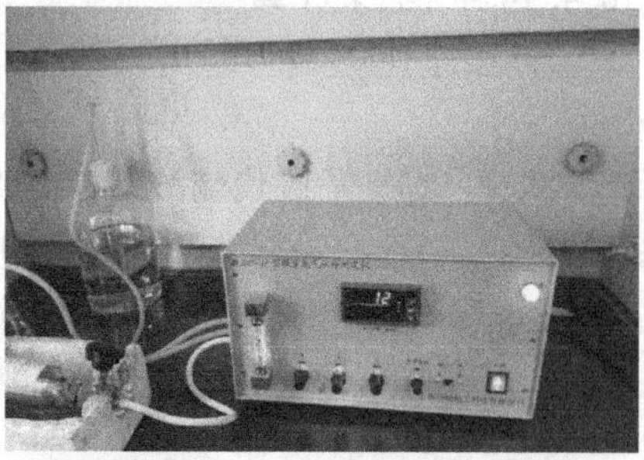

图 18-4 微量氯气水分测定仪

18.4.19 氯中三氯化氮测定（比色分析法）

三氯化氮严重威胁氯碱工业安全生产，为了确保检测数据的准确度，中国氯碱工业协会和化学工业氯碱氯产品质量监督检验中心专门发文推荐使用上海华盼化工科技有限公司生产的三氯化氮测定装置。

18.4.19.1 原理

氯气中三氯化氮和盐酸反应生成氯化铵，用纳氏比色法测定铵离子的量，从而得出三氯化氮的量。

$$4HCl + NCl_3 = NH_4Cl + 3Cl_2\uparrow$$

$$2K_2[HgI_4] + 4OH^- + NH_4^+ = O\langle^{Hg}_{Hg}\rangle NH_2I + 4K^+ + 7I^- + 3H_2O$$

18.4.19.2 试剂

该本法全部采用无铵水。

（1）盐酸（经处理的 A. R. 级盐酸）。

（2）纳氏试剂。

（3）200g/L 氢氧化钠溶液，用工业液碱配制。

（4）500g/L 酒石酸钾钠溶液，用 A. R. 级试剂配制。

（5）铵标准溶液（25μg NH_4^+/mL）。

18.4.19.3 仪器

（1）取样装置，见图 18-5。

（2）分离装置，见图 18-6。

图 18-5 三氯化氮分析取样装置

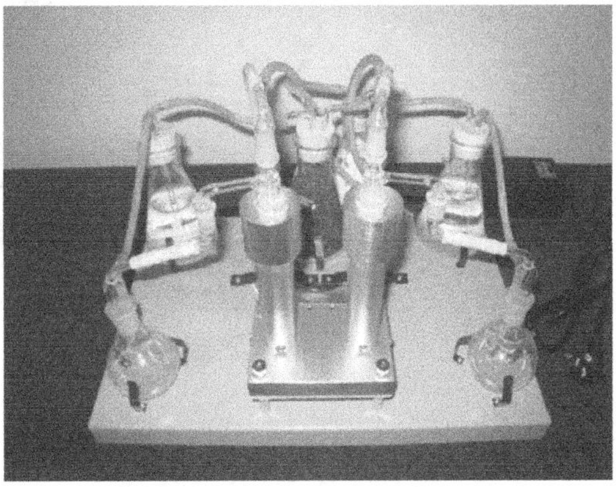

图 18-6 三氯化氮分析分离装置

（3）分光光度计。

18.4.19.4 测定步骤

（1）标准曲线的制作。用 20mL 比色管（特规）配制 0μg、10μg、20μg、30μg、40μg、50μg 铵标准溶液，分别加入 1mL 纳氏试剂，混匀，10min 后在分光光度计 420nm 波长下使用 2cm 比色皿测定吸光度，以铵含量为横坐标、吸光度为纵坐标，绘制标准曲线。

（2）取样。用滤纸擦干净取样阀门，小心开启阀门，将适量氯气通入大碱液瓶吸收以清洗阀门，安装好取样装置，控制氯气压力 0.04MPa，取样约 10min，氯气通过装有 5mL 盐酸的吸收管（避光）被装有约 250mL200g/L 氢氧化钠溶液的碱液瓶吸收，根据碱液瓶取样前后的称重（精确到 0.1g）计算出取样量。

（3）样品分离。将吸收管放入预先加热的分离装置内除去盐酸。

（4）比色定量。用无铵水冲洗吸收管内壁及浸入盐酸吸收液部位外壁，加入 1 滴 500g/L 酒石酸钾钠溶液，稀释至刻度，加入 1mL 纳氏试剂，混匀，10min 后在分光光度计 420mn 波长下测定吸光度，同时做盐酸空白，从标准曲线上查得样品铵含量，扣去空白。

18.4.19.5 结果计算

按下列公式算出样品中三氯化氮含量：

$$NCl_3(\mu g/g)=\frac{G_1\times 6.67\times 1.025}{G_2}$$

式中 G_1——样品含铵量，μg；

G_2——样品质量，μg；

6.67——铵与三氯化氮的换算值；

1.025——吸收系数。

18.4.20 氯内含氧、氢、氮、二氧化碳等杂质测定（气相色谱法）

用 TCD、FID 气相色谱仪测量氯中微量氧、氢、氮、二氧化碳等杂质含量，灵敏度达不到要求。爱尔兰 AGC 仪器公司出品的氦放电离子化（DID）色谱仪（见图 18-7），可以解决这一难题，用该款仪器可以一次进样，将氧、氢、氮、二氧化碳等杂质含量全部分析出来，灵敏度可达到 10^{-6}～10^{-9}级。

图 18-7 氦放电离子化(DID) 色谱仪

18.4.21 高纯盐酸总酸度测定

18.4.21.1 原理（容量分析法）

试样溶液以溴甲酚绿为指示剂，用氢氧化钠标准滴定溶液滴定至溶液由黄色变为蓝色时为终点，反应方程式为：

$$HCl + NaOH = NaCl + H_2O$$

18.4.21.2 试剂

① 氢氧化钠标准滴定溶液：1.0mol/L。

② 溴甲酚绿指示剂：1g/L。

18.4.21.3 仪器

一般实验室仪器。

18.4.21.4 测定步骤

吸取 3mL 左右的试样，置于内装 15mL 水并已称量（精确至 0.0001g）的碘量瓶中，称重，小心混匀，加 2～3 滴溴甲酚绿指示剂，用 $C(NaOH)=1.0mol/L$ 的氢氧化钠标准滴定溶液滴定至溶液由黄色变为蓝色，即为终点。

18.4.21.5 结果计算

$$总酸度(以\ HCl\ 计)(\%)=\frac{CV\times 0.03646}{m}\times 100$$

式中 V——消耗氢氧化钠标准滴定溶液的体积，mL；

C——氢氧化钠标准滴定溶液的浓度，mol/L；

0.03646——与 1.00mL 氢氧化钠标准溶液[$C(NaOH)=1.000mol/L$]相当的盐酸的质量，g；

m——试样质量，g。

18.4.22 高纯盐酸中游离氯测定

18.4.22.1 原理（比色分析法）

在强酸性溶液中，游离氯与邻-联甲苯胺发生显色反应，根据颜色的深浅，用分光光度计测定其吸光度，计算游离氯的含量。

18.4.22.2 试剂

（1）盐酸溶液（1+1）。

（2）游离氯标准溶液：5mg/L。

（3）邻-联甲苯胺溶液：1.4g/L。

18.4.22.3 仪器

（1）一般实验室仪器。

（2）分光光度计。

18.4.22.4 测定步骤

（1）标准曲线的制作。取 6 只 100mL 容量瓶，依次加入 0.0mL、2.0mL、4.0mL、6.0mL、8.0mL、10.0mL 上述游离氯标准溶液，再各加入 5mL 邻-联甲苯胺溶液和 10mL（1+1）盐酸溶液，稀释至刻度，迅速塞上瓶塞，混匀，于暗处静置 5min，迅速于波长 430nm、1cm 比色皿下分别测定吸光度。以吸光度为纵坐标、游离氯质量为横坐标，作标准曲线。

（2）测定。取 3 只 100mL 容量瓶，在其中 2 只各加入 15mL 水称量（精确至 0.0002g），再分别吸取约 5mL 盐酸试样加入 2 只容量瓶中，混匀并称量（精确至 0.0002g），在另外 1 只容量瓶中加入 10mL（1+1）盐酸溶液，混匀，再在 3 只容量瓶中各加入 5mL 邻-联甲苯胺溶液，稀释至刻度，迅速塞住瓶塞，混匀，于暗处静置 5min，迅速于波长 430nm、1cm 比色皿下，以空白校零，分别测定吸光度，从标准曲线上查得游离氯质量 m_0。

18.4.22.5 结果计算

$$\text{游离氯}(\mu g/g)=m_0/m$$

式中 m_0——试样的吸光度所对应的游离氯的质量，μg；

m——试样的质量，g。

18.5 产品分析

工业用氢氧化钠、高纯氢氧化钠、工业用液氯、工业用合成盐酸、次氯酸钠溶液的测定可执行相关的国家标准。

18.6 安全分析

18.6.1 概述

安全分析在化工企业中对三防（防火、防爆、防毒）具有重要意义。该项分析直接关系到生产车间及整个企业的安全。因此，要严格执行安全分析规程，精心操作、一丝不苟，确保分析数据的准确性。

从事安全分析人员的必备条件：

(1) 从事安全分析的人员必须具有高度的责任感及强烈的安全意识；

(2) 精通安全分析的取样、分析要求，熟练使用仪器设备，对技术精益求精；

(3) 安全分析人员必须经过专业培训、严格考核、持证上岗，不经过培训者一律不准从事安全分析。

安全分析的分类：动火分析、氧含量分析和有毒有害气体分析。根据实际情况可选择分析类别，例如：

(1) 在容器外动火、容器内取样时，只做动火分析；

(2) 人在容器内工作不动火时，只做氧含量及有毒有害气体分析；

(3) 人在容器内进行动火，必须做动火分析、氧含量及有毒有害气体分析。

容器和管道的净化方法：

(1) 空气吹净。当容器和管道中没有易氧化物质时，可以采用空气吹净。

(2) 氮气吹净。适用于容器、管道吹净。如果人要进入容器和管道时，吹净之后必须再用空气置换，并进行氧含量分析，直到合格（18%以上）为止。

(3) 蒸汽吹净。此法可靠，能普遍使用。但人要进入容器和管道时，必须再用空气置换，并进行氧含量分析，直到合格为止，同时温度要降到室温。

(4) 用水清洗。当容器和管道中有可溶于水的易燃物质时，必须用水冲洗干净，再进行动火分析或氧含量分析。

上述四种净化方法中以氮气吹净比较安全，经常被采用。

安全分析的注意事项：

(1) 分析仪器必须严格保持良好状态，定期进行校正（计量检定），保证分析及时、结果准确；

(2) 要分清对象是哪一类安全分析；

(3) 应了解容器及管道采用的净化方法；

(4) 检查、检测现场与分析取样有关的安全措施是否落实，否则可拒绝采样；

(5) 作业证上除准确填写分析结果外，还应有取样时间、取样点及分析者签名。

安全分析对取样的要求：

(1) 对于大的容器、长的管道，必须保证作业人员应到什么位置，取样管就放置到什么位置；

(2) 必须注意死角地方，要保证全部取到；

(3) 在室内动火取样时，动火处四周均需取到。

18.6.2 动火分析

18.6.2.1 方法

通常选用测爆仪，测爆仪广泛适用于石油、化工、石化、冶金、造船等各行各业，也适用于危险的废物堆场、阴井、储油池、罐区、油罐车、泵房、封闭的空间等一些场合。

18.6.2.2 仪器

(1) 测爆仪

① 测爆仪按采样方式可分为扩散式和泵吸式两种。泵吸式测爆仪被广泛应用于现场可燃性气体的检测。

② 测爆仪按传感元件不同可分为催化燃烧式、热导式、气敏半导体式和隔膜电化学式四种，常用的是催化燃烧式测爆仪。

(2) 催化燃烧式测爆仪原理。利用可燃性气体的可燃特性，在仪器内有一平衡电桥，其中一个桥臂为报警仪的热敏元件，在元件的表面涂有催化剂，当含有易燃、易爆的空气流过桥臂时，在催化剂作用下，会产生无焰燃烧，元件的温度升高、电阻增大，使电桥有一不平衡电信号输出，从信号大小可测知空气中易燃、易爆物的含量。一般以其爆炸下限的体积分数表示，即 0～100%LEL，LEL 指该种可燃性气体的爆炸下限值（体积分数）。

（3）测爆仪选择。主要看它的基本性能，如测量量程、测量精度、响应时间、稳定性等。

（4）测爆仪检测范围。测爆仪只能检测（0～99%LEL 范围）可燃性气体或蒸气，不能检测可燃性尘粒及雾滴的浓度。对于催化燃烧式测爆仪，要保证至少 10%以上的氧气含量，故不能检测惰性气体中的可燃性气体。

（5）对测爆仪要求。最低检测浓度应在爆炸下限的 1/10 以下。

（6）测爆仪的检定和标定：

① 测爆仪必须经国家认可的计量测试单位检定，并出具计量合格检定证书，检定频次不少于 1 年 1 次；

② 标定仪器所用的标准气通常采用异丁烷、戊烷气，建议用 10%LEL 与 50%LEL 两种标准气标定；

③ 测爆仪标定，按仪器说明书操作。

18.6.2.3 动火作业分类

动火作业分为特殊危险动火作业、一级动火作业、二级动火作业三类。

18.6.2.4 动火分析的注意事项

① 动火分析的取样点要有代表性。

② 动火分析的取样点均应由所在单位专职安全员或当班班长提出。

③ 取样分析在动火前 0.5h 内进行。

④ 对刚进行吹扫和置换的设备、管道应静待 2h 再取样。

⑤ 测爆仪必须严格保持良好状态，定期进行校验。

⑥ 严禁将水吸入仪器。

⑦ 在分析时，注意不要让任何异物吸入探棒，堵塞吸气管。

18.6.2.5 动火分析合格判断

① 使用测爆仪时，被测的气体或蒸气浓度应小于或等于爆炸下限的 20%。

② 使用其他分析手段时，被测的气体或蒸气的爆炸下限大于等于 4%时，其被测浓度小于等于 0.5%；当被测的气体或蒸气的爆炸下限小于 4%时，其被测浓度小于等于 0.2%。

18.6.2.6 工作流程

① 接安全管理部门请检通知，必须告知动火分析时间、动火点。

② 取样分析时，专职安全员应到现场指明取样部位。

③ 做好原始记录，同时将取样时间、取样点、分析数据填写在动火安全作业证上，并签名。

18.6.2.7 测爆仪使用

① 准备阶段：

a. 检查电源、电池的电压是否充足；

b. 检查仪器管路是否漏气；

c. 在无可燃气体的大气环境中进行零点校正，并用标准气标定；

d. 确认仪器传感效果良好时方可携带使用；

② 现场检测：

a. 在检测现场，将仪器开启至稳定后，方可检测；

b. 如检测对象是敞开容器或大气环境中的可燃性气体，则将仪器探棒伸到被测气体中，待读数稳定后，读取数据，做好记录；

c. 如检测对象是密闭容器内的可燃性气体，则用清洁取样袋取样，然后检测取样袋内的气体，待读数稳定后，读取数据，做好记录；

d. 如密闭容器内氧含量小于10%时，则在取样袋内加入同体积的新鲜空气，检测数据是读取数据的2倍；

e. 检测结束，做好原始记录、填写动火安全作业证，并签名。

18.6.3 氧含量分析

18.6.3.1 方法

通常选用测氧仪，测氧仪广泛适用于工矿企业环境、化学工业气体中氧含量分析，特别适用于缺氧环境中的氧含量分析，以防止检修人员发生窒息事故。

18.6.3.2 仪器

① 测氧仪按采样方式可分为手捏吸气式和泵吸式两种。常用的是传感器为电化学极谱法隔膜式氧电极的仪器。原理：它采用铂阴极、银-氯化银阳极，氯化钾作电解液，隔膜材料为聚四氟乙烯膜，此膜选择性地透过氧，电极电流与气体中氧含量成正比。

② 测氧仪选择。主要看它的基本性能，如测量量程、测量精度、响应时间、稳定性等。

18.6.3.3 测氧仪的检定和标定

① 测氧仪必须经国家认可的计量测试单位检定，并出具计量合格检定证书，检定频次不少于1年1次。

② 标定 仪器所用的标准气：

a. 新鲜空气；

b. 标准气（标准气浓度可根据具体情况而定）。

③ 测氧仪标定。按仪器说明书操作。

18.6.3.4 氧含量分析的注意事项

① 氧含量分析的取样点应由所在单位专职安全员或当班班长提出。

② 取样分析在作业前0.5h内进行。

③ 对刚进行吹扫和置换的设备、管道应静待2h再取样。

④ 测氧仪必须严格保持良好状态，定期进行校验。

⑤ 严禁将水吸入仪器。

⑥ 在分析时，注意不要让任何异物吸入探棒，堵塞吸气管。

18.6.3.5 工作流程

① 接安全管理部门请检通知，必须告知分析时间、取样点。

② 取样分析时，专职安全员应到现场指明取样部位。

③ 做好原始记录，同时将取样时间、取样点、分析数据填写在安全作业证上，并签名。

18.6.3.6 测氧仪使用

① 准备阶段：

a. 检查电源、电池的电压是否充足；

b. 检查仪器管路是否漏气；

c. 用新鲜空气（标准气）进行标定；

d. 确认仪器传感效果良好时方可携带使用。

② 现场检测：

a. 在检测现场，将仪器开启至稳定后，方可检测；

b. 如检测对象是敞开容器，则将仪器探棒伸到被测位置，待读数稳定后，读取数据，做好记录；

c. 如检测对象是密闭容器，则用清洁取样袋取样，然后检测取样袋内的氧含量，待读数稳定后，读取数据，做好记录；

d. 检测结束，做好原始记录、填写安全作业证，并签名。

18.6.4 有毒气体分析

18.6.4.1 方法

通常选用色谱仪与分光光度计进行测定。

18.6.4.2 工作流程

① 接安全管理部门请检通知，必须告知取样时间、取样点、分析项目。

② 有毒气体分析的取样点应由所在单位专职安全员或当班班长提出。

③ 由专职安全员开具进塔入罐作业证，分析人员填写取样时间、取样点、分析项目和实测数据，并签名。

④ 跟踪分析，直到作业结束。

18.6.4.3 有毒气体分析的注意事项

① 根据专职安全员要求确定取样部位及分析项目。关键：必须保证作业人员在什么位置，取样就到什么位置，同时注意死角地方，保证全部取到。

② 根据被检有毒气体的密度确定在容器内的取样位置。

③ 容器内有毒气体必须在静止状态下方可取样。

④ 取样时用被检气体置换 3 次以上并立即分析。

⑤ 做好原始记录，同时将分析数据及时报给专职安全员。

18.6.4.4 有毒气体跟踪分析及情况判断

① 跟踪分析数据每次小于上次分析数据。

判断：一切正常，继续作业。

② 跟踪分析数据比上次高出几倍甚至更多。

判断：停止作业，作业人员撤离现场。

③ 跟踪分析数据是上次的 1～2 倍左右。

判断：分析数据大于允许浓度时停止作业，反之则继续作业。

④ 跟踪分析数据每次与上次基本相等。

判断：一切正常，继续作业。

⑤ 跟踪分析数据比上次略高或略低。

判断：分析数据大于允许浓度时停止作业，反之则继续作业。

18.6.4.5 有毒气体分析对仪器的要求

最低检测浓度应在允许浓度的 1/10 以下。

18.6.4.6 有毒气体分析合格判断

有毒气体允许浓度指标执行中华人民共和国国家职业卫生标准 GBZ 188。

18.7 环保分析

18.7.1 水和废水悬浮物测定

18.7.1.1 原理

水质中的悬浮物是指水样通过孔径为 0.45μm 的滤膜，截留在滤膜上并于 103～105℃烘干至恒重的固体物质。

18.7.1.2 试剂

蒸馏水或同等纯度的水。

18.7.1.3 仪器

（1）常用实验室仪器。

（2）滤膜过滤器。

（3）CN-CA 滤膜、孔径 0.45μm、直径 60mm。

（4）吸滤瓶、真空泵。

（5）扁咀无齿镊子。

18.7.1.4 采样及样品储存

（1）采样。所用聚乙烯瓶或硬质玻璃瓶要用洗涤剂洗净，再依次用自来水和蒸馏水冲洗干净。在采样之前，再用即将采集的水样清洗三次，然后，采集具有代表性的水样 500～1000mL，盖严瓶塞。

注意：漂浮或浸没的不均匀固体物质不属于悬浮物质，应从水样中除去。

（2）样品储存。采集的水样应尽快分析测定。如需放置，应储存在 4℃冷藏箱中，但储存时间最长不得超过七天。

注意：不能加入任何保护剂，以防破坏物质在固、液间的分配平衡。

18.7.1.5 测定步骤

（1）滤膜准备。用扁咀无齿镊子夹取微孔滤膜放于事先恒重的称量瓶里，移入烘箱中于 103～105℃烘干 0.5h 后取出，置干燥器内冷却至室温，称其质量。反复烘干，冷却、称量，直至两次称量的质量差≤0.2mg。将恒重的微孔滤膜正确地放在滤膜过滤器的滤膜托盘上，加盖配套的漏斗，并用夹子固定好，以蒸馏水湿润滤膜，并不断吸滤。

（2）测定。量取充分混合均匀的试样 100mL 抽吸过滤，使水分全部通过滤膜。再以每次 10mL 蒸馏水连续洗涤三次，继续吸滤以除去痕量水分。停止吸滤后，仔细取出载有悬浮物的滤膜后放在原恒重的称量瓶里，移入烘箱中于 103～105℃下烘干 1h 后移入干燥器中，使冷却到室温，称其质量。反复烘干、冷却、称量，直至两次称量的质量差≤0.4mg 为止。

注意：滤膜上截留过多的悬浮物可能夹带过多的水分，除延长干燥时间外，还可能造成过滤困难，遇此情况，可酌情少取试样。滤膜上悬浮物过少，则会增大称量误差，影响测定精度，必要时，可增大试样体积。一般以 5～100mg 悬浮物作为量取试样体积的实用范围，参见 GB 11901。

18.7.1.6 结果计算

悬浮物含量 C(mg/L)按下式计算：

$$C=(A-B)\times10^6/V$$

式中 C——水中悬浮物浓度，mg/L；

A——悬浮物+滤膜+称量瓶重量，g；

B——滤膜+称量瓶重量，g；

V——试样体积，mL。

18.7.2 水和废水余氯测定

18.7.2.1 原理（N，N-二乙基-1,4-苯二胺分光光度法）

游离氯在pH 6.2～6.5与N，N-二乙基-1，4-苯二胺（DPD）直接反应生成红色化合物，用光度法进行测定。

18.7.2.2 干扰及消除

（1）氧化锰和化合性氯都有干扰，可单独测定，并在结果计算中予以校正。

（2）其他氧化剂也有干扰，如溴、碘、溴化铵、碘化铵、臭氧、过氧化氢、铬酸盐、亚硝酸盐、三价铁离子和铜离子。常会遇到二价铜离子（>8mg/L）和三价铁离子（>20mg/L）的干扰，可被配入缓冲液和DPD试液中的Na_2-EDTA所掩蔽，铬酸盐的干扰可以加入氯化钡消除。

18.7.2.3 方法的适用范围

该方法适用的含氯浓度范围为0.05～1.5mg/L游离氯，超过上限浓度的样品可稀释后测定。

该方法可应用于经加氯（或漂白粉等）处理的饮用水、医院污水、造纸废水、印染废水等的监测。

18.7.2.4 试剂

分析中使用的试剂均为分析纯级。

不含氯和还原性物质的水：去离子水或蒸馏水经氯化至约10mg/L的水平，储存在密闭的玻璃瓶中约16h，再暴露于紫外线或阳光下数小时，或用活性炭处理使之脱氯，按下述步骤检验其质量。

向两个250mL不需氯量的锥形瓶中加入：

a. 第一个，100mL待测水和约1g碘化钾，混匀。1min后，加入5.0mL缓冲溶液和5.0mL DPD溶液。

b. 第二个，100mL待测水和2滴次氯酸钠溶液。2min后，加入5.0mL缓冲溶液和5.0mL DPD溶液。

第一个瓶中不应显色，第二个瓶中应显粉红色。

涉及的其他试剂有：

（1）缓冲溶液（pH 6.5）。在水中依次溶解0.8g二水合Na_2-EDTA、24g无水磷酸氢二钠（Na_2HPO_4）、46g磷酸二氢钾（KH_2PO_4），必要时，加入0.020g氯化汞，防止霉菌繁殖及试剂内痕量碘化物对游离氯检验的干扰，稀释至1000mL并混匀。

（2）DPD溶液［N，N-二乙基-1，4-苯二胺硫酸盐，NH_4-C_6H_4-$N(C_2H_5)_2\cdot H_2SO_4$］。在约250mL水中加入2mL硫酸、0.2g二水合Na_2-EDTA、1.1g无水DPD硫酸盐（或五水合DPD硫酸盐1.5g），稀释至1000mL，混匀，移入棕色瓶内在冰箱内保存。1个月后如溶液变色，应重配。

（3）碘化钾晶体。

（4）硫酸溶液（1mol/L）。取 800mL 水，并于不断搅拌下小心地加入 54mL 硫酸（ρ＝1.84g/mL），冷至室温并稀释至 1000mL 。

（5）氢氧化钠溶液（2mol/L）。称取 80g 氢氧化钠颗粒加至锥形瓶内的 800mL 水中，不断搅拌至所有颗粒完全溶解，待溶液冷至室温后稀释至 1000mL。

（6）碘酸钾储备液（1.006g/L）。称取于 120～140℃下烘干 2h 的碘酸钾 1.006g，溶解于水中，移入 1000mL 容量瓶内，加水至刻度线，并混匀。

（7）碘酸钾标准液（10.06mg/L ）。吸取 10.00mL 储备液置于 1000mL 容量瓶中，加入约 1g 碘化钾并加水至刻度线，使用当天配制此溶液，置棕色瓶中备用。1mL 此标准溶液含 10.06μg 碘酸钾，相当于 10.0μg 氯（Cl_2）。

（8）硫代乙酰胺溶液（2.5mg/L）。

18.7.2.5 仪器

（1）容量瓶：100mL。

（2）分光光度计：适用于 510nm 和配备有光程长 10mm 或更长的比色皿。

18.7.2.6 测定步骤

（1）试样制备。检查水样是否近中性，如偏酸或偏碱，用稀碱或稀酸液中和之，或在下一步操作中增大缓冲液的用量。

（2）标准曲线的绘制。向一系列 100mL 容量瓶中，分别加入碘酸钾标准溶液 0.0mL、0.30mL、0.50mL、1.00mL、5.00mL、10.0mL、20.0mL、30.0mL、40.0mL、和 50.0mL 碘酸钾标准溶液，向各瓶中加入 1.0mL 硫酸溶液，并于 1min 后各加入 1.0mL 氢氧化钠溶液，用水稀释至刻度线。各瓶中氯浓度 $C(Cl_2)$分别为 0.00mg/L、0.03mg/L、0.05mg/L、0.10mg/L、0.50mg/L、1.00mg/L、2.00mg/L、3.00mg/L、4.00mg/L 和 5.00mg/L。

准备相当数量的 250mL 的锥形瓶，各加入 5mL 缓冲溶液和 5mL DPD 试剂，并在不超过 1min 内将上述各容量瓶中刚稀释到刻度线的标准溶液分别倒入锥形瓶中（不要淋洗），摇匀，在 510nm 处，用 10mm 比色皿，测量各标准比色液的吸光度（比色时间勿超过 2min），绘制标准曲线。

注意：分别制备各个标准溶液并立即测量，以免缓冲液和 DPD 的混合液在操作过程中放置过久而出现虚假的红色。

（3）样品测定。取试样 100mL（V_0），如游离氯浓度超过 1.5mg/L，则取较小体积试样（V_1），并稀释至 100.0mL，移至盛有 5mL 缓冲液和 5mL DPD 溶液的 100mL 比色管中。将此溶液注入比色管，并立即按标准曲线所用相同条件进行测量吸光度，记录从标准曲线上读取的浓度（C_1）。

（4）干扰校正。为校正氧化锰的干扰，置 100mL 试样于 250mL 锥形瓶中，加入 1mL 硫代乙酰胺溶液，混匀，再加入 5.0mL 缓冲溶液和 5.0mL DPD 试剂，混匀。将此溶液注入比色皿，并立即按标准所用相同条件进行测量，记录从标准曲线读取的氧化锰相当于氯的浓度（C_2）。

18.7.2.7 结果计算

$$游离氯(Cl_2,mg/L)=(C_1-C_2)V_0/V_1$$

式中 C_1——测定试样所得氯的浓度，mg/L；

C_2——氧化锰相当于氯的浓度，如不存在氧化锰，C_2＝0mg/L；

V_0——试样最大体积，V_0＝100mL；

V_1——试样中含原水样体积，mL。

注意：

（1）无氧化性和还原性物质水的制备方法。首先氯化去离子水或蒸馏水至大约0.14mmol/L（10mg/L）的水样，并储备于密封的硫酸瓶中至少16h；然后暴露于紫外线或阳光下数小时或以活性炭处理，使水脱氯。

（2）样品中的游离氯极不稳定，测定应在采样现场立即进行，并自始至终避免强光、振摇和温热。

（3）当样品浑浊或有色将影响光度法测定时，不可过滤或褪色，以免游离氯损失。此时可采用补偿法，即以纯水代替DPD试剂加入试样作为空白，或者以水样作参比将光度计调零后再测试样，以补偿其干扰影响。

（4）当样品含游离氯浓度较高时，加入的DPD试剂所显深红色很快就褪尽，这是因为被氧化而显色的试剂随即又被游离氯漂白，此时应将样品稀释后再测定。

（5）某些含有机物较多的样品（如医院污水等），测定时其显色完全时间较长，操作时除非使用记录式光度计，应相继进行多次测量，以便选取显色相对稳定后的测量值。

（6）盛过显色液的比色皿必要时应处理，常用处理方法是先用（1+1）的乙醇-10%盐酸荡洗，再用水充分洗涤干净。

（7）测量波长除510nm外，经用记录式光度计对显色液进行自动扫描，发现在550nm处另有一相似吸收峰，而在325nm紫外线下有大约高出一倍的吸收峰，这特别适合于测定浓度较低和有一定底色的样品，参见《水和废水监测分析方法》。

18.7.3 水和废水氯化物测定

18.7.3.1 主题内容与适用范围

该方法规定了水中氯化物浓度的硝酸银滴定法。

该方法适用于天然水中氯化物的测定，也适用于经过适当稀释的高矿化度废水（如咸水、海水等），以及经过预处理除去干扰物的生活污水或工业废水。

该方法适用的浓度范围为10～500mg/L的氯化物，高于此范围的水样经稀释后可以扩大其测定范围。

溴化物、碘化物和氰化物能与氯化物一起被滴定。正磷酸盐及聚磷酸盐分别超过250mg/L及25mg/L时有干扰。铁含量超过10mg/L时使终点不明显。

18.7.3.2 原理（硝酸银滴定法）

在中性至弱碱性范围内（pH 6.5～10.5），以铬酸钾为指示剂，用硝酸银滴定氯化物时，由于氯化银的溶解度小于铬酸银的溶解度，氯离子首先被完全沉淀出来后，然后铬酸盐以铬酸银的形式被沉淀，产生砖红色，指示滴定终点到达。该沉淀的反应如下：

$$Ag^{+}+Cl^{-}=\!=\!=AgCl\downarrow$$

$$2Ag^{+}+CrO_4^{2-}=\!=\!=Ag_2CrO_4\downarrow\text{（砖红色）}$$

18.7.3.3 试剂

分析中仅使用分析纯试剂及蒸馏水或去离子水。

（1）高锰酸钾，$C(1/5KMnO_4)=0.01mol/L$。

（2）过氧化氢（H_2O_2），30%。

（3）乙醇（C_2H_5OH），95%。

（4）硫酸溶液 $C(1/2H_2SO_4)=0.05mol/L$。

（5）氢氧化钠溶液 $C(NaOH)=0.05mol/L$。

(6) 氢氧化铝悬浮液：溶解125g硫酸铝钾[$KAl(SO_4)_2 \cdot 12H_2O$]于1L蒸馏水中，加热至60℃，然后边搅拌边缓缓加入55mL浓氨水，放置约1h后，移至大瓶中，用倾泻法反复洗涤沉淀物，直到洗出液不含氯离子为止，用水稀释至约为300mL。

(7) 氯化钠标准溶液，$C(NaCl)=0.0141mol/L$，相当于500mg/L氯化物含量：将氯化钠（NaCl）置于瓷坩埚内，在500～600℃下灼烧40～50min，在干燥器中冷却后称取8.2400g，溶于蒸馏水中，在容量瓶中稀释至1000mL。用吸管吸取10.0mL，在容量瓶中准确稀释至100mL。1.00mL此标准溶液含0.50mg氯化物（Cl^-）。

(8) 硝酸银标准溶液，$C(AgNO_3)=0.0141$ mol/L：称取2.3950 g于105℃下烘0.5h的硝酸银（$AgNO_3$），溶于蒸馏水中，在容量瓶中稀释至1000mL，储于棕色瓶中。

用氯化钠标准溶液标定其浓度：用吸管准确吸取25.00 mL氯化钠标准溶液于250mL锥形瓶中，加蒸馏水25mL。另取一锥形瓶，量取蒸馏水50mL作空白，各加入1mL铬酸钾溶液，在不断摇动下用硝酸银标准溶液滴定至砖红色沉淀刚刚出现为终点。计算每毫升硝酸银溶液所相当的氯化物量，然后校正其浓度，再做最后标定。1.00mL此标准溶液相当于0.50mg氯化物（Cl^-）。

(9) 铬酸钾溶液，50g/L：称取5g铬酸钾（K_2CrO_4）溶于少量蒸馏水中，滴加硝酸银溶液至有红色沉淀生成，摇匀，静置12h，然后过滤并用蒸馏水将滤液稀释至100mL。

(10) 酚酞指示剂溶液：称取0.5g酚酞溶于50mL 95%乙醇中，加入50mL蒸馏水，再滴加0.05mol/L氢氧化钠溶液，使呈微红色。

18.7.3.4 仪器

(1) 锥形瓶，250mL。

(2) 滴定管，25mL，棕色。

(3) 吸管，50mL、25mL。

18.7.3.5 样品准备

采集代表性水样，放在干净且化学性质稳定的玻璃瓶或聚乙烯瓶内。保存时不必加入特别的防腐剂。

18.7.3.6 测定步骤

(1) 干扰的排除。若无以下各种干扰，此节可省去。

a. 如水样浑浊及带有颜色，则取150mL水样，置于250mL锥形瓶中，或取适量水样稀释至150mL，加入2mL氢氧化铝悬浮液，振荡过滤，弃去最初滤下的20mL，用干的清洁锥形瓶接取滤液备用。

b. 如果有机物含量高或色度高，可用马弗炉灰化法预先处理水样。取适量废水样于瓷蒸发皿中，调节pH值至8～9，置水浴上蒸干，然后放入马弗炉中600℃下灼烧1h，取出冷却后，加10mL蒸馏水，移入250mL锥形瓶中，并用蒸馏水清洗三次，一并转入锥形瓶中，调节pH值到7左右，稀释至50mL。

c. 由有机质而产生的较轻色度，可以加入0.01 mol/L高锰酸钾2mL，煮沸，再滴加乙醇以除去多余的高锰酸钾至水样褪色，过滤，滤液储于锥形瓶中备用。

d. 如果水样中含有硫化物、亚硫酸盐或硫代硫酸盐，则加氢氧化钠溶液将水样调至中性或弱碱性，加入1mL 30%过氧化氢，摇匀。1min后加热至70～80℃，以除去过量的过氧化氢。

(2) 测定

a. 用吸管取50mL水样或经过预处理的水样（若氯化物含量高，可取适量水样用蒸馏水稀释至 50mL)，置于锥形瓶中。另取一锥形瓶加入 50mL 蒸馏水做空白试验。

b. 如水样 pH 值在 6.5～10.5 范围时，可直接滴定，超出此范围的水样应以酚酞作指示剂，用稀硫酸或氢氧化钠的溶液调节至红色刚刚褪去。

c. 加入 1mL 铬酸钾溶液，用硝酸银标准溶液滴定至砖红色沉淀刚刚出现，即为滴定终点。

同法做空白滴定。

18.7.3.7 结果计算

氯化物含量 C(mg/L)按下式计算：

$$C=[(V_2-V_1)M\times35.45\times1000]/V$$

式中 V_1——蒸馏水消耗硝酸银标准溶液量，mL；

V_2——试样消耗硝酸银标准溶液量，mL；

M——硝酸银标准溶液浓度，mol/L；

V——试样体积，mL。

结果计算也可参见《水和废水监测分析方法》。

18.7.4 水和废水化学需氧量测定

18.7.4.1 适用范围

该方法规定了测定水中化学需氧量的重铬酸盐法。

该方法适用于地表水、生活污水和工业废水中化学需氧量的测定。该方法不适用于含氯化物浓度大于 1000mg/L（稀释后）的水中化学需氧量的测定。当取样体积为 10.0mL 时，该方法的检出限为 4mg/L，测定下限为 16mg/L。未经稀释的水样测定上限为 700mg/L，超过此限时需稀释后测定。

18.7.4.2 原理

在水样中加入已知量的重铬酸钾溶液，并在强酸介质下以银盐作催化剂，经沸腾回流后，以试亚铁灵为指示剂，用硫酸亚铁铵滴定水样中未被还原的重铬酸钾，由消耗的重铬酸钾的量计算出消耗氧的质量浓度。

注意：(1) 在酸性重铬酸钾条件下，芳烃和吡啶难以被氧化，其氧化率较低。在硫酸银催化作用下，直链脂肪族化合物可有效地被氧化。

(2) 无机还原性物质如亚硝酸盐、硫化物和二价铁盐等将使测定结果增大，其需氧量也是 COD_{Cr}的一部分。

18.7.4.3 干扰和消除

该方法的主要干扰物为氯化物，可加入硫酸汞溶液去除。经回流后，氯离子可与硫酸汞结合成可溶性的氯汞配合物。硫酸汞溶液的用量可根据水样中氯离子的含量，按质量比 $m[HgSO_4]:m[Cl^-]\geqslant20:1$ 的比例加入，最大加入量为 2mL（按照氯离子最大允许浓度 1000mg/L 计）。

18.7.4.4 试剂

除非另有说明，实验时所用试剂均为符合国家标准的分析纯试剂，实验用水均为新制备的超纯水、蒸馏水或同等纯度的水。

(1) 硫酸 (H_2SO_4)，$\rho=1.84$g/mL，优级纯。

(2) 重铬酸钾 ($K_2Cr_2O_7$)：基准试剂，取适量重铬酸钾在 105℃烘箱中干燥至恒重。

（3）硫酸银（Ag_2SO_4）。

（4）硫酸汞（$HgSO_4$）。

（5）硫酸亚铁铵[$(NH_4)_2Fe(SO_4)_2 \cdot 6H_2O$]。

（6）邻苯二甲酸氢钾（$KC_8H_5O_4$）。

（7）七水合硫酸亚铁（$FeSO_4 \cdot 7H_2O$）。

（8）硫酸溶液（1+9）（体积比）。

（9）重铬酸钾标准溶液

a. 重铬酸钾标准溶液[$C(\frac{1}{6}K_2Cr_2O_7)=0.250$ mol/L]：准确称取12.258g重铬酸钾溶于水中，定容至1000mL。

b. 重铬酸钾标准溶液[$C(\frac{1}{6}K_2Cr_2O_7)=0.0250$ mol/L]：将重铬酸钾标准溶液稀释10倍。

（10）硫酸银-硫酸溶液：称取10g硫酸银，加到1L硫酸中，放置1～2d使之溶解并摇匀，使用前小心摇动。

（11）硫酸汞溶液：$\rho=100$g/L，称取10g硫酸汞，溶于100mL硫酸溶液中，混匀。

（12）硫酸亚铁铵标准溶液

a. 硫酸亚铁铵标准溶液，$C[(NH_4)_2Fe(SO_4)_2 \cdot 6H_2O]\approx 0.05$mol/L。

称取19.5 g硫酸亚铁铵溶解于水中，加入10mL硫酸，待溶液冷却后稀释至1000mL。

临用前，必须用重铬酸钾标准溶液准确标定硫酸亚铁铵溶液的浓度；标定时应做平行双样。

取5.00 mL重铬酸钾标准溶液置于锥形瓶中，用水稀释至约50mL，缓慢加入15mL硫酸，混匀，冷却后加入3滴（约0.15mL）试亚铁灵指示剂，用硫酸亚铁铵滴定，溶液的颜色由黄色经蓝绿色变为红褐色即为终点，记录下硫酸亚铁铵的消耗量V（mL）。

硫酸亚铁铵标准滴定溶液浓度按下式计算：

$$C=\frac{1.25}{V}$$

式中 V——滴定时消耗硫酸亚铁铵溶液的体积，mL。

b. 硫酸亚铁铵标准溶液，$C[(NH_4)_2Fe(SO_4)_2 \cdot 6H_2O]\approx 0.005$mol/L。

将硫酸亚铁铵标准溶液稀释10倍，用重铬酸钾标准溶液标定，其滴定步骤及浓度计算同上述a.，临用前标定。

（13）邻苯二甲酸氢钾标准溶液，$C(KC_8H_5O_4)=2.0824$mmol/L。称取105℃干燥2h的邻苯二甲酸氢钾0.4251g溶于水，并稀释至1000 mL，混匀。以重铬酸钾为氧化剂，将邻苯二甲酸氢钾完全氧化的COD_{Cr}值为1.176g氧/g（即1g邻苯二甲酸氢钾耗氧1.176g），故该标准溶液理论的COD_{Cr}值为500mg/L。

（14）试亚铁灵指示剂：1，10-菲绕啉（1，10-phenanathroline monohy drate，商品名为邻菲罗啉、1，10-菲罗啉等）指示剂溶液。溶解0.7g七水合硫酸亚铁于50mL水中，加入1.5g 1，10-菲绕啉，搅拌至溶解，稀释至100mL。

（15）防爆沸玻璃珠。

18.7.4.5 仪器

（1）回流装置：磨口250mL锥形瓶的全玻璃回流装置，可选用水冷或风冷全玻璃回流装置，其他等效冷凝回流装置亦可。

（2）加热装置：电炉或其他等效消解装置。

（3）分析天平：感量为 0.0001g。

（4）酸式滴定管：25mL 或 50mL。

（5）一般实验室常用仪器和设备。

18.7.4.6 样品准备

按照 HJ/T 91 的相关规定进行水样的采集和保存。采集水样的体积不得少于 100 mL。

采集的水样应置于玻璃瓶中，并尽快分析。如不能立即分析时，应加入硫酸至 pH<2，置于 4℃下保存，保存时间不超过 5 天。

18.7.4.7 测定步骤

（1）COD_{Cr}浓度≤50mg/L 的样品

a. 样品测定。取 10.0mL 水样于锥形瓶中，依次加入硫酸汞溶液、重铬酸钾标准溶液 5.00mL 和几颗防爆沸玻璃珠，摇匀。硫酸汞溶液按质量比 $m[HgSO_4]:m[Cl^-]\geqslant 20:1$ 的比例加入，最大加入量为 2mL。

将锥形瓶连接到回流装置冷凝管下端，从冷凝管上端缓慢加入 15mL 硫酸银-硫酸溶液，以防止低沸点有机物的逸出，不断旋动锥形瓶使之混合均匀。自溶液开始沸腾起保持微沸回流 2h。若为水冷装置，应在加入硫酸银-硫酸溶液之前，通入冷凝水。

回流冷却后，自冷凝管上端加入 45mL 水冲洗冷凝管，使溶液体积在 70mL 左右，取下锥形瓶。

溶液冷却至室温后，加入 3 滴试亚铁灵指示剂溶液，用硫酸亚铁铵标准溶液滴定，溶液的颜色由黄色经蓝绿色变为红褐色即为终点。记下硫酸亚铁铵标准溶液的消耗体积 V_1。

注意：样品浓度低时，取样体积可适当增加。

b. 空白试验。按上述相同步骤以 10.0 mL 试剂水代替水样进行空白试验，记录下空白滴定时消耗硫酸亚铁铵标准溶液的体积 V_0。

注意：空白试验中硫酸银-硫酸溶液和硫酸汞溶液的用量应与样品中的用量保持一致。

（2）COD_{Cr}浓度>50mg/L 的样品

a. 样品测定。取 10.0mL 水样于锥形瓶中，依次加入硫酸汞溶液、重铬酸钾标准溶液 5.00mL 和几颗防爆沸玻璃珠，摇匀。其他操作与上述相同。

待溶液冷却至室温后，加入 3 滴试亚铁灵指示剂溶液，用硫酸亚铁铵标准滴定溶液滴定，溶液的颜色由黄色经蓝绿色变为红褐色即为终点。记录硫酸亚铁铵标准滴定溶液的消耗体积 V_1。

注意：对于浓度较高的水样，可选取所需体积 1/10 的水样放入硬质玻璃管中，加入试剂，摇匀后加热至沸腾数分钟，观察溶液是否变成蓝绿色。如呈蓝绿色，应再适当少取水样，直至溶液不变蓝绿色为止，从而可以确定待测水样的稀释倍数。

b. 空白试验。按上述（1. b.）相同步骤以试剂水代替水样进行空白试验。

18.7.4.8 计算结果

（1）结果计算。按公式计算样品中化学需氧量的质量浓度 ρ（mg/L）。

$$\rho=\frac{C(V_0-V_1)\times 8000}{V_2}f$$

式中 C——硫酸亚铁铵标准溶液的浓度，mol/L；

V_0——空白试验所消耗的硫酸亚铁铵标准溶液的体积，mL；

V_1——水样测定所消耗的硫酸亚铁铵标准溶液的体积，mL；

V_2——水样的体积，mL；

f——样品稀释倍数；

8000——$1/4O_2$ 的摩尔质量以毫克/升为单位的换算值。

（2）结果表示。当 COD_{Cr} 测定结果小于 100mg/L 时，保留至整数位；当测定结果大于或等于 100mg/L 时，保留三位有效数字。

18.7.4.9 废物处理

实验室产生的废物应统一收集，委托有资质单位集中处理。

18.7.4.10 注意事项

（1）消解时应使溶液缓慢沸腾，不宜爆沸。如出现爆沸，说明溶液中出现局部过热，会导致测定结果有误。爆沸的原因可能是加热过于激烈，或是防爆沸玻璃珠的效果不好。

（2）试亚铁灵指示剂的加入量虽然不影响临界点，但应该尽量一致。当溶液的颜色先变为蓝绿色再变为红褐色即达到终点，几分钟后可能还会重现蓝绿色。参见 HJ 828—2017《水质 化学需氧量的测定 重铬酸盐法》。

18.7.5 大气环境中氯测定

18.7.5.1 原理（甲基橙分光光度法）

用含溴化钾、甲基橙的酸性溶液采样，氯气（Cl_2）将溴化钾氧化为溴（Br_2），溴能破坏甲基橙分子结构，使红色褪去，根据褪色程度，用目视比色或分光光度法测定。反应式如下：

$$Cl_2+2KBr=\!=\!=2KCl+Br_2$$

$$2Br_2+(CH_3)_2NC_6H_4N=NC_6H_4SO_3Na \longrightarrow (CH_3)_2NC_6H_4NBr_2+Br_2NC_6H_4SO_3Na$$

方法检出限为 0.5μg/5mL，当采样体积为 20L 时，最低检出浓度为 0.025mg/m³。

18.7.5.2 试剂

（1）吸收液。称取 0.1000g 甲基橙，溶解于 50～100mL 40～50℃的水中，冷却至室温，加 95%乙醇 20.0mL，移入 1000mL 容量瓶中，加水至标线，作为吸收液的储备溶液。放在暗处，可保存半年。量取 50.0mL 储备溶液，置于 500mL 容量瓶中，加入 1.0g 溴化钾，用水稀释至刻度线。以水为参比，用 1cm 比色皿，在波长 460nm 处，用储备溶液或水调整，配制成吸光度为 0.63 的吸收原液。采样前，量取此吸收原液 250mL 和（1+6）硫酸 50mL，移入 500mL 容量瓶中，再用水稀释至刻度线，混匀，即成吸收液。临用现配。

（2）溴酸钾标准溶液。称取 1.1776g 溴酸钾（优级纯，经 105℃烘干 2h），用少量水溶解，移入 500mL 容量瓶中，加水稀释至刻度线。吸取此溶液 10.00mL 放入 1000mL 容量瓶中，加水至刻度线，浓度为 $C(1/6\ KBrO_3)=0.000846$mol/L，此溶液每毫升相当于含 30.0μg 氯。放在暗处可保存半年。临用时，再用水稀释成每毫升相当于含 5.0μg 氯的标准溶液。

18.7.5.3 仪器

（1）喷泡式吸收管。

（2）大气采样仪。

（3）分光光度计。

18.7.5.4 采样

用一只已装有 5.00mL 吸收溶液的喷泡式吸收管，以 0.5L/min 流量采气。当吸收液颜色有明显褪去时，即可停止采样。如不褪色，采气不少于 20L。

18.7.5.5 分析步骤

（1）标准曲线的制作。取 7 支 10mL 具塞比色管，按下面配制标准色列。

管号	0	1	2	3	4	5	6
溴酸钾标准溶液/mL	0	0.10	0.20	0.30	0.40	0.50	0.60
水/mL	2.0	1.90	1.80	1.70	1.60	1.50	1.40
相当于氯含量/μg	0	0.5	1.0	1.5	2.0	2.5	3.0

在各管中加入吸收原液 2.50mL、(1+6) 硫酸溶液 0.50mL，混匀。20min 后，用 1cm 比色皿，在波长 515nm 处，以水为参比，测定吸光度。以吸光度对氯的含量（μg），绘制标准曲线。

（2）样品测定。采样后，将样品溶液倒入比色皿中，在波长 515nm 处以水为参比，测定吸光度。

18.7.5.6 结果计算

$$C(Cl_2)=W/V_n$$

式中 W——样品溶液中氯中的含量，μg；

V_n——标准状态下的采样体积，L。

18.7.5.7 附加说明

（1）标准溶液是用溴酸钾配制的，溴酸钾遇吸收液中的溴化钾，在酸性溶液中立即作用放出溴，反应如下：

$$KBrO_3+5KBr+3H_2SO_4 = 3Br_2+3K_2SO_4+3H_2O$$

由此可知，一分子溴酸钾相当于六个氯（因为一个氯相当于一个溴）。

（2）吸收液即显色液，用分光光度计校准其合适浓度，以利于提高灵敏度。标准管与采样分析用的吸收液必须为同一批配制的，否则误差较大。校正吸收液浓度是以水作参比，用 1cm 比色皿，在波长 460nm、10V 电压下测定其吸光度。并用原液或水调整使吸收液的吸光度为 0.63。如果空气中氯浓度较低时，为便于观察采样时吸收液颜色变化，可将吸收液吸光度改为 0.40，但此时标准管亦用此同一浓度。

（3）该法是氯的特殊反应，氯化氢气和氯化物不干扰测定。但空气中存在的氧化性与还原性气体有干扰，如二氧化硫、硫化氢呈明显负干扰，氮氧化物呈明显正干扰，氨的干扰不明显，铝离子则显著负干扰。现场测定时必须注意这些干扰物的影响。参考《空气和废气监测分析方法》。

18.7.6 大气环境中氯化氢测定

18.7.6.1 原理（硫氰酸汞分光光度法）

用稀氢氧化钠溶液吸收氯化氢气体，样品溶液中的氯离子和硫氰酸汞反应，生成难电离的氯化汞分子，置换出的硫氰酸根与三价铁离子反应，生成橙红色硫氰酸铁络离子，根据颜色深浅，用分光光度法测定。反应如下：

$$2Cl^-+Hg(SCN)_2 \rightleftharpoons HgCl_2+2SCN^-$$

$$SCN^- + Fe^{3+} \rightleftharpoons Fe(SCN)^{2+}\text{（橙红色）}$$

溴离子、氟离子、硫化物、氰化物等干扰测定，使结果偏高。

该法检出限为1.5μg/10mL（按与吸光度0.02相对应的氯化氢浓度计），当采样体积为250L时，最低检出浓度为0.006mg/m³。

18.7.6.2 试剂

（1）吸收液。氢氧化钠溶液[$C(NaOH)=0.05mol/L$]。

（2）硫氰酸汞-乙醇溶液。称取0.40g硫氰酸汞［$Hg(SCN)_2$，用乙醇重结晶］，用无水乙醇配成100mL溶液，放置一周后将上清液吸至另一棕色细口瓶中备用。

（3）高氯酸：70%～72%。

（4）3.0%（质量密度）硫酸铁铵溶液。称取3.0g硫酸铁铵，用（1+1.5）高氯酸溶液溶解并稀释至100mL，如浑浊应过滤。

（5）氯化钾标准溶液。称取2.045g氯化钾（优级纯，110℃烘干2h），溶解于水，移入1000mL容量瓶中，用水稀释至刻度线。此溶液每毫升相当于含1000μg氯化氢。再用吸收液稀释为每毫升含10.0μg氯化氢的标准溶液。

18.7.6.3 仪器

（1）喷泡式吸收管。

（2）具塞比色管（10mL）。

（3）大气采样仪。

（4）分光光度计。

18.7.6.4 采样

用一只已装有10mL吸收液的喷泡式吸收管，以1L/min流量，采集适量气样。

18.7.6.5 分析步骤

（1）标准曲线的制作。取8支10mL具塞比色管，按表18-1配制标准色列

表18-1 氯化钾标准色列

管号	0	1	2	3	4	5	6	7
氯化钾标准使用溶液/mL	0	0.20	0.40	0.60	0.80	1.00	1.50	2.00
吸收液/mL	5.00	4.80	4.60	4.40	4.20	4.00	3.50	3.00
氯化氢含量/μg	0	2.0	4.0	6.0	8.0	10.0	15.0	20.0

（2）在各管中加3.0%硫酸铁铵溶液2.00mL，混匀，加硫氰酸汞-乙醇溶液1.00mL，混匀。在室温下放置10～30min。用2cm比色皿，于波长460nm处，以水为参比，测定吸光度。以吸光度对氯化氢含量（μg），制作标准曲线。

（3）样品测定。采样后，吸取5.00mL吸收液于10mL比色管中。以下操作同（2），测定吸光度，从标准曲线上查出氯化氢的含量。

18.7.6.6 结果计算

$$C(HCl)=W\times 2/V_n$$

式中 W——样品溶液中氯化氢的含量（曲线上查得），μg；

V_n——标准状态下的样品体积，L。

18.7.6.7 附加说明

（1）硫氰酸汞的制备。称取5.0g硝酸汞[$Hg(NO_3)_2\cdot H_2O$]，溶解于0.5mol/L硝酸溶液200mL中，加3.0%硫氰酸铁铵溶液3.0mL，搅拌下，滴加4%硫氰酸铵溶液，至溶液

呈微橙红色为止。生成的硫氰酸汞白色沉淀用G4玻璃砂芯漏斗（或定性滤纸）过滤，用水充分洗涤（用倾注法），将沉淀风干或在60℃真空干燥箱内干燥，储于棕色瓶中。

（2）当相对湿度较高时（例如大于75%），氯化氢气体吸湿生成盐酸雾，被滤膜阻留，使测定结果偏低。记录采样时的相对湿度，以利比较。0.3μm微孔滤膜为疏水性，氯离子本底值低，适合于滤除颗粒物。

（3）若需同时测定颗粒物中氯化物，可将滤膜浸在10.00mL吸收液中，超声萃取5～10min，经0.45μm微孔滤膜过滤后，吸取5.00mL用硫氰酸汞分光光度法测定。

（4）试剂空白液吸光度较高而且不够稳定，应多次测定其吸光度，在获得稳定数值后，再绘制标准曲线及测定样品。

（5）用过的吸收管、比色皿等，将溶液倒出后，直接用重蒸蒸馏水或去离子水洗涤，不要用自来水洗涤，以防氯化物沾污。在操作过程中应注意防尘。参见《空气和废气监测分析方法》。

参考文献

[1] 陈世澄．氯碱生产分析（上册）．北京：化学工业出版社，1996.
[2] 上海化工学院，成都工学院．分析化学（上册）．北京：高等教育出版社，1978.
[3] HJ 828—2017 水质化学需氧量的测定．

附录

附录1 主要氯碱技术供应商名录

蓝星(北京)化工机械有限公司		
公司名称	蓝星(北京)化工机械有限公司	
主要产品	离子膜电解槽：NBZ-2，7Ⅱ； 工程设计和咨询； 氯碱工厂整体解决方案； BITS蓝星电解界区智能整体解决方案； 全生命周期管理	
联系	蓝星(北京)化工机械有限公司	
地址	北京市经济技术开发区兴业街5号。 电话：010-58082098，010-58082183，010-58082187	
网址	www. bcmc. chemchina. com	
旭化成株式会社		
公司名称	旭化成株式会社	
主要产品	离子交换膜法食盐水电解工艺； 离子交换膜 Aciplex™：F4600(无牺牲芯材)，F4400、F6800(有牺牲芯材)； 电解槽 Acilyzer™	
联系	旭化成株式会社	旭化成株式会社北京事业所
地址	日本国东京都千代田区神田神保町一丁目105番地 邮编：101-8101 交换膜事业部交换膜中国营业部	北京市朝阳区建国门外大街甲12号新华保险大厦1407室 电话：010-65693939 传真：010-65693938
网址	http：//www. asahi-kasei. cn/ http：//www. asahi-kasei. co. jp/salt-electrolysis/cn/index. html	
东岳集团有限公司		
公司名称	东岳集团有限公司	
主要产品	氯碱离子膜	
联系	山东东岳高分子材料有限公司	
地址	山东省淄博东岳经济开发区，山东东岳高分子材料有限公司 邮编：256401 电话：13964444028，0533－8518336 传真：0533－8520400	

续表

蒂森克虏伯伍迪氯工程公司		
公司名称	蒂森克虏伯伍德氯工程公司	
主要产品	EPC 工程总承包； 离子膜电解技术：BiTAC 系列电解槽和 BM2.7 独立单元系列电解槽； 盐水氧阴极电解技术、盐酸氧阴极电解技术； 集成式电解厂房设计、撬装技术； 水电解制氢储能技术、液流电池储能技术； 装置数字化监控及电槽关爱解决方案； 遍布全球的售后服务	
联系	蒂森克虏伯伍德氯工程公司	蒂森克虏伯伍德氯工程技术（上海）有限公司
地址	Vosskuhle 38，Harpen-Haus 44141 Dortmund，Germany 电话：+49 231 547 0 传真：+49 231 547 2334	中国上海市闵行区申长路 988 弄虹桥万科中心 2 号楼 7 层，201106， 电话：021-61817588 传真：021-80223289
邮箱	info-ucei@thyssenkrupp.com	sales.tkuce-shanghai@thyssenkrupp.com
AGC 旭硝子		
公司名称	AGC 株式会社旭硝子化工贸易（上海）有限公司	
主要产品	食盐电解用离子交换膜 FLEMION™：新型膜 Fx-9010；F-8080 系列包括一般增强网布含牺牲纤维的 F-8080、F—8080A 以及 F-8080HD；以及使用高强度网布不含牺牲纤维的 F-8081、F-8081HD	
联系	AGC 株式会社化学品公司膜事业部	旭硝子化工贸易（上海）有限公司
地址	日本国东京都千代田区丸之内 1-5-1 新丸之内大厦 电话：03-3218-5438（代表）	上海市长宁区娄山关路 555 号 2701-2705 室；邮编：200051 电话：021-63862211（总机）
邮箱	info@agc-chemicals.com	info@agc-chemicals.com
网址	http：//www.agc-chemicals.com/cn/zh/fluorine/products/forblue/	http：//www.agcsh.com/chs/index.aspx
博特		
公司名称	瑞士博特化工装置有限公司	
主要产品	蒸发固碱技术；氯化钙造粒技术；稀酸提浓回收技术	
联系	瑞士博特化工装置有限公司	博特瑞姆斯化工技术（北京）有限公司
地址	Eptingerstrasse 41，Muttenz 瑞士，CH—4132 电话：+41 61 467 53 53 传真：+41 61 467 53 54	北京市朝阳区朝阳北路 237 号 1603 室 电话：010-59770807 传真：010-59770901
邮箱	info@bertrams.ch	info@bertrams.cn
网址	www.bertrams.ch	www.bertrams.cn
重庆博张机电设备有限公司		
公司名称	重庆博张机电设备有限公司	
主要产品	蒸发固碱技术；化工及固碱蒸发成套设备及配件；高端泵类；清洗机；Ⅰ、Ⅱ、Ⅲ效降膜蒸发器、最终浓缩器（含汇集管、降膜管）、水泵（熔盐泵等）、结片机、包装机、清洗机等配件；环保和污水处理；其他化工成套设备	
联系	重庆博张机电设备有限公司	
地址	重庆市沙坪坝区小龙坎正街 281 号附 6 号 电话：023-85290822，传真：023-85290824	
邮箱	65420705@163.com	
网址	www.cnbozhang.com	

附录 2　烧碱化学和最终产品的树状图

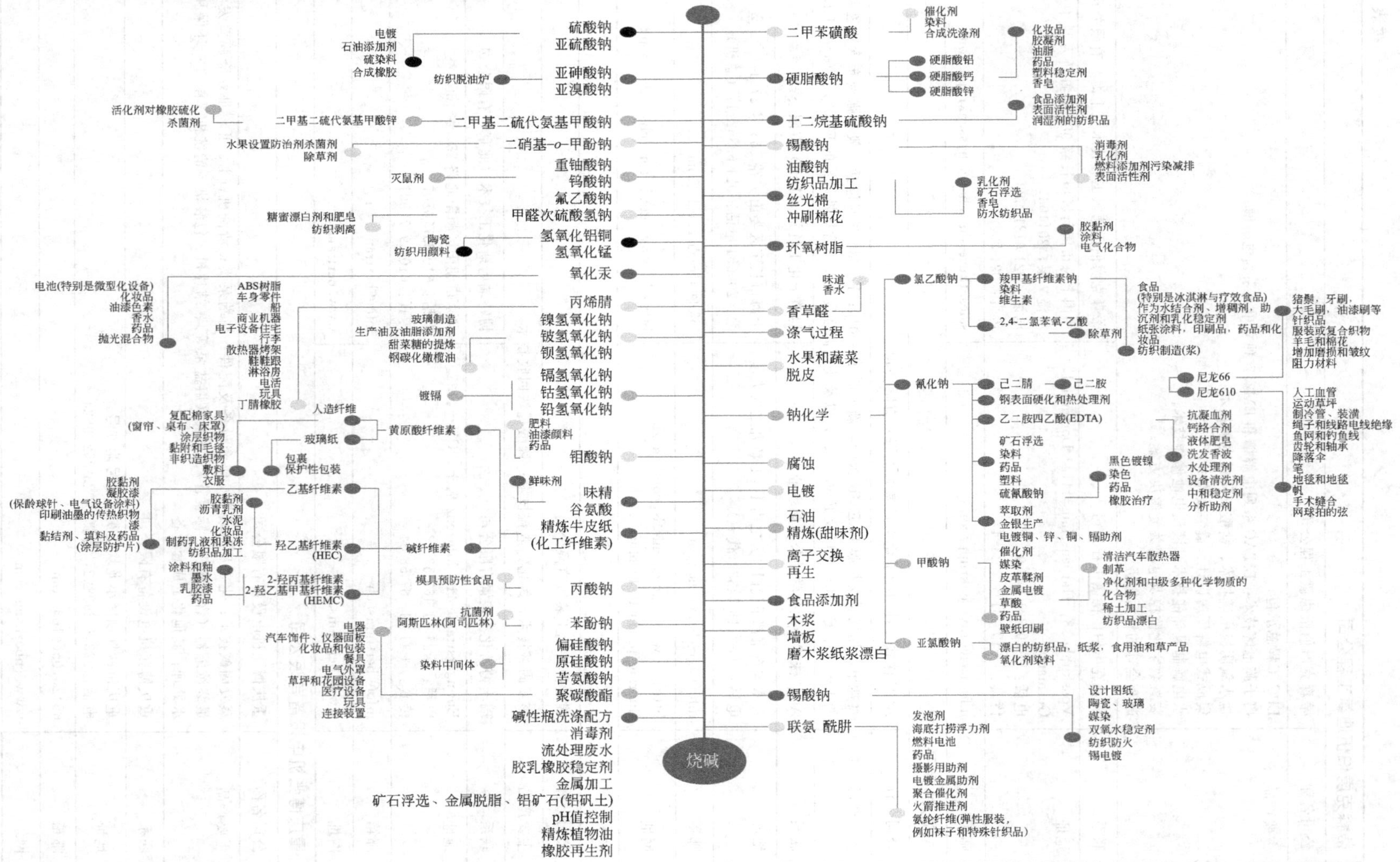

附录 3　氯产品树状图

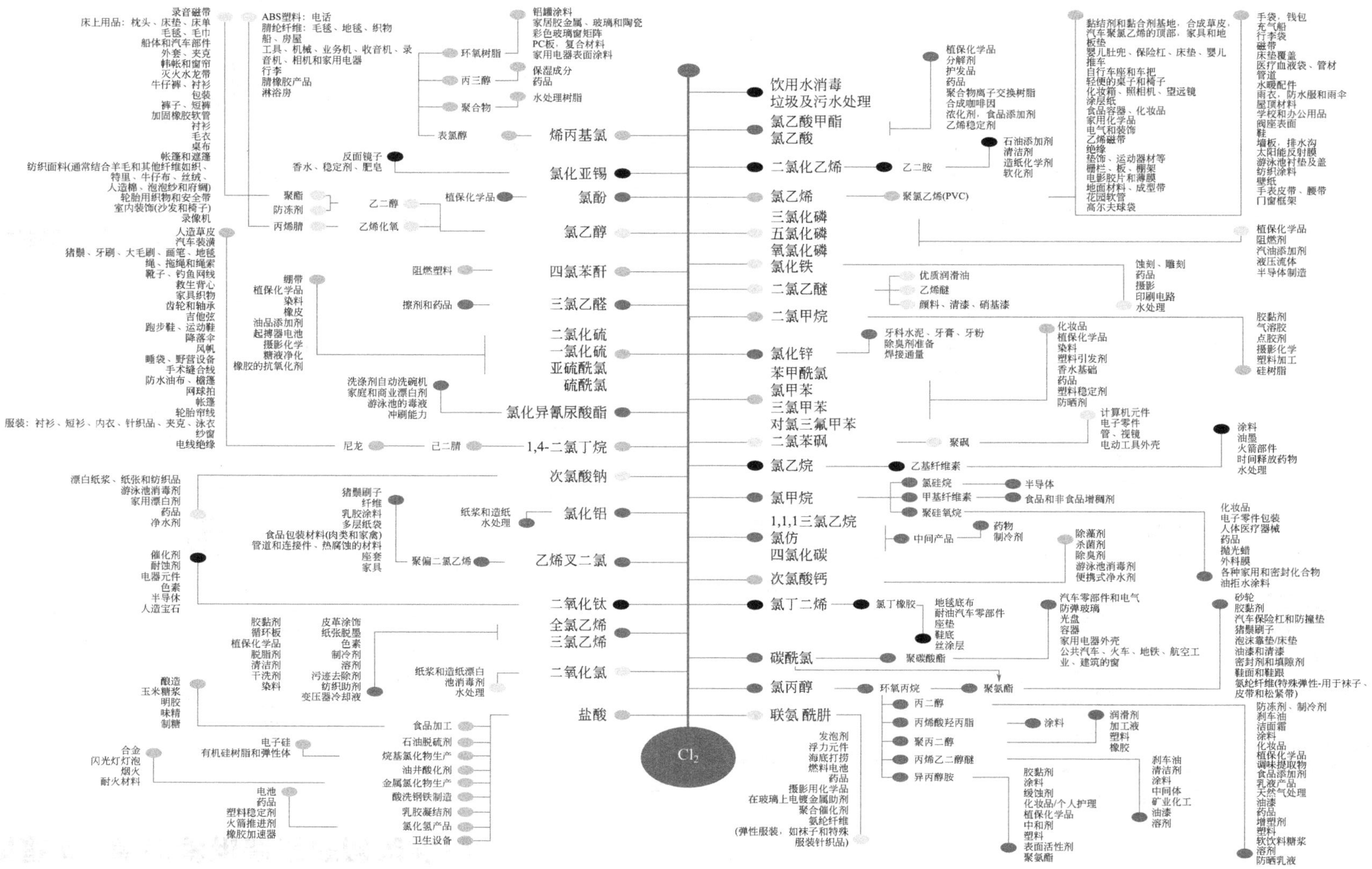
Cl2
饮用水消毒
垃圾及污水处理
氯乙酸甲酯
氯乙酸
二氯化乙烯
氯乙烯
三氯化磷
五氯化磷
氧氯化磷
氯化铁
二氯乙醚
二氯甲烷
氯化锌
苯甲酰氯
氯甲苯
三氯甲苯
对氯三氟甲苯
二氯苯砜
氯乙烷
氯甲烷
1,1,1三氯乙烷
氯仿
四氯化碳
次氯酸钙
氯丁二烯
碳酰氯
氯丙醇
联氨 酰肼
烯丙基氯
氯化亚锡
氯酚
氯乙醇
四氯苯酐
三氯乙醛
二氯化硫
一氯化硫
亚硫酰氯
硫酰氯
氯化异氰尿酸酯
1,4-二氯丁烷
次氯酸钠
氯化铝
乙烯叉二氯
二氧化钛
全氯乙烯
三氯乙烯
二氧化氯
盐酸
录音磁带
床上用品：枕头、床垫、床单
毛毯、毛巾
船体和汽车部件
外套、夹克
韩帐和窗帘
灭火水龙带
牛仔裤、衬衫
包装
裤子、短裤
加固橡胶软管
衬衫
毛衣
桌布
帐篷和遮篷
纺织面料(通常结合羊毛和其他纤维如织、特里、牛仔布、丝绒、人造棉、泡泡纱和府绸)
轮胎用织物和安全带
室内装饰(沙发和椅子)
录像机
人造草皮
汽车装潢
猪鬃、牙刷、大毛刷、画笔、地毯
绳、拖绳和绳索
靴子、钓鱼网线
救生背心
家具织物
齿轮和轴承
吉他弦
跑步鞋、运动鞋
降落伞
风帆
睡袋、野营设备
手术缝合线
防水油布、檐篷
网球拍
帐篷
轮胎帘线
服装：衬衫、短衫、内衣、针织品、夹克、泳衣
纱窗
电线绝缘
ABS塑料：电话
腈纶纤维：毛毯、地毯、织物
船、房屋
工具、机械、业务机、收音机、录音机、相机和家用电器
行李
腈橡胶产品
淋浴房
铝罐涂料
家居胶金属、玻璃和陶瓷
彩色玻璃窗矩阵
PC板，复合材料
家用电器表面涂料
环氧树脂
保湿成分
药品
丙三醇
水处理树脂
聚合物
表氯醇
反面镜子
香水、稳定剂、肥皂
聚酯
防冻剂
乙二醇
植保化学品
丙烯腈
乙烯化氧
阻燃塑料
绷带
植保化学品
染料
橡皮
油品添加剂
起搏器电池
摄影化学
糖液净化
橡胶的抗氧化剂
擦剂和药品
洗涤剂自动洗碗机
家庭和商业漂白剂
游泳池的毒液
冲刷能力
尼龙
己二腈
漂白纸浆、纸张和纺织品
游泳池消毒剂
家用漂白剂
药品
净水剂
猪鬃刷子
纤维
乳胶涂料
多层纸袋
食品包装材料(肉类和家禽)
管道和连接件、热腐蚀的材料
座套
家具
聚偏二氯乙烯
纸浆和造纸
水处理
催化剂
耐蚀剂
电器元件
色素
半导体
人造宝石
胶黏剂
循环板
植保化学品
脱脂剂
清洁剂
干洗剂
染料
皮革涂饰
纸张脱墨
色素
制冷剂
溶剂
污迹去除剂
纺织助剂
变压器冷却液
纸浆和造纸漂白
池消毒剂
水处理
酿造
玉米糖浆
明胶
味精
制糖
电子硅
有机硅树脂和弹性体
合金
闪光灯灯泡
烟火
耐火材料
电池
药品
塑料稳定剂
火箭推进剂
橡胶加速器
食品加工
石油脱硫剂
烷基氯化物生产
油井酸化剂
金属氯化物生产
酸洗钢铁制造
乳胶凝结剂
氯化氢产品
卫生设备
植保化学品
分解剂
护发品
药品
聚合物离子交换树脂
合成咖啡因
液化剂，食品添加剂
乙烯稳定剂
石油添加剂
清洁剂
造纸化学剂
软化剂
乙二胺
聚氯乙烯(PVC)
黏结剂和黏合剂基地，合成草皮，汽车聚氯乙烯的顶部，家具和地板垫
婴儿肚兜、保险杠、床垫、婴儿推车
自行车座和车把
轻便的桌子和椅子
化妆箱、照相机、望远镜
涂层纸
食品容器、化妆品
家用化学品
电气和装饰
乙烯磁带
绝缘
垫饰、运动器材等
栅栏、板、棚架
电影胶片和薄膜
地面材料、成型带
花园软管
高尔夫球袋
手袋，钱包
充气船
行李袋
磁带
床垫覆盖
医疗血液袋、管材
管道
水暖配件
雨衣，防水服和雨伞
屋顶材料
学校和办公用品
阀座表面
鞋
墙板，排水沟
太阳能反射膜
游泳池衬垫及盖
纺织涂料
壁纸
手表皮带、腰带
门窗框架
植保化学品
阻燃剂
汽油添加剂
液压流体
半导体制造
蚀刻、雕刻
药品
摄影
印刷电路
水处理
优质润滑油
乙烯醚
颜料、清漆、硝基漆
胶黏剂
气溶胶
点胶剂
摄影化学
塑料加工
硅树脂
牙科水泥、牙膏、牙粉
除臭剂准备
焊接通量
化妆品
植保化学品
染料
塑料引发剂
香水基础
药品
塑料稳定剂
防晒剂
计算机元件
电子零件
管、视镜
电动工具外壳
聚砜
涂料
油墨
火箭部件
时间释放药物
水处理
乙基纤维素
氯硅烷
半导体
甲基纤维素
食品和非食品增稠剂
聚硅氧烷
化妆品
电子零件包装
人体医疗器械
药品
抛光蜡
外科膜
各种家用和密封化合物
油拒水涂料
药物
制冷剂
中间产品
除藻剂
杀菌剂
除臭剂
游泳池消毒剂
便携式净水剂
氯丁橡胶
地毯底布
耐油汽车零部件
座垫
鞋底
丝涂层
汽车零部件和电气
防弹玻璃
光盘
容器
家用电器外壳
公共汽车、火车、地铁、航空工业、建筑的窗
聚碳酸酯
砂轮
胶黏剂
汽车保险杠和防撞垫
猪鬃刷子
泡沫靠垫/床垫
油漆和清漆
密封剂和填隙剂
鞋面和鞋跟
氨纶纤维(特殊弹性-用于袜子、皮带和松紧带)
环氧丙烷
聚氨酯
丙二醇
丙烯酸羟丙酯
涂料
聚丙二醇
丙烯乙二醇醚
异丙醇胺
润滑剂
加工液
塑料
橡胶
刹车油
清洁剂
涂料
中间体
矿业化工
油漆
溶剂
胶黏剂
涂料
缓蚀剂
化妆品/个人护理
植保化学品
中和剂
塑料
表面活性剂
聚氨酯
防冻剂、制冷剂
刹车油
洁面霜
涂料
化妆品
植保化学品
调味提取物
食品添加剂
乳液产品
天然气处理
油漆
药品
增塑剂
塑料
软饮料糖浆
溶剂
防晒乳液
发泡剂
浮力元件
海底打捞
燃料电池
药品
摄影用化学品
在玻璃上电镀金属助剂
聚合催化剂
氨纶纤维
(弹性服装，如袜子和特殊服装针织品)

附录 4 氢化学和最终产品树状图

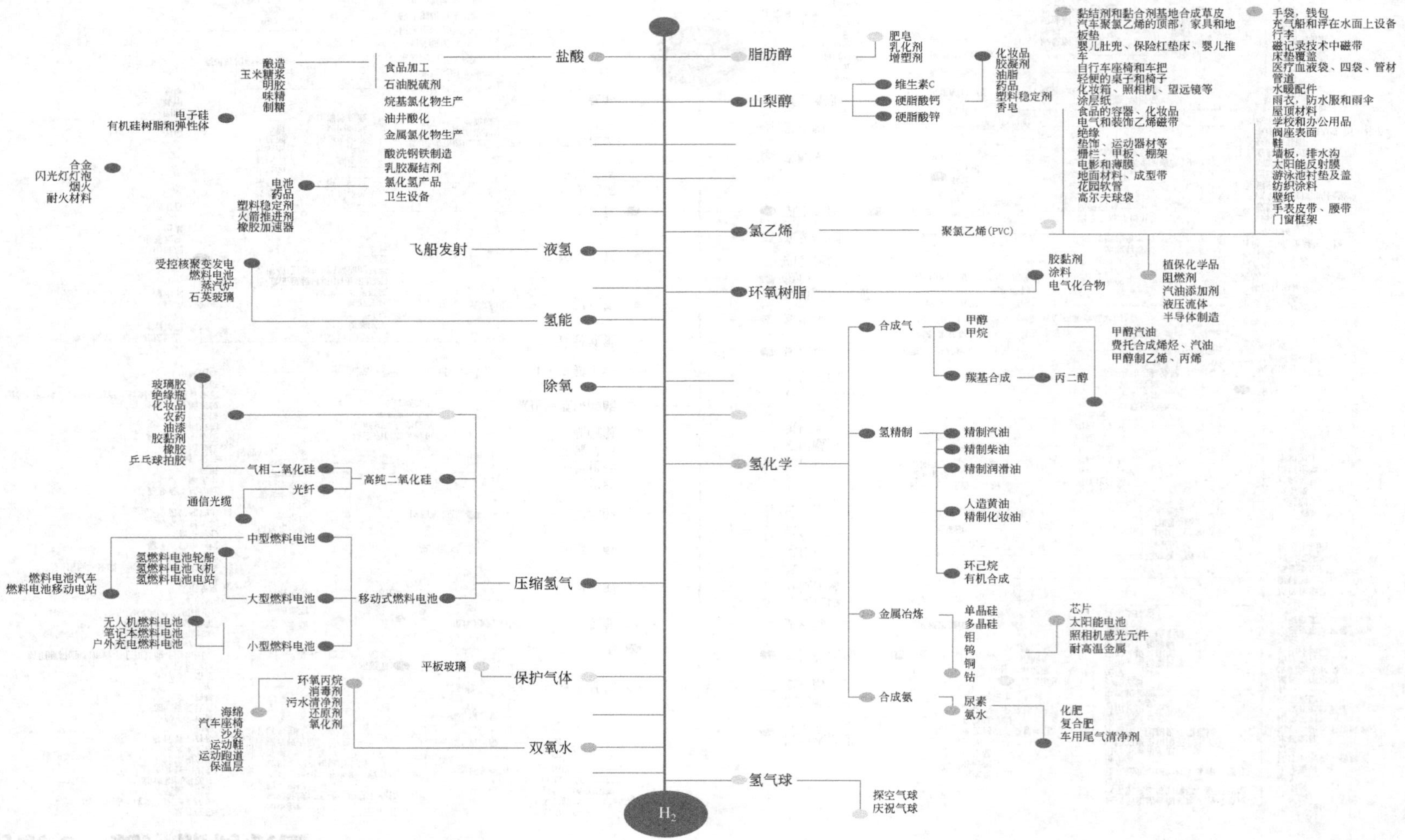